Struts 2 + Spring 3 + Hibernate 框架技术精讲与整合案例

缪 勇 施 俊 李新锋 编 著

清华大学出版社
北 京

内 容 简 介

本书的重点是介绍当前流行的三个轻量级开源框架 Struts 2、Spring 3 和 Hibernate 的基础知识，以及三个框架的整合案例开发。在知识点讲解中，均结合了小案例的精讲，以帮助读者更好地理解和掌握。综合示例均采用三层架构，按功能分类进行精讲，各层之间分层清晰，层与层之间以松耦合的方法组织在一起，便于读者理解每个功能的实现过程。

本书内容全面、易于理解、示例众多，为读者更好地使用 Java EE 这项技术和标准进行工作提供了很好的指导。书中既包含了简单易懂的代码片段，也有大量实际可用的应用系统示例，有利于读者迅速掌握 Java EE Web 开发的核心技术。全书共分为 6 篇 28 章。

本书主要面向有 Java 语言基础、从事 Java EE Web 开发的工程技术人员、高校学生和相关技术的爱好者，可作为大专院校 Java EE Web 程序开发课程的教材，也可作为 Java EE Web 程序开发人员的入门书籍和参考书，尤其适合于对 Struts 2、Spring 3、Hibernate 了解不够深入，或对 Struts 2 + Spring 3 + Hibernate 整合开发不太熟悉的开发人员阅读。

图书在版编目(CIP)数据

Struts 2 + Spring 3 + Hibernate 框架技术精讲与整合案例/缪勇，施俊，李新锋编著. --北京：清华大学出版社，2015（2020. 6重印）

ISBN 978-7-302-38800-5

Ⅰ. ①S…　Ⅱ. ①缪…　②施…　③李…　Ⅲ. ①JAVA 语言—程序设计　Ⅳ. ①TP312

中国版本图书馆 CIP 数据核字(2014)第 289246 号

责任编辑： 杨作梅
装帧设计： 杨玉兰
责任校对： 马素伟
责任印制： 杨　艳

出版发行： 清华大学出版社
网　　址： http://www.tup.com.cn, http://www.wqbook.com
地　　址： 北京清华大学学研大厦 A 座　　**邮　　编：** 100084
社 总 机： 010-62770175　　**邮　　购：** 010-62786544
投稿与读者服务： 010-62776969, c-service@tup.tsinghua.edu.cn
质量反馈： 010-62772015, zhiliang@tup.tsinghua.edu.cn

印 装 者： 北京富博印刷有限公司
经　　销： 全国新华书店
开　　本： 190mm×260mm　　**印　张：** 48.75　　**字　数：** 1169 千字
(附 CD 1 张)
版　　次： 2015 年 1 月第 1 版　　**印　次：** 2020 年 6 月第 6 次印刷
定　　价： 99.00 元

产品编号：058986-01

前　言

Java Web 技术是最为流行的开发技术之一。以 JSP 技术为基础，整合 Struts 2、Spring 3、Hibernate 4 和 Ajax 技术开发 Java Web 应用已经成为当今主流的技术体系。

本书基于 SSH2(Struts 2、Spring 3 和 Hibernate 4)框架技术，详细讲解 SSH2 框架技术的基本知识和使用方法，并通过大量的示例，帮助读者理解掌握 SSH2 的核心技术，提高读者的实践操作能力。

1．本书的内容结构

本书详细介绍以 JSP、Ajax、Struts 2、Spring 3、Hibernate 4 相结合的 Java Web 开发技术。全书分为环境搭建、Java Web 基础、Struts 2 框架、Hibernate 框架、Spring 框架和 SSH2 项目示例 6 篇，共 28 章。各章主要内容说明如下。

第一篇　环境搭建篇(含第 1 章)

第 1 章：建立开发环境。介绍搭建 Java Web 环境所需的软件获取及安装方法，包括 JDK、Tomcat、MySQL 数据库以及 MyEclipse 集成开发工具。

第二篇　Java Web 基础篇(含第 2～3 章)

第 2 章：JSP 技术。介绍 JSP 页面组成、JSP 内置对象、四种属性范围、Servlet 技术、JSTL 和 EL。

第 3 章：用 MVC 架构实现 Web 项目开发。讲述 MVC 的基本概念、JDBC 技术、JavaBean，并使用 MVC 设计模式实现用户登录功能。

第三篇　Struts 2 框架篇(含第 4～14 章)

第 4 章：Struts 2 概述。介绍 Struts 2 框架的基础知识、Struts 2 的 MVC 设计模式、Struts 2 的工作原理，以及如何配置运行环境。

第 5 章：Struts 2 的架构和运行流程。介绍 Struts 2 的系统架构、基本流程、相关组件以及基本配置，重点介绍 struts.xml 配置文件的各个元素。

第 6 章：Action 和 Result 的配置。介绍 Struts 2 的 Action 和 Result 的配置，重点讲解 Action 的动态调用，以及指定 method 属性、使用通配符等配置方法；介绍如何使用注解方式实现零配置；介绍常用的 ResultType 类型分类以及 Result 的配置方式。

第 7 章：Struts 2 的拦截器。介绍拦截器的基础知识，重点讲解拦截器的配置和使用；介绍 Struts 2 内建拦截器、自定义拦截器以及如何通过使用拦截器实现权限控制。

第 8 章：Struts 2 的标签库。介绍 Struts 2 标签库中的常用标签用法，重点讲解 Struts 2 的表单标签、非表单标签、控制标签、数据标签的使用。

第 9 章：OGNL 和类型转换。介绍 OGNL 和类型转换在 Struts 2 中的实现。重点讲解 OGNL 的知识、类型转换机制、实现类型转换的自定义类型转换器。

第 10 章：Struts 2 的验证框架。介绍 Struts 2 的输入校验方式，讲解如何手动编写校验规则、使用系统的校验器，介绍 Action 中如何定义 validate()方法及 validateXxx()方法以实现校验，重点介绍使用 Struts 2 的验证框架进行验证的方法。

第 11 章：Struts 2 的国际化。介绍 Java 的国际化方法，Struts 2 国际化中配置文件编写及访问配置文件的方法；资源文件的加载顺序等。重点讲解 Struts 2 中资源文件及配置文件的编写及不同对象中消息资源的调用。

第 12 章：Struts 2 文件的上传和下载。介绍文件的上传和下载，重点讲解文件上传的原理，如何使用 Struts 2 实现文件上传、设置上传目录、限制文件的大小和类型。简单介绍如何使用 Struts 2 实现文件下载。

第 13 章：Struts 2 的 Ajax 支持。介绍 Ajax 技术，重点介绍 Struts 2 中的 Ajax 标签，最后介绍相关的 Ajax 插件，并通过示例来实现联合开发。

第 14 章：使用 Struts 2 实现用户信息的 CRUD。重点通过添加、删除、修改及查询等操作对本篇的 Struts 2 知识进行综合应用。

第四篇　Hibernate 框架篇(含第 15～19 章)

第 15 章：Hibernate 初步。讲述 Hibernate 框架的基本概念、Hibernate 的下载安装、使用 Hibernate 实现用户添加及 Hibernate 的数据库操作、使用 MyEclipse 工具简化数据库开发、使用 Annotation 注解实现 Hibernate 零配置。

第 16 章：Hibernate 的关联映射。讲解 Hibernate 的关联映射，包括单向多对一、单向一对多、双向多对一、双向一对一和多对多关联以及基于 Annotation 注解的关联映射。

第 17 章：Hibernate 检索方式。介绍 Hibernate 框架中的常用查询方式，包括 HQL 查询和 QBC 查询。

第 18 章：Hibernate 进阶。讲述 Hibernate 的批量处理、Hibernate 事务和 Hibernate 缓存等知识以及在 Hibernate 中如何使用数据库连接池和调用存储过程。

第 19 章：Struts 2 与 Hibernate 的整合。讲述如何通过 Struts 2 和 Hibernate 框架整合进行登录验证。

第五篇　Spring 框架篇(含第 20～25 章)

第 20 章：Spring 基本应用。对 Spring 框架进行简单的介绍，给出一个简单的 Spring 示例，讲述 Spring 的核心机制——依赖注入。

第 21 章：深入 Spring 中的 Bean。介绍 Bean 工厂 ApplicationContext、Bean 的作用域和 Bean 的装配方式。

第 22 章：面向方面编程(Spring AOP)。介绍 Spring AOP 的基本概念，重点讲述基于代理类 ProxyFactoryBean 的 AOP 实现，介绍 Spring AOP 通知(Advice)、基于 Schema 和基于 @AspectJ 注解的 AOP 实现。

第 23 章：Spring 整合 Hibernate 与 Struts 2。讲述 Spring 整合 Hibernate、Struts 2 的方法，同时介绍基于 Annotation 注解的 SSH2 整合。

第 24 章：Spring 事务管理。介绍 Spring 事务管理的方式，重点讲述基于 AOP 和基于 @Transactional 注解的两种 Spring 3 声明式事务管理，并以银行转账为例实现这两种声明式的事务管理。

第 25 章：Spring Web。介绍 Spring MVC 的基本概念，讲述 DispatcherServlet、控制器、处理器映射、视图解析器等 Spring MVC 相关知识，介绍基于注解的 Spring MVC、Spring MVC(注解)文件上传、Spring MVC 国际化。

第六篇　SSH2 项目示例篇(含第 26～28 章)

第 26 章：新闻发布系统。使用 Struts 2、Spring 和 Hibernate 框架来构建一个简易的新闻发布系统。用户可以浏览新闻，管理员登录后可以发布新闻、管理新闻。

第 27 章：网上订餐系统。使用 Struts 2、Spring 和 Hibernate 框架来构建一个典型的网上订餐系统。客户可以浏览餐品、查询餐品，客户登录后可以使用购物车功能、提交订单、管理自己的订单。管理员登录后可以添加餐品、管理餐品和处理订单。

第 28 章：网上银行系统。使用 Struts 2、Spring 和 Hibernate 框架来构建一个模拟的网上银行系统。客户登录后可以修改密码和个人信息、存款、取款、转账和查询交易记录。管理员登录后可以查看用户信息、查询用户、冻结和启用用户、删除用户和开户。

2. 本书的特点和优势

本书由具有多年开发和教学经验的资深教师执笔写作，作者在 Java EE Web 领域具有多年的开发和教学讲解经验，熟悉 Java 开发理论知识体系，凭着娴熟的笔法和渊博的理论知识，采取精雕细琢的写作方式，将 SSH2 开发技术展现得淋漓尽致，能使读者很快地进入实际开发角色。本书与市场上其他类似书籍相比，具有以下与众不同的特色。

(1) 细致全面：本书内容的编排从 Java Web 核心基础开始，从基本的语法入手，由浅入深地逐渐转入到高级部分，所讲解的内容囊括了 Java Web 技术的重要知识点。注重如何在实际工作中活用基础知识，做到高质量的程序开发。

(2) 结合示例：本书在各章的知识点讲解中，都结合了小示例的精讲，加以验证。对特别难懂的知识点，通过恰当的示例帮助读者进行分析、加以理解。

(3) 讲解透彻：本书在项目案例讲解的过程中，均按功能分类，采用三层架构(数据访问层、业务逻辑层和视图层)进行相关组件的讲解，各层之间分层清晰，层与层之间以松耦合的方法组织在一起，便于读者理解每个功能的实现过程。

(4) 实用性强：本书的实用性较强，以经验为后盾、以实践为导向、以实用为目标，深入浅出地讲解 Java Web 开发中的各种问题。

3. 本书的读者对象

本书在内容安排上由浅入深，写作上采取层层剥洋葱式的分解方法，充分示例举证，非常适合于初学 SSH2 框架技术的入门者阅读，同时也适合具有一定 SSH2 基础，欲对 Java Web 项目开发技术进一步了解和掌握的中级读者阅读。如果您是以下类型的读者，此书会带领您迅速进入 SSH2 开发领域：

- 有一定 Java 基础，但是没有 Java Web 系统开发经验的初学者。
- 有其他 Web 编程语言(如 ASP、ASP.NET)开发经验，欲快速转向 Java Web 开发的程序员。
- 对 JSP 有一定了解，但是缺乏 Java Web 框架开发经验，并希望了解流行开源框架 Struts 2、Hibernate 和 Spring 以及欲对这些框架进行整合的程序员。
- 有一定 Java Web 框架开发基础，需要对 Java Web 主流框架技术核心进一步了解和掌握的程序员。
- 公司管理人员或人力资源管理人员。

4．作者及致谢

本书由缪勇、施俊和李新锋编写，其中，扬州职业大学的缪勇编写了第四、五、六篇，施俊编写了第一、三篇，镇江市机关信息技术员李新锋编写了第二篇。其他参与编写的人员还有王梅、陈亚辉、李艳会、刘娇、汤劼、游名扬、李云霞、王永庆、蒋梅芳等，在此一一向他们致谢。

由于作者水平有限，书中难免存在一些不足和错误之处，敬请读者批评指正。

本书的勘误内容可以访问清华大学出版社网站进行下载。

目　录

第一篇　环境搭建篇

第二篇　Java Web 基础篇

第三篇 Struts 2 框架篇

第四篇　Hibernate 框架篇

第五篇 Spring 框架篇

第六篇　SSH2 项目示例篇

第一篇　环境搭建篇

第 1 章　建立开发环境

在进行 Java Web 开发前，先要搭建好开发环境，涉及的组件包括 JDK 开发包、Tomcat 服务器、MySQL 数据库和 MyEclipse 集成开发工具等。

1.1　建立 Java 的环境

Java 环境主要是指 JDK，JDK 是整个 Java 的核心，包括了 Java 运行环境、Java 工具和 Java 基础类库。

下面介绍 JDK 的下载与安装，并对 JDK 进行配置和测试，为后续开发做好准备。

1.1.1　JDK 的下载和安装

JDK 是 Java Development Kit 的缩写，中文称为 Java 开发工具包，由 Sun 公司开发，它为 Java 程序开发提供编译和运行环境。

JDK 7 的最新的版本 Java SE 7 Update 60 可从 http://www.oracle.com 官网下载，其下载页面如图 1-1 所示。官网上目前已经提供 JDK 8 的下载。

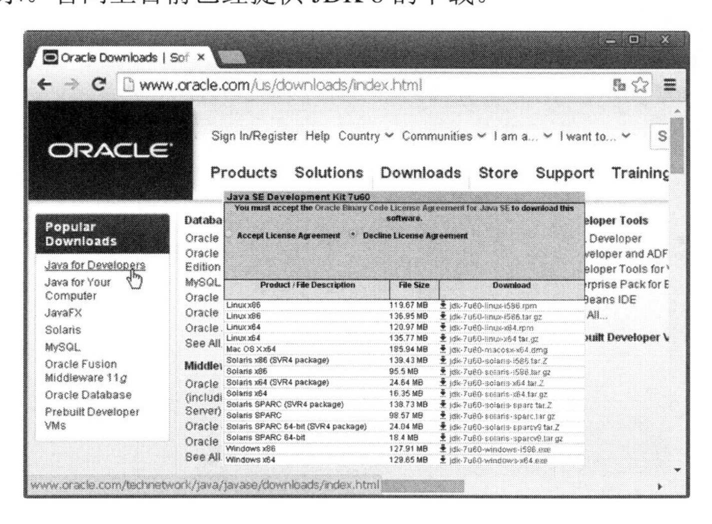

图 1-1　JDK 的下载页面

提示： 要根据自己的操作系统类型(32 位还是 64 位)，去选择下载相应的安装文件。这里我们以 jdk-7u55-windows-i586.exe 文件为例。

(1) 下载后得到 EXE 安装文件，双击该程序，弹出安装向导的欢迎界面，如图 1-2 所示，单击“下一步”按钮。

(2) 进入“自定义安装”界面，选择相应的功能。这里我们设置为默认路径。也可单击“更改”按钮，修改为其他路径，如图 1-3 所示，单击“下一步”按钮。

(3) JDK 安装完成后，安装向导还会自动进入到外部 JRE 安装界面。用户可以选择下一步安装或取消，若要安装，也可以更改外部 JRE 的安装目录，如图 1-4 所示。

(4) 单击“下一步”按钮，安装 JRE，直到最后的“完成”界面，如图 1-5 所示。

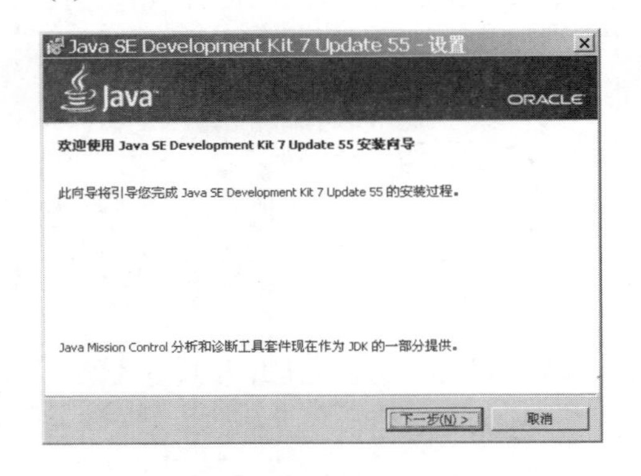

图 1-2 安装向导的欢迎界面

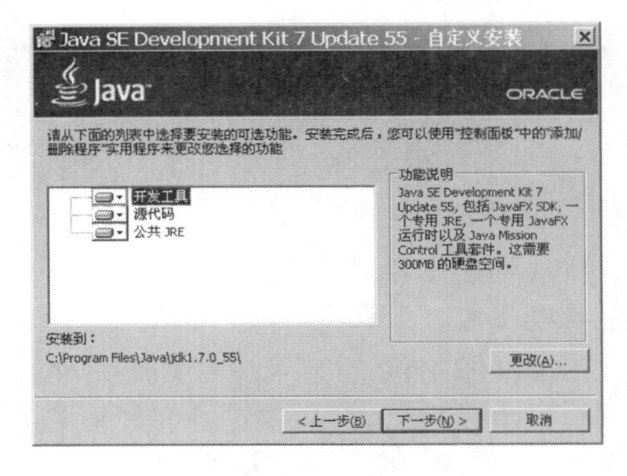

图 1-3 自定义安装

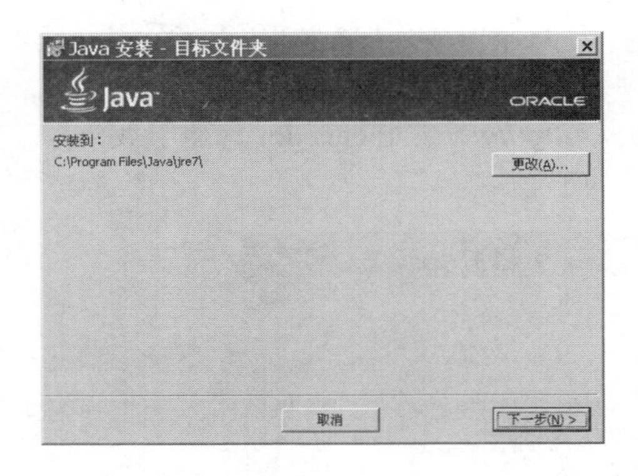

图 1-4 可以更改外部 JRE 的安装目录

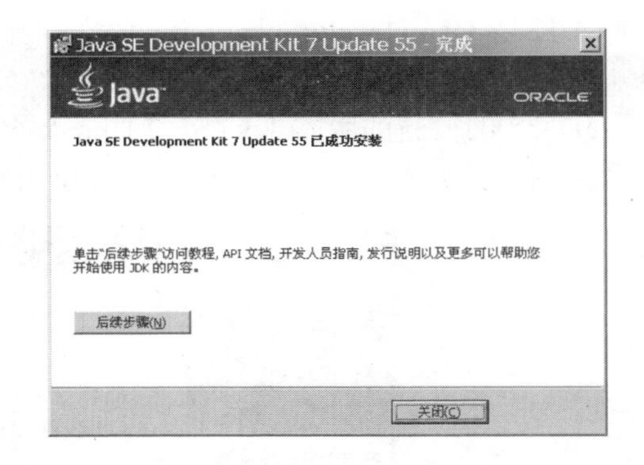

图 1-5 “完成”界面

1.1.2 设定 JAVA_HOME、CLASSPATH 和 Path

JDK 安装成功后，要进行 JDK 环境变量的配置，分别是 JAVA_HOME、CLASSPATH 和 Path(这里不区分大小写)。

(1) 右击“我的电脑”，在弹出的快捷菜单中选择“属性”命令，在弹出的“系统属性”对话框中，选择“高级”选项卡，单击“环境变量”按钮，如图 1-6 所示。

(2) 弹出“环境变量”对话框，在“系统变量”中单击“新建”按钮，出现“新建系统变量”对话框，输入变量名“JAVA_HOME”，变量值“C:\Program Files\Java\jdk1.7.0_55”，这里是默认的安装路径，读者可根据自己安装的路径填写，如图 1-7 所示。

(3) 继续新建系统变量，变量名“CLASSPATH”，变量值“.;%JAVA_HOME%\lib\;”

(注意，前面的.表示当前路径，此处不可少)，如图 1-8 所示。

(4) 修改 Path 系统变量，新增值“%JAVA_HOME%;%JAVA_HOME%\bin;”(注意，新增的值与原有值之间必须用;号分隔)，如图 1-9 所示。

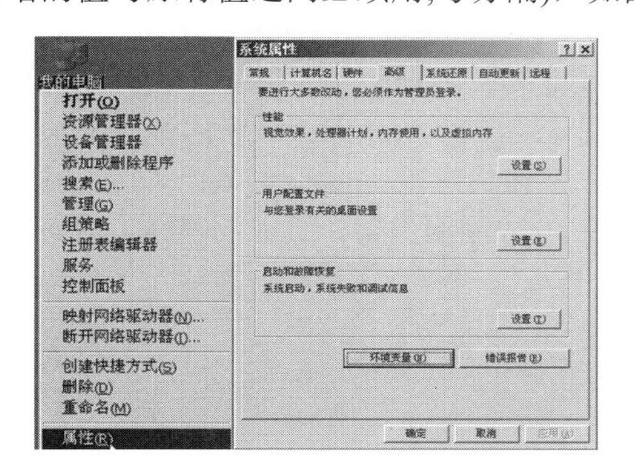

图 1-6　“系统属性”对话框

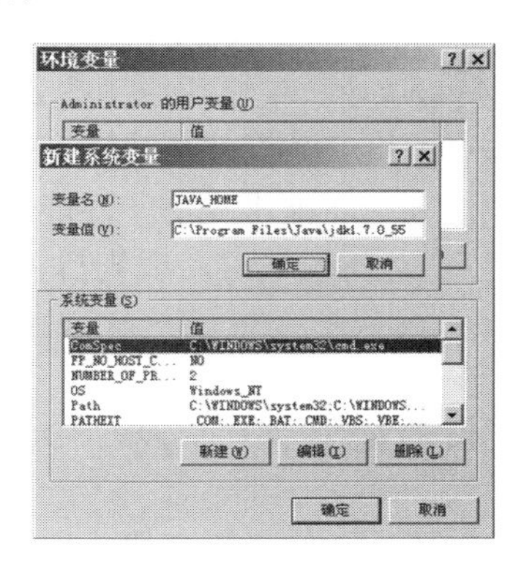

图 1-7　新建系统变量

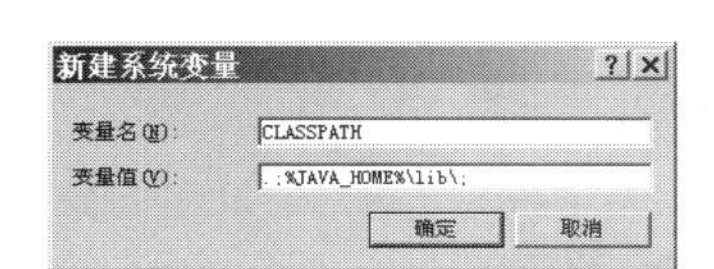

图 1-8　新建 CLASSPATH 变量

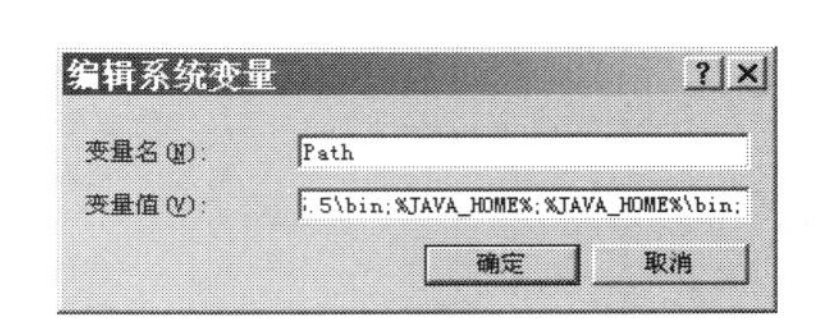

图 1-9　修改 Path

1.1.3　验证 JDK 是否安装成功

JDK 环境变量配置完成后，通过“开始”菜单下的 cmd 命令测试 JDK 能否正常运行。

在“运行”对话框中输入“cmd”命令，然后按 Enter 键，进入 DOS 环境中，在命令提示符后输入命令“java -version”，屏幕上会显示 JDK 的版本信息，这表示 JDK 已经配置成功，如图 1-10 所示。

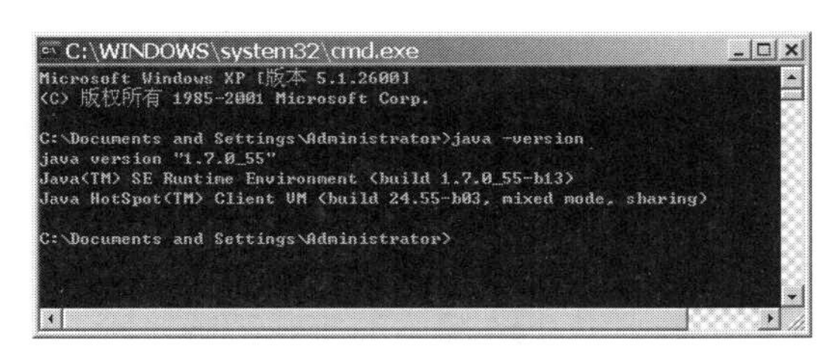

图 1-10　查看 Java 版本以测试 JDK 是否已经正常运行

1.2　建立 Tomcat 环境

Tomcat 是一个免费的开源的 Web 容器，它是 Apache 基金会 Jakarta 项目中的一个核心项目。随着 Web 应用的发展，Tomcat 被越来越多地应用于商业用途。

1.2.1 Tomcat 简介

Tomcat 是 Apache 软件基金会(Apache Software Foundation)的 Jakarta 项目中的一个核心项目，由 Apache、Sun 和其他一些公司及个人共同开发而成。由于有了 Sun 的参与和支持，最新的 Servlet 和 JSP 规范总是能在 Tomcat 中得到体现，Tomcat 支持最新的 Servlet 和 JSP 规范。因为 Tomcat 技术先进、性能稳定，而且免费，因而深受 Java 爱好者的喜爱，并得到了部分软件开发商的认可，成为目前比较流行的 Web 应用服务器。目前，官网上的最新版本是 Tomcat 8.0。

1.2.2 Tomcat 的下载

Tomcat 是一个免费开源的项目，因而我们可以直接从 Apache 官方网站上获取其最新版本，进行免费下载。Tomcat 提供了安装版本和解压缩版本的文件，可以根据需要进行下载。

(1) Tomcat 的官网地址为 http://tomcat.apache.org，如图 1-11 所示。

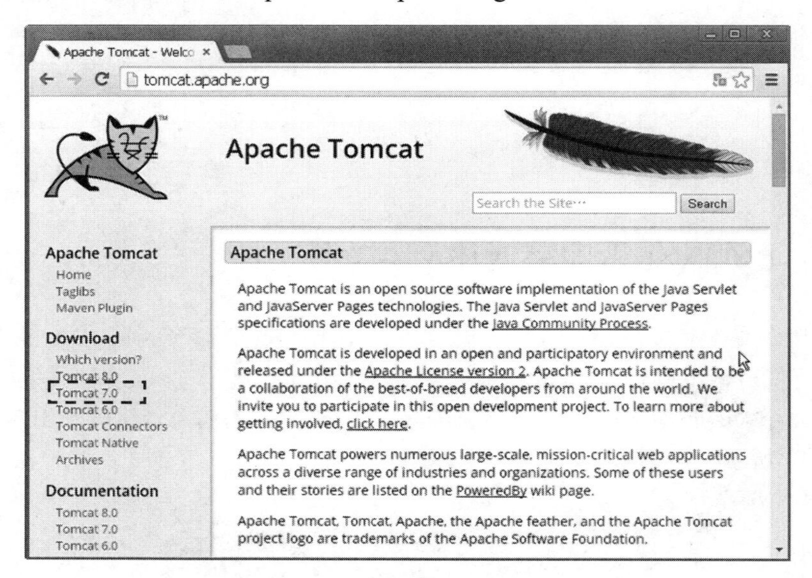

图 1-11　Tomcat 的官网首页

(2) 单击左侧 Download 的下方的相应版本，这里我们以 Tomcat 7.0 为例，进入下载页面，往下拖动滚动条，找到 Tomcat 7.0.54 版本的下载超链接所在位置，如图 1-12 所示。

(3) 图 1-12 中，Core 节点下包含了 Tomcat 7.0.54 在不同平台的安装文件(读者应根据自己的系统选择)，此处选择“32-bit Windows zip(pgp,md5)”，单击该超链接，即可下载到本地计算机。

提示： 这里下载的是 Tomcat 的免安装版本，在软件开发过程中，建议使用免安装版，安装版一般在实际部署中使用。

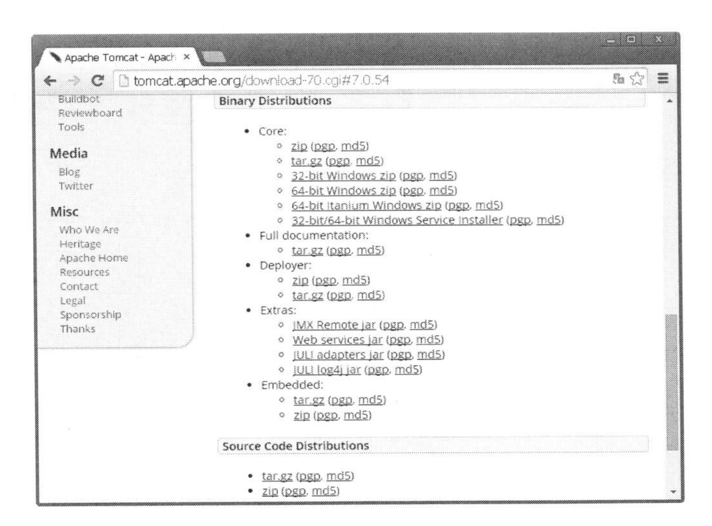

图 1-12　Tomcat 7.0.54 的下载页面

1.2.3　Tomcat 的安装配置

Tomcat 的免安装版本比较简单，在安装完毕后，还要设置 TOMCAT_HOME 环境变量，设置的方法与设置 Java 环境变量类似。

(1) 解压缩“apache-tomcat-7.0.54-windows-x86.zip”，将其拷贝至“C:\Program Files\”目录下，也可放在其他任何地方。

(2) 在“环境变量”对话框的“系统变量”中，新建系统变量 TOMCAT_HOME，值设置为“C:\Program Files\apache-tomcat-7.0.54”。

(3) 修改系统变量 CLASSPATH，新增值“%TOMCAT_HOME%\lib;”，单击“确定”按钮完成配置。

1.2.4　验证 Tomcat 是否安装成功

(1) 解压版的 Tomcat 启动方式为：进入 Tomcat 在本地安装目录下的 bin 子目录，本机为“C:\Program Files\apache-tomcat-7.0.54\bin”目录，找到 startup.bat(启动 Tomcat 服务)，shutdown.bat 用于关闭 Tomcat 服务。

(2) 运行 startup.bat，就可启动服务，效果如图 1-13 所示。

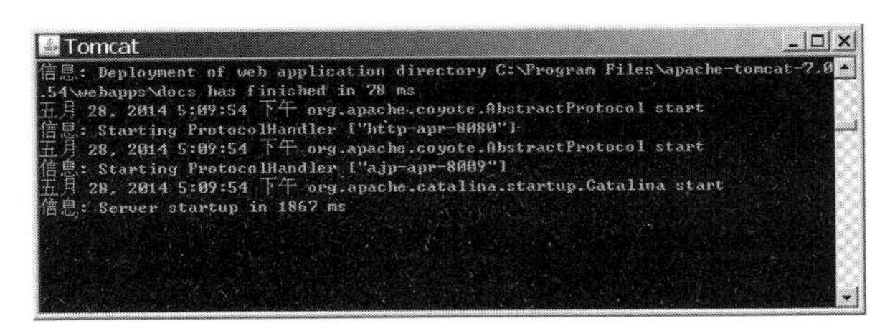

图 1-13　启动 Tomcat 服务成功

(3) 在浏览器的地址栏中输入“http://localhost:8080”，这里 8080 为 Tomcat 的默认端

口号，读者可以根据自己的实际配置修改)，进入 Tomcat 的 Web 管理页面，如图 1-14 所示。

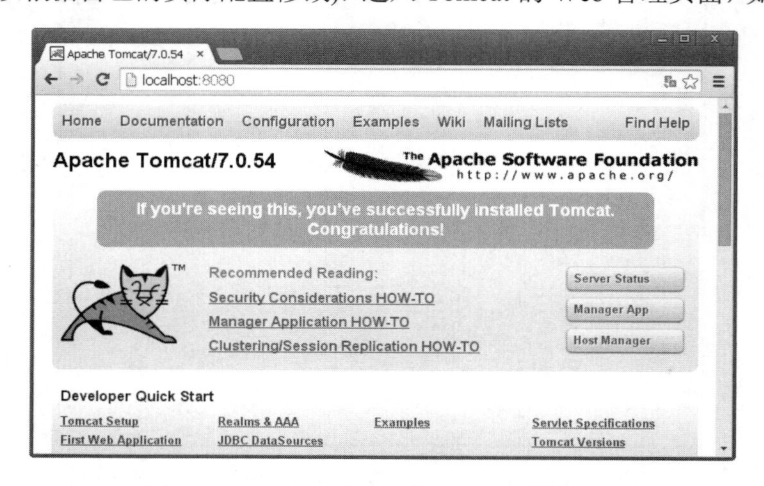

图 1-14　Tomcat 成功安装时出现的管理页面

1.2.5　Tomcat 的目录结构

下面以 Tomcat 7.0.54 版本为例，来介绍 Tomcat 的目录结构，如表 1-1 所示。

表 1-1　Tomcat 的目录结构

目　录	说　明
/bin	存放 Windows 或 Linux 平台上用于启动和停止 Tomcat 的脚本文件
/conf	存放 Tomcat 服务器的各种配置文件，其中最重要的是 server.xml
/server/lib	存放 Tomcat 服务器所需的各种 JAR 文件
/server/webapps	存放 Tomcat 自带的两个 Web 应用：admin 和 manager 应用程序
/commom/lib	存放 Tomcat 服务器以及所有 Web 应用都可以访问的 JAR 文件
/work	Tomcat 把由 JSP 生成的 Servlet 放在此目录下
/webapps	当发布 Web 应用时，默认情况下会将 Web 应用的文件存放于此目录中

提示：不同版本的 Tomcat，目录结构略有区别。

1.3　搭建 Java Web 开发环境

MyEclipse 企业级工作平台(MyEclipse Enterprise Workbench，简称 MyEclipse)是对 Eclipse IDE 的扩展，利用它，我们可以在数据库和 Java EE 的开发、发布以及应用程序服务器的整合方面极大地提高工作效率。它是功能丰富的 Java EE 集成开发环境，包括了完备的编码、配置、调试、测试、排错和发布等功能。MyEclipse 2013 支持 HTML 5、jQuery 和主流的 JavaScript 库。当前最新的 MyEclipse 版本是 MyEclipse-pro-2014-GA。

简而言之，MyEclipse 是 Eclipse 的插件，我们在学习时，可以使用它的试用版，如开发中需要，可以购买 MyEclipse 授权。

1.3.1　MyEclipse 的下载和安装

MyEclipse 开发工具的网站是 http://www.myeclipseide.com，经过特殊的方式可以进入，根据自己的操作系统选择相应的版本，下载完成后，就可以进行安装了。

MyEclipse 2013 整合了 Struts 2、Hibernate 和 Spring 等比较新的版本内容，并且界面较先前版本美观。这里选用 myeclipse-pro-2013-sr2-offline-installer-windows.exe 的版本进行安装，安装步骤如下。

(1)　双击 MyEclipse 安装文件，先进行文件提取解压工作，出现安装对话框，单击 Next 按钮，如图 1-15 所示。

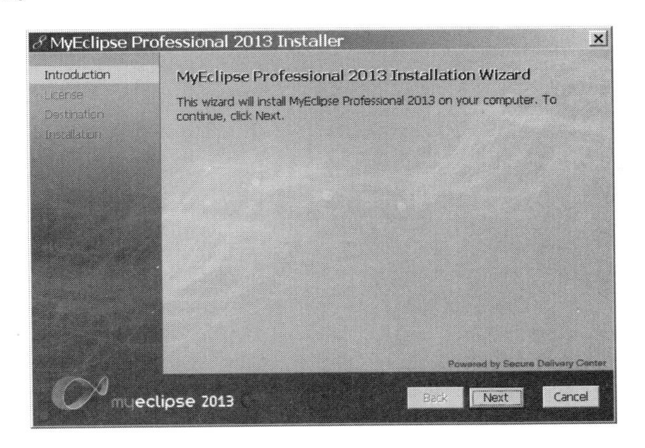

图 1-15　安装对话框

(2)　在出现的用户许可协议界面中，选中 I accept the terms of the license agreement 复选框，单击 Next 按钮，如图 1-16 所示。

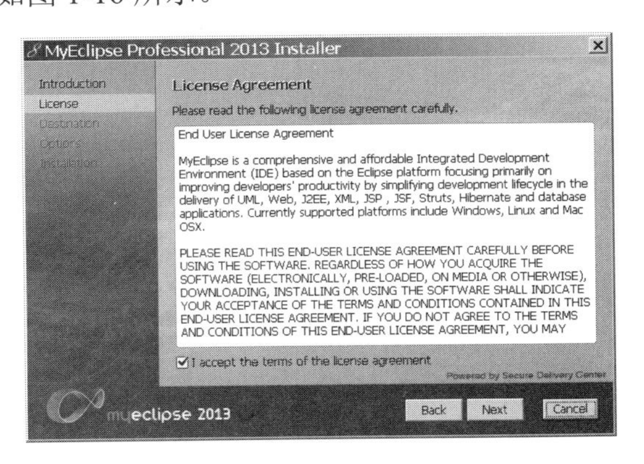

图 1-16　用户许可协议界面

(3)　出现选择安装路径界面，默认路径为 C:\Program Files\MyEclipse Professional(这里也可以单击 Change 按钮修改为其他路径)，单击 Next 按钮，如图 1-17 所示。

(4) 在选择安装软件界面中选择 All 图标，单击 Next 按钮，如图 1-18 所示。

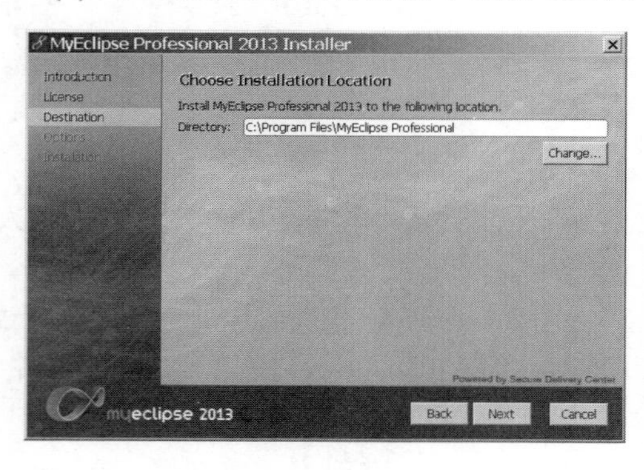

图 1-17 选择安装路径

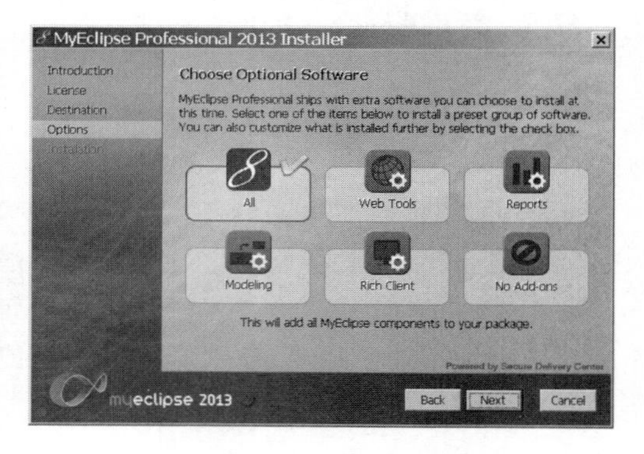

图 1-18 选择要安装的软件

(5) 进入安装过程，直至最后的安装完成界面，单击 Finish 按钮，如图 1-19 所示。

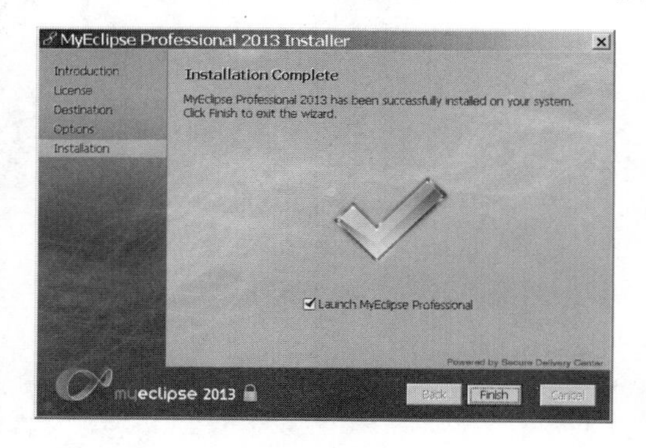

图 1-19 安装完成界面

1.3.2 在 MyEclipse 中配置环境

1. 启动 MyEclipse

第一次启动 MyEclipse 时，会弹出 Workspace Launcher 对话框，要求设置工作空间以存放项目文档，这里可设置自己的工作空间，将工作空间设置为 F:\MyEclipse2013，如果同时选中 Use this as the default and do not ask again 复选框，下次启动时就会不再显示设置工作空间对话框了，如图 1-20 所示。

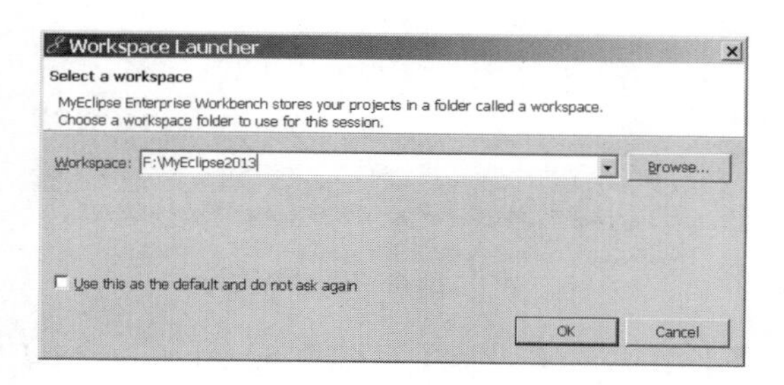

图 1-20 工作空间选择对话框

单击 OK 按钮，进入 MyEclipse 的初始界面，如图 1-21 所示。

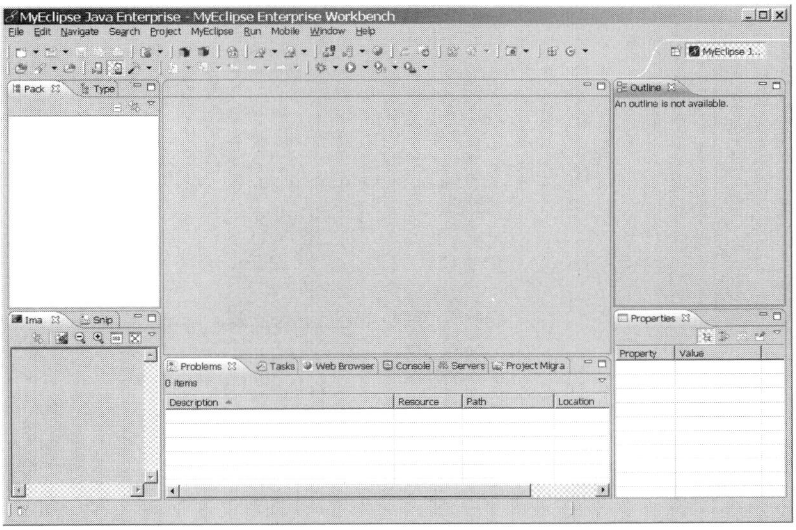

图 1-21　MyEclipse 2013 的初始界面

2. 在 MyEclipse 中配置 JDK

在 MyEclipse 2013 安装过程的后期，会默认地安装一个 1.6 版本的 JRE，如果想在 MyEclipse 中指定使用后来安装的 1.7 版本的 JRE，可进行如下设置。

(1) 从菜单栏选择 Window → Preferences(首选项)命令，在弹出的 Preferences 对话框左侧选择 Java → Installed JREs(已安装的 JRE)，在右侧单击 Add(添加)按钮，在弹出的 Add JRE 对话框中选择“Standard VM”选项，如图 1-22 所示。

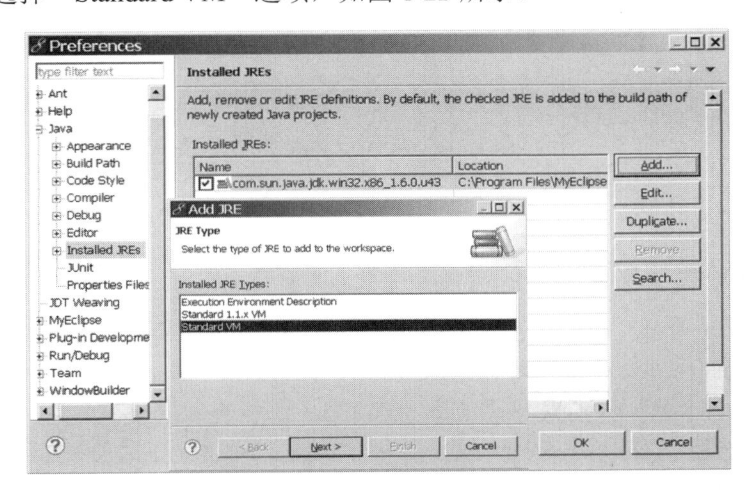

图 1-22　Preferences 对话框

(2) 单击 Next 按钮，进入 JRE 定义的设置，单击 Directory 按钮，在弹出的界面中指定 JRE 的安装路径，也可在 JRE home 文本框中输入 JRE 安装路径。此处，通过 Directory 按钮找到 jdk_1.7.0_55 的 JRE 的安装路径。确定后，JRE home、JRE name 和 JRE system

libraries 会自动添加进来。单击 Finish 按钮完成添加，如图 1-23 所示。

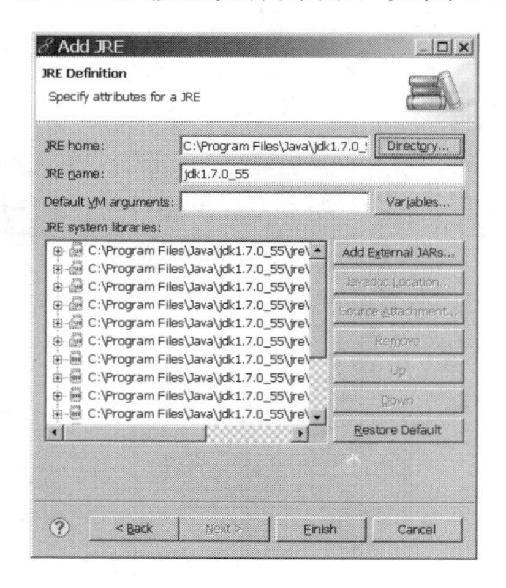

图 1-23　添加 JRE

提示：读者可根据自己计算机的情况，选择已安装的 JRE。

(3)　同样，还可以把 jre7 添加进来，添加 jre7 之后的 Preferences 对话框如图 1-24 所示(读者可根据自己的需要进行不同的选择)，单击 OK 按钮退出。

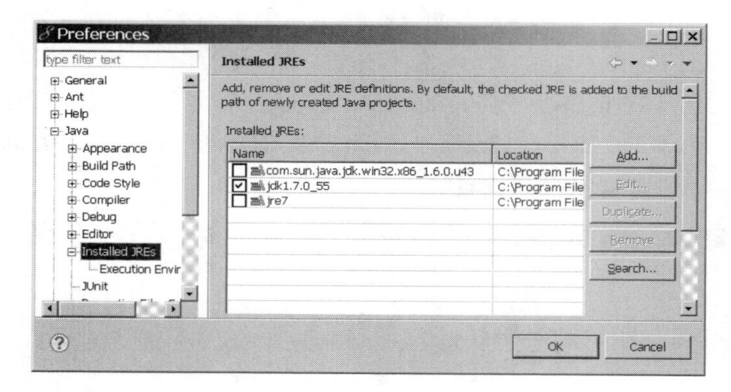

图 1-24　选择已经安装的 JDK

3. 在 MyEclipse 中配置 Tomcat

MyEclipse 安装好后，我们会发现系统里已经配置了 MyEclipse Tomcat 服务器，如果想要使用自己安装的 Tomcat，就需要重新配置。

(1)　在 MyEclipse 软件的菜单栏中选择 Window → Preference 命令，弹出 Preference 对话框，在左侧选择 MyEclipse → Servers → Tomcat → Tomcat 7.x，将 Tomcat 7.x server 设置为 Enable，并将 Tomcat Home Directory 设置为 Tomcat 7.0 的安装目录或解压缩的配置路径，其他目录选项将会自动生成，如图 1-25 所示。

(2)　接着选择 Tomcat 7.x → JDK，在 Tomcat 7.x JDK name 下拉列表框中选择先前添加的 JDK。最后单击 OK 按钮完成，如图 1-26 所示。

配置到这里基本就完成了。在程序主窗口下方的 Servers 窗格中，已经可以看见所添加的 Tomcat 了。启动自己添加的 Tomcat 后，打开网页 http://localhost:8080 测试即可。

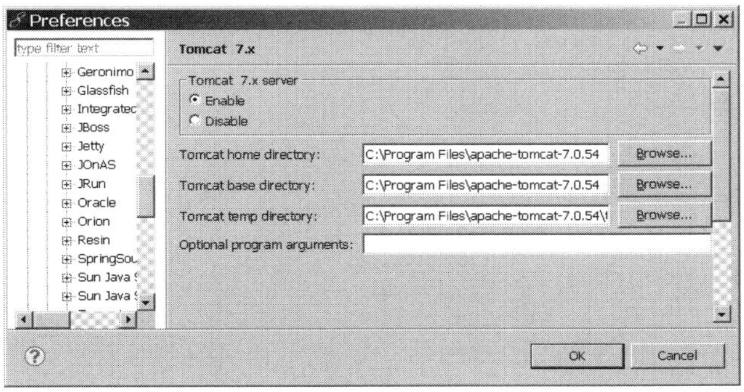

图 1-25 Tomcat 配置

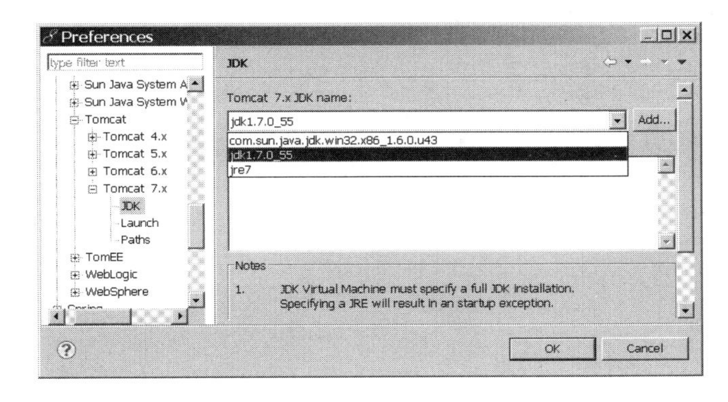

图 1-26 在配置的 Tomcat 下选择 JDK

1.4 搭建 MySQL 数据库环境

MySQL 是一个小型关系数据库管理系统，也是著名的开放源码的数据库管理系统。MySQL 被广泛地应用在 Internet 上的中小型网站中。由于其体积小、速度快、总体拥有成本低，尤其是开放源码这一特点，许多中小型网站为了降低网站总体拥有成本，而选择了 MySQL 作为网站数据库。

1.4.1 MySQL 概述

MySQL 是一个关系型数据库管理系统，由瑞典的 MySQL AB 公司开发，后被 Sun 公司收购，现如今 Sun 公司又被 Oracle 公司收购，目前属于 Oracle 公司。MySQL 是最流行的关系型数据库管理系统之一，在 Web 应用方面，MySQL 也是比较好的关系数据库管理系统 RDBMS (Relational Database Management System)应用软件之一。

MySQL 是一种关系型数据库管理系统，关系型数据库将数据保存在不同的表中，而不是将所有数据放在一个大仓库内，这样就增加了速度并提高了灵活性。MySQL 所使用的 SQL 语言是用于访问数据库的最常用的标准化语言。MySQL 软件分为社区版和商业版，其社区版的性能卓越，搭配 Linux、PHP 和 Apache 可组成良好的 LAMP 开发环境。

与大型的关系型数据库(如 Oracle、DB2 和 SQL Server 等)相比，MySQL 规模小、功能有限，但对于中小企业和个人学习使用来说，其提供的功能已经足够，本书的后续程序，就是使用 MySQL 数据库作为后台数据库管理系统。

1.4.2 MySQL 的下载

可以从官网下载 MySQL，MySQL 比较稳定的版本为 5.5.x，下面介绍如何从官网下载 MySQL 5.5.x。

(1) 在官网下载，首先要进行注册，网址为 http://www.mysql.com/register，因为现在都属于 Oracle 公司，所以会跳转到 Oracle 的注册页面，填写信息，如图 1-27 所示。

图 1-27　注册页面

(2) 下载 MySQL，进入网址 http://dev.mysql.com/downloads/mysql/5.5.html，拖动滚动条，可以看见最新的 5.5 版本，根据自己的系统去选择下载，如图 1-28 所示。

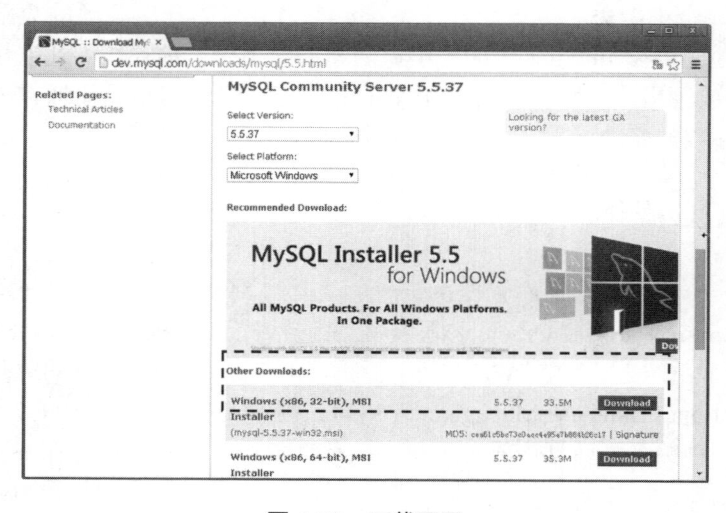

图 1-28　下载页面

(3) 这里选择 32 位的 Windows 版本，单击右侧对应的 Download 按钮，进入当前的镜像选择页面，从选定的服务器进行下载即可。

1.4.3 MySQL 的安装与配置

(1) 双击 mysql5.5.X_win32.msi 安装文件，出现向导对话框，如图 1-29 所示。单击 Next 按钮，进入用户许可协议界面，选中 I accept the terms in the License Agreement 复选框，如图 1-30 所示。

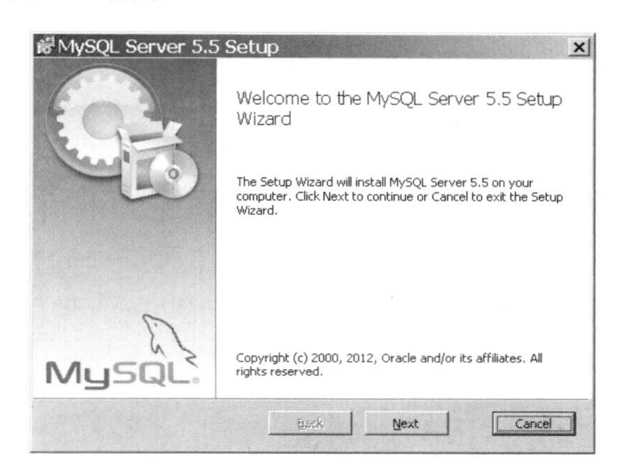

图 1-29　启动向导对话框

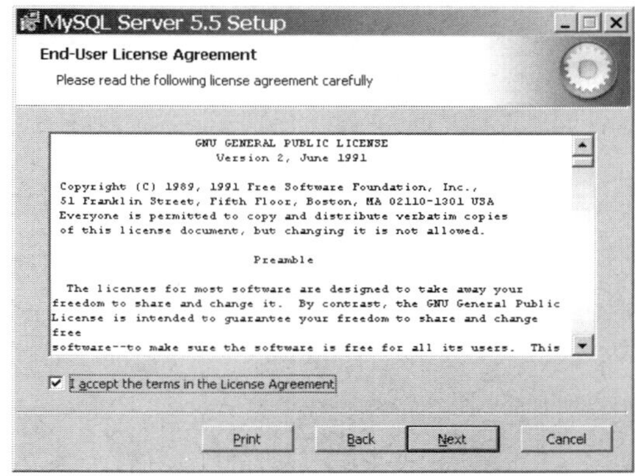

图 1-30　用户许可协议界面

(2) 单击 Next 按钮，进入选择安装类型界面，选择安装类型，有 Typical(默认)、Complete(完全)、Custom(用户自定义)三个选项，我们选择 Typical 后，Next 按钮变为可用状态，出现如图 1-31 所示的界面。单击 Next 按钮，进入准备安装界面，如图 1-32 所示。

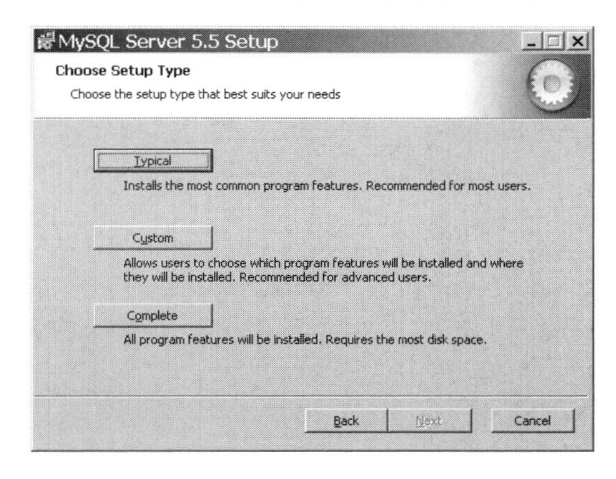

图 1-31　选择安装类型界面

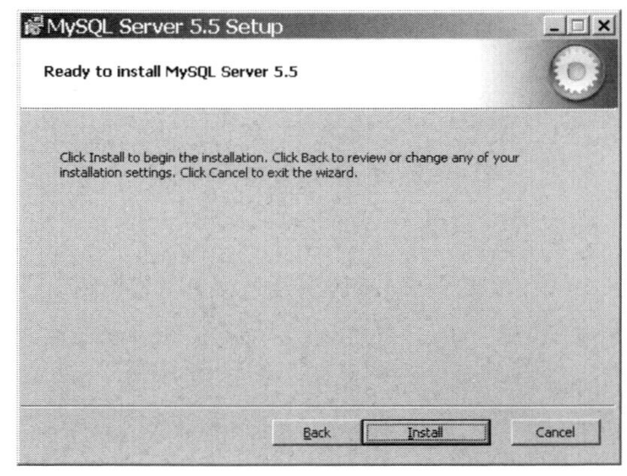

图 1-32　准备安装界面

提示：若选择的是 Custom(自定义)类型，中间会出现自定义安装界面。

(3) 单击 Install 按钮以继续，出现安装过程界面，如图 1-33 所示，稍后会出现两次不同的界面，单击 Next 按钮，最后出现结束安装界面，如图 1-34 所示。

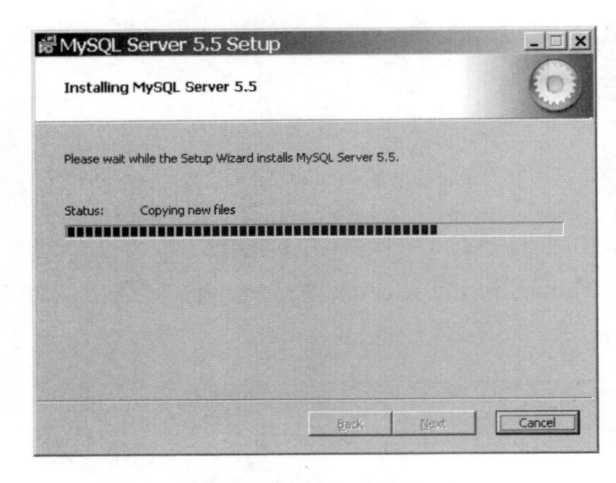

图 1-33　安装过程界面

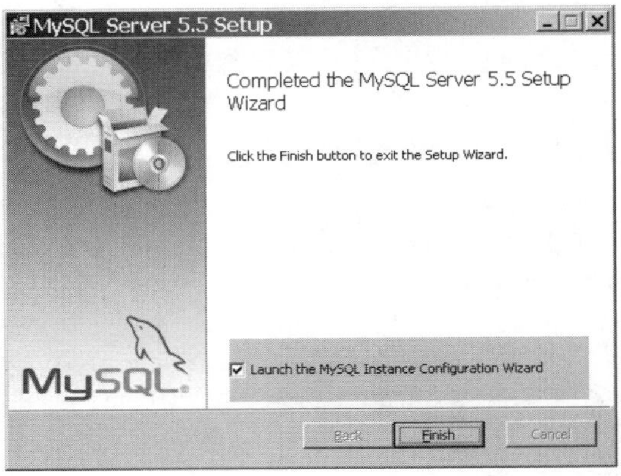

图 1-34　结束安装界面

(4) 选中 Launch the MySQL Instance Configuration Wizard 复选框，然后单击 Finish 按钮，退出安装，同时启动 MySQL 配置向导，如图 1-35 所示。单击 Next 按钮，进入选择配置方式界面，可选择的配置方式有 Detailed Configuration(手动配置)、Standard Configuration(标准配置)，这里选择 Detailed Configuration，方便熟悉配置过程，如图 1-36 所示。

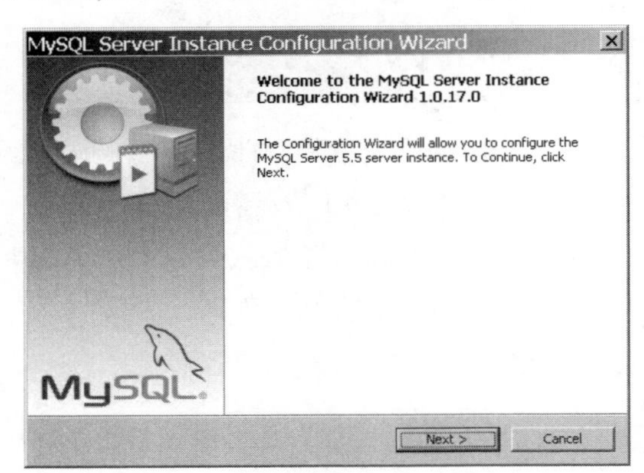

图 1-35　配置向导启动界面

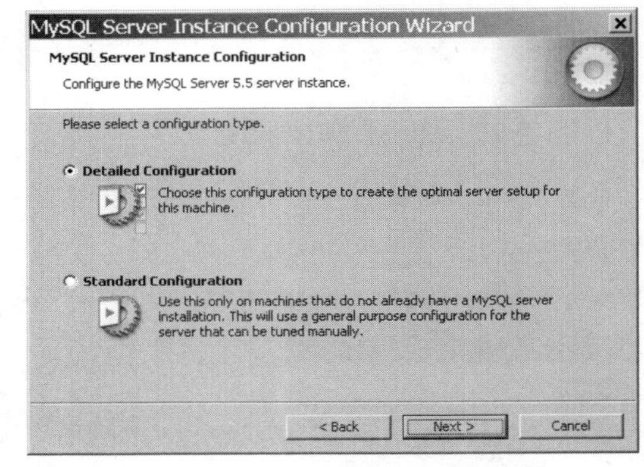

图 1-36　选择配置方式界面

(5) 单击 Next 按钮，进入服务器模式选择界面。共有 3 种模式，分别是 Developer Machine(开发模式，MySQL 仅占用很少的内存)、Server Machine(服务器模式，MySQL 会占用较多内存)和 Dedicated MySQL Server Machine(专有的 MySQL 服务器模式，MySQL 将占用所有可用的内存)。

此处选择 Developer Machine 单选按钮，如图 1-37 所示。

(6) 单击 Next 按钮，进入服务器用途选择界面，分别是 Multifunctional Database(多功能型数据库：通用数据库，一般在开发过程中使用)、Transactional Database Only(事务处理型数据库：对应服务器和事务网络应用程序进行了优化，适用于对数据库经常更新但很少查询的情况)、Non-Transactional Database Only(非事务处理型数据库：适用于经常查询的数据库而不做更新的情况)。

此处，我们选择 Multifunctional Database 单选按钮，如图 1-38 所示。

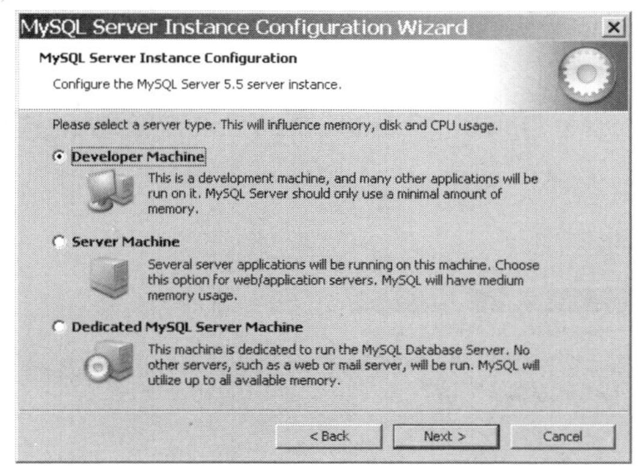

图 1-37　服务器模式选择界面

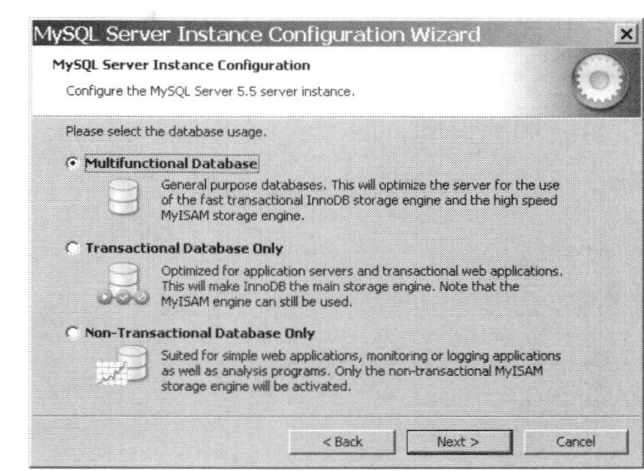

图 1-38　服务器用途选择界面

(7)　单击 Next 按钮，进入配置 InnoDB 表空间界面，如果想改变 InnoDB 的表空间文件存放位置，可以从驱动器下拉列表中选择驱动器，并选择一个新的路径。此处采用默认值，如图 1-39 所示。

提示： 如果修改了 InnoDB，要记住位置，重装的时候要选择同样的地方，否则可能会造成数据库损坏，当然，对数据库做个备份就没问题了。

(8)　单击 Next 按钮，进入 MySQL 并发访问量设置界面，同时连接的数目选项分别为：Decision Support(DSS)/OLAP(20 个左右)、Online Transaction Processing(OLTP)(500 个左右)、Manual Setting(手动设置，自己输一个数)，这里选择“Decision Support(DSS)/OLAP”，如图 1-40 所示。

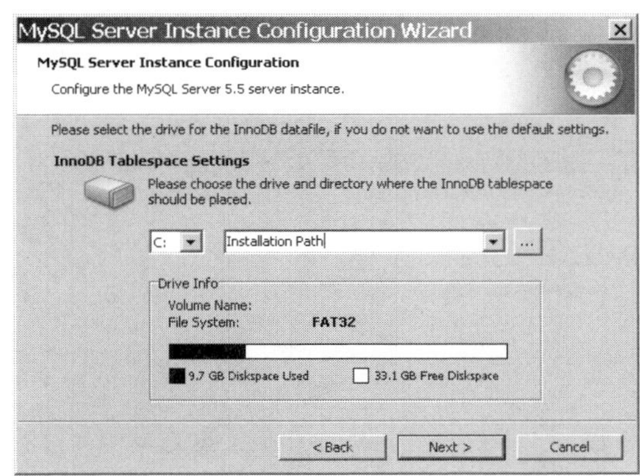

图 1-39　配置 InnoDB 表空间界面

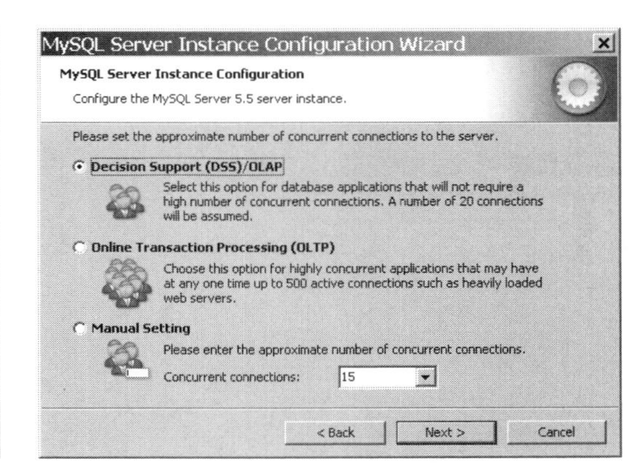

图 1-40　MySQL 并发访问量选择

(9)　单击 Next 按钮，进入设置网络选项界面，如图 1-41 所示。在这里，可以设置是否启用 TCP/IP 连接，并设定端口，如果不启用，就只能在自己的机器上访问 MySQL 数据库了。这里我们启用，选中该复选框，并将 Port Number 下拉列表框中的值设置为 3306，在这个界面上，还可以选择启用严格模式(Enable Strict Mode)，这样 MySQL 就不会允许细小的语法错误。如果读者还是个新手，建议您取消严格模式以减少麻烦。但熟悉 MySQL 后，应尽量使用严格模式，因为它可以降低有害数据进入数据库的可能性。

(10) 单击 Next 按钮，进入设置语言编码界面。这个界面比较重要，就是对 MySQL 默认数据库语言编码进行设置，第一个是西文编码，第二个是多字节的通用 utf8 编码，都不是我们通用的编码，这里选择第三个 Manual Selected Default Character set/Collation(手动选择默认字符集)，并在 Character Set 右侧的下拉列表框中选择 gbk，如图 1-42 所示，就可以正常地使用汉字(或其他文字)了，否则不能正常显示汉字。

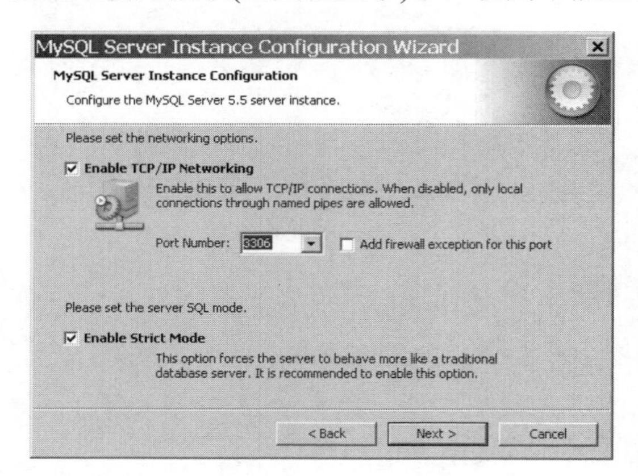

图 1-41　网络设置界面

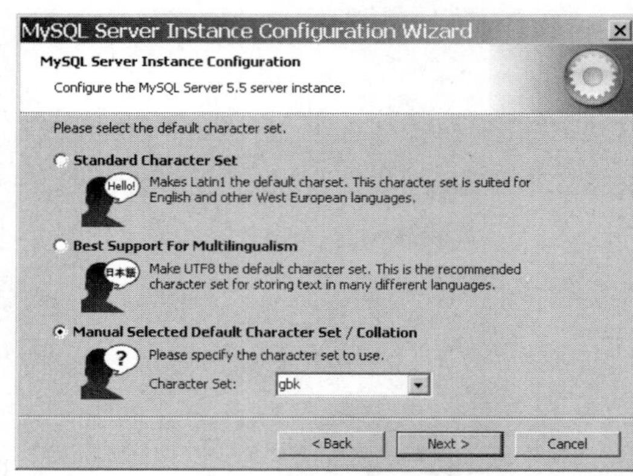

图 1-42　语言设置界面

(11) 单击 Next 按钮，进入系统环境设置界面，选择是否将 MySQL 安装为 Windows 服务，还可以指定 Service Name(服务标识名称)，以及是否将 MySQL 的 bin 目录加入到 Windows PATH(加入后，就可以直接使用 bin 下的文件，而不用指出目录名，比如连接时，使用 mysql.exe -uusername -ppassword;就可以了，不用指出 mysql.exe 的完整地址，很方便)，这里选中全部复选框，Service Name 选项保持不变，如图 1-43 所示。

(12) 单击 Next 按钮，进入安全设置界面，在界面中设置用户密码，默认用户是 root，自己设置密码，两次密码要一致，如图 1-44 所示。

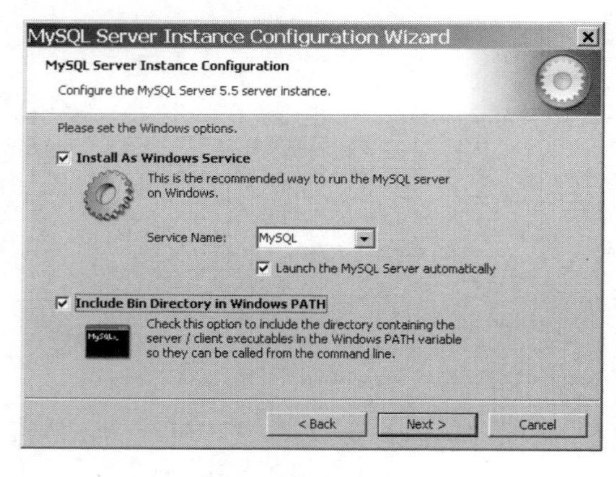

图 1-43　系统环境设置界面

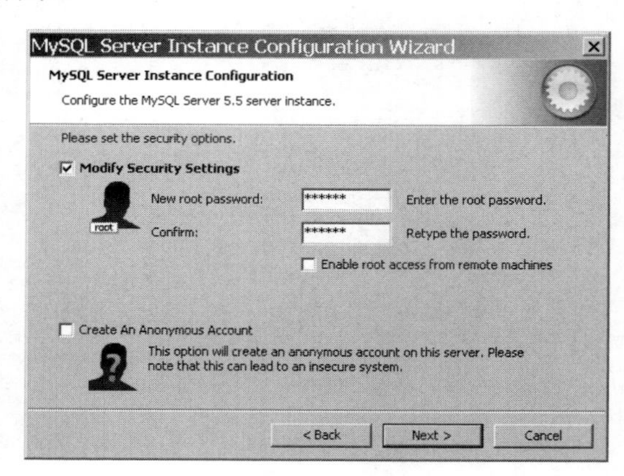

图 1-44　安全设置界面

(13) 单击 Next 按钮，进入配置安装过程界面，如图 1-45 所示，直到最后的配置成功界面，如图 1-46 所示。

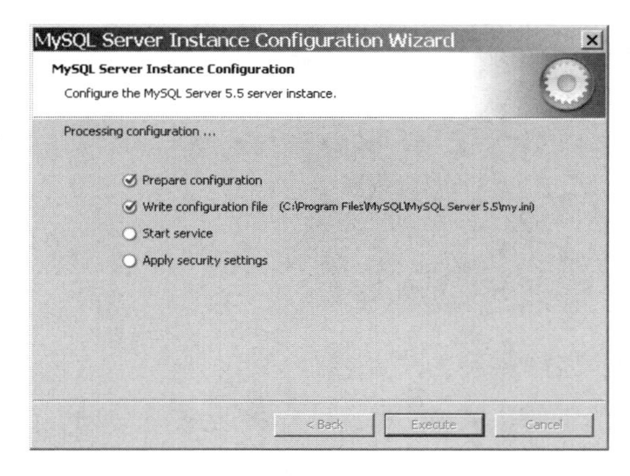

图 1-45　配置安装过程界面

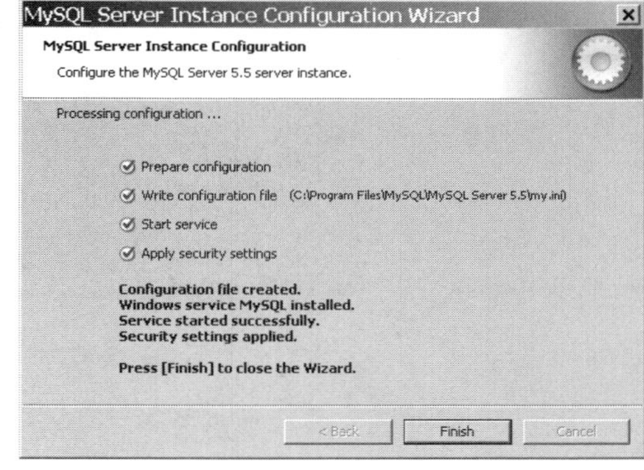

图 1-46　配置成功界面

1.4.4　SQLyog 访问服务器

绝大多数关系数据库都有两个截然不同的部分：后端作为数据仓库，前端作为用于数据组件通信的用户界面。这种设计非常巧妙，它并行处理两层编程模型，将数据层从用户界面中分离出来，数据库软件制造商可专注于它们的产品强项：数据存储和管理。它同时为第三方创建大量的应用程序提供了便利，使各种数据库间的交互性更强。MySQL 数据库也不例外，前端工具有 SQLyog、Workbench、Navicat、MyFront 等，这里介绍 SQLyog 的 MySQL 图形化前端工具。

SQLyog 是业界著名的 Webyog 公司出品的一款简洁高效、功能强大的图形化 MySQL 数据库管理工具。使用 SQLyog，可以快速直观地让我们从世界上任何角落通过网络来维护远端的 MySQL 数据库。

SQLyog 与其他类似的 MySQL 数据库管理工具相比，有如下特点。

(1) 基于 C++和 MySQL API 编程。

(2) 方便快捷的数据库同步和数据库结构同步工具。

(3) 易用的数据库、数据表备份与还原功能。

(4) 支持导入与导出 XML、HTML、CSV 等多种格式的数据。

(5) 可直接运行批量 SQL 脚本文件，速度极快。

(6) 新版本更是增加了强大的数据迁移能力。

SQLyog 官方网址为 https://www.webyog.com，可以下载相应的 SQLyog 试用版本。

1.4.5　使用 MySQL 数据库

完成以上任务后，可以进入 MySQL 5.5 Command Line Client 进行测试，确保正常使用。操作方法是：选择“开始”→“所有程序”→“MySQL”→“MySQL Server 5.5”→“MySQL Command Line Client”命令，出现 DOS 窗口，在其中输入刚刚在安装过程中设置的密码，按 Enter 键，出现“mysql>”提示界面，表示已经配置成功，如图 1-47 所示。

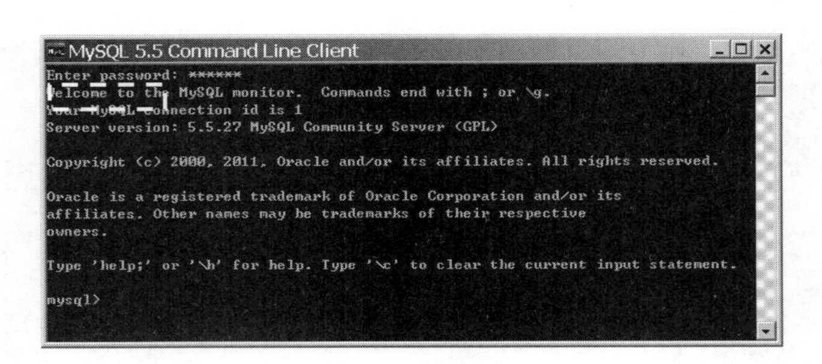

图 1-47　进入 MySQL

通过 DOS 窗口，操作数据库不太方便，这里使用 SQLyog 10.2 试用版来操作 MySQL 数据库。启动 SQLyog 程序，第一次使用，会出现选择语言的界面，如果是汉化版本的话，这里选择简体中文，显示试用信息，单击“继续”按钮，弹出“连接到我的 SQL 主机”对话框，如图 1-48 所示，这里单击“新建”按钮，设置一个名称，输入“My”作为名称，单击“确定”按钮，在界面密码处输入密码，也可先测试链接，如图 1-49 所示。

图 1-48　“连接到我的 SQL 主机”对话框(1)

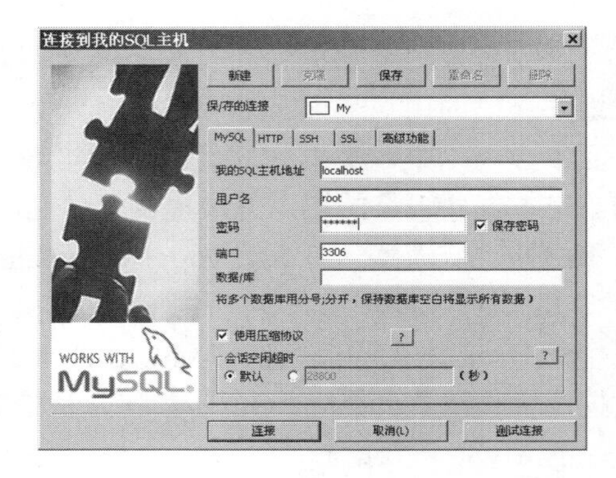

图 1-49　“连接到我的 SQL 主机”对话框(2)

单击“连接”按钮，进入 SQLyog 主窗口，SQLyog 的界面和操作方式与 SQL Server 类似，如图 1-50 所示。

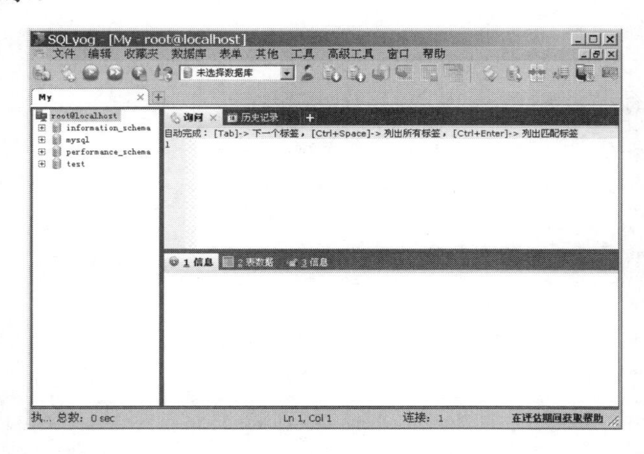

图 1-50　SQLyog 图形界面

1.5　创建和发布 Web 应用程序

安装和配置 MyEclipse 后，就可以通过在 MyEclipse 中创建和发布一个 Web 应用程序来学习 MyEclipse 的大致使用方法了。下面的操作都是基于 MyEclipse 2013 进行的。

1.5.1　创建 Web 项目、设计项目目录结构

(1)　在菜单栏中选择 File → New → Web Project 命令，弹出 New Web Project 对话框。在 Create a JavaEE Web Project 界面的 Project name 文本框中输入“Welcome”，在 Java version 下拉列表框中选择我们自己安装配置的 1.7 版本，在 Target runtime 下拉列表框中选择 Apache Tomcat v7.0，单击 Next 按钮，如图 1-51 所示。

(2)　进入 Java 设置界面，可以在 src 下添加文件夹，这里不用修改，单击 Next 按钮，如图 1-52 所示。

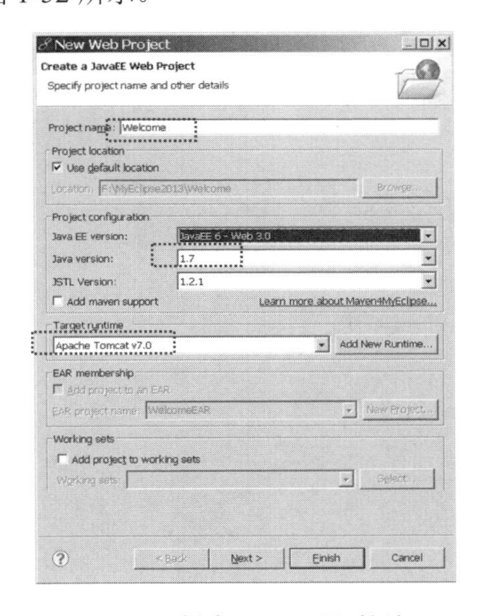

图 1-51　新建 Web 项目对话框

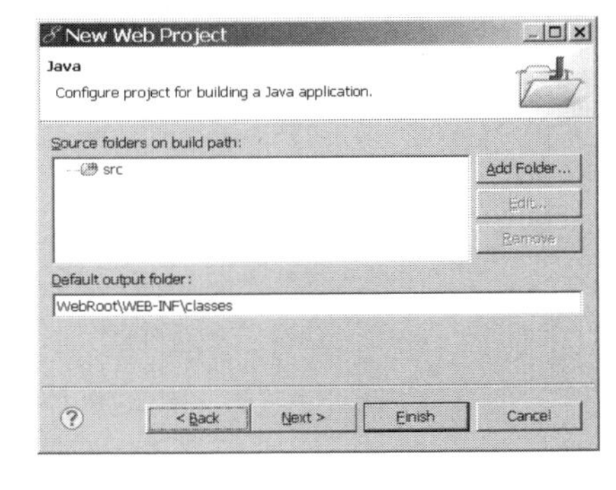

图 1-52　Java 设置界面

(3)　进入 Web Module 界面，在其中选中 Generate web.xml deployment descriptor 复选框，如图 1-53 所示。

> **提示：** 若前面图 1-51 新建 Web 项目对话框的 Java EE version 下拉列表框中选择 JavaEE 5 – Web 2.5 选项的话，该 Generate web.xml deployment descriptor 复选框默认是选中的。

(4)　进入 Configure Project Libraries 界面，如图 1-54 所示。

> **提示：** 在这里可以取消选中 Apache Tomcat v7.0 RunTime Libraries 和 JSTL 1.2.1 Library，也可以通过 Add custom JAR 按钮添加自定义的 JAR 包。

(5)　单击 Finish 按钮，完成后，在窗体左侧的包资源管理器视图中，就可以看到 Welcome

项目的目录结构了，它是由工具自动生成的，如图 1-55 所示。

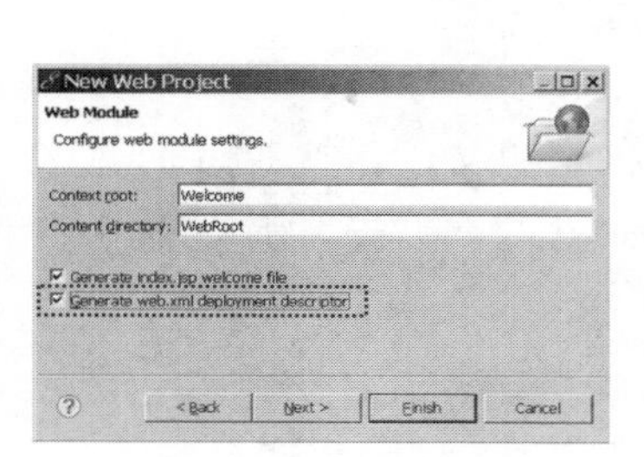
图 1-53 Web 模块设置界面

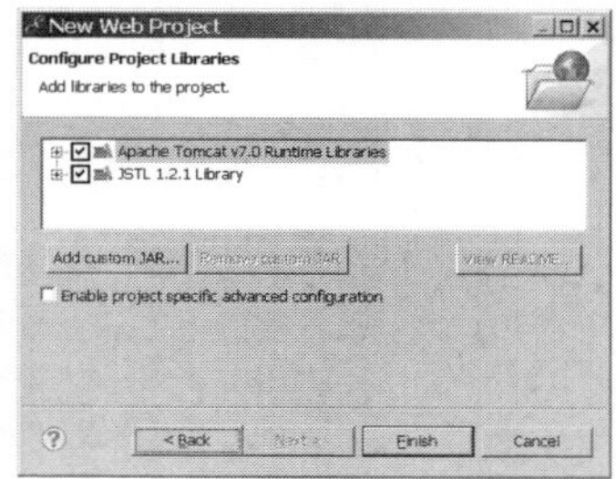
图 1-54 配置项目库文件

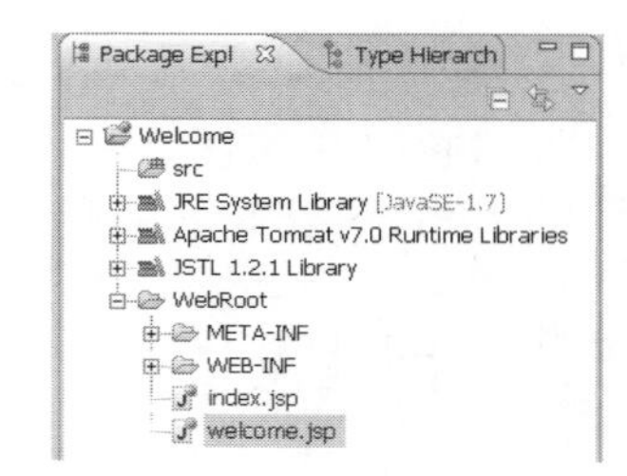
图 1-55 项目的目录结构

我们通常把Java类文件放在src目录下,可以自己定义一些包;把网页文件放在WebRoot下，可以自己定义一些文件夹，这样可以方便管理。

1.5.2 编写项目代码、部署和运行 Web 项目

现在用 IDE 集成开发工具 MyEclipse 来编写一个 JSP 页面。

(1) 首先，创建一个 JSP 文件，用鼠标右键单击 WebRoot，在弹出的快捷菜单中，选择 New → JSP(Advanced Templates)命令，如图 1-56 所示。

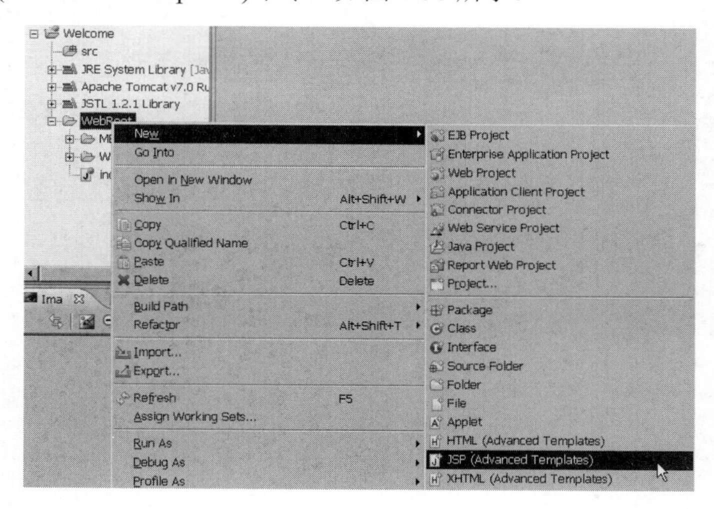
图 1-56 创建 JSP 文件

(2) 接着，在新弹出的对话框中输入文件路径及文件名。这里为了方便，只输入一个 welcome.jsp 页面，直接放在 WebRoot 路径下，如图 1-57 所示。

(3) 单击 Finish 按钮，完成 JSP 页面的创建，这样，一个 JSP 页面就自动生成了，当然，页面内容需要我们自己编写，我们在 welcome.jsp 页面的主体部分，编写一个“欢迎来到 Java Web 开发的世界！”的提示，并且把字符编码设置为 pageEncoding=“GBK”。

(4) 单击工具栏上的“部署”图标，在弹出的对话框中选择需要部署的项目(此处选择 Welcome)，单击 Add 按钮，在弹出的对话框中，选择 Server 为系统中安装的 Tomcat 7.x，然后单击 Finish 按钮，如图 1-58 所示。

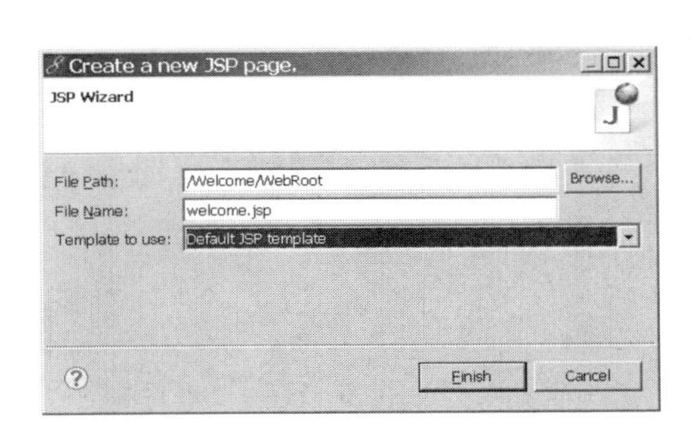

图 1-57　输入 JSP 文件路径及名称

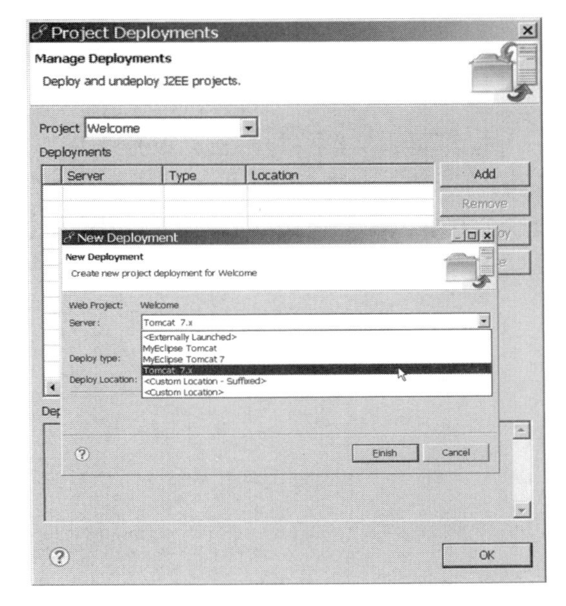

图 1-58　部署 Web 项目

(5) 此时会在对话框中提示 Successfully deployed 的提示，单击 OK 按钮关闭该对话框，至此，部署任务已经完成。

(6) 启动 Tomcat，在工具栏上，启动 Tomcat 7.x，如图 1-59 所示。

(7) 此时会在 Console 控制台输出 Tomcat 的启动信息，如图 1-60 所示。

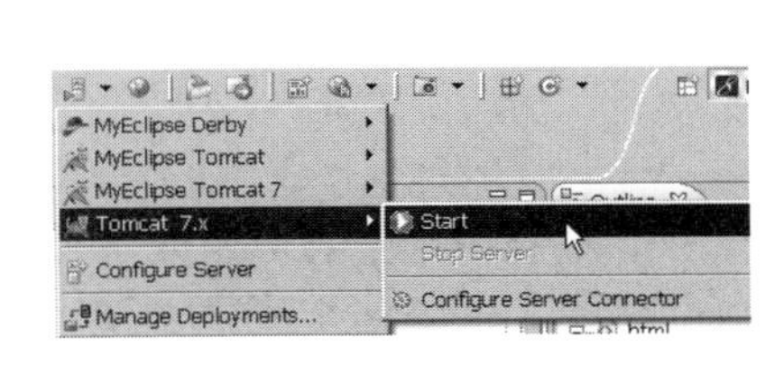

图 1-59　启动 Tomcat

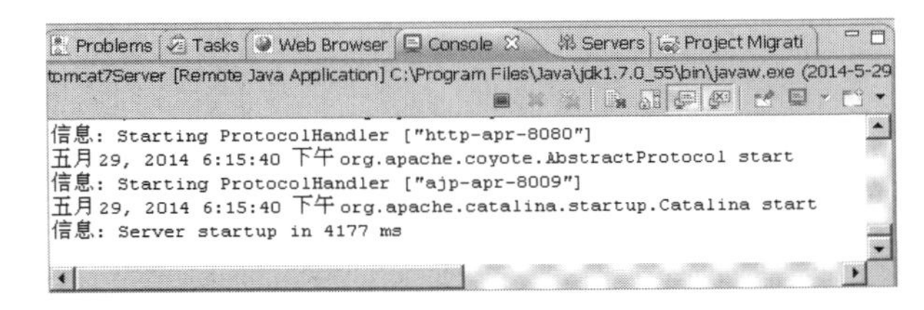

图 1-60　Tomcat 7.x 的启动信息

(8) 打开浏览器，输入“http://localhost:8080/Welcome/welcome.jsp”，按 Enter 键，运行结果如图 1-61 所示。

图 1-61　JSP 程序的运行效果

1.6 小　　结

本章详细讲述了搭建 Java Web 环境所需的各种软件(包括 JDK、Tomcat 以及集成开发环境)的下载及安装方法，以及如何在 IDE 中配置 JDK、Tomcat 和 MySQL 数据库，以上所选择的软件，也是在开发过程中经常用到的组合。本章最后通过一个 JSP 程序项目，讲解了在 MyEclipse 中创建和运行 Web 项目的方法。

第二篇　Java Web 基础篇

第2章　JSP 技术

JSP 技术是一种基于 Java 语言的网页开发技术，它可以用一种简捷而快速的方法从 Java 程序生成 Web 页面。使用 JSP 技术的 Web 页面可以很容易地显示动态内容。JSP 技术的设计目的是使得构造基于 Web 的应用程序更加容易和快捷，而这些应用程序能够与各种 Web 服务器、应用服务器、浏览器和开发工具共同工作。本章将对 JSP 及相关技术进行介绍。

2.1　JSP 技术简介

JSP 是 Java Server Pages 的简写，它是由 Sun Microsystems 公司倡导、许多公司参与，一起建立的一种动态网页技术标准。

JSP 技术有点类似于 ASP 技术，它是在传统的网页 HTML 文件(*.htm、*.html)中插入 Java 程序段(Scriptlet)和 JSP 标记(tag)，从而形成 JSP 文件(*.jsp)。

2.1.1　JSP 技术的特征

JSP 技术所开发的 Web 应用程序是基于 Java 的，它拥有 Java 语言跨平台的特性，以及业务代码分离、组件重用、基础 Java Servlet 功能和预编译等特征。

1. 跨平台

既然 JSP 是基于 Java 语言的，那么它就可以使用 Java API，所以它也是跨平台的，可以应用在不同的系统中，如 Windows、Linux、Mac 和 Solaris 等。这同时也拓宽了 JSP 可以使用的 Web 服务器的范围。另外，应用于不同操作系统的数据库也可以为 JSP 服务，JSP 使用 JDBC 技术操作数据库，从而避免了代码移植导致更换数据库时的代码修改问题。正是因为跨平台的特性，使得采用 JSP 技术开发的项目可以不加修改地应用到任何不同的平台上，这也应验了 Java 语言的“一次编写，到处运行”的特点。

2. 业务代码分离

采用 JSP 技术开发的项目，通常使用 HTML 语言来设计和格式化静态页面的内容，而使用 JSP 标签和 Java 代码片段来实现动态部分。程序开发人员可以将业务处理代码全部放到 JavaBean 中，或者把业务处理代码交给 Servlet、Struts 等其他业务控制层来处理，从而实现业务代码从视图层分离。这样，JSP 页面只负责显示数据即可，当需要修改业务代码时，不会影响 JSP 页面的代码。

3. 组件重用

JSP 中，可以使用 JavaBean 编写业务组件，也就是使用一个 JavaBean 类封装业务处理代码或者作为一个数据存储模型，在 JSP 页面中，甚至在整个项目中，都可以重复使用这个 JavaBean。JavaBean 也可以应用到其他 Java 应用程序中，包括桌面应用程序。

4. 继承 Java Servlet 功能

Servlet 是 JSP 出现之前的主要 Java Web 处理技术。它接受用户请求，在 Servlet 类中编写所有 Java 和 HTML 代码，然后通过输出流把结果页面返回给浏览器。其缺点是：在类中编写 HTML 代码非常不便，也不利于阅读。使用 JSP 技术之后，开发 Web 应用便变得相对简单、快捷多了，并且 JSP 最终要编译成 Servlet 才能处理用户请求，因此我们说 JSP 拥有 Servlet 的所有功能和特性。

5. 预编译

预编译就是在用户第一次通过浏览器访问 JSP 页面时，服务器将对 JSP 页面代码进行编译，并且仅执行一次编译。编译好的代码将被保存，在用户下一次访问时，直接执行编译好的代码。这样不仅节约了服务器的 CPU 资源，还大大提升了客户端的访问速度。

2.1.2 JSP 技术的原理

JSP 的工作方式是请求/应答模式，客户端发出 HTTP 请求，JSP 程序收到请求后进行处理，并返回处理的结果。在一个 JSP 文件第一次被请求时，JSP 引擎把该 JSP 文件转换成为一个 Servlet，而这个引擎本身也是一个 Servlet。JSP 的运行过程如下。

(1) JSP 引擎先把该 JSP 文件转换成一个 Java 源文件(Servlet)，在转换时，如果发现 JSP 文件有任何语法错误，将中断转换过程，并向服务器端和客户端输出出错信息。

(2) 如果转换成功，JSP 引擎用 javac 把该 Java 源文件编译成相应的 class 文件。

(3) 创建一个 Servlet(JSP 页面的转换结果)的实例，该 Servlet 的 jspInit()方法被执行，jspInit()方法在 Servlet 的生命周期中只被执行一次。

(4) 用 jspService()方法处理客户端的请求。对每一个请求，JSP 引擎创建一个新的线程来处理。如果有多个客户端同时请求该 JSP 文件，则 JSP 引擎会创建多个线程。每个客户端请求对应一个线程。以多线程方式执行，可大大降低对系统的资源需求，提高系统的并发处理量及缩短响应时间。由于该 Servlet 始终驻留于内存，所以可以非常迅速地响应客户端的请求。

(5) 如果 JSP 文件被修改了，服务器将根据设置决定是否对该文件重新编译，如果需要重新编译，则将以编译结果取代内存中的 Servlet，并继续上述过程。

(6) 虽然 JSP 的效率很高，但在第一次调用时，由于需要转换和编译，会有一些轻微的延迟。此外，在任何时候，如果由于系统资源不足的原因，JSP 引擎将以某种不确定的方式将 Servlet 从内存中移去。当这种情况发生时，jspDestroy()方法首先被调用。然后 Servlet 实例便被标记加入“垃圾收集”处理。

可在 jspInit()中进行一些初始化工作，如建立与数据库的连接，或建立网络连接、从配置文件中取一些参数等，然后在 jspDestroy()中释放相应的资源。

JSP 的执行过程可以用图 2-1 来表示。

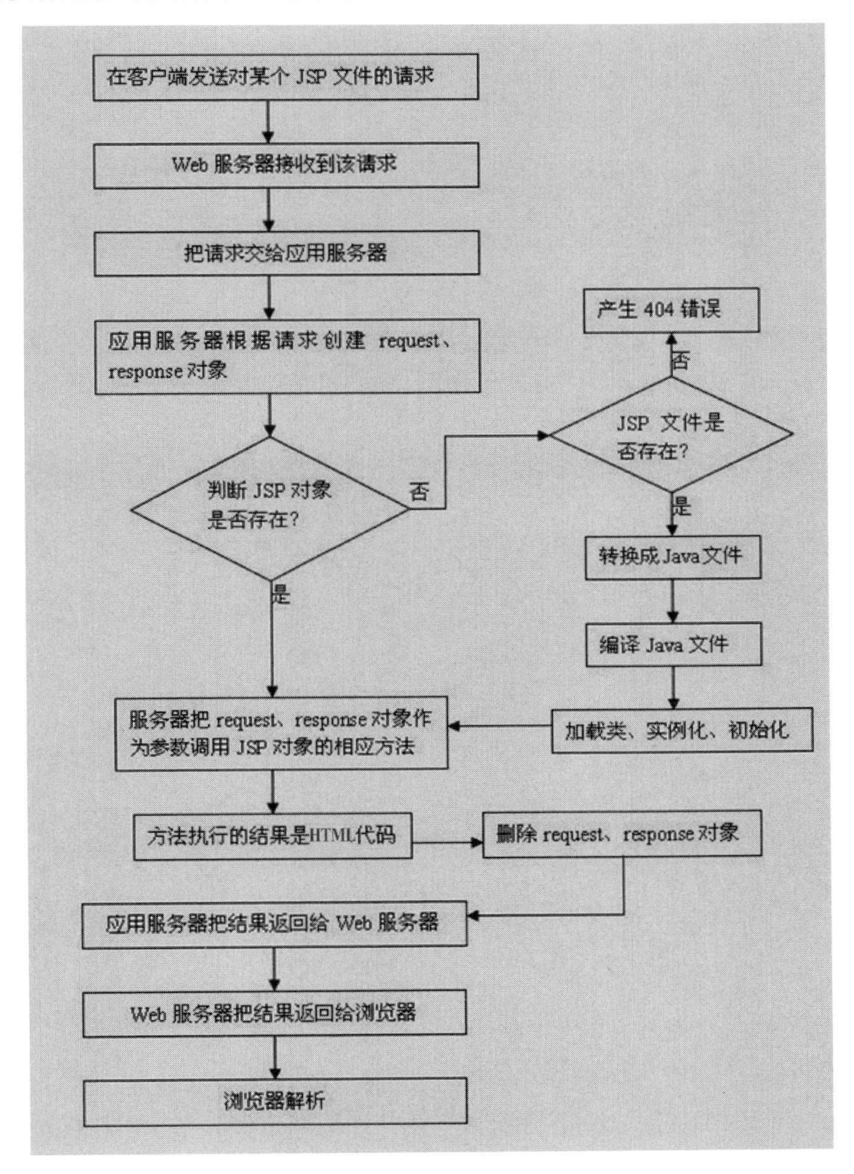

图 2-1　JSP 技术原理

2.1.3　JSP 程序的执行过程

根据 JSP 技术原理，所有 JSP 页面在执行的时候都会被服务器端的 JSP 引擎转换为 Servlet(.java)，然后又由 JSP 引擎调用 Java 编译器，将 Servlet(.java)编译为 Class 文件(.class)，并由 Java 虚拟机(JVM)解释执行。所以在一个 JSP 页面被执行后，在服务器端 Tomcat 目录下的\work\Catalina\localhost 目录内，会有一个该 JSP 项目的文件夹，依次打开 org\apache\jsp 目录，就会看到两个文件：.java 文件和.class 文件，如图 2-2 所示。

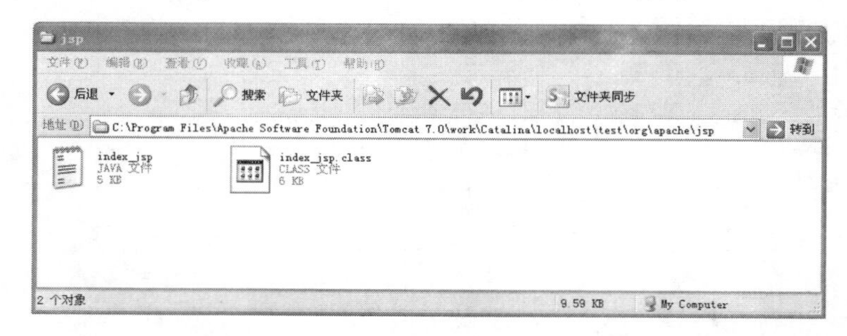

图 2-2　JSP 编译文件

为了更清楚地展示这一过程，下面通过对一个 JSP 运行过程的剖析，来深入了解 JSP 运行的内幕。首先在 MyEclipse 下建立一个简单的 JSP 项目 test，并编辑一个 JSP 页面 index.jsp，内容如下：

```
<%@ page language="java" import="java.util.*" pageEncoding="gbk"%>
<!DOCTYPE HTML PUBLIC "-//W3C//DTD HTML 4.01 Transitional//EN">
<html>
<head>
    <base href="<%=basePath%>">
    <title>My first JSP page</title>
    <meta http-equiv="pragma" content="no-cache">
    <meta http-equiv="cache-control" content="no-cache">
    <meta http-equiv="expires" content="0">
    <meta http-equiv="keywords" content="keyword1,keyword2,keyword3">
    <meta http-equiv="description" content="This is my page">
    <!--
    <link rel="stylesheet" type="text/css" href="styles.css">
    -->
</head>
<body>
    This is my first JSP page.
</body>
</html>
```

这个页面被编译后(即运行后)，在 Tomcat 服务器目录的\work\Catalina\localhost\test\org\apache\jsp 文件夹内，可以看到两个文件，其中 index_jsp.java 文件就是该 index.jsp 页面编译的 Servlet。具体内容如下：

```
/*
 * Generated by the Jasper component of Apache Tomcat
 * Version: Apache Tomcat/7.0.50
 * Generated at: 2014-05-09 17:11:59 UTC
 * Note: The last modified time of this file was set to
 *       the last modified time of the source file after
 *       generation to assist with modification tracking.
 */
```

```
package org.apache.jsp;

import javax.servlet.*;
import javax.servlet.http.*;
import javax.servlet.jsp.*;
import java.util.*;

public final class index_jsp extends org.apache.jasper.runtime.HttpJspBase
  implements org.apache.jasper.runtime.JspSourceDependent {

    private static final javax.servlet.jsp.JspFactory _jspxFactory =
      javax.servlet.jsp.JspFactory.getDefaultFactory();

    private static java.util.Map<java.lang.String,java.lang.Long>
      _jspx_dependants;

    private javax.el.ExpressionFactory _el_expressionfactory;
    private org.apache.tomcat.InstanceManager _jsp_instancemanager;

    public java.util.Map<java.lang.String,java.lang.Long> getDependants() {
        return _jspx_dependants;
    }

    public void _jspInit() {
        _el_expressionfactory = _jspxFactory.getJspApplicationContext(
          getServletConfig().getServletContext()).getExpressionFactory();
        _jsp_instancemanager = org.apache.jasper.runtime
          .InstanceManagerFactory.getInstanceManager(getServletConfig());
    }

    public void _jspDestroy() {

    }

    public void _jspService(final javax.servlet.http.HttpServletRequest
      request, final javax.servlet.http.HttpServletResponse response)
      throws java.io.IOException, javax.servlet.ServletException {

        final javax.servlet.jsp.PageContext pageContext;
        javax.servlet.http.HttpSession session = null;
        final javax.servlet.ServletContext application;
        final javax.servlet.ServletConfig config;
        javax.servlet.jsp.JspWriter out = null;
        final java.lang.Object page = this;
        javax.servlet.jsp.JspWriter _jspx_out = null;
        javax.servlet.jsp.PageContext _jspx_page_context = null;

        try {
            response.setContentType("text/html;charset=gbk");
            pageContext = _jspxFactory.getPageContext(
              this, request, response, null, true, 8192, true);
```

```
        _jspx_page_context = pageContext;
        application = pageContext.getServletContext();
        config = pageContext.getServletConfig();
        session = pageContext.getSession();
        out = pageContext.getOut();
        _jspx_out = out;

        out.write('\r');
        out.write('\n');

        String path = request.getContextPath();
        String basePath = request.getScheme()+"://"
          +request.getServerName()+":"
          +request.getServerPort()+path+"/";

        out.write("\r\n");
        out.write("\r\n");
        out.write("<!DOCTYPE HTML PUBLIC \"-//W3C//DTD HTML 4.01
                   Transitional//EN\">\r\n");
        out.write("<html>\r\n");
        out.write("  <head>\r\n");
        out.write("    <base href=\"");
        out.print(basePath);
        out.write("\">\r\n");
        out.write("    \r\n");
        out.write("    <title>My first JSP page</title>\r\n");
        out.write(
          "\t<meta http-equiv=\"pragma\" content=\"no-cache\">\r\n");
        out.write("\t<meta http-equiv=\"cache-control\"
          content=\"no-cache\">\r\n");
        out.write(
          "\t<meta http-equiv=\"expires\" content=\"0\">\r\n");
        out.write("\t<meta http-equiv=\"keywords\"
          content=\"keyword1,keyword2,keyword3\">\r\n");
        out.write("\t<meta http-equiv=\"description\"
          content=\"This is my page\">\r\n");
        out.write("\t<!--\r\n");
        out.write("\t<link rel=\"stylesheet\" type=\"text/css\"
          href=\"styles.css\">\r\n");
        out.write("\t-->\r\n");
        out.write("  </head>\r\n");
        out.write("  \r\n");
        out.write("  <body>\r\n");
        out.write("    This is my first JSP page. \r\n");
        out.write("  </body>\r\n");
        out.write("</html>\r\n");
    } catch (java.lang.Throwable t) {
        if (!(t instanceof javax.servlet.jsp.SkipPageException)){
            out = _jspx_out;
            if (out != null && out.getBufferSize() != 0)
                try { out.clearBuffer(); } catch (java.io.IOException e) {}
```

```
                if (_jspx_page_context != null)
                  _jspx_page_context.handlePageException(t);
                else throw new ServletException(t);
            }
        } finally {
            _jspxFactory.releasePageContext(_jspx_page_context);
        }
    }
}
```

从上面可以看出，index.jsp 在运行时首先解析成一个 Java 类 index_jsp.java，该类继承于 org.apache.jasper.runtime.HttpJspBase 基类，HttpJspBase 实现了 HttpServlet 接口。可见，JSP 在运行前，将首先编译为一个 Servlet，这就是理解 JSP 技术的关键。

2.2　JSP 页面的组成

从作用上看，JSP 页面由三类元素组成：HTML 标记、JSP 标签和 Java 程序片段。HTML 标记用于创建用户界面，JSP 标签用于控制页面属性，Java 程序片段用于实现逻辑计算。

2.2.1　静态内容

JSP 页面的静态内容主要用来完成数据显示和样式，包括 HTML、CSS 标记等。

HTML 即 HyperText Markup Language，它是一种可以加入文本、表格、图片、声音、动画、影视等内容标记的超文本标记(标签)语言，它是为网页创建和其他可在网页浏览器中看到的信息而设计的。它简单易学。实际上，HTML 就是用标记符号来设置 Web 页面上的显示内容的，一个标记(<标记名>和</标记名>)就是一条命令。

例如：

```
<html>
<head>
<title>
HTML 语言的基本结构
</title>
</head>
<body>
HTML 是使用特殊标记来描述文档结构和表现形式的一种语言。
</body>
</html>
```

CSS 即 Cascading Style Sheet，译作“层叠式样式表单”，是一种标记语言，能够对 HTML 页面进行美化——对所有组件进行字体、颜色、背景颜色、图片的装饰，对页面布局进行精确控制。

CSS 样式主要由三部分组成：选择器(selector)、属性名(property)、属性值(value)。

例如：

```
p {font-size:25px; color:blank}
```

CSS 有三种写法。

- 内嵌样式(Inline Style)：以属性的形式直接在 HTML 标记中给出，用于设置该标记所定义信息的显示效果。内嵌样式只对其所在的标记有效。
- 内部样式表(Internal Style Sheet)：在 HTML 页面的头信息元素<head>中给出，可以同时设置多个标记所定义信息的显示效果。内部样式表只对所在的网页有效。
- 外部样式表(External Style Sheet)：外部样式表将样式设置保存到独立的外部文件中，然后在要使用这些样式的 HTML 页面中进行引用。外部样式表为纯文本文件，后缀为.css；外部样式表可被应用到多个页面中。

2.2.2 JSP 的注释

JSP 注释常用的有两种：

- HTML 注释。
- 隐藏注释(JSP 专有注释)。

1．HTML 注释

HTML 注释是能在客户端代码中显示的一种注释，标记内的所有 JSP 脚本元素、指令和动作将正常执行，也就是说，编译器会扫描注释内的代码。

HTML 注释的语法如下：

```
<!--注释-->
```

语法示例如下。

例 1：

```
<!--这段注释显示在客户端的浏览器页面中 -->
```

在客户端的 HTML 源代码中，将产生与上面一样的信息。

例 2：

```
<!--这个页面加载于 <%= (new java.util.Date()).toString() %> -->
```

在客户端的 HTML 源代码中显示为：

```
<!--这个页面加载于 Sat May 08 19:51:56 CST 2014 -->
```

所以，可以在 HTML 注释中使用任何有效的 JSP 表达式。表达式是动态的，当用户第一次调用该页面或该页面后来被重新调用时，该表达式将被重新赋值。JSP 引擎对 HTML 注释中的表达式执行完后，其执行的结果将代替 JSP 语句。然后该结果和 HTML 注释中的其他内容一起输出到客户端。在客户端的浏览器中，浏览者可通过查看源文件的方法看到该注释。

2．隐藏注释(JSP 专有注释)

隐藏注释标记的字符会在 JSP 编译时被忽略掉，标记内的所有 JSP 脚本元素、指令和动作都将不起作用。也就是说，JSP 编译器不会对注释符之间的任何语句进行编译，其中的任何代码都不会显示在客户端浏览器的任何位置。

隐藏注释的语法如下：

```
<%--注释--%>
```

语法示例：

```
<%@ page language="java" %>
<html>
<head><title>注释测试</title></head>
<body>
<h2>注释测试</h2>
<%--在页面源代码中，这个注释是看不见的--%>
</body>
</html>
```

JSP 引擎对隐藏注释不做任何处理。隐藏注释既不发送到客户端，也不在客户端的 JSP 页面中显示。在客户端查看源文件时也看不到。因此，如果只想在 JSP 页面源程序中写文档说明时，隐藏注释是很有用的。

另外，如果要编写 Java 代码片段，还要使用到 Java 的注释，它只能出现在 Java 代码区中，不允许直接出现在页面中。

Java 注释的方法如下：

```
//单行注释
/*多行注释*/
```

2.2.3　JSP 的指令元素

指令(Directives)主要用来提供整个 JSP 网页的信息，并用来设定 JSP 网页的相关属性，例如，网页的编码格式、语法、信息等。

指令的语法格式为：

```
<%@ 指令 %>
```

指令可以分开来写，如下所示：

```
<%@ directives  attribute 1="value1" %>
<%@ directives  attribute 2="value2" %>
<%@ directives  attribute N="valueN" %>
```

也可以合并起来设置，如下所示：

```
<%@ directives  attribute 1="value1" attribute 2="value2"
 attribute N= "valueN" %>
```

在 JSP 1.2 规范中，有三种指令：page、include、taglib，每一种指令都有自己的属性，下面将为读者介绍这三种指令。

1. page 指令

通过 page 指令设置页面内部的多个属性来配置整个页面的属性，page 指令一共拥有 13

个属性，如表 2-1 所示。

表 2-1　page 指令的属性

属　性	说　明
language	主要指定用何种语言来解释 JSP 网页，目前只能由 Java 来解释，但是不排除以后可能会由其他语言解释，例如 C#、C++等语言
import	主要指定 JSP 网页可以使用哪些 Java API
pageEncoding	主要指定 JSP 页面的编码属性
extends	主要指定此 JSP 网页产生的 Servlet 所继承的类
session	主要指定此 JSP 网页是否使用 session(默认为 true)
buffer	主要决定输出流是否有缓冲区(默认时有 8KB 的缓冲区)
autoFlush	主要决定输出流的缓冲区是否自动清除(默认为 true)
isThreadSafe	主要是告诉 JSP 容器能处理一个以上的请求。如果设置成 false，则会使用 SingleThreadModel。在 Servlet 2.4 中已经声明不赞成使用(默认是 true)
info	主要表示此 JSP 网页的信息
errorPage	如果发生异常错误，则会重新定向到一个 URL 地址(要想此设置发生作用，务必将 isErrorPage 属性设置为 true)
isErrorPage	主要表示此 JSP 页面是否在发生异常错误时转向到另一个 URL
contentType	指定 JSP 网页的编码方式
isELIgnored	表示 JSP 网页在执行时，是否执行或忽略 EL 表达式，如果为 true，则忽略 EL 表达式，反之，则执行 EL 表达式(默认为 true)

例如：

```
<%@ page language="java" import="java.util.*" pageEncoding="GB18030" %>
<%@ page contentType="text/html; charset=ISO-8859-1" %>
```

以下示例均为不合语法规则，读者应注意。

(1)　在 JSP 网页指令中是以“%”作为结束符号，并不是以“/”作为结束符的。所以，如下代码是错误的：

```
<%@ page contentType="text/html; charset=ISO-8859-1" /%>
```

(2)　JSP 指令中只有 import 属性可以重复设定，其余属性只能设定一次或者不设置。所以，如下代码是错误的：

```
<%@ page pageEncoding="ISO-8859-1" pageEncoding="UTF-8"%>
```

而如下代码是正确的：

```
<%@ page import="java.util.*" %>
<%@ page import="java.sql.*" %>
```

接下来，我们看一个简单 page 范例，代码如下：

```
<%@ page language="java" import="java.util.*" pageEncoding="utf-8"%>
<html>
```

```
<head>
    <title>Page 简单实例</title>
</head>

<body>
    <h1>使用 java.util.Date 显示当前的时间</h1>
    <%
        Date date = new Date();
        out.print("目前时间为" + date);
    %>
</body>
</html>
```

因为程序是要显示当前的时间，需要用到 java.util.Date 这个类，所以我们必须将它导入进来(使用 import)。运行结果如图 2-3 所示。

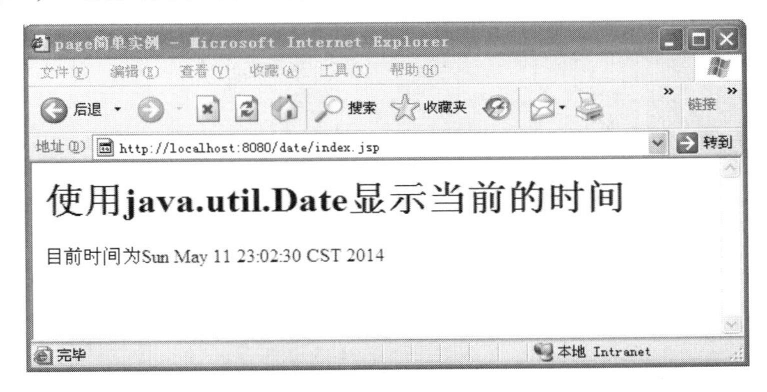

图 2-3　显示时间

如果在一个 JSP 页面中同时需要导入多个类：

```
<%@ page import="java.util.*" %>
<%@ page import="java.sql.*" %>
```

也可以用如下方式，即各个类之间使用逗号隔开，然后导入所有的类：

```
<%@ page import="java.util.*,java.sql.*" %>
```

2．include 指令

include 指令表示在 JSP 编译时包含一个文本或者代码的文件，这个包含过程是静态的，包含的文件可以是 JSP 网页、HTML 网页、文本文件，或者一段 Java 程序。

include 指令的语法格式如下：

```
<%@ include file="被包含文件的地址" %>
```

注意：尽量不要在包含文件中出现<html></html>、<body></body>、<head></head>，因为这会影响 JSP 网页中的相同标签，可能会导致不必要的错误。

include 指令只有一个属性，那就是 file，表示包含文件的路径地址。<%@include%>指令是静态包含其他文件，不可以在 file 属性所指定的 URL 地址后面加入参数。

例如，下面的语句是错误的：

```
<%@ include file="include.jsp?name='张三' " %>
```

接下来，我们来看一个完整的 include 指令示例，代码如下：

```
<%@ page language="java" import="java.util.*" pageEncoding="UTF-8"%>
<html>
<head>
    <title>include 简单实例</title>
</head>

<body>
    <h1>Include 示例</h1><br>
    <h2>这是原 JSP 文件内容</h2><br>
    <%@ include file="child.jsp" %>
</body>
</html>
```

child.jsp 文件的代码如下：

```
<%@ page language="java" pageEncoding="UTF-8"%>
<h2>这是被包含 JSP 文件内容</h2>
```

执行结果如图 2-4 所示。

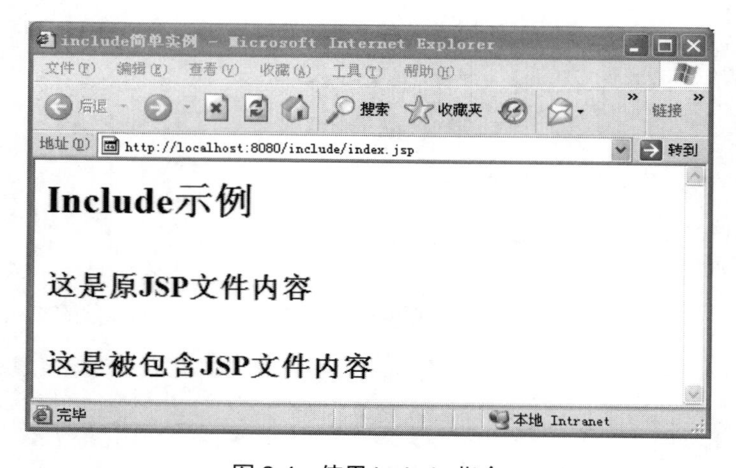

图 2-4　使用 include 指令

在原来的 JSP 页面代码中，只是通过一个 include 指令将一个 child.jsp 文件包含进来，child.jsp 文件的内容与原 JSP 页面无关，这种形式有助于我们在未来的项目开发中实现分模块开发，以提高开发的协作性和高效性。

3．taglib 指令

在 JSP 页面中，可以直接使用 JSP 提供的一些动作元素标记来完成特定功能，如使用<jsp:include>包含一个文件。通过使用 taglib 指令，开发者就可以在页面中使用这些基本标记或自定义的标记来完成特殊的功能。

taglib 指令的使用格式如下：

```
<%@ taglib uri="tagURI" prefix="tagPrefix" %>
```

参数说明如下。

uri：该属性指定了 JSP 要在 web.xml 文件中查找的标签库描述符，该描述符是一个标签描述文件(*.tld)的映射。在 tld 标签描述文件中定义了该标签库中的各个标签名称，并为每个标签指定一个标签处理类。另外，通过 uri 属性直接指定标签描述文件的路径，而无须在 web.xml 文件中进行配置，同样可以使用指定的标记。

prefix：该属性指定一个在页面中使用由 uri 属性指定的标签库的前缀。但是前缀命名不能为 jsp、jspx、java、javax、sun、servlet 和 sunw，开发者可以通过前缀来引用标签库中的标签。

如一个简单的使用 JSTL 的代码：

```
<%@ taglib uri="http://java.sun.com/jsp/jstl/core" prefix="c" %>
<c:set var="name" value="hello"/>
```

上述代码通过<c:set>标签将“hello”值赋给了变量 name。

引入 Struts 2 的标签：

```
<%@ tablig="/struts-tag" prefix="s"%>
```

2.2.4　JSP 的表达式

JSP 的页面组成可以是静态内容、指令、表达式、小脚本、声明、标注动作和注释。其中表达式(Expression)、小脚本(Scriptlet)、声明(Declaration)统称为 JSP 脚本元素。JSP 脚本元素用来插入 Java 代码，这些 Java 代码将出现在由当前 JSP 页面生成的 Servlet 中。本小节主要讲表达式。

JSP 的表达式是用来把 Java 数据直接插入到输出中。其语法如下：

```
<%= Java Expression %>
```

计算 Java 表达式得到的结果被转换成字符串，然后插入到页面中。计算在运行时进行(页面被请求时)，因此可以访问与请求有关的全部信息。

例如，下面的代码显示页面被请求的日期/时间：

```
当前日期为：<%= new java.util.Date() %>
```

为简化这些表达式，JSP 预定义了一组可以直接使用的对象变量。后面我们将详细介绍这些隐含声明的对象，但对于 JSP 表达式来说，最重要的几个对象及其类型如下。

- request：HttpServletRequest。
- response：HttpServletResponse。
- session：与 request 关联的 HttpSession。
- out：PrintWriter(带缓冲的版本，JspWriter)，用来把输出发送到客户端。

下面是一个例子：

```
Your hostname: <%= request.getRemoteHost() %>
```

最后，如果使用 XML 的话，JSP 表达式也可以写成下面这种形式：

```
<jsp:expression>
   Java Expression
</jsp:expression>
```

请记住，XML 元素与 HTML 不一样。XML 是大小写敏感的，因此务必使用小写。

2.2.5 JSP 的小脚本

如果我们要完成的任务比插入简单的表达式更加复杂，可以使用 JSP 小脚本(Scriptlet)。JSP Scriptlet 允许我们把任意的 Java 代码插入 Servlet 中。

JSP Scriptlet 的语法如下：

```
<% Java Code %>
```

与 JSP 表达式一样，Scriptlet 也可以访问所有预定义的变量。例如，如果我们要向结果页面输出内容，可以使用 out 变量：

```
<%
String queryData = request.getQueryString();
out.println("Attached GET data: " + queryData);
%>
```

注意： Scriptlet 中的代码将被照搬到 Servlet 内，而 Scriptlet 前面和后面的静态 HTML(模板文本)将被转换成 println 语句。这就意味着，Scriptlet 内的 Java 语句并非一定要是完整的，没有关闭的块将影响 Scriptlet 外的静态 HTML。

例如，下面的 JSP 片段混合了模板文本和 Scriptlet：

```
<% if (Math.random() < 0.5) { %>
   Have a <B>nice</B> day!
<% } else { %>
   Have a <B>lousy</B> day!
<% } %>
```

上述 JSP 代码将被转换成如下 Servlet 代码：

```
if (Math.random() < 0.5) {
   out.println("Have a <B>nice</B> day!");
} else {
   out.println("Have a <B>lousy</B> day!");
}
```

如果要在 Scriptlet 内部使用字符“%>”，必须写成“%\>”。

另外，请注意<% code %>的 XML 等价表达是：

```
<jsp:scriptlet>
Code
</jsp:scriptlet>
```

2.2.6　JSP 的声明

声明(Declaration)用来在 JSP 页面中声明变量和定义方法。声明是以<%!开头，以%>结束的标签，其中可以包含任意数量的合法的 Java 声明语句。下面是 JSP 声明的一个例子：

```
<%! int count = 0; %>
```

上面的代码声明了一个名为 count 的变量，并将其初始化为 0。声明的变量仅在页面第一次载入时由容器初始化一次，初始化后，在后面的请求中一直保持该值。

下面的代码在一个标签中声明了一个变量和一个方法：

```
<%!
String color[] = {"red", "green", "blue"};
String getColor(int i){
   return color[i];
}
%>
```

也可以将上面的两个 Java 声明语句写在两个 JSP 声明标签中，例如：

```
<%! String color[] = {"red", "green", "blue"}; %>
<%!
String getColor(int i){
   return color[i];
}
%>
```

2.2.7　JSP 的动作标签

在 JSP 中的动作标签包括：<jsp:param>、<jsp:include>、<jsp:forward>、<jsp:UseBean>、<jsp:getProperty>、<jsp:setProperty>、<jsp:plugin>。

1．param 标签

<jsp:param>常常与<jsp:forward page="转向页面的 url" >、<jsp:include page="url" >结合使用，在转向和包含页面时传递参数。

例如：

```
<jsp:forward page="转向页面的 url">
   <jsp:param name="参数名 1" value="参数值 1">
   <jsp:param name="参数名 2" value="参数值 2">
   ...
</jsp:forward>
<jsp:include page="转向页面的 url">
   <jsp:param name="参数名 1" value="参数值 1">
   <jsp:param name="参数名 2" value="参数值 2">
   ...
</jsp:include>
```

到达目标页面后可以通过 request.getParameter(“参数名”)方式取出对应值。

2. include 标签

<jsp:include>标签表示包含一个静态的或者动态的文件。

语法：

```
<jsp:include page="path" flush="true" />
```

或者：

```
<jsp:include page="path" flush="true">
   <jsp:param name="paramName" value="paramValue" />
</jsp:include>
```

说明：

- page=“path”：为相对路径，或者代表相对路径的表达式。
- flush=“true”：必须使 flush 为 true，它默认值是 false。

3. forward 标签

<jsp:forward>标签表示重定向一个静态 HTML/JSP 的文件，或者是一个程序段。

语法：

```
<jsp:forward page="path"} />
```

或者：

```
<jsp:forward page="path"} >
   <jsp:param name="paramName" value="paramValue" />...
</jsp:forward>
```

说明：

page=“path”：为一个表达式，或者一个字符串。

4. useBean 标签

<jsp:useBean>标签表示在 JSP 页面中创建一个 Bean 实例，并且指定它的名字以及作用范围。

语法：

```
<jsp:useBean id="name" scope="page | request | session | application"
  typeSpec />
```

其中 typeSpec 有以下几种可能的情况：

```
class="className" | class="className" type="typeName" | beanName="beanName"
  type="typeName" | type="typeName"
```

说明：

必须使用 class 或 type，而不能同时使用 class 和 beanName。beanName 表示 Bean 的名字，其形式为“a.b.c”。

5．getProperty 标签

<jsp:getProperty>标签表示获取 Bean 的属性的值并将其转化为一个字符串，然后插入到输出的页面中。

语法：

```
<jsp:getProperty name="name" property="propertyName" />
```

说明：

- 在使用<jsp:getProperty>前，必须用<jsp:useBean>来创建它。
- 不能使用<jsp:getProperty>来检索一个已经被索引了的属性。
- 能够与 JavaBeans 组件一起使用<jsp:getProperty>，但是不能与 Enterprise Java Bean 一起使用。

6．setProperty 指令

<jsp:setProperty>标签表示用来设置 Bean 中的属性值。

语法：

```
<jsp:setProperty name="beanName" prop_expr />
```

其中 prop_expr 有以下几种可能的情形：

```
property="*" | property="propertyName" | property="propertyName"
 param="parameterName" | property="propertyName" value="propertyValue"
```

说明：

使用 jsp:setProperty 来为一个 Bean 的属性赋值；可以使用两种方式来实现。

(1)　在 jsp:useBean 后使用 jsp:setProperty：

```
<jsp:useBean id="myUser" ... />
...
<jsp:setProperty name="user" property="user" ... />
```

在这种方式中，jsp:setProperty 将被执行。

(2)　jsp:setProperty 出现在 jsp:useBean 标签内：

```
<jsp:useBean id="myUser" ... >
  ...
  <jsp:setProperty name="user" property="user" ... />
</jsp:useBean>
```

在这种方式中，jsp:setProperty 只会在新的对象被实例化时才被执行。

7．plugin 指令

<jsp:plugin>标签表示执行一个 Applet 或 Bean，有可能的话，还要下载一个 Java 插件，用于执行它。

语法：

```
<jsp:plugin type="bean | applet" code="classFileName"
```

```
codebase="classFileDirectoryName" [ name="instanceName" ]
[ archive="URIToArchive, ..." ] [ align="bottom | top | middle | left | right" ]
[ height="displayPixels" ] [ width="displayPixels" ]
[ hspace="leftRightPixels" ] [ vspace="topBottomPixels" ]
[ jreversion="JREVersionNumber | 1.1" ] [ nspluginurl="URLToPlugin" ]
[ iepluginurl="URLToPlugin" ] > [ <jsp:params> [ <jsp:param
name="parameterName" value="{parameterValue | <%= expression %>}" /> ]
+ </jsp:params> ] [ <jsp:fallback> text message for user </jsp:fallback> ]
</jsp:plugin>
```

说明：

<jsp:plugin>元素用于在浏览器中播放或显示一个对象(典型的就是 Applet 和 Bean)，而这种显示需要在浏览器中的 Java 插件。当 JSP 文件被编译，送往浏览器时，<jsp:plugin>元素将会根据浏览器的版本，替换成<object>或者<embed>元素。注意，<object>用于 HTML 4.0，<embed>用于 HTML 3.2。一般来说，<jsp:plugin>元素会指定对象是 Applet 还是 Bean，同样也会指定 class 的名字，还有位置。另外，还会指定将从哪里下载这个 Java 插件。

2.3 JSP 的内置对象

JSP 的内置对象，就是可以直接使用，而不需要我们自己创建的 Web 容器已为用户创建好的一些 JSP 对象，例如 out、request、session、response 等。

2.3.1 out 对象

out 对象能把结果输出到网页上。通常我们使用 out.print(Object obj)和 out.println(Object obj)方法，两者的区别就是 out.println(Object obj)会在输出后在末尾加上换行符，例如在 DOS 窗口下，输出的数据会换行。

out 对象除了这两种常用的方法外，还有一些其他的方法，这些方法主要用来管理缓冲流或者输出流，如表 2-2 所示。

表 2-2 out 对象的其他方法

方 法	说 明
void clear()	清除缓冲区的内容
void clearBuffer()	清除缓冲区的内容
void close()	关闭输出流，并清空所有内容
int getBufferSize()	获得缓冲区的大小
int getRemaining()	目前还剩下的缓冲区大小
boolean isAutoFlush()	缓冲区满了之后是否自动清除，true 为自动清除，false 为不自动清除(默认为 true)

我们来举例说明这些方法的使用，index.jsp 的代码如下：

```
<%@ page language="java" import="java.util.*"
```

```
  contentType="text/html; charset=UTF-8" pageEncoding="UTF-8"%>
<html>
<head>
    <title>out 对象简单实例</title>
</head>

<body>
    <h1> out 对象示例</h1><br>
    <p>
        缓冲区大小为：<%=out.getBufferSize()%><br>
        是否自动清除缓冲区：<%=out.isAutoFlush()%><br>
        缓冲区目前所剩：<%=out.getRemaining()%><br>
    </p>
</body>
</html>
```

执行结果如图 2-5 所示。

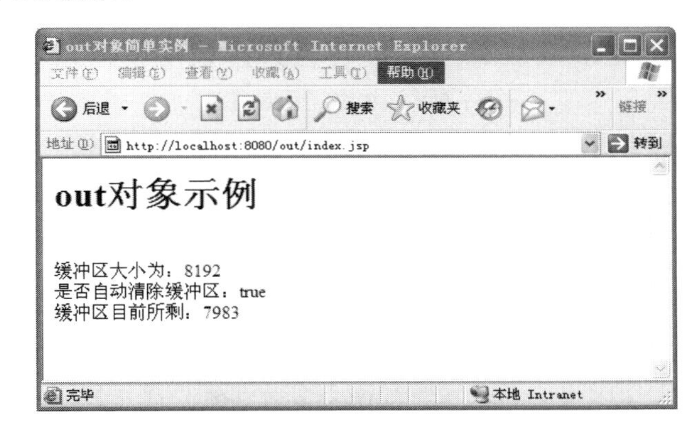

图 2-5　使用 out 对象

2.3.2　request 对象

request 对象的作用是与客户端交互，收集客户端的 Form、Cookies、超链接，或者收集服务器端的环境变量。JSP 中，除了可以使用窗体、隐藏字段传递参数，还可以使用 request 对象的 setAttribute()和 getAttribute()传递参数。例如，看下面的 index.jsp 代码：

```
<%@ page language="java" import="java.util.*" pageEncoding="UTF-8"%>
<html>
<head>
    <title>request 简单实例</title>
</head>
<body>
    <h1>request 示例</h1><br>
    <%request.setAttribute("A1", "前页面变量");%>
    <jsp:forward page="request.jsp"></jsp:forward>
</body>
</html>
```

setAttribute(String key,Object value)方法中需要传递两个参数，一个是键，一个是值，将键映射到值上，随后我们就可以使用 getAttribute(String key)来获取其中的值了，request.jsp 的代码具体如下：

```
<%@ page language="java" import="java.util.*" pageEncoding="UTF-8"%>
<html>
<head>
    <title>request 简单实例</title>
</head>
<body>
    <h1>request 示例</h1><br>
    <%=request.getAttribute("A1")%>
</body>
</html>
```

运行结果如图 2-6 所示。

图 2-6　使用 request 对象

除了 request 可以使用此方法外，还有其他对象也是可以的，例如 session、page、application，它们之间到底有什么区别呢？最大的区别就是使用的范围不一样。request 的使用范围是 JSP 发送一个请求到另一个 JSP 后便会失效。

2.3.3　response 对象

response 对象主要是将 JSP 处理的数据结果返回给客户端，其主要的方法见表 2-3。

表 2-3　response 对象的主要方法

方　法	说　明
void addCookie()	新增 cookie
void addDateHeader()	增加 long 类型的值到 Date 表头
void sendRedirect()	重定向 URL 地址
void encodeRedirectUrl()	对使用 sendRedirect()方法的 URL 进行编码
void sendError()	传送状态码
void setHeader()	指定 String 类型的数值到表头

有时候，我们想要让网页自动刷新，则需要设置 Header，比如，若需要每 10 秒刷新一次网页，则可以这样写：

```
response.setHeader("Refresh","10;URL=index.jsp");
```

2.3.4　session 对象

session 对象表示目前个别用户的会话状况，用此机制可以轻易辨别每一个用户，然后可以根据用户的不同，给予正确的响应。例如，购物网站常用的购物车就是如此，用户将自己即将购买的产品放进购物车里，服务器利用 session 机制将用户即将购买的商品放进每个用户的 session 中，而不至于放错购物车，当用户需要结账的时候，便会根据 session 辨别用户，而从对应的 session 中获得购物车中的物品。session 的常用方法见表 2-4。

表 2-4　session 对象的常用方法

方　法	说　明
long getCreationTime()	取得 session 的创建时间，单位是毫秒，从 1970 年 1 月 1 日开始算起
String getID()	取得 session 的 ID 号
long getLastAccessedTime()	用户最后通过这个 session 发送请求的时间，单位是毫秒
int getMaxInactiveInterval()	取得用户最大不活动时间，单位是秒
void invalidate()	取消 session 对象，并将对象中存放的内容全部抛弃
boolean isNew()	判断是否为新建的 session
void setMaxInactiveInterval()	设置最大的 session 不活动时间，如果超出这个时间，则 session 失效

session 对象也可以储存与用户相关的数据，例如用户的名称、用户的权限等。例如，我们需要让某些用户访问某个网页，但是用户必须先登录获得权限后才可以访问，否则在访问此页面的时候，将会跳到登录页面。

首先制作一个登录页面 index.jsp，代码如下：

```
<%@ page language="java" import="java.util.*" pageEncoding="UTF-8"%>
<html>
<head>
   <title>login</title>
</head>
<body>
<form action="login1.jsp">
   用户名：<input type="text" name="name"><br>
   密码：<input type="password" name="password"><br>
   <input type="submit" value="提交"/>
   <div id="error">
   <font color="red">
   <%
   String message = (String)request.getAttribute("error");
   if(null!=message) out.print(message);
   %>
   </font>
```

```
    </div>
</form>
</body>
</html>
```

在 index.jsp 中，我们需要用户提交两个参数，一个是用户名，一个是密码，并提交到 login1.jsp 中进行数据检测。

然后新建一个 login1.jsp 页面，代码如下：

```
<%@ page language="java" import="java.util.*" pageEncoding="UTF-8"%>
<html>
<head>
    <title>session 简单实例</title>
</head>
<body>
<%
String name = request.getParameter("name");
String password = request.getParameter("password");
if("zhangsan".equals(name)){
    if("123".equals(password)){
        session.setAttribute("user",name);
        response.sendRedirect("login2.jsp");
    }else{
        request.setAttribute("error","密码错误");
        request.getRequestDispatcher("login.jsp")
          .forward(request,response);
    }
}else{
    request.setAttribute("error","用户名错误");
    request.getRequestDispatcher("login.jsp").forward(request,response);
}
%>
</body>
</html>
```

如果输入的用户名为“zhangsan”，密码为“123”，则验证通过并将这个用户的用户名存入 session 中，然后跳转到 login2.jsp 页面进行显示，否则，就跳回登录页面，并在 id 为 error 的 div 标签中进行错误显示。

继续建立一个 login2.jsp 页面，代码如下：

```
<%@ page language="java" import="java.util.*" pageEncoding="UTF-8"%>
<html>
<head>
    <title>session 简单实例</title>
</head>
<%
String name = (String)session.getAttribute("user");
if(null==name)
    request.getRequestDispatcher("login.jsp").forward(request,response);
%>
<body>
```

```
    <h1>欢迎来到 JSP 世界，Welcome JSP World</h1>
</body>
</html>
```

运行该程序，首先看到登录页面，如图 2-7 所示。

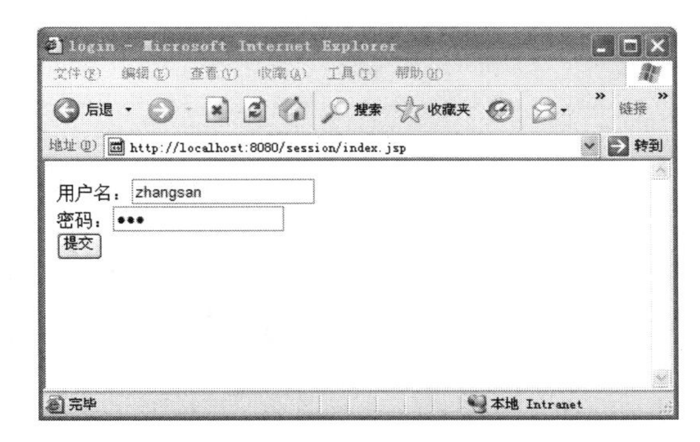

图 2-7　登录页面

输入正确的用户名和密码后，则进入 login2.jsp 页面，如图 2-8 所示。

图 2-8　输入的密码正确时出现的页面

如果密码不正确，则结果如图 2-9 所示。

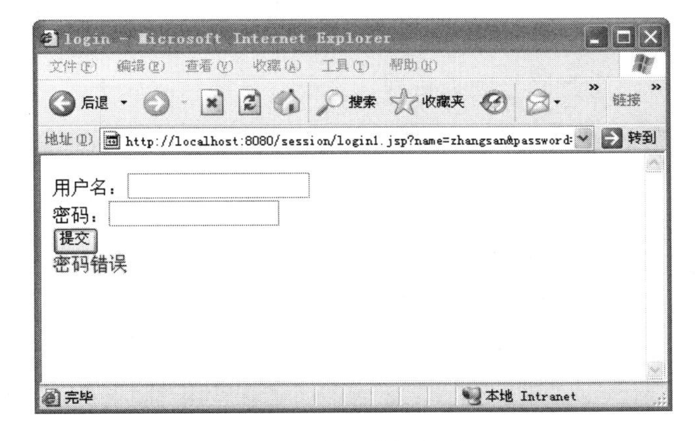

图 2-9　提示密码错误

读者可能会问，如果我们直接访问 login2.jsp 页面是否也可以？答案当然是否定的。因为 login2.jsp 页面中有：

```
<%
String name = (String)session.getAttribute("user");
if(null==name)
   request.getRequestDispatcher("login.jsp").forward(request,response);
%>
```

这段脚本判断该用户的 session 中是否存入了用户名，如果没有，则会直接跳转到登录页面，否则继续显示。

我们不妨访问一下 login2.jsp 网页，看看是否是这样的。执行结果如图 2-10 所示。

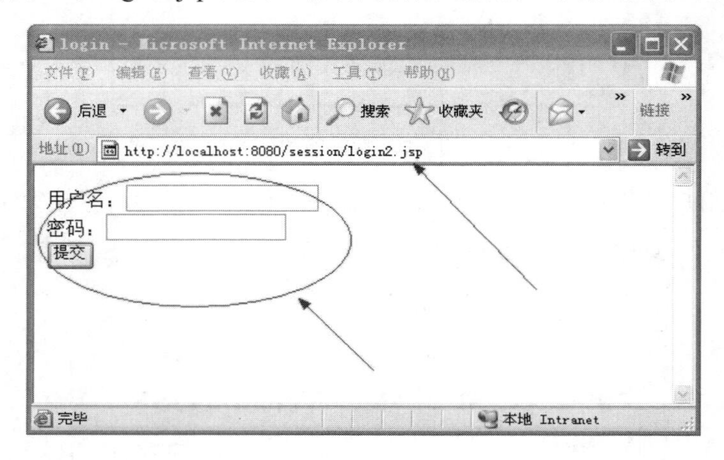

图 2-10　在地址栏直接访问 login2.jsp 页面

仔细观察浏览器的地址栏，我们访问的明明是 login2.jsp，显示的却是 index.jsp 的内容。

2.3.5　application 对象

application 对象负责提供应用程序在服务器中运行时的一些全局信息，常用的方法除了 setAttribute(String name, Object object)、getAttribute(String name)、removeAttribute(String name)外，还有 getMimeType(String file)和 getContextPath()等。

application 对象经常用来制作网页访问计数器。具体代码如下：

```
<%@ page language="java" import="java.util.*" pageEncoding="UTF-8"%>
<!DOCTYPE HTML PUBLIC "-//W3C//DTD HTML 4.01 Transitional//EN">
<html>
<head>
   <title>application 对象使用</title>
   <meta http-equiv="pragma" content="no-cache">
   <meta http-equiv="cache-control" content="no-cache">
   <meta http-equiv="expires" content="0">
   <meta http-equiv="keywords" content="keyword1,keyword2,keyword3">
   <meta http-equiv="description" content="This is my page">
   <!--
```

```
    <link rel="stylesheet" type="text/css" href="styles.css">
    -->
</head>
<body>
<%
if(application.getAttribute("counter") == null)
{
    application.setAttribute("counter", "1");
}
else
{
    String strnum = null;
    strnum = application.getAttribute("counter").toString();
    int icount = 0;
    icount = Integer.valueOf(strnum).intValue();
    icount++;
    application.setAttribute("counter", Integer.toString(icount));
}
%>
您是第<%=application.getAttribute("counter") %>位访问者！
</body>
</html>
```

运行结果就是访问到该页面之后显示你是第几位访客，刷新后，数目会增加，更换浏览器或者更换客户端地址，都会使该访问值正常递增，如图 2-11 所示。

图 2-11　使用 application 对象

application 的存活范围比 request 和 session 都要大。只要服务器没有关闭，application 对象中的数据就会一直存在，在整个服务器的运行过程中，application 对象只有一个，它会被所有的用户共享。

2.3.6　其他内置对象

在 JSP 中，除了 out、request、response、session、application 对象外，还有 config、exception、page、pageContext 等 4 个内置对象。

1. config 对象

config 对象是在一个 Servlet 初始化时，JSP 引擎向它传递信息用的，此信息包括 Servlet 初始化时所要用到的参数(通过属性名和属性值构成)以及服务器的有关信息(通过传递一个 ServletContext 对象)。常用的方法见表 2-5。

表 2-5　config 对象的常用方法

方　法	说　明
ServletContext getServletContext()	返回含有服务器相关信息的 ServletContext 对象
String getInitParameter(String name)	返回初始化参数的值
Enumeration getInitParameterNames()	返回 Servlet 初始化所需的所有参数的枚举

2. exception 对象

exception 对象是一个异常对象，当一个页面在运行过程中发生了异常时，就产生这个对象。如果一个 JSP 页面要应用此对象，就必须把 isErrorPage 设为 true，否则无法编译。它实际上是 java.lang.Throwable 的对象。常用的方法见表 2-6。

表 2-6　exception 对象的常用方法

方　法	说　明
String getMessage()	返回描述异常的消息
String toString()	返回关于异常的简短描述消息
void printStackTrace()	显示异常及其栈轨迹
Throwable FillInStackTrace()	重写异常的执行栈轨迹

3. page 对象和 pageContext 对象

page 对象指向当前 JSP 页面本身，有点像类中的 this 指针，它是 java.lang.Object 类的实例。page 对象代表 JSP 转译后的 Servlet，通过 page 对象，可以非常方便地调用 Servlet 类中定义的方法。

pageContext 对象提供了对 JSP 页面内所有的对象及命名空间的访问，也就是说，它可以访问到本页所在的 session，也可以获取本页面所在的 application 的某一属性值，它相当于页面中所有功能的集大成者。

2.4　四种属性范围

很多 JSP 程序员会将 request、session、application 和 page 归为一类，原因在于：它们都能借助于 setAttribute()和 getAttribute()来设定和取得其属性(Attribute)，通过这两种方法来做到数据分享；也可以通过 removeAttribute()来删除其属性。但在实际使用时，一定要清楚这几种内置对象的作用范围，以确定如何使用这几类对象及其属性。

2.4.1　page 对象的属性范围

所谓的 page，指的是单单一页 JSP page 的范围。若要将数据存入 page 范围，可以用 pageContext 对象的 setAttribute()方法；若要取得 page 范围的数据，可以使用 pageContext 对象的 getAttribute()方法。page 属性范围的模式可用图 2-12 表示。

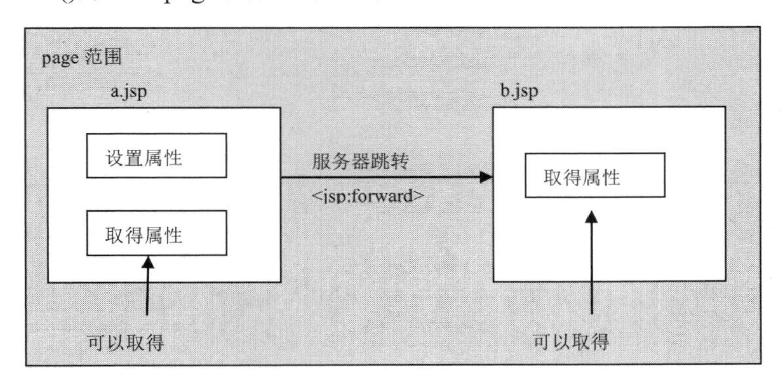

图 2-12　page 属性的范围

例如，在同一个 JSP 页面中设置两个属性并取出。代码如下：

```
<%@page contentType="text/html;charset=UTF-8"%>
<%@page import="java.util.*"%>
<%
// 此时设置的属性只能够在本页中取得
pageContext.setAttribute("name","JSP") ; // 设置属性
pageContext.setAttribute("date",new Date()) ; // 设置属性
%>
<%
// 取得设置的属性
String refName = (String)pageContext.getAttribute("name");
Date refDate = (Date)pageContext.getAttribute("date");
%>
<h2>姓名：<%=refName%></h2>
<h2>日期：<%=refDate%></h2>
```

程序运行结果如图 2-13 所示。

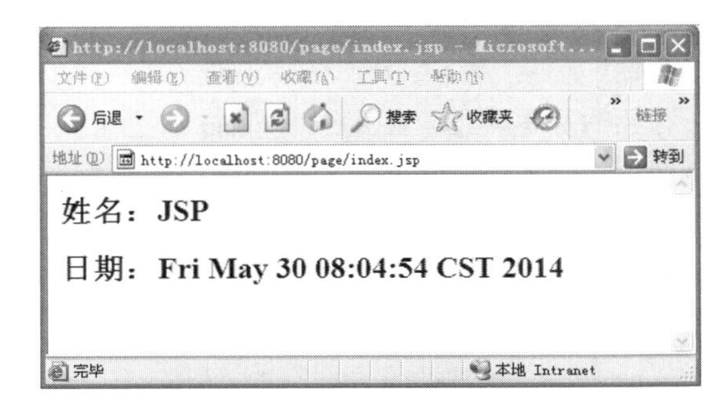

图 2-13　在同一个页面中设置和取出属性

可以在第一个页面中设置属性，跳转页面后提取属性。第一个页面 index1.jsp 如下：

```
<%@page contentType="text/html;charset=UTF-8"%>
<%@page import="java.util.*"%>
<%
// 此时设置的属性只能够在本页中取得
pageContext.setAttribute("name","MLDN") ; // 设置属性
pageContext.setAttribute("date",new Date()) ; // 设置属性
%>
<jsp:forward page="index2.jsp"/>
```

第二个页面 index2.jsp 如下：

```
<%@page contentType="text/html;charset=UTF-8"%>
<%@page import="java.util.*"%>
<%
// 取得设置的属性
String refName = (String)pageContext.getAttribute("name");
Date refDate = (Date)pageContext.getAttribute("date");
%>
<h2>姓名：<%=refName%></h2>
<h2>日期：<%=refDate%></h2>
```

运行结果如图 2-14 所示。

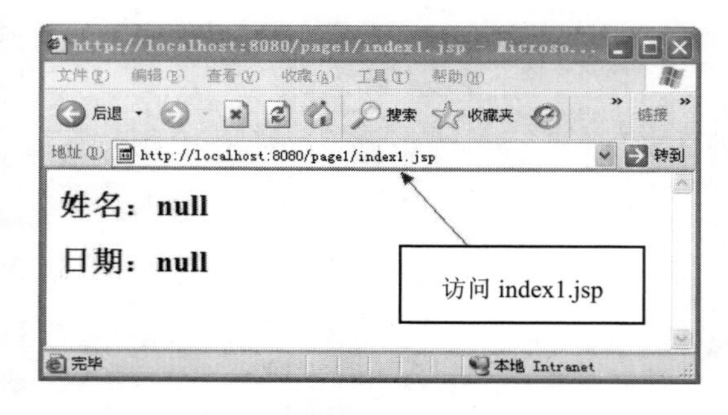

图 2-14　页面跳转后 page 属性无法获得

结果显示，pageContext 属性范围不能在其他页面获取。如果现在希望跳转到其他页面也可以获取，则可以扩大属性范围，使用 request 属性范围即可。

2.4.2　request 对象的属性范围

上节介绍过 request 对象的基本用法。request 只能将属性保存在一次请求范围之内，且必须是使用服务器跳转<jsp:forward/>，而超链接不可以，因为超链接是客户端跳转。

图 2-15 显示了 request 对象的作用范围。

下面的例子将显示在服务器跳转和超链接跳转两种方法下的不同结果。

在 index.jsp 页面中，首先设置 request 对象的两个属性，然后添加一个跳转按钮和一个超链接。

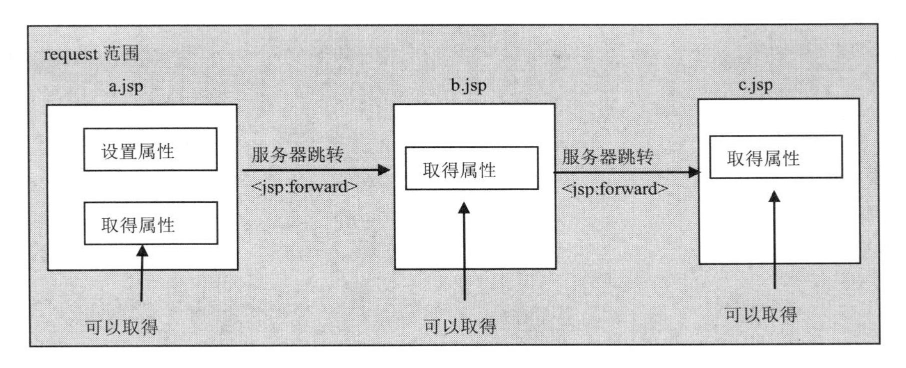

图 2-15　request 对象的作用范围

代码如下：

```
<%@ page language="java" import="java.util.*" pageEncoding="utf-8"%>
<html>
<head>
   <title>request 设置页</title>
</head>
<body>
<%
request.setAttribute("name","JSP") ; // 设置属性
request.setAttribute("date",new Date()) ; // 设置属性
%>
request 属性设置完毕 <br>
<h2>
<input value="跳转页面" name= "a" type="button"
  onclick="<jsp:forward page="index1.jsp"/>">
</h2>
<h3><a href="index2.jsp">超链接页面</a></h3>
</body>
</html>
```

然后分别制作页面 index1.jsp 和 index2.jsp，两个页面的代码相同，都是取出 request 对象的属性，如下所示：

```
<%@page contentType="text/html;charset=utf-8"%>
<%@page import="java.util.*"%>
<%
// 取得设置的属性
String refName = (String)request.getAttribute("name");
Date refDate = (Date)request.getAttribute("date");
%>
<h2>姓名：<%=refName%></h2>
<h2>日期：<%=refDate%></h2>
```

运行后，首先可以看到 request 对象属性设置页，如图 2-16 所示。

单击“跳转页面”按钮后，可以看到 request 对象设置的属性，如图 2-17 所示。

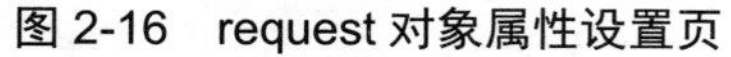
图 2-16　request 对象属性设置页

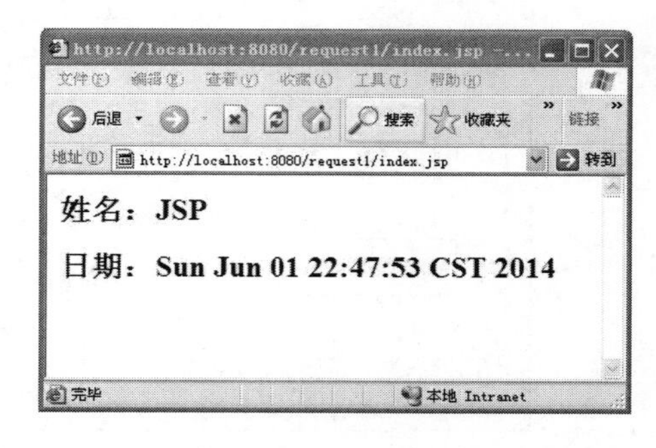

图 2-17　跳转后取得 request 对象的属性

而单击“超链接页面”链接后，则无法获取 request 对象设置的属性，如图 2-18 所示。

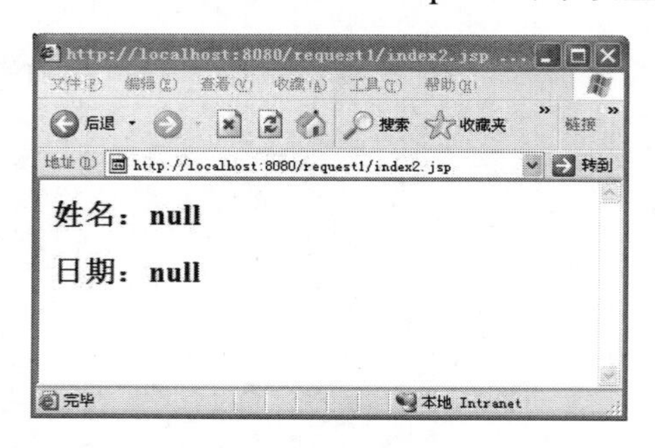

图 2-18　通过超链接无法获取 request 对象的属性

因为超链接是客户端的跳转，而非服务器跳转。如果现在希望无论怎样跳转，属性都可以被保存下来，就要扩大到 session 范围。

2.4.3　session 对象的属性范围

session 属性范围无论页面怎样跳转，都可以保存下来，但是仅在浏览器与服务器进行一次会话的范围内有效，当浏览器关闭后就会失效。常用于验证用户是否登录了。在前面的章节中，我们已经对这个对象的使用进行过介绍，这里就不再详细描述了。

使用 session 对象时要注意，设置完 session 对象的属性后，如果新开一个浏览器，则属性无法获取。session 是指保留一个人的信息，如果想让所有的用户都可以访问，则应当使用 application 属性范围。

2.4.4　application 对象的属性范围

application 范围，是把属性设置在整个服务器上，所有的用户都可以进行访问，是 JSP 内置对象中范围最大的一个，常用这个对象来统计网站用户的访问量，在前面的章节中，我们也进行过演示，这里我们就不再详细描述了。

如果服务器一关闭，则所有的 application 属性都会消失。该属性保存在服务器上，如果保存的内容过多，肯定会影响服务器的性能。所以要尽量少设置 application 属性。

2.5 Servlet 技术

前面已经说过，所有的 JSP 页面，在执行的时候都会被服务器端的 JSP 引擎转换为 Servlet(.java)。这就是 JSP 技术的关键。本节将介绍 Servlet 的有关知识。

2.5.1 Servlet 简介

Servlet 是一种服务器端的 Java 应用程序，具有独立于平台和协议的特性，可以生成动态的 Web 页面。它担当客户请求(Web 浏览器或其他 HTTP 客户程序)与服务器响应(HTTP 服务器上的数据库或应用程序)的中间层。

从表面上看，JSP 页面已经不再需要 Java 类，似乎完全脱离了 Java 面向对象的特征。事实上，JSP 是 Servlet 的一种特殊形式，每个 JSP 页面就是一个 Servlet 实例——JSP 页面由系统编译成 Servlet，Servlet 再负责响应用户请求。JSP 其实也是 Servlet 的一种简化，使用 JSP 时，其实还是使用 Servlet，因为 Web 应用中的每个 JSP 页面都会由 Servlet 容器生成对应的 Servlet。

Servlet 容器将 Servlet 动态地加载到服务器上。HTTP Servlet 使用 HTTP 请求和 HTTP 响应标题与客户端进行交互。因此，Servlet 容器支持请求和响应所有的 HTTP 协议。

Servlet 应用程序的体系结构如图 2-19 所示。

```
客户端→HTTP 请求→HTTP 服务器→Servlet 容器↘
                                              Servlet
客户端←HTTP 响应←HTTP 服务器←Servlet 容器↙
```

图 2-19 Servlet 应用程序的体系结构

这个流程说明客户端对 Servlet 的请求首先会被 HTTP 服务器接收，HTTP 服务器将客户的 HTTP 请求提交给 Servlet 容器，Servlet 容器调用相应的 Servlet，Servlet 做出的响应传递到 Servlet 容器，并进而由 HTTP 服务器将响应传输给客户端。Web 服务器提供静态内容并将所有客户端对 Servlet 作出的请求传递到 Servlet 容器。

2.5.2 创建第一个 Servlet

不管是用 doGet 还是 doPost 方法，Servlet 都要用到 HttpServlet 扩展类。这些方法可分为两类：HttpServletRequest 和 HttpServletResponse。HttpServletRequest 含有获得表单数据、HTTP 信息头等信息的方法。HttpServletResponse 则包含指明 HTTP 响应(200、404 等)、信息头(Content-Type、Set-Cookie 等)的方法，更重要的是，你能使用 PrintWriter 方法向客户端输出信息。注意 doGet 和 doPost 方法会抛出两个异常，所以必须在定义里包含它们的异常处理机制。要使用 PrintWriter、HttpServlet、HttpServletRequest、HttpServletResponse 方法，还必须分别引入 java.io、javax.servlet 和 javax.servlet.http。一般来说，doGet 和 doPost

是被 service 方法调用的，但有时候，我们可能想越过 service 方法而直接使用自己定义的 service 方法，比如定义一个既能处理 GET 也能处理 POST 请求的 Servlet。

1．Servlet 的基本用法

GET 请求就是用户在浏览器的地址栏里输入一个地址、在网页上点击链接或提交一个没有定义方法的 HTML 表单后产生的请求。

处理用户 GET 请求的最简单的 Servlet 框架如下：

```
import java.io.*;
import javax.servlet.*;
import javax.servlet.http.*;
public class SomeServlet extends HttpServlet {
   public void doGet(HttpServletRequest request,
     HttpServletResponse response) throws ServletException, IOException {
       // 用 request 读取 HTTP 信息头(如 cookie)
       // 和 HTML 表单数据(如用户输入和提交的数据)。
       // 用 response 指定 HTTP 响应和 HTTP 信息头
       // (如指明信息的类型、设定 cookie)
       PrintWriter out = response.getWriter();
       // 用 out 输出内容到浏览器
   }
}
```

Servlet 还能轻松处理表单的提交(POST)，读者可以参考其他资料进行学习和研究。

2．一个简单的 Servlet

下面是一个产生纯文本的简单 Servlet 的实例：

```
import java.io.*;
import javax.servlet.*;
import javax.servlet.http.*;
public class HelloWorld extends HttpServlet
{
   public void doGet(HttpServletRequest request,
     HttpServletResponse response) throws ServletException, IOException {
       PrintWriter out = response.getWriter();
       out.println("Hello World");
   }
}
```

2.5.3　Servlet 的生命周期

Servlet 的生命周期由 Servlet 容器控制，该容器创建 Servlet 的实例。Servlet 生命周期就是指 Servlet 实例在创建之后响应客户端请求直至销毁的全过程。Servlet 实例的创建取决于 Servlet 的首次调用。Servlet 接口定义了 Servlet 生命周期的 3 个方法，这些方法就是 init()、service()、destroy()。执行顺序分为三个处理步骤。

(1)　init()方法用来把 Servlet 导入和初始化。这个方法在 Servlet 被预加载或在第一次请

求时执行。

(2) Servlet 处理 0 个或多个请求。Servlet 对每个请求都用 service()方法来处理。

(3) 当 Web 应用声明 Servlet 被关闭、Servlet 被销毁、垃圾收集器对资源进行收集时，用 destroy()方法来关闭 Servlet。

下面分别对它们进行说明。

init()：创建 Servlet 的实例后对其进行初始化。语法如下：

```
public void init(ServletConfig config) throws ServletException
```

其中，config 作为参数传递给 init()方法的实现 ServletConfig 接口的对象。

service()：响应客户端发出的请求。其语法如下：

```
public void service(ServletRequest request,ServletResponse response)
 throws ServletException,IOException
```

其中，request 是作为参数传递以存储客户端请求的 ServletRequest 接口的对象；response 是 ServletResponse 接口的对象，它包含 Servlet 做出的响应。

destroy()：如果不再有需要处理的请求，则释放 Servlet 实例。其语法如下：

```
public void destroy()
```

2.5.4　Servlet 编译和部署

下面演示 Servlet 的部署方法。

1. 编写 Servlet

用 MyEclipse 建立一个 Web 工程 tt，在 tt 的资源文件 src 下增加一个 Servlet，命名为 HelloClientServlet，系统自动生成如下代码：

```
import java.io.IOException;
import java.io.PrintWriter;

import javax.servlet.ServletException;
import javax.servlet.http.HttpServlet;
import javax.servlet.http.HttpServletRequest;
import javax.servlet.http.HttpServletResponse;

public class HelloClientServlet extends HttpServlet {
    public HelloClientServlet() {
        super();
    }

    public void destroy() {
        super.destroy(); // Just puts "destroy" string in log
        // Put your code here
    }

    public void doGet(HttpServletRequest request,
```

```
    HttpServletResponse response) throws ServletException, IOException {
      response.setContentType("text/html");
      PrintWriter out = response.getWriter();
      out.println(
      "<!DOCTYPE HTML PUBLIC \"-//W3C//DTD HTML 4.01 Transitional//EN\">");
      out.println("<HTML>");
      out.println("  <HEAD><TITLE>A Servlet</TITLE></HEAD>");
      out.println("  <BODY>");
      out.print("    This is ");
      out.print(this.getClass());
      out.println(", using the GET method");
      out.println("  </BODY>");
      out.println("</HTML>");
      out.flush();
      out.close();
  }

  public void doPost(HttpServletRequest request,
    HttpServletResponse response) throws ServletException, IOException {
      response.setContentType("text/html");
      PrintWriter out = response.getWriter();
      out.println(
      "<!DOCTYPE HTML PUBLIC \"-//W3C//DTD HTML 4.01 Transitional//EN\">");
      out.println("<HTML>");
      out.println("  <HEAD><TITLE>A Servlet</TITLE></HEAD>");
      out.println("  <BODY>");
      out.print("    This is ");
      out.print(this.getClass());
      out.println(", using the POST method");
      out.println("  </BODY>");
      out.println("</HTML>");
      out.flush();
      out.close();
  }

  public void init() throws ServletException {
      // Put your code here
  }
}
```

2．配置 web.xml

当我们添加了一个 Servlet 时，在 web.xml 文件中将自动增加 Servlet 的配置：

```
<servlet>
    <description>This is the description of my J2EE component</description>
    <display-name>This is the display name of my J2EE component</display-name>
    <servlet-name>HelloClientServlet</servlet-name>
    <servlet-class>HelloClientServlet</servlet-class>
</servlet>
```

```
<servlet-mapping>
    <servlet-name>HelloClientServlet</servlet-name>
    <url-pattern>/HelloClientServlet</url-pattern>
</servlet-mapping>
```

在这个 web.xml 配置文件中，<servlet-mapping>节点就是 Servlet 的映射，而<url-pattern>节点则给出了 Web 访问此 Servlet 的方法。

3. 发布 Servlet

在浏览器中，输入"http://localhost:8080/tt/HelloClientServlet"，可以看到运行的 Servlet，如图 2-20 所示。

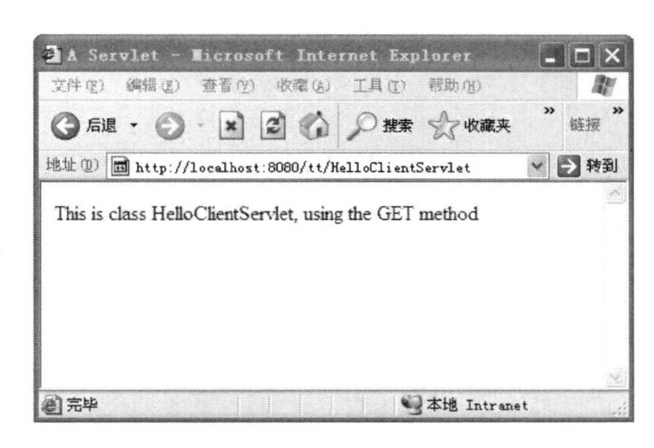

图 2-20　Servlet 的运行

2.5.5　Servlet 的常用类和接口

Servlet 是实现 javax.servlet.Servlet 接口的对象。大多数 Servlet 通过从 GenericServlet 或 HttpServlet 类进行扩展来实现。

Servlet API 包含在两个包中，即 javax.servlet 和 javax.servlet.http。

(1) javax.servlet 包的主要类和接口分别说明如下。

- ServletInputStream 类：定义名为 readLine()的方法，用于从客户端读取二进制数据。
- ServletOuputStream 类：向客户端发送二进制数据。
- GenericServlet 类：抽象类，定义一个通用的、独立于底层协议的 Servlet。
- ServletRequest 接口：定义一个对象，封装客户向 Servlet 的请求信息。
- ServletResponse 接口：定义一个对象，辅助 Servlet 将响应信息发送给客户端。
- ServletContext 接口：定义 Servlet 使用的方法，以获取其容器的信息。
- ServletConfig 接口：定义在 Servlet 初始化的过程中由 Servlet 容器传递给 Servlet 的配置信息对象。
- Servlet 接口：定义所有 Servlet 必须实现的方法。

(2) javax.serlvet.http 包的主要接口和类分别说明如下。

- HttpServletRequest 接口：扩展 ServletRequest 接口，为 HTTP Servlet 提供 HTTP 请求信息。
- HttpServletResponse 接口：扩展 ServletResponse 接口，提供 HTTP 特定的发送响应

的功能。

- HttpSession 接口：用于标识客户端并存储有关客户端的信息。
- HttpSessionAttributeListener 接口：实现这个监听接口用于获取会话的属性列表的改变的通知。
- HttpServlet 类：扩展了 GenericServlet 的抽象类，用于扩展创建 HTTP Servlet。
- Cookie 类：创建一个 Cookie，用于存储 Servlet 发送给客户端的信息。

2.6 JSTL 和 EL

JSP 标准标记库(JSP Standard Tag Library，JSTL)是一个实现 Web 应用程序中常见的通用功能的定制标记库集，这些功能包括迭代和条件判断、数据管理、格式化、XML 操作以及数据库访问。

EL 全名为 Expression Language，EL 提供了在 JSP 脚本编制元素范围外使用运行时表达式的功能。脚本编制元素是指页面中能够用于在 JSP 文件中嵌入 Java 代码的元素，它们通常用于对象操作以及执行那些影响所生成内容的计算。

2.6.1 EL 表达式

EL 表达式语言的灵感来自于 ECMAScript 和 XPath 表达式语言，它提供了在 JSP 中简化表达式的方法。它是一种简单的语言，基于可用的命名空间(PageContext 属性)、嵌套属性和对集合、操作符(算术型、关系型和逻辑型)的访问符、映射到 Java 类中静态方法的可扩展函数以及一组隐式对象。

2.6.2 EL 的特点和使用简介

EL 的语法很简单，所有 EL 都是以“${”为起始、以“}”为结尾的。它最大的特点就是使用上很方便。

例如：

```
${sessionScope.user.sex}
```

上述 EL 的意思是从 session 取得用户的性别。如果使用之前 JSP 代码的写法如下：

```
<%
User user = (User)session.getAttribute("user");
String sex = user.getSex();
%>
```

两者相比，可以发现，EL 的语法比传统 JSP 代码更为方便、简洁。

EL 提供.和[]两种运算符来存取数据，[]可以访问集合或者是数组的元素、Bean 的属性。例如，下列两条 EL 语句所代表的意思是一样的，但是需要保证要取得对象的那个属性有相应的 setXxx()和 getXxx()方法才行：

```
${sessionScope.user.sex}
//等于
${sessionScope.user["sex"]}
```

.和[]也可以同时混合使用，例如：

```
${sessionScope.shoppingCart[0].price}
```

返回结果为 shoppingCart 中第一项物品的价格。

在 EL 中，字符串既可以使用“abc”，可以使用‘abc’。

2.6.3　EL 的语法

1. EL 运算符

EL 的算术运算符与 Java 中的运算符大致相同，优先级也相同。但要注意，“+”运算符不再用来连接字符串了，它只用于加法运算。

EL 关系运算符有以下 6 个，见表 2-7。

表 2-7　EL 关系运算符

关系运算符	说　明	范　例	结　果
== 或 eq	等于	${ 5 == 5 } 或 ${ 5 eq 5 }	true
!= 或 ne	不等于	${ 5 != 5 } 或 ${ 5 ne 5 }	false
< 或 lt	小于	${ 3 < 5 } 或 ${ 3 lt 5 }	true
> 或 gt	大于	${ 3 > 5 } 或 ${ 3 gt 5 }	false
<= 或 le	小于等于	${ 3 <= 5 } 或 ${ 3 le 5 }	true
>= 或 ge	大于等于	${ 3 >= 5 } 或 ${ 3 ge 5 }	false

另外还有 empty 运算符，该运算符主要用来判断值是否为 null 或空，例如：

```
${ empty A = param.name }
```

接下来，说明一下 empty 运算符的规则：

- 如果 A 为 null 时，返回 true，否则，返回 false。
- 如果 A 不存在时，返回 true，否则，返回 false。
- 如果 A 为空字符串时，返回 true，否则，返回 false。
- 如果 A 为空数组时，返回 true，否则，返回 false。
- 如果 A 为空的 Map 时，返回 true，否则，返回 false。
- 如果 A 为空的 Collection 时，返回 true，否则，返回 false。

注意，在使用 EL 关系运算符时，不能够写成：

```
${param.password1}==${param.password2}
```

或者：

```
${${param.password1}==${param.password2}}
```

而应写成：

```
${param.password1==param.password2}
```

2．使用 EL 从表单中取得数据

与输入有关的隐含对象有两个：param 和 paramValues，它们是 EL 中比较特别的隐含对象。

一般而言，我们在取得用户的请求参数时，可以利用下列方法：

```
request.getParameter(String name)
request.getParameterValues(String name)
```

在 EL 中，则可以使用 param 和 paramValues 两者来取得数据：

```
${param.name}
${paramValues.name}            //可以取得所有同名参数的值
${paramValues.hobbies[0]}    //可以通过指定下标来访问特定的参数的值
```

这里，param.name 的功能与 request.getParameter(String name)相同，而 paramValues.name 与 request.getParameterValues(String name)相同。

例如，如果用户填了一个表单，表单内有名称为 username 的文本框，则我们就可以使用${param.username}来取得用户填入文本框的值。

3．EL 函数

EL 中使用函数时，要写一个要使用到函数的类，然后再配置 xxx.tld 文件，最后在 JSP 中使用时，与 JSP 的自定义标签相似。

xxx.tld 中的配置为：

```
<function>
   <!--函数名-->
   <name>
      reverse
   </name>
   <!--函数所在的类-->
   <function-class>
      jsp2.examples.el.Functions
   </function-class>
   <!--函数原型，也就是函数的返回值类型、函数名、参数表，注意一定要写类型的全名-->
   <function-signature>
      java.lang.String reverse(java.lang.String)
   </function-signature>
</function>
```

使用 EL 函数的写法为：

```
${sn:upper('abc')} //sn 定义于<%@taglib prefix="sn" ...>
```

注意：在定义 EL 函数时，都必须为公共静态(public static)的。

4．变量

EL 存取变量数据的方法很简单，例如${username}。它的意思是取出某一范围中名称为 username 的变量。

因为我们并没有指定是哪一个范围的 username，所以它会依序从 page、request、session、application 范围中查找。

假如途中找到 username，就直接回传，不再继续找下去，但是，假如全部的范围都没有找到时，就回传 null。

2.6.4　EL 的隐含对象

EL 也可以使用内置对象中设置的属性，需要使用特定的 EL 内置对象，也就是 EL 的隐含对象，但隐含对象与内置对象在名称上有变化，见表 2-8。

表 2-8　隐含对象与内置对象在名称上的变化比较

JSP 对象	EL 隐含对象
page	pageScope
request	requestScope
session	sessionScope
application	applicationScope

EL 中使用隐含对象的属性：

```
${requestScope.user}
```

等价于：

```
<%request.getAttribute("user")%>
```

如果不写出特定的范围，那就会在不同的范围间进行搜索了。例如，我们用 EL 写一个取数据操作：

```
${user}
```

那么系统就自动先从 page 对象搜索，搜索不到再搜索 request 对象，如果还搜索不到，则继续搜索 session 对象，最后搜索 application 对象。

除了这 4 个常用的 EL 隐含对象外，还经常用到 cookie 对象、header 对象、headerValues 对象和 initParam 对象。

1．cookie 对象

所谓的 cookie，是一个小小的文本文件，它是以 key、value 的方式将 Session Tracking 的内容记录在这个文本文件内，这个文本文件通常存在于浏览器的暂存区内。JSTL 并没有提供设定 cookie 的动作，因为这个动作通常都是后端开发者必须去做的事情，而不是交给前端的开发者。如果我们在 cookie 中设定一个名称为 userCountry 的值，那么可以使用${cookie.userCountry}来取得它。

2. header 和 headerValues(请求报头对象)

header 储存用户浏览器和服务端用来沟通的数据，当用户要求服务端的网页时，会送出一个记载请求信息的标头文件，例如用户浏览器的版本、用户计算机所设定的区域等其他相关数据。如果要取得用户浏览器的版本，可以使用${header["User-Agent"]}。

另外，偶尔有可能同一标头名称拥有不同的值，此时必须改为使用 headerValues 来取得这些值。

3. initParam 对象

就像其他属性一样，我们可以自行设定 Web 应用的环境参数(Context)，当我们想取得这些参数时，可以使用 initParam 隐含对象去取得它。

例如，我们在 web.xml 中设定如下：

```
<?xml version="1.0" encoding="ISO-8859-1"?>
<web-app xmlns="http://java.sun.com/xml/ns/j2ee"
  xmlns:xsi="http://www.w3.org/2001/XMLSchema-instance"
  xsi:schemaLocation="http://java.sun.com/xml/ns/j2ee/web-app_2_4.xsd"
  version="2.4">
    <context-param>
        <param-name>userid</param-name>
        <param-value>mike</param-value>
    </context-param>
</web-app>
```

然后就可以直接使用${initParam.userid}来取得名称为 userid、其值为 mike 的参数。

下面是以往的做法：

```
String userid = (String)application.getInitParameter("userid");
```

2.6.5 什么是 JSTL

JSTL 标签库的使用是为了弥补 HTML 表的不足、规范自定义标签的使用而诞生的。在告别 Model 1 模式开发应用程序后，人们开始注重软件的分层设计，不希望在 JSP 页面中出现 Java 逻辑代码，同时也由于自定义标签的开发难度较大和不利于技术标准化，产生了自定义标签库。JSTL 标签库可分为 5 类：核心标签库、格式化标签库、SQL 标签库、XML 标签库、函数标签库。

1. 核心标签库

核心标签库的工作是对于 JSP 页面一般处理的封装。该标签库中的标签一共有 14 个，被分为如下 4 类。

- 通用核心标签：包括<c:out>、<c:set>、<c:remove>、<c:catch>。
- 条件控制标签：包括<c:if>、<c:choose>、<c:when>、<c:otherwise>。
- 循环控制标签：包括<c:forEach>、<c:forTokens>。
- URL 相关标签：包括<c:import>、<c:url>、<c:redirect>、<c:param>。

2．格式标签库

JSTL 标签提供了对国际化的支持，可以根据发出请求的客户端地域的不同来显示不同的语言。同时还提供了格式化数据和日期的方法。实现这些功能时需要格式标签库。

格式标签库提供了 11 个标签，这些标签从功能上可以划分为以下 3 类。

- 数字日期格式化：包括<fmt:formatNumber>、<fmt:formatData>、<fmt:parseNumber>、<fmt:parseDate>、<fmt:timeZone>、<fmt:setTimeZone>。
- 读取消息资源：包括<fmt:bundle>、<fmt:message>、<fmt:setBundle>。
- 国际化：包括<fmt:setlocale>、<fmt:requestEncoding>。

3．SQL 标签库

SQL 标签库，顾名思义，提供对数据库的操作，包括连接数据库、查询、修改、事务处理等。只需提供相应的属性值，即可完成对数据库的相关操作。

4．XML 标签库

XML 标签库为程序设计者提供了基本的对 XML 格式文件的操作。包括如下三类。

- XML 核心标签：包括<x:parse>、<x:out>、<x:set>。
- XML 流控制标签：包括<x:if>、<x:choose>、<x:when>、<x:otherwise>、<x:forEach>。
- XML 转换标签：<x:transform>、<x:param>。

5．函数标签库

函数标签库用来读取已经定义的某个函数。在 JSP 2.0 以上版本中已经定义了一些函数标签，共 14 个，即<fn:length>、<fn:contains>、<fn:containsIgnoreCase>、<fn:endsWith>、<fn:escapeXml>、<fn:join>、<fn:replace>、<fn:startsWith>、<fn:substring>、<fn:substringAfter>、<fn:substringBefore>、<fn:toLower>、<fn:toUpperCase>、<fn:trim>。

读者也可以定义自己的函数，然后加入函数标签库。

2.6.6 使用 JSTL

JSTL 的目标是为了简化 JSP 页面的设计。对于页面设计人员来说，使用脚本语言(默认值是 Java 语言)操作动态数据是比较困难的，而采用标签和表达式语言相对容易一些，JSTL 的使用，为页面设计人员和程序开发人员的分工协作提供了便利。

如果读者使用的是 Apache Tomcat 服务器，那么需要下面两个简单的步骤。

(1) 在下载的二进制发行版中，从 Apache 标准标签库解压压缩文件。

(2) 使用标准的标签库部署 Jakarta Taglibs，复制发行版 lib 目录到应用程序的 JAR 文件 webapps\ROOT\WEB-INF\lib 目录中。

使用 JSTL 库时，必须在每一个 JSP 的顶部包含一个<taglib>指令。

各个标签库的引入方法如下。

- 核心标签库：<%@ taglib prefix="c" uri="http://java.sun.com/jsp/jstl/core" %>
- SQL 标签库：<%@ taglib prefix="sql" uri="http://java.sun.com/jsp/jstl/sql" %>

- 格式标签库：<%@ taglib prefix="fmt" uri="http://java.sun.com/jsp/jstl/fmt" %>
- XML 标签库：<%@ taglib prefix="x" uri="http://java.sun.com/jsp/jstl/xml" %>
- 函数标签库：<%@ taglib prefix="fn" uri="http://java.sun.com/jsp/jstl/functions" %>

2.6.7 JSTL 的核心标签库

标签库主要包括了一般用途的标签、条件标签、循环控制标签和 URL 相关标签。在 JSP 页面使用核心标签库时，要使用 taglib 指令，指定引用的标签库：

```
<%@ taglib rui="http://java.sun.com/jsp/jstl/core" prefix="c" %>
```

1. 一般用途的标签

(1) <c:out>

用于计算一个表达式并将结果输出。类似于 JSP 中的<%=%>表达式，或者是 EL 中的${el-expression}。

(2) <c:set>

用于设置范围变量的值或者 JavaBean 对象的属性。例如：

```
<c:set var="username" value="lisi" scope="session" />
```

这样就相当于设置了 session。

(3) <c:remove>

相对于<c:set>，其作用是移除范围变量。例如：

```
<c:remove var="username" scope="session" />
```

(4) <c:catch>

用于捕获在其中嵌套的操作所抛出的异常对象，并将异常信息保存到变量中。

我们将有可能抛出异常的代码放置到开始标签<c:catch>和结束标签</c:catch>之间。如果其中的代码出现异常，异常对象将被捕获，保存在 var 声明的变量中，该变量总是有 page 范围。如果没有发生异常，则 var 所标识的范围变量将被移除。

如果没有指定 var 属性，异常只是简单地被捕获，异常信息并不会被保存。

例如：

```
<c:catch var="exception">
<%
int i = 5;
int j = 0;
int k = i/j;
%>
</c:catch>

<c:out value="${exception}" /><br>
<c:out value="${exception.massage}" />
//后一句相当于 exception.getMessage()
```

2. 条件标签

(1) <c:if>

用于实现 Java 中的 if 语句功能。例如：

```
<c:if test="${user.visitCount==1}">
    这是你第一次访问。
</c:if>
```

若为 true，会打印中间部分。也可以声明 var，方便下一步判断。

(2) <c:choose>

<c:choose>和<c:when>、<c:otherwise>一起实现互斥条件执行，类似于 Java 中的 if-else。<c:choose>一般作为<c:when>、<c:otherwise>的父标签。

例如：

```
<c:choose>
    <c:when test="${row.v_money<10000}">
        初学下海
    </c:when>
    <c:when test="${row.v_money>=10000&&row.v_money<20000}">
        身手小试
    </c:when>
    <c:otherwise>
        商业能手
    </c:otherwise>
</c:choose>
```

3. 循环控制标签

(1) <c:forEach>

将集合中的成员遍历一遍，动作方式为当条件符合时，就会重复执行<c:forEach>标签的标签体内容。语法为：

```
<c:forEach [var="varName"] items="collection" [varStatus="varStatusName"]
  [begin="begin"] [end="end"] [step="step"]>
    成员集合
</c:forEach>
```

(2) <c: forTokens>

用来浏览一字符串中所有的成员，其成员是由定义符号(delimiters)所分隔的。使用语法如下：

```
<c:forTokens items="stringOfTokens" delimes="delimiters" [var="varName"]
  [varStatus="varStatusName"] [begin="begin"] [end="end"] [step="step"]>
    本体内容
</c:forTokens>
```

例如：

```
String str = "太阳、星星、月亮；地球|天空";
```

```
pageContext.setAttribute("str",str);
<c:forTokens  items="${str}"  delims="、; |"  var="substr">
   <c:out value="${substr}"/>
</c:forTokens>
```

4．URL 相关标签

(1) <c:import>

可以把其他静态或动态文件包含至本身的 JSP 网页。它与 JSP 动作指令<jsp:include>最大的差别在于：<jsp:include>只能包含与自己处于同一个 Web 应用下的文件；而<c:import>除了能包含与自己同一个 Web 应用的文件外，也可以包含不同 Web 应用或者是其他网站的文件。其语法如下：

```
<c:import url="url" [context="context"] varReader="varReader"
  [charEncoding="charEncoding"]>
   本体内容
</c:import>
```

(2) <c:url>

主要用来产生一个 URL，相当于一个超链接。语法如下：

```
<c:url value="http://dog.xiaonei.com/pet-profile.do">
   <c:param name="portal" value="homeFootprint"/>
   <c:param name="id" value="233227851"/>
</c:url>
```

(3) <c:redirect>

用于实现请求的重定向。例如，对用户输入的用户名和密码进行验证，如果不成功，则重定向到登录页。语法格式为：

```
<c:redirect url="url" />
```

或者：

```
<c:redirect url="url">
   <c:param name="name1" value="value1">
</c:redirect>
```

2.7 小 结

本章重点介绍 JSP 基础知识，这是 Struts 的入门技术，也是掌握 Struts 框架开发技术的基础，每位学习者都要认真学习和掌握这部分知识，达到能举一反三、熟能生巧的程度，为后续的学习打下基础。

第 3 章　用 MVC 架构实现 Web 项目开发

在使用 Struts 框架技术进行网站开发前，需要学习和掌握 JSP 技术下的一种软件设计模式——MVC，Struts 框架技术就是由 MVC 发展起来的。

3.1　MVC 概述

MVC 是一种目前广泛流行的软件设计模式，早在 20 世纪 70 年代，IBM 公司就推出了 Sanfrancisco 项目计划，其实就是 MVC 设计模式的研究。后来，随着 J2EE 的成熟，它逐渐成为在 J2EE 平台上推荐的一种设计模型，也是广大 Java 开发者非常感兴趣的设计模型。MVC 模式也逐渐在 PHP 和 ColdFusion 开发者中运用，并有增长的趋势。随着网络应用的快速增加，MVC 模式对于 Web 应用的开发无疑是一种非常先进的设计思想，无论我们选择哪种编程语言，无论应用多么复杂，它都能为理解和分析应用模型提供最基本的分析方法，为我们构造产品提供清晰的设计框架，为软件工程提供规范的依据。

3.1.1　MVC 的思想及特点

MVC 是一种设计模式，它把应用程序分成三个核心模块：模型、视图、控制器，它们各自处理自己的任务。

MVC(Model-View-Controller)应用程序结构被用来分析分布式应用程序的特征。这种抽象结构能有助于将应用程序分割成若干逻辑部件，使程序设计变得更加容易。MVC 结构提供了一种按功能对各种对象进行分割的方法(这些对象是用来维护和表现数据的)，其目的是为了将各对象间的耦合程度减至最低。MVC 结构本来是为了将传统的输入(Input)、处理(Processing)、输出(Output)任务运用到图形化用户交互模型中而设计的。但是，将这些概念运用于基于 Web 的企业级多层应用领域也是很适合的。

在 MVC 结构中，模型(Model)代表应用程序的数据(Data)和用于控制、访问和修改这些数据的业务规则(Business Rule)。通常，模型被用来作为对现实世界中一个处理过程的软件近似，当定义一个模型时，可以采用一般的、简单的建模技术。当模型发生改变时，它会通知视图(View)，并且为视图提供查询模型相关状态的能力。同时，它也为控制器(Controller)提供访问封装在模型内部的应用程序功能的能力。

视图(View)用来组织模型的内容。它从模型那里获得数据，并指定这些数据如何表现。当模型变化时，视图负责维持数据表现的一致性。视图同时将用户要求告知控制器。

控制器(Controller)定义了应用程序的行为；它负责对来自视图的用户要求进行解释，并把这些要求映射成相应的行为，这些行为由模型负责实现。在独立运行的 GUI 客户端，用户要求可能是一些鼠标单击或菜单选择的操作。在一个 Web 应用程序中，它们的表现形式可能是一些来自客户端的 GET 或 POST 的 HTTP 请求。模型所实现的行为包括处理业务和修改模型的状态。根据用户请求和模型行为的结果，控制器选择一个视图作为对用户请求的应答。通常一组相关功能集对应一个控制器。

(1) MVC 的处理过程如下。

① 首先，控制器接收用户的请求，并决定应该调用哪个模型来进行处理。

② 然后，模型根据用户请求进行相应的业务逻辑处理，并返回数据。

③ 最后，控制器调用相应的视图格式化模型返回的数据，并通过视图呈现给用户。

这一过程可以用图 3-1 来表示。

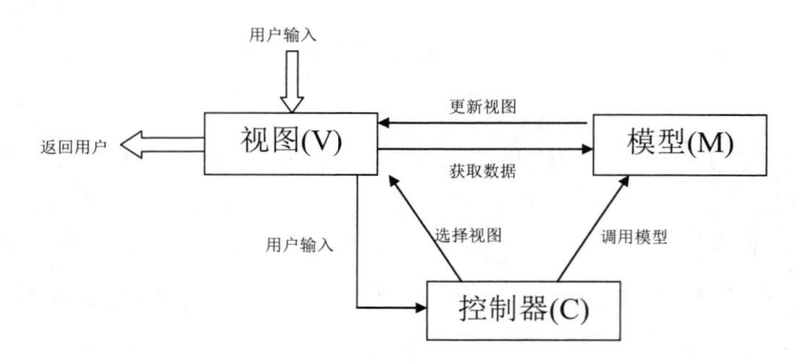

图 3-1 MVC 的处理过程

(2) MVC 的优点如下。

首先，最重要的一点是多个视图能共享一个模型。同一个模型可以被不同的视图重用，大大提高了代码的可重用性。

由于 MVC 的三个模块相互独立，改变其中一个不会影响其他两个，所以依据这种设计思想，能构造良好的松耦合的构件。

此外，控制器提高了应用程序的灵活性和可配置性。控制器可以用来联结不同的模型和视图，去完成用户的需求，这样控制器可以为构造应用程序提供强有力的手段。

(3) MVC 的适用范围如下。

在简单的 Web 程序开发中，使用 MVC 需要考虑，由于它的内部原理比较复杂，所以需要花费一些时间去理解。若将 MVC 运用到我们的应用程序，会带来额外的工作量，增加应用的复杂性。

但对于开发存在大量用户界面并且业务逻辑复杂的大型应用程序，MVC 将会使软件在健壮性、代码重用和结构方面上一个新的台阶。尽管在最初构建 MVC 框架时会花费一定的工作量，但从长远角度看，它会大大提高后期软件开发的效率。

3.1.2 常见的 MVC 技术

1. Struts

Struts 是 Apache 软件基金会 Jakarta 项目的一部分，是 Java Web MVC 框架中不争的王者。经过多年的发展，Struts 已经逐渐成长为一个稳定、成熟的框架，并且占有了 MVC 框架中最大的市场份额。但是 Struts 在某些技术特性上已经落后于新兴的 MVC 框架。面对 Spring MVC、Webwork 2 这些设计更精密、扩展性更强的框架，Struts 受到了前所未有的挑战。但站在产品开发的角度而言，Struts 仍然是最稳妥的选择。

Struts 由一组相互协作的类(组件)、Servlet 以及 JSP 标签库组成。基于 Struts 构架的 Web 应用程序基本上符合 JSP Model 2 的设计标准，可以说，Struts 是 MVC 设计模式的一种变化类型。根据对框架的描述，很容易理解为什么说 Struts 是一个 Web 框架，而不仅仅是一些标记库的组合。但 Struts 也包含了丰富的标签库和独立于该框架工作的实用程序类。Struts 有其自己的控制器(Controller)，同时整合了其他的一些技术去实现模型层(Model)和视图层(View)。在模型层，Struts 可以很容易地与数据访问技术相结合，包括 EJB、JDBC 和 Object Relation Bridge。在视图层，Struts 能够与 JSP、Velocity 模板、XSL 等表示层组件相结合。

2．Spring

Spring 是一个开源框架，由 Rod Johnson 创建并且在他的著作《J2EE 设计开发编程指南》里进行了描述。它是为了解决企业应用开发的复杂性而创建的。

Spring 让使用基本的 JavaBeans 来完成以前只可能由 EJB 完成的事情变得可能。然而，Spring 的用途不仅限于服务器端的开发。从简单性、可测试性和松耦合的角度而言，任何 Java 应用都可以从 Spring 中受益。简单地说，Spring 是一个轻量的控制反转和面向切面的框架。当然，这个描述有点过于简单。但它的确概括出了 Spring 是做什么的。

3．ZF

Zend Framework(ZF)是由 Zend 公司支持开发的完全基于 PHP 5 的开源 PHP 开发框架，可用于开发 Web 程序和服务，ZF 采用 MVC(Model-View-Controller)架构模式来分离应用程序中不同的部分，以方便程序的开发和维护。

4．.NET

.NET MVC 是微软官方提供的以 MVC 模式为基础的.NET Web 应用程序框架，它由 Castle 的 MonoRail 而来(Castle 的 MonoRail 是由 Java 而来)。

3.2　JDBC 技术

JDBC(Java Database Connectivity)是一种用于执行 SQL 语句的 Java API，可以为多种关系数据库提供统一访问，它由一组用 Java 语言编写的类和接口组成。JDBC 提供了一种基准，据此可以构建更高级的工具和接口，使数据库开发人员能够编写数据库应用程序，同时，JDBC 也是个商标名。

3.2.1　JDBC 简介

JDBC 为工具/数据库开发人员提供了一个标准的 API，使他们能够用纯 Java API 来编写数据库应用程序。

有了 JDBC，向各种关系数据库发送 SQL 语句就是一件很容易的事情。换言之，有了 JDBC API，就不必为访问 Sybase 数据库专门写一个程序、为访问 Oracle 数据库又专门写一个程序、为访问 Informix 数据库又写另一个程序，等等。我们只需用 JDBC API 写一个程序就够了，它可向相应的数据库发送 SQL 语句。而且，使用 Java 编程语言编写应用程序，就无须去忧虑要为不同的平台编写不同的应用程序。将 Java 和 JDBC 结合起来，将使程序员只需写一遍程序，就可让它在任何平台上运行。

Java 具有稳定、安全、易于使用、易于理解和可从网络上自动下载等特性，是编写数据库应用程序的杰出语言。所需要的只是 Java 应用程序与各种不同数据库之间进行对话的方法。而 JDBC 正是作为此种用途的机制。

JDBC 扩展了 Java 的功能。例如，用 Java 和 JDBC API 可以发布含有 Applet 的网页，而该 Applet 使用的信息可能来自远程数据库，也可以用 JDBC 通过 Intranet 将所有职员连到一个或多个内部数据库中(即使这些职员所用的计算机有 Windows、Macintosh 和 Unix 等各种不同的操作系统)。随着越来越多的程序员开始使用 Java 编程语言，对从 Java 中便捷地访问数据库的要求也在日益增加。

JDBC 的基本使用步骤如下。

(1) 加载驱动。

(2) 获取数据库连接。

(3) 获得 Statement 或其子类对象。

(4) 执行 Statement 语句。

(5) 处理返回结果。

(6) 关闭 Statement。

(7) 关闭数据库连接。

3.2.2 通过 JDBC 连接 MySQL 数据库

使用 JDBC 访问 MySQL 数据库有两种方法，一种是使用 JDBC-ODBC 桥方式连接，一种是使用 MySQL 提供的 JDBC 驱动程序来连接。我们这里主要讲解用 JDBC 驱动程序连接的方法。

使用 JDBC 驱动程序连接数据库，首先要从 MySQL 官方网站上下载 MySQL 的 JDBC 驱动。将下载的 ZIP 文件解压缩，可以看到一个文件名为 mysql-connector-java-5.0.6-bin.jar 的文件，这就是我们需要的 JDBC 驱动，后面我们将会用到它。注意，5.0.6 是版本编号，读者下载的驱动版本可能不同，所以这个编号也会不同，但并不影响使用。

然后使用 MySQL 的 GUI 工具 SQLyog 10.2 创建一个数据库 mydb，并添加一个 studinfo 表，如图 3-2 ~ 3-4 所示。

这些准备工作完成后，就可以在 MyEclipse 中创建一个 Java 项目了，命名为 db。然后在项目名称上单击鼠标右键，从弹出的快捷菜单中选择 Build Path → Add External Archives 命令，如图 3-5 所示。

在弹出的文件选择对话框里，找出我们下载并解压的 mysql-connector-java-5.0.6-bin.jar 文件，然后单击打开，完成数据库驱动的引入。

图 3-2　创建数据库 mydb

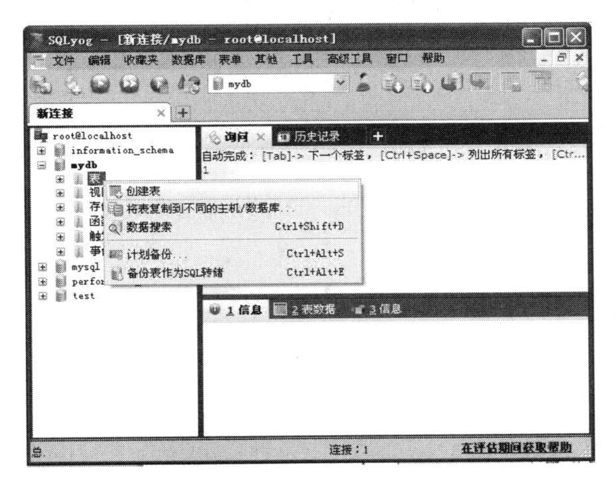

图 3-3　创建表 studinfo

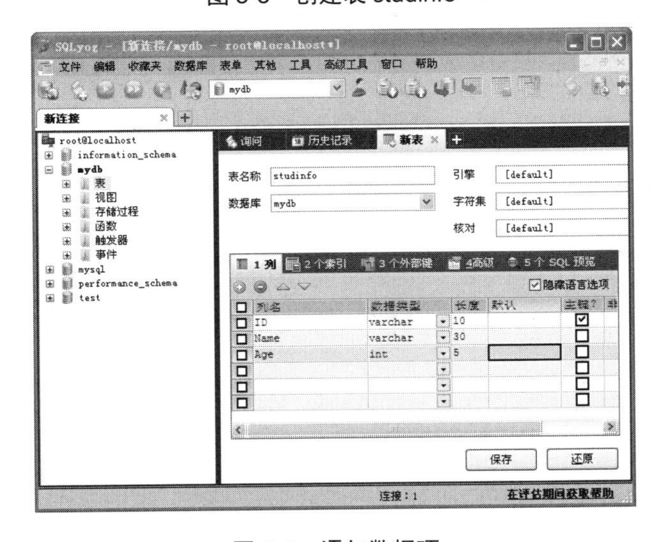

图 3-4　添加数据项

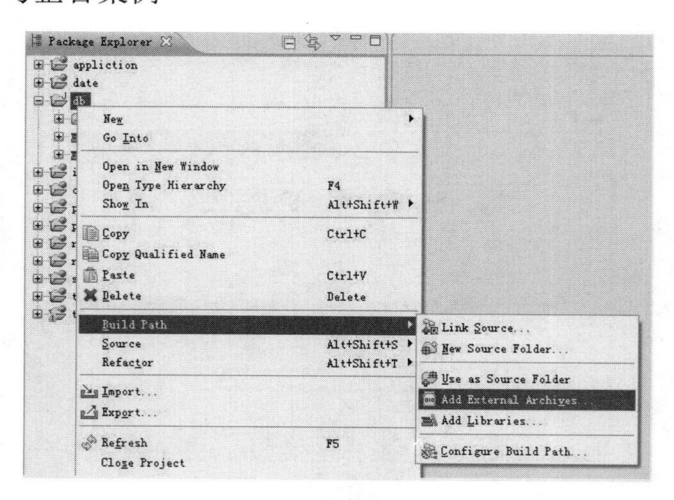

图 3-5 选择 Add External Archives 命令

再在 db 项目的资源文件夹 src 下添加一个 class 类，命名为 test1，则系统自动进入 test1 类的程序文件 test1.java。

我们输入如下代码：

```
import java.sql.*;
public class test1 {
    public static void main(String[] args) {
        String user = "root";
        String password = "";
        String url = "jdbc:mysql://localhost:3306/mydb";
        String driver = "com.mysql.jdbc.Driver";
        String tableName = "studinfo";
        String sqlstr;
        Connection con = null;
        Statement stmt = null;
        ResultSet rs = null;
        try {
            Class.forName(driver);
            con = DriverManager.getConnection(url, user, password);
            stmt = con.createStatement();

            sqlstr = "insert into "+tableName+" values ('1111','honey',21)";
            stmt.executeUpdate(sqlstr);

            sqlstr = "select * from "+tableName;
            rs = stmt.executeQuery(sqlstr);

            ResultSetMetaData rsmd = rs.getMetaData();
            int j = 0;
            j = rsmd.getColumnCount();
            for(int k=0; k<j; k++)
            {
                System.out.print(rsmd.getColumnName(k+1));
                System.out.print("\t");
```

```
                }
                System.out.println();
                while(rs.next())
                {
                    for(int i=0; i<j; i++)
                    {
                        System.out.print(rs.getString(i+1));
                        System.out.print("\t");
                    }
                    System.out.println();
                }
            }
            catch(ClassNotFoundException e1)
            {
                System.out.println("数据库驱动不存在！");
                System.out.println(e1.toString());
            }
            catch(SQLException e2)
            {
                System.out.println("数据库存在异常！");
                System.out.println(e2.toString());
            }
            finally
            {
                try
                {
                    if(rs != null)
                        rs.close();
                    if(stmt != null)
                        stmt.close();
                    if(con != null)
                        con.close();
                }
                catch(SQLException e)
                {
                    System.out.println(e.toString());
                }
            }
        }
}
```

编写完成后，单击“运行”按钮，可以看到程序执行的结果，如图 3-6 所示。

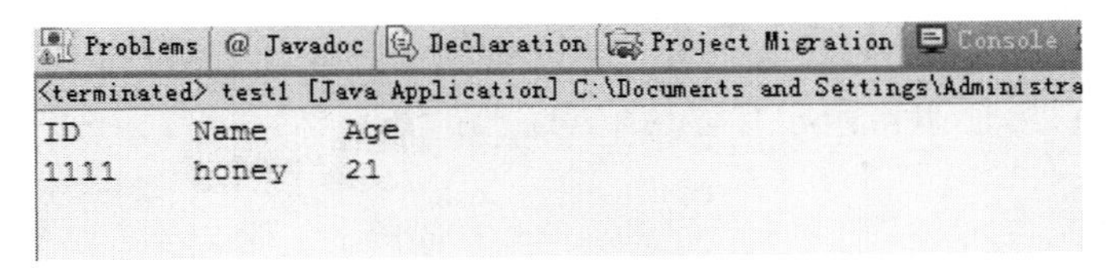

图 3-6　数据库连接成功并正确执行

3.3 JavaBean

JavaBean 传统的应用在于可视化的领域，如 AWT 下的应用。自从 JSP 诞生后，JavaBean 更多地应用在了非可视化领域，在服务器端应用方面表现出越来越强的生命力。在这里，我们主要讨论的是非可视化的 JavaBean。

3.3.1 JavaBean 简介

JavaBean 是描述 Java 的软件组件模型，有点类似于 Microsoft 的 COM 组件概念。

在 Java 模型中，通过 JavaBean 可以无限扩充 Java 程序的功能，通过 JavaBean 的组合，可以快速生成新的应用程序。对于程序员来说，最好的一点就是 JavaBean 可以实现代码的重复利用，另外，对于程序的易维护性等也有很重大的意义。

JavaBean 属于 Java 类，但是为了让编辑工具能够识别，需要满足一定的条件，这里具体有三个条件。

(1) 有一个 public 默认构造器(例如无参构造器)。

(2) 属性使用 public 的 get、set 方法访问，也就是说，设置成 private，同时 get、set 方法与属性名的大小也需要对应。例如对于属性 name，get 方法就要写成 public String getName(){}，即方法名中的 N 大写。

(3) 执行了 java.io.Serializable 接口。

程序若能做到以上几点，就是 JavaBean。

在 JSP 网络项目中，JavaBean 常用来封装事务逻辑、数据库操作等，可以很好地实现业务逻辑和前台程序(如 JSP 文件)的分离，使得系统具有更好的健壮性和灵活性。

这里给出一个简单的例子。比如说一个购物车程序，要实现在购物车中添加一件商品这样的功能，就可以写一个购物车操作的 JavaBean，建立一个 public 的 AddItem 成员方法，前台 JSP 文件里面直接调用这个方法来实现。如果后来又考虑添加商品的时候需要判断库存是否有货物，没有货物不得购买，在这个时候，我们就可以直接修改 JavaBean 的 AddItem 方法，加入处理语句来实现，这样就完全不用修改前台 JSP 程序了。

在 JSP 中调用 JavaBean 有三个标准的标签，那就是<jsp:useBean>、<jsp:setProperty>和<jsp:getProperty>。第 2 章中已经介绍过这三个标签的使用方法。

3.3.2 在 JSP 中访问 JavaBean

有了 JavaBean 以后，我们怎么在 JSP 页面中访问它呢？有两种方法：直接访问和 JSP 标签访问。一般来说，标签访问相对容易一些。

1. 直接访问

直接访问 JavaBean 时，首先要在页面顶部导入 JavaBean 类：

```
<%@ page import="mytrain.formbean.userBean" %>
```

然后在 JSP 程序段中还要实例化类：

```
<% userBean user = new userBean(); %>
```

最后在程序中直接访问 JavaBean：

```
<% user.setXXX(aa); %>
<%=user.getXXX();%>
```

2. 标签访问

标签访问也就是使用 JSP 专用标签访问。首先使用 userBean 标签进行声明：

```
<jsp:useBean id="user" class="mytrain.formbean.userBean"/>
```

然后通过 setProperty 标签和 getProperty 标签来设置和取出属性：

```
<jsp:setProperty name="user" property="name" param="mUserName"/>
<jsp:getProperty name="user" property="name"/>
```

下面通过一个简单的例子，来演示如何在 JSP 中使用 JavaBean。

首先在 MyEclipse 中创建一个 Web 项目“bean”，然后在该项目的资源文件夹 src 中创建一个包 tt，在包内添加一个 Java 类“mybean”。具体代码如下：

```
package tt;

public class mybean {
    private String name;
    private String password;

    public String getName() {
        return name;
    }
    public void setName(String name) {
        this.name = name;
    }

    public String getPassword() {
        return password;
    }
    public void setPassword(String password) {
        this.password = password;
    }
}
```

然后编写 JSP 页面 index.jsp，具体代码如下：

```
<%@ page contentType="text/html;charset=utf-8" pageEncoding="GBK"%>
<!DOCTYPE HTML PUBLIC "-//W3C//DTD HTML 4.01 Transitional//EN">
<html>
<head>
    <title>简单 Bean 例子</title>
    <link rel="StyleSheet" href="../../CSS/style.css" type="text/css" />
</head>
```

```
<body>
    <form action="" method="post">
        <table>
        <tr>
            <td><span class="blue10">用户名:</span></td>
            <td><input type="text" name="mUserName" size="20"><br></td>
        </tr>
        <tr>
            <td><span class="blue10">密  码:</span></td>
            <td><input type="password" name="mPassword" size="20"><br></td>
        </tr>
        <tr>
            <td></td>
            <td>
                        
                <input type=submit value="submit"/>
            </td>
        </tr>
        </table>
    </form>
    <jsp:useBean id="user" class="tt.mybean"/>
    <jsp:setProperty name="user"  property="name" param="mUserName"/>
    <jsp:setProperty name="user"  property="password" param="mPassword"/>
    <hr/>
    用户名: <jsp:getProperty name="user" property="name"/>
    <br>
    密  码: <jsp:getProperty name="user" property="password"/>
</body>
</html>
```

编译后运行，可以看到在用户名和密码文本框内输入内容后，可以通过 JavaBean 显示出来，如图 3-7 所示。

图 3-7　在 JSP 中访问 JavaBean

3.3.3　JavaBean 与 MVC 框架

在前面的章节中，我们已经介绍过 JSP 和 Servlet 的基础知识。

JSP 是动态网页显示技术，是在传统的网页 HTML 文件中插入 Java 程序段(Scriptlet)和 JSP 标记。

Servlet 是一种服务器端的 Java 应用程序，具有独立于平台和协议的特性，担当着客户请求与服务器响应的中间层。

而 JavaBean 常用来封装事务逻辑、数据库操作等，可以很好地实现业务逻辑和前台程序(如 JSP 文件)的分离，使得系统具有更好的健壮性和灵活性。

这三者的作用，恰好与我们的 MVC 框架设计相符合，使其成为 MVC 最初的一种模式。图 3-8 显示了三者在 MVC 框架下的相互关系。

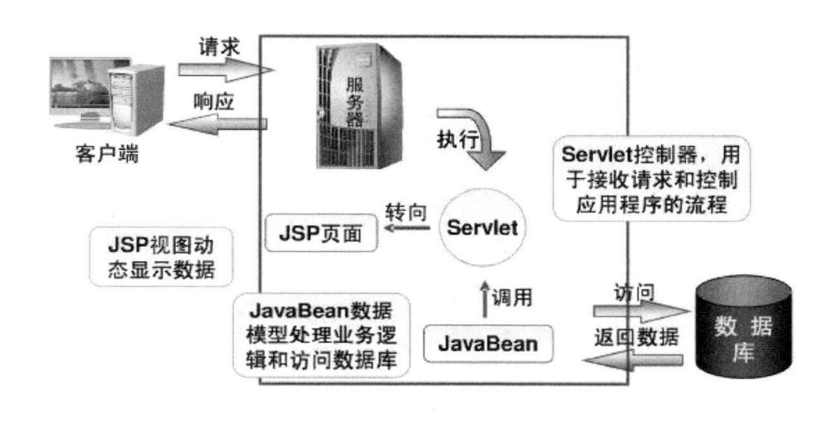

图 3-8　MVC 框架的实现

3.4　使用 MVC 模式设计用户登录模块

MVC 设计模式是一种很好的程序设计模式，有助于我们理解业务逻辑、安排好程序模块划分、提高代码利用率、提高程序设计速度和效率。本节就通过一个简单的例子，来帮助读者进一步理解和掌握这种方法。

3.4.1　项目设计简介

为直观地显示 MVC 设计思路，我们参照 MVC 的实现框架(见图 3-8)在 MyEclipse 里分别设计出模型部分(JavaBean)、控制器部分(Servlet)、视图部分(JSP 页面)，其中 JSP 页面为两个，一个接受用户的输入请求，一个向用户反馈登录情况。

在进行模块设计前，首先构建数据库。使用 MySQL 的 GUI 工具 SQLyog 创建一个数据库，命名为“mvc_user”，在这个数据库中添加一个表，命名为“user_info”，并为该表设置 3 个字段：user_id、user_name、password，如图 3-9 所示。

在该数据表中添加一条数据，三个字段的值分别为 1、zhangsan、123，如图 3-10 所示。

图 3-9　数据库设计

图 3-10　添加数据

数据库设计完成后，打开 MyEclipse，添加一个 Web 项目，命名为“mvc”。然后为该项目添加 JDBC 驱动。在项目名称 mvc 上右击，从弹出的快捷菜单中选择 Build Path → Add External Archives 命令，将 JDBC 驱动文件 mysql-connector-java-5.0.6-bin.jar 添加进项目，如图 3-11 所示。

在 WebRoot 文件夹下添加两个 JSP 页面，分别为 login.jsp 和 returnMessage.jsp。

在资源文件夹 src 下添加一个 myjava 包，在该包下添加一个 Servlet 和一个 Java 类，分别命名为 myservlet.java 和 myjavabean.java。最后的文件结构如图 3-12 所示。

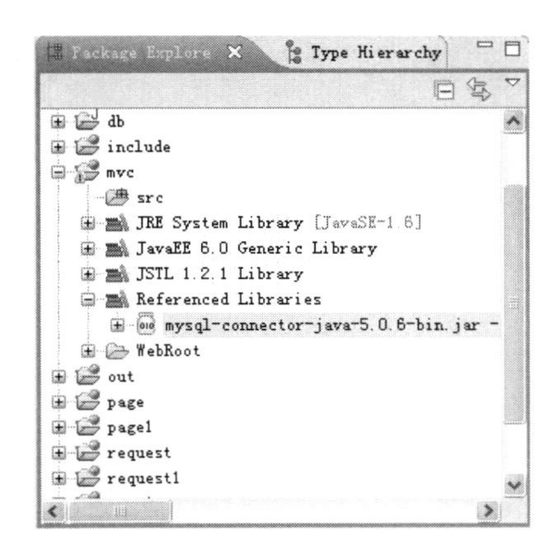

图 3-11　添加 JDBC 驱动

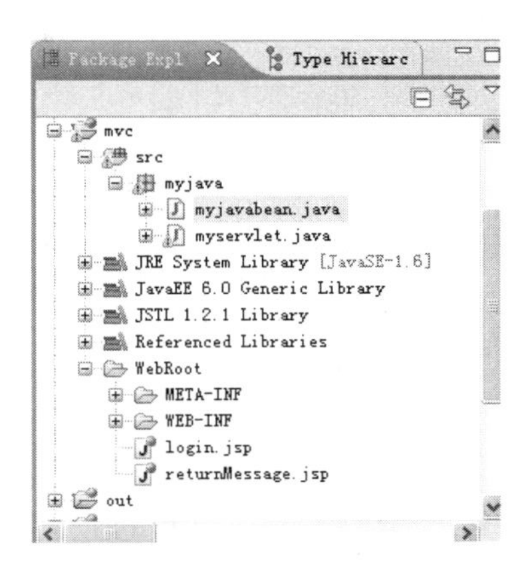

图 3-12　Web 项目的文件结构

3.4.2　模型设计

模型的设计就是 JavaBean 的设计，即创建并完善 myjavabean.java 文件。它的功能主要是访问数据库。具体代码如下：

```
package myjava;
import java.sql.*;

public class myjavabean {
    Connection conn;
    Statement stmt;
    public myjavabean() {
        try {
            Class.forName("com.mysql.jdbc.Driver");
            conn = DriverManager.getConnection(
              "jdbc:mysql://localhost:3306/mvc_user", "root", "");
            stmt = conn.createStatement();
        }
        catch(Exception e) {
            e.printStackTrace();
        }
    }
    public String login(String name, String password) {
        String message = "abc";
        try {
            String sql1 = "select count(0) from user_info where user_name='"
              + name + "'";
            ResultSet rs1 = stmt.executeQuery(sql1);
            if(rs1.next()) {
                int userCount = rs1.getInt(1);
                if(0==userCount) {
                    message = "不存在该用户";
                    return message;
                }
```

```
                String sql2 = "select count(0) from user_info where user_name='"
                  + name + "'and password='" + password + "'";
                ResultSet rs2 = stmt.executeQuery(sql2);
                if(rs2.next()) {
                    int trueUserCount = rs2.getInt(1);
                    if(0==trueUserCount) {
                        message = "密码错误";
                        return message;
                    }
                    message = "成功!";
                }
            }
        } catch(Exception e) {
            e.printStackTrace();
        }
        return message;
    }
}
```

在这个 JavaBean 内，主要是设计两个函数：myjavabean 和 login，分别用来连接数据库和执行查询。

3.4.3 视图设计

视图设计就是页面设计。

(1) login.jsp 文件供用户提交用户名和密码，它非常简单，代码如下：

```
<%@ page language="java" import="java.util.*" pageEncoding="utf-8"%>
<html>
<head>
    <title>MVC 项目：用户输入</title>
</head>
<body>
<form method="post" action= "servlet/myservlet">
    用户名：
    <input type="text" name="username"/>
    密码：
    <input type="password" name="password"/>
    <input type="Submit" value="提交"/>
</form>
</body>
</html>
```

(2) returnMessage.jsp 用来显示返回的数据 message，也非常简单，代码如下：

```
<%@ page language="java" import="java.util.*" pageEncoding="UTF-8"
 import="java.sql.*"%>
<html>
<head>
    <title>MVC 项目：返回响应</title>
</head>
```

```
<body>
<%
String message = new String(request.getParameter("tt")
  .getBytes("ISO-8859-1"), "GBK" ); %>
<%=message %>
</body>
</html>
```

3.4.4　控制器设计

控制器的设计主要针对 Servlet 的 doGet 方法，建立数据库连接，并向 returnMessage.jsp 传回执行结果。具体代码如下：

```
package myjava;

import java.io.IOException;
import java.io.PrintWriter;

import javax.servlet.ServletException;
import javax.servlet.http.HttpServlet;
import javax.servlet.http.HttpServletRequest;
import javax.servlet.http.HttpServletResponse;

public class myservlet extends HttpServlet {
    public myservlet() {
        super();
    }
    public void destroy() {
        super.destroy(); // Just puts "destroy" string in log
        // Put your code here
    }

    public void doGet(HttpServletRequest request,
      HttpServletResponse response)
      throws ServletException, IOException {
        String name = request.getParameter("username");
        String password = request.getParameter("password");
        myjavabean myDB = new myjavabean();
        String message = myDB.login(name, password);
        String url = "returnMessage.jsp?tt=" + message;
        url = new String(url.getBytes("GBK"),"ISO-8859-1");
        response.sendRedirect(url);
    }

    public void doPost(HttpServletRequest request,
      HttpServletResponse response)
      throws ServletException, IOException {
        this.doGet(request, response);
    }
    public void init() throws ServletException {
```

```
        // Put your code here
    }
}
```

3.4.5 部署和运行程序

项目完成后，在 MyEclipse 下进行编译，然后运行，在浏览器地址栏输入：

```
http://localhost:8080/mvc/login.jsp
```

可以看到用户输入界面，输入用户名和密码：zhangsan、123，如图 3-13 所示。

单击“提交”按钮后，可以看到提示成功的页面，如图 3-14 所示。

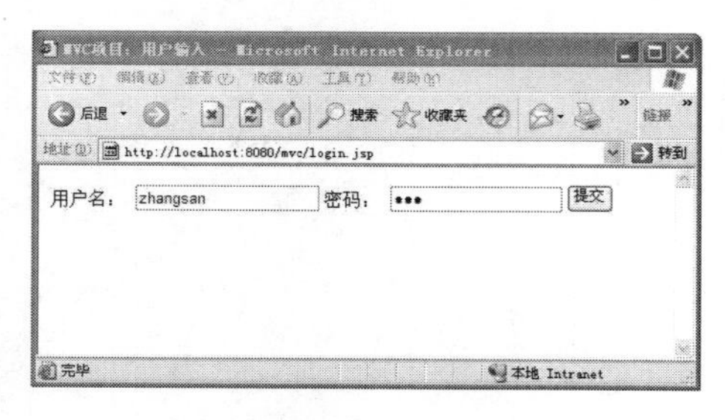

图 3-13　用户输入

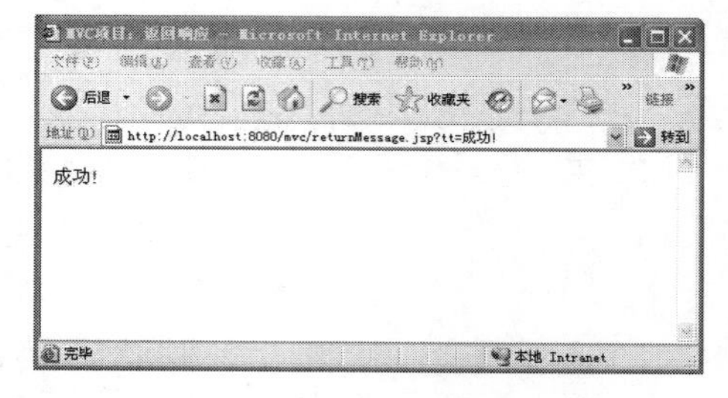

图 3-14　验证成功

如果输入错误的用户名：lisi，则会提示不存在该用户，如图 3-15 所示。

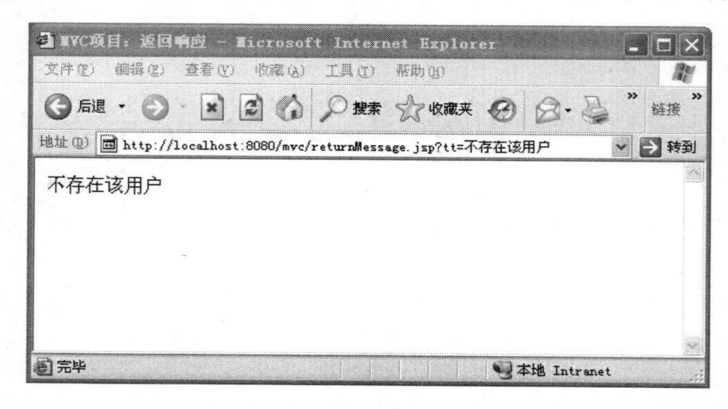

图 3-15　用户名输入错误

3.5 小　　结

本章主要讲解了 MVC 框架的基本理念和 JDBC、JavaBean 的基本知识，并结合前面 Servlet 的知识，讲解了如何使用 JSP、Servlet、JavaBean 完成 MVC 框架，并用一个具体的示例来演示它们的相互关系和使用方法。这是理解 Struts、Spring 等框架的基础。希望读者多多练习，认真领会，取得融会贯通的效果。

第三篇　Struts 2 框架篇

第 4 章　Struts 2 概述

Struts 2 是 Struts 的下一代产品，它是在 Struts 1 和 WebWork 技术的基础上进行了合并。全新的 Struts 2 与 Struts 1 差别巨大，但是相对于 WebWork，Struts 2 的变化很小。Struts 2 并不是一门完全独立的技术，而是建立在其他 Web 技术之上的一个 MVC 框架。Struts 2 以 WebWork 为核心，采用拦截器的机制来处理用户的请求，这种设计使得业务逻辑控制器能够与 Servlet API 完全脱离开，所以 Struts 2 可以理解为 WebWork 的更新产品。实际上，WebWork 和 Struts 社区已经合二为一，即现在的 Struts 2 社区。

本章首先对 Struts 2 的基本情况进行介绍，接着介绍开始时所要做的准备工作以及如何配置 Struts 2 的运行环境，然后通过一个简单的“Hello World”示例，让读者快速了解 Struts 2 的使用方法。

4.1　Struts 2 基础

Struts 2 是现在 Java Web 开发中最经典的 MVC 框架技术，被许多开发人员喜爱，也是企业招聘 Java 人才时必备的技能之一。

不少开发者初次接触 Struts 2 时，感觉就像在学习一个新的框架。虽然仍然使用 Struts 的名字，但原理与原来的 Struts 1 相比，已经大相径庭了。

4.1.1　Struts 2 简介

2001 年 7 月，Struts 1.0 正式发布，该项目也成为 Apache Jakarta 的子项目之一，Struts 就是在 Model 2 的基础上实现的一个 MVC 框架。它只有一个中心控制器，采用 XML 定制转向的 URL，采用 Action 来处理逻辑。

在 2005 年的 JavaOne 大会上，Struts 开发者和用户在讨论 Struts 的未来时，提出：Struts 的代码库不适合大幅度的改进，缺乏扩展性。后来大家经过讨论，决定基于 XWork 开发一个新的框架，这就是后来的 Struts 2。

Struts 2 虽然是在 Struts 1 的基础上发展起来的，但它并没有继承 Struts 1 的设计理念。Struts 2 使用了 WebWork 的设计理念，并且吸收了 Struts 1 的部分优点，对 Struts 1 和 WebWork 两大框架进行了整合，建立了一个兼容 WebWork 和 Struts 1 的 MVC 框架，使原来使用 Struts 1 和 WebWork 的开发人员都能够很快过渡到使用 Struts 2 框架进行开发。

在使用上，Struts 2 更接近 WebWork 的使用习惯，因为 Struts 2 使用了 WebWork 的设计核心而不是 Struts 1 的设计核心。两个框架的优势得到了互补，让 Struts 2 拥有更广阔的前景，WebWork、Struts 1 与 Struts 2 之间的关系如图 4-1 所示。

图 4-1　WebWork、Struts 1 与 Struts 2 的关系

Struts 2 相对 Struts 1 有很大的改变。Struts 2 的 Action 类实现一个 Action 接口的同时，还可以去实现其他接口。Struts 2 中提供了一个 ActionSupport 基类去实现常用的接口，但 Action 接口不是必需的，只要 POJO 对象中有 execute 方法，都可以作为 Struts 2 的 Action 对象。但是对于 Struts 1 来讲，则必须要求 Action 类继承一个抽象基类。

4.1.2　Struts 2 的 MVC 模式

MVC 将一个应用的输入、处理和输出流程按照模型、视图和控制器三部分进行分离，这样，一个应用就可以划分为模型层、视图层和控制器层 3 个层次，三层之间以最少的耦合来协同工作。传统 MVC 模式中，各层之间的关系如图 4-2 所示。

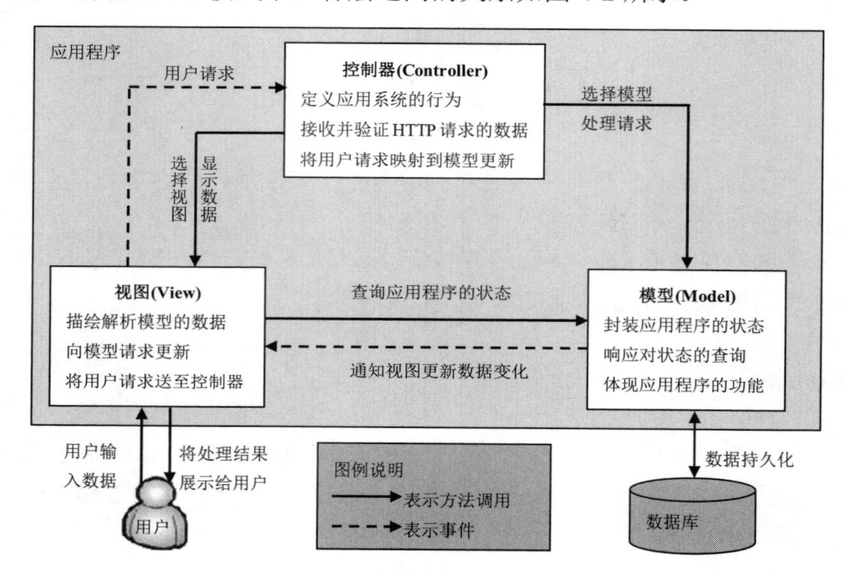

图 4-2　MVC 模式各层的关系

由于 Struts 2 的架构本身就是来自于 MVC 思想，所以在 Struts 2 的架构中能够找到 MVC 的影子。

在 Struts 2 中，视图层对应视图组件，通常是指 JSP 页面，也适用于 Velocity、FreeMarker 等其他视图显示技术。模型层对应业务逻辑组件，它通常用于实现业务逻辑及与底层数据库的交互等。控制层对应系统核心控制器和业务逻辑控制器。系统核心控制器为 Struts 2 框架提供的 StrutsPrepareAndExecuteFilter，它是一个起过滤作用的类，能根据请求自动调用相应的 Action。而业务逻辑控制器是开发者自定义的一系列 Action，在 Action 中负责调用相应的业务逻辑组件，来完成调用处理。Struts 2 的 MVC 实现如图 4-3 所示。

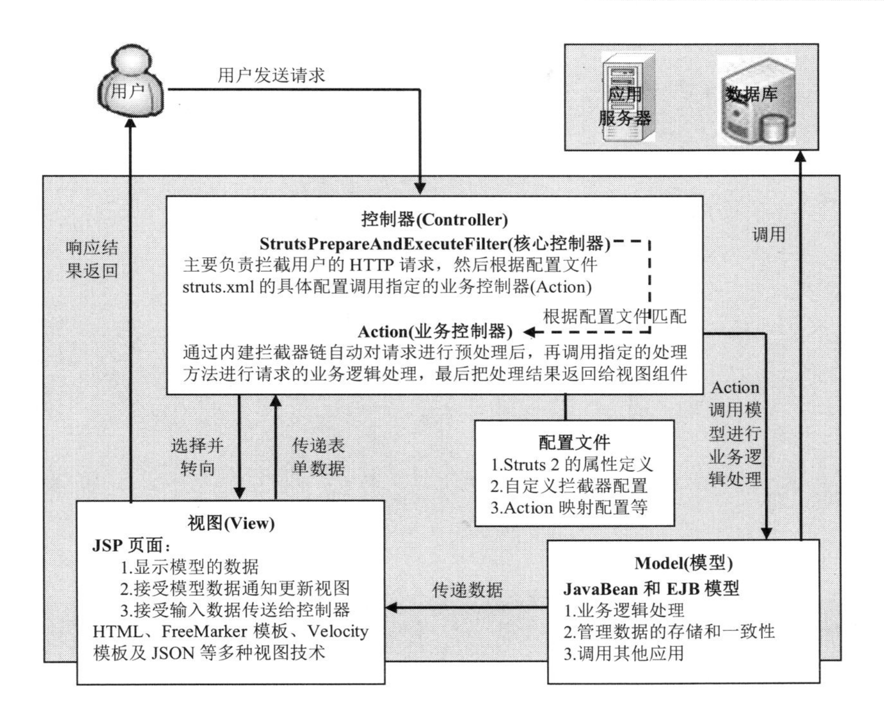

图 4-3　Struts 2 的 MVC 实现

Struts 2 是对 MVC 思想的具体实现，随着技术的发展，不断出现新的开发工具，程序开发人员对开发工具的需求也越来越灵活多变。Struts 2 融合了许多优秀 Web 框架的优点，并对缺点进行了改进，使得 Struts 2 在开发中具有更大的优势，其优点如下：

- 通过简单、集中的配置来调度业务类，使得配置和修改都非常容易。
- 提供简单、统一的表达式语言来访问所有可供访问的数据。
- 提供标准、强大的验证框架和国际化框架。
- 提供强大的、可以有效减少页面代码的标签。
- 提供良好的 Ajax 支持。
- 拥有简单的插件，只需放入相应的 JAR 包，任何人都可以扩展 Struts 2 框架，比如自定义拦截器、自定义结果类型等，为 Struts 2 定制需要的功能，而且可以发布给其他人使用。
- 拥有智能的默认设置，不需要另外进行繁琐的设置。使用默认设置可以完成大多数应用程序开发所需要的功能。

4.1.3　Struts 2 的工作原理

在 Struts 2 中，通过拦截器来处理用户的请求，从而允许用户的业务逻辑控制器与 Servlet 分离，在处理请求的过程中以用户的业务逻辑控制器为目标，创建一个控制器代理，控制代理回调业务控制器中的 execute 方法来处理用户的请求，该方法的返回值决定了 Struts 2 以怎样的视图资源呈现给用户，Struts 2 的体系概略图如图 4-4 所示。

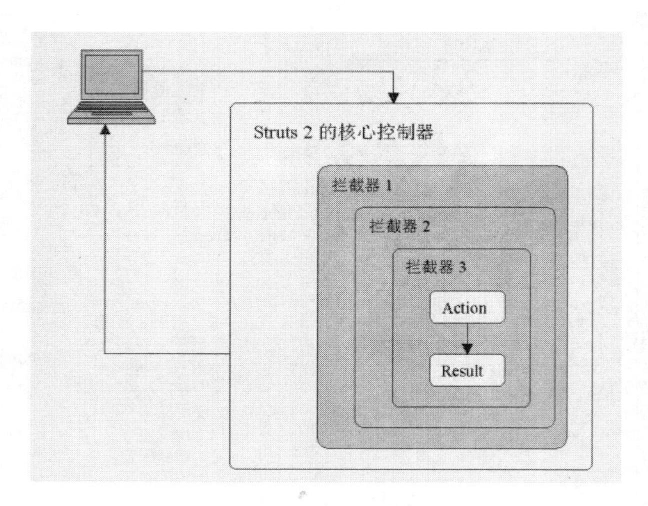

图 4-4　Struts 2 的体系概略图

在上面的概略图中，一个请求在 Struts 2 框架中的处理大概分为以下几个步骤。

(1)　浏览器发送请求，例如请求 login.action、reg.action 等。

(2)　控制层的核心控制器(StrutsPrepareAndExecuteFilter)根据请求调用相应的 Action。

(3)　Struts 2 的拦截器链(即一系列拦截器)自动对请求进行相关的控制逻辑，如数据校验、数据封装和文件上传等功能。

(4)　回调 Action 的 execute 方法(Action 对象的默认方法)，根据用户请求参数执行某种业务逻辑操作。实际上 Action 只是一个控制器，它调用业务逻辑组件来处理用户的请求。

(5)　execute 方法会返回一个字符串输出，该输出经过拦截器链自行处理，这与开始的拦截器链处理是相反的过程，核心控制器(StrutsPrepareAndExecuteFilter)将根据返回的字符串跳转到指定的视图资源，呈现给用户。

由此可以看到，Struts 2 与 MVC 思想是相对应的，核心控制器对应着 MVC 中的控制层，Action 对应着 MVC 中的模型层，产生的结果 Result 对应着 MVC 中的视图层。

4.2　配置 Struts 2 的运行环境

要使用 Struts 2 框架进行 Java Web 开发，就必须先下载 Struts 2 软件包，并配置好 Struts 2 的配置文件。

4.2.1　下载 Struts 2 框架

可从 Struts 2 的官网 http://struts.apache.org 中下载 Struts 2 框架，下载页面如图 4-5 所示。

当前 Struts 2 的最新版本为 2.3.16，本书所介绍的 Struts 2 就是基于该版本的，建议读者也下载该版本的 Struts 2。在官方主页上，点击蓝色的 Download 按钮，或者直接进入 http://struts.apache.org/download.cgi 的最新版下载页，在 Full Releases Struts 2.3.16 下方找到 Full Distribution: struts-2.3.16-all.zip (65MB)的超级链接，点击下载。

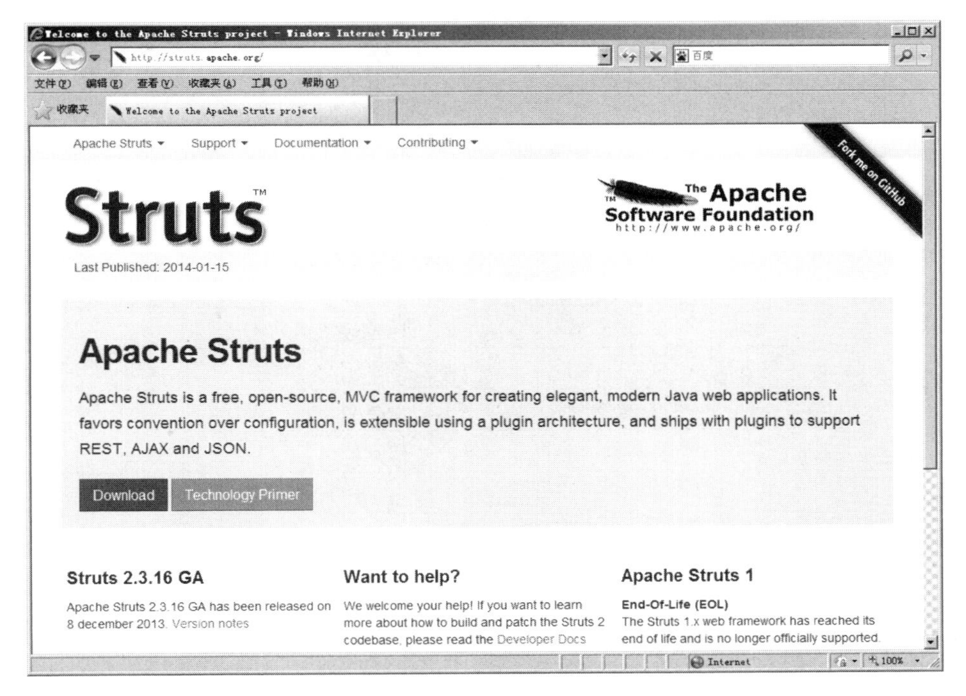

图 4-5　Struts 2 官方主页

将下载的压缩包进行解压缩操作后，可得到如图 4-6 所示的文件夹结构。

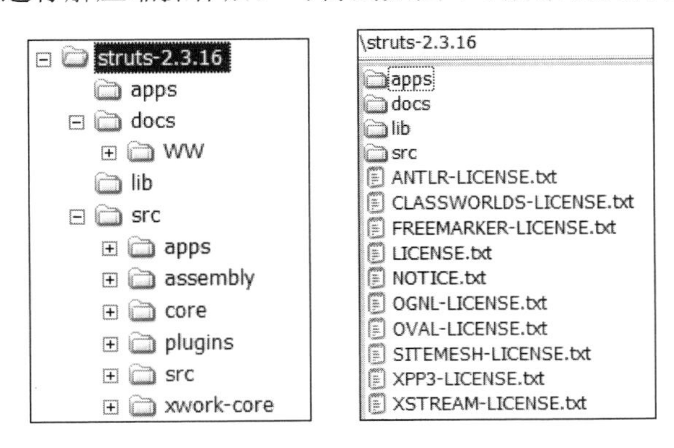

图 4-6　Struts 2 的文件夹结构

(1) apps 文件夹：存放官方提供的 Struts 2 的示例程序，这些程序可以作为学习者的学习资料，为开发者提供了很好的参照。各示例均为 WAR 文件，可以通过 ZIP 的方式进行解压缩操作(例如使用 WinRAR 软件)。

(2) docs 文件夹：存放官方提供的 Struts 2 文档，包括 Struts 2 API、Struts 2 Tag 等。

(3) lib 文件夹：存放 Struts 2 框架的核心类库，以及 Struts 2 的第三方插件。

(4) src 文件夹：存放 Struts 2 项目该版本对应的源代码。

安装 Struts 2 相对比较容易，Struts-2.3.16 框架目录中的 lib 文件夹下有 120 多个 JAR 文件，一般只需将该 lib 文件夹下的 commons-fileupload-1.3.jar、commons-logging-1.1.3.jar、freemarker-2.3.19.jar、ognl-3.0.6.jar、struts2-core-2.3.16.jar、xwork-core-2.3.16.jar 等文件复制

到 Web 应用程序中的 WEB-INF/lib 路径下即可。若需要更多特性，再添加更多的 JAR 包。

Struts 2 项目所依赖的 JAR 包文件说明如表 4-1 所示。

表 4-1　Struts 2 项目依赖的 JAR 包说明

文 件 名	说　明
struts2-core-2.3.16.jar	Struts 2 框架的核心类库
xwork-core-2.3.16.jar	WebWork 核心库，Struts 2 的构建基础
ognl-3.0.6.jar	Struts 2 使用的一种表达式语言类库
freemarker-2.3.19.jar	Struts 2 标签模板使用类库
javassist-3.11.0.GA.jar	JavaScript 字节码解释器
commons-fileupload-1.3.jar	Struts 2 的文件上传组件依赖包
commons-io-2.2.jar	Struts 2 的输入输出，可看成是 java.io 扩展
commons-lang3-3.1.jar	包含一些数据类型工具，是 java.lang.*扩展
commons- logging-1.1.3.jar	Struts 2 的日志管理组件依赖包

在项目的“Java Build Path”中，可以在 Libraries 选项卡的 Web App Libraries 节点下看见已经添加的 JAR 包，如图 4-7 所示。

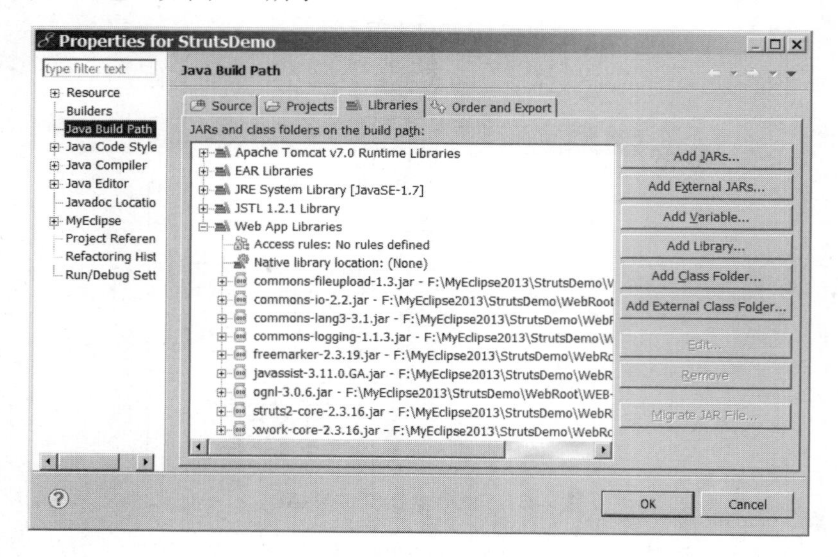

图 4-7　Struts 2 项目的 JAR 引用

4.2.2　Struts 2 的配置文件

Struts 2 共有 5 类配置文件，分别是 struts.xml、struts.properties、Web.xml、struts-plugin.xml 和 struts_default.xml。本节简单介绍 web.xml 和 struts.xml 配置文件。

(1)　web.xml 文件

我们在以前的 JSP、Servlet 程序中就配置过 web.xml 文件。准确地说，它不属于 Struts 2 框架特有的文件。作为部署文件，web.xml 是所有 Java Web 项目的核心文件。然而在这里，之所以讲到该配置文件，是因为在 Web 应用中使用 Struts 2 框架时，还需要在 web.xml 文件中配置 Struts 2 的核心控制器(StrutsPrepareAndExecuteFilter)，用于对 Struts 2 框架进行初始化和处理所有的请求，代码如下所示：

```
<?xml version="1.0" encoding="UTF-8"?>
<web-app xmlns:xsi=http://www.w3.org/2001/XMLSchema-instance
  xmlns="http://java.sun.com/xml/ns/javaee"
  xmlns:web="http://java.sun.com/xml/ns/javaee/web-app_2_5.xsd"
  xsi:schemaLocation="http://java.sun.com/xml/ns/javaee
  http://java.sun.com/xml/ns/javaee/web-app_3_0.xsd" id="WebApp_ID"
  version="3.0">
    <display-name>StrutsDemo</display-name>
    <welcome-file-list>
        <welcome-file>index.jsp</welcome-file>
    </welcome-file-list>
    <filter>
        <filter-name>struts2</filter-name>
        <filter-class>
            org.apache.struts2.dispatcher.ng.filter.
            StrutsPrepareAndExecuteFilter
        </filter-class>
    </filter>
    <filter-mapping>
        <filter-name>struts2</filter-name>
        <url-pattern>/*</url-pattern>
    </filter-mapping>
</web-app>
```

提示： 在 Struts 2.0 版本中，核心控制器为 org.apache.struts2.dispatcher.FilterDispatcher，读者要根据所使用的 Struts 2 的版本进行配置。在不同版本的 MyEclipse 中，所引用的版本有时有所不同。

(2)　struts.xml 文件

struts.xml 定义应用自身使用的 action 映射及 result，但我们一般将应用的各个模块分到不同的配置文件中。

首先，必须在 struts.xml 文件的对应程序中做相应的配置，其中，需要对每个动作进行相应拦截器的调用，对每种动作的运行结果进行配置等。在拦截器中，必须在使用前进行注册，Struts 配置文件可以支持继承，默认的配置文件包在 Struts 2-core-x.x.x.jar 中。

struts-default.xml 文件是那些默认配置文件之一。它的主要功能就是用来注册默认的结果类型和拦截器。所以，在使用的时候，不必在 struts.xml 文件里进行注册，就可以使用默认的结果类型和拦截器。

struts.xml 文件的代码如下所示：

```
<?xml version="1.0" encoding="UTF-8" ?>
<!DOCTYPE struts PUBLIC
  "-//Apache Software Foundation//DTD Struts Configuration 2.3//EN"
  "http://struts.apache.org/dtds/struts-2.3.dtd">
```

```
<struts>
    <constant name="struts.i18n.encoding" value="gbk"/>
    <!--可以定义其他常量-->
    <package name="default" namespace="/" extends="struts-default">
        <action name="hello" class="com.yzpc.action.HelloAction">
            <result name="success">/HelloWorld.jsp</result>
            <!--可以添加多个result-->
        </action>
        <!--可以添加多个action-->
    </package>
    <!--可以添加多个package-->
</struts>
```

在struts节点下有很多子节点，而这些子节点是配置框架的主要因素。我们在以后会讲解struts节点下子节点的含义。

4.3 使用Struts 2实现Hello World示例

在前面的小节中，已经对Struts 2的工作原理、运行环境及相关配置文件做了简单的介绍，下面以一个Struts 2的简单小程序HelloWorld为例，介绍Struts 2 MVC框架如何拦截用户请求，让读者对Struts 2的项目能够进一步了解。

创建StrutsDemo的Web项目，添加Struts 2框架的支持文件，新建Hello.jsp和HelloWorld.jsp页面文件，编写web.xml配置文件，创建业务控制器HelloAction.java类，编写struts.xml配置文件，最后运行、部署和测试这个示例。

4.3.1 新建Web项目

首先，我们使用MyEclipse创建一个Web项目，步骤如下。

(1) 打开MyEclipse，在菜单栏中选择File → New → Web Project命令，弹出New Web Project对话框。

在Create a JavaEE Web Project界面的Project Name文本框中，输入“StrutsDemo”名称，在Java version文本框中，选择我们自己安装配置的1.7版本，在Target runtime下拉列表中，选择Apache Tomcat v7.0，如图4-8所示，单击Next按钮。

(2) 进入Java界面，可以在src下添加文件夹，这里不用修改，如图4-9所示，单击Next按钮。

(3) 进入Web Module界面，在其中勾选Generate web.xml deployment descriptor复选框，如图4-10所示，单击Next按钮。

提示： 若在前面图4-8的界面中，从Java EE version下拉列表框里选中JavaEE 5 - Web 2.5选项的话，该Generate web.xml deployment descriptor复选框默认是勾选的。

(4) 进入Configure Project Libraries界面，如图4-11所示。

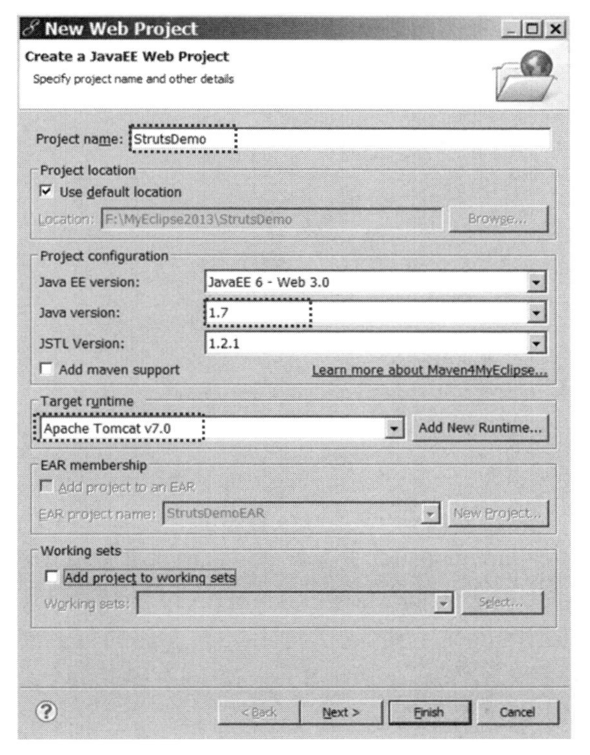

图 4-8　New Web Project 对话框

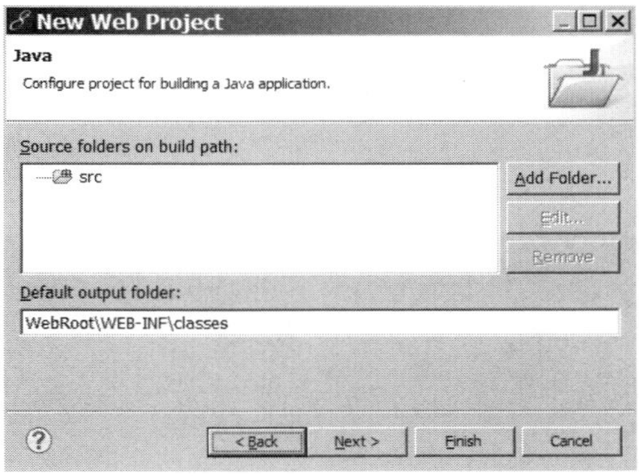

图 4-9　Java 设置界面

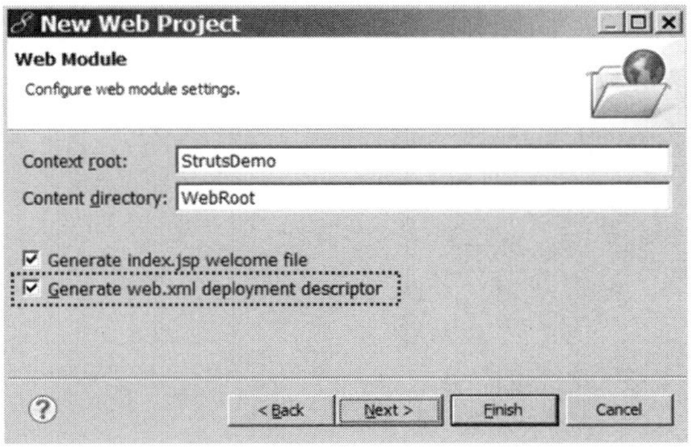

图 4-10　Web 模块设置界面

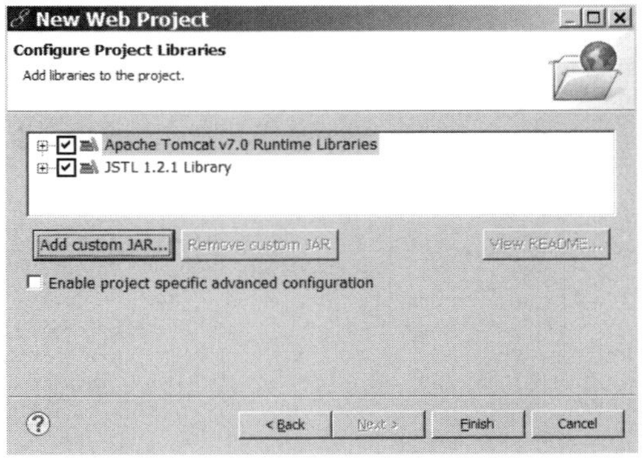

图 4-11　构建项目库文件

提示：在这里可以去除 Apache Tomcat v7.0 RunTime Libraries 和 JSTL 1.2.1 Library，也可以通过 Add custom JAR 按钮添加自定义的 JAR 包。

(5) 单击 Finish 按钮，完成后，在窗体左侧的包资源管理器视图中，就可以看到 StrutsDemo 项目结构了，如图 4-12 所示。

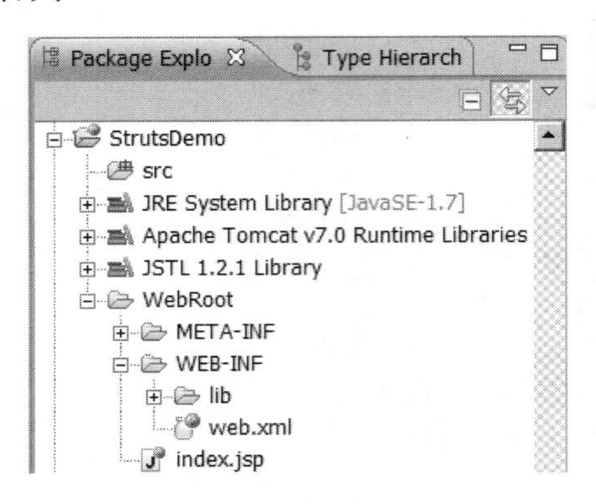

图 4-12　Web 项目目录的结构

4.3.2　添加 Struts 2 框架支持文件

把我们在前面讲解过的 Struts-2.3.16 文件夹中的以下文件：commons-fileupload-1.3.jar、commons-logging-1.1.3.jar、commons-io-2.2.jar、commons-lang3-3.1.jar、freemarker-2.3.19.jar、javassist-3.11.0.GA.jar、ognl-3.0.6.jar、struts2-core-2.3.16.jar、xwork-core-2.3.16.jar 复制到 StrutsDemo 项目下的“\WebRoot\WEB-INF\lib”路径下，然后刷新项目，在左侧的包资源管理器中的 Web App Libraries 节点下，就可以看见所添加的 JAR 文件，如图 4-13 所示。

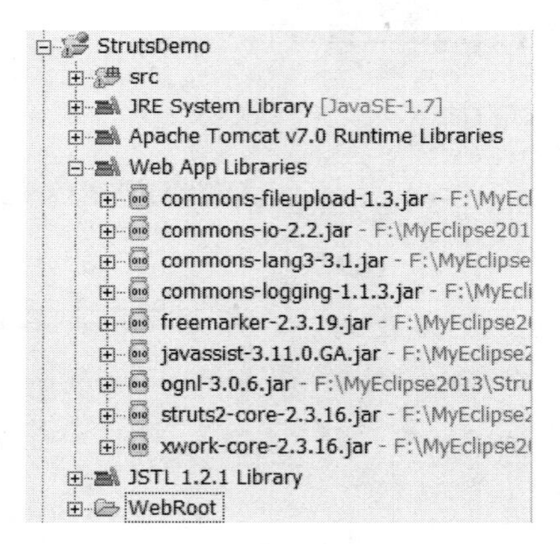

图 4-13　添加 Struts 2 支持包后的效果

至此，Struts 2 的基本框架文件就安装到 Web 项目中了。

4.3.3　新建 JSP 页面

在 WebRoot 的根目录下创建视图页面 Hello.jsp，在该页面中创建一个简单的超级链接的文本，代码如下所示：

```
<center>
    <!-- hello 是请求的 action，也可写成 hello.action -->
    <h3><a href="hello">从 Hello.jsp 页面跳转到 HelloWorld.jsp 页面</a></h3>
</center>
```

为了能在页面中显示中文，需在 JSP 页面中设置页面编码为 gbk，如下所示：

```
<%@ page language="java" import="java.util.*" pageEncoding="gbk"%>
```

然后创建 HelloWorld.jsp 页面，在其中显示欢迎的内容，代码如下所示：

```
<center>
   <h2>欢迎您来到 Struts 2 的世界! </h2>
   <h3>第一个程序，Hello World! </h3>
</center>
```

4.3.4　在 web.xml 文件中添加过滤器

在项目的“\WebRoot\WEB-INF\”路径下的 web.xml 文件中，配置 Struts 2 的核心控制器，用来拦截请求，并将请求转发给相应的 Action 处理，代码如下所示：

```
<?xml version="1.0" encoding="UTF-8"?>
<web-app xmlns:xsi=http://www.w3.org/2001/XMLSchema-instance
  xmlns="http://java.sun.com/xml/ns/javaee"
  xmlns:web="http://java.sun.com/xml/ns/javaee/web-app_2_5.xsd"
  xsi:schemaLocation="http://java.sun.com/xml/ns/javaee
  http://java.sun.com/xml/ns/javaee/web-app_3_0.xsd" id="WebApp_ID"
  version="3.0">
    <display-name>StrutsDemo</display-name>
    <welcome-file-list>
       <welcome-file>index.jsp</welcome-file>
       <!--在 JSP 内容中，讲解过该部分，这里省略其他的欢迎文件 -->
    </welcome-file-list>
    <!—配置 Struts 2 框架的核心控制器-->
    <filter>
       <!--配置 Struts 2 核心控制器的名字-->
       <filter-name>struts2</filter-name>
       <!--配置 Struts 2 核心控制器的实现类-->
       <filter-class>
          org.apache.struts2.dispatcher.ng.filter
           .StrutsPrepareAndExecuteFilter
       </filter-class>
    </filter>
    <filter-mapping>
       <!-- 过滤器拦截名称 -->
       <filter-name>struts2</filter-name>
       <!-- 配置 Struts 2 的核心过滤器拦截所有的用户请求-->
       <url-pattern>/*</url-pattern>
    </filter-mapping>
</web-app>
```

4.3.5　创建业务控制器 HelloAction 类

创建访问页面 Hello.jsp 所对应的业务控制器 HelloAction 类。

让 HelloAction 类继承 com.opensymphony.xwork2 包中的 ActionSupport 类，并重写 ActionSupport 类中的 execute()方法，HelloAction 类的代码如下所示：

```
package com.yzpc.action;
import com.opensymphony.xwork2.ActionSupport;
public class HelloAction extends ActionSupport {
    @Override
    public String execute() throws Exception {
        //SUCCESS 是一个值为"success"的常量，也可写为 return "success";
        return SUCCESS;
    }
}
```

4.3.6 编写 struts.xml 配置文件

当 Action 处理完客户端请求后，就会返回一个字符串，每个字符串对应一个视图。在项目的 src 文件夹下创建 struts.xml 文件，打开 struts.xml 文件，在该文件中配置 HelloAction 类，代码如下所示：

```
<?xml version="1.0" encoding="UTF-8" ?>
<!DOCTYPE struts PUBLIC
  "-//Apache Software Foundation//DTD Struts Configuration 2.3//EN"
  "http://struts.apache.org/dtds/struts-2.3.dtd">
<struts>
    <package name="default" namespace="/" extends="struts-default">
        <action name="hello" class="com.yzpc.action.HelloAction">
            <result name="success">/HelloWorld.jsp</result>
        </action>
    </package>
</struts>
```

在文件中配置 Action 时，用 name 属性定义该 Action 的名称，用 class 属性定义这个 Action 的实现类。在配置 Result 时，name 表示接收 Action 中返回的字符串，实现逻辑视图和物理视图之间的映射。

4.3.7 部署测试项目

使用 MyEclipse 开发好项目后，需要先将 StrutsDemo 部署到 Tomcat 服务器上。然后在浏览器的地址栏中输入“http://localhost:8080/StrutsDemo/Hello.jsp”，如图 4-14 所示。

图 4-14　首页面的效果

点击图 4-14 中的超链接，显示欢迎页面，地址栏还是显示 hello 请求，如图 4-15 所示。

图 4-15　链接后的欢迎页面

4.4　小　　结

本章主要介绍了 Struts 2 框架的基础知识，Struts 2 汲取了 Struts 1 与 WebWork 二者的优点。本章还介绍了 Struts 2 的 MVC 设计模式、Struts 2 的工作原理、如何配置运行环境，以及使用 Struts 2 开发一个示例项目，让读者对 Struts 2 有了一个初步的了解。学习本章，读者应重点理解 MVC 思想的基本知识，以及开发 Struts 2 项目的基本流程。Struts 2 框架极大地简化了程序员的工作，只需要进行简单的配置，即可开发 Java Web 应用程序。

第 5 章　Struts 2 的架构和运行流程

在第 4 章中，我们通过 StrutsDemo 的范例介绍了 Struts 2 的基本开发流程，这离我们真正掌握 Struts 2 框架还有很大距离。在使用一个框架的时候，除了掌握如何使用框架进行开发外，最好还要知道框架做了什么、框架的基本运行流程，以及 Struts 2 的基本配置，这对我们以后的学习很有帮助。

5.1　Struts 2 的系统架构

Struts 2 在不断地发展和演变，它的版本在不断地更新，截至本书编写时，Struts 2 正式发布的版本为 Struts 2.3.16 GA。

5.1.1　Struts 2 的模块和运行流程

Struts 2 的官方文档里附带了 Struts 2 的系统架构图，展示了 Struts 2 的内部模块及运行流程，如图 5-1 所示。

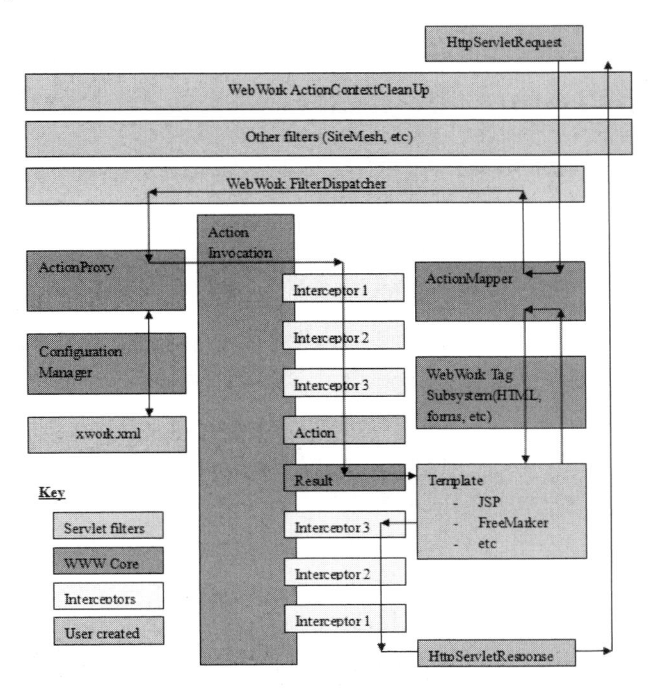

图 5-1　Struts 2 系统的架构

在系统架构图中，分了好几块，彼此之间相互联系，分为 4 种颜色：

- 橙色是 Servlet Filters，即过滤器链，所有的请求都要经过 Filter 链的处理。
- 浅蓝色是 Struts Core，即 Struts 2 的核心部分，是 Struts 2 中已经做好的功能，在实际开发中不需要动它们。
- 浅绿色是 Interceptors，即 Struts 2 的拦截器。Struts 2 提供了很多默认的拦截器，可以完成日常开发的绝大部分工作；当然，也可以自定义拦截器，用来实现具体业务需要的功能。
- 浅黄色是 User Created，即由开发人员创建的，包括 struts.xml、Action、Template，是每个使用 Struts 2 来进行开发的人员都必须会的，例如我们在前面的 StrutsDemo 程序里所写的那些内容。

下面来介绍 Struts 2 的体系结构。

(1) 当 Web 容器收到一个请求时，他将请求传递给一个标准的过滤器链，其中包括 ActionContentCleanUp 过滤器和其他过滤器(如集成 SiteMesh 的插件)，这是非常有用的技术。接下来，需要调用 FilterDispatcher，它将调用 ActionMapper，来确定请求调用哪个 Action，ActionMapper 返回一个收集了 Action 详细信息的 ActionMapping 对象。

(2) 接下来，FilterDispatcher 将控制权委派给 ActionProxy，ActionProxy 调用配置管理器(Configuration Manager)从配置文件中读取配置信息，然后创建 ActionInvocation 对象，实际上，ActionInvocation 的处理过程就是 Struts 2 处理请求的过程。

ActionInvocation 被创建的同时，填充了需要的所有对象和信息，它在调用 Action 之前会依次调用所有配置的拦截器。

(3) 一旦 Action 执行返回结果字符串，ActionInvocation 负责查找结果字符串对应的 Result，然后执行这个 Result。通常情况下 Result 会调用一些模板(JSP 等)来呈现页面。

(4) 之后，拦截器会被再次执行(顺序与 Action 执行之前相反)，最后响应被返回给在 web.xml 中配置的那些过滤器(FilterDsipatcher 等)。

5.1.2 Struts 2 各模块的说明

Struts 2 框架中的各个模块各自是做什么的？有什么样的功能？处于什么样的地位？下面跟着系统架构图上的箭头一个一个地来查看。

- FilterDispatcher：是整个 Struts 2 的调度中心，根据 ActionMapper 的结果来决定是否处理请求，如果 ActionMapper 指出该 URL 应该被 Struts 2 处理，那么它将会执行 Action 处理，并停止过滤器链上还没有执行的过滤器。
- ActionMapper：提供了 HTTP 请求与 Action 执行之间的映射，简单地说，ActionMapper 会判断这个请求是否应该被 Struts 2 处理，如果需要 Struts 2 处理，ActionMapper 会返回一个对象来描述请求对应的 ActionInvocation 的信息。
- ActionProxy：是一个特别的中间层，位于 Action 和 xwork 之间，使得我们在将来有机会引入更多的实现方式，比如通过 WebService 来实现等。
- ConfigurationManager：是 xwork 配置的管理中心，通俗地说，可以把它看作 struts.xml 这个配置文件在内存中的对应。

- struts.xml：是 Struts 2 的应用配置文件，负责诸如 URL 与 Action 之间映射的配置，以及执行后页面跳转的 Result 配置等。
- ActionInvocation：真正调用并执行 Action，它拥有一个 Action 实例和这个 Action 所依赖的拦截器实例。ActionInvocation 会执行这些拦截器、Action 以及相应的 Result。
- Interceptor：拦截器是一些无状态的类，拦截器可以自动拦截 Action，它们给开发者提供了在 Action 运行之前或 Result 运行之后执行一些功能代码的机会。类似于我们熟悉的 javax.servlet.Filter。
- Action：动作类是 Struts 2 中的动作执行单元。用来处理用户请求，并封装业务所需要的数据。
- Result：Result 就是不同视图类型的抽象封装模型，不同的视图类型会对应不同的 Result 实现，Struts 2 中支持多种视图类型，比如 JSP、FreeMarker 等。
- Templates：各种视图类型的页面模板，例如，JSP 就是一种模板页面技术。
- Tag Subsystem：Struts 2 的标签库，它抽象了三种不同的视图技术：JSP、Velocity、FreeMarker，可以在不同的视图技术中，几乎没有差别地使用这些标签。

5.1.3　Struts 2 的核心概念

通过前面的学习，我们已经了解了 Struts 2 的基础知识及其系统架构，在前面的 Struts 2 系统架构图中，看到了很多 Struts 2 的模块，有些核心组件是我们必须掌握的，这些组件组成了应用程序的功能，也构成了框架本身。

(1)　FilterDispatcher：Struts 2 的前端控制器，作为 MVC 模式中的控制器部分，在开发时，只要在项目中的 web.xml 配置文件中配置一次即可。

注意：如有其他过滤器，该配置部分通常放在最后。在 Struts 2.1.3 以后的版本中，控制器名称为 StrutsPrepareAndExecuteFilter。

(2)　Action：业务类，作为 MVC 中的模型部分，既封装业务数据，也负责处理用户的请求，Action 类中的 execute 方法是默认的动作处理方法。

(3)　Result：结果，表示业务类 Action 执行后要跳转的页面。Struts 2 本身支持多种结果类型，如 JSP、Velocity、FreeMarker、JasperReports 等，在同一个 Web 应用中，各种结果类型可以混用。

(4)　Interceptor：拦截器，是 Struts 2 框架中的重要概念。Struts 2 的许多功能都是由拦截器完成的，每一个 Struts 2 工程都使用了拦截器，但我们前面的例子并没有配置拦截器，那是因为在项目中使用了 Struts 2 自带的内建拦截器与默认拦截器配置而已。

拦截器的使用主要是把 request 参数设置到 Action 的属性中。例如，实现上传文件、防止重复提交、程序国际化等。

(5)　ActionContext、值栈和 OGNL：虽然 ActionContext 没在架构图中出现，但是它扮演着至关重要的角色。Struts 2 在每个 Action 刚开始运行的时候，都会单独为它建立一个 ActionContext，把所有能访问的数据，包括请求参数、请求的属性、会话信息等，都放到

ActionContext 中。在以后赋值、取值的时候，就只需要访问 ActionContext 就可以了，所以说，ActionContext 可以被认为是每个 Action 拥有的一个独立的内存数据中心。

OGNL(Object-Graph Navigation Language)对象图导航语言，是一种功能强大的表达式语言(Expression Language，EL)。通过简单一致的表达式语法，可以存取对象的任意属性，调用对象的方法，遍历整个对象的结构图，实现字段类型转化等功能。

值栈可用来容纳多个对象，主要用来存放一些临时对象。当使用 OGNL 访问值栈中对象属性的时候，指定属性的引用会引用更靠近值栈栈顶方向的对象，晚进栈的对象会覆盖早进栈的对象。简单地说，Struts 2 用值栈为我们使用 Struts 2 做了很多引用上的简化，主要是缩短了 OGNL 表达式的长度。值栈也可以作为一个内存数据中心，来存放一些 Struts 2 标签临时定义的数据。

(6) Struts 2 标签：Struts 2 的标签库使用简单，功能强大，简化了页面开发的工作。并且与 Struts 2 框架的其他部分也能非常自然地结合，如验证、国际化等。

(7) 自动类型转换：在 Action 类中，可以有多种方式来对应页面的数据，从而自动获取页面的值。但从 request 参数里接收的值都是 String 字符串类型，而 Action 类中的属性可以是各种类型。这就需要 Struts 2 的类型转换机制来支持，可以节省开发者的时间。

Struts 2 已经内置了大量的类型转换方式，还可以自己实现特殊的类型转换器。

(8) 国际化：通常简称 i18n，取英文单词 internationalization 的首末字符 i 和 n，18 为中间的字符数。Struts 2 非常自然地实现了国际化，只要按照 Struts 2 的要求，把不同语言信息放到对应的位置即可。

(9) 验证框架：一个稳定、成熟的 Web 系统，服务器端验证是必不可少的。Struts 2 提供了验证框架，在真正调用业务逻辑 Action 之前，对从客户端传递过来的数据进行校验。如果用户提交的数据不符合要求，就不会去调用业务逻辑。

5.2 Struts 2 的基本流程

回忆一下在 StrutsDemo 中我们做了什么：写了两个 JSP 页面；在 web.xml 中配置了控制器；编写了 Action 类，名称为 HelloAction；在 struts.xml 中配置了这个 Action 类。

Struts 2 框架由 3 个部分组成：核心控制器 StrutsPrepareAndExecuteFilter、业务控制器和用户实现的业务逻辑组件。在这 3 个部分里，核心控制器 StrutsPrepareAndExecuteFilter 由 Struts 2 框架提供，而业务控制器和业务逻辑组件需要程序员去实现。

5.2.1 Struts 2 的运行流程

众所周知，Struts 2 框架是基于 MVC 模式的，基于 MVC 模式框架核心就是控制器对所有请求进行统一处理。传统的 JSP 页面通过 GET 或 POST 方式向服务器端的 JSP 页面提交数据。采用 Struts 2 框架后，不再提交给服务器端的 JSP 页面，框架会根据 web.xml 配置文件和 struts.xml 配置文件的配置内容，将数据提交给对应的 ActionSupport 类处理，并返回结果。根据返回结果和 struts.xml 文件中的配置内容，将相应的页面返回给客户端。

1. 登录功能的 Struts 2 运行流程

下面我们以登录功能为例，来介绍 Struts 2 的运行流程。登录功能的 Struts 2 框架的运行流程如图 5-2 所示。

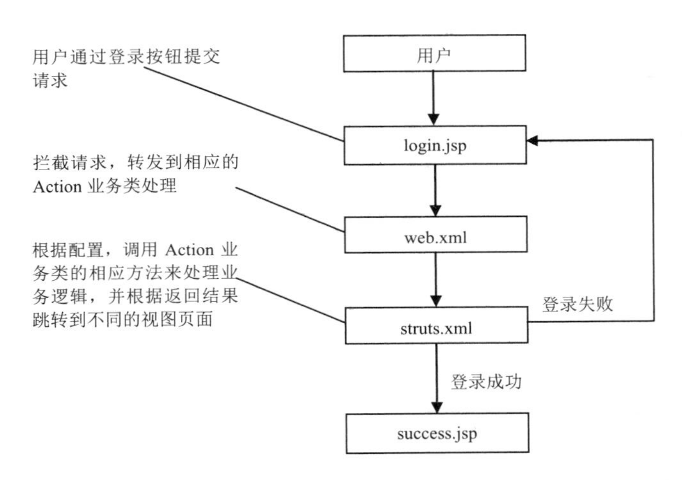

图 5-2　登录功能的运行流程

Struts 2 登录功能示例的运行流程说明如下。

(1) 通过浏览器，运行登录页面，单击“登录”按钮，向服务器提交用户输入的用户名和密码信息。

(2) 读取 web.xml 配置文件，加载 Struts 2 的核心控制器 StrutsPrepareAndExecuteFilter，对用户请求进行拦截。

(3) 根据用户提交表单中的 Action，在 struts.xml 配置文件中查找匹配相应的 Action 配置，这里会查找 name 属性值为 login 的 Action 配置，并且把已经拦截的请求发给相对应的 LoginAction 业务类来处理。

(4) 在 struts.xml 配置文件中没有指定 Action 元素的 method 属性值，此时，系统会调用默认方法 execute()来完成对客户端的登录请求处理。若登录成功，则返回“success”字符串，否则返回“input”字符串。

(5) 根据返回结果，在 struts.xml 配置文件中查找相应的映射。在 struts.xml 文件中配置 LoginAction 时，指定了<result name=“success”>/success.jsp</result>，因此，当 LoginAction 类的 execute()方法返回“success”字符串时，则转向 success.jsp 页面，否则转向 login.jsp 页面。

2. 登录功能的具体实现

创建项目 ch05_01，新建两个 JSP 页面(登录首页 login.jsp 和登录成功页面 success.jsp)，在 web.xml 中配置核心控制器；新建 Action 类，名称为 LoginAction，继承 ActionSupport；在 struts.xml 中配置这个 Action 类，具体过程如下。

(1) 新建 JSP 页面。

新建 login.jsp 登录页面，这里假设用户名为 admin，密码为 123，代码如下所示：

```
<%@ page language="java" import="java.util.*" pageEncoding="GBK"%>
```

```
<%@taglib prefix="s" uri="/struts-tags" %><!-- 导入 Struts 2 标签库 -->
<!DOCTYPE HTML PUBLIC "-//W3C//DTD HTML 4.01 Transitional//EN">
<html>
<head><title>登录页面 login.jsp</title></head>
<body>
   <s:form name="form1" action="login.action" method="post">
      <s:textfield name="username" label="用户名"></s:textfield>
      <s:textfield name="password" label="密 码"/>
      <s:submit value="登录"/>
   </s:form>
</body>
</html>
```

success.jsp 为登录成功页面，显示登录的用户名，代码如下所示：

```
<%@ page language="java" import="java.util.*" pageEncoding="GBK"%>
<%@taglib prefix="s" uri="/struts-tags" %>
<!DOCTYPE HTML PUBLIC "-//W3C//DTD HTML 4.01 Transitional//EN">
<html>
<head><title>登录成功页面 success.jsp</title></head>
<body>
   <div>欢迎<s:property value="username"/>，登录成功。</div>
</body>
</html>
```

(2) 配置 web.xml 文件。

参见第 4 章的 web.xml 文件配置，配置核心控制器。

(3) 新建 LoginAction 类。

对于开发人员来说，使用 Struts 2 框架，主要的工作就是编写 Action 类，LoginAction 类的代码如下所示：

```
package com.yzpc.action;
import com.opensymphony.xwork2.ActionSupport;
public class LoginAction extends ActionSupport {
   private String username;
   private String password;
   // 省略属性的 getter、setter 方法
   @Override
   public String execute() throws Exception {
      // 对登录页面输入的用户名和密码进行判断
      if ("admin".equals(username)&&"123".equals(password)) {
         // return "success";
         return SUCCESS;    //SUCCESS 是值为"success"的字符串常量
      } else {
         // return "input";
         return INPUT;      //INPUT 是值为"input"的字符串常量
      }
   }
}
```

Action 可以是一个普通的 JavaBean，在实际开发中，Action 类一般都继承自 Struts 2 提

供的 com.opensymphony.xwork2.ActionSupport 类，以便简化开发。

(4) 配置 struts.xml 文件。

在 struts.xml 文件中对请求进行配置，并根据返回结果进行逻辑视图和物理视图之间的映射。最终的 struts.xml 配置文件中所对应的类、视图结构如图 5-3 所示。

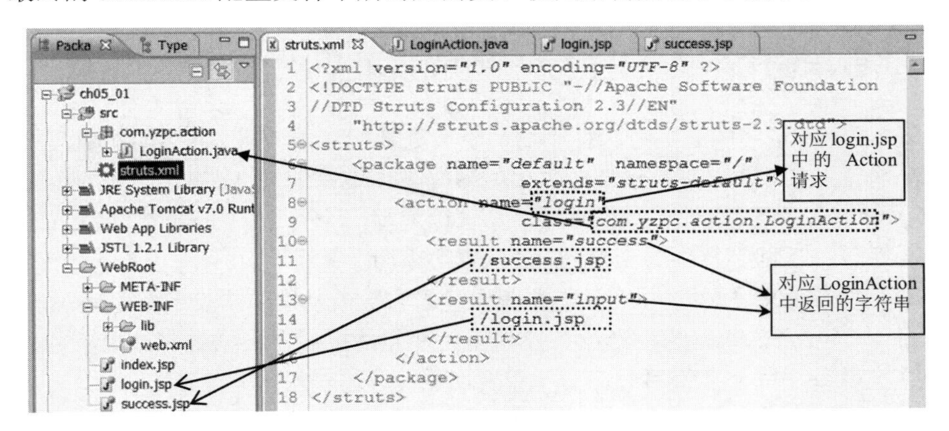

图 5-3 Action 类、视图的对应

下面对 Struts 2 各个部分的作用进行简单介绍。

5.2.2 核心控制器

StrutsPrepareAndExecuteFilter 控制器是 Struts 2 框架的核心控制器，该控制器负责拦截所有的用户请求，用户请求到达时，该控制器会过滤用户的请求，所有请求将交给 Struts 2 框架处理。

当 Struts 2 框架获得了用户请求后，根据请求的名字决定调用哪部分业务逻辑组件，例如，对于 login 请求，Struts 2 调用 login 所对应的 LoginAction 业务类来处理该请求。

Struts 2 中，业务 Action 被定义在 struts.xml 文件中，在该配置文件中定义 Action 时，定义了该 Action 的 name 属性和 class 属性。其中，name 属性决定了 Action 处理哪个用户请求，class 属性决定了该 Action 所对应的实现类，配置代码如下所示：

```
<package name="default" namespace="/" extends="struts-default">
    <action name="login" class="com.yzpc.action.LoginAction">
        <result name="success">/success.jsp</result>
        <result name="input">/login.jsp</result>
    </action>
</package>
```

由以上代码可知，Action 的 name 为“login”，用户请求页面 login.jsp 的 Action 应该为“login”。代码如下：

```
<s:form name="form1" action="login.action" method="post">
    <s:textfield name="username" label="用户名"></s:textfield>
    <s:textfield name="password" label="密 码"/>
    <s:submit value="登录"/>
</s:form>
```

Struts 2 用于处理用户请求的 Action 实例并不是用户实现的业务控制器，而是 Action 代理——因为用户实现的业务控制器并没有与 Servlet API 耦合，显然无法处理用户请求。而 Struts 2 框架提供了系列拦截器，该系列拦截器负责将 HttpServletRequest 请求中的请求参数解析出来，传给 Action，并调用 Action 中的 execute 方法处理用户请求。

5.2.3 业务控制器

Action 就是 Struts 2 的业务逻辑控制器，负责处理客户端请求并将结果输出给客户端。对开发人员来说，使用 Struts 2 框架，主要的编码工作就是编写 Action 类，Struts 2 并不要求编写的 Action 类一定要实现 Action 接口，可以编写一个普通的 Java 类作为 Action 类，只要该类含有一个返回字符串的无参的 public 方法即可。

在处理客户端请求之前，Action 需要获取请求参数或从表单提交的数据。Action 类里通常包含了一个 execute()方法，当业务控制器处理完请求后，根据处理结果不同，该方法返回一个字符串——每个字符串对应一个视图名。

Struts 2 采用了 JavaBean 的风格，要访问数据，就要给每个属性提供 getter 和 setter 方法。每一个请求参数和表单提交的数据都可以作为 Action 的属性，因此可以通过 setter 方法来获得请求参数或从表单提交的数据。

在 ch05_01 的项目中，login.jsp 页面中分别定义用户名和密码的输入框，并指定它们的 name 属性分别为 username 和 password，而在 LoginAction 业务类中定义了两个属性：username 和 password，分别对应于登录页面表单中两个元素的 name 属性值，并为属性设置 setter 和 getter 方法。当客户端发送的表单请求被 StrutsPrepareAndExecuteFilter 转发给该 Action 时，该 Action 就自动通过 setter 方法获得从表单提交过来的数据信息。

编程人员开发出系统所需要的业务控制器后，还需要配置 Struts 2 的 Action，即需要在 struts.xml 中配置 Action 的如下三部分：

- Action 中所处理的 URL。
- Action 组件所对应的实现类。
- Action 返回的逻辑视图和物理资源之间的对应关系。

每个 Action 都要处理一个包含了指定 URL 的用户请求，当 StrutsPrepareAndExecuteFilter 拦截到用户请求后，根据请求的 URL 和 Action 处理 URL 之间的对应关系来处理转发。

5.2.4 模型组件

对于 Struts 2 框架而言，通常没有为模型组件的实现提供太多的帮助。Java EE 应用中的模型组件，通常是指系统的业务逻辑组件。而隐藏在系统的业务逻辑组件下面的，可能还包含了 DAO、领域对象等组件。

通常，MVC 框架里的业务控制器会调用模型组件的方法来处理用户请求。也就是说，业务逻辑控制器不会对用户请求进行任何实际处理，用户请求最终由模型组件负责处理。业务控制器只是中间负责调度的调度器，这也是称 Action 为控制器的原因，图 5-4 显示了这种核心控制器调用业务逻辑组件的处理流程。

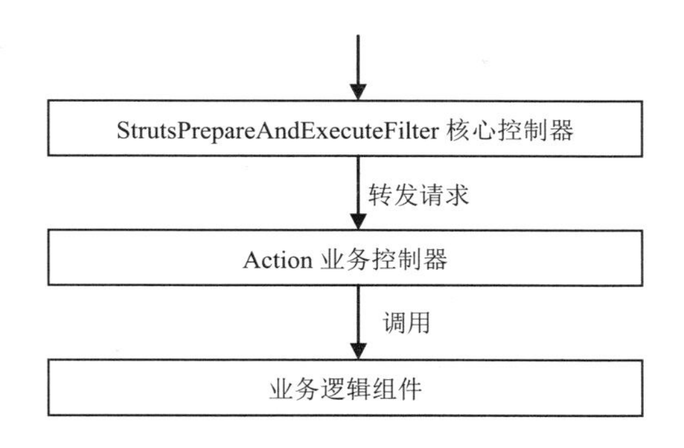

图 5-4　核心控制器调用业务逻辑组件的处理流程

提示：在图 5-4 中，Action 调用了业务逻辑组件的方法。当核心控制器需要获得业务逻辑组件的实例时，通常并不会直接获取业务逻辑组件的实例，而是通过工厂模式来获得业务逻辑组件的实例；或者利用其他 IoC(控制反转)容器(如 Spring 容器)来管理业务逻辑组件的实例。

5.2.5　视图组件

视图是 MVC 中一个非常重要的因素，Struts 2 可以使用 HTML、JSP、FreeMarker 和 Velocity 等多种视图技术。当 Action 业务类处理完客户端请求后，返回一个字符串，作为逻辑视图名。逻辑视图并未与任何视图技术关联，仅仅是返回一个字符串。在 struts.xml 配置文件中，要为 Action 元素指定系列<result…/>子元素，每个<result…/>子元素定义一个逻辑视图和物理视图之间的映射，根据返回的字符串，指向对应的视图组件，将处理结果显示出来，情况如下。

(1)　Action 向视图组件输出数据信息，然后由视图组件将这些数据信息显示出来。例如在 LoginAction 类中，获得了用户输入的用户名和密码信息(这里用户名为 admin，密码为 123，并没有真正连接数据库查询)，当登录成功后，跳转到欢迎界面 success.jsp，并将获得的用户名信息显示出来。

(2)　Action 并没有向视图组件输出数据信息，只是根据处理结果进行简单的页面跳转。例如，在登录示例中，当登录失败后就跳转到登录页面 login.jsp。

Struts 2 默认使用 JSP 作为视图资源，在登录示例中，使用 JSP 技术作为视图，故配置<result…/>子元素时没有指定 type 属性。若需要使用其他视图技术，可在配置<result…/>子元素时，指定相应的 type 属性即可，例如<result name="success" type="freemarker">。

5.3　Struts 2 的基本配置

前面结合示例，介绍了 Struts 2 框架的基本应用，这些 Web 应用都必须建立在 Struts 2 的配置文件的基础之上，这些配置文件也是 Struts 2 应用程序的核心部分，掌握配置文件的用法，才能更好地使用和扩展 Struts 2 框架的功能。Struts 2 框架的配置文件分为内部使用和供开发人员使用这两类，内部配置文件由 Struts 2 框架自动加载，对其自身进行配置，其他的配置文件由开发人员使用，用于对 Web 应用进行配置，配置文件包括 web.xml、struts.xml、struts.properties 等。

5.3.1 web.xml 文件的配置

准确地说，web.xml 不是 Struts 2 框架特有的文件，作为部署描述，web.xml 是所有 Java Web 应用程序都需要的核心文件。

Struts 2 框架需要在 web.xml 中配置其核心控制器——StrutsPrepareAndExecuteFilter，用于对框架进行初始化，以及处理所有的请求，对于核心控制器 StrutsPrepareAndExecuteFilter 的配置如下所示：

```
<?xml version="1.0" encoding="UTF-8"?>
<web-app xmlns:xsi=http://www.w3.org/2001/XMLSchema-instance
  xmlns="http://java.sun.com/xml/ns/javaee"
  xmlns:web="http://java.sun.com/xml/ns/javaee/web-app_2_5.xsd"
  xsi:schemaLocation="http://java.sun.com/xml/ns/javaee
  http://java.sun.com/xml/ns/javaee/web-app_3_0.xsd" id="WebApp_ID"
  version="3.0">
    <welcome-file-list>
        <welcome-file>index.jsp</welcome-file>
        <!--这里省略其他的欢迎文件 -->
    </welcome-file-list>
    <!—配置 Struts 2 框架的核心控制器-->
    <filter>
        <!--配置 Struts 2 核心控制器的名字-->
        <filter-name>struts2</filter-name>
        <!—配置 Struts 2 核心控制器的实现类-->
        <filter-class>
            org.apache.struts2.dispatcher.ng.filter
              .StrutsPrepareAndExecuteFilter
        </filter-class>
    </filter>
    <filter-mapping>
        <!--过滤器拦截名称-->
        <filter-name>struts2</filter-name>
        <!—配置 Struts 2 的核心过滤器，拦截所有的用户请求-->
        <url-pattern>/*</url-pattern>
    </filter-mapping>
</web-app>
```

注意：不同版本的 Struts 2 的核心控制器是不同的，在 Struts 2.1.3 之前的版本中，使用的是 org.apache.struts2.dispatcher.FilterDispatcher，读者应根据所使用的版本进行配置。

StrutsPrepareAndExecuteFilter 作为一个 Filter 过滤器在 Web 应用服务器中运行，它负责拦截所有的用户请求，当用户请求到达时，该 Filter 会过滤用户请求，如果用户请求以 action 结尾，该请求将被输入 Struts 2 框架进行处理。

5.3.2　struts.xml 文件的配置

Struts 2 的核心配置文件就是 struts.xml 配置文件，由程序开发人员编写，包含 action，result 等的配置，主要负责管理 Struts 2 框架的业务控制器 Action。

struts.xml 文件通常放在/WEB-INF/classes/目录下，在该目录下的 struts.xml 文件可以被 Struts 2 框架自动加载。如果是在 MyEclipse IDE 环境下进行 Struts 2 的配置，一定要将 struts.xml 文件放到项目的 src 文件夹的根目录下，在使用 MyEclipse 部署到 Tomcat 等 Web 容器的时候，才会自动将 struts.xml 刷新到/WEB-INF/classes/文件夹的下面。一个典型的 struts.xml 文件代码如下所示：

```
<struts>
    <constant name="常量名" value="常量的值" />
    <include file="包含的文件名"></include>
    <package name="包名" namespace="命名空间名" extends="继承包名">
        <action name="action 请求名" class="包名.Action 类名">
            <result name="返回的字符串值"></result>
        </action>
    </package>
    ...
</struts>
```

(1)　constant 元素：该元素用于常量的配置，可以改变 Struts 2 的一些行为，从而满足不同应用的需求，constant 元素包括 name(表示常量的名称)和 value(表示常量的值)属性。

例如，处理中文乱码问题时，可以通过在 struts.xml 文件中设置常量的方法解决：

```
<constant name="struts.i18n.encoding" value="utf-8" />
```

(2)　include 元素：在大部分 Web 应用里，随着应用规模的增加，系统中的 Action 数量也大量增加，导致 struts.xml 配置文件变得非常的臃肿。为了避免 struts.xml 文件过于庞大，提高 struts.xml 文件的可读性，我们可以将一个 struts.xml 配置文件分解成多个配置文件，然后在 struts.xml 文件中包含其他的配置文件。

例如，将 struts-part1.xml 文件通过手动的方式导入到 struts.xml 文件中：

```
<!--通过 include 包含其他 XML 的配置文件-->
<include file="struts-part1.xml"></include>
...
```

(3)　package 元素：Struts 2 框架会把 Action、Result 等组织在一个名为 package(包)的逻辑单元中，从而简化维护工作，提高重用性，每一个包都包含了 Action、Result 等定义。

Struts 2 的包很像 Java 中的包，但与 Java 包不同的是，Struts 2 中的包可以“继承”已经定义好的包，从而继承原有包的所有定义(包括 Action、Result 等的配置)，并且可以添加自己包的配置。

在 struts.xml 文件中使用 package 元素定义包，package 元素包含多种属性。

- name：该属性为必需的，并且是唯一的，用来指定包的名称(可以被其他包引用)。
- extends：该属性类似于 Java 的 extends 关键字，指定要扩展的包。

- namespace：该属性是一个可选属性，该属性定义该包中 Action 的命名空间。Struts 2 框架使用 Action 的名称和它所在包的命名空间来标识一个 Action。默认命名空间用“”表示，以“/”表示根命名空间。如果请求 Web 应用程序根路径下的 Action，则框架在根命名空间中查找对应的 Action。

当 Struts 2 接收到一个请求时，框架将 URL 分为 namespace 部分和 Action 部分，框架首先在 namespace 命名空间中查找这个 Action，若没有找到，则在默认空间中查找。例如，请求 URL 为/yzpc/my/login.action，框架首先会在/yzpc/my 命名空间中查找 login.action，如果没有找到，框架将会到默认的命名空间中去查找：

```
<package name="login" namespace="/yzpc/my/" extends="struts-default">
</package>
```

(4) action 元素：用于配置 Struts 2 框架的“工作单元”Action 类，action 元素将一个请求的 URL(Action 的名字)对应到一个 Action 类，name 属性是必需的，用来表示 Action 的名字，class 属性可选，用于设定 Action 类。

(5) result 元素：用来设定 Action 类处理结束后，系统下一步要做什么，name 属性表示 Result 的逻辑名，用于与 Action 类返回的字符串进行匹配，result 元素的值用来指定这个结果对应的实际资源的位置：

```
<action name="login.action"  class="com.yzpc.action.LoginAction">
   <result name="success">/success.jsp</result>
</action>
```

在开发过程中，一般情况下，我们所定义的包应该总是扩展 struts-default 包。struts-default 包由 Struts 2 框架定义，其中配置了大量常用的 Struts 2 特性。没有这些特性，就连简单的在 Action 中获取请求数据都无法完成。

struts-default.xml 文件是 Struts 2 框架的默认配置文件，为框架提供默认的设置，该配置文件会自动加载。struts-default 包在 struts-default.xml 文件中定义，该文件的结构如下：

```
<?xml version="1.0" encoding="UTF-8" ?>
<!DOCTYPE struts PUBLIC
  "-//Apache Software Foundation//DTD Struts Configuration 2.3//EN"
  "http://struts.apache.org/dtds/struts-2.3.dtd">
<struts>
   <bean class="com.opensymphony.xwork2.ObjectFactory" name="struts"/>
   ...
   <bean type="ognl.PropertyAccessor" name="java.util.HashMap"
class="com.opensymphony.xwork2.ognl.accessor.XWorkMapPropertyAccessor" />
   <package name="struts-default" abstract="true">
      <result-types>
         <result-type name="chain"
           class="com.opensymphony.xwork2.ActionChainResult"/>
         ...
      </result-types>
      <interceptors>
         <interceptor name="alias"
         class="com.opensymphony.xwork2.interceptor.AliasInterceptor"/>
         ...
```

```
            <!-- Basic stack -->
            <interceptor-stack name="basicStack">
                <interceptor-ref name="exception"/>
                ...
            </interceptor-stack>
            ...
        </interceptors>
        <default-interceptor-ref name="defaultStack"/>
        <default-class-ref class="com.opensymphony.xwork2.ActionSupport" />
    </package>
</struts>
```

上面的代码只是列出了 struts-default.xml 文件的基本结构，我们自己写的 struts.xml 是不是与它很相似。

我们可在“struts-2.3.16/src/core/src/main/resources”路径下找到 struts-default.xml 文件；也可以解压“struts2-core-2.3.16.jar”核心文件后，在根目录下找到该文件，该文件是 Struts 2 框架的默认配置文件，Struts 2 框架每次都会自动加载该 struts-default.xml 文件，此文件定义了 Struts 2 的默认包，里面包含了许多我们需要的拦截器和结果，通过这些配置，Struts 能自动帮助完成属性注入、文件上传等功能。

5.3.3　struts.properties 文件的配置

Struts 2 框架除了 struts.xml 文件之外，还包含一个 struts.properties 文件，该文件定义了 Struts 2 框架的常量(也称为 Struts 2 属性)，程序开发者可以通过该文件来管理 Struts 2 常量，以满足应用的需求。

struts.properties 文件是一个标准的 Properties 文件，该文件放在与 struts.xml 同样的目录中，在 MyEclipse 中，编译时 MyEclipse 会自动将 src 下的 struts.properties 文件编译后加载到 WEB-INF/classes 路径下。

该文件包含了系列的 key-value 对象，每个 key 就是一个 Struts 2 常量，该 key 对应的 value 就是一个 Struts 2 常量。

例如，前面我们曾经通过在 struts.xml 文件中使用<constant.../>元素来设置常量，其实，也可在 struts.properties 文件中实现常量的赋值，代码如下所示：

```
struts.i18n.encoding=utf-8
struts.devMode=true
```

还有一个 struts-plugin.xml 文件是 Struts 2 插件使用的配置文件，如果不是插件开发的话，不需要编写这个配置文件。

5.3.4　struts.xml 文件的结构

Struts 2 框架提供了 struts.xml 文件的文档类型定义(Document Type Definition，DTD)文件。在 Struts 2 核心包 struts-core.x.x.x.jar 文件中，包含一个 struts-2.3.dtd 文件，该文件是 struts.xml 文件和 struts-default.xml 文件的 DTD。大部分开源软件都使用 DTD 来定义 XML

文件的文档结构，并且在 DTD 中以注释的方式给出文档类型声明。在 struts.xml 文件中，除了按照 struts-2.3.dtd 文件定义的元素结构使用配置元素外，还需要为 struts.xml 文件添加文档类型声明。

前面已经对 struts.xml 文件有了简单的了解，struts.xml 文件是整个 Struts 2 应用程序的核心，下面看一下一个常用的 struts.xml 配置文件结构，这里仅仅是介绍该文件结构：

```
<?xml version="1.0" encoding="UTF-8" ?>
<!DOCTYPE struts PUBLIC"-//Apache Software Foundation
  //DTD Struts Configuration 2.3//EN"
  "http://struts.apache.org/dtds/struts-2.3.dtd"> <!--声明-->
<struts>
    <!-- Bean 元素配置，可以不出现-->
    <bean name="Bean 的名字" class="自动义的组件类"></bean>
    <!-- constant 元素配置，常量配置，可以不出现-->
    <constant name="" value=""></constant>
    <!-- include 元素配置，包含其他配置文件，可以不出现-->
    <include file="other.xml"></include>
    <!--配置 package 元素，Action 配置都放在 package 元素下，name 定义包名-->
    <package name="default"  namespace="/" extends="struts-default">
        <!-- action 元素配置，可有多对 -->
        <action name="login" class="com.yzpc.action.LoginAction">
            <!-- result 元素配置，定义逻辑视图和物理资源之间的映射 -->
            <result name="success">
                /success.jsp
            </result>
            <result name="input">
                /login.jsp
            </result>
        </action>
        <!-- 结果类型配置，该元素可以不出现，也可出现，最多出现一次 -->
        <result-types>
            <!-- 该元素必须出现，可以出现无限多次 -->
            <result-type name="" class="" default="true|false">
                <!-- 下面的元素可不出现，也可出现无限多次 -->
                <param name="参数名">参数值</param>
            </result-type>
        </result-types>
        <!-- 拦截器根配置，该元素可以出现，也可以不出现，最多出现一次 -->
        <interceptors>
            <!-- interceptor 元素和 interceptor-stack 至少出现一个 -->
            <!-- 拦截器配置，下面元素可不出现，也可出现无限多次 -->
            <interceptor name="" class="">
                <!-- 下面元素可不出现，也可出现无限多次 -->
                <param name="参数名">参数值</param>
            </interceptor>
            <!--拦截器栈配置，下面的元素可不出现，也可出现无限多次 -->
            <interceptor-stack name="">
                <!-- 配置相关的拦截器，该元素必须出现，可出现无限多次 -->
                <interceptor-ref name="">
                    <!-- 下面的元素可不出现，也可出现无限多次 -->
```

```
                <param name="参数名">参数值</param>
            </interceptor-ref>
        </interceptor-stack>
    </interceptors>
  </package>
</struts>
```

在struts.xml文件中，为了配置不同的内容，许多元素可以重复多次出现。例如可以有多个<package>、<bean>、<constant>、<include>、<action>、<result>等元素。

5.4　配置 struts.xml

Struts 2 是一个开源的、可扩展的 Web 框架，大部分核心组件都是以配置的方式写在配置文件里。当开发者需要替换其核心组件的时候，只需要提供自己的实现类，并且配置到文件中即可。本小节将具体介绍 struts.xml 中主要配置元素的含义。

5.4.1　Bean 的配置

在 Struts 2 中，大部分核心组件定义在 struts-default.xml 文件中，这些组件不是以硬编码的形式写在程序中，而是通过配置文件以 IoC(控制反转/依赖注入)容器来管理这些组件，以配置的方式写在配置文件里。当开发者需要替换、扩展核心组件的时候，只需要提供自己的组件实现类，并且配置到文件中即可。

打开核心 struts2-core-2.3.16.jar 文件中的 struts-default.xml 文件，可以看到，在该文件中配置了大量的 Bean 定义，Bean 在 struts.xml 中的配置格式如下：

```
<bean name="Bean 的名字" class="自动义的组件类" />
```

<bean/>元素的常用属性如下。

- name：是可选项，指定 Bean 实例化对象的名字，对于多个相同类型的 Bean 实例，其对应的 name 属性值不能相同。
- class：是必选项，指定具体 Bean 实例的实现类。
- type：指定 Bean 实例实现的 Struts 2 规范，该规范通常是通过某个接口来体现的，通常，该属性的值是一个 Struts 2 的接口，如果需要将 Bean 实例当作 Struts 2 的组件来用，则是可选项。
- scope：是可选项，指定 Bean 的作用域，属性值只能是 default、singleton、request、session 或 thread 之一。
- optional：是可选项，指定该 Bean 是否是一个可选 Bean。
- static：指定 Bean 是否使用静态方法注入。通常指定 type 属性时，该属性值不能指定为 true。

在 struts.xml 文件中使用 bean 元素配置 Bean，通常有如下两种用途。

(1) 创建 Bean 的实例化对象，将该实例作为 Struts 2 框架的核心组件使用。此用法需要开发自己 Bean 实现类，用于替换或扩展 Struts 2 核心组件。

(2) 通过 Bean 的静态方法向 Bean 注入一个值，此用法中，允许不常见 Bean，而让 Bean 接受框架常量。必须设置 static="true"。

在实际开发中，很少使用 bean 元素，因为 Struts 2 本身提供的功能已经能够满足大多数的应用，根本不需要我们去扩展或替换 Struts 2 的核心组件。

5.4.2 常量的配置

要用常量，首先要通过配置来实现，常量可以在下面多个文件中进行定义，Struts 2 加载常量的搜索顺序如下。

- struts-default.xml 文件：Struts 2 默认的配置文件，存放在 struts2-core-x.x.x.jar 中。
- struts-plugin.xml 文件：使用插件时配置的文件。
- struts.xml 文件：使用<constant.../>元素来配置常量。
- struts.properties 文件：Struts 2 的属性配置文件，通过 key-value 来定义。
- web.xml 文件：配置核心 Filter 时通过初始化参数来配置常量。

如果在多个文件中配置同一个 Struts 2 常量，则按照上述文件的排列顺序搜索常量，越靠后的文件优先级越高，也就是说，顺序靠后的文件中的常量设置可以覆盖靠前的文件中的常量设置。

在 struts.xml 和 struts.properties 文件中配置常量，在前面已经介绍过，在 web.xml 文件中配置常量的代码如下所示：

```
<filter>
    <filter-name>struts2</filter-name>
    <filter-class>
        org.apache.struts2.dispatcher.ng.filter
          .StrutsPrepareAndExecuteFilter
    </filter-class>
    <init-param>
        <!-- 配置字符编码格式为 UTF-8 -->
        <param-name>struts.i18n.encoding</param-name>
        <param-value>UTF-8</param-value>
    </init-param>
</filter>
```

提示：① 之所以使用 struts.properties 文件配置，是为了保持与 WebWork 的向后兼容。
② 在实际开发中，在 web.xml 中配置常量相比其他两种，需要更多的代码量，会降低 web.xml 的可读性。
③ 通常推荐在 struts.xml 文件中配置 Struts 2 的常量，而且便于集中管理。

5.4.3 包的配置

Struts 的核心就是 Action、拦截器，Struts 框架使用包来管理 Action 和拦截器等。通过包的配置，可以实现对一个包中所有 Action 和拦截器的统一管理。在包中可以配置多个 Action、多个拦截器应用的集合等。

在 struts.xml 配置文件中，包是通过<package>元素来配置的，该元素的属性如下所示。

- name：必选项，指定了该包的名称。
- extends：可选项，使用 extends 属性来继承其他包，子包可以继承一个或多个父包中的 Action、拦截器等配置。
- namespace：可选项，定义包的名称空间。
- abstract：可选项，用来定义包为抽象的。如果该包是抽象包，包中不能定义 Action。但是抽象包可以被其他包继承。

配置包时，必须指定 name 属性，该属性用来引用该包的 key。除此之外，Struts 2 还提供了一种抽象包，抽象包的含义是该包不能有 Action 的定义。为了显式指定一个抽象包，我们必须将 package 元素的属性 abstract 设置为 true。

例如，在 struts.xml 文件中配置两个包，第二个包继承第一个包，配置如下所示：

```
<!-- 所有 Action 都放在 package 元素下，name 定义包名，extends 继承包空间 -->
<package name="default" namespace="/" extends="struts-default">
   <interceptors>
      <!-- 配置一个名称为 crudStack 的拦截器栈，该栈中包括两个拦截器 -->
      <interceptor-stack name="crudStack">
         <interceptor-ref name="checkbox" />
         <interceptor-ref name="parmas"></interceptor-ref>
      </interceptor-stack>
   </interceptors>
   <!-- 配置 Action 类 -->
   <action name="test" class="com.yzpc.action.MyAction">
      <result name="success">/success.jsp </result>
   </action>
</package>
<package name="myPackage" extends="default" namespace="/">
   <!-- 配置默认拦截器为 crudStack -->
   <default-interceptor-ref name="crudStack"/>
   <action name="test2" class="com.yzpc.action.MyAction2">
      <result name="success">/success.jsp</result>
   </action>
</package>
```

在上述文件中，分别使用 package 元素配置了一个名为 default 的包和一个名为 myPackage 的包，其中，myPackage 包继承自 default 包。被继承的 default 包要出现在前面，不然就会有错误提示。

5.4.4　命名空间的配置

在 Java 语言中，为了避免同名 Java 类的冲突，可以使用包。同样，Struts 2 的配置中也存在同名的 Action 命名问题。在 Struts 2 应用中，一般有多个业务逻辑处理类，即 Action 类，在 struts.xml 文件中，要对每个 Action 类都进行相应的配置，这样就可能出现重名的问题。Struts 2 以命名空间的方式来管理 Action，通过为 Action 所在的包指定 namespace 属性来为该包下的所有 Action 指定共同的命名空间，这样，在不同的命名空间中可以使用同名的 action。

默认的命名空间用空字符串("")来表示，如果在定义包时没有使用 namespace 属性，那么表示使用默认的命名空间。命名空间在 struts.xml 文件中的配置格式如下：

```
<package name="包名" extends="包名" namespace="/命名空间名">
    ...
</package>
```

例如，在项目的不同模块中，都需要一个 LoginAction 类，如果在访问时不加以区分，那么访问项目就会出现问题。当为包指定命名空间后，则此包下的所有 Action 处理的 URL 就应该是“命名空间+/action 名字.action”。

如果在不同的命名空间中配置相同名称的 Action，代码如下所示：

```
<!-- 配置 default 包，命名空间默认 -->
<package name="default"  extends="struts-default">
    <action name="login" class="com.yzpc.action.LoginAction">
        <result name="success">/success.jsp</result>
        <result name="input">/login.jsp</result>
    </action>
</package>
<!-- 配置 adminPackage 包，命名空间为/admin-->
<package name="adminPackage" namespace="/admin" extends="struts-default">
    <action name="login" class="com.yzpc.action.AdminAction">
        <result name="success">/main.jsp</result>
        ...
    </action>
</package>
```

此时，如果在浏览器地址栏中使用如下的 URL 请求：

```
http://localhost:8080/ch05_01/login.action
```

这个 login.action 请求会被 default 包下名为 login 的 Action 处理。

如果使用如下的 URL 请求：

```
http://localhost:8080/ch05_01/admin/login.action
```

那么，这个 admin/login.action 请求会被 adminPackage 包下名为 login 的 Action 处理。而不会被 default 包下名为 login 的 Action 处理。

Struts 2 框架按照以下顺序来执行 Action。

(1) 查找命名空间下的 Action，如果找到则执行。

(2) 如果找不到，则进入默认命名空间下，查找指定的 Action，找到则执行。

(3) 如果找不到，Struts 2 程序出现异常。

按照上面的顺序，当发送 http://localhost:8080/ch05_01/admin/login.action 请求时，Struts 2 首先会在命名空间为/admin 的包下查找 name 属性值为 login 的 Action 类，如果有，则执行相应的 Action 类——AdminAction，而不会去查找默认命名空间下的 Action 配置。

另外，Struts 2 中还有根命名空间，如果将包的 namespace 属性值指定为“/”时，则这个命名空间就是根命名空间。根命名空间与空命名空间没有任何区别，只是使用根命名空间的包下的 Action 只能处理“项目名/action 名.action”的 URL 请求，例如：

```
http://localhost:8080/ch05_01/login.action
```

与默认命名空间的区别是，根命名空间不能接受如下的 URL 请求：

```
http://localhost:8080/ch05_01/admin/login.action
```

5.4.5　包含的配置

在 JSP 程序中，一个页面可以通过 include 指令导入其他的 JSP 页面。随着应用模块的增加，系统的 Action 数量也大量增加，导致 struts.xml 配置文件看起来非常复杂，为了解决这种问题，提高 struts.xml 文件的可读性，减少维护的麻烦，可以将 struts.xml 文件分成多个 XML 配置文件，然后在 struts.xml 配置文件中通过<include.../>元素包含其他配置文件。

配置<include.../>元素时要指定一个必要的 file 属性，该属性指定了被包含配置文件的文件名。如下面的代码所示：

```
<struts>
    <include file="struts-view.xml"></include>
    <include file="struts-admin.xml" />
</struts>
```

默认情况下，当 Struts 2 框架自动加载 struts.xml 文件时，也同时加载了其他被包含的 XML 配置文件。被包含的 XML 配置文件与 struts.xml 配置放在相同的路径下。

需要注意的是，每一个被包含的文件都必须与 struts.xml 具有相同的格式，也就是说，被包含的文件本身也是完整的配置文件，也要遵循 struts-2.3.dtd 的定义。

5.4.6　Action 的配置

在 Struts 2 的应用开发中，Action 作为框架的核心类，实现对用户请求的处理，Action 类被称为业务逻辑控制器。Action 的配置能够让 Struts 2 的核心控制器知道 Action 的存在，并可以通过调用该 Action 类来处理用户请求，Struts 2 中会用包来管理和使用 Action。

Action 在 struts.xml 文件中的配置格式如下：

```
<action name="名称" class="包名.Action类名" method="Action类中方法名">
    ...
</action>
```

action 元素将一个 Action 的请求对应到一个 Action 类，name 属性是必需的，用来表示 Action 的名字，在页面表单 action="***"中或者传递参数时使用；class 属性可选，用于设定 Action 类所在的位置，前面示例的“com.yzpc.action.LoginAction”中，com.yzpc.action 是包名，该包名下有 LoginAction 类；method 属性用于 Action 类中处理的方法名，例如，get、login 等方法。

由于 Action 配置的内容较多，我们将在后面的章节中专门对 Action 配置进行详细讲解。

5.4.7 结果的配置

<result>元素用来为 Action 类的处理结果(就是返回的字符串值，也指逻辑视图)指定一个或多个物理视图，配置 Struts 2 中的逻辑视图和物理视图之间的映射关系。

结果配置在 struts.xml 中的配置格式如下：

```
<result name="字符串值" type="处理类型">
    /物理视图
</result>
```

name 属性是必选项，指定 Action 返回的逻辑视图；type 属性是可选项，指定结果类型是定向到其他文件，可以是 JSP 文件，也可以是类，默认的处理类型是 dispatcher，主要用于与 JSP 的整合。

在本章的登录示例中，result 的结果配置如下所示：

```
<result name="success">/success.jsp</result>
```

<result name="“”>的 success 值就是 Action 业务逻辑处理类中 execute()方法返回的字符串值之一，success.jsp 就是指定返回的页面。

由于结果配置内容较多，将在后面的章节专门对结果配置进行详细讲解。

5.4.8 拦截器的配置

拦截器的作用就是在执行 Action 处理用户请求之前或者之后进行某些拦截操作。例如，用户请求删除某些权限时，拦截器首先会判断用户是否有权删除，如果有相应的权限，就通过 Action 删除；如果没有相应的权限，将不执行 Action 操作。拦截器在 struts.xml 文件中的配置格式如下所示：

```
<interceptors><!-- 拦截器根配置 -->
    <!-- 定义拦截器 -->
    <interceptor name="拦截器名字" class="拦截器类">
        <param name="参数名">参数值</param>
    </interceptor>
    <!-- 配置拦截器栈 -->
    <interceptor-stack name="拦截器栈名字">
        <interceptor-ref name="拦截器名字">
            <param name="参数名">参数值</param>
        </interceptor-ref>
    </interceptor-stack>
</interceptors>
```

name 属性用于指定拦截器的名字，该名字用于在其他地方引用该拦截器；class 属性用于指定拦截器类。

对于 Action 而言，使用拦截器和使用拦截器栈的用法是一样的。拦截器配置的内容较多，将在后面的章节专门对拦截器配置进行详细讲解。

5.5 小　　结

本章主要深入介绍了 Struts 2 的核心内容，详细讲解了 Struts 2 的系统架构；通过登录示例讲解了 Struts 2 的基本流程和涉及的相关组件，包括核心控制器、业务控制器、模型组件和视图组件；介绍了 Struts 2 的基本配置，包括 web.xml、struts.xml、struts.properties；最后，详细介绍了 struts.xml 配置文件的各配置元素，包括 Bean 配置、常量配置、包配置、命名空间配置、包含配置、Action 配置、结果配置、拦截器配置等。重点通过登录示例讲解了 Struts 2 的基本流程和设计的核心组件。

第 6 章　Action 和 Result 的配置

对于 Struts 2 的应用开发者而言，Action 才是应用的核心，开发者需要开发大量的 Action 类，Struts 2 通过 struts.xml 配置文件中的<action.../>元素来配置 Action；Action 处理用户请求结束后，返回一个普通字符串——逻辑视图名，必须在 struts.xml 文件中完成逻辑视图和物理视图的映射，才可能转到实际的视图资源，使用<result.../>元素来配置结果。因此，Action 和 Result 配置是开发者在开发中经常要做的配置。

6.1　Action 和 Result 的基础

6.1.1　Action 的基础知识

在 Struts 2 的应用开发中，Action 作为框架的核心类，实现对用户请求的处理，Action 类被称为业务逻辑控制器。一个 Action 类代表一次请求或调用，每个请求的动作都对应于一个相应的 Action 类，一个 Action 类是一个独立的工作单元。

也就是说，用户的每次请求，都会转到一个相应的 Action 类里面，由这个 Action 类来进行处理。简而言之，Action 就是用来处理一次用户请求的对象。

Action 主要有以下几个作用：

- 为给定的请求封装需要做的实际工作(调用特定的业务处理类)。
- 为数据的转移提供场所。
- 帮助框架决定由哪个结果呈现请求响应。

不管 Action 采用何种实现方式，要能够正确运行，都需要在 struts.xml 文件中进行配置，这是使用 Action 的基础。下面就以第 5 章的 LoginAction 为例来看看 Action 的基本配置，LoginAction 的定义如下：

```
package com.yzpc.action;
import com.opensymphony.xwork2.ActionSupport;
public class LoginAction extends ActionSupport {
   //省略 Action 类中的代码部分
}
```

LoginAction 类在 struts.xml 文件中的配置如下：

```
<package name="default" namespace="/" extends="struts-default">
   <action name="login" class="com.yzpc.action.LoginAction">
      <!-- Result 结果配置 -->
   </action>
</package>
```

6.1.2 Result 的基础知识

在 Struts 2 中，Result 是 Action 执行完后返回的一个字符串，它指示了 Action 执行完成后下一个页面在哪里，具体页面在哪里，是在 struts.xml 文件里面配置的，在<action>元素里使用<result>子元素来配置完成逻辑视图和物理视图的映射。

Result(结果)配置在 struts.xml 中的配置格式如下：

```
<action name="login" class="com.yzpc.action.LoginAction">
    <result>/main.jsp</result>
    <result name="input">/login.jsp</result>
</action>
```

Action 执行完后返回的字符串，就是上面配置的<result>的 name 属性的值，无 name 属性表示返回的是“success”的默认值。

Result 仅仅是一个字符串，是用来指示下一个页面的，如何正确地到达并展示下一个页面呢？这就需要 ResultType 属性，所谓 ResultType，指的是具体执行 Result 的类，由它来决定采用哪一种视图技术，将执行结果展现给用户，默认值是 dispatcher。

大多数情况下，我们并不去区分 Result 和 ResultType，而是笼统地称为 Result。因此，Result 除了可以当作字符串理解外，还可将 Result 当作技术，把 Result 当作实现 MVC 模型中的 View 视图的技术——ResultType 来看待。

在 Struts 2 框架中，我们可以使用多种视图技术，如 JSP、FreeMarker、Velocity、JFreeChart 等。同时，Struts 2 也支持用户自定义的 ResultType，用来打造自己的视图技术。

Result 有哪些预定义的值和 ResultType 的类型？将在后面介绍和讲解。

6.2 Action 的实现

Struts 2 在大多数情况下都会继承 com.opensymphony.xwork2.ActionSupport 类，并重写此类里的 execute()方法；直接使用 Action 来封装 HTTP 请求参数，因此，Action 类里还应该包含与请求参数对应的属性，并且为属性提供对应的 getter 和 setter 方法。

6.2.1 POJO 的实现

在 Action 中，如果需要传递的参数有多个(如登录示例中的用户名和密码字段等)，就需要在 Action 中定义许多变量来记录这些信息，这样就会变得麻烦，如果使用 POJO(简单的 Java 对象)，将不用在 Action 类中定义这些变量，而采用类似 JavaBean 的方式，就会使代码变得简洁。

在 Struts 2 中，Action 可以不继承特殊的类或不实现任何特殊的接口，仅仅是一个 POJO。POJO 全称是 Plain Ordinary Java Object(简单的 Java 对象)，只要具有一部分 getter/setter 方法的那种类，就可以称作 POJO。

POJO 是一个简单、正规的 Java 对象，包含业务逻辑处理或持久化逻辑等，但不是

JavaBean、EntityBean 等，不具有任何特殊角色和不继承或不实现任何其他 Java 框架的类或接口。在 POJO 中，要有一个公共的无参数的构造方法，默认的构造方法就可以，还要有一个 execute()方法，定义格式如下：

```
public String execute() throws Exception {
    ...
}
```

execute()方法的要求如下：

- 方法的作用范围为 public。
- 返回一个字符串，就是指示的下一个页面的 Result。
- 不需要传入参数。
- 可以抛出 Exception 异常，当然也可不抛出异常。

也就是说，任意一个满足上述要求的 POJO 都可算作是 Struts 2 的 Action 实现，但在实际的开发中，通常会让开发者自己编写 Action 类实现 Action 接口或继承 ActionSupport 类。

6.2.2　实现 Action 接口

虽然 Struts 2 框架并没有强加很多要求，但是它确实提供了一个可以选择实现的接口。为了使开发人员开发的 Action 类更规范，使用 Struts 2 主要就是编写 Action 类。

Action 类通常都要实现 com.opensymphony.xwork2.Action 接口，并实现 Action 接口中的 execute()方法：

```
import com.opensymphony.xwork2.Action;
public class HelloAction implements Action {
    //省略
    public String execute() throws Exception {
        ...
    }
}
```

在通过导入方式导入 Action 接口的时候，有多个同名不同包的类或接口都叫 Action，比如 java.swing.Action，但要注意，我们这里使用的是 xwork2 包中的 Action 接口。

可以在\struts-2.3.16\src\xwork-core\src\main\java\com\opensymphony\xwork2 的路径下找到 Action 接口的定义规范，代码如下：

```
package com.opensymphony.xwork2;
public interface Action {
    //以下定义处理完请求后返回的字符串常量
    public static final String SUCCESS = "success";
    public static final String NONE = "none";
    public static final String ERROR = "error";
    public static final String INPUT = "input";
    public static final String LOGIN = "login";
    //以下定义用户请求处理的抽象方法 execute()
    public String execute() throws Exception;
}
```

上面的 Action 中定义了一个 execute()方法，该接口规范定义 Action 需要包含一个 execute()的抽象方法，该方法返回一个字符串，除此之外，该方法还预定义了 5 个字符串常量，可以用于返回一些预定的 result。

Struts 2 为 Action 定义了上面的 5 个静态字符串常量，分别代表了不同含义；当然，开发者在自己编写的 Action 类中，希望用其他字符串来作为逻辑视图名也是可以的，例如“register”、“yes”等。

6.2.3 继承 ActionSupport

由于 Xwork 的 Action 接口简单，为开发者提供的帮助较小，所以在实际开发过程中，Action 类很少直接实现 Action 接口，通常都是从 ActionSupport 类继承。

示例代码如下：

```
import com.opensymphony.xwork2.ActionSupport;
public class LoginAction extends ActionSupport {
    @Override
    public String execute() throws Exception {
        ...
    }
}
```

ActionSupport 类本身实现了 Action 接口，是 Struts 2 中默认的 Action 接口的实现类，所以继承 ActionSupport 就相当于实现了 Action 接口。ActionSupport 类还实现了 Validateable、ValidationAware、TextProvider、LocaleProvider、Serializable 等接口，来为用户提供更多的使用功能。可在\struts-2.3.16\src\xwork-core\src\main\java\com\opensymphony\xwork2 的路径下找到 ActionSupport 类文件，部分代码如下：

```
package com.opensymphony.xwork2;
import com.opensymphony.xwork2.*;
import java.io.Serializable;
import java.*;
public class ActionSupport implements Action, Validateable, ValidationAware,
  TextProvider, LocaleProvider, Serializable {
    protected static Logger LOG =
      LoggerFactory.getLogger(ActionSupport.class);
    private final ValidationAwareSupport validationAware =
      new ValidationAwareSupport();
    private transient TextProvider textProvider;
    private Container container;
    //收集校验错误的方法
    public void setActionErrors(Collection<String> errorMessages) {
        validationAware.setActionErrors(errorMessages);
    }
    //返回校验错误的方法
    public Collection<String> getActionErrors() {
        return validationAware.getActionErrors();
    }
```

```
    //默认 input()方法，返回"input"字符串
    public String input() throws Exception {
        return INPUT;
    }
    //默认处理用户请求的方法，默认返回"success"字符串
    public String execute() throws Exception {
        return SUCCESS;
    }
    //输入校验方法，这是一个空方法，需要用户自己去实现这个方法
    public void validate() {}
    //省略其他方法，用户可查看相应的 Struts 2 帮助文档
}
```

ActionSupport 实现了 Action 接口和很多的实用接口，提供了很多默认方法，这些默认方法包括输入验证、错误信息存取，以及国际化的支持等，选择从 ActionSupport 继承，可以大大地简化 Action 的开发。在 struts.xml 中，如果<action>元素中没有填写 class 属性，那么默认地，ActionSupport 类将作为 Action 的处理类。

6.2.4　execute 方法内部的实现

从前面两章示例中的 Action 写法，会发现都要实现一个 execute 方法，这个方法就是用来处理用户请求的方法，因此，一定要学会 execute 方法内部是如何实现的，这样才能算基本掌握了 Action 的写法，才能写出完整的 Action 类。

大多数情况下，都会继承 com.opensymphony.xwork2.ActionSupport 类，并重写此类里的 public String execute() throws Exception 方法。

在实际的程序开发中，在 execute()方法内部，一般需要实现如下的工作：

- 收集用户传递过来的数据。
- 把收集到的数据组织成为逻辑层需要的类型和格式。
- 调用逻辑层接口，来执行业务逻辑处理。
- 准备下一个页面所需要展示的数据，存放在相应的地方。
- 转向下一个页面。

我们来看看 LoginAction 类中的 execute()方法的实现，示例代码如下：

```
package com.yzpc.action;
import com.opensymphony.xwork2.ActionSupport;
public class LoginAction extends ActionSupport {
    private String username;
    private String password;
    //省略属性对应的 getter、setter 方法
    @Override
    public String execute() throws Exception {
        //1.接收参数，这是通过拦截器来实现的
        //  页面传递过来的数据自动填充到 Action 的属性中
        //2.组织参数，把数据组织成逻辑层需要的类型和格式就可以了
        //3.调用逻辑层进行逻辑处理
        this.bizExecute();
```

```
        //4.准备下一个页面所需要的数据
        //5.转向下一个页面
        return "Welcome";
    }
    //示例方法，表示可以执行业务逻辑处理的方法
    public void bizExecute() {
        System.out.println("用户输入的参数");
        System.out.println("用户名为：" + username);
        System.out.println("密码为：" + password);
    }
}
```

6.2.5 Struts 2 访问 Servlet API

在 Struts 2 中，Action 已经与 Servlet API 完全分离，但我们在实现业务逻辑时，经常要访问 Servlet 中的对象，如 session、application 等。

在 Struts 2 开发中，除了将请求参数自动设置到 Action 的字段中，我们往往也需要在 Action 里直接获取请求(Request)或会话(Session)的一些信息，甚至需要直接对 HttpServlet 的请求(HttpServletRequest)和响应(HttpServletResponse)进行操作。

Struts 2 的 Action 并未直接与任何 Servlet API 耦合，这是 Struts 2 的一个改良之处，从而方便了单独对 Action 进行测试。但对于 Web 开发来说，Servlet API 是不可忽略的。通常我们需要访问的 Servlet API 是 HttpServletRequest、HttpSession、ServletContext 这 3 个接口，分别对应 JSP 内置对象 session、request、application。在 Struts 2 框架中访问 Servlet API 有如下几种方法。

1．通过 ActionContext 类访问

Struts 2 提供 ActionContext 类，在 Action 中可以通过该类获得 Servlet API，ActionContext 是 Action 执行时的上下文。上下文可以看作是一个容器，它存放的是 Action 在执行时需要用到的对象。Action 运行期间所用到的数据都保存在 ActionContext 中。例如 session 会话和客户端提交的参数等信息。下面是 ActionContext 类中的一些常用方法，如表 6-1 所示。

表 6-1　ActionContext 类的常用方法

方　法	说　明
Object get(String key)	通过参数 key 来查找当前 ActionContext 中的值
void put(String key, Object value)	将 key-value 键值对放入当前 ActionContext 对象中
Map getApplication()	返回一个 Application 级的 Map 对象
static ActionContext getContext()	静态方法，获取当前线程的 ActionContext 对象
Map getParameters()	返回一个获得所有请求参数信息的 Map 对象
Map getSession()	返回一个 Map 类型的 HttpSession 对象
void setApplication(Map application)	设置 Application 的上下文
void setSession(Map session)	设置一个 Map 类型的 Session 值

对于 Servlet API，可以通过如下方式访问：

```
ActionContext context  =  ActionContext.getContext();
context.put("name", "Mike");
context.getSession().put("name", "Mike");
context.getApplication().put("name", "Mike");
```

通过 ActionContext 类中的方法调用，可以方便地访问 JSP 内置对象的属性，上面的代码分别在 request、session、application 中存放了(“name”, “Mike”)的键值对。

下面我们来看一下在 Action 中通过 ActionContext 来访问 Servlet API 的示例。创建项目 ch06_02_ActionContext，新建登录页面；配置 web.xml 和 struts.xml；创建 Action 类；新建登录成功页面和登录失败页面。

login.jsp 是一个简单的登录页面，其主要代码如下：

```
<div align=center>
   <form name="form1" action="loginAction">
      用户名：<input type="text" name="username"><br>
      密　码：<input type="password" name="password"><br>
      <input type="submit" value="登录">
   </form>
</div>
```

在浏览器地址栏中输入“http://localhost:8080/ch06_02_ActionContext/login.jsp”，运行效果如图 6-1 所示。

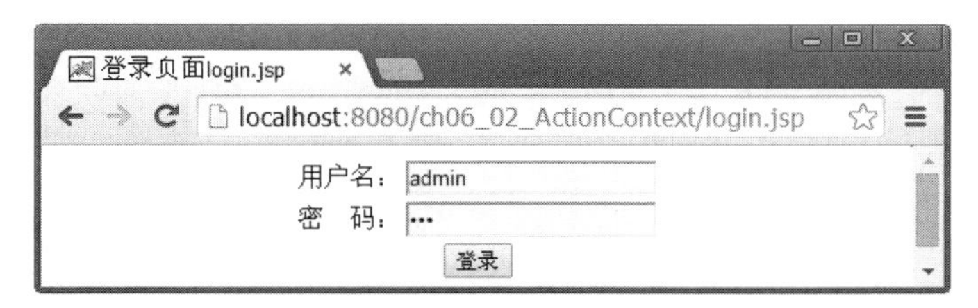

图 6-1　登录页面

web.xml 的配置与前面章节的配置一致，struts.xml 配置文件的内容如下：

```
<package name="default"  namespace="/" extends="struts-default">
   <action name="loginAction" class="com.yzpc.action.LoginAction">
      <result name="success">/success.jsp</result>
      <result name="error">/error.jsp</result>
   </action>
</package>
```

创建 LoginAction，进行业务逻辑处理，代码如下：

```
package com.yzpc.action;
import com.opensymphony.xwork2.*;
public class LoginAction extends ActionSupport {
    private String username;
    private String password;
    //此处省略 setter、getter 方法
```

```
    @Override
    public String execute() throws Exception {
        ActionContext ac = ActionContext.getContext();
        if (username.equals("admin") && password.equals("123")) {
            ac.put("success", "登录成功");
            return SUCCESS;
        } else {
            ac.put("error", "用户名或密码错误");
            return ERROR;
        }
    }
}
```

新建登录成功页面(success.jsp)和登录失败页面(error.jsp)，相应的页面代码比较简单：

```
<p align="center">${requestScope.success }</p>      //成功
<p align="center">${requestScope.error }</p>        //失败
```

运行效果如图 6-2 和 6-3 所示。

图 6-2　登录成功页面

图 6-3　登录失败页面

部署项目，访问 http://localhost:8080/ch06_02_ActionContext/login.jsp，查看运行效果。

2．通过特定 xxxAware 接口访问

虽然 Struts 2 提供了 ActionContext 来访问 Servlet API，但这种方法毕竟不能直接获得 Servlet API 实例，为了在 Action 中直接访问 Servlet API，Struts 2 还提供了如下系列接口。

- ServletContextAware：实现该接口的 Action 可直接访问 Web 应用的 ServletContext 实例。
- ServletRequestAware：实现该接口的 Action 可以直接访问用户请求的 HttpServletRequest 实例。
- ServletResponseAware：实现该接口的 Action 可以直接访问服务器响应的 HttpServletResponse 实例。

我们通过 MessageAction 实现 ServletRequestAware 接口，重写接口中相应的 public void setServletRequest(HttpServletRequest request)方法，在 execute()方法中，通过键值对应的方式给 request 设置值。

创建 ch06_02_xxxAware 项目，MessageAction 的代码如下：

```
package com.yzpc.action;
import javax.servlet.http.HttpServletRequest;
import org.apache.struts2.interceptor.ServletRequestAware;
import com.opensymphony.xwork2.ActionSupport;

public class MessageAction extends ActionSupport implements
ServletRequestAware {
   private HttpServletRequest request;
   @Override
   public void setServletRequest(HttpServletRequest request) {
      this.request = request;
   }
   @Override
   public String execute() throws Exception {
      request.setAttribute(
        "message", "您好，通过 xxxAware 接口实现了访问 Servlet API");
      return super.execute();      //返回"success"字符串
   }
}
```

web.xml 的配置与前面章节中的一致，下面配置 struts.xml 文件：

```
<package name="default"  namespace="/" extends="struts-default">
   <action name="messageAction" class="com.yzpc.action.MessageAction">
      <result name="success">/message.jsp</result>
   </action>
</package>
```

新建一个 message.jsp 页面，通过 EL 表达式去访问存放在 request 对象中的键为 message 的值，页面主体部分的代码如下：

```
<div align=center>${requestScope.message}</div>
```

部署项目，在浏览器中输入"http://localhost:8080/ch06_02_xxxAware/messageAction"，运行效果如图 6-4 所示。

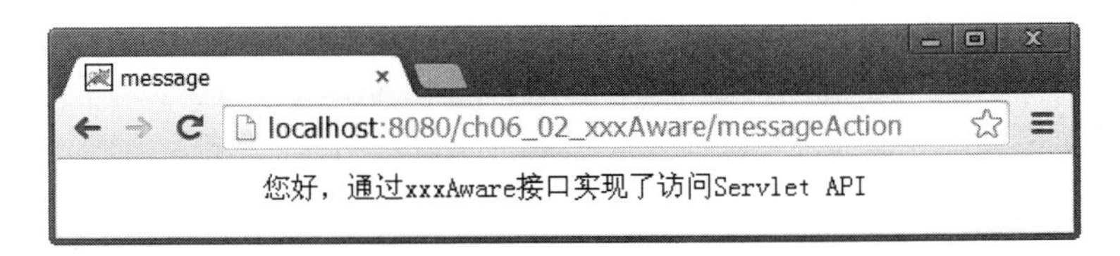

图 6-4　通过 Aware 接口实现访问 Servlet API

3．通过 ServletActionContext 类直接访问

除了以上的方法可以访问 Servlet API 外，Struts 2 框架还提供了 ServletActionContext 类访问 Servlet API。

ServletActionContext 中的方法都是静态的方法，该类的几个方法如下：

```
static PageContext getPageContext()
  //用于访问 Web 应用的 PageContext 对象，对应 JSP 的内置对象 page
static HttpServletRequest getRequest()
  //用于访问 Web 应用的 HttpServletRequest 对象
static HttpServletResponse getResponse()
  //用于访问 Web 应用的 HttpServletResponse 对象
static ServletContext getServletContext()
  //用于访问 Web 应用的 ServletContext 对象
```

将上面 ch06_02_xxxAware 项目中的 MessageAction 修改一下，用 ServletActionContext 对象来取得 Servlet API，一样是可以访问的，代码如下：

```
public class MessageAction extends ActionSupport {
    @Override
    public String execute() throws Exception {
        ServletActionContext.getRequest().setAttribute("message",
          "您好，通过 ServletActionContext 类直接访问 Servlet API");
        return super.execute();
    }
}
```

部署 ch06_02_xxxAware 项目，重新执行后的运行效果如图 6-5 所示。

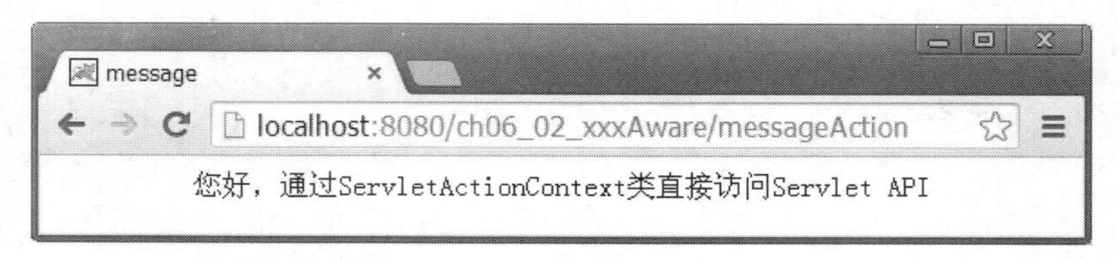

图 6-5　通过 ServletActionContext 类直接访问

6.3　Action 的配置

在 struts.xml 文件中，需要对 Struts 2 的 Action 类进行相应的配置，struts.xml 文件可以比喻成视图和 Action 之间联系的纽带。每个 Action 都是一个业务逻辑处理单元，Action 负责接收客户端请求、处理客户端请求，最后将处理结果返回给客户端，这一系列过程都是在 struts.xml 文件中进行配置才得以实现的。

6.3.1　Struts 2 中 Action 的作用

对于 Struts 2 应用程序的开发者而言，Action 才是应用的核心，开发者需要提供大量的 Action 类，并在 struts.xml 文件中配置 Action。

Action 主要有 3 个作用。

(1)　为给定的请求封装需要做的实际工作(调用特定的业务处理类)

可以把 Action 看作是控制器的一部分，它的主要职责就是控制业务逻辑，通常 Action 使用 execute()方法实现这一功能。

(2)　为数据的转移提供场所

Action 作为数据转移的场所，也许你可能会认为这会使 Action 变得复杂，但实际上，这使得 Action 更简洁，由于数据保存在 Action 中，在控制业务逻辑的过程中可以非常方便地访问到它们。

(3)　帮助框架决定由哪个结果呈现请求响应

Action 的最后一个职责是返回结果字符串，Action 根据业务逻辑执行的返回结果判断返回何种结果字符串，根据框架 Action 返回的结果字符串选择相应的视图组件呈现给用户。

6.3.2　配置 Action

Action 映射是框架中的基本“工作单元”。Action 映射就是将一个请求的 URL 映射到一个 Action 类，当一个请求匹配某个 Action 名称时，框架就使用这个映射来确定如何处理请求。在 struts.xml 文件中，通过<action>元素对请求的 Action 和 Action 类进行配置。

<action>元素的属性说明如下。

- name：必选属性，指定客户端发送请求的地址映射名称。
- class：可选属性，指定 Action 实现类所在的包名+类名。
- method：可选属性，指定 Action 类中的处理方法名称。
- converter：可选属性，应用于 Action 的类型转换器的完整类名。

我们来看前面示例中所配置的一个 struts.xml 文件，代码如下：

```
<package name="default"  namespace="/" extends="struts-default">
   <action name="loginAction" class="com.yzpc.action.LoginAction">
      <result>/login_success.jsp</result>
      <result name="error">/login_error.jsp</result>
   </action>
</package>
```

其中，action 元素的 name 属性值将在其他地方引用，例如作为 JSP 页面 form 表单的 action 属性值；class 属性指明了 Action 的实现类，即 com.yzpc.action 包下的 LoginAction 类；method 属性值指向 Action 中定义的处理方法名，默认情况下是 execute()方法。

result 元素用来为 Action 的处理结果指定视图，建立逻辑视图和物理视图的映射。关于 result 元素的配置，后面将有详细的介绍。

6.3.3　分模块配置方式

在多人协作开发的团队中，配置文件如何组织非常重要。通常，一个项目会根据业务的不同，划分出不同的模块，一个模块会由几个人协作开发，在模块内大家紧密联系，但在模块间，相互联系就会比较松散。因此，在划分配置文件的时候，一种常见的情况就是按照模块来划分。

在第 5 章中，我们介绍了 struts.xml 文件的结构组成。元素之间的关系如下：

- 一个<struts>元素可以有多个<package>子元素。
- 一个<package>元素可以有多个<action>子元素。

按照项目的组织形式来类比，这里的<struts>元素就好比是项目，而<package>元素好比是业务模块，<action>元素就相当于是某个模块中的组件。这样，就可以按照业务模块来组织用户的 Action 了，也就是同一个模块的 Action 配置在同一个包里面。

由于一个项目会有多个业务模块，也就是会有多个<package>，如果所有的<package>都配置在一个 struts.xml 文件里面，必然会引起大家争用这个配置文件，因此，在实际开发中，通常都是一个<package>放在一个单独的文件中，例如叫作 struts-xxx.xml，最后由 struts.xml 通过<include>元素来引用这些 struts-xxx.xml 文件。

6.3.4 动态方法调用

在实际应用中，随着应用程序的不断扩大，我们不得不管理数量庞大的 Action。例如，一个系统中，用户的操作可分为登录和注册两部分，一个请求对应一个 Action 的话，我们将要编写两个 Action 来处理用户的请求。在具体开发过程中，为了减少 Action 的数量，通常在一个 Action 中编写不同的方法(必须遵守 execute 方法相同的格式)处理不同的请求，如编写 LoginAction，其中 login()方法处理登录请求，register()方法处理注册请求。此时可以采用动态方法调用(Dynamic Method Invocation，DMI)来处理。动态方法调用是指表单元素的 action 并不是直接等于某个 Action 的名称。

在使用动态方法调用时，在 Action 的名字中使用(!)来标识要调用的方法名称，语法格式如下：

```
<form action="Action名字!方法名字">
```

使用动态方法调用的方式将请求提交给 Action 时，表单中的每个按钮提交事件都可交给同一个 Action，只是对应 Action 中的不同方法。这时，在 struts.xml 文件中只需要配置该 Action，而不需要配置每个方法，语法格式如下：

```
<action name="Action名字" class="包名.Action类名">
   <result>物理视图URL</result>
</action>
```

官网不推荐使用这种方式，建议大家尽量不要使用，因为动态方法的调用可能会带来安全隐患(通过 URL 可以执行 Action 中的任意方法)，所以在确定使用动态方法调用时，应该确保 Action 类中的所有方法都是普通的、开放的方法。基于此原因，Struts 2 框架提供一个属性的配置，用于禁止调用动态方法。

可在 struts.xml 中，通过<constant>元素将 struts.enable.DynamicMethodInvocation 设置为 false，来禁止该调用动态方法，代码如下：

```
<constant name="struts.enable.DynamicMethodInvocation" value="false"/>
```

当使用这种动态方式调用时，需将上面的常量值设置为“true”。

我们通过 ch06_04_ActionDMI 的项目，来演示如何动态调用用户的登录和注册方法。

登录页面 login.jsp 的代码如下所示：

```
<head>
<title>登录页面 login.jsp</title>
```

```
<script type="text/javascript">
   function register(){
      var form = document.forms[0];
      form.action = "loginAction!register";
      form.submit();
   }
</script>
</head>
<body>
   <div align=center>
     <form name="form1" action="loginAction!login" method="post">
        用户名：<input type="text" name="username"><br>
        密　码：<input type="password" name="password"><br>
        <input type="submit" value="登录">   
        <input type="button" value="注册" onclick="register()">
     </form>
   </div>
</body>
```

动态方法调用的登录首页面的运行效果如图 6-6 所示。

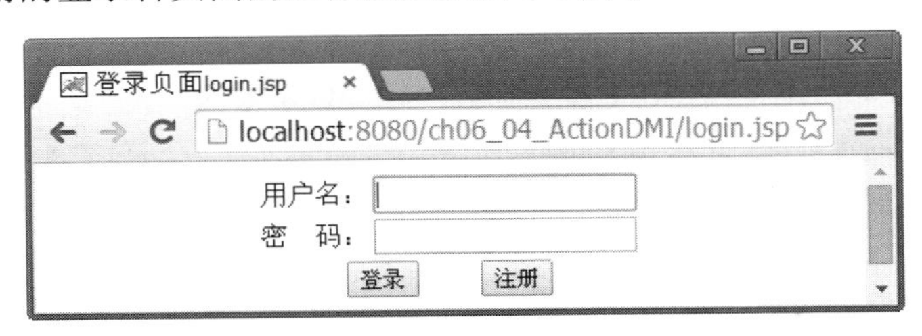

图 6-6　动态方法调用的首页面

LoginAction 类的代码如下：

```
package com.yzpc.action;
import com.opensymphony.xwork2.ActionSupport;
public class LoginAction extends ActionSupport {
   private String username;
   private String password;
   //此处省略 setter、getter 方法
   public String login() {
      if (username.equals("admin") && password.equals("123")) {
         return SUCCESS;
      } else {
         return ERROR;
      }
   }
   public String register(){
      return "register";
   }
}
```

web.xml 文件的配置与前面一致，struts.xml 文件的配置代码如下：

```
<constant name="struts.enable.DynamicMethodInvocation" value="true"/>
<package name="user" namespace="/" extends="struts-default">
    <action name="loginAction" class="com.yzpc.action.LoginAction">
        <result name="success">/login_success.jsp</result>
        <result name="error">/login_error.jsp</result>
        <result name="register">/register.jsp</result>
    </action>
</package>
```

当我们单击“登录”按钮后，就会将请求交给 LoginAction 的 login()方法去处理，而单击“注册”按钮时，则将请求交给 LoginAction 的 register()方法去处理。项目代码参见光盘中的 ch06_04_ActionDMI 项目。

6.3.5 用 method 属性处理调用方法

通过前面的介绍我们知道，一个 Action 可以处理多个逻辑。在 struts.xml 文件中配置 <action>元素的时候，当 method 属性省略时，调用的是 execute()方法；当我们为其指定 method 属性后，则可以让 Action 调用指定的方法来处理用户的请求，而不是使用 execute()方法来处理。

我们通过 ch06_04_ActionMethod 项目来演示 method 属性如何处理用户的登录和注册。与前一个动态调用实例相比，login.jsp 页面和 struts.xml 配置文件有所不同，其余一致。

登录页面 login.jsp 的代码如下：

```
<form name="form1" action="loginAction">
    用户名：<input type="text" name="username"><br>
    密　码：<input type="password" name="password"><br>
    <input type="submit" value="登录">   
    <input type="button" value="注册"
      onclick="javascrtpt:window.location.href='registerAction'">
</form>
```

struts.xml 文件的配置代码如下：

```
<package name="user"  namespace="/" extends="struts-default">
    <action name="loginAction" class="com.yzpc.action.LoginAction"
      method="login">
        <result name="success">/login_success.jsp</result>
        <result name="error">/login_error.jsp</result>
    </action>
    <action name="registerAction" class="com.yzpc.action.LoginAction"
      method="register">
        <result name="register">/register.jsp</result>
    </action>
</package>
```

上面定义的两个逻辑 Action 分别为 loginAction 和 registerAction，它们所对应的处理类都是 com.yzpc.action.LoginAction。但 method 属性指定的 login 和 register 所处理的逻辑是不同的。其中 login 的处理逻辑的方法是 login()方法，而 register 处理逻辑的方法是 register()

方法。项目代码参见光盘中的 ch06_04_ActionMethod 项目。

使用 method 属性可以指定任意方法请求(只要该方法与 execute 方法具有相同的格式)。

从安全角度出发，建议采用 method 属性来实现同一个 Action 的不同方法处理不同的请求，虽然这样的处理方式会大大减少 Action 的实现类，但随着 Action 的增多，会导致大量的 Action 配置，因此这样做非常重复。而使用通配符是一种很好的解决 Action 配置过多的方法。

6.3.6 使用通配符

在使用 method 属性时，由于在 Action 类中有多个业务逻辑处理方法，在配置 Action 时，就需要使用多个 action 元素。在实现同样功能的情况下，为了减轻 struts.xml 配置文件的负担，这时就需要借助于通配符映射。

在配置<action>元素时，需要指定 name、class 和 method 属性，其中 name 属性可支持通配符，然后可以在 class、method 属性中使用表达式。使用通配符的原则是约定高于配置，它实际上是另一种形式的动态调用方法。通配符用星号(*)来表示，用于配置 0 个或多个字符串。在项目中，有很多的命名规则是约定的，如果使用通配符，就必须有一个统一的约定，否则通配符将无法成立。

下面通过 ch06_04_ActionWildcard 项目来演示如何使用通配符处理用户的登录和注册。

本例与 method 属性调用方法示例基本类似，页面文件、Action 类与前面的示例一致。修改 struts.xml 配置文件，使用通配符实现，代码如下：

```
<action name="*Action" class="com.yzpc.action.LoginAction" method="{1}">
    <result name="success">/{1}_success.jsp</result>
    <result name="error">/{1}_error.jsp</result>
    <result name="register">/{1}.jsp</result>
</action>
```

注意： 这里的 name 属性值只有一个“*”，还可以有两个、三个、四个，比如可以写成 name=“*_*”，这样就有两个“*”，此时就可以使用{1}、{2}分别来表示每个“*”的内容。

在 action 元素的 name 属性中使用了星号(*)，允许这个 Action 匹配所有以 action 结束的 URL，例如/loginAction.action。配置该 action 元素时，还指定了 method 属性，该属性使用了一个表达式{1}，该表达式的值就是 name 属性值中第一个“*”的值。例如，当请求为 /loginAction.action 时，通配符匹配的是 login，那么这个 login 值将替换{1}，最终请求 /loginAction.action 将由 LoginAction 类中的 login()方法执行。

提示： 在一个包中，如果有多个<action>元素，在配置通配符时，尽量将<action name=“*”>的形式放在最后面，以防这种形式最先被匹配。

使用通配符配置的项目代码参见光盘中的 ch06_04_ActionWildcard 项目。

6.3.7 配置默认的 Action

如果我们请求一个不存在的 Action，那么结果将会是在页面上出现 HTTP 404 的错误。为了解决这个问题，Struts 2 框架允许我们指定一个默认的 Action，即如果没有一个 Action 匹配请求，那么默认的 Action 将被执行。

配置默认的 Action 通过<default-action-ref…/>元素来完成，每个<default-action-ref…/>元素配置一个默认的 Action，默认 Action 的配置代码如下：

```
<package name="user" namespace="/" extends="struts-default">
   <!-- 配置一个默认的Action，这里默认的Action为defaultAction -->
   <default-action-ref name="defaultAction" />
   <action name="defaultAction" class="com.yzpc.action.DefaultAction">
      <result>/success.jsp</result>
   </action>
   <action name="login" class="com.yzpc.action.LoginAction" >
      <result name="success">/success.jsp</result>
   </action>
</package>
```

在上述代码中，使用<default-action-ref…/>元素配置了一个默认的 Action，该元素只包含一个 name 属性，属性名是 defaultAction，表明默认的 Action 为 defaultAction 所对应的 Action 类。在该文件中必须使用 action 元素对名称为 defaultAction 的 Action 进行配置，否则默认 Action 是不起作用的。

在 struts.xml 配置文件中，如果将 action 元素的 class 属性省略，那么默认地将使用 ActionSupport 类，ActionSupport 类实现了 Action 接口，并给出了 execute()方法的默认实现，这个实现只是简单地返回"success"字符串。

6.4 Action 的数据

6.4.1 数据来源

在前面的 Login 登录示例中，运行 Action 的 execute 方法时会发现，Action 的属性是有值的，而这正是 Action 进行请求处理所需要的数据。这些数据就是用户在登录页面中填写的数据，换句话说，这些数据来源于用户请求的对象，也就是 request 对象。

Struts 2 是如何把页面上的值与 Action 的属性进行对应的呢？这就涉及如何把页面的数据与 Action 进行对应的问题了。

页面的数据与 Action 的属性有 3 种基本对应方式：

- 基本的数据对应方式。
- 传入非 String 类型的值。
- 如何处理传入多个值。

6.4.2　基本的数据对应方式

在 Struts 2 中，页面的数据和 Action 有两种基本对应方式，分别是字段驱动(FieldDriven)方式和模型驱动(ModelDriven)方式。字段驱动也称为属性驱动，是指通过字段进行数据传递。包括两种情况：一种是与基本数据类型的属性对应，另一种是直接使用域对象。

1．基本数据类型字段驱动方式的数据传递

在 Struts 2 中，我们可以直接在 Action 里定义各种 Java 基本类型的字段，使这些字段与表单数据相对应，并利用这些字段进行数据传递。例如 UserAction.java：

```
package com.yzpc.action;
public class UserAction {
    private String username;
    private String password;
    //省略 getter、setter 方法
    public String execute() throws Exception {
        System.out.print(username + "--------" + password);
        // 只有用户名为 sa，密码为 123456 方可成功登录
        if (username.equals("sa") && password.equals("123456")) {
            return "success";
        } else {
            return "error";
        }
    }
}
```

这个 Action 中定义了两个字符串字段 username 和 password，这两个字段分别对应登录页面上的“用户名”和“密码”两个表单域。

2．直接使用域对象字段驱动方式的数据传递

在基本数据类型字段驱动方式中，若需要传入的数据很多的话，那么 Action 的属性也会变得很多。再加上属性有对应的 getter/setter 方法，Action 类的代码就庞大了，在 Action 里编写业务的代码时，会使 Action 非常臃肿，不够简洁。怎样解决这个问题呢？

把属性和相应的 setter/getter 方法从 Action 里提取出来，单独作为一个域对象，这个对象就是用来封装这些数据的，在相应的 Action 里直接使用这个对象，而且可以在多个 Action 里使用。采用这种方式，一般以 JavaBean 来实现，所封装的属性与表单的属性一一对应，JavaBean 将成为数据传递的载体。我们通过 ch06_02 示例来演示域对象字段的驱动方式。

首先，创建一个 User 实体域对象：

```
package com.yzpc.entity;
public class User {
    private String username;
    private String password;
    //省略 getter、setter 方法
}
```

接下来定义 Action 类，两个字段已经不再单独定义，而是定义一个 User 类型的域模型：

```
package com.yzpc.action;
import com.opensymphony.xwork2.ActionContext;
import com.opensymphony.xwork2.ActionSupport;
import com.yzpc.entity.User;
public class LoginAction extends ActionSupport {
   private static final long serialVersionUID = 1L;
   private User user;
   //省略 user 属性的 setter、getter 方法
   @Override
   public String execute() throws Exception {
      if (user.getUsername().equals("sa")&&user.getPassword().
      equals("123456")) {
         // 通过 ActionContext 对象访问 Web 应用的 Session
         ActionContext context = ActionContext.getContext();
         context.getSession().put("username",user.getUsername());
         context.getSession().put("password",user.getPassword());
         System.out.println(
           user.getUsername() + "----" + user.getPassword());
         return "success";
      } else {
         return "error";
      }
   }
}
```

在使用域对象的属性驱动方式传值的时候需要注意，如果 JSP 页面是负责取值的，那么取值的格式必须为“对象名.属性名”；如果 JSP 页面是负责传值的，那么传值的格式可以为“模型对象名.属性名”，也可以直接是“属性名”。

接下来创建页面，分别创建登录页面、成功页面和失败页面。

login.jsp(登录页面)的代码如下：

```
<%@ page language="java" import="java.util.*" pageEncoding="GB18030"%>
<%@taglib prefix="s" uri="/struts-tags"%>
<!DOCTYPE HTML PUBLIC "-//W3C//DTD HTML 4.01 Transitional//EN">
<html>
<head>
   <title>登录页面<s:text name="login.jsp" /></title>
</head>
<body>
   <div align="center">
      <s:form name="form1" action="loginAction">
         <s:textfield name="user.username" label="用户名"></s:textfield>
         <s:password name="user.password" label="密  码"/>
         <s:submit value="登录"/>
      </s:form>
   </div>
</body>
</html>
```

success.jsp(成功页面)的代码如下：

```
<head>
    <title>登录成功页面 success.jsp</title>
</head>
<body>
    <div>
        <p align="center">登录成功！！！
            您的用户名是<s:property value="user.username" />
        </p>
    </div>
</body>
```

error.jsp(失败页面)的代码如下：

```
<div>
    <p align="center">登录失败！！！
        <a href="login.jsp">返回登录页面</a>
    </p>
</div>
```

web.xml 的配置与前面的一致。配置 struts.xml 文件如下：

```
<package name="default"  namespace="/" extends="struts-default">
    <action name="loginAction" class="com.yzpc.action.LoginAction">
        <result name="success">/success.jsp</result>
        <result name="error">/error.jsp</result>
    </action>
</package>
</struts>
```

这样就完成了模型驱动传值。部署 ch06_02 项目，然后在浏览器的地址栏中输入“http://localhost:8080/ch06_02/login.jsp”，运行效果如图 6-7 所示。

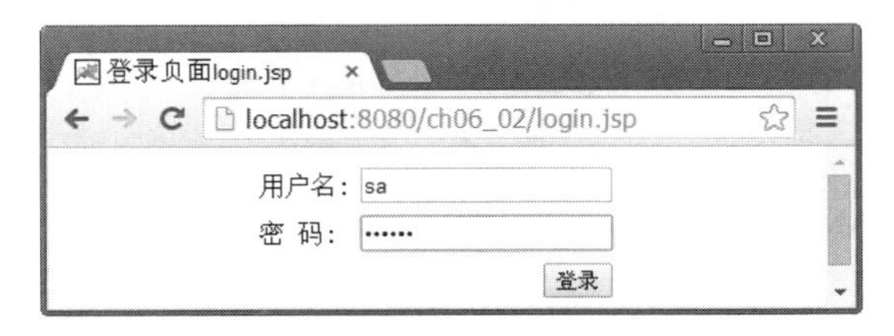

图 6-7　登录首页面

单击“登录”按钮，如果用户名和密码输入正确，则进入登录成功页面，并显示登录的用户名，如图 6-8 所示；否则进入登录失败页面，如图 6-9 所示。

图 6-8　登录成功页面

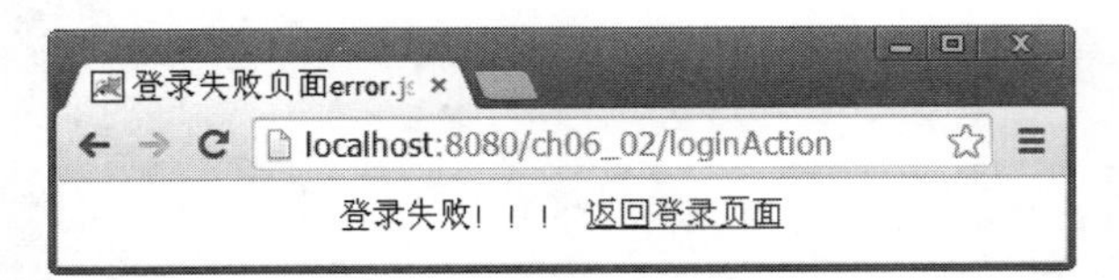

图 6-9　登录失败页面

3．模型驱动 ModelDriven

在 Struts 2 中，还有一种对应的方式，叫模型驱动 ModelDriven。通过实现 ModelDriven 接口来接收表单数据，首先 Action 类必须实现 ModelDriven 接口，同样把表单传来的数据封装起来，Action 类中必须实例化该对象，并且要重写 getModel()方法，这个方法返回的就是 Action 所使用的数据模型对象。

模型驱动方式通过 JavaBean 模型进行数据传递。只要是普通 JavaBean，就可以充当模型部分。很多情况下 Bean 的定义已经存在了，而且是不能修改的(如从外部引入的类或者是已经被大量代码引用的类)。采用这种方式，JavaBean 所封装的属性与表单的属性一一对应，JavaBean 将成为数据传递的载体。使用模型驱动方式，Action 类通过 get*()的方法来获取模型，其中“*”代表具体的模型对象，代码如下：

```
public class LoginAction extends ActionSupport implements ModelDriven<User>{
   private User user = new User();
   public User getModel() {
      return user;
   }
   //省略其他代码
   public String execute() throws Exception {
      return "success";
   }
}
```

登录页面 login.jsp 也需要做相应的调整，代码如下：

```
<s:form name="form1" action="loginAction">
   <s:textfield name="username" label="用户名"></s:textfield>
   <s:password name="password" label="密　码"/>
   <s:submit value="登录"/>
</s:form>
```

使用了 ModelDriven 的方式，一个 Action 只能对应一个 Model，因此不需要添加 user 前缀，页面上的 username 对应到这个 Model 的 username 属性。

这三种方法各有优缺点，应根据不同情况选择使用。

6.4.3　传入非 String 类型的值

前面的示例中，从页面传入 Action 的值都是 String 类型的，可是在实际开发中，并不是每次传递的数据都是 String 类型，也可能需要传递别的类型的值，比如传递 int 类型。Action 中的成员变量可以是其他数据类型的，原因是 Struts 2 已经封装好了数据类型转换，不过通过 HTTP 传过来的参数本来就是 String 类型的或者是流，所以通常都是在程序中自己转换数据类型，参数都是 String。传入非 String 类型的值主要包括以下几种情况：

- 传入基本类型的值。
- 使用包装类型。
- 使用枚举类型。
- 使用复合类型。

在后面的章节中，我们要专门讲解 Struts 2 的类型转换，实现传入非 String 类型的值。

6.4.4　如何处理传入多个值

在实际开发中，同一个属性需要传入多个值的情况也是很常见的，例如针对某个兴趣爱好，可能选择多项，这就需要处理传入的多个值。在后面的章节中，我们要专门讲解 Struts 2 的类型转换，其中会涉及如何处理传入多个值。

6.5　使用注解来配置 Action

在通常情况下，Struts 2 是通过 struts.xml 文件进行配置的。使用注解(Annotation，又称标注)来配置 Action 的好处在于可以实现零配置，即不用在 XML 文件里写 Action，缺点是，如果一个 Action 内容过多，容易分辨不清。建议每个业务类写一个 Action。注解配置就方便、快捷多了，很适合敏捷开发。

6.5.1　与 Action 配置相关的注解

Struts 2 提供了 5 个与 Action 相关的注解类型，分别为 ParentPackage、Namespace、Result、Results 和 Action。

(1)　ParentPackage 注解

用户指定 Action 所在的包要继承的父包，如表 6-2 所示。

表 6-2　ParentPackage 注解

参　数	数据类型	可　选	默 认 值	说　明
value	String	否	无	指定要继承的包

例如，使用 ParentPackage 注解，其 value 的值为 default-struts，表示所在的 Action 需要继承 default-struts 包，代码如下：

```
@ParentPackage(value="default-struts")
```

如果只有一个 value 参数值，或者其他参数值都是用默认值，可以简写为：

```
@ParentPackage("default-struts")
```

(2)　Namespace 注解

用户指定 Action 所属于的命名空间，如表 6-3 所示。

表 6-3 Namespace 注解

参 数	数据类型	可 选	默 认 值	说 明
value	String	否	无	指定 Action 所属于的命名空间

例如，使用 Namespace 注解，其 value 值为/user，表示 Action 属于 user 命名空间，代码如下：

```
@Namespace("/user")
```

(3) Result 注解

用于定义一个 Result 映射(只能定义一个结果映射)，如表 6-4 所示。

表 6-4 Result 注解

参 数	数据类型	可 选	默 认 值	说 明
name	String	是	Action.SUCCESS	指定 result 的逻辑名，即结果代码
value	String	否	无	指定 result 对应资源的 URL
type	Class	是	NullResult.class	指定 result 的类型
param	String[]	是	{}	为 result 传递参数， 格式为{key1,value1,key2,value2}

例如，使用 Result 注解，定义返回结果的逻辑名称为 success；对应的结果资源 URL 为/login_success.jsp；param 参数使用默认值，即{}表示返回结果后带有参数；type 参数值为默认结果类型，代码如下：

```
@Result(name="success",location="/login_success.jsp",param={},
  type=ServletDispatcherResult.class)
```

(4) Results 注解

用于定义一组 Result 映射，如表 6-5 所示。

表 6-5 Results 注解

参 数	数据类型	可 选	默 认 值	说 明
value	String[]	否	无	为 Action 定义一组 Result 映射

例如，使用 Results 注解定义一组 Result，其中一个是逻辑名称为 success 的 Result 注解，资源 URL 为/login_success.jsp；另一个是逻辑名称为 error 的 Result 注解，资源 URL 为/login_error.jsp，代码如下：

```
@Results=({
    @Result(name="success",location="/login_success.jsp"),
    @Result(name="error",location="/login_error.jsp"),
})
```

说明：@Result 和@Results 是类级别的注解，如果在方法级别上定义这些注解，那么配置将无法生效。

(5) Action 注解

对应于 struts.xml 文件的 action 元素。该注解可用于 Action 类上，也可以用于方法上，如表 6-6 所示。

表 6-6　Action 注解

参　数	数据类型	可　选	默 认 值	说　明
value	String	是	无	指定 Action 的名字
results	String[]	是	无	指定 Action 的多个 Result 映射
InterceptorRefs	String[]	是		指定 Action 的多个拦截器
params	String[]	是	{}	表示传递给 Action 的参数， 格式为{key1,value1,key2,value2}
exceptionMapping	String[]	是		指定 Action 的异常处理类

例如，使用 Action 注解指定其 Action 的名字为 loginAction，并指定 Result 映射，代码如下：

```
@Action(
    value="loginAction",
    results={
        @Result(name="success",location="/login_success.jsp"),
        @Result(name="error",location="/login_error.jsp"),
    }
)
public class LoginAction extends ActionSupport {
    public String execute() throws Exception {
        if (username.equals("admin") && password.equals("123")) {
            return SUCCESS;
        } else {
            return ERROR;
        }
    }
}
```

6.5.2　使用注解配置 Action 示例

下面将本章前面的登录功能示例中的 struts.xml 文件改写成通过注解配置 Action 的方式实现登录功能。

(1) 创建 Web 项目 ch06_05_ActionAnnotation，在 WEB-INF/lib 目录中放置 Struts 2 的 JAR 包，除了 Struts 2.3.16 所必需的 9 个 JAR 包外，为了能够使用注解，还需要 asm-3.3.jar、asm-commons-3.3.jar、struts2-convention-plugin-2.3.16.jar 包。

(2) 在 web.xml 文件中，添加 Struts 2 核心过滤器 StrutsPrepareAndExecuteFilter 的 actionPackages 参数，配置代码如下：

```
<filter>
    <filter-name>struts2</filter-name>
    <filter-class>
        org.apache.struts2.dispatcher.ng.filter
          .StrutsPrepareAndExecuteFilter
    </filter-class>
    <!-- 设置 Action 所在的包 -->
    <init-param>
        <param-name>actionPackages</param-name>
        <param-value>com.yzpc.action</param-value>
    </init-param>
</filter>
<filter-mapping>
    <filter-name>struts2</filter-name>
    <url-pattern>/*</url-pattern>
</filter-mapping>
```

(3) 在 src 目录下新建 com.yzpc.action 包，并在该包下创建 LoginAction 类，该类继承 ActionSupport 类，主要代码如下：

```
package com.yzpc.action;
import org.apache.struts2.convention.annotation.Action;
import org.apache.struts2.convention.annotation.Namespace;
import org.apache.struts2.convention.annotation.ParentPackage;
import org.apache.struts2.convention.annotation.Result;
import com.opensymphony.xwork2.ActionSupport;
@ParentPackage("struts-default")
@Namespace("/")
@Action(
    value="loginAction",
    results= {
        @Result(name="success",location="/login_success.jsp"),
        @Result(name="error",location="/login_error.jsp"),
    }
)
public class LoginAction extends ActionSupport {
    private String username;
    private String password;
    //省略属性的 setter 赋值、getter 取值方法
    public String execute() throws Exception {
        if (username.equals("admin") && password.equals("123")) {
            return SUCCESS;
        } else {
            return ERROR;
        }
    }
}
```

在 LoginAction 类中使用了 ParentPackage、Namespace、Action 和 Result 注解，分别指定了要继承的父包、Action 类所在的命名空间、Action 名称和 Result 映射。在 LoginAction

类中，定义了两个属性，用来存储登录时输入的用户名和密码，并实现属性的赋值和取值方法。

(4) 在项目 WebRoot 下创建登录页面、登录成功页面和登录失败页面。

登录页面 login.jsp 的代码如下：

```
<form name="form1" action="loginAction" method="post">
    用户名：<input type="text" name="username"><br>
    密　码：<input type="password" name="password"><br>
    <input type="submit" value="登录">  
</form>
```

登录成功页面 login_success.jsp 的代码如下：

```
<h3 align=center>登录成功页面！</h3>
```

登录失败页面 login_error.jsp 的代码如下：

```
<h3 align=center>登录失败页面！</h3>
```

(5) 部署程序，在浏览器中输入“http://localhost:8080/ch06_05_ActionAnnotation/login.jsp”，运行效果与前面的项目类似，如图 6-10 示。

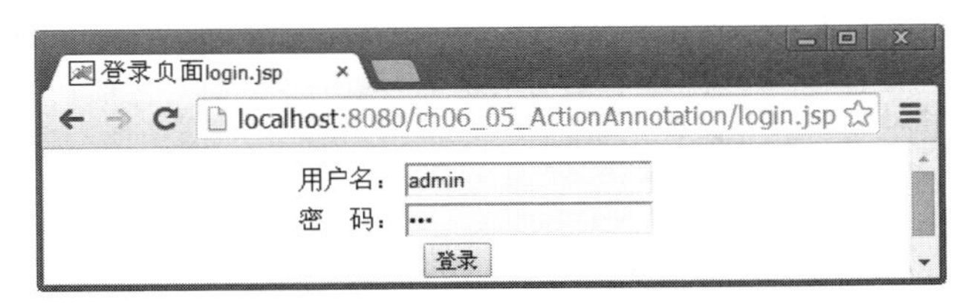

图 6-10　使用注解配置 Action

6.6　常用的 Result 类型

Action 只负责用户请求的处理，它只是一个控制器，它不能直接对用户的请求进行响应。当 Action 处理完请求后，处理结果应该通过视图资源来实现，但控制器应该控制将哪个视图资源呈现给用户。

6.6.1　如何配置 Result

在 struts.xml 文件中，Result 的配置非常简单，使用<result>元素来配置 Result 逻辑视图与物理视图之间映射，<result>元素可以有 name 和 type 属性，但这两种属性都不是必需的，如下所示。

- name 属性：指定逻辑视图的名称，默认值是 success。
- type 属性：指定返回的视图资源的类型，不同的类型代表不同的结果输出，默认值是 dispatcher，表示支持 JSP 视图技术。

struts.xml 文件中的<result>元素配置代码如下：

```
<action name="loginAction" class="com.yzpc.action.LoginAction">
    <!-- 配置名称为success的结果映射，结果类型为dispatcher -->
    <result name="success" type="dispatcher">
        <param name="location">/login_success.jsp</param>
    </result>
</action>
```

上述配置代码中，使用了name、type属性和param子元素。其中，为Action配置了name为success的Result映射，该映射的值可以是JSP页面，也可以是一个Action的name值；这里使用param子元素为其指定了Result映射所对应的物理视图资源为login_success.jsp页面；使用type属性指定了该Result的类型为dispatcher，这也是默认的Result类型。

param子元素的name属性有如下两个值。

- location：指定该逻辑视图所对应的实际视图资源。
- parse：指定在视图资源名称中是否可以使用OGNL表达式。默认值为true，表示可以使用；如果为false，表示不支持OGNL表达式。

其实，上述配置可以简化为：

```
<action name="loginAction" class="com.yzpc.action.LoginAction">
    <result>/login_success.jsp</result>
</action>
```

提示：在Result配置中，指定实际资源位置时，可以使用绝对路径，也可以使用相对路径。绝对路径以斜杠(/)开头，相当于当前的Web应用程序的上下文路径，例如<result>/login_success.jsp</result>；相对路径不以斜杠开头，相当于当前执行的Action路径，例如<result>login_success.jsp</result>。

6.6.2 预定义的ResultType

在Struts 2中，当框架调用Action对请求进行处理后，就要向用户呈现一个结果视图。在Struts 2中，预定义了多种ResultType，其实就是定义了多种展示结果的技术。

一个结果类型就是实现了com.opensymphony.xwork2.Result接口的类，Struts 2把内置的<result-type>都放在struts-default包中，struts-default包就是配置包的父包，这个包定义在struts2-core-2.3.16.jar包中的根目录下的struts-default.xml文件中，可以找到相关的<result-type>的定义，代码如下：

```
<package name="struts-default" abstract="true">
    <result-types>
        <result-type name="chain"
          class="com.opensymphony.xwork2.ActionChainResult"/>
        <result-type name="dispatcher"
          class="org.apache.struts2.dispatcher.ServletDispatcherResult"
          default="true"/>
        <result-type name="freemarker"
          class="org.apache.struts2.views.freemarker.FreemarkerResult"/>
        <result-type name="httpheader"
```

```
        class="org.apache.struts2.dispatcher.HttpHeaderResult"/>
      <result-type name="redirect"
        class="org.apache.struts2.dispatcher.ServletRedirectResult"/>
      <result-type name="redirectAction"
        class="org.apache.struts2.dispatcher
        .ServletActionRedirectResult"/>
      <result-type name="stream"
        class="org.apache.struts2.dispatcher.StreamResult"/>
      <result-type name="velocity"
        class="org.apache.struts2.dispatcher.VelocityResult"/>
      <result-type name="xslt"
        class="org.apache.struts2.views.xslt.XSLTResult"/>
      <result-type name="plainText"
        class="org.apache.struts2.dispatcher.PlainTextResult" />
      <result-type name="postback"
        class="org.apache.struts2.dispatcher.PostbackResult" />
    </result-types>
</package>
```

上面的每个<result-type>元素都是一种视图技术或跳转方式的封装，其中的 name 属性指出在<result>元素中如何引用这种视图技术或跳转方式，对应着<result>元素的 type 属性。Struts 2 中预定义的 ResultType 如表 6-7 所示。

表 6-7　Struts 2 中预定义的 ResultType

类　型	说　明
chain	用来处理 Action 链，被跳转的 Action 中仍能获取上个页面的值，如 request 信息
dispatcher	用来转向页面，通常处理 JSP，也是默认的结果类型
freemarker	用来整合 FreeMarker 模板结果类型
httpheader	用来处理特殊的 HTTP 行为结果类型
redirect	重定向到一个 URL，被跳转的页面中丢失传递的信息
redirectAction	重定向到一个 Action，跳转的页面中丢失传递的信息
stream	向浏览器发送 InputSream 对象，通常用来处理文件下载，还可用于返回 Ajax 数据
velocity	用来整合 Velocity 模板结果类型
xslt	用来整合 XML/XSLT 结果类型
plainText	显示原始文件内容，例如文件源代码

其中 dispatcher 是默认的处理类型，主要用于与 JSP 整合。而 chain、dispatcher、redirect 是我们比较常用的结果集。

redirect 这种结果集类型与 dispatcher 非常相似，dispatcher 结果类型是将请求 forward 到 JSP 视图资源，而 redirect 类型是将请求重定向到 JSP 视图资源。它们之间最大的差别就是一个是转发请求、一个是重定向请求，当然，如果重定向了请求，那么将丢失所有参数，其中包括 Action 的处理结果。

6.6.3 名称为 dispatcher 的 ResultType

dispatcher 结果类型用来表示“转发”到指定结果资源，它是 Struts 2 的默认结果类型。Struts 2 在后台使用 Servlet API 的 RequestDispatcher 的 forward 方法来转发请求，因此在用户的整个请求/响应过程中，将会保持是同一个请求对象，即目标 JSP/Servlet 接收到的 Request/Response 对象与最初的 JSP/Servlet 相同。

dispatcher 结果类型的实现是 org.apache.struts2.dispatcher.ServletDispatcherResult，该类有 location 和 parse 两个属性，可以通过 struts.xml 配置文件中的 result 元素的 param 子元素来设置，代码如下：

```
<result name="success" type="dispatcher">
   <param name="location">/login_success.jsp</param>
   <param name="parse">true</param>
</result>
```

其中：location 参数用于指定 Action 执行完毕后要转向的目标资源；param 参数是一个布尔型的属性，默认值是 true，如果为 true，则解析 location 参数中的 OGNL 表达式，如果为 false，则不解析。

对于 dispatcher 的使用范围，除了可以配置我们常用的 JSP 外，还可以配置其他 Web 资源，比如 Servlet 等。例如在 web.xml 中有如下配置：

```
<!-- 配置名称为 login 的 Servlet -->
<servlet>
   <servlet-name>login</servlet-name>
   <servlet-class>com.yzpc.servlet.LoginServlet</servlet-class>
</servlet>
<servlet-mapping>
   <servlet-name>login</servlet-name>
   <url-pattern>/login</url-pattern>
</servlet-mapping>
```

则在 struts.xml 中可以进行如下配置：

```
<result name="success" type="dispatcher">/login</result>
```

但如果这个 Web 资源是一个 Action 的话，就不能这样配置，需要使用 Struts 2 的另一种名称为“chain”的 ResultType。

6.6.4 名称为 redirect 的 ResultType

redirect 结果类型用来“重定向”到指定的结果资源，该资源可以是 JSP 文件，也可以是 Action 类。使用 redirect 结果类型时，系统将调用 HttpServletResponse 的 sendRedirect() 方法将请求重定向到指定的 URL。redirect 结果类型的实现类是 org.apache.struts2.dispatcher.ServletRedirectResult。

在使用 redirect 时，用户要完成一次与服务器之间的交互，浏览器需要发送两次请求，请求过程如图 6-11 所示。

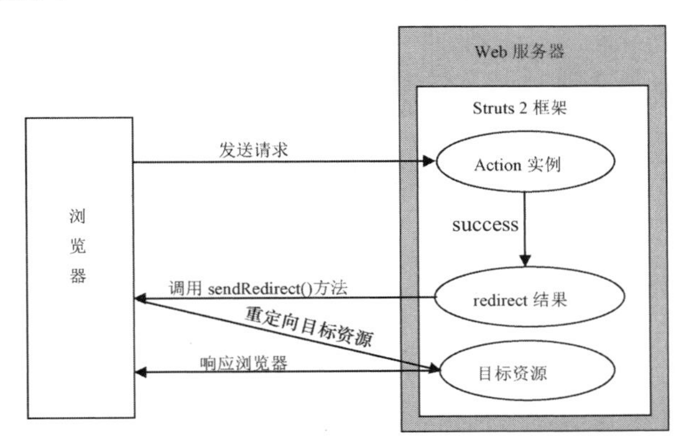

图 6-11　redirect 结果类型的工作原理

使用 redirect 结果类型的工作过程如下。

(1) 浏览器发出一个请求，Struts 2 框架调用对应的 Action 实例对请求进行处理。

(2) Action 返回“success”结果字符串，框架根据这个结果选择对应的结果类型，这里使用的是 redirect 结果类型。

(3) ServletRedirectResult 在内部使用 HttpServletResponse 的 sendRedirect()方法将请求重新定向到目标资源。

(4) 浏览器重新发起一个针对目标资源的新的请求。

(5) 目标资源作为响应呈现给用户。

下面修改前面的登录示例，来演示如何使用 redirect 类型，修改前面的 struts.xml 配置文件如下：

```
<action name="loginAction" class="com.yzpc.action.LoginAction">
    <result name="success" type="redirect">/login_success.jsp</result>
    <result name="error" type="dispatcher">/login_error.jsp</result>
</action>
```

在上述配置中，result 元素使用 redirect 类型，表示当 Action 处理请求后重新生成一个请求。在浏览器地址栏中输入“http://localhost:8080/ch06_06_ResultRedirect/login.jsp”，键入用户名(admin)和密码(123)，单击“登录”按钮后，如果用户名和密码正确，将重新定向到 login_success.jsp 页面，请求地址栏中显示 login_success.jsp，而不是 loginAction.action。使用 redirect 重定向到其他资源，将重新产生一个请求，而原来的请求内容和参数将全部丢失，如图 6-12 所示。

图 6-12　重定向页面的效果

如果用户名和密码错误，使用的是 dispatcher 的 Result 类型，跳转到 login_error.jsp 页面。地址栏中还是显示相应的 loginAction.action 的请求信息，但页面显示的是 login_error.jsp 页面内容，如图 6-13 所示。

图 6-13　转发页面的效果

6.6.5　名称为 redirectAction 的 ResultType

org.apache.struts2.dispatcher.ServletActionRedirectResult 是 redirectAction 结果类型的实现类，该类是 ServletRedirectResult 的子类，因此，redirectAction 结果类型与 redirect 结果类型的后台工作原理一样，都是利用 HttpServletResponse 的 sendRedirect()方法将请求重新定向到指定的 URL。

redirectAction 结果类型主要是用于重定向到 Action，它使用 ActionMapperFactory 类的 ActionMapper 实现重定向。

配置 redirect 类型时，在 param 元素中可以指定如下参数。

- namespace：可选参数，用来指定需要重定向的 Action 所在的命名空间。如果没有指定该参数，则默认使用当前的命名空间。
- actionName：必选参数，用来指定重定向的 Action 名称。

下面修改前面的登录示例，来演示如何使用 redirectAction 类型，修改前面 struts.xml 配置文件如下：

```
<package name="user" extends="struts-default" namespace="/">
    <action name="loginAction" class="com.yzpc.action.LoginAction">
        <result name="toSecond" type="redirectAction">
            <param name="actionName">secondAction</param>
        </result>
        <result name="error">/login_error.jsp</result>
    </action>
    <action name="secondAction" class="com.yzpc.action.SecondAction">
        <result name="toWelcome">login_success.jsp</result>
    </action>
</package>
```

提示：如果两个 Action 在同一个命名空间中，可以省略 namespace 参数的设置。由于 redirectAction 结果类型表示重定向，因此与 redirect 结果类型一样，将会都是第一次的信息。

还是用 LoginAction 作为第一个 Action，在 execute 中加入提示语句，代码如下：

```
public class LoginAction extends ActionSupport {
    private String username;
    private String password;
```

```
    //省略 setter、getter 赋值和取值方法
    public String execute() throws Exception{
        if (username.equals("admin") && password.equals("123")) {
            System.out.print("首先由 LoginAction 进行处理！");
            System.out.println("用户名为：" + username + "，密码为：" + password);
            return "toSecond";
        } else {
            return "error";
        }
    }
}
```

第二个 Action 为 SecondAction，这里只重写 execute()方法，输出相应的提示语句，示例代码如下：

```
public class SecondAction extends ActionSupport {
    @Override
    public String execute() throws Exception {
        System.out.println("然后由 SecondAction 进行处理！");
        return "toWelcome";
    }
}
```

login.jsp 和 login_error.jsp 的页面文件不变，修改一下登录成功页面 login_success.jsp，添加接收用户名，代码如下：

```
<h3 align=center>欢迎账号为
 <%=request.getParameter("username")%>的朋友来访！</h3>
```

部署后，在浏览器中输入“http://localhost:8080/ch06_06_ResultRedirectAction/login.jsp”，键入用户名(admin)和密码(123)，单击“登录”按钮后，将重新定向到 secondAction.action 的 URL，如图 6-14 所示。

图 6-14　重定向页面

请求地址栏中显示的是 secondAction.actionn，而不是 loginAction.action。使用 redirect 重定向到其他资源，将重新产生一个请求，而原来的请求内容和参数将全部丢失。因此，在登录成功的欢迎页面上，发现不能访问到用户在 login.jsp 登录页面填写的用户数据。

再来看一下 IDE 的 Console 控制台窗口，会输出如下信息：

```
首先由 LoginAction 进行处理。用户名为：admin，密码为：123
然后由 SecondAction 进行处理！
```

第一行是 LoginAction 输出的信息；第二行，很明显是 SecondAction 输出的信息。也就是说，用户提交登录请求，只发出了一次请求，但是有两个 Action 都来处理了这个请求。这个请求先被 LoginAction 进行处理，然后重新定向到 SecondAction，由 SecondAction 继续

处理这个请求，并在处理完成后，产生响应，回到 login_success.jsp 页面。

6.6.6 名称为 chain 的 ResultType

Chain 是一种特殊类型的视图结果，用来在 Action 执行完之后链接到另一个 Action 中继续执行，新的 Action 使用上一个 Action 的上下文(ActionContext)，数据也会被传递。

这在实际开发中，也是经常用到的一种 ResultType。例如，在 Servlet 开发中，一个请求被一个 Servlet 处理过后，不是直接产生响应，而是把这个请求传递到下一个 Servlet 继续处理，直到需要的多个 Servlet 处理完成后，才生成响应返回。

在 Struts 2 开发中，也会产生这样的需要，一个请求被一个 Action 处理过后，不是产生响应，而是传递到下一个 Action 中继续处理。此时，就需要使用 chain 这个 ResultType 了。

修改前面的登录示例，在 struts.xml 文件中配置这两个 Action，注意第一个 Action 配置，在配置“toSecond”这个 result 的时候，ResultType 使用 chain，示例如下：

```
<package name="user" extends="struts-default" namespace="/">
    <action name="loginAction" class="com.yzpc.action.LoginAction" >
        <result name="toSecond" type="chain">
            <param name="actionName">secondAction</param>
        </result>
        <result name="error" >/login_error.jsp</result>
    </action>
    <action name="secondAction" class="com.yzpc.action.SecondAction">
        <result name="toWelcome">login_success.jsp</result>
    </action>
</package>
```

login.jsp 和 login_error.jsp、login_success.jsp 与前一个示例一致。部署项目，在浏览器地址栏中输入“http://localhost:8080/ch06_06_ResultChain/login.jsp”，输入用户名(admin)和密码(123)，单击“登录”按钮后，正确跳转到了 login_success.jsp 页面，从页面上看，会发现能够访问到用户在 login.jsp 的登录页面填写的用户名信息，如图 6-15 所示。

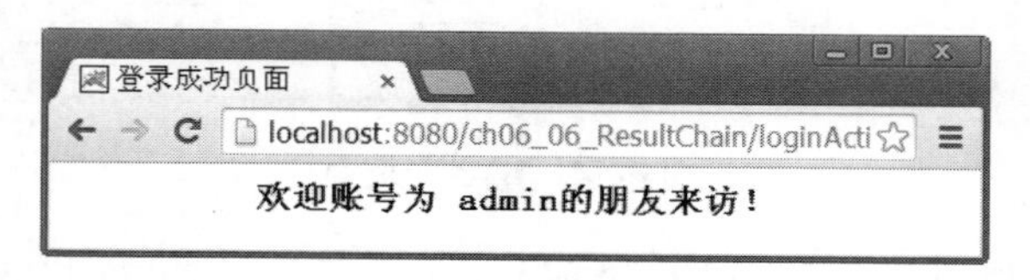

图 6-15 Result 类型为 chain 的效果

6.6.7 其他 ResultType

除了前面提到的这些 Result，Struts 2 还提供了其他的 Result 类型，比如同 velocity、xslt 等的结合，这里做简单介绍。

- freemarker：用来整合 FreeMarker 模板结果类型，FreeMarker 是一个纯 Java 模板引擎，是一种基于模板来生成文本的工具。
- velocity：用来处理 Velocity 模板。Velocity 是一个模板引擎，可以将 Velocity 模板

转化成数据流的形式，直接通过 Java Servlet 输出。

- xslt：用来处理 XML/XLST 模板，将结果转换成 XML 输出。
- httpheader：用来控制特殊的 HTTP 行为。
- stream：用来向浏览器进行流式输出。

6.7　Result 的配置

6.7.1　使用通配符动态配置 Result

所谓动态结果，就是在配置时，你不知道执行后的结果是哪一个，在运行时才能知道哪个结果作为视图显示给用户。前面介绍 Action 配置的时候，可以通过在<action>元素的 name 属性中使用通配符、在 class 或 method 中使用表达式，以便我们动态地决定 Action 的处理类以及处理方法。除此之外，我们还可以在配置<result>的时候使用表达式动态地调用视图资源，在本章使用通配符配置 Action 的示例中，已经使用通配符动态配置 Result 了，看看下面的配置片段：

```
<action name="*Action" class="com.yzpc.action.LoginAction" method="{1}">
    <result name="success">/{1}_success.jsp</result>
    <result name="error">/{1}_error.jsp</result>
    <result name="register">/{1}.jsp</result>
</action>
```

上面的代码片段有一个名称为*Action 的 Action，这个 Action 可以处理任何*Action 模式的 Action 请求。例如有一个用户请求 loginAction，对应的处理类是 LoginAction，处理这个请求的方法就是 login。当系统处理完请求后，返回一个 success 字符串来找到与之对应的物理视图，我们采用了动态的视图资源，则访问的就是 login_success.jsp 视图资源文件；如果系统处理完请求后返回一个 error 字符串，则访问 login_error.jsp 视图资源文件。

6.7.2　通过请求参数动态配置 Result

除了通配符外，在配置时使用表达式，在运行时，有框架根据表达式的值来确定要使用哪个结果。配置<result/>元素不仅可以使用${1}表达式来指定视图资源，还可以使用${属性名}的方式来指定视图资源，在后面的这种配置下，${属性名}中的属性名对应 Action 中属性的名称，而且不仅可以使用这种简单的表达式形式，还可使用完全的 OGNL 表达式，例如${属性名.属性名.属性名}，看如下的配置代码：

```
<package name="user" extends="struts-default" namespace="/">
    <default-action-ref name="login"></default-action-ref>
    <action name="*Action" class="com.yzpc.LoginAction" method="login">
        <result name="success">/{1}.jsp?userName=${name}</result>
    </action>
</package>
```

返回转发 JSP 视图资源的时候会附带上一个参数，${name}中的 name 就是 LoginAction

的成员变量。

下面创建项目 ch06_07_DynamicResult，来演示通过请求参数动态配置 Result，在首页面 input.jsp 中，用户输入一个 JSP 的文件名称，随后系统转向到该响应的资源。input.jsp 输入页面如图 6-16 所示。

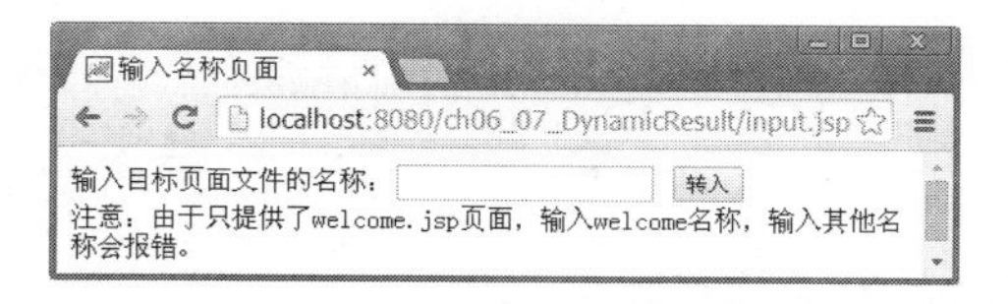

图 6-16　使用动态 Result 配置

input.jsp 页面的代码如下：

```
<form name="form1" action="pageAction" method="post">
    输入目标页面文件的名称：<input type="text" name="pageName">
    <input type="submit" value="转入">  <br>
    注意：由于只提供了 welcome.jsp 页面，输入 welcome 名称，输入其他名称会报错。
</form>
```

处理该请求的 PageAction 相对简单，仅仅提供一个属性来封装相应的请求参数，代码如下：

```
package com.yzpc.action;
import com.opensymphony.xwork2.*;
public class PageAction extends ActionSupport {
    private String pageName;
    //省略属性的 setter、getter 赋值和取值方法
    @Override
    public String execute() throws Exception {
        ActionContext.getContext().put("info",
          "您已经成功转向到" + pageName + ".jsp 页面！");
        return super.execute();
    }
}
```

上面的 execute()方法返回一个 success 字符串，然后在 struts.xml 中配置该 Action，配置文件如下：

```
<package name="user" namespace="/" extends="struts-default">
    <action name="pageAction" class="com.yzpc.action.PageAction">
        <result name="success">${pageName}.jsp</result>
    </action>
</package>
```

上面在配置<result>元素的实际资源时，使用了表达式来指定实际的资源，要求对应的 Action 类中也要包含这个属性。

当我们在输入页面输入“welcome”，单击按钮后，系统将会转到 welcome.jsp 页面，通过${requestScope.info}显示信息，如图 6-17 所示。

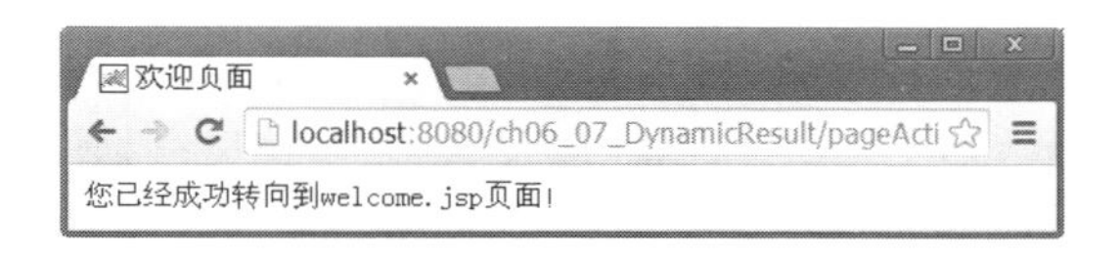

图 6-17　跳转成功

也可在 input.jsp 的页面中输入任意字符串，然后执行跳转。例如输入 def，系统将转入 def.jsp 页面，但是我们没有提供 def.jsp 页面资源，因此将看到 404 错误，无法找到资源，如图 6-18 所示。

图 6-18　未找到指定页面

6.7.3　全局 Result

前面我们配置的结果 Result 都是在 action 元素的内部，result 是作为<action>的子元素出现的，此时 result 元素称为局部 Result。这些结果只可以由本<action>元素访问。不能被其他的 Action 使用，在有些情况下，多个 Action 可能需要访问同一个结果，这时，我们需要配置全局 Result 来满足多个 Action 共享一个结果。

一般情况下，result 元素配置在 action 元素内，也可以配置在 action 元素外，将 Result 的配置分为两类——局部 Result 和全局 Result。

- 局部 Result：定义在 action 元素内，作用范围是这个 Action，这时 result 元素是 action 元素的子元素。
- 全局 Result：定义在 package 元素的<global-results>子元素下，作用范围是整个包，这时，result 是<global-results>元素的子元素。

下面来看一个全局 Result 配置的代码：

```
<package name="user"  namespace="/" extends="struts-default">
    <global-results>
        <result name="input">/login.jsp</result>
    </global-results>
    <action name="loginAction" class="com.yzpc.action.LoginAction">
        <result>/login_success.jsp</result>
    </action>
</package>
```

如上配置，首先配置一个全局 Result，名称为 input。如果 user 包下的任何一个 Action 返回字符串 input，那么就调用这个 result，页面将会返回 login.jsp。

提示：当一个 Action 的局部 Result 与全局 Result 重名时，那么对于该 Action 的返回视图来说，局部 Result 将会覆盖全局 Result。

6.7.4 自定义 Result

所谓自定义 Result，就是由我们自行开发的 Result。而不是使用 Struts 2 预先定义好的 Result。在实际开发中，需要自定义 Result 的概率并不大，因为常见的各种页面展示技术，Struts 2 都已经预先定义好相应的 Result 了，无须我们自行开发，如果要自定义 Result，要么就是包装一种新的谁也没见过的展示技术，要么干脆就是我们自行开发的页面展示技术，出现这些情况的可能性很低。

在 Struts 2 中，Result 接口的定义如下：

```
import java.io.Serializable;
public interface Result extends Serializable {
   public void execute(ActionInvocation invocation) throws Exception;
}
```

这里就有一个 execute 方法，在这个方法里写 Result 的真正处理，就是如何展示视图。所需要的数据都可从 ActionInvocation 里面获取到。

开发自定义 Result 时，需要实现 com.opensymphony.xwork2.Result 接口。这里我们就不去详细阐述了。

6.8 小　　结

本章深入介绍了 Struts 2 的 Action 和 Result 的相关知识，重点介绍了 Action 的配置和 Result 的配置，讲解了 Action 的动态调用，指定 method 属性、使用通配符等配置方法；介绍了 Action 数据方式的字段驱动、模型驱动，特别讲解了如何使用注解配置 Action。对于 Result 部分，重点介绍了 ResultType 的类型种类，以及 Result 的多种配置方式。

第 7 章　Struts 2 的拦截器

拦截器(Interceptor)是一种可以在请求之前或者之后执行的 Struts 2 组件，是 Struts 2 的核心组成部分，Struts 2 框架的绝大多数功能都是通过拦截器来实现的，例如数据校验、转换器、国际化、上传和下载等。拦截器是动态拦截 Action 调用的对象。

本章首先对拦截器的工作原理和意义进行介绍，然后介绍 Struts 2 拦截器的配置、自定义拦截器的使用、系统默认拦截器等知识。

7.1　拦截器简介

Struts 2 拦截器是在访问某个 Action 或 Action 的某个方法、字段之前或之后实施拦截，并且 Struts 2 拦截器是可插拔的。Struts 2 实际上是 WebWork 的升级版本，拦截器处理机制也是来源于 WebWork，并按照 AOP 思想设计。AOP 是 OOP(Object-oriented Programming，面向对象程序设计)的一种完善和补充，是软件技术和设计思想发展到一定阶段的自然产物。

7.1.1　为什么需要拦截器

对于任何优秀的 MVC 框架，都会提供一些通用的操作，如请求数据的封装、类型转换、数据校验、解析上传的文件、防止表单的多次提交等。早期的 MVC 框架将这些操作都写死在核心控制器中，而这些常用的操作又不是所有的请求都需要实现的，这就导致了框架的灵活性不足，可扩展性降低。

Struts 2 将它的核心功能放到拦截器中实现，而不是集中放在核心控制器中实现，把大部分控制器需要完成的工作按功能分开定义，每个拦截器完成一个功能，而完成这些功能的拦截器可以自由选择、灵活组合，需要哪些拦截器，只要在 struts.xml 配置文件中指定即可，从而增强了框架的灵活性。

拦截器的方法在 Action 执行之前或者执行之后自动地执行，从而将通用的操作动态地插入到 Action 执行的前后，这样有利于系统的解耦，这种功能的实现类似于我们自己组装电脑，使用了可插拔模式。需要某一功能时就“插入”一个这个功能的拦截器，不需要这个功能时就“拔出”这一拦截器。可以任意地组合 Action 提供的附加功能，而不需要修改 Action 的代码。

如果有一批拦截器经常固定在一起使用，可以将这些小规模功能的拦截器定义成为大规模功能的拦截器栈(拦截器栈是根据不同的应用需求而定义的拦截器组合)。从结构上看，拦截器栈相当于多个拦截器的组合，而从功能看，拦截器栈也是拦截器，同样可以与其他拦截器(或拦截器栈)一起组成更大规模功能的拦截器栈。

通过组合不同的拦截器，我们能够以自己需要的方式来组合 Struts 2 框架的各种功能；通过扩展自己的拦截器，我们可以“无限”扩展 Struts 2 框架。

7.1.2 拦截器的工作原理

拦截器能够在一个 Action 执行前后拦截它，类似于 Servlet 中的过滤器。拦截器围绕着 Action 和 Result 的执行而执行，拦截器的工作方式如图 7-1 所示。

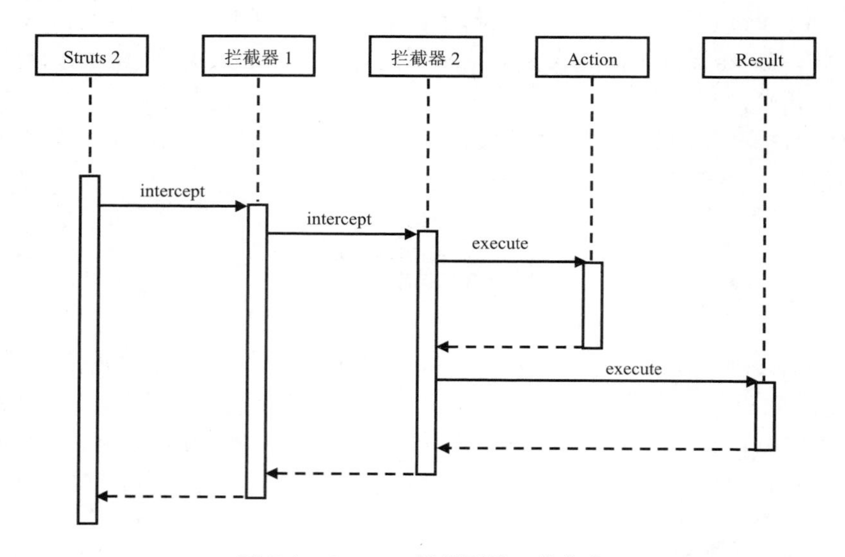

图 7-1 Struts 2 拦截器的工作方式

Struts 2 拦截器的实现原理与 Servlet 过滤器的实现原理差不多，以链式执行，对真正要执行的方法(execute())进行拦截。首先执行 Action 配置的拦截器，在 Action 和 Result 执行之后，拦截器再一次执行(按与先前调用相反的顺序)，以此链式执行的过程中，每一个拦截器都可以直接返回，从而终止余下的拦截器、Action 及 Result 的执行。

当 ActionInvocation 的 invoke()方法被调用时，开始执行 Action 配置的第一个拦截器，invoke()方法总是映射到第一个拦截器，ActionInvocation 负责跟踪执行过程的状态，并且把控制权交给合适的拦截器。ActionInvocation 通过拦截器的 intercept()方法将控制转交给拦截器。

拦截器的执行过程可以看作是一个递归的过程，后续拦截器继续执行，最终执行 Action，这些都是通过递归调用 ActionInvocation 的 invoke()方法实现的。每个 invoke()方法被调用时，ActionInvocation 都查询执行状态，调用下一个拦截器，直到最后一个拦截器，invoke()方法会执行 Action。

拦截器有一个三阶段的、有条件的执行周期，过程如下。

(1) 做一些 Action 执行前的预处理。拦截器可以准备、过滤、改变或者操作任何可以访问的数据，包括 Action。

(2) 调用 ActionInvocation 的 invoke()方法将控制转交给后续的拦截器或者返回结果字符串终止执行。如果拦截器决定请求的处理不应该继续，可以不调用 invoke()方法，而是直接返回一个控制字符串，这种方式可以停止后续执行，并且决定哪个结果呈现给客户端。

(3) 做一些 Action 执行后的处理。此时，拦截器依然可以改变可以访问的对象和数据，只是此时框架已经选择了一个结果呈现给客户端了。

7.2　拦截器的配置

Struts 2 的拦截器是 Struts 2 的重要组成部分，Struts 2 框架的大量工作都是由拦截器来完成的，Struts 2 通过可插拔式的设计来完成添加和删除操作，有很强的扩展性。用户可以定义自己的拦截器，在 struts.xml 文件中对引用的拦截器进行配置，扩展 Struts 2 框架。

7.2.1　配置拦截器

在 Web 应用程序中，引入拦截器机制之后，就可实现对 Action 通用操作的可插拔管理方式，这样的可插拔式管理基于 struts.xml 文件的配置而实现。在 struts.xml 配置文件中定义一个拦截器，只需要使用<interceptor>元素指定拦截类与拦截器名。定义拦截器的语法格式如下：

```
<interceptor name="interceptorName" class="interceptorClass"/>
```

上述语法中，interceptorName 表示配置的拦截器名称，interceptorClass 表示配置的拦截器对应的 Java 类，这里设置的必须为该类所在的包路径。

例如，在 default 包中定义一个名称为 myinterceptor 的拦截器，如果需要向配置的拦截器传递参数，可在<interceptor>元素添加<param>元素，示例代码如下：

```
<package name="default" extends="struts-default" namespace="/">
    <interceptors>
        <interceptor name="myinterceptor"
          class="com.yzpc.interceptor.MyInterceptor">
            <param name="parameterName">parameterValue</param>
        </interceptor>
    </interceptors>
</package>
```

为了能在多个动作中方便地引用同一个或者几个拦截器，可以使用拦截器栈将这些拦截器作为一个整体来引用。当拦截器栈被附加到一个 Action 时，要想执行 Action，必须先执行拦截器栈中的每一个拦截器。

定义拦截器栈使用<interceptors>元素和<interceptor-stack>子元素，当配置多个动作拦截器时，就需要使用<interceptor-ref>元素来指定多个拦截器，其配置语法格式如下：

```
<interceptors>
    <interceptor-stack name="interceptorStackName">
        <interceptor-ref name="interceptorName"/>
        ...
    </interceptor-stack>
</interceptors>
```

上述语法中，interceptorStackName 表示配置的拦截器栈名称；interceptorName 表示拦截器名称。在核心包的 Struts-default.xml 文件中，就已经配置了许多拦截器栈。

例如，定义一个名为 myinterceptorstack 的拦截器栈，在该拦截器栈中定义两个拦截器(分别是 Struts 2 系统拦截器 token 和自定义拦截器 myinterceptor，示例代码如下：

```
<interceptors>
   <!-- 定义 myinterceptorstack 拦截器栈 -->
   <interceptor-stack name="myinterceptorstack">
      <!-- 引用 Struts 2 系统拦截器 token -->
      <interceptor-ref name="token"/>
      <!-- 引用自定义拦截器 myinterceptor -->
      <interceptor-ref name="myinterceptor">
         <param name="parameterName">parameterValue</param>
      </interceptor-ref>
   </interceptor-stack>
</interceptors>
```

7.2.2 使用拦截器

完成拦截器配置之后，就可以使用该拦截器拦截 Action 提交的请求了，拦截行为将会在执行 Action 中的 execute()方法之前触发。在 Action 中使用拦截器的配置语法，与配置拦截器栈时引用拦截器的语法完全一样，即需要设置<interceptor-ref >元素，示例代码如下：

```
<interceptors>
   <!-- 定义拦截器 interceptorName1 -->
   <interceptor name="interceptorName1"
     class="com.yzpc.interceptor.MyInterceptor1"/>
   <!-- 定义拦截器 interceptorName2 -->
   <interceptor name="interceptorName2"
     class="com.yzpc.interceptor.MyInterceptor2"/>
   <!-- 定义 myinterceptorstack 拦截器栈 -->
   <interceptor-stack name="myinterceptorstack">
      <interceptor-ref name="interceptorName1"/>
      ...
   </interceptor-stack>
</interceptors>
<!-- 配置 LoginAction 类，在 Action 中使用拦截器 -->
<action name="user" class="com.yzpc.action.LoginAction">
   <result>/login_success.jsp</result>
   <result name="input">/login.jsp</result>
   <!-- 使用 interceptorName1 拦截器 -->
   <interceptor-ref name="interceptorName1"/>
   <!-- 使用 interceptorName2 拦截器 -->
   <interceptor-ref name="interceptorName2"/>
   <!-- 使用系统默认拦截器 defaultStack -->
   <interceptor-ref name="defaultStack"/>
   <!-- 在 Action 中引用 myinterceptorstack 拦截器栈 -->
   <interceptor-ref name="myinterceptorstack"/>
</action>
```

上述代码中，定义了 interceptorName1 和 interceptorName2 两个拦截器；然后在 LoginAction 中使用了这两个拦截器和系统默认拦截器(defaultStack)，系统默认拦截器在 7.2.3 小节介绍；并且引用 myinterceptorstack 拦截器栈。从配置代码中可以看出，配置语法与在拦截器栈中引用拦截器是一样的。

提示： 一个拦截器栈被定义之后，就可以把这个拦截器栈当成一个普通的拦截器来使用，只是在功能上是多个拦截器的有机组合。在引用拦截器时，Struts 2 并不区分拦截器和拦截器栈，所以在定义拦截器栈时，可以引用其他的拦截器栈。

7.2.3　默认拦截器

Struts 2 中，不单单是系统可以配置默认拦截器，用户也可以将某个拦截器定义为默认拦截器。配置时，需要使用<default-interceptor-ref>元素，此元素为<package>元素的子元素。配置后，拦截器为它所在包中的默认拦截器。配置 default-interceptor-ref 元素时，需要指定 name 属性，该 name 属性值必须是已经存在的拦截器或拦截器栈的名称，语法格式如下：

```
<default-interceptor-ref name="拦截器(栈)的名称"/>
```

下面是配置默认拦截器的示例，代码如下：

```
<package name="default" extends="struts-default" namespace="/">
    <interceptors>
        <!--定义拦截器 myinterceptor，对应的拦截器类为 MyInterceptor-->
        <interceptor name="myinterceptor"
          class="com.yzpc.interceptor.MyInterceptor">
    </interceptors>
    <!-- 将拦截器 myinterceptor 配置为默认拦截器 -->
    <default-interceptor-ref name="myInterceptor"/>
    <!-- 配置 LoginAction 类 -->
    <action name="user" class="com.yzpc.action.LoginAction">
        <result name="success">/login_success.jsp</result>
    </action>
</package>
```

在 struts.xml 文件中配置一个包时，可以为其指定默认拦截器，一旦为这个包指定了默认拦截器，如果该包中的某些 Action 没有显式指定其他拦截器，则默认拦截器会起作用。

如果我们自己没有配置默认拦截器，default 的包继承了 struts-default 包，struts-default 包的默认拦截器为 defaultStack，在继承此包的同时也继承了它的默认拦截器。也就是说，如果包中没有自定义默认拦截器的话，defaultStack 就是所定义包的默认拦截器。

提示： 在一个包中只可以配置一个默认拦截器，如果需要多个拦截器作为默认拦截器，则可以将多个拦截器定义成为一个拦截器栈，之后把这个拦截器栈作为默认拦截器。

与在 Action 中使用普通拦截器一样，也可以在配置默认拦截器时为该拦截器指定参数。在<default-interceptor-ref>元素中同样支持<param>子元素。

7.3 内建拦截器

在运行 Action 的 execute()方法的时候，会发现 Action 的属性已经有值了，而且这些值与请求的参数值是一样的。这说明，在 execute()方法之前，已经把用户请求中的参数值与 Action 的属性做了一个对应，并且把请求中的参数值赋值到 Action 的属性上，这个功能由配置的默认拦截器来实现，这些配置的默认拦截器，称为内建的拦截器，也可称为预定义的拦截器。

7.3.1 内建拦截器的介绍

在 Struts 2 中，内建了大量的拦截器，这些拦截器以 name-class 对的形式配置在 struts-default.xml 文件中，name 是拦截器的名称，就是我们所引用的名字；class 则指定了该拦截器所对应的实现，只要我们自己定义的包继承了 Struts 2 的默认 struts-default 包，就可以使用默认包中定义的内建拦截器，否则必须自己定义这些拦截器。

上述文件代码中，每个内建拦截器对应着不同的意义，具体意义见表 7-1。

表 7-1 内建拦截器的名称及说明

拦 截 器	说 明
alias	在不同的请求之间将参数在不同的名字间转换，请求内容不变
autowiring	用来实现 Action 的自动装配
chain	让前面一个 Action 的属性可以被后一个 Action 访问
conversionError	将错误从 ActionContext 中添加到 Action 的属性字段中
cookie	使用配置的 name、value 来设置 cookies
clearSession	用来清除一个 HttpSession 实例
createSession	自动地创建 HttpSession，用来为需要使用到 HttpSession 的拦截器服务
debugging	提供不同的调试用的页面来展示内部的数据状况
execAndWait	在后台执行 Action，同时将用户带到一个中间的等待页面
exception	将异常定位到一个页面
fileUpload	提供文件上传功能
i18n	记录用户选择的 locale
logger	输出 Action 的名字
modelDriven	如果一个类实现了 modelDriven，将 getModel 得到的结果放在 ValueStack 中
scopedModelDriven	如果一个 Action 实现了 scopedModelDriven，则这个拦截器会从相应的 Scope 中取出 model，调用 Action 的 setModel 方法将其放入 Action 内部
params	将请求中的参数设置到 Action 中去
actionMappingParams	用来负责为 Action 配置中传递参数
prepare	如果 Action 实现了 Preparable，则该拦截器调用 Action 类的 prepare 方法

续表

拦 截 器	说 明
staticParams	从 struts.xml 文件中将<action>中的<param>下的内容设置到对应的 Action 中
scope	将 Action 状态存入 Session 和 Application 的简单方法
servletConfig	提供访问 HttpServletRequest 和 HttpServletResponse 的方法，以 Map 的方式访问
timer	输出 Action 执行的时间
token	通过 Token 来避免双击
tokenSession	与 Token Interceptory 一样，不过双击的时候把请求的数据存储在 Session 中
validation	使用 action-validation.xml 文件中定义的内容校验提交的数据
workflow	调用 Action 的 validate 方法，有错返回，重新定位到 Input 页面
store	存储或者访问实现 ValidationAware 接口的 Action 类出现的消息、错误、字段错误等
checkbox	添加了 checkbox(复选框)自动处理代码，将没有选中的 checkbox 的内容设定为 false，而 HTML 默认情况下不提交没有选中的 checkbox
profiling	通过参数激活 profile
roles	确定用户是否具有 JAAS 指定的 Role，否则不予执行
annotationWorkflow	利用注解替代 XML 配置，使用 annotationWorkflow 拦截器可以使用注解，执行流程为 before-execute-beforeResult-after 顺序
N/A	从参数列表中删除不必要的参数

Struts 2 框架除了提供这些有用的拦截器之外，还为我们定义了一些拦截器栈，在开发 Web 应用程序时，可以直接引用这些拦截器栈，而无须自己定义拦截器。

7.3.2　内建拦截器的配置

下面看一下在 struts-default.xml 中定义的拦截器部分的配置，在 struts2-core-2.3.16.jar 包中的根目录下找到 struts-default.xml 文件，并从中找到<interceptors>元素下的内建拦截器和拦截器栈，内建拦截器的配置中，defaultStack 拦截器栈组合了多个拦截器，这些拦截器的顺序经过精心设计，能够满足大多数 Web 应用程序的需求，只要在定义包的过程中继承 struts-default 包，那么 defaultStack 拦截器栈将是默认的拦截器的引用，代码如下：

```
<interceptors>
    <!-- 系统内建拦截器部分，就是上小节介绍的内容 -->
    <interceptor name="alias"
      class="com.opensymphony.xwork2.interceptor.AliasInterceptor"/>
    ...
    <!-- 定义 BasicStack 拦截器栈 -->
    <interceptor-stack name="basicStack">
    <!--  引用系统定义的 exception 拦截器  -->
    <interceptor-ref name="exception"/>
    ...
```

```
        </interceptor-stack>
        ...
        <interceptor-stack name="i18nStack">
            <interceptor-ref name="i18n"/>
            <!--  引用系统定义的basicStack拦截器栈  -->
            <interceptor-ref name="basicStack"/>
        </interceptor-stack>
        <!--  定义 defaultStack拦截器栈 -->
        <interceptor-stack name="defaultStack">
            <interceptor-ref name="exception"/>
            <interceptor-ref name="alias"/>
            ...
            <interceptor-ref name="validation">
                <param name="excludeMethods">
                    input,back,cancel,browse
                </param>
            </interceptor-ref>
            ...
        </interceptor-stack>
    </interceptors>
    <!-- 将defaultStack拦截器栈配置为系统默认拦截器 -->
    <default-interceptor-ref name="defaultStack"/>
```

因篇幅有限，这里没有列举出所有的内建拦截器和拦截器栈，读者需要时，可以自己查阅 struts-default.xml 文件。

7.4 自定义拦截器

作为一个成功的框架，可扩展性是不可缺少的优点之一。Struts 2 框架虽然内建的拦截器已经满足了绝大多数情况的需求，但有时候，我们可能会根据项目的实际需要而自定义一些拦截器，来实现一些特别的功能。所谓自定义的拦截器，就是由自己定义并实现的拦截器，而不是 Struts 2 定义好的拦截器。

7.4.1 实现拦截器类

在 Struts 2 的程序开发中，如果想要开发自己的拦截器类，就需要直接或者间接地实现 com.opensymphony.xwork2.interceptor.Interceptor 接口，该接口提供了三个方法，声明代码如下所示：

```
public interface Interceptor extends Serializable {
    void init();
    void destroy();
    String intercept(ActionInvocation invocation) throws Exception;
}
```

(1) void init()：该拦截器被初始化之后，执行拦截前，系统回调该方法。对于每个拦截器而言，此方法只执行一次。

(2)　void destroy()：该方法跟 init()方法对应，在拦截器实例被销毁之前，系统将回调该方法。

(3)　String intercept(ActionInvocation invocation) throws Exception：该方法是用户需要实现的拦截动作，该方法会返回一个字符串作为逻辑视图。

上述代码中，init()和 destroy()方法会在程序开始和结束时各执行一遍，不管使用了该拦截器与否，只要在 struts.xml 中声明了该拦截器，就会被执行。init()方法只执行一次，这个方法体主要用于打开一些一次性资源，比如数据库资源等。destroy()方法在拦截实例被销毁之前调用，用来销毁 init()打开的资源。intercept()方法是拦截的主体，实现具体的拦截操作，返回一个字符串作为逻辑视图。每次拦截器生效时都会执行其中的逻辑。

在 Java 中，很多时候，一个接口通过一个抽象(Abstract)类来实现，然后在抽象类中提供接口方法的空实现。这样，在使用时，就可以直接继承抽象类，不用实现那些不需要的方法。Interceptor 接口也不例外，Struts 2 为这个接口提供了一个抽象类 AbstractInterceptor，定义如下：

```
public abstract class AbstractInterceptor implements Interceptor
{
    public void init() {}
    public void destroy() {}
    public abstract String intercept(ActionInvocation invocation)
      throws Exception;
}
```

AbstractInterceptor 类提供了 init()和 destroy()方法的空实现，我们只需要实现 intercept()方法，就可以创建我们自己的拦截器了。

7.4.2　自定义拦截器示例

本节通过一个 MyInterceptor 拦截器示例，来了解自定义拦截器的实现过程。

自定义拦截器及使用过程有 3 步：①用户自定义拦截器类必须实现 Interceptor 接口或继承 AbstractInterceptor 类；②在 struts.xml 中定义自定义的拦截器；③在 struts.xml 中的 Action 中使用拦截器。

(1)　创建名称为 ch07_04_MyInterceptor 的 Web 项目，并添加相应的 JAR 包支持。在项目的 src 目录中创建 Action 类和 Interceptor 类，在项目的 WebRoot 根目录下，创建 register.jsp 和 register_success.jsp 页面，对应的目录结构如图 7-2 所示。

(2)　com.yzpc.action 包中的 RegisterAction.java 是 Action 类，代码如下：

```
package com.yzpc.action;
import com.opensymphony.xwork2.ActionSupport;
public class RegisterAction extends ActionSupport {
    private String username;
    private String password1;
    private String password2;
    //省略 setter、getter 的赋值和取值方法
    @Override
    public String execute() throws Exception {
```

```
        if (username != null && !getUsername().trim().equals("")
          && getPassword1().equals(getPassword2())) {
            System.out.print("程序正在执行 Action 中的 execute 方法......");
            return "success";
        } else {
            System.out.print("程序正在执行 Action 中的 execute 方法......");
            return "input";
        }
    }
}
```

```
ch07_04_MyInterceptor
  src
    com.yzpc.action
      RegisterAction.java
    com.yzpc.interceptor
      RegisterInterceptor.java
    struts.xml
  JRE System Library [JavaSE-1.7]
  Apache Tomcat v7.0 Runtime Libraries
  Web App Libraries
  JSTL 1.2.1 Library
  WebRoot
    META-INF
    WEB-INF
    register_success.jsp
    register.jsp
```

图 7-2　项目的目录结构

RegisterAction 类中定义了 username、password1、password2 三个属性及相应的 getter 和 setter 方法，并重写了父类的 execute()方法。

(3)　com.yzpc.interceptor 包下的 RegisterInterceptor.java 是拦截器类，代码如下：

```
package com.yzpc.interceptor;
import com.opensymphony.xwork2.ActionInvocation;
import com.opensymphony.xwork2.interceptor.AbstractInterceptor;
public class RegisterInterceptor extends AbstractInterceptor {
    @Override
    public String intercept(ActionInvocation arg0) throws Exception {
        System.out.print("拦截器开始运行......");
        String resultString = arg0.invoke();
        System.out.println("拦截器已经结束......");
        return resultString;
    }
}
```

自定义拦截器 RegisterInterceptor 必须实现抽象类 AbstractInterceptor 中的 Intercept()方法，该方法的主要作用是实现拦截的动作，ActionInvocation 参数是被拦截 Action 的一个引用，可以通过调用该参数的 invoke()方法，将控制权传给下一个拦截器或 Action 的 execute()方法。

(4)　配置 web.xml 和 struts.xml，web.xml 的配置与前面章节一致。前面讲解了如何配置拦截器，在编写好一个拦截器之后，还需要如下两个步骤，就可以使用这个自定义的拦截器了。

① 通过<interceptor>元素来定义拦截器。

② 通过<interceptor-ref>元素来引用这个拦截器。

在 struts.xml 文件中对 registerInterceptor 拦截器进行配置和使用，也包括对 Action 的配置，代码如下：

```
<package name="user" extends="struts-default" namespace="/" >
   <interceptors>
      <interceptor name="registerInterceptor"
        class="com.yzpc.interceptor.RegisterInterceptor" />
   </interceptors>
   <action name="registerAction" class="com.yzpc.action.RegisterAction">
      <result name="success">/register_success.jsp</result>
      <result name="input">/register.jsp</result>
      <interceptor-ref name="defaultStack"/>
      <interceptor-ref name="RegisterInterceptor"/>
   </action>
</package>
```

所需要的拦截器被配置在<interceptors>标记中，registerInterceptor 拦截器就配置在<interceptor>里。拦截器的使用是在每一个具体的 Action 中，<action>中的<interceptor-ref>标记就是使用已经在<interceptor>标记中定义好的拦截器。

(5) 注册页面文件 register.jsp 的代码如下：

```
<%@ page language="java" import="java.util.*" pageEncoding="gbk"%>
<%@taglib prefix="s" uri="/struts-tags" %>  <!-- Struts 2 标签库 -->
<!DOCTYPE HTML PUBLIC "-//W3C//DTD HTML 4.01 Transitional//EN">
<html>
<head><title>struts 2 拦截器应用示例</title></head>
<body>
   <div align="center">
      <h3>用户注册</h3>
      <s:form id="id" action="registerAction">
         <s:textfield name="username" label="用户名"></s:textfield>
         <s:password name="password1" label="密码"></s:password>
         <s:password name="password2" label="重复密码"></s:password>
         <s:submit value="注册"></s:submit>
      </s:form>
   </div>
</body>
</html>
```

注册成功页面文件 register_success.jsp 的代码如下所示：

```
<div align="center">
   <h3>用户名：<s:property value="username"/></h3>
   <h3>密码：<s:property value="password1"/></h3>
</div>
```

(6) 部署项目，运行用户注册首页面，效果如图 7-3 所示；填入信息，如果填入内容符合要求的话，则进入成功页面，如图 7-4 所示。

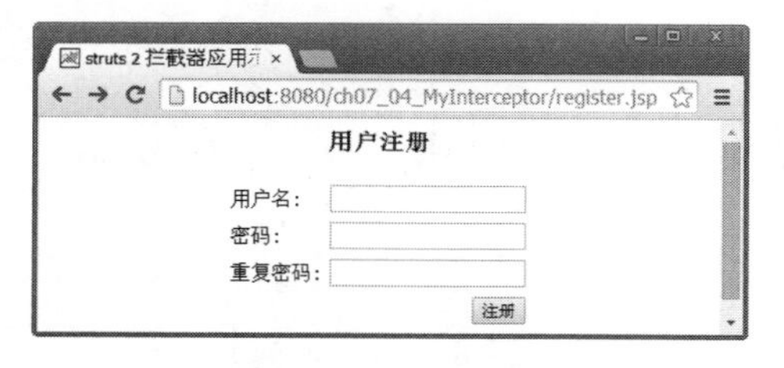

图 7-3 register.jsp 注册页面

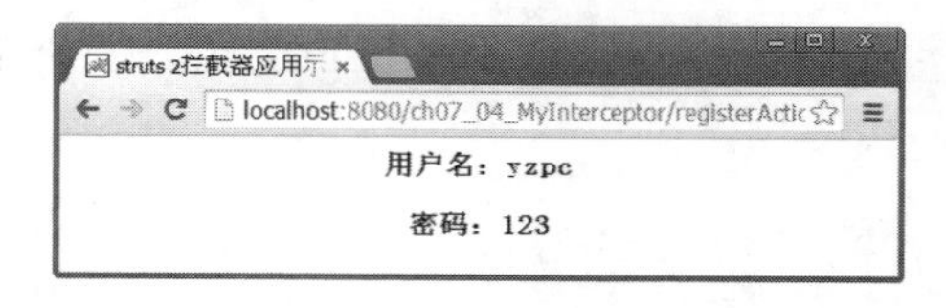

图 7-4 register_success.jsp 注册成功页面

在程序的执行过程中，自定义的拦截器已经生效，在控制台上打印输出相应的拦截信息，效果如图 7-5 所示。

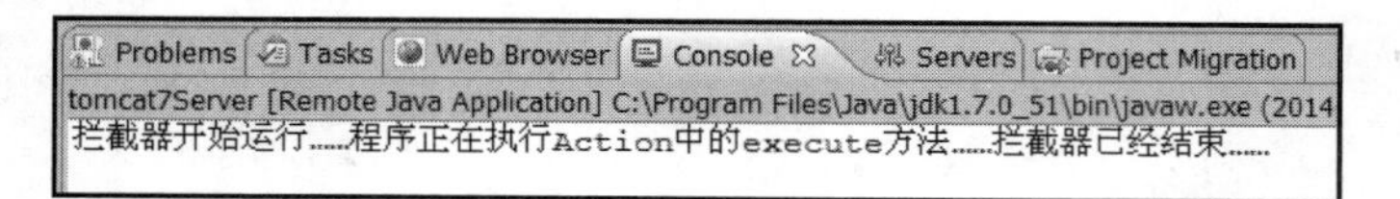

图 7-5 控制台输出的拦截器信息

拦截器类中实现 intercept 方法时，可以获得 ActionInvocation 参数，其作用是获取被拦截的 Action 实例，一旦取得了 Action 实例，即可实现将 HTTP 请求中的参数解析出来，设置成 Action 的属性。

也可以直接将 HTTP 请求中的 HttpServletRequest 实例和 HttpServletResponse 实例传给 Action。

7.5 深入拦截器

前面介绍了 Struts 2 拦截器的实现原理、配置和使用，本节将对拦截器进行深入的探讨，主要包括拦截器的方法过滤、使用拦截器进行权限控制。

7.5.1 拦截器的方法过滤

当为某个 Action 配置了拦截器后，则这个拦截器会自动对 Action 的所有方法进行拦截。而在实际的应用中，通常只需要拦截 Action 中的一个或多个方法，而不是全部，这就需要使用 Struts 2 提供的拦截器方法过滤特性。Struts 2 为了实现方法过滤的功能，提供了一个 MethodFilterInterceptor 抽象类，该类继承了 AbstractInterceptor 类，并重写了 intercept()方法，同时还提供了 doIntercept()的抽象方法，在此方法中，用户可以自定义拦截逻辑。如果用户需要自己实现的拦截器支持方法过滤特性，应该继承 MethodFilterInterceptor 类。

下面是一个简单的方法过滤拦截器，代码如下：

```
public class loginInterceptor extends MethodFilterInterceptor {
    //重写 doIntercept()方法
    public String doIntercept(ActionInvocation ai) throws Exception{
```

```
        System.out.println("拦截器起作用了");  //从控制台输出信息
        return ai.invoke();                    //执行后续操作
    }
}
```

从上面的代码可以看出，实现方法过滤的拦截器逻辑与普通的拦截器逻辑很相似，只是继承的类和重写的方法不同。

在 MethodFilterInterceptor 类中，还提供了两个非常重要的方法。

- public void setExcludeMethods(String excludeMethods)：设置不需要过滤的方法，所有在 excludeMethods 字符串中列出的方法都不会被拦截。
- public void setIncludeMethods(String includeMethods)：设置需要过滤的方法，所有在 includeMethods 字符串中列出的方法都会被拦截。

注意：如果 setExcludeMethods()和 setIncludeMethods()中设置了同一个参数，即一个要排除过滤、一个要过滤，就会出现冲突，这时会以 setIncludeMethods()为准。

struts.xml 是通过属性来设置的，name="excludeMethods"表示要添加排除过滤的方法，当前配置要排除的拦截方法是 execute，若要排除多个方法，将每个方法用逗号隔开即可，以下配置过滤掉了 execute、register 方法，这些方法不会被拦截器所拦截，配置如下所示：

```
<interceptor-ref name="loginInterceptor">
   <param name="excludeMethods">execute,register</param>
</interceptor-ref>
```

也可以是使用 includeMethods 参数指定要拦截的方法名，若有多个方法，每个方法间用逗号隔开。以下配置对 execute、login 方法进行拦截：

```
<interceptor-ref name="FilterhelloInterceptor">
   <param name="includeMethods">execute,login</param>
</interceptor-ref>
```

虽然 MethodFilterInterceptor 很好用，但 Struts 2 提供了其他几个类似功能的类，可供开发者使用：TokenInterceptor、TokenSessionStoreInterceptor、DefaultWorkflowInterceptor、ValidationInterceptor。使用方式类似，这里不再详细介绍，具体用法读者可以参考 Struts 2 提供的 API 文档。

一个系统或一个 Action 可以配置多个拦截器，其执行顺序是按照配置的先后顺序，先使用先执行、后使用后执行。

7.5.2 使用拦截器实现权限控制

一般的项目中都会涉及用户登录模块。合法用户才可以访问系统中的资源，非法的用户将被拒之门外。

验证用户是否有权限登录可以在 Action 中进行，但这不利于代码复用，结构不合理。因此可以将用户权限的验证交给拦截器来完成。

创建项目 ch07_05_CheckInterceptor，用来实现权限控制。

1．实现权限控制拦截器

在拦截器中如何验证用户是否合法登录？检查用户是否登录，通常是通过跟踪用户的session来完成的，通过ActionContext既可以访问到session中的属性，拦截器的intercept(ActionInvocation invocation)方法的invocation参数可以很轻易地访问到请求相关的ActionContext实例。这个具有权限控制的拦截器代码如下：

```
package com.yzpc.interceptor;
import java.util.Map;
import com.opensymphony.xwork2.Action;
import com.opensymphony.xwork2.ActionContext;
import com.opensymphony.xwork2.ActionInvocation;
import com.opensymphony.xwork2.interceptor.AbstractInterceptor;
public class CheckInterceptor extends AbstractInterceptor {
    @Override
    public String intercept(ActionInvocation arg0) throws Exception {
        ActionContext actionContext = arg0.getInvocationContext();
        Map<?,?> sessionMap = actionContext.getSession();
        String user = (String)sessionMap.get("name");
        if(user != null && user.equals("admin")) {
            return arg0.invoke();
        } else {
            actionContext.put("tip", "您还未登录，请先登录！");
            return Action.LOGIN;      //返回"login"字符串
        }
    }
}
```

在intercept()方法中对session中是否存在admin用户做了验证。

这里假定用户名是admin，那么就是合法的用户，即可跳转到success.jsp页面，否则跳转到LOGIN，并给出错误提示信息，UserAction.java类的代码如下：

```
package com.yzpc.action;
import java.util.Map;
import com.opensymphony.xwork2.ActionContext;
import com.opensymphony.xwork2.ActionSupport;
public class UserAction extends ActionSupport {
    private String name;
    private String pass;
    //省略属性的getter、setter方法
    @SuppressWarnings("unchecked")
    @Override
    public String execute() throws Exception {
        ActionContext actionContext = ActionContext.getContext();
        if (getName().equals("admin") && getPass().equals("admin")) {
            Map sessionMap = actionContext.getSession();
            sessionMap.put("name", getName());
            return SUCCESS;        //返回"success"字符串
        } else {
            actionContext.put("tip", "用户名或密码不正确！");
```

```
            return ERROR;       //返回“error”字符串
        }
    }
}
```

在 UserAction 的 execute()方法中，将用户名和密码都是 admin 的用户保存到了 session 中，以便于拦截器的验证。

以下给出三个视图页面，即登录页面 login.jsp、登录成功页面 success.jsp、显示信息页面 info.jsp 的代码。

(1)　login.jsp 登录页面的代码如下：

```
<div align="center">
    <h3><font color="blue">用户登录</font></h3>
    <font color="red">${requestScope.tip}</font>
    <s:form id="id" action="login">
        <s:textfield name="name" label="用户名"></s:textfield>
        <s:password name="pass" label="密　码"></s:password>
        <s:submit value="登录"></s:submit>
    </s:form>
</div>
<a href=chakan.action>查看信息</a>
```

(2)　success.jsp 页面，提示成功，并有查看信息的超链接，代码如下：

```
<font color="blue">你已成功登录系统！</font> <br>
<a href=chakan.action>查看信息</a>
```

(3)　info.jsp 的页面，只是一个提示信息，代码如下：

```
<font color="green">已经取得权限，查看信息页面！</font>
```

2. 配置权限控制拦截器

有了以上两个 Java 类(一个 Action 类、一个 Interceptor 拦截器)和三个视图页面(login.jsp、success.jsp、info.jsp)，接下来是配置工作。在 struts.xml 文件中配置后，系统就可以正常运行了，struts.xml 配置文件的代码如下：

```
<package name="interceptor" extends="struts-default">
    <interceptors>
        <interceptor name="loginInterceptor"
          class="com.yzpc.interceptor.CheckInterceptor">
        </interceptor>
    </interceptors>
    <action name="login" class="com.yzpc.action.UserAction">
        <result name="error">/login.jsp</result>
        <result name="success">/success.jsp</result>
    </action>
    <action name="chakan">
        <result>/info.jsp</result>
        <result name="login">/login.jsp</result>
        <interceptor-ref name="defaultStack"></interceptor-ref>
```

```
        <interceptor-ref name="loginInterceptor"></interceptor-ref>
    </action>
</package>
```

部署项目，在浏览器中访问“http://localhost:8080/ch07_05_CheckInterceptor/login.jsp”，如果用户名或密码错误，则给出错误提示，如图 7-6 所示；如果没有成功登录，点击下方的“查看信息”超链接，会出现相应的未登录提示，如图 7-7 所示；登录成功页面如图 7-8 所示；在登录成功页面上点击“查看信息”超链接，进入 info.jsp 页面，如图 7-9 所示。

图 7-6　登录失败页面

图 7-7　session 验证失败

图 7-8　登录成功页面

图 7-9　信息显示页面

7.6　小　　结

本章主要介绍了拦截器的基础知识，讲解了拦截器的配置和使用方法；简单介绍了 Struts 2 内建的拦截器，这是 Struts 2 运行机制的核心；介绍了自定义拦截器的实现方式；并深入学习了拦截器的知识，通过使用拦截器来实现权限控制。在学习的过程中，读者应学会查阅 Struts 2 的 API 文档。

第 8 章　Struts 2 的标签库

对于一个 MVC 框架来说，重点是实现两个部分，一个是控制器部分，一个是视图部分。Struts 2 框架也把重点放在了这两部分上：控制器主要由 Action 来提供支持，而视图则是由大量的标签来提供支持。

Struts 2 标签库使用 OGNL 表达式作为基础，对于集合、对象访问的功能非常强大。

Struts 2 将标签库下所有的标签集合到了一个标签库上，简化了用户对标签库的使用，Struts 2 标签库除了有传统的标签的基本功能，即数据的显示、数据的输入，还提供了主题、模板的支持，极大地简化了视图页面的开发。Struts 2 还允许在页面中使用自定义组件，这完全能满足页面显示复杂、多变的需求。

8.1　Struts 2 标签库概述

使用 Struts 2 标签库大大简化了数据的输出，也提供了大量的标签来生成页面效果。与 Struts 1 的标签库相比，Struts 2 的标签库更加易用和强大。

Struts 2 的标签非常多，大致分为两类，一类是用户界面标签，也称为 UI 标签；另一类是非用户界面标签，也称为非 UI 标签。虽然 Struts 2 把所有的标签都定义在 URI 为“/struts-tags”的命名空间下，在使用上并没有分类，为了介绍方便，将其按功能分类。

(1) UI 标签主要用来生成 HTML 元素，按其功能可分为三类。

- 表单标签：主要用于生成 HTML 页面的 form 元素，以及普通表单元素的标签。
- 非表单标签：主要用于生成页面上的树、Tab 等标签。
- Ajax 标签：用于 Ajax(Asynchronous JavaScript And XML)支持的标签。

(2) 非 UI 标签主要用于数据访问和逻辑控制，按其功能，可分为两类。

- 数据标签：主要用来提供数据访问相关的功能。
- 控制标签：主要用来完成条件逻辑、循环逻辑的控制，也可用于对集合的操作。

Struts 2 的标签库都被定义在了 struts-tags.tld 这个文件中，读者可以在 struts2-core-2.3.16.jar 库文件的 META-INF 目录中找到它。Struts 2 标签的使用随 Web 容器版本的差异而不同。

如果 Web 容器支持的是 Servlet 2.4 及其以上的规范，则无须在 web.xml 文件中添加 taglib，因为 Web 应用会自动读取该 TLD 文件信息。

要使用 Struts 2 的标签，还必须在 JSP 页面中使用 taglib 指令来导入 Struts 2 的标签，引入代码如下所示：

```
<%@ taglib prefix="s" uri="/struts-tags" %>
```

通过上面的配置，就可以在 JSP 页面中使用 Struts 2 提供的常用标签了。Struts 2 对 Ajax 标签的支持将在后面章节中介绍。

8.2 Struts 2 的表单标签

表单标签用来向服务器提交用户输入信息，绝大部分表单标签都有相应的 HTML 标签与其对应，通过表单标签可以简化表单开发，还可以实现 HTML 中难以实现的功能。

Struts 2 的所有的表单标签可以分为两种：form 标签本身和单个表单元素的标签。

Struts 2 的表单元素标签都包含了非常多的属性，但有很多属性完全是通用的。

8.2.1 表单标签的公共属性

Struts 2 的表单标签用来向服务器提交用户输入信息，在 org.apache.struts2.components 包中都有一个对应的类，所有的表单标签对应的类都继承自 UIBean 类。UIBean 类提供了一组公共属性，这些属性可以分为以下 4 类。

(1) 与模板相关的属性：可以指定该表单标签所用的模板和主题。包括 templateDir(指定模板目录)、theme(指定主题名称)和 template(指定模板名称)。

(2) 与 JavaScript 相关的属性：指定鼠标在该标签上操作时的 JavaScript 函数。包括 onclick、ondblclick、onmousedown、onmouseup、onmouseover、onmouseout、onfocus、onblur、onkeypress、onkeyup、onkeydown、onselect、onchange。

(3) 与工具提示相关的属性：当鼠标在这些元素上时，系统将出现提示。包括 tooltip 和 tooltipConfig(设置工具提示的各种属性)。

(4) 通用属性：包括 cssClass、cssStyle、title、disabled 等，如表 8-1 所示。

表 8-1 Struts 2 表单标签的通用属性

属性名	主 题	数据类型	说 明
title	simple	String	设置表单元素的 title 属性
disabled	simple	String	设置表单元素是否可用
label	xhtml	String	设置表单元素的 label 属性
labelPosition	xhtml	String	设置 label 元素显示位置，可选值：top 和 left(默认)
name	simple	String	设置表单元素的 name 属性，与 Action 中的属性名对应
value	simple	String	设置表单元素的值
cssClass	simple	String	设置表单元素的 class
cssStyle	simple	String	设置表单元素的 style 属性
required	xhtml	Boolean	设置表单元素为必填
requiredposition	xhtml	String	设置必填标记(默认标记为*)相对于 label 元素的位置，可选值：left 和 right(默认)
tabindex	simple	String	设置表单元素的 tabindex 属性

除了这些公共属性外，所有的表单元素标签都有一个特殊的属性：form，这个属性引用表单元素所在的表单，通过该 form 属性，可以实现表单元素和表单之间的交互。例如，我们可以通过${parameters.form.id}来取得表单元素所在表单的 id。表单元素标签可以访问表单的所有属性。

表单标签还有 name 和 value 属性。name 属性会映射到 Action 中的属性名称，value 属性则代表此属性的值，示例如下：

```
<!-- 将下面文本框的值绑定到 Action 的 user 实体属性的 name 属性 -->
<s:textfield name="user.name" />
<!-- 使用表达式生成表单元素的值 -->
<s:textfield name="user.name" value="${user.name}" />
```

实际上，Struts 2 已自动处理了属性内容的赋值工作，因此，使用第一种方式即可。

8.2.2 简单的表单标签

下面我们来看一组简单的 Struts 2 表单标签，这些标签都可以在 HTML 表单元素中找到其相应的标签，即是一一对应的，可以通过与 HTML 标签的对比来学习 Struts 2 标签，标签的对应关系如表 8-2 所示。

表 8-2　简单的表单标签的对应关系

标　签	HTML 对应标签	说　明
<s:form>	<form>	表单标签
<s:textfield>	<input type="text">	单行文本框
<s:password>	<input type="password">	密码输入框
<s:textarea>	<textarea>	文本框
<s:submit>	<input type="submit">	提交按钮
<s:reset>	<input type="reset">	重置按钮
<s:select>	<select>	下拉列表框
<s:radio>	<input type="radio">	单选按钮
<s:checkbox>	<input type="checkbox">	复选框

我们创建 Web 项目 ch08_Tag，通过这些简单的表单标签开发一个员工登记表页面，来介绍这些标签的使用及相应的作用，代码如下所示：

```
<%@ page language="java" import="java.util.*" pageEncoding="GB18030"%>
<%@taglib prefix="s" uri="/struts-tags"%>  <!-- 加载 Struts 2 标签库 -->
<!-- 省略部分代码 -->
<body>
    <center>
    <h3>注册登记表</h3>
    <s:form action="register" method="post">   <!--表单标签-->
        <s:textfield name="userame" label="姓名"></s:textfield>
        <s:password name="password" label="口令"/>
        <s:select name="degree" label="学历"
```

```
        list="{'高中及以下','大学专科','大学本科','研究生及以上'}"/>
        <s:radio name="sex" label="性别" list="{'男','女'}"></s:radio>
        <s:textarea name="protocol" label="注册协议" value="这里省略协议"/>
        <s:checkbox name="love" label="同意员工登记协议"/>
        <s:submit value="提交"></s:submit>
        <s:reset value="重置"/>
    </s:form>
    </center>
</body>
```

本示例代码中使用了<s:form>标签，设置表单提交地址为“register”，提交方式为“post”。使用<s:textfield>标签，用来输入用户姓名，其中 name 属性用来设置提交参数名称，label 属性用来设置单行文本框前的显示文本。<s:password>标签与<s:textfield>标签在使用时完全相同，不同的是<s:password>标签在输入字符时显示为黑色实心圆。<s:select>标签用来生成下拉列表框，其中 list 属性用来设置选项集合。<s:radio>标签与<s:select>标签在使用时也完全相同，只不过显示不同而已。<s:textarea>标签用来输入多行文本，其中 value 属性用来设置其初始显示文本。<s:checkbox>标签用来显示复选框。需要注意的是。它只能生成一个复选框，如果需要生成多个复选框，可以使用<s:checkboxlist>标签。<s:submit>和<s:reset>标签分别用来设置提交按钮和重置按钮。

部署程序，在浏览器中输入“http://localhost:8080/ch08_Tag/ShowSimpleForm.jsp”，页面运行效果如图 8-1 所示。

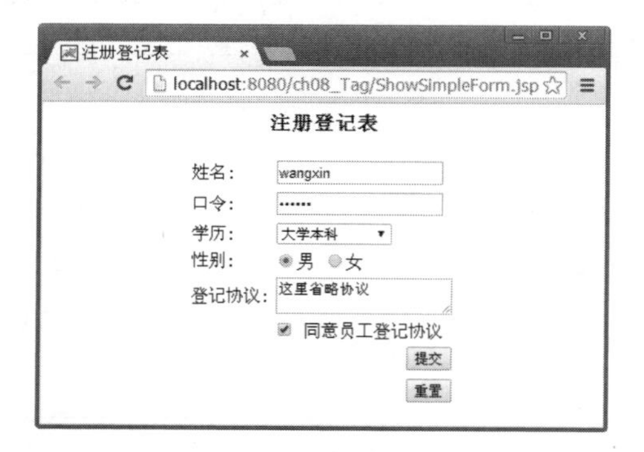

图 8-1　注册登记表

8.2.3　<s:checkboxlist>标签

checkboxlist 标签用来生成复选框组，该复选框组包含多个复选框。也就是说，通过 checkboxlist 标签，可以生成一系列 HTML 中的<input type=“checkbox”>标签，checkboxlist 标签的常用属性如表 8-3 所示。

表 8-3　checkboxlist 标签的常用属性

属 性 名	是否必须	默 认 值	类　型	说　明
name	false	无	String	指定复选框名称
label	false	无	String	指定复选框前显示文本

续表

属性名	是否必须	默认值	类型	说明
list	true	无	String	指定复选框要迭代的选项集合，使用集合中的元素来设置各个选项
listKey	false	无	String	指定复选框 value 属性(即选项值)
listValue	false	无	String	指定复选框 label 属性(即选项显示文本)

下面我们创建 BookService 类返回的一个集合对象，该集合中包括 3 个 Book 对象，分别创建 Book 类和 BookService 类：

```
package com.yzpc.entity;
public class Book {                                      //定义 Book 类
    private String name;                                 //name 属性表示书名
    private String author;                               //author 属性表示作者
    //省略相应属性的 getter、setter 方法
    public Book() { }                                    //无参构造方法
    public Book(String name, String author) {            //两个参数的构造方法
        this.name = name;
        this.author = author;
    }
}

package com.yzpc.service;
import com.yzpc.entity.Book;
public class BookService {
    public Book[] getBooks() {
        return new Book[] {
            new Book("Java 编程思想", "埃克尔"),
            new Book("JSP 程序设计", "王晓军"),
            new Book("SSH 框架项目教程", "陈俟伶")
        };
    }
}
```

创建 ShowCheckboxlist.jsp 页面，在页面中分别使用字符串集合、Map 对象和 JavaBean 对象集合生成多个复选框：

```
<h3>使用 s:checkboxlist 标签生成多个复选框</h3>
<s:form>
    <!-- 使用简单字符串集合，来生成多个复选框 -->
    <s:checkboxlist name="bn" label="请选择您喜欢的图书" labelposition ="top"
      list="{'Java 程序设计','JSP 程序设计','J2EE 企业级开发'}" />
    <!-- 使用简单的 Map 对象来生成多个复选框 -->
    <s:checkboxlist name="bd" label="请选择您想选择出版日期"
      labelposition="top"
      list="#{'Java':'2013 年 8 月','JSP':'2013 月 12 月', 'J2EE':'2014 年 2 月'}"
      listKey="key" listValue="value" />
    <!-- 使用 Bean 标签创建一个 JavaBean 实例，该标签在后面讲解 -->
    <s:bean name="com.yzpc.service.BookService" id="bs" />
```

```
    <!-- 集合中存放多个 JavaBean 实例来生成多个复选框 -->
    <s:checkboxlist name="bookBean" label="请选择您喜欢的图书"
      labelposition="top" list="#bs.books"
      listKey="name" listValue="name" />
</s:form>
```

这三种情况最终显示效果是一样的，该页面的运行效果如图 8-2 所示。

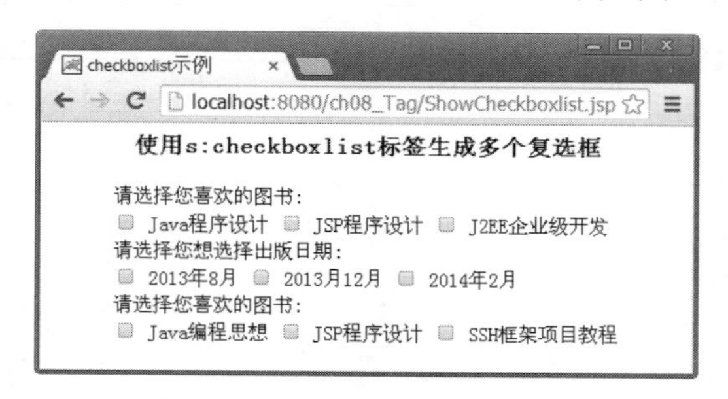

图 8-2　使用 checkboxlist 标签

在页面中点击右键，选择“查看源文件”选项(浏览器不同则操作方式不同)，打开网页源代码，查看使用简单的 Map 对象生成多个复选框部分的代码，源文件代码如下所示：

```
<!-- 使用简单 Map 对象来生成多个复选框 -->
<tr>
    <td align="left" valign="top" colspan="2">
        <label for="ShowCheckboxlist_bd" class="label">
        请选择您想选择出版日期:</label>
    </td>
</tr>                                       对应 Map 对象的 key 值
<tr>
    <td>                                        对应 Map 对象的 value 值
        <input type="checkbox" name="bd" value="Java" id="bd-1"/>
        <label for="bd-1" class="checkboxLabel">2013 年 8 月</label>
        <input type="checkbox" name="bd" value="JSP" id="bd-2"/>
        <label for="bd-2" class="checkboxLabel">2013 月 12 月</label>
        <input type="checkbox" name="bd" value="J2EE" id="bd-3" />
        <label for="bd-3" class="checkboxLabel">2014 年 2 月</label>
        <input type="hidden" id="__multiselect_ShowCheckboxlist_bd"
         name="__multiselect_bd" value=""/>
    </td>
</tr>
```

从生成的 HTML 代码中可以看出，Map 对象的 key 值成了复选框的 value 值，Map 对象的 value 值成了复选框选项的 label 值。

8.2.4　<s:combobox>标签

combobox 标签用来生成一个单行文本框和下拉列表框的组合，而且这两个元素对应一个相同的参数。其中以单行文本框中的值作为请求参数的值，而下拉列表框只是起到一个辅助输入的作用，并没有 name 属性，也不会产生请求参数。当选择下拉列表框中的一个选项时，该选项会自动出现在文本框中。

下面演示 combobox 标签在 Struts 2 中的提交执行过程，在 ch08_Tag 项目中的 com.yzpc.action 包中创建 BookAction.java 文件，代码如下所示：

```
package com.yzpc.action;
import com.opensymphony.xwork2.ActionSupport;
public class BookAction extends ActionSupport {
    private String bookName;
    private String bookAuthor;
    //省略相应属性的 getter、setter 方法
    @Override
    public String execute() throws Exception {
        return super.execute(); //返回 success 字符串
    }
}
```

web.xml 的配置与前面章节一致，struts.xml 配置文件如下所示：

```
<constant name="struts.i18n.encoding" value="gb18030" />
<package name="book" extends="struts-default" namespace="/" >
    <action name="bookAction" class="com.yzpc.action.BookAction">
        <result name="success">/ShowComboboxSuccess.jsp</result>
    </action>
</package>
```

创建 ShowCombobox.jsp 页面，分别使用字符串集合和使用 JavaBean 对象集合生成下拉列表框，代码如下所示：

```
<s:form action="bookAction">
    <s:combobox name="bookName" label="请选择书" maxlength="20"
      list="{'Java 程序设计','JSP 程序设计','J2EE 企业级开发'}" headerKey="-1"
      headerValue="---请选择---" emptyOption="true" value="JSP 程序设计" />
    <s:bean name="com.yzpc.service.BookService" id="bs" />
    <s:combobox name="bookAuthor" label="选择作者" labelposition="top"
      list="#bs.books" listKey="author" listValue="author"/>
    <s:submit value="提交"></s:submit>
</s:form>
```

这两种情况的显示效果是一样的，该页面的运行效果如图 8-3 所示。

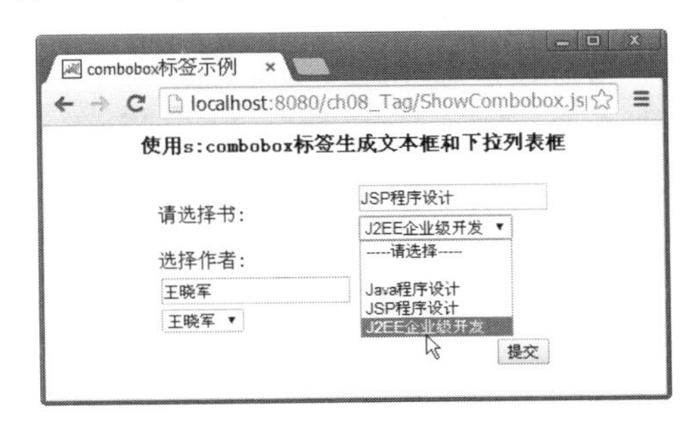

图 8-3　combobox 标签的运行效果

创建 ShowComboboxSuccess.jsp 页面，用来显示所选择的提交内容，代码如下所示：

```
<center>
    书名：<s:property value="bookName" /> <br><br>
    作者：<s:property value="bookAuthor" />
</center>
```

提交后，接收的参数显示运行效果，如图 8-4 所示。

图 8-4　使用 combobox 标签提交后的结果

从上面的示例可以看到，在列表框中选择的是“J2EE 企业级开发”，但在文本框中输入的是“JSP 程序设计”，最后传入的请求参数是“JSP 程序设计”，因此，传入的参数值是文本框中的值，而不是列表框中的值。

8.2.5　<s:optgroup>标签

optgroup 标签用于生成一个下拉列表框的选项组，因此，该标签必须嵌套在<s:select>标签中使用，一个下拉列表框中可以包含多个选项组，因此可以在一个<s:select>标签中使用多个<s:optgroup>标签。创建 ShowOptgroup.jsp 页面，代码如下所示：

```
<s:form action=""><!-- 使用 Map 对象来生成下拉选择框的选项组 -->
    <s:select label="选择您喜欢的图书" name="book"
      list="#{'Java 编程思想':'埃克尔','JSP 程序设计':'王晓军'}"
      listKey="value" listValue="key">
        <s:optgroup label="清华大学出版社"
          list="#{'JSP Web 开发案例教程':'王英瑛','Struts 2 大讲堂':'李振'}"
          listKey="value" listValue="key" />
        <s:optgroup label="人民邮电出版社"
          list="#{'陈洁':'Java 程序员面试','成安':'Java 和 Android 开发实战'}"
          listKey="key" listValue="value" />
    </s:select>
</s:form>
```

optgroup 标签的运行效果如图 8-5 所示。

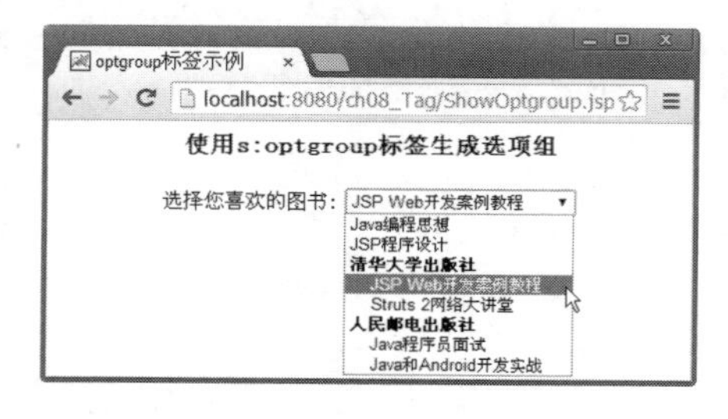

图 8-5　optgroup 标签的运行效果

8.2.6 <s:doubleselect>标签

doubleselect 标签会生成一个级联列表框(两个下拉列表框)，当选择第一个下拉列表框时，第二个下拉列表框中的内容会随之改变，这两个下拉列表框是相互关联的。默认情况下，第一个下拉列表框只支持两项，如果超过两项，先要定义一个 Map 对象，把 Map 对象的 Key 值作为第一个下拉列表框的集合，把 Map 对象的 Value 值作为第二个下拉列表框的集合。

创建 ShowDoubleselect.jsp 页面，使用默认和 Map 对象方式实现级联，代码如下所示：

```
<s:form name="form1" >
    <!-- 默认情况下，第一个下拉列表框只支持两项 -->
    <s:doubleselect label="请选择城市" name="city" list="{'北京市','上海市'}"
      doubleList="top=='北京市'?{'东城区','西城区','朝阳区','海淀区'}:{'闸北区
','普陀区','杨浦去','闵行区'}" doubleName="cityZ" />
    <s:set name="citys" value="#{'江苏省':{'南京市','苏州市','无锡市','扬州市
'},'浙江省':{'杭州市','宁波市','温州市'},'安徽省':{'合肥市','芜湖市'}}">
    </s:set>
    <s:doubleselect label="选择你所在城市" name="province" size="1"
      list="#citys.keySet()" doubleSize="2" doubleList="#citys[top]"
      doubleName="cityP" />
</s:form>
```

通过<s:set>标签来创建变量 citys，并将一个 Map 对象赋值给变量，使用<s:doubleselect>标签创建一个级联下拉列表框，通过 list 属性设置第一个下拉列表框的选项为 Map 对象的 key 值集合，通过 doublelist 属性设置第二个下拉列表的选项。

页面的运行效果如图 8-6 所示。

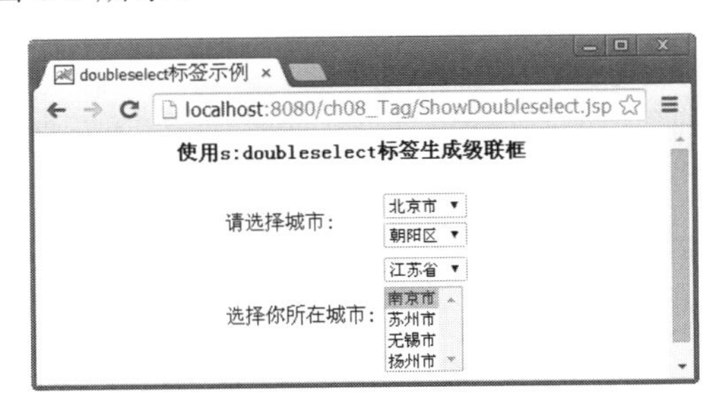

图 8-6　doubleselect 标签的运行效果

提示： doubleselect 标签必须放在 form 标签中，而且必须指定 form 标签的 name 属性。

8.2.7 <s:file>标签

file 标签用于创建一个文件选择框，生成 HTML 中的<input type="file" />标签，除了公共属性外，该标签还有一个名称为 accept 的属性，用于指定接受文件的 MIME 类型。例如，

创建一个名称为 ShowFile.jsp 的文件，在页面上的<s:form>中定义<s:file>标签，代码如下：

```
<s:file name="uploadFile" accept="text/*" />
<s:file name="otherUploadFile" accept="text/html,text/plain" />
```

<s:file>标签的运行效果如图 8-7 所示。

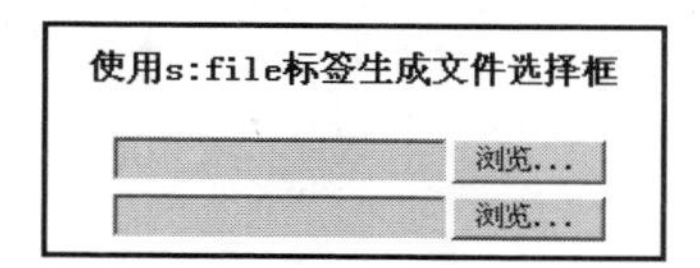

图 8-7　file 标签的运行效果

后面的章节将会介绍<s:file>标签的具体用法，这里不做详细介绍。

8.2.8　<s:token>标签

token 标签主要用来防止多次提交表单，避免了刷新页面时多次提交。该标签不会在页面上进行任何输出，也没有属性，只生成一个 HTML 隐藏域，每次加载该页面时，隐藏域的值都不同。如果拦截器在拦截时检测到两次提交表单的该隐藏域的值相等，则阻止表单提交。

在 ch08_Tag 项目中创建 ShowToken.jsp 的登录页面，在页面的表单中使用<s:token>标签，防止用户重复提交，使用<s:actionerror>标签显示出错信息，代码如下所示：

```
<s:form name="form1" action="loginAction" >
    <s:textfield name="username" label="用户名"/>
    <s:password name="password" label="密码"></s:password>
    <s:submit value="登录"></s:submit>
    <s:token /><s:actionerror/>
</s:form>
```

查看该页面运行后的源文件，转换成 HTML 后，token 标签的代码如下所示：

```
<input type="hidden" name="struts.token.name" value="token" />
<input type="hidden" name="token"
 value="AX568ZFKF3Z4KFKGHXSNZH1HC166H0N3" />
```

通过上面的代码可以看到，生成的 HTML 中含有一个隐藏域，实际上，其 value 属性值提交后放入 session 中，当再次提交后，会检查这个值是否相同，来判断是否重复提交。

创建 LoginAction 类，在类中定义 username 和 password 属性，以及 setXXX()方法和 getXXX()方法，并在 Action 的 execute()方法中返回“success”逻辑视图字符串。web.xml 在前面已经配置过，接下来在 struts.xml 文件中配置 Action，代码如下所示：

```
<action name="loginAction" class="com.yzpc.action.LoginAction">
    <interceptor-ref name="defaultStack"/>
    <interceptor-ref name="token"/>
    <result name="invalid.token">/ShowToken.jsp</result>
    <result name="success">/ShowToken.jsp</result>
</action>
```

在 Action 的配置中，使用<interceptor-ref name="token" />添加 token 拦截器，并且添加一个<result>元素，其 name 属性为 invalid.token，表示为 token 拦截器添加返回视图。

在地址栏中请求 ShowToken.jsp 页面，显示登录页面，输入信息，单击“登录”按钮后，提交表单，如图 8-8 所示。

图 8-8　用户登录页面

如果用户单击浏览器中的返回图标，将重新显示如图 8-9 所示的窗口，不要刷新该页面，这时输入登录名和密码，再单击“登录”按钮，将显示如图 8-10 所示的页面，这时的 form 表单没有执行提交操作。

图 8-9　token 标签执行拦截

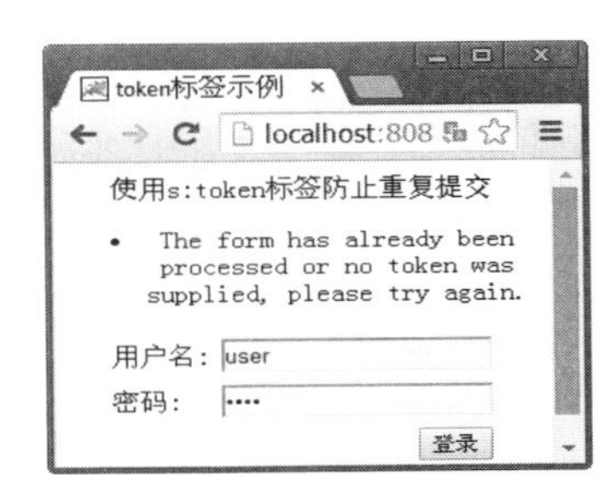

图 8-10　返回后的拦截

8.2.9　<s:updownselect>标签

updownselect 标签与 select 标签非常相似，不同的是，updownselect 标签在生成列表框的同时生成了 3 个按钮，分别代表上移、下移和全选。

在 ch08_Tag 项目中创建 ShowUpdownselect.jsp 文件，在页面中使用<s:updownselect>标签，代码如下所示：

```
<s:form>
    <!-- 使用简单集合来生成可上下移动选项的下拉选择框 -->
    <s:updownselect name="" label="请选择您喜欢的图书"
      labelposition="left" moveUpLabel="上移"
      list="{'Java 程序设计','JSP 程序设计','J2EE 企业级开发'}" />
    <!-- 使用简单 Map 对象来生成可上下移动选项的下拉选择框 -->
    <s:updownselect name="bd" label="请选择您想选择出版日期"
      labelposition="left" moveDownLabel="下移" emptyOption="true"
      list="#{'Java':'2013 年 8 月','JSP':'2013 月 12 月','J2EE':'2014 年 2 月'}"
      listKey="key" listValue="value" />
    <s:bean name="com.yzpc.service.BookService" id="bs" />
    <!-- 使用集合中的多个 JavaBean 实例来生成可上下移动选项的下拉选择框 -->
    <s:updownselect name="bookBean" label="请选择您喜欢的图书的作者"
```

```
    labelposition="left" selectAllLabel="全选" multiple="true"
    list="#bs.books" listKey="author" listValue="name" />
</s:form>
```

在上述代码中，分别使用 3 种方式生成 3 个列表框，运行效果如图 8-11 所示。

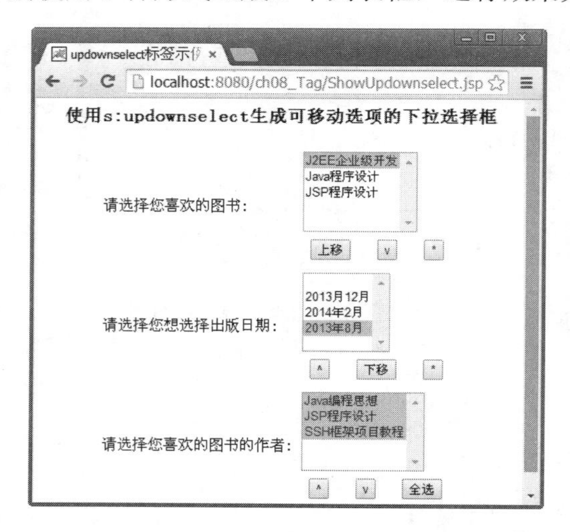

图 8-11 updownselect 标签的运行效果

8.2.10 <s:optiontransferselect>标签

optiontransferselect 标签与 updownselect 标签很相似，只不过会生成两个列表框，每个列表框都可以对选项进行上移、下移和全选等操作，而且在这两个列表框之间可以进行左移、右移等操作。当表单提交时，这两个列表框都会被提交。在 ch08_Tag 项目中创建 ShowOptiontransferselect.jsp 文件，在页面中使用<s: optiontransferselect >标签，代码如下：

```
<s:form>
    <s:optiontransferselect label="请选择你喜欢的图书" name="cnb"
      leftTitle="中文图书" rightTitle="外文图书" multiple="true"
      list="{'Java 程序设计','JSP 程序设计','J2EE 企业级开发'}"
      leftDownLabel="下移" leftUpLabel="上移" addToLeftLabel="左移"
      addToRightLabel="右移" addAllToLeftLabel="全部左移"
      addAllToRightLabel="全部右移" selectAllLabel="全部选择"
      headerKey="cnKey" headerValue="--请选择中文图书--" emptyOption="true"
      doubleList="{'Header First Java','Header First JSP',
       'Header First Ajax'}"
      doubleName="enb" doubleHeaderKey="enKey"
      doubleHeaderValue="--请选择外文图书--"
      doubleEmptyOption="true" doubleMultiple="true"
      rightDownLabel="下移" rightUpLabel="上移" />
</s:form>
```

在上述 form 表单中，对 optiontransferselect 标签定义了大量的属性，通过这些属性实现该标签，该页面的运行效果如图 8-12 所示。

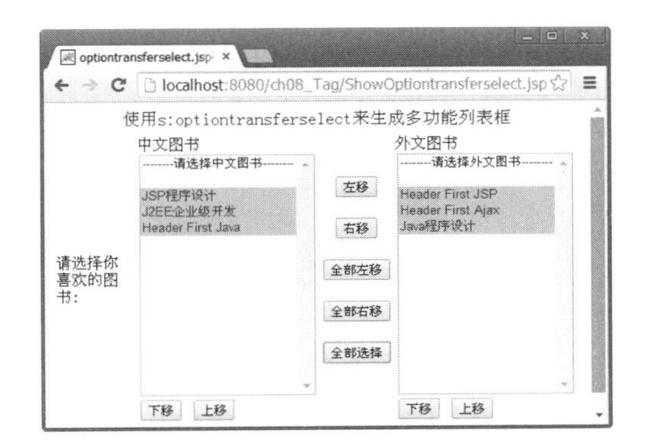

图 8-12　optiontransferselect 标签的运行效果

8.3　Struts 2 的非表单标签

Struts 2 的非表单标签主要用来在页面中生成非表单的可视化元素，输出在 Action 中封装的信息，例如，输出一些错误的提示信息，这些标签给程序开发带来便捷。

8.3.1　<s:actionerror>、<s:actionmessage>和<s:fielderror>标签

<s:actionerror>、<s:actionmessage>和<s:fielderror>标签分别用来显示动作错误信息、动作信息和字段错误信息。如果信息为空，则不显示，具体功能如下所示。

- actionerror：如果 Action 实例的 getActionErrors()方法返回不为 null，则该标签负责输出该方法返回的系列错误。
- actionmessage：如果 Action 实例的 getActionMessages()方法返回不为 null，则该标签负责输出该方法返回的系列消息。
- fielderror：如果 Action 实例存在表单域的类型转换错误、校验错误，该标签则负责输出这些错误提示。

在 ch08_Tag 项目中的 com.yzpc.action 包中创建 ErrorAction 类，代码如下所示：

```
public class ErrorAction extends ActionSupport {
    @Override
    public String execute() throws Exception {
        this.addActionError("ActionError 错误信息 1");
        this.addActionError("ActionError 错误信息 2");
        this.addActionMessage("ActionMessage 普通信息 1");
        this.addActionMessage("ActionMessage 普通信息 2");
        this.addFieldError("fielderror1", "字段错误信息 1");
        this.addFieldError("fielderror2", "字段错误信息 2");
        return SUCCESS;        //返回"success"字符串
    }
}
```

在 struts.xml 中配置 ErrorAction 类，配置如下所示：

```
<action name="errorAction" class="com.yzpc.action.ErrorAction">
    <result name="success">/ShowErrorAction.jsp</result>
</action>
```

创建 ShowErrorAction.jsp，在页面中使用标签输出相关的信息，代码如下所示：

```
<s:actionerror></s:actionerror>
<s:actionmessage/>
<s:fielderror value="fielderror1"/> <!-- 有无 value 属性效果一样 -->
```

运行程序，在浏览器地址栏中请求“http://localhost:8080/ch08_Tag/errorAction”，运行效果如图 8-13 所示。

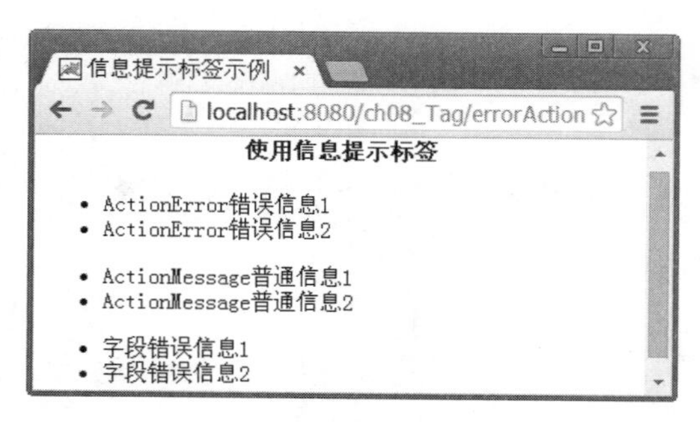

图 8-13　信息提示标签

8.3.2　<s:component>标签

使用<s:component>标签可以自定义组件，例如，当需要多次使用某段代码时，就可以考虑将这段代码定义成一个自定义组件，而后在页面中使用<s:component>标签来调用自定义组件。自定义组件基于主题和模板管理的，因此在使用<s:component>标签时，常常需要指定如下 3 个属性。

- theme：用来指定自定义组件所使用的主题，若未指定，则默认使用 xhtml。
- templateDir：用来指定自定义组件所使用的主题目录，默认使用 template。
- template：用来指定自定义组件所使用的模板文件。

另外，还可以在 component 标签内嵌套 param 标签，向模板传入参数信息。

在 ch08_Tag 项目中创建 ShowComponent.jsp 页面，并在该页面中使用<s:component>标签，调用自定义的组件，代码如下所示：

```
<s:form>
    <s:component template="TemplateComponent.jsp">
        <s:param name="interestlist" />  <!-- 不传递参数 -->
        <s:param name="booklist" value="{'Java 程序设计','JSP 程序设计','SSH 框架技术','Android 开发基础'}"/>
    </s:component>
</s:form>
```

上述代码使用默认主题(xhtml)、默认主题目录(template)和 JSP 模板来实现自定义一个组件，并通过<s:param>标签向模板页面传递参数。

下面创建模板文件 TemplateComponent.jsp，该文件必须放在 WebRoor/template/xhtml 文件夹下，该模板使用标签对传递的信息进行输出，主要内容如下所示：

```
<s:checkboxlist name="interestlist" label="您的兴趣爱好"
  list="{'唱歌','跳舞','看书','球类运动'}" />
<s:select name="booklist" label="您最感兴趣的书" labelposition="left"
  list="parameters.booklist" cssStyle="font-size:12px;"/>
```

在浏览器地址栏中输入“http://localhost:8080/ch08_Tag/ShowComponent.jsp”，运行效果如图 8-14 所示。

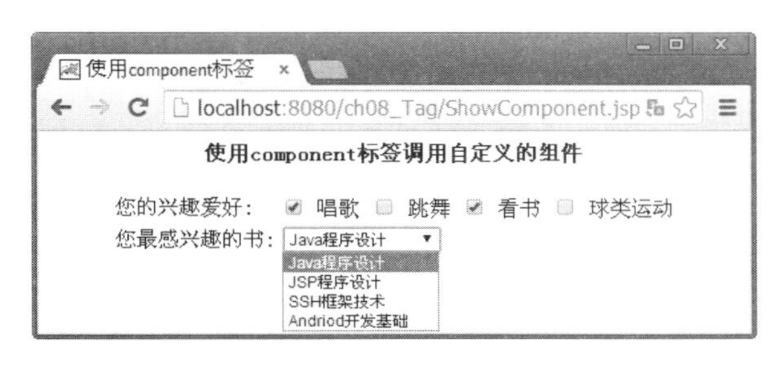

图 8-14　自定义组件标签

8.4　控 制 标 签

Struts 2 的非 UI 标签包括控制标签和数据标签，主要用于完成流程控制，以及对 ValueStack 的控制。数据标签主要用于访问 ValueStack 中的数据；控制标签可以完成输出流程控制，例如分支、循环等操作，也可完成对集合的合并、排序等操作，控制标签如下。

- if：用于控制选择输出的标签。
- elseif：与 if 标签结合使用，用于控制选择输出的标签。
- else：与 if 标签结合使用，用于控制选择输出的标签。
- iterator：这是一个迭代器，用于将集合迭代输出。
- append：用于将多个集合拼接成一个新的集合。
- merge：用于将多个集合拼接成一个新的集合。但与 append 的拼接方式有所不同。
- sort：这个标签用于对集合进行排序。
- generator：它是一个字符串解析器，用于将一个字符串解析成一个集合。
- subset：这个标签用于截取集合的部分元素，形成新的子集合。

8.4.1　<s:if>、<s:elseif>、<s:else>标签

这三个标签主要用来进行分支语句控制，它们都用于根据一个 Boolean 表达式的值来决定是否计算、输出标签体的内容。这三个标签可以单独使用，可以组合使用，只有<s:if .../>标签可以单独使用，后面的<s:elseif .../>和<s:else .../>都不可单独使用，必须与<s:if .../>标签结合使用，其中<s:if .../>标签可以与多个<s:elseif .../>标签结合使用，并可以结合一个<s:else .../>标签使用，具体用法格式如下：

```
<s:if test="表达式1">
    标签内容
</s:if>
<s:elseif test="表达式2">
    标签内容
</s:elseif>
<s:else>
    标签内容
</s:else>
```

可以看出，上面的<s:if/><s:elseif/><s:else/>对应了我们 Java 结构中的 if、elseif、else，对于<s:if/><s:elseif/>，必须指定一个 test 属性，该 test 属性用来设置标签的判断条件，其值为 boolean 型的条件表达式。除此之外，<s:if/><s:elseif/><s:else/>这三个标签还可以指定一个 id 属性，该属性指定了元素的 id，不过意义不大。

8.4.2 <s:iterator>标签

iterator 标签主要用来对集合数据进行迭代，根据条件遍历集合类中的数据，这里的集合包含 List、Set 和数组，也可对 Map 类型的对象进行迭代输出。

iterator 标签的属性如下所示。

- value：可选属性，指定被迭代的集合，被迭代的集合通常都使用 OGNL 表达式指定；如果没有指定 value 属性，则使用 ValueStack 栈顶的集合。
- id：可选属性，该属性指定了集合里元素的 ID(现已用 var 替代)。
- status：可选属性，指定迭代时的 IteratorStatus 实例，通过该实例可以判断当前迭代元素的属性，例如是否是最后一个，以及当前迭代元素的索引等。
- Begin：开始迭代的索引位置，开始索引从 0 开始。
- End：结束索引的索引位置，集合元素个数要小于或等于此结束索引。
- Step：迭代的步长，每次迭代时索引的递增值，默认为 1。

如果指定 status 属性，通过指定该属性，在遍历集合时会有一个 IteratorStatus 实例对象，该实例对象包含如下几种常用方法。

- getCount：返回当前已经遍历的集合元素数目。
- isEven：返回当前遍历的元素索引是否为偶数。
- isOdd：返回当前遍历的元素索引是否为奇数。
- isFirst：返回当前遍历元素是否为集合的第一个元素。
- isLast：返回当前遍历元素是否为集合的最后一个元素。

下面我们通过示例来演示。在 ch08_Tag 项目中创建 ShowIterator.jsp 页面，并在该页面中使用<s: iterator>标签，代码如下所示：

```
<s:iterator value="{'故人西辞黄鹤楼，','烟花三月下扬州。'}" var="poem">
    <s:property value="poem"/><br>
</s:iterator>        <hr>
<s:iterator value="#{'1001':'Java 程序设计','1002':'JSP 程序设计',
  '1003':'SSH 框架技术'}" var="bookName">
```

```
    <s:property value="key"/>
    <s:property value="value"/><br>
</s:iterator>        <hr>
<s:iterator value="{'清华大学','复旦大学','北京大学','南京大学'}"
  var="university" status="stat">
    <s:if test="#stat.odd"> <!-- 判断当前索引是否为奇数 -->
        <s:property value="#stat.count"/> <s:property /><br>
    </s:if>
</s:iterator>        <hr>
<table border="1">
    <tr><td>序号</td><td>出版社</td></tr>
    <s:iterator value="{'清华大学出版社','人民邮电出版社',
      '北京大学出版社','电子工业出版社'}" var="publisher" status="stat">
    <tr>
    <s:if test="#stat.index%2==0">
        <td><s:property value="#stat.count"/></td>
        <td style="background-color:red;">
        <s:property value="publisher"/></td>
    </s:if>
    <s:else>
        <td><s:property value="#stat.count"/></td>
        <td style="background-color:gray;">
        <s:property value="publisher"/></td>
    </s:else>
    </tr>
    </s:iterator>
</table>
```

在浏览器的地址栏中输入“http://localhost:8080/ch08_Tag/ShowIterator.jsp”，运行效果如图 8-15 所示。

图 8-15　使用 Iterator 遍历标签的效果

8.4.3　<s:append>标签

append 标签用于将多个集合对象拼接起来，组成一个新的集合。通过这种拼接，从而允许通过一个<s:iterator .../>标签完成对多个集合的迭代。使用<s:append .../>标签时，需要指定一个 id 属性，该属性确定拼接生成的新集合的名字。除此之外，<s:append .../>标签可以接受多个<s:param .../>子标签，每个子标签指定一个集合，<s:append .../>标签负责将<s:param .../>标签指定的多个集合拼接成一个集合。

下面我们通过示例来演示，在 ch08_Tag 项目中创建 ShowAppend.jsp 页面，并在该页面中使用<s: append>标签拼接，并使用<s:iterator>进行迭代，代码如下所示：

```
<s:append var="poem">
   <s:param value="{'黄鹤楼送孟浩然之广陵','唐    李白'}"></s:param>
   <s:param value="{'故人西辞黄鹤楼，','烟花三月下扬州。'}"></s:param>
   <s:param value="{'孤帆远影碧空尽，','唯见长江天际流。'}"></s:param>
</s:append>
<s:iterator value="#poem" id="sentence">
   <s:property value="sentence"/> <br>
</s:iterator>
```

在浏览器的地址栏中输入“http://localhost:8080/ch08_Tag/ShowAppend.jsp”，运行效果如图 8-16 所示。

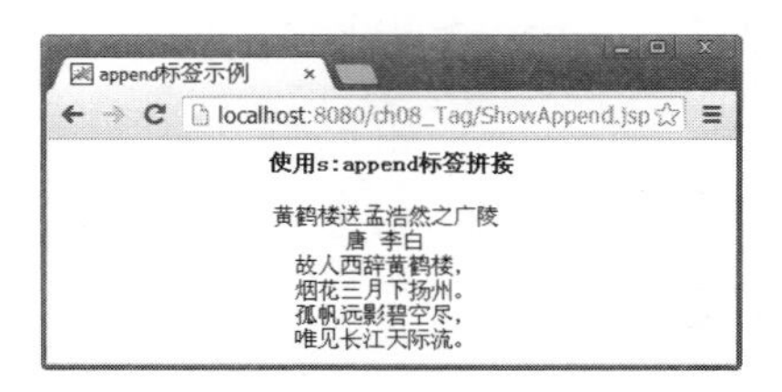

图 8-16　使用 append 标签拼接迭代后的效果

8.4.4　<s:merge>标签

merge 标签用法看起来非常像 append，都是用来将多个结合组合成一个新集合。都有一个 id 属性(var 属性)，用来设置新集合的名称，这两个标签的不同点在于组合集合的方式：

- Append 标签采用追加的形式，也就是说，先组合完成一个集合中的所有元素，再组合下一个集合中的所有元素，集合和集合是首尾相连的。
- merry 标签采用交替的形式，也就是说，先将需要组合的多个集合的第一个元素组合在一起，再将多个集合的第二个元素组合在一起，以此类推。

下面我们通过示例来演示，在 ch08_Tag 项目中创建 ShowMerge.jsp 页面，并在该页面中使用<s: merge>标签交替拼接，并使用<s:iterator>进行迭代，代码如下所示：

```
<s:merge var="poemMerge">
   <s:param value="{'黄鹤楼送孟浩然之广陵','唐     李白'}"/>
   <s:param value="{'故人西辞黄鹤楼，','烟花三月下扬州。'}"/>
   <s:param value="{'孤帆远影碧空尽，','唯见长江天际流。'}"/>
</s:merge>
<s:iterator value="#poemMerge" var="sentence">
   <s:property value="sentence"/> <br>
</s:iterator>
```

在浏览器的地址栏中输入“http://localhost:8080/ch08_Tag/ShowMerge.jsp”，运行效果如图 8-17 所示。

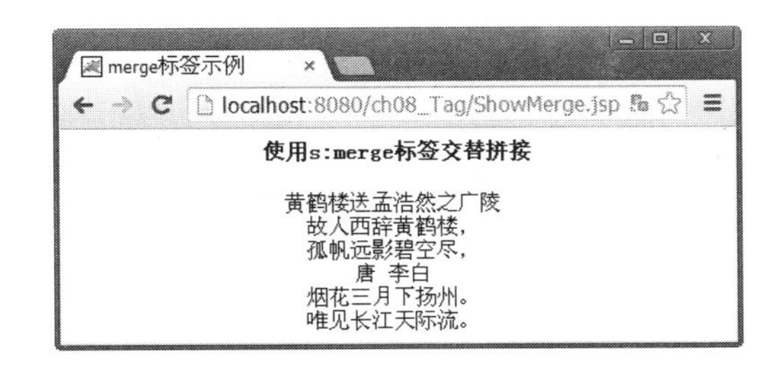

图 8-17　使用 merge 标签拼接迭代后的效果

提示： 可见，append 和 merge 拼接集合时，集合元素相同，只是顺序不同而已。

8.4.5　<s:sort>标签

sort 标签用来对指定集合中的元素进行排序，sort 标签并没有提供自己的排序规则，而是由开发者提供排序规则。排序规则就是一个实现 java.util.Comparator 接口的类。

使用 sort 标签时，可指定如下几个属性。

- comparator：必填属性，用于指定进行排序的 Comparator 实例。
- source：可选属性，用于指定被排序的集合。如果不指定该属性，则对 ValueStack 栈顶的集合进行排序。
- id：可选属性，用于指定集合存储在 page 范围内的变量名。

下面我们通过示例来演示。在 ch08_Tag 项目的 com.yzpc.other 包中创建 MyComparator 类，该规则为按照英文字母进行排序，代码如下所示：

```
public class MyComparator implements Comparator {
    @Override
    public int compare(Object o1, Object o2) {
        return ((String)o1).compareTo((String)o2);
    }
}
```

实现 Comparator 接口时需要重写 compare()方法，方法需要一个 int 类型的返回值，如果返回的是大于 0 的整数，那么第一个对象就应排在第二个对象前面，如果返回的是 0，那么第一个对象就等于第二个对象，如果返回的是一个小于 0 的整数，那么第一个对象就应排在第二个对象的后面。

创建 ShowSort.jsp 页面，并在该页面中使用<s:sort>标签排序，代码如下所示：

```
<s:bean id="myComparator" name="com.yzpc.other.MyComparator"/>
<s:sort comparator="#myComparator" id="fruit"
  source="{'watermelon','peach','banana','apple','pear'}">
</s:sort>
排序后集合元素列表：<br>
<s:iterator value="#attr.fruit" var="order">
    <s:property value="order"/> <br>
</s:iterator>
```

在浏览器的地址栏中输入“http://localhost:8080/ch08_Tag/ShowSort.jsp”，运行效果如图 8-18 所示。

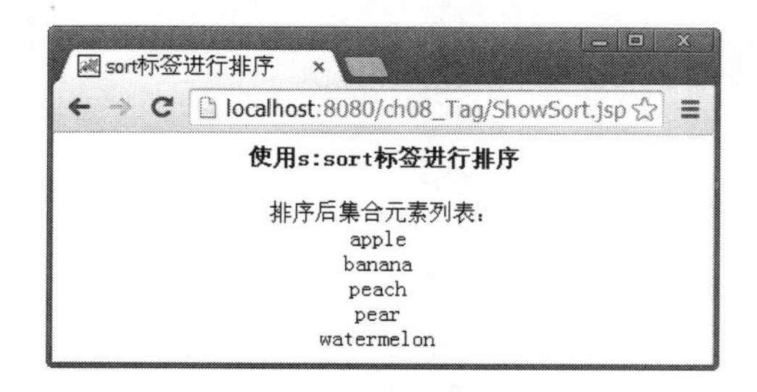

图 8-18　使用 sort 标签排序集合元素

可以看出，apple 的元素排在了第一个，watermelon 的元素排在了最后一个，该规则为按照英文字母进行排序，如果第一个字母相同，就按照第二个字母排序，以此类推。

8.4.6　<s:generator>标签

generator 标签用来将指定的字符串按照指定分隔符分隔成多个子字符串，并将这些子字符串放置到一个集合对象中。转换后的集合对象也可以使用 iterator 标签来迭代输出。

generator 标签的属性如下所示。

- separator：必填属性，用于指定解析字符串的分隔符。
- val：必填属性，用于指定被解析的字符串。
- converter：可选属性，用于指定一个转换器，用来将集合中的字符串转换成对象。
- id：可选属性，用于指定生成的集合存储于 pageContext 属性中。
- count：可选属性，用于指定生成集合中元素的数量。

下面我们通过示例来演示。在 ch08_Tag 项目中创建 ShowGenerator.jsp 页面，并在该页面中使用<s: generator>标签分割字符串，使用<s:iterator>进行迭代，代码如下所示：

```
<s:generator separator="," val="'北京,上海,天津,重庆'" id="city"/>
分隔后的字符串为：<br>
<s:iterator value="#attr.city" var="directcity">
   <s:property value="directcity"/> <br>
</s:iterator>
```

在浏览器的地址栏中输入“http://localhost:8080/ch08_Tag/ShowGenerator.jsp”，效果如图 8-19 所示。

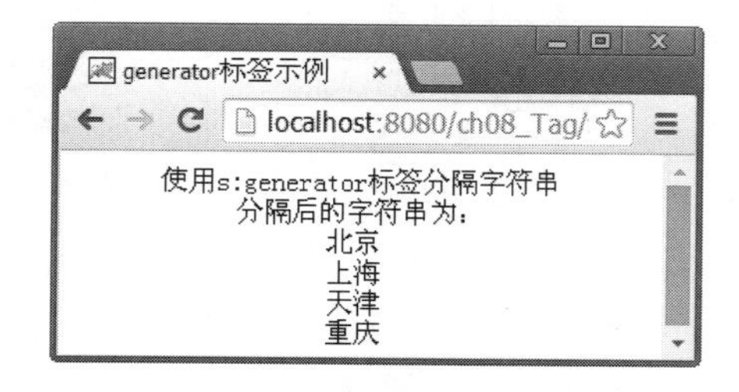

图 8-19　使用 generator 标签分隔字符串

可以这样理解：generator 将一个字符串转化成一个集合。在该标签的标签体内，整个临时生成的集合将位于 ValueStack 的顶端，但一旦该标签结束，该集合将被移出 ValueStack。

8.4.7　<s:subset>标签

subset 标签用来截取集合中的部分元素，从而形成一个新的集合。新的集合是源集合的子集，subset 标签的属性如下所示。

- count：可选属性，用于指定截取的子集合中元素的个数。
- id：可选属性，用于指定生成的子集合存储在 pageContext 属性中，可用 var 代替。
- source：可选属性，用来指定源集合，如果没有使用，则取 ValueStack 栈顶集合。
- decider：可选属性，用于指定是否选中当前元素。
- start：可选属性，用来指定从源集合中的第几个元素开始截取，第 1 个元素的索引是 0。

下面我们通过示例来演示。在 ch08_Tag 项目中创建 ShowSubset.jsp 页面，并在该页面中使用<s:subset>标签截取部分元素，并使用<s:iterator>进行迭代，代码如下所示：

```
<s:subset source="{'北京','上海','天津','重庆','广州','深圳'}"
 var="city" start="1" count="3" />
截取后的子集合为：<br>
<s:iterator value="#attr.city" var="directcity">
   <s:property value="directcity"/> <br>
</s:iterator>
```

在浏览器的地址栏中输入“http://localhost:8080/ch08_Tag/ShowSubset.jsp”，运行效果如图 8-20 所示。

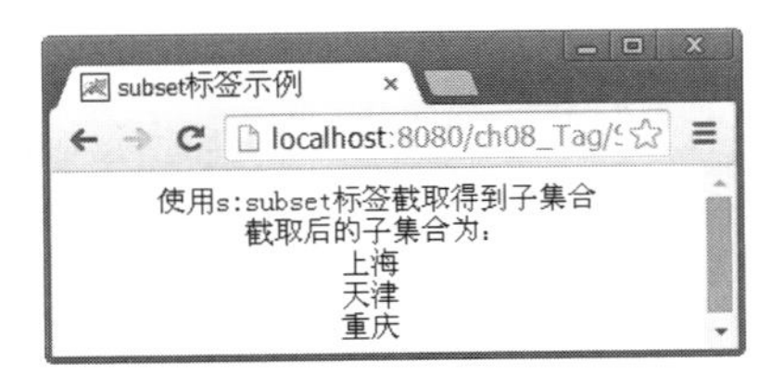

图 8-20　使用 subset 标签截取子元素

8.5　数 据 标 签

数据标签主要用于各种数据访问相关的功能以及 Action 的调用等，数据标签包含的标签有 action、bean、date、debug、i18n、include、param、push、set、text、url 和 property 等。

8.5.1　<s:action>标签

action 标签允许在 JSP 页面中访问并调用 Action。要调用 Action，就需要指定 Action 的 name 及 namespace 等属性。还可通过 executeResult 属性选择是否将处理结果包含在当前页面中。action 标签的属性如下所示。

- id：可选属性，用于指定引用该 Action 的 ID。
- name：必填属性，用于指定被调用 Action 名字。
- Namespace：可选属性，用于指定该标签调用的 Action 所对应的 namespace。
- executeResult：可选属性，用于指定是否将 Action 的处理结果对应的视图资源包含到 JSP 页面。默认值是 false，即不包含。
- ignoreContextParams：可选参数，用于指定是否忽略参数。如果为 false，则表示不忽略，即将本页面的请求参数传入被调用的 Action。

下面我们通过示例来演示。

(1) 在 ch08_Tag 项目的 com.yzpc.model 包中创建 Music 实体类，具体内容如下所示：

```
package com.yzpc.model;
public class Music {
    private String name;
    private String author;
    private String type;
    //此处省略了 3 个属性的 setXxx()和 getXxx()方法
}
```

(2) 在 com.yzpc.action 包中创建 MusicAction 类，继承 ActionSupport，内容如下：

```
package com.yzpc.action;
import com.opensymphony.xwork2.ActionSupport;
import com.yzpc.model.Music;
public class MusicAction extends ActionSupport {
    private Music music;
    //此处省略 music 属性的 setXxx()和 getXxx()方法
    @Override
    public String execute() throws Exception {
        return "success";
    }
}
```

(3) 在 struts.xml 配置文件中添加 MusicAction 类的配置，配置代码如下：

```
<action name="musicAction" class="com.yzpc.action.musicAction">
    <result name="success">/ShowActionSuccess.jsp</result>
</action>
```

(4) 新建 ShowAction.jsp 页面，使用 action 标签执行 MusicAction 类中的 execute()方法，并通过嵌套的 param 标签设置 Music 类中的属性值，该页面的代码如下：

```
<h4><font color="blue">使用 s:aciton 标签</font></h4>
<s:action name="musicAction" executeResult="true" namespace="/">
</s:action>
```

(5) 新建 ShowActionSuccess.jsp 页面，代码如下所示：

```
<h4><font color="red">显示 Action 提交的信息</font></h4>
<s:property value="music.name"/><br>
<s:property value="music.author"/><br>
```

```
<s:property value="music.type"/>
```

在浏览器中输入“http://localhost:8080/ch08_Tag/ShowAction.jsp?music.name=Yesterday Once More&music.author=Carpenters&music.type=mp3”，运行效果如图 8-21 所示。

图 8-21　使用 action 标签

8.5.2　<s:property>标签

property 标签的作用就是输出指定值。property 标签输出 value 属性指定的值，如果没有指定 value 属性，则默认输出 ValueStack 栈顶的值。

该标签有如下几个属性。

- default：可选属性，如果需要输出的属性值为 null，则显示 default 属性指定的值。
- escape：可选属性，指定是否 escape HTML 代码。
- value：可选属性，指定需要输出的属性值，如果没有指定该属性，则默认输出 ValueStack 栈顶的值。
- id：可选属性，指定该元素的标识。前面包含了大量使用 property 属性的示例，此处不再给出使用 property 属性的示例。

下面通过示例来演示。在 ch08_Tag 项目中创建 ShowProperty.jsp 页面，内容如下所示：

```
输出字符串：<s:property value="'<h3>HelloWorld! </h3>'"/><br>
设置忽略 HTML 代码：
<s:property value="'<h3>HelloWorld! </h3>'" escape="true"/><br>
设置不忽略 HTML 代码：
<s:property value="'<h3>HelloWorld! </h3>'" escape="false"/>
输出请求参数 sex 的值： <s:property  value="#parameters.sex"/><br>
输出默认值：<s:property  value="sex" default="true"/>
```

在浏览器中输入“http://localhost:8080/ch08_Tag/ShowProperty.jsp?sex=male”，运行效果如图 8-22 所示。

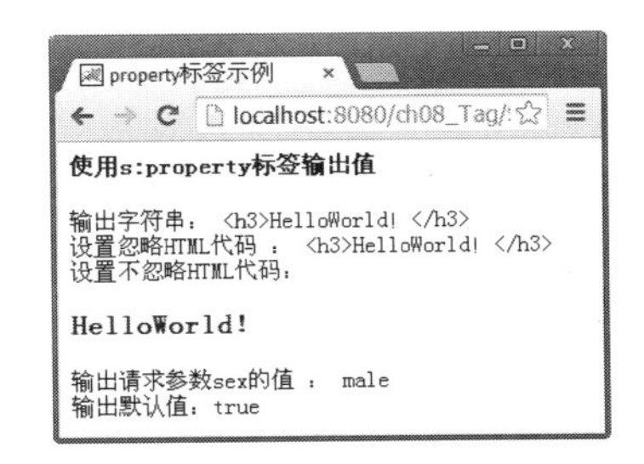

图 8-22　使用 property 标签进行输出

8.5.3 <s:param>标签

param 标签主要用来为其他标签提供参数，如 append、bean、merge 等标签，param 标签的属性如下所示。

- name：可选属性，指定需要设置参数的参数名。
- value：可选属性，指定需要设置参数的参数值。
- id：可选属性，指定引用该元素的 id。

param 标签可以使用 value 来指定参数值，代码如下所示：

```
<s:param name="color" value="'blue'"></s:param>
```

还可以通过标签体来指定参数值，代码如下所示：

```
<s:param name="color">blue</s:param>
```

两种语法格式的不同点在于，使用 value 属性设置参数值时，需要加单引号，使用标签体设置参数值时，不需要加单引号。

提示： 在使用 value 属性指定参数时，如果不添加单引号，则表示该值为引用一个对象，如果该对象不存在，则为属性赋 null 值。

param 的例子前面已经有很多了，读者可以参照前面的例子来学习，这里不再提供。

8.5.4 <s:bean>标签

bean 标签允许直接在 JSP 页面中创建 JavaBean 实例，通常，该标签与 param 标签结合起来一起使用。bean 标签创建实例，param 标签则为实例传入指定的参数值。因此，JavaBean 必须提供对应的 setter 方法，为了访问其属性，还可提供 getter 方法。

使用 bean 标签时可以指定如下两个属性。

- name：必填属性，指定要实例化的 JavaBean 的实现类。
- id：可选属性。指定 JavaBean 示例存储的变量名。JavaBean 实例会被放入 Stack Context 中(并不是 ValueStack)，从而直接通过该 id 属性来访问该 JavaBean 实例。

下面通过示例来演示。在 ch08_Tag 项目中创建 ShowBean.jsp 页面，并在该页面中使用<s:bean>标签创建 book 实例(Book 类在 s:checkboxlist 标签部分创建过)，内容如下所示：

```
<s:bean name="com.yzpc.entity.Book" id="book">
    <s:param name="name">SSH 框架技术</s:param>
    <s:param name="author" value="'王英瑛'"/>
</s:bean>
<font color="red">通过 s:property 标签输出信息</font><br>
书名：<s:property value="#book.name" /><br>
作者：<s:property value="#book.author" />
```

在浏览器的地址栏中输入“http://localhost:8080/ch08_Tag/ShowBean.jsp”，运行效果如图 8-23 所示。

图 8-23　使用 bean 标签实例化 JavaBean

8.5.5　<s:date>标签

date 标签用来格式化输出指定的日期或者时间，也可用于输出当前日期值与指定日期值之间的时间差，date 标签属性如下所示。

- format：可选属性，指定格式化样式，即根据该属性指定的格式来格式化日期。
- name：必填属性，指定要被格式化的日期值，必须指定为 java.util.Date 的实例。
- id：可选属性，指定引用该元素的 id 值。
- nice：可选属性，指定是否输出当前日期值与指定日期值之间的时间差。该属性只能为 true 或者 false，默认值为 false，即表示不输出时间差。

提示：通常 nice 和 format 属性不能同时指定，如果设置 nice 属性为 true，则指定的 format 属性将失去作用。

下面通过示例来演示。在 ch08_Tag 项目中创建 ShowDate.jsp 页面，在页面中使用脚本创建一个时间对象，并用<s:date>标签格式化输出显示，内容如下所示：

```
<%
Calendar cal = Calendar.getInstance(); //获得 Calendar 实例
cal.set(2014,5,13); //设置巴西世界杯开始时间，月份是 0~11
pageContext.setAttribute("Football",cal.getTime());
%>
<s:bean id="now" name="java.util.Date"> <!-- 当前时间 -->
   <font color="green">通过 property 输出当前时间：</font>
   <s:property value="#now"/><br>
   <font color="red">指定了 format 属性，没有指定 nice 属性：</font>
   <s:date name="#attr.now" format="yyyy 年 MM 月 dd 日"/><br>
   <font color="blue">指定了 format 属性，也指定了 nice 属性：</font>
   <s:date name="#now" format="yyyy 年 MM 月 dd 日" nice="true"/><br>
   <font color="green">距离巴西世界杯开幕还有：</font>
   <s:date name="#attr.Football" nice="true"/>
</s:bean>
```

在浏览器中输入“http://localhost:8080/ch08_Tag/ShowDate.jsp”，效果如图 8-24 所示。

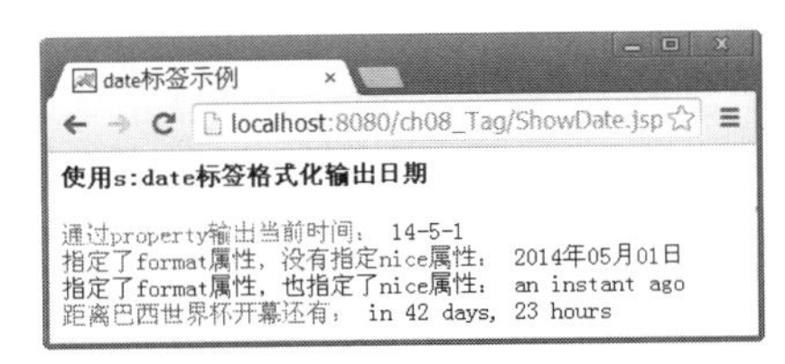

图 8-24　使用 s:date 标签格式化输出日期

8.5.6 <s:set>标签

set 标签用来定义一个新的变量，并将一个已知的值赋值给这个新变量，同时将这个新变量放到指定范围内，例如 session 范围等，等同于 JSP 中的 setAttribute()方法。假如访问某个层次很多的属性，比如说 student.teacher.parent.age，在每次访问该值时，都需要花费大量的系统开销，不仅性能低，而且代码可读性很差，大大降低了程序的性能。为了解决这个问题，可以将这个值设置为一个新值，并且放入指定范围内。

set 标签的常用属性如下。

- name：必填属性，指定重新生成的新变量的名字。
- scope：可选属性，用来指定新变量被放置存储的范围，可以是 application、session、request、page 或 action 这 5 个值，没有指定默认是 Stack Context 中。
- value：可选属性，指定赋给新变量的值。如果没有指定，使用 ValueStack 栈顶的值赋给新变量。
- id：可选属性，指定新元素的引用 ID。

下面通过示例来演示。在 ch08_Tag 项目中创建 ShowSet.jsp 页面，内容如下所示：

```
<s:bean name="com.yzpc.entity.Book" id="book">
   <s:param name="name" value="'JAVA 程序设计'" />
   <s:param name="author">吴刚</s:param>
</s:bean>
<font color="green">scope 属性值为 action 范围: </font>
<s:set value="#book" name="b1" scope="action"></s:set>
<s:property value="#b1.name"/> <br>
<font color="red">scope 属性值为 request 范围: </font>
<s:set value="#book" name="b2" scope="request"/>
<s:property value="#request.b2.author"/><br>
<font color="green">scope 属性值为 session 范围: </font>
<s:set name="pub" value="%{'清华大学出版社'}" scope="session"/>
<s:property value="#session.pub"/>
```

在浏览器的地址栏中输入“http://localhost:8080/ch08_Tag/ShowSet.jsp”，运行后，效果如图 8-25 所示。

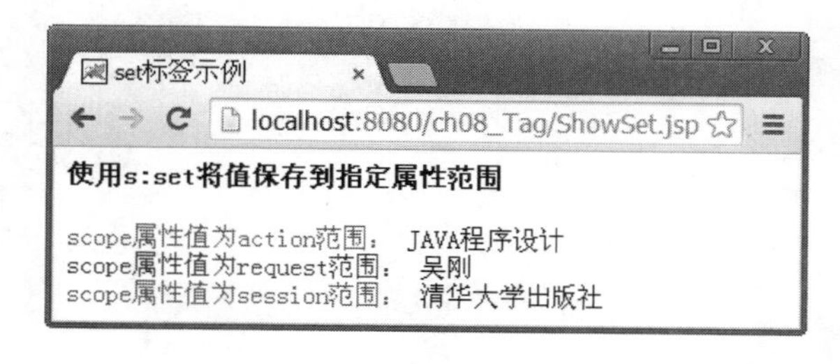

图 8-25 使用 set 标签保存值

从中可以看出，<s:set/>标签是用于生成一个新的变量，并把该变量放到指定范围内，后来便可以在各种范围内使用该变量了。

8.5.7　<s:url>标签

url 标签用来生成一个 URL 地址，可以通过在其标签体中添加 param 标签传递请求参数，从而指定 URL 发送请求参数。url 标签的属性介绍如下。

- action：可选属性，指定生成 URL 的地址为哪个 Action，如果 Action 不提供，就使用 value 作为 URL 的地址值。
- anchor：可选属性，指定 URL 的描点。
- encode：可选属性，指定是否需要 encode 请求参数。
- forceAddSchemeHostAndPort：可选属性，指定是否需要在 URL 对应的地址里强制添加 scheme、主机和端口。
- includeContext：可选属性，指定是否需要将当前上下文包含到 URL 地址中。
- includeParams：可选属性，指定是否包含请求参数。该属性的属性值只能为 none、get 或者 all，默认为 get。
- method：可选属性，指定使用 Action 的方法。
- namespace：可选属性，该属性指定命名空间。
- portletMode：可选属性，指定结果页面的 portlet 模式。
- scheme：可选属性，用于设置模式。
- value：可选属性，指定生成 URL 的地址。如果不提供，就用 action 属性指定的 Action 作为 URL 地址值。
- var：可选属性，指定该 url 元素的引用 id，建议使用 var。
- windowState：可选属性，指定结果页面的 portlet 的窗口状态。

action 属性和 value 属性的作用大致相同。指定 action 属性，系统会在指定属性后加.action 后缀。如果两个都没有指定，就以当前页作为 URL 的地址值。

下面通过示例来演示。在 ch08_Tag 项目中创建 ShowUrl.jsp 页面，内容如下所示：

```
只指定 value 属性的形式：<br>
<s:url value="showBook.action"/>    <hr>
指定 action 属性，且使用 param 传入参数的形式：<br>
<s:url action="showBook">
    <s:param name="author" value="'smith'" />
</s:url>    <hr>
不指定 action 属性和 value 属性，且使用 param 传入参数的形式：<br>
<s:url includeParams="get">
    <s:param name="id" value="%{'22'}"/>
</s:url>    <hr>
指定 action 属性和 value 属性，且使用 param 传入参数的形式：<br>
<s:url action="showBook" value="xxxx">
    <s:param name="author" value="'smith'" />
</s:url>
```

在浏览器的地址栏中输入“http://localhost:8080/ch08_Tag/ShowUrl.jsp”，查看运行效果，如图 8-26 所示。

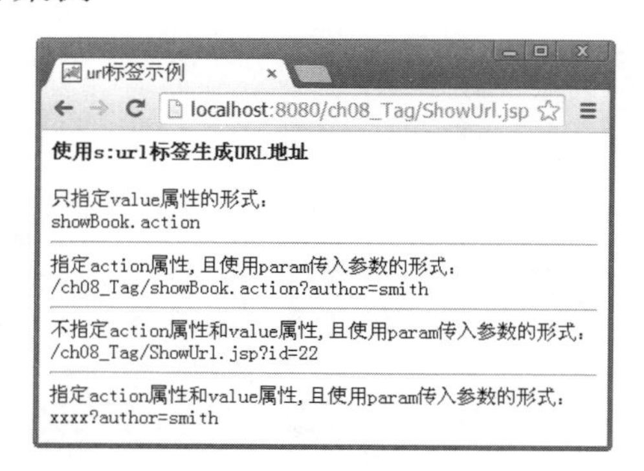

图 8-26　使用 url 标签生成 URL 地址

8.5.8　<s:include>标签

include 标签用来在当前页面中包含另一个页面(或者 Servlet)，类似于 JSP 程序中的<%@ include file="" %>、<jsp:include file="">，该标签有 value 属性，为必填属性，指定需要被包含的 JSP 页面或者 Servlet。

还可以为<s:include.../>标签指定多个<param.../>子标签，用于将多个参数值传入被包含的 JSP 页面或者 Servlet。

下面通过示例来演示，在 ch08_Tag 项目中创建 ShowInclude.jsp 页面，在页面中使用<s:include>标签包含前面的 showSet.jsp 页面，内容如下所示：

```
<h4>使用 s:include 标签包含 index.jsp 页面</h4>
<s:include value="index.jsp"></s:include>
```

被包含的 index.jsp 页面就是简单地提示“我是被包含的 index.jsp 页面！”。在浏览器地址栏中输入“http://localhost:8080/ch08_Tag/ShowInclude.jsp”，运行效果如图 8-27 所示。

图 8-27　使用 include 标签包含其他页面

8.5.9　<s:debug>标签

debug 标签主要用于辅助测试，可以用来输出服务器对象中的信息，如 request 范围的属性、session 范围的属性等。debug 标签只有一个 id 属性，这个属性仅仅是该元素的一个引用 id。在使用 debug 标签后，网页中会生成一个[Debug]的链接，单击该链接，网页中将输出各种服务器对象中的信息，例如 ValueStack 和 Stack Context 中的信息。

如果开发者需要实时地知道值栈和其他相关信息，debug 标签是个很好的工具。debug 标签可以用来辅助开发人员调试 Web 程序，方便开发人员查看服务器的各类信息。

8.5.10　<s:push>标签

push 标签用来将指定值放到 ValueStack 的栈顶，设置完成后，可以很方便地访问该值。该标签的常用属性如下。

- value：必填属性，指定需要放到 ValueStack 栈顶的值。
- id：可选属性，指定该标签的 ID，建议使用 var。

下面通过示例来演示。在 ch08_Tag 项目中创建 ShowPush.jsp 页面，在页面中使用<s:push>将一个 JavaBean 的实例放入到 ValueStack 的栈顶，从而可以通过<s:property/>标签访问，使用<s:debug>标签输出服务器端对象中的信息，示例代码如下：

```
<s:bean name="com.yzpc.entity.Book" var="book">
    <s:param name="name" value="'JAVA 程序设计'" />
    <s:param name="author">吴刚</s:param>
</s:bean>
<s:push value="#book"> <!-- 压入 ValueStack 的栈顶 -->
    书名：<s:property value="name"/><br/>
    作者：<s:property value="author"/>
    <s:debug></s:debug>      <!-- 调试  -->
</s:push>
```

在浏览器的地址栏中输入“http://localhost:8080/ch08_Tag/ShowPush.jsp”，会输出相应的信息，并产生一个[Debug]链接，点击链接后，可以看到相关的信息，运行效果如图 8-28 所示。

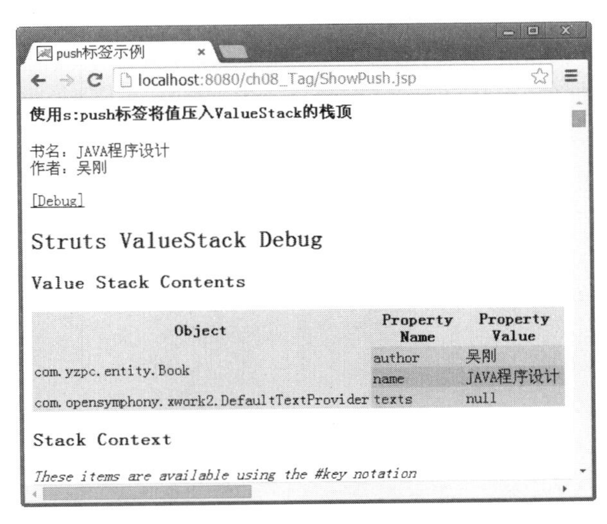

图 8-28　使用<s:push>标签

8.5.11　<s:i18n>和<s:text>标签

<s:i18n>标签主要用来进行国际化资源文件绑定，然后将其放入 ValueStack 值栈。该标签可以用来加载国际化资源文件，然后用<s:text>标签或者在表单标签中使用 key 属性来访

问国际化资源文件。<s:i18n>标签只有一个 name 属性，用来指定资源文件。

<s:text>标签主要用来输出国际化资源文件信息，当 JSP 页面中用<s:i18n>标签指定国际化资源文件后，就可以使用<s:text>标签来输出 key 值对应的 value 值，常用属性如下。

- name：必填属性，指定要获取的资源属性。
- searchValueStack：可选属性，若无法获取资源属性，是否到值栈中搜索其属性。
- var：可选属性，指定命名得到的资源属性，然后放入 ValueStack 中。

下面示范了 text 标签的用法(具体应用将在后面的章节中介绍)：

```
<s:text name="struts.date.format"/><br>     <!-- 资源文件 -->
<s:text name="struts.date.format" var="date"/>
```

8.6 小　　结

在 Struts 2 框架中，视图层主要是通过丰富的标签组成的，本章主要学习了标签库的用法和用处，包括如何通过标签库来改进 JSP 页面的数据显示。本章重点是介绍 Struts 2 标签库的用法，详细地讲解了 Struts 2 的表单标签、非表单标签、控制标签、数据标签各个参数的实际用途及意义，并且用详细的示例代码演示了这些标签，让读者能有一个直观的认识。在 Struts 2 框架中还包括一部分 Ajax 标签，该类标签将在第 13 章再做详细的介绍。

第 9 章　OGNL 和类型转换

本章讲解 Struts 2 的类型转换和对 OGNL 的支持。Struts 2 提供了内置类型转换器，可以自动地对客户端传来的字符串进行类型转换，开发者也可以开发自己的类型转换器，以实现更复杂的类型转换。OGNL 工作在视图层，可以简化数据的访问操作。Struts 2 框架使用 OGNL 作为默认的表达式语言，用来从框架的不同区域以一种一致的方式引用数据。通过前面的学习，我们已经了解了 Struts 2 框架针对传入的表单字段能够指向用于处理请求的 Action 类的 Java 属性，其实，这都是 OGNL 的功劳。

9.1　OGNL 和 Struts 2

9.1.1　数据转移和类型转换

在开发 Web 应用程序时，最常见的是从基于字符串的 HTTP 请求向 Java 语言的不同数据类型移动和转换数据，我们都知道，从表单数据向不同数据类型转换数据是件很乏味的工作，这个乏味的工作随着从字符串向各种 Java 类型的转换而变得复杂，将字符串解析为浮点型或者将字符串“组装”成各种 Java 对象，这些工作没有一点意思，但这些任务又都是“基础设施”，所有这些转换都是为真正的工作做准备的。

数据转移和类型转换实际上发生在请求处理周期的两端，我们已经看到了框架将数据从基于文本的 HTTP 请求转移到 Action 类的 JavaBean 属性，相同的事情同样发生在另一边，当结果呈现给用户时，这些 JavaBean 属性中的数据又“回到”页面，虽然我们没有过多的考虑，但真地使数据又从 Java 类型再次被转换回了字符串。

数据转移和类型转换是 Web 应用程序与生俱来的部分，几乎每一个 Web 应用程序的每个请求都会发生。相信不会有人反对将这些乏味的工作交给框架自动完成。Struts 2 数据转移和类型转换机制功能强大，并且秉承了 Struts 2 框架的优点，非常容易扩展。那么，到底是谁帮助 Struts 2 提供了这个强大功能呢？这就是 OGNL。

9.1.2　OGNL 概述

OGNL 的全称是 Object Graph Navigation Language，即对象导航图语言。它是一个开源项目，工作在视图层，用来取代页面中的 Java 脚本，简化数据的访问操作。

与 JSP 2.0 中内置的 EL 相比，它们都属于表达式语言，用于进行数据访问，但是 OGNL 的功能更加强大，提供了许多 EL 所不具备的功能，比如强大的类型转换功能、访问方法、操作集合对象、跨集合投影等。

OGNL 是一种强大的技术，它被集成在 Struts 2 框架中，用来帮助实现数据转移和类型转换。OGNL 在 Struts 2 中就是基于字符串的 HTTP 输入/输出与 Java 对象内部处理之间的“黏合剂”，它的功能非常强大。尽管看起来可以在没有真正了解 OGNL 的情况下使用框架，但是学习了 OGNL 这个强大的工具，开发效率将会成倍提升。

OGNL 在框架中主要做两件事情：表达式语言和类型转换器。

9.1.3 OGNL 表达式

使用 OGNL 表达式将 Java 的数据和基于文本的视图中的字符串绑定起来，这通常出现在表单输入的 name 属性或者 Struts 2 标签的各种属性中。OGNL 提供一个简单的语法，将表单或 Struts 2 标签与特定的 Java 数据绑定起来，用来将数据移入、移出框架。如我们前面学习过的页面中，<input type=“text” name=“user.username” />的输入对应 Action 类中 User 对象的 name 属性。登录页面输入框的 name 用到的名字就是 OGNL 的表达式，在欢迎页面使用<s:property value=“user.username” />。两个 user.username 表达式都是相同的，但前一个保存对象属性的值，后一个是取得对象属性的值。

OGNL 要结合 Struts 标签来使用。由于比较灵活，也容易把人弄晕，尤其是“%”、“#”、“$”这三个符号的使用。

由于“$”广泛应用于 EL 中，这里重点介绍“%”和“#”符号的用法。

1. “#”符号有三种用途

(1) 访问非根对象的属性，如 OGNL 上下文和 Action 上下文，由于 Struts 2 中值栈被视为根对象，所以访问其他非根对象时，需要加“#”前缀。

例如#session.msg 表达式，实际上，#相当于 ActionContext.getContext()；#session.msg 表达式相当于 ActionContext.getContext().getSession().getAttribute(“msg”)。

(2) 用于过滤和投影集合，例如 persons.{?#this.age>20}、books.{?#this.price>35}。

(3) 用来构造 Map，在上一章的表达式的例子中，我们就使用过“#”符号构造 Map，例如“#{‘key1’:‘value1’, ‘key2’:‘value2’, ‘key3’:‘value3’}”，这种方式常用在给 radio 或 select、checkbox 等标签赋值上。如果要在页面中取一个 Map 的值，可以这样写：

```
<s:property value="#myMap['1001']"/>
<s:property value="#myMap['1002']"/>
```

2. “%”符号的用途

“%”符号是在标签的属性值被理解为字符串类型时，告诉执行环境%{}里的是 OGNL 表达式。%符号的用途是在标志的属性为字符串类型时，计算 OGNL 表达式的值，如下面的代码所示：

```
<h3>构造 Map</h3>
<s:set name="foobar" value="#{'foo1':'bar1', 'foo2':'bar2'}" />
<p>The value of key "foo1" is
<s:property value="#foobar['foo1']" /></p>
<p>不使用%: <s:url value="#foobar['foo1']" /></p>
```

```
<p>使用%：<s:url value="%{#foobar['foo1']}" /></p>
```

运行结果如下所示：

```
The value of key "foo1" is bar1
不使用%：#foobar['foo1']
使用%：bar1
```

这说明 Struts 2 里不同的标签对 OGNL 表达式的理解是不一样的。当有的标签“看不懂”类似“#foobar['foo1']”的语句时，就要用%{}来把这括进去，“翻译”一下。

3. “$”有两种用途

(1) 在国际化资源文件中，引用 OGNL 表达式。例如，国际化资源文件中的代码：

```
reg.agerange=国际化资源信息：年龄必须在${min}同${max}之间
```

(2) 在 Struts 2 配置文件中，引用 OGNL 表达式，例如下面的配置：

```
<action name="saveUser" class="userAction" method="save">
    <result type="redirect">listUser.action?msg=${msg}</result>
</action>
```

9.1.4 OGNL 如何融入框架

从架构的角度理解 OGNL 在框架中的作用，可以让使用它变得更容易。为便于理解，在学习类型转换之前，我们先看看 OGNL 是如何融入 Struts 2 框架的，如图 9-1 所示。

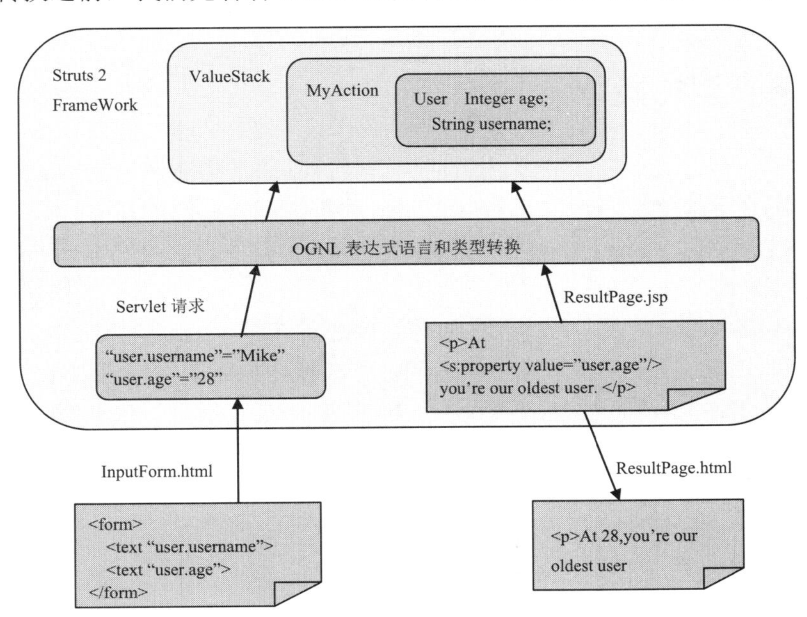

图 9-1　Struts 2 数据的流入与流出

图 9-1 展示了数据进入和流出 Struts 2 框架的路径。数据从 InputForm.html 页面中的 HTML 表单开始，用户提交一个请求，Struts 2 框架处理请求并返回到用户的响应

(ResultPage.html)。为了突出感兴趣的内容，代码采用了伪标记和伪代码的形式表示。

9.2 类型转换

在基于 HTTP 协议的 Web 应用中，客户端请求的所有内容，比如在表单中输入的姓名、年龄、生日等，都以文本编码的方式传递到服务器端，但服务器端的编程语言(例如 Java)却有着丰富的数据类型，比如 int、boolean、Date 及自定义类型等。因此，当这些参数进入应用程序时，它们必须被转换为合适的服务器端编程语言的数据类型。

在 Servlet 或 JSP 页面中，类型转换工作是由程序员自己完成的，比如可以通过下面的语句完成字符串类型与整型、字符串类型和日期类型之间的类型转换：

```
String sage = request.getParameter("age");
int age = Integer.parseInt(sage);
String sbirth = request.getParameter("birthday");
DateFormat sd = new SimpleDateFormat("yyyy/MM/dd");
Date birthday = sd.parse(sbirth);
```

可以看出，类型转换的工作是必不可少的，非常乏味的，而且也是重复性的，如果有一个好的类型转换机制，将大大节省开发时间，提高开发效率。

作为一个成熟的 MVC 框架，Struts 2 提供了非常强大的类型转换功能，提供了多种内置类型转换器，可以自动对客户端传来的数据继续按类型转换，这一过程对开发者来说是完全透明的。另外，Struts 2 还提供了很好的扩展性，如果内置类型转换器不能满足应用需求，开发者可以简单地开发出自己的类型转换器。

9.2.1 简单类型转换

在简单类型转换方式下，Struts 2 内置的类型转换器通常都能满足应用需求。Struts 2 框架自带了对 HTTP 本地字符串和以下列出的 Java 类型之间转换的内建支持。

- String：将 int、long、double、boolean、String 类型的数组或 java.util.Date 类型转换为字符串。
- boolean/Boolean：在字符串和布尔值之间进行转换，true 和 false 字符串。
- char/Character：在字符串和字符之间进行转换，原始类型或者对象类型。
- int/Integer、float/Float、long/Long、double/Double：在字符串和数值型的数据之间进行转换，原始类型或者对象类型。
- Date：在字符串和日期类型之间转换。具体输入输出格式与当前的 Locale 相关。
- array：每一个字符串元素必须能够转换为数组类型。
- List：默认情况下使用 String 填充。
- Map：默认情况下使用 String 填充。

当框架定位到一个给定的 OGNL 表达式执行的 Java 属性时，它会查找这个类型的转换器。如果这个类型在前面的列表中，你不需要做任何事情，等着接收数据即可。为了使用内建的类型转换器，只需要构造一个指向 ValueStack 上某个属性的 OGNL 表达式。

但强大的 Struts 2 内置类型转换也有不完善的情况，如输入/输出的日期的格式必须与当前的 Locale 有关，如果输入的格式不符合要求，那么 Struts 2 框架也就无能为力了，当然，我们已经介绍过的类型转换是可以扩展的。

下面介绍会员注册功能的示例，在该例中，用户不需要自己编写相关的类型转换器，Struts 2 内置的类型转换器将自动完成转换工作。

(1) 在 MyEclipse 开发工具中创建 Web 项目 ch09_02_Register，配置 Struts 2 开发环境，web.xml 文件的配置内容与前面章节一致。

(2) 新建用户注册页面 register.jsp，在该页面中包含一个表单，具体内容如下所示：

```
<h3><font color="blue">用户注册页面</font></h3>
<s:form action="reg.action" method="post">
   <s:textfield name="username" label="用户名" size="20"/>
   <s:password name="password" label="密码" size="20"/>
   <s:textfield name="realname" label="姓名" size="20"/>
   <s:radio name="sex" list="{'男','女'}" label="性别"/>
   <s:textfield name="age" label="年龄" size="20"/>
   <s:select name="degree" label="学历"
     list="{'高中及以下','大学专科','大学本科','研究生及以上'}"/>
   <s:textarea name="address" label="家庭地址" />
   <s:hidden name="id" value="140101"/>
   <s:submit value="提交"/>
</s:form>
```

上述代码实现了用户注册的表单，用户需要输入用户名、密码、姓名、年龄和家庭住址，并且要选择相应的性别和学历，设置的表单被提交后，这些信息都被作为字符串提交给服务器端的 Action。

(3) 在项目的 src 目录下新建 com.yzpc.action 包，并在该包中创建 RegisterAction，用于处理用户的注册信息，其具体内容如下所示：

```
package com.yzpc.action;
import com.opensymphony.xwork2.ActionSupport;
public class RegisterAction extends ActionSupport {
    private int id;
    private String username;
    private String password;
    private String realname;
    private String sex;
    private int age;
    private String degree;
    private String address;
    //省略属性的 getter、setter 方法
    @Override
    public String execute() throws Exception {
        return super.execute();
    }
}
```

在上述 Action 类中，定义了 6 个 String 类型、2 个 int 类型的属性，而客户端提交的都

是字符串类型的数据，会员的 id 和年龄需要从字符串类型转换为 int 类型。

(4) 配置 src 目录下的 struts.xml 文件，配置内容如下所示：

```
<constant name="struts.i18n.encoding" value="gb18030" />
<package name="user" extends="struts-default" namespace="/">
    <action name="reg" class="com.yzpc.action.RegisterAction">
        <result name="success">/showRegInfo.jsp</result>
    </action>
</package>
```

(5) 新建注册信息显示页面 showRegInfo.jsp，输出会员注册信息，内容如下所示：

```
<h3><font color="blue">注册的信息如下：</font></h3>
用户名：<s:property value="username" /><br>
密码：<s:property value="password" /><br>
姓名：<s:property value="realname" /><br>
性别：<s:property value="sex" /><br>
年龄：<s:property value="age" /><br>
学历：<s:property value="degree" /><br>
家庭地址：<s:property value="%{address}" /><br>
隐藏的 ID：<s:property value="id" />
```

在注册信息显示页面中，Struts 2 框架中的 textarea 标签内容的输出与其他不一样，使用“%{address}”表达式。

提示： Struts 2 中有些标签是不带解析功能的，写的什么就是什么，如果实在要从别的地方拿值放在里面，可以考虑用%{}，%{}的作用是将它中间的文字解析成运算结果。

(6) 部署程序，在浏览器中输入“http://localhost:8080/ch09_02_Register/register.jsp”，然后在表单中填写注册信息，如图 9-2 所示。

单击“提交”按钮，在注册信息显示页面中显示用户注册信息，如图 9-3 所示。

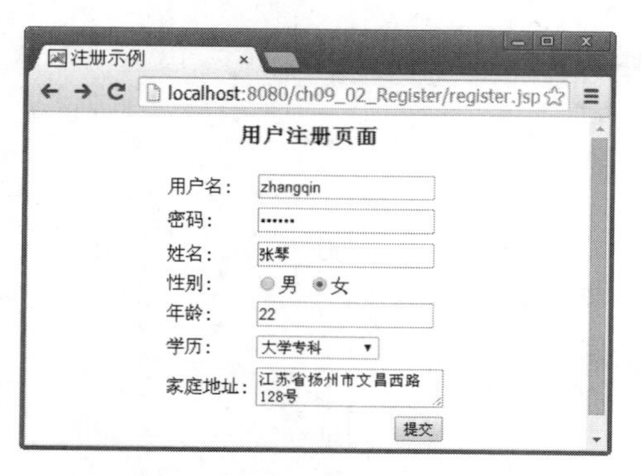

图 9-2 用户注册页面

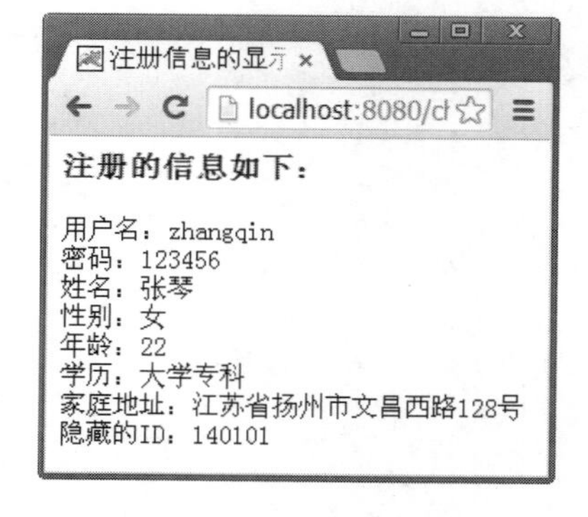

图 9-3 注册信息显示页面

9.2.2 使用 OGNL 表达式

Struts 2 框架支持 OGNL 表达式，通过 OGNL 表达式可以将用户请求转换为复合类型。

下面通过示例来讲解 OGNL 表达式，在这个示例中，会用到上面介绍的大部分语法，有变量的访问、有操作列表 Lists、有操作映射 Maps，还有选择操作等，在 JSP 中完成这个示例。

本项目的控制逻辑比较简单，重心将放在页面 JSP 文件使用 OGNL。在这个项目中有一个 User 类的定义，其中包含三个成员变量：username、sex、age。然后在 Action 中定义一个链表 List 的对象，向链表中增加三个 User 类的对象，最后在页面上对 List 进行操作。同时在 Action 中还会获取当前 Action 的请求 request，以及会话 session，然后在其中分别添加一对键值，在页面上再通过 OGNL 表达式进行访问。最后还会在页面上定义一个 MAP 对象，然后对其进行读取操作。

创建项目 ch09_02_OGNL，整个项目的目录结构如图 9-4 所示。

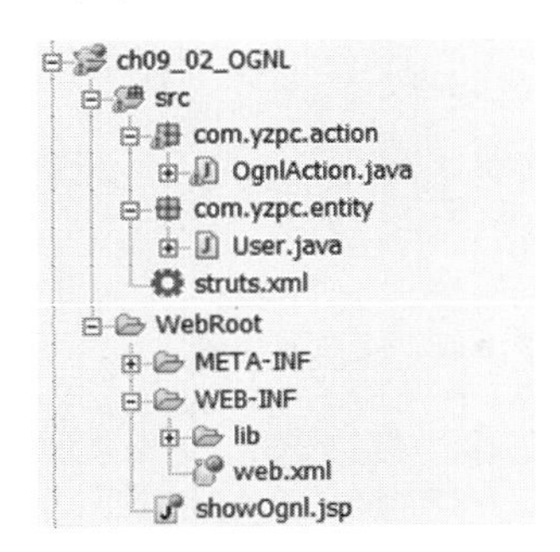

图 9-4 项目结构

从项目的目录结构中可以看出，这是一个相对简单的项目，包含 5 个源文件，分别是 User.java、OgnlAction.java、showOgnl.jsp、struts.xml、web.xml。这些文件的意义与前面章节的项目一致，因此这里不再重复。在下面将按顺序分别详细讲解 OGNL 在 JSP 页面中的使用方法。

(1) 首先看看模型 User 类的定义文件 User.java，这个 JavaBean 风格的类一共有 3 个成员变量，这个类用来为页面提供数据模型，具体的代码如下：

```
package com.yzpc.entity;
public class User {
    //三个成员变量的定义
    private String username;
    private String sex;
    private int age;
    //省略属性的getter、setter方法
    //下面是构造函数
    public User(String username, String sex, int age) {
        super();
        this.username = username;
        this.sex = sex;
        this.age = age;
    }
}
```

这个类定义了 3 个私有成员变量以及它们各自的 Get、Set 方法，还有一个显式定义的

构造函数，是为了方便在 Action 中生成 User 类实例。

(2) 创建 OgnlAction 类，用来实现对提交的 Action 进行处理，具体代码如下：

```
package com.yzpc.action;
import javax.servlet.http.HttpServletRequest;
import javax.servlet.http.HttpSession;
import org.apache.struts2.ServletActionContext;
import java.util.List;
import com.yzpc.entity.User;
import com.opensymphony.xwork2.ActionSupport;
public class OgnlAction extends ActionSupport {
    private HttpServletRequest request;
    private HttpSession session;
    private List<User> users;
    //省略属性的 getter、setter 方法
    @Override
    public String execute() throws Exception {
        //获取 request 和 session
        request = ServletActionContext.getRequest();
        session = request.getSession();
        //在 request 和 session 中添加一对键值
        request.setAttribute("userName","姓名来自于 request 对象");
        session.setAttribute("userName","姓名来自于 session 对象");
        //在 List 对象添加 3 个 User 类的对象
        users = new LinkedList<User>();
        users.add(new User("徐新鹏", "男", 20));
        users.add(new User("王珍", "女", 21));
        users.add(new User("刘冬", "男", 22));
        return SUCCESS;
    }
}
```

为了验证演示 OGNL 的语法功能，在 Action 中一开始就定义了 HttpServletRequest 和 HttpSession 类的对象，以便为页面提供数据，同时为了演示对 List 的各种操作，故又增加了一个用来存放 User 类对象的 List 的成员变量。定义了这些工具类之后，接下来便为它们赋值，request 和 session 分别赋值为当前 Action 的请求和会话，在 List 中也添加了 3 个 User 对象。

(3) 有了这些准备之后，就可以在页面上通过 OGNL 表达式对值栈进行访问了。JSP 文件将是该示例项目的核心文件，通过这个 JSP 文件，将演示前述的 OGNL 语法特性是如何应用到具体的页面中的。

这里重点阐述一下 showOgnl.jsp 文件，该页面文件的代码如下：

```
<%@ page language="java" import="java.util.*" pageEncoding="GB18030"%>
<%@taglib prefix="s" uri="/struts-tags"%>
...
<h3><font color="blue">访问 Action 上下文</font></h3>
<!-- 对 request 和 session 中的值进行访问 -->
request.userName:<s:property value="#request.userName" /><br/>
session.userName:<s:property value="#session.get('userName')"/>
```

```
<hr />
<h3><font color="blue">用于过滤和投影集合</font></h3>
<p>年龄小于 21 岁的名单</p>
<ul><!-- 在 List 中选择年龄小于等于 21 岁的 User 对象  -->
    <s:iterator value="users.{?#this.age<=21}">
    <li><s:property value="username" />
    年龄是：<s:property value="age" />岁!</li>
    </s:iterator>
</ul>
<!-- 显示 List 中 username 值为'刘冬'的 User 对象的性别和年龄   -->
<p><font color="green">'刘冬'的性别和年龄分别是：
<s:property value="users.{?#this.username=='刘冬'}.{sex}[0]"/>
, <s:property value="users.{?#this.username=='刘冬'}.{age}[0]"/>
</font></p>
<hr/>
<h3><font color="blue">构造 Map</font></h3>
<!-- 定义 Map，然后选择对应的键进行访问 -->
<s:set name="xu" value="#{'xp':'徐鹏','wz':'王珍','ld':'刘冬'}" />
<p>键值"xp"是：<font color="red">
<s:property value="#xu['xp']" /></font>的缩写</p>
```

开始的两句代码显式地声明了页面对中文的支持，声明了使用 Struts 2 的标签库。后续的是一系列使用 OGNL 对 List 的操作，这些语法特性在前述的小节已经详细阐述，在这里不再重复，为了使用 OGNL 对 List 进行操作，借助了 Struts 2 的<s:property>标签，类似的标签还有<s:iterator>、<s:set>标签等。

注意下面这句代码：

```
users.{?#this.username=='wangzhen'}.{age}[0]
```

其中，users.{?#this.username==‘王珍’}.{age}这个投影表达式正是用来获得链表 List 中姓名为王珍的 User 对象中的 age 属性，但是这个表达式返回的是一个集合，所以要用[索引]来访问其值。

(4)　页面完成后，最后就是配置文件，web.xml 的配置文件与其他项目一致，struts.xml 文件的内容如下：

```
<constant name="struts.i18n.encoding" value="gb18030" />
<package name="OGNL" extends="struts-default" namespace="/">
    <default-interceptor-ref name="completeStack"/>
    <action name="ognl" class="com.yzpc.action.OgnlAction">
        <result name="success">/showOgnl.jsp</result>
    </action>
</package>
```

整个项目就只有一个 Action，因而配置文件也相对简单，即只要配置一个 Action。在这里也就不用再多做解释了。

(5)　部署项目后，在浏览器中输入“http://localhost:8080/ch09_02_OGNL/ognl.action”，运行效果如图 9-5 所示。

List 与 Map 的处理基本一致：只是 Map 是“Action 属性名[‘key 值’] 属性名”，而 List

是“Action 属性名['索引 值'] 属性名”。

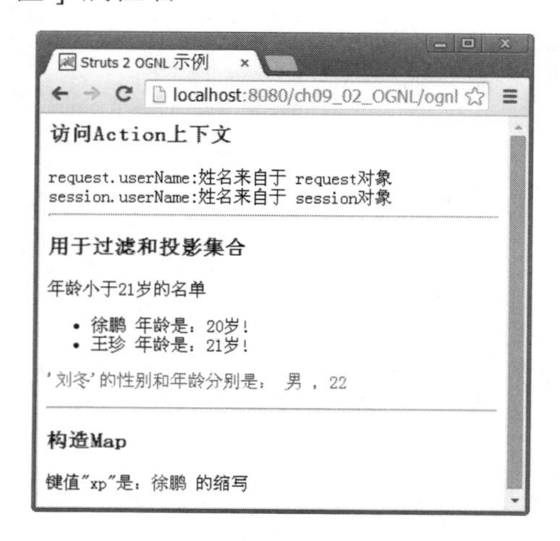

图 9-5 使用 OGNL 表达式

9.3 自定义类型转换器

随着互联网的不断普及，用户体验已经成为网站吸引用户的主要手段。在某一程序中，要填入坐标和时间，用户不希望分别填写 X 坐标和 Y 坐标，而是希望以某种格式(使用工具将经纬度转换为坐标格式，例如(134.56, 156.79)直接输入。用户希望以任何正确的时间格式输入的时间都能够成功发布，如登记日期输入框中输入“2014/04/13”或“2014 年 4 月 13 日”都可以，而不是某种特定的时间格式。针对 Java 的基本数据类型以及一些系统类(例如 Date 类、集合类)，Struts 2 提供了内置类型转换功能，但也有一定的限制。Struts 2 还没有智能到可以进行自动类型转换，内置的日期类型转换对输入输出格式是有要求的。如果希望 Struts 2 更智能一些，能够对多种格式的日期进行转换，该怎么办呢？可以通过自定义类型转换器完成，由开发者指定输入格式及转换逻辑。

9.3.1 基于 OGNL 的类型转换器

Struts 2 的类型转换可以使用基于 OGNL 表达式的方式，在 ognl-x.x.x.jar 包中有 ognl.TypeConverter 接口，该接口只有一个抽象方法，在 OGNL 中，DefaultTypeConverter 类实现 ognl.TypeConverter 接口，该类提供了一个简化的 convertValue()方法，如下所示：

```
public Object convertValue(Map context, Object value, Class toType) {
   return OgnlOps.convertValue(value, toType);
}
```

在 convertValue()方法中，包含有 3 个参数，意义如下。

- Map context：表示类型转换的上下文环境。
- Object value：表示需要进行类型转换的参数。
- Class toType：表示转换目标的类型。

提示： 类型转换器根据 value 参数来判断类型转换方向，由于在类型转换器中，通过 convertValue()方法获得返回的转换结果，所以，当把复合类型转换为字符串类型时，该方法返回类型为复合类型；当把字符串类型转换为复合类型时，该方法返回字符串类型。

要创建基于 OGNL 的类型转换器，必须实现 TypeConverter 接口或者继承该接口的实现类 DefaultTypeConverter，并重写 convertValue 方法。

9.3.2　基于 Struts 2 的类型转换器

xwork-core-x.x.x.jar 包中也同样有一个名为 TypeConverter 的接口，com.opensymphony.xwork2.conversion.TypeConverter 接口与 ognl.TypeConverter 相同，都含有一个名称为 DefaultTypeConverter 的实现类，但是这两个类所在的包不同，而且它们的实现也不同。

1. 创建自定义类型转换器

Struts 2 提供了一个开发人员编写自定义类型转换器时可以使用的基类：org.apache.struts2.util.StrutsTypeConverter。StrutsTypeConverter 类是抽象类，继承 DefaultTypeConverter 类。在 Struts 2 API 文档中，StrutsTypeConverter 类的继承关系结构如图 9-6 所示。

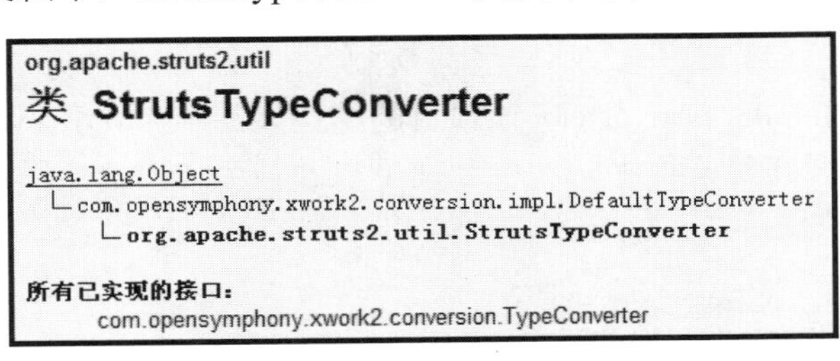

图 9-6　StrutsTypeConverter 类的继承结构

StrutsTypeConverter 类定义了两个抽象方法，用于不同的转换方向。

- public Object convertFromString(Map context, String[] values, Class toType)：将一个或多个字符串转换为指定的类型，参数 context 是表示 Action 上下文的 Map 对象，values 是要转换的字符串值，toType 是要转换的目标类型。
- public String convertToString(Map context, Object object)：将指定对象转化为字符串，参数 context 是表示 Action 上下文的 Map 对象，参数 object 是要转换的对象。

如果继承 StrutsTypeConverter 类编写自定义类型转换器，需要覆盖这两个抽象方法。

2. 配置自定义类型转换器

自定义了类型转换器后，还必须进行配置，将类型转换器与某个类或属性通过 properties 文件建立关联。Struts 2 提供了两种方式来配置转换器，一种是应用于全局范围的类型转换器，一种是应用于特定类型的类型转换器。

(1)　应用于全局范围的类型转换器

要指定应用于全局范围的类型转换器，需要在 classpath 的根路径下(通常是 WEB-INF/

classes 目录，在开发时对应 src 目录)创建一个名为 xwork-conversion.properties 的属性文件，其内容为：

```
转换类全名 = 类型转换器类全名
```

(2) 应用于特定类的类型转换器

要指定应用于特定类的类型转换器，需要在特定类的相同目录下创建一个名为 ClassName-conversion.properties 的属性文件(ClassName 代表实际的类名)，其内容为：

```
特定类的属性名 = 类型转换器类全名
```

9.3.3 注册自定义类型转换器

下面在示例中按照创建和配置类型转换器的方法创建 3 个自定义类型转换器，分别是不同时间格式的类型转换器、逗号分隔的“x,y”两个数坐标格式的类型转换器、复选框选择的集合类型格式的相应的类型转换器，如图 9-7 所示。

图 9-7 类型转换器的要求

(1) 创建项目 ch09_03_Converter，该项目的结构如图 9-8 所示，web.xml 文件的配置与前面的章节一致。读者在验证程序时，可分别单独做某个转换器，以减小难度。

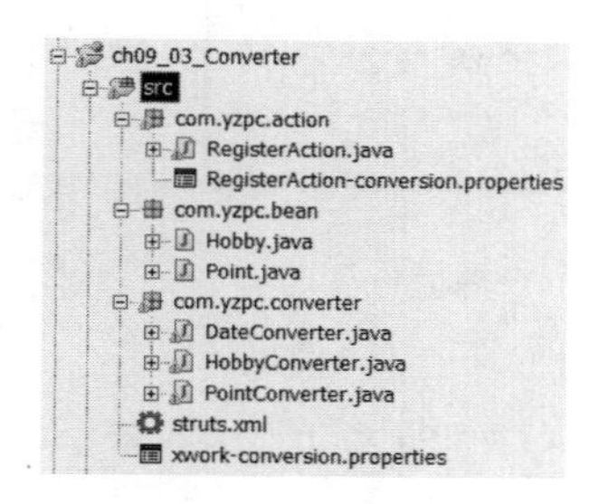

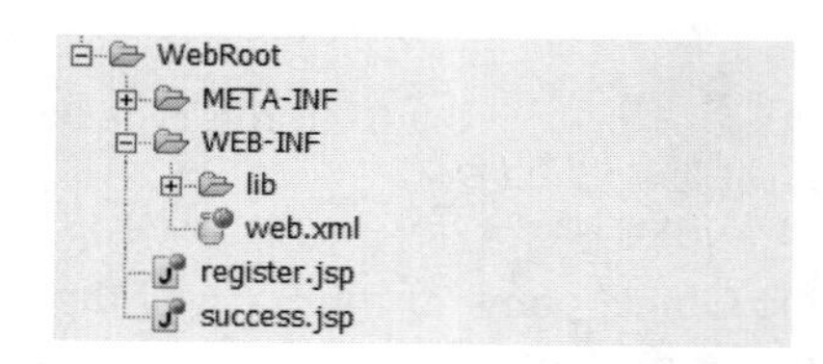

图 9-8 项目结构

(2) 创建坐标格式的类型转换器。

首先，创建坐标类 Point，只有 x 和 y 两个属性，代码如下所示：

```
package com.yzpc.bean;
//坐标类
public class Point {
    private double x; //X 坐标
    private double y; //Y 坐标
    //省略 x、y 属性的 setter、getter 方法
}
```

其次，针对坐标类 Point 的类型转换，创建类型转换类 PointConverter，该类继承自 StrutsTypeConverter，要求用户以“x,y”的格式输入，分别输出 x 坐标和 y 坐标。该类型转

换器只应用于 RegisterAction 类，实现代码如下所示：

```
package com.yzpc.converter;
import java.util.Map;
import org.apache.struts2.util.StrutsTypeConverter;
import com.yzpc.bean.Point;
//坐标类型转换类
public class PointConverter extends StrutsTypeConverter {
    // 将字符串转换为坐标类型
    public Object convertFromString(Map context, String[] values,
      Class toType) {
        //获取 X、Y 坐标
        String str = values[0];
        String xy[] = str.split(",");
        double x = Double.parseDouble(xy[0]);
        double y = Double.parseDouble(xy[1]);
        Point point = new Point();         //构建坐标对象
        point.setX(x);
        point.setY(y);
        return point;                      //返回坐标对象
    }
    //将坐标对象转换为字符串
    public String convertToString(Map context, Object object) {
        Point point = (Point)object;
        double x = point.getX();
        double y = point.getY();
        String str = "(" + x + "," + y + ")";
        return str;               //返回字符串
    }
}
```

注意，values 的类型是 String 数组，而不是 String，即使客户端只输入了一个字符串，也被当作字符串数组处理(当然此时只有一个元素)。因为用户请求参数可能是字符串形式，如姓名、年龄，也可能是字符串数组形式，比如爱好、课程等复选框，因此考虑到最通用的情况，将所有的请求参数都视为字符串数组。

然后，在 RegisterAction 类的同一个目录下创建 RegisterAction-conversion.properties 属性文件，并添加如下所示的内容：

```
point=com.yzpc.converter.PointConverter
```

(3)　创建日期类型的类型转换器。

首先，针对日期类 java.util.Date 进行类型转换，创建日期类型转换类 DateConverter，该类继承自 StrutsTypeConverter。要求客户端可以使用“yyyy-MM-dd”、“yyyy/MM/dd”或者“yyyy 年 MM 月 dd 日”中的任一个数输入，并且以“yyyy-MM-dd”的格式输出，该类型转换器应用于全局范围，实现代码如下所示：

```
package com.yzpc.converter;
import java.text.DateFormat;
import java.text.SimpleDateFormat;
import java.util.Date;
```

```
import java.util.Map;
import org.apache.struts2.util.StrutsTypeConverter;
import com.opensymphony.xwork2.conversion.TypeConversionException;
public class DateConverter extends StrutsTypeConverter {
    private  final DateFormat[] dfs = { // 支持转换的多种日期格式
        new SimpleDateFormat("yyyy年MM月dd日"),
        new SimpleDateFormat("yyyy-MM-dd"),
        new SimpleDateFormat("yyyy/MM/dd"),
        new SimpleDateFormat("yyyy.MM.dd"),
        new SimpleDateFormat("yy/MM/dd"),
        new SimpleDateFormat("MM/dd/yy")
        //还可以加更多类型
    };
    //将指定格式字符串转换为日期类型
    public Object convertFromString(Map context, String[] values,
      Class toType) {
        String dateStr = values[0];          //获取日期的字符串
        for (int i=0; i<dfs.length; i++) { //遍历日期支持格式，进行转换
            try {
                return dfs[i].parse(dateStr);
            } catch (Exception e) {
                continue;
            }
        }
        //如果遍历完毕后仍没有转换成功，抛出转换异常
        throw new TypeConversionException();
    }
    //将日期转换为指定格式字符串
    public String convertToString(Map context, Object object) {
        Date date = (Date)object;
        //输出的格式是yyyy-MM-dd
        return new SimpleDateFormat("yyyy-MM-dd").format(date);
    }
}
```

然后在 src 目录下创建文件 xwork-conversion.properties，并添加如下所示的内容：

```
java.util.Date=com.yzpc.converter.DateConverter
```

注意其中 key 为 Date 类的完整类名，而不是属性名 birthday 或其他。

(4) 创建复选框选择的集合类型格式的类型转换器。

首先，创建兴趣类 Hobby，只有一个属性 hobby，代码如下所示：

```
package com.yzpc.bean;
public class Hobby {
    private String hobby;
    //必须提供默认构造器
    //否则出现实例化异常，即java.lang.InstantiationException
    public Hobby() {
        super();
    }
    //省略hobby属性的setter、getter方法
```

```
}
```

其次，针对兴趣爱好的复选框进行转换格式输出，创建 HobbyConverter 类，该类继承自 StrutsTypeConverter。在页面中选择爱好后，把这些爱好存储到 List 容器里，负责类型转换，实现代码如下所示：

```
package com.yzpc.converter;
import java.util.ArrayList;
import java.util.List;
import java.util.Map;
import org.apache.struts2.util.StrutsTypeConverter;
import com.yzpc.bean.Hobby;
public class HobbyConverter extends StrutsTypeConverter {
    @Override
    public Object convertFromString(Map context, String[] values,
      Class toType) {
        List list = new ArrayList();
        for(int i=0; i<values.length; i++) {
            Hobby hobby = new Hobby();
            String str = values[i];
            hobby.setHobby(str);
            list.add(hobby);
        }
        return list;
    }
    @Override
    public String convertToString(Map context, Object object) {
        List list = (List)object;
        StringBuffer result = new StringBuffer();
        for(int i=0,len=list.size(); i<len; i++) {
            Hobby h = (Hobby)list.get(i);
            result.append(h.getHobby() + "  ");
        }
        return result.toString();
    }
}
```

然后在 src 目录下已经创建的 xwork-conversion.properties 文件中，添加以下内容：

```
cn.jbit.bean.Hobby=com.yzpc.converter.HobbyConverter
```

注意其中 key 为 Hobby 类的完整类名，而不是属性名 hobby。

(5) 创建表单提交页面 register.jsp，使用 Struts 2 表单标签，页面代码如下所示：

```
<%@ page language="java" import="java.util.*" pageEncoding="gbk"%>
<%@taglib prefix="s" uri="/struts-tags"%>
<h3><font color="blue">信息录入</font></h3>
<s:form action="register">
    <s:textfield name="name" label="名称"/>
    <s:textfield name="age" label="年龄"/>
    <s:textfield name="birthday" label="生日"/>
    <s:textfield name="point" label="坐标"/>
```

```
    <s:checkboxlist label="爱好" name="hobby"
      list="{'读书','跳舞','游泳','唱歌'}" value="{'读书','唱歌'}" />
    <s:submit value="提交" ></s:submit>
    <s:reset value="重置"></s:reset>
</s:form>
```

(6) 创建 RegisterAction 类，主要是应对请求处理、转发页面，代码如下所示：

```
package com.yzpc.action;
import java.util.Date;
import java.util.List;
import com.yzpc.bean.Point;
import com.opensymphony.xwork2.ActionSupport;
public class RegisterAction extends ActionSupport {
    private String name;
    private int age;
    private Date birthday;
    private Point point;
    private List hobby;
    //省略属性的 setter、getter 方法
    @Override
    public String execute() throws Exception {
        return super.execute();           //返回"success"字符串
    }
}
```

(7) 配置 struts.xml 文件，作用是配置提交的请求对应哪个 Action 处理，处理完后，转发到哪个页面，并定义一个中文常量，代码如下所示：

```
<constant name="struts.i18n.encoding" value="GBK"></constant>
<package name="converter" extends="struts-default">
    <action name="register" class="com.yzpc.action.RegisterAction">
        <result name="success">success.jsp</result>
        <result name="input">register.jsp</result>
    </action>
</package>
```

(8) 创建 success.jsp 页面，用于显示 register.jsp 页面中提交后的信息，代码如下所示：

```
<font color="blue">录入信息如下</font>
<hr>
名称：<s:property value="name"/><br>
年龄：<s:property value="age"/><br>
生日：<s:property value="birthday"/><br>
X 坐标：<s:property value="point.x"/><br>
Y 坐标：<s:property value="point.y"/><br>
兴趣爱好：
<s:iterator value="#request.hobby" var="v">
    <s:property/>   
</s:iterator>
```

(9) 部署程序后，在浏览器中输入"http://localhost:8080/ch09_03_Converter/register.jsp"，

运行结果如图 9-9 所示。在页面中填入相关信息的内容后，单击“提交”按钮，则会把信息转发到 success.jsp 页面，已经调用了自定义的类型转换器，如图 9-10 所示。

图 9-9　信息录入界面

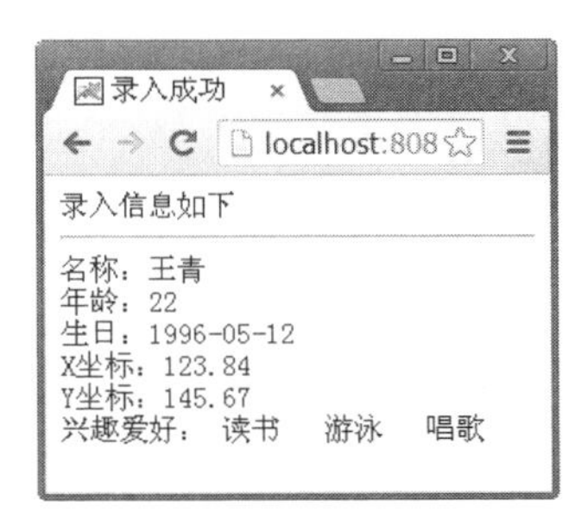

图 9-10　信息显示界面

9.4　类型转换的错误处理

对于上节介绍的自定义类型转换器，如果在页面中输入错误格式的内容，除了在页面中使用 JavaScript 进行判断外，在服务器端是不是也能够判断呢？答案当然是“能”。

1．前提条件

如果要在服务器端判断类型转换错误，需要满足下列前提条件：

- 启动 StrutsConversionErrorInterceptor 拦截器。该拦截器已经包含在 defaultStack 拦截器栈中，参看 struts-default.xml 文件。如果在 struts.xml 配置文件中扩展了 struts-default 包，启动项目时会自动加载。
- 实现 ValidationAware 接口，ActionSupport 实现了该接口。
- 配置 input 结果映射。出现类型转换错误后将在所配置页面显示错误信息，如果没有配置，将出现错误提示，提示没有指定 input 页面。
- 在页面中使用 Struts 2 表单标签或使用<s:fielderror>标签来输出转换错误。Struts 2 表单标签内嵌了输出错误信息功能。

2．修改所有类型的转换错误信息

默认情况下，所有的转换错误都是以通用的 i18n 消息键 xwork.default.invalid.fieldvalue 来报告错误信息，默认文本是“Invalid field value fro field xxx”，xxx 是字段名称，如果希望提高友好性，修改默认的错误信息文本，可以在 struts.xml 文件中指定资源文件的基名，代码如下所示：

```
<constant name="struts.custom.i18n.resources" value="message"/>
```

然后在 src 目录下创建资源文件 message.properties，并添加文本，内容如图 9-11 所示。

name	value
xwork.default.invalid.fieldvalue	字段"{0}"的值无效

图 9-11　资源文件的 name 和 value 的对应值

因为 value 里面有中文，所以 message.properties 文件的内容在 source 中的源代码如下：

```
xwork.default.invalid.fieldvalue=\u5B57\u6BB5\u201C{0}\u201D\u7684\u503C
\u65E0\u6548
```

当然也可以创建不同的 Local 的资源文件，实现转换错误信息的国际化。

3．定制特定字段的类型转换错误信息

i18n 消息键 xwork.default.invalid.fieldvalue 的设置对所有的类型转换错误都适用。如果希望为特定字段单独定制转换错误信息，则可以在 Action 范围的资源文件中添加 i18n 消息键 invalid.fieldvalue.xxx，其中 xxx 是字段名称。对于刚才的自定义类型转换器的例子，可以在 RegisterAction 的相同包下新建 RegisterAction.properties 文件，并且调整一下文本，如下所示：

```
invalid.fieldvalue.birthday=日期转换错误
invilid.fieldvalue.point=坐标转化错误
```

9.5 小　　结

本章主要介绍了 OGNL 基础知识和类型转换，我们清楚地知道基于 B/S 模式的应用程序要完成数据之间的交互，必须要进行数据类型的转换，否则将出现 B/S 两端类型不兼容问题，从而无法完成数据之间的交互。其转换的基础则是 OGNL。

OGNL 将页面中的元素与对象的属性绑定起来，把页面提交过来的字符串自动转换成对应的 Java 基本类型数据并放入到“值栈”中，而用户可以通过 OGNL 表达式或者 Struts 2 标签从“值栈”获得这些属性的值，其从“值栈”获得值的过程也是一次类型转换的过程，即 Java 类型转换成 String 类型。在转换的过程中，难免会出现类型转换异常，当出现异常时，Struts 2 将使用拦截器去捕捉异常，从而把异常的信息显示给用户。

总而言之，Struts 2 是很好的 MVC 框架的实现者，它对视图层和非视图层提供了强有力的类型转换机制，使开发者能运用自如。

第 10 章　Struts 2 的验证框架

Web 应用是开放的，通过互联网在任何地方都可以去访问。在 Web 应用中，输入校验是一个不可忽略的问题。由于网络的开放性，服务器端得到的信息数以万计，而这其中不仅包括正常的流量、信息，也包括一些错误对策或是某些用户恶意输入的信息。这些异常的信息可能会对系统造成无法想象的影响，所以应当采取一些措施来避免这些错误信息或恶意信息的影响。

10.1　数据校验概述

对于一个 Web 应用而言，所有的用户数据都是通过浏览器收集的，用户输入的信息是非常复杂的。用户操作不熟练、输入错误、硬件设备不正常、网络传输不稳定，甚至恶意用户的蓄意破坏，这些都有可能导致输入异常。

异常的输入，轻则导致系统非正常中断，重则导致系统崩溃。应用程序必须能够正常处理表现层接收的异常数据，通常的做法是遇到异常输入时，应用程序直接返回，提示浏览者必须重新输入，也就是将那些异常输入过滤掉。对异常输入的过滤就是数据校验。

为了阻止非法数据进入系统，Web 应用程序的数据校验是非常必要的。如图 10-1 所示是国内知名团购网站美团网的注册页面。

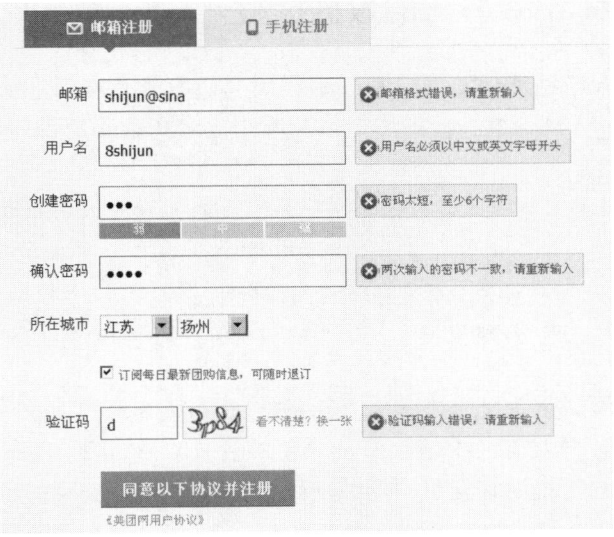

图 10-1　美团网的注册页面

用户在字段中输入了非法数据时，系统都会给出友好的提示。比如邮箱格式不正确、密码不足 6 个字符、用户名不是以中文或英文字母开头、两次密码输入不一致等。输入校验不仅会检查数据的合法性，而且会将不合法的数据阻止在程序外边，防止进入系统，这样就可以防止一些未知系统错误，以及系统崩溃问题。

一般来说，数据校验包含客户端校验和服务器端校验两种。客户端校验主要是通过 JavaScript 代码检验用户输入的正确与否；服务器端校验主要是通过服务器端编程的方式来完成，程序通过检查 HTTP 请求信息以检验输入正确与否，Struts 2 验证框架让校验变得更加简单。

(1) 客户端校验。一般是通过 JavaScript 来完成的。JavaScript 是一种广泛用于客户端 Web 开发的脚本语言，常用来给 HTML 网页添加动态功能，比如响应用户的各种操作。JavaScript 也可以用于其他场合，如服务器端编程。

(2) 服务器端校验。不合法的数据进入系统后，轻者会导致系统运行终止，重者会导致系统崩溃。有了客户端验证之后，为什么还要有服务器端验证？原因很简单：为了防止客户端验证失效。因此很有必要加上服务器端验证。服务器端的验证一般是通过后台的编码来实现的。

10.2 编程实现 Struts 2 的数据校验

通常情况下，每个 MVC 框架都会提供规范的数据校验部分，专门用于完成数据校验工作，Struts 2 框架也不例外，我们可以在 Struts 2 中编程，实现数据校验的逻辑代码，当然，Struts 2 提供了更加优雅的数据校验方式。

下面将介绍如何以手动方式在 Struts 2 中编程实现数据校验。

10.2.1 重写 validate 方法的数据校验

在前面章节的登录示例中，我们编写的代码并没有实现与数据库连接，一般只是在 Action 中的 execute()方法或其他方法中，去判断用户名和密码是否等于某个固定值，是否满足该字段的要求。

在 Struts 2 框架中要手动处理输入验证也不难，因为 ActionSupport 类中增加了对验证、本地化等内容的支持。对验证的支持，提供了 validate()、addActionError(String errorMessage)、addFieldError(String fieldname, String errorMessage)等方法，来完成数据校验。所以我们只需在 Action 中重写父类 ActionSupport 的 validate()方法，就是将对输入数据的验证逻辑写在 validate()方法中。

下面在登录的示例中添加数据校验，该示例与前面第 5 章的 ch05_01 示例相同。

(1) 在 MyEclipse 开发工具中创建 Web 项目 ch10_02_ValidateLogin，配置 Struts 2 开发环境，web.xml 文件的配置内容与前面章节一致。

(2) 新建用户登录页面 login.jsp，具体内容如下所示：

```
<s:fielderror></s:fielderror>
<s:form name="form1" action="login.action" method="post">
```

```
    <s:textfield name="username" label="用户名"></s:textfield>
    <s:textfield name="password" label="密 码"/>
    <s:submit value="登录"/>
</s:form>
```

在该页面中，表单标签用于提交数据，<s:fielderror>标签显示 Action 中的 addFieldError 方法封装的错误信息。

(3) 在项目的 src 目录下新建 com.yzpc.action 包，并在该包中创建 LoginAction 类，该类继承 ActionSupport，并将验证放在 validate()方法中，具体内容如下所示：

```
package com.yzpc.action;
import java.util.regex.Matcher;
import java.util.regex.Pattern;
import com.opensymphony.xwork2.ActionSupport;
public class LoginAction extends ActionSupport {
    private String username;
    private String password;
    //省略属性的 getter、setter 方法
    @Override
    public String execute() throws Exception {
        //省略用于逻辑处理的 execute()方法内容，参见光盘
    }
    @Override
    public void validate() {
        if (getUsername() == null || "".equals(getUsername().trim())) {
            this.addFieldError("usernameMsg", "用户名不能为空！");
        } else {     // 使用正则表达式
            Pattern p = Pattern.compile("\\w{6,20}");
            Matcher m = p.matcher(getUsername().trim());
            if (!m.matches()) {
                this.addFieldError("usernameMsg",
                  "用户名由下划线、字母、数字构成，长度为 6-20");
            }
        }
        if (this.getPassword().trim().length()==0) {
            this.addFieldError("passwordMsg", "密码不能为空！");
        } else {
            int s = getPassword().trim().length();
            if (s<6 || s>30) {
                this.addFieldError("passwordMsg", "密码长度应在 6-30 之间！");
            }
        }
    }
}
```

注意，这个 Action 中多了一个 validate，其作用就是对视图页面中传过来的数据进行验证，验证规则由程序开发者自己编写。

addFieldErro()方法的作用是将错误信息保存起来，只要有 Field 级别的错误的信息，Struts 2 就跳转到 input 视图(注意 struts.xml 文件中配置了 input 类型的 result)。程序还用了两个类 Pattern、Matcher，这是 Java 中处理正则表达式的类。

(4) 配置 src 目录下的 struts.xml 文件，配置内容如下所示：

```
<package name="validate" extends="struts-default" namespace="/">
    <action name="login" class="com.yzpc.action.LoginAction">
        <result name="success">/success.jsp</result>
        <result name="input">/login.jsp</result>
    </action>
</package>
```

(5) 新建注册信息显示页面 success.jsp，用于显示登录成功，内容如下所示：

```
欢迎<s:property value="username"/>，登录成功。
```

(6) 部署项目，在浏览器中输入“http://localhost:8080/ch10_02_ValidateLogin/login.jsp”，并输入相应的内容，不符合验证要求时，将显示错误信息，如图 10-2 所示。

图 10-2 Struts 2 手动验证效果

若在 this.addFieldError(“usernameMsg”, “用户名不能为空！”);代码中将添加字段错误的键值对应的键名称“usernameMsg”改为与 Action 中的字段名称“username”相同的话，即改为 this.addFieldError(“username”, “用户名不能为空！”);，则在对应的表单标签上方，也会输出相应的错误提示信息，这说明 Struts 2 标签具有输出错误信息的功能，如图 10-3 所示。

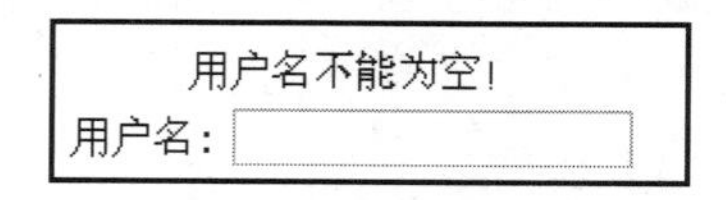

图 10-3 标签上的错误提示信息

在学习数据校验之前，读者可以自行学习一下正则表达式，这对于学习数据校验是非常重要的。

10.2.2 重写 validateXxx 方法的数据校验

在 Struts 2 框架中，Action 可以包含多个逻辑处理方法(前面章节中介绍过)，也就是可以包含多个类似于 execute()的方法，只是方法名不同(例如 login 方法、reg 方法等)。在 Action 中重写了 validate()方法之后，会在每次调用处理方法之前调用 validate()方法，如果需要对 Action 中的每个逻辑处理方法进行校验，该如何实现呢？

在 Struts 2 框架中，我们可以在 Action 类中提供 validateXxx()方法，专门用于校验 xxx()这个逻辑处理方法。例如，在 Action 中有一个注册的逻辑处理方法 reg()，就可以使用

validateReg()方法来对其进行校验。

下面通过示例来验证部分方法的数据校验。

(1)　创建 Web 项目 ch10_02_ValidateXxx，web.xml 文件的配置内容与前面章节一致。用户登录页面 login.jsp、成功页面 success.jsp 与前面 ValidateLogin 项目中的一致。

(2)　新建用户注册页面 reg.jsp，具体内容如下所示：

```
<s:form name="form1" action="reg">
   <s:textfield name="username" label="用户名"/>
   <s:password name="password" label="密码"/>
   <s:password name="repassword" label="确认密码"/>
   <s:textfield name="telephone" label="电话号码"/>
   <s:textfield name="realname" label="姓名"/>
   <s:submit value="注册"/>
</s:form>
```

(3)　在项目的 src 目录下新建 com.yzpc.action 包，并在该包中创建 UserAction 类，该类继承 ActionSupport，具体内容如下所示：

```
package com.yzpc.action;
import com.opensymphony.xwork2.ActionSupport;
public class UserAction extends ActionSupport {
    private String username;
    private String password;
    private String repassword;
    private String telephone;
    private String realname;
    //省略属性的 getter、setter 方法
    public String execute() throws Exception {
        return SUCCESS;
    }
    public String login(){
        return SUCCESS;
    }
    public void validateLogin(){
        if (getUsername()!="admini" && getPassword()!="123456") {
            this.addFieldError("username", "用户名或密码不正确!");
        }
    }
    public String reg(){
        return "success";
    }
    public void validateReg(){
        if (username==null || "".equals(username)) {
            this.addFieldError("username","用户名不能为空!");
        }
        if (getPassword().trim().length()==0 ) {
            this.addFieldError("password","密码不能为空! ");
        }
        if (!password.equals(repassword)) {
            this.addFieldError("repassword","确认密码与密码不一致! ");
```

```
        }
    }
}
```

validateLogin()方法和 login()方法是对应的，validateReg()方法和 reg()方法是对应的。通过添加形如 validateXxx 的方法，可以对局部进行数据校验。当校验失败时，Struts 2 会自动转向到 input，只有通过了 validateXxx 方法验证后才会去执行 xxx 方法。例如，在注册页面校验时，先调用 validateReg()方法，通过后，才会去执行 reg()方法。

(4) 配置 src 目录下的 struts.xml 文件，配置内容如下所示：

```
<package name="validate" extends="struts-default" namespace="/">
    <action name="login" class="com.yzpc.action.UserAction" method="login">
        <result name="success">success.jsp</result>
        <result name="input">login.jsp</result>
    </action>
    <action name="reg" class="com.yzpc.action.UserAction" method="reg">
        <result name="success">success.jsp</result>
        <result name="input">reg.jsp</result>
    </action>
</package>
```

(5) 部署项目，在浏览器中分别运行 login.jsp 页面和 reg.jsp 页面，输入内容，不符合验证要求时，会显示相应的信息，如图 10-4 和 10-5 所示。

图 10-4　login.jsp 页面的验证效果

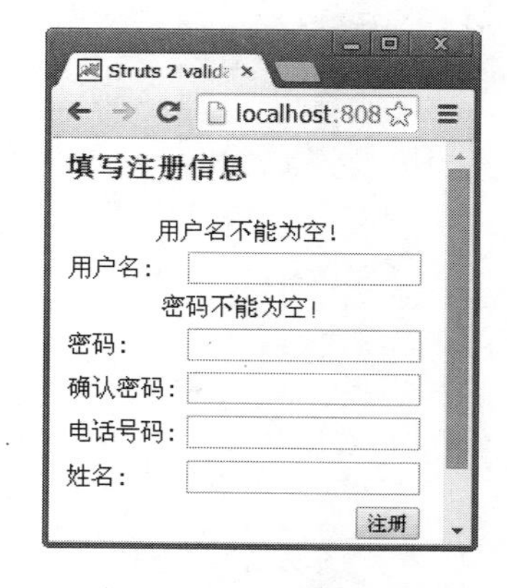

图 10-5　reg.jsp 页面的验证效果

提示：在 Struts 2 中与在 Servlet 中实现手动现验证是有区别的，Struts 2 中有自动类型转换机制，无须手动转换(编写代码量相对较少)，而 Servlet 中需要手动进行类型转换。

10.2.3　Struts 2 的输入校验流程

为了更形象和深入地了解输入校验，下面来看输入校验的流程，其输入校验的流程如图 10-6 所示。

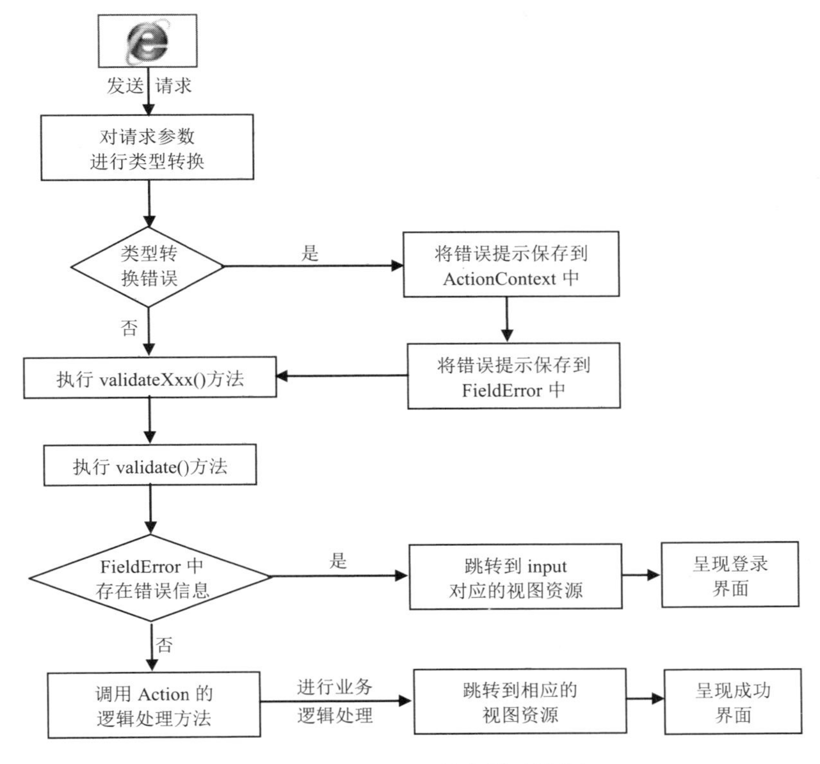

图 10-6　Struts 2 输入校验流程

根据执行流程图，得到执行流程如下。

(1) 用户发送请求，类型转换器负责对用户提交的参数进行类型转换，并将类型转换后的值赋值到 Action 的相应属性中。

(2) 如果类型转换出错，Struts 2 将自动调用 ConversionError 拦截器，将错误提示信息保存到 FieldError 中。这里无论是否产生异常，都将进入下一步。

(3) 调用 Action 的 validateXxx()检验方法，其中 xxx()方法是 Action 中对应的处理逻辑方法。

(4) 调用 Action 类中的 validate()方法。

(5) 自动判断 FieldError 中是否为空。如果不为空，则表示有错误提示信息，页面跳转到 input 对应的逻辑视图；如果为空，则表示没有错误提示信息，执行 Action 中的逻辑处理方法(如 execute 方法)并进行业务逻辑处理。

(6) Action 处理完成业务逻辑处理，根据处理结果返回值跳转到相应的视图资源。

10.3　Struts 2 验证框架

在上节中，我们通过在 Action 中添加 validate()和 validateXxx()方法并手动编写验证代码进行实现，保证了系统的稳定运行。

但采用这种方式进行验证，缺点比较明显。首先，当验证规则比较复杂时，需要编写繁琐的代码进行实现，也会导致 Action 类的臃肿；其次，验证规则无法进行复用，比如，字段不能为空的验证，可能多数字段都需要进行该验证，却必须多次重复编写验证代码，导致编写验证代码成了重复劳动。因此，Struts 2 提供了一种基于框架的校验方式，将校验规则保存在特定文件中，把校验与 Action 分离，从而可以提高系统的维护性和扩展性。

10.3.1 验证框架的作用

对企业级的应用来说，服务器端验证是必不可少的。在任何一个真实的业务逻辑被调用之前，都需要验证用户提交的数据是否满足要求，比如是否已填写、是否符合格式要求、数据的相关性是否正确等。在实际的开发中，将有大量的表单需要处理，前面的校验方式需要耗费大量的开发时间。

对于程序开发人员来说，鉴于数据验证的重要性和重复性，Struts 2 中内置了一个验证框架，功能强大而且简单易用，帮助开发者做了很多事情，将常用的验证规则进行了编码实现。使用验证框架时，用户无须再进行编码，只要在外部配置文件中指定某个字段需要进行的验证类型，并提供出错信息即可，从而大大减轻了开发者的负担，提高了开发效率。

一个好的验证框架都需要考虑些什么呢？

(1) 验证功能的复用性。比如，要验证用户输入的年龄是否是 16 周岁以上；要验证用户输入订单金额是否在 1000 元以上等。很显然，这些都是对一个 int 来验证取值的范围。因此，如果验证功能设计良好的话，就可以复用同样的验证功能，省去重复开发的麻烦。

(2) 验证功能的可扩展性。虽然成熟的验证框架会为用户提供很多已实现好的验证功能，但也有可能需要一些验证框架还没有实现的功能。那么，是不是可以自己扩展验证功能，并保证扩展功能与原有的框架功能一样好用呢？

(3) 验证与业务逻辑分离，在项目开发时，很可能需要在业务逻辑不变的情况下修改验证逻辑，比如某网站要求大于 16 周岁的公民才能注册，但是，随着业务的拓展，要调整为大于 15 周岁的公民也能注册。这个数值注册本身的业务逻辑不变，但验证逻辑发生了变化。那么，分离的验证逻辑可以保证在修改验证逻辑的时候，不会为业务逻辑带来麻烦。

Struts 2 作为一个优秀的 Web 框架，已经为用户内置了一套非常棒的验证框架，完全满足以上的要求。我们可以使用 Struts 2 提供的验证框架，通过验证框架可以非常简单、快速地完成输入验证。这个验证框架的核心是一个 XML 文件，通常被称为校验规则文件。通过在该文件中配置校验规则，从而实现输入校验。

10.3.2 编写校验规则文件

校验规则文件是一个典型的 XML 文件，其文件格式为 ActionName-validation.xml。其中，ActionName 为对应处理 Action 的类名，-validation.xml 为固定格式。该文件存放在 Action 类文件的相同目录下。

创建完校验规则文件后，需要在文件中添加 XML 规范、DTD 以及根目录信息，代码如下所示：

```
<?xml version="1.0" encoding="UTF-8"?>
```

```
<!DOCTYPE validators PUBLIC
  "-//Apache Struts//XWork Validator 1.0.3//EN"
  "http://struts.apache.org/dtds/xwork-validator-1.0.3.dtd">
<validators>
    //对字段编写校验规则
</validators>
```

该 XML 文件的根节点为 validators，所有的配置信息都放置在该节点下。校验文件的结构是由 xwork-validator-x.x.x.dtd 文件定义的，该 DTD 文件在 xwork-core-x.x.x.jar 包中可以找到，xwork-validator-x.x.x.dtd 文件的内容如下所示：

```
<?xml version="1.0" encoding="UTF-8"?>
<!--
XWork Validators DTD.
Used the following DOCTYPE.
<!DOCTYPE validators PUBLIC
"-//Apache Struts//XWork Validator 1.0.3//EN"
"http://struts.apache.org/dtds/xwork-validator-1.0.3.dtd">
-->
<!ELEMENT validators (field|validator)+>
<!ELEMENT field (field-validator+)>
<!-- 定义 field 元素 -->
<!ATTLIST field
    name CDATA #REQUIRED>
<!ELEMENT field-validator(param*, message)>
<!-- 定义 field-validator 元素 -->
<!ATTLIST field-validator
    type CDATA #REQUIRED
   short-circuit (true|false) "false">
<!ELEMENT validator(param*, message)>
<!-- 定义 validator 元素 -->
<!ATTLIST validator
    type CDATA #REQUIRED
   short-circuit (true|false) "false">
<!ELEMENT param (#PCDATA)>
<!-- 定义 param 元素 -->
<!ATTLIST param
   name CDATA #REQUIRED>
<!ELEMENT message (#PCDATA|param)*>
<!-- 定义 message 元素 -->
<!ATTLIST message
   key CDATA #IMPLIED>
```

10.3.3　校验器的配置格式

Struts 2 提供了两种方式来配置校验器：字段校验器配置风格和非字段校验器配置风格，这两种配置风格只是组织校验规则文件的方式不同，并没有本质上的区别，前者是字段优先，后者是校验器优先。

1. 字段校验器配置风格

字段校验器在配置时，先对一个字段进行完所有的校验，再对其他字段进行校验，代码格式如下所示：

```
<validators>
    <field name="被校验的字段">
        <field-validator type="校验器类型名">
            <!-- 此处需要为不同校验器指定数量不等的校验参数 -->
            <param name="参数名 1">参数值 1</param>
            <param name="参数名 2">参数值 2</param>
            ...
            <!-- 校验失败后的提示信息，其中 key 指定国际化信息的 key -->
            <message key="I18Nkey">校验失败后的提示信息</message>
        </field-validator>
        <!--如果该字段需要满足多个规则，下面可以配置多个校验器-->
    </field>
    <!-- 下一个需要校验的字段 -->
</validators>
```

可以看出，每个<field>元素指定一个 Action 属性必须遵守的规则，该元素的 name 属性指定了被校验的字段；如果该属性需要满足多个规则，则可在<field>元素下增加多个<field-validator>元素，每个<field-validator>元素指定一个校验规则，该元素的 type 属性指定了校验器名称，该元素可以包含多个<param>子元素，用于指定该校验器的参数，<param>元素中的 name 属性用来指定参数名；除此之外，每个<field-validator>元素都有一个必需的<message>元素，该元素确定校验失败后的提示信息。

2. 非字段校验器配置风格

非字段校验器在配置时，先对一个校验器对应的所有字段进行校验，再对其他校验器对应的字段进行校验，代码格式如下所示：

```
<validators>
    <!-- 使用非字段校验器风格 -->
    <validator type="校验器类型名">
        <!-- 此处需要为不同字段指定数量不等的校验参数 -->
        <param name="fieldName">被校验的字段</param>
        <param name="参数名 1">参数值 1</param>
        ...
        <!-- 校验失败后的提示信息，其中 key 指定国际化信息的 key -->
        <message key="I18Nkey">校验失败后的提示信息</message>
    </validator>
    <!-- 下一个需要校验的校验器类型 -->
</validators>
```

一个<validator>元素指定一个校验规则，其中 type 属性用来指定校验器名称。在<param>元素中必须配置一个 fieldName 参数，并指定参数值为 Action 中的被校验字段名。其他元素的配置与字段校验器相同。

建议不要混用两种校验器配置风格，如果混用的话，虽然不会出现错误，但是这样校验规则文件代码就会显得非常凌乱。使用同一种风格能够使得代码更加简洁，容易看懂。

3. 校验器的执行顺序

字段校验器配置风格和非字段校验器配置风格的校验器执行顺序如下。

(1) 所有非字段校验风格的校验器优先于字段校验风格的校验器。

(2) 所有非字段校验风格的校验器，排在前面的会执行。

(3) 所有字段校验风格的校验器，排在前面的会执行。

10.3.4 常用的内置校验器

Struts 2 提供了非常多的默认校验器。在开发中使用内建的校验器能满足大部分校验需求。对于这些内建的校验器，只需知道校验器名称以及参数，就能实现对应的校验功能，对于底层的实现细节，则可不用了解。将下载的 struts-2.3.16-all.zip 压缩包解压，依次展开\struts-2.3.16\src\xwork-core\src\main\resources\com\opensymphony\xwork2\validator\validators目录，找到一个名为 default.xml 的文件，该文件为 Struts 2 的内建校验器注册文件，在该文件中注册了 Struts 2 中所有的内置校验器，其部分代码如下所示：

```
<validators>
    <validator name="required"
      class="com.opensymphony.xwork2
      .validator.validators.RequiredFieldValidator"/>
    <validator name="requiredstring"
      class="com.opensymphony.xwork2
      .validator.validators.RequiredStringValidator"/>
    <validator name="int"
      class="com.opensymphony.xwork2
      .validator.validators.IntRangeFieldValidator"/>
    //省略部分内置校验器的定义……
    <validator name="stringlength"
      class="com.opensymphony.xwork2
      .validator.validators.StringLengthFieldValidator"/>
    <validator name="regex"
      class="com.opensymphony.xwork2
      .validator.validators.RegexFieldValidator"/>
    <validator name="conditionalvisitor"
      class="com.opensymphony
      .xwork2.validator.validators.ConditionalVisitorFieldValidator"/>
</validators>
```

该文件一共注册了 16 个校验器，这些校验器都是 Struts 2 内置的，可以直接使用。关于常用的内置校验器的功能和使用，我们将在下面的示例中讲解。

10.3.5 校验框架的运行流程

要加上验证框架是比较简单的，只需增加一个校验文件，再为 Action 配置一个名为 input 的 Result。

我们来分析一下校验框架的运行流程，如图 10-7 所示。

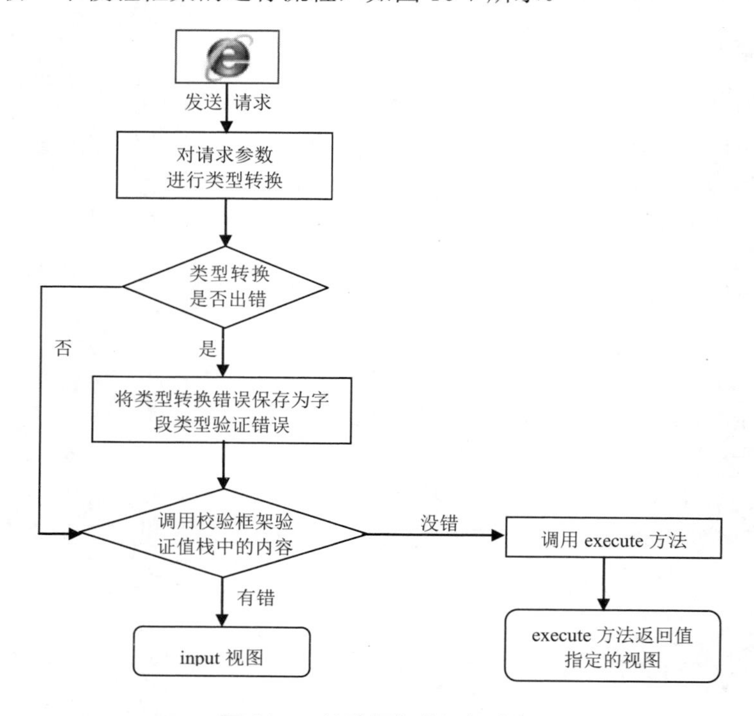

图 10-7　校验框架的运行流程

10.3.6　使用 Struts 2 验证框架实现验证

下面我们对于一个注册功能页面的程序使用验证框架进行验证。具体要求与 ch10_02_ValidateXxx 项目中的注册页面类似，要求如下所示。

- 用户名：不能为空，长度在 6~20 之间。
- 密码：不能为空，密码长度不小于 6。
- 确认密码：必须与密码相同。
- 电话号码：不能为空，符合电话号码格式。
- 用户姓名：不能为空，长度在 2~4 之间。
- 电子邮箱：不能为空，符合电子邮箱的格式。

分析上述需求，创建 ch10_03_ValidateRegister 项目，按如下步骤来实现。

(1) 创建 User 用户实体类，代码如下所示：

```
package com.yzpc.bean;
public class User {
    private String username;
    private String password;
    private String telephone;
    private String realname;
    //省略属性的getter、setter方法
}
```

创建 RegisterAction 类，实现对用户注册信息的处理，代码如下所示：

```
package com.yzpc.action;
import com.opensymphony.xwork2.ActionSupport;
import com.yzpc.bean.User;
//用户注册
public class RegisterAction extends ActionSupport {
    private User user;                  //用户信息
    private String repassword;          //确认密码
    //省略属性的getter、setter方法
    public String execute() throws Exception {
        //省略代码
        return SUCCESS;
    }
}
```

该类中提供了 user、repassword 属性，并提供了相应的 setter 和 getter 方法。

提示： 在注册页面中需要提供密码、确认密码两个输入框，防止用户错误输入密码，但是确认密码属性仅是视图层提供给用户的，并不属于 User 类，所以 Action 中直接添加 repassword 属性，来接收输入的确认密码。

(2)　在 struts.xml 文件中配置 action，验证成功跳到成功页面，失败返回 reg.jsp 并显示错误信息，配置如下所示：

```
<constant name="struts.i18n.encoding" value="GBK"/>
<package name="validate" extends="struts-default" namespace="/">
    <action name="reg" class="com.yzpc.action.RegisterAction">
        <result name="success">/success.jsp</result>
        <result name="input">/reg.jsp</result>
    </action>
</package>
```

因为进行了数据验证，所以需要指定验证失败后的返回页面。Struts 2 中通过“input”字符串来指定当用户输入出现验证错误时需要返回到的页面。

(3)　创建注册页面 reg.jsp 和成功页面 success.jsp，注册页面的代码如下所示：

```
<s:form name="form1" action="reg">
    <s:textfield name="user.username" label="用户名"/>
    <s:password name="user.password" label="密码"/>
    <s:password name="repassword" label="确认密码"/>
    <s:textfield name="user.telephone" label="电话号码"/>
    <s:textfield name="user.realname" label="姓名"/>
    <s:submit value="注册"/>
</s:form>
```

需要注意 repassword 和 user 类的属性的不同表示形式，例如，username 必须使用 user.username 的形式，其中 user 代表 RegisterAction 中的 user 属性，而 repassword 因为是 RegisterAction 的属性，在注册页面中直接使用其名字即可。

成功页面的代码如下所示：

```
注册成功，欢迎
<font color="blue"><s:property value="user.username"/></font>。
```

(4) 创建验证文件 RegisterAction-validation.xml，使用验证框架编写验证规则。

验证文件要与验证的 Action 放在同一个包下，并且采用 ClassName-validation.xml 或者 ClassName-alias-validation.xml 的方式命名，其中 ClassName 表示 Action 的类名，而 alias 表示在 struts.xml 中配置的 Action 的名字。按照要求，我们在 RegisterAction 的同一个 com.yapc.action 的包中创建验证文件 RegisterAction-validatetion.xml，并加上统一的文档类型说明，代码如下所示：

```
<?xml version="1.0" encoding="UTF-8"?>
<!DOCTYPE validators PUBLIC
  "-//Apache Struts//XWork Validator 1.0.3//EN"
  "http://struts.apache.org/dtds/xwork-validator-1.0.3.dtd">
<validators>
    //对字段编写相应的校验规则
</validators>
```

前面已经完成了使用验证框架的准备工作，下面在验证文件的<validators></validators>标签对中，编写校验规则，按照需求，一步一步来完成。

① 用户名：不能为空，长度在 6~20 之间。

可以通过 Struts 2 提供的 requiredstring 和 stringlength 两个校验器来验证用户名字段。

requiredstring 校验器用来规定一个字符串字段不能为 null，且不能为空字符串。

stringlength 校验器用来检查一个字符串的长度范围，可以通过 minLength 和 maxLength 两个参数来指定字段的最小长度和最大长度。

用户名字段的校验代码如下所示(注意所有校验器中都要通过 message 标签来指定要提示的错误信息)：

```
<field name="user.username">
    <field-validator type="requiredstring">
        <param name="trim">true</param>
        <message>用户名不能为空</message>
    </field-validator>
    <field-validator type="stringlength">
        <param name="maxLength">10</param>
        <param name="minLength">6</param>
        <message>用户名长度在${minLength}和${maxLength}之间</message>
    </field-validator>
</field>
```

② 密码：不能为空，密码长度不小于 6，密码和确认密码必须一致。

判断密码和确认密码是否一致，需要用到 fieldexpression 校验器。fieldexpression 校验器使用 OGNL 表达式来验证字段，通过 expression 参数来指定要计算的 OGNL 表达式，计算结果必须为 boolean 值，如果为 true，校验通过，否则校验失败。密码和确认密码的校验代码如下所示：

```
<field name="user.password">
    <field-validator type="requiredstring">
```

```
        <message>密码不能为空</message>
    </field-validator>
    <field-validator type="stringlength">
        <param name="maxLength">6</param>
        <message>密码长度必须大于等于${minLength}</message>
    </field-validator>
</field>
<field name="repassword">
    <field-validator type="requiredstring">
        <message>确认密码不能为空</message>
    </field-validator>
    <field-validator type="fieldexpression">
        <param name="expression">user.password==repassword</param>
        <message>密码和确认密码必须相同</message>
    </field-validator>
</field>
```

③　电话号码：不能为空，符合电话号码的格式。

Struts 2 提供关于邮箱和 URL 的校验器，但是并没有提供电话号码、手机号码、邮政编码、IP 地址等具体校验器，此时必须使用 Struts 2 提供的 regex 校验器，自己编写正则表达式来进行验证。regex 校验器使用正则表达式验证一个字符串的值，提供了 expression 参数来指定具体的正则表达式。电话号码的校验代码如下所示：

```
<field name="user.telephone">
    <field-validator type="requiredstring">
        <message>电话号码不能为空</message>
    </field-validator>
    <field-validator type="regex">
        <param name="expression">^(\d{3,4}-){0,1}(\d{7,8})$</param>
        <message>电话号码格式不正确</message>
    </field-validator>
</field>
```

正则表达式“^(\d{3,4}-){0,1}(\d{7,8})$”的含义是：区号为 3 位或 4 位，电话号码是 7 位或者 8 位，两者之间使用“-”连接符，区号可以省略。

④　用户姓名：不能为空，长度在 2~4 之间。

采用了与用户名相同的校验规则，只是长度区间不同，所以，我们可以重用用户名的配置，仅修改其最小和最大长度即可。

⑤　电子邮箱：不能为空，符合电子邮箱的格式。

可以通过 Struts 2 提供的内置 E-mail 校验器来验证电子邮箱字段，校验代码如下所示：

```
<field name="user.email">
    <field-validator type="requiredstring">
        <message>电子邮箱不能为空</message>
    </field-validator>
    <field-validator type="email">
        <message>电子邮箱格式不符合要求</message>
    </field-validator>
</field>
```

经过上面这些操作后，我们已经完成了验证用户注册功能的全部代码和配置，部署项目和启动服务器后，在浏览器中输入“http://localhost:8080/ch10_03_ValidateRegister/reg.jsp”，如果验证通不过，将返回到注册页面，显示错误信息。根据具体输入的不同，可能出现如图 10-8 和 10-9 所示的运行效果。

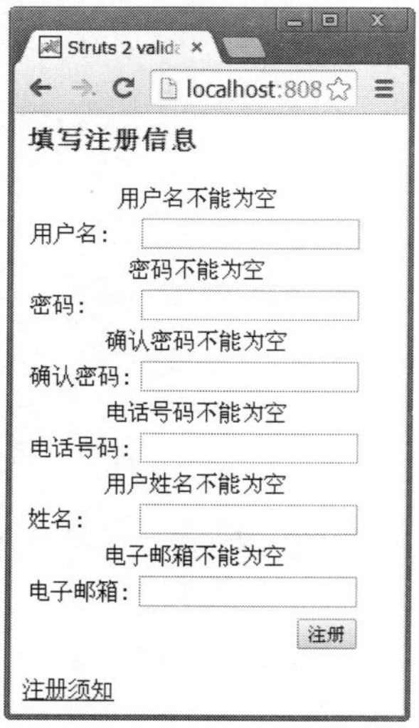

图 10-8　验证错误页面(1)

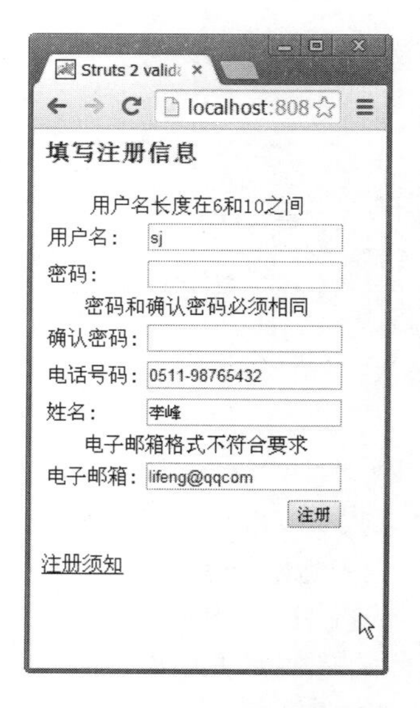

图 10-9　验证错误页面(2)

从程序中可以发现，如果使用了 Struts 2 的表单标签，显示效果中将自动使用表格对表单进行格式化(可在浏览器中选择“查看”→“源文件”菜单命令来查看 HTML 代码)，需要通过 label 属性来指定各个表单项的提示文本，更重要的是，Struts 2 表单标签封装了输出验证错误的功能。

至此，我们使用 Struts 2 的校验框架完成了用户注册功能的校验。通过校验框架，无需进行代码编写，大大提高了开发效率。

提示：使用校验框架可以完成大多数校验需求，但对于一些复杂的验证逻辑，还需要在 validateXxx 中编写代码来实现，这样就会同时使用校验框架和编码验证，按照 Struts 2 默认的调用拦截器顺序，将首先执行验证框架(由 Validation 拦截器调用)，再执行编码验证(由 Workflow 拦截器调用)。

10.4　小　　结

本章讲解了 Struts 2 的输入校验方式，从手动编写校验规则到使用系统的校验器，从在 execute 方法中编写校验规则到 Action 中定义 validate 方法，再到 validateXxx 方法模式，并且分析了 Struts 2 输入校验流程，最后使用 Struts 2 的验证框架进行验证，包括编写校验文件(Xxx-validation.xml)、给出校验框架的运行流程等。读者在学习时应多参考项目源码。

第 11 章　Struts 2 的国际化

“国际化”是指一个应用程序在运行时能够根据客户端请求所来自国家或地区语言的不同而显示不同的用户界面。Struts 2 的国际化建立在 Java 国际化的基础之上，只是 Struts 2 框架对 Java 程序国际化进行了进一步的封装，从而简化了应用程序的国际化。例如，请求来自于一台中文操作系统的客户端计算机，则应用程序响应界面中的各种标签、错误提示和帮助信息均使用中文文字；如果客户端计算机采用英文操作系统，则应用程序也应能识别，并自动以英文界面做出响应。

11.1　国际化简介

全球化的 Internet 需要全球化的软件。全球化软件，意味着一个软件能够很容易地适应不同地区的市场。

当一个软件需要在全球范围内使用的时候，就必须考虑在不同的地域和语言环境下的使用情况，最简单的要求就是在用户界面上的信息可以使用本地化语言来表示。

对于开发者而言，软件的全球化意味着国际化和本地化。

11.1.1　国际化概述

(1) 国际化

国际化(Internationalization，i18n)是程序在不做任何修改的情况下，就可以在不同的国家或地区和不同的语言环境下，按照当地的语言和格式习惯显示字符。例如，对于中国内地的用户，会自动显示中文简体的提示信息、错误信息等，而对于美国的用户，会自动显示英文的提示信息、错误信息等。

(2) 本地化

一个国际化的程序，当它运行在本地计算机上时，能够根据本地计算机的语言和地区设置显示相应的字符，这个过程叫作本地化(Localization)。

目前在国内，很多大型的公司网站主页上都有简体中文、繁体中文和英文的语言选择。下面我们来看一下 Google 香港提供的三种语言环境资源文件。

当内地用户在内地使用 Google 时，默认显示的是简体中文，而香港用户在香港打开 Google 时，则默认显示的是繁体中文。

用户也可以自定义选择语言资源文件，包括英文。

Google 的三种语言方式选择的运行效果如图 11-1 ~ 11-3 所示。

图 11-1　谷歌简体中文页面

图 11-2　谷歌繁体中文页面

图 11-3　谷歌英文页面

11.1.2　Java 内置的国际化

Struts 2 的国际化也不是无本之木，它依赖于 Java 内置的国际化机制，只是在 Java 内置的国际化机制的基础上增加了跟 Struts 2 其他组件的融合，使得其他组件也可以非常方便地使用国际化。

Java 对国际化的支持是通过 Unicode 字符集来定义的，在 Java 中支持大多数的语言环境，Java 实现国际化的主要操作在 Locale、ResourceBundle 等类中。

(1)　Locale 类

Locale 确定了一种专门的语言和区域，通过使用 java.util.Locale 对象可以对区域对象进行数据的格式化以及向用户展示。用户可以通过 Locale 类中的常量为语言环境创建 Locale 对象。当 Locale 对象创建完后，可通过如下方法获取相应的数据信息。

- getDefault()：获取默认 Locale 对象。
- getCountry()：获取区域名称。
- getLanguage()：获取语言。
- getDisplayCountry()：获取当前用户区域名称。
- getDisplayLanguage()：获取当前用户语言。
- getAvailableLocales()：返回 Locale 支持的所有语言环境。

下面通过 Local 类来查看 Java 语言支持哪些国家和语言的国际化，可调用 Locale 类的 getAvailableLocales()方法来获取。该方法返回一个 Locale 数组，该数组里包含了 Java 所支持的语言和国家，代码如下所示：

```
package com.yzpc.test;
import java.util.Locale;
public class LocalCountryLanguageList {
    public static void main(String[] args) {
        Locale[] localeList = Locale.getAvailableLocales();
        for (int i=0; i<localeList.length; i++) {
            // 打印出所支持的国家/地区和语言
            System.out.print(localeList[i].getDisplayCountry()+"=");
            System.out.print(localeList[i].getCountry()+"  ");
            System.out.print(localeList[i].getDisplayLanguage()+"=");
            System.out.print(localeList[i].getLanguage()+"\n");
        }
    }
}
```

运行程序后，在控制台输出相应的国家/地区代码信息和语言代码信息，如下所示：

```
马来西亚=MY 马来文=ms
卡塔尔=QA 阿拉伯文=ar
冰岛=IS 冰岛文=is
……
中国=CN 中文=zh
美国=US 英文=en
```

(2) ResourceBundle 类

类 ResourceBundle 是一个抽象基本类，一个表示资源的容器。用户创建 ResourceBundle 的子类，其中引用特定 Locale 的资源。可以将新资源添加到 ResourceBundle 的示例中，或将 ResourceBundle 的新实例添加到系统中，而不会对其他代码产生影响。将资源包装为类可以使开发人员能够利用 Java 的类加载机制来查找资源。

资源包中存储的就是国际化过程中所需要的资源信息。资源包由很多的成员组成，而每个成员都是一个 Locale 对象，用于控制不同区域、不同语言的国际化效果。要想获取资源包中的资源信息，有多种方法，在使用时，需要调用 ResourceBundle 类中的 getBundle() 静态方法。

(3) ResourceBundle 类的子类

为了方便开发人员的编写和使用，在 java.util 包中另外还提供了 ListResourceBundle 和 PropertyResourceBundle 两个资源类，它们都是从 ResourceBundle 类中派生出来的。

- ListResourceBundle：该类是把资源信息以键值对的形式存储在类的列表中，使用者只需要编写 ListResourceBundle 的子类来实现即可。
- PropertyResourceBundle：该类与资源文件一起使用，一个属性文件就是一个普通的文件夹，使用时，只需要为每个不同的 Locale 对象设置不同名称的资源文件。

11.1.3　资源文件的定义和使用

Java 程序的国际化思路是将程序中的提示信息、错误信息等放在资源文件中，为不同的国家/语言编写对应的资源文件。资源文件由很多 key-value 对组成，key 保持不变，value 随国家/语言的不同而不同。

这些资源文件属于同一个资源系列，使用共同的基名(Base Name)，基名是由用户自己定义的，例如 MyResource、Abc 等。通过在基名后面添加 ISO-639 标准的语言代码、添加 ISO-3166 标准的国家和地区代码来进行区分。

例如定义基名 MyResources，可以定义如下格式的资源文件(或称属性文件)。

- MyResources_en.properties：所有英文语言的资源。
- MyResources_en_US.properties：针对美国的、英文语言的资源。
- MyResources_zh_CN.properties：针对中国大陆的、中文语言的资源。
- MyResources_zh_US.properties：针对中国香港的、中文语言的资源。
- MyResources_zh.properties：所有中文语言的资源。
- MyResources.properties：默认资源文件，如果请求的资源文件不存在，将调用它的资源进行显示。

常用的 ISO-639 语言代码有 zh(汉语)、en(英语)、fr(法语)、de(德语)等，由两个小写字母组成。常用的 ISO-3166 标准的国家和地区码有 CN(中国大陆)、US(美国)、GB(英国)、TW(中国台湾)、HK(中国香港)等，均由两个大写字母组成。注意：语言代码位于国家和地区代码的前面，位置不能颠倒；国家和地区代码不能单独使用，而语言代码可以。

在 ch11_01_I18N 的项目中，我们通过具体程序来理解资源文件的定义和使用。

(1) 在 src 目录下创建 MsgResource.properties 和 MsgResource_zh_CN.properties 这两个

资源文件。打开相应的资源文件后，单击 properties 标签，编写资源文件的键值对的内容，如图 11-4 所示。

MsgResource.properties

name	value
msg	Hello,{0}! Today is {1}.
login	Login Page!

MsgResource_zh_CN.properties

name	value
msg	你好，{0}！今天是{1}。
login	登录页面！

图 11-4　资源文件的键值对

单击资源文件下方的 source 标签，可以看到如下的内容：

```
#MsgResource.properties
msg=Hello,{0}\! Today is {1}.
login=Login Page\!
#MsgResource_zh_CN.properties
msg=\u4F60\u597D\uFF0C{0}\uFF01\u4ECA\u5929\u662F{1}\u3002
login=\u767B\u5F55\u9875\u9762\uFF01
```

所有资源文件中，相同资源的 key 都是相同的，只是 value 会随国家和语言的不同而变化。在 MyEclipse 中，已经自动将非西欧文字转换为万国码了，如果我们创建的资源文件不能自动转换的话，对于所有的非西欧文字还必须使用 native2ascii.exe 工具进行转化(在 JDK 的 bin 目录中可以找到)，该命令负责将非西欧文字转换成系统可以识别的文字(万国码)，在这里我们不再阐述。目前的 MyEclipse 中集成了 properties Editor 插件，并与 properties 文件相关联，可以自动进行编码转换，提高了输入效率。对于资源文件中的{0}和{1}，我们将在下面的小节中介绍。

(2) 新建一个 ResourceTest 的测试类，用来取得 key 所对应的值，代码如下所示：

```
package com.yzpc.test;
import java.util.*;
public class ResourceTest {
    public static void main(String[] args) {
        Locale locale = new Locale("zh","CN");
        ResourceBundle myResource =
          ResourceBundle.getBundle("MsgResource_zh_CN",locale);
        String value = myResource.getString("msg");
        System.out.println("msg 的内容是: " + value);
        value = myResource.getString("login");
        System.out.println("login 的内容是: " + value);
    }
}
```

程序运行时，会自动将资源文件 MsgResource_zh_CN.Properties 中的 key 所对应的数据读出来，并在控制台打印，效果如图 11-5 所示。

图 11-5　调用资源文件

如果系统同时存在资源文件、类文件，系统将以类文件为主，而不会调用资源文件。对于简体中文的 Locale，ResourceBundle 搜索资源的顺序是 baseName_zh_CN.properties、baseName_zh.properties、baseName.properties。

11.1.4　使用占位符输出动态内容

前一小节的资源文件中，我们见到了占位符，但还没有使用。我们在做资源信息输出时可以动态填充一些新内容进去。例如，当李四登录某网站时，网站显示“你好，李四！”，当张三登录此网站时，网站显示“你好，张三！”等。这里的“你好，”就是消息资源文件内容，而“张三”、“李四”就是动态写入的。带有占位符的资源文件可以满足以上的要求，程序调用该资源文件时，会自动地给{0}填充一个数据(比如“张三”)。我们把{0}就叫占位符，如果一个消息中需要动态写入多个数据，则添加多个占位符即可。

理解资源文件中占位符的用途之后，接下来看看如何在 Java 程序中给占位符动态填充内容。一般将动态填充的数据放在数组中，然后通过数组将数组中的内容动态地填入。

在 ch11_01_I18N 项目的 src 目录下的 com.yzpc.test 包中，创建 PlaceholderTest 测试类来演示占位符的使用，代码如下所示：

```
package com.yzpc.test;
import java.text.MessageFormat;
import java.util.Locale;
import java.util.ResourceBundle;
public class PlaceholderTest {
    public static void main(String[] args) {
        ResourceBundle myResources =
          ResourceBundle.getBundle("MsgResource_zh_CN", Locale.CHINA);
        String message = myResources.getString("msg");
        String name = "李四
        String week = "星期一";
        Object[] ph = { name, week };
        System.out.println(MessageFormat.format(message, ph));
    }
}
```

MsgResource_zh_CN.properties资源文件中的{0}、{1}两个占位符，输出时将被测试类中的“李四”和“星期一”代替，运行效果如图11-6所示。

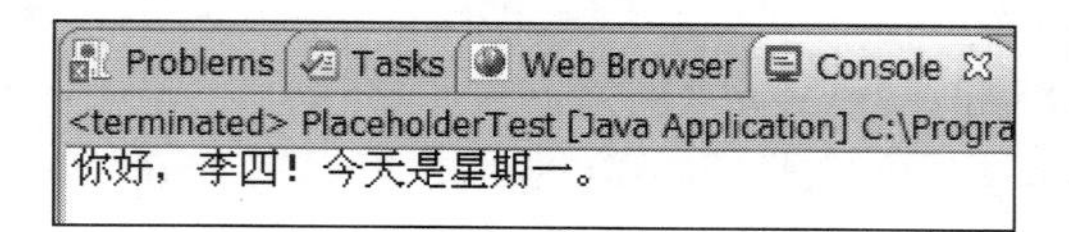

图 11-6　占位符的使用

注意： 代码中使用 ResourceBundle 来加载消息资源文件，然后使用 ResourceBundle 对象的 getString(String key)方法获取消息资源文件中 key 对应的值。程序中 ResourceBundle 构造方法中的 Locale.CHINA 参数用来指定语言环境，表示中文语言环境。

11.2　Struts 2 国际化简介

Struts 2 对国际化提供了非常好的支持，它对 Java 的国际化实现方式进行封装，以提供更好、更方便的国际化实现。

11.2.1　Struts 2 实现国际化机制

Struts 2 的国际化是建立在 Java 国际化基础之上的，因此具有强大的国际化能力。

Struts 2 运行时自动检测当前的 Locale，然后使用 ResourceBundle 加载对应的 Locale 资源文件。因为 Struts 2 对 Java 的国际化进行了封装，从而简化了国际化的实现过程。

Struts 2 国际化流程如图 11-7 所示。

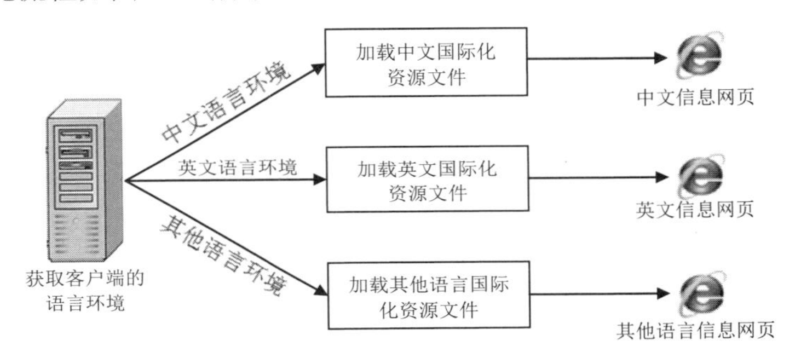

图 11-7　Struts 2 国际化流程

Struts 2 国际化的具体流程如下。

(1)　不同国家/地区使用的操作系统的环境不同。当客户端发送请求时，Struts 2 的 i18n 拦截器会对客户端进行拦截，并获得 request_Locale 的值，该值存储客户端浏览器的地区语言环境，获得该值后，i18n 拦截器将它实例化成 Locale 对象，并存储在 session 中。

(2)　在获得客户端地区语言环境后，Struts 2 会查找相关的 struts.xml 配置文件，来加载国际化资源文件，视图通过 Struts 2 标签读取国际化资源文件，并把数据输出到页面上，完成页面的显示。

Struts 2 的国际化包含三个部分：前台页面的国际化(JSP 页面)、Action 类中的国际化、验证配置文件的国际化。资源文件的格式在前一小节中已经介绍。

11.2.2　配置全局资源文件

在一般情况下，将国际化信息放到国际化资源文件中，然后在 struts.xml 文件中配置该资源文件为全局的，这样就可以很方便地在页面中访问该资源文件，从而实现国际化。

国际化的前提，是如何让 Struts 2 能够加载到国际化消息资源文件。Struts 2 框架加载资源文件时，对于不同的配置文件，方式各有不同。

(1)　在 struts.properties 文件中配置。该文件创建在项目的 src 根目录下，服务器启动时会自动加载该文件，以键值对的格式出现，代码如下所示：

```
struts.custom.i18n.resources=ResourceMessages
```

(2) 在 struts.xml 文件中配置。服务器加载 struts.xml 配置文件的时候，会自动加载前缀是 ResourceMessages 的国际化消息资源文件，添加代码如下：

```
<constant name="struts.custom.i18n.resources" value="ResourceMessages"/>
```

注意： 读者根据自己资源文件的名称修改 value 的值即可。如果有多份国际化资源文件，则多个资源文件的文件名以英文逗号(,)隔开。

(3) 在 web.xml 文件中配置。此种方式不建议使用，配置代码如下：

```
<init-param>
    <param-name>struts.custom.i18n.resources</param-name>
    <param-value>ResourceMessages</param-value>
</init-param>
```

通过三种配置方式可以发现，配置 Struts 2 国际化资源文件需要两个值。

- struts.custom.i18n.resources：在框架中，表示常量，是一个固定不变的值。
- ResourceMessages：表示全局国际化资源文件的资源名称值，所对应的全局资源文件可以是 ResourceMessages_zh_CN.properties、ResourceMessages_en_US.properties，这些都符合格式要求。

11.2.3 加载资源文件的方式

Struts 2 提供多种加载资源文件的方式，包括加载全局范围资源文件、加载包范围资源文件、加载 Action 类范围资源文件以及加载临时指定范围资源文件。包范围资源文件和 Action 范围资源文件主要是对 Action 提供服务的，临时范围资源文件主要是对 JSP 页面提供的一种方式，而全局范围资源文件可以对任何资源提供服务。

1. 全局范围资源文件

指整个项目应用都可访问到该资源文件。以这种方式加载资源文件使 Web 应用中的所有 Action 和视图文件都能够访问或输出国际化资源文件中的消息。例如，我们前面项目中的 src 目录下新建了 MsgResource_zh_CN.properties 文件(全局范围文件)，启动 Tomcat 将会自动加载该文件。

2. 包范围资源文件

指整个包中的元素都可以访问到该资源文件。采用这种方式时，要把资源文件放在某个包下，只需命名为 package_language_country.properties，其中 package 是固定不变的，而 language 和 country 是语言和国家。需放置在使用它的 Action 类所在的包中。

例如，package_zh_CN.properties 文件放置在 com.yzpc.action 包中，那么该包中所有的 Action 都可以访问这个资源文件，可以使用 ActionSupport 类提供的 getText(“key”)方法获取。

3．Action 范围资源文件

指该资源文件只能被指定的 Action 访问。该文件一般放在 Action 类所在路径下，其命名规则为 ActionName_language_country.properties，其中 ActionName 指的是 Action 类名。

例如，RegisterAction_zh_CN.properties，这样 RegisterAction 类能够访问该资源，其他 Action 类将不能访问该资源。

4．临时范围资源文件

指该文件的使用需要在 JSP 文件中指定，即只有在 JSP 文件中通过 Struts 2 的标签指定该文件后，才能访问该文件信息，因此，临时文件可能只对应一个 JSP 页面。采用这种方式时，资源文件的存放位置和命名规则与加载全局范围资源文件的方式相同，不同的是，采用这种方式加载资源文件，可使用 Struts 2 的 i18n 标签临时动态地设置资源文件。

在 Struts 2 的 i18n 标签中定义 name 属性，用来指定资源文件名字中的定义部分，该标签要作为其他标签的父标签来使用。

例如，将 i18n 标签作为 text 标签的父标签时，text 标签就会加载 i18n 标签指定的国际化资源文件，代码如下所示：

```
<s:i18n name="jsp"><!-- jsp 是指资源文件的基名 -->
   <s:text name="msg"></s:text>     <!-- msg 为资源文件中定义的 key -->
</s:i18n>
```

注意： 临时范围资源文件不需要在 struts.xml、struts.properties 中配置。

11.2.4　资源文件的加载顺序

1．在 JSP 页面中访问国际化资源文件信息

(1) 对于使用了<s:i18n>作为父标签的<s:text.>，查找顺序为：先从<s:i18n>指定的国际化资源文件中找；如果没有找到，则从 struts.custom.i18n.resources 常量指定的全局资源文件中找；如果也没有找到，则直接显示其 key 的字符值。

(2) 如果只使用了<s:text>，没有使用<s:i18n>标签指定资源位置，则直接从 struts.custom.i18n.resources 常量指定的 baseName 的资源文件中查找，若没有找到，则直接显示该 key 的字符值。

2．对于某 Action 类，提供 3 种方式来加载国际化资源文件

其查找资源文件的顺序如下：系统会首先查找当前包下的 Action 范围资源文件，如果没有找到，将沿着当前包往上逐级查找基名为 package 的资源文件，一直找到最顶层的包。如果还没有找到，将从常量“struts.custom.i18n.resources”指定的全局资源文件中查找。

但必须注意一点，如果在某一范围找到了指定 key 对应的信息，它将停止查找，然后输出该 key 对应的信息。

下面来看资源文件加载顺序，如图 11-8 所示。

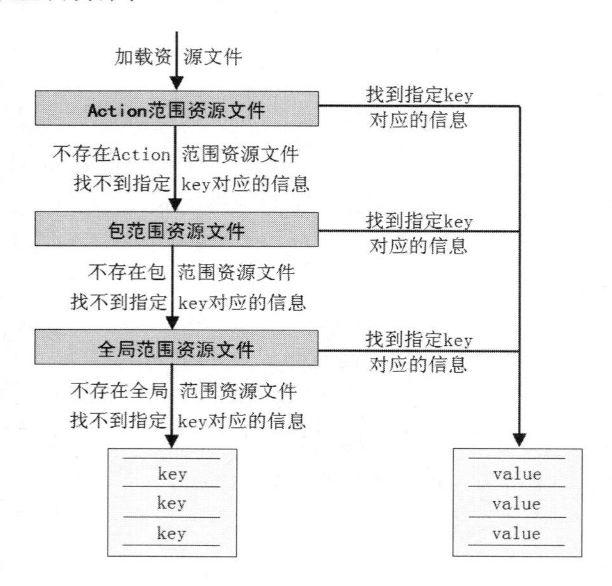

图 11-8　资源文件加载顺序

根据这个资源文件加载顺序示意图，得出其加载顺序规则如下。

(1) 加载 Action 范围资源文件，如果找到指定 key 对应的国际化信息，则直接取得该国际化信息；否则加载包范围资源文件。

(2) 加载包范围资源文件，如果找到指定 key 对应的国际化信息，则直接取得该国际化信息；否则加载全局范围资源文件。

(3) 加载全局范围资源文件，如果找到指定 key 对应的国际化信息，则直接取得该国际化信息；否则将 key 值作为其国际化信息。

11.3　使用 Struts 2 实现页面国际化

如果用户根据自己的喜好能随意地定制页面提示语言，是不是一件很友好的事呢？例如本章开始时看到的 Google 页面，用户可以随意选择自己喜欢的语言种类。Struts 2 中也可以轻易地实现用户定制语言。

11.3.1　手动设置语言环境实现国际化

下面将以实际注册示例来实现用户自己选择语言。程序的思路是：i18n 拦截器在执行 Action 方法前，自动查找请求中一个名为 request_locale 的参数。如果该参数存在，拦截器就将其作为参数，转换成 Locale 对象，并将其设为用户默认的 Locale(代表国家/语言环境)。程序中将通过给 request_locale 的参数传递不同的参数(zh_CN 或 en_US)来实现页面语言符号的变化。

实现对上一章的用户注册功能页面的国际化，要求如下：

- 针对英文用户显示英文界面和英文验证错误信息。
- 针对中国香港用户显示繁体中文界面和繁体中文的验证错误信息。

- 针对其他用户显示简体中文界面和简体中文验证错误信息。

在上一章注册功能验证框架实现的基础上，按照如下步骤实现国际化。

(1) 在 struts.xml 中指定资源文件的基名及存储路径。

(2) 按照需求创建对应的三个资源文件，用来存放相应的资源。

(3) 实现注册功能的 JSP 页面信息的国际化显示。

(4) 实现验证错误信息的国际化显示。

在 MyEclipse 中创建名为 ch11_03_Language 的项目，User 实体类、RegisterAction 类、reg.jsp 页面文件和验证文件等与第 10 章 ch10_03_ValidateRegister 项目中的一致。我们将 ch10_03_ValidateRegister 项目下的所有文件复制到本项目中，创建相应的资源文件，本项目的文件结构如图 11-9 所示。

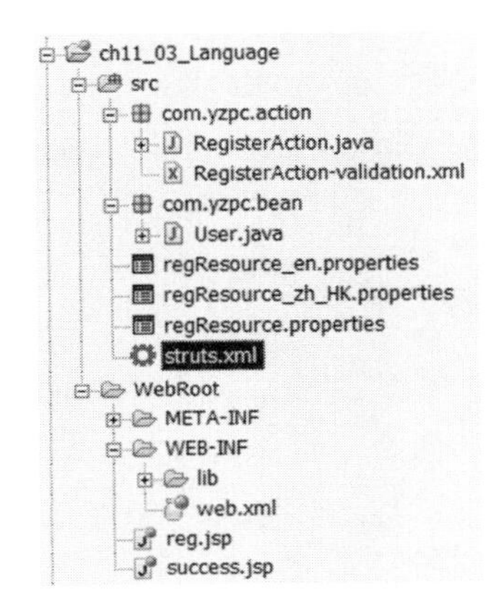

图 11-9　项目文件的结构

我们参照分析中的具体步骤，开始用户注册程序国际化的实现之路。

(1) 在 struts.xml 中指定资源文件的基名及存储路径，代码如下所示：

```
<struts>
    <constant name="struts.custom.i18n.resources" value="regResource"/>
    <constant name="struts.i18n.encoding" value="UTF-8"/>
    <package name="validate" extends="struts-default" namespace="/">
        <action name="reg" class="com.yzpc.action.RegisterAction">
            <result name="success">/success.jsp</result>
            <result name="input">/reg.jsp</result>
        </action>
    </package>
</struts>
```

通过 struts.custom.i18n.resources 属性指定国际化资源文件的基名为 regResource，位于 src 目录下(编译之后位于 WEB-INF/classes 目录下)，如果属性值为 com.yzpc.regResource，则资源文件的基名仍旧是 regResource，但位于 com.yzpc 包中，还可通过 struts.i18n.encoding 属性指定默认的编码方案。如果要进行国际化，必须指定为 UTF-8。但由于 Sturts 2 的默认编码就是 UTF-8，该条语句可省略。

(2) 按照需求创建对应的三个资源文件，用来存放相应的资源。

按照需求，在 src 目录下(或者直接在 WEB-INF/classes 目录下)创建三个资源文件

regResource_en.properties、regResource_zh_HK.properties 和 regResource.properties，用来存放对应的资源。

(3) 实现注册功能的 JSP 页面信息的国际化显示。

注册页面 reg.jsp 的代码如下所示：

```
<!-- 省略代码 -->
<html>
<head><title>用户注册</title></head>
<body>
<h3><font color="blue">填写注册信息</font></h3>
<s:form name="form1" action="reg">
    <s:textfield name="user.username" label="用户名"/>
    <s:password name="user.password" label="密码"/>
    <s:password name="repassword" label="确认密码"/>
    <s:textfield name="user.telephone" label="电话号码"/>
    <s:textfield name="user.realname" label="姓名"/>
    <s:textfield name="user.email" label="电子邮箱"/>
    <s:submit value="注册"/>
</s:form>
</body>
</html>
```

其中与显示相关的文字都需要抽取出来，包括页面标题“用户注册”，提示“填写注册信息”，表单项提示“用户名”、“密码”、“确认密码”、“电话号码”、“姓名”、“电子邮箱”以及按钮文字“注册”等。

这些需要抽取出来的内容将在不同的语言环境下进行国际化显示，我们为每个内容指定一个 key，然后在三个资源文件中，分别指定不同环境下显示的具体 value 值。定义三个资源文件国际化的具体内容如下。

① regResource_en.properties 资源文件的内容如下所示：

regResource_en.properties

name	value
register.page	User Register
register.title	Enter Your Information
username	UserName
password	Password
repassword	RePassword
telephone	Telephone
realname	RealName
email	Email
submit	Register Now

② regResource_zh_HK.properties 资源文件的内容如下所示：

regResource_zh_HK.properties

name	value
register.page	用戶註冊
register.title	填寫個人信息
username	用戶名
password	密碼
repassword	確認密碼
telephone	電話
realname	真實姓名
email	電子郵箱
submit	立即註冊

③　regResource.properties 资源文件的内容如下所示：

regResource.properties

name	value
register.page	用户注册
register.title	填写个人信息
username	用户名
password	密码
repassword	确认密码
telephone	电话
realname	真实姓名
email	电子邮箱
submit	立即注册

编辑 reg.jsp，无须再直接书写字符串内容，而是通过指定资源文件中对应键的方式来调用对应值，代码如下所示：

```
<!-- 省略代码 -->
<html>
<head><title><s:text name="register.page" /></title></head>
<body>
<h3><font color="blue"><s:text name="register.title" /></font></h3>
<s:form name="form1" action="reg">
    <s:textfield name="user.username" key="username" />
    <s:password name="user.password" key="password" />
    <s:password name="repassword" label="%{getText('repassword')}" />
    <s:textfield name="user.telephone" label="%{getText('telephone')}" />
    <s:textfield name="user.realname" label="%{getText('realname')}" />
    <s:textfield name="user.email" label="%{getText('email')}"/>
    <s:submit value="%{getText('submit')}" />
</s:form>
</body>
</html>
```

从上述代码中可以看出，对于不同的页面内容，采用不同的方式调用其国际化信息，具体内容如表 11-1 所示。

表 11-1　页面信息的国际化实现

页面内容		示　例	调用方式
页面非表单内容		页面标题，各级标题	<s:text name=“key”/>
页面表单内容	表单框提示文本	文本框提示文本	key=“key”
			label=“%{getText(‘key’)}”
	表单按钮文字	提交、重置按钮文字	value=“%{getText(‘submit’)}”

部署项目，在浏览器中输入“http://localhost:8080//ch11_03_Language/reg.jsp”的注册页面地址，如果能够出现默认的简体中文内容(调用 regResource.properties)，就说明我们的国际化配置已经基本成功。

可在浏览器的菜单栏中选择“工具”→“Internet 选项”命令，在弹出的“Internet 选项”对话框的“常规”选项卡中单击“语言”按钮，弹出“语言首选项”对话框，单击“添加”按钮，在“添加语言”对话框中，选择“中文(香港特别行政区)[zh-HK]”选项，单击“确定”

按钮，返回到“添加语言”对话框，并通过“上移”按钮将其移到语言框的最上面，单击“确定”按钮。如图 11-10 所示。

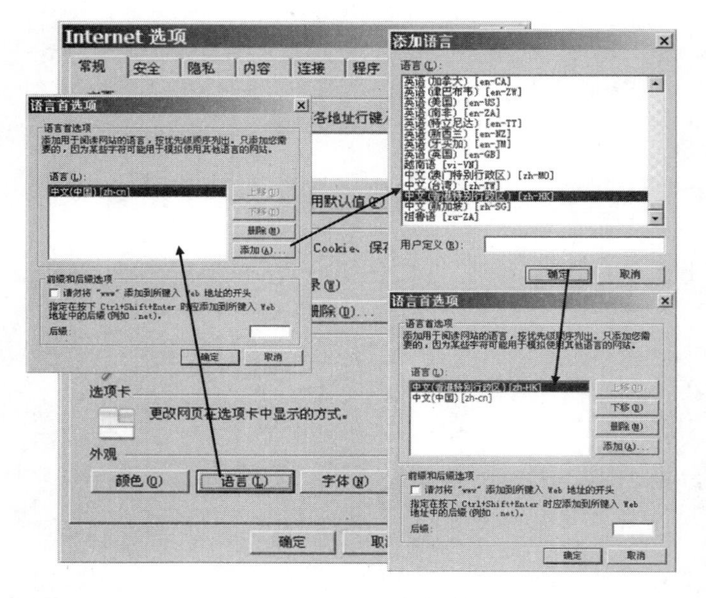

图 11-10　设置语言首选项

重新启动浏览器访问注册页面，就会出现如图 11-11 所示的繁体中文运行界面。

用上述同样的方法设置默认语言为“英语(美国)[en-US]”选项，重新启动浏览器，访问注册页面，就会出现如图 11-12 所示的英文运行界面。

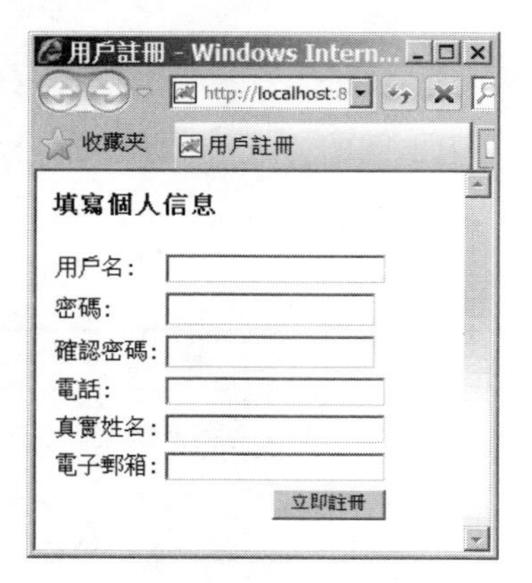

图 11-11　繁体中文运行界面

图 11-12　英文运行界面

(4)　实现验证错误信息的国际化显示。

表单的验证错误信息也需要进行国际化，Struts 2 针对编码验证和校验框架都提供了国际化实现，此时验证错误以键值对的方式书写在资源文件中，而无需直接写在 validateXxx() 方法中，或直接写在验证配置文件中，这里，我们实现部分验证功能，其余的验证信息类似，具体实现过程如下。

添加验证错误信息的国际化内容到三个资源文件中，如下所示。

① regResource_en.properties 文件添加的键值对信息如下：

username.null	Name cannot be null
username.length	Name should be between ${minLength} and ${maxLength}
password.null	Password cannot be null
password.length	Mininum password length is ${minLength}
repassword.null	Repassword cannot be null
repassword.same	Repassword should be same with password
telephone.null	Telephone cannot be null
realname.null	UserName cannot be null
email.null	Email cannot be null

② regResource_zh_HK.properties 文件添加的键值对信息如下：

username.null	用戶名不能為空
username.length	用戶名長度必須在 ${minLength}和 ${maxLength}之間
password.null	密碼長度不能為空
password.length	密碼長度必須大於等於 ${minLength}
repassword.null	確認密碼不能為空
repassword.same	密碼和確認密碼必須相同
telephone.null	電話不能為空
realname.null	用戶姓名不能為空
email.null	電子郵箱不能為空

③ regResource.properties 文件添加的键值对信息如下：

username.null	用户名不能为空
username.length	用户名长度必须在 ${minLength}和 ${maxLength}之间
password.null	密码不能为空
password.length	密码长度必须大于等于 ${minLength}
repassword.null	确认密码不能为空
repassword.same	密码和确认密码必须相同
telephone.null	电话不能为空
realname.null	用户姓名不能为空
email.null	电子邮箱不能为空

修改校验框架的配置文件 RegisterAction-validation.xml，去掉具体的验证错误信息，通过<message>标签的 key 属性指定其对应的校验错误信息，修改后的结果如下所示：

```
<validators>
   <field name="user.username">
      <field-validator type="requiredstring">
         <param name="trim">true</param>
         <message key="username.null"/>
      </field-validator>
      <field-validator type="stringlength">
         <param name="maxLength">10</param>
         <param name="minLength">6</param>
         <message key="username.length"/>
      </field-validator>
   </field>
   <!-- 省略其他字段的验证配置，详情参见光盘  -->
</validators>
```

在 RegisterAction 中添加 validateExecute()方法，这里仅对用户名进行非空验证。同理，无须对验证错误信息进行硬编码，通过 getText(String key)方法来调用资源文件中的相应信息即可，其中参数 key 代表资源文件中的 key，实现代码如下所示：

```
package com.yzpc.action;
```

```
import com.opensymphony.xwork2.ActionSupport;
import com.yzpc.bean.User;
public class RegisterAction extends ActionSupport {
    private User user;           //用户信息
    private String repassword;   //确认密码
    //省略属性的getter、setter方法
    public String execute() throws Exception {
        return SUCCESS;
    }
    public void validateExecute(){
        if(user.getUsername()==null || user.getUsername().equals("")) {
            //this.addFieldError("user.username", "用户名不能为空");
            this.addFieldError("user.username", getText("username.null"));
        }
        //其他字段的validate验证这里省略
    }
}
```

以上配置完成后，尝试在不同的语言环境下再次运行注册页面，不输入任何内容，直接提交表单，如果出现如图11-13和11-14所示的运行结果，就说明我们的国际化配置已经成功。验证错误信息已经实现了国际化显示。

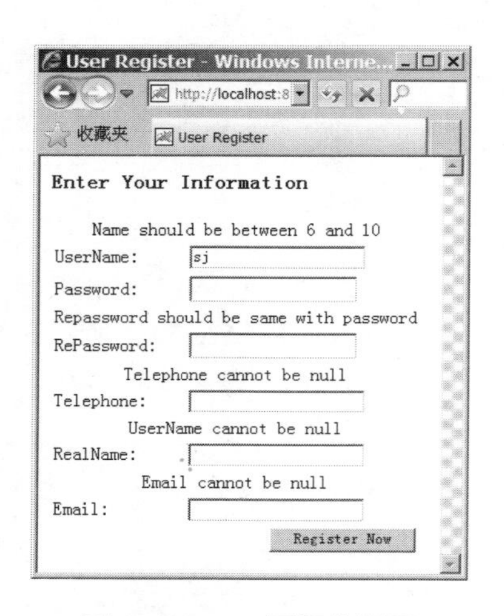

图11-13　en国际化界面

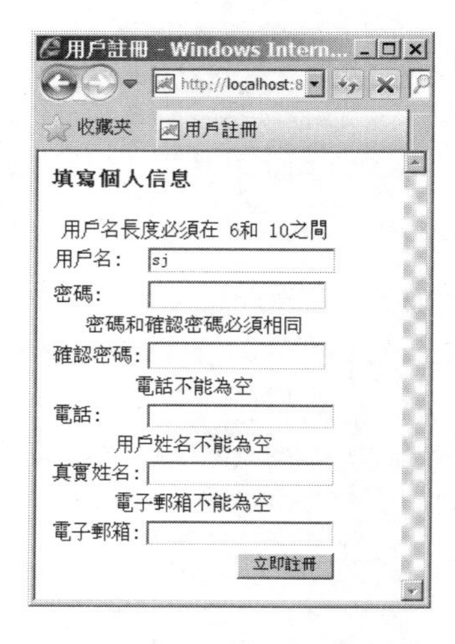

图11-14　zh_HK国际化界面

11.3.2　自行选择语言环境实现国际化

通过上面的程序，虽然我们实现了国际化的程序，但每次要通过手动的方式设置语言首选项，来实现国际化。那么，能不能像很多大型网站一样，在页面上点击相应语言的超级链接，就能实现页面的国际化呢？当然可以实现。

我们创建几个超级链接，让用户选择某种语言时，超级链接会传递一个request_locale参数值给Action，而这个值会自动被i18n拦截器所读取(表面上看是传递给Action，实际上是想让i18n的拦截器读取)，i18n根据这个值设置新的语言环境，去实现页面的国际化。

修改上面的 ch11_03_Language 项目，在 reg.jsp 注册页面中，添加的三个超级链接并传递相应的 request_locale 参数，并修改表单的 action 属性为“reg”，代码如下所示：

```
<div align="right">
    <a href="lang?request_locale=zh_CN">中文(简体)</a> 
    <a href="lang?request_locale=zh_HK">中文(繁體)</a> 
    <a href="lang?request_locale=en_US">English</a>
</div>
...
<s:form name="form1" action="reg" method="post">
    //没有修改，与以前一致
</s:form>
```

修改 struts.xml 文件，在 reg 的 action 配置中，添加一个“reg”方法，添加一个名称为“lang”的 action 配置，并添加 lang 方法，代码如下所示：

```
<action name="reg" class="com.yzpc.action.RegisterAction" method="reg">
    <result name="success">/success.jsp</result>
    <result name="input">/reg.jsp</result>
</action>
<action name="lang" class="com.yzpc.action.RegisterAction" method="lang">
    <result name="input">/reg.jsp</result>
</action>
```

修改 RegisterAction 文件，添加一个 reg()方法和一个 lang()方法，代码如下所示：

```
public String reg() {
    return "success";
}
public String lang() {
    return "input";
}
```

至此，修改完成，重新部署程序，然后运行程序，界面如图 11-15 所示，在该页面中，我们可点击相应“English”的超级链接，就会出现英文页面，如图 11-16 所示。

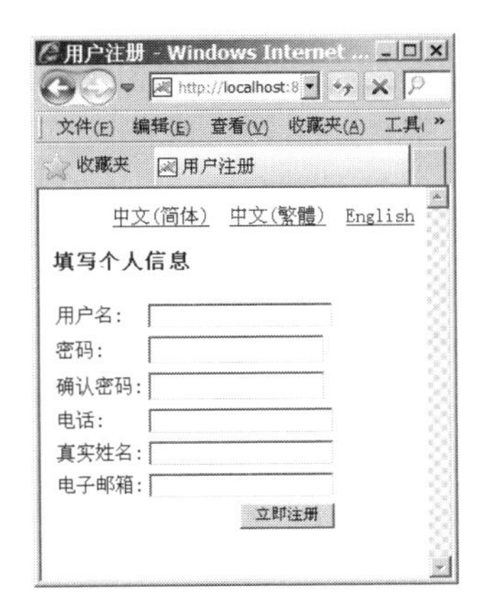

图 11-15　简体中文国际化界面

图 11-16　英文国际化界面

11.4 小　　结

本章首先讲解了 Java 的国际化方法，以及 Struts 2 对国际化的支持；国际化主要介绍了配置文件及访问配置文件的方法。然后介绍了国际化资源文件的类型及资源文件的加载顺序。最后通过一个用户可以自行选择语言环境的注册案例，将整个章节贯穿起来。

本章重点是 Struts 2 中资源文件及配置文件的编写及不同对象中消息资源的调用。

第 12 章　Struts 2 的文件上传和下载

随着科技的飞速发展，互联网已经逐渐普及，网络共享也逐渐成为广大网民传递信息、共享资源的一种常用方式。用户将自己计算机中的文件上传至服务器端，以便其他人浏览、欣赏，也可以去下载别人上传的文件，这些已经是 Web 项目中最常用的功能了。最典型的文件上传应用就是在日常生活中，很多人都有自己个性化的博客或者私人空间，可以将自己在日常工作、生活中的照片放到空间里，供亲朋好友浏览和下载。

12.1　文 件 上 传

文件上传几乎是每个 Web 应用实现的一个必需模块。文件上传的实现需要将表单元素的 enctype 属性设置为 multipart/form-data，使表单数据以二进制编码的方式提交。在接收此请求的 Servlet 中使用二进制流来获取内容，就可以取得上传文件的内容，从而实现文件的上传。

12.1.1　文件上传原理

当我们用 Struts 2 进行文件上传时，首先要将 form 表单的 enctype 属性进行重新设置。那么该属性的取值就决定了表单数据的编码方式。一般有三个属性值。

(1)　application/x-www-form-urlencoded：默认的编码方式，它只处理表单域里的 value 属性，采用这种编码方式的表单会将表单域的值处理成 URL 编码方式。这种方式按 ISO-8859-1 的编码方式将表单上传到服务器，但是这种方式是上传不了文件的。那么如果我们上传的东西含有文件域，则应采用下面的方式(multipart/form-data)。

(2)　multipart/form-data：这种编码方式会以二进制流的方式来处理表单数据，这种编码方式会把文件域指定文件的内容也封装到请求参数里(进行文件上传时采用这种方式)。

(3)　text/plain：这种编码方式当表单的 action 属性为 mailto:URL 的形式时比较方便，这种方式主要用于直接通过表单发送邮件的方式(这种方式已经不再采用了)。

注意： 如果要实现文件的上传，则表单的 method 属性必须设置成 post 提交方式，表单的 enctype 属性必须设置成 multipart/form-data。

一旦设置了表单的 enctype="multipart/form-data"(即<form action="" method="post" enctype="multipart/form-data">)属性，就无法通过 HttpServletRequest 对象的 getParameter()方法获取请求参数值。也就是说，除了文件域以外，其他的普通表单域(如文本框、单选按钮、复选框、文本域等)都取不到。

在 Java 领域中，有两个常用的文件上传项目：一个是 Apache 组织 Jakarta 的 Common-FileUpload 组件(http://commons.apache.org/fileupload/)，另一个是 Oreilly 组织的 COS 框架(http://www.servlets.com/cos/)，这两个框架使用起来都很方便。

这两个框架都是负责解析出 HttpServletRequest 请求中的所有域。通过上传框架获得了文件域对应的文件内容，就可以通过 I/O 流将文件内容写入服务器的任意位置。

在项目开发中，一般使用 common-fileupload 框架较多(当然，可以针对不同的需求使用不同的上传框架)，使用该框架一般需要如下两个 JAR 文件：commons-fileupload-1.3.jar 和 commons-io-2.2.jar。

Struts 2 并未提供自己的请求解析器，因此 Struts 2 并不会自己去处理 multipart/form-data 的请求，它需要调用其他请求解析器(如 Common-FileUpload 或 COS)，将 HTTP 请求中的表单域解析出来，但是 Struts 2 在原有的上传解析器基础上做了进一步封装，更进一步简化了文件上传。查看一下 XML 文件就能找到 Struts 2 对应的文件上传拦截器，当然并不需要我们自己去配置，Struts 2 已经为我们配完了，直接使用就可以了。

根据实际情况确定到底要选择哪个上传控件，先打开导入的 struts2-core-2.3.16.jar 库文件，在 org.apache.struts2 包下找到名为 default.properties 的资源文件，代码如下所示：

```
### Parser to handle HTTP POST requests, encoded using the MIME-type
multipart/form-data
# struts.multipart.parser=cos
# struts.multipart.parser=pell
struts.multipart.parser=jakarta
```

该资源文件通过键值对的形式来对 Struts 2 进行默认配置。其中“struts.multipart.parser”用来配置 Struts 2 的默认上传解析器，在这里，配置为“jakarta”，也就是前面所介绍的 Common-FileUpload 框架。

如果需要使用 COS 框架来上传文件，只需要修改“struts.multipart.parser”对应的值为“cos”即可。修改常量值有两种方法。

一是在 struts.xml 中修改，代码如下：

```
<constant name="struts.multipart.parser" value="cos"></constant>
```

二是在 struts.properties 中修改，代码如下：

```
struts.multipart.parser=cos
```

同时在 Web 工程中增加相应的上传框架的 JAR 文件即可。在 Struts 2 中使用这两种上传框架没有什么不同，Struts 2 已经在这两个上传框架之上又封装了一层，这种封装完全取消了这两种框架的区别。

12.1.2 使用 Struts 2 实现单个文件上传

下面通过示例来演示 Struts 2 如何实现单个文件上传。创建项目 ch12_01_FileUpload，添加相应的 JAR 包文件：commons-fileupload-1.3.jar 和 commons-io-2.2.jar。

(1) 新建上传单个文件的 JSP 页面文件 fileUpload.jsp，要进行文件上传，需要设置修改 form 表单的 enctype 属性值为“multipart/form-data”，还要设置 method 属性值为“post”，表单中包含一个文件域和两个按钮，其表单提交到相应的 Action，页面代码如下所示：

```
<%@ page language="java" import="java.util.*" pageEncoding="gbk"%>
<%@ taglib prefix="s" uri="/struts-tags"%>
<html>
<head><title>文件上传</title></head>
<body>
<h3>上传文件页面</h3>
<s:form action="fileUpload" enctype="multipart/form-data" method="post">
   <s:file name="uploadFile" label="上传文件"/>
   <s:submit value="上传"></s:submit>
   <s:reset value="重置"/>
</s:form>
</body>
</html>
```

(2) 新建 FileUploadAction 文件上传控制器类，用来接收上传的文件，在其执行方法中完成文件上传功能。

该 Action 一般包含 3 个属性，分别为[Filen Nme]、[File Name]ContentType、[File Name]FileName，这里所指的[File Name]为表单中文件域的 name 参数名。

代码如下所示：

```
package com.yzpc.action;
import java.io.File;
import java.io.FileInputStream;
import java.io.FileOutputStream;
import java.io.InputStream;
import java.io.OutputStream;
import org.apache.struts2.ServletActionContext;
import com.opensymphony.xwork2.ActionSupport;
public class FileUploadAction extends ActionSupport {
   private File uploadFile;                    //用来封装上传的文件
   private String uploadFileContentType;   //用来封装上传文件的类型
   private String uploadFileFileName;       //用来封装上传文件的文件名
   //此处，省略三个属性的getter、setter方法
   public String execute() throws Exception {
      InputStream is = new FileInputStream(uploadFile); //文件输入流
      String uploadPath = ServletActionContext.getServletContext()
                              .getRealPath("/upload");  // 设置上传文件目录
      // 设置目标文件
      File toFile = new File(uploadPath, this.getUploadFileFileName());
      OutputStream os = new FileOutputStream(toFile); //创建一个输出流
      byte[] buffer = new byte[1024];          //设置缓存
      int length = 0;
      //读取uploadFile文件输出到toFile文件中
      while ((length = is.read(buffer)) > 0) {
         os.write(buffer, 0, length);
      }
      is.close(); //关闭输入流
      os.close(); //关闭输出流
```

```
        return SUCCESS;
    }
}
```

上述代码中，声明了一个 uploadFile 属性，该属性名称与表单中文本域的参数必须相同，其类型为 File，用来保存上传拦截器封装的上传文件。Action 中属性一般都是与表单所提交的参数相对应的，但在表单中，这里并没有提交 uploadFileContentType、uploadFileFileName 这两个参数，这是由 FileUploadInterceptor 这个文件上传拦截器来负责填充的，由其对属性值进行设置。uploadFileContentType 属性用来保存上传文件的类型；uploadFileFileName 属性用来保存上传文件名。execute()方法中通过 uploadFile 构造了一个文件输入流，用来读取 uploadFile 中的数据，通过取得上传文件名以及上传目录，构造了一个目标文件，并通过 FileOutputStream 构造了一个输出流，通过循环取得输出流中的数据，并将数据写入到目标文件，最后关闭输入流和输出流。

(3) 新建上传结果页面 fileUploadResult.jsp，用来显示文件上传的结果，包括上传的名称以及类型，代码如下所示：

```
<body>
上传文件名：${uploadFileFileName}<br>
上传文件类型：${uploadFileContentType}
</body>
```

(4) 配置 struts.xml，在 package 节点下添加一个 action 节点，在 action 节点中配置文件上传控制器的 name 属性以及对应的视图文件，代码如下所示：

```
<package name="upload'" extends="struts-default" namespace="/">
    <action name="fileUpload" class="com.yzpc.action.FileUploadAction">
        <result name="success">/fileUploadResult.jsp</result>
        <result name="input">/fileUpload.jsp</result>
    </action>
</package>
```

如果涉及到中文的文件名称，要在配置文件中配置一个 struts.i18n.encoding 常量，该常量的默认值为 UTF-8，这里配置的常量值要与 JSP 页面中的字符编码统一，不然就会出现乱码的问题，代码如下所示：

```
<constant name="struts.i18n.encoding" value="gbk"/>
```

(5) 部署项目，在浏览器的地址栏中输入“http://localhost:8080/ch12_01_FileUpload/fileUpload.jsp”，打开文件上传表单页面，如图 12-1 所示。

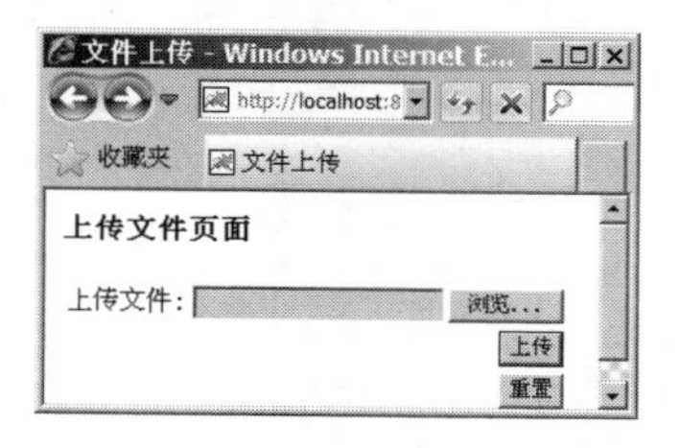

图 12-1　上传页面

单击“浏览”按钮打开文件选择框，选择需要上传的文件，单击“上传”按钮进行上传，跳转到上传结果页面，如图 12-2 所示。打开上传结果目录，在目录中可以看到新上传的文件，如图 12-3 所示。

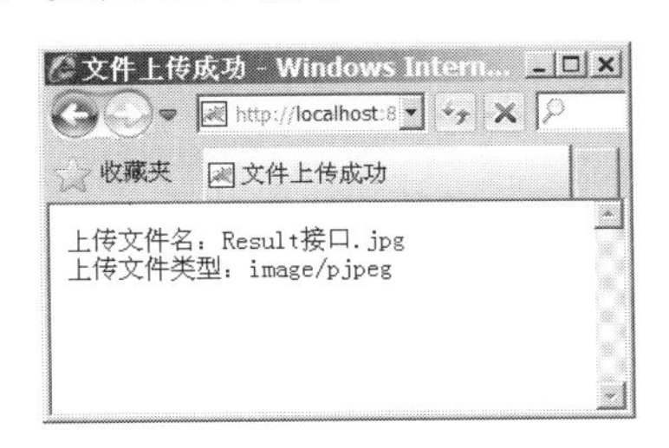

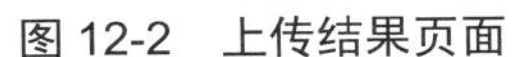
图 12-2　上传结果页面

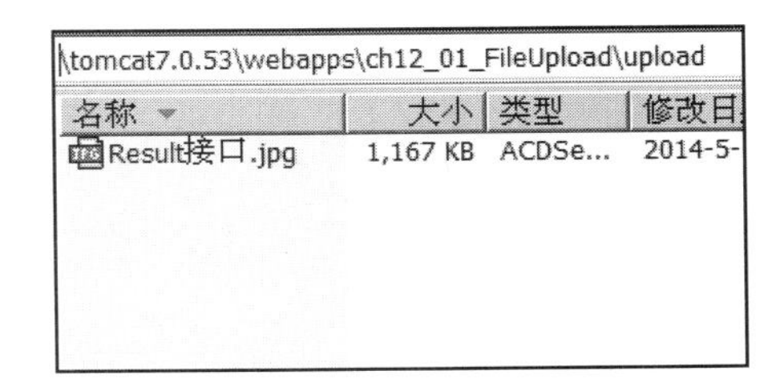

图 12-3　上传目录 upload

提示：在上传文件前，需要事先在本项目的发布目录中新建一个“upload”文件夹，作为上传目录。

12.1.3　动态设置文件上传目录

在前一小节的示例中，使用了固定的上传目录，这样就无法动态更改目录，要修改目录，只能修改原有程序。这时，可以考虑动态地设置文件上传目录，可以在配置 Action 时通过传递参数的形式上传目录，同时，在 Action 中添加一个属性，用来接收该参数。

在刚才代码的基础上，创建 FileUploadAction2 类，代码如下所示：

```
public class FileUploadAction2 extends ActionSupport {
    //省略 uploadFile、uploadFileContentType、uploadFileFileName 属性
    private String savePath;                //文件上传的目录
    //省略 savePath 属性的 getter、setter 方法。
    public String execute() throws Exception {
        InputStream is = new FileInputStream(uploadFile); //文件输入流
        String uploadPath = ServletActionContext.getServletContext()
                            .getRealPath(savePath);    // 设置上传文件目录
        //省略文件输入输出代码
    }
}
```

与 FileUploadAction 类相比，该类只是多声明了一个 savePath 属性，用来表示文件上传目录，分别用 setter 和 getter 方法，来设置文件上传目录和获得文件上传目录。可以通过 getRealPath 方法获得 savePath 的实际路径。

接下来，配置 struts.xml 文件，添加一个 action 标签对，并在其中添加一个 param 元素，从而为 Action 中的 savePath 属性动态分配属性值，代码如下所示：

```
<action name="fileUpload2" class="com.yzpc.action.FileUploadAction2">
    <param name="savePath">/MyUpload</param><!-- 配置文件上传目录 -->
    <result name="success">/fileUploadResult.jsp</result>
    <result name="input">/fileUpload.jsp</result>
</action>
```

提示：savePath 参数中的文件上传目录需事先创建好，否则会出现“无法找到”异常。

修改 fileUpload.jsp 中 form 表单的 action 属性值为“fileUpload2”，部署程序，在浏览器中输入“http://localhost:8080/ch12_01_FileUpload/fileUpload.jsp”，重复上面的调试过程，看看是不是已经上传到了部署的项目中的 MyUpload 目录中了。

12.1.4 限制文件的大小和类型

上一小节只是简单地实现了文件的上传功能，并没有实现上传文件的类型和大小的控制。但在实际应用中，都需要限制上传文件的大小和类型，可以通过上传拦截器来实现，在文件上传拦截器中，提供了 maximumSize 和 allowedTypes 两个属性，用来限制上传文件的大小和类型。

其中，maximumSize 用来指定上传文件大小的最大值，单位为字节(Byte)；allowedTypes 用来指定允许上传的文件类型。

修改 struts.xml 配置文件，在 fileUpload2 的 Action 中添加拦截器，代码如下所示：

```
<action name="fileUpload2" class="com.yzpc.action.FileUploadAction2">
    <!-- 省略部分代码 -->
    <interceptor-ref name="fileUpload"><!-- 配置文件上传拦截器 -->
        <!-- 配置允许上传文件类型 -->
        <param name="allowedTypes">
            image/bmp,image/pjpeg,image/png
        </param>
        <param name="maximumSize">81920</param>
    </interceptor-ref>
    <interceptor-ref name="defaultStack"></interceptor-ref>
</action>
```

部署程序，重复上面的调试过程，当我们选择超过 80KB 以上大小的文件时，则无法上传，如图 12-4 所示。

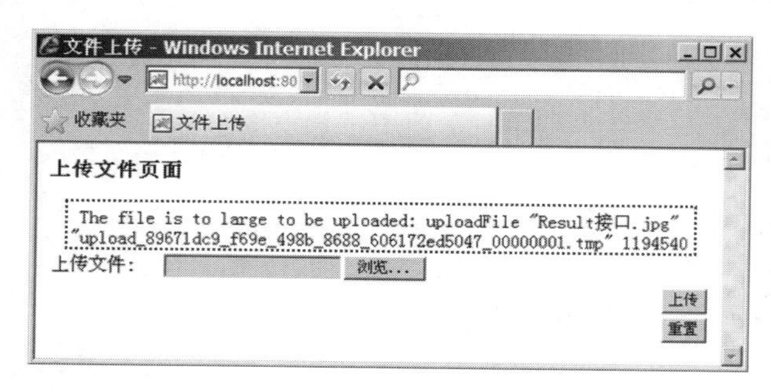

图 12-4 文件大小超过设定值

提示：这里表单控件使用的是 Struts 2 的表单标签，上面会出现了错误提示语句。如果使用的是普通的表单标签，则不会出现错误提示信息。如果要输出该错误信息，则在表单标签的前面添加如下代码：<s:fielderror />。

提示： 对于文件类型的值并不是简单的后缀名，读者可以打开 Tomcat 目录下的 conf 文件夹，找到其中的 web.xml 文件，在该文件中列出了几乎所有的文件类型。读者可以根据文件后缀名在这里找到相应的文件类型。

前面已经完成上传文件大小和类型的限制，但如果上传的文件既不符合文件类型要求，又不符合上传大小要求，将只提示上传文件不符合要求的提示信息，如图 12-5 所示。

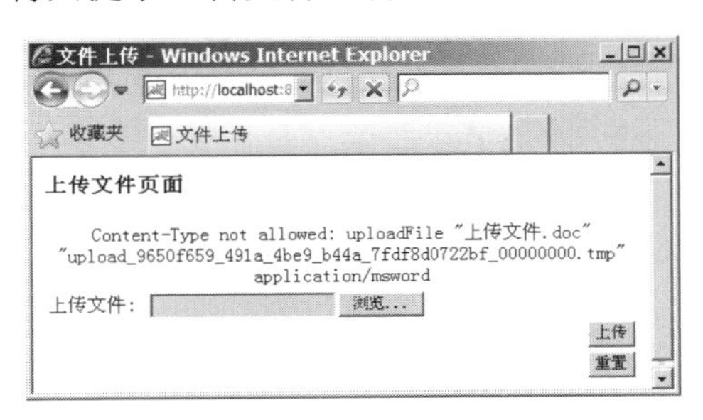

图 12-5　文件类型不符合设置值

这样会觉得错误的提示信息非常不友好，这时，我们可以使用国家化信息来替代默认的错误提示信息。

其中，上传文件太大的错误提示信息 key 为 struts.messages.error.file.too.large，上传文件类型不允许的错误提示信息 key 为 struts.messages.error.content.type.not.allowed。

根据 key 信息新建国家化资源文件 FileUploadError_zh_CN.properties，key-value 的对应信息如图 12-6 所示。

name	value
struts.messages.error.file.too.large	上传的文件太大，请重新选择上传文件！！
struts.messages.error.content.type.not.allowed	上传的文件类型不允许，请重新选择上传文件！！

图 12-6　key-value 的对应信息

在 struts.xml 中配置常量，用来加载该国际化资源文件，代码如下：

```
<constant name="struts.custom.i18n.resources" value="FileUploadError"/>
```

这时，上传一个文件大小不符合要求的文件，以及上传一个类型不符合要求的文件，将输出自定义的错误信息，如图 12-7 所示。

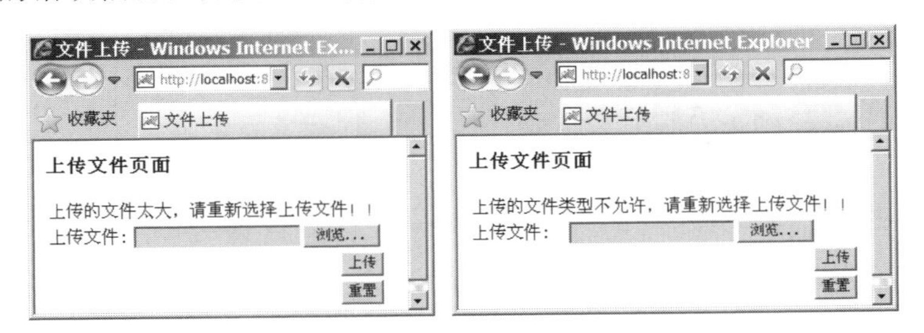

图 12-7　国际化后的错误信息提示

提示： Struts 2 默认配置了整个表单请求内容的最大大小为 2MB，通过配置最大大小常量 struts.multipart.maxSize 可修改请求大小。

下面的代码可以配置最大大小为 30MB：

```
<constant name="struts.multipart.maxSize" value="31457280" />
```

12.1.5 实现上传多个文件

前面介绍了文件上传的知识，但文件是一个一个地上传的，下面介绍如何实现多个文件上传，这在实际开发中会经常遇到。在论坛系统、博客系统以及邮件系统中，通常需要上传多个文件，单个上传已经不满足要求了，这时需要一个多文件同时上传模块。

实现上传多个文件与实现单个文件上传的原理一样，可用表 12-1 中列出的文件来描述实现“多个文件上传需求”的代码。

表 12-1 多个文件上传所需的文件

文 件	功 能
multiFile.jsp	包含多个文件域，用来选择多个上传文件，提交文件上传表单
multiFileResult.jsp	上传文件显示页，显示上传的文件名和文件类型
MultiFileAction.java	封装多个上传文件、文件名以及文件类型，用数组或集合存储。负责将文件上传到指定目录
struts.xml	配置上传控制器名称以及相应的实现类。 配置上传目录和结果页面。 配置上传文件类型和文件大小的最大值

(1) 创建 ch12_01_MultiFileUpload 项目，添加 JAR 包支持。创建 multiFile.jsp 上传表单页，在该页面中包含 3 个文件域，用来提交上传表单，代码如下所示：

```
<s:form action="multiFile" method="post" enctype="multipart/form-data">
    多个文件上传：<br>
    <s:file name="multiFile" label="选择文档"/><br>
    <s:file name="multiFile" label="选择文档"/><br>
    <s:file name="multiFile" label="选择文档"/><br>
    <s:submit value="上传"></s:submit>
    <s:reset value="重置"/>
</s:form>
```

(2) 新建文件上传成功页面 multiFileResult.jsp，在该页面中通过循环，取得所有上传文件的文件名和文件类型，代码如下所示：

```
<s:iterator var="fileName" value="multiFileFileName" status="st">
    文件名：<s:property value="fileName"/>  
    文件类型：
    <s:property value="multiFileContentType[#st.getIndex()]"/><br>
</s:iterator>
```

上述代码中，通过<s:iterator>标签循环获取 multiFileFileName 属性值，并将取得的所有文件名存到变量 fileName 中。通过 fileName 变量输出文件名，根据 multiFileContentType 属性值调用其与输出文件名对应的文件类型。

(3) 添加文件上传控制器 MultiFileAction.java，该控制器负责封装所有上传文件、文件名以及文件类型，代码如下所示：

```
package com.yzpc.action;
//import 包导入省略，参加本节前面的例子
public class MultiFileAction extends ActionSupport {
    private File[] multiFile;                    //用来封装上传的文件
    private String[] multiFileContentType; //用来封装上传文件的类型
    private String[] multiFileFileName; //用来封装上传文件的文件名
    private String savePath;
    //省略属性的getter、setter方法
    public String execute() throws Exception {
        File[] files = this.getMultiFile();        //取的文件数组
        for (int i=0; i<files.length; i++) { //循环每个上传的文件
            //基于files[i]创建一个文件输入流
            InputStream is = new FileInputStream(files[i]);
            String uploadPath = ServletActionContext.getServletContext()
              .getRealPath(savePath); //获得上传文件目录的实际路径
            File toFile = new File(uploadPath,
              this.getMultiFileFileName()[i]); //设置目标文件
            OutputStream os = new FileOutputStream(toFile); //构建输出流
            byte[] buffer = new byte[1024];    //设置缓存
            int length = 0;
            //读取files[i]文件，输出到toFile文件中
            while ((length = is.read(buffer)) > 0) {
                os.write(buffer, 0, length);
            }
            is.close();        //关闭输入流
            os.close();        //关闭输出流
        }
        return SUCCESS;
    }
}
```

(4) 打开 struts.xml，在该文件中配置多个文件上传控制器 MultiFileAction，代码如下：

```
<action name="multiFile" class="com.yzpc.action.MultiFileAction">
    <param name="savePath">/MultiFileUpload</param>
    <result name="success">/multiFileResult.jsp</result>
    <result name="input">/multiFile.jsp</result>
    <interceptor-ref name="fileUpload">
        <param name="maximumSize">1048576</param>
        <param name="allowedTypes">
            text/plain,application/msword,image/jpeg
        </param>
    </interceptor-ref>
    <interceptor-ref name="defaultStack"></interceptor-ref>
</action>
```

(5) 部署项目，然后访问“http://localhost:8080/ch12_01_MultiFileUpload/multiFile.jsp”页面，打开多个文件上传表单页，如图 12-8 所示。选择多个文件后，单击“上传”按钮提

交表单，页面提交到 MultiFileAction，由其负责上传，上传完成后，页面调转到成功页面。在该页面中显示所有上传的文件名及文件类型，如图 12-9 所示。

图 12-8　多个文件上传表单页

图 12-9　上传结果页

提示： 在上传表单页中，可以只选择上传一个或者两个文件，都能够上传成功。但如果一个都不上传，这时就会抛出 NullPointerException 空指针异常，可以通过输入校验核对是否选择了文件。

12.1.6　通过添加文件域上传多个文件

在上一小节中，已经实现了多文件上传功能，但最多只能传 3 个文件，如果要上传 4 个及 4 个以上的文件，就必须要分多次进行上传了，有没有办法实现任意多个文件上传呢？可以通过操作 DOM 来生成任意多个文件域，从而实现任意多个文件的上传。

在 ch12_01_MultiFileUpload 项目中，新建上传表单页 multiFile2.jsp，在刚开始的时候只有一个文件域，可通过“增加文件”按钮，从而调用 JavaScript 的函数来添加文件域。代码如下所示：

```
//省略部分代码
<script type="text/javascript">
function addFileComponent() {
    var uploadHTML =
      document.createElement("<input type='file' name='uploadFiles'/>");
    document.getElementById("files").appendChild(uploadHTML);
    uploadHTML = document.createElement("<br>");
    document.getElementById("files").appendChild(uploadHTML);
}
</script>
//省略部分代码
<s:fielderror></s:fielderror>
<form action="multiFile" method="post" enctype="multipart/form-data">
    多个文件上传:<br>
    <input type="button" value="增加文件" onclick="addFileComponent()">
    <div id="files">
        <input type="file" name="multiFile"><br>
    </div>
```

```
    <input type="submit" value="上传">
    <input type="reset">
</form>
```

上述代码中，声明了一个 JavaScript 的函数 addFileComponent，该函数用来增加文件域。其中 uploadHTML 值为文件域元素，通过 document 的 getElementById 方法来获得 id 为"files"的 div，并在该 div 下添加一个子节点，该子节点为一个文件域，并以该方式在 div 下添加一个换行标记的子节点，在表单中添加了一个按钮，单击该按钮触发 addFileComponent 函数，从而完成文本域的添加。

在浏览器中输入"http://localhost:8080//ch12_01_MultiFileUpload/multiFile2.jsp"，打开多文件上传表单页，如果 12-10 所示。单击"增加文件"按钮，将增加一个文件域，单击多次，将添加多个文件域，如图 12-11 所示。

图 12-10　上传多个文件页面

图 12-11　添加文件域

12.2　文件下载

文件下载相对于文件上传要简单，最简单的方式就是直接在页面上给出一个下载文件的链接。

12.2.1　概述

使用 Struts 2 框架来控制文件的下载，关键是需要为 Action 的返回值 stream 类型配置结果映射，当指定 stream 结果类型时，要指定一个 inputName 参数，该参数指定了被下载文件的入口，即一个输入流。使用 Struts 2 实现文件下载，还可允许系统管理员对浏览器端用户下载文件的权限进行控制。

配置 stream 类型的结果，需要指定如下属性。

- contentType：指定下载文件的文件类型，这里的文件类型与因特网 MIME 中的规定类型要一致。例如 text/plain 代表纯文本。
- inputName：指定下载文件的输入流入口，在 Action 中需要指定该输入流的入口。
- contentDisposition：指定文件下载的处理方式，有内联(Inline，直接显示文件)和附件(Attachment，弹出文件保存对话框)两种方式，默认为内联。

- bufferSize：用于设置下载文件时的缓存大小，默认值为 1024。

12.2.2 使用 Struts 2 实现文件下载

下面通过示例来演示 Struts 2 框架中文件下载功能的实现。创建项目 ch12_02_Down，配置 web.xml(与前面的示例一致)。

新建提供文件下载链接的 index.jsp 页面，代码如下所示：

```
<h3><font color="blue">Struts2 下载测试</font></h3>
<a href="download">Struts2.ppt</a>
```

在 Struts 2 中配置文件 struts.xml，代码如下所示：

```
<package name="Down" extends="struts-default" namespace="/">
    <action name="download" class="com.yzpc.action.DownloadAction">
        <result name="success" type="stream">
            <param name="contentType">application/vnd.ms-powerpoint</param>
            <param name="contentDisposition">
                attachment;filename="Struts2.ppt"
            </param>
            <param name="inputName">downloadFile</param>
        </result>
    </action>
</package>
```

新建用来处理文件下载的核心操作的 DownloadAction.java，代码如下所示：

```
package com.yzpc.action;

import java.io.InputStream;
import org.apache.struts2.ServletActionContext;
import com.opensymphony.xwork2.ActionSupport;

public class DownloadAction extends ActionSupport {
    public InputStream getDownloadFile() throws Exception {
        return ServletActionContext.getServletContext()
          .getResourceAsStream("/upload/Struts2.ppt");
    }

    @Override
    public String execute() throws Exception {
        return super.execute();
    }
}
```

最后部署项目，在浏览器中输入“http://localhost:8080/ch12_02_Down/index.jsp”，当单击“Struts2.ppt”超链接后，弹出文件下载对话框，运行效果如图 12-12 所示。

提示： 在 WebRoot 路径下，要新建一个 upload 文件夹，用于存放待下载的文件，并在其中放置一个 Struts 2.ppt 文件。

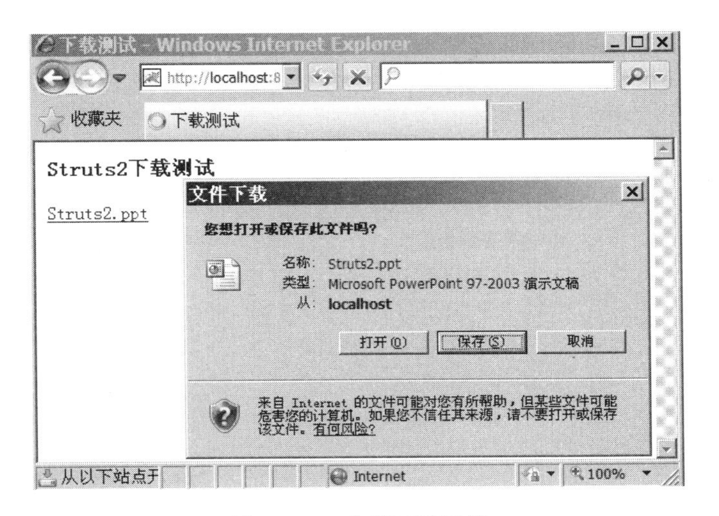

图 12-12　文件下载示例

提示： 在 WebRoot 路径下，要新建一个 upload 的文件夹，用于存放待下载的文件，并在其中放置一个 Struts 2.ppt 文件。

12.3　小　　结

本章介绍了文件的上传和下载，重点介绍了文件上传的原理、如何使用 Struts 2 实现单个文件的上传、如何动态设置文件上传目录、如何限制文件的大小和类型、如何实现上传多个文件和添加文件域上传多个文件，并简单介绍了如何使用 Struts 2 实现文件下载。

第 13 章　Struts 2 的 Ajax 支持

随着 Internet 技术的飞速发展，B/S 结构得到了大规模的应用，在 B/S 结构下，应用程序的业务完全在服务器端实现，客户端只需要浏览器即可进行业务处理，B/S 结构的应用开发有 ASP、JSP、PHP 等，早期这些 B/S 结构开发技术有点混乱，系统中业务逻辑、数据持久化等混在一起，导致了不易维护、难以扩充等问题。随着 MVC 设计模式的兴起，系统的数据访问和数据显示开始分离，这提供了更好的可扩展性。

而 Ajax 技术的出现再次完善了 Web 应用，Ajax 应用强调异步发送用户请求，对于用户而言，这是一种连续性较强的体验，感觉非常好。

此外，Struts 2 标签库提供了对 Dojo 的支持，因此可以产生更多的页面效果。不仅如此，Struts 2 还提供了许多额外的标签，包括日期时间选择器、树形结构等，也提供了对 Ajax 的支持。通过 Struts 2 标签库，可以很轻松地实现各种 Ajax 效果。

13.1　Ajax 概述

随着互联网的广泛应用，基于 B/S 结构的 Web 应用程序越来越多地受到推崇，但不可否认的是，B/S 架构的应用程序在界面及操控性上比 C/S 架构的应用程序要差很多，这也是 Web 应用程序普遍存在的一个问题。

而 Ajax 的出现，使得开发人员在进行 Web 应用程序开发时，可以制作出许多很精美的 Web 界面，同时从用户体验角度上也得到了很大提高。

13.1.1　Ajax 的发展和应用

在传统的 Web 应用中，每个请求对应一个页面，每次请求，服务器都会生成新的页面，用户提交请求后，总是要等待服务器的响应。对于这种独占式的请求，如果前一个请求没有得到响应，则后一个请求便不能发送；如果服务器响应没有结束，用户就只能等待；在等待期间，由于新的页面没有生成，整个浏览器将是一片空白，而用户能做的只是等待。对于用户而言，这是一种不连贯的体验，同时，这种频繁刷新页面的方式也使服务器的负担加重。

Ajax 技术正是为了弥补以上不足而诞生的，Ajax 应用不采用“请求对应页面”模式，请求响应不要求重新加载页面，发送请求后不需要等待服务器响应，而是可以继续进行原来的操作，在服务器端响应完成后，浏览器再将响应展示给用户。

使用 Ajax 技术，从用户发送请求到得到响应这个过程，用户界面以连续的方式存在。这就让我们可以在必要的时候只更新页面的一小部分，而不用整个页面都刷新，即可以实现“无刷新”技术。

如图 13-1 所示，在搜狐首页上的登录功能就使用了 Ajax 技术。输入登录信息并单击“登录”按钮后，只是刷新登录区域的内容。首页上的其他信息都不更新，这就避免了重复加载、浪费网络资源的现象，这是无刷新技术的优势之一。

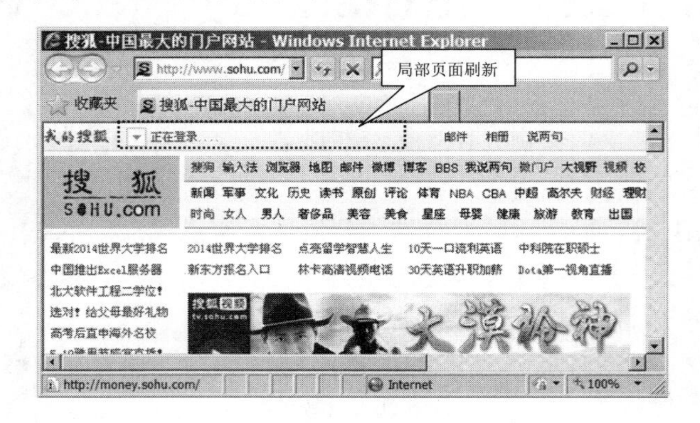

图 13-1 使用 Ajax 刷新局部页面

我们在看优酷网上的视频时，可以在页面上单击其他按钮执行操作，由于只是局部刷新，页面不会整个刷新，视频将连续播放，不会受影响，这体现了无刷新技术的优势之二：提供连续的用户体验，而不被页面刷新中断。

再来看百度网站的例子，由于采用了无刷新技术，我们可实现一些以前 B/S 程序很难做到的事情，比如图 13-2 所示的自动补全功能，又比如图 13-3 所示的百度地图提供的拖动、放大、缩小等操作。Ajax 强调的是异步发送用户请求，在一个请求的服务器响应还没结束时，可以再次发送请求，这种请求的发送可以使用户获得类似桌面程序那样的用户体验。

随着 Web 2.0 的兴起，RIA(Rich Internet Application)概念的推出，Ajax 的作用越来重要，甚至还没有找到一个更好的替代品。

Ajax 是几个单词首字母的缩写：Asynchronous JavaScript And Xml。Ajax 并不是一种全新的技术，而是整合了现有的技术：JavaScript、XML 和 CSS。主要是 JavaScript。我们通过 JavaScript 的 XMLHttpRequest 对象完成发送请求到服务器并获得返回结果的任务，然后使用 JavaScript 更新局部的网页。

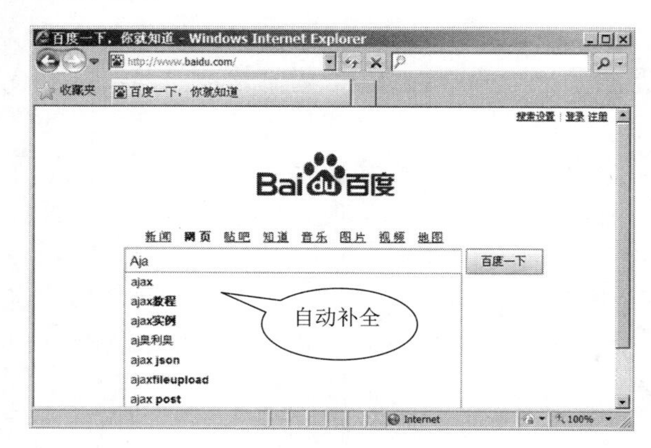

图 13-2 搜索引擎的自动补全功能

图 13-3　类似桌面程序的用户体验

Asynchronous(异步)指的是，JavaScript 脚本发送请求后并不是一直等着服务器响应，而是发送请求后继续做别的事，无须刷新整个页面，一样可以显示服务器返回的相应数据。

XML 一般用于请求数据和响应数据的封装，CSS 用于美化网页样式。

Ajax Web 应用程序模型如图 13-4 所示。

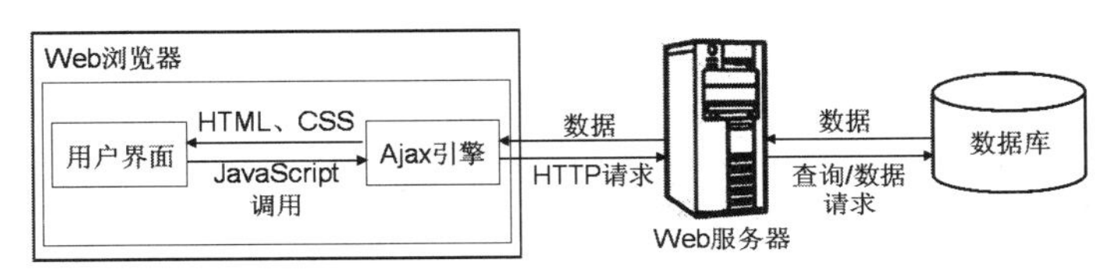

图 13-4　Ajax Web 应用程序模型

13.1.2　Ajax 的核心技术

XMLHttpRequest 对象是 Ajax 技术的核心，通过该对象可以实现无须刷新页面便可以向服务器传入或读写数据。在使用 IE 的 XMLHttpRequest 对象时，浏览器把 XMLHttpRequest 实现为一个 ActiveX 对象，而其他的浏览器则把它作为一个本地的 JavaScript 对象。

(1) XMLHttpRequest 对象的常用方法如下。

- abort()：停止当前的请求。
- open(method, URL, async)：建立与服务器的连接，method 参数指定请求的 HTTP 方法；URL 参数指定请求的地址；async 参数指定是否使用异步请求，其值为 true 或 false。
- send(content)：发送请求，content 参数指定请求的参数。
- setRequestHeader(header, value)：设置请求的头信息。
- getResponseHeader(key)：获取返回的 headers 中的单个 header 值，类型是字符串。
- getAllResponseHeaders()：获得返回的 headers，类型是字符串。

提示：当 XMLHttpRequest 的 send()方法不配置参数，即写成 xmlHttpRequest.send()时，在 IE 中能够正常运行，但在 Firefox 中却不能，所以，建议最好加上 null。

(2) XMLHttpRequest 对象的常用属性如下。

- onreadystatechange：指定 XMLHttpRequest 对象的回调函数。该属性的作用与文本

框的 onblue 等属性一样，是事件处理属性，即当 XMLHttpRequest 的状态发生改变时，都会触发 onreadystatechange 所指定的函数。

- readyState：XMLHttpRequest 的状态信息，是一个 Integer 值。0 表示初始化；1 表示读取中；2 表示已读取；3 表示交互中；4 表示完成。
- status：HTTP 返回的状态码，仅当 readyState 的值为 3 或 4 时，status 属性才能用。
- responseText：获得响应的文本内容。
- responseXML：获得响应的 XML 文档对象。

13.1.3 Ajax 示例

XMLHttpRequest 包含了一些基本的属性和方法，通过这些属性和方法，实现了浏览器与服务器的异步通信。下面通过一个示例来演示 XMLHttpRequest 对象的使用。

我们编写一个程序，来异步获取服务器时间。此项目主要由两个 JSP 页面构成，一个是 index.jsp，另一个是 ajaxserver.jsp。

(1) index.jsp 页面的代码如下：

```
<%@ page language="java" import="java.util.*" pageEncoding="gbk"%>
<!DOCTYPE HTML PUBLIC "-//W3C//DTD HTML 4.01 Transitional//EN">
<html>
<head>
<title>Ajax 示例</title>
<script type ="text/javascript">
var req;
function creatReq(){ // 创建 xmlhttprequest
    var url = "ajaxserver.jsp";
    if(window.XMLHttpRequest) {
        req = new XMLHttpRequest();
    } else {
        alert("你的浏览器有点旧，换个新版本的！");
    }
    if(req){
        //与服务端建立连接(请求方式 post 或 get，地址，true 表示异步)
        req.open("GET",url,true);
        req.send(null);
        req.onreadystatechange = callback; //指定回调函数
    }
}
function callback() {
    if(req.readyState==4) { //请求状态为 4 表示成功
        if(req.status==200) {
            Dispaly(); //显示数据
        } else {
            alert("服务端返回状态" + req.statusText);
        }
    } else {
        document .getElementById("myTime").innerHTML = "数据加载中......";
    }
```

```
}
function Dispaly() {
    document.getElementById("myTime").innerHTML = req.responseText;
}
</script>
</head>
<body>
    <div id="myTime"></div>
    <input id="time" type="button" value="时间" onclick ="creatReq();"/>
</body>
</html>
```

index.jsp 中的 JavaScript 代码将向服务器 ajaxserver.jsp 发送请求，并获取 ajaxserver.jsp 发出的数据，显示在 index.jsp 页面。

(2)　ajaxserver.jsp 页面的代码如下：

```
<body>
<%
Date d = new Date();
out.println(d.toLocaleString());
%>
</body>
```

部署项目，在浏览器的地址栏中输入“http://localhost:8080/ch13_01_Ajax/index.jsp”，运行效果如图 13-5 所示。

单击“时间”按钮，得到从服务器传递的时间，如图 13-6 所示。

图 13-5　初始化页面

图 13-6　获取服务器时间

不管是 Struts 2 中的 Ajax 还是 JavaScript 框架中的 Ajax，都是对底层的 XMLHttpRequest 进行了封装。对于用户来说，经过封装之后的 Ajax 用起来肯定更方便、简单，但对于底层的 XMLHttpRequest 的了解也是很有必要的，它使用起来更灵活。

13.2　Struts 2 的 Ajax 标签

Struts 2 提供了对 Ajax 的支持，主要包括 Ajax 插件和标签。Struts 2 的 Ajax 功能主要依赖于 Ajax 框架，常用的 Ajax 框架有 Dojo 框架、DWR 框架。

Dojo 框架提供了丰富的组件库和页面效果，并使用大量的函数来简化 Ajax 过程。

DWR 框架侧重于服务器端，能够在客户端页面通过 JavaScript 来调用远程的 Java 方法。

关于 Ajax 技术及框架，这里不做介绍，可参考 Ajax 的相关资料。

13.2.1 Struts 2 对 Ajax 的支持

在我们访问网页的时候，可以每隔一定的时间就刷新页面，从而获得最新的访问时间，但我们如果每隔一段时间就刷新信息列表页面，这样做服务器的压力会很大，如果访问的用户很多，可能会造成服务器崩溃。最好的方法就是使用 Ajax，通过异步请求获得访问的最新时间。如何使用 Ajax 定时刷新局部页面的方法，在 JSP 部分应有所接触。本章主要学习使如何用 Struts 2 标签实现异步请求的方法。

Ajax 改变了传统的“用户请求-等待-响应”这种 Web 交互模式，采用异步交互机制避免了用户对服务器响应的等待，大大提高了用户体验。同时它也改变了“用户请求-服务器响应-整个页面刷新”的方式，提供了页面局部刷新的实现机制。

纯 Ajax 的操作让开发人员非常头疼，比如浏览器兼容性问题、操作 DOM 元素的代码非常繁琐等。为了提高 Ajax 的效率，出现在了多种 Ajax 框架，比如 Dojo、DWR 等，它们的出现，降低了使用 Ajax 的难度，提高了 Ajax 的开发效率。

作为一个新兴的框架，Struts 2 对 Ajax 提供了很好的支持，Struts 2.0 内置了对 Dojo 工具包的支持，而 Struts 2.1 后，将 Dojo 抽取出来以单独插件形式存在，两者均提供了基于 Dojo 的 Ajax 标签，对 Ajax 操作进行了进一步的封装，从而可以更加快捷地使用 Ajax。

本书讲解 Struts 2.3 对 Ajax 的支持，使用 Struts 2.3 的基于 Dojo 的 Ajax 标签前，必须进行如下操作。

(1) 将 Struts 2.3.16 开发包 lib 目录下的 struts2-dojo-plugin-2.3.16.jar 文件复制到 Web 应用的 WEB-INF\lib 目录下，不同版本的开发包文件名称不一样。

(2) 在需要使用 Ajax 标签的 JSP 页面中导入 Ajax 标签库，代码如下：

```
<%@ taglib prefix="sx" uri="/struts-dojo-tags" %>
```

(3) 还需要在使用 Ajax 标签的 JSP 页面中加入 head 标签，在页面上导入 Dojo 所需要的 CSS 库和 JavaScript 库，代码如下：

```
<sx:head />
```

经过上面三个操作后，就可以在 JSP 页面中自由地使用 Ajax 标签了。

Struts 2 中的 Ajax 标签主要有如下几个。

- <sx:div>：创建一个 div 区域，可以通过 Ajax 向其中加载内容，以实现局部刷新。
- <sx:a>：通过 Ajax 更新某个元素的内容或提交表单(生成链接)。
- <sx:submit>：通过 Ajax 来更新某个元素的内容或提交表单(生成按钮)。
- <sx:tablePanel>：创建一个标签面板，由<sx:div>提供内容。
- <sx:autocompleter>：根据用户输入提供输入建议，或者帮助用户自动完成输入。
- <sx:tree>：创建一个支持 Ajax 的树形组件。

13.2.2 <sx:div>标签

<sx:div>标签在页面中生成一个 HTML div 标签，该标签的内容可以通过 Ajax 异步请求

来获取到，以实现页面的局部内容更新，该标签的常用属性如下。

- href：指定异步请求的资源地址。
- cssClass：指定 div 的 class 属性。
- updateFreq：指定自动更新 div 内容的时间间隔，以毫秒为单位。
- autoStart：指定页面加载后是否启动定时器，默认为 true。
- delay：指定第一个异步请求开始之前等待的时间，以毫秒为单位。
- executeScript：指定执行服务器返回内容中的 JavaScript 代码，默认为 false。
- formId：指定表单 id，表单字段将被序列化并作为参数传递。
- indicator：当请求正在处理时，具有这个 id 的元素将被显示。
- loadingText：当请求正在处理时显示的文本。
- errorText：当请求失败时显示的文本。

下面通过示例来演示。

创建 ch13_02_AjaxTag，在 WEB-INF/lib 目录下添加相应的 Struts 2 依赖包(特别是 struts2-dojo-plugin-2.3.16.jar 包)，web.xml 配置与前面相同。

(1) 创建 ShowSxDiv.jsp 页面，使用<sx:div>标签来显示用户访问的时间，代码如下：

```
<%@ page language="java" import="java.util.*;" pageEncoding="gbk" %>
<%@ taglib prefix="s" uri="/struts-tags"%>
<%@ taglib prefix="sx" uri="/struts-dojo-tags"%>
<html>
<head>
    <title>sx:div 标签的使用</title>
    <sx:head />      <!-- 应用 Ajax 标签中的标准头 -->
</head>
<body>
    <div id="header">
        <sx:div id="tsdiv" cssStyle="border:2px solid blue;"
         updateFreq="2000" href="showTime.action">
        </sx:div>
    </div>
</body>
</html>
```

上述代码中的<sx:div>标签通过 updateFreq 属性指定自动更新 div 内容的间隔，以毫秒为单位。

(2) 创建 ShowTimeAction 类，用来响应异步请求，代码如下：

```
package com.yzpc.action;
import java.util.Map;
import org.apache.struts2.interceptor.SessionAware;
import com.opensymphony.xwork2.ActionSupport;
public class ShowTimeAction extends ActionSupport
  implements SessionAware {
    private Map session;
    private String message;
    //省略 getter、setter 方法
    public void setSession(Map session) {
```

```
        this.session = session;
    }
    @Override
    public String execute() throws Exception {
        long currentTime = System.currentTimeMillis();  //获取当前时间
        //获取开始时间
        long startTime = (Long)session.get("startTime");
        if (startTime==null) {   //第一次访问
            startTime = currentTime;
            session.put("startTime", startTime);
        }
        //以分钟计算访问的时间
        long usedTime = (currentTime-startTime)/1000/60;
        if (usedTime>60) {
            this.setMessage(
              "您已经访问系统：" + usedTime + " 分钟，请注意休息！");
        } else if (usedTime==0) {
            this.setMessage("您刚开始访问系统，祝您愉快！");
        } else {
            this.setMessage("您已经访问系统：" + usedTime + "分钟。");
        }
        return super.execute();      /返回"success"字符串
    }
}
```

(3) 在 struts.xml 文件中配置 ShowTimeAction 类，代码如下：

```
<package name="book" extends="struts-default" namespace="/" >
    <action name="showTime" class="com.yzpc.action.ShowTimeAction">
        <result name="success">/showTime.jsp</result>
    </action>
</package>
```

(4) 创建 showTime.jsp 页面，用于显示请求，代码如下：

```
<font color="red">${message}</font>
```

showTime.jsp 页面并没有什么特别的地方，只是简单地显示信息。

通过以上 4 步，完成了使用 Ajax 实现在用户访问过程中提示用户访问时间的功能。

在浏览器的地址栏中输入“http://localhost:8080/ch13_02_AjaxTag/ShowSxDiv.jsp”，第一次访问时，显示“您刚开始访问系统，祝您愉快！”；稍等后，显示“您已经访问系统：xx 分钟。”；当登录超过 1 小时后，显示“您已经访问系统：xx 分钟，请注意休息！”。

运行效果如图 13-7 所示。

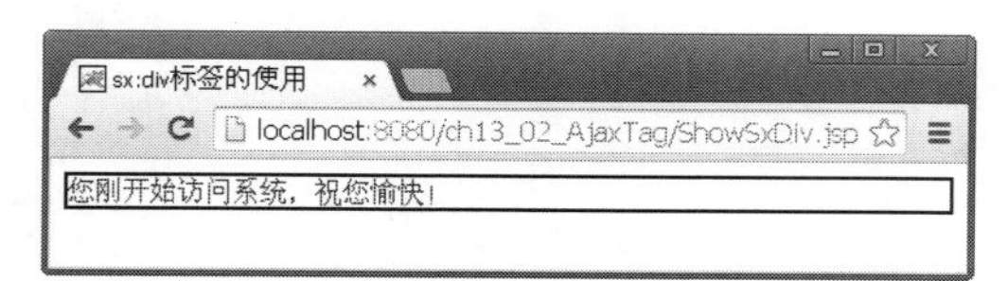

图 13-7　使用<sx:div>标签实现异步刷新

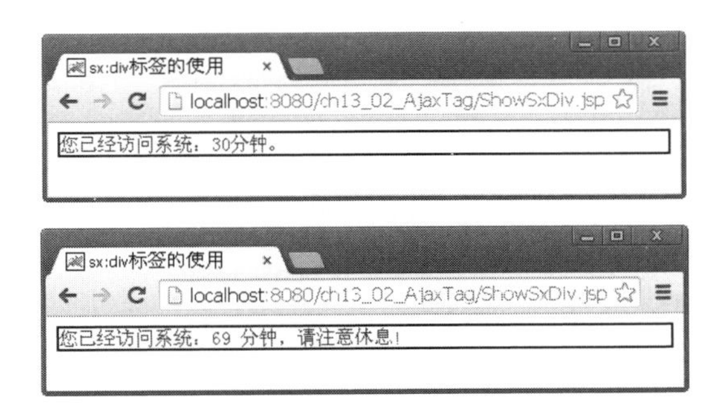

图 13-7　(续)

13.2.3　<sx:a>和<sx:submit>标签

<sx:a>和<sx:submit>标签的作用几乎完全相同，只是外在表现方式不同，一个是生成超链接，一个是生成提交按钮，它们都用于向服务器发送异步请求的，并将服务器响应加载到 HTML 元素中。

<s:submit>标签用来以普通方式提交表单，而<sx:submit>标签用于异步提交表单，还可以使用异步请求返回的数据来更新 HTML 元素(通常是 div)的内容。

<s:a>与<sx:a>相比，外在表示方式相同，作用上则有很大的区别。

<sx:a>和<sx:submit>标签的常用属性如下。

- href：异步请求的资源地址。
- targets：被更新的元素列表，以逗号分隔。
- formId：指定表单 id，表单字段将被序列化并作为参数传递。
- executeScript：执行服务器返回内容中的 JavaScript 代码，默认为 false。
- indicator：当请求正在处理时，具有这个 id 的元素将被显示。
- loadText：当请求正在处理时显示的文本。
- errorText：当请求失败时显示的文本。

在 ch13_02_AjaxTag 项目中，新建 ShowASubmit.jsp 页面，代码如下：

```
<font color="red"><s:div id="showMsg"></s:div></font>
<s:form action="ajaxAction" method="post">
   <s:textfield name="account" label="账号"></s:textfield>
   <s:textfield name="name" label="姓名"/>
   <sx:submit targets="showMsg"></sx:submit>
</s:form>
<sx:a targets="showMsg"
  href="ajaxAction.action?account=test&name=testname">
   sx:a 标签测试
</sx:a>
```

struts.xml 配置文件中的代码如下：

```
<action name="ajaxAction" class="com.yzpc.action.AjaxAction">
   <result type="stream">
      <param name="contentType">text/html</param>
      <param name="inputName">inputStream</param>
```

```
    </result>
</action>
```

对应的 AjaxAction 类的代码如下：

```
package com.yzpc.action;
import java.io.ByteArrayInputStream;
import java.io.InputStream;
import com.opensymphony.xwork2.ActionSupport;
public class AjaxAction extends ActionSupport {
    private String account;
    private String name;
    //省略属性的getter、setter方法
    @Override
    public String execute() throws Exception {
        System.out.println("接收的参数，账户=" + account + "姓名=" + name);
        if (account.equals("test") && name.equals("testname")) {
            inputStream = new ByteArrayInputStream(
              "这是一个sx:a标签的测试".getBytes("utf-8"));
        } else {
            inputStream = new ByteArrayInputStream(
              "这是一个sx:submit的测试".getBytes("utf-8"));
        }
        return "success";
    }
}
```

部署项目，在浏览器输入“http://localhost:8080/ch13_02_AjaxTag/ShowASubmit.jsp”，运行效果如图 13-8 所示。

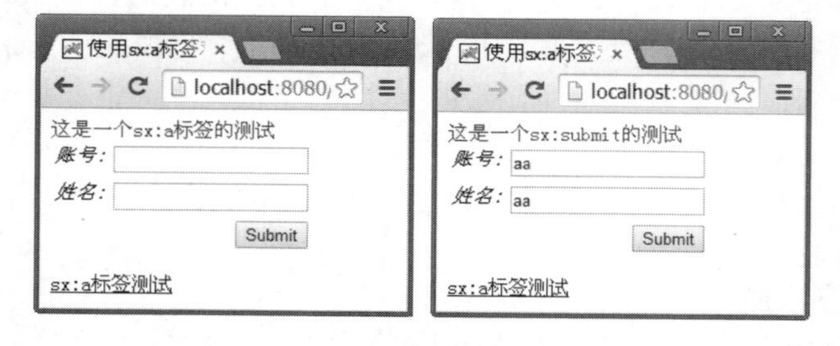

图 13-8　a 标签和 submit 标签的测试效果

13.2.4　<sx:head>标签

<sx:head>标签将被呈现为用来下载 Dojo 文件和配置 Dojo 本身的 JavaScript 代码。使用了其他 Dojo 标签的每一个 JSP 页面都必须包含这个标签，该标签的常用属性如下。

- baseRelativePath：可选属性，Dojo 插件的安装路径。
- cache：可选属性，是否让浏览器缓存 Dojo 文件。
- compressed：可选属性，是否使用 Dojo 文件的压缩版本。
- debug：可选属性，是否使用 Dojo 的调试模式。

- extraLocales：可选属性，Dojo 使用的其他地理时区的清单，以逗号作为分隔符。
- locale：可选属性，用于覆盖 Dojo 的默认地理时区设置。
- parseContent：可选属性，在寻找组件(widget)时是否分析整个文档。

compressed 属性(默认值是 true)用来表明是否使用 Dojo 文件的压缩版本。使用压缩版本可以节省加载时间，但生成的代码比较难以阅读。如果是在开发模式下，建议把这个属性设置为 false，这样比较便于读者阅读本章讨论的标签所呈现出来的代码。

在开发模式下，读者还应该把 debug 属性设置为 true，把 cache 属性设置为 false。把 debug 属性设置为 true 将使得 Dojo 把警告消息和出错消息显示在页面的底部。

在页面文件的<head></head>标签内添加<sx:head />标签。

13.2.5 <sx:tabbedpanel>标签

<sx:tabbedpanel>标签生成一个包含选项卡(Tab)的 Panel，Panel 上的选项卡既可以是静态的，也可以是动态的。如果是静态的，则直接指定选项卡中的内容；如果是动态的，则可以用 Ajax 来动态加载选项卡的内容。

每个选项卡都是一个 Ajax 主题的 div 标签，并且作为选项卡使用的 div 标签只能在 tabbedPanel 标签中使用，同时还需要使用 label 属性指定选项卡的标题。

该标签的常用属性如下。

- closeButton：指定关闭按钮放置的位置，可选“tab”和“pane”。
- selectedTab：指定默认选中的选项卡的 id，默认为第一个选项卡。
- doLayout：指定 tabbedPannel 标签是否为固定高度，默认为 false。
- labelposition：指定选项卡放置的位置，可选 top、right、bottom 和 left，默认为 top。

下面通过示例来演示。

在 ch13_02_AjaxTag 项目中创建 ShowTabbedpanel.jsp 页面，示例代码如下：

```
<sx:tabbedpanel id="book" labelposition="top" doLayout="true"
  cssStyle="width:400px;height:150px;">
   <sx:div id="oneTab" label="清华大学出版社">
      Java 程序设计<br>
      JSP 程序设计<br>
      SSH 框架技术<br>
   </sx:div>
   <sx:div id="twoTab" label="电子工业出版社">
      Java Web 应用开发<br>
      Ajax 技术实战<br>
   </sx:div>
   <sx:div id="threeTab" label="人民邮电出版社">
      Java 应用开发<br>
   </sx:div>
</sx:tabbedpanel>
```

在浏览器地址栏中输入“http://localhost:8080/ch13_02_AjaxTag/ShowTabbedpanel.jsp”，运行效果如图 13-9 所示。

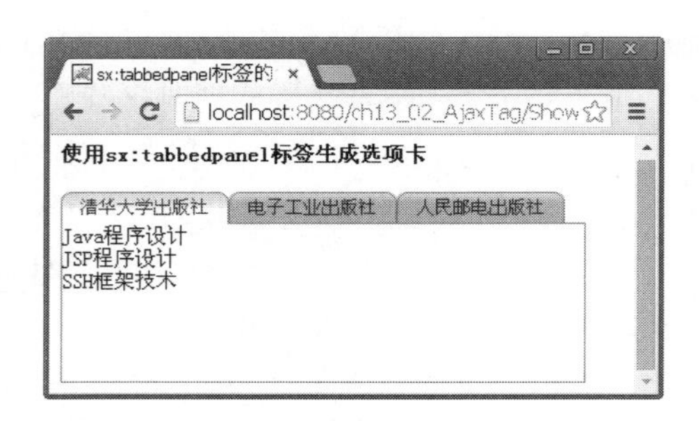

图 13-9 使用 sx:tabbedpanel 标签生成选项卡

13.2.6 <sx:autocompleter>标签

<sx:autocompleter>标签会生成一个带下拉按钮的单行文本框，实现的是具有自动完成功能的组合框，输入一定的数据后，会出现一个下拉框，里面罗列着一些与输入相关的关键词，可以通过选择一个来自动完成输入。

注意： 该标签在 Struts 2.3.16 中使用会出现 Bug，在后续版本中会修复该错误。这里使用 Struts 2.3.15 之前版本的包可以实现该功能。

下面通过示例来演示。创建 ch13_02_AjaxTT 项目，过程与前面基本类似，导入 Struts 2.3.15 之前版本的包。

(1) 创建 ShowAutocompleter.jsp 页面，使用<sx:autocompleter>标签，代码如下：

```
<%@ page contentType="text/html; charset=UTF-8" %>
<%@ taglib prefix="s" uri="/struts-tags" %>
<%@ taglib prefix="sx" uri="/struts-dojo-tags" %>
...
<s:form id="myform">
   <!-- showDownArrow:文本框中是否出现下拉箭头图标  list:数据源
     autoComplete: 是否自动输入提示，数据补全就全靠这个属性 -->
   <sx:autocompleter showDownArrow="true" autoComplete="true"
     label="用户名" list="data" />
</s:form>
```

(2) 创建一个提供搜索的数据服务程序 SearchDateAction.java，代码如下：

```
package com.yzpc.action;
import java.util.ArrayList;
import java.util.List;
import com.opensymphony.xwork2.ActionSupport;
public class SearchDateAction extends ActionSupport {
    private static final long serialVersionUID = 1L;
    //搜索的数据集合
    private List<String> data = new ArrayList<String>();
    //省略 getter、setter 取值赋值方法
    public String searchDate() {     //提供搜索服务
        data.add("admin1");
        data.add("admin2");
```

```
        data.add("admin3");
        data.add("admin4");
        data.add("apple");
        data.add("byte");
        data.add("btest");
        data.add("city");
        data.add("cname");
        return "success";
    }
}
```

(3) 配置 struts.xml 文件，代码如下：

```
<package name="book" extends="struts-default" namespace="/" >
   <action name="search" class="com.yzpc.action.SearchDateAction"
     method="searchDate">
      <result name="success">/ShowAutocompleter.jsp</result>
   </action>
</package>
```

在浏览器中输入“http://localhost:8080/ch13_02_AjaxTT/search”，效果如图 13-10 所示。

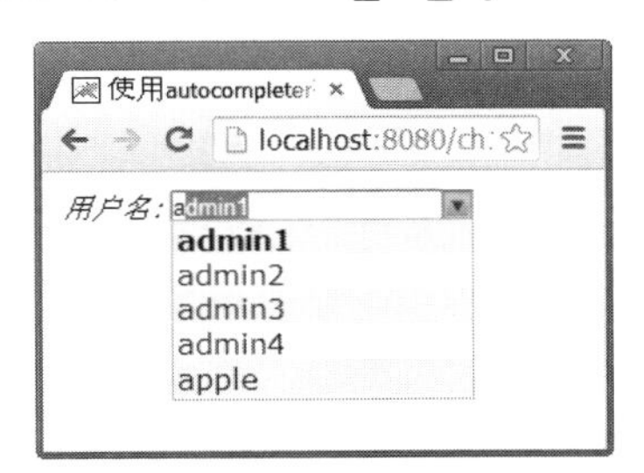

图 13-10　使用 sx:autocompleter 标签自动补全

sx:autocompleter 标签的优点与缺点如下。

- 优点：调用简单，不需要编写复杂代码。非常容易理解。
- 缺点：数据显示样式非常依赖于 Struts 2 框架，无法随意修改。数据量过大时，页面加载速度慢，原因是它把数据一次性查询到客户端，然后通过字符串模糊匹配方式动态产生查询 div。读者可以自行查看结果页面源代码得知。

13.2.7　<sx:tree>和<sx:treenode>标签

<sx:tree>标签用来输出一个属性组件，而<sx:treenode>标签则可以在树形组件里绘制树节点。这两个标签都包含一个 label 属性，<sx:tree>标签的 label 属性指定树的主题，而<sx:treenode>标签的 label 属性则指定节点的标题。

下面通过示例来演示。在 ch13_02_AjaxTag 项目中创建 ShowTree.jsp 页面，在页面中使用<sx:tree>和<sx:treenode>标签生成静态树，示例代码如下：

```
<h3>使用 sx:tree 和 sx:treenode 标签生成静态树</h3>
<sx:tree label="图书列表" id="booklist" showRootGrid="true" showGrid="true"
  treeSelectedTopic="treeSelected">
```

```
    <sx:treenode label="清华大学出版社" id="tsinghua">
        <sx:treenode label="SSH框架技术及项目实战" id="ssh" />
        <sx:treenode label="J2EE企业级开发" id="j2ee" />
        <sx:treenode label="Ajax技术" id="ajax" />
    </sx:treenode>
    <sx:treenode label="电子工业出版社" id="phei">
        <sx:treenode label="Struts 2.X权威指南" id="struts2" />
        <sx:treenode label="Java Web程序设计" id="javaweb" />
    </sx:treenode>
    <sx:treenode label="人民邮电出版社" id="ptpress">
        <sx:treenode label="JSP程序设计教程" id="jsp" />
    </sx:treenode>
</sx:tree>
```

在浏览器中输入“http://localhost:8080/ch13_02_AjaxTag/ShowTree.jsp”，产生静态树的根节点，单击前面的“+”，就会展开显示该节点下的内容，运行效果如图13-11所示。

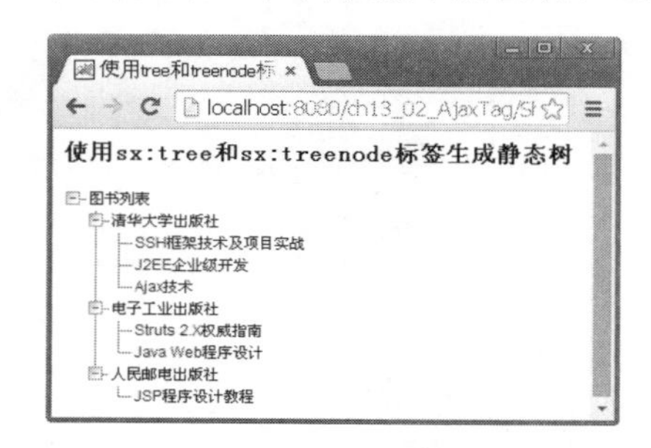

图13-11　使用sx:tree和sx:treenode标签生成静态树

13.2.8　<sx:datetimepicker>标签

datetimepicker标签用来生成一个文本框和日期、时间选择器的组合，在选择器中选择某个日期或者时间时，会自动将被选择的日期或者时间输入文本框中。

在以前的Struts 2版本中datetimepicker只需要在head标签处设置<s:head />，就可以直接使用<sx:datetimepicker>的标签了。而在2.1以后的版本中，不能直接这样使用了，将datetimepicker移除了。原因是此标签调用了dojo的datetimepicker的库。所以现在使用的时候，首先要导入一个struts2-dojo-plugin-2.3.16.jar。然后还要设置dojo的taglib，在head标签中，同时也需要对模板进行设置。

创建ShowDatetimepicker.jsp页面，在其中使用<sx:datetimepicker>标签，代码如下：

```
<h4>使用sd:datetimepicker标签生成选择时间</font></h4>
<s:form>
    选择日期:<sx:datetimepicker name="birth" value="today"
      displayFormat="yyyy年MM月dd日" type="date"/>
    选择时间:
    <sx:datetimepicker name="time" displayFormat="hh:mm" type="time">
    </sx:datetimepicker>
</s:form>
```

在上述页面代码中，从 Struts 2.3.16 版本开始，<sx:datetimepicker>标签部分不能使用 label 属性，否则会出错。

在浏览器中输入“http://localhost:8080/ch13_02_AjaxTag/ShowDatetimepicker.jsp”，该页面的运行效果如图 13-12 所示。

图 13-12　datetimepicker 标签的运行效果

13.2.9　<sx:textarea>标签

sx:textarea 标签用来实现复杂的文本编辑框，类似于大家在邮件系统或是论坛系统中看到的可以在线编辑的文本框，可以设置一些基本的格式。

sx:textarea 标签的常用属性如下所示。

- cols：对应展示的文本框的 cols 属性的值，为 Integer 类型。
- rows：对应展示的文本框的 rows 属性的值，为 Integer 类型。
- wrap：对应展示的文本框的 rows 属性的值，为 Boolean 类型，默认值为 false。

在 ch13_02_AjaxTag 项目中，新建 ShowTextarea.jsp 页面，直接在页面上使用该标签，可以将标签内容提交到某一 Action 中，页面代码如下：

```
<%@ page language="java" import="java.util.*;" pageEncoding="gbk" %>
<%@ taglib prefix="s" uri="/struts-tags"%>
<%@ taglib prefix="sx" uri="/struts-dojo-tags"%>
...
<font color="blue">textarea 标签文本编辑器</font><br>
<s:form action="textAction" method="post">
   <sx:textarea name="test" rows="10" cols="50"/>
   <s:submit value="提交"></s:submit>
</s:form>
...
```

在 Firefox 浏览器中输入“http://localhost:8080/ch13_02_AjaxTag/ShowTextarea.jsp”，运行效果如图 13-13 所示。

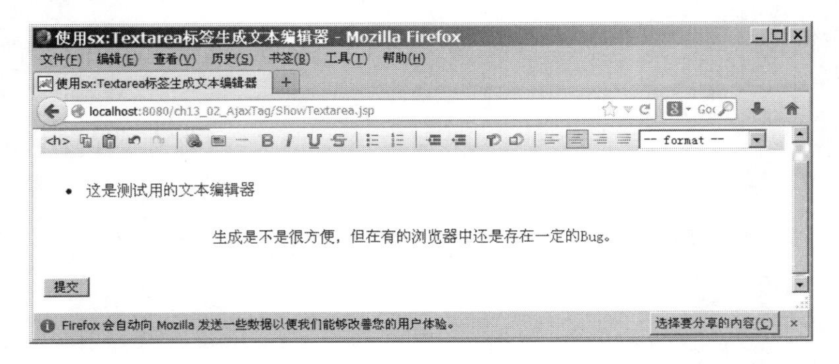

图 13-13 使用 textarea 文本编辑器

提示：部分 IE 浏览器可能对 textarea 标签支持不是很好，刚显示出来的时候全部并在一起，单击输入框的时候就展开了。在搜狗等浏览器中，有的直接就显示不出来。而在 Firefox 浏览器上一切正常。

13.3 常见框架插件

JavaScript 库的出现是为了简化 JavaScript 的开发。各种 JavaScript 库提供了丰富的对象、函数、属性，用这些库可以帮助用户构建丰富、功能强大的 Web 页面。流行的 JavaScript 库不胜枚举，如 jQuery、DWR、MooTools、Prototype、Dojo、YUI、ExtJS 等。这些 JavaScript 库功能丰富，加上它们的插件，几乎能胜任任何工作。

13.3.1 jQuery

jQuery 是一个快速的，简洁的 JavaScript 库，使用户能更方便地处理 Html Documents、Events，实现动画效果，并且方便地为网站提供 Ajax 交互，主要特点如下。

- 轻量级：jQuery 是轻量级的 JavaScript 库(压缩后只有 31KB)，这是其他 JavaScript 库所不及的。
- 实现动画容易：动画操作不再复杂：可以用很简单的语句实现复杂的动画效果。
- Ajax 支持：$.ajax()从底层封装了 Ajax 的细节问题。这使得用户处理 Ajax 的时候能够专心处理业务逻辑，而无须关心复杂的浏览器兼容性和 XMLHttpRequest 对象的创建和使用。
- 强大的选择器：jQuery 允许用户使用从 CSS 1 到 CSS 3 几乎所有的选择器，并独创了高级、复杂的选择器。对于熟悉 CSS 的用户来说，可以很容易地进入 jQuery 世界。
- 优良的兼容性：浏览器兼容性高，不用再担心客户端浏览器兼容性问题。支持 IE 6.0+、 FireFox 1.5+、Safari 2.0+、Opera 9.0+，同时修复了一些浏览器之间的差异。
- 连式操作：同一个 jQuery 对象上的多个操作可以连写，无须分开写。这使得 jQuery 代码比较简洁，希望读者养成良好的编程习惯。

- 丰富的插件：大量的稳定实用的插件可以大大提高我们开发效率。jQuery 吸引全世界许多开发者为其开发扩展插件。
- 开源：jQuery 是一个开源产品，可以自由使用并对其改进。jQuery 集全世界程序员的智慧，有更广阔的发展前景。

jQuery 的官方网站是 http://jquery.com/，如图 13-14 所示，读者需要时可以从官网下载。

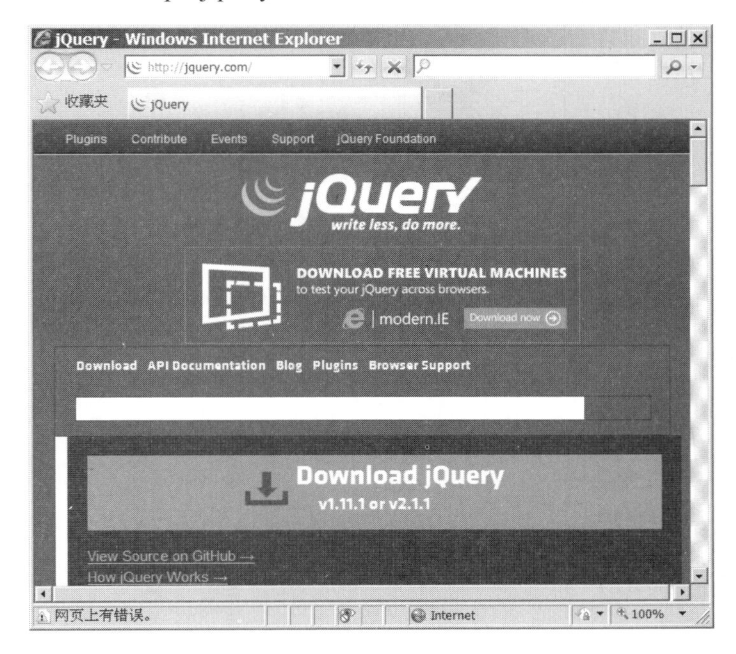

图 13-14 jQuery 的官方主页

13.3.2 DWR

jQuery 的特点是前端功能强大、灵活，对页面中的 DOM 控制自如。但在 MVC 或是 JSP + JavaBean + Servlet 模式中，前端页面中的 JavaScript 如果要读取后台 Java 类中的方法及属性，jQuery 显得苍白无力。没关系，我们还可以使用 DWR。

DWR(Direct Web Remoting)是一个用于改善 Web 页面与 Java 类交互的远程服务器端 Ajax 开源框架，可以帮助开发人员开发包含 Ajax 技术的网站。它允许浏览器里的代码调用运行在 Web 服务器上的 Java 方法，就像方法在浏览器里一样。它包含两个主要部分：允许 JavaScript 从 Web 服务器上一个遵循了 Ajax 原则的 Servlet 或 Action 中获取数据；另一方面，JavaScript 库可以帮助网站开发人员轻松地利用获取的数据来动态改变网页的内容。

DWR 采取了一个类似 Ajax 的新方法来动态生成基于 Java 类的 JavaScript 代码，这样 Web 开发人员就可以在 JavaScript 里使用 Java 代码，就像它们是浏览器的本地代码(客户端代码)一样，但是 Java 代码运行在 Web 服务器端而且可以自由访问 Web 服务器的资源。出于安全的理由，Web 开发者必须适当地配置哪些 Java 类可以安全地被外部使用。

DWR 不像 jQuery 那样是一个.js 文件，而是一个.jar 文件，用户如果需要在自己的项目中使用 DWR，可以从其官网下载，网址是 http://directwebremoting.org，如图 13-15 所示。

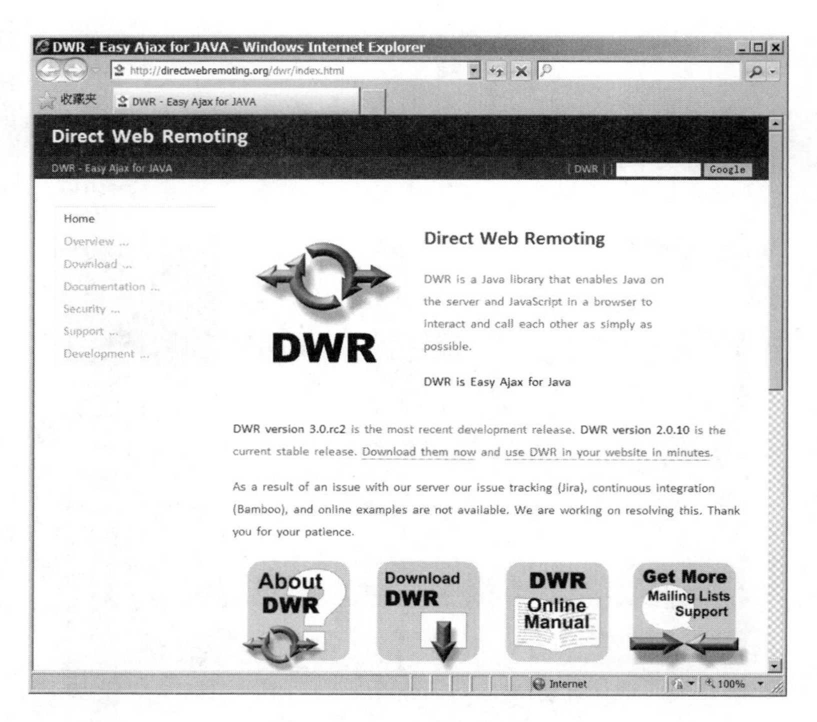

图 13-15　DWR 官方主页

13.3.3　JSON

JSON(JavaScript Object Notation)是一种轻量级、基于文本、语言无关的数据交换格式，类似于 XML，是一种结构化数据串行化的文本格式，常常用于服务器与 JavaScript 之间的数据交换上。

JSON 是从 ECMAScript 语言标准衍生而来的，定义了一套简单的格式化规则，JSON 可以描述 4 种简单的类型，包括字符串、数字、布尔型和 null；还可以描述两种结构化类型，包括对象和数组。JSON 使用了类似于 C 语言家族(包括 C、C++、C#、Java、JavaScript、Perl、Python 等)的习惯。这些特性使 JSON 成为理想的数据交换语言。JSON 易于人员阅读和编写，同时也易于机器解析和生成。

简单地说，JSON 就是 JavaScript 中的对象和数组，所以这两种结构就是对象和数组两种结构，通过这两种结构，可以表示各种复杂的结构。

- 对象：对象在 js 中表示为{}括起来的内容，数据结构为{key:value, key:value, ...}的键值对的结构，在面向对象的语言中，key 为对象的属性，value 为对应的属性值，所以很容易理解，取值方法为通过“对象.key”获取属性值，这个属性值的类型可以是数字、字符串、数组、对象。
- 数组：数组在 js 中是中括号[]括起来的内容，结构如["java", "javascript", "vb", ...]，取值方式与所有语言中一样，使用索引获取，字段值的类型可以是数字、字符串、数组、对象。

通过对象、数组两种结构，就可以组合成复杂的数据结构了。当然，JSON 更多具体的语法可以参考 http://json.org/，从那里可以获取更多的 JSON 知识。

为了更容易使用 JSON，Struts 2 提供了 JSON 插件，这个插件提供了名为 json 的 ResultType，如果设置 Result 的类型为 json，那么，JSON 插件会把这个 Action 对象序列化为一个 json 格式的字符串，然后向客户端返回这个字符串。

要使用 JSON 插件，需要把 struts2-json-plugin-2.3.16.jar 文件复制到项目的 WEB-INF/lib 目录中。JSON 插件提供了一些参数，可以通过这些参数实现精确的控制，参数如下。

(1) excludeProperties：输出结果需要去除的属性，支持正则表达式匹配属性名，可以用“,”分隔填充多个正则表达式。例如，下面的代码表示 user 属性中的 password 属性值不会被序列化输出：

```
<result type="json">
   <param name="excludeProperties">user.password</param>
</result>
```

(2) includeProperties：输出结果需要包含的属性，支持正则表达式匹配属性名，可以用“,”分隔填充多个正则表达式。例如，下面的代码表示输出 user 的所有属性值：

```
<result type="json">
   <param name="includeProperties">user.*</param>
</result>
```

(3) root：根据 OGNL 表达式取出用户需要输出的结果的根对象，例如，下面的代码表示输出 user 的所有属性的值：

```
<result type="json">
   <param name="root">user</param>
</result>
```

(4) excludeNullProperties：表示是否去掉空值，默认值是 false，如果设置为 true，会自动将为空的值过滤，只输出不为空的值。

(5) ignoreHierarchy：表示是否忽略继承关系，默认值为 true，也就是输出的时候不会自动把父级对象序列化输出。

13.3.4　Struts 2、jQuery、JSON 和 Ajax 联合开发

下面我们使用 Struts 2、jQuery、JSON 和 Ajax 联合开发一个简单的 Demo 示例程序，来体会插件的使用。

创建 ch13_03_SimpleDemo 项目。实现要点如下：

- JSP 页面使用脚本代码执行 Ajax 请求。
- Action 中查询出需要返回的数据，并转换为 JSON 类型模式数据。
- 配置 struts.xml 文件。
- 页面脚本接受并处理数据。

项目的 web.xml 配置与以前一致，这里不做配置说明。项目程序实现后，其运行效果如图 13-16 所示。

图 13-16　示例的运行效果

(1) 首先导入需要的包(Struts 2 核心包和 JSON 需要的包)，如图 13-17 所示。

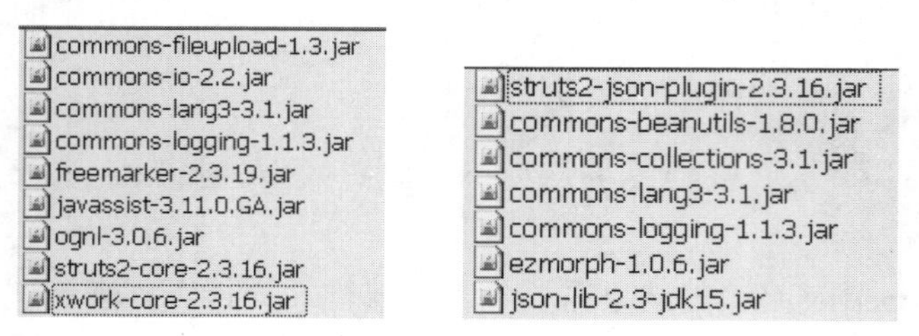

图 13-17　Struts 2 和 JSON 的核心包

> **提示：** commons-lang3-3.1.jar 和 commons-logging-1.1.3.jar 包在导入 Struts 2 核心包时就有了，所以，在导入 JSON 核心包时，可以不导入这两个包。

(2) 主页面 json_demo.jsp(该页面引用了 jQuery 文件，这里的版本是 jquery-1.8.2.js，如果使用的版本不同，可自行修改)的代码如下：

```
<%@ page language="java" contentType="text/html; charset=UTF-8"
  pageEncoding="UTF-8"%>
<!DOCTYPE html PUBLIC "-//W3C//DTD HTML 4.01 Transitional//EN"
  "http://www.w3.org/TR/html4/loose.dtd">
<html>
<head>
<meta http-equiv="Content-Type" content="text/html; charset=UTF-8">
<title>Struts 2、jQuery、json 实现 Ajax</title>
<link rel="shortcut icon" type="image/x-icon" href="images/Icon.png" />
<link rel="stylesheet" type="text/css" href="styles/base.css" />
<script type="text/javascript" src="scripts/jquery-1.8.2.js"></script>
<script type="text/javascript">
/* 提交结果，执行 Ajax */
function btn(){
    var $btn = $("input.btn");  //获取按钮元素
    //给按钮绑定点击事件
    $btn.bind("click",function(){
        $.ajax({
            type:"post",
            url:"excuteAjaxJsonAction", //需要用来处理 Ajax 请求的 action,
              //excuteAjax 为处理的方法名，JsonAction 为 action 名
            data:{ //设置数据源
                name:$("input[name=name]").val(),
                age:$("input[name=age]").val(),
                position:$("input[name=position]").val()
```

```
                //这里不要加"," 不然会报错，而且根本不会提示错误地方
            },
            dataType:"json", //设置需要返回的数据类型
            success:function(data){
                var d = eval("("+data+")");
                //将数据转换成 JSON 类型，可以把 data 用 alert()输出出来，
                //看看到底是什么样的结构。
                //得到的 d 是一个形如{"key":"value","key1":"value1"}的数据类型，
                //然后取值出来
                $("#s_name").text(""+d.name+"");
                $("#s_age").text(""+d.age+"");
                $("#s_position").text(""+d.position+"");
            },
            error:function(){
                alert("系统异常，请稍后重试！");
            } //这里不要加","
        });
    });
}
/* 页面加载完成，绑定事件 */
$(document).ready(function(){
    btn(); //点击提交，执行 Ajax
});
</script>
</head>
<body>
<div id="div_json">
    <h5>录入数据</h5>
    <br />
    <form action="#" method="post">
        <label for="name">姓名：</label><input type="text" name="name"/>
        <label for="age">年龄：</label><input type="text" name="age"/>
        <label for="position">职务：</label>
          <input type="text" name="position" />
        <input type="button" class="btn" value="提交结果"/>
    </form>
    <br>
    <h5>显示结果</h5>
    <br>
    <ul>
        <li>姓名：<span id="s_name">赞无数据</span></li>
        <li class="li_layout">年龄：<span id="s_age">暂无数据</span></li>
        <li class="li_layout">职务：<span id="s_position">暂无数据</span></li>
    </ul>
</div>
</body>
</html>
```

(3) JsonAction.java 的实现代码如下：

```
package com.yzpc.action;
```

```
import java.util.HashMap;
import java.util.Map;
import javax.servlet.http.HttpServletRequest;
import net.sf.json.JSONObject;
import org.apache.struts2.interceptor.ServletRequestAware;
import com.opensymphony.xwork2.ActionSupport;
public class JsonAction extends ActionSupport
  implements ServletRequestAware {
    private HttpServletRequest request;
    private String result;
    public void setServletRequest(HttpServletRequest arg0) {
        this.request = arg0;
    }
    public String getResult() {
        return result;
    }
    public void setResult(String result) {
        this.result = result;
    }
    //处理Ajax请求
    public String excuteAjax() {
        try {
            //获取数据
            String name = request.getParameter("name");
            int age = Integer.parseInt(request.getParameter("age"));
            String position = request.getParameter("position");
            //将数据存储在map里，再转换成json类型数据，
            //也可以自己手动构造JSON类型数据
            Map<String,Object> map = new HashMap<String,Object>();
            map.put("name", name);
            map.put("age",age);
            map.put("position", position);
            JSONObject json =
              JSONObject.fromObject(map); //将map对象转换成JSON类型数据
            result = json.toString(); //给result赋值，传递给页面
        } catch (Exception e) {
            e.printStackTrace();
        }
        return SUCCESS;
    }
}
```

(4) struts.xml 文件中的配置代码如下：

```
<?xml version="1.0" encoding="UTF-8" ?>
<!DOCTYPE struts PUBLIC"-//Apache Software Foundation
  //DTD Struts Configuration
  2.3//EN""http://struts.apache.org/dtds/struts-2.3.dtd">
<struts>
    <constant name="struts.i18n.encoding" value="UTF-8"></constant>
    <package name="simpledemo" extends="struts-default,json-default">
```

```
        <action name="*JsonAction" class="com.yzpc.action.JsonAction"
         method="{1}">
            <result type="json">          <!-- 返回 JSON 类型数据 -->
                <param name="root">
                    result
                    <!-- result 是 Action 类中设置的变量名，也是页面需要返回的数据，
                      该变量必须有 setter 和 getter 方法 -->
                </param>
            </result>
        </action>
    </package>
</struts>
```

这样就完成了一个简单的 JSON 数据类型传递的示例程序。

13.4　小　　结

本章主要介绍了 Ajax 技术，并通过示例辅助理解基本知识和基本技术。在 Ajax 部分中，侧重介绍了 Ajax 的基本应用和 XMLHttpRequest 对象的使用，重点介绍了 Struts 2 中的 Ajax 标签。最后介绍了相关的 Ajax 插件，并通过示例来实现联合开发。

第 14 章　使用 Struts 2 实现用户信息 CRUD

在 Web 开发中，涉及最多的就是对信息数据进行 CRUD 操作，CRUD 是 Create(新建)、Read(读取)、Update(更新)和 Delete(删除)，它是普通应用程序的缩影。本章将以用户信息管理为例，讲述在 Struts 2 中如何实现用户的 CRUD 操作。

14.1　概　　述

如果您掌握了某框架的 CRUD 编写，就意味着可以使用该框架创建普通应用程序了，所以读者使用新框架开发 OLTP(Online Transaction Processing)应用程序时，首先会研究一下如何编写 CRUD，这类似于人们在学习新的编程语言时喜欢编写“Hello World”。

14.1.1　功能简介

在前面，我们已经通过登录、注册功能学习了 Struts 2 的绝大多数核心知识。本章中，我们将通过用户管理用例，来对本篇的知识进行综合运用，让读者对这些知识融会贯通。

用例功能：做一个用户管理模块，功能就是最基本的增、删、改、查操作。用户的信息包括 ID 号、姓名、性别、年龄、电话、邮箱、专业、学校和地址，在用户信息列表页面只显示部分字段，如果想要显示该用户的详细信息，可点击该用户姓名的超链接。

本项目示例用 4 个页面来实现增、删、改、查的操作功能。

- 用户信息列表页面：用来显示所有的数据或查询的结果。在这个页面上有一个链接，用于跳转到增加页面，有一个链接用于跳转到查询条件页面。对于每一条查询出来的结果，有一个按钮链接跳转到这条记录的修改页面，有一个链接用于删除这条记录，删除功能就在列表页面完成，在删除之前，弹出对话框让用户确认。
- 添加用户信息页面：用来添加一个新的用户。
- 修改用户信息页面：用来修改一个原有用户，页面初始化时要把这个用户的原有信息填入各个表单项作为页面显示的数据，只需要修改我们想要修改的部分。
- 显示用户信息页面：用来显示所选用户的详细信息。

14.1.2　使用技术

传统的 JavaEE 项目分为表示层、业务逻辑层和数据访问层三层结构，三层体系将业务逻辑、数据访问等工作放到中间层去处理，客户端不直接与数据库交互，而是通过控制器与中间层建立连接，再由中间层与数据库交互，提高了程序的扩展性和可维护性。

为了便于读者学习，本项目采用 JSP、JavaBean 和 Struts 2 等技术，应用 MVC 开发模式，底层数据库采用开源数据库 MySQL 来实现，其实现架构如图 14-1 所示。

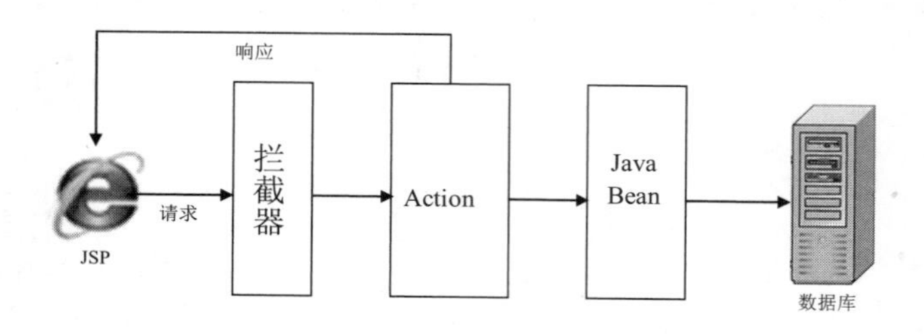

图 14-1　系统实现架构

在实现本项目的过程中，JSP 文件负责数据的显示，Struts 2 的 Action 主要负责获取数据库和控制转发，JavaBean 负责执行业务逻辑和数据库操作。

本章的重点在于通过实例综合运用 Struts 2 的各个核心技术，所以其他部分尽量从简，避免引入过于复杂的问题。

(1) 数据库：使用开源的 MySQL 数据库，本项目所需要的永久性数据都存储在 MySQL 数据库管理系统中。

(2) 数据访问层：使用简单的 JDBC 来存取数据库。建立 JDBC 连接访问数据库，Struts 2 程序是基于 MVC 的 Java Web 开发，因此 Struts 2 连接 MySQL 数据库的步骤与 Java、JSP 相同。

(3) Struts 2：在本章中，要综合使用 Struts 2 以前学过的各部分知识。

- Action：如何接收用户操作并调用对应的逻辑层代码，以及如何将逻辑层的返回值交给下个页面。在这里，要做一个重大的改进，在前面的学习中，每个 Action 作为一个命令单元，仅仅负责一项任务；但是在实际工作中，如果这么做的话，会有很多很多个小的 Action 类，这些 Action 类中会不可避免地存在很多重复的代码，因此，通常需要把相互关联的多个动作实现在一个 Action 中，既减少了类的数量，又减少了重复代码。
- Result：如何向用户展示动作的结果。
- struts.xml：如何配置 URL 与 Action 的对应关系，以及如何配置 Action 运行后的下一个页面等。
- 国际化：在 Struts 2 的应用中加入国际化信息，让应用实现对多种语言的支持。
- 验证框架，在 Action 的动作方法运行之前，验证用户的输入是否符合要求。

14.1.3　准备开发环境

准备开发环境的基本步骤如下。

(1) 配置环境。新建一个名称为“ch14_UserManager”的 Web 项目，在项目中的 WebRoot/WEB-inf/lib 路径下引入 Struts 2.3.16 必备的 9 个 JAR 包，并引入 MySQL 数据库

的驱动包。除此之外，还需要在 web.xml 文件中配置 org.apache.struts2.dispatcher.ng.filter.StrutsPrepareAndExecuteFilter 过滤器。

在示例中加上了 JDBC 来访问数据库，所以，在准备开发环境的时候，只需要加上 MySQL 数据库的驱动包(mysql-connector-java-5.1.7-bin.jar)到 WEB-inf 下的 lib 目录里面。

(2) 创建相关的 dao 包、bean 包、action 包，创建 struts.xml 配置文件，创建国际化资源文件，创建验证文件等。整个项目的结构如图 14-2 所示。

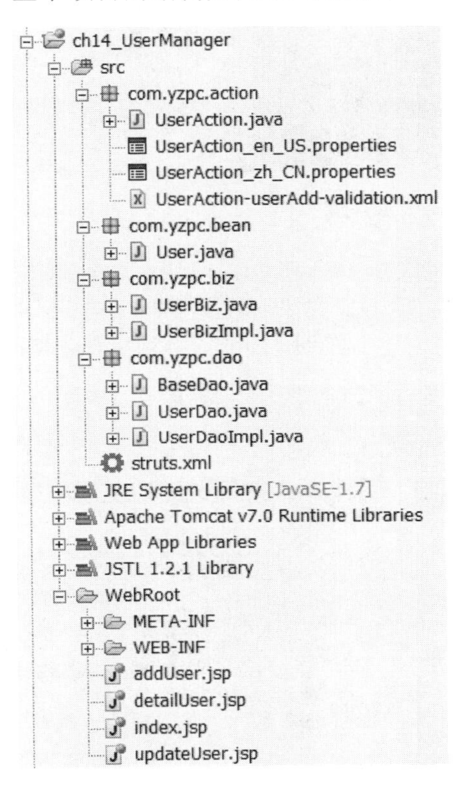

图 14-2　项目的结构

14.2　数据库的设计

14.2.1　创建数据库

本项目使用的数据库是 MySQL 5.5.27，可以通过在 MySQL 命令行客户端中执行操作创建数据库和表，如图 14-3 所示。

这里使用第三方的客户端工具 SQLyog 10.2 来创建 user 数据库，并在数据库中创建 userinfo 数据表。读者也可以使用其他的第三方客户端工具，例如 MySQL-Front、Navicat for MySQL、Workbench 等。

启动 SQLyog 程序，进入登录界面，如果没有保存的连接的话，要新建连接，用户名为 root，密码为自己的计算机安装 MySQL 时设置的密码，端口为 3306，如图 14-4 所示。

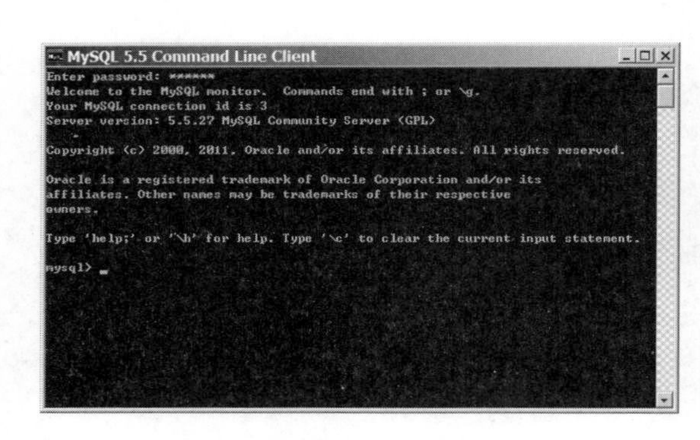

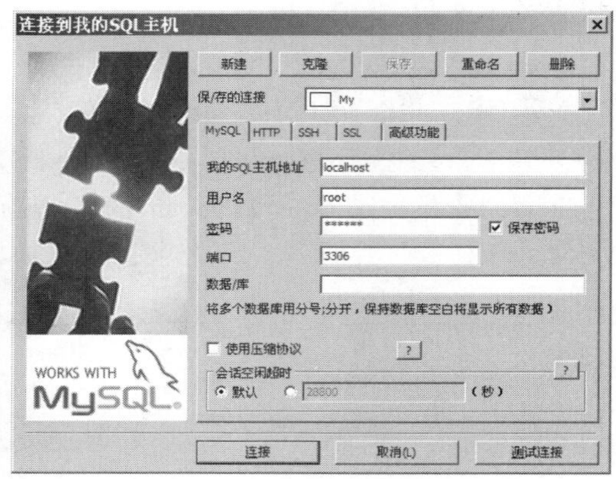

图 14-3　MySQL 的命令行客户端　　　　图 14-4　SQLyog 登录界面

单击“连接”按钮，进入客户端工具界面，在左侧单击鼠标右键，从弹出的快捷菜单中选择“创建数据库”命令，弹出“创建数据库”的对话框，设置数据库名称为“user”，字符集选择“gbk”，单击“创建”按钮，如图 14-5 所示。

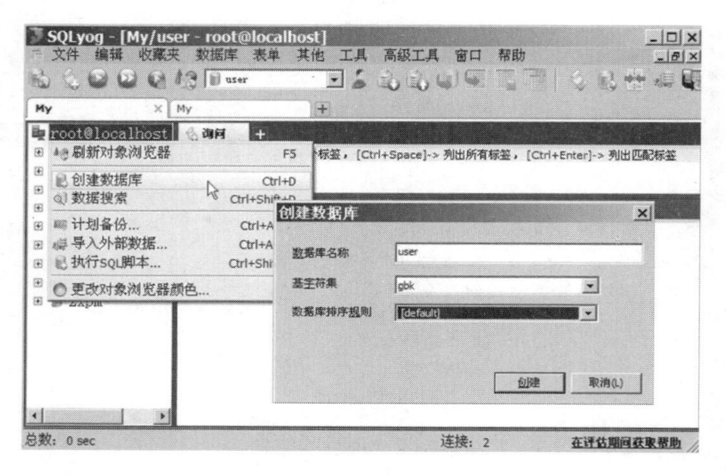

图 14-5　创建数据库

创建好数据库后，如果左侧没有显示，可以右击，从弹出的快捷菜单中选择命令刷新对象浏览器，就能看见自己所创建的 user 数据库了。

14.2.2　创建数据表

在 user 数据库中，创建 userinfo 数据表，用来保存用户的信息，userinfo 表的字段信息如表 14-1 所示。

选中 user 数据库并右击，从弹出的快捷菜单中选择“创建”→“表”命令；或从菜单栏中选择“表单”→“创建表”命令，设置表名和字符集，并按照表的结构进行设置，如图 14-6 所示。

表 14-1　userinfo(用户表)

字段名称	说　明	类　型	长　度	是否为空	备　注
id	编号	int	5	非空	主键，自增
name	姓名	varchar	10	非空	
sex	性别	varchar	2	非空	
age	年龄	int	3	非空	
telephone	电话	varchar	15		
email	邮箱	varchar	30		
specialty	专业	varchar	20		
school	学校	varchar	20		
address	地址	varchar	50		

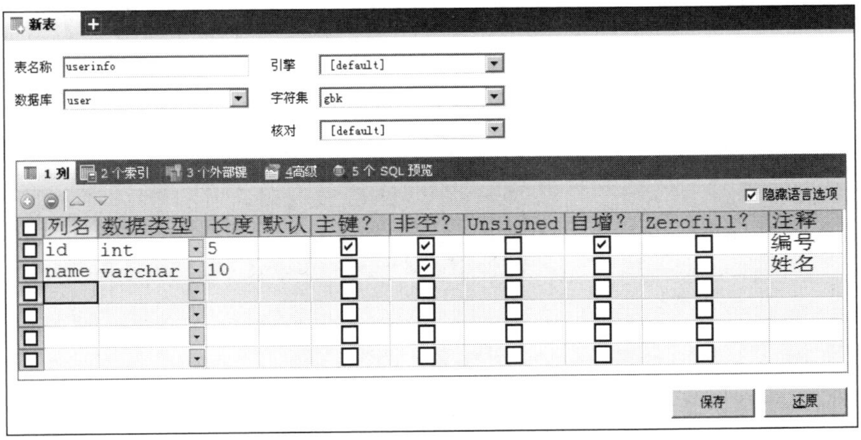

图 14-6　创建 userinfo 表

表创建好后，就可以选择该 userinfo 表并右击，从弹出的快捷菜单中选择“打开表”命令，就可以填入一些数据记录了。

14.3　实现 Dao 层

在程序中，开发人员所要处理的无非就是数据和业务逻辑，这两种操作都可以使用 JavaBean 组件，一个应用程序会使用很多 JavaBean，JavaBean 实际上就是一个 Java 类，这个类可以重用，JavaBean 的功能可以分为以下两类：封装数据和封装业务。

在系统实现过程中，对经常使用的代码段以 JavaBean 文件进行封装，使用 JDBC 作为数据访问层，但是 JDBC 并不是本部分的介绍重点。因此，这里只是简单地给出其实现，如果读者需要，可查阅 JDBC 的相关资料。

14.3.1 实现数据库连接

在程序的 Dao 的实现类的各个方法中，都会涉及数据库连接的建立和关闭操作，一方面导致代码重复，另外，也不利于以后的修改。可以把数据库连接的建立和关闭操作提取出来，放到一个专门的 BaseDao 中，方便程序调用，相应的实现类只要继承 BaseDao，并且实现相应的定义接口就可以了，这样一来，实现类中只需要在建立和关闭数据库连接时，调用相应的方法即可。

在项目 src 下的 com.yzpc.dao 包中创建 BaseDao 类，用来封装数据库连接方法和关闭对象方法，具体代码如下：

```
package com.yzpc.dao;
import java.sql.*;
//数据库连接基类，包括连接数据库和关闭对象
public class BaseDao {
    public Connection getConnection() {
        Connection conn = null;
        try {
            Class.forName("com.mysql.jdbc.Driver");
            conn = DriverManager.getConnection
                ("jdbc:mysql://localhost:3306/user","root", "123456");
        } catch (Exception e) {
            e.printStackTrace();
        }
        return conn;
    }
    //关闭对象方法后创建使用的对象，先关闭
    public void closeAll(Connection conn, PreparedStatement pstmt,
      ResultSet rs) {
        if(rs!=null) {
            try {
                rs.close();  //关闭结果集对象
            } catch (Exception e) {
                e.printStackTrace();
            }
        }
        if(pstmt!=null) {
            try {
                pstmt.close();  //关闭编译执行 SQL 对象
            } catch (Exception e) {
                e.printStackTrace();
            }
        }
        if(conn!=null){
            try {
                conn.close();  //关闭建立连接对象
            } catch (Exception e) {
                e.printStackTrace();
            }
```

加载 JDBC 驱动
与数据库建立连接
URL
账号
密码

```
        }
    }
}
```

该类中，首先声明 getConnection()方法负责获取数据库连接，其中使用到的数据库驱动、URL、账号和密码，都不能写错。closeAll()方法负责关闭 ResultSet 对象、PreparedStatement 对象和 Connection 连接。

14.3.2 实现数据访问层

在 com.yzpc.bean 包中创建 User 类，用来封装数据，该类的属性与数据库中的 userinfo 表字段相对应，User 类的代码如下：

```
package com.yzpc.bean;
public class User {
    private int id;
    private String name;
    private String sex;
    private int age;
    private String telephone;
    private String email;
    private String specialty;
    private String school;
    private String address;
    //省略 User 实体属性的 getter、setter 方法
}
```

在 MVC 三层架构的设计模式中，层与层之间通过定义接口来降低代码之间的耦合性。创建好 User 类后，将把与数据库访问相关的业务提取出来，创建一个用户访问数据库的接口 UserDao，在接口中声明相关的抽象方法，该接口的定义如下：

```
package com.yzpc.dao;
import java.util.List;
import com.yzpc.bean.User;
public interface UserDao {
    public List<User> getAllUser();        // 查出所有已有记录
    public User getUserById(int id);       // 按照主键查询出一条已有记录
    public int addUser(User u);            // 添加一条新的记录
    public int updateUser(User u);         // 按照主键修改一条已有记录
    public int deleteUser(int id);         // 按照主键删除一条已有记录
}
```

创建好 UserDao 接口后，需要编写具体的 UserDaoImpl 类来继承 BaseDao 并实现 UserDao 接口，UserDaoImpl 是数据库操作的主要类，该类实现了接口的 5 个主要方法 getAllUser、getUserById、addUser、updateUser、deleteUser。

- getAllUser：查全部，查出所有已有记录。
- getUserById：查一条，按照主键查询出一条已有记录。
- addUser：增加，添加一条新的记录。

- updateUser：修改，按照主键修改一条已有记录。
- deleteUser：删除，按照主键删除一条已有记录。

对于其他方法，例如模糊查询，代码基本类似。UserDaoImpl 实现类的代码如下：

```
package com.yzpc.dao;
import java.sql.Connection;
import java.sql.PreparedStatement;
import java.sql.ResultSet;
import java.util.ArrayList;
import java.util.List;
import com.yzpc.bean.User;
public class UserDaoImpl extends BaseDao implements UserDao {
    Connection con = null;
    PreparedStatement pstmt = null;
    ResultSet rs = null;
    //查询所有的用户信息，并以 id 正序排序
    @Override
    public List<User> getAllUser() {
        List<User> list = new ArrayList<User>();
        String sql = "select * from userinfo order by id";
        try {
            con = this.getConnection();
            pstmt = con.prepareStatement(sql);
            rs = pstmt.executeQuery();
            User u = null;
            while(rs.next()) {
                u = new User();
                u.setId(rs.getInt("id"));
                u.setName(rs.getString("name"));
                u.setSex(rs.getString("sex"));
                u.setAge(rs.getInt("age"));
                u.setTelephone(rs.getString("telephone"));
                u.setEmail(rs.getString("email"));
                u.setSpecialty(rs.getString("specialty"));
                u.setSchool(rs.getString("school"));
                u.setAddress(rs.getString("address"));
                list.add(u);
            }
        } catch (Exception e) {
            e.printStackTrace();
        } finally {
            this.closeAll(con, pstmt, rs);
        }
        return list;
    }
    //根据 id 号查询用户信息
    @Override
    public User getUserById(int id) {
        User u = null;
        String sql = "select * from userinfo where id=" + id;
```

```
        try {
            con = this.getConnection();
            pstmt = con.prepareStatement(sql);
            rs = pstmt.executeQuery();
            u = new User();
            if(rs.next()) {
                u.setId(rs.getInt("id"));
                u.setName(rs.getString("name"));
                u.setSex(rs.getString("sex"));
                u.setAge(rs.getInt("age"));
                u.setTelephone(rs.getString("telephone"));
                u.setEmail(rs.getString("email"));
                u.setSpecialty(rs.getString("specialty"));
                u.setSchool(rs.getString("school"));
                u.setAddress(rs.getString("address"));
            }
        } catch (Exception e) {
            e.printStackTrace();
        } finally {
            this.closeAll(con, pstmt, rs);
        }
        return u;
    }
    //增加一条用户信息
    @Override
    public int addUser(User u) {
        int result = 0;
        String sql = "insert into userinfo(name,sex,age,telephone,email,
specialty,school,address) values(?,?,?,?,?,?,?,?)";
        try {
            con = this.getConnection();
            pstmt = con.prepareStatement(sql);
            //pstmt 预编译处理
            pstmt.setString(1, u.getName());
            pstmt.setString(2, u.getSex());
            pstmt.setInt(3, u.getAge());
            pstmt.setString(4, u.getTelephone());
            pstmt.setString(5, u.getEmail());
            pstmt.setString(6, u.getSpecialty());
            pstmt.setString(7, u.getSchool());
            pstmt.setString(8, u.getAddress());
            result = pstmt.executeUpdate();
            if (result!=0) {
                System.out.println("添加了一条用户信息! ");
            }
        } catch (Exception e) {
            e.printStackTrace();
        } finally {
            this.closeAll(con, pstmt, rs);
        }
        return result;
```

```
    }
    //修改一条用户信息
    @Override
    public int updateUser(User u) {
        int result = 0;
        String sql = "update userinfo set name=?,sex=?,age=?,telephone=?,
email=?,specialty=?,school=?,address=? where id=" + u.getId();
        try {
            con = this.getConnection();
            pstmt = con.prepareStatement(sql);
            pstmt.setString(1, u.getName());
            pstmt.setString(2, u.getSex());
            pstmt.setInt(3, u.getAge());
            pstmt.setString(4, u.getTelephone());
            pstmt.setString(5, u.getEmail());
            pstmt.setString(6, u.getSpecialty());
            pstmt.setString(7, u.getSchool());
            pstmt.setString(8, u.getAddress());
            result = pstmt.executeUpdate();
            if (result!=0) {
                System.out.println("修改一条用户信息！");
            }
        } catch (Exception e) {
            e.printStackTrace();
        } finally {
            this.closeAll(con, pstmt, rs);
        }
        return result;
    }
    //根据 id 号删除用户信息
    @Override
    public int deleteUser(int id) {
        int result = 0;
        String sql = "delete from userinfo where id=?";
        try {
            con = this.getConnection();
            pstmt = con.prepareStatement(sql);
            pstmt.setInt(1, id);
            result = pstmt.executeUpdate();
            if (result!=0) {
                System.out.println("删除了 id 为" + id + "的记录！");
            }
        } catch (Exception e) {
            e.printStackTrace();
        } finally {
            this.closeAll(con, pstmt, rs);
        }
        return result;
    }
}
```

查询方法基本类似，返回一个对象(List 集合对象或 User 实体对象)；增、删、改方法也基本类似，返回一个整型变量。每个方法的最后都调用 closeAll 方法，关闭数据库资源，程序中使用到了 User 类，其作用是数据的中转和传递。

14.4　实现 Biz 层

Biz 层称为业务逻辑层，在体系架构中的位置很关键，它处于数据访问层与表示层中间，起到了数据交换中承上启下的作用。一般情况下，视图将数据先是传给 Action，然后由 Action 交给某一个具体的业务逻辑来处理。当需要进行数据库操作时，Biz 层再调用 Dao 层，Dao 层只负责独立的数据库连接和操作。

编写业务逻辑控制接口 UserBiz 的代码如下：

```
package com.yzpc.biz;
import java.util.List;
import com.yzpc.bean.User;
public interface UserBiz {
    public List<User> getAllUser();
    public User getUserById(int id);
    public int addUser(User u);
    public int updateUser(User u);
    public int deleteUser(int id);
}
```

编写实现 UserBiz 接口的具体实现类 UserBizImpl，该类只是简单地调用 Dao 层的业务方法，代码如下：

```
package com.yzpc.biz;
import java.util.List;
import com.yzpc.bean.User;
import com.yzpc.dao.UserDao;
import com.yzpc.dao.UserDaoImpl;
public class UserBizImpl implements UserBiz {
    UserDao userDao = new UserDaoImpl();
    @Override
    public List<User> getAllUser() {
        return userDao.getAllUser();
    }
    @Override
    public User getUserById(int id) {
        return userDao.getUserById(id);
    }
    @Override
    public int deleteUser(int id) {
        return userDao.deleteUser(id);
    }
    @Override
    public int addUser(User u) {
        return userDao.addUser(u);
```

```
    }
    @Override
    public int updateUser(User u) {
        return userDao.updateUser(u);
    }
}
```

本业务逻辑层没有什么特殊的方法，只是做简单的方法调用，读者可以直接省去此层，在 Action 中直接访问 Dao 层。

14.5 使用 Struts 2 实现表现层

表现层包括 Action 的实现和 JSP 的显示。在用户管理中，我们对用户进行显示、增加、修改和删除的操作，下面依次介绍每种操作的实现步骤。

14.5.1 实现合并 Action 类

在学习前面内容的时候，每个 Action 类都只对应一个单独的 Web 请求，Action 类是用户请求和业务逻辑之间的桥梁，每个 Action 充当客户的一项业务代理。在 RequestProcessor 类预处理请求时，创建了 Action 的实例后，就调用自身的 processActionPerform()方法，该方法再调用 Action 类的 execute()方法实现业务逻辑，完成用户请求，然后根据执行结果把请求转发给其他合适的视图组件。项目中有多少个业务逻辑，就会创建多少个 Action 类。

我们在前面的 Action 中用结果通过动态调用的方式实现调用同一个 Action 中的不同方法。用户在添加页面时，单击“添加”按钮后，Struts 2 会提交到负责添加的 Action 中，这个 Action 只是接收前一个页面传过来的数据，然后把它填入数据库就可以了，代码如下：

```
public class AddUserAction extends ActionSupport {
    private User user;
    //省略 user 的 getter、setter 方法
    public String execute() throws Exception {
        UserBiz userBiz = new UserBizImpl();
        //把接收到的数据调用 Biz 层的 addUser 方法添加到数据库
        userBiz.addUser(user);
        return "success";
    }
    //省略其他代码
}
```

该 Action 用一个 user 属性接收了从页面上传过来的数据，然后新建了一个 userBiz，用 userBiz 把这个 User 放入了数据库。

用户在修改页面时，单击“修改”按钮后，同样也是接收页面传过来的数据，然后用 userBiz 把这个 User 放入数据库，代码如下：

```
public class UpdateUserAction extends ActionSupport {
    private User user;
    //省略 user 的 getter、setter 方法
```

```
    public String execute() throws Exception {
        UserBiz userBiz = new UserBizImpl();
        //把接收到的数据调用 Biz 层的 updateUser 方法更新到数据库里
        userBiz.updateUser(user);
        return "success";
    }
    //省略其他代码
}
```

对比这两个类，会发现大部分一致，只是 AddUserAction 调用了 userBiz 的 addUser 方法，而 UpdateUserAction 调用了 userBiz 的 updateUser 方法。

在实际 Web 开发中，把一组相关 Web 请求的功能放到一个 Action 类中来实现。在 struts.xml 的配置中，仍可使用多个不同的 Action 配置，也就是一个 Action 类对应多个 <action>标签。这样做，既可以消除很多细粒度的类，又可以消除这些类之间的重复代码，比如说 AddUserAction 和 UpdateUserAction 都有的 user 属性及其 getter/setter 方法等。

在下面的实现中，使用一个 Action 类，来完成对用户的 CRUD 操作功能。每一部分都是在前面的基础上进行添加。

14.5.2　显示全部用户信息

首先，实现显示全部用户信息的功能。显示全部数据，通常是先进入一个 Action 来查询，得到所有用户数据，而后跳转到显示用户信息的页面，把用户数据循环展示出来。

(1) 创建 UserAction 类，通过 toList()方法完成查询所有用户数据的功能，代码如下：

```
package com.yzpc.action;
import java.util.List;
import com.opensymphony.xwork2.ActionSupport;
import com.yzpc.bean.User;
import com.yzpc.biz.UserBiz;
import com.yzpc.biz.UserBizImpl;
public class UserAction extends ActionSupport {
    private List<User> list;
    //list 属性的 getter、setter 方法
    public List<User> getList() {
        return list;
    }
    public void setList(List<User> list) {
        this.list = list;
    }
    //从数据库中获得所有用户信息，赋值给 list 属性
    public String toList() throws Exception {
        UserBiz userBiz = new UserBizImpl();
        list = userBiz.getAllUser();
        return "toList";          //返回 toList 的逻辑视图
    }
}
```

提示：现在的响应方法不是默认的 execute()方法了，而是自己定义的 toList()方法。

(2) Action 中的 toList()方法从数据库中获得所有用户信息数据，放到集合对象 list 的属性里，所以 index.jsp 的显示页面中，只需循环地把 list 属性里的 User 对象显示出来。

在 Struts 2 中，使用<s:iterator/>标签迭代集合 list 对象，注意，这个标签会把当前正在循环的对象放到值栈的栈顶，所以，在引用正在循环对象的某个属性的时候，在<s:iterator/>标签范围内的<s:property/>标签里的 OGNL 表达式只需要写属性名就可以了：

```
<%@ page language="java" import="java.util.*" pageEncoding="gbk"%>
<%@page import="com.yzpc.dao.*, com.yzpc.bean.User"%>
<%@ taglib prefix="s" uri="/struts-tags"%>
<!DOCTYPE HTML PUBLIC "-//W3C//DTD HTML 4.01 Transitional//EN">
<html>
<head>
    <title>显示用户信息</title>
<style type="text/css">
.br_TR{
    background-color:expression(this.rowIndex%2==0?"#CCFFFF":"#FFFFCC");
    cursor:hand;
}
.br_head{
    background-color:#DDFFCC;
}
</style>
</head>
<body>
<div align="center">
    <h3><font color="blue">用户信息列表</font></h3>
    <table width="620">
        <tr>
            <td align="right">增加用户</td>
        </tr>
    </table>
    <table width="640" border="1" align="center" bordercolor="#99CCFF">
        <tr class="br_head">
            <td>ID 号</td>
            <td>姓名</td>
            <td>性别</td>
            <td>年龄</td>
            <td>电话</td>
            <td>学校</td>
            <td>删除</td>
            <td>修改</td>
        </tr>
        <s:iterator value="list">
        <tr class="br_TR">
            <td><s:property value="id"/></td>
            <td><s:property value="name"/></a></td>
            <td><s:property value="sex"/></td>
            <td><s:property value="age"/></td>
            <td><s:property value="telephone"/></td>
            <td><s:property value="school"/></td>
```

```
            <td>删除</td>
            <td><input type="button" name="Submit" value="修改"></td>
        </tr>
        </s:iterator>
    </table>
</div>
</body>
</html>
```

(3) 配置 struts.xml，让 UserAction 的 toList 方法被执行后，跳转到指定的 index.jsp：

```
<package name="user'" extends="struts-default" namespace="/">
    <action name="userToList" class="com.yzpc.action.UserAction"
      method="toList">
        <result name="toList">/index.jsp</result>
    </action>
</package>
```

提示：要注意的就是<action>标签的 method 属性，指明了在访问名为 userToList 的 Action 时，要调用的不是 execute()方法，而是指定的 toList()方法。

部署项目，在浏览器中访问“http://localhost:8080/ch14_UserManager/userToList”，就可以显示数据了，如图 14-7 所示。

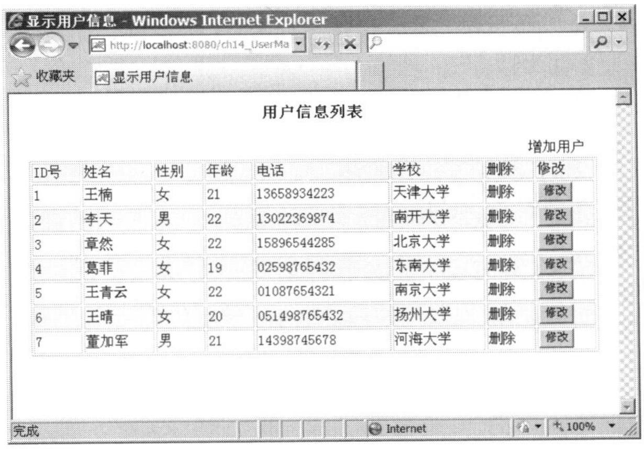

图 14-7　用户信息首页面

如果没有数据，应先查看数据库的数据表中是否有数据，若没有数据，则可以先手工向数据库里加几条，再看一下结果。

14.5.3　添加用户

(1) 在 index.jsp 页面的上面，添加一个跳转到“添加用户”的超级链接，点击这个链接，访问名称为 userToAdd 的 Action，代码如下：

```
<a href="userToAdd.action">增加用户</a>
```

(2) 跳转到添加页面之前的 Action，在添加页面上需要收集用户的输入，性别用一个有两个选项的下拉框来显示，分别是男和女。因此，在跳转到添加页面之前的 Action 中，准备一个字符串数组，设定两个选项："男"和"女"。

对于 User 的一组操作都放到 UserAction 中，各个方法之间是互不影响的，UserAction 中已经有了 toList()方法，那么，只要新添加不叫 toList 的方法就行。所以，在 UserAction 中添加以下内容，注意，这里的添加不要影响原有的内容，是在已有的内容上添加的：

```
public class UserAction extends ActionSupport {
    //原有代码参见实现 toList()方法的 UserAction
    private String[] sexs = new String[]{"男","女"};
    //省略 sexs 属性的 getter、setter 方法
    //跳转到添加页面的逻辑视图，返回"toAdd"字符串
    public String toAdd() throws Exception {
        return "toAdd";
    }
}
```

在上述代码中，添加了一个 toAdd()方法，只是返回了"toAdd"字符串。定义了一个 String 数组，值为"男"和"女"，这样，在添加页面上就可以引用这个数组来生成下拉列表框了。

(3) 添加用户信息页面 addUser.jsp，代码如下：

```
<div align="center">
    <h3><font color="blue">添加用户信息</font></h3>
    <s:form action="userAdd" method="post">
    <table width="300" border="1" bordercolor="#99CCFF" bgcolor="#FFFFEE">
        <s:textfield name="user.id" label="ID 号" />
        <s:textfield name="user.name" label="姓名" />
        <s:select list="sexs" name="user.sex" label="性别" />
        <s:textfield name="user.age" label="年龄" />
        <s:textfield name="user.telephone" label="电话" />
        <s:textfield name="user.email" label="邮箱" />
        <s:textfield name="user.specialty" label="专业" />
        <s:textfield name="user.school" label="学校" />
        <s:textarea name="user.address" label="地址"/>
        <s:submit value="添加" align="center" />
    </table>
    </s:form>
</div>
```

在上述代码中，<s:form>标签没有设置 namespace 属性，说明要提交到同包内的名为 userAdd 的 Action，没有指定 theme 属性，说明使用默认的 XHTML 主题。

<s:textfield>标签很简单，其 label 属性为文本框前面显示的文字，name 属性指定了提交的参数名。

<s:select>标签的 list 属性指定了生成选项的数据源为上一个 Action 的 sexs 属性，在页面上看到的选项是"男"、"女"，将来，在下一个 Action 中接到的值也将是"男"或"女"。添加用户信息页面如图 14-8 所示。

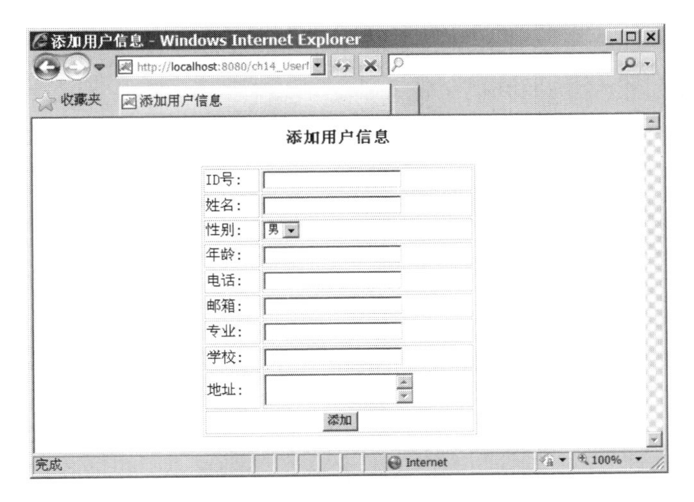

图 14-8　添加用户信息页面

(4) 配置 struts.xml，UserAction 的 toAdd 方法运行完之后，跳转到 addUser.jsp 页面，而进入这个页面是通过在 index.jsp 上新建的超级链接，跳转到名为 userToAdd 的 Action，所以在配置的时候采取以下方式：

```
<action name="userToAdd" class="com.yzpc.action.UserAction"
 method="toAdd">
   <result name="toAdd">/addUser.jsp</result>
</action>
```

提示： 这个<action>元素与<action>名为 userToList 的元素是同一个包内的两个<action>元素。因此，这里体现了解决问题的思路：同一个 Action 类通过取不同别名的方法，在 struts.xml 中配置为多个<action>元素，来执行一组相关的 Web 请求所对应的功能。

(5) 提交 Action。添加页面的初始化完成之后，可以来实现单击“添加”按钮后如何向数据库里提交了。在 addUser.jsp 页面上，单击“添加”按钮，提交到名为 userAdd 的 Action 中。仍然使用 UserAction，这时，UserAction 的 add 方法只需要接收 add.jsp 传过来的参数，并把它添加到数据库即可，在向数据库添加完之后，只需要跳转到显示所有用户的页面，示例代码如下：

```
public class UserAction extends ActionSupport {
    //原有代码参见实现 toAdd()方法的 UserAction
    private User user;
    //省略 user 属性的 getter、setter 方法
    //添加用户，把接收到的数据添加到数据库
    public String add() throws Exception {
        UserBiz userBiz = new UserBizImpl();
        userBiz.addUser(user);
        return this.toList(); //调用 toList()方法，添加到数据库之后，返回显示
    }
}
```

由于 add 方法最后调用了 toList 方法，而且 add 方法以 toList 方法的返回值作为自己的

返回值，所以 add 方法的返回值实际上是 toList。而且，添加用户最终要跳转到显示所有用户的页面。所以在配置 struts.xml 的时候要注意，这个<action>元素的<result>子元素应该以 toList 为名，最终指向到 index.jsp。

(6) 配置 struts.xml：

```
<action name="userAdd" class="com.yzpc.action.UserAction" method="add">
    <result name="toList">/index.jsp</result>
</action>
```

重新部署程序，运行并测试一下，看看现在的新增和列表功能是否好用。

14.5.4 修改用户

修改用户信息的过程与添加用户基本类似，分为两个阶段，首先从显示页面要跳转到“修改页面”，并在页面上显示要修改的数据，用户可以修改数据；然后单击“修改”按钮，提交这个页面，进行修改数据表操作。

(1) 将 index.jsp 页面上每条数据后的“修改”按钮设置为跳转到修改页面，这个按钮自然应该放到 table 中，每一行都有一个，而且每行都把自己这行显示的用户 id 数据传给后续处理的 Action，“修改”按钮的代码如下：

```
<input type="button" value="修改" onclick="javascript:location
  .replace('userToUpdate?user.id=<s:property value='id'/>')">
```

在“修改”按钮的代码中，userToUpdate 为 Action 的链接，以 user.id 为参数传入当前行显示的用户 id，在<s:iterator/>迭代标签内，使用<s:property value=“id”/>即可引用当前行显示的用户的 id。

(2) 修改页面，先要展示需要修改的数据，需要在跳转到 Action 后，通过传递的 id 值查询到这个用户，等待修改时去使用，代码如下：

```
public class UserAction extends ActionSupport {
    //原有代码参见实现 add()方法的 UserAction
    //跳转到修改页面的逻辑视图
    public String toUpdate() throws Exception {
        UserBiz userBiz = new UserBizImpl();
        user = userBiz.getUserById(user.getId());
        return "toUpdate";
    }
}
```

在上述代码中，toUpdate 方法操作了 user 属性，各个操作方法都共用这个 UserAction，所以，在做 add 方法时，已为 UserAction 增添了 user 属性。

由于在 index.jsp 页面上通过按钮来传值的时候，用户的 id 以名为 user.id 属性传入这个 Action，因此，自然要调用其 user 属性的 getUserId()方法来获得。

(3) 修改页面 updateUser.jsp 与添加页面的布局设计完全一样，通过 Struts 2 表单标签将用户信息显示出来，form 表单的所要提交的 Action 不一致，还有就是<s:submit/>按钮的 value 属性值不一样，部分代码如下：

```
<s:form action="userUpdate" method="post">
    <table width="300" border="1" bordercolor="#99CCFF">
        <s:textfield name="user.id" label="ID 号" />
        <!-- 省略与 adduser.jsp 页面一样的部分 -->
        <s:submit value="修改" align="center" />
    </table>
</s:form>
```

(4) 配置 struts.xml，首先是在 index.jsp 上跳转到名为 userToUpdate 的 Action，然后让 UserAction 的 toUpdate 方法运行完之后，跳转到 updateUser.jsp 页面，所以在配置的时候采取以下方式：

```
<action name="userToUpdate" class="com.yzpc.action.UserAction"
 method="toUpdate">
   <result name="toUpdate">/updateUser.jsp</result>
</action>
```

运行并测试，从显示页面先跳转到修改页面 updateUser.jsp，如图 14-9 所示。

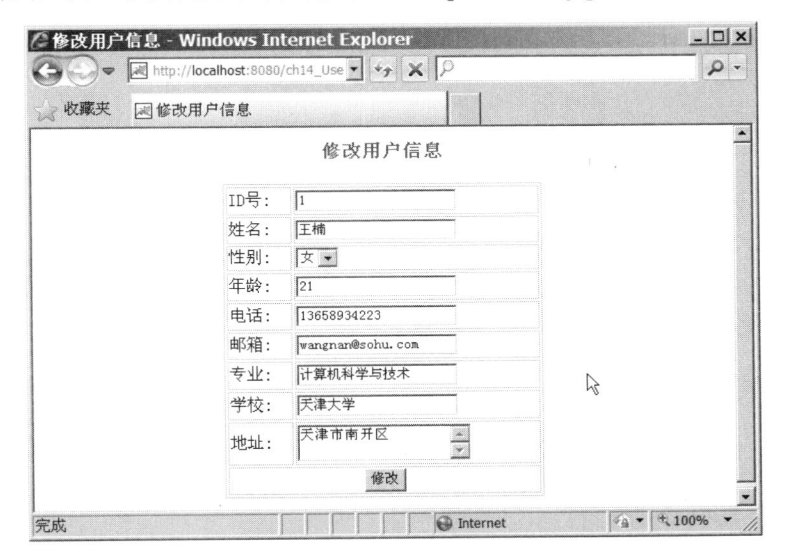

图 14-9　修改页面

(5) 处理修改页面表单所提交的 Action。修改页面的初始化完成之后，用户将值修改成需要的数据，然后单击“修改”按钮向后台提交修改信息。在 updateUser.jsp 上单击“修改”按钮，提交到名为 userUpdate 的 Action 去进行处理。

这时，UserAction 的 userUpdate 方法只需接收 updateUser.jsp 传过来的参数，并把它更新到数据库即可，向数据库更新完毕，仍然跳转到显示所有用户的页面，代码如下：

```
public class UserAction extends ActionSupport {
    //原有代码参见实现 toUpdate()方法的 UserAction
    //修改用户信息
    public String update() throws Exception {
        UserBiz userBiz = new UserBizImpl();
        userBiz.updateUser(user);
```

```
        return this.toList();
    }
}
```

(6) 配置 struts.xml，由于 update 方法最后调用了 toList 方法，所以 update 方法的返回值实际上是“toList”。所以在配置 struts.xml 的时候要注意，这个<action>元素的<result>子元素应该以 toList 为名，最终指向到 index.jsp：

```
<action name="userUpdate" class="com.yzpc.action.UserAction"
 method="update">
    <result name="toList">/index.jsp</result>
</action>
```

14.5.5 删除用户

Web 开发中，在删除之前都必须进行询问，决不能让用户单击了“删除”按钮之后就马上删除，实现的方式很多，其中一种简单的方式就是使用 JavaScript 中的询问框 confirm 来完成这个功能。当用户选择确认删除之后，就真的执行删除，并跳回到显示所有用户的页面就可以了。

(1) 在 index.jsp 页面中为每个用户准备一个“删除”超链接，这个链接自然也像“修改”一样应该放到 table 中，每一行都有一个，而且每行都把自己这行显示的用户的 id 传给下一个 Action。“删除”超链接的代码如下：

```
<a href="javascript:if(confirm('确定要删除吗？'))window.location
 .reload('userDelete?user.id=<s:property value='id'/>')">删除</a>
```

这句就是要进行删除的链接，这说明了是 JavaScript 语句。然后是 if 语句，confirm 是条件部分，window.location.reload 是执行部分。confirm 会弹出询问框，返回一个 boolean，询问是否进行删除，单击“确定”决定删除的时候会调用后面的部分，而决定不删除的时候就什么都不做。window.location.reload(reload 也可以用 href)控制页面跳转，如果决定删除，将跳转到 userDelete?user.id=<s:property value=‘id’/>的 Action 并传递参数。

(2) 实现删除功能的 Action 只需要接收 index.jsp 页面传过来的用户的 id，然后在数据库里把这个用户删除即可，删除后，仍然跳转到显示全部用户的页面。示例代码如下：

```
public class UserAction extends ActionSupport {
    //原有代码参见实现 update()方法的 UserAction
    //根据 id，删除用户
    public String delete() throws Exception {
        UserBiz userBiz = new UserBizImpl();
        userBiz.deleteUser(user.getId());
        return this.toList();
    }
}
```

(3) 配置 struts.xml，由于 delete 方法最后调用了 toList 方法，而且 delete 方法以 toList 方法的返回值作为自己的返回值，所以 delete 方法的返回值实际上是“toList”。所以在配置 struts.xml 的时候要注意，这个<action>元素的<result>子元素应该以 toList 为名，最终指向

index.jsp，代码如下：

```
<action name="userDelete" class="com.yzpc.action.UserAction"
 method="delete">
   <result name="toList">/index.jsp</result>
</action>
```

删除用户的运行效果如图 14-10 所示。

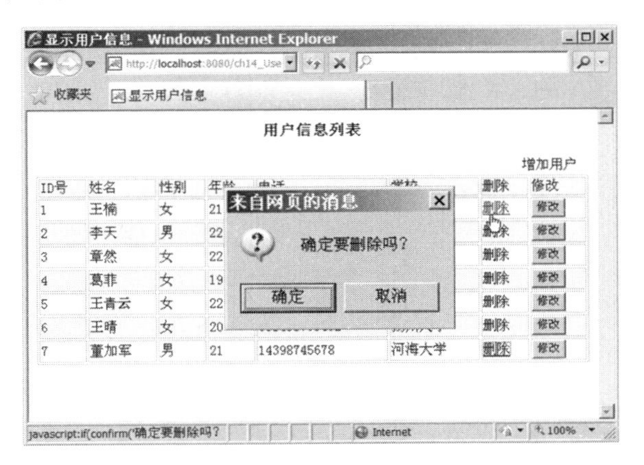

图 14-10　删除用户

14.5.6　显示用户详细信息

在首页面中，只显示了用户的部分信息，为了能够看到某个用户的全部信息，可以单击姓名，跳转到显示用户信息页面，用来显示选择用户的详细信息。

(1) 为 index.jsp 页面上的姓名列设置超链接，这个链接自然也是每一行都有一个，而且每行姓名超链接都把自己这行显示的用户的 id 传给下一个 Action，超链接代码如下：

```
<a href="userToDetail?user.id=<s:property value='id'/>">
   <s:property value="name"/>
</a>
```

(2) 实现显示用户详细信息功能的 Action，只需要接收页面传过来的用户 id，然后在数据库里查询这个 id 的用户，返回“toDetail”的字符串，示例代码如下：

```
public class UserAction extends ActionSupport {
    //原有代码参见实现 delete()方法的 UserAction
    //跳转到显示用户详情页面
    public String toDetail() throws Exception {
        UserBiz userBiz = new UserBizImpl();
        user = userBiz.getUserById(user.getId());
        return "toDetail";
    }
}
```

(3) 配置 struts.xml，由于 toDetail 方法的返回值为“toDetail”的逻辑视图，指向到 detailUser.jsp 的物理视图，所以代码如下：

```
<action name="userToDetail" class="com.yzpc.action.UserAction"
 method="toDetail">
   <result name="toDetail">/detailUser.jsp</result>
</action>
```

“显示用户详细信息”页面与修改页面类似，在此不给出页面代码，该页面的运行效果如图 14-11 所示。

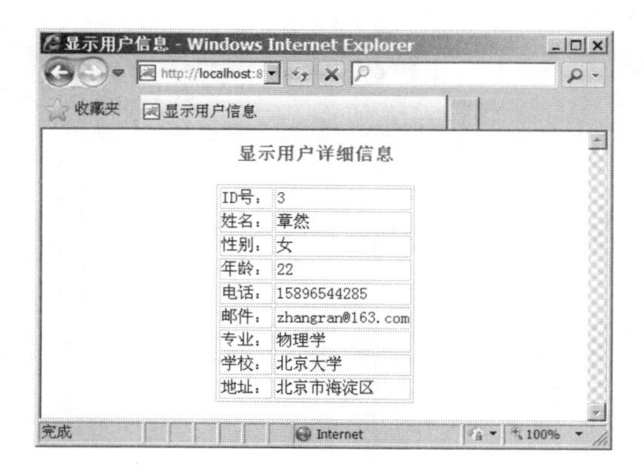

图 14-11 “显示用户详细信息”页面

14.6 加入国际化

给上面的示例加上对国际化信息的支持。这里我们只是对 addUser.jsp 添加用户页面进行国际化操作。国际化资源文件分为全局范围、包范围、Action 范围以及临时范围。

14.6.1 国际化信息文件

这里采用 Action 范围的国际化信息文件。在 UserAction 所在的 com.yzpc.action 包下，建立两个国际化信息文件，UserAction_zh_CN.properties 和 UserAction_en_US.properties。

在国际化信息文件中，指出各个页面的标题和 User 类的各个属性名作为表单域前面的文字即可，在 MyEclipse 中双击，打开资源文件后编辑，列出 UserAction_en_US.properties 的部分内容：

```
add.title=Add User Information
add.submit=Add
list.title=User Information List
list.add=Add User
...
user.id=Id
user.name=Name
user.sex=Sex
user.age=Age
user.telephone=Telephone
user.email=Email
user.specialty=Specialty
```

```
...
```

对应的 UserAction_zh_CN.properties 的部分内容，没有转码，在 MyEclipse 的添加中可实现自动转码：

```
add.title=添加用户信息
add.submit=添加
list.title=用户信息列表
list.add=增加用户
...
user.id=ID 号
user.name=姓名
user.sex=性别
user.age=年龄
user.telephone=号码
user.email=邮箱
user.specialty=专业
...
```

具体的资源文件信息内容读者可参考光盘项目中的资源文件代码。

14.6.2　使用国际化信息

在页面上使用国际化信息的方法有两种：第一种，通过<s:text name=“”/>中的 name 属性来引用国际化信息中的 key。第二种，通过表单标签的 key 属性来引用国际化信息中的 key，如<s:textfield name=“user.id” key=“user.id”/>，其他表单标签也类似。而且如果 key 属性和 name 属性相同，只写 key 属性，去掉 name 属性也行，提交的时候会按照 key 属性的值提交。而且原来指定表单域前面的文字的 label 属性也可以去掉了。

这里，仅以在 addUser.jsp 添加用户信息页面上使用国际化信息为例，页面部分的代码修改后如下：

```
<title><s:text name="add.title"/></title>
...
<div align="center">
    <h3><font color="blue"><s:text name="add.title"/> </font></h3>
    <s:form action="userAdd" method="post">
        <table width="300" border="1" bordercolor="#99CCFF"
          bgcolor="#FFFFEE">
            <s:textfield key="user.id" />
            <s:textfield key="user.name" />
            <s:select list="sexs" key="user.sex" />
            <s:textfield key="user.age" />
            <s:textfield key="user.telephone" />
            <s:textfield key="user.email" />
            <s:textfield key="user.specialty" />
            <s:textfield key="user.school" />
            <s:textarea key="user.address" />
            <s:submit name="" key="add.submit" align="center" />
        </table>
```

```
    </s:form>
</div>
```

在这个页面上，<title>内引用了<s:text name="add.title"/>来引用国际化信息；而<s:textfield key="user.id"/>更是去掉了 name 属性和 label 属性，key 属性既代表了引用 user.id 这条国际化信息，又代表了提交时这个文本框名为 user.id，其他的表单标签也类似。

对于<s:submit/>标签，它作为提交按钮，并不应该被作为参数传入下一个 Action，所以，它的 name 属性被设置为空字符串，它的 key 属性仍指明了到底引用哪条国际化信息。

在 struts.xml 中定义注册的语言信息为 zh_CN，代码如下：

```
<constant name="struts.locale" value="zh_CN"/>
```

部署项目，在浏览器中输入"http://localhost:8080/ch14_UserManager/userToAdd"(不要直接访问 addUser.jsp)，看到的中文页面为中文信息。

将注册语言修改为 en_US，不需要修改任何其他内容，修改代码如下：

```
<constant name="struts.locale" value="en_US"/>
```

重新部署项目，再次访问上面的地址，或者涮新浏览器，呈现信息如图 14-12 所示。

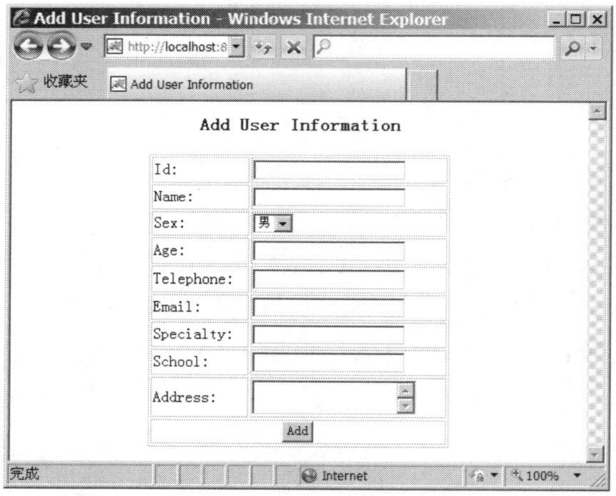

图 14-12　国际化的页面

其余的 index.jsp、updateUser.jsp、detailUser.jsp 与 addUser.jsp 一样，请读者可把握到底是显示内容，还是表单域，选用合适的方法进行引用国际化信息。这里就不再赘述了。

14.7　相关输入校验

在程序中，可以使用 Struts 2 的验证框架，在真正调用 Action 的处理方法之前，来验证用户输入的信息是否符合要求。最常见的是在 Action 的同包下建立 Action 名- validation.xml，但在本项目中，UserAction 同时负责响应多种请求，所以，要用 Action 名-别名-validation.xml 的方式来指定验证信息。其中的别名就是在 struts.xml 中注册的<action>元素的 name 属性。这里我们仅对添加用户页面进行验证。

14.7.1　页面添加验证

在与 UserAction 同包的 com.yzpc.action 下，新建 UserAction-userAdd-validation.xml 文件，这里我们只对几个字段进行验证，其他字段读者自己参考，代码如下：

```
<?xml version="1.0" encoding="UTF-8"?>
<!DOCTYPE validators PUBLIC
  "-//Apache Struts//XWork Validator 1.0.3//EN"
  "http://struts.apache.org/dtds/xwork-validator-1.0.3.dtd">

<validators>
    <field name="user.id">
        <field-validator type="int">
            <param name="min">1</param>
            <message>请填入整数类型的用户编号</message>
        </field-validator>
    </field>
    <field name="user.name">
        <field-validator type="requiredstring">
            <param name="trim">true</param>
            <message>用户名不能为空，请输入用户名</message>
        </field-validator>
    </field>
    <field name="user.age">
        <field-validator type="int">
            <param name="min">16</param>
            <param name="max">60</param>
            <message>请输入的用户年龄在${min}到${max}之间</message>
        </field-validator>
    </field>
</validators>
```

在 struts.xml 文件中，为名为 userAdd 的 Action 增加名为 input 的 Result 映射，其结果直接返回 addUser.jsp。

配置代码如下：

```
<action name="userAdd" class="com.yzpc.action.UserAction" method="add">
    <result name="toList">/index.jsp</result>
    <result name="input">/addUser.jsp</result>
</action>
```

修改 addUser.jsp 来引用验证错误信息。但是，对于添加的验证都是字段级别的验证，使用<s:textfield />等表单标签在验证不通过的时候，把验证错误信息放到表单域的上面，不需要手工修改 addUser.jsp。

部署项目，在浏览器中访问“http://localhost:8080/ch14_UserManager/userToAdd”，直接单击“添加”按钮，验证效果如图 14-13 所示。

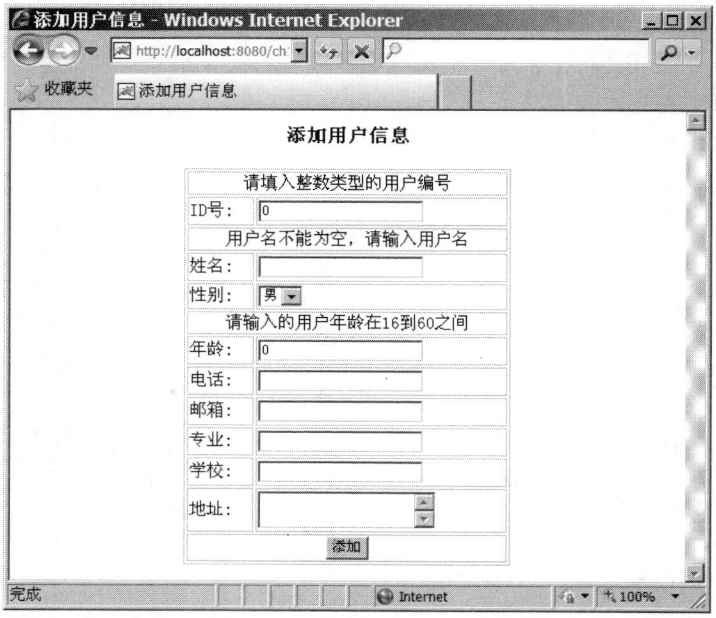

图 14-13　添加页面验证的效果

14.7.2　验证信息国际化

如果我们的页面已经做了国际化处理，那么相应的验证错误信息是要展示给用户看的，所以这些错误也就应该跟着做国际化处理。

只需要为 validation 文件中的<message>元素设置 key 属性，同时去掉<message>元素属性中间的文本就可以了。把 UserAction-userAdd-validation.xml 文件中的 3 个<message>元素修改如下：

```
<message key="user.id.error"></message>
<message key="user.name.error"></message>
<message key="user.age.error"></message>
```

在国际化资源信息文件中，添加 user.id.error、user.name.error、user.age.error 这三个 key 和相应的值。

例如，给 UserAction_en_US.properties 资源文件添加如下内容：

```
user.id.error=Please fill in the user number of integer type
user.name.error=Username cannot be null, please enter the username
user.age.error=Please enter the user of age between ${min} to ${max}
```

在 struts.xml 配置文件中，将注册语言修改为 en_US，重新部署项目，在浏览器的地址栏中输入“http://localhost:8080/ch14_UserManager/userToAdd”，进入的页面显示为英文，单击 Add 按钮后，运行效果如图 14-14 所示。

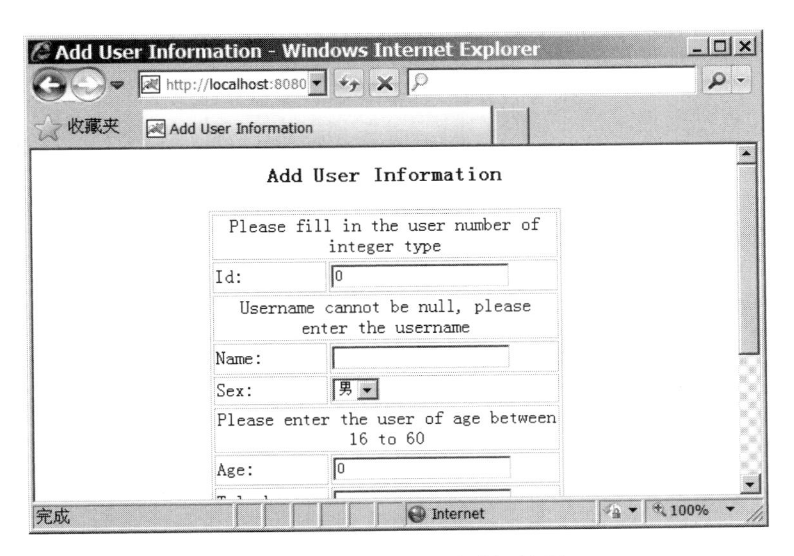

图 14-14　国际化后的验证效果

14.8　小　　结

本章主要通过示例来介绍 Struts 2 框架的运用，通过对用户信息系统的 CRUD 操作，对本篇学习到的 Struts 2 基础知识做了一个总结。

本章 UserAction 代码是以累加方式逐步推进的，每步的 UserAction 里面只是列出新加的功能代码。有些内容只是介绍了部分页面的实现，读者可以在此基础上，对程序的功能做进一步的扩充。

第四篇　Hibernate 框架篇

第 15 章　Hibernate 初步

上一篇学习了 Struts 2 框架。Struts 2 技术的应用使得基于 MVC 架构的 Web 项目的开发变得更加快捷和稳健。然而，Struts 2 框架和三层架构面对软件需求量越来越大的时候，往往束手无策，程序员仍然需要在数据访问层编写大量重复性的代码。

为了提高数据访问层的编码效率，Gavin King 开发出了当今最流行的 ORM(对象-关系型数据映射)工具——Hibernate 框架。

第四篇将对 Hibernate 框架技术进行详细介绍，主要内容包括：

- Hibernate 的数据库操作。
- Hibernate 的配置和映射文件。
- Hibernate 的关联映射。
- Hibernate 查询。
- Hibernate 的事务、缓存。
- Struts 2 与 Hibernate 的整合。

15.1　Hibernate 概述

Hibernate 是 Java 应用和关系数据库之间的桥梁，是一个开源的对象关系映射框架，可用来把对象模型表示的 Java 对象映射到关系型数据库表中去。

Hibernate 不仅管理 Java 对象到数据库表的映射，还提供数据查询和获取数据的方法，极大地减少了开发时人工使用 SQL 和 JDBC 处理数据的时间。

15.1.1　JDBC 的困扰

使用 JDBC 开发小型应用系统时，并不觉得有什么麻烦，但对于大型应用系统，JDBC 就显得力不从心了。例如，对几十张包含几十个字段的数据表进行插入操作，编写的 SQL 语句将会很长，不仅繁琐，而且容易出错。读取数据时，需要写多条 getString 或 getInt 语句从数据集中取出各个字段信息，不仅枯燥，而且工作量巨大。

15.1.2　Hibernate 的优势

Hibernate 技术有以下几个方面的优点。

(1) Hibernate 是 JDBC 的轻量级的对象封装，封装了通过 JDBC 访问数据库的操作。它是一个独立的对象持久层框架，可以用在任何 JDBC 可以使用的场合，既可以在 Java 的客户端程序中使用，也可以在 Servlet/JSP 的 Web 应用中使用。最具革命意义的是，Hibernate

可以在应用 EJB 的 J2EE 架构中取代 CMP，完成数据持久化的重任。

(2) Hibernate 是一个与 JDBC 密切关联的框架，所以 Hibernate 的兼容性与 JDBC 驱动、数据库都有一定的关系，但是与使用它的 Java 程序和 App Server 没有任何关系，也不存在兼容性问题。

(3) 由于是对 JDBC 的轻量级封装，内存消耗少，拥有最快的运行效率。

(4) 开发效率高，Eclipse、JBuilder 等主流 Java 集成开发环境对 Hibernate 有很好的支持。在大的项目，特别是持久层关系映射很复杂的情况下，Hibernate 效率高得惊人。

(5) 拥有分布式、安全检查、集群、负载均衡的支持。

(6) 具有可扩展性，API 开放，当本身功能不够用的时候，可以自己编码进行扩展。

15.1.3 持久化和 ORM

持久化(Persistence)是指把数据(内存中的对象)保存到可持久保存的存储设备中(如硬盘、光盘等)，主要应用于将内存中的数据存储在关系型数据库中。在三层结构中，数据访问层主要的工作是将数据保存到数据库或从数据库中读取数据，所以数据访问层通常也成为持久化层(Persistence Layer)。持久层专注于实现系统的逻辑层面，将数据使用者与数据实体进行关联。

ORM 是 Object Relational Mapping(对象-关系型数据映射)的简称。持久化通常是将对象保存到关系型数据库，或者把数据库中的数据读取出来，封装到对象中。可见，持久化工作主要在 O(对象)和 R(关系型数据)之间进行。

然而，在编写程序时，处理数据采用面向对象的方式，保存数据却以关系型数据库的方式，因此需要一种能在两者之间进行转换的机制。这种机制称为 ORM，ORM 保存了对象和关系型数据库表的映射信息。Hibernate 映射信息保存在 XML 格式的配置文件中。

15.1.4 Hibernate 的体系结构

Hibernate 作为数据访问层，通过配置文件和映射文件将持久化对象映射到数据库表中，然后通过操作持久化对象，对数据库表进行各种操作。

Hibernate 的简要体系结构如图 15-1 所示。

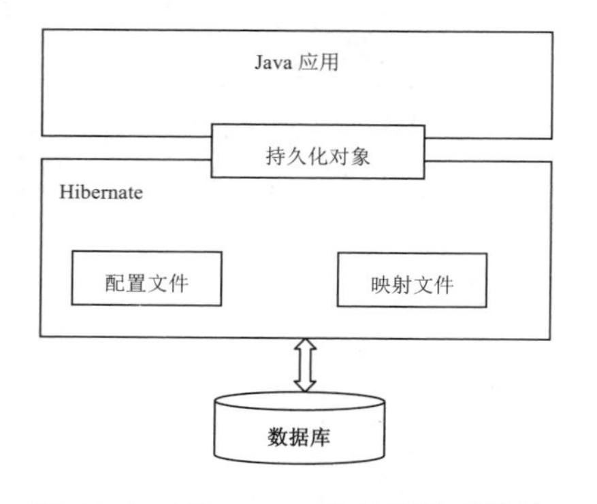

图 15-1 Hibernate 的简要体系结构

从图 15-1 可以看出，Hibernate 使用数据库和配置信息来为应用程序提供持久化服务。由于 Hibernate 比较灵活，且支持多种应用方案，因此备受重视。

一种提供“全面解决方案”的 Hibernate 体系结构如图 15-2 所示。

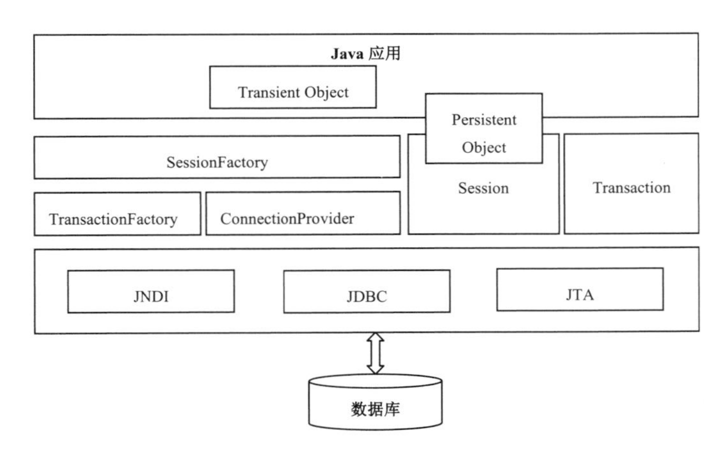

图 15-2　提供“全面解决方案”的 Hibernate 体系结构

图 15-2 中，各个对象和接口的含义如下所示。

- Transient Object(瞬态对象)：持久化类的没有与 Session 相关联的实例。
- Persistent Object(持久化对象)：带有持久化状态、具有业务功能的单线程对象。这些对象是与唯一的 Session 相关联的普通的 JavaBean 或 POJO。
- SessionFactory 接口：生成 Session 的工厂，负责创建 Session 对象，需要使用 ConnectionProvider。
- Session 接口：表示应用程序和持久层之间交互操作的一个单线程对象，隐藏了 JDBC 连接。用于执行被持久化对象的 CRUD 操作，Session 对象是非线程安全的。
- TransactionFactory 接口：生成 Transaction 的工厂。
- Transaction 接口：应用程序用来指定原子操作单元范围的对象。它通过抽象将应用从底层具体的 JDBC、JTA 以及 CORBA 事务隔离开。
- ConnectionProvider：生成 JDBC 的工厂(同时起到连接池的作用)。它通过抽象将应用从底层的 Datasource 或 DriverManager 分离。

15.2　Hibernate 入门

在 Java 或 Java Web 项目中添加 Hibernate 框架后，就能以面向对象的方式操作关系型数据库。

15.2.1　Hibernate 的下载和安装

读者可以从官方网站 http://www.hibernate.org 下载所需要的版本(这里以 hibernate 4.1.4 版本为例)。

从 Hibernate 下载页面中，读者可以根据自己的环境要求下载 Linux 版本或 Windows 版本的 Hibernate。这里下载了 Windows 版本的 ZIP 压缩包(hibernate-release-4.1.4.Final.zip)，解压后的目录如图 15-3 所示。

名称	类型	修改日期
documentation	文件夹	2012-5-30 23:43
lib	文件夹	2012-5-30 23:43
project	文件夹	2012-5-30 23:43
changelog.txt	文本文档	2012-5-30 23:14
hibernate_logo.gif	GIF 图像	2011-4-4 20:09
lgpl.txt	文本文档	2012-2-16 10:17

图 15-3　Hibernate 压缩包的文件结构

图 15-3 中各个文件和文件夹的说明如下所示。

- documentation：存放 Hibernate 的相关文档，包括参考文档和 API 文档。
- lib：存放 Hibernate 4 编译和运行所依赖的 JAR 包。其中 required 子目录下包含了运行 Hibernate 4 项目必需的 JAR 包。
- project：存放了 Hibernate 各种相关的源代码。

required 子目录下包含的 JAR 包如图 15-4 所示。

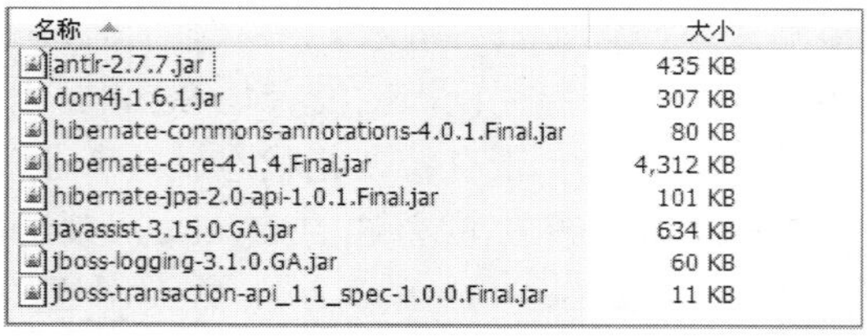

名称	大小
antlr-2.7.7.jar	435 KB
dom4j-1.6.1.jar	307 KB
hibernate-commons-annotations-4.0.1.Final.jar	80 KB
hibernate-core-4.1.4.Final.jar	4,312 KB
hibernate-jpa-2.0-api-1.0.1.Final.jar	101 KB
javassist-3.15.0-GA.jar	634 KB
jboss-logging-3.1.0.GA.jar	60 KB
jboss-transaction-api_1.1_spec-1.0.0.Final.jar	11 KB

图 15-4　Hibernate 必需的 JAR 包

这些 JAR 包的作用说明如表 15-1 所示。

表 15-1　Hibernate 必需的 JAR 包的作用说明

JAR 包名	说　明
hibernate-core-4.1.4.Final.jar	核心类库
antlr-2.7.7.jar	语言转换工具，Hibernate 利用它实现 HQL 到 SQL 的转换
dom4j-1.6.1.jar	是一个 Java 的 XML API，类似于 JDOM，用来读写 XML 文件
javassist-3.15.0-GA.jar	一个开源的分析、编辑和创建 Java 字节码的类库
hibernate-commons-annotations-4.0.1.Final.jar	常见的反射代码，用于支持注解处理
hibernate-jpa-2.0-api-1.0.1.Final.jar	对 JPA(Java 持久化 API)规范的支持
jboss-logging-3.1.0.GA.jar	JBoss 的日志框架
jboss-transaction-api_1.1_spec-1.0.0.Final.jar	指定事务、事务处理和分布式事务处理系统之间的标准，Java 接口，包括资源管理，应用服务和事务应用程序

15.2.2　Hibernate 的执行流程

作为一个优秀的持久层框架，Hibernate 很容易入门。在使用 Hibernate 框架前，先来看看 Hibernate 是如何实现 ORM 框架的，即 Hibernate 的执行流程，如图 15-5 所示。

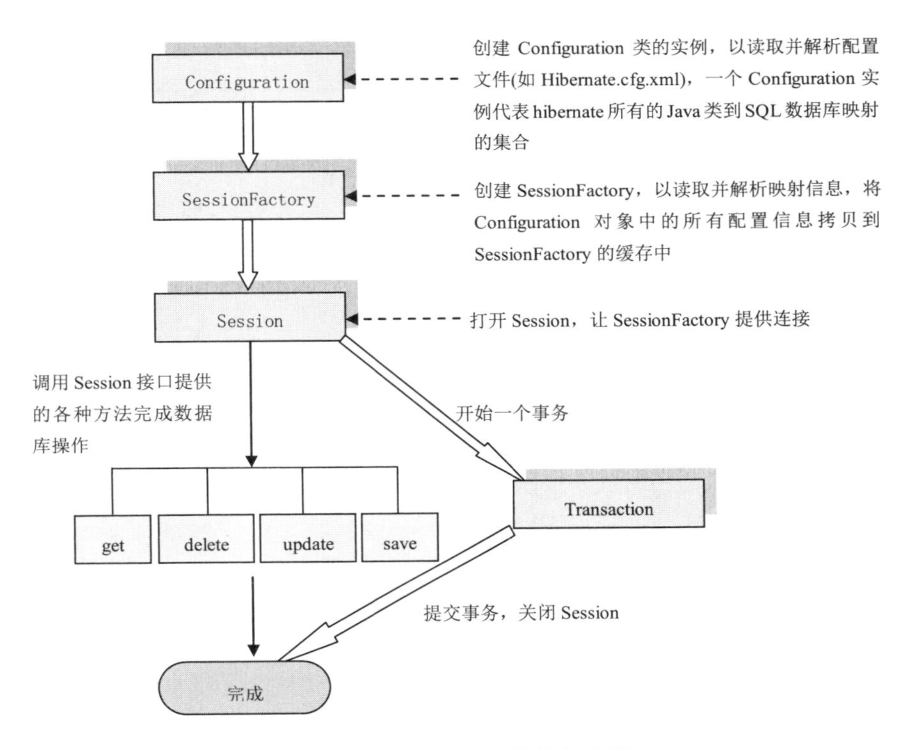

图 15-5　Hibernate 的执行流程

注意：Hibernate 中的 Session 不同于 JSP 中的 HttpSession。使用 Session 这个术语时，通常指的是 Hibernate 中的 Session，而 HttpSession 被称为用户 Session。

15.2.3　第一个 Hibernate 程序

依照图 15-5 所示的 Hibernate 执行流程，下面通过一个简单的示例来体验 Hibernate 的魅力。本示例采用的数据库为 MySQL 5.5，使用 Hibernate 实现向数据库 bookshop 下的 users 表插入记录。数据表 users 的结构如表 15-2 所示。

表 15-2　users 表的结构

字 段 名	类　型	说　明
Id	int	用户编号，主键、自增
LoginName	varchar(50)	登录名

续表

字 段 名	类　型	说　明
LoginPwd	varchar(16)	登录密码
Name	varchar(16)	姓名
Address	varchar(16)	通信地址
Phone	varchar(16)	电话
Mail	varchar(16)	邮箱地址

实现该功能的步骤如下所示。

(1) 在 MyEclipse 中创建 Web 项目，名称为 HibTest1。

(2) 将如图 15-4 所示的 Hibernate 必需的 JAR 包复制到 Web 项目的 WEB-INF/lib 目录中，即完成了 Hibernate 的安装。

(3) 将 MySQL 的驱动包复制 Web 项目的 WEB-INF/lib 目录中，这里使用的版本为 mysql-connector-java-5.1.18-bin.jar。

(4) 创建实体类。

在 src 目录下新建 com.hibtest1.entity 包，并在其中创建实体类 Users(对应数据表 users)。Users 类包含一些属性(对应数据表 users 的字段)，以及与之对应的 getXXX()和 setXXX()方法，还包括无参构造方法。其代码如下所示：

```
package com.hibtest1.entity;
import java.io.Serializable;
public class Users implements Serializable {
    private Integer id;                 //编号
    private String loginName;           //用户名
    private String loginPwd;            //密码
    private String name;                //姓名
    private String address;             //通信地址
    private String phone;               //电话
    private String mail;                //邮箱地址

    public Users() {                    //无参构造方法

    }
    public Integer getId() {
        return id;
    }
    public void setId(Integer id) {
        this.id = id;
    }
    public String getLoginName() {
        return loginName;
    }
    public void setLoginName(String loginName) {
        this.loginName = loginName;
    }
    public String getLoginPwd() {
```

```
        return loginPwd;
    }
    public void setLoginPwd(String loginPwd) {
        this.loginPwd = loginPwd;
    }
    /** 下面是其他属性的 setXXX()和 getXXX()方法，这里省略 **/
}
```

(5)　编写映射文件。

实体类 Users 目前还不具备持久化操作的能力，为了使其具备这种能力，需要告知 Hibernate 框架将实体类 Users 映射到数据库 bookshop 中的哪个表，以及类中的哪个属性对应到数据库表的哪个字段，这些都需要在映射文件中配置。在实体类 Users 所在的包 com.hibtest1.entity 中创建 Users.hbm.xml 文件，该文件的具体配置如下所示：

```
<?xml version="1.0" encoding="UTF-8"?>
<!DOCTYPE hibernate-mapping PUBLIC
  "-//Hibernate/Hibernate Mapping DTD 3.0//EN"
  "http://hibernate.sourceforge.net/hibernate-mapping-3.0.dtd">
<hibernate-mapping>
    <class name="com.hibtest1.entity.Users" table="users"
      catalog="bookshop">
        <id name="id" type="java.lang.Integer">
            <column name="Id" />
            <generator class="native"></generator>
        </id>
        <property name="loginName" type="java.lang.String">
            <column name="LoginName" length="50" />
        </property>
        <property name="loginPwd" type="java.lang.String">
            <column name="LoginPwd" length="16" />
        </property>
        <!-- 下面是其他属性与字段的对应关系，这里省略 -->
    </class>
</hibernate-mapping>
```

上述配置展示了从实体类 Users 到数据库表 users 的映射。在映射文件中，每个<class>节点配置一个实体类的映射信息，<class>节点的 name 属性对应实体类的名字，table 属性对应数据库表的名字，catalog 属性对应数据表的名字。

在<class>节点下，必须有一个<id>节点，用于定义实体的标识属性(对应数据库表的主键)。<id>节点的 name 属性对应实体类的属性，type 是该属性的 Java 类型。例如，这里的 id 为实体类 Users 中的属性，该属性类型为 Integer。<column>用于指定对应数据库表的主键，<generator>节点用于指定主键的生成器策略。

Hibernate 提供的常用主键生成器策略如下所示。

- increment：对象标识符由 Hibernate 以递增方式生成，如果有多个应用实例向同一张表中插入数据时，则会出现重复的主键，应当谨慎使用。
- identity：对象标识符由底层数据库的自增主键生成机制产生，要求底层数据库支持自增字段类型，如 MySQL 的 auto_ increment 类型主键和 SQL Server 的 identity

类型主键。还适用于 DB2、Sybase 和 Hypersonic SQL。

- sequence：对象标识符由底层数据库的序列生成机制产生，要求底层数据库支持序列，如 Oracle 数据库的序列。还使用于 DB2、PostgreSQL、SAP DB、McKoi 等。
- hilo：对象标识符由 Hibernate 按照高/低位算法生成，该算法从特定表的字段读取高位值，默认情况下选用 hibernate_unique_key 表的 next_hi 字段。高/低位算法生成的标识符仅在一个特定的数据库中是唯一的。
- native：根据底层数据库对自动生成标识符的支持能力，选择 identity、sequence 或 hilo。适合于跨数据库平台的开发。
- assigned：对象标识符由应用程序产生，如果不指定<generator>节点，则默认使用该生成器策略。

大部分数据库，如 MySQL、Oracle、DB2 等，都提供了易用的主键生成机制(identity 字段或 sequence)，因此可以在数据库提供的主键生成机制上，采用<generator class="native">的主键生成方式。

<class>节点下除了<id>子节点，还包括<property>子节点，用于映射普通属性。

<property>节点与<id>节点类似，只是不能包括<generator>子节点。每个<property>节点指定一对属性和字段的对应关系。

(6) 编写 Hibernate 配置文件。

Hibernate 映射文件反映了持久化类和数据库表的映射信息，而 Hibernate 配置文件则反映 Hibernate 连接的数据库的相关信息，如数据库用户名、密码、驱动类等。在项目中的 src 目录下创建 Hibernate 配置文件，文件名为“hibernate.cfg.xml”。

hibernate.cfg.xml 配置文件的内容如下所示：

```
<?xml version='1.0' encoding='UTF-8'?>
<!DOCTYPE hibernate-configuration PUBLIC
  "-//Hibernate/Hibernate Configuration DTD 3.0//EN"
  "http://www.hibernate.org/dtd/hibernate-configuration-3.0.dtd">
<hibernate-configuration>
    <session-factory>
        <property name="show_sql">true</property>
        <property name="myeclipse.connection.profile">bookshop</property>
        <property name="connection.url">
            jdbc:mysql://localhost:3306/bookshop
        </property>
        <property name="connection.username">root</property>
        <property name="connection.password">123456</property>
        <property name="connection.driver_class">
            com.mysql.jdbc.Driver
        </property>
        <property name="dialect">
            org.hibernate.dialect.MySQLDialect
        </property>
        <mapping resource="com/hibtest1/entity/Users.hbm.xml" />
    </session-factory>
</hibernate-configuration>
```

其中，connection.url 属性定义数据库连接 URL，connection.username 属性定义数据库用户名，connection.password 属性定义数据库密码，connection.driver_class 属性定义数据库驱动类。dialect 参数是必须配置的，用于配置 Hibernate 使用的不同数据库类型。

Hibernate 支持几乎所有主流数据库，包括 MS SQL Server、MySQL、DB2 和 Oracle 等。show_sql 参数设置为 true，表示程序运行时在控制台输出执行的 SQL 语句。此外，配置实体类和数据表的映射信息的映射文件需要在 Hibernate 配置文件中声明，代码如下：

```
<mapping resource="com/hibtest1/entity/Users.hbm.xml" />
```

(7)　编写会话工厂类 HibernateSessionFactory。

在使用 Hibernate 执行持久化操作前，需要得到一个 Session 对象。有了 Session 对象，就可以以面向对象的方式保存、获取、更新和删除对象。

Session 对象可以通过 SessionFactory(会话工厂类)的 openSession 方法来获得。创建会话工厂类 HibernateSessionFactory.java，存放在 com.hibtest1 包中。HibernateSessionFactory 类的代码如下所示：

```
package com.hibtest1;
import org.hibernate.HibernateException;
import org.hibernate.Session;
import org.hibernate.SessionFactory;
import org.hibernate.cfg.Configuration;
import org.hibernate.service.ServiceRegistry;
import org.hibernate.service.ServiceRegistryBuilder;
public class HibernateSessionFactory
{
    //指定 Hibernate 配置文件路径
    private static String CONFIG_FILE_LOCATION = "/hibernate.cfg.xml";
    //创建 ThreadLocal 对象
    private static final ThreadLocal<Session> sessionThreadLocal =
      new ThreadLocal<Session>();
    //创建 Configuration 对象
    private static Configuration configuration = new Configuration();
    //定义 SessionFactory 对象
    private static SessionFactory sessionFactory;
    //定义 configFile 属性并赋值
    private static String configFile = CONFIG_FILE_LOCATION;
    static
    {
        try
        {
            //读取配置文件 hibernate.cfg.xml
            configuration.configure();
            //生成一个注册机对象
            ServiceRegistry serviceRegistry =
              new ServiceRegistryBuilder().applySettings(configuration.
            getProperties()).buildServiceRegistry();
            //使用注册机对象 serviceRegistry 创建 sessionFactory
            sessionFactory =
              configuration.buildSessionFactory(serviceRegistry);
```

```
        }
        catch (HibernateException e)
        {
            e.printStackTrace();
        }
    }
    //创建无参的HibernateSessionFactory构造方法
    private HibernateSessionFactory() {}
    //获得SessionFactory对象
    public static SessionFactory getSessionFactory()
    {
        return sessionFactory;
    }
    //重建SessionFactory
    public static void rebuildSessionFactory()
    {
        synchronized (sessionFactory)
        {
            try
            {
                configuration.configure(configFile);
                ServiceRegistry serviceRegistry =
                  new ServiceRegistryBuilder()
                   .applySettings(configuration.getProperties())
                   .buildServiceRegistry();
                //使用注册机对象serviceRegistry创建sessionFactory
                sessionFactory =
                  configuration.buildSessionFactory(serviceRegistry);
            }
            catch (HibernateException e)
            {
                e.printStackTrace();
            }
        }
    }
    //获得Session对象
    public static Session getSession()
    {
        //获得ThreadLocal对象管理的Session对象
        Session session = (Session)sessionThreadLocal.get();
        try
        {
            //判断Session对象是否已经存在或是否打开
            if (session == null || !session.isOpen())
            {
                //如果Session对象为空或未打开，再判断sessionFactory对象是否为空
                if (sessionFactory == null)
                {
                    //如果sessionFactory为空，则创建SessionFactory
                    rebuildSessionFactory();
                }
```

```
            //如果 sessionFactory 不为空，则打开 Session
            session = (sessionFactory != null)?
              sessionFactory.openSession() : null;
            sessionThreadLocal.set(session);
        }
    }
    catch (HibernateException e)
    {
        e.printStackTrace();
    }
    return session;
}
//关闭 Session 对象
public static void closeSession()
{
    Session session = (Session)sessionThreadLocal.get();
    sessionThreadLocal.set(null);
    try
    {
        if (session!=null && session.isOpen())
        {
            session.close();
        }
    }
    catch (HibernateException e)
    {
        e.printStackTrace();
    }
}
//configFile 属性的 set 方法
public static void setConfigFile(String configFile)
{
    HibernateSessionFactory.configFile = configFile;
    sessionFactory = null;
}
//configuration 属性的 get 方法
public static Configuration getConfiguration()
{
    return configuration;
}
}
```

在会话工厂类 HibernateSessionFactory 中，首先通过一个静态代码块来启动 Hibernate，该代码块只在 HibernateSessionFactory 类被加载时执行一次，用于建立 SessionFactory。即 SessionFactory 是线程安全的，只能被实例化一次。

在静态代码块中通过创建的 Configuration 对象并调用其 configure()方法读取 Hibernate 配置文件 hibernate.cfg.xml 信息，从而进行配置信息的管理。然后创建 SessionFactory 实例，在 Hibernate 4.0 版本之前，该实例创建工作由 Configuration 对象的 buildSessionFactory()方法完成。而 Hibernate 4.0 版本之后，创建 SessionFactory 实例的方法有所改变，Hibernate 4

增加了一个注册机 ServiceRegistryBuilder 类。要先生成一个注册机对象，然后所有的生成 SessionFactory 的对象向注册机注册一下再使用。生成方法还是 config.buildSessionFactory()方法，只不过加了一个注册机的参数。

由于 SessionFactory 是线程安全的，因而同一个 SessionFactory 实例可以被多个线程共享，即多个并发线程可以同时访问一个 SessionFactory 并获得 Session 实例。但由于 Session 不是线程安全的，如果多个并发线程同时操作同一个 Session 对象，就可能出现一个线程在进行数据库操作，而另一个线程将 Session 对象关闭的情况，从而出现异常。如何才能保证线程安全呢？这就要求 SessionFactory 能够针对不同的线程创建不同的 Session 对象，即需要对 Session 进行有效的管理，Hibernate 中使用 ThreadLocal 对象来维护和管理 Session 实例。

ThreadLocal 是指线程局部变量(Tread Local Variable)，线程局部变量高效地为每个使用它的线程提供单独的线程局部变量的副本。每个线程只能修改与自己相联系的副本，而不会影响到其他进程的副本。为了实现为每个线程维护一个变量的副本，ThreadLocal 类提供了一个 Map 结构，其 key 值用来保存线程的 ID，value 值用来保存一个 Session 实例的副本。这样，多个线程并发操作时，是在与自己绑定的 Session 实例副本上进行的，从而避免多个线程在同一个 Session 实例上操作时可能导致的数据异常。

在 HibernateSessionFactory 类的 getSession()方法中，首先调用 ThreadLocal 类的 get()方法获得当前线程的 Session 对象，然后判断是否已存在该 Session 对象。如果该对象不存在或者该对象未打开，再判断 SessionFactory 对象是否为空，如果 SessionFactory 对象不存在，先调用 rebuildSessionFactory 方法创建 SessionFactory，如果 SessionFactory 对象已存在，则调用 SessionFactory 对象的 openSession()方法创建 Session 对象。创建完 Session 对象后，还需要调用 ThreadLocal 的 set()方法为该线程保存该 Session 对象。

(8) 编写测试类。

创建测试类 TestAddUser.java，存放在 com.hibtest1 包中。实现向数据表 users 添加一个新用户，以体现 Hibernate 执行持久化操作的基本流程。

TestAddUser.java 的代码如下所示：

```
package com.hibtest1;
import org.hibernate.*;
import com.hibtest1.dao.HibernateSessionFactory;
import com.hibtest1.entity.Users;
public class TestAddUser {
    public static void main(String[] args) {
        // TODO Auto-generated method stub
        new TestAddUser().addUser();
    }
    private void addUser() {
        //创建实体类(瞬态对象)
        Users user = new Users();
        user.setLoginName("zhangsan");
        user.setLoginPwd("123456");
        user.setName("张三");
        user.setAddress("江苏南京");
        user.setPhone("02512345678");
        user.setMail("123@qq.com");
```

```
        //获得 Session 实例
        Session session = HibernateSessionFactory.getSession();
        Transaction tx = null;
        try {
            //开始一个事务
            tx = session.beginTransaction();
            //调用 save 方法持久化 user 对象，之后 user 对象转变为持久状态
            session.save(user);
            //提交事务，向数据库中插入一个新记录
            tx.commit();
        } catch (Exception e) {
            if(tx!=null) {
                tx.rollback();  //事务回滚
            }
            e.printStackTrace();
        } finally {
            HibernateSessionFactory.closeSession();   //关闭 Session
            //此时，user 对象处于托管态
        }
    }
}
```

上述代码中，首先创建了实体类 user(user 对象状态为瞬时态)，将需要添加到数据表 users 中的用户信息封装到该对象中。然后调用 HibernateSessionFactory 类的 getSession()方法生成 Session 实例。

有了 Session 对象之后，就可以对数据库进行操作了，但 Hibernate 对数据库的更新操作(增、删、改)是建立在事务之上的，所以 Session 操作之前要先打开一个事务，执行 save 方法(user 对象状态转变为持久态)之后要提交事务；若出错，可进行回滚；最后要关闭 Session 对象。

(9)　运行测试类。

测试类 TestAddUser.java 成功运行后，可以看到数据表 users 中添加了一条新用户记录，如图 15-6 所示。

Id	LoginName	LoginPwd	Name	Address	Phone	Mail
1	jingjing	jingjing	Jing Jing	GuangZhou	88888888	jingjing@sina.co
2	bobo	123456	张三	北京	010 5555555	bobo3@d.c
3	user	123456	user	asd	11111111111	1@1.c
4	admin	123456	admin	admin	13456	123456@s.c
5	恰嬉猫	070115	qiaximao	上海市华夏路	13774210000	qiximao@163.com
6	王强	991221	wangqiang	北京软件大学	12334567891	wangqiang@163.co
7	申波	shenbo	shenbo	Beijing	010-64324947	shenbo@263.com
8	zhangsan	123456	张三	江苏南京	02512345678	123@qq.com
(Auto)	(NULL)	(NULL)	(NULL)	(NULL)	(NULL)	(NULL)

图 15-6　使用 Hibernate 添加数据

由于在 Hibernate 配置文件中将 show_sql 参数设置为 true，所以程序运行时会在控制台输出由 Session 的 save 方法封装的 SQL 语句，如下所示：

```
Hibernate: insert into bookshop.users (LoginName, LoginPwd, Name, Address,
Phone, Mail) values (?, ?, ?, ?, ?, ?)
```

使用 Session 对象的 save 方法，虽然可以完成对象的持久化操作，但有时候会出现问题，如一个对象已经被持久化了，此时如果再次调用 save()方法，将会出现异常。

使用 saveOrUpdate()方法可以很好地解决这一问题，因为它会自动判断该对象是否已经持久化，如果已经持久化，将执行更新操作，否则执行添加操作。如果标识(主键)的生成策略是自增型的，则使用 Session 对象的 save()和 saveOrUpdate()方法是完全相同的。

提示：Session 的 save 方法必须在事务环境中完成，并需使用 commit 方法提交事务，记录才能成功添加到数据表中。

至此，完成了第一个 Hibernate 程序。可以看出，通过 Hibernate 框架实现了以面向对象的方式对数据库的操作，即将对数据表和字段的操作转变为对实体类和属性的操作。在这一过程中，Hibernate 对象经历了状态的变迁。Hibernate 的对象有 3 种状态，分别为：瞬时态(Transient)、持久态(Persistent)、脱管态(Detached)(又可称“托管”)。处于持久态的对象也称为 PO(Persistence Object)，瞬时对象和脱管对象也称为 VO(Value Object)。

由 new 关键字创建的对象，如果它与数据库中的数据没有任何关联，也没有通过 Session 实例进行任何持久化操作，则该对象处于瞬时态。瞬时态对象一旦不再被其他对象引用，那么很快将被 Java 虚拟机回收。例如，测试类中通过 new 关键字创建的实体类 user，其状态为瞬时态。

在 Hibernate 中通过 Session 的 save()和 saveOrUpdate()方法，可以将瞬时对象转变成持久态对象，同时将对象中携带的数据插入到数据库表中。处于持久态的对象在数据库中具有相应的记录，并拥有一个持久化标识。持久态对象位于一个 Session 实例的缓存中，即总是与一个 Session 实例相关联。当 Session 清理缓存时，会根据持久态对象的属性的变化，同步更新数据库。例如，测试类中调用 Session 实例的 save 方法后，user 对象的状态由瞬时态转变为持久态。

持久态对象的相关联的 Session 实例执行 delete()方法后，持久态对象将转变为瞬时态，同时删除数据库中相应的记录，该对象不再与数据库的记录相关联。

当持久态对象的相关联的 Session 实例执行 close 方法、clear 方法或 evict 方法之后，持久态对象将转变成托管态。例如，测试类中调用 HibernateSessionFactory.closeSession()方法关闭 Session 后，user 对象状态由持久态转为托管态。此后，如果 user 对象中属性值发生变化，Hibernate 不会再将变化同步到数据库中。

托管态对象如果不再被任何对象引用，将很快被垃圾回收。如果被重新关联到 Session 上时，托管态对象将再次转变为持久态。托管态对象具有数据库记录标识，可以使用 Session 的 update()或者 saveOrUpdate()方法将托管态对象转变为持久态，即对象与数据库记录同步。

托管态对象与瞬态对象的相同之处在于：如果不再被任何对象引用，将很快被垃圾回收；不同之处在于：托管态对象有数据库记录标识，瞬态对象没有。

Hibernate 的对象的 3 种状态转变关系如图 15-7 所示。

从图 15-7 可以看出，通过 Session 实例调用一系列方法后，会引起 Hibernate 的对象状态转变。其中，能够使 Hibernate 的对象由瞬时态或托管态转变为持久态的方法如下。

- save()方法：将对象由瞬时态转变为持久态。
- load()或 get()方法：获得的对象的状态处于持久态。

- find()方法：获得的 List 集合中的对象状态处于持久态。
- update()、saveOrUpdate()和 lock()方法：可将托管态对象转变为持久态。

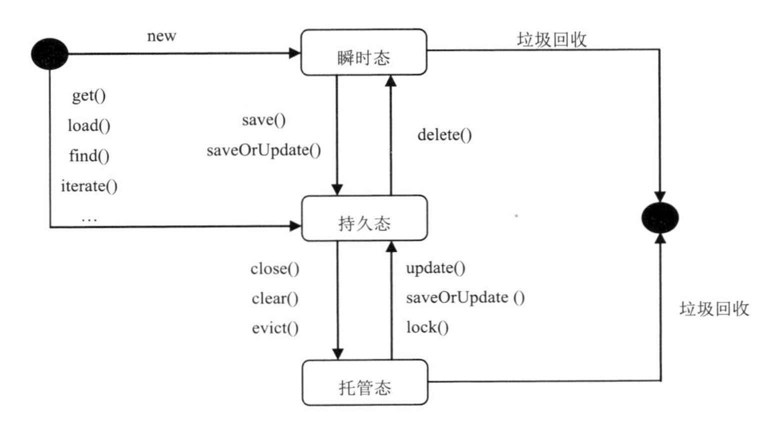

图 15-7　Hibernate 的对象的 3 种状态转变关系

能够使 Hibernate 的对象由持久态转变为托管态的方法如下。

- close()方法：调用后，Session 的缓存会被清空，缓存中所有持久态对象状态都转变为托管态。处于托管状态的对象称为游离对象，当游离对象不再被引用时，将被 Java 虚拟机垃圾回收机制清除。
- evict()方法：可将 Session 缓存中一个指定的持久态对象删除，使其转变为托管态对象。当缓存中保存了大量处于持久态的对象时，为了节省内存空间，可以调用 evict()方法删除一些持久态对象。

15.3　使用 Hibernate 操作数据库

前面介绍了如何使用 Hibernate 添加数据，下面再来看看如何使用 Hibernate 加载、修改和删除数据。

15.3.1　使用 Hibernate 加载数据

加载数据是指通过标识符得到指定类的持久化对象，Session 实例提供了 get()和 load()两种方法来加载数据。

(1)　使用 get()方法。

在 15.2 节的基础上，添加测试类文件 TestGetUser.java，存放在 com.hibtest1 包中。在测试类中编写私有方法 getUserById(int i)，从数据表 users 中加载编号 Id 为 i 的用户对象，并将用户信息输出到控制台。代码如下所示：

```
package com.hibtest1;
import org.hibernate.Session;
import com.hibtest1.dao.HibernateSessionFactory;
import com.hibtest1.entity.Users;
```

```
public class TestGetUser {
    public static void main(String[] args) {
        new TestGetUser().getUserById(1);
    }
    private void getUserById(int i) {
        //获得 Session 实例
        Session session = HibernateSessionFactory.getSession();
        //从数据表 users 中加载编号 Id 为 i 的用户对象
        Users user = (Users)session.get(Users.class, i);
        //在控制台输出用户对象信息
        System.out.println(user.getLoginName()+"住在"+user.getAddress());
        HibernateSessionFactory.closeSession();   //关闭 session
    }
}
```

编号 Id 取值为 1 时，运行测试类，控制台输出结果如下所示：

```
...
jingjing 住在 GuangZhou
```

编号 Id 取值 9 时，输出结果如下所示：

```
Exception in thread "main" java.lang.NullPointerException
    at com.hibtest1.TestGetUser.getUserById(TestGetUser.java:24)
    at com.hibtest1.TestGetUser.main(TestGetUser.java:15)
```

运行结果出现了空指针异常(NullPointerException)，是由 user 对象调用 getLoginName 方法时引起的，原因在于 user 对象为 null。因此使用 get()方法加载数据时，如果指定的记录不存在，则返回 null。

(2) 使用 load()方法。

添加测试类文件 TestLoadUser.java，存放在 com.hibtest1 包中。在测试类中编写私有方法 loadUserById(int i)，从数据表 users 中加载编号 Id 为 i 的用户记录，并将用户信息输出到控制台。代码如下所示：

```
package com.hibtest1;
import org.hibernate.Session;
import com.hibtest1.dao.HibernateSessionFactory;
import com.hibtest1.entity.Users;
public class TestLoadUser {
    public static void main(String[] args) {
        new TestLoadUser().loadUserById(1);
    }
    private void loadUserById(int i) {
        //获得 Session 实例
        Session session = HibernateSessionFactory.getSession();
        //从数据表 users 中加载编号 Id 为 i 的用户对象
        Users user = (Users)session.load(Users.class, i);
        //在控制台输出用户对象信息
        System.out.println(user.getLoginName()+"住在"+user.getAddress());
        HibernateSessionFactory.closeSession();   //关闭 Session
    }
```

```
}
```

编号 Id 取值为 1 时，运行测试类，控制台输出结果如下所示：

```
...
jingjing 住在 GuangZhou
```

编号 Id 取值 9 时，输出结果如下所示：

```
Exception in thread "main" org.hibernate.ObjectNotFoundException: No row
with the given identifier exists: [com.hibtest1.entity.Users#9]
```

运行结果出现了 ObjectNotFoundException 异常，表示对象没有发现。这一异常说明使用 load()方法加载数据时，要求记录必须存在，这一点与 get()方法是不同的。

15.3.2　使用 Hibernate 删除数据

删除数据是指根据主键值将一条记录从数据表中删除，可以通过 Session 实例的 delete(Object obj)方法来删除数据库中的记录。delete 方法的参数 obj 表示要删除的持久态对象。因此在调用 delete 方法前，需要通过 Session 的 get 方法获得指定标识的持久态对象。

在 15.2 节的基础上，添加测试类文件 TestDelete.java，存放在 com.hibtest1 包中。

在测试类中编写私有方法 testDelete()，将数据表 users 中编号 Id 为 1 的记录删除。代码如下所示：

```
package com.hibtest1;
import org.hibernate.Session;
import org.hibernate.Transaction;
import com.hibtest1.dao.HibernateSessionFactory;
import com.hibtest1.entity.Users;
public class TestDelete {
    public static void main(String[] args) {
        new TestDelete().testDelete();
    }
    private void testDelete() {
        //获得 Session 实例
        Session session = HibernateSessionFactory.getSession();
        Transaction tx = null;
        //加载要删除的数据
        Users user = (Users)session.get(Users.class, 1);
        try {
            tx = session.beginTransaction();    //开始一个事务
            session.delete(user);               //执行删除
            tx.commit();                        //提交事务
        } catch (Exception e) {
            if(tx!=null) {
                tx.rollback();        //事务回滚
            }
            e.printStackTrace();
        } finally {
            HibernateSessionFactory.closeSession();    //关闭 Session
```

```
        }
    }
}
```

运行测试类，控制台输出结果如下所示：

```
Hibernate: select users0_.Id as Id0_0_, users0_.LoginName as LoginName0_0_, users0_.LoginPwd as LoginPwd0_0_, users0_.Name as Name0_0_, users0_.Address as Address0_0_, users0_.Phone as Phone0_0_, users0_.Mail as Mail0_0_ from bookshop.users users0_ where users0_.Id=?
Hibernate: delete from bookshop.users where Id=?
```

打开数据表 users，可以看到，编号为 1 的记录已被删除。

15.3.3 使用 Hibernate 修改数据

通过 Session 实例的 update(Object obj)方法，可以修改数据库中的记录，参数 obj 表示要修改的对象。update 方法可将一个处于托管态的对象加载到 Session 缓存中，与一个具体的 Session 实例关联，使其状态转变为持久态。在调用 update 方法前，需要通过 Session 的 get 方法获得指定标识的持久态对象。

在 15.2 节的基础上，添加测试类文件 TestUpdate.java，存放在 com.hibtest1 包中。在测试类中编写私有方法 testUpdate()，将数据表 users 中编号 Id 为 2 的记录中的登录名由“bobo”修改为“popopo”。代码如下所示：

```
package com.hibtest1;
import org.hibernate.Session;
import org.hibernate.Transaction;
import com.hibtest1.dao.HibernateSessionFactory;
import com.hibtest1.entity.Users;
public class TestUpdate {
    public static void main(String[] args) {
        new TestUpdate().testUpdate();
    }
    private void testUpdate() {
        //获得 Session 实例
        Session session = HibernateSessionFactory.getSession();
        Transaction tx = null;
        //加载要修改的数据
        Users user = (Users)session.get(Users.class, new Integer(2));
        //修改数据
        user.setLoginName("popopo");
        try {
            tx = session.beginTransaction();    //开始一个事务
            session.update(user);               //执行更新
            tx.commit();                        //提交事务
        } catch (Exception e) {
            if(tx!=null) {
                tx.rollback();        //事务回滚
            }
```

```
            e.printStackTrace();
        } finally {
            HibernateSessionFactory.closeSession();    //关闭 Session
        }
    }
}
```

运行测试类，控制台输出结果如下所示：

```
Hibernate: select users0_.Id as Id0_0_, users0_.LoginName as LoginName0_0_,
users0_.LoginPwd as LoginPwd0_0_, users0_.Name as Name0_0_, users0_.Address
as Address0_0_, users0_.Phone as Phone0_0_, users0_.Mail as Mail0_0_ from
bookshop.users users0_ where users0_.Id=?
Hibernate: update bookshop.users set LoginName=?, LoginPwd=?, Name=?,
Address=?, Phone=?, Mail=? where Id=?
```

打开数据表 users，可以看到编号为 2 的记录中用户名已被修改。

除了 update 方法，也可以通过 Session 实例的 saveOrUpdate(Object obj)方法修改数据库记录。

在使用 Hibernate 编写持久化代码时，不需要再有数据库表和字段等概念，取而代之的是对象和属性。以面向对象的思维编写代码是 Hibernate 持久化操作的一个理念。

15.4　使用 MyEclipse 工具简化数据库开发

在 15.2 和 15.3 小节中，介绍了如何使用 Hibernate 进行数据库操作，总体感觉步骤太多、太啰嗦了。其实，通过使用 MyEclipse 提供的工具，可以简化 Hibernate 的开发。

15.4.1　使用工具给项目添加 Hibernate 支持

在 15.2 小节的项目中，采用的是手工方式给项目添加 Hibernate 支持，即把 Hibernate 相关的 JAR 包复制到 Web 项目的 WEB-INF/lib 目录中。下面使用 MyEclipse 工具给项目添加 Hibernate 支持，新建一个名为“HibTest2”的 Web 项目。具体步骤如下所示。

(1) 在包资源管理器中，右击项目名，从弹出的快捷菜单中依次选择 MyEclipse → Project Facets[Capabilities] → Install Hibernate Facet 命令，如图 15-8 所示。

(2) 在弹出的“选择 Hibernate 版本和运行时”对话框中，可以看到 MyEclipse 2013 自带的 Hibernate 版本为 4.1，如图 15-9 所示。如果读者需要使用较高版本的 Hibernate，则需要手工进行添加。这里选择的版本为 4.1。

(3) 单击 Next 按钮，进入“创建 Hibernate 配置文件和 SessionFactory”界面，如图 15-10 所示。在 Hibernate config file 选项中，默认选中 new，表示 MyEclipse 工具会自动创建一个 Hibernate 配置文件，文件名为 hibernate.cfg.xml，默认存放位置为项目的 src 目录下。

MyEclipse 工具还会自动创建一个名为 HibernateSessionFactory.java 的会话工厂类，该类可用于获取执行数据库操作的 Session 实例。通过单击 Java package 文本框后的 Browse 按钮选择或者单击 New 按钮创建用于存放 HibernateSessionFactory 类的包名。

这里，单击 New 按钮，弹出 New Java Package 对话框，输入包名“com.hibtest2”，如图 15-11 所示。

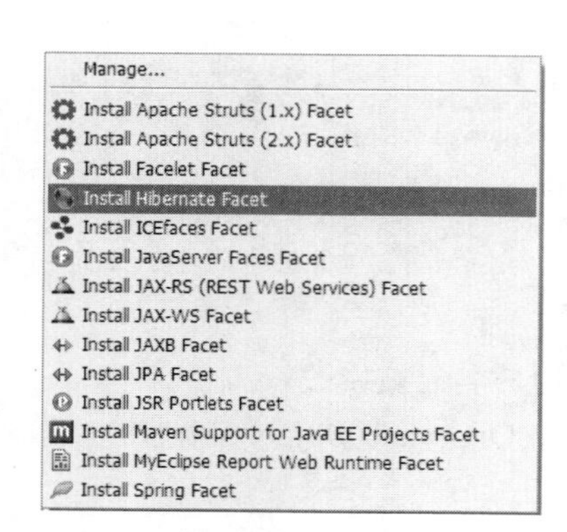

图 15-8　选择 Install Hibernate Facet 命令

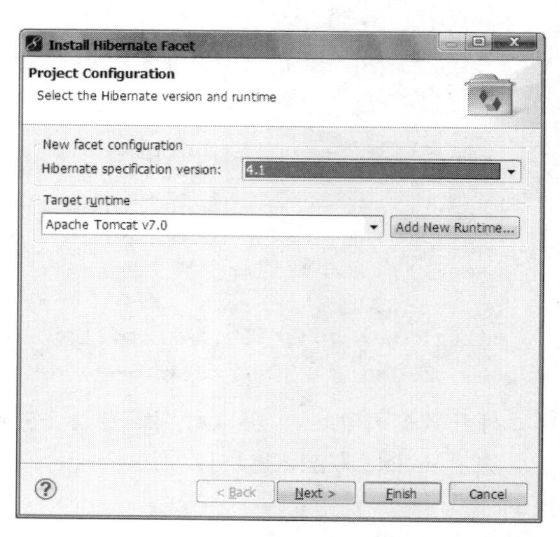

图 15-9　选择 Hibernate 版本和运行时

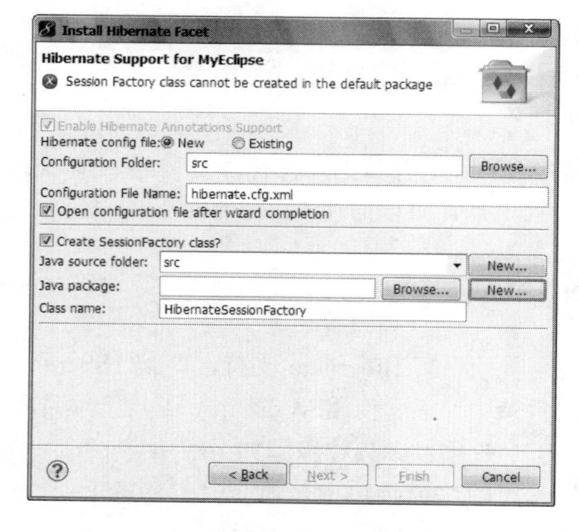

图 15-10　创建 Hibernate 配置文件和 SessionFactory 界面之一

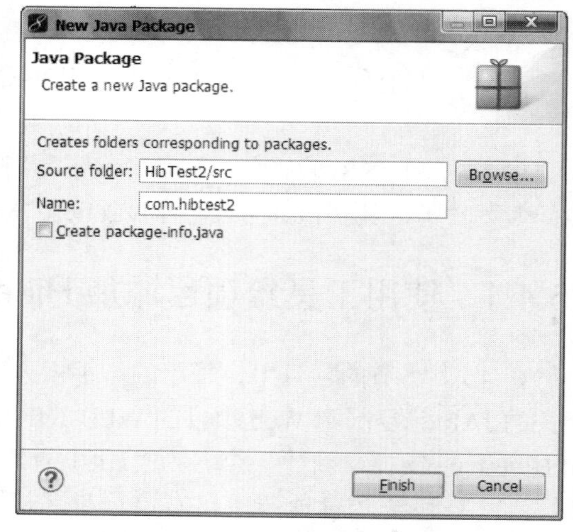

图 15-11　输入存放 HibernateSessionFactory 类的包名

然后单击 Finish 按钮，再次回到“创建 Hibernate 配置文件和 SessionFactory”界面，如图 15-12 所示。

(4)　单击 Next 按钮，进入“指定 Hibernate 数据库连接信息”界面，如图 15-13 所示。这里，先不指定 Hibernate 数据库连接信息，故将 Specify database connection details 前的复选框中的√去掉。

(5)　单击 Next 按钮，进入 Add libraries to the project 界面，如图 15-14 所示。

(6)　单击 Finish 按钮，出现“是否打开关联透视图”对话框，如图 15-15 所示。

图 15-12　创建 Hibernate 配置文件和 SessionFactory 界面之二

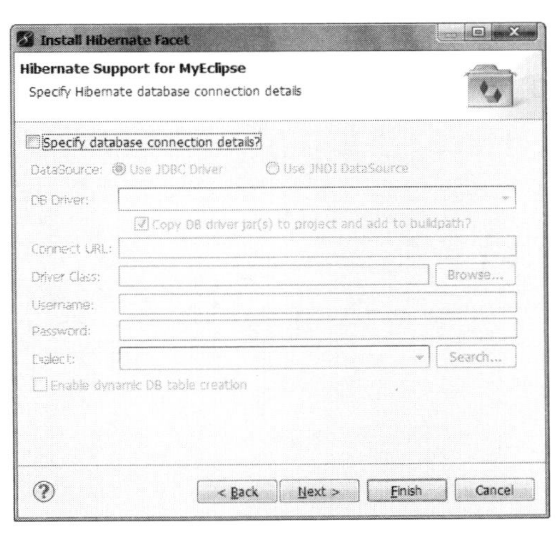

图 15-13　“指定 Hibernate 数据库连接信息”界面

图 15-14　Add libraries to the project 界面

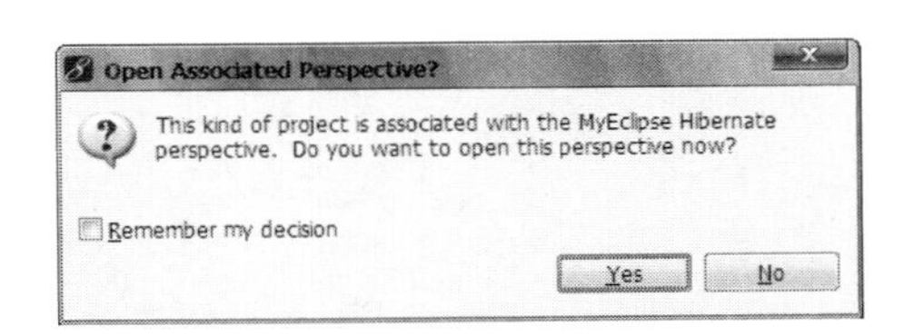

图 15-15　“是否打开关联透视图”对话框

单击 Yes 按钮，可以看到 MyEclipse 为我们自动生成的 Hibernate 配置文件 hibernate.cfg.xml，如图 15-16 所示。该图为 Hibernate 配置文件的向导窗口(选择 Configuration 标签时显示)，如果选择 Source 标签，可查看该配置文件的代码。由于没有配置数据库的连接信息，因此，URL、Driver、Username 和 Password 等文本框中均为空。

(7)　使用 MyEclipse 向导配置数据库连接信息。

在图 15-16 中，单击 DB Driver 下拉列表框后的 New 按钮，弹出 Database Driver 对话框，如图 15-17 所示。

其中，Driver template 选择为“MySQL Connector/J”，表示使用的是 MySQL 数据库；Driver name 连接信息名可以任意填写，这里填写为“bookshop”；Connection URL 为连接

数据库的完整的 JDBC URL，这里为“jdbc:mysql://localhost:3306/bookshop”；User name 为要连接到数据库的用户名，这里为“root”；Password 为要连接到数据库的用户名的密码，这里为“123456”。

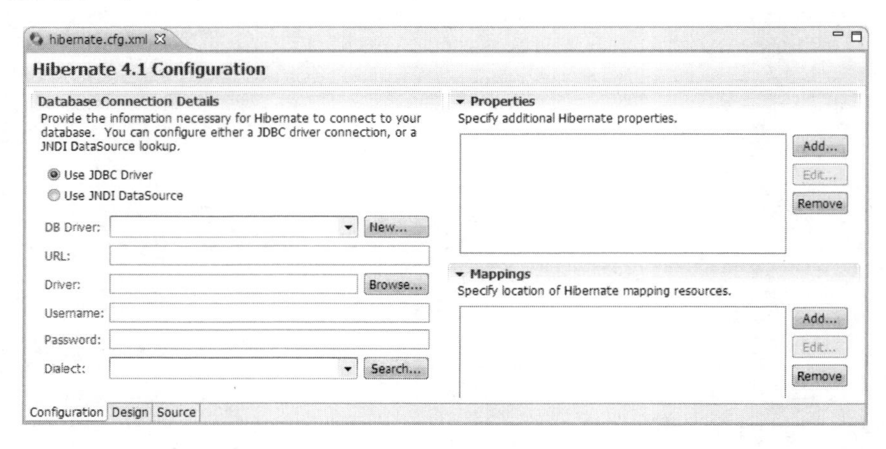

图 15-16　Hibernate 配置文件向导窗口

图 15-17　设置数据库连接信息对话框

在图 15-17 中，单击 Add JARs 按钮，添加 My SQL 数据库的驱动包。添加完成后，Driver classname 旁的下拉列表中将会自动填写用于连接到 JDBC 数据库的类，这里用的是 My SQL 的 JDBC 类。选中 Save password 复选框，保存密码。所有信息填写完成后，可以单击 Test Driver 按钮，测试数据库连接是否成功。

单击 Finish 按钮后，Hibernate 配置文件向导窗口显示如图 15-18 所示。

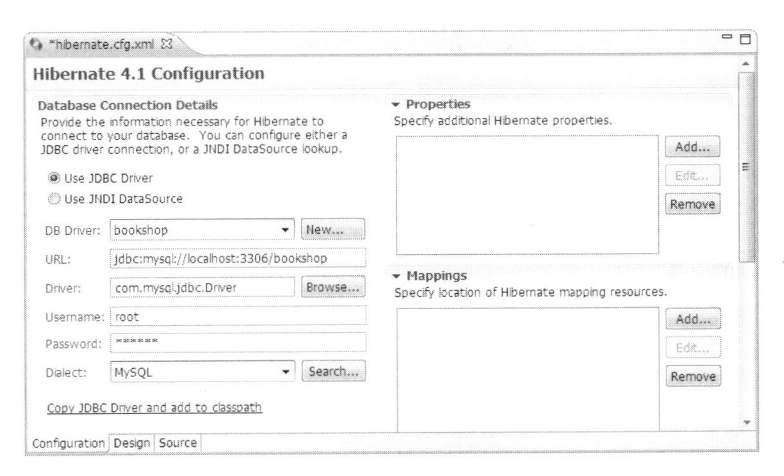

图 15-18　包含数据库连接信息的 Hibernate 配置文件向导窗口

在图 15-18 中，单击 Specify additional Hibernate properties 旁的 Add 按钮，可以在 Hibernate 配置文件中添加其他属性。添加属性的对话框如图 15-19 所示。

图 15-19　添加 Hibernate 属性的对话框

在 Hibernate 配置文件中添加 show_sql 属性，将其值设置为 true，告诉 Hibernate 在控制台输出执行操作的 SQL 语句。

在图 15-18 中，单击 Source 标签，可以查看 Hibernate 配置文件代码，如下所示：

```
<?xml version='1.0' encoding='UTF-8'?>
<!DOCTYPE hibernate-configuration PUBLIC
  "-//Hibernate/Hibernate Configuration DTD 3.0//EN"
  "http://www.hibernate.org/dtd/hibernate-configuration-3.0.dtd">
<!-- Generated by MyEclipse Hibernate Tools. -->
<hibernate-configuration>
<session-factory>
    <property name="myeclipse.connection.profile">bookshop</property>
    <property name="connection.url">
        jdbc:mysql://localhost:3306/bookshop
    </property>
    <property name="connection.username">root</property>
    <property name="connection.password">123456</property>
    <property name="connection.driver_class">
        com.mysql.jdbc.Driver
    </property>
    <property name="dialect">
        org.hibernate.dialect.MySQLDialect
```

```
    </property>
    <property name="show_sql">true</property>
</session-factory>
</hibernate-configuration>
```

该配置文件由 MyEclipse 的 Hibernate 工具产生。至此，在项目中完成了 Hibernate 支持的添加。

最后将 MySQL 的驱动包复制到 Web 项目的 WEB-INF/lib 目录中，这里使用的版本为"mysql-connector-java-5.1.18-bin.jar"。

15.4.2 使用工具自动生成实体类和映射文件

在 MyEclipse 开发窗口中，单击右上角的按钮，打开透视图，选择 MyEclipse Database Explorer 菜单项，如图 15-20 所示。数据透视图窗口如图 15-21 所示。

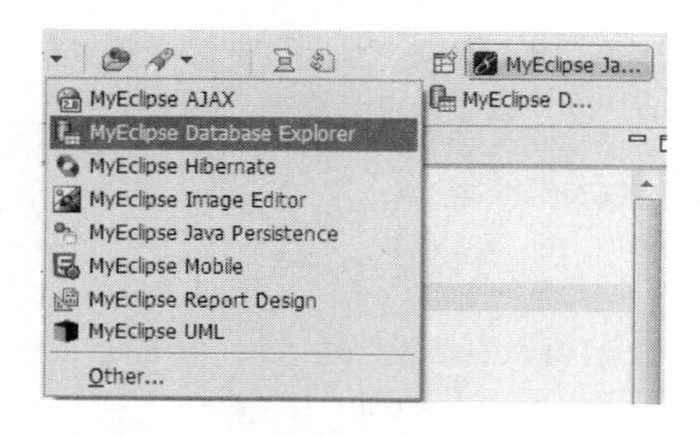

图 15-20　选择数据库透视图

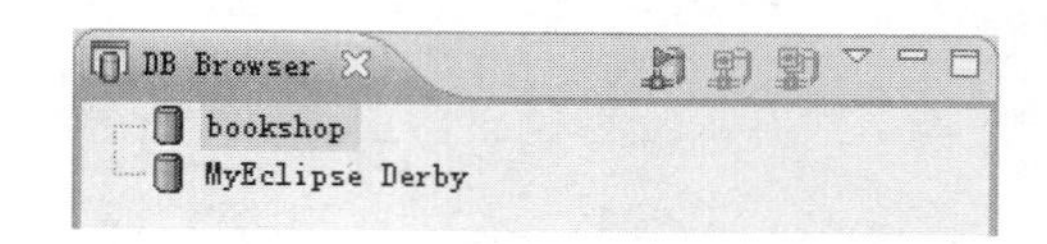

图 15-21　数据透视图窗口

在数据库连接信息名 bookshop 上右击，从弹出的快捷菜单中选择 Open connection 命令。打开数据库连接后，依次展开 bookshop → Connected to bookshop → bookshop → TABLE 节点，可以看到数据库 bookshop 中的所有数据表，如图 15-22 所示。

右击数据表 users，在弹出的快捷菜单中选择 Hibernate Reverse Engineering，如图 15-23 所示。

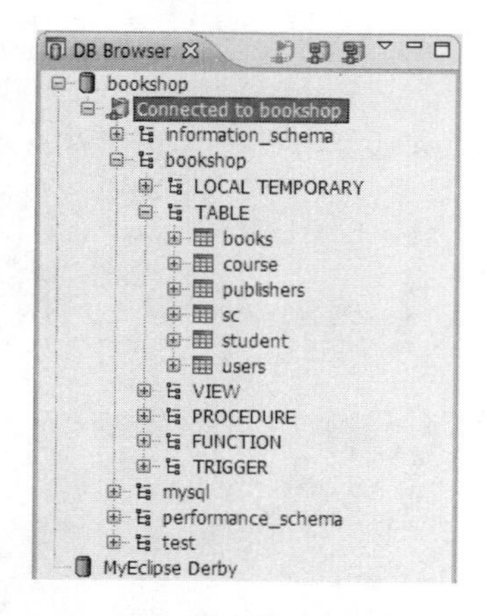

图 15-22　在数据库透视图中查看数据表

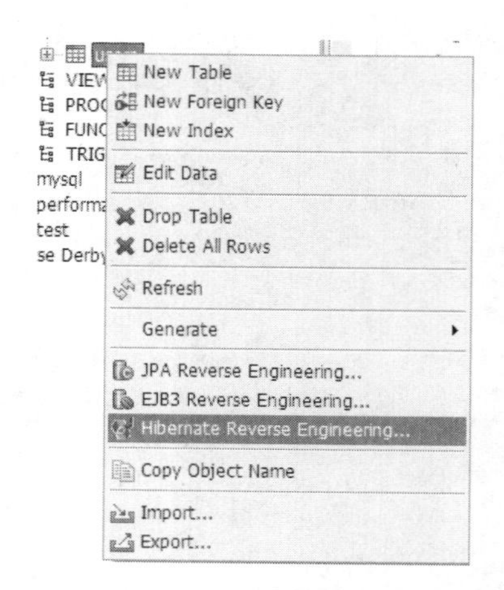

图 15-23　选择打开 Hibernate 反转工程

在打开的 Hibernate Reverse Engineering 对话框中，可以从数据表自动生成实体类和

Hibernate 映射文件。首先单击 Java src folder 文本框旁的 Browse 按钮，选择存放 Java 源代码的文件夹，这里为“/HibTest2/src”；并在 Java package 文本框中填写存放实体类和映射文件的包，这里为“com.hibtest2.entity”。然后选中“Create POJO<>DB Table mapping information”和“Java Data Object(POJO<>DB Table)”复选框，并取消 Create abstract class 复选框，然后单击 Next 按钮，如图 15-24 所示，将进入 Configure type mapping details 界面，如图 15-25 所示。

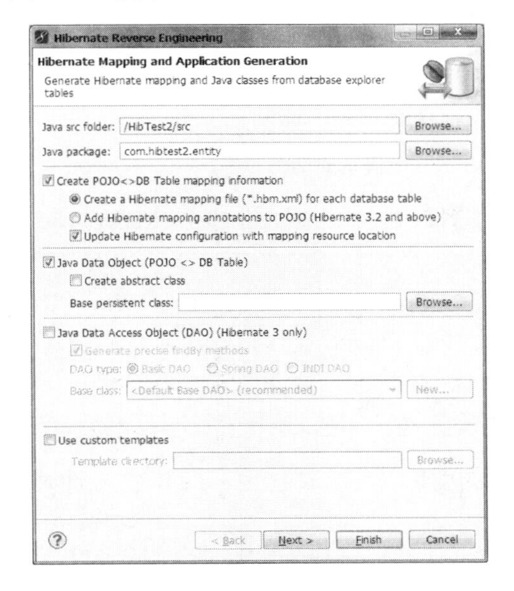

图 15-24　从数据表生成实体类和映射文件

图 15-25　设置类的主键生成策略

在 Id Generator 下拉列表框中选择主键的生成策略为“native”，单击 Next 按钮，进入 Configure reverse engineering details 界面，如图 15-26 所示。

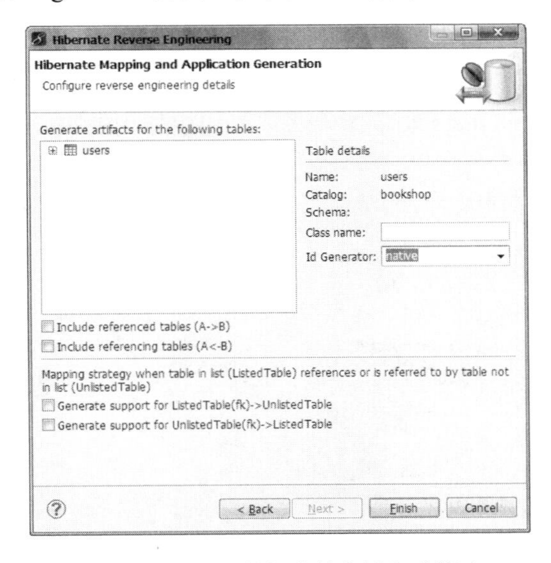

图 15-26　设置数据表的主键生成策略

在图 15-26 中选中数据表 users，并在 Id Generator 下拉列表框中选择“native”，取消 Generate support for ListedTable(fk)->UnlistedTable 和 Generate support for UnlistedTable(fk)->ListedTable 复选框的选中状态。

单击 Finish 按钮，出现如图 15-27 所示的对话框，单击 Yes 按钮即可。

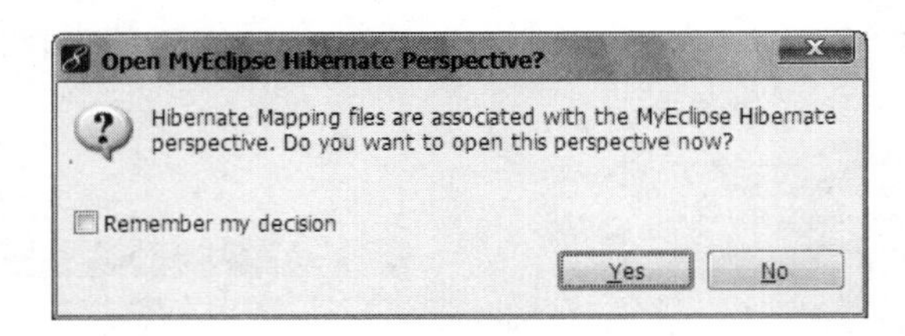

图 15-27　MyEclipse Hibernate 透视图确认对话框

在 MyEclipse 开发环境中，单击屏幕右上角的按钮，打开透视图，选择 MyEclipse Java Enterprise 菜单项，重新回到编程视图。

此时，在 com.hibtest2.entity 包下自动生成了数据表 users 的实体类 Users.java 和对应的映射文件 Users.hbm.xml。同时在 Hibernate 配置文件的 Source 窗口中，可以看到配置文件中多添加了如下所示的代码：

```
<mapping resource="com/hibtest2/entity/Users.hbm.xml" />
```

上述代码表示 Hibernate 配置文件对映射文件的引用，当读取 Hibernate 配置文件时，可以根据该引用找到映射文件的位置。

至此，使用 MyEclipse 的 Hibernate 工具自动完成了数据表 users 对应的实体类以及映射文件的创建，而不用手工编写代码，极大地提高了开发效率。

15.4.3　编写 BaseHibernateDAO 类

在 15.3 节使用 Hibernate 测试加载数据、删除数据和修改数据等功能时，针对的是与数据表 users 对应的实体类 Users。为了简化对其他数据表对应的实体类的持久化操作，可以在项目中创建一个 BaseHibernateDAO 类，将数据的加载、添加、修改和删除等持久化方法封装其中。

BaseHibernateDAO 类存放于 com.hibtest2.dao 包中，主要代码如下所示：

```
package com.hibtest2.dao;
import java.io.Serializable;
import org.hibernate.Session;
import org.hibernate.Transaction;
import com.hibtest2.HibernateSessionFactory;
public class BaseHibernateDAO {
    //添加数据
    protected void add(Object object) {
        Transaction tran = null;
        //获取 Session
        Session session = HibernateSessionFactory.getSession();
        try {
```

```
            //开始事务
            tran = session.beginTransaction();
            //持久化操作
            session.save(object);
            //提交事务
            tran.commit();
        } catch (Exception e) {
            if(tran!=null) {
                //事务回滚
                tran.rollback();
            }
            e.printStackTrace();
        } finally {
            //关闭 Session
            HibernateSessionFactory.closeSession();
        }
    }
    //加载数据
    protected Object get(Class cla,Serializable id) {
        Object object = null;
        Session session = HibernateSessionFactory.getSession();
        try {
            object = session.get(cla, id);
        } catch (Exception e) {
            e.printStackTrace();
        } finally {
            HibernateSessionFactory.closeSession();
        }
        return object;
    }
    //删除数据
    protected void delete(Object object) {
        Transaction tran = null;
        Session session = HibernateSessionFactory.getSession();
        try {
            tran = session.beginTransaction();
            session.delete(object);
            tran.commit();
        } catch (Exception e) {
            if(tran!=null) {
                tran.rollback();
            }
            e.printStackTrace();
        } finally {
            HibernateSessionFactory.closeSession();
        }
    }
    //修改数据
    protected void update(Object object) {
        Transaction tran = null;
        Session session = HibernateSessionFactory.getSession();
```

```
        try {
            tran = session.beginTransaction();
            session.update(object);
            tran.commit();
        } catch (Exception e) {
            if(tran!=null) {
                tran.rollback();
            }
            e.printStackTrace();
        } finally {
            HibernateSessionFactory.closeSession();
        }
    }
}
```

为了使得数据访问层的代码更加清晰，在 com.hibtest2.dao 包下创建一个接口 UserDAO.java，并在接口中定义一些方法，主要代码如下所示：

```
package com.hibtest2.dao;
import com.hibtest2.entity.Users;
public interface UserDAO {
    public void add(Users users);
    public void delete(Users users);
    public Users get(int id);
    public void update(Users users);
}
```

然后编写 UserDAO 接口的实现类 UserDAOImpl，该实现类继承 BaseHibernateDAO 类。UserDAOImpl 类的创建如图 15-28 所示。

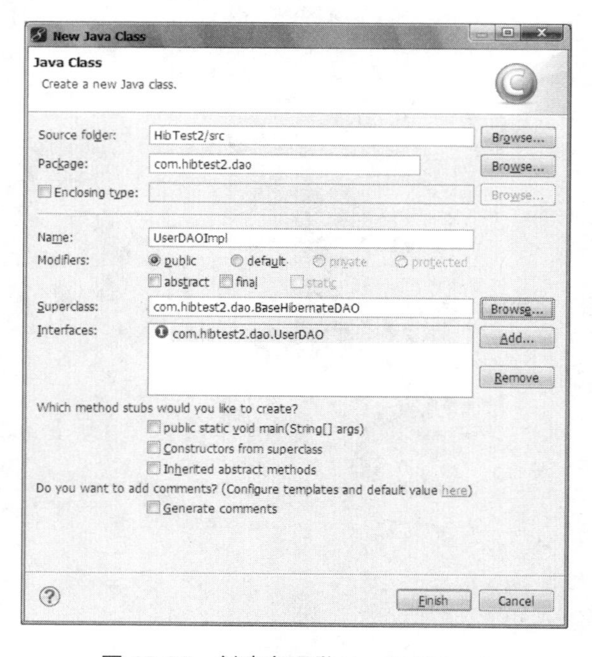

图 15-28　创建实现类 UserDAOImpl

在图 15-28 中，在 Name 文本框中输入实现类的名称，单击 Interfaces 列表框右侧的 Add 按钮添加要实现的接口名称，单击 Superclass 文本框后面的 Browse 按钮，选择实现类继承的超类。

实现类 UserDAOImpl.java 的代码如下所示：

```
package com.hibtest2.dao;
import com.hibtest2.entity.Users;
public class UserDAOImpl extends BaseHibernateDAO implements UserDAO {
    //添加数据
    @Override
    public void add(Users users) {
        super.add(users);
    }
    //删除数据
    @Override
    public void delete(Users users) {
        super.delete(users);
    }
    //加载数据
    @Override
    public Users get(int id) {
        return (Users)super.get(Users.class, id);
    }
    //修改数据
    @Override
    public void update(Users users) {
        super.update(users);
    }
}
```

在完成了数据访问层的 Hibernate 持久化操作之后，在 com.hibtest2 包下，创建测试类 HibTest.java，代码如下所示：

```
package com.hibtest2;
import com.hibtest2.dao.*;
import com.hibtest2.entity.Users;
public class HibTest {
    public static void main(String[] args) {
        HibTest hibTest = new HibTest();
        //依次测试 testAdd、testDelete 和 testUpdate 方法
        hibTest.testAdd();
        //hibTest.testDelete(8);
        //hibTest.testUpdate();
    }
    //添加数据
    public void testAdd() {
        Users users = new Users();
        users.setLoginName("张三");
        users.setLoginPwd("123456");
        UserDAO userDao = new UserDAOImpl();
```

```
        userDao.add(users);
    }
    //删除数据
    public void testDelete(int id) {
        UserDAO userDao = new UserDAOImpl();
        Users users = userDao.get(id);
        userDao.delete(users);
    }
    //修改数据
    public void testUpdate() {
        UserDAO userDao = new UserDAOImpl();
        Users users = userDao.get(2);
        users.setLoginPwd("210000");
        userDao.update(users);
    }
}
```

至此，完成了使用 MyEclipse 工具简化 Hibernate 的数据库开发。此时，包资源管理器中的目录结构如图 15-29 所示。

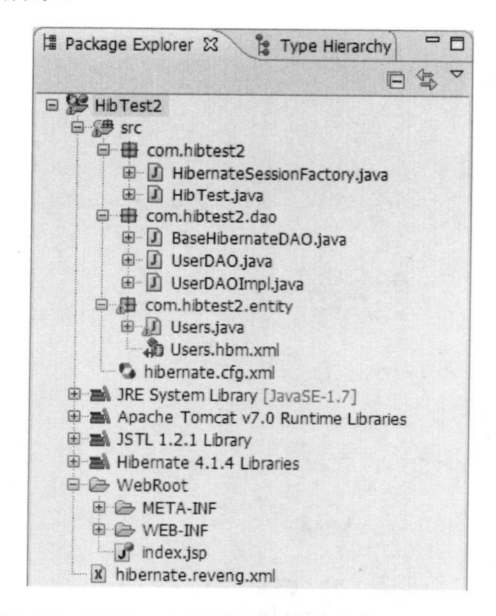

图 15-29　HibTest2 项目包资源管理器中的目录结构

15.5　使用 Annotation 注解实现 Hibernate 零配置

从 JDK 1.5 开始，Java 增加了 Annotation 注解(也称标注)技术解决方案，将原来通过 XML 配置文件管理的信息改为通过 Annotation 进行管理，从而实现 Hibernate 的零配置。

Hibernate 的 Annotation 方案是以 Java 持久化(Java Persistence API，JPA)为基础，进一步扩展而来的。

15.5.1 给项目添加 Annotation 支持

新建一个名为 HibTest3 的 Web 项目，使用 MyEclipse 2013 版本开发 Hibernate 应用时，Annotation 支持所需的 JAR 包，无需单独下载和安装，在给 Web 项目添加 Hibernate 支持时默认勾选了 Annotation 支持，如图 15-30 所示。

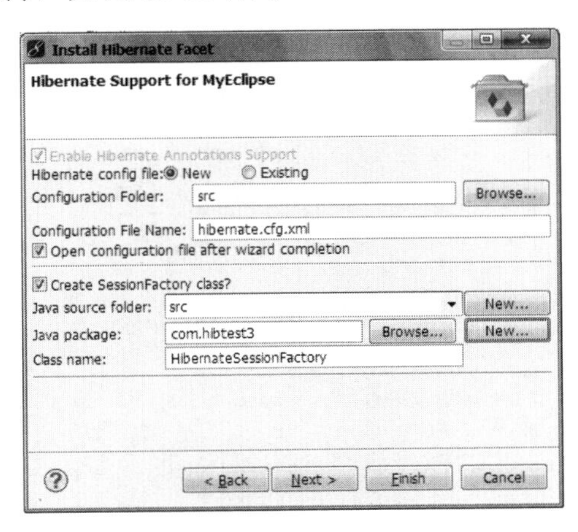

图 15-30 默认启用了 Annotation 支持

从图 15-30 中可以看到，Enable Hibernate Annotations Support 复选框默认勾选，表示启用 Hibernate 的 Annotation 支持。项目 HibTest3 的创建过程与 HibTest2 相同，这里不再赘述。

15.5.2 生成带注解的持久化类

在 MyEclipse 2013 中，带注解的持久化类可以通过 Hibernate 的逆向工程直接生成，在数据透视图窗口中为数据表 users 生成带注解的持久化类，如图 15-31 所示。

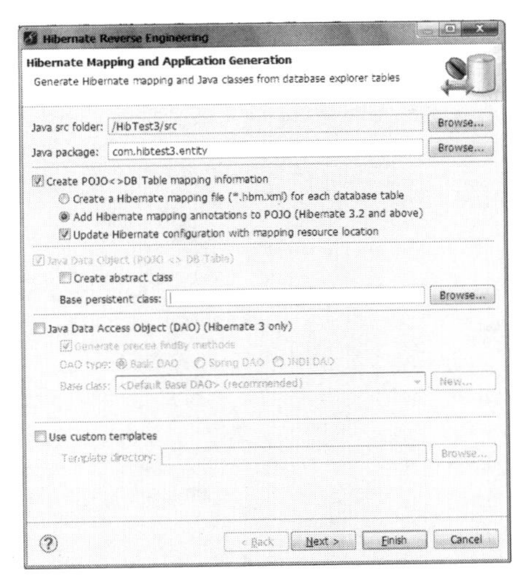

图 15-31 使用逆向工程生成带注解的持久化类

在图 15-31 中，选中 Add Hibernate mapping annotations to POJO(Hibernate 3.2 and above)单选按钮，表示将与持久化类相关的 Hibernate 映射信息通过注解的方式添加到持久化类中(要求 Hibernate 3.2 或以上版本)，而不再单独创建与持久化类对应的映射文件。生成持久化类的其他过程与项目 HibTest2 相同。

逆向工程完成后，项目 HibTest3 的目录结构如图 15-32 所示。

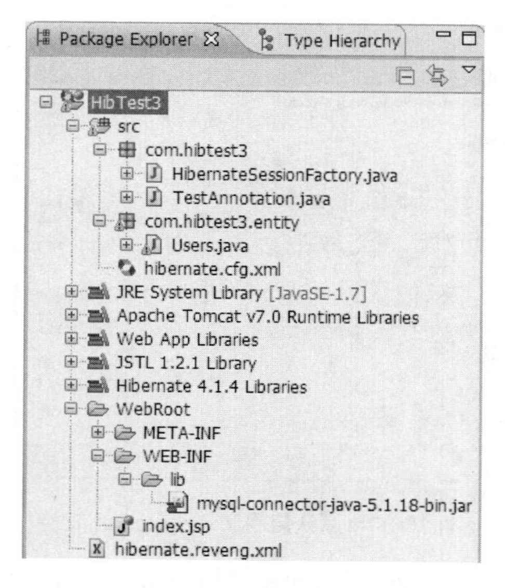

图 15-32　项目 HibTest3 的目录结构

从图 15-32 中可以看出，只生成与数据表对应的实体类 Users.java，而没有生成与该实体类对应的映射文件 Users.hbm.xml。打开实体类 Users.java，代码如下所示：

```
package com.hibtest3.entity;
import javax.persistence.Column;
import javax.persistence.Entity;
import javax.persistence.GeneratedValue;
import javax.persistence.Id;
import javax.persistence.Table;
//使用@Entity注解，表示当前类为实体Bean，需要进行持久化
@Entity
//使用@Table注解实现数据表users与持久化类Users之间的映射，
//catalog指定数据库名，name指定表名
@Table(name = "users", catalog = "bookshop")
public class Users implements java.io.Serializable {
    private Integer id;
    private String loginName;
    private String loginPwd;
    private String name;
    private String address;
    private String phone;
    private String mail;
    /** 无参构造方法 */
    public Users() {
```

```
    }
    /** 全部属性的构造方法 */
    public Users(String loginName, String loginPwd, String name,
      String address, String phone, String mail) {
        this.loginName = loginName;
        this.loginPwd = loginPwd;
        this.name = name;
        this.address = address;
        this.phone = phone;
        this.mail = mail;
    }
    //使用@Id注解指定当前持久化类的ID表示属性
    @Id
    //使用@GeneratedValue注解指定ID表示生成器
    @GeneratedValue
    //使用@Column注解指定当前属性所对应的数据表中的字段，name指定字段名，
    //unique指定是否为唯一，nullable指定是否可为null
    @Column(name = "Id", unique = true, nullable = false)
    public Integer getId() {
        return this.id;
    }
    public void setId(Integer id) {
        this.id = id;
    }
    //使用@Column注解指定当前属性所对应的数据表的字段，
    //name指定字段名，length指定字段长度
    @Column(name = "LoginName", length = 50)
    public String getLoginName() {
        return this.loginName;
    }
    public void setLoginName(String loginName) {
        this.loginName = loginName;
    }
    @Column(name = "LoginPwd", length = 16)
    public String getLoginPwd() {
        return this.loginPwd;
    }
    public void setLoginPwd(String loginPwd) {
        this.loginPwd = loginPwd;
    }

    //省略其他属性的get和set方法
}
```

JPA(Java Persistence API)规范推荐使用 Annotation 来管理实体类与数据表之间的映射关系，从而避免同时维护两份文件(Java 实体类和 XML 映射文件)，将映射信息(写在 Annotation 中)与实体类集中在一起。在实体类 Users.java 代码中，使用了@Entity 注解、@Table 注解、@Id 注解、@GeneratedValue 注解和@Column 注解，这些注解的含义如表 15-3 所示。

表 15-3　Users.java 中 Annotation 注解的含义

Annotation 名称	功能描述
@Entity	表示当前类为实体 Bean，需要进行持久化。将一个 JavaBean 声明为持久化类时，默认情况下，该类的所有属性都将映射到数据表的字段。如果在该类中添加了无需映射的属性，则需使用@Transient 注解声明
@Table	实现数据表与持久化类之间的映射，catalog 指定数据库名，name 指定表名。@Table 注解位置在@Entity 注解之下
@Id	指定当前持久化类的 ID 表示属性，与@GeneratedValue 配合使用
@GeneratedValue	指定 ID 表示生成器，与@Id 配合使用
@Column	指定当前属性所对应的数据库表中的字段，name 指定字段名，unique 指定是否为唯一，nullable 指定是否可为 null

在 Hibernate 配置文件 hibernate.cfg.xml 中的映射由原来的*.hbm.xml 文件转变成了持久化类文件，例如：

```
<mapping class="com.hibtest3.entity.Users" />
```

原来大量的*.hbm.xml 文件不再需要了，所有的配置都通过 Annotation 注解直接在持久化类中配置完成。

15.5.3　测试 Annotation 注解

添加测试类文件 TestAnnotation.java，存放在 com.hibtest3 包中。在测试类中编写私有方法 getUserById(int i)，读取数据表 users 中编号 ID 为 2 的用户记录。

代码如下所示：

```
package com.hibtest3;
import org.hibernate.*;
import com.hibtest3.entity.Users;
public class TestAnnotation {
    public static void main(String[] args) {
        new TestAnnotation().getUserById(2);
    }
    private void getUserById(int i) {
        Session session = HibernateSessionFactory.getSession();
        Users user = (Users)session.get(Users.class, 2);
        System.out.println("编号为 2 用户名为：" + user.getLoginName());
    }
}
```

运行测试类，结果如下所示：

```
编号为 2 用户登录名为：bobo
```

15.6　小　　结

本章介绍了 Hibernate 框架技术，主要内容包括 Hibernate 的基本概念、Hibernate 执行流程，并按照流程讲述了 Hibernate 的数据库操作，然后使用 MyEclipse 工具简化了数据库的开发(从添加 Hibernate 支持、配置数据库连接信息、打开数据库连接，到自动生成数据表的对应实体类以及映射文件)，最后使用 Annotation 注解技术实现了 Hibernate 零配置。

当然，Hibernate 带来的开发上的便捷还有很多，通过后续章节的学习，读者将逐渐领略 Hibernate 框架的魅力所在。

第 16 章　Hibernate 的关联映射

第 15 章介绍了如何使用 Hibernate 完成数据库的增、删、改、查等操作，这些操作针对的是单个对象(映射到数据库中的单个表)。由于数据库中表之间可以通过外键进行关联，因此，在使用 Hibernate 操作映射到存在关联关系的数据表的对象时，需要将对象的关联关系与数据表的外键关联进行映射。本节将讲解 Hibernate 的关联映射，包括单向多对一关联、单向一对多关联、双向多对一关联、双向一对一关联、多对多关联和基于注解的关联映射。

16.1　单向多对一映射

单向多对一关联映射是最为常见的单向关联关系，单向多对一映射关系是由“多”的一方指向“一”的一方。在表示“多”的一方数据表中增加一个外键，来指向表示“一”的一方的数据表，“一”的一方作为主表，“多”的一方作为从表。

例如，数据库 bookshop 中图书信息表 books 和出版社信息表 publishers 的对应关系就是一种多对一关系，如图 16-1 所示。在 books 表中有多条图书记录对应着 publishers 表中的同一个出版社记录。单向多对一的关联只需从“多”的一端访问“一”的一端，如只需从图书的一端找到关联的出版社即可，无须关联该出版社的其他图书信息。

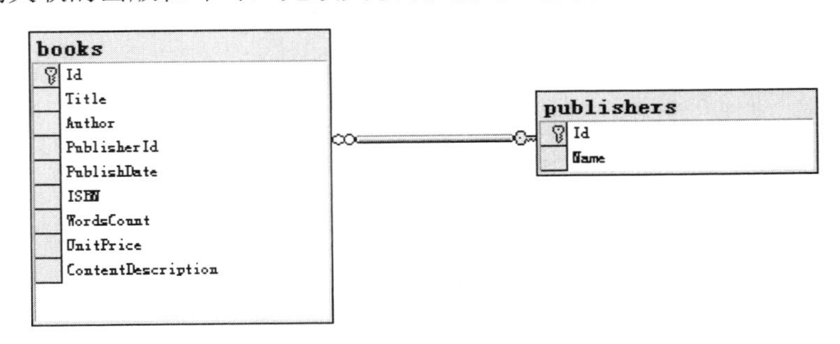

图 16-1　数据表 books 和 publishers 间的多对一关系

16.1.1　多对一映射的配置

在项目 HibTest2 中，使用 MyEclipse 持久化工具生成数据表 books 和 publishers 的实体类和映射文件。最初生成的实体类 Books 和 Publishers 之间没有体现数据表的关联关系。因为多对一关联只需从“多”的一端访问“一”的一端，所以只需在“多”的一方的实体类 Books 和映射文件 Books.hbm.xml 中进行配置，而不用考虑“一”的一方。

实体类 Books 修改如下。

(1) 删除 publisherId 属性，同时删除该属性的 get 和 set 方法，并在构造方法中删除 publisherId 属性赋值的语句，代码如下：

```
/** minimal constructor */
public Books(String title, String author, Integer publisherId) {
    this.title = title;
    this.author = author;
    //在最小化的构造方法中删除 publisherId 属性的赋值
    //this.publisherId = publisherId;
}
/** full constructor */
public Books(String title, String author, Integer publisherId,
  Integer unitPrice) {
    this.title = title;
    this.author = author;
    //在全参数构造方法中删除 publisherId 属性的赋值
    //this.publisherId = publisherId;
    this.unitPrice = unitPrice;
}
```

(2) 使用 Publishers 类声明 publishers 属性，并添加该属性的 get 和 set 方法，以体现实体类 Books 对 Publishers 的关联关系。代码如下：

```
private Publishers publishers;
public Publishers getPublishers() {
    return publishers;
}
public void setPublishers(Publishers publishers) {
    this.publishers = publishers;
}
```

至此，实体类 Books 对 Publishers 体现了关联关系。下面还需要在“多”的一方的映射文件 Books.hbm.xml 中进行配置。修改过程如下。

从映射文件 Books.hbm.xml 中删除 publisherId 属性的配置，即删除如下配置信息：

```
<!-- 删除此处
<property name="publisherId" type="java.lang.Integer">
   <column name="PublisherId" not-null="true" />
</property>
-->
```

由于 Books 实体类中添加的 publishers 属性类型为 Publishers，所以必须在映射文件中映射该属性，因为它是一个持久化类 Publishers 的对象属性，而不是一个基本类型属性，类型不匹配，因此不能使用<property>元素来映射 publishers 属性，又因为是多对一关联关系，因此需要使用<many-to-one>元素，配置如下：

```
<many-to-one name="publishers" column="PublisherId"
 class="com.hibtest2.entity.Publishers"/>
```

<many-to-one>元素用来映射从实体类 Books 到 Publishers 的单向多对一的关联关系，class 属性指定关联类的名字，这里为“com.hibtest2.entity.Publishers”，关联类需要加上包

名；name 属性指定在实体类 Books 中关联的类的属性名，这里为“publishers”；column 属性指定数据表关联的外键，这里为“PublisherId”。

换句话说，实体类 Books 对 Publishers 的多对一关联在本质上是通过数据表 books 中的外键 PublisherId 与数据表 publishers 关联实现的，但 Hibernate 将表之间的关联通过<many-to-one>元素进行了封装。在读取图书对象时，通过关联，可获取该图书对象所关联的出版社对象，并将其赋值给实体类 Books 中所定义的 Publishers 类型的 publishers 属性。

至此，完成了多对一关联的配置。当然，在使用 MyEclipse 持久化工具生成数据表 publishers、books 的实体类和映射文件的同时，Hibernate 的配置文件 hibernate.cfg.xml 中自动添加了如下代码，以指定映射文件的位置和名称：

```
<mapping resource="com/hibtest2/entity/Books.hbm.xml" />
<mapping resource="com/hibtest2/entity/Publishers.hbm.xml" />
```

16.1.2 测试多对一映射

下面编写一个测试类，测试配置的多对一关联。在项目的 com.hibtest2 包下创建一个类文件 TestManyToOne.java，并让该类继承自 BaseHibernateDAO 类。在 TestManyToOne.java 的类中编写自定义方法 testManyToOne()，获取指定编号的图书对象，同时获取关联的出版社对象，代码如下：

```
package com.hibtest2;
import com.hibtest2.dao.BaseHibernateDAO;
import com.hibtest2.entity.Books;
public class TestManyToOne extends BaseHibernateDAO {
    public static void main(String[] args) {
        TestManyToOne mto = new TestManyToOne();
        mto.testManyToOne();
    }
    public void testManyToOne() {
        //根据 id 获取 Books 对象
        Books books = (Books)super.get(Books.class, new Integer(4947));
        //根据多对一映射，从 Books 对象中获取指定图书的出版社
        System.out.println("编号是 4947 的图书出版社是: "
          + books.getPublishers().getName().toString());
    }
}
```

运行 TestManyToOne.java 程序，控制台出现下列错误提示：

```
Hibernate: select books0_.Id as Id1_0_, books0_.Title as Title1_0_,
books0_.Author as Author1_0_, books0_.PublisherId as Publishe4_1_0_,
books0_.UnitPrice as UnitPrice1_0_ from bookshop.books books0_ where
books0_.Id=?
Exception in thread "main" org.hibernate.LazyInitializationException: could
not initialize proxy - no Session
```

默认情况下，Hibernate 采用延迟加载来加载关联的对象，从而降低系统的内存开销，

保证 Hibernate 的运行性能。

延迟加载需要等到访问时才加载指定的对象，如果在 Session 实例关闭之前没有加载关联的对象，Session 关闭后再访问时，就会抛出 LazyInitializationException 异常。

<many-to-one>元素中通过 lazy 属性来指定延迟加载，默认 lazy 设置为“proxy”，此处 proxy 相当于 true，表示启用延迟加载策略。这样加载 Books 对象时就不会立即加载关联的 Publishers 对象。由于加载 Books 对象后 Session 实例被关闭了，此时如果通过 Books 对象访问被关联的 Publishers 对象，就会出现 LazyInitializationException 异常。从运行结果可以看出，Hibernate 只生成了一条用于加载 Books 对象的 Select 语句，而没有生成加载关联对象 Publishers 的 Select 语句。

可以使用立即加载来解决这个问题，在映射文件 Books.hbm.xml 中，给<many-to-one>节点中添加 lazy 属性，并将该属性的值设置为“false”：

```
<many-to-one name="publishers" column="PublisherId"
 class="com.hibtest2.entity.Publishers" lazy="false"/>
```

再次运行 TestManyToOne.java 程序，控制台输出结果如图 16-2 所示。

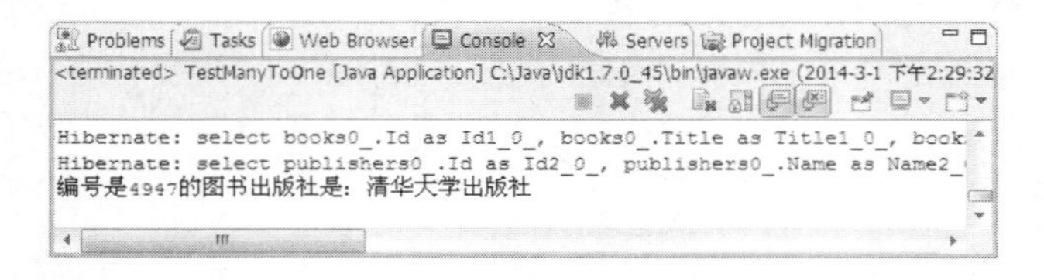

图 16-2　TestManyToOne.java 的运行结果

从图 16-2 可以看出，Hibernate 自动生成了两条 select 语句，这是因为使用了立即加载，在加载 Books 对象的同时立即加载了关联的 Publishers 对象。

在<many-to-one>元素中设定 class 属性时，需要采用包名+类名的方式。如果没有添加包名，运行时会出现 Hibernate 映射异常，代码如下：

```
org.hibernate.MappingException: An association from the table books refers
to an unmapped class: Publishers
```

16.2　单向一对多映射

在 16.1 节中，Books 对 Publishers 是单向多对一关联，反过来看，Publishers 对 Books 便是单向一对多关联，即一个出版社可以出版多本图书。这也意味着每个 Publishers 对象会引用一组 Books 对象，因此需要在 Publishers 类中定义一个集合类型的属性，在访问“一”的一方 Publishers 对象时，关联的“多”的一方 Books 的多个对象将保存到该集合类型的属性中。

16.2.1　单向一对多映射的配置

在 Publishers 类中添加一个集合属性，并添加该属性的 get 和 set 方法，代码如下：

```
private Set bks = new HashSet();
public Set getBks() {
    return bks;
}
public void setBks(Set bks) {
    this.bks = bks;
}
```

在 Publishers 类中添加集合属性 bks 后，需要在映射文件 Publishers.hbm.xml 中映射集合类型的 bks 属性。由于在数据表 books 中没有直接与 bks 属性对应的字段，因此不能直接使用<property>元素来映射 bks 属性，因此需要使用<set>元素。在 Publishers.hbm.xml 中通过<set>元素添加一对多的配置，代码如下：

```
<set name="bks" lazy="false">
    <key column="PublisherId"/>
    <one-to-many class="com.hibtest2.entity.Books"/>
</set>
```

在<set>元素中，使用 name 属性设定为 Publishers 类中定义的 bks 属性。lazy 属性指定是否使用 Hibernate 的延迟加载功能，这里设置为 false，表示在加载出版社对象时立即加载关联的出版社对象集合。<set>元素包含两个子元素，<key>子元素的 column 属性设定为数据表 books 的外键，这里为 PublisherId，<one-to-many>子元素用于映射关联实体，其 class 属性设定为“多”的一方的类名，这里为“com.hibtest2.entity.Books”。

通过上述单向一对多的配置，当加载“一”的一方的 Books 对象时，底层通过数据表 books 中的外键 PublisherId 与数据表 publishers 关联，将立即加载关联的“多”的一方的多个 Publishers 对象，并将这些对象存放在集合 bks 中。

16.2.2　测试一对多映射

至此，完成了一对多的关联配置。下面编写一个测试类，测试配置的一对多关联。

在项目的 com.hibtest2 包下创建一个类文件 TestOneToMany.java，并让该类继承自 BaseHibernateDAO 类。在测试类中编写自定义方法 testOneToMany，根据出版社编号获取出版社对象，并输出该出版社出版的所有图书的名称，代码如下：

```
package com.hibtest2;
import java.util.Iterator;
import com.hibtest2.dao.BaseHibernateDAO;
import com.hibtest2.entity.*;
public class TestOneToMany extends BaseHibernateDAO {
    public static void main(String[] args) {
        new TestOneToMany().testOneToMany();
    }
    public void testOneToMany() {
        //根据 id 获取 Publishers 对象
        Publishers publishers = (Publishers)super.get(Publishers.class, 1);
        System.out.println(publishers.getName() + "出版社出版的图书包括：");
        //根据一对多映射，从 Publishers 对象中获取出版图书名称
```

```
        Iterator iter = publishers.getBks().iterator();
        while(iter.hasNext()) {
            Books books = (Books)iter.next();
            System.out.println(books.getTitle());
        }
    }
}
```

运行测试类文件 TestOneToMany.java，控制台输出结果如图 16-3 所示。

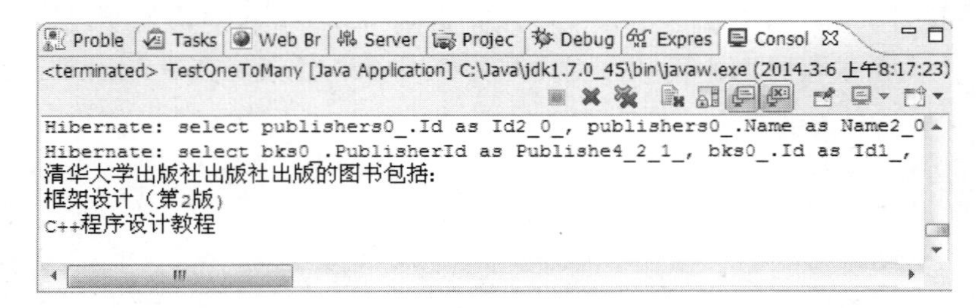

图 16-3　TestOneToMany.java 程序的运行结果

从图 16-3 中可以看到 Hibernate 自动生成了两条 select 语句，第一条 select 语句用于获取出版社信息，第二条 select 语句用于获取关联的图书信息。

16.3　双向多对一映射

在 16.1 和 16.2 节分别对 Books 和 Publishers 做了单向多对一和单向一对多关联，如果将两者集合起来，便形成了双向关联。双向多对一关联也可称为双向一对多关联。16.1 和 16.2 节中测试单向多对一和单向一对多关联时，只是以数据检索为例，下面将介绍如何实现双向多对一关联中数据的增、删、改等操作。

16.3.1　添加数据

添加电子工业出版社，并在电子工业出版社下添加两本图书信息。

在项目的 com.hibtest2 包下创建一个类文件 TestM2OAndO2M.java，并让该类继承自 BaseHibernateDAO 类。在 TestM2OAndO2M.java 的类中编写自定义方法 testAdd_1()，添加出版社信息，代码如下：

```
package com.hibtest2;
import com.hibtest2.dao.BaseHibernateDAO;
import com.hibtest2.entity.*;
public class TestM2OAndO2M extends BaseHibernateDAO {
    public static void main(String[] args) {
        TestM2OAndO2M m2o_o2m = new TestM2OAndO2M();
        m2o_o2m.testAdd_1();
    }
    private void testAdd_1() {
        //添加出版社信息
```

```
        Publishers publishers = new Publishers();
        publishers.setName("电子工业出版社");
        super.add(publishers);
    }
}
```

运行程序，数据表 publishers 中添加了电子工业出版社，如图 16-4 所示。

完成电子工业出版社添加后，在出版社下添加图书信息，程序流程如图 16-5 所示。

	Id	Name
	1	清华大学出版社
	2	人民邮电出版社
	3	机械工业出版社
	4	电子工业出版社
*	(Auto)	(NULL)

图 16-4　TestM2OAndO2M.java 程序的运行结果

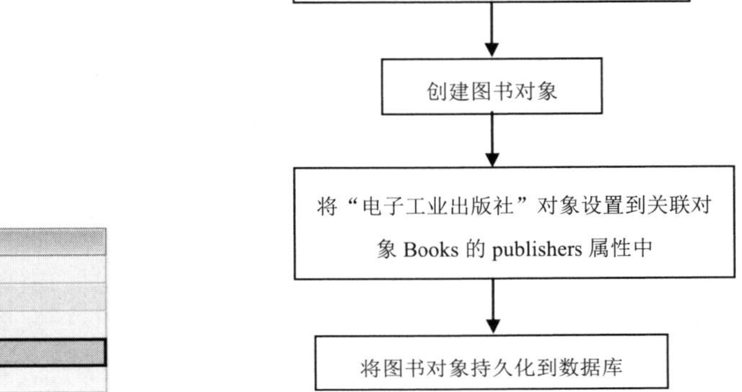

图 16-5　在电子工业出版社下添加图书信息的流程

根据如图 16-5 所示流程，实现添加图书信息。代码如下：

```
public void testAdd_2() {
    //加载“电子工业出版社”对象
    Publishers dzgy =
      (Publishers)super.get(Publishers.class, new Integer(4));
    //创建两个图书对象
    Books book1 = new Books();
    book1.setTitle("嵌入式 Linux 驱动程序...");
    book1.setAuthor("罗苑棠");
    Books book2 = new Books();
    book2.setTitle("Qt 高级编程");
    book2.setAuthor("Mark Summerfield");
    //将“电子工业出版社”对象分别设置到关联对象 book1 和 book2 的 publishers 属性中
    book1.setPublishers(dzgy);
    book2.setPublishers(dzgy);
    //将图书对象 book1 和 book2 持久化到数据库
    super.add(book1);
    super.add(book2);
}
```

添加图书后，数据表 books 中添加了两条图书记录，如图 16-6 所示。

在这个例子中，添加出版社和相应的图书信息是在两段代码中先后完成的，在添加图书信息时，需要事先知道已添加的出版社编号，这样会给编程带来不便。通过进一步配置关联映射，可以同时完成出版社和相应的图书信息的添加，下面介绍两种实现方法。

Id	Title	Author	PublisherId
4939	C++ Primer中文版	(美) Stanley B.	2
4943	Effective C# 中	(美) 瓦格纳 著	2
4944	C程序设计语言	(美) 克尼汉	3
4946	框架设计 (第2版)	(美) 瑞奇特	1
4947	C++程序设计教程	钱能 著	1
4953	Web应用开发技术	崔尚森，张白一	3
4954	嵌入式Linux驱动程序...	罗苑棠	4
4955	Qt高级编程	Mark Summerfield	4
(Auto)	(NULL)	(NULL)	(NULL)

图 16-6　在出版社下添加了图书信息

(1)　方法一

首先，在 Publishers.hbm.xml 中配置<set>元素，如下所示：

```
<set name="bks" lazy="false" cascade="save-update">
    <key column="PublisherId"/>
    <one-to-many class="com.hibtest2.entity.Books"/>
</set>
```

在<set>元素中，有一个 inverse(反转)属性，以决定由关联的双方中哪一方管理关联关系。inverse 属性取值为 false 时，表示由自己(“一”的一方，即 Publishers 对象)管理双方的关联关系；取值为 true 时，表示将控制权反转，由对方(“多”的一方，即 Books)管理双方的关联关系。inverse 属性的默认值为 false，即不设置该属性时 inverse 取值为 false。在“方法一”中，不设置该属性，从而将 Publishers 和 Books 两者的关联关系交给 Publishers 管理。

在<set>元素中，还有一个 cascade 属性，该属性用于指定操作级联关系。级联是指当管理双方关联关系的一方(主控方)执行操作时，关联的对象(被动方)是否同步执行同一操作。该属性可选择值如表 16-1 所示。

表 16-1　cascade 属性的可选值

属 性 值	说　明
all	所有情况下都进行级联操作
none	所有情况下都不进行级联操作
save-update	在执行 save 或者 update 操作时进行级联操作
delete	在执行 delete 操作时进行级联操作

这里，将 cascade 属性设置为“save-update”。此时，主控方 Publishers 维护关联关系，对 Publishers 对象的保存或更新会级联到 Books 对象。

在 TestM2OAndO2M.java 的类中编写 testAdd_3()方法，增加“科学出版社”，并在该出版社下添加两本图书，代码如下：

```
public void testAdd_3() {
    //创建一个 Publishers 对象
    Publishers publishers = new Publishers();
    publishers.setName("科学出版社");
    //创建第一个 Books 对象
    Books book1 = new Books();
    book1.setTitle("短波数字通信研究与实践");
```

```
    book1.setAuthor("王金龙");
    //创建第二个 Book 对象
    Books book2 = new Books();
    book2.setTitle("脉冲系统的分析与控制");
    book2.setAuthor("孙继涛等");
    //从 Publishers 一方设置与 Books 对象的关联
    publishers.getBks().add(book1);
    publishers.getBks().add(book2);
    //保存 Publishers 对象
    super.add(publishers);
}
```

在 main 方法中调用 testAdd_3()方法，运行程序，控制台输出如下异常：

```
org.hibernate.exception.ConstraintViolationException: Column
'PublisherId' cannot be null
Caused by: com.mysql.jdbc.exceptions.
jdbc4.MySQLIntegrityConstraintViolationException: Column 'PublisherId'
cannot be null
```

由于一对多关联中的外键 PublisherId 定义成 NOT NULL，需要在<set>元素的<key>子元素中声明属性 not-null="true"，代码如下：

```
<set name="bks" lazy="false" cascade="save-update">
    <key column="PublisherId" not-null="true"/>
    <one-to-many class="com.hibtest2.entity.Books"/>
</set>
```

再次运行测试类，控制台又输出如下异常：

```
org.hibernate.MappingException: Repeated column in mapping for entity:
com.hibtest2.entity.Books column: PublisherId (should be mapped with
insert="false" update="false")
```

分析该异常的原因之前，先了解一下加入 not-null="true"意味着什么。由<key>元素定义的列映射PublisherId是books表的外键列，加入not-null="true"后，意味着如果要增加books表中的记录，那么外键列 PublisherId 一定不能为 null，Publishers 方为了确保 PublisherId 字段不为 null(由于 Publishers 方不知道 Books 方的情况，所以它不能依赖 Books 方来确保 PublisherId 不为空)，会在 books 表的插入语句中为该字段赋值。即在 books 表的插入语句中会增加 column 属性所指定的列 PublisherId，以确保 PublisherId 列不为空。换句话说，如果未设定 not-null="true"，那么输出语句为 Hibernate:insert into Books(Title,Author,UnitPrice) values(?,?,?)，而如果设定 not-null="true"，那么输出的语句为 Hibernate:insert into Books(Title, Author,UnitPrice,PublisherId) values(?,?,?,?)。这里的输出语句是在 Publishers 方执行自己的 save/update 操作时，Books 方级联产生的相应 save/update 操作。

下面分析抛出异常的原因，从异常信息可以看出，该异常表示字段重复。再来查看 Books.hbm.xml 映射文件的如下配置：

```
<many-to-one name="publishers" column="PublisherId"
  class="com.hibtest2.entity.Publishers" lazy="false" />
```

可以看出，column 属性指定 books 表中 PublisherId 列是 publishers 表主键的一个外键。对 Books 来说，不论是否指定了 not-null="true"，它的 insert 语句都会为 PublisherId 字段赋值，即使为 null。这就是异常产生的原因，这样的设置会使 Hibernate 发出类似 insert into Books(Title,Author,UnitPrice,PublisherId) values(?,?,?,?)的语句，所以会提示重复字段异常。由于 Publishers 方是主控方，且配置了 save/update 级联，Books 方级联 save/update 操作生成的 SQL 语句中已经包含了 PublisherId 字段，即 Publishers.hbm.xml 映射文件中指定了 Books 方的 save/update 操作语句中包含 PublisherId 字段，因此在 Books.hbm.xml 映射文件的<many-to-one>元素中不能再指定了，否则会出现重复。可以按照控制台输出的提示，在 Books.hbm.xml 映射文件中加入 insert="false" update="false"，代码如下：

```
<many-to-one name="publishers" column="PublisherId"
 class="com.hibtest2.entity.Publishers" insert="false" update="false"
 lazy="false"/>
```

在<many-to-one>元素中添加了 insert 和 update 两个属性，并将它们的值都设置为 false，意味着 Books 方对 books 表的插入和更新操作中不包含 PublisherId 这个字段，而是由 Publishers 方通过级联，在对 books 表的插入和更新操作中包含 PublisherId 这个字段，这样就可避免重复。

再次运行测试类，控制台输出的信息如图 16-7 所示。

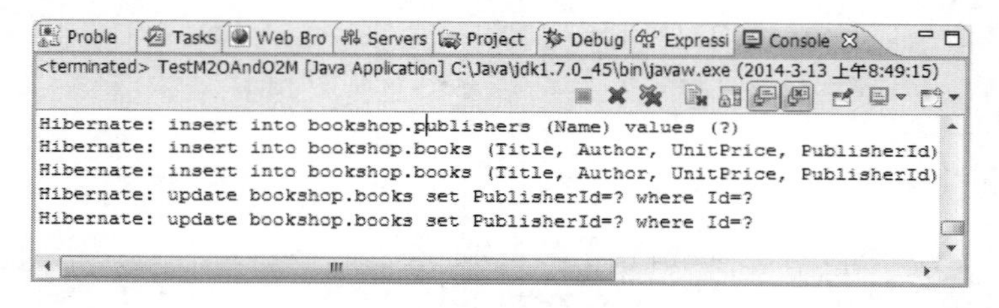

图 16-7 testAdd_3()方法执行后的控制台输出

从控制台输出可以看出，程序执行了三条 insert 语句、两条 update 语句。程序中将 Publishers 和 Books 之间的关联交由 Publishers 来维持，Publishers 首先存储自己(参见图 16-7 中的第一条 insert 语句)，由于在 Publishers.hbm.xml 中配置<set>元素时配置了级联 cascade="save-update"，因此其所关联的两个 Books 对象也会执行保存操作(参见第二、三条 insert 语句)。然而，就 Publishers 来说，由于它并不知道其所关联的 Books 是否已被存储，或者虽被存储，但不知数据表 books 中的外键 PublisherId 是否参考至数据表 publishers 中的 Id 字段，所以它需要对自己所关联的 Books 对象一个个地进行更新，以保证数据表 books 中的外键 PublisherId 指向自己(参见后两条 update 语句)。

添加成功后，数据表 publishers 中的记录如图 16-8 所示。

Id	Name
1	清华大学出版社
2	人民邮电出版社
3	机械工业出版社
4	电子工业出版社
5	科学出版社
(Auto)	(NULL)

图 16-8 publishers 表的记录

数据表 books 中的记录如图 16-9 所示。

Id	Title	Author	PublisherId	UnitPrice
4939	C++ Primer中文版	（美）Stanley B.	2	55
4943	Effective C# 中	（美）瓦格纳 著	2	45
4944	C程序设计语言	（美）克尼汉	3	30
4946	框架设计（第2版）	（美）瑞奇特	1	68
4947	C++程序设计教程	钱能　著	1	40
4953	Web应用开发技术	崔尚森，张白一	3	56
4954	嵌入式Linux驱动程序...	罗苑棠	4	(NULL)
4955	Qt高级编程	Mark Summerfield	4	(NULL)
4956	短波数字通信研究与实践	王金龙	5	(NULL)
4957	脉冲系统的分析与控制	孙继涛等	5	(NULL)
(Auto)	(NULL)	(NULL)	(NULL)	(NULL)

图 16-9　books 表的记录

在“方法一”中，由 Publishers 管理 Publishers 和 Books 两者的关联关系。这种方法存在效能的问题，下面介绍的第二种方法将有助于效能的提高。

(2)　方法二

在这种方法中，将两者的关联关系交给 Books 关联。可以在 Publishers.hbm.xml 映射文件的<set>元素中添加 inverse 属性，将其值设置为 true，从而将关联关系的主控权反转，由对方(即 Books 方)管理双方的关联关系。配置代码如下：

```
<set name="bks" lazy="false" cascade="save-update" inverse="true">
   <key column="PublisherId" not-null="true"/>
   <one-to-many class="com.hibtest2.entity.Books"/>
</set>
```

由于 Books 方是关联关系的主控方，为了能够实现对 books 表的 save/update 操作，pulishers 表执行 save/update 操作，需要在 Books.hbm.xml 映射文件的<many-to-one>元素中添加 cascade=“save-update”。此外，Books 方对 books 表的插入和更新操作中应该包含 PublisherId 这个字段，将 insert 和 update 这两个属性的值由原先的 false 修改为 true，或者删除这两个属性(默认值为 true)，代码如下：

```
<many-to-one name="publishers" column="PublisherId"
 class="com.hibtest2.entity.Publishers" lazy="false"
 cascade="save-update" insert="true" update="true"/>
```

完成映射文件的修改后，在 TestM2OAndO2M.java 类文件中编写 testAdd_4()方法，增加“高等教育出版社”，并在该出版社下添加两本图书，代码如下：

```
public void testAdd_4() {
    //创建一个 Publishers 对象
    Publishers publishers = new Publishers();
    publishers.setName("高等教育出版社");
    //创建两个 Books 对象
    Books book1 = new Books();
    book1.setTitle("高等代数(第 3 版)");
    book1.setAuthor("王萼芳等");
    Books book2 = new Books();
    book2.setTitle("数据库系统概论(第 4 版)");
    book2.setAuthor("王珊等");
```

```
    //由于将关联关系交给 Books 来维护，所以在存储时必须明确地
    //将 Publishers 设定给 Books，即 Books 必须调用 setPublishers()方法
    book1.setPublishers(publishers);
    book2.setPublishers(publishers);
    //持久化两个 Books 对象，Publishers 对象会级联执行
    super.add(book1);
    super.add(book2);
}
```

在 main()方法中调用 testAdd_4()方法，运行测试类，控制台输出信息如图 16-10 所示。

```
<terminated> TestM2OAndO2M [Java Application] C:\Java\jdk1.7.0_45\bin\javaw.exe (2014-3-15 上午9:25:59)
Hibernate: insert into bookshop.publishers (Name) values (?)
Hibernate: insert into bookshop.books (Title, Author, PublisherId, UnitPrice) values
Hibernate: insert into bookshop.books (Title, Author, PublisherId, UnitPrice) values
Hibernate: update bookshop.publishers set Name=? where Id=?
```

图 16-10　testAdd_4()方法执行后控制台输出的信息

从图 16-10 可以看出，控制台输出了三条 insert 语句和一条 update 语句。其中三条 insert 语句产生的原因在于：Books 是关联关系的主管方，程序中虽然只对两个 Books 对象执行了持久化操作(调用 save 方法)，而没有显式地对 Publishers 对象执行持久化操作，但由于在 Books.hbm.xml 映射文件的<many-to-one>元素中，配置了 cascade="save-update"，因此 Publishers 对象会被级联执行相应的持久化操作，因此 Hibernate 最终会产生三条 insert 语句，分别向 books 表插入两条记录、向 publishers 表插入一条记录。由于向 books 表添加图书记录时要求外键字段 PublisherId 不能为空，所以在添加图书记录前，必须先向 publishers 表中插入出版社记录，然后才能向 books 表插入图书记录。

由于关联关系由 Books 管理，所以 Publishers 无须一一更新 Books 以确定每个 PublihserId 都指向自己，因此在建立双向关联时，关联由多对一中“多”的一方来维护有助于程序执行效能的提高。

程序成功执行后，publishers 和 books 表中添加的记录分别如图 16-11 和 16-12 所示。

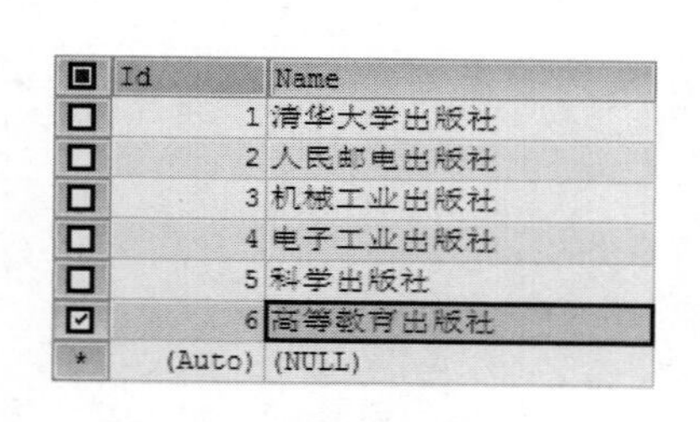

Id	Name
1	清华大学出版社
2	人民邮电出版社
3	机械工业出版社
4	电子工业出版社
5	科学出版社
6	高等教育出版社
(Auto)	(NULL)

图 16-11　数据表 publishers 中的记录

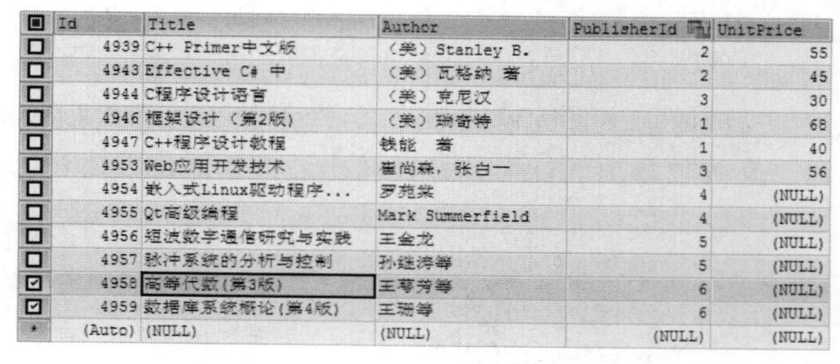

Id	Title	Author	PublisherId	UnitPrice
4939	C++ Primer中文版	(美) Stanley B.	2	55
4943	Effective C# 中	(美) 瓦格纳 著	2	45
4944	C程序设计语言	(美) 克尼汉	3	30
4946	框架设计 (第2版)	(美) 瑞奇特	1	68
4947	C++程序设计教程	钱能 著	1	40
4953	Web应用开发技术	崔尚森，张白一	3	56
4954	嵌入式Linux驱动程序...	罗苑棠	4	(NULL)
4955	Qt高级编程	Mark Summerfield	4	(NULL)
4956	短波数字通信研究与实践	王金龙	5	(NULL)
4957	脉冲系统的分析与控制	孙继涛等	5	(NULL)
4958	高等代数(第3版)	王萼芳等	6	(NULL)
4959	数据库系统概论(第4版)	王珊等	6	(NULL)
(Auto)	(NULL)	(NULL)	(NULL)	(NULL)

图 16-12　数据表 books 中的记录

16.3.2　删除数据

在双向关联映射中，可以从两个方向删除数据。

1. 从“多”的一方(Books)删除数据

创建 testDelete_1()方法，将人民邮电出版社下的“C++ Primer 中文版”这本书删除，可通过如下代码实现：

```
public void testDelete_1() {
    //加载待删除的 Books 对象
    Books book = (Books)super.get(Books.class, new Integer(4939));
    //调用父类的 delete 方法删除对象
    super.delete(book);
}
```

映射文件 Publishers.hbm.xml 中<set>节点的配置如下：

```
<set name="bks" lazy="false" cascade="save-update" inverse="true">
    <key column="PublisherId" not-null="true"/>
    <one-to-many class="com.hibtest2.entity.Books"/>
</set>
```

映射文件 Books.hbm.xml 中<many-to-one>节点的配置如下：

```
<many-to-one name="publishers" column="PublisherId"
  class="com.hibtest2.entity.Publishers" lazy="false"
  cascade="save-update" insert="true" update="true"/>
```

在 main()方法中调用 testDelete_1()方法，数据表 books 中的“C++ Primer 中文版”图书被删除，同时控制台输出信息如图 16-13 所示。

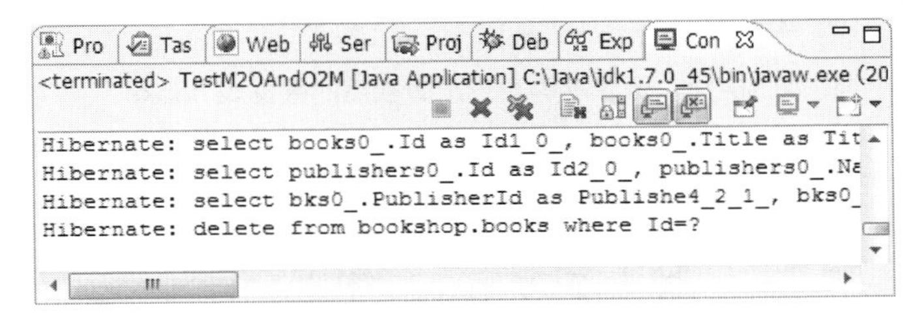

图 16-13　testDelete_1()方法成功执行后的控制台输出

2. 从“一”的一方(Publishers)删除数据

创建 testDelete_2()方法，将“高等教育出版社”删除，代码如下：

```
public void testDelete_2() {
    //加载高等教育出版社对象
    Publishers publisher =
      (Publishers)super.get(Publishers.class, new Integer(6));
    super.delete(publisher);
}
```

如果映射文件如执行 testDelete_1()方法时那样配置，在 main()方法中调用 testDelete_2()方法时，控制台输出如下异常：

```
org.hibernate.exception.ConstraintViolationException: Cannot delete or
update a parent row: a foreign key constraint fails (`bookshop`.`books`,
```

```
CONSTRAINT `FK_books` FOREIGN KEY (`PublisherId`) REFERENCES `publishers`
(`Id`))
```

发生异常的原因在于：数据表 books 中 PublisherId 外键字段参考了数据表 publishers 的 Id 字段，当准备从 publishers 表中删除高等教育出版社时，该出版社的 Id 被 books 表中的两条图书记录所参考，只有先将 books 表中参考该 Id 的图书删除。当然，没有必要这么麻烦，可以采用级联删除的方法，在删除 publishers 表中记录的同时，会将 books 中关联的记录一同删除。在映射文件 Publishers.hbm.xml 中配置如下信息：

```
<set name="bks" lazy="false" cascade="all" inverse="true">
    <key column="PublisherId" not-null="true"/>
    <one-to-many class="com.hibtest2.entity.Books"/>
</set>
```

配置说明：在<set>元素中，将属性 cascade 设置为“all”，表示对所有的操作都执行级联操作，当然包括删除时的级联。

此时，在 mian()方法调用 testDelete_2()方法时，数据表 books 和 publishers 中与高等教育出版社相关的数据都被删除了，分别如图 16-14 和 16-15 所示。

	Id	Title	Author	PublisherId	UnitPrice
	4943	Effective C# 中	（美）瓦格纳 著	2	45
	4944	C程序设计语言	（美）克尼汉	3	30
	4946	框架设计（第2版）	（美）瑞奇特	1	68
	4947	C++程序设计教程	钱能 著	1	40
	4953	Web应用开发技术	崔尚森，张白一	3	56
	4954	嵌入式Linux驱动程序...	罗苑棠	4	(NULL)
	4955	Qt高级编程	Mark Summerfield	4	(NULL)
	4956	短波数字通信研究与实践	王金龙	5	(NULL)
	4957	脉冲系统的分析与控制	孙继涛等	5	(NULL)
*	(Auto)	(NULL)	(NULL)	(NULL)	(NULL)

图 16-14　删除高等教育出版社后的数据表 books

	Id	Name
	1	清华大学出版社
	2	人民邮电出版社
	3	机械工业出版社
	4	电子工业出版社
	5	科学出版社
*	(Auto)	(NULL)

图 16-15　删除高等教育出版社后的数据表 publishers

同时控制台输出的信息如图 16-16 所示。

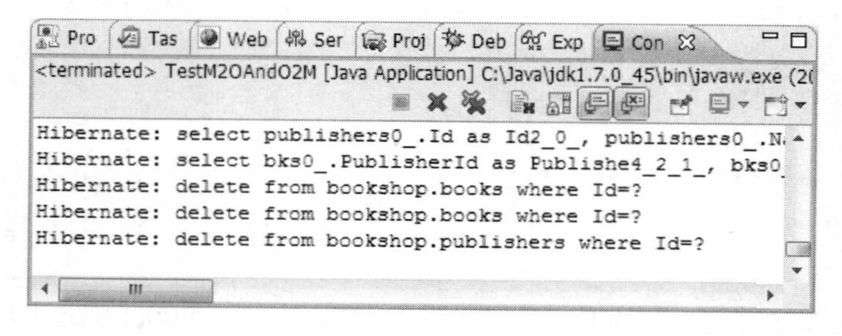

图 16-16　testDelete_2()方法成功执行后的控制台输出

16.3.3　更改数据

从 books 表中将“短波数字通信研究与实践”这本书由“科学出版社”更新为“机械工业出版社”。编写 testUpdate()方法，代码如下：

```
public void testUpdate() {
    //加载“短波数字通信研究与实践”图书对象
    Books book = (Books)super.get(Books.class, new Integer(4956));
    //加载“科学出版社”对象
    Publishers kx = (Publishers)super.get(Publishers.class, new Integer(5));
    //加载“机械工业出版社”对象
    Publishers jxgy =
      (Publishers)super.get(Publishers.class, new Integer(3));
    //从“科学出版社”的 bks 属性中删除图书“短波数字通信研究与实践”,
    //并添加到“机械工业出版社”的 bks 属性中
    kx.getBks().remove(book);
    jxgy.getBks().add(book);
    //同时将“机械工业出版社”设置到图书对象中
    book.setPublishers(jxgy);
    //更新“短波数字通信研究与实践”图书对象
    super.update(book);
}
```

更新成功后，数据表 publishers 中相应的记录修改情况如图 16-17 所示。

	Id	Title	Author	PublisherId	UnitPrice
☐	4943	Effective C# 中	（美）瓦格纳 著	2	45
☐	4944	C程序设计语言	（美）克尼汉	3	30
☐	4946	框架设计（第2版）	（美）瑞奇特	1	68
☐	4947	C++程序设计教程	钱能 著	1	40
☐	4953	Web应用开发技术	崔尚森，张白一	3	56
☐	4954	嵌入式Linux驱动程序...	罗苑棠	4	(NULL)
☐	4955	Qt高级编程	Mark Summerfield	4	(NULL)
☑	4956	短波数字通信研究与实践	王金龙	3	(NULL)
☐	4957	脉冲系统的分析与控制	孙继涛等	5	(NULL)
*	(Auto)	(NULL)	(NULL)	(NULL)	(NULL)

图 16-17　更新后数据表 publishers 中的记录

映射文件 Publishers.hbm.xml 无须改动，代码如下：

```
<set name="bks" lazy="false" cascade="all" inverse="true">
   <key column="PublisherId" not-null="true"/>
   <one-to-many class="com.hibtest2.entity.Books"/>
</set>
```

映射文件 Books.hbm.xml 也无需改动，代码如下：

```
<many-to-one name="publishers" column="PublisherId"
  class="com.hibtest2.entity.Publishers" lazy="false"
  cascade="save-update" insert="true" update="true"/>
```

在 main()方法中调用 testUpdate()方法，更新成功后，控制台输出信息如图 16-18 所示。由于在配置<set>元素时，属性 inverse 设置为 true，由“多”的一方 Books 管理关联关系，所以通过更新图书对象，就可以更新对应的关联关系。

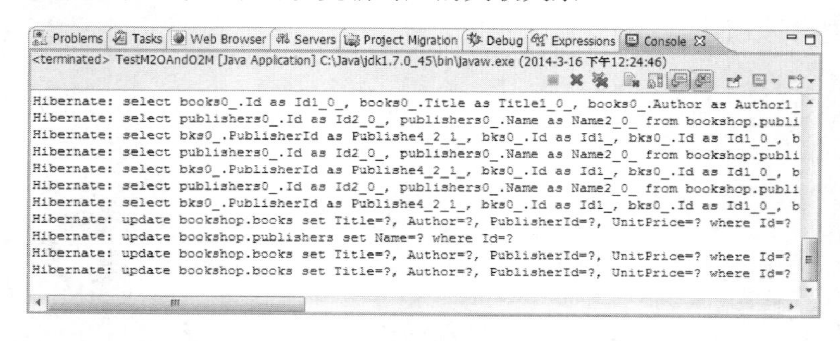

图 16-18 testUpdate()方法成功执行后的控制台输出

16.4 双向一对一关联映射

一对一关联可以分为基于外键的一对一关联和基于主键的一对一关联。

16.4.1 基于外键的一对一映射

基于外键的一对一关联与多对一关联实质相同，是多对一关联的一个特例。外键可以存放在任意一端，在存放外键的一端，增加<many-to-one>元素，并在该元素中增加unique="true"属性，表示多的一方也必须唯一，并使用name属性来指定关联属性的属性名。在另一端需要使用<ont-to-one>元素，同样使用name属性来指定关联属性的属性名。

在数据库bookshop中，公民表people和身份证表identitycard的关系属于一对一关联关系。这两张表之间的关系如图16-19所示。

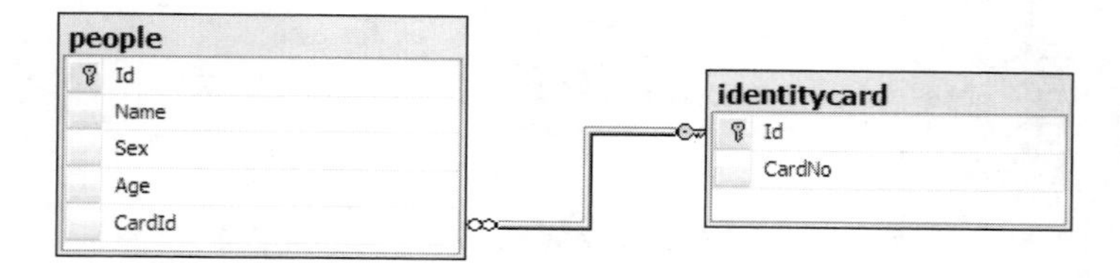

图 16-19 公民表和身份证表的关系

从图16-19可以看出，公民表people的CardId字段作为该表的外键，需要保证该字段的唯一性，否则就不是一对一映射关系，而是多对一映射关系。

使用Hibernate反转工程分别为数据表people和identitycard生成实体类和映射文件，双向一对一关联需要修改两个People和Identitycard实体类，通过提供get和set方法，在类定义中添加新属性，以引用关联实体。

下面给出People和Identitycard实体类，其中省略了构造方法和各个属性的get和set方法。

People.java的代码如下：

```
package com.hibtest2.entity;
public class People implements java.io.Serializable {
```

```
    private Integer id;
    private String name;
    private String sex;
    private Integer age;
    //使用 Identitycard 类声明属性，以体现与 Identitycard 类的关联
    private Identitycard identitycard;
    //省略上述属性的 get 和 set 方法
}
```

Identitycard.java 的代码如下：

```
package com.hibtest2.entity;
public class Identitycard implements java.io.Serializable {
    private Integer id;
    private String cardNo;
    //使用 People 类声明属性，以体现与 People 类的关联
    private People people;
    //省略上述属性的 get 和 set 方法对
}
```

People 类的映射文件 People.hbm.xml 代码如下：

```
<?xml version="1.0" encoding="utf-8"?>
<!DOCTYPE hibernate-mapping PUBLIC
  "-//Hibernate/Hibernate Mapping DTD 3.0//EN"
  "http://www.hibernate.org/dtd/hibernate-mapping-3.0.dtd">
<hibernate-mapping>
    <class name="com.hibtest2.entity.People" table="people"
      catalog="bookshop">
        <!-- 映射标识属性 id -->
        <id name="id" type="java.lang.Integer">
            <column name="Id" />
            <!-- 定义主键的生成策略 -->
            <generator class="native"></generator>
        </id>
        <!-- 映射普通属性 -->
        <property name="name" type="java.lang.String">
            <column name="Name" length="10" />
        </property>
        <property name="sex" type="java.lang.String">
            <column name="Sex" length="4" />
        </property>
        <property name="age" type="java.lang.Integer">
            <column name="Age" />
        </property>
        <!-- 映射 People 到 Identitycard 的一对一关联 -->
        <many-to-one name="identitycard"
          class="com.hibtest2.entity.Identitycard" column="CardId"
          cascade="all" unique="true" lazy="false" />
    </class>
</hibernate-mapping>
```

在映射文件 People.hbm.xml 中需要使用<many-to-one>元素而不是<one-to-one>元素来映射在 People 类中定义的 Identitycard 类型的 identitycard 属性，但必须使用 unique="true"指定多的一端唯一，即满足唯一性约束，以实现一对一关联。使用 cascade="all"指定主控方的所有操作，对关联方也同样执行。

映射文件 Identitycard.hbm.xml 的代码如下：

```
<?xml version="1.0" encoding="utf-8"?>
<!DOCTYPE hibernate-mapping PUBLIC
  "-//Hibernate/Hibernate Mapping DTD 3.0//EN"
  "http://www.hibernate.org/dtd/hibernate-mapping-3.0.dtd">
<hibernate-mapping>
    <class name="com.hibtest2.entity.Identitycard" table="identitycard"
      catalog="bookshop">
        <id name="id" type="java.lang.Integer">
            <column name="Id" />
            <generator class="native"></generator>
        </id>
        <property name="cardNo" type="java.lang.String">
            <column name="CardNo" length="18" />
        </property>
        <!-- 映射 Identitycard 到 People 的一对一关联 -->
        <one-to-one name="people" class="com.hibtest2.entity.People"
          property-ref="identitycard" lazy="false"/>
    </class>
</hibernate-mapping>
```

在映射文件 Identitycard.hbm.xml 中，需要通过<one-to-one>元素来映射从 Identitycard 到 People 的一对一关联。使用 property-ref="identitycard"表明建立了从 Identitycard 对象到 People 对象的关联，因此，只需调用 Identitycard 对象的 getPeople()方法就可以访问到 People 对象。

在项目的 com.hibtest2 包下创建一个类文件 TestOne2OneBasedFK.java，并让该类继承自 BaseHibernateDAO 类。在测试类中编写自定义方法 getPeopleById(int i)，根据编号获取公民对象，并输出该公民的身份证号，代码如下：

```
package com.hibtest2;
import com.hibtest2.dao.BaseHibernateDAO;
import com.hibtest2.entity.Identitycard;
import com.hibtest2.entity.People;
public class TestOne2OneBasedFK extends BaseHibernateDAO {
    public static void main(String[] args) {
        new TestOne2OneBasedFK().getPeopleById(1);
    }
    private void getPeopleById(int i) {
        People people = (People)super.get(People.class,i);
        System.out.println(people.getName()
          + "的身份证号：" + people.getIdentitycard().getCardNo());
    }
}
```

在 main 方法中调用 getPeopleById(1)方法，运行测试类，输出结果如图 16-20 所示。

```
<terminated> TestOne2OneBasedFK [Java Application] C:\Java\jdk1.7.0_45\bin\javaw.exe (2014-3-1
Hibernate: select people0_.Id as Id3_0_, people0_.Name as Name3_0_,
Hibernate: select identityca0_.Id as Id4_1_, identityca0_.CardNo as
Hibernate: select people0_.Id as Id3_0_, people0_.Name as Name3_0_,
zhangsan的身份证号：320107000000000001
```

图 16-20　getPeopleById(1)方法的运行结果

编写自定义方法 getIdentityCardById(int i)，根据编号获取身份证对象，并输出该身份证的主人，代码如下：

```
private void getIdentityCardById(int i) {
    Identitycard identitycard =
      (Identitycard)super.get(Identitycard.class,i);
    System.out.println(identitycard.getCardNo()
      + "身份证的主人是：" + identitycard.getPeople().getName());
}
```

在 main 方法中调用 getIdentityCardById(1)方法，运行测试类，控制台输出结果如图 16-21 所示。

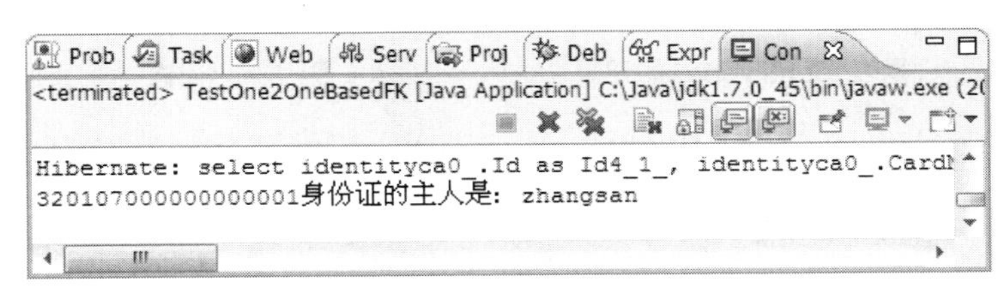

图 16-21　getIdentityCardById(1)方法的运行结果

编写自定义方法 addPeople()，添加一个公民，同时添加该公民的身份证信息，代码如下所示：

```
private void addPeople() {
    People people = new People();
    Identitycard identitycard = new Identitycard();
    identitycard.setCardNo("320107000000000008");
    people.setName("Tom");
    people.setAge(30);
    people.setSex("男");
    //设置相互关联
    people.setIdentitycard(identitycard);
    identitycard.setPeople(people);
    super.add(people);
}
```

在 main 方法中调用 addPeople()方法，运行测试类，控制台输出结果如图 16-22 所示。由于 People.hbm.xml 中<many-to-one>元素设置了 cascade="all"，所以当对 People 对象

进行保存操作后，与 People 对象一对一关联的 Identitycard 也同样会执行保存操作，从控制台可以看到 Hibernate 生成的两条 insert 语句。

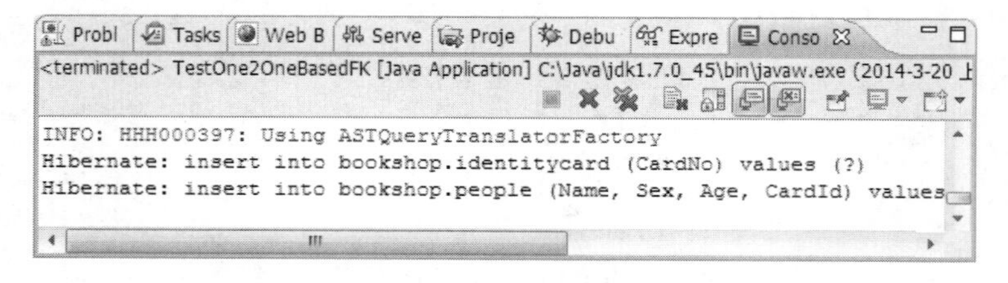

图 16-22　addPeople()方法的运行结果

程序执行后，数据表 identitycard 的记录如图 16-23 所示。

数据表 people 的记录如图 16-24 所示。

Id	Name	Sex	Age	CardId
1	zhangsan	男	21	1
2	lisi	男	22	2
3	wangwu	男	23	3
4	zhaoliu	男	24	4
5	qianqie	男	25	5
6	sunba	男	26	6
7	qingqiu	男	27	7
8	Tom	男	30	8
(Auto)	(NULL)	(NULL)	(NULL)	(NULL)

图 16-23　数据表 identitycard 的记录

Id	CardNo
1	320107000000000001
2	320107000000000002
3	320107000000000003
4	320107000000000004
5	320107000000000005
6	320107000000000006
7	320107000000000007
8	320107000000000008
(Auto)	(NULL)

图 16-24　数据表 people 的记录

编写自定义方法 deletePeopleById(int id)，根据编号删除公民记录，代码如下：

```
private void deletePeopleById(int id) {
    People people = (People)super.get(People.class, id);
    super.delete(people);
}
```

在 main 方法中调用 deletePeopleById(1)方法，运行测试类，控制台输出结果如图 16-25 所示。

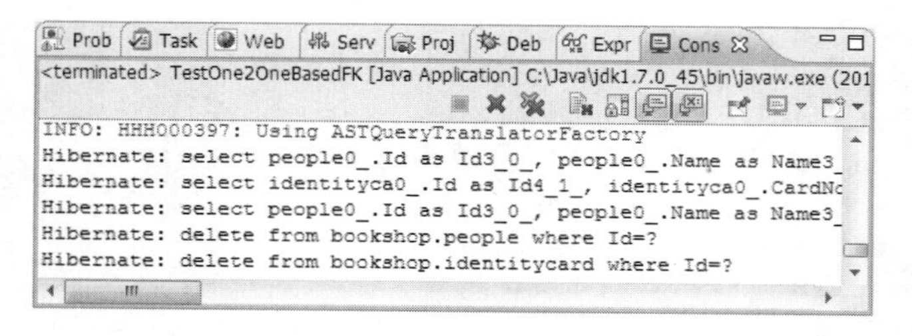

图 16-25　deletePeopleById(1)方法的运行结果

从图 16-25 可以看出，公民对象执行删除操作时，身份证对象也执行同样的删除操作。

16.4.2　基于主键的一对一映射

基于主键的一对一关联就是限制两个数据表的主键使用相同的值，通过主键形成一对一映射关系。在数据库 bookshop 中，数据表 identitycard_zj 和 people_zj 被设置为基于主键的一对一关联关系，如图 16-26 所示。

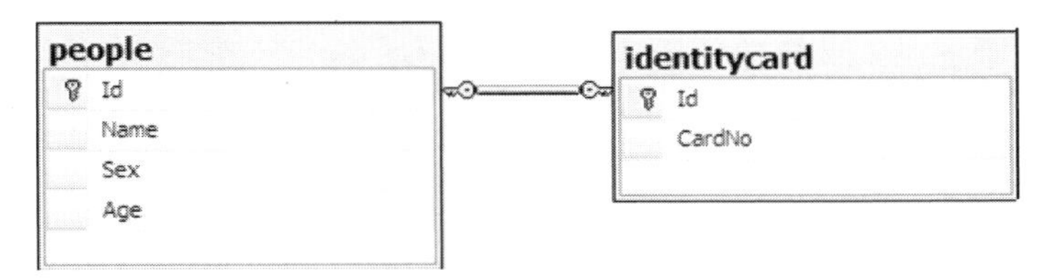

图 16-26　基于主键的一对一关联关系

基于主键的双向一对一关联映射，需要使用 foreign 策略生成主键，任何一方都可以使用 foreign 策略，表明根据对方主键生成自己的主键。使用 foreign 策略的一方增加<one-to-one>元素映射关联关系，还必须将其 constrainted 属性设置为 true，而另一方只需增加<one-to-one>元素映射关联属性即可。

使用 Hibernate 反转工程分别为数据表 identitycard_zj 和 people_zj 生成实体类和映射文件，双向一对一关联需要修改两个 PeopleZj 和 IdentitycardZj 实体类，通过提供 get 和 set 方法在类定义中添加新属性以引用关联实体。

下面给出 PeopleZj 和 IdentitycardZj 实体类，其中省略了构造方法和各个属性的 get 和 set 方法。

PeopleZj.java 的代码如下：

```
package com.hibtest2.entity;
public class PeopleZj implements java.io.Serializable {
    private Integer id;
    private String name;
    private String sex;
    private Integer age;
    //使用 IdentitycardZj 类声明属性，以体现与 IdentitycardZj 类的关联
    private IdentitycardZj identitycardZj;
    //省略上述属性的 get 和 set 方法
}
```

IdentitycardZj.java 的代码如下：

```
package com.hibtest2.entity;
public class IdentitycardZj implements java.io.Serializable {
    private Integer id;
    private String cardNo;
    //使用 PeopleZj 类声明属性，以体现与 PeopleZj 类的关联
    private PeopleZj peopleZj;
    //省略上述属性的 get 和 set 方法
}
```

PeopleZj 类的映射文件 PeopleZj.hbm.xml 的代码如下：

```
<?xml version="1.0" encoding="utf-8"?>
<!DOCTYPE hibernate-mapping PUBLIC
  "-//Hibernate/Hibernate Mapping DTD 3.0//EN"
```

```
  "http://www.hibernate.org/dtd/hibernate-mapping-3.0.dtd">
<hibernate-mapping>
    <class name="com.hibtest2.entity.PeopleZj" table="people_zj"
      catalog="bookshop">
        <!-- 映射标识属性 id -->
        <id name="id" type="java.lang.Integer">
            <column name="Id" />
            <!-- 采用 foreign 策略，直接使用另一个关联的实体的标识属性 -->
            <generator class="foreign">
                <param name="property">identitycardZj</param>
            </generator>
        </id>
        <property name="name" type="java.lang.String">
            <column name="Name" length="10" />
        </property>
        <property name="sex" type="java.lang.String">
            <column name="Sex" length="4" />
        </property>
        <property name="age" type="java.lang.Integer">
            <column name="Age" />
        </property>
        <!-- 映射关系属性 identitycardZj -->
        <one-to-one name="identitycardZj"
          class="com.hibtest2.entity.IdentitycardZj"
          constrained="true" lazy="false" />
    </class>
</hibernate-mapping>
```

由于 identitycard_zj 表中的主键是引用 people_zj 表主键的外键，所以 PeopleZj 类的主键在映射时的生成策略，需由关联类 IdentitycardZj 来指定。在映射文件 PeopleZj.hbm.xml 中通过<generator>元素指定属性 class="foreign"，表明根据关联类 IdentitycardZj 生成 PeopleZj 类的主键。子元素<param>设置 property 指定关联类 IdentitycardZj 的属性，即在 IdentitycardZj 类中所定义的 IdentitycardZj 类型的属性 identitycardZj。通过<one-to-one>元素的 name 属性指定关联类属性为 identitycardZj，constrained="true"表明 PeopleZj 类的主键由关联类 IdentitycardZj 生成。

映射文件 IdentitycardZj.hbm.xml 的代码如下：

```
<?xml version="1.0" encoding="utf-8"?>
<!DOCTYPE hibernate-mapping PUBLIC
  "-//Hibernate/Hibernate Mapping DTD 3.0//EN"
  "http://www.hibernate.org/dtd/hibernate-mapping-3.0.dtd">
<hibernate-mapping>
    <class name="com.hibtest2.entity.IdentitycardZj"
      table="identitycard_zj" catalog="bookshop">
        <id name="id" type="java.lang.Integer">
            <column name="Id" />
            <generator class="native"></generator>
        </id>
        <property name="cardNo" type="java.lang.String">
```

```
            <column name="CardNo" length="18" />
        </property>
        <!-- 映射关联属性 peopleZj -->
        <one-to-one name="peopleZj" class="com.hibtest2.entity.PeopleZj"
          cascade="all" lazy="false" />
    </class>
</hibernate-mapping>
```

在映射文件 IdentitycardZj.hbm.xml 中，cascade="all"表示级联保存 IdentitycardZj 对象关联的 PeopleZj 对象。

在项目的 com.hibtest2 包下创建一个类文件 TestOne2OneBasedPK.java，并让该类继承自 BaseHibernateDAO 类。在测试类中编写自定义方法 getPeopleZjById(int i)，根据编号获取公民对象，并输出该公民的身份证号，代码如下：

```
private void getPeopleZjById(int i) {
    PeopleZj peopleZj = (PeopleZj)super.get(PeopleZj.class,i);
    System.out.println(peopleZj.getName()
      + "的身份证号: " + peopleZj.getIdentitycardZj().getCardNo());
}
```

在 main 方法中调用 getPeopleZjById(1)方法，运行测试类，控制台输出结果如图 16-27 所示。

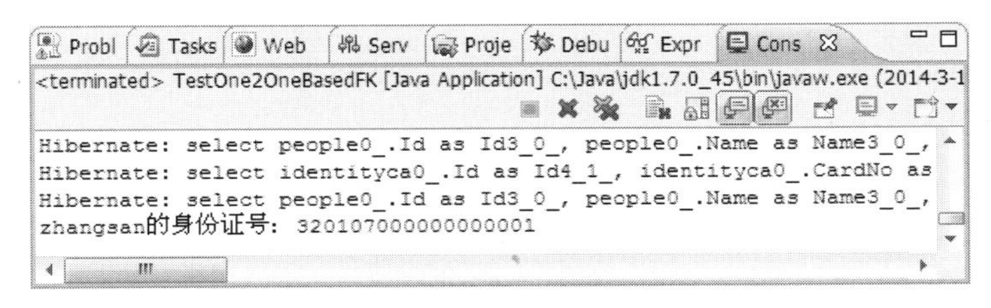

图 16-27　getPeopleZjById(1)方法的运行结果

编写自定义方法 addPeopleZj()，添加一个公民，同时添加该公民的身份证信息，代码如下：

```
private void addPeopleZj() {
    PeopleZj peopleZj = new PeopleZj();
    IdentitycardZj identitycardZj = new IdentitycardZj();
    identitycardZj.setCardNo("320107000000000008");
    peopleZj.setName("Tom");
    peopleZj.setAge(30);
    peopleZj.setSex("男");
    //设置相互关联
    peopleZj.setIdentitycardZj(identitycardZj);
    identitycardZj.setPeopleZj(peopleZj);
    super.add(identitycardZj);
}
```

在 main 方法中调用 addPeopleZj()方法，运行测试类，控制台输出结果如图 16-28 所示。

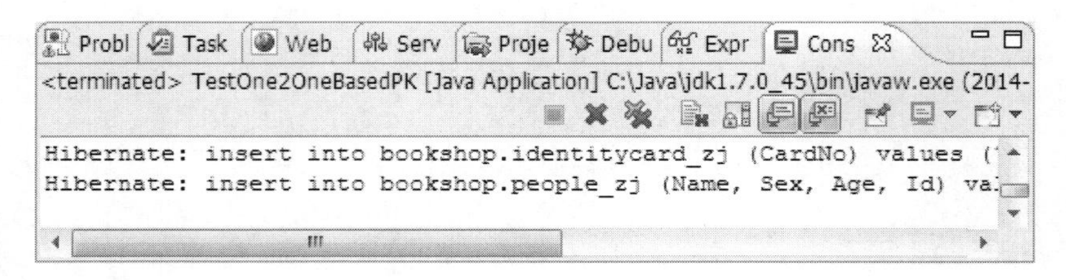

图 16-28　addPeopleZj()方法的运行结果

编写自定义方法 deleteIdentitycardZjById(int id)，根据编号删除身份证对象，同时删除关联的公民对象，代码如下：

```
private void deleteIdentitycardZjById(int id) {
   IdentitycardZj identitycardZj =
     (IdentitycardZj)super.get(IdentitycardZj.class, id);
   super.delete(identitycardZj);
}
```

在 main 方法中调用 deleteIdentitycardZjById(1)方法，运行测试类，控制台输出结果如图 16-29 所示。

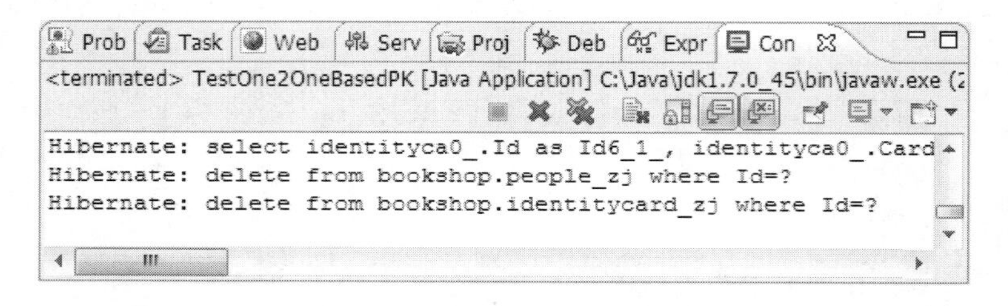

图 16-29　deleteIdentitycardZjById(1)方法的运行结果

从图 16-29 可以看出，身份证对象执行删除时，关联的公民对象也执行同样的删除操作。

16.5　多对多关联映射

前面介绍了一对多、多对一、双向多对一和双向一对一关联映射，下面介绍多对多关联映射。假设现在有 Student 和 Course 两个类，一个学生可以选择多门课程，而一门课程可以被多个学生选择，这样就构成了多对多关联。

16.5.1　多对多映射配置

在程序设计时，一般不建议直接在 Student 和 Course 之间建立多对多关联，否则会造成两者之间的相互依赖。可以通过一个中间表来维护两者之间的多对多关联，这个中间表分别与 Student 和 Course 构成多对一关联。在数据库 bookshop 中，学生表为 student，课程表为 course，中间表为 sc，它同时参照 student 表和 course 表。

这三张表之间的关系如图 16-30 所示。

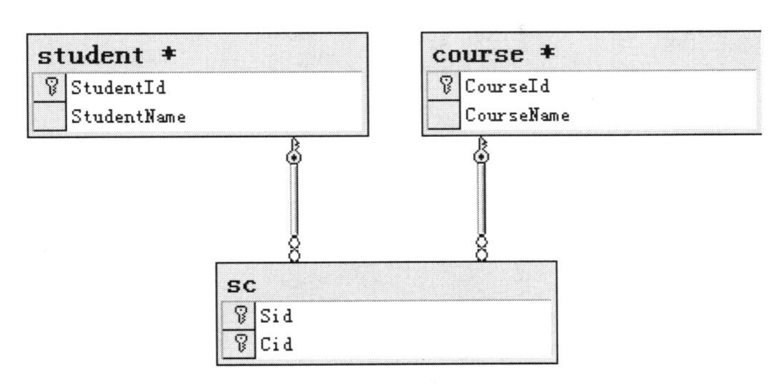

图 16-30　多对多关联关系

sc 表以 Sid 和 Cid 作为联合主键，其中，Sid 字段作为外键参照 student 表，Cid 字段作为外键参照 course 表。

使用 MySQL 客户端工具创建表之间的多对多关联时，可能会失败。此时，可以通过代码来创建关联关系，代码如下：

```
alter table sc
add constraint FK_Sid  foreign key sc(Sid) references student(StudentId)
alter table sc
add constraint FK_Cid  foreign key sc(Cid) references course(CourseId)
```

完成数据表及关联关系的创建后，使用 MyEclipse 反转工程生成数据表 student 和 course 的实体类和映射文件。

在实体类 Student.java 中添加 Set 类型的 courses 属性，并添加该属性的 getter 和 setter 方法。代码如下：

```
package com.hibtest2.entity;
import java.util.HashSet;
import java.util.Set;
public class Student implements java.io.Serializable {
    private Integer studentId;
    private String studentName;
    //选修课程集合
    private Set courses = new HashSet();
    /** default constructor */
    public Student() {
    }
    /** full constructor */
    public Student(String studentName) {
        this.studentName = studentName;
    }
   //省略上述属性的 get 和 set 方法
}
```

在实体类 Course.java 中添加 Set 类型的 students 属性，代码如下：

```
package com.hibtest2.entity;
import java.util.HashSet;
import java.util.Set;
```

```
public class Course implements java.io.Serializable {
    private Integer courseId;
    private String courseName;
    //选课学生集合
    private Set students=new HashSet();
    /** default constructor */
    public Course() {
    }
    /** full constructor */
    public Course(String courseName) {
        this.courseName = courseName;
    }
    //省略上述属性的get和set方法
}
```

配置多对多关联映射与一对多类似，映射文件Student.hbm.xml的配置信息如下：

```
<?xml version="1.0" encoding="utf-8"?>
<!DOCTYPE hibernate-mapping PUBLIC
  "-//Hibernate/Hibernate Mapping DTD 3.0//EN"
  "http://www.hibernate.org/dtd/hibernate-mapping-3.0.dtd">
<hibernate-mapping>
   <class name="com.hibtest2.entity.Student" table="student"
     catalog="bookshop">
      <id name="studentId" type="java.lang.Integer">
         <column name="StudentId" />
         <generator class="native"></generator>
      </id>
      <property name="studentName" type="java.lang.String">
         <column name="StudentName" length="16" />
      </property>
      <!-- 映射Student到Course的多对多关联 -->
      <set name="courses" table="sc" lazy="false" inverse="false"
       cascade="save-update">
      <key column="Sid" not-null="true" />
         <many-to-many column="Cid" class="com.hibtest2.entity.Course" />
      </set>
   </class>
</hibernate-mapping>
```

首先，给<set>元素添加name属性，值设定为Course类型的属性course；lazy属性设置为false，表示不采用延迟加载；inverse属性设置为false，表示控制权不反转，即由Student方管理关联关系；添加一个table属性，值为中间表的名称，这里为数据表sc；添加cascade属性，值设置为“save-update”，表示Student对象执行保存或修改操作时，Course对象级联执行相同的操作。

然后，给<set>元素添加两个子元素。<key>子元素的column属性指定中间表sc中参照student表的外键名字，这里为Sid。<many-to-many>子元素中需要设定两个属性，class属性设定为多对多关联中另一方的类，这里为Course；而column属性指定中间表sc中参照course表的外键名字，这里为Cid。

映射文件 Course.hbm.xml 的配置与 Student.hbm.xml 类似，代码如下：

```
<?xml version="1.0" encoding="utf-8"?>
<!DOCTYPE hibernate-mapping PUBLIC
  "-//Hibernate/Hibernate Mapping DTD 3.0//EN"
  "http://www.hibernate.org/dtd/hibernate-mapping-3.0.dtd">
<hibernate-mapping>
   <class name="com.hibtest2.entity.Course" table="course"
     catalog="bookshop">
       <id name="courseId" type="java.lang.Integer">
          <column name="CourseId" />
          <generator class="native"></generator>
       </id>
       <property name="courseName" type="java.lang.String">
          <column name="CourseName" length="16" />
       </property>
       <!-- 映射 Course 到 Student 的多对多关联 -->
       <set name="students" table="sc" lazy="false" inverse="true">
          <key column="Cid" not-null="true" />
          <many-to-many column="Sid"
            class="com.hibtest2.entity.Student"/>
       </set>
   </class>
</hibernate-mapping>
```

由于在 Student.hbm.xml 映射文件的<set>元素中设置了 inverse="false"，将关联关系控制权交由 Student 方，因此，在 Course.hbm.xml 映射文件中，需要在<set>元素中设置 inverse="true"(默认为 false)，从而避免双方争夺控制权，造成关联关系主管方不明确。此外，Course 方的<set>元素中无须配置 cascade="save-update"，由主管方 Student 实现 Course 方的级联保存和更新操作。

至此，完成了双向多对多映射的配置工作，下面编程实现对 Student 和 Course 多对多关联关系的维护。

16.5.2　添加数据

(1)　任务一

在数据表 student 中添加“韦小宝”和“令狐冲”两个学生，在数据表 course 中添加“数据结构”、“操作系统”、“计算机组成原理”和“离散数学”四门课程，并用数据表 sc 记录学生的选课情况，韦小宝选修“数据结构”和“操作系统”这两门课程，“令狐冲”选修“数据结构”、“计算机组成原理”和“离散数学”这三门课程。

在项目的 com.hibtest2 包下创建一个类文件 TestManyToMany.java，并使其继承 BaseHibernateDAO 类。编写 testAdd_1()方法用于添加数据。代码如下：

```
package com.hibtest2;
import com.hibtest2.dao.BaseHibernateDAO;
import com.hibtest2.entity.*;
public class TestManyToMany extends BaseHibernateDAO {
```

```
    public static void main(String[] args) {
        new TestManyToMany().testAdd_1();
    }
    private void testAdd_1() {
        //创建两个 Student 对象
        Student s1 = new Student();
        s1.setStudentName("韦小宝");
        Student s2 = new Student();
        s2.setStudentName("令狐冲");
        //创建 4 个 Course 对象
        Course c1 = new Course();
        c1.setCourseName("数据结构");
        Course c2 = new Course();
        c2.setCourseName("操作系统");
        Course c3 = new Course();
        c3.setCourseName("计算机组成原理");
        Course c4 = new Course();
        c4.setCourseName("离散数学");
        //设定 s1 与 c1 和 c2 的关联
        s1.getCourses().add(c1);
        s1.getCourses().add(c2);
        //设定 s2 与 c1、c3 和 c4 的关联
        s2.getCourses().add(c1);
        s2.getCourses().add(c3);
        s2.getCourses().add(c4);
        //保存 s1 和 s2 对象
        super.add(s1);
        super.add(s2);
    }
}
```

在 main()方法中调用 testAdd_1()方法，运行测试类，course 表的记录如图 16-31 所示。student 表和中间表 sc 的记录分别如图 16-32 和 16-33 所示。

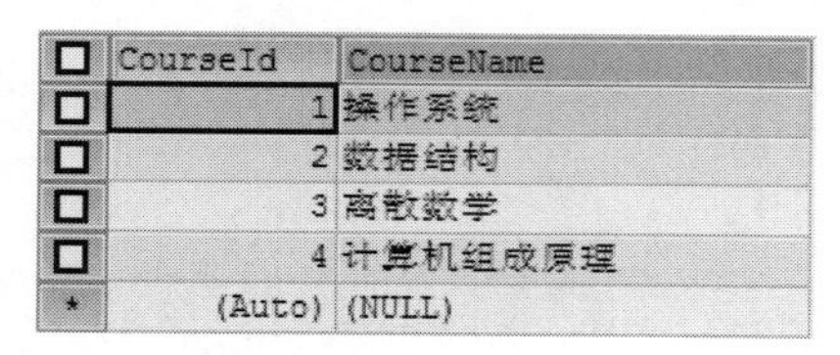

	CourseId	CourseName
	1	操作系统
	2	数据结构
	3	离散数学
	4	计算机组成原理
*	(Auto)	(NULL)

图 16-31　course 表的记录

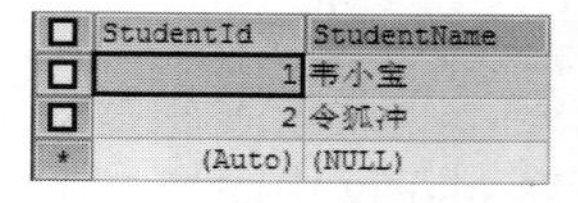

	StudentId	StudentName
	1	韦小宝
	2	令狐冲
*	(Auto)	(NULL)

图 16-32　student 表的记录

	Sid	Cid
	1	1
	1	2
	2	2
	2	3
	2	4
*	(NULL)	(NULL)

图 16-33　中间表 sc 的记录

控制台输出信息如图 16-34 所示。

```
Pro  Task  Web  Serv  Proj  Deb  Expr  Con
<terminated> TestManyToMany [Java Application] C:\Java\jdk1.7.0_45\bin\javaw.exe (2014
Hibernate: insert into bookshop.student (StudentName) values
Hibernate: insert into bookshop.course (CourseName) values (?)
Hibernate: insert into bookshop.course (CourseName) values (?)
Hibernate: insert into sc (Sid, Cid) values (?, ?)
Hibernate: insert into sc (Sid, Cid) values (?, ?)
Hibernate: insert into bookshop.student (StudentName) values
Hibernate: insert into bookshop.course (CourseName) values (?)
Hibernate: insert into bookshop.course (CourseName) values (?)
Hibernate: update bookshop.course set CourseName=? where Cours
Hibernate: insert into sc (Sid, Cid) values (?, ?)
Hibernate: insert into sc (Sid, Cid) values (?, ?)
Hibernate: insert into sc (Sid, Cid) values (?, ?)
```

图 16-34　testAdd_1()方法执行后控制台的输出

从图 16-34 可以看到，保存 s1 对象时，Hibernate 生成第 1 条 insert 语句；c1 和 c2 对象也级联执行了保存操作，Hibernate 生成第 2、3 条 insert 语句；与 s1 和 s2 关联的中间表也执行保存操作，Hibernate 生成第 4、5 条 insert 语句。

保存 s2 对象时情形与 s1 类似，由于 c1 对象在 s1 对象保存后就存在了，因此保存 s2 对象时，c1 对象级联执行的操作是更新而不是保存，Hibernate 会生成一条 update 语句。

(2)　任务二

假设需要添加一个新学生“东方不败”，并选择“计算机组成原理”这门课程。编写 testAdd_2()方法实现这一功能，代码如下：

```
private void testAdd_2() {
    //创建“东方不败”对象
    Student newStu = new Student();
    newStu.setStudentName("东方不败");
    //加载“计算机组成原理”对象
    Course c = (Course)super.get(Course.class, new Integer(4));
    //设置 newStu 和 c 对象之间的关联
    newStu.getCourses().add(c);
    //保存对象 newStu
    super.add(newStu);
}
```

在 main()方法中调用 testAdd_2()方法，运行测试类，保存对象 newStu 成功后，数据表 student 和 sc 中的记录分别如图 16-35 和 16-36 所示。

StudentId	StudentName
1	韦小宝
2	令狐冲
3	东方不败
(Auto)	(NULL)

图 16-35　数据表 student 中的记录

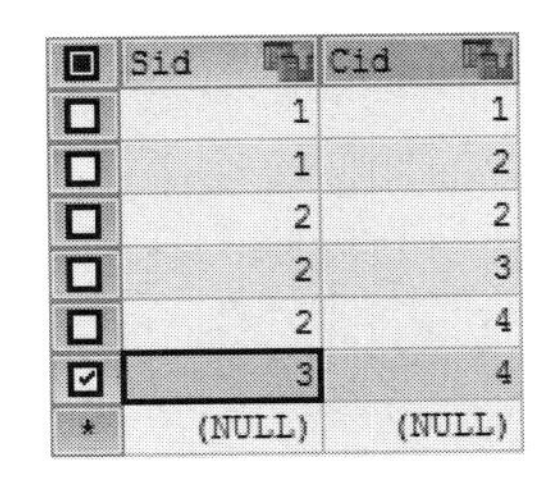

Sid	Cid
1	1
1	2
2	2
2	3
2	4
3	4
(NULL)	(NULL)

图 16-36　数据表 sc 中的记录

控制台输出信息如图 16-37 所示。

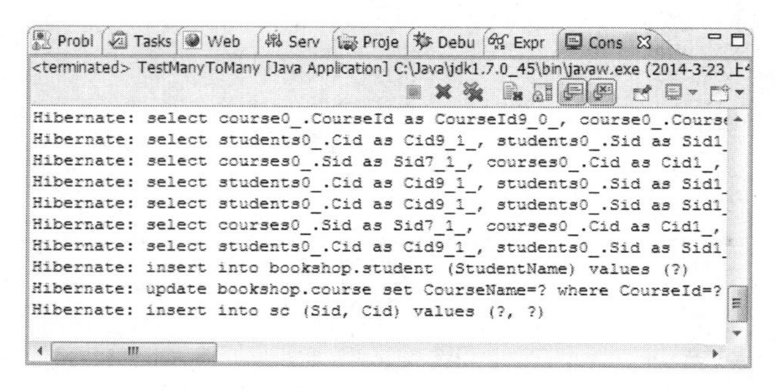

图 16-37　testAdd_2()方法执行后控制台的输出

从图 16-35 中可以看出，保存 newStu 对象时，Hibernate 生成了一条 insert 语句向数据表 student 中插入记录，由于关联的“计算机组成原理”课程对象已存在，因此该对象级联执行更新操作，Hibernate 会生成一条 update 语句，最后生成一条 insert 语句，向中间表 sc 中插入记录。

(3)　任务三

假设现在添加新的课程“编译原理”，韦小宝和东方不败都选择该课程，编写 testAdd_3()方法实现这一功能，代码如下：

```
private void testAdd_3() {
    //加载“韦小宝”和“东方不败”对象
    Student wxb = (Student)super.get(Student.class, new Integer(1));
    Student dfbb = (Student)super.get(Student.class, new Integer(3));
    //创建“编译原理”课程对象
    Course byyl = new Course();
    byyl.setCourseName("编译原理");
    //设定 wxb、dfbb 与 byyl 对象的关联
    wxb.getCourses().add(byyl);
    dfbb.getCourses().add(byyl);
    //更新 wxb 和 dfbb 对象
    super.update(wxb);
    super.update(dfbb);
}
```

在 main()方法中调用 testAdd_3()方法，运行测试类，数据表 course 和 sc 中的记录分别如图 16-38 和图 16-39 所示。

CourseId	CourseName
1	操作系统
2	数据结构
3	离散数学
4	计算机组成原理
5	编译原理
(Auto)	(NULL)

图 16-38　数据表 course 中的记录

Sid	Cid
1	1
1	2
1	5
2	2
2	3
2	4
3	4
3	5
(NULL)	(NULL)

图 16-39　数据表 sc 中的记录

控制台输出信息如图 16-40 所示。

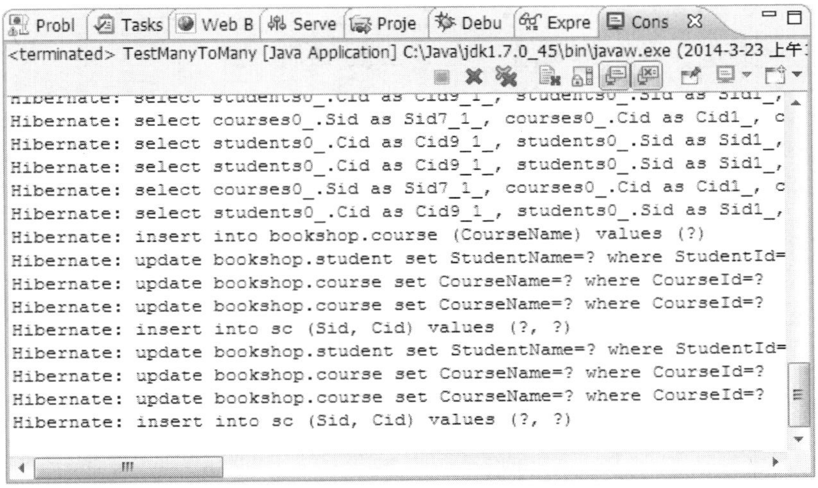

```
Probl  Tasks  Web B  Serve  Proje  Debu  Expre  Cons
<terminated> TestManyToMany [Java Application] C:\Java\jdk1.7.0_45\bin\javaw.exe (2014-3-23 上午
Hibernate: select students0_.Cid as Cid9_1_, students0_.Sid as Sid1_,
Hibernate: select courses0_.Sid as Sid7_1_, courses0_.Cid as Cid1_, c
Hibernate: select students0_.Cid as Cid9_1_, students0_.Sid as Sid1_,
Hibernate: select students0_.Cid as Cid9_1_, students0_.Sid as Sid1_,
Hibernate: select courses0_.Sid as Sid7_1_, courses0_.Cid as Cid1_, c
Hibernate: select students0_.Cid as Cid9_1_, students0_.Sid as Sid1_,
Hibernate: insert into bookshop.course (CourseName) values (?)
Hibernate: update bookshop.student set StudentName=? where StudentId=
Hibernate: update bookshop.course set CourseName=? where CourseId=?
Hibernate: update bookshop.course set CourseName=? where CourseId=?
Hibernate: insert into sc (Sid, Cid) values (?, ?)
Hibernate: update bookshop.student set StudentName=? where StudentId=
Hibernate: update bookshop.course set CourseName=? where CourseId=?
Hibernate: update bookshop.course set CourseName=? where CourseId=?
Hibernate: insert into sc (Sid, Cid) values (?, ?)
```

图 16-40　testAdd_3()方法执行成功后控制台的输出

从图 16-40 可以看出，更新 wxb 对象时，关联的“编译原理”课程对象级联执行保存操作，Hibernate 生成一条 insert 语句，向数据表 course 中添加一条课程记录；然后 Hibernate 生成一条 update 语句更新数据表 student，关联的其他课程对象也会执行级联的更新操作，Hibernate 接着又会生成两条 update 语句；接下来 Hibernate 生成一条 insert 语句，向中间表 sc 插入记录。更新 dfbb 对象时的情形与 wxb 对象类似。

16.5.3　删除数据

假设由于某种原因，“韦小宝”离开了学校，需要将其删除，并取消其选课信息。编写 testDelete_1()方法实现这一功能，代码如下：

```
private void testDelete_1() {
    //加载“韦小宝”对象，并获得其选课集合
    Student student = (Student)super.get(Student.class, new Integer(1));
    Iterator courses = student.getCourses().iterator();
    //删除中间表 sc 中与“韦小宝”关联的记录
    while(courses.hasNext()) {
        Course course = (Course)courses.next();
        course.getStudents().remove(student);
    }

    //将“韦小宝”对象删除
    super.delete(student);
}
```

在 main()方法中调用 testDelete_1()方法，运行测试类，数据表 student 和 sc 中的记录分别如图 16-41 和 16-42 所示。

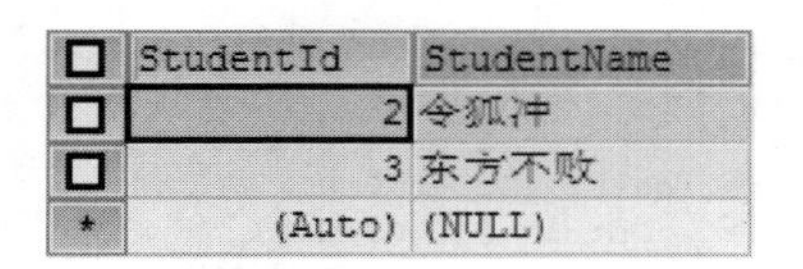

	StudentId	StudentName
	2	令狐冲
	3	东方不败
*	(Auto)	(NULL)

图 16-41　数据表 student 中的记录

	Sid	Cid
	2	2
	2	3
	2	4
	3	4
	3	5
*	(NULL)	(NULL)

图 16-42　数据表 sc 中的记录

控制台输出信息如图 16-43 所示。

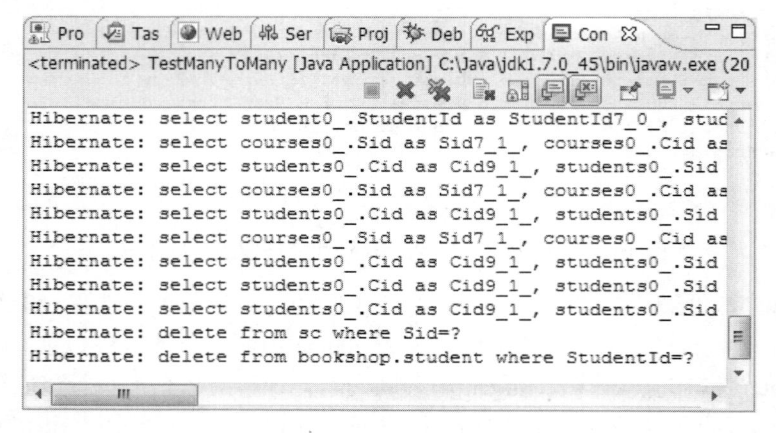

```
<terminated> TestManyToMany [Java Application] C:\Java\jdk1.7.0_45\bin\javaw.exe (20
Hibernate: select student0_.StudentId as StudentId7_0_, stud
Hibernate: select courses0_.Sid as Sid7_1_, courses0_.Cid as
Hibernate: select students0_.Cid as Cid9_1_, students0_.Sid
Hibernate: select courses0_.Sid as Sid7_1_, courses0_.Cid as
Hibernate: select students0_.Cid as Cid9_1_, students0_.Sid
Hibernate: select courses0_.Sid as Sid7_1_, courses0_.Cid as
Hibernate: select students0_.Cid as Cid9_1_, students0_.Sid
Hibernate: select students0_.Cid as Cid9_1_, students0_.Sid
Hibernate: select students0_.Cid as Cid9_1_, students0_.Sid
Hibernate: delete from sc where Sid=?
Hibernate: delete from bookshop.student where StudentId=?
```

图 16-43　testDelete_1()方法执行后控制台的输出

在 testDelete_1()方法中，由于外键约束，需要先将中间表 sc 中关联的记录删除，然后才能顺利删除 student 表中指定的学生。

从上面讲解的 Hibernate 关联映射可以看出，Hibernate 以对象的方式操作数据，并且通过配置关联，Hibernate 能自动完成关联数据的加载和其他持久化操作，使得编程人员可以只关注对象，而不用去管数据库、表和 SQL 语句了。

16.6　基于 Annotation 注解的关联映射

在第 15 章中，针对单张数据表 users，介绍过如何使用 Annotation 注解实现 Hibernate 零配置。

下面针对多对一、一对一和多对多双向关联介绍使用 Annotation 注解实现零配置。

16.6.1　多对一双向关联 Annotation 注解的实现

以数据库 bookshop 中数据表 books 和 publishers 的多对一关联关系为例，使用 Hibernate 的反转工程分别为数据表 books 和 publishers 生成实体类，如图 16-44 所示。

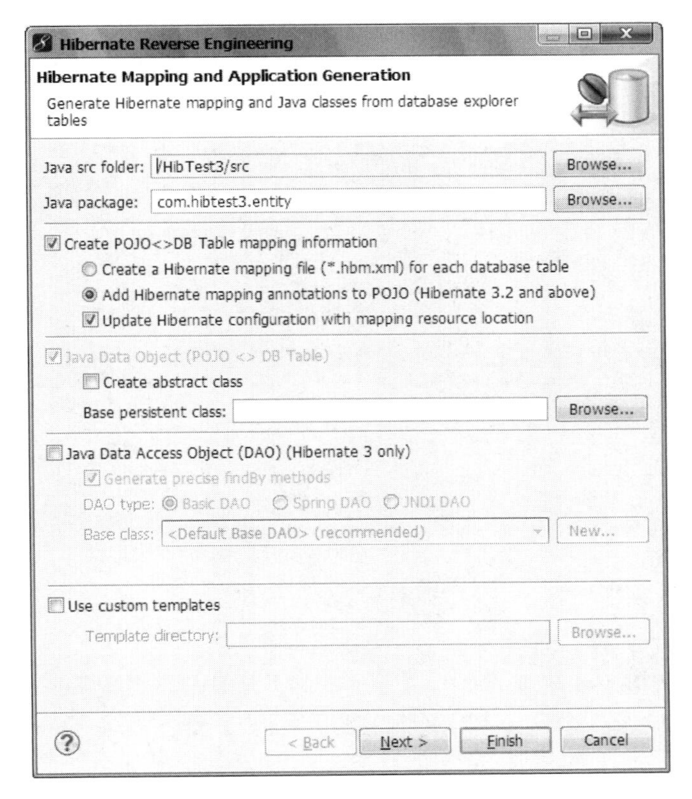

图 16-44　Hibernate 的反转工程

基于 Annotation 注解实现的持久化类 Books 的代码如下：

```
package com.hibtest3.entity;
import javax.persistence.Column;
import javax.persistence.Entity;
import javax.persistence.FetchType;
import javax.persistence.GeneratedValue;
import javax.persistence.Id;
import javax.persistence.JoinColumn;
import javax.persistence.ManyToOne;
import javax.persistence.Table;
import org.hibernate.annotations.Cascade;
import org.hibernate.annotations.CascadeType;
@Entity
@Table(name = "books", catalog = "bookshop")
public class Books implements java.io.Serializable {
    private Integer id;
    private String title;
    private String author;
    private Integer unitPrice;
    //定义 Publishers 类型的关联属性
    private Publishers publishers;
    //使用@ManyToOne 和@JoinColumn 注解实现 Books 到 Publishers 的多对一关联
    @ManyToOne(fetch=FetchType.EAGER)
```

```
    @Cascade(value={CascadeType.SAVE_UPDATE})
    @JoinColumn(name="PublisherId")
    public Publishers getPublishers() {
        return publishers;
    }
    public void setPublishers(Publishers publishers) {
        this.publishers = publishers;
    }
    public Books() {
    }
    public Books(String title, String author, Integer publisherId) {
        this.title = title;
        this.author = author;
    }
    public Books(String title, String author, Integer publisherId,
      Integer unitPrice) {
        this.title = title;
        this.author = author;
        this.unitPrice = unitPrice;
    }
    @Id
    @GeneratedValue
    @Column(name = "Id", unique = true, nullable = false)
    public Integer getId() {
        return this.id;
    }
    public void setId(Integer id) {
        this.id = id;
    }
    @Column(name = "Title", nullable = false, length = 50)
    public String getTitle() {
        return this.title;
    }
    public void setTitle(String title) {
        this.title = title;
    }
    @Column(name = "Author", nullable = false, length = 16)
    public String getAuthor() {
        return this.author;
    }
    public void setAuthor(String author) {
        this.author = author;
    }
    @Column(name = "UnitPrice", precision = 8, scale = 0)
    public Integer getUnitPrice() {
        return this.unitPrice;
    }
    public void setUnitPrice(Integer unitPrice) {
        this.unitPrice = unitPrice;
    }
}
```

在持久化类 Books 中，定义了一个 Publishers 类型的关联属性 publishers，再使用@ManyToOne 和@JoinColumn 注解实现 Books 到 Publishers 的多对一关联。@ManyToOne 注解的 fetch 属性的可选择项包括 FetchType.EAGER 和 FetchType.LAZY，前者表示关联类在主类加载时同时加载，后者表示关联类在被访问时才加载，默认值是 FetchType.LAZY。

@Cascade(value={CascadeType.SAVE_UPDATE})注解指定类与类之间的级联关联，主类执行保存或更新操作时，关联类执行同样的操作。@JoinColumn(name="PublisherId")指定数据表 books 的 PublisherId 字段作为外键与数据表 publishers 的主键关联。

基于 Annotation 注解实现的持久化类 Publishers 的代码如下：

```
package com.hibtest3.entity;
import java.util.HashSet;
import java.util.Set;
import javax.persistence.Column;
import javax.persistence.Entity;
import javax.persistence.FetchType;
import javax.persistence.GeneratedValue;
import javax.persistence.Id;
import javax.persistence.OneToMany;
import javax.persistence.Table;
import org.hibernate.annotations.Cascade;
import org.hibernate.annotations.CascadeType;
@Entity
@Table(name = "publishers", catalog = "bookshop")
public class Publishers implements java.io.Serializable {
    private Integer id;
    private String name;
    //定义元素类型为 Books 的关联集合属性 bks
    private Set<Books> bks = new HashSet<Books>();
    //使用@OneToMany 注解实现 Publishers 到 Books 的一对多关联
    @OneToMany(mappedBy="publishers",fetch=FetchType.EAGER)
    @Cascade(value={CascadeType.DELETE})
    public Set<Books> getBks() {
        return bks;
    }
    public void setBks(Set<Books> bks) {
        this.bks = bks;
    }
    public Publishers() {
    }
    public Publishers(String name) {
        this.name = name;
    }
    @Id
    @GeneratedValue
    @Column(name = "Id", unique = true, nullable = false)
    public Integer getId() {
        return this.id;
    }
    public void setId(Integer id) {
```

```
        this.id = id;
    }
    @Column(name = "Name", nullable = false, length = 16)
    public String getName() {
        return this.name;
    }
    public void setName(String name) {
        this.name = name;
    }
}
```

在持久化类 Publishers 中，需要定义元素类型为 Books 的关联集合属性 bks，再使用@OneToMany 注解实现 Publishers 到 Books 的一对多关联。@OneToMany 注解的 mappedBy 属性的作用相当于设置 inverse=true，表示将关联关系的主管权反转，即由 Books 方法管理关联关系。mappedBy 属性值为关联的多的一方(Books 类)所定义 Publishers 类型的属性(publishers)。@Cascade(value={CascadeType.DELETE})注解指定级联删除。

基于 Annotation 注解的持久化类 Books 和 Publishers 配置完成后，还需要在 Hibernate 配置文件 hibernate.cfg.xml 中添加对持久化类 Books 和 Publishers 的引用，代码如下所示：

```
<mapping class="com.hibtest3.entity.Books" />
<mapping class="com.hibtest3.entity.Publishers" />
```

下面介绍如何实现双向多对一关联中数据的增、删、改等操作。

1. 添加数据

在项目 HibTest3 的 com.hibtest3 包下创建测试类 TestM2OAndO2MByAnnotation.java，编写 testAdd()方法添加“高等教育出版社”，同时给该出版社添加两本图书。

代码如下：

```
private void testAdd() {
    //创建一个 Publishers 对象
    Publishers publishers = new Publishers();
    publishers.setName("高等教育出版社");
    //创建两个 Books 对象
    Books book1 = new Books();
    book1.setTitle("高等代数(第 3 版)");
    book1.setAuthor("王萼芳等");
    Books book2 = new Books();
    book2.setTitle("数据库系统概论(第 4 版)");
    book2.setAuthor("王珊等");
    //由于将关联关系交给 Books 来维护，所以在存储时必须明确地
    //将 Publishers 设定给 Books，即 Books 必须调用 setPublishers()方法
    book1.setPublishers(publishers);
    book2.setPublishers(publishers);
    //持久化两个 Books 对象，Publishers 对象会级联执行
    Session session = HibernateSessionFactory.getSession();
    Transaction tx = session.beginTransaction();
    session.save(book1);
    session.save(book2);
```

```
    tx.commit();
    session.close();
}
```

在 main()方法中调用 testAdd()方法，在 MySQL 中重新附加数据库 bookshop，运行测试类，books 表和 publishers 表的记录分别如图 16-45 和 16-46 所示。

Id	Title	Author	PublisherId	UnitPrice
4939	C++ Primer中文版	（美）Stanley	2	55
4943	Effective C# 中	（美）瓦格纳	2	45
4944	C程序设计语言	（美）克尼汉	3	30
4946	框架设计（第2版）	（美）瑞奇特	1	68
4947	C++程序设计教程	钱能　著	1	40
4953	Web应用开发技术	崔尚森，张白一	3	56
4954	高等代数(第3版)	王萼芳等	4	(NULL)
4955	数据库系统概论(第4版)	王珊等	4	(NULL)
(Auto)	(NULL)	(NULL)	(NULL)	(NULL)

图 16-45　books 表的记录

Id	Name
1	清华大学出版社
2	人民邮电出版社
3	机械工业出版社
4	高等教育出版社
(Auto)	(NULL)

图 16-46　publishers 表的记录

控制台输出信息如图 16-47 所示。

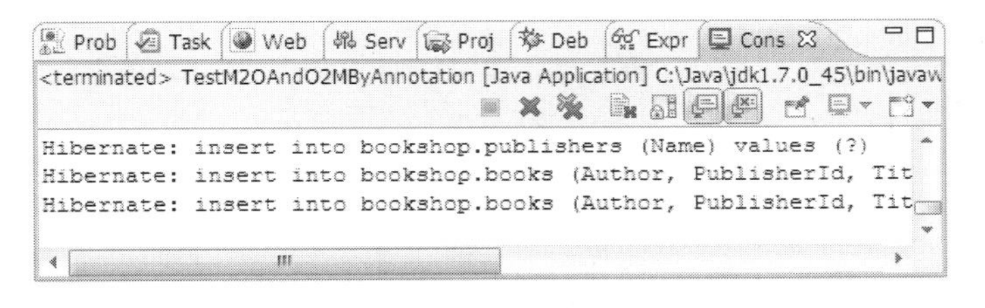

图 16-47　testAdd()方法执行后控制台的输出

从图 16-47 可以看到，Hibernate 生成了三条 insert 语句。第一条 insert 语句添加出版社记录，后两条 insert 语句添加图书记录。

2. 删除数据

(1)　从“多”的一方删除

编写 testDelete_1()方法删除编号为 4939 的图书对象，代码如下：

```
private void testDelete_1() {
    Session session = HibernateSessionFactory.getSession();
    //加载待删除的 Books 对象
    Books book = (Books)session.get(Books.class, 4939);
    Transaction tx = session.beginTransaction();
    session.delete(book);
    tx.commit();
    session.close();
}
```

在 main()方法中调用 testDelete_1()方法，运行测试类，执行删除操作后，books 表的记录如图 16-48 所示。

Id	Title	Author	PublisherId	UnitPrice
4943	Effective C# 中	（美）瓦格纳 著	2	45
4944	C程序设计语言	（美）克尼汉	3	30
4946	框架设计（第2版）	（美）瑞奇特	1	68
4947	C++程序设计教程	钱能 著	1	40
4953	Web应用开发技术	崔尚森，张白一	3	56
4954	高等代数(第3版)	王萼芳等	4	(NULL)
4955	数据库系统概论(第	王珊等	4	(NULL)
(Auto)	(NULL)	(NULL)	(NULL)	(NULL)

图 16-48　books 表的记录

控制台输出信息如图 16-49 所示。

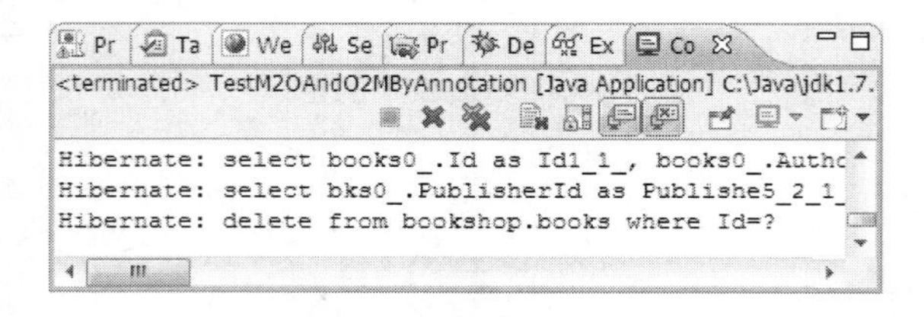

图 16-49　testDelete_1()方法执行后控制台的输出

(2)　从“一”的一方删除

编写 testDelete_2()方法，删除编号为 4 的出版社对象，代码如下：

```
public void testDelete_2() {
    Session session = HibernateSessionFactory.getSession();
    //加载高等教育出版社对象
    Publishers publisher = (Publishers)session.get(Publishers.class, 4);
    Transaction tx = session.beginTransaction();
    session.delete(publisher);
    tx.commit();
    session.close();
}
```

在 main()方法中调用 testDelete_2()方法，运行测试类，执行删除操作后，books 表和 publishers 表的记录分别如图 16-50 和 16-51 所示。

Id	Title	Author	PublisherId	UnitPrice
4943	Effective C# 中	（美）瓦格纳	2	45
4944	C程序设计语言	（美）克尼汉	3	30
4946	框架设计（第2版）	（美）瑞奇特	1	68
4947	C++程序设计教程	钱能 著	1	40
4953	Web应用开发技术	崔尚森，张白一	3	56
(Auto)	(NULL)	(NULL)	(NULL)	(NULL)

图 16-50　books 表的记录

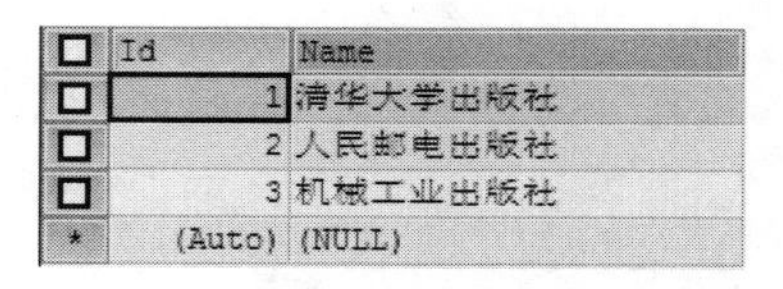

Id	Name
1	清华大学出版社
2	人民邮电出版社
3	机械工业出版社
(Auto)	(NULL)

图 16-51　publishers 表的记录

控制台输出信息如图 16-52 所示。

从图 16-52 中可以看出，Hibernate 生成了三条 delete 语句。由于在 Publishers 类中配置了级联删除，因此删除出版社对象时，会先删除关联的图书对象。

```
<terminated> TestM2OAndO2MByAnnotation [Java Application] C:\Java\jdk1.7.0
Hibernate: select publishers0_.Id as Id2_1_, publishe
Hibernate: delete from bookshop.books where Id=?
Hibernate: delete from bookshop.books where Id=?
Hibernate: delete from bookshop.publishers where Id=?
```

图 16-52　testDelete_2()方法执行后控制台的输出

3．更新记录

编写 testUpdate()方法，将编号为 4944 的图书记录中的出版社修改为"清华大学出版社"，代码如下：

```
private void testUpdate() {
    Session session = HibernateSessionFactory.getSession();
    //加载"C 程序设计语言"图书对象
    Books book = (Books)session.get(Books.class, new Integer(4944));
    //加载"清华大学出版社"对象
    Publishers qhdx = (Publishers)session.get(Publishers.class,1);
    //更新"C 程序设计语言"图书对象关联的出版社对象
    book.setPublishers(qhdx);
    Transaction tx = session.beginTransaction();
    //持久化图书对象
    session.update(book);
    tx.commit();
    session.close();
}
```

在 main()方法中调用 testUpdate()方法，运行测试类，执行更新操作后 books 表的记录如图 16-53 所示。

Id	Title	Author	PublisherId	UnitPrice
4943	Effective C# 中	（美）瓦格纳	2	45
4944	C程序设计语言	（美）克尼汉	1	30
4946	框架设计（第2版）	（美）瑞奇特	1	68
4947	C++程序设计教程	钱能　著	1	40
4953	Web应用开发技术	崔尚森，张白一	3	56
(Auto)	(NULL)	(NULL)	(NULL)	(NULL)

图 16-53　books 表的记录

控制台输出信息如图 16-54 所示。

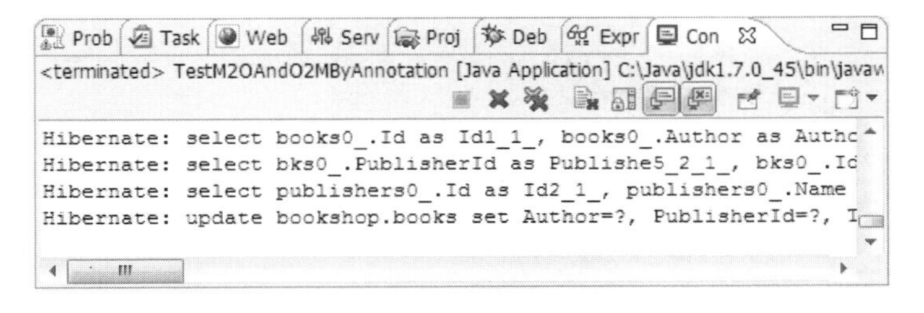

图 16-54　testUpdate()方法执行后控制台输出

从图 16-54 中可以看出，Hibernate 生成了一条 update 语句。

16.6.2 一对一双向关联 Annotation 注解的实现

以数据库 bookshop 中数据表 people_zj 和 identitycard_zj 的基于主键的一对一关联关系为例，使用 Hibernate 的反转工程分别为数据表 people_zj 和 identitycard_zj 生成持久化类。

基于 Annotation 注解实现的持久化类 PeopleZj 的代码如下：

```
package com.hibtest3.entity;
import javax.persistence.Column;
import javax.persistence.Entity;
import javax.persistence.GeneratedValue;
import javax.persistence.Id;
import javax.persistence.OneToOne;
import javax.persistence.Table;
import org.hibernate.annotations.GenericGenerator;
import org.hibernate.annotations.Parameter;
@Entity
@Table(name = "people_zj", catalog = "bookshop")
public class PeopleZj implements java.io.Serializable {
    private Integer id;
    private String name;
    private String sex;
    private Integer age;
    //定义 IdentitycardZj 类型关联属性
    private IdentitycardZj identitycardZj;
    public PeopleZj() {}
    public PeopleZj(String name, String sex, Integer age) {
        this.name = name;
        this.sex = sex;
        this.age = age;
    }
    //这组注解功能是将当前对象中 identitycardZj 属性的主键来作为本对象的主键
    @GenericGenerator(name = "generator", strategy = "foreign",
      parameters=@Parameter(name="property",
      value="identitycardZj"))
    @Id
    @GeneratedValue(generator = "generator")
    @Column(name = "Id", unique = true, nullable = false)
    public Integer getId() {
        return this.id;
    }
    public void setId(Integer id) {
        this.id = id;
    }
    @Column(name = "Name", length = 10)
    public String getName() {
        return this.name;
    }
```

```
    public void setName(String name) {
        this.name = name;
    }
    @Column(name = "Sex", length = 4)
    public String getSex() {
        return this.sex;
    }
    public void setSex(String sex) {
        this.sex = sex;
    }
    @Column(name = "Age")
    public Integer getAge() {
        return this.age;
    }
    public void setAge(Integer age) {
        this.age = age;
    }
    //使用@OneToMany注解实现PeopleZj与IdentitycardZj
    //的基于主键的一对一关联
    @OneToOne(mappedBy="peopleZj",optional=false)
    public IdentitycardZj getIdentitycardZj() {
        return identitycardZj;
    }
    public void setIdentitycardZj(IdentitycardZj identitycardZj) {
        this.identitycardZj = identitycardZj;
    }
}
```

在持久化类 PeopleZj 中，首先定义了 IdentitycardZj 类型关联属性 identitycardZj，然后使用@GenericGenerator、@Id、@GeneratedValue 和@Column 这一组注解将 PeopleZj 类中定义的 IdentitycardZj 类型的属性 identitycardZj 的主键来作为 PeopleZj 类对象的主键。

其中，@GenericGenerator 注解声明了一个 Hibernate 的主键生成策略，支持 13 种策略。该注解的 name 属性指定生成器名称，strategy 属性指定具体生成器的类名(即生成策略)，这里选择 foreign 策略，表示使用另一个关联对象的主键，通常与<one-to-one>联合起来使用。parameters 属性得到 strategy 指定的具体生成器所用到的参数，设置 value="identitycardZj"表示将当前类 PeopleZj 中定义的 IdentitycardZj 类型的 identitycardZj 属性的主键作为 PeopleZj 类对象的主键。

再使用@OneToOne 注解实现 PeopleZj 与 IdentitycardZj 的基于主键的一对一关联，设置属性 mappedBy="peopleZj"的作用相当于 inverse=true，表示将关联关系的控制权反转，即由 IdentitycardZj 方管理关联关系，peopleZj 为 IdentitycardZj 类中定义的 PeopleZj 类型的关联属性。设置属性 optional=false 指定关联属性 identitycardZj 不能为空。

基于 Annotation 注解实现的持久化类 IdentitycardZj 的代码如下：

```
package com.hibtest3.entity;
import javax.persistence.CascadeType;
import javax.persistence.Column;
import javax.persistence.Entity;
import javax.persistence.GeneratedValue;
```

```
import javax.persistence.Id;
import javax.persistence.OneToOne;
import javax.persistence.PrimaryKeyJoinColumn;
import javax.persistence.Table;
@Entity
@Table(name = "identitycard_zj", catalog = "bookshop")
public class IdentitycardZj implements java.io.Serializable {
    private Integer id;
    private String cardNo;
    //定义 PeopleZj 类型的关联属性
    private PeopleZj peopleZj;
    public IdentitycardZj() {}
    public IdentitycardZj(String cardNo) {
        this.cardNo = cardNo;
    }
    @Id
    @GeneratedValue
    @Column(name = "Id", unique = true, nullable = false)
    public Integer getId() {
        return this.id;
    }
    public void setId(Integer id) {
        this.id = id;
    }
    @Column(name = "CardNo", length = 18)
    public String getCardNo() {
        return this.cardNo;
    }
    public void setCardNo(String cardNo) {
        this.cardNo = cardNo;
    }
    //使用@OneToOne 和@PrimaryKeyJoinColumn 注解
    //实现 IdentitycardZj 与 PeopleZj 的基于主键的一对一关联
    @OneToOne(cascade=CascadeType.ALL)
    @PrimaryKeyJoinColumn
    public PeopleZj getPeopleZj() {
        return peopleZj;
    }
    public void setPeopleZj(PeopleZj peopleZj) {
        this.peopleZj = peopleZj;
    }
}
```

在持久化类 IdentitycardZj 中，首先定义了 PeopleZj 类型的关联属性 peopleZj j，再使用@OneToOne 和@PrimaryKeyJoinColumn 注解实现 IdentitycardZj 与 PeopleZj 的基于主键的一对一关联。设置属性 cascade=CascadeType.ALL，表示 IdentitycardZj 方执行的所有操作 PeopleZj 方都会级联执行。@PrimaryKeyJoinColumn 注解表示两个实体通过主键关联。

基于 Annotation 注解的持久化类 PeopleZj 和 IdentitycardZj 配置完成后，还需要在 Hibernate 配置文件 hibernate.cfg.xml 中添加对持久化类的引用，代码如下：

```
<mapping class="com.hibtest3.entity.PeopleZj" />
<mapping class="com.hibtest3.entity.IdentitycardZj" />
```

下面介绍如何实现双向一对一关联中数据的加载、添加和删除操作。

1．加载数据

在项目 HibTest3 的 com.hibtest3 包下创建测试类 TestOne2OneBasedPKByAnnotation.java，编写 getPeopleZjById(int i)方法，加载指定编号的公民对象，同时获取关联的身份证信息。代码如下：

```
private void getPeopleZjById(int i) {
    Session session = HibernateSessionFactory.getSession();
    PeopleZj peopleZj = (PeopleZj)session.get(PeopleZj.class,i);
    System.out.println(peopleZj.getName()
      + "的身份证号：" + peopleZj.getIdentitycardZj().getCardNo());
    session.close();
}
```

在 main()方法中调用 getPeopleZjById(1)，运行测试类，控制台输出如图 16-55 所示。

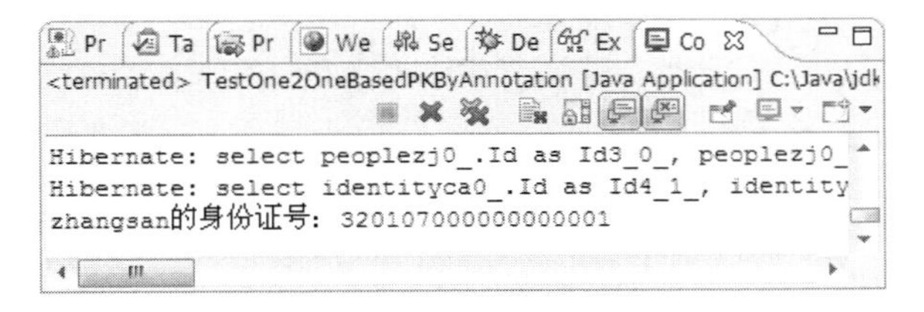

图 16-55　getPeopleZjById(1)方法执行后控制台的输出

从图 16-55 可以看出，输出公民对象的同时输出了身份证信息。

2．添加数据

编写 addPeopleZj()方法添加公民记录，同时添加关联的身份证记录，代码如下：

```
private void addPeopleZj() {
    PeopleZj peopleZj = new PeopleZj();
    IdentitycardZj identitycardZj = new IdentitycardZj();
    identitycardZj.setCardNo("320107000000000008");
    peopleZj.setName("Tom");
    peopleZj.setAge(30);
    peopleZj.setSex("男");
    //设置相互关联
    peopleZj.setIdentitycardZj(identitycardZj);
    identitycardZj.setPeopleZj(peopleZj);
    //持久化 identitycardZj 对象
    Session session = HibernateSessionFactory.getSession();
    Transaction tx = session.beginTransaction();
    session.save(identitycardZj);
    tx.commit();
    session.close();
}
```

在 main()方法中调用 addPeopleZj()方法，运行测试类，执行保存操作后，people_zj 表和 identitycard_zj 表的记录分别如图 16-56 和 16-57 所示。

	Id	Name	Sex	Age
☐	1	zhangsan	男	21
☐	2	lisi	男	22
☐	3	wangwu	男	23
☐	4	zhaoliu	男	24
☐	5	qianqie	男	25
☐	6	sunba	男	26
☐	7	qingqiu	男	27
☑	8	Tom	男	30
*	(Auto)	(NULL)	(NULL)	(NULL)

图 16-56　people_zj 表的记录

	Id	CardNo
☐	1	320107000000000001
☐	2	320107000000000002
☐	3	320107000000000003
☐	4	320107000000000004
☐	5	320107000000000005
☐	6	320107000000000006
☐	7	320107000000000007
☑	8	320107000000000008
*	(Auto)	(NULL)

图 16-57　identitycard_zj 表的记录

控制台输出信息如图 16-58 所示。

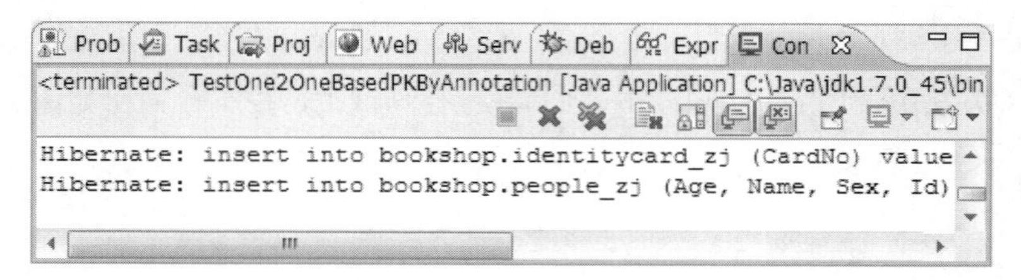

图 16-58　addPeopleZj()方法执行后控制台的输出

从图 16-58 中可以看出，Hibernate 生成了两条 inset 语句。由于 IdentitycardZj 是一对一关联关系的主管方，且 IdentitycardZj 类中配置了对所有操作的级联，因此添加身份证对象时，会级联添加关联的公民对象。

3．删除数据

编写 deleteIdentitycardZjById(int id)方法删除指定编号的身份证记录，同时删除关联的公民记录，代码如下：

```
private void deleteIdentitycardZjById(int id) {
    Session session = HibernateSessionFactory.getSession();
    IdentitycardZj identitycardZj =
      (IdentitycardZj)session.get(IdentitycardZj.class, id);
    Transaction tx = session.beginTransaction();
    session.delete(identitycardZj);
    tx.commit();
    session.close();
}
```

在 main()方法中调用 deleteIdentitycardZjById(8)方法，运行测试类，执行删除操作后，people_zj 表和 identitycard_zj 表的记录分别如图 16-59 和 16-60 所示。

控制台输出信息如图 16-61 所示。

从图 16-61 中可以看出，Hibernate 生成了两条 delete 语句。由于 IdentitycardZj 是一对一关联关系的主管方，且 IdentitycardZj 类中配置了对所有操作的级联，因此删除身份证对象时，会级联删除关联的公民对象。因为公民对象的主键依赖于身份证对象的主键，所以先删除公民对象，再删除身份证对象。

Id	Name	Sex	Age
1	zhangsan	男	21
2	lisi	男	22
3	wangwu	男	23
4	zhaoliu	男	24
5	qianqie	男	25
6	sunba	男	26
7	qingqiu	男	27
(Auto)	(NULL)	(NULL)	(NULL)

图 16-59　people_zj 表的记录

Id	CardNo
1	320107000000000001
2	320107000000000002
3	320107000000000003
4	320107000000000004
5	320107000000000005
6	320107000000000006
7	320107000000000007
(Auto)	(NULL)

图 16-60　identitycard_zj 表的记录

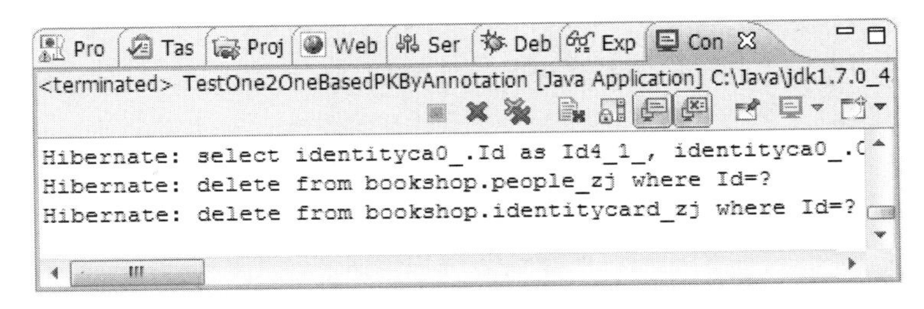

图 16-61　deleteIdentitycardZjById(8)方法执行后控制台的输出

16.6.3　多对多双向关联 Annotation 注解的实现

以数据库 bookshop 中学生表 student 和课程表 course 多对多关联关系为例，它们之间的关联通过中间表 sc 实现。使用 Hibernate 的反转工程，分别为数据表 student 和 course 生成持久化类。

基于 Annotation 注解实现的持久化类 Course 的代码如下：

```
package com.hibtest3.entity;
import java.util.HashSet;
import java.util.Set;
...
@Entity
@Table(name = "course", catalog = "bookshop")
public class Course implements java.io.Serializable {
    private Integer courseId;
    private String courseName;
    //定义元素类型为 Student 的选课学生集合 students
    private Set<Student> students = new HashSet<Student>();
    public Course() {}
    public Course(String courseName) {
        this.courseName = courseName;
    }
    @Id
    @GeneratedValue
    @Column(name = "CourseId", unique = true, nullable = false)
```

```
    public Integer getCourseId() {
        return this.courseId;
    }
    public void setCourseId(Integer courseId) {
        this.courseId = courseId;
    }
    @Column(name = "CourseName", length = 16)
    public String getCourseName() {
        return this.courseName;
    }
    public void setCourseName(String courseName) {
        this.courseName = courseName;
    }
    //使用@ManyToMany 注解实现 Course 到 Student 的多对多关联
    @ManyToMany(mappedBy="courses",fetch=FetchType.EAGER)
    public Set<Student> getStudents() {
        return students;
    }
    public void setStudents(Set<Student> students) {
        this.students = students;
    }
}
```

在持久化类 Course 中，定义了一个元素类型为 Student 的选课学生集合 students，再使用@ManyToMany 注解实现 Course 到 Student 的多对多关联。在@ManyToMany 注解中，设置属性 mappedBy="courses"，作用相当于 inverse="true"，将关联关系控制权反转，即由 Student 方管理关联关系。courses 表示 Student 类中定义的元素类型为 Course 的选修课程集合。由于 Student 是关联关系的主管方，因此 Student 类和 Course 类的多对多关联映射是在 Student 类中实现的。

基于 Annotation 注解实现的持久化类 Student 的代码如下：

```
package com.hibtest3.entity;
import java.util.HashSet;
import java.util.Set;
...
import org.hibernate.annotations.Cascade;
import org.hibernate.annotations.CascadeType;
@Entity
@Table(name = "student", catalog = "bookshop")
public class Student implements java.io.Serializable {
    private Integer studentId;
    private String studentName;
    //定义元素类型为 Course 的选修课程集合 courses
    private Set<Course> courses = new HashSet<Course>();
    public Student() {}
    public Student(String studentName) {
        this.studentName = studentName;
    }
    @Id
    @GeneratedValue
```

```
    @Column(name = "StudentId", unique = true, nullable = false)
    public Integer getStudentId() {
        return this.studentId;
    }
    public void setStudentId(Integer studentId) {
        this.studentId = studentId;
    }
    @Column(name = "StudentName", length = 16)
    public String getStudentName() {
        return this.studentName;
    }
    public void setStudentName(String studentName) {
        this.studentName = studentName;
    }
    //使用@ManyToMany注解实现Student到Course的多对多关联
    @ManyToMany(fetch=FetchType.EAGER)
    @Cascade(value={CascadeType.SAVE_UPDATE})
    @JoinTable(name="sc",
            joinColumns={@JoinColumn(name="Sid")},
            inverseJoinColumns={@JoinColumn(name="Cid")})
    public Set<Course> getCourses() {
        return courses;
    }
    public void setCourses(Set<Course> courses) {
        this.courses = courses;
    }
}
```

在持久化类 Student 中，定义一个元素类型为 Course 的选修课程集合 courses，再使用@ManyToMany 注解和@JoinTable 注解实现 Student 到 Course 的多对多关联。

@JoinTable 注解描述了多对多关系的数据表关系，name 属性指定中间表的名称，这里为“sc”；joinColumns 属性定义中间表 sc 与学生表 student 关联的外键列，这里为“Sid”；inverseJoinColumns 属性定义中间表 sc 与另一端课程表 course 关联的外键列，这里为“Cid”。

基于 Annotation 注解的持久化类 Student 和 Course 的双向多对多关联配置完成后，还需要在 Hibernate 配置文件 hibernate.cfg.xml 中添加对持久化类的引用，代码如下：

```
<mapping class="com.hibtest3.entity.Student" />
<mapping class="com.hibtest3.entity.Course" />
```

下面介绍如何实现双向多对多联中数据的添加和删除操作。

1. 添加数据

在数据表 student 中添加“张三”和“李四”两个学生，在数据表 course 中添加“数据结构”、“操作系统”、“计算机组成原理”三门课程，并用数据表 sc 记录学生的选课情况，张三选修“数据结构”和“操作系统”这两门课程，李四选修“数据结构”和“计算机组成原理”这两门课程。

在项目 HibTest3 的 com.hibtest3 包下创建测试类 TestManyToManyByAnnotation 的文件，编写 testAdd_1()方法用于添加数据，代码如下所示：

```
private void testAdd_1() {
    //创建两个 Student 对象
    Student s1 = new Student();
    s1.setStudentName("张三");
    Student s2 = new Student();
    s2.setStudentName("李四");
    //创建三个 Course 对象
    Course c1 = new Course();
    c1.setCourseName("数据结构");
    Course c2 = new Course();
    c2.setCourseName("操作系统");
    Course c3 = new Course();
    c3.setCourseName("计算机组成原理");
    //设定 s1 与 c1 和 c2 的关联
    s1.getCourses().add(c1);
    s1.getCourses().add(c2);
    //设定 s2 与 c1 和 c3 的关联
    s2.getCourses().add(c1);
    s2.getCourses().add(c3);
    //保存 s1 和 s2 对象
    Session session = HibernateSessionFactory.getSession();
    Transaction tx = session.beginTransaction();
    session.save(s1);
    session.save(s2);
    tx.commit();
    session.close();
}
```

在 main()方法中调用 testAdd_1()方法，运行测试类，course 表的记录如图 16-62 所示。student 表和中间表 sc 的记录分别如图 16-63 和 16-64 所示。

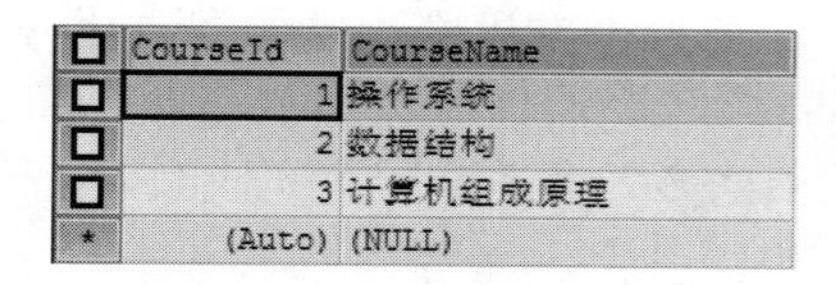

CourseId	CourseName
1	操作系统
2	数据结构
3	计算机组成原理
(Auto)	(NULL)

图 16-62　course 表的记录

StudentId	StudentName
1	张三
2	李四
(Auto)	(NULL)

图 16-63　student 表的记录

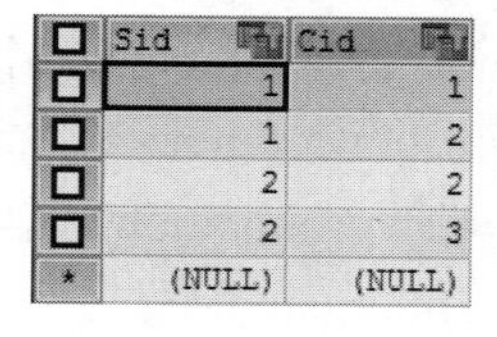

Sid	Cid
1	1
1	2
2	2
2	3
(NULL)	(NULL)

图 16-64　中间表 sc 的记录

控制台输出信息如图 16-65 所示。

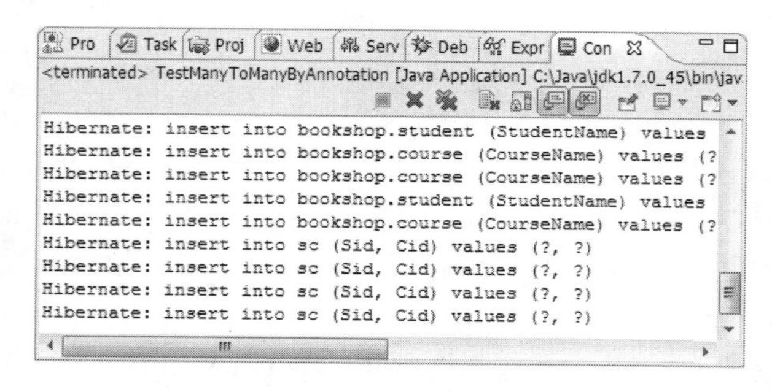

图 16-65　testAdd_1()方法执行后控制台的输出

假设需要添加一个新学生“王五”，并选择“计算机组成原理”这门课程。编写 testAdd_2()方法实现这一功能，代码如下：

```
private void testAdd_2() {
    Session session = HibernateSessionFactory.getSession();
    //创建“王五”对象
    Student newStu = new Student();
    newStu.setStudentName("王五");
    //加载“计算机组成原理”对象
    Course c = (Course)session.get(Course.class,3);
    //设置 newStu 和 c 对象之间的关联
    newStu.getCourses().add(c);
    //保存对象 newStu
    Transaction tx = session.beginTransaction();
    session.save(newStu);
    tx.commit();
    session.close();
}
```

在 main()方法中调用 testAdd_2()方法，运行测试类，保存对象 newStu 成功后，数据表 student 和 sc 中的记录分别如图 16-66 和图 16-67 所示。

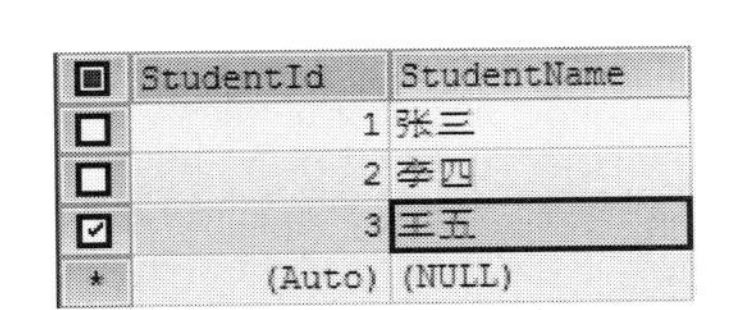

StudentId	StudentName
1	张三
2	李四
3	王五
(Auto)	(NULL)

图 16-66　数据表 student 中的记录

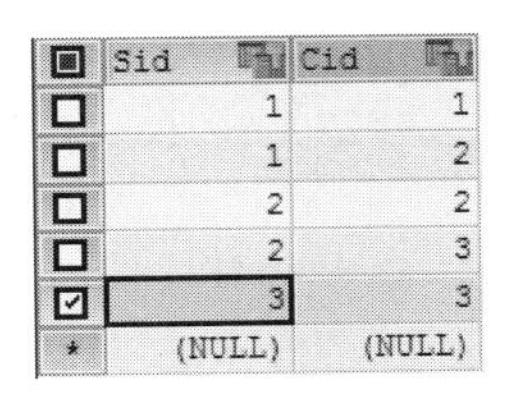

Sid	Cid
1	1
1	2
2	2
2	3
3	3
(NULL)	(NULL)

图 16-67　数据表 sc 中的记录

控制台输出的信息如图 16-68 所示。

```
<terminated> TestManyToManyByAnnotation [Java Application] C:\Java\jdk1.7.0_45\bin\java
Hibernate: select course0_.CourseId as CourseId6_1_, course0_
Hibernate: select courses0_.Sid as Sid5_1_, courses0_.Cid as
Hibernate: select students0_.Cid as Cid6_1_, students0_.Sid a
Hibernate: select courses0_.Sid as Sid5_1_, courses0_.Cid as
Hibernate: select students0_.Cid as Cid6_1_, students0_.Sid a
Hibernate: insert into bookshop.student (StudentName) values
Hibernate: insert into sc (Sid, Cid) values (?, ?)
```

图 16-68　testAdd_2()方法执行后控制台的输出

假设现在添加新的课程“编译原理”，张三和王五都选择该课程，编写 testAdd_3()方法实现这一功能，代码如下：

```
private void testAdd_3() {
    Session session = HibernateSessionFactory.getSession();
    //加载“张三”和“王五”对象
    Student zhangsan = (Student)session.get(Student.class, 1);
    Student wangwu = (Student)session.get(Student.class, 3);
```

```
    //创建“编译原理”课程对象
    Course byyl = new Course();
    byyl.setCourseName("编译原理");
    //设定 zhangsan、wangwu 与 byyl 对象的关联
    zhangsan.getCourses().add(byyl);
    wangwu.getCourses().add(byyl);
    //更新 zhangsan 和 wangwu 对象
    Transaction tx = session.beginTransaction();
    session.update(zhangsan);
    session.update(wangwu);
    tx.commit();
    session.close();
}
```

在 main()方法中调用 testAdd_3()方法，运行测试类，数据表 course 和 sc 中的记录分别如图 16-69 和 16-70 所示。数据表 sc 中的记录如图 16-70 所示。

	CourseId	CourseName
	1	操作系统
	2	数据结构
	3	计算机组成原理
	4	编译原理
*	(Auto)	(NULL)

图 16-69　数据表 course 中的记录

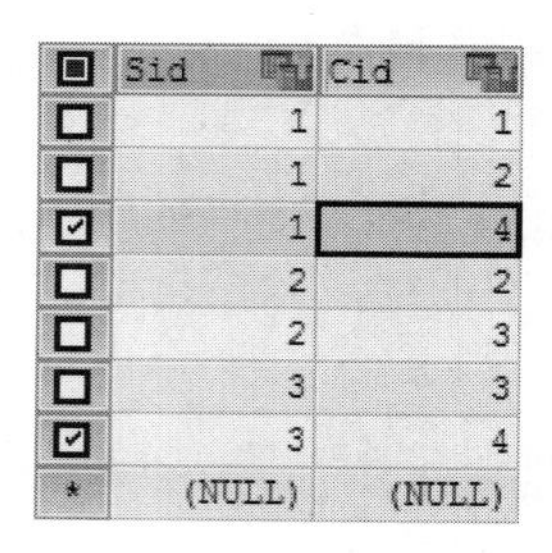

	Sid	Cid
	1	1
	1	2
	1	4
	2	2
	2	3
	3	3
	3	4
*	(NULL)	(NULL)

图 16-70　数据表 sc 中的记录

控制台输出的信息如图 16-71 所示。

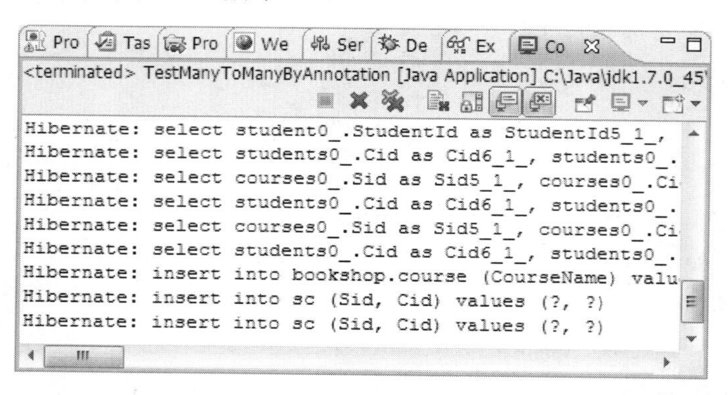

图 16-71　testAdd_3()方法执行成功后控制台的输出

2．删除数据

假设由于某种原因，“张三”离开了学校，需要将其删除，并取消其选课信息。编写 testDelete_1()方法实现这一功能，代码如下：

```
private void testDelete_1() {
    Session session = HibernateSessionFactory.getSession();
    //加载“张三”学生对象，并获得其选课集合
    Student student = (Student)session.get(Student.class, 1);
```

```
    Iterator courses = student.getCourses().iterator();
    //删除中间表 sc 中与“张三”关联的记录
    while(courses.hasNext()) {
        Course course = (Course)courses.next();
        course.getStudents().remove(student);
    }
    //将“张三”对象删除
    Transaction tx = session.beginTransaction();
    session.delete(student);
    tx.commit();
    session.close();
}
```

在 main()方法中调用 testDelete_1()方法，运行测试类，数据表 student 和 sc 中的记录分别如图 16-72 和 16-73 所示。

	StudentId	StudentName
	2	李四
	3	王五
*	(Auto)	(NULL)

图 16-72　数据表 student 中的记录

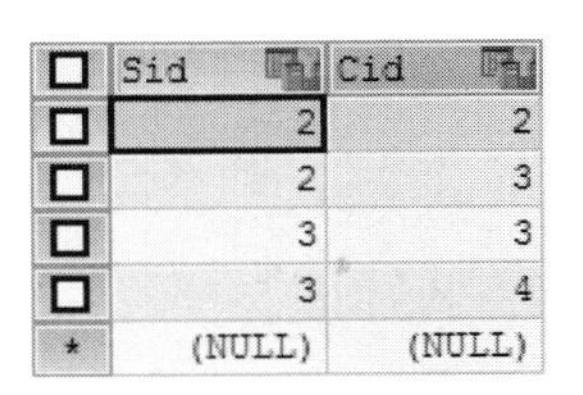

	Sid	Cid
	2	2
	2	3
	3	3
	3	4
*	(NULL)	(NULL)

图 16-73　数据表 sc 中的记录

控制台输出信息如图 16-74 所示。

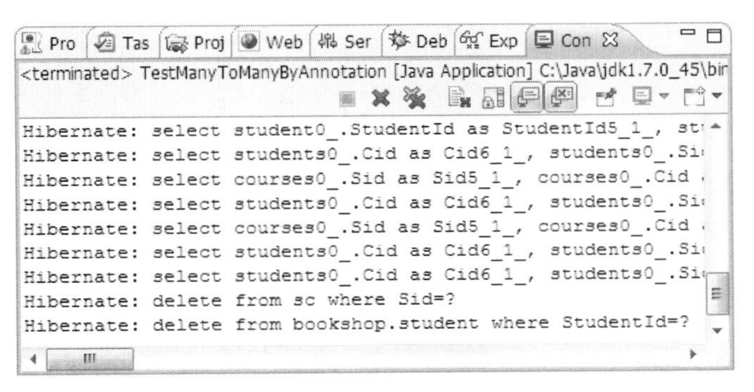

图 16-74　testDelete_1()方法执行后控制台的输出

16.7　小　　结

本章主要介绍了 Hibernate 中的关联映射，包括多对一、一对多、双向多对一关联、双向一对一和多对多关联。

其中，常用就是一对多和多对一，并且在能不用中间表的时候尽量不要用中间表。多对多关联会用到，如果用到了，应该首先考虑底层数据库设计是否合理。

第 17 章　Hibernate 检索方式

第 16 章介绍了 Hibernate 中的关联映射，包括多对一、一对多、双向多对一关联、双向一对一关联和多对多关联。

本章将介绍 Hibernate 的几种主要检索方式，包括 HQL 检索方式、QBC 检索方式和 SQL 检索方式。

HQL 是 Hibernate Query Language 的缩写，是官方推荐的查询语言。

QBC 是 Query By Criteria 的缩写，是 Hibernate 提供的一个查询接口。

Hibernate 是一个轻量级的框架，它允许使用原始 SQL 语句查询数据库。

17.1　HQL 查询方式

HQL 是 Hibernate 查询语言的简称，是一种面向对象的查询语言，使用类、对象和属性概念，没有表和字段的概念。

使用传统的 JDBC API 来查询数据，需要编写复杂的 SQL 语句，然后还要将查询结果以对象的形式进行封装，放到集合对象中保存。这种查询方式不仅麻烦，而且容易出错。

HQL 查询是 Hibernate 提供的一种面向对象的查询方式。

(1) HQL 查询与 JDBC 查询相比，具有以下优点：

- 直接针对实体类和属性进行查询，不用再编写繁琐的 SQL 语句。
- 查询结果是直接保存在 List 中的对象，不用再次封装。
- 可以通过配置 dialect 属性，对不同的数据库自动生成不同的用于执行的 SQL 语句。

(2) 在 Hibernate 提供的各种查询方式中，HQL 应用最为广泛，具有以下主要功能：

- 支持属性查询。
- 支持参数查询。
- 支持关联查询。
- 支持分页查询。
- 提供内置聚集函数。

17.1.1　基本查询

使用 HQL 查询时，可以参照如图 17-1 所示的基本步骤。

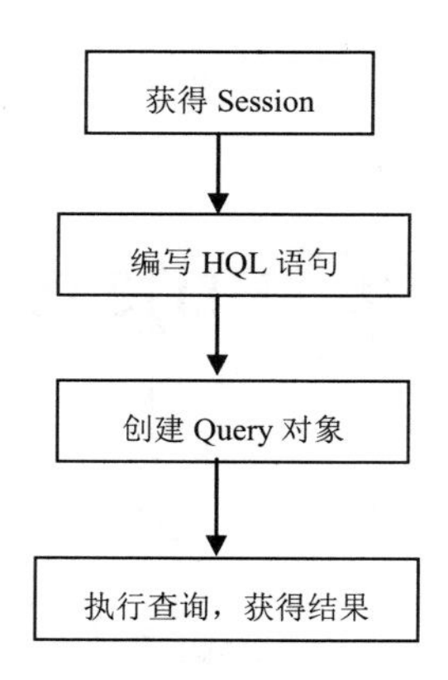

图 17-1　使用 HQL 查询的基本步骤

1. 查询所有的图书对象

在项目 HibTest2 的 com.hibtest2 包下创建一个类文件 TestHQL.java，并编写 testHql_1()方法，使用 HQL 方式查询数据，代码如下所示：

```
package com.hibtest2;
import java.util.Iterator;
import java.util.List;
import org.hibernate.*;
import com.hibtest2.entity.Books;
public class TestHQL {
    public static void main(String[] args) {
        TestHQL tHql = new TestHQL();
        tHql.testHql_1();
    }
    public void testHql_1() {
        //获取 Session
        Session session = HibernateSessionFactory.getSession();
        //编写 HQL 语句
        String hql = "from Books";
        //创建 Query 对象
        Query query = session.createQuery(hql);
        //执行查询，获得结果
        List list = query.list();
        //遍历查找结果
        Iterator itor = list.iterator();
        while(itor.hasNext()) {
            Books book = (Books)itor.next();
            System.out.println(book.getTitle()
              + " " + book.getAuthor() + " " + book.getUnitPrice());
        }
    }
}
```

在 HQL 语句“from Books”中，Books 是类名，而不是表名，因此需要区分大小写。关键字 from 不区分大小写。

在 main()方法中调用 testHql_1()方法，执行测试类后，控制台的输出如图 17-2 所示。

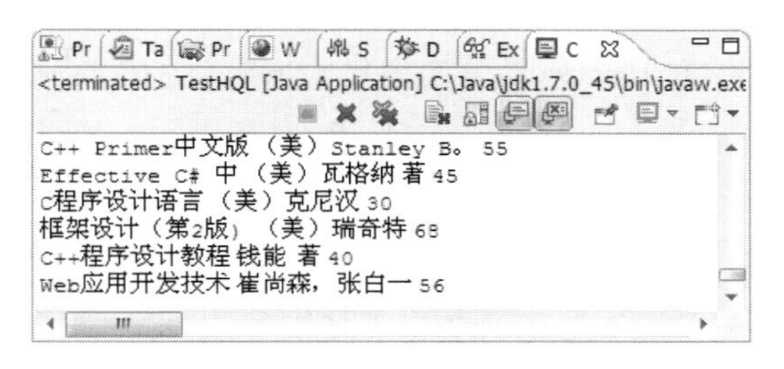

图 17-2　testHql_1()方法执行后控制台的输出

2．对查询结果进行排序

在 testHql_1()方法的基础上，编写方法 testHql_2()，对查询出的所有图书按照单价降序排序。代码如下所示：

```
public void testHql_2() {
    //获取 Session
    Session session = HibernateSessionFactory.getSession();
    //编写 HQL 语句
    String hql = "from Books as b order by b.unitPrice desc";
    //创建 Query 对象
    Query query = session.createQuery(hql);
    //执行查询，获得结果
    List list = query.list();
    //遍历查找结果
    Iterator itor = list.iterator();
    while(itor.hasNext()) {
        Books book = (Books)itor.next();
        System.out.println(book.getTitle()
          + " " + book.getAuthor() + " " + book.getUnitPrice());
    }
}
```

上述代码中的 HQL 语句类似于 SQL 语句，在 HQL 语句中也可以使用别名，例如 b 是 Books 类的别名，别名可以使用关键字 as 指定，as 关键字也可以省略。通过 order by 子句将查询结果按照图书单价降序排序。升序排序的关键字是 asc，查询语句中默认为升序。

在 mian()方法中调用 testHql_2()方法，执行测试类后，控制台的输出如图 17-3 所示。

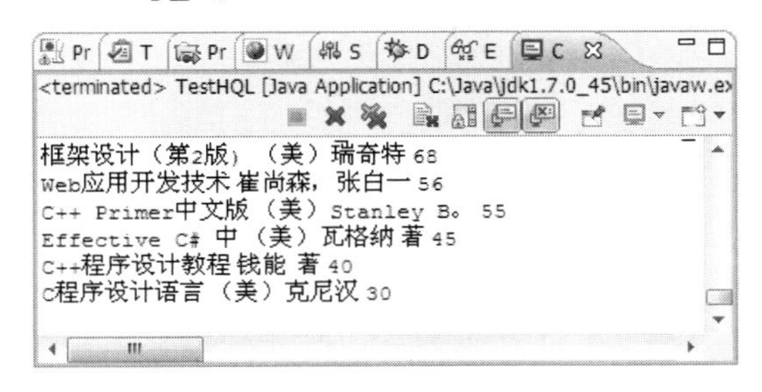

图 17-3　testHql_2()方法执行后控制台的输出

3．检索图书对象的部分属性

以上查询的结果是对象的所有属性，如果只查询对象的部分属性，则称为属性查询，也称为投影查询。在 TestHQL.java 类中编写方法 testHql_3()，只查询图书信息中的书名和作者。代码如下所示：

```
public void testHql_3() {
    Session session = HibernateSessionFactory.getSession();
    //编写 HQL 语句，使用属性查询
    String hql = "select b.title,b.author from Books as b";
    Query query = session.createQuery(hql);
    List list = query.list();
    Iterator itor = list.iterator();
    //每条记录封装成一个 Object 数组
    while(itor.hasNext()) {
        Object[] object = (Object[])itor.next();
        System.out.println(object[0] + "      " + object[1]);
    }
}
```

在 mian()方法中调用 testHql_3()方法，执行测试类后，控制台输出如图 17-4 所示。

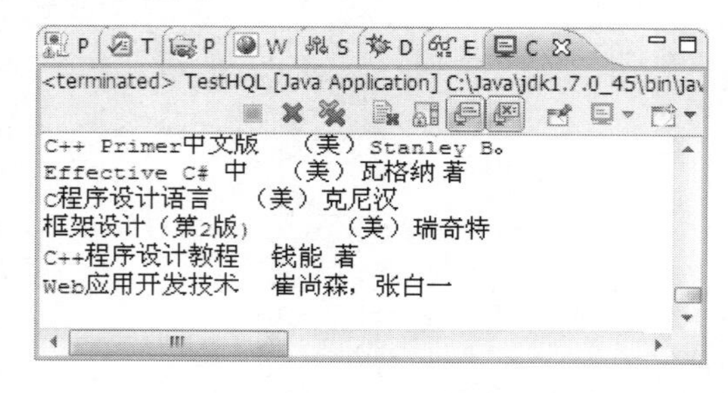

图 17-4　testHql_3()方法执行后控制台的输出

当检索对象的部分属性时，Hibernate 返回的 List 中的每一个元素是一个 Object 数组，而不再是一个 Book 对象。

4．聚集函数

在 HQL 语句中，可以使用下列聚集函数。

- count：统计记录总数。
- min()：计算最小值。
- max()：计算最大值。
- sum()：计算和。
- avg()：计算平均值。

下面通过示例，来演示聚集函数的用法，在 TestHQL.java 类文件中编写方法 testHql_4()统计图书的评价金额以及最贵和最便宜的图书。代码如下所示：

```
public void testHql_4() {
   Session session = HibernateSessionFactory.getSession();
```

```
    //统计记录总数
    String hql1 = "select count(b) from Books b";
    Query query1 = session.createQuery(hql1);
    Long count = (Long)query1.uniqueResult();
    //统计书的平均金额
    String hql2 = "select avg(b.unitPrice) from Books b";
    Query query2 = session.createQuery(hql2);
    Double money = (Double)query2.uniqueResult();
    //统计最贵和最便宜的图书
    String hql3 = "select min(b.unitPrice),max(b.unitPrice) from Books b";
    Query query3 = session.createQuery(hql3);
    Object[] price = (Object[])query3.uniqueResult();
    System.out.println("记录总数" + count.toString()
      + "  平均金额" + money.toString()
      + "  书价最低为" + price[0].toString()
      + "  书价最高为" + price[1].toString());
}
```

在 main()方法中调用 testHql_4()方法，执行测试类后，控制台输出如图 17-5 所示。

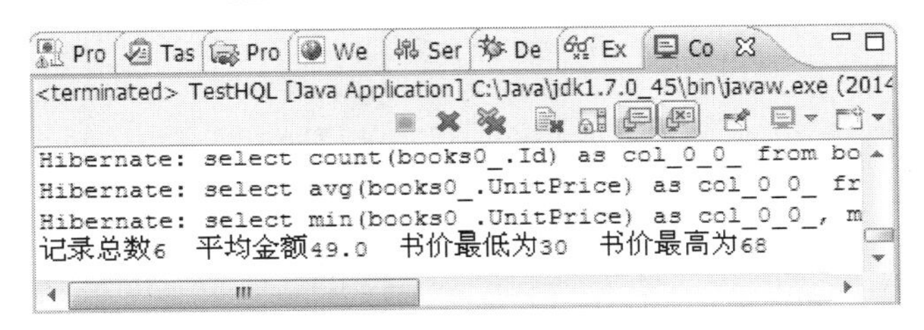

图 17-5　testHql_4()方法执行后控制台的输出

5. 分组查询

在 TestHQL.java 类中编写方法 testHql_5()，以出版社为分组依据对所有图书进行分组，查询数据表 books 中各个出版社的图书总数。代码如下所示：

```
public void testHql_5() {
    Session session = HibernateSessionFactory.getSession();
    //统计记录总数
    String hql =
     "select b.publishers.name,count(*) from Books b group by b.publishers";
    Query query = session.createQuery(hql);
    List list = query.list();
    Iterator itor = list.iterator();
    //每条记录封装成一个 Object 数组
    while(itor.hasNext()) {
        Object[] object = (Object[])itor.next();
        System.out.println("出版社："+object[0]+"，图书总数： "+object[1]);
    }
}
```

在 main()方法中调用 testHql_5()方法，执行测试类后，控制台输出如图 17-6 所示。

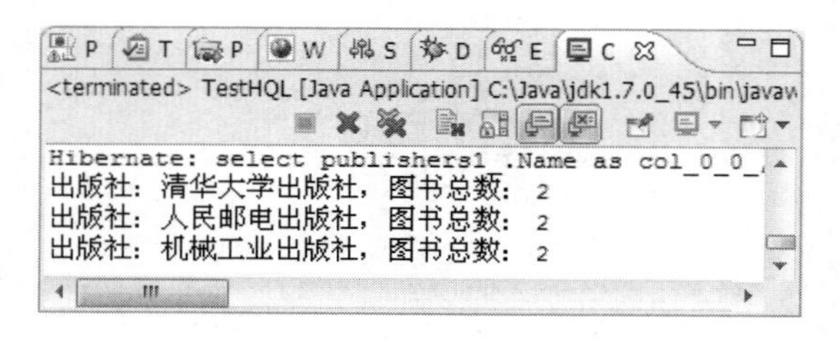

图 17-6　testHql_5()方法执行后控制台的输出

17.1.2　动态实例查询

在属性查询(或投影查询)时，返回的查询结果是一个对象数组，不易操作。为了提高检索效率，可将检索出来的属性封装到一个实体类的对象中，这种方式就是动态实例查询。

在 TestHQL.java 类中编写方法 testHql_6()，只查询图书信息中的书名和作者，将检索出来的属性封装到一个实体类的对象中，代码如下所示：

```
public void testHql_6() {
    Session session = HibernateSessionFactory.getSession();
    //编写 HQL 语句，使用属性查询
    String hql = "select new Books(b.title,b.author) from Books as b";
    Query query = session.createQuery(hql);
    List list = query.list();
    Iterator itor = list.iterator();
    //每条记录封装成一个 Object 数组
    while(itor.hasNext()) {
        Books book = (Books)itor.next();
        System.out.println(book.getTitle() + " " + book.getAuthor());
    }
}
```

在 HQL 语句中使用了 Books 类的带书名和作者两个参数的构造方法，因为需要在 Books 类中添加这个构造方法，代码如下所示：

```
public Books(String title, String author) {
    this.title = title;
    this.author = author;
}
```

在 mian()方法中调用 testHql_6()方法，执行测试类后，控制台的输出如图 17-7 所示。

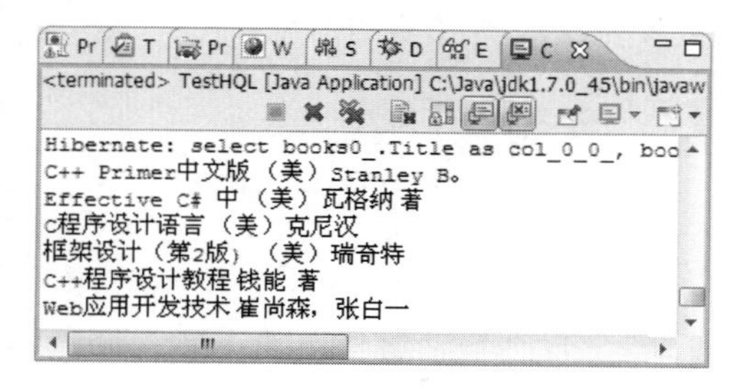

图 17-7　testHql_6()方法执行后控制台的输出

从图 17-7 可以看出，使用动态实例查询后，查询结果 List 中的每个元素为一个 Books 对象，这样就可以很方便地获取对象的属性了。

17.1.3 分页查询

批量查询数据时，在单个页面上显示所有的查询结果会存在一定的问题，因此，需要对查询结果进行分页显示。

Query 接口提供了用于分页显示查询结果的方法。

- setFirstResult(int firstResult)：设定从哪个对象开始查询，参数 firstResult 表示这个对象在查询结果中的索引(索引的起始值为 0)。
- setMaxResult(int maxResult)：设定一次返回多少个对象。默认时，返回查询结果中的所有对象。

在 TestHQL.java 类中编写方法 testHql_7()，实现从查询结果的起始对象开始，返回 3 个 Books 对象，并将查询结果按照 title 属性升序排序。代码如下所示：

```
public void testHql_7() {
    Session session = HibernateSessionFactory.getSession();
    //按书名升序查询图书对象
    String hql = "from Books b order by b.title asc";
    Query query = session.createQuery(hql);
    //从第一个对象开始查询
    query.setFirstResult(0);
    //从查询结果中一次返回 3 个对象
    query.setMaxResults(3);
    //执行查询
    List list = query.list();
    //遍历查询结果
    Iterator itor = list.iterator();
    while(itor.hasNext()) {
        Books book = (Books)itor.next();
        System.out.println(book.getTitle() + "       "
          + book.getAuthor() + "       " + book.getUnitPrice());
    }
}
```

在 mian()方法中调用 testHql_7()方法后，控制台的输出如图 17-8 所示。

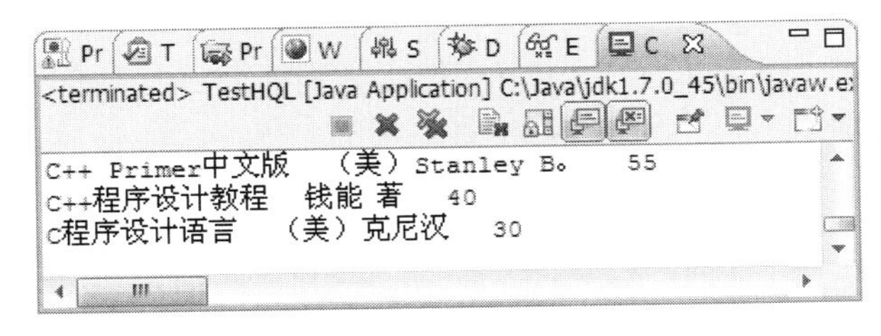

图 17-8 testHql_7()方法执行后控制台的输出

分页查询是系统中常用的一个功能，为了方便调用，可以编写以下方法：

```
public void pagedSearch(int pageIndex, int pageSize) {
    Session session = HibernateSessionFactory.getSession();
    String hql = "from Books b order by b.title asc";
    Query query = session.createQuery(hql);
    int startIndex = (pageIndex-1)*pageSize;
    query.setFirstResult(startIndex);
    query.setMaxResults(pageSize);
    List list = query.list();
    Iterator itor = list.iterator();
    while(itor.hasNext()) {
        Books book = (Books)itor.next();
        System.out.println(book.getTitle()
          + "       " + book.getAuthor() + "       " + book.getUnitPrice());
    }
}
```

在 pagedSearch(int pageIndex, int pageSize)方法中，第一个参数表示当前页码，第二个参数表示每页显示多少个对象。

在 main()方法中调用 pagedSearch(int pageIndex, int pageSize)方法：

```
tHql.pagedSearch(2, 3);
```

当每页显示 3 个对象时，可获得第二个页的所有对象，如图 17-9 所示。

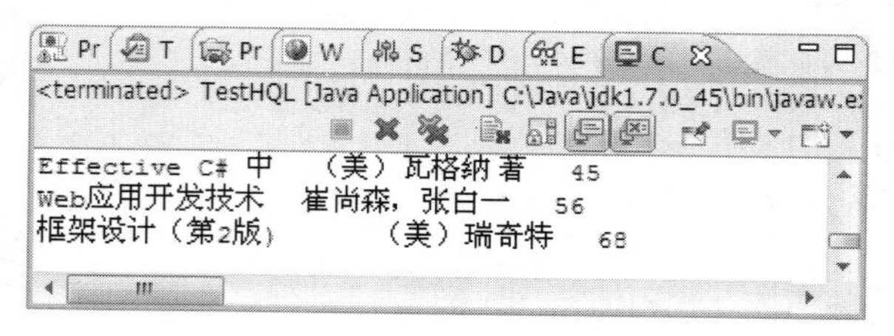

图 17-9　每页 3 个对象时第二个页的对象

17.1.4　条件查询

实际应用中，常常需要根据指定的条件进行查询。此时，可以使用 HQL 语句提供的 where 子句进行查询，或者使用 like 关键字进行模糊查询。

根据提供的参数形式，条件查询有两种：按参数位置查询和按参数名字查询。

(1)　按参数位置查询

按参数位置查询时，在 HQL 语句中需要使用“?”来定义参数的位置。在 TestHQL.java 类文件中编写方法 testHql_8()，按照参数位置查询的方式，查询与“C++”相关的图书信息。代码如下所示：

```
public void testHql_8() {
    Session session = HibernateSessionFactory.getSession();
    //编写 HQL 语句，使用参数查询
    String hql = "from Books books where books.title like ? ";
    Query query = session.createQuery(hql);
    //给 HQL 语句中“?”代表的参数设置值
```

```
    query.setString(0, "%C++%");
    List list = query.list();
    Iterator itor = list.iterator();
    while(itor.hasNext()) {
        Books book = (Books)itor.next();
        System.out.println(book.getTitle() + "      "
          + book.getAuthor() + "       " + book.getUnitPrice());
    }
}
```

上述代码中，HQL 语句使用了“?”来定义参数的位置，这里的 HQL 语句中定义了一个参数，第一个参数的位置为零。接下来使用 Query 提供的 query.setString(0, “%C++%”)方法设置参数的值。在 setString()方法中，第一个参数表示 HQL 语句中参数的位置，第二个参数表示 HQL 语句中参数的值。这里给参数赋值时，使用了“%”通配符，以匹配任意类型和任意长度的字符串。如果 HQL 语句中有多个参数，可以依次进行赋值。

在 mian()方法中调用 testHql_8()方法，运行测试类后，控制台的输出如图 17-10 所示。

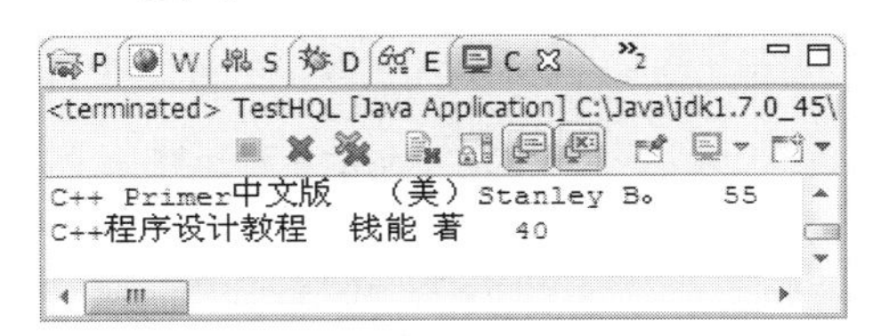

图 17-10　testHql_8()方法执行后控制台的输出

除 setString()方法外，Query 还提供了如表 17-1 所示的给参数赋值的方法。

表 17-1　Query 提供的给参数赋值的部分方法

方 法 名	说　明
setDate()	给映射类型为 Date 的参数赋值
setDouble()	给映射类型为 double 的参数赋值
setBoolean()	给映射类型为 boolean 的参数赋值
setInteger()	给映射类型为 int 的参数赋值
setTime()	给映射类型为 Date 的参数赋值

(2)　按参数名字查询

按参数名字查询时，需要在 HQL 语句中定义命名参数，且命名参数需要以“:”开头。在 TestHQL.java 类文件中编写方法 testHql_9()，按照参数名字查询的方式，查询“C++ Primer 中文版”这本图书的信息。代码如下所示：

```
public void testHql_9() {
    Session session = HibernateSessionFactory.getSession();
    //通过“:bookTitle”定义命名参数“bookTitle”
    String hql = "from Books books where books.title=:bookTitle";
    Query query = session.createQuery(hql);
    //给命名参数设置值
    query.setString("bookTitle", "C++ Primer 中文版");
```

```
    List list = query.list();
    Iterator itor = list.iterator();
    while(itor.hasNext()) {
        Books book = (Books)itor.next();
        System.out.println(book.getTitle() + "      "
          + book.getAuthor() + "       " + book.getUnitPrice());
    }
}
```

在mian()方法中调用testHql_9()方法，运行测试类后，控制台输出如图17-11所示。

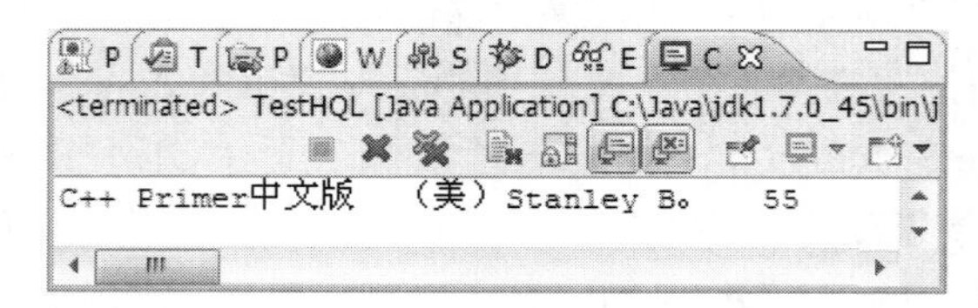

图17-11　testHql_9()方法执行后控制台的输出

在HQL语句中设定查询条件时，可以使用如表17-2所示的各种运算。

表17-2　HQL支持的各种运算

类　型	HQL运算符
比较运算	=、<>、>、>=、<、<=、is null、is not null
范围运算	in、not in、between、not between
逻辑运算	and(逻辑与)、or(逻辑或)、not(逻辑非)
模式匹配	like

17.1.5　连接查询

HQL支持各种连接查询，例如内连接、外连接和交叉连接等。

1. 内连接

内连接是指两个表中指定的关键字相等的值才会出现在查询结果集中的一种查询方式。在HQL中，使用关键字“inner join”进行内连接。在TestHQL.java类文件中编写方法testHql_10()，查询数据表books中“清华大学出版社”出版的图书信息。代码如下所示：

```
public void testHql_10() {
    Session session = HibernateSessionFactory.getSession();
    //编写HQL语句，使用内连接查询
    String hql =
     "from Books b inner join b.publishers p where p.name='清华大学出版社'";
    Query query = session.createQuery(hql);
    List list = query.list();
    Iterator itor = list.iterator();
    Object[] obj = null;
    Books book = null;
```

```
    Publishers publisher = null;
    while(itor.hasNext()) {
        obj = (Object[])itor.next();
        book = (Books)obj[0];
        publisher = (Publishers)obj[1];
        System.out.println("书名: " + book.getTitle()
          + " 作者: " + book.getAuthor() + " 单价: "
          + book.getUnitPrice() + " 出版社: " + publisher.getName());
    }
}
```

在 testHql_10()方法的 HQL 语句中使用 inner join 进行内连接，查询返回的结果并不是 Books 对象(虽然 from 关键字后面只有 Books)，而是一个对象数组，对象数组中的第一列是 Books 对象，第二列是 Publishers 对象。根据上述 HQL 语句，Hibernate 生成的 SQL 查询语句如下所示：

```
select books0_.Id as Id1_0_,
    publishers1_.Id as Id2_1_,
    books0_.Title as Title1_0_,
    books0_.Author as Author1_0_,
    books0_.PublisherId as Publishe4_1_0_,
    books0_.UnitPrice as UnitPrice1_0_,
    publishers1_.Name as Name2_1_
from
    bookshop.books books0_
inner join
    bookshop.publishers publishers1_
        on books0_.PublisherId=publishers1_.Id
where
    publishers1_.Name='清华大学出版社'
```

从上述 SQL 语句可以看出，在查询过程中，books 和 publishers 两张表的所有列都被查询。因此，查询结果中同时包含了 Books 和 Publishers 的所有对象，而不是只有 Books 对象。

在 main()方法中调用 testHql_10()方法，运行测试类，控制台的输出如图 17-12 所示。

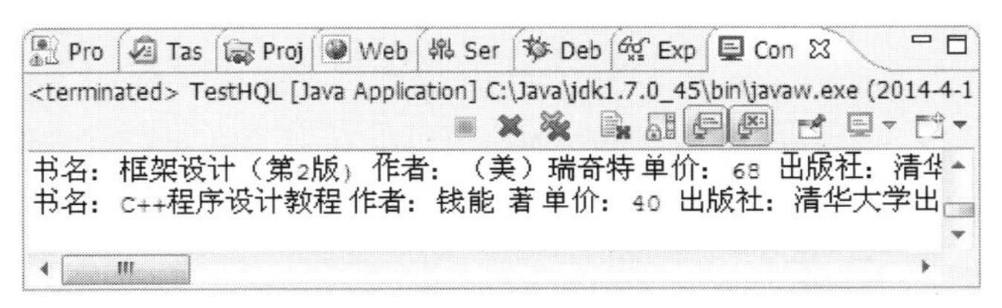

图 17-12　testHql_10()方法执行后控制台的输出

如果只想返回 Books 对象，可以使用如下查询语句：

```
String hql = " select b from Books b inner join b.publishers p
  where p.name='清华大学出版社'";
```

该查询语句与前一个 HQL 查询语句相比，多了一个 select 关键字，并在其后面添加了 Books 对象的别名 b，Hibernate 为该查询语句生成的 SQL 语句如下所示：

```
select
   books0_.Id as Id1_,
   books0_.Title as Title1_,
   books0_.Author as Author1_,
   books0_.PublisherId as Publishe4_1_,
   books0_.UnitPrice as UnitPrice1_
from
   bookshop.books books0_
inner join
   bookshop.publishers publishers1_
      on books0_.PublisherId=publishers1_.Id
where
   publishers1_.Name='清华大学出版社'
```

从上述 SQL 语句可以看出，select 关键字后只有 books 表的字段，并没有 publishers 表的字段。

2. 隐式内连接

隐式内连接是指 HQL 语句中看不到 join 关键字，好像没有连接一样，但实际上已经发生内连接。在 TestHQL.java 类文件中编写方法 testHql_11()，查询数据表 books 中清华大学出版社的图书信息。代码如下所示：

```
public void testHql_11() {
   Session session = HibernateSessionFactory.getSession();
   //编写 HQL 语句，使用隐式内连接查询
   String hql = "select b from Books b,Publishers p
     where b.publishers=p and p.name='清华大学出版社'";
   Query query = session.createQuery(hql);
   List list = query.list();
   Iterator itor = list.iterator();
   while(itor.hasNext()) {
      Books book = (Books)itor.next();
      System.out.println(book.getTitle() + "      "
        + book.getAuthor() + "       " + book.getUnitPrice());
   }
}
```

在上述 HQL 语句中没有使用内连接关键字，在 where 子句中 b.publishers 引用了 Books 对象的 publishers 属性，实际上 Books 与 Publishers 已经发生内连接。

在 main()方法中调用 testHql_11()方法，运行测试类，控制台的输出如图 17-13 所示。

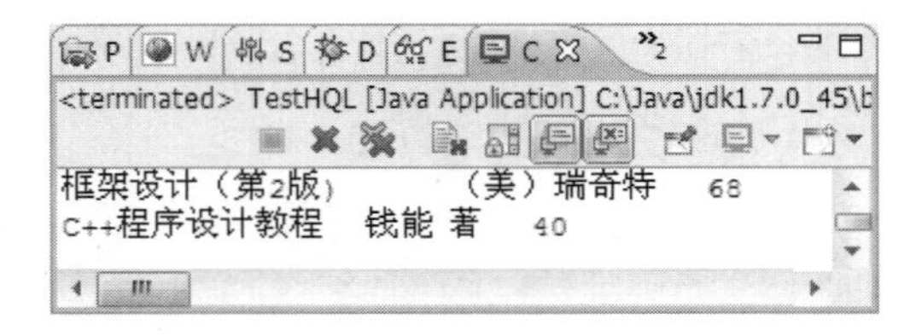

图 17-13　testHql_11()方法执行后控制台的输出

上述代码中涉及了 Books 和 Publishers 两个对象的关联，关联的条件为“b.publishers=p”。

在 main()方法中调用 testHql_11()方法，控制台会输出以下 SQL 语句：

```
where books0_.PublisherId=publishers1_.Id and publishers1_.Name='清华大学出
版社'
```

从上述 SQL 语句可以看出，最终是通过 books 表中的 PublisherId 字段和 publishers 表的 Id 字段进行关联的。

3．左外连接

在 HQL 语句中使用关键字“left join”表示左外查询，在 TestHQL.java 类文件中编写方法 testHql_12()，使用左外连接查询数据表 books 中清华大学出版社的图书信息。代码如下所示：

```
public void testHql_12() {
    Session session = HibernateSessionFactory.getSession();
    //编写 HQL 语句，使用左外连接查询
    String hql =
      "from Books b left join b.publishers p where p.name='清华大学出版社'";
    Query query = session.createQuery(hql);
    List list = query.list();
    Iterator itor = list.iterator();
    Object[] obj = null;
    Books book = null;
    Publishers publisher = null;
    while(itor.hasNext()) {
        obj = (Object[])itor.next();
        book = (Books)obj[0];
        publisher = (Publishers)obj[1];
        System.out.println("书名：" + book.getTitle()
          + " 作者：" + book.getAuthor() + " 单价：" + book.getUnitPrice()
          + " 出版社：" + publisher.getName());
    }
}
```

在 main()方法中调用 testHql_12()方法，运行测试类，控制台的输出如图 17-14 所示。

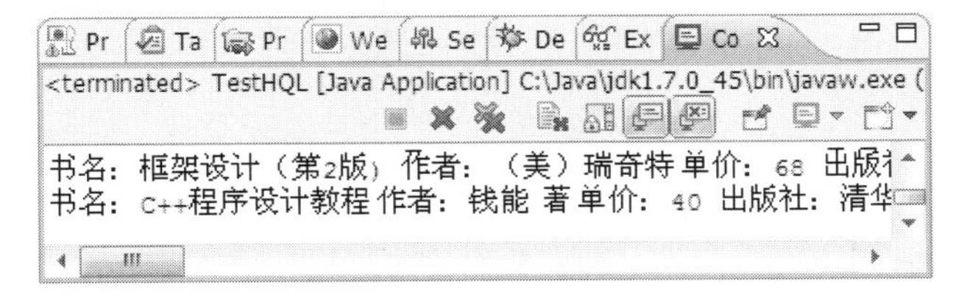

图 17-14　testHql_12()方法执行后控制台的输出

执行左外连接的 HQL 语句时，Hibernate 生成的 SQL 语句如下所示：

```
from
    bookshop.books books0_
left outer join
    bookshop.publishers publishers1_
        on books0_.PublisherId=publishers1_.Id
```

```
where
   publishers1_.Name='清华大学出版社'
```

4. 右外连接

在 HQL 语句中使用关键字“right join”表示右外连接查询，在 TestHQL.java 类文件中编写方法 testHql_13()，使用右外连接查询数据表 books 中清华大学出版社的图书信息。代码如下所示：

```
public void testHql_13() {
   Session session = HibernateSessionFactory.getSession();
   //编写 HQL 语句，使用右外连接查询
   String hql =
     "from Books b right join b.publishers p where p.name='清华大学出版社'";
   Query query = session.createQuery(hql);
   List list = query.list();
   Iterator itor = list.iterator();
   Object[] obj = null;
   Books book = null;
   Publishers publisher = null;

   while(itor.hasNext()) {
      obj = (Object[])itor.next();
      book = (Books)obj[0];
      publisher = (Publishers)obj[1];
      System.out.println("书名：" + book.getTitle()
        + " 作者：" + book.getAuthor() + " 单价：" + book.getUnitPrice()
        + " 出版社：" + publisher.getName());
   }
}
```

在 main()方法中调用 testHql_13()方法，运行测试类，控制台的输出如图 17-15 所示。

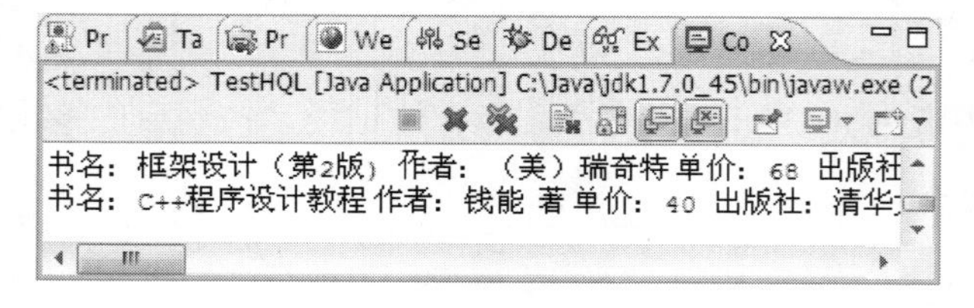

图 17-15　testHql_13()方法执行后控制台的输出

执行右外连接的 HQL 语句时，Hibernate 生成的 SQL 语句如下所示：

```
from
   bookshop.books books0_
right outer join
   bookshop.publishers publishers1_
      on books0_.PublisherId=publishers1_.Id
where
   publishers1_.Name='清华大学出版社'
```

5．交叉连接

HQL 中的内连接和外连接主要为关联类连接查询，对于相互之间毫无关系的对象，可以使用交叉连接进行查询。在 TestHQL.java 类文件中编写方法 testHql_14()，使用交叉连接查询数据表 people 和 users 中 id 号相同的记录。代码如下所示：

```
public void testHql_14() {
    Session session = HibernateSessionFactory.getSession();
    //编写 HQL 语句，使用交叉连接查询
    String hql = "from People p,Users u where p.id=u.id";
    Query query = session.createQuery(hql);
    List list = query.list();
    Iterator itor = list.iterator();
    Object[] obj = null;
    People people = null;
    Users user = null;

    while(itor.hasNext()) {
        obj = (Object[])itor.next();
        people = (People)obj[0];
        user = (Users)obj[1];
        System.out.println("公民姓名：" + people.getName()
          +"  公民性别：" + people.getSex()
          + "  用户姓名：" + user.getName()
          + "  用户住址：" + user.getAddress());
    }
}
```

在 main()方法中调用 testHql_14()方法，运行测试类，控制台输出如图 17-16 所示。

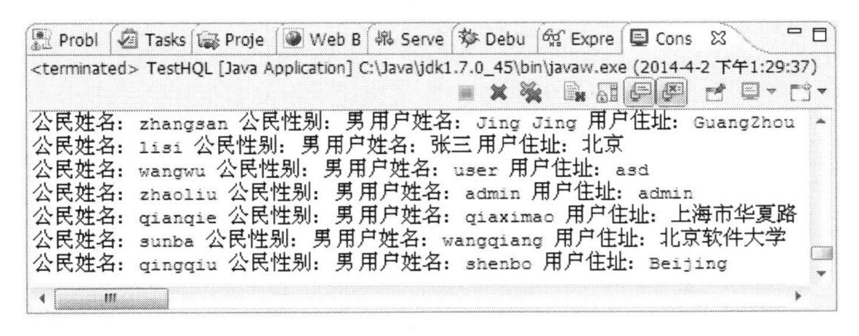

图 17-16　testHql_14()方法执行后控制台的输出

其实，上述交叉连接查询没有多大的实际意义，但是在没有关联的两个对象之间，不能使用内连接，也不能使用外连接，交叉连接便是最佳选择。

17.1.6　子查询

Hibernate 支持在查询中嵌套子查询，一个子查询必须放在圆括号内，HQL 中的子查询分为相关子查询和无关子查询。

1. 相关子查询

相关子查询是指子查询使用外层查询中的对象别名。在 TestHQL.java 类文件中编写方法 testHql_15()，使用相关子查询检索数据表 books 所有图书数量超过 1 本的出版社。代码如下所示：

```
public void testHql_15() {
    Session session = HibernateSessionFactory.getSession();
    //编写 HQL 语句，使用相关子查询
    String hql = "from Publishers p where (select count(*) from p.bks)>1 ";
    Query query = session.createQuery(hql);
    List list = query.list();
    Iterator itor = list.iterator();
    while(itor.hasNext()) {
        Publishers publisher = (Publishers)itor.next();
        System.out.println("出版社:" + publisher.getName()
          + "  图书数量:" + publisher.getBks().size());
    }
}
```

在上述 HQL 语句中，子查询中引用了外层语句中的别名“p”，它是 Publishers 类的别名。每个出版社出版了很多本图书，即在 books 表中有多条图书记录对应着 publishers 表中的同一条记录，在 Publishers 类中创建了 Set 类型的 bks 属性。

在 main()方法中调用 testHql_15()方法，运行测试类，控制台的输出如图 17-17 所示。

图 17-17 testHql_15()方法执行后控制台的输出

2. 无关子查询

无关子查询是指子查询语句与外层查询语句无关，在 TestHQL.java 类文件中编写方法 testHql_16()，使用无关子查询检索所有低于平均价的图书对象。代码如下所示：

```
public void testHql_16() {
    Session session = HibernateSessionFactory.getSession();
    //编写 HQL 语句，使用无关子查询检索所有低于平均价的图书对象
    String hql =
    "from Books b where b.unitPrice<(select avg(b1.unitPrice) from Books b1)";
    Query query = session.createQuery(hql);
    List list = query.list();
    Iterator itor = list.iterator();
    while(itor.hasNext()) {
        Books book = (Books)itor.next();
        System.out.println("书名:" + book.getTitle()
          + "  单价:" + book.getUnitPrice());
    }
```

```
}
```

在 main()方法中调用 testHql_16()方法，运行测试类，控制台的输出如图 17-18 所示。

图 17-18　testHql_16()方法执行后控制台的输出

当子查询结果为多条记录时，Hibernate 提供了相应的关键字，如表 17-3 所示。

表 17-3　与子查询相关的关键字

关 键 字	含　义
all	表示子查询语句返回的所有记录
any	表示子查询语句返回的任意一条记录
some	与 any 关键字相同
in	表示是否出现在子查询返回的所有记录中
exists	表示子查询是否至少返回一条记录

下面主要介绍如何在子查询中使用 exists、in 关键字进行检索。

(1)　使用 exists 关键字的子查询。

在 TestHQL.java 类文件中编写方法 testHql_17()，使用 exists 关键字检索存在图书单价大于 55 元的出版社名称。代码如下所示：

```
public void testHql_17() {
    Session session = HibernateSessionFactory.getSession();
    //编写 HQL 语句，查询存在图书单价大于 55 元的出版社名称
    String hql = "from Publishers p where exists(select b from p.bks b
      where b.unitPrice>55)";
    Query query = session.createQuery(hql);
    List list = query.list();
    Iterator itor = list.iterator();
    while(itor.hasNext()) {
        Publishers publisher = (Publishers)itor.next();
        System.out.println("出版社名称:" + publisher.getName());
    }
}
```

在 main()方法中调用 testHql_17()方法，运行测试类，控制台输出如图 17-19 所示。

图 17-19　testHql_17()方法执行后控制台的输出

(2) 使用 in 关键字的子查询。

在 TestHQL.java 类中编写方法 testHql_18()，使用 in 关键字查询数据表 books 中包含两本图书的出版社名称。代码如下所示：

```
public void testHql_18() {
    Session session = HibernateSessionFactory.getSession();
    //编写 HQL 语句，查询数据表 books 中包含两本图书的出版社名称
    String hql =
     "from Publishers p where 2 in (select count(b) from p.bks b)";
    Query query = session.createQuery(hql);
    List list = query.list();
    Iterator itor = list.iterator();
    while(itor.hasNext()) {
        Publishers publisher = (Publishers)itor.next();
        System.out.println("出版社名称:" + publisher.getName());
    }
}
```

在 main()方法中调用 testHql_18()方法，运行测试类，控制台输出如图 17-20 所示。

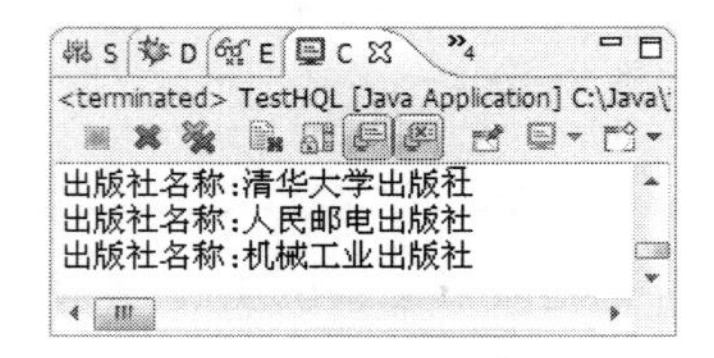

图 17-20　testHql_18()方法执行后控制台的输出

17.2　QBC 查询

QBC 是 Query By Criteria 首字母缩写，Criteria 是 Hibernate API 提供的一个查询接口，位于 org.hibernate 包下。Criteria 查询又称为对象查询，它使用一种封装了基于字符串形式的查询语句的 API 来查询对象。

QBC 查询主要由 Criteria 接口来完成，该接口由 Hibernate Session 创建，Criterion 是 Criteria 的查询条件。Criteria 提供了 add(Criterion criterion)方法来添加查询条件。

Criterion 接口的主要实现类包括 Example、Junction 和 SimpleExpression。Example 主要用来提供 QBE(Query By Example)检索方式，是 QBC 的子功能。

Criterion 接口的实现类一般通过 Restrictions 工具类来创建。Restrictions 工具类的相关方法为 Criteria 对象设置查询条件，如表 17-4 所示。

表 17-4　Restrictions 类提供的方法

方 法 名	说　明
Restrictions.eq	等于
Restrictions.allEq	使用 Map，使用 key/value 进行多个等于的比较
Restrictions.gt	大于>

续表

方 法 名	说　明
Restrictions.ge	大于等于 >=
Restrictions.lt	小于 <
Restrictions.le	小于等于 <=
Restrictions.between	对应 SQL 的 BETWEEN 子句
Restrictions.like	对应 SQL 的 LIKE 子句
Restrictions.in	对应 SQL 的 in 子句
Restrictions.and	and 关系
Restrictions.or	or 关系
Restrictions.sqlRestriction	SQL 限定查询

使用工具类 Order 的相关方法设置排序方式，例如，Order.asc 表示升序、Order.desc 表示降序。

使用 Projection 类的相关方法对查询结果进行统计与分组操作，例如，avg、count、max、min 和 sum 可分别对属性进行求平均值、统计数量、求最大值、求最小值和合计操作。

17.2.1　基本查询

在使用 HQL 查询方式时，需要定义基于字符串形式的 HQL 语句，虽然比 JDBC 代码有所进步，但仍然繁琐且不方便使用参数查询。Criteria 采用面向对象的方式封装查询条件，Criteria API 提供了查询对象的另一种方式，提供了 Criteria 接口、Criterion 接口、Expression 类，以及 Restrictions 类作为辅助。从而使得查询代码的编写更加方便。

使用 Restrictions 辅助类，进行 Criteria 查询的基本步骤如下所示。

(1)　获得 Session。

(2)　创建 Criteria 对象。

(3)　使用 Restrictions 对象编写查询条件，并将查询条件加入 Criteria 对象。

(4)　执行查询，获得结果。

下面通过示例演示如何使用 Criteria 查询，在项目 HibTest2 的 com.hibtest2 包下创建一个类文件 TestCriteria.java，并编写 testCriteria_1()方法，使用 Criteria 方式查询所有的图书对象，代码如下所示：

```
public void testCriteria_1() {
    //获得 Session
    Session session = HibernateSessionFactory.getSession();
    //创建查询所有图书的 Criteria 对象
    Criteria criteria = session.createCriteria(Books.class);
    //对查询结果按照编号升序排序
    criteria.addOrder(Order.asc("id"));
    //执行查询，获得结果
    List list = criteria.list();
    //遍历查询结果
```

```
    Iterator itor = list.iterator();
    while(itor.hasNext()) {
        Books book = (Books)itor.next();
        System.out.println("书名:" + book.getTitle()
          + "  作者: " + book.getAuthor()
          + "   单价:" + book.getUnitPrice());
    }
}
```

在 main()方法中调用 testCriteria_1()类，运行测试类，控制台的输出如图 17-21 所示。

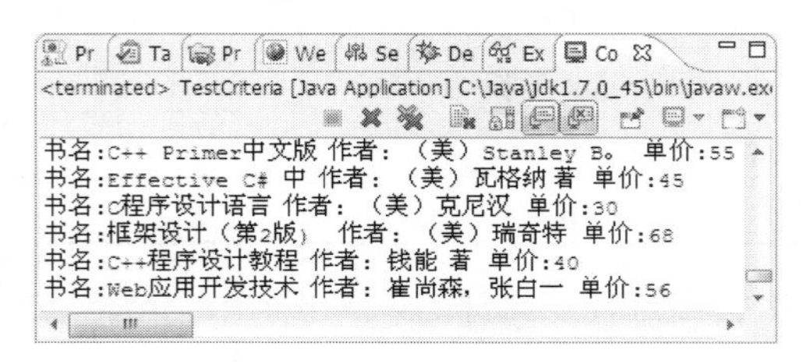

图 17-21 testCriteria_1()方法执行后控制台的输出

1．分组查询

根据所属出版社对图书进行分组，查询 books 表中各个出版社的图书总数及总金额。在测试类 TestCriteria 中编写 testCriteria_2()方法，代码如下所示：

```
public void testCriteria_2() {
    //获得 Session
    Session session = HibernateSessionFactory.getSession();
    //创建 Criteria
    Criteria criteria = session.createCriteria(Books.class);
    //构建 ProjectionList 对象
    ProjectionList pList = Projections.projectionList();
    //创建分组依据，对出版社进行分组
    pList.add(Projections.groupProperty("publishers"));
    //统计各分组中的记录数
    pList.add(Projections.rowCount());
    //统计各分组中的图书单价总和
    pList.add(Projections.sum("unitPrice"));
    //为 Criteria 对象设置 Projection
    criteria.setProjection(pList);
    //执行查询，获得结果
    List list = criteria.list();
    //遍历查询结果
    Iterator itor = list.iterator();
    while(itor.hasNext()) {
        Object[] obj = (Object[])itor.next();
        Publishers publisher = (Publishers)obj[0];
        System.out.println("出版社名称:" + publisher.getName()
          + "  图书总数: " + obj[1]
          + "   单价总和:" + obj[2]);
    }
}
```

在 main()方法中调用 testCriteria_2()类，运行测试类，控制台的输出如图 17-22 所示。

```
<terminated> TestCriteria [Java Application] C:\Java\jdk1.7.0_45\bin\javaw.e
出版社名称:清华大学出版社 图书总数: 2   单价总和:108
出版社名称:人民邮电出版社 图书总数: 2   单价总和:100
出版社名称:机械工业出版社 图书总数: 2   单价总和:86
```

图 17-22　testCriteria_2()方法执行后控制台的输出

2．使用内置聚集函数

在测试类 TestCriteria 中编写 testCriteria_3()方法，使用内置聚集函数统计 books 表中所有图书单价的总和、平均单价、最大单价和最小单价。代码如下所示：

```
public void testCriteria_3() {
    //获得 Session
    Session session = HibernateSessionFactory.getSession();
    //创建 Criteria
    Criteria criteria = session.createCriteria(Books.class);
    //构建 ProjectionList 对象
    ProjectionList pList = Projections.projectionList();
    //统计图书单价总和
    pList.add(Projections.sum("unitPrice"));
    //统计图书平均单价
    pList.add(Projections.avg("unitPrice"));
    //统计图书最大单价
    pList.add(Projections.max("unitPrice"));
    //统计图书最小单价
    pList.add(Projections.min("unitPrice"));
    //为 Criteria 对象设置 Projection
    criteria.setProjection(pList);
    //执行查询，获得结果
    List list = criteria.list();
    //遍历查询结果
    Iterator itor = list.iterator();
    while(itor.hasNext()) {
        Object[] obj = (Object[])itor.next();
        System.out.println("单价总和:" + obj[0] + "  平均单价: " + obj[1]
          + "  最大单价:" + obj[2] + "  最小单价:" + obj[3]);
    }
}
```

在 main()方法中调用 testCriteria_3()类，运行测试类，控制台的输出如图 17-23 所示。

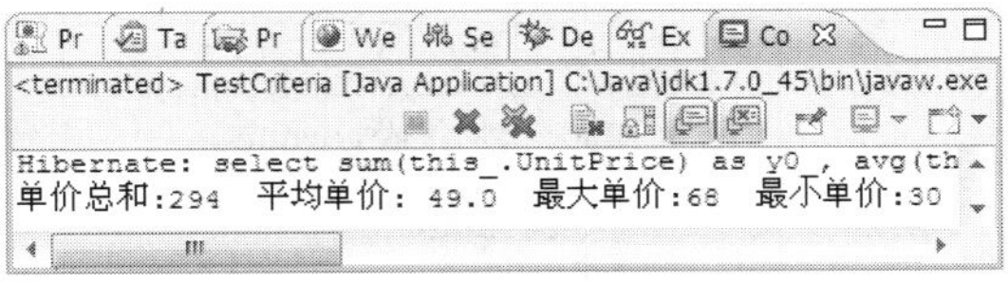

```
<terminated> TestCriteria [Java Application] C:\Java\jdk1.7.0_45\bin\javaw.exe
Hibernate: select sum(this_.UnitPrice) as y0_, avg(th
单价总和:294  平均单价: 49.0  最大单价:68  最小单价:30
```

图 17-23　testCriteria_3()方法执行后控制台的输出

17.2.2 组合查询

组合查询是指通过 Restrictions 工具类的相应方法动态构造查询条件，并将查询条件加入 Criteria 对象，从而实现查询功能。在测试类 TestCriteria 中编写 testCriteria_4()方法，按书名和作者组合查询图书对象。代码如下所示：

```
public void testCriteria_4(Books condition) {
    //获得 Session
    Session session = HibernateSessionFactory.getSession();
    //创建 Criteria 对象
    Criteria criteria = session.createCriteria(Books.class);
    //使用 Restrictions 对象编写查询条件，并将查询条件加入 Criteria 对象
    if(condition!=null) {
        if(condition.getTitle()!=null && !condition.getTitle().equals("")){
            //按书名进行筛选
            criteria.add(Restrictions.like(
              "title", condition.getTitle(),MatchMode.ANYWHERE));
        }
        if(condition.getAuthor()!=null
          && !condition.getAuthor().equals("")) {
            //按作者进行筛选
            criteria.add(Restrictions.like(
              "author", condition.getAuthor(),MatchMode.ANYWHERE));
        }
    }
    //执行查询，获得结果
    List list = criteria.list();
    //遍历查询结果
    Iterator itor = list.iterator();
    while(itor.hasNext()) {
        Books book = (Books)itor.next();
        System.out.println("书名:" + book.getTitle()
          + "  作者: " + book.getAuthor() + "   单价:" + book.getUnitPrice());
    }
}
```

上述代码中，使用 Restrictions 对象编写查询条件，并将查询条件加入 Criteria 对象。Restrictions 提供了大量的静态方法，来创建查询条件，如表 17-5 所示。

表 17-5　Restrictions 类提供的方法

方 法 名	说　明
Restrictions.eq	等于
Restrictions.allEq	使用 Map，使用 key/value 进行多个等于的比较
Restrictions.gt	大于 >
Restrictions.ge	大于等于 >=
Restrictions.lt	小于 <
Restrictions.le	小于等于 <=

续表

方 法 名	说　明
Restrictions.between	对应 SQL 的 BETWEEN 子句
Restrictions.like	对应 SQL 的 LIKE 子句
Restrictions.in	对应 SQL 的 IN 子句
Restrictions.and	and 关系
Restrictions.or	or 关系
Restrictions.sqlRestriction	SQL 限定查询

MatchMode 表示匹配模式，包含的静态常量如表 17-6 所示。

表 17-6　MatchMode 包含的常量

匹配模式	说　明
MatchMode.ANYWHERE	模糊匹配
MatchMode.EXACT	精确匹配
MatchMode.START	以某个字符为开头进行匹配
MatchMode.END	以某个字符为结尾进行匹配

在 main()方法中调用 testCriteria_4()方法，代码如下所示：

```
Books condition = new Books();
condition.setTitle("C++");
condition.setAuthor("美");
tc.testCriteria_4(condition);
```

运行测试类，控制台的输出如图 17-24 所示。

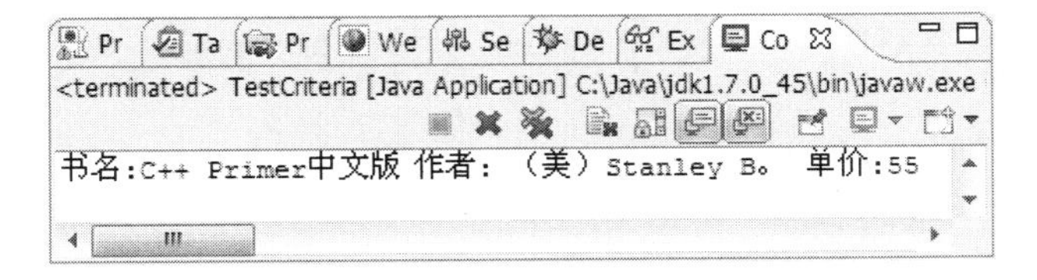

图 17-24　testCriteria_4()方法执行后控制台的输出

17.2.3　关联查询

使用 Criteria 并通过 Restrictions 工具类，可以实现关联查询。在测试类 TestCriteria 中编写 testCriteria_5()方法，实现从数据表中查询“清华大学出版社”出版的书名包含“C++”的图书，代码如下所示：

```
public void testCriteria_5() {
    Session session = HibernateSessionFactory.getSession();
    Criteria bookCriteria = session.createCriteria(Books.class);
    //设置从 Books 类中查询的条件
    bookCriteria.add(Restrictions.like(
      "title", "C++", MatchMode.ANYWHERE));
```

```
    //创建一个新的 Criteria 实例，以引用 pulishers 集合中的元素
    Criteria publishersCriteria =
      bookCriteria.createCriteria("publishers");
    //设置从关联的 Publishers 类中查询的条件
    publishersCriteria.add(Restrictions.like("name", "清华大学出版社"));
    List list = publishersCriteria.list();
    Iterator itor = list.iterator();
    while(itor.hasNext()) {
        Books book = (Books)itor.next();
        System.out.println("书名:" + book.getTitle()
          + "  作者: " + book.getAuthor()
          + "   单价:" + book.getUnitPrice());
    }
}
```

在 main()方法中调用 testCriteria_5()方法，控制台的输出如图 17-25 所示。

图 17-25　调用 testCriteria_5()方法后控制台的输出

创建 Criteria 对象和使用 Restrictions 对象编写查询条件，可以采用方法链编程风格，如下所示：

```
public void testCriteria_5_1() {
    Session session = HibernateSessionFactory.getSession();
    List list = session.createCriteria(Books.class)
    .add(Restrictions.like("title", "C++", MatchMode.ANYWHERE))
    .createCriteria("publishers")
    .add(Restrictions.like("name", "清华大学出版社")).list();
    Iterator itor = list.iterator();
    while(itor.hasNext()) {
        Books book = (Books)itor.next();
        System.out.println("书名:" + book.getTitle()
          + "  作者: " + book.getAuthor()
          + "   单价:" + book.getUnitPrice());
    }
}
```

17.2.4　分页查询

使用 Criteria 并通过 Restrictions 工具类，可以实现分页查询，在测试类 TestCriteria 中编写 testCriteria_6()方法，代码如下所示：

```
public void testCriteria_6() {
    Session session = HibernateSessionFactory.getSession();
    Criteria criteria = session.createCriteria(Books.class);
```

```
    //从第一个对象开始查询
    criteria.setFirstResult(0);
    //每次从查询结果中返回 4 个对象
    criteria.setMaxResults(4);
    List list = criteria.list();
    Iterator itor = list.iterator();
    while(itor.hasNext()) {
        Books book = (Books)itor.next();
        System.out.println("书名:" + book.getTitle()
          + "  作者: " + book.getAuthor()
          + "   单价:" + book.getUnitPrice());
    }
}
```

Hibernate 的 Criteria 也提供了两个用于实现分页的方法：setFirstResult(int firstResult)和 setMaxResults(int maxResults)。其中 setFirstResult(int firstResult)方法用于指定从哪个对象开始检索，默认为第一个对象(序号为 0)；setMaxResults(int maxResults)方法用于指定一次最多检索的对象数，默认为所有对象。

在 main()方法中调用 testCriteria_6()方法，控制台的输出如图 17-26 所示。

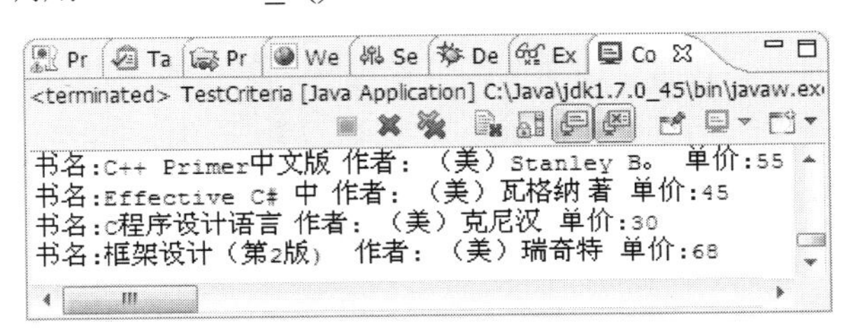

图 17-26　调用 testCriteria_6()方法后控制台的输出

17.2.5　QBE 查询

QBE 是 Query By Example 的缩写，QBE 查询为举例查询，也称示例查询。由于 QBE 查询检索与指定示例对象具有相同属性值的对象，因此示例对象的创建是 QBE 查询的关键。示例对象中的所有非空属性都作为查询的条件。

以 17.2.2 小节的组合查询为例，组合的条件越多，需要的 if 语句就越多，相当繁琐，此时使用 QEB 查询最方便。在测试类 TestCriteria 中编写 testCriteria_7()方法，按书名和作者组合查询图书对象。代码如下所示：

```
public void testCriteria_7(Books condition) {
    //获得 Session
    Session session = HibernateSessionFactory.getSession();
    //创建 Criteria 对象
    Criteria criteria = session.createCriteria(Books.class);
    //使用 Example 工具类创建示例对象
    Example example = Example.create(condition);
    //设置匹配模式为 ANYWHERE
    example.enableLike(MatchMode.ANYWHERE);
    //设置不区分大小写
```

```
    example.ignoreCase();
    //为 Criteria 对象指定示例对象 example 作为查询条件
    criteria.add(example);
    //执行查询，获得结果
    List list = criteria.list();
    //遍历查询结果
    Iterator itor = list.iterator();
    while(itor.hasNext()) {
        Books book = (Books)itor.next();
        System.out.println("书名:" + book.getTitle()
          + "  作者: " + book.getAuthor()
          + "   单价:" + book.getUnitPrice());
    }
}
```

在 main()方法中调用 testCriteria_7()方法，代码如下所示：

```
Books condition = new Books();
condition.setTitle("C++");
condition.setAuthor("美");
tc.testCriteria_7(condition);
```

上述代码用于查询书名包含“C++”且作者包含“美”的图书对象，这种查询需要将查询的条件封装到一个 Books 对象中，然后以该对象为参数，Example 工具类调用其静态方法 create()创建一个 Example 对象。enableLike()方法与 Restrictions.like()方法类似，表示模糊查询。ignoreCase()方法表示在查询过程中不区分大小写。最后为 Criteria 对象指定示例对象 example 作为查询条件。

运行测试类，控制台的输出如图 17-27 所示。

图 17-27　testCriteria_7()方法执行后控制台的输出

由 Hibernate 生成的 SQL 语句如下所示：

```
select
   this_.Id as Id1_0_,
   this_.Title as Title1_0_,
   this_.Author as Author1_0_,
   this_.PublisherId as Publishe4_1_0_,
   this_.UnitPrice as UnitPrice1_0_
from
   bookshop.books this_
where
    (
      lower(this_.Title) like ?
         and lower(this_.Author) like ?
)
```

该 SQL 语句查询了 books 表的所有字段，在 where 子句中调用 lower 函数把所有的 Title 和 Author 字段的值都转为小写。Hibernate 在 like 关键字后的问号参数位置绑定参数值时，将“C++”中的大写字符“C”转为小写的“c”，绑定的参数值为“%c++%”。

17.2.6　离线查询

Criteria 查询是一种在线查询方式，它是通过 Hibernate Session 进行创建的。而 DetachedCriteria 查询是一种离线查询方式，创建查询时，无须使用 Session，可以在 Session 范围之外创建一个查询，并且可以使用任意的 Session 执行它。DetachedCriteria 提供了两个静态方法：forClass(Class)和 forEntityName(Name)，可以通过这两个方法创建 DetachedCriteria 实例。

下面通过示例演示如何使用 DetachedCriteria 查询。在测试类 TestCriteria 中编写 testDetachedCriteria()方法，查询书名为“Web 应用开发技术”的图书信息，代码如下所示：

```
public void testDetachedCriteria() {
    //创建离线查询 DetachedCriteria 实例
    DetachedCriteria query = DetachedCriteria.forClass(Books.class)
      .add(Property.forName("title").eq("Web 应用开发技术"));
    //创建 Hibernate Session
    Session session = HibernateSessionFactory.getSession();
    //执行查询
    List list = query.getExecutableCriteria(session).list();
    Iterator itor = list.iterator();
    while(itor.hasNext()) {
        Books book = (Books)itor.next();
        System.out.println("书名:" + book.getTitle()
          + "  作者: " + book.getAuthor()
          + "   单价:" + book.getUnitPrice());
    }
}
```

上述代码中，首先通过 DetachedCriteria 提供的 forClass(Class)方法创建 DetachedCriteria 实例，即在 Session 范围之外创建了一个查询。其中，Property 可以对某个属性进行查询条件的设置，如“Property.forName(“title”).eq(“Web 应用开发技术”)”设置的查询条件为：title 属性等于“Web 应用开发技术”，然后创建一个 Hibernate Session，并通过该 Session 的执行查询。

在 main()方法中调用 testDetachedCriteria()方法，运行测试类，控制台的输出如图 17-28 所示。

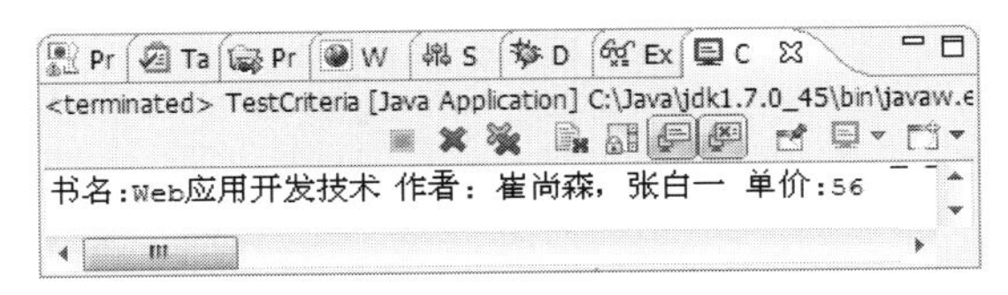

图 17-28　调用 testDetachedCriteria()方法后控制台的输出

17.3 小　　结

本章主要介绍了 Hibernate 中两种重要的查询：HQL 查询和 QBC 查询。

HQL 查询是 Hibernate 提供的一种面向对象的查询方式，其优点在于：直接针对实体类和属性进行查询，不用再编写繁琐的 SQL 语句；查询结果是直接保存在 List 中的对象，不用再次封装。

QBC 查询则采用面向对象的方式封装查询条件，Criteria API 提供了 Criteria 和 Criterion 接口以及 Example 和 Restrictions 类作为辅助，从而使得查询代码的编写更加方便。

第 18 章　Hibernate 进阶

前面的章节讲解了 Hibernate 的关联映射与检索方式，本章将进一步介绍 Hibernate 框架的一些重要概念，包括 Hibernate 的批量处理、Hibernate 事务、Hibernate 缓存、Hibernate 使用数据库连接池以及调用存储过程，以加深读者对 Hibernate 框架的理解。

18.1　Hibernate 的批量处理

Hibernate 以面向对象的方式进行数据库操作，在程序中以面向对象方式操作持久化对象时，Hibernate 将其自动转换为对数据库的操作。

既然 Hibernate 是对 JDBC 的轻量级封装，那么其对批量数据的处理能力，是否会逊色于 JDBC API 呢？实践证明，Hibernate 提供的批量处理解决方案在某些情况下很有必要，且性能并非想象的那么糟糕。

下面分别从批量插入、批量更新和批量删除三个方面进行讲解。

18.1.1　批量插入

在 Hibernate 应用中，如果需要将大量记录插入数据库，有两种处理方式：

- 通过 Hibernate 缓存。
- 绕过 Hibernate，直接调用 JDBC API。

1．通过 Hibernate 缓存

在项目 HibTest2 的 com.hibtest2 包中创建一个测试类文件 TestBatchProcessing.java，并编写 testBatchAddByCache()方法，向数据表 users 中插入一百万条记录。代码如下所示：

```
private void testBatchAddByCache() {
    Session session = null;
    Transaction tx = null;
    try {
        //获得 Session
        session = HibernateSessionFactory.getSession();
        tx = session.beginTransaction();
        for(int i=0; i<1000000; i++) {
            Users user = new Users();
            user.setLoginName("u" + i);
            user.setLoginPwd("123456");
            session.save(user);
        }
```

```
        tx.commit();
    } catch(Exception e) {
        e.printStackTrace();
        tx.rollback();
    } finally {
        session.close();
    }
}
```

在 main()方法中调用 testBatchAddByCache()方法，运行测试类，程序会在某个时候运行失败，并且抛出 OutOfMemoryError(内存溢出错误)，如图 18-1 所示。

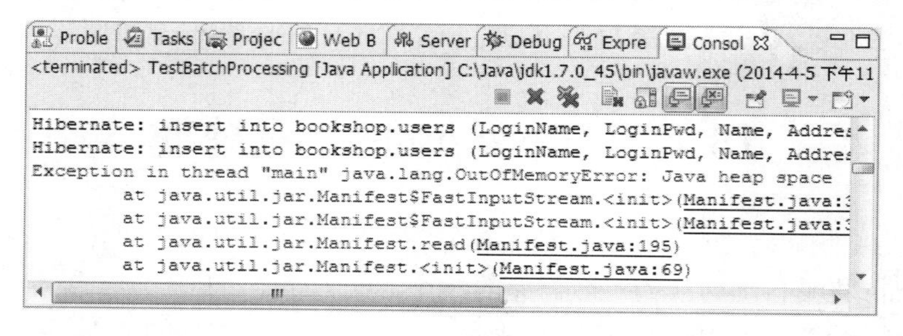

图 18-1　批量插入时出现内存溢出错误

在项目的开发过程之中，由于项目需求，常常需要把大批量的数据插入到数据库。数量级有万级、十万级、百万级，甚至千万级的。如此数量级别的数据用 Hibernate 做插入操作，就可能会发生异常，常见的异常是 OutOfMemoryError(内存溢出异常)。

Hibernate 缓存分为一级缓存和二级缓存，Hibernate 对这两种缓存有着不同的管理机制，对于二级缓存，可以对它的大小进行相关配置。而对于一级缓存，Hibernate 对它的容量没有限制。由于 Hibernate 的 Session 持有一个必选的一级缓存，执行海量数据插入操作时，这所有的 Users 对象都被纳入一级缓存(一级缓存是在内存中做缓存的)，这样内存就会一点一点被占用，直到内存溢出。

要解决这一问题，需要定时将 Session 缓存的数据刷入数据库，而不是一直在 Session 级别缓存。具体步骤如下。

(1)　设置批量尺寸。

在 Hibernate 配置文件 hibernate.cfg.xml 中设置 hibernate.jdbc.batch_size 属性，如下所示：

```
<property name="hibernate.jdbc.batch_size">100</property>
```

配置 hibernate.jdbc.batch_size 参数的原因就是尽量少读数据库，该参数值越大，读数据库的次数越少，速度越快。从上面的配置可以看出，Hibernate 是等到程序积累到了 100 个 SQL 之后再批量提交。

(2)　关闭二级缓存。

除了 Session 级别的一级缓存，Hibernate 还有一个 SessionFactory 级别的二级缓存。如果启用了二级缓存，从机制上来说，Hibernate 为了维护二级缓存，在批量插入时，Hibernate 会将 Users 对象纳入二级缓存，性能上就会有很大损失，也可能引发异常。因此最好关闭 SessionFactory 级别的二级缓存。

在 hibernate.cfg.xml 文件中关闭二级缓存的配置如下所示：

```
<property name="hiberante.cache.use_second_level_cache">false</property>
```

(3) 清空 Session 级别的一级缓存。

在 testBatchAddByCache()方法中，添加代码，定时将 Session 级别的一级缓存中的数据刷入数据库，并清空 Session 缓存。修改后的代码如下所示：

```
private void testBatchAdd() {
    Session session = null;
    Transaction tx = null;
    try {
        //获得 Session
        session = HibernateSessionFactory.getSession();
        tx = session.beginTransaction();
        for(int i=0; i<1000000; i++) {
            Users user = new Users();
            user.setLoginName("u" + i);
            user.setLoginPwd("123456");
            session.save(user);
            if(i%100==0) {          //以每 100 个数据作为一个处理单元
                session.flush();  //保持与数据库数据的同步
                //清除 Session 级别一级缓存的全部数据，及时释放出占用的内存
                session.clear();
            }
        }
        tx.commit();
    } catch(Exception e) {
        e.printStackTrace();
        tx.rollback();
    } finally {
        session.close();
    }
}
```

经过上述处理，再次运行测试类。经过一段时间，这一百万条记录便成功地插入到数据表 users 中了。

2．绕过 Hibernate 直接调用 JDBC API

由于 Hibernate 只是对 JDBC 进行了轻量级的封装，因此完全可以绕过 Hibernate，直接调用 JDBC API 进行批量插入。在测试类 TestBatchProcessing 中编写 testBatchAddByJDBC()方法，直接调用 JDBC API，向数据表 users 中插入一百万条记录。代码如下所示：

```
private void testBatchAddByJDBC() {
    Session session = null;
    Transaction tx = null;
    try {
        //获得 Session
        session = HibernateSessionFactory.getSession();
        tx = session.beginTransaction();
```

```
            //执行 Work 对象指定的操作，即调用 Work 对象的 execute()方法，
            //Session 会把当前使用的数据库连接传给 execute()方法
            session.doWork(
                //定义一个匿名类，实现了 Work 接口
                new Work() {
                    @Override
                    public void execute(Connection connection)
                      throws SQLException {
                        //通过 JDBC API 执行用于批量插入的 SQL 语句
                        PreparedStatement ps = connection.prepareStatement(
                          "insert into users(LoginName,LoginPwd) values (?,?)");
                        for(int i=0; i<1000000; i++) {
                            ps.setString(1, "u" + i);
                            ps.setString(2, "123456");
                            //将参数添加到 PreparedStatement 对象的批处理命令中
                            ps.addBatch();
                        }
                        //执行批处理
                        ps.executeBatch();
                    }
                }
            );
            tx.commit();
        } catch(Exception e) {
            e.printStackTrace();
            tx.rollback();
        }
    }
```

从 Hibernate 4.0 开始，去除了 Session.connection()方法，用 Session.doWork(Work work)方法替代，该方法用于执行 Work 对象指定的操作，即调用 Work 对象的 execute()方法。

Session 会把当前使用的数据库连接传给 execute()方法，需要注意，不要调用 close()方法关闭这个连接。

在 main()方法中调用 testBatchAddByJDBC()方法，执行测试类后，控制台输出如图 18-2 所示。

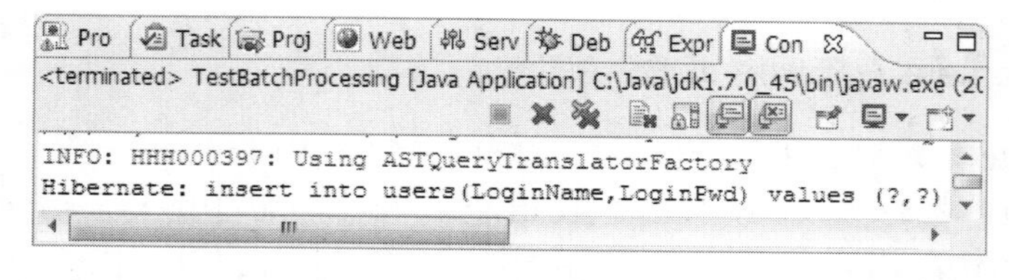

图 18-2　testBatchAddByJDBC()方法执行后控制台的输出

从图 18-2 可以看出，控制台只显示一条 insert 语句，用于插入批量数据。当通过 JDBC API 中的 PreparedStatement 接口来执行 SQL 语句时，SQL 语句中涉及到的数据不会被加载到 Session 的缓存中，因此不会占用内存空间。另外，直接调用 JDBC API 批量插入的效率要高于通过 Hibernate 缓存的批量插入。

18.1.2　批量更新

批量更新是指在一个事务中更新大批量的数据，与批量插入类似，Hibernate 批量更新也有两种方式：

- 使用 Hibernate 直接进行批量更新。
- 绕过 Hibernate，调用 JDBC API。

1．使用 Hibernate 直接进行批量更新

由于 Hibernate 4.0 及以上版本使用 ASTQueryTranslatorFactory 作为 HQL/SQL 查询翻译器，因此 Hibernate 的 HQL 直接支持 update/delete 的批量更新语法。

在测试类 TestBatchProcessing 中编写 testBatchUpdateByHql()方法，使用 Hibernate 直接将 users 表中的密码批量更新为“111111”。代码如下所示：

```
private void testBatchUpdateByHql() {
    Session session = null;
    Transaction tx = null;
    try {
        //获得 Session
        session = HibernateSessionFactory.getSession();
        tx=session.beginTransaction();
        //在 HQL 查询中使用 update 进行批量更新
        Query query =
          session.createQuery("update Users set loginPwd='111111'");
        query.executeUpdate();
        tx.commit();
    } catch(Exception e) {
        e.printStackTrace();
        tx.rollback();
    } finally {
        session.close();
    }
}
```

在 main()方法中调用 testBatchUpdateByHql()方法，运行测试类。一段时间后，users 表中所有用户的密码都更新为“111111”。

2．绕过 Hibernate 调用 JDBC API

与批量插入一样，也可以绕过 Hibernate，调用 JDBC API 完成数据的批量更新操作。在测试类 TestBatchProcessing 中编写 testBatchUpdateByJDBC()方法，使用 Hibernate 直接将 users 表中的密码批量更新为“222222”。代码如下所示：

```
private void testBatchUpdateByJDBC() {
    Session session = null;
    Transaction tx = null;
    try {
        //获得 Session
```

```
        session = HibernateSessionFactory.getSession();
        tx = session.beginTransaction();
        //执行 Work 对象指定的操作，即调用 Work 对象的 execute()方法，
        //Session 会把当前使用的数据库连接传给 execute()方法
        session.doWork(
            //定义一个匿名类，实现了 Work 接口
            new Work() {
                @Override
                public void execute(Connection connection)
                  throws SQLException {
                    //创建一个 Statement 对象
                    Statement st = connection.createStatement();
                    //调用 JDBC 的 update 进行批量更新
                    st.executeUpdate("update Users set LoginPwd='222222'");
                }
            }
        );
        tx.commit();
    } catch(Exception e) {
        e.printStackTrace();
        tx.rollback();
    } finally {
        session.close();
    }
}
```

在 main()方法中调用 testBatchUpdateByJDBC()方法，运行测试类。一段时间后，users 表中所有用户的密码都更新为“222222”。

18.1.3　批量删除

批量删除是指在一个事务中删除大批量数据，与批量更新类似，Hibernate 批量删除也有两种方式：

- 使用 Hibernate 直接进行批量删除。
- 绕过 Hibernate，调用 JDBC API。

1. 使用 Hibernate 直接进行批量删除

在测试类 TestBatchProcessing 中编写 testBatchDeletByHql()方法，使用 Hibernate 直接将 users 表中所有 Id 值大于 500000 的用户批量删除。代码如下所示：

```
private void testBatchDeletByHql() {
    Session session = null;
    Transaction tx = null;
    try {
        //获得 Session
        session = HibernateSessionFactory.getSession();
        tx = session.beginTransaction();
        //在 HQL 查询中使用 update 进行批量更新
```

```
        Query query = session.createQuery("delete Users where id>500000");
        query.executeUpdate();
        tx.commit();
    } catch(Exception e) {
        e.printStackTrace();
        tx.rollback();
    } finally {
        session.close();
    }
}
```

在 main()方法中调用 testBatchDeletByHql()方法，运行测试类。一段时间后，users 表中所有 Id 值大于 500000 的用户都被删除了。

2．绕过 Hibernate 调用 JDBC API

与批量更新一样，也可以绕过 Hibernate，调用 JDBC API 完成数据的批量删除操作。在测试类 TestBatchProcessing 中编写 testBatchDeleteByJDBC()方法，将 users 表中所有 Id 值大于 250000 的用户删除。代码如下所示：

```
private void testBatchDeleteByJDBC() {
    Session session = null;
    Transaction tx = null;
    try {
        //获得 Session
        session = HibernateSessionFactory.getSession();
        tx = session.beginTransaction();
        //执行 Work 对象指定的操作，即调用 Work 对象的 execute()方法，
        //Session 会把当前使用的数据库连接传给 execute()方法
        session.doWork(
            //定义一个匿名类，实现了 Work 接口
            new Work() {
                @Override
                public void execute(Connection connection)
                  throws SQLException {
                    //创建一个 Statement 对象
                    Statement st = connection.createStatement();
                    //调用 JDBC 的 update 进行批量更新
                    st.executeUpdate("delete from Users where Id>250000");
                }
            }
        );
        tx.commit();
    } catch(Exception e) {
        e.printStackTrace();
        tx.rollback();
    } finally {
        session.close();
    }
}
```

在 main()方法中调用 testBatchDeleteByJDBC()方法，运行测试类。一段时间后，users 表中所有 Id 值大于 250000 的用户都被删除了。

18.2 Hibernate 事务

事务(Transaction)是数据库并发控制不可分割的基本逻辑单位，可以用于确保数据库能够被正确修改，避免数据只修改了一部分而导致数据不完整，或者在修改时受到用户干扰。

18.2.1 事务的特性

事务具有原子性(Atomic)、一致性(Consistency)、隔离性(Isolation)和持久性(Durability)。其中，原子性表示将事务中所做的操作捆绑成一个不可分割的单元，即对于事务所进行的数据修改等操作，要么全部执行，要么全部不执行；一致性表示事务在完成时，必须使所有的数据都保持一致状态，而且在相关数据中，所有规则都必须应用于事务的修改，以保持所有数据的完整性，事务结束时，所有的内部数据结构都应该是正确的；隔离性表示由并发事务所做的修改必须与任何其他事务所做的修改相隔离，查看数据时，数据所处的状态，要么是被另一并发事务修改之前的状态，要么是被另一并发事务修改之后的状态，即事务不会查看由另一个并发事务正在修改的数据，这种隔离方式也叫可串行性；持久性表示事务完成后，它对系统的影响是永久的，即使出现系统故障也是如此。

18.2.2 并发控制

在多个事务同时使用相同的数据时可能会发生问题，即并发问题。

(1) 并发问题包括如下 5 种。

① 第一类丢失更新。

当多个事务同时操作同一个数据，撤消其中一个事务时，把其他事务已提交的更新数据覆盖，对其他事务来说造成了数据丢失。

② 第二类丢失更新。

当多个事务同时操作同一个数据时，事务 A 将修改结果成功提交后，对事务 B 已经提交的修改结果进行了覆盖，对事务 B 来说造成了数据丢失。

③ 脏读。

当多个事务同时操作同一个数据时，事务 A 读到事务 B 未提交的更新数据，且对数据进行操作，如果事务 B 撤消更新后，事务 A 所操作的数据便成了脏数据。

④ 不可重复读。

当多个事务同时操作同一个数据时，事务 A 对同一行数据重复读取两次，每次读取的结果不同。有可能第二次读取数据的时候原始数据被事务 B 更改，并成功提交。

⑤ 幻象读。

当多个事务同时操作同一个数据时，事务 A 执行两次查询，第二次查询结果比第一次查询多出一行，这是因为在两次查询之间事务 B 插入了新数据造成的。

(2) 为了避免并发问题的发生，在标准 SQL 规范中，提出了 4 个事务隔离级别，不同的隔离级别对事务的并发处理有所不同。

① 序列化(8 级)。

提供最严格的事务隔离，该隔离级别不允许事务并行执行，只允许一个接着一个执行，不能并发执行。此隔离级别可以有效防止脏读、不可重复读和幻象读。

② 可重复读取(4 级)。

一个事务在执行过程中可以访问其他事务成功提交的新插入的数据，但不能访问成功修改的数据。读取数据的事务将会禁止写事务，但允许读事务，写事务则禁止其他事务。此隔离级别可有效防止不可重复读和脏读两类并发问题。

③ 读已提交数据(2 级)。

一个事务在执行过程中既可以访问其他事务成功提交的新插入的数据，又可以访问成功修改的数据。读取数据的事务允许其他事务继续访问该行数据，但是未提交的写事务将会禁止其他事务访问该数据。此隔离级别可有效防止脏读。

④ 读未提交数据(1 级)。

一个事务在执行过程中既可以访问其他事务未提交的新插入的数据，又可以访问未提交的修改数据。如果一个事务已经开始写数据，则不允许另外一个事务同时进行写操作，但允许其他事务进行读操作。此隔离级别仅可防止第一类丢失更新。

在实际应用中，隔离级别越高，越能保证数据库的完整性和一致性，但对并发性能影响越大。通常将数据库的隔离级别设置为 2 级，即读已提交数据，它既能防止脏读，而且又有较好的并发性能。虽然这种隔离级别会导致不可重复读、幻象读和第二类丢失更新这些并发问题，但可通过在应用程序中采用悲观锁或乐观锁来加以控制。

在 Hibernate 配置文件 hibernate.cfg.xml 中通过 hibernate.connection.isolation 属性来设置数据库的隔离级别，代码如下所示：

```
<property name="hibernate.connection.isolation">2</property>
```

18.2.3　在 Hibernate 中使用事务

Hibernate 对 JDBC 进行了轻量级的封装，虽然可以绕过 Hibernate 直接调用 JDBC 进行数据库操作，但推荐由 Hibernate 统一进行事务管理，有利于 Hibernate 应用的跨平台移植。

Hibernate 对 JDBC 事务进行了封装，Hibernate 事务边界声明步骤如下所示。

(1) 通过 HibernateSessionFactory 取得一个 Session 实例，代码如下所示：

```
Session session = HibernateSessionFactory.getSession();
```

(2) 通过 Session 实例开始一个事务，代码如下所示：

```
Transaction tx = session.beginTransaction();
```

(3) 进行持久化操作。

(4) 提交事务，代码如下所示：

```
tx.commit();
```

(5) 如果事务处理出现异常，则撤消事务(事务回滚)，代码如下所示：

```
tx.rollback();
```

(6) 关闭当前 Session 实例，代码如下所示：

```
HibernateSessionFactory.closeSession();
```

下面是一个在 Hibernate 中使用 JDBC 事务向数据表 users 插入一个新用户的例子：

```
private void addUser() {
    //创建实体类
    Users user = new Users();
    user.setLoginName("zhangsan");
    user.setLoginPwd("123456");
    //获得 Session 实例
    Session session = HibernateSessionFactory.getSession();
    Transaction tx = null;
    try {
        //开始一个事务
        tx = session.beginTransaction();
        //调用 save 方法持久化 user 对象
        session.save(user);
        //提交事务，向数据库中插入一个新记录
        tx.commit();
    } catch (Exception e) {
        if(tx!=null) {
            tx.rollback();  //事务回滚
        }
        e.printStackTrace();
    } finally {
        HibernateSessionFactory.closeSession();   //关闭 Session
    }
}
```

18.2.4 Hibernate 的悲观锁和乐观锁

当多个事务同时访问数据库中的相同数据时，如果没有采取必要的隔离措施，将会导致各种并发问题，这时可以采用悲观锁或乐观锁对其进行控制。

1. 悲观锁

悲观锁是指每次在操作数据时，总是悲观地认为会有其他事务也会来操作同一数据，因此，在整个数据处理过程中，将数据处于锁定状态。悲观锁由数据库来实现，在锁定的时间其他事务不能对数据进行存取，这样很有可能造成长时间等待。在 Hibernate 中，用户可以显式地设定要锁定的表或字段及锁模式。Hibernate 锁模式有如下几种。

(1) LockMode.NONE

如果缓存中存在对象，直接返回该对象的引用，否则通过 select 语句到数据库中加载该对象，这是锁模式的默认值。

(2)　LockMode.READ

不管缓存中是否存在对象，总是通过 select 语句到数据库中加载该对象，如果映射文件中设置了版本元素，就执行版本检查，比较缓存中的对象是否与数据库中的对象版本一致。

(3)　LockMode.UPGRADE

不管缓存中是否存在对象，总是通过 select 语句到数据库中加载该对象，如果映射文件中设置了版本元素，就执行版本检查，比较缓存中的对象是否与数据库中对象的版本一致，如果数据库系统支持悲观锁(如 Oracle/MySQL)，就执行 select ... for update 语句，如果不支持(如 Sybase)，就执行普通 select 语句。

(4)　LockMode.UPGRADE_NOWAIT

与 LockMode.UPGRADE 具有同样功能，此外，对于 Oracle 等支持 update nowait 的数据库，执行 select ... for update nowait 语句，nowait 表明如果执行该 select 语句的事务不能立即获得悲观锁，那么不会等待其他事务释放锁，而是立刻抛出锁定异常。

(5)　LockMode.WRITE

保存对象时会自动使用这种锁定模式，仅供 Hibernate 内部使用，应用程序中不应该使用它。

(6)　LockMode.FORCE

强制更新数据库中对象的版本属性，从而表明当前事务已经更新了这个对象。

设定锁模式的方法有：

- 调用 Session.load()时指定锁定模式。
- 调用 Session.lock()。
- 调用 Query.setLockMode()。

下面通过取款与转账两个并发事务的例子来演示悲观锁的应用。在数据库 bookshop 中创建数据表 account，字段如表 18-1 所示。

表 18-1　数据表 account

字 段 名	数据类型	说　明
Id	int(4)	编号，主键、非空、自增
AccountNo	varchar(20)	账号，非空
Balance	decimal(10,0)	余额，非空

在 account 表中添加如图 18-3 所示的测试数据。

	Id	AccountNo	Balance
	1	123456	1000
	2	654321	1000
*	(Auto)	(NULL)	(NULL)

图 18-3　数据表 account 中的测试数据

使用 MyEclipse 的反转工程生成 account 表对应的实体类和映射文件，并存放到 com.hibtest2.entity 包中。

在项目 HibTest2 中创建一个类文件 TransactionA.java，存放在 com.hibtest2 包中，用于模拟取款事务，从编号为 1 的账户中取出 100 元。代码如下所示：

```
package com.hibtest2;
import java.util.TimerTask;
import org.hibernate.LockMode;
import org.hibernate.Query;
import org.hibernate.Session;
import org.hibernate.Transaction;
import com.hibtest2.entity.Account;
//模拟取款
public class TransactionA extends TimerTask {
    @Override
    public void run() {
        Transaction tx = null;
        try {
            Session session = HibernateSessionFactory.getSession();
            tx = session.beginTransaction();      //开始一个事务
            System.out.println("取款事务开始");
            Query query = session.createQuery("from Account a where id=1");
            //设置访问对象 a 时使用的锁模式
            query.setLockMode("a", LockMode.UPGRADE_NOWAIT);
            Account account = (Account)query.uniqueResult();
            System.out.println("查询到存款余额为: " + account.getBalance());
            //在事务 A 中将 ID 为 1 的账户的余额减少 100
            account.setBalance(account.getBalance()-100);
            System.out.println(
              "取出 100 元，存款余额改为: " + account.getBalance());
            session.update(account);    //修改指定对象
            tx.commit();                 //提交事务
        } catch(Exception e) {
            tx.rollback();   //撤消事务
        } finally {
            HibernateSessionFactory.closeSession();
        }
    }
}
```

TransactionA 类继承了 TimerTask，TimerTask 是一个抽象类，它的子类代表一个可被 Timer 计划的任务。而 Timer 是一种定时器工具，用来在一个后台线程计划执行指定任务。它可以计划执行一个任务一次或反复多次。子类 TransactionA 需要实现父类 TimerTask 的 run()方法，该方法包含要执行的任务代码。

在 TransactionA 类中，通过 HQL 语句查询编号为 1 的账户对象后，将访问该对象时使用的锁模式设置为 UPGRADE_NOWAIT。这条记录被锁定，直到取款事务提交后才会解除对这条记录的锁定。

接着创建一个类文件 TransactionB.java，存放在 com.hibtest2 包中，用于模拟转账事务，向编号为 1 的账户中汇入 100 元。代码如下所示：

```
package com.hibtest2;
import java.util.TimerTask;
import org.hibernate.LockMode;
import org.hibernate.Query;
```

```
import org.hibernate.Session;
import org.hibernate.Transaction;
import com.hibtest2.entity.Account;
//模拟转账
public class TransactionB extends TimerTask {
    @Override
    public void run() {
        Transaction tx = null;
        try {
            Session session = HibernateSessionFactory.getSession();
            tx = session.beginTransaction();   //开始一个事务
            System.out.println("转账事务开始");
            Query query = session.createQuery("from Account a where id=1");
            //设置访问对象 a 时使用的锁模式
            query.setLockMode("a", LockMode.UPGRADE_NOWAIT);
            Account account = (Account)query.uniqueResult();
            query.setLockMode("account", LockMode.UPGRADE_NOWAIT);
            System.out.println("查询到存款余额为: " + account.getBalance());
            //在事务 B 中将 ID 为 1 的账户的余额增加 100
            account.setBalance(account.getBalance()+100);
            System.out.println(
              "汇入 100 元，存款余额改为: " + account.getBalance());
            session.update(account); //修改指定对象
            tx.commit();  //提交事务
        } catch(Exception e) {
            tx.rollback();  //撤消事务
        } finally {
            HibernateSessionFactory.closeSession();
        }
    }
}
```

在 TransactionB 类中，通过 HQL 语句查询编号为 1 的账户对象后，将访问该对象时使用的锁模式设置为 UPGRADE_NOWAIT。这条记录被锁定，直到转账事务提交后才会解除对这条记录的锁定。

创建测试类文件 TestHibernateLock.java，并编写方法 testPessimisticLocking()，通过定时器分别启动 TransactionA 类和 TransactionB 类，代码如下所示：

```
package com.hibtest2;
import java.util.Timer;
public class TestHibernateLock {
   public static void main(String[] args) {
      new TestHibernateLock().testPessimisticLocking();
   }
   //悲观锁，通过定时器分别启动事务 A 和事务 B
   private void testPessimisticLocking() {
      Timer timer1 = new Timer();
      //立即启动事务 A 的任务线程
      timer1.schedule(new TransactionA(), 0);
      Timer timer2 = new Timer();
```

```
        //立即启动事务B的任务线程
        timer2.schedule(new TransactionB(), 0);
    }
}
```

运行测试类后，控制台的输出如图 18-4 所示。

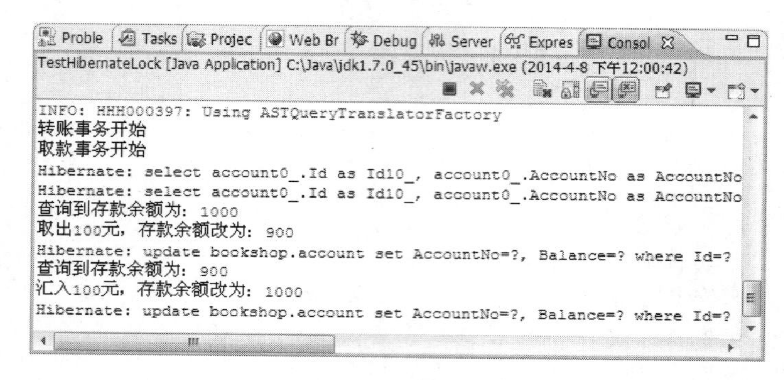

图 18-4　使用悲观锁控制并发事务

取款事务和转账事务中执行查询时，Hibernate 会生成如下 SQL 语句：

```
select account0_.Id as Id10_, account0_.AccountNo as AccountNo10_,
account0_.Balance as Balance10_ from bookshop.account account0_ where
account0_.Id=1 for update
```

图 18-4 显示了使用悲观锁后取款事务和转账事务的并发执行过程，这一过程可以通过表 18-2 来说明。

表 18-2　使用悲观锁控制并发事务的过程

时　间	取款事务	转账事务
T1	开始事务	
T2		开始事务
T3	select * from account where ID=1 for update; 查询到存款余额为 1000；这条记录被锁定	
T4		select * from account where ID=1 for update; 执行该语句时，转账事务停下来等待取款事务解除对这条记录的锁定
T5	取出 100 元，把存款余额改为 900 元	
T6	取款事务提交	
T7		转账事务恢复运行，查询结果显示存款余额为 900 元。这条记录被锁定
T8		汇入 100 元，把存款余额改为 1000 元
T9		转账事务提交

在 TransactionA 和 TransactionB 类中，如果将设置访问对象 a 时使用的锁模式语句删除，再次运行测试类，控制台输出如图 18-5 所示。

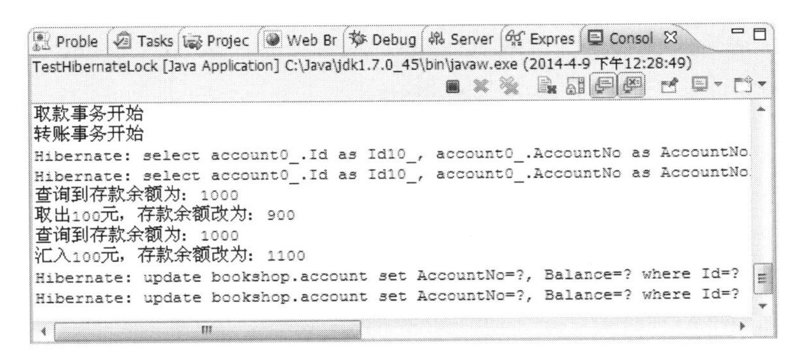

图 18-5　取消悲观锁后并发事务的执行结果

从图 18-5 可以看出，取消悲观锁后，取款事务和转账事务的并发出现了问题。取款事务查询到账户对象后，没有将这条记录锁定，取款事务取得的存款余额就是原始的数据，而不是取款事务提交后的正确数据。

2. 乐观锁

相对于悲观锁而言，乐观锁(Optimistic Locking)通常认为多个事务同时操作同一数据的情况很少发生，因此乐观锁不做数据库层次上锁定，而是基于数据版本(Version)标识实现应用程序级别上的锁定机制，既能保证多个事务的并发操作，又能有效地防止第二类丢失更新的发生。

所谓数据版本标识，就是通过为数据表增加一个“version”字段实现。读取数据时，将版本号一同读出，之后更新此数据时，将此版本号加一。在提交数据时，将现有的版本号与数据表对应记录的版本号进行对比，如果提交数据的版本号大于数据表中的版本号，则允许更新数据，否则禁止更新数据。

在 Hibernate 应用中，为乐观锁提供了两种基于版本控制的实现，分别是基于 version 的实现和基于 timestamp 的实现。

(1) 基于 version 的乐观锁

在数据库 bookshop 中创建数据表 account1，字段如表 18-3 所示。

表 18-3　数据表 account1

字 段 名	数据类型	说　明
Id	int(4)	编号，主键、非空、自增
AccountNo	varchar(20)	账号，非空
Balance	decimal(10,0)	余额，非空
Version	int(4)	版本号

在 account1 表中添加如图 18-6 所示的测试数据。

	Id	AccountNo	Balance	Version
□	1	123456	1000	0
*	(Auto)	(NULL)	(NULL)	(NULL)

图 18-6　数据表 account1 中的测试数据

使用 MyEclipse 的反转工程生成 account1 表对应的实体类 Account1.java 和映射文件 Account1.hbm.xml，存放到 com.hibtest2.entity 包中。

在映射文件 Account1.hbm.xml 中，使用<version>标签将 Account1 类的 version 属性与表 account1 的 Version 字段进行映射，删除原先通过<property>标签生成的映射。此外，<version>标签必须位于<id>标签之下，<property 属性之前。代码如下所示：

```
<?xml version="1.0" encoding="utf-8"?>
<!DOCTYPE hibernate-mapping PUBLIC
  "-//Hibernate/Hibernate Mapping DTD 3.0//EN"
  "http://www.hibernate.org/dtd/hibernate-mapping-3.0.dtd">
<hibernate-mapping>
    <class name="com.hibtest2.entity.Account1" table="account1"
      catalog="bookshop">
        <id name="id" type="java.lang.Integer">
            <column name="Id" />
            <generator class="native"></generator>
        </id>
        <!-- 将 Account1 类的 version 属性与表 account1 的 Version 字段进行映射 -->
        <version name="version" column="Version" type="integer" />
        <property name="accountNo" type="java.lang.String">
            <column name="AccountNo" length="20" />
        </property>
        <property name="balance" type="java.lang.Long">
            <column name="Balance" precision="10" scale="0" />
        </property>
    </class>
</hibernate-mapping>
```

下面创建两个操作同一数据的事务。

在项目 HibTest2 中创建一个类文件 TransactionC.java，存放在 com.hibtest2 包中，用于模拟取款事务，从编号为 1 的账户中取出 100 元。代码如下所示：

```
package com.hibtest2;
import java.util.Timer;
import java.util.TimerTask;
import org.hibernate.Session;
import org.hibernate.Transaction;
import com.hibtest2.entity.Account1;
//模拟取款操作
public class TransactionC extends TimerTask {
    @Override
    public void run() {
        Transaction tx = null;
        try {
            Session session = HibernateSessionFactory.getSession();
            tx = session.beginTransaction();        //开始一个事务
            System.out.println("取款事务开始");
            Account1 a1 = (Account1)session.get(Account1.class, 1);
            System.out.println("查询到存款余额为: " + a1.getBalance());
            System.out.println(
```

```
            "事务 C 中 ID 为 1 的账号的版本号为：" + a1.getVersion());
            //在事务 A 中将 ID 为 1 的账户的余额减少 100
            a1.setBalance(a1.getBalance()-100);
            System.out.println(
              "取出 100 元，存款余额改为：" + a1.getBalance());
            session.update(a1);    //修改指定对象
            tx.commit();                //提交事务
        } catch(Exception e) {
            tx.rollback();   //撤消事务
            System.out.println("【错误信息】" + e.getMessage());
            System.out.println(
              "账户信息已被其他事务修改，本事务被撤消，请重新开始取款事务");
            Timer timer1 = new Timer();
            //立即启动事务 C 的任务线程
            timer1.schedule(new TransactionC(), 0);
        } finally {
            HibernateSessionFactory.closeSession();
        }
    }
}
```

接着创建一个类文件 TransactionD.java，存放在 com.hibtest2 包中，用于模拟转账事务，向编号为 1 的账户中汇入 100 元。代码如下所示：

```
package com.hibtest2;
import java.util.Timer;
import java.util.TimerTask;
import org.hibernate.Session;
import org.hibernate.Transaction;
import com.hibtest2.entity.Account1;
//模拟转账事务
public class TransactionD extends TimerTask {
    @Override
    public void run() {
        Transaction tx = null;
        try {
            Session session = HibernateSessionFactory.getSession();
            tx = session.beginTransaction();        //开始一个事务
            System.out.println("转账事务开始");
            Account1 a1 = (Account1)session.get(Account1.class, 1);
            System.out.println("查询到存款余额为：" + a1.getBalance());
            System.out.println(
              "事务 D 中 ID 为 1 的账号的版本号为：" + a1.getVersion());
            //在事务 B 中将 ID 为 1 的账户的余额增加 100
            a1.setBalance(a1.getBalance()+100);
            System.out.println(
              "汇入 100 元，存款余额改为：" + a1.getBalance());
            session.update(a1); //修改指定对象
            tx.commit();  //提交事务
        } catch(Exception e) {
            tx.rollback();  //撤消事务
```

```
                System.out.println("【错误信息】" + e.getMessage());
                System.out.println(
                  "账户信息已被其他事务修改，本事务被撤消，请重新开始转账事务");
                Timer timer1 = new Timer();
                //立即启动事务 D 的任务线程
                timer1.schedule(new TransactionD(), 0);
            } finally {
                HibernateSessionFactory.closeSession();
            }
        }
}
```

测试 TestHibernateLock.java，并编写方法 testOptLocking()，通过定时器分别启动事务 TransactionC 和事务 TransactionD，代码如下所示：

```
private void testOptLocking() {
    Timer timer1 = new Timer();
    timer1.schedule(new TransactionC(), 0); //立即启动事务 C 的任务线程
    Timer timer2 = new Timer();
    timer2.schedule(new TransactionD(), 0); //立即启动事务 D 的任务线程
}
```

运行测试类后，控制台的输出如图 18-7 所示。

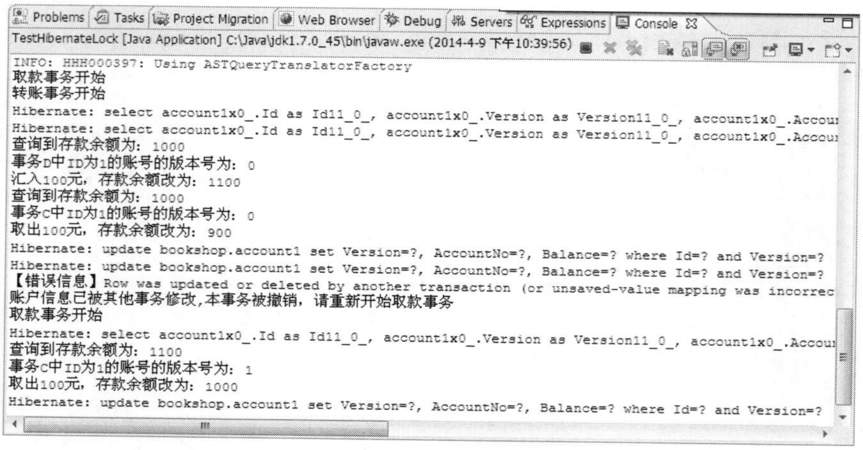

```
Problems  Tasks  Project Migration  Web Browser  Debug  Servers  Expressions  Console
TestHibernateLock [Java Application] C:\Java\jdk1.7.0_45\bin\javaw.exe (2014-4-9 下午10:39:56)
INFO: HHH000397: Using ASTQueryTranslatorFactory
取款事务开始
转账事务开始
Hibernate: select account1x0_.Id as Id11_0_, account1x0_.Version as Version11_0_, account1x0_.Accou
Hibernate: select account1x0_.Id as Id11_0_, account1x0_.Version as Version11_0_, account1x0_.Accou
查询到存款余额为: 1000
事务D中ID为1的账号的版本号为: 0
汇入100元, 存款余额改为: 1100
查询到存款余额为: 1000
事务C中ID为1的账号的版本号为: 0
取出100元, 存款余额改为: 900
Hibernate: update bookshop.account1 set Version=?, AccountNo=?, Balance=? where Id=? and Version=?
Hibernate: update bookshop.account1 set Version=?, AccountNo=?, Balance=? where Id=? and Version=?
【错误信息】Row was updated or deleted by another transaction (or unsaved-value mapping was incorrec
账户信息已被其他事务修改,本事务被撤销, 请重新开始取款事务
取款事务开始
Hibernate: select account1x0_.Id as Id11_0_, account1x0_.Version as Version11_0_, account1x0_.Accou
查询到存款余额为: 1100
事务C中ID为1的账号的版本号为: 1
取出100元, 存款余额改为: 1000
Hibernate: update bookshop.account1 set Version=?, AccountNo=?, Balance=? where Id=? and Version=?
```

图 18-7　使用乐观锁控制并发事务

此时，account1 表中的数据如图 18-8 所示。

	Id	AccountNo	Balance	Version
□	1	123456	1000	2
*	(Auto)	(NULL)	(NULL)	(NULL)

图 18-8　数据表 account1 中的数据

从图 18-7 可以看出，更改账户余额时，控制台输出的 SQL 语句如下所示：

```
Hibernate: update bookshop.account1 set Version=?, AccountNo=?, Balance=?
where Id=? and Version=?
```

由 where 子句可以看出，Hibernate 以 id 和 version 来决定一个更新对象。当 Hibernate 更新一个 Account1 对象时，会根据它的 id 与 version 属性到 account1 表中去定位匹配的记录，假定 Account1 对象的 version 属性为 0，则转账事务中 Hibernate 执行的 update 语句为：

```
update ACCOUNTS set Balance=1100, Version=1  where Id=1 and Version=0;
```

如果存在匹配的记录，就更新这条记录，并且把 Version 字段的值加 1。当取款事务接着执行以下 update 语句时：

```
update ACCOUNTS set Balance=900, Version=1  where Id=1 and Version=0;
```

由于 Id 为 1 的 account1 记录的版本已经被转账事务修改，因此找不到匹配的记录，此时 Hibernate 会抛出 StaleObjectStateException 异常，即控制台输出如下错误信息：

```
【错误信息】Row was updated or deleted by another transaction (or unsaved-value
mapping was incorrect)
```

这就是 Hibernate 乐观锁的原理和机制，在应用程序中应该捕获该异常，这种异常有两种处理方式：

- 自动撤消事务，通知用户账户信息已被其他事务修改，需要重新开始事务。
- 通知用户账户信息已被其他事务修改，显示最新存款余额信息，由用户决定如何继续事务，用户也可以决定立刻撤消事务。

在 TransactionC 类中，针对 StaleObjectStateException 异常，采取重新开始事务的方法，代码如下所示：

```
Timer timer1 = new Timer();
timer1.schedule(new TransactionC(), 0); //立即启动事务 C 的任务线程
```

在 TransactionD 类中，针对 StaleObjectStateException 异常，也采取重新开始事务的方法，代码如下所示：

```
Timer timer1 = new Timer();
timer1.schedule(new TransactionD(), 0); //立即启动事务 D 的任务线程
```

这样，取款和转账两个并发事务最终都得以正常运行。利用乐观锁协调并发执行的取款事务和支票转账事务的执行过程如表 18-4 所示。

表 18-4　使用乐观锁控制并发事务的过程

时　间	取款事务	转账事务
T1	开始事务	
T2		开始事务
T3	select * from account1 where ID=1; 查询到存款余额为 1000; 这条记录的 Version 字段值为 0	
T4		select * from account1 where ID=1; 查询到存款余额为 1000；这条记录的 Version 字段值为 0

续表

时　间	取款事务	转账事务
T5		转账汇入 100 元，将存款余额改为 1100 元。 Hibernate 执行的 update 语句为： update ACCOUNTS set Balance=1100, Version=1 where Id=1 and Version=0;
T6		提交事务
T7	取出 100 元，把存款余额改为 900 元。 Hibernate 执行的 update 语句为： update ACCOUNTS set Balance=900, Version=1 where Id=1 and Version=0; 没有找到匹配的记录时，Hibernate 抛出 StaleObjectStateException 异常	
T8	应用程序撤消本事务，通知用户账户已被别的事务修改，需要重新开始取款事务	

在取款事务和支票转账事务并发执行的过程中，也会出现取款事务先执行更新的情况，从而造成转账事务执行更新时发生异常，基于 version 的乐观锁机制都能很好地加以控制。

(2) 基于 timestamp 的乐观锁

为了使用基于 timestamp 的乐观锁，需要在数据表 account1 中添加一个表示版本信息的字段“LastUpdateTime”，取代原先的 version 字段。

修改后的 account1 表结构如表 18-5 所示。

表 18-5　account1 表结构

字 段 名	数据类型	说　明
Id	int(4)	编号，主键、非空、自增
AccountNo	varchar(20)	账号，非空
Balance	decimal(10,0)	余额，非空
LastUpdateTime	datetime	最后修改时间

account1 表中的记录如图 18-9 所示。

	Id	AccountNo	Balance	LastUpdateTime
	1	123456	1000	2014-04-10 08:12:23
*	(Auto)	(NULL)	(NULL)	(NULL)

图 18-9　account1 表中的数据

修改 account1 表对应的实体类文件 Account1.java，添加 LastUpdateTime 字段对应的属性及 get 和 set 方法，如下所示：

```
//基于 timestamp 的乐观锁
private Date lastUpdateTime;
```

```
public Date getLastUpdateTime() {
    return lastUpdateTime;
}
public void setLastUpdateTime(Date lastUpdateTime) {
    this.lastUpdateTime = lastUpdateTime;
}
```

修改 account1 表与实体类文件 Account1.java 的映射文件 Account1.hbm.xml，添加<timestamp>标签，替换原先使用的<version>标签。<timestamp>标签将 Account1 类的 lastUpdateTime 属性与表 account1 的 LastUpdateTime 字段进行的映射。同样，<timestamp>标签必须位于<id>标签之下、<property 属性之前。代码如下所示：

```
<timestamp name="lastUpdateTime" column="LastUpdateTime" />
```

将 TransactionC 类中输出账户版本号的代码加以注释，添加输出账户最后更新时间的输出语句，代码如下所示：

```
//System.out.println("事务 C 中 ID 为 1 的账号的版本号为：" + a1.getVersion());
System.out.println(
  "事务 C 中 ID 为 1 的账号的最后修改时间为：" + a1.getLastUpdateTime());
```

在 TransactionD 类中做同样的处理，代码如下所示：

```
//System.out.println("事务 D 中 ID 为 1 的账号的版本号为：" + a1.getVersion());
System.out.println(
  "事务 D 中 ID 为 1 的账号的最后修改时间为：" + a1.getLastUpdateTime());
```

基于 timestamp 的乐观锁测试方法与基于 version 的乐观锁相同，运行测试类 TestHibernateLock，执行 testOptLocking()方法后，控制台输出如图 18-10 所示。

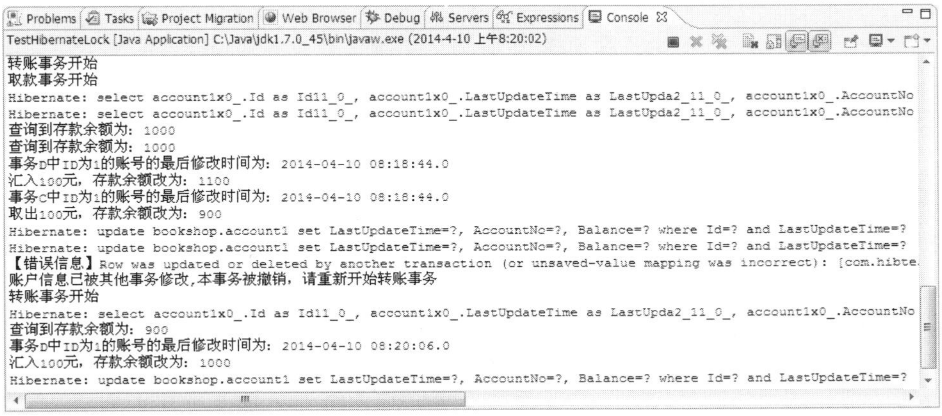

```
Problems  Tasks  Project Migration  Web Browser  Debug  Servers  Expressions  Console
TestHibernateLock [Java Application] C:\Java\jdk1.7.0_45\bin\javaw.exe (2014-4-10 上午8:20:02)
转账事务开始
取款事务开始
Hibernate: select account1x0_.Id as Id11_0_, account1x0_.LastUpdateTime as LastUpda2_11_0_, account1x0_.AccountNo
Hibernate: select account1x0_.Id as Id11_0_, account1x0_.LastUpdateTime as LastUpda2_11_0_, account1x0_.AccountNo
查询到存款余额为: 1000
查询到存款余额为: 1000
事务D中ID为1的账号的最后修改时间为: 2014-04-10 08:18:44.0
汇入100元，存款余额改为: 1100
事务C中ID为1的账号的最后修改时间为: 2014-04-10 08:18:44.0
取出100元，存款余额改为: 900
Hibernate: update bookshop.account1 set LastUpdateTime=?, AccountNo=?, Balance=? where Id=? and LastUpdateTime=?
Hibernate: update bookshop.account1 set LastUpdateTime=?, AccountNo=?, Balance=? where Id=? and LastUpdateTime=?
【错误信息】Row was updated or deleted by another transaction (or unsaved-value mapping was incorrect): [com.hibte.
账户信息已被其他事务修改,本事务被撤销，请重新开始转账事务
转账事务开始
Hibernate: select account1x0_.Id as Id11_0_, account1x0_.LastUpdateTime as LastUpda2_11_0_, account1x0_.AccountNo
查询到存款余额为: 900
事务D中ID为1的账号的最后修改时间为: 2014-04-10 08:20:06.0
汇入100元，存款余额改为: 1000
Hibernate: update bookshop.account1 set LastUpdateTime=?, AccountNo=?, Balance=? where Id=? and LastUpdateTime=?
```

图 18-10　基于 timestamp 乐观锁的事务并发控制

此时，account1 表中的记录如图 18-11 所示。

	Id	AccountNo	Balance	LastUpdateTime
□	1	123456	1000	2014-04-10 08:20:06
*	(Auto)	(NULL)	(NULL)	(NULL)

图 18-11　事务并发执行后 account1 表中的记录

如果应用程序是基于已有的数据库(如遗留项目)，而数据库表中不包含代表版本或时间戳的字段，Hibernate 提供了其他实现乐观锁的办法。

将数据表 account1 中的 LastUpdateTime 字段删除，表结构和记录如图 18-12 所示。

	Id	AccountNo	▲ Balance
□	1	123456	1000
*	(Auto)	(NULL)	(NULL)

图 18-12　account1 表的结构及记录

在映射文件 Account1.hbm.xml 中，给<class>元素添加 optimistic-lock="all" 和 dynamic-update="true"，代码如下所示：

```
<class name="com.hibtest2.entity.Account1" table="account1"
 optimistic-lock="all" dynamic-update="true" catalog="bookshop">
```

将实体类 Account1.java 中 lastUpdateTime 属性及其 get 和 set 方法加以注释，同时将 Account1.hbm.xml 中的<version>标签和<timestamp>标签删除或将其注释掉。

将 TransactionC 类中输出账户最后更新时间的输出语句注释掉，代码如下所示：

```
//System.out.println("事务 C 中 ID 为 1 的账号的最后修改时间为："
// + a1.getLastUpdateTime());
```

在 TransactionD 类中做同样的处理，代码如下所示：

```
//System.out.println("事务 D 中 ID 为 1 的账号的最后修改时间为："
// + a1.getLastUpdateTime());
```

运行测试类 TestHibernateLock，执行 testOptLocking()方法后，控制台的输出如图 18-13 所示。

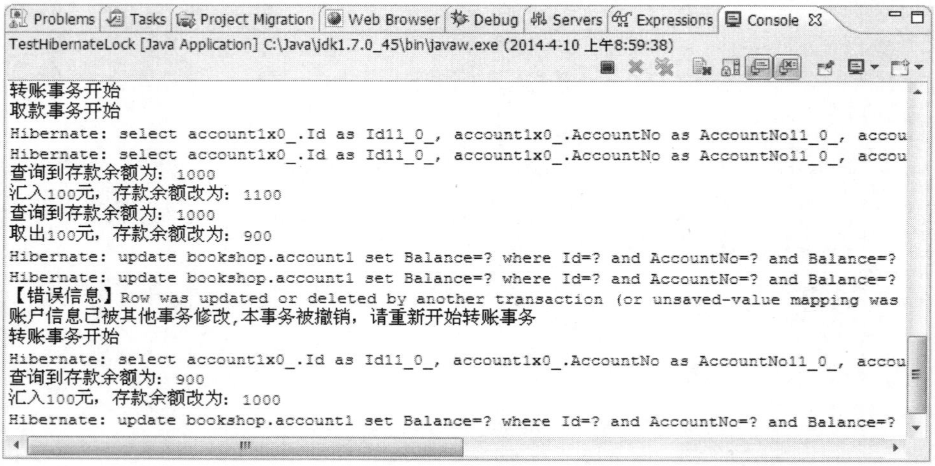

```
Problems  Tasks  Project Migration  Web Browser  Debug  Servers  Expressions  Console
TestHibernateLock [Java Application] C:\Java\jdk1.7.0_45\bin\javaw.exe (2014-4-10 上午8:59:38)
转账事务开始
取款事务开始
Hibernate: select account1x0_.Id as Id11_0_, account1x0_.AccountNo as AccountNo11_0_, accou
Hibernate: select account1x0_.Id as Id11_0_, account1x0_.AccountNo as AccountNo11_0_, accou
查询到存款余额为：1000
汇入100元，存款余额改为：1100
查询到存款余额为：1000
取出100元，存款余额改为：900
Hibernate: update bookshop.account1 set Balance=? where Id=? and AccountNo=? and Balance=?
Hibernate: update bookshop.account1 set Balance=? where Id=? and AccountNo=? and Balance=?
【错误信息】Row was updated or deleted by another transaction (or unsaved-value mapping was
账户信息已被其他事务修改,本事务被撤销，请重新开始转账事务
转账事务开始
Hibernate: select account1x0_.Id as Id11_0_, account1x0_.AccountNo as AccountNo11_0_, accou
查询到存款余额为：900
汇入100元，存款余额改为：1000
Hibernate: update bookshop.account1 set Balance=? where Id=? and AccountNo=? and Balance=?
```

图 18-13　其他乐观锁的事务并发控制

从图 18-13 可以看出，Hibernate 会在 update 语句的 where 子句中包含 Account1 对象被加载时的所有属性。

18.3　Hibernate 缓存

Hibernate 中提供了两级缓存，一级缓存是 Session 级别的缓存，它属于事务范围的缓存，该级缓存由 Hibernate 管理，应用程序中无须干预；二级缓存是 SessionFactory 级别的缓存，该级缓存可以进行配置和更改，并且可以动态加载和卸载。Hibernate 还为查询结果提供了一个查询缓存，它依赖于二级缓存。

18.3.1　缓存的概念

缓存是位于应用程序与永久性数据存储源之间用于临时存放复制数据的内存区域，缓存可以降低应用程序之间读写永久性数据存储源的次数，从而提高应用程序的运行性能。

Hibernate 在查询数据时，首先会到缓存中去查找，如果找到就直接使用，找不到时才会从永久性数据存储源中检索。因此，把频繁使用的数据加载到缓存中，可以减少应用程序对永久性数据存储源的访问，使应用程序的运行性能得以提升。

18.3.2　缓存的范围

缓存范围决定了缓存的生命周期，缓存范围分为 3 类。

1．事务范围

缓存只能被当前事务访问，缓存的生命周期依赖于事务的生命周期，事务结束时，缓存的生命周期也结束了。

2．进程范围

缓存被进程内的所有事务共享，这些事务会并发访问缓存，需要对缓存采用必要的事务隔离机制。缓存的生命周期取决于进程的生命周期，进程结束，缓存的生命周期也结束。

3．集群范围

缓存被一个或多个计算机的进程共享，缓存中的数据被复制到集群中的每个进程节点，进程间通过远程通信来保证缓存中数据的一致性。

在查询时，如果在事务范围内的缓存中没有找到，可以到进程范围或集群范围的缓存中查找，如果还没找到，则到数据库中查询。

18.3.3　Hibernate 中的第一级缓存

Hibernate 的一级缓存由 Session 提供，只存在于 Session 的生命周期中。当应用程序调用 Session 接口的 save()、update()、saveOrUpdate()、get()、load()或者 Query 和 Criteria 实例的 list()、iterate()等方法时，如果 Session 缓存中没有相应的对象，Hibernate 就会把对象加入到一级缓存中。当 Session 关闭时，该 Session 所管理的一级缓存也会立即被清除。

下面通过示例，来测试 Hibernate 一级缓存的作用。

1. get 查询测试

(1) 在同一个 Session 中发出两次 get 查询。

在项目 HibTest2 中创建测试类文件 TestFirstCache.java，存放在 com.hibtest2 包中。在 TestFirstCache 类中编写 testGet_1()方法，用于在同一个 Session 中发出两次 get 查询。testGet_1()方法的代码如下所示：

```
public void testGet_1() {
    //获取 session
    Session session = HibernateSessionFactory.getSession();
    Users user1 = (Users)session.get(Users.class, 1);
    System.out.println(user1.getLoginName());
    Users user2 = (Users)session.get(Users.class, 1);
    System.out.println(user2.getLoginName());
    HibernateSessionFactory.closeSession();
}
```

在测试类 TestFirstCache 的 main()方法中调用 testGet_1()方法，控制台输出如图 18-14 所示。

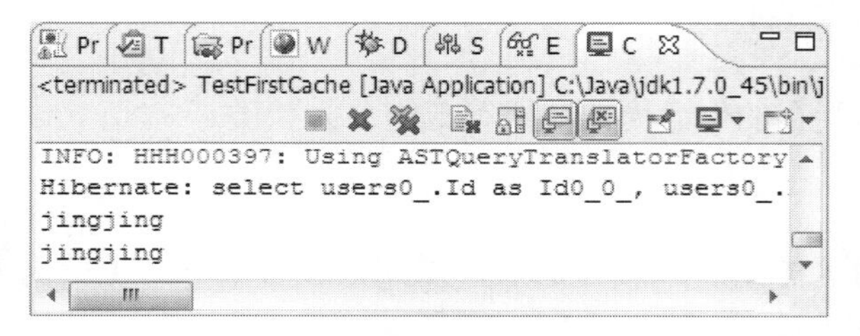

图 18-14 在同一个 Session 中发出两次 get 查询

从图 18-14 可以看出，第一次执行 get 方法时查询了数据库，产生了一条 SQL 语句；第二次执行 get 方法时，由于在一级缓存中找到该对象，因此不会查询数据库，不再发出 SQL 语句。

(2) 开启两个 Session 中发出两次 get 查询。

在 TestFirstCache 类中编写 testGet_2()方法，用于在开启两个 Session 中发出两次 get 查询。testGet_2()方法的代码如下所示：

```
public void testGet_2() {
    //开启第一个 Session
    Session session1 = HibernateSessionFactory.getSession();
    Users user1 = (Users)session1.get(Users.class, 1);
    System.out.println(user1.getLoginName());
    //关闭第一个 Session
    HibernateSessionFactory.closeSession();
    //开启第二个 Session
    Session session2 = HibernateSessionFactory.getSession();
    Users user2 = (Users)session2.get(Users.class, 1);
    System.out.println(user2.getLoginName());
```

```
    //关闭第二个 Session
    HibernateSessionFactory.closeSession();
}
```

在测试类 TestFirstCache 的 main()方法中调用 testGet_2()方法，控制台输出如图 18-15 所示。

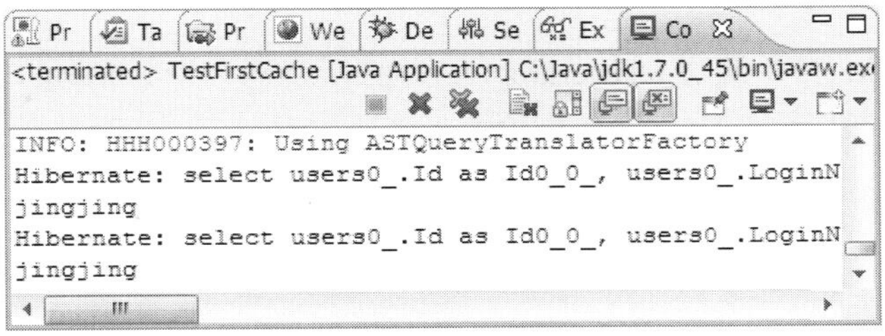

```
<terminated> TestFirstCache [Java Application] C:\Java\jdk1.7.0_45\bin\javaw.exe
INFO: HHH000397: Using ASTQueryTranslatorFactory
Hibernate: select users0_.Id as Id0_0_, users0_.LoginN
jingjing
Hibernate: select users0_.Id as Id0_0_, users0_.LoginN
jingjing
```

图 18-15 开启两个 Session 中发出两次 get 查询

从图 18-15 中可以看到，两次执行 get 方法时都查询了数据库，产生了两条 SQL 语句。原因在于：第一次执行 get 方法查询出结果后，关闭了 Session，缓存被清除了。第二次执行 get 方法时，从缓存中找不到结果，只能到数据库查询。

2．iterate 查询测试

在 TestFirstCache 类中编写 testIterator_1()方法，在同一个 Session 中发出两次 iterator 查询。testIterator_1()方法如下所示：

```
public void testIterator_1() {
    //获取 Session
    Session session = HibernateSessionFactory.getSession();
    Users user1 = (Users)session.createQuery(
      "from Users u where u.id=1").iterate().next();
    System.out.println(user1.getLoginName());
    Users user2 = (Users)session.createQuery(
      "from Users u where u.id=1").iterate().next();
    System.out.println(user2.getLoginName());
    HibernateSessionFactory.closeSession();
}
```

在测试类 TestFirstCache 的 main()方法中调用 testIterator_1()方法，控制台输出如图 18-16 所示。

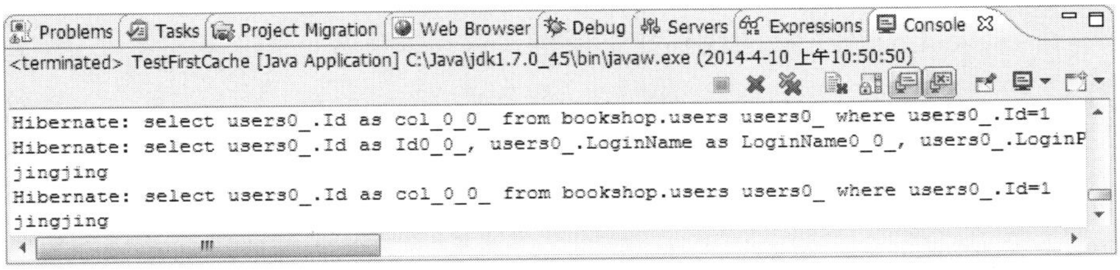

```
<terminated> TestFirstCache [Java Application] C:\Java\jdk1.7.0_45\bin\javaw.exe (2014-4-10 上午10:50:50)
Hibernate: select users0_.Id as col_0_0_ from bookshop.users users0_ where users0_.Id=1
Hibernate: select users0_.Id as Id0_0_, users0_.LoginName as LoginName0_0_, users0_.LoginP
jingjing
Hibernate: select users0_.Id as col_0_0_ from bookshop.users users0_ where users0_.Id=1
jingjing
```

图 18-16 iterate 查询测试

从图 18-16 中可以看到，控制台显示了三条 SQL 语句。第一次执行 iterate().next()时会发出查询 id 的 SQL 语句(第一条 SQL 语句)，得到对象 user1。使用对象 user1 获得 loginName 属性值时会发出相应的查询实体对象的 SQL 语句(第二条 SQL 语句)。第二次执行 iterate().next()时会发出查询 id 的 SQL 语句(第三条 SQL 语句)，但不会发出查询实体对象的 SQL 语句，因为 iterate 使用缓存，不会发出 SQL 语句。

3．iterate 查询属性测试

在 TestFirstCache 类中编写 testIterator_2()方法，在同一个 Session 中发出两次 iterate 查询属性。testIterator_2()方法的代码如下所示：

```
public void testIterator_2() {
    //获取 Session
    Session session = HibernateSessionFactory.getSession();
    String loginName1 = (String)session.createQuery(
      "select u.loginName from Users u where u.id=1").iterate().next();
    System.out.println(loginName1);
    String loginName2 = (String)session.createQuery(
      "select u.loginName from Users u where u.id=1").iterate().next();
    System.out.println(loginName2);
    HibernateSessionFactory.closeSession();
}
```

在测试类 TestFirstCache 的 main()方法中调用 testIterator_2()方法，控制台输出如图 18-17 所示。

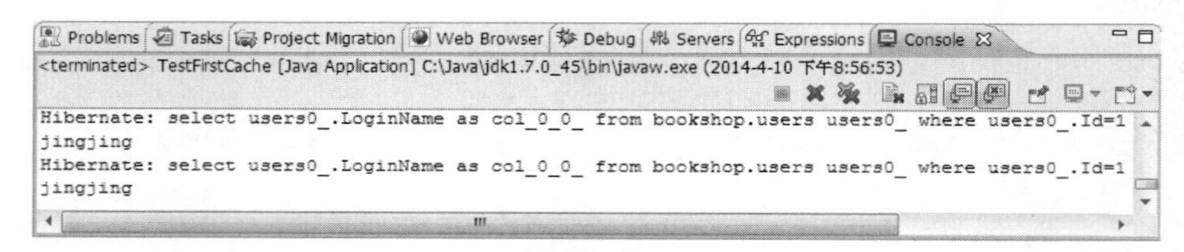

图 18-17　iterate 查询属性的测试

从图 18-17 中可以看到，第一次执行 iterate().next()时发出查询属性的 SQL 语句，第二次执行 iterate().next()时也会发出查询属性的 SQL 语句，这是因为 iterate 查询普通属性，一级缓存不会缓存，所以会发出 SQL。

4．在一个 Session 中先 save，再执行 load 查询

在 TestFirstCache 类中编写 testSave_Load()方法，在同一个 Session 中发出两次 iterate 查询属性。testSave_Load()方法的代码如下所示：

```
public void testSave_Load() {
    //获取 Session
    Session session = HibernateSessionFactory.getSession();
    Transaction tx = session.beginTransaction();
    Users user = new Users();
    user.setLoginName("新用户");
    Serializable id = session.save(user); //保存用户
    tx.commit();
```

```
    Users user1 = (Users)session.load(Users.class, id);
    System.out.println(user.getLoginName());
    HibernateSessionFactory.closeSession();
}
```

在测试类 TestFirstCache 的 main()方法中，调用 testSave_Load()方法，控制台的输出如图 18-18 所示。

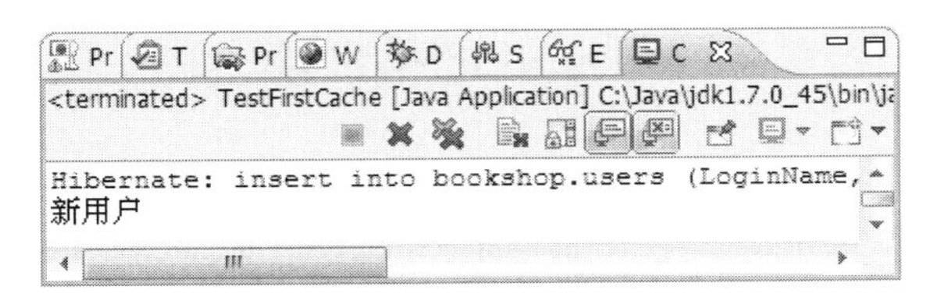

图 18-18 testSave_Load()方法执行的结果

从图 18-18 可以分析出，执行 save 操作时，它会在缓存里放一份。执行 load 操作时不会发出 SQL 语句，因为 save 使用了缓存。

Session 接口为应用程序提供了两个管理缓存的方法：evict()方法和 clear()方法。其中 evict()方法用于将某个对象从 Session 的一级缓存中清除；clear()方法用于将一级缓存中的所有对象全部清除。

下面通过示例来说明 clear()方法的作用。在 TestFirstCache 类中编写 testClear()方法，在同一个 Session 中先调用 load 查询，然后执行 clear()方法，最后再调用 load 查询。testClear()代码如下所示：

```
public void testClear() {
    //获取 Session
    Session session = HibernateSessionFactory.getSession();
    Users user1 = (Users)session.load(Users.class, 1);
    System.out.println(user1.getLoginName());
    session.clear();  //清除一级缓存中所有对象
    Users user2 = (Users)session.load(Users.class, 1);
    System.out.println(user2.getLoginName());
    HibernateSessionFactory.closeSession();
}
```

在测试类 TestFirstCache 的 main()方法中调用 testClear()方法，控制台的输出如图 18-19 所示。

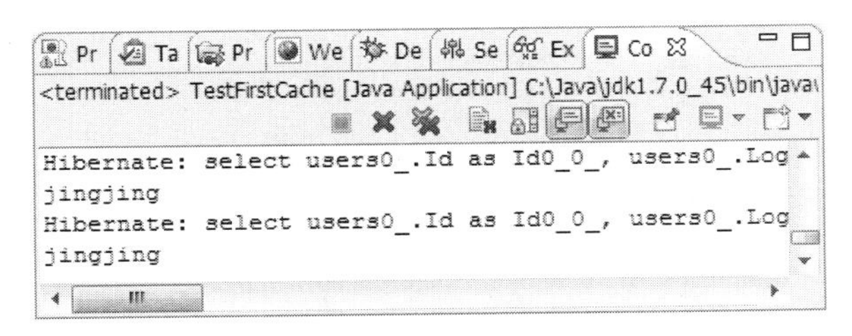

图 18-19 testClear()方法执行的结果

从图 18-19 中可以看出，clear()方法可以管理一级缓存，一级缓存无法取消，但可以管理。第一次执行 load 操作时发出 SQL 语句，接着由于一级缓存中的实体被清除了，因此第二次执行 load 操作时也会发出 SQL 语句。

18.3.4 Hibernate 中的第二级缓存

二级缓存是一个可插拔的缓存插件，它是由 SessionFactory 负责管理的。

由于 SessionFactory 对象的生命周期与应用程序的整个过程对应，因此，二级缓存是进程范围或者集群范围的缓存。

与一级缓存一样，二级缓存也根据对象的 ID 来加载与缓存。当执行某个查询获得的结果集为实体对象集时，Hibernate 就会把它们按照对象 ID 加载到二级缓存中。在访问指定 ID 的对象时，首先从一级缓存查找，找到就直接使用，找不到则转到二级缓存查找(必须配置且启用二级缓存)。如果二级缓存中找到，则直接使用，否则会查询数据库，并将查询结果根据对象的 ID 放到缓存中。

1. 常用的二级缓存插件

Hibernate 的二级缓存功能是通过配置二级缓存插件来实现的，常用的二级缓存插件包括 EHCache、OSCache、SwarmCache 和 JBossCache。其中，EHCache 缓存插件是理想的进程范围的缓存实现，此处以使用 EHCache 缓存插件为例，来介绍如何使用 Hibernate 的二级缓存。

2. Hibernate 中使用 EHCache 的配置

(1) 引入 EHCache 相关的 JAR 包。

在 Hibernate 官方网站下载 Hibernate4.1.4 的压缩包 hibernate-release-4.1.4.Final.zip 并解压，将解压后 hibernate-release-4.1.4.Final\lib\optional\ehcache 目录下的 ehcache-core-2.4.3.jar、hibernate-ehcache-4.1.4.Final.jar、slf4j-api-1.6.1.jar 三个 JAR 包复制到项目 HibTest2 的 WebRoot\WEB-INF\lib 目录中即可。

(2) 创建 EHCache 的配置文件 ehcache.xml。

可以直接将解压后的 hibernate-release-4.1.4.Final\project\etc\ehcache.xml 复制到项目 HibTest2 的 src 目录下。ehcache.xml 文件的主要代码如下所示：

```
<ehcache>
    <diskStore path="java.io.tmpdir"/>
    <defaultCache
        maxElementsInMemory="10000"
        eternal="false"
        timeToIdleSeconds="120"
        timeToLiveSeconds="120"
        overflowToDisk="true" />
    <cache name="sampleCache1"
        maxElementsInMemory="10000"
        eternal="false"
        timeToIdleSeconds="300"
        timeToLiveSeconds="600"
```

```
        overflowToDisk="true" />
    ...
</ehcache>
```

在上述配置中，diskStore 元素设置缓存数据文件的存储目录；defaultCache 元素设置缓存的默认数据过期策略；cache 元素设置具体的命名缓存的数据过期策略。每个命名缓存代表一个缓存区域，命名缓存机制允许用户在每个类以及类的每个集合的粒度上设置数据过期策略。

在 defaultCache 元素中，maxElementsInMemory 属性设置缓存对象的最大数目；eternal 属性指定是否永不过期，true 为不过期，false 为过期；timeToIdleSeconds 属性设置对象处于空闲状态的最大秒数；timeToLiveSeconds 属性设置对象处于缓存状态的最大秒数；overflowToDisk 属性设置内存溢出时是否将溢出对象写入硬盘。

(3) 在 Hibernate 配置文件里面启用 EHCache。

在 hibernate.cfg.xml 配置文件中，启用 EHCache 的配置，如下所示：

```
<!-- 启用二级缓存 -->
<property name="hibernate.cache.use_second_level_cache">true</property>
<!-- 设置二级缓存插件 EHCache 的 Provider 类 -->
<property name="hibernate.cache.region.factory_class">
    org.hibernate.cache.ehcache.EhCacheRegionFactory
</property>
```

(4) 配置哪些实体类的对象需要二级缓存。有两种方式。

① 在实体类的映射文件里面配置

在需要进行缓存的持久化对象的映射文件中配置相应的二级缓存策略，如持久化对象 Users 的映射文件 Users.hbm.xml：

```
<?xml version="1.0" encoding="utf-8"?>
<!DOCTYPE hibernate-mapping PUBLIC
  "-//Hibernate/Hibernate Mapping DTD 3.0//EN"
  "http://www.hibernate.org/dtd/hibernate-mapping-3.0.dtd">
<hibernate-mapping>
    <class name="com.hibtest2.entity.Users" table="users"
      catalog="bookshop">
        <cache usage="read-write"/>
        <id name="id" type="java.lang.Integer">
            <column name="Id" />
            <generator class="native"></generator>
        </id>
        <property name="loginName" type="java.lang.String">
            <column name="LoginName" length="50" />
        </property>
        ...
    </class>
</hibernate-mapping>
```

映射文件中使用<cache>元素设置持久化类 Users 的二级缓存并发访问策略，usage 属性取值为 read-only 时表示只读型并发访问策略；read-write 表示读写型并发访问策略；

nonstrict-read-write 表示非严格读写型并发访问策略；Ehcache 插件不支持 transactional(事务型并发访问策略)。

注意：<cache>元素只能放在<class>元素的内部，而且必须处在<id>元素的前面。<cache>元素放在哪些<class>元素下面，就说明会对哪些类的对象进行缓存。

② 在 Hibernate 配置文件中统一配置(推荐)

在 hibernate.cfg.xml 文件中使用<class-cache>元素来配置哪些实体类的对象需要二级缓存，如下所示：

```
<class-cache usage="read-only" class="com.hibtest2.entity.Users"/>
```

在<class-cache>元素中，usage 属性指定缓存策略，需要注意<class-cache>元素必须放在所有<mapping>元素的后面。

至此，Hibenrate 的二级缓存 EHCache 就配置并启用完成了。

3. Hibernate 中使用 EHCache 的测试

在项目 HibTest2 中创建测试类文件 TestSecondCache.java，编写 testGet()方法，用于在开启的两个 Session 中发出两次 get 查询。testGet()方法的代码如下所示：

```
public void testGet() {
    //开启第一个 Session
    Session session1 = HibernateSessionFactory.getSession();
    Users user1 = (Users)session1.get(Users.class, 1);
    System.out.println(user1.getLoginName());
    //关闭第一个 Session
    HibernateSessionFactory.closeSession();
    //开启第二个 Session
    Session session2 = HibernateSessionFactory.getSession();
    Users user2 = (Users)session2.get(Users.class, 1);
    System.out.println(user2.getLoginName());
    //关闭第二个 Session
    HibernateSessionFactory.closeSession();
}
```

在 main()方法中调用 testGet()方法，控制台的输出如图 18-20 所示。

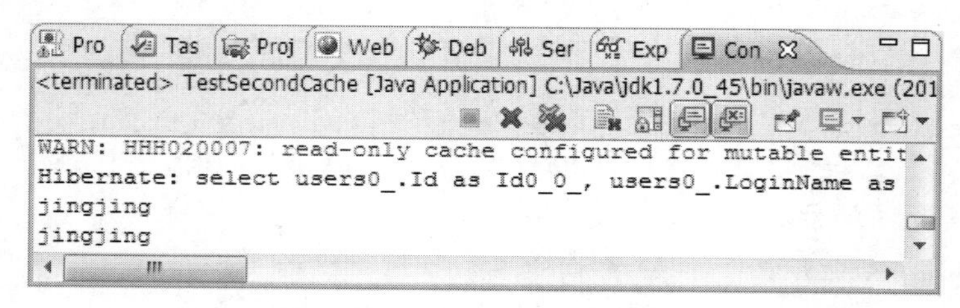

图 18-20　testGet()方法的测试结果

对图 18-15 和 18-20 的运行结果进行对比分析，第一次执行 get 方法查询出结果后，关闭了 Session，一级缓存被清除了，由于配置并启用了二级缓存，查询出的结果会放入二级缓存。第二次执行 get 方法时，首先从一级缓存中查找，没有找到；然后转到二级缓存查找，二级缓存中找到结果，就不需要从数据库查询。

18.3.5 Hibernate 中的查询缓存

对经常使用的查询语句，如果启用了查询缓存，当第一次执行查询语句时，Hibernate 会将查询结果存储在第二级缓存中。以后再次执行该查询语句时，从缓存中获取查询结果，从而提高查询性能。

Hibernate 的查询缓存主要是针对普通属性结果集的缓存，而对于实体对象的结果集只缓存 ID。查询缓存的生命周期，若当前关联的表发生修改，那么查询缓存生命周期结束。

1. 查询缓存的配置

查询缓存基于二级缓存，使用查询缓存前，必须首先配置二级缓存。

在配置了二级缓存的基础上，在 Hibernate 的配置文件 hibernate.cfg.xml 中添加如下配置，可以启用查询缓存：

```
<property name="hibernate.cache.use_query_cache">true</property>
```

此外，在程序中还必须手动启用查询缓存，例如：

```
query.setCacheable(true);
```

2. 测试查询缓存

(1) 开启查询缓存，关闭二级缓存，开启一个 Session，分别调用 query.list 查询属性。测试前，先在 hibernate.cfg.xml 文件中开启查询缓存、关闭二级缓存，如下所示：

```
<property name="hibernate.cache.use_query_cache">true</property>
<property name="hibernate.cache.use_second_level_cache">false</property>
```

在测试类 TestSecondCache 中编写 testQueryCache_1()方法，代码如下所示：

```
public void testQueryCache_1() {
    Session session = HibernateSessionFactory.getSession();
    Query query = session.createQuery("select u.loginName from Users u");
    //启用查询缓存
    query.setCacheable(true);
    List names = query.list();
    for(Iterator iter = names.iterator(); iter.hasNext();) {
          String loginName = (String)iter.next();
          System.out.print(loginName + "    ") ;
    }
    System.out.println();
    System.out.println("-------------------------------------");
    query = session.createQuery("select u.loginName from Users u");
    //启用查询缓存
    query.setCacheable(true);
    names = query.list();
    for(Iterator iter = names.iterator(); iter.hasNext();) {
```

```
            String loginName = (String)iter.next();
            System.out.print(loginName + "    ");
        }
        HibernateSessionFactory.closeSession();
}
```

在 main()方法中调用 testQueryCache_1()方法，控制台的输出如图 18-21 所示。

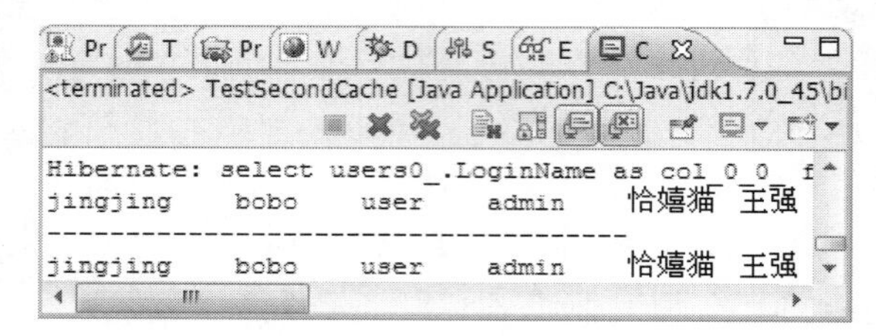

图 18-21　testQueryCache_1()方法的执行结果

从图 18-21 中可以看出，第二次没有去查询数据库，因为启用了查询缓存。

(2) 开启查询缓存，关闭二级缓存，开启两个 Session，分别调用 query.list 查询属性。测试前，先在 hibernate.cfg.xml 文件中开启查询缓存、关闭二级缓存，如下所示：

```
<property name="hibernate.cache.use_query_cache">true</property>
<property name="hibernate.cache.use_second_level_cache">false</property>
```

在测试类 TestSecondCache 中编写 testQueryCache_2()方法，代码如下所示：

```
public void testQueryCache_2() {
    Session session1 = HibernateSessionFactory.getSession();
    Query query = session1.createQuery("select u.loginName from Users u");
    //启用查询缓存
    query.setCacheable(true);
    List names = query.list();
    for(Iterator iter = names.iterator(); iter.hasNext();) {
          String loginName = (String)iter.next();
          System.out.print(loginName + "    ") ;
    }
    HibernateSessionFactory.closeSession();
    System.out.println();
    System.out.println("----------------------------------------");
    Session session2 = HibernateSessionFactory.getSession();
    query = session2.createQuery("select u.loginName from Users u");
    //启用查询缓存
    query.setCacheable(true);
    names = query.list();
    for(Iterator iter = names.iterator(); iter.hasNext();) {
          String loginName = (String)iter.next();
          System.out.print(loginName + "    ") ;
    }
    HibernateSessionFactory.closeSession();
}
```

在 main()方法中调用 testQueryCache_2()方法，控制台输出如图 18-22 所示。

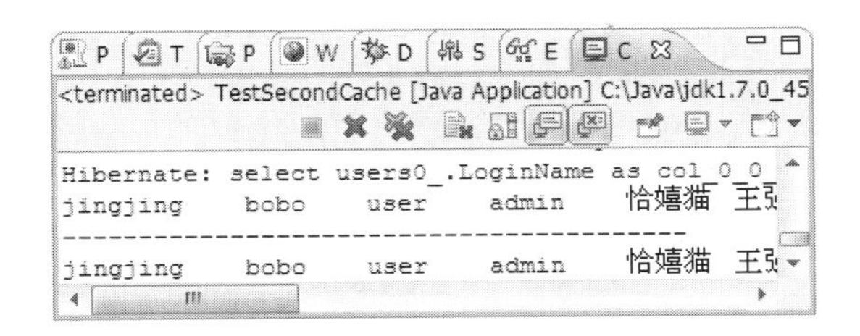

图 18-22　testQueryCache_2()方法的执行结果

从图 18-22 可以看出，第二次没有去查询数据库，因为查询缓存生命周期与 Session 生命周期无关。

(3) 开启查询缓存，关闭二级缓存，开启两个 Session，并分别调用 query.list 查询实体对象。

测试前，先在 hibernate.cfg.xml 文件中开启查询缓存、关闭二级缓存，如下所示：

```
<property name="hibernate.cache.use_query_cache">true</property>
<property name="hibernate.cache.use_second_level_cache">false</property>
```

在测试类 TestSecondCache 中编写 testQueryCache_3()方法，代码如下所示：

```
public void testQueryCache_3() {
    Session session1 = HibernateSessionFactory.getSession();
    Query query = session1.createQuery("from Users u");
    //启用查询缓存
    query.setCacheable(true);
    List userList = query.list();
    for(Iterator iter = userList.iterator(); iter.hasNext();) {
        Users user= (Users)iter.next();
        System.out.print(user.getLoginName() + "    ");
    }
    HibernateSessionFactory.closeSession();
    System.out.println();
    System.out.println("-----------------------------------------");
    Session session2 = HibernateSessionFactory.getSession();
    query = session2.createQuery("from Users u");
    //启用查询缓存
    query.setCacheable(true);
    userList = query.list();
    for(Iterator iter = userList.iterator(); iter.hasNext();) {
        Users user= (Users)iter.next();
        System.out.print(user.getLoginName() + "    ");
    }
    HibernateSessionFactory.closeSession();
}
```

在 main()方法中调用 testQueryCache_3()方法，控制台输出如图 18-23 所示。

从图 18-23 中可以看出，第二次查询数据库时，会发出 N 条 SQL 语句，因为开启了查询缓存，关闭了二级缓存，那么查询缓存会缓存实体对象的 id，所以 Hibernate 会根据实体对象的 id 去查询相应的实体，如果缓存中不存在相应的实体，那么将发出根据实体 id 查询的 SQL 语句，否则不会发出 SQL，使用缓存中的数据。

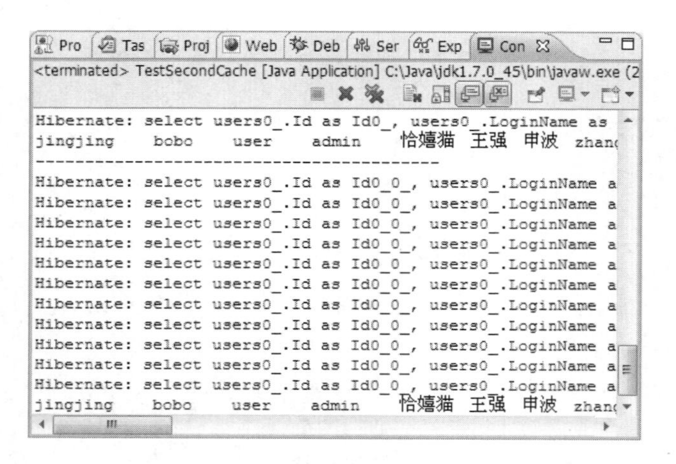

图 18-23 testQueryCache_3()方法的执行结果

(4) 开启查询缓存，开启二级缓存，开启两个 Session，并分别调用 query.list 查询实体对象。

测试前，先在 hibernate.cfg.xml 文件中开启查询缓存、开启二级缓存，如下所示：

```
<property name="hibernate.cache.use_query_cache">true</property>
<property name="hibernate.cache.use_second_level_cache">true</property>
```

在 main()方法中再次调用 testQueryCache_3()方法，控制台输出如图 18-24 所示。

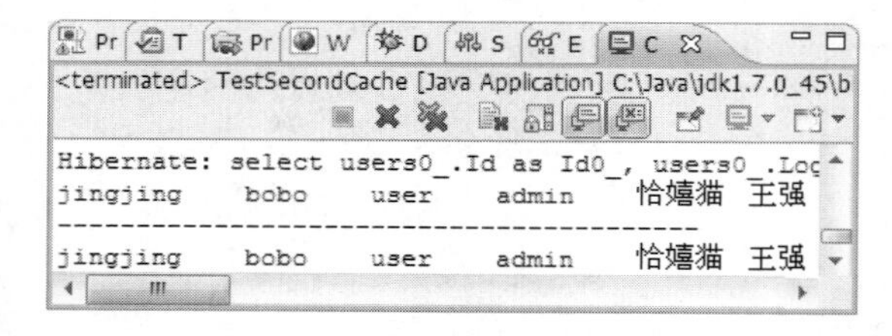

图 18-24 再次调用 testQueryCache_3()方法的执行结果

对比图 18-23，从图 18-24 的运行结果可以看出，第二次不会发出 SQL，因为开启了二级缓存和查询缓存，查询缓存缓存了实体对象的 id，Hibernate 会根据实体对象的 id 到二级缓存中取得相应的数据。

18.4 Hibernate 使用数据库连接池

在 Java 应用程序开发中，访问和操作数据库一般是通过 JDBC 等技术实现的。而传统的 JDBC 方式操作数据库已经不能满足项目开发的需求，因此需要高级的 JDBC 技术。

在一个基于数据库的 Web 系统中，建立数据库连接的操作将是系统中代价最大的操作之一，通常成为制约网站速度的瓶颈。

在使用传统模式时，必须去管理每一个连接，以确保它们能被正确关闭，如果出现程序异常而导致某些连接未能关闭，将导致数据库系统中的内存泄漏，最终将不得不重启数据库。

连接池技术有效地解决了上述问题，其基本思想是在初始化时预先建立一些连接并存放在连接池中备用。当应用程序需要建立数据库连接时，只需从连接池中取一个未使用的连接即可，而不必新建。使用完后，只需放回连接池即可。连接的建立、断开由连接池自身来管理，连接池可以释放超过最大空闲时间的数据库连接，以避免没有释放而造成的数据库连接遗漏。另外，还可以通过设置连接池的参数来控制连接池中的连接数、每个连接的最大使用次数等。

因此，连接池技术不仅提高了数据库连接的使用效率，使得大量用户可以共享较少的数据库连接，而且省去了建立数据库连接的时间。

连接池的工作原理如图 18-25 所示。

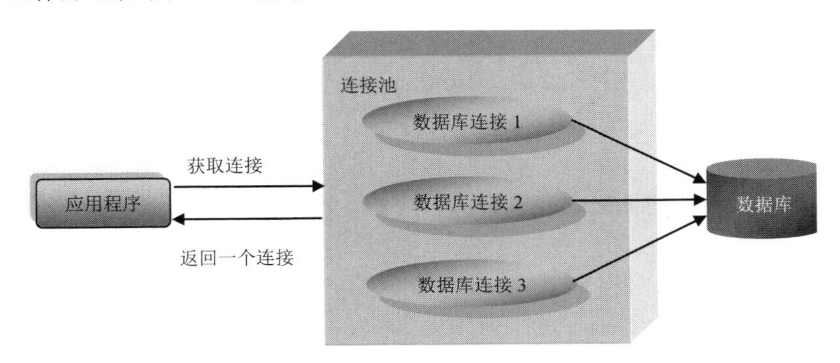

图 18-25　连接池的工作原理

由于数据源(DataSource)对象是由 Web 容器(如 Tomcat)提供的，因此无法在程序中使用创建实例的方法产生数据源对象。这时可使用 JNDI 技术获得数据源对象。

JNDI(Java Naming and Directory Interface)是 Java 平台的一个标准扩展，提供了一组接口、类和关于命名空间的概念。如同其他很多 Java 技术一样，JDNI 是 provider-based 的技术，公开了一个 API 和一个服务供应接口(SPI)。这意味着任何基于名字的技术都能通过 JNDI 而提供服务，只要 JNDI 支持这项技术。

JNDI 目前所支持的技术包括 LDAP、CORBA Common Object Service(COS)名字服务、RMI、NDS、DNS、Windows 注册表等。很多 J2EE 技术，包括 EJB 都依靠 JNDI 来组织和定位实体。可以把它理解为一种将对象和名字捆绑的技术，对象工厂负责生产出对象，这些对象都与唯一的名字绑在一起，外部资源可以通过名字获得某对象的引用。

在 javax.naming 的包中提供 Context 接口，该接口提供了两种常用方法。

(1) void bind(String name,Object object)方法：该方法用于将名称绑定到对象，所有中间上下文和目标上下文(由该名称最终原子组件以外的其他所有组件指定)都必须已经存在。

(2) Object lookup(String name)：该方法用于检索指定的名字绑定的对象。如果 name 为空，则返回此上下文的一个新实例。例如，以下代码可获取名称为 jdbc/bookshop 的数据源对象：

```
Context context = new InitialContext();
DataSource dataSource =
  (DataSource)context.lookup("java:comp/env/jdbc/bookshop");
```

其中，“java:comp/env/”为前缀。使用 lookup()方法获取数据源对象后，可以使用

DataSource 对象的 getConnection()方法获取数据库连接对象。代码如下所示：

```
Connection conn = dataSource.getConnection();
```

在使用 lookup()方法查找数据源时，参数形式为“前缀+数据源名称”，如果没有加前缀，控制台会显示“Name jdbc is not bound in this Context”错误信息，该错误指示 jdbc 名称没有绑定到当前上下文，如图 18-26 所示。

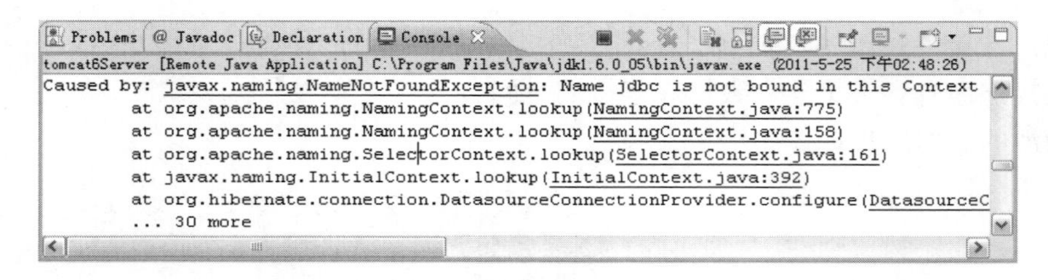

图 18-26 没有加前缀查找数据源时的错误信息

18.4.1 配置数据源名称

只要知道数据源名称，根据 JNDI 就可以获得 DataSource 对象，但是数据源名称在哪里设置呢？配置数据源名称的步骤如下所示。

1. 配置 context.xml 文件

在 Tomcat 根目录\conf\context.xml 文件中的<Context>节点中添加<Resource>节点，内容如下所示：

```
<Resource name="jdbc/bookshop" auth="Container"
  type="javax.sql.DataSource"
  maxActive="100" maxIdle="30" maxWait="10000" username="root"
  password="123456" driverClassName="com.mysql.jdbc.Driver"
  url="jdbc:mysql://localhost:3306/bookshop" />
```

<Resource>节点的常用属性如表 18-6 所示。

表 18-6 <Resource>节点的常用属性

属 性 名	说 明
name	指定数据源名称
auth	指定 Resource 的管理者。取值为 Container 时，表示由容器来创建和管理 Resource；取值为 Application 时，表示由 Web 应用程序创建和管理 Resource
type	指定 Resource 所属的 Java 类名
maxActive	指定数据库连接池中处于活动状态的数据库连接的最大数目。取值为 0 时，表示不受限制
maxIdle	指定数据库连接池中处于空闲状态的数据库连接的最大数目。取值为 0 时，表示不受限制

续表

属 性 名	说　明
maxWait	指定数据库连接池中数据库连接处于空闲状态的最长时间(以毫秒为单位)，超过最长时间将抛出异常。如果取值为-1，就表示允许无限制等待
username	指定连接数据库的用户名
password	指定连接数据库的密码
driverClassName	指定连接数据库的 JDBC 驱动程序
url	指定连接数据库的 URL

2．创建并配置 web.xml 文件

在应用程序的 WebRoot\WEB-INF 目录下创建 web.xml，并在<web-app>节点下添加<resource-ref>子节点，代码如下所示：

```
<?xml version="1.0" encoding="UTF-8"?>
<web-app xmlns:xsi="http://www.w3.org/2001/XMLSchema-instance"
  xmlns="http://java.sun.com/xml/ns/javaee"
  xmlns:web="http://java.sun.com/xml/ns/javaee/web-app_2_5.xsd"
  xsi:schemaLocation="http://java.sun.com/xml/ns/javaee
  http://java.sun.com/xml/ns/javaee/web-app_3_0.xsd" id="WebApp_ID"
  version="3.0">
    <display-name>HibTest4</display-name>
    <welcome-file-list>
        <welcome-file>index.html</welcome-file>
        <welcome-file>index.htm</welcome-file>
        <welcome-file>index.jsp</welcome-file>
        <welcome-file>default.html</welcome-file>
        <welcome-file>default.htm</welcome-file>
        <welcome-file>default.jsp</welcome-file>
    </welcome-file-list>
    <resource-ref>
        <description>BookShop DataSource</description>
        <res-ref-name>jdbc/bookshop</res-ref-name>
        <res-type>javax.sql.DataSource</res-type>
        <res-auth>Container</res-auth>
    </resource-ref>
</web-app>
```

<resource-ref>节点下的子节点如表 18-7 所示。

表 18-7　<resource-ref>节点下的子节点

子节点名	说　明
description	对应用资源的说明
res-ref-name	指定所引用资源的 JNDI 名字，对应于<Resource>节点的 name 属性
res-type	指定所引用资源的类名字，对应于<Resource>节点的 type 属性
res-auth	指定所引用资源的管理者，对应于<Resource>节点的 auth 属性

3．添加数据库驱动文件

通过数据源访问数据库，由于数据源由 Tomcat 创建并维护，所以需要将 MySQL 的驱动程序复制到 Tomcat 根目录的\lib 目录下(此处 Tomcat 版本为 7.0)。

18.4.2　在 Hibernate 中使用数据库连接池

在项目 hibernate.cfg.xml 文件的 Configuration 视图中，选择 Use JNDI DataSource 指定 JNDI 数据源，在 DataSource 文本框中输入“java:comp/env/jdbc/bookshop”，在 Dialect 下拉列表框中选择 MySQL。其他项可以不选择，如图 18-27 所示。

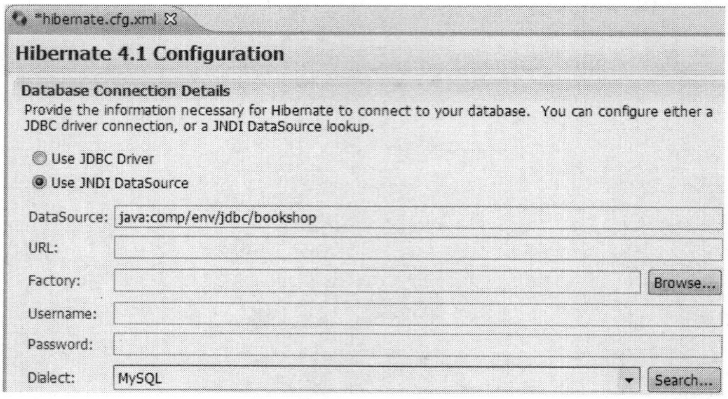

图 18-27　在 Hibernate 中指定 JNDI 数据源

此时，在 hibernate.cfg.xml 文件的 Source 视图中，会产生相应的配置信息，如下所示：

```
<session-factory>
    ...
    <property name="connection.datasource">
        java:comp/env/jdbc/bookshop
    </property>
    <property name="jndi.url"></property>
    <property name="dialect">
        org.hibernate.dialect.MySQLDialect
    </property>
    ...
</session-factory>
```

完成配置后，可以进行测试。在项目中创建页面文件 TestConnectionPool.jsp，如下所示：

```
<%@ page language="java" contentType="text/html; charset=UTF-8"
  pageEncoding="UTF-8"%>
<%@page import="com.hibtest2.TestCriteria"%>
<%
TestCriteria tc = new TestCriteria();
tc.testDetachedCriteria();
%>
```

在页面中调用 TestCriteria.java 类中的 testDetachedCriteria()方法，该方法执行时将使用

数据库连接池。

部署项目 HibTest2，然后启动 Tomcat，在浏览器的地址栏中输入：

```
http://localhost:8088/HibTest2/TestConnectionPool.jsp
```

执行 testDetachedCriteria()方法后，在 MyEclipse 的控制台会输出 testDetachedCriteria()方法的执行结果，如图 18-28 所示。

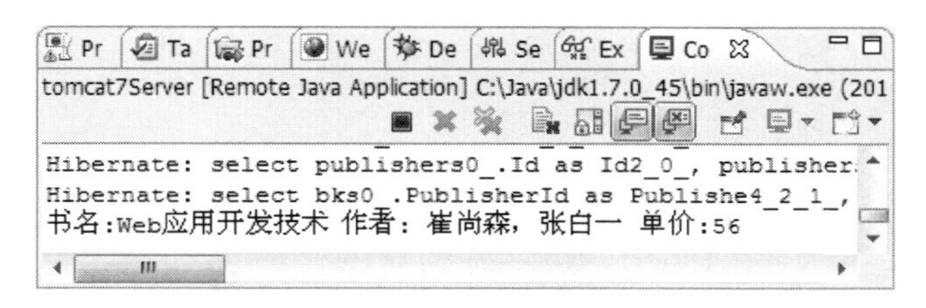

图 18-28　Hibernate 使用数据库连接池测试

18.5　Hibernate 调用存储过程

在 Hibernate 应用中有两种方法来实现对存储过程的调用，一种方法是使用 Hibernate 自身的存储过程功能，另一种方法是绕过 Hibernate，通过 JDBC 来调用存储过程。

在数据库 bookshop 中创建一个名为“proc_users”的存储过程，代码如下所示：

```
CREATE PROCEDURE proc_users() SELECT * FROM users;
```

在 MySQL 中执行该命令，存储过程就创建好了，如图 18-29 所示。

图 18-29　创建存储过程

下面通过示例来演示两种调用存储过程的方法。

1．使用 Hibernate 调用存储过程

首先，在持久化类 Users 的映射文件 Users.hbm.xml 中配置对存储过程的调用，相关配置如下所示：

```
<?xml version="1.0" encoding="utf-8"?>
<!DOCTYPE hibernate-mapping PUBLIC
  "-//Hibernate/Hibernate Mapping DTD 3.0//EN"
  "http://www.hibernate.org/dtd/hibernate-mapping-3.0.dtd">
<hibernate-mapping>
   <class name="com.hibtest2.entity.Users" table="users"
```

```
    catalog="bookshop">
      <id name="id" type="java.lang.Integer">
         <column name="Id" />
         <generator class="native"></generator>
      </id>
      ...
      <property name="mail" type="java.lang.String">
         <column name="Mail" length="16" />
      </property>
   </class>
   <!-- 调用存储过程的配置 -->
   <sql-query name="getAllUsers" callable="true">
      <return alias="u" class="com.hibtest2.entity.Users">
         <return-property name="id" column="Id"></return-property>
         <return-property name="loginName" column="LoginName">
         </return-property>
         <return-property name="loginPwd" column="LoginPwd">
         </return-property>
         <return-property name="address" column="Address">
         </return-property>
         <return-property name="name" column="Name"></return-property>
         <return-property name="phone" column="Phone"></return-property>
         <return-property name="mail" column="Mail"></return-property>
      </return>
      {call proc_users()}
   </sql-query>
</hibernate-mapping>
```

然后，通过执行命名查询实现对存储过程的调用，在项目 HibTest2 中，创建测试类文件 TestProcedure.java，并编写 browseUsers()方法。代码如下所示：

```
public void browseUsers() {
   Session session = HibernateSessionFactory.getSession();
   List userList = session.getNamedQuery("getAllUsers").list();
   for(int i=0; i<userList.size(); i++)
   {
      Users user = (Users)userList.get(i);
      System.out.println("登录名: " + user.getLoginName()
        + "    密码: " + user.getLoginPwd()
        + "   地址: " + user.getAddress());
   }
   HibernateSessionFactory.closeSession();
}
```

在测试类 TestProcedure 的 main()方法中，调用 browseUsers()方法，控制台的输出结果如图 18-30 所示。

2. 绕过 Hibernate 使用 JDBC 调用存储过程

在测试类文件 TestProcedure.java 中编写 getUsers()方法，绕过 Hibernate 使用 JDBC 调用存储过程。

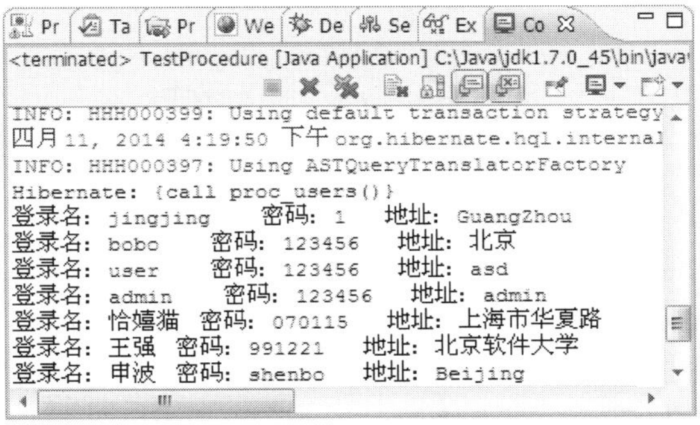

```
<terminated> TestProcedure [Java Application] C:\Java\jdk1.7.0_45\bin\java
INFO: HHH000399: Using default transaction strategy
四月 11, 2014 4:19:50 下午 org.hibernate.hql.internal
INFO: HHH000397: Using ASTQueryTranslatorFactory
Hibernate: {call proc_users()}
登录名: jingjing    密码: 1    地址: GuangZhou
登录名: bobo    密码: 123456    地址: 北京
登录名: user    密码: 123456    地址: asd
登录名: admin    密码: 123456    地址: admin
登录名: 恰嬉猫 密码: 070115    地址: 上海市华夏路
登录名: 王强 密码: 991221    地址: 北京软件大学
登录名: 申波 密码: shenbo    地址: Beijing
```

图 18-30 Hibernate 调用存储过程

代码如下所示：

```
public void getUsers() {
    Session session = null;
    Transaction tx = null;
    try {
        //获得 Session
        session = HibernateSessionFactory.getSession();
        tx = session.beginTransaction();
        //执行 Work 对象指定的操作，即调用 Work 对象的 execute()方法，
        //Session 会把当前使用的数据库连接传给 execute()方法
        session.doWork(
            //定义一个匿名类，实现了 Work 接口
            new Work() {
                @Override
                public void execute(Connection connection)
                  throws SQLException {
                    //通过 JDBC API 执行用于批量插入的 SQL 语句
                    CallableStatement cstat =
                      connection.prepareCall("{call proc_users()}");
                    ResultSet rs = cstat.executeQuery();
                    while(rs.next()) {
                        System.out.println(
                          "登录名: " + rs.getString("LoginName")
                          + "    密码: " + rs.getString("LoginPwd")
                          + "   地址: " + rs.getString("Address"));
                    }
                }
            }
        );
        tx.commit();
    } catch(Exception e) {
        e.printStackTrace();
        tx.rollback();
    }
}
```

在 main()方法中调用 getUsers()方法，控制台的输出结果与图 18-30 相同。

18.6 小　　结

通过本章的学习，读者进一步加深了对 Hibernate 框架的了解。

本章所述的 Hibernate 的高级应用主要包括 Hibernate 的批量处理、Hibernate 的事务、Hibernate 缓存机制、Hibernate 使用数据库连接池及 Hibernate 调用存储过程。

由于 Hibernate 是对 JDBC 的轻量级封装，因此，在涉及到批量处理与存储过程调用等问题时，依然可以绕过 Hibernate 而直接使用 JDBC 来实现。

第 19 章　Struts 2 与 Hibernate 的整合

前面的章节介绍了 Hibernate 中的各种常用查询操作，本章我们将示范如何将 Struts 2 与 Hibernate 框架整合，进行登录验证。

19.1　环 境 搭 建

在 HibTest2 项目中已经添加过 Hibernate 支持，接下来添加 Struts 2 支持。在包资源管理器中，右击项目名 HibTest2，从弹出的快捷菜单中选择 MyEclipse → Project Facets [Capabilities] → Install Apache Struts (2.x) Facet 命令，在 Configure Web Struts 2.x settings 界面中选择 URL pattern 为“/*”，如图 19-1 所示。

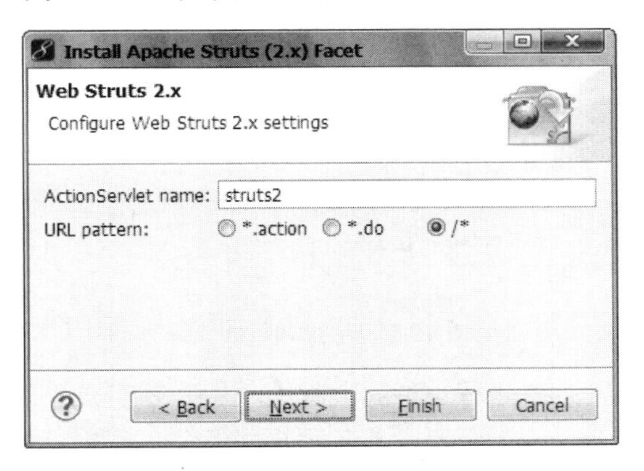

图 19-1　配置 Struts 2

使用 MyEclipse 向导添加 Struts 2 支持，在项目 HibTest2 的 src 目录下会自动创建一个名为 struts.xml 的配置文件，初始时该文件的内容如下所示：

```
<?xml version="1.0" encoding="UTF-8" ?>
<!DOCTYPE struts PUBLIC
  "-//Apache Software Foundation//DTD Struts Configuration 2.1//EN"
  "http://struts.apache.org/dtds/struts-2.1.dtd">
<struts>
</struts>
```

同时，在 Web 应用程序的配置文件 web.xml 中会自动配置 Struts 2 的核心控制器：

```
<filter>
    <filter-name>struts2</filter-name>
    <filter-class>
        org.apache.struts2.dispatcher.ng.filter
```

```
        .StrutsPrepareAndExecuteFilter
    </filter-class>
</filter>
<filter-mapping>
    <filter-name>struts2</filter-name>
    <url-pattern>/*</url-pattern>
</filter-mapping>
```

19.2　登录功能的流程

使用 Struts 2 和 Hibernate 框架实现登录功能的流程如图 19-2 所示。

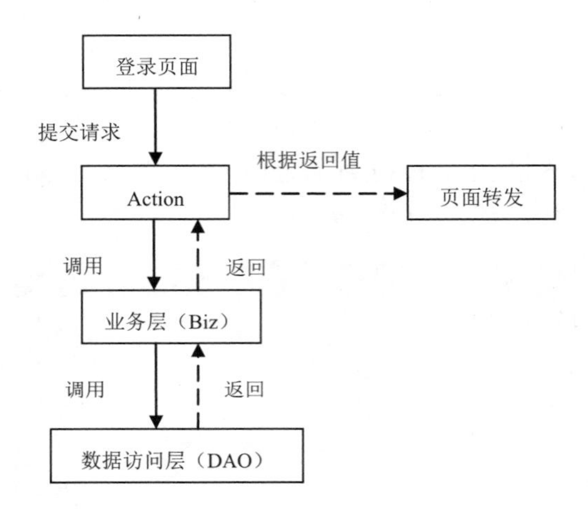

图 19-2　登录功能的流程

从图 19-2 中可以看出，在处理登录的流程中，用户在登录页面输入登录信息，提交的请求由 Action 进行处理，Action 会调用业务逻辑层，业务逻辑层再调用数据访问层，最终结果再传递给 Action，Action 根据处理结果进行页面的转发。

19.3　实现 DAO 层

DAO 层代表数据访问层，该层在实现时继承了 BaseHibernateDAO 类，为了简化 DAO 层的登录验证，先在 BaseHibernateDAO 类中添加 search 方法，用于组合查询数据。

search 方法的代码如下所示：

```
protected List search(Class cla,Object condition) {
    Session session = null;
    List list = null;
    try {
        session = HibernateSessionFactory.getSession();
        list = session.createCriteria(cla).add(
          Example.create(condition)).list();
```

```
    } catch (Exception e) {
        e.printStackTrace();
    } finally {
        HibernateSessionFactory.closeSession();
    }
    return list;
}
```

代码中使用了 Example 类，该类允许通过一个给定实例构建一个条件查询，可以针对不同的对象进行组合查询，从而使得 search 方法更具通用性。

接着，在 UserDAO 接口中添加 validate 方法，用于登录验证。代码如下所示：

```
public boolean validate(String loginName, String loginPwd);
```

然后在 UserDAO 接口的实现类 UserDAOImpl 中实现 validate 方法，代码如下所示：

```
public boolean validate(String loginName, String loginPwd) {
    boolean flag = false;
    //封装查询条件
    Users condition = new Users();
    condition.setLoginName(loginName);
    condition.setLoginPwd(loginPwd);
    //调用 BaseHibernateDAO 类中的 search 方法
    List list = super.search(Users.class, condition);
    if(list.size()>0) {
        flag = true;
    }
    return flag;
}
```

19.4　实现 Biz 层

Biz 层代表业务逻辑层，在项目 src 目录下创建 com.hibtest2.biz 包。

首先在 com.hibtest2.biz 包中创建接口 UserBiz，并声明方法 checkLogin，用于登录验证，代码如下所示：

```
package com.hibtest2.biz;
public interface UserBiz {
    //登录验证
    public boolean checkLogin(String loginName, String loginPwd);
}
```

然后在 com.hibtest2.biz 包中创建接口 UserBiz 的实现类 UserBizImpl，实现 checkLogin 方法，代码如下所示：

```
package com.hibtest2.biz;
import com.hibtest2.dao.UserDAO;
import com.hibtest2.dao.UserDAOImpl;
public class UserBizImpl implements UserBiz {
```

```
    @Override
    public boolean checkLogin(String loginName, String loginPwd) {
        UserDAO userDAO = new UserDAOImpl();
        return userDAO.validate(loginName, loginPwd);
    }
}
```

从上述代码可以看出，业务层只是对 DAO 层进行了简单的调用，本身并没有完成复杂的逻辑。读者可能会觉得 Biz 层是多余的，这是错误的观点。当业务逻辑复杂时，Biz 层的方法可能需要调用 DAO 层的多个方法，这时业务逻辑层将显示其重要的地位。

19.5 实现 Action

用户在登录页面提交的请求需要提交到 Action 进行处理。

在项目中创建 com.hibtest2.action 包，在包中创建 Acton，命名为 UserManagerAction，并让其继承 ActionSupport：

```
package com.hibtest2.action;
import com.hibtest2.biz.UserBiz;
import com.hibtest2.biz.UserBizImpl;
import com.hibtest2.entity.Users;
import com.opensymphony.xwork2.ActionSupport;
public class UserManagerAction extends ActionSupport {
    //定义用于保存用户登录表单参数的两个属性
    private String loginName;
    private String loginPwd;
    //属性 loginName 的 get 和 set 方法
    public String getLoginName() {
        return loginName;
    }
    public void setLoginName(String loginName) {
        this.loginName = loginName;
    }
    //属性 loginPwd 的 get 和 set 方法
    public String getLoginPwd() {
        return loginPwd;
    }
    public void setLoginPwd(String loginPwd) {
        this.loginPwd = loginPwd;
    }
    //重载 execute 方法，用来处理登录请求
    public String execute() throws Exception {
        Users condition = new Users();
        condition.setLoginName(loginName);
        condition.setLoginPwd(loginPwd);
        UserBiz userBiz = new UserBizImpl();
        boolean flag = userBiz.checkLogin(loginName, loginPwd);
        if(flag) {
```

```
            //登录成功，转到 success.jsp 页面
            return "success";
        } else {
            //登录失败，转到 error.jsp 页面
            return "error";
        }
    }
}
```

19.6　编写配置文件

使用 Struts 2 框架时，需要编写 Struts 2 的配置文件 struts.xml 和 Web 项目的配置文件 web.xml。

19.6.1　配置 struts.xml

前面定义了 Struts 2 的 Action，但该 Action 还没有配置在 Web 应用程序中，还不能处理用户的请求。为了让 UserManagerAction 能处理用户请求，首先需要将该 Action 配置在 struts.xml 文件中。struts.xml 文件的配置如下所示：

```
<?xml version="1.0" encoding="UTF-8" ?>
<!DOCTYPE struts PUBLIC
  "-//Apache Software Foundation//DTD Struts Configuration 2.1//EN"
  "http://struts.apache.org/dtds/struts-2.1.dtd">
<struts>
    <!-- Struts 2 的 Action 都必须配置在 package 里 -->
    <package name="default" extends="struts-default">
        <!-- 定义 doLogin 的 Action，
          该 Action 的实现类为 com.hibtest2.action.UserManagerAction -->
        <action name="doLogin"
          class="com.hibtest2.action.UserManagerAction">
            <!-- 定义处理结果和资源之间的映射关系 -->
            <result name="error">error.jsp</result>
            <result name="success">success.jsp</result>
        </action>
    </package>
</struts>
```

上面的配置文件定义了 name 为 doLogin 的 Action，负责处理向 doLogin.action 提交的客户端请求。该 Action 将调用自身的 execute 方法处理用户请求，如果 execute 方法返回 success 字符串，请求将转发到 success.jsp 页面；如果返回 error，则请求转到 error.jsp 页面。

19.6.2　配置 web.xml

web.xml 作为 Web 应用程序的配置文件，Web 容器(如 Tomcat)启动时会加载该配置文

件。为了能给 Web 应用增加 Struts 2 功能，除了配置 struts.xml 文件外，还需在 web.xml 中配置 Struts 2 的核心控制器。配置核心控制器的代码如下所示：

```
<filter>
    <filter-name>struts2</filter-name>
    <filter-class>
        org.apache.struts2.dispatcher.ng.filter
         .StrutsPrepareAndExecuteFilter
    </filter-class>
</filter>
<filter-mapping>
    <filter-name>struts2</filter-name>
    <url-pattern>/*</url-pattern>
</filter-mapping>
```

这样，Web 容器(如 Tomcat)启动时，用户对项目中任何资源 URL 请求时，都将执行 StrutsPrepareAndExecuteFilter，该类会加载 struts.xml 配置文件，从而决定将用户请求提交给哪个 Action 进行处理。使用 MyEclipse 向导添加 Struts 2 支持时，会自动完成上述配置，无需用户手工添加。

19.7 创建登录页面

登录页面为 login.jsp，代码如下所示：

```
<%@ page language="java" import="java.util.*" contentType="text/html;
 charset=UTF-8" pageEncoding="UTF-8"%>
<%@ taglib prefix="s" uri="/struts-tags"%>
<html>
<head>
    <title>登录</title>
</head>
<body>
    <s:form action="doLogin.action">
        <table>
            <tr>
                <s:textfield name="loginName" label="用户名" />
            </tr>
            <tr>
                <s:textfield name="loginPwd" label="密码" />
            </tr>
            <tr>
                <s:submit value="确认" />
            </tr>
        </table>
    </s:form>
</body>
</html>
```

部署项目 HibTest2，启动 Tomcat，在浏览器地址栏中输入：

```
http://localhost:8088/HibTest2/login.jsp
```

登录页面的效果如图 19-3 所示。

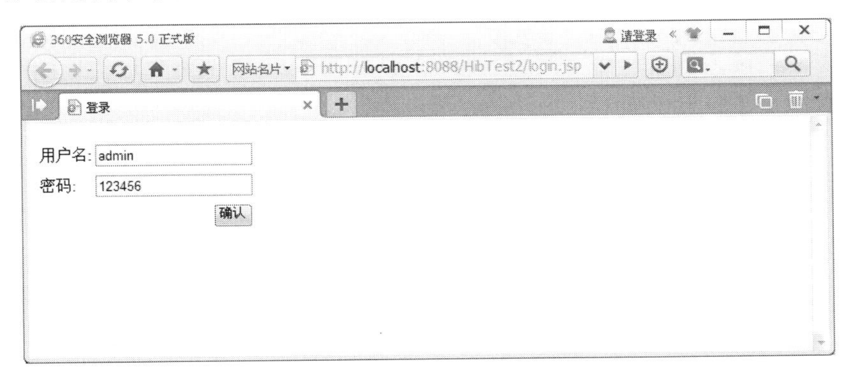

图 19-3　登录页面

输入用户名 admin，密码 123456。单击“确定”按钮。登录验证成功后，显示 success.jsp 页面的内容，如图 19-4 所示。

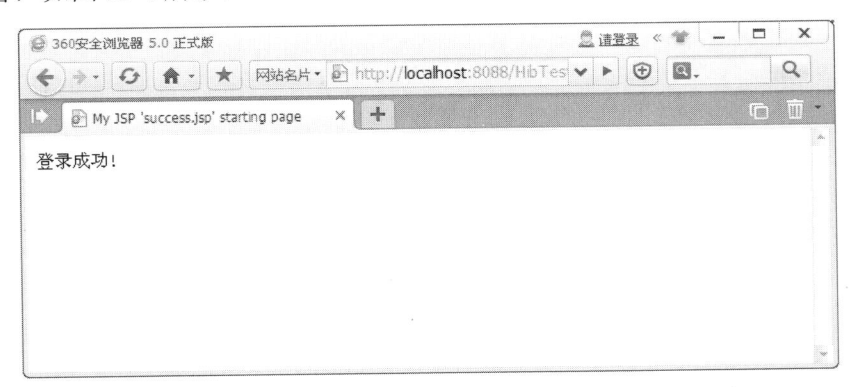

图 19-4　success.jsp 页面

如果登录验证失败，则显示 error.jsp 页面内容，如图 19-5 所示。

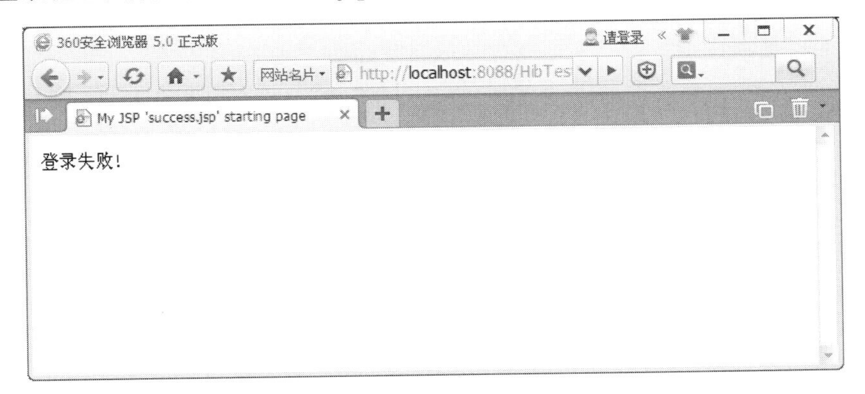

图 19-5　error.jsp 页面

19.8 小　　结

本章以登录验证为例，介绍了使用 Struts 2 和 Hibernate 框架整合进行应用开发的流程。该示例给读者展示了良好的 Java EE 分层思想。

第五篇 Spring 框架篇

第 20 章　Spring 的基本应用

前面的章节介绍了 Hibernate 框架，极大地简化了持久化的代码；Struts 2 框架是一个 Java Web 框架，提供了 MVC 设计模式支持。从本章开始，介绍 Java EE 轻量级框架中一个重要的框架，即 Spring 框架。

Spring 框架从某种程度上看，充当了粘合剂和润滑剂的角色，它对 Hibernate 和 Struts 2 等框架提供了良好的支持，能够将相应的 Java Web 系统柔顺地整合起来，并让它们更易使用。同时，其本身还提供了声明式事务等企业级开发不可或缺的功能。

20.1　Spring 简介

Spring 作为实现 J2EE 的一个全方位应用程序框架，为开发企业级应用提供了一个健壮、高效的解决方案。Spring 框架具有以下几个特点。

- 非侵入式：所谓非侵入式，是指 Spring 框架的 API 不会在业务逻辑上出现，也就是说，业务逻辑应该是纯净的，不能出现与业务逻辑无关的代码。针对应用而言，这样才能将业务逻辑从当前应用中剥离出来，从而在其他的应用中实现复用；针对框架而言，由于业务逻辑中没有 Spring 的 API，所以业务逻辑也可以从 Spring 框架快速地移植到其他框架。
- 容器：Spring 提供容器功能，容器可以管理对象的生命周期、对象与对象之间的依赖关系。可以写一个配置文件(通常是 XML 文件)，在上面定义对象的名字、是否是单例，以及设置与其他对象的依赖关系。那么在容器启动后，这些对象就被实例化好了，我们直接去用就好了，而且依赖关系也建立好了。
- IOC：控制反转，即依赖关系的转移，如果以前都是依赖于实现，那么现在反转为依赖于抽象，其核心思想就是要面向接口编程。
- 依赖注入：对象与对象之间依赖关系的实现，包括接口注入、构造注入、set 方法注入。在 Spring 中只支持后两种。
- AOP：面向方面编程，将日志、安全、事务管理等服务(或功能)理解成一个“方面”，以前这些服务通常是直接写在业务逻辑的代码中的，有两个缺点：首先是业务逻辑不纯净，其次是这些服务被很多业务逻辑反复使用，不能做到复用。AOP 解决了上述问题，可以把这些服务剥离出来，形成一个“方面”，可以实现复用；然后将“方面”动态地插入到业务逻辑中，让业务逻辑能够方便地使用“方面”提供的服务。

其他还有一些特点，但不是 Spring 的核心，例如对 JDBC 的封装和简化，提供事务管理功能，对 O/R mapping 工具(Hibernate、iBatis)的整合；提供 MVC 解决方案，也可以与其他 Web 框架(Struts、JSF)进行整合；还有对 JNDI、mail 等服务进行的封装。

20.1.1 Spring 的背景

作为 Spring 框架的创始人，Rod Johnson 于 2002 年在他出版的《Expert One-on-One J2EE 设计与开发》一书中，对传统的 J2EE 技术(以 EJB 为核心)日益臃肿和低效问题提出了质疑，觉得应该有更加简便的做法，于是提出了 interface21，即 Spring 框架的雏形。

Spring 框架极大地简化了 Java 企业级开发，提供了强大、稳定的功能，又没有带来额外的负担。Spring 框架提供了一个全面的解决方案，对于已经提供较好解决方案的领域，Spring 没有做重复性的实现，比如对象持久化和 OR 映射，Spring 只对 JDBC、Hibernate、JPA 等技术提供支持，使之更易使用，而不重新做一个实现方案。

20.1.2 Spring 的框架

Spring 框架(Spring Framework)在不断地发展和完善，但基本与核心的部分已经相当稳定，包括 Spring 的依赖注入容器、AOP 实现和对持久化层的支持。Spring 框架包含的内容如图 20-1 所示。

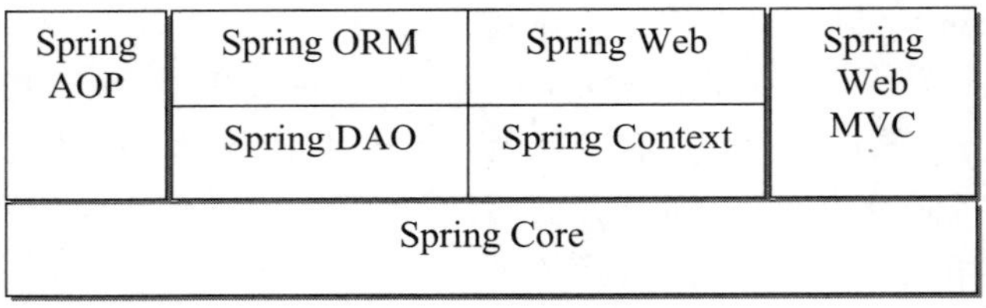

<table>
<tr><td rowspan="2">Spring AOP</td><td>Spring ORM</td><td>Spring Web</td><td rowspan="2">Spring Web MVC</td></tr>
<tr><td>Spring DAO</td><td>Spring Context</td></tr>
<tr><td colspan="4">Spring Core</td></tr>
</table>

图 20-1 Spring 框架的结构

其中，Spring Core 是最基础的，作为 Spring 依赖注入容器的部分。Spring AOP 是基于 Spring Core 的，典型的应用之一就是声明式事务。Spring Core 对 JDBC 提供了支持，简化了 JDBC 编码，同时使代码更加健壮。Spring ORM 对 Hibernate 等持久层框架提供了支持。Spring 可以在 Java SE 中使用，也可以在 Java EE 中使用，Spring Context 为企业级开发提供了便捷和集成的工具。Spring Web 为 Web 应用程序的开发提供了支持。

20.2 一个简单的 Spring 示例

在对 Spring 有了初步了解之后，下面通过示例来演示 Spring 框架的简单应用，其中只用到了 Spring 框架，而没有使用其他技术，这样可以使初学者也能更加容易理解。

20.2.1 搭建 Spring 开发环境

在项目中使用 Spring 框架时，需要添加 Spring 支持。添加支持的方式有两种：一是通过 MyEclipse 向导，二是手工添加。

1．使用 MyEclipse 向导添加 Spring 支持

创建一个名为SpringHelloWorld的Web项目，在包资源管理器中，右击项目名HibTest2，从弹出的快捷菜单中，选择 MyEclipse → Project Facets[Capabilities] → Install Spring Facet 命令，出现 Select the Spring version and runtime 界面，如图 20-2 所示。

从图 20-2 中可以看出，MyEclipse 2013 版本提供的 Spring 的最高版本为 3.1(如果需要使用更高的版本，则需要采用手工方式添加)。

单击 Next 按钮，进入 Configure Spring project 界面，如图 20-3 所示。

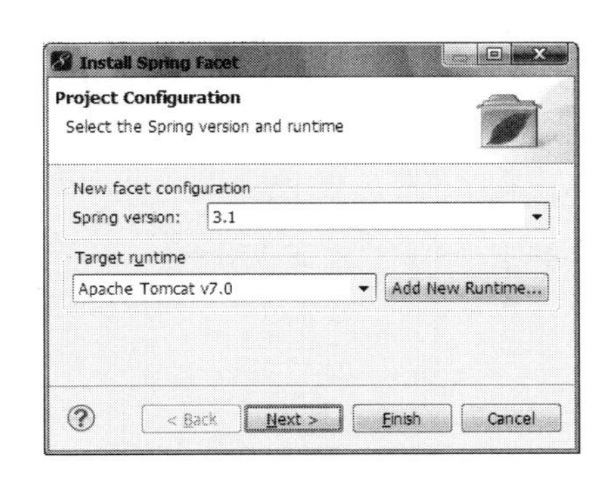

图 20-2　Select the Spring version and runtime 界面

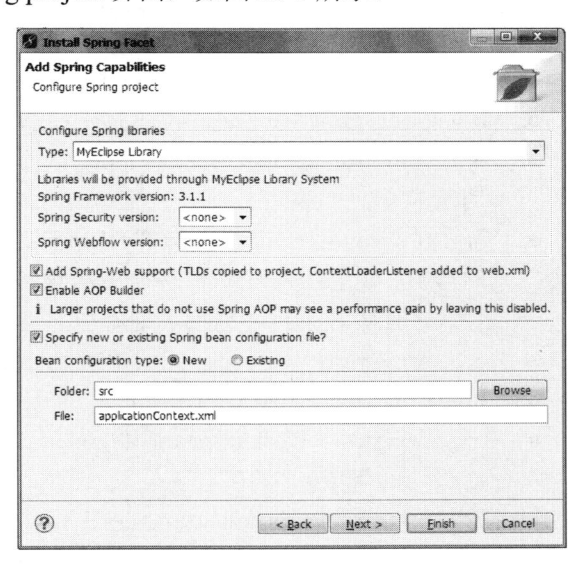

图 20-3　Configure Spring project 界面

从图 20-3 中可以看出，通过向导添加 Spring 支持时，向导会自动在 src 目录下新建一个名为 applicationContext.xml 的配置文件，该文件是 Spring 框架的一个重要的配置文件。

单击 Next 按钮，进入 Add libraries to the project 界面，如图 20-4 所示。

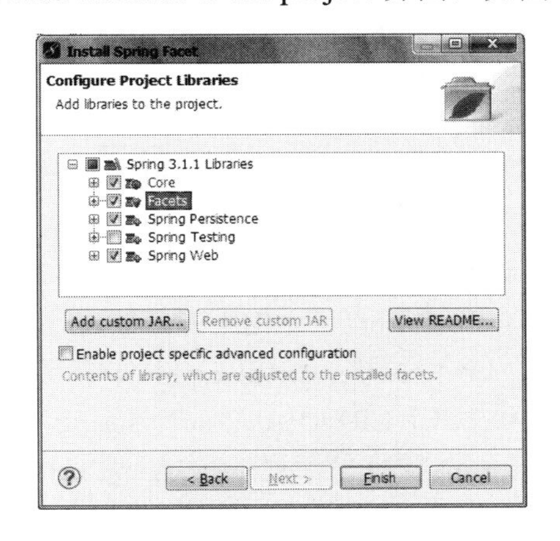

图 20-4　Add libraries to the project 界面

从图 20-4 可以看出，Spring 3.1.1 Libraries 中包括 Core、Facets、Spring Persistence、Spring Testing 和 Spring Web 等库。其中 Core 是核心库，Facets 是与 Dynamic Web Module 3.0 有关的库，Spring Persistence 是与持久化操作有关的库，Spring Testing 是用于测试的库，Spring Web 是支持 Web 的库。可以根据需要选择在项目中添加所有的库或者部分库。

Spring 3.1.1 库中，主要的 JAR 及其作用如下所示。

- org.springframework.aop-3.1.1.RELEASE.jar：Spring 的面向切面支持，提供 AOP(面向切面编程)实现。
- org.springframework.asm-3.1.1.RELEASE.jar：Spring 独立的 asm 程序，与 2.5 版相比，需要额外的 asm.jar 包。
- org.springframework.aspects-3.1.1.RELEASE.jar：Spring 对 AspectJ 框架的整合。
- org.springframework.beans-3.1.1.RELEASE.jar：Spring IoC(依赖注入)的基础实现。
- org.springframework.context.support-3.1.1.RELEASE.jar：spring-context 的扩展支持，用于 MVC 方面。
- org.springframework.context-3.1.1.RELEASE.jar：Spring 提供在基础 IoC 功能上的扩展服务，此外，还提供许多企业级服务的支持，如邮件服务、任务调度、JNDI 定位、EJB 集成、远程访问、缓存以及各种视图层框架的封装等。
- org.springframework.core-3.1.1.RELEASE.jar：Spring 3.1 的核心工具包。
- org.springframework.expression-3.1.1.RELEASE.jar：Spring 表达式语言。
- org.springframework.instrument.tomcat-3.1.1.RELEASE.jar：Spring 3.1 对 Tomcat 的连接池的集成。
- org.springframework.instrument-3.1.1.RELEASE.jar：Spring 3.1 服务器代理接口。
- org.springframework.jdbc-3.1.1.RELEASE.jar：Spring 对 JDBC 的简单封装。
- org.springframework.jms-3.1.1.RELEASE.jar：Spring 为简化 JMS API 使用而做的简单封装。
- org.springframework.orm-3.1.1.RELEASE.jar：Spring 整合第三方的 ORM 映射支持，如 Hibernate、iBatis、Jdo 以及 Spring 的 JPA 的支持。
- org.springframework.oxm-3.1.1.RELEASE.jar：Spring 对 Object/XMI 的映射的支持，可以让 Java 与 XML 来回切换。
- org.springframework.test-3.1.1.RELEASE.jar：Spring 对 JUnit 等测试框架所做的简单封装。
- org.springframework.transaction-3.1.1.RELEASE.jar：为 JDBC、Hibernate、JDO、JPA 等提供的一致的声明式和编程式事务管理。
- org.springframework.web.portlet-3.1.1.RELEASE.jar：springMVC 的增强。
- org.springframework.web.servlet-3.1.1.RELEASE.jar：对 J2EE 6.0 Servlet 3.0 的支持。
- org.springframework.web.struts-3.1.1.RELEASE.jar：整合 Struts 的支持。
- org.springframework.web-3.1.1.RELEASE.jar：Spring Web 下的工具包。

单击 Finish 按钮，完成 Spring 支持的添加。打开 applicationContext.xml 文件，初始代码如下所示：

```
<?xml version="1.0" encoding="UTF-8"?>
```

```
<beans
  xmlns="http://www.springframework.org/schema/beans"
  xmlns:xsi="http://www.w3.org/2001/XMLSchema-instance"
  xmlns:p="http://www.springframework.org/schema/p"
  xsi:schemaLocation="http://www.springframework.org/schema/beans
  http://www.springframework.org/schema/beans/spring-beans-3.1.xsd">
</beans>
```

2. 手工方式添加 Spring 支持

手工添加 Spring 支持时，须将 Spring 相关的 JAR 包添加到项目的 WebRoot/WEB-INF/lib 目录下。具体步骤如下所示。

(1) 从 Spring 官方网站下载 Spring，以 spring-framework-3.1.1.RELEASE-with-docs.zip 为例，解压后的文件夹如下。

- dist：该文件夹中存放 Spring 框架的一些 JAR 包，其中 Spring 的核心 JAR 包 org.springframework.core-3.1.1.RELEASE 是必需的。
- docs：该文件夹中包含 Spring 的相关文档、开发指南以及 API 参考文档。
- projects：该文件夹中包含 Spring 的几个简单示例。
- src：该文件夹中包括 Spring 分模块的项目源代码，还包括一些 Spring 的 license。

解压后的文件夹中还包含一些关于 Spring 的 license 和项目相关文件。

(2) 将 dist 目录中的 JAR 包复制到项目 WEB-INF/lib 路径下。

(3) 还需要用户自己在 src 目录下创建 Spring 的配置文件 applicationContext.xml。

20.2.2　编写 HelloWorld 类

在 SpringHelloWorld 项目中创建 com.shw 包，在包中新建一个名为“HelloWorld”的类，代码如下所示：

```
package com.shw;
public class HelloWorld {
    //定义方法 show，在控制台输出信息
    public void show() {
        System.out.println("欢迎学习 Spring 框架");
    }
}
```

20.2.3　配置 applicationContext.xml 文件

在 applicationContext.xml 文件中添加一个<bean>节点，并在该节点中进行如下配置：

```
<bean id="hw" class="com.shw.HelloWorld"></bean>
```

上述配置中，class 属性以“包名+类名”的方式指定了 HelloWorld 类，id 作为标识符。这样，一个简单的配置就完成了。

20.2.4 编写测试类

在 com.shw 包中创建测试类 TestHelloWorld，通过 applicationContext.xml 配置文件去获取 HelloWorld 类的实例，然后调用类中的 show()方法在控制台输出信息。代码如下所示：

```
package com.shw;
import org.springframework.context.ApplicationContext;
import org.springframework.context.support.
ClassPathXmlApplicationContext;
public class TestHelloWorld {
    public static void main(String[] args) {
        //加载 applicationContext.xml 配置
        ApplicationContext context =
         new ClassPathXmlApplicationContext("applicationContext.xml");
        //获取配置中的实例
        HelloWorld hw = (HelloWorld)context.getBean("hw");
        //调用方法
        hw.show();
    }
}
```

运行测试类 TestHelloWorld，控制台的输出如图 20-5 所示。

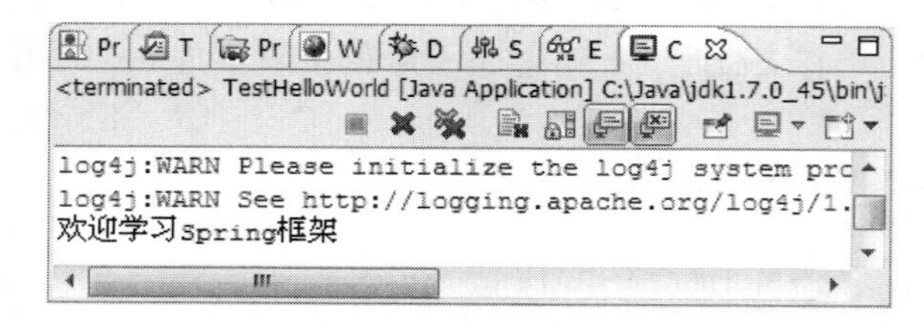

图 20-5　测试类执行后控制台的输出

这个简单的 Spring 示例包含了依赖注入的思想，下一节将就依赖注入的含义和原理等内容做详细讲解。

20.3 Spring 核心机制：依赖注入

Spring 的核心机制就是 IoC(控制反转)容器，IoC 的另外一个称呼是依赖注入(DI)。通过依赖注入，Java EE 应用中的各种组件不需要以硬编码的方法进行耦合，当一个 Java 实例需要其他 Java 实例时，系统自动提供需要的实例，无须程序显式获取。因此，依赖注入实现了组件之间的解耦。

20.3.1 理解控制反转

依赖注入和控制反转含义相同，当某个 Java 实例需要另一个 Java 实例时，传统的方法是由调用者来创建被调用者的实例(例如，使用 new 关键字获得被调用者实例)。

采用依赖注入方式时，被调用者的实例不再需要由调用者来创建，称为控制反转。被调用者的实例通常是由 Spring 容器来完成的，然后注入调用者，调用者便获得了被调用者的实例，称为依赖注入。

20.3.2　如何使用 Spring 的依赖注入

Spring 提倡面向接口的编程，依赖注入的基本思想是：明确地定义组件接口，独立开发各个组件，然后根据组件的依赖关系组装运行。下面以一个简单的登录验证为例，介绍 Spring 依赖注入的运用。

(1) 编写 DAO 层。

在项目 SpringHelloWorld 的 src 目录下，新建包 com.shw.dao，在包中新建一个接口 UserDAO，在接口中添加方法 login，代码如下所示：

```
package com.shw.dao;
public interface UserDAO {
    public boolean login(String username, String password);
}
```

接下来，创建接口 UserDAO 的实现类 UserDAOImpl，实现 login 方法。代码如下所示：

```
package com.shw.dao;
public class UserDAOImpl implements UserDAO {
    @Override
    public boolean login(String username, String password) {
        if(username.equals("admin") && password.equals("123456")) {
            return true;
        }
        return false;
    }
}
```

在登录验证时，为了简化 DAO 层代码，暂时没有用到数据库。如果用户名为“admin”，密码为“123456”，则判断登录成功。

(2) 编写 Biz 层。

在 src 目录下新建包 com.shw.biz，在包中新建一个接口 UserBiz，在接口中添加方法 login，代码如下所示：

```
package com.shw.biz;
public interface UserBiz {
    public boolean login(String username, String password);
}
```

接下来，创建接口 UserBiz 的实现类 UserBizImpl，实现 login 方法。代码如下所示：

```
package com.shw.biz;
import com.shw.dao.UserDAO;
public class UserBizImpl implements UserBiz {
    //使用 UserDAO 接口声明一个对象，
```

```
    //并为其添加 set 方法，用于依赖注入
    UserDAO userDAO;
    public void setUserDAO(UserDAO userDAO) {
        this.userDAO = userDAO;
    }
    @Override
    public boolean login(String username, String password) {
        return userDAO.login(username, password);
    }
}
```

在上述代码中，没有采用传统的方法，即通过 new UserDAOImpl()方式获取数据访问层 UserDAOImpl 类的实例，而是通过 UserDAO 接口声明了一个对象 userDAO，并为其添加 set 方法，用于依赖注入。

UserDAOImpl 类的实例化和对象 userDAO 的注入将在 applicationContext.xml 配置文件中完成。

(3) 配置 applicationContext.xml 文件。

在 applicationContext.xml 文件中，为了创建 UserDAOImpl 类和 UserBizImpl 类的实例，需要添加<bean>标记，并配置其相关属性。代码如下所示：

```
<!-- 配置创建 UserDAOImpl 的实例 -->
<bean id="userDAO" class="com.shw.dao.UserDAOImpl"></bean>
<!-- 配置创建 UserBizImpl 的实例 -->
<bean id="userBiz" class="com.shw.biz.UserBizImpl">
    <!-- 依赖注入数据访问层组件 -->
    <property name="userDAO" ref="userDAO" />
</bean>
```

<bean>标记用来定义 Bean 的实例化信息，class 属性指定类全名(包名+类名)，id 属性指定生成的 Bean 实例名称。上述配置中，首先通过一个<bean>标记创建了 UserDAOImpl 类的实例，在使用另一个<bean>标记创建 UserBizImpl 类的实例时，使用了<property>标记，该标记是<bean>标记的子标记，用于调用 Bean 实例中的相关 Set 方法完成属性的赋值，从而实现依赖关系的注入。<property>标记中的 name 属性指定 Bean 实例中的相应属性的名称，这里 name 属性设置为“userDAO”，代表 UserBizImpl 类中的 userDAO 属性需要赋值。name 属性的值可以通过 ref 属性或者 value 属性指定。当使用 ref 属性时，表示对 Bean 工厂中某个 Bean 的实例的引用。这里引用了第一个<bean>标记中创建的 UserDAOImpl 类的实例 userDAO，并将该实例赋值给 UserBizImpl 类中的 userDAO 属性，从而实现了依赖关系的注入。UserBizImpl 类的 userDAO 属性值是通过调用 setUserDAO()方法注入的，这种注入方式称为设值注入，设值注入方式是 Spring 推荐使用的。

(4) 编写测试类。

在 com.shw 包中创建测试类 TestSpringDI，代码如下所示：

```
package com.shw;
import org.springframework.context.ApplicationContext;
import org.springframework.context.support.
ClassPathXmlApplicationContext;
```

```
import com.shw.biz.UserBiz;
public class TestSpringDI {
    public static void main(String[] args) {
        //加载 applicationContext.xml 配置
        ApplicationContext context =
         new ClassPathXmlApplicationContext("applicationContext.xml");
        //获取配置中的 UserBizImpl 实例
        UserBiz userBiz = (UserBiz)context.getBean("userBiz"); //调用方法
        boolean flag = userBiz.login("admin", "123456");
        if(flag) {
            System.out.println("登录成功");
        } else {
            System.out.println("登录失败");
        }
    }
}
```

上述代码中，首先通过 ClassPathXmlApplicationContext 类加载 Spring 配置文件 applicationContext.xml，然后从配置文件中获取 UserBizImpl 类的实例，最后调用方法。

运行测试类，当用户名为“admin”，密码为“123456”时，控制台输出“登录成功”；否则，输出“登录失败”。

20.4　小　　结

本章首先对 Spring 框架的背景、框架组成做了简要介绍，通过一个简单的示例，介绍了 Spring 开发环境的搭建，该示例引入了依赖注入的思想；接着介绍了 Spring 的依赖注入和控制反转的含义，并以一个简单的登录验证为例，讲述了如何使用 Spring 的依赖注入。

第 21 章　深入 Spring 中的 Bean

通过对第 20 章的学习，读者对 Spring 3 框架的一些基本概念有了初步了解。

作为 Spring 核心机制的依赖注入，改变了传统的编程习惯，对组件的实例化不再由应用程序来完成，转而交由 Spring 容器来完成，需要时，注入到应用程序中，从而对组件之间的依赖关系进行了解耦。这一切都离不开 Spring 配置文件中使用的<bean>元素，下面我们来深入学习 Spring 中的 Bean。

21.1　Bean 工厂的 ApplicationContext

Spring IoC 设计的核心是 Bean 容器，BeanFactory 采用了 Java 经典的工厂模式，通过从 XML 配置文件中读取 JavaBean 的定义，来实现 JavaBean 的创建、配置和管理。所以 BeanFactory 可以称为“IoC 容器”。而 ApplicationContext 扩展了 BeanFactory 容器并添加了对 i18n(国际化)、资源访问、事件传播等方面的良好支持，使之成为 Java EE 应用中首选的 IoC 容器，可应用在 Java APP 和 Java Web 中。

ApplicationContext 的中文含义是“应用上下文”，它继承自 BeanFactory 接口，ApplicationContext 接口有三个常用的实现类，如下所示。

(1) ClassPathXmlApplicationContext。该类从类路径 ClassPath 中寻找指定的 XML 配置文件，找到并装载完成 ApplicationContext 的实例化工作。例如：

```
ApplicationContext context =
  new ClassPathXmlApplicationContext(String configLocation);
```

configLocation 参数指定 Spring 配置文件的名称和位置，如“applicationContext.xml”。

(2) FileSystemXmlApplicationContext。该类从指定的文件系统路径中寻找指定的 XML 配置文件，找到并装载完成 ApplicationContext 的实例化工作。例如：

```
ApplicationContext context =
  new FileSystemXmlApplicationContext(String configLocation);
```

它与 ClassPathXmlApplicationContext 的区别在于读取 Spring 配置文件的方式，FileSystemXmlApplicationContext 不再从类路径中读取配置文件，而是通过参数指定配置文件的位置，可以获取类路径之外的资源。

(3) XmlWebApplicationContext。该类从 Web 应用中寻找指定的 XML 配置文件，找到并装载完成 ApplicationContext 的实例化工作。

可以通过实例化其中的任何一个类来创建 Spring 的 ApplicationContext 容器，这些实现类的主要区别在于装载 Spring 配置文件实例化 ApplicationContext 容器的方式不同，在实例化 ApplicationContext 后，同样通过 getBean 方法从 ApplicationContext 容器中获取装配好的 Bean 实例以供使用。

在 Java 项目中通过 ClassPathXmlApplicationContext 类手工实例化 ApplicationContext 容器通常是不二之选。但对于 Web 项目就不行了，Web 项目的启动是由相应的 Web 服务器负责的，因此，在 Web 项目中 ApplicationContext 容器的实例化工作最好交由 Web 服务器来完成。Spring 为此提供了如下两种方式。

(1) 基于 ContextLoaderListener 实现

这种方式只适用于 Servlet 2.4 及以上规范的 Servlet，需要在 web.xml 中添加如下代码：

```
<!-- 指定 Spring 配置文件的位置，多个配置文件以逗号分隔 -->
<context-param>
   <param-name>contextConfigLocation</param-name>
   <param-value>classpath:applicationContext.xml</param-value>
</context-param>
<!-- 指定以 Listerner 方式启动 Spring 容器 -->
<listener>
   <listener-class>
      org.springframework.web.context.ContextLoaderListener
   </listener-class>
</listener>
```

(2) 基于 ContextLoaderServlet 实现

该方式需要在 web.xml 中添加如下代码：

```
<!-- 指定 Spring 配置文件的位置，多个配置文件以逗号分隔 -->
<context-param>
   <param-name>contextConfigLocation</param-name>
   <param-value>classpath:applicationContext.xml</param-value>
</context-param>
<!-- 指定以 Servlet 方式启动 Spring 容器 -->
<servlet>
   <servlet-name>context</servlet-name>
   <servlet-class>
      org.springframework.web.context.ContextLoaderServlet
   </servlets-class>
  <load-on-startup>1</load-on-startup>
</servlet>
```

在后面的章节中讲解 Spring 与 Struts 整合开发时，将采用基于 ContextLoaderListener 的方式来实现由 Web 服务器实例化 ApplicationContext 容器。

21.2 Bean 的作用域

容器最重要的任务是创建并管理 JavaBean 的生命周期，创建 Bean 后，需要了解 Bean 在容器中是如何在不同作用域下工作的。

Bean 的作用域技术涉及 Bean 实例的生存空间或有效范围，Spring 3 为 Bean 实例定义了 5 种作用域，来满足不同情况下的应用需求，如下所示。

- singleton：在每个 Spring IoC 容器中，一个 Bean 定义对应一个对象实例。
- prototype：一个 Bean 定义对应多个对象实例。
- request：在一次 HTTP 请求中，容器会返回该 Bean 的同一个实例，而对于不同的用户请求，会返回不同的实例。该作用域仅在基于 Web 的 Spring ApplicationContext 情形下有效。
- session：在一次 HTTP Session 中，容器会返回该 Bean 的同一个实例。而对于不同的 HTTP Session 请求，会返回不同的实例。该作用域仅在基于 Web 的 Spring ApplicationContext 情形下有效。
- global session：在一个全局的 HTTP Session 中，容器会返回该 Bean 的同一个实例。典型情况下，仅在使用 portlet context 时有效。该作用域仅在基于 Web 的 Spring ApplicationContext 情形下有效。

1. singleton(单实例)作用域

这是 Spring 容器默认的作用域，当一个 bean 的作用域为 singleton 时，Spring IoC 容器中只会存在一个共享的 Bean 实例，并且所有对 bean 的请求，只要 id 与该 Bean 定义相匹配，就只会返回 Bean 的同一实例。换言之，当把一个 bean 定义设置为 singleton 作用域时，Spring IoC 容器只会创建该 Bean 定义的唯一实例。这个单一实例会被存储到单例缓存中，并且所有针对该 Bean 的后续请求和引用都将返回被缓存的对象实例。单例模式对于无会话状态的 Bean(如 DAO 组件、业务逻辑组件)来说，是最理想的选择。

要在 Spring 配置文件中将 Bean 定义成 singleton，可以这样配置：

```
<bean id="hw" class="com.shw.HelloWorld" scope="singleton"></bean>
```

在项目 SpringHelloWorld 中创建测试类 TestBeanScope，在 main()方法中测试 singleton 作用域，代码如下所示：

```
package com.shw;
import org.springframework.context.ApplicationContext;
import org.springframework.context.support
  .ClassPathXmlApplicationContext;
public class TestBeanScope {
    public static void main(String[] args) {
        //加载 applicationContext.xml 配置
        ApplicationContext context =
          new ClassPathXmlApplicationContext("applicationContext.xml");
        //获取配置中的实例
        HelloWorld hw1 = (HelloWorld)context.getBean("hw");
        HelloWorld hw2 = (HelloWorld)context.getBean("hw");
        System.out.println(hw1==hw2);
    }
}
```

运行测试类，控制台输出结果为 true，说明只创建了一个 HelloWorld 类的实例。

2. prototype(原型模式)作用域

prototype 作用域的 Bean 会导致在每次对该 Bean 请求时都会创建一个新的 Bean 实例。对需要保持会话状态的 Bean(如 Struts 2 中充当控制器的 Action 类)应该使用 prototype 作用域。Spring 不能对一个原型模式 Bean 的整个生命周期负责，容器在初始化、装配好一个原型模式实例后，将它交由客户端，就不再过问了。因此，客户端要负责原型模式实例的生命周期管理。

在 Spring 配置文件中将 bean 定义成 prototype，可以这样配置：

```
<bean id="hw" class="com.shw.HelloWorld" scope="prototype"></bean>
```

再次运行测试类 TestBeanScope，控制台输出结果为 false。说明创建了两个 HelloWorld 类的实例。

其他作用域，即 request、session 以及 global session，仅在基于 Web 的应用中使用。

21.3　Bean 的装配方式

Bean 的装配以可理解为依赖关系注入，Spring 支持多种形式 Bean 的装配方式，如基于 XML 的 Bean 装配、基于 Annotation 的 Bean 装配和自动装配等，不同装配方式在“质”上都是基本相同的，只是“形”上存在区别，其中以基于 XML 的 Bean 装配方式功能最强大。

21.3.1　基于 XML 的 Bean 装配

Bean 装配最常用的是 XML 文件，前面章节介绍过的 ClassPathXmlApplicationContext 类就支持基于 XML 的 Bean 装配。

在 Spring 配置文件中规定了自己的 XML 文件格式，定义了一套用于 Bean 装配的标记，如下所示。

- beans：整个配置文件的根节点，包括一个或多个 bean 元素。
- bean：定义一个 Bean 的实例化信息，其中 class 属性指定全类名，id 或 name 属性指定生成的 Bean 实例名称。scope 属性用来设定 Bean 实例的生成方式，当 scope 取值 singleton(默认值)时以单例模式生成，当 scope 取值 prototype 时以原型模式生成。Bean 实例的依赖关系可通过 property 和 constructor-arg 子标记来定义。
- constructor-arg：bean 标记的子标记，用以传入构造参数进行实例化。该标记的 index 属性指定构造参数的序号(从 0 开始)，type 属性指定构造参数的类型，参数值可通过 ref 属性或 value 属性直接指定，也可通过 ref 或 value 字标记指定。
- property：bean 标记的子标记，用于调用 Bean 实例中的 Set 方法完成属性的赋值，从而完成依赖注入。其 name 属性指定 Bean 实例中相应属性的名称，属性值可通过 ref 属性或 value 属性直接指定。
- ref：作为 property、constructor-arg 等标记的子标记，其 bean 属性用于指定对 Bean 工厂中某个 Bean 实例的引用。

- value：作为property、constructor-arg等标记的子标记，用于直接指定一个常量值。
- list：用于封装List或数组类型属性的依赖注入。
- set：用于封装Set类型属性的依赖注入。
- map：用于封装Map类型属性的依赖注入。
- entry：通常作为map标记的子标记，用于设置一个键值对。其key属性指定字符串类型的键，ref或value子标记指定值。

下面通过示例，来演示基于XML方式的Bean装配，实现对不同数据类型属性的装配。

首先，在项目SpringHelloWorld的com.shw包下创建类文件Users.java，用于演示原型模式和单例模式下Bean的实例化。代码如下所示：

```
package com.shw;
import java.util.Random;
public class Users {
    private String loginName;
    private String loginPwd;
    //默认构造方法
    public Users() {
        //产生一个100000以内的随机密码
        this.loginPwd = String.valueOf(new Random().nextInt(100000));
    }
    public Users(String loginName, String loginPwd) {
        this.loginName = loginName;
        this.loginPwd = loginPwd;
    }
    //省略各属性的get和set方法
}
```

接下来定义一个包括不同数据类型属性、自定义构造方法、初始化方法与销毁方法等的类XmlBeanAssemble，放在com.shw包下。代码如下所示：

```
package com.shw;
import java.util.*;
public class XmlBeanAssemble {
    //定义集合类型的属性
    List myList1;
    List myList2;
    Set mySet;
    Map myMap;
    //定义初始化方法
    public void init() {
        System.out.println("XmlBeanAssemble类的初始化方法init被调用！");
    }
    //定义销毁方法
    public void destroy() {
        System.out.println("XmlBeanAssemble类的销毁方法destroy被调用！");
    }
    //定义方法show，在控制台输出各个属性
    public void show() {
        System.out.print("原型模式，zhangsan两次获得的密码分别为：  ");
```

```
        for (Object obj : myList1) {
            System.out.print(((Users)obj).getLoginPwd() + "   ");
            }
        System.out.println("");
        System.out.print("单例模式，zhangsan 两次获得的密码分别为：   ");
        for (Object obj : myList2) {
            System.out.print(((Users)obj).getLoginPwd() + "   ");
        }
        System.out.println("");
        for (Object obj : mySet) {
            if(obj instanceof Users)
                System.out.print(
                  ((Users)obj).getLoginName() + "正在学习框架：" + "   ");
            else
                System.out.print(obj + "\t");
        }
        System.out.println("");
        for (Object key : myMap.keySet()) {
            System.out.print(key.toString() + ":" + myMap.get(key) + "    ");
        }
        System.out.println("");
    }
    //省略各属性的 get 和 set 方法
}
```

为避免 Spring 配置文件 applicationContext.xml 过于臃肿，在项目 src 目录下新建一个 XML 配置文件 xmlBeanAssemble.xml，用于装配 Users 和 XmlBeanAssemble，如下所示：

```
<?xml version="1.0" encoding="UTF-8"?>
<beans
  xmlns="http://www.springframework.org/schema/beans"
  xmlns:xsi="http://www.w3.org/2001/XMLSchema-instance"
  xmlns:p="http://www.springframework.org/schema/p"
  xsi:schemaLocation="http://www.springframework.org/schema/beans
  http://www.springframework.org/schema/beans/spring-beans-3.1.xsd ">
    <!-- 基于 XML 方式的 Bean 装配示例配置开始 -->
    <!-- 使用设值方式装配 Users 实例，原型模式 -->
    <bean id="user1" class="com.shw.Users" scope="prototype">
        <property name="loginName" value="zhangsan" />
    </bean>
    <!-- 使用设值方式装配 Users 实例，单例模式 -->
    <bean id="user2" class="com.shw.Users">
        <property name="loginName" value="zhangsan" />
    </bean>
    <!-- 使用构造方式装配 Users 实例，单例模式 -->
    <bean id="user3" class="com.shw.Users">
       <!-- 使用构造方式注入属性值 -->
        <constructor-arg index="0" value="lisi" />
        <constructor-arg index="1" value="123456" />
    </bean>
    <!-- 使用单实例模式装配 XmlBeanAssemble 实例 -->
```

```
    <bean id="xba" class="com.shw.XmlBeanAssemble" init-method="init"
      destroy-method="destroy">
        <!-- 使用 Set 方式注入 List 类型属性 -->
        <property name="myList1">
            <list>
                <!-- user1 实例使用原型模式装配，每次引用将是一个新的 Users 实例 -->
                <ref bean="user1"/>
                <ref bean="user1"/>
            </list>
        </property>
        <!-- 使用 Set 方式注入 List 类型属性   -->
        <property name="myList2">
            <list>
                <!-- user2 实例使用单例模式装配，每次引用将是同一个实例 -->
                <ref bean="user2"/>
                <ref bean="user2"/>
            </list>
        </property>
        <!-- 使用 Set 方式注入 Set 类型属性   -->
        <property name="mySet">
            <set>
                <ref bean="user3"/>
                <value>Struts 2</value>
                <value>Spring 3</value>
            </set>
        </property>
        <!-- 使用 Set 方式注入 Map 类型属性   -->
        <property name="myMap">
            <map>
                <entry key="Struts 2">
                    <value>支持 MVC 模式</value>
                </entry>
                <entry key="Spring 3">
                    <value>充当组件间的粘合剂</value>
                </entry>
            </map>
        </property>
    </bean>
   <!-- 基于 XML 方式的 Bean 装配示例配置结束 -->
</beans>
```

在 xmlBeanAssemble.xml 配置文件中，首先依次使用原型模式、设值方式装配 Users 实例，实例名为 user1；使用单例模式、设值方式装配 Users 实例，实例名为 user2；使用单例模式、构造方式装配 Users 实例，实例名为 user3。然后使用单例模式装配 XmlBeanAssemble 实例，实例名为 xba。在实例化 XmlBeanAssemble 类时，依次对其包含的 List 类型、Set 类型和 Map 类型的属性进行了依赖注入。

最后编写测试类文件 TestXmlBeanAssemble.java，放在 com.shw 包下。代码如下所示：

```
package com.shw;
import org.springframework.context.ApplicationContext;
```

```
import org.springframework.context.support.
ClassPathXmlApplicationContext;
public class TestXmlBeanAssemble {
    public static void main(String[] args) {
        //加载 xmlBeanAssemble.xml 配置，初始化 Spring 容器
        ApplicationContext context =
         new ClassPathXmlApplicationContext("xmlBeanAssemble.xml");
        //从 Bean 工厂容器中获取名为"xba"的 XmlBeanAssemble 实例
        XmlBeanAssemble xba = (XmlBeanAssemble)context.getBean("xba");
        //调用方法 show
        xba.show();
        //手工关闭 Spring 容器
        ((ClassPathXmlApplicationContext)context).destroy();
    }
}
```

运行测试类 TestXmlBeanAssemble，控制台的输出如图 21-1 所示。

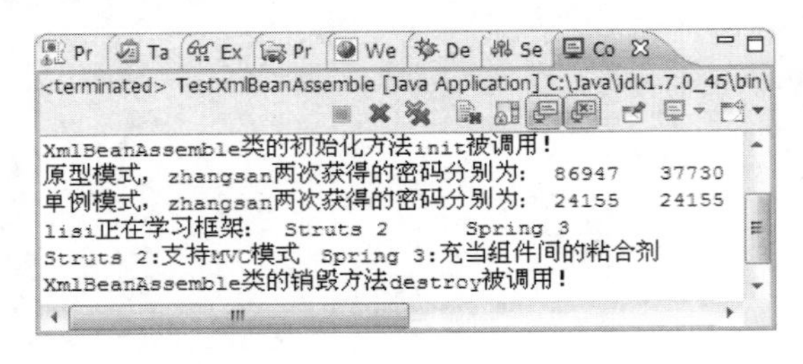

图 21-1　基于 XML 的 Bean 装配

21.3.2　基于 Annotation 的 Bean 装配

在 Spring 中，尽管使用 XML 配置文件可以实现 Bean 的装配工作，但如果应用中 Bean 的数量较多，会导致 XML 配置文件过于臃肿，从而给维护和升级带来一定的困难。

从 JDK 5 开始，提供了 Annotation(注解)的功能，Spring 正是利用这一特性，逐步完善了对 Annotation 注解技术的全面支持，使 XML 配置文件不再臃肿，向“零配置”迈进。

Spring 3 中定义了一系列的 Annotation 注解，如下所示。

- @Autowired：用于对 Bean 的属性变量、属性的 set 方法及构造函数进行标注，配合对应的注解处理器完成 Bean 的自动配置工作。@Autowired 注解默认按照 Bean 类型进行装配。@Autowired 注解加上@Qualifier 注解，可直接指定一个 Bean 实例名称来进行装配。
- @Resource：作用相当于@Autowired，配置对应的注解处理器完成 Bean 的自动配置工作。区别在于，@Autowired 默认按照 Bean 类型进行装配，@Resource 默认按照 Bean 实例名称进行装配。@Resource 包括 name 和 type 两个重要属性。Spring 将 name 属性解析为 Bean 实例的名称，type 属性解析为 Bean 实例的类型。如果指定 name 属性，则按照实例名称进行装配；如果指定 type，则按照 Bean 类型进行装配。如果都不指定，则先按照 Bean 实例名称装配，如果不能匹配，再按照 Bean 类型进行装配，如果都无法匹配，则抛出 NoSuchBeanDefinitionException 异常。

- @Qualifier：与@Autowired 注解配合，将默认按 Bean 类型装配修改为按 Bean 实例名称进行装配，Bean 的实例名称由@Qualifier 注解的参数指定。

在 20.3 节以登录验证为例讲述依赖注入时，使用了基于 XML 的 Bean 装配。下面将该示例的依赖关系通过@Resource 注解进行装配。

在 com.shw.biz 包下创建 UserBiz 接口的实现类 UserBizImplByAnnotationOfResource，演示如何通过@Resource 完成 Bean 的装配。代码如下所示：

```
package com.shw.biz;
import javax.annotation.Resource;
import com.shw.dao.UserDAO;
public class UserBizImplByAnnotationOfResource implements UserBiz {
    //将注解标注在属性 userDAO 上
    @Resource(name="userDAO")    //或直接使用@Resource
    UserDAO userDAO;
    //将注解标注在属性 userDAO 的 set 方法上
    //@Resource(name="userDAO")  //或直接使用@Resource
    public void setUserDAO(UserDAO userDAO) {
        this.userDAO = userDAO;
    }
    @Override
    public boolean login(String username, String password) {
        return userDAO.login(username, password);
    }
}
```

上述代码中，@Resource 注解默认按名称装配，可标注在属性 userDAO 上，又可标注在属性 userDAO 的 set 方法上。名称可以通过@Resource 的 name 属性指定，如果没有指定 name 属性，当注解标注在属性上时，则默认取属性的名称作为 bean 名称寻找依赖对象；当注解标注在属性的 set 方法上时，则默认取属性名作为 bean 名称寻找依赖对象。

为了使用注解功能，首先需要在 Spring 配置文件 applicationContext.xml 中定义命名空间和相应的 schemaLocation，如下所示：

```
<beans
  xmlns="http://www.springframework.org/schema/beans"
  xmlns:xsi="http://www.w3.org/2001/XMLSchema-instance"
  xmlns:context="http://www.springframework.org/schema/context"
  xmlns:p="http://www.springframework.org/schema/p"
  xsi:schemaLocation="http://www.springframework.org/schema/beans
  http://www.springframework.org/schema/beans/spring-beans-3.1.xsd
  http://www.springframework.org/schema/context
  http://www.springframework.org/schema/context/spring-context-3.1.xsd">
```

然后在 Spring 配置文件中开启相应的注解处理器：

```
<context:annotation-config />
```

接下来，在 Spring 的 XML 配置文件中配置 UserBizImplByAnnotationOfResource 类的装配信息，与以前基于 XML 方式的 Bean 装配相比，配置文件中节省了 property 标记，从而使配置文件得以瘦身：

```
<bean id="userBizByAOR"
  class="com.shw.biz.UserBizImplByAnnotationOfResource">
</bean>
```

最后编写测试类文件 TestSpringDIByAnnotation.java，放在 com.shw 包下。在类中编写 springDIByAOR()方法，测试@Resource 注解。代码如下所示：

```
package com.shw;
import org.springframework.context.ApplicationContext;
import
  org.springframework.context.support.ClassPathXmlApplicationContext;
import com.shw.biz.UserBiz;
public class TestSpringDIByAnnotation {
    public static void main(String[] args) {
        new TestSpringDIByAnnotation().springDIByAOR();
    }
    //@Resource 测试
    private void springDIByAOR() {
        //加载 applicationContext.xml 配置
        ApplicationContext context =
           new ClassPathXmlApplicationContext("applicationContext.xml");
        //获取配置中的 UserBizImpl 实例
        UserBiz userBizByAOR = (UserBiz)context.getBean("userBizByAOR");
        //调用方法
        boolean flag = userBizByAOR.login("admin", "123456");
        if(flag) {
            System.out.println("登录成功");
        } else {
            System.out.println("登录失败");
        }
    }
}
```

在测试类 TestSpringDIByAnnotation 的 main()方法中调用 springDIByAOR()方法，控制台输出结果为“true”，表明使用@Resource 注解完成了依赖注入。

上述示例中，如果使用@Autowired 注解，能达到同样的效果。

21.3.3 自动 Bean 装配

使用@Resource 或@Autowired 注解，无须使用 ref 显式指定依赖的 Bean，因此实现了一定程度的 Bean 的自动装配。当有大量属性需要注入时，就需要使用大量的@Resource 或@Autowired，如何能减少注解的使用呢？可以使用 bean 元素的 autowire 属性来配置自动 Bean 装配，autowire 属性有 5 个值，如下所示。

- byName：根据属性名自动装配，从 Bean 工厂中根据名称查找与属性完全一致的 Bean，并将其与属性自动装配。
- byType：如果 Bean 工厂中存在于指定属性类型相同的 Bean，则将与该属性自动匹配。

- constructor：与 byType 类似，不同之处在于 constructor 应用于构造器参数。
- autodetect：通过 Bean 的自省机制决定使用 byType 还是 autodetect。
- no：不使用自动装配，Bean 依赖必须通过 ref 元素定义。这是默认的配置。

以上述登录验证时的依赖注入为例，使用自动 Bean 装配时，针对 UserBiz 接口的实现类 UserBizImpl，在 Spring 配置文件中修改其原先的装配信息，如下所示：

```
<bean id="userBiz" class="com.shw.biz.UserBizImpl" autowire="byName">
</bean>
```

运行测试类 TestSpringDI，控制台的输出结果为“true”，表明使用自动 Bean 装配完成了依赖注入。

21.4　小　　结

本章对 Spring 中的 Bean 进行了深入讲解，首先介绍了 Bean 工厂 ApplicationContext 和 Bean 的作用域，然后通过示例，对 Bean 的装配方式进行了详细讲述。通过本章的学习，读者可以更好地了解 Bean 的装配过程。

第 22 章　面向方面编程(Spring AOP)

第 21 章深入介绍了 Spring 中的 Bean，本章将介绍 Spring 中另一个重要的概念：AOP。

22.1　Spring AOP 简介

AOP 是 Aspect-oriented Programming 的简称，即面向方面编程。它是一种编程范式，旨在通过允许横切关注点的分离，提高模块化程度。AOP 提供方面，来将跨越对象关注点模块化。目前有许多 AOP 框架，其中最流行的两个框架为 Spring AOP 和 AspectJ。

22.1.1　为什么使用 AOP

在传统的业务处理代码中，通常会进行日志记录、参数合法性验证、异常处理、事务控制等操作，甚至常常要关心这些操作的代码是否处理正确，例如哪里的业务日志忘记做了，哪里的事务是否在异常时忘记添加事务回滚的代码了，更为担心的是，如果需要修改系统日志的格式或者安全验证的策略等，会有多少地方的代码要修改等。

日志、事务、安全验证等这些“通用的”、散布在系统各处的需要在实现业务逻辑时关注的事情称为“方面”，也可称为“关注点”。如果能将这些“方面”集中处理，然后在具体运行时，再由容器动态织入这些“方面”，这样至少有以下两个好处：

- 可减少“方面”代码里的错误，处理策略改变时还能做到统一修改。
- 在编写业务逻辑时可以专心于核心业务。

因此，AOP 要做的事情就是从系统中分离出“方面”，然后集中实现。从而独立地编写业务代码和方面代码，在系统运行时，再将方面“织入”到系统中。

22.1.2　AOP 的重要概念

在使用 AOP 时，会涉及到切面、通知、切入点、目标对象、代理对象、织入等概念。下面对这些概念做简要介绍。

(1)　切面：方面(日志、事务、安全验证)的实现，如日志切面、事务切面、权限切面等。在实际应用中通常是存放方面实现的普通 Java 类，要被 AOP 容器识别为切面，需要在配置中通过<bean>标记指定。

(2)　通知：是切面的具体实现。以目标方法为参照点。根据放置的位置不同，可以分为前置通知、后置通知、异常通知、环绕通知和最终通知 5 种。切面类中的某个方法具体属于哪类通知，需要在配置中指定。

(3) 切入点：用于定义通知应该织入到哪些连接点上。

(4) 目标对象：指将要织入切面的对象，即那些被通知的对象。这些对象中只包含核心业务逻辑代码，所有日志、事务、安全验证等方面的功能等待 AOP 容器的织入。

(5) 代理对象：将通知应用到目标对象之后，被动态创建的对象。代理对象的功能相当于目标对象中实现的核心业务逻辑功能加上方面(日志、事务、安全验证)代码实现的功能。

(6) 织入：将切面应用到目标对象，从而创建一个新的代理对象的过程。

22.2 基于代理类 ProxyFactoryBean 的 AOP 实现

ProxyFactoryBean 是 FactoryBean 接口的实现类，FactoryBean 负责实例化一个 Bean，ProxyFactoryBean 则负责为其他 Bean 创建代理实例，它内部使用 FactoryBean 来完成这一工作。使用 Spring 提供的 org.springframework.aop.framework.ProxyFactoryBean 是创建 AOP 的最基本的方式，ProxyFactoryBean 类最常用的属性如下所示。

- target：代理的目标对象。
- proxyInterfaces：代理所要实现的接口，可以是多个接口。
- interceptorNames：需要织入目标对象的 Bean 的列表。
- singleton：返回的代理是否是单实例，默认为单实例。

如果需要给添加用户和删除用户等业务逻辑方法添加业务日志功能，要求在业务方法调用时记录日志，日志内容包括被调用的类名、方法名等，并在控制台输出。以此为例，下面介绍基于代理类 ProxyFactoryBean 的 AOP 实现流程。

22.2.1 编写数据访问层

在项目 SpringHelloWorld 的 UserDAO 接口中声明两个方法，用于添加和删除用户：

```
package com.shw.dao;
public interface UserDAO {
    ...
    //添加用户
    public void addUser(String username, String password);
    //删除用户
    public void delUser(int id);
}
```

在 UserDAO 接口的实现类 UserDAOImpl 中，实现 addUser 和 delUser 方法：

```
package com.shw.dao;
public class UserDAOImpl implements UserDAO {
    //此处省略其他方法
    @Override
    public void addUser(String username, String password) {
        //该实例未实现数据库操作
        System.out.println(username + "用户添加成功");
    }
```

```
    @Override
    public void delUser(int id) {
        //该实例未实现数据库操作
        System.out.println("编号为" + id + "的用户被删除");
    }
}
```

为了简化 DAO 层的操作，在实现 addUser 和 delUser 方法时，没有实现数据库操作，只在控制台输出信息，以表示相应方法被执行。

22.2.2 编写业务逻辑层

在 UseBiz 接口中，声明两个方法，用于添加和删除用户：

```
package com.shw.biz;
public interface UserBiz {
    ...
    //添加用户
    public void addUser(String username, String password);
    //删除用户
    public void delUser(int id);
}
```

在 UseBiz 接口的实现类 UseBizImpl 中，实现 addUser 和 delUser 方法：

```
package com.shw.biz;
import com.shw.dao.UserDAO;
public class UserBizImpl implements UserBiz {
    //使用 UserDAO 接口声明了一个对象，并为其添加 set 方法，用于依赖注入
    UserDAO userDAO;
    public void setUserDAO(UserDAO userDAO) {
        this.userDAO = userDAO;
    }
    //此处省略其他方法的实现
    @Override
    public void addUser(String username, String password) {
        userDAO.addUser(username, password);
    }
    @Override
    public void delUser(int id) {
        userDAO.delUser(id);
    }
}
```

22.2.3 编写方面代码

实现特定功能的方面代码在 AOP 概念中称为“通知(Advice)”。通知分为前置通知、后置通知、环绕通知和异常通知。

这个分类是根据通知织入到业务代码时执行的时间划分的。

- 前置通知：在方法执行前自动执行的通知。
- 后置通知：在方法执行之后自动执行的通知。
- 环绕通知：能力最强，可以在方法调用前执行通知代码，可以决定是否还调用目标方法。
- 异常通知：在方法抛出异常时自动执行方面代码。

这里先使用前置通知，其他三类通知将在后续内容中介绍。编写前置通知时，需要实现 MethodBeforeAdvice 接口。在项目中新建 com.shw.aop 包，在包中创建名为 LogAdvice 的类，并让该类实现 MethodBeforeAdvice 接口。实现前置通知的 LogAdvice 类的代码如下所示：

```
package com.shw.aop;
import java.lang.reflect.Method;
import org.springframework.aop.MethodBeforeAdvice;
import org.apache.log4j.Logger;
public class LogAdvice implements MethodBeforeAdvice {
    //获取日志记录器 Logger
    private Logger logger = Logger.getLogger(LogAdvice.class);
    @Override
    public void before(Method method, Object[] args, Object target)
      throws Throwable {
        //获取被调用的类名
        String targetClassName = target.getClass().getName();
        //获取被调用的方法名
        String targetMethodName = method.getName();
        //日志格式字符串
        String logInfoText = "前置通知: " + targetClassName + "类的"
          + targetMethodName + "方法开始执行";
        //将日志信息写入配置的文件中
        logger.info(logInfoText);
    }
}
```

在 LogAdvice 类中实现了 MethodBeforeAdvice 接口的 before 方法，该方法包含 3 个参数。参数 method 是被通知的目标方法对象；参数 args 是传入被调用方法的参数；参数 target 是被调用方法所属的对象实例。

上述代码中，使用了 Logger 完成日志功能。因此，需要在项目的 src 目录下添加属性文件 log4j.properties。该文件中的配置如下所示：

```
log4j.rootLogger=info,stdout,info,debug,error
log4j.appender.stdout=org.apache.log4j.ConsoleAppender
log4j.appender.stdout.layout=org.apache.log4j.PatternLayout
log4j.appender.stdout.layout.ConversionPattern=
 [%-5p] [%d{HH:mm:ss}] %c - %m%n
log4j.logger.info=info
log4j.appender.info=org.apache.log4j.DailyRollingFileAppender
log4j.appender.info.layout=org.apache.log4j.PatternLayout
log4j.appender.info.layout.ConversionPattern=
 [%-5p] [%d{HH:mm:ss}] %c - %m%n
```

```
log4j.appender.info.datePattern='.'yyyy-MM-dd
log4j.appender.info.Threshold = INFO
log4j.appender.info.append=true
log4j.appender.info.File=${webApp.root}/WEB-INF/logs/info.log
log4j.logger.debug=debug
log4j.appender.debug=org.apache.log4j.DailyRollingFileAppender
log4j.appender.debug.layout=org.apache.log4j.PatternLayout
log4j.appender.debug.layout.ConversionPattern=
 [%-5p] [%d{HH:mm:ss}] %c - %m%n
log4j.appender.debug.datePattern='.'yyyy-MM-dd
log4j.appender.debug.Threshold = DEBUG
log4j.appender.debug.append=true
log4j.appender.debug.File=${webApp.root}/WEB-INF/logs/debug.log
log4j.logger.error=error
log4j.appender.error=org.apache.log4j.DailyRollingFileAppender
log4j.appender.error.layout=org.apache.log4j.PatternLayout
log4j.appender.error.layout.ConversionPattern=
 [%-5p] [%d{HH:mm:ss}] %c - %m%n
log4j.appender.error.datePattern='.'yyyy-MM-dd
log4j.appender.error.Threshold = ERROR
log4j.appender.error.append=true
log4j.appender.error.File=${webApp.root}/WEB-INF/logs/error.log
```

22.2.4 将“业务逻辑代码”和“方面代码”组装进代理类

在测试类中，如果直接使用原来的 Bean(userBiz)，通知代码肯定不会被执行。Spring 采用代理的方式将通知织入到原来的 Bean 中。Spring 将原来的 Bean 和通知都封装到 org.springframework.aop.framework.ProxyFactoryBean 类中。

通过代理类 ProxyFactoryBean 将通知织入到原来的 Bean 的工作可在配置文件 applicationContext.xml 中完成，具体流程如下所示。

1. 定义原来的 Bean(要被代理的业务类的实例)

通过<bean>标记创建 UseBizImpl 类的实例，这个工作前面已经完成。配置代码为：

```
<!-- 配置创建 UserBizImpl 的实例 -->
<bean id="userBiz" class="com.shw.biz.UserBizImpl">
   <!-- 依赖注入数据访问层组件 -->
   <property name="userDAO" ref="userDAO" />
</bean>
```

2. 定义通知

通过<bean>标记创建通知类的实例，配置代码为：

```
<!-- 定义前置通知 -->
<bean id="logAdvice" class="com.shw.aop.LogAdvice"></bean>
```

3. 定义代理类

通过<bean>标记创建代理类 ProxyFactoryBean 的实例，配置代码为：

```
<!-- 使用 Spring 代理工厂定义一个代理，名称为 ub，通过 ub 访问业务类中的方法 -->
<bean id="ub" class="org.springframework.aop.framework.ProxyFactoryBean">
    <!-- 指定代理接口 -->
    <property name="proxyInterfaces">
        <value>com.shw.biz.UserBiz</value>
    </property>
    <!-- 指定通知 -->
    <property name="interceptorNames">
        <list>
            <!-- 织入前置通知 -->
            <value>logAdvice</value>
        </list>
    </property>
    <!-- 指定目标对象 -->
    <property name="target" ref="userBiz"></property>
</bean>
```

ProxyFactoryBean 类的主要属性如下。

- proxyInterfaces：表示被代理的接口，这里为 UseBiz。
- interceptorNames：表示织入的通知列表，这里为通知类 LogAdvice 的实例 logAdvice。
- target：表示被代理的原来的 Bean，这里为 UseBizImpl 类的实例 userBiz。

ProxyFactoryBean 是 Spring 框架 AOP 中的代理组件类，用户通过这个代理类访问原来的 Bean 时，能保证在方法调用时自动执行通知的代码。

22.2.5 编写测试类

在 com.shw 包中，编写测试类文件 AOPTest.java，代码如下所示：

```
package com.springtest1;
import org.springframework.context.ApplicationContext;
import org.springframework.context.support.
ClassPathXmlApplicationContext;
import com.springtest1.biz.UserBiz;
public class AOPTest {
    public static void main(String[] args) {
        //加载 applicationContext.xml 配置
        ApplicationContext context =
          new ClassPathXmlApplicationContext("applicationContext.xml");
        //获取配置中的 UserBizImpl 实例
        UserBiz userBiz = (UserBiz)context.getBean("ub");
        userBiz.addUser("zhangsan", "123");
        userBiz.delUser(1);
    }
}
```

运行测试类 AOPTest，控制台的输出结果如下所示：

```
[INFO ] [15:07:05] com.shw.aop.LogAdvice - 前置通知：
com.shw.biz.UserBizImpl 类的 addUser 方法开始执行
zhangsan 用户添加成功
[INFO ] [15:07:05] com.shw.aop.LogAdvice - 前置通知：
com.shw.biz.UserBizImpl 类的 delUser 方法开始执行
编号为 1 的用户被删除
```

从运行结果可以看出，采用前置通知时，在业务类中的 addUser 和 delUser 方法执行前输出了日志记录。

22.3　Spring AOP 通知(Advice)

在 22.2 节中，介绍了前置通知，下面介绍其他三类通知，即后置通知、异常通知和环绕通知。

22.3.1　后置通知(After Returning Advice)

在方法执行之后自动执行的通知称为后置通知。首先在 com.shw.aop 包中新建 AfterLogAdvice 类，为了实现后置通知，该类需要实现 AfterReturningAdvice 接口，同时需要重写 AfterReturningAdvice 接口中的 afterReturning 方法，完成日志功能。代码如下所示：

```
package com.shw.aop;
import java.lang.reflect.Method;
import org.apache.log4j.Logger;
import org.springframework.aop.AfterReturningAdvice;
public class AfterLogAdvice implements AfterReturningAdvice {
    private Logger logger = Logger.getLogger(AfterLogAdvice.class);
    @Override
    public void afterReturning(Object returnValue, Method method,
      Object[] args, Object target) throws Throwable {
        //获取被调用的类名
        String targetClassName = target.getClass().getName();
        //获取被调用的方法名
        String targetMethodName = method.getName();
        //日志格式字符串
        String logInfoText = "后置通知：" + targetClassName
          + "类的" + targetMethodName + "方法已经执行";
        //将日志信息写入配置的文件中
        logger.info(logInfoText);
    }
}
```

然后在 Spring 的配置文件 applicationContext.xml 中，通过<bean>标记创建后置通知 AfterLogAdvice 类的实例，配置代码为：

```
<!-- 定义后置通知 -->
```

```
<bean id="afterLogAdvice" class="com.shw.aop.AfterLogAdvice"></bean>
```

最后在 ProxyFactoryBean 类的 interceptorNames 属性中织入后置通知，代码如下所示：

```
<!-- 使用 Spring 代理工厂定义一个代理，名称为 ub，通过 ub 访问业务类中的方法 -->
<bean id="ub" class="org.springframework.aop.framework.ProxyFactoryBean">
    <!-- 指定代理接口 -->
    <property name="proxyInterfaces">
        <value>com.shw.biz.UserBiz</value>
    </property>
    <!-- 指定通知 -->
    <property name="interceptorNames">
        <list>
            <!-- 织入前置通知 -->
            <value>logAdvice</value>
            <!-- 织入后置通知 -->
            <value>afterLogAdvice</value>
        </list>
    </property>
    <!-- 指定目标对象 -->
    <property name="target" ref="userBiz"></property>
</bean>
```

运行测试类 AOPTest，控制输出结果如下所示：

```
[INFO ] [16:03:22] com.shw.aop.LogAdvice - 前置通知：com.shw.biz.UserBizImpl
类的 addUser 方法开始执行
zhangsan 用户添加成功
[INFO ] [16:03:22] com.shw.aop.LogAdvice - 后置通知：com.shw.biz.UserBizImpl
类的 addUser 方法已经执行
[INFO ] [16:03:22] com.shw.aop.LogAdvice - 前置通知：com.shw.biz.UserBizImpl
类的 delUser 方法开始执行
编号为 1 的用户被删除
[INFO ] [16:03:22] com.shw.aop.LogAdvice - 后置通知：com.shw.biz.UserBizImpl
类的 delUser 方法已经执行
```

从运行结果可以看出，织入前置通知和后置通知后，在业务类中的 addUser 和 delUser 方法执行前后都输出了日志记录。

22.3.2 异常通知(Throws Advice)

在方法抛出异常时自动执行方面代码，称为异常通知。首先在 com.shw.aop 包中新建 ThrowsLogAdvice 类，为了实现异常通知，该类需要实现 ThrowsAdvice 接口，并在 ThrowsLogAdvice 类中编写方法 afterThrowing，代码如下所示：

```
package com.shw.aop;
import java.lang.reflect.Method;
import org.apache.log4j.Logger;
import org.springframework.aop.ThrowsAdvice;
public class ThrowsLogAdvice implements ThrowsAdvice {
    private Logger logger = Logger.getLogger(ThrowsLogAdvice.class);
```

```
    public void afterThrowing(Method method, Object[] args, Object target,
      Throwable exeptionClass) {
        //获取被调用的类名
        String targetClassName = target.getClass().getName();
        //获取被调用的方法名
        String targetMethodName = method.getName();
        //日志格式字符串
        String logInfoText = "异常通知：执行" + targetClassName
          + "类的" + targetMethodName + "方法时发生异常";
        //将日志信息写入配置的文件中
        logger.info(logInfoText);
    }
}
```

然后在 Spring 的配置文件 applicationContext.xml 中，通过<bean>标记创建异常通知 ThrowsLogAdvice 类的实例，配置代码为：

```
<!-- 定义异常通知 -->
<bean id="throwsLogAdvice" class="com.shw.aop.ThrowsLogAdvice"></bean>
```

最后在 ProxyFactoryBean 类的 interceptorNames 属性中织入异常通知，代码如下所示：

```
<!-- 使用 Spring 代理工厂定义一个代理，名称为 ub，通过 ub 访问业务类中的方法 -->
<bean id="ub" class="org.springframework.aop.framework.ProxyFactoryBean">
    <!-- 指定代理接口 -->
    <property name="proxyInterfaces">
        <value>com.shw.biz.UserBiz</value>
    </property>
    <!-- 指定通知 -->
    <property name="interceptorNames">
        <list>
            <value>logAdvice</value>
            <value>afterLogAdvice</value>
            <!-- 织入异常通知 -->
            <value>throwsLogAdvice</value>
        </list>
    </property>
    <!-- 指定目标对象 -->
    <property name="target" ref="userBiz"></property>
</bean>
```

为了演示异常通知的执行效果，特意在 UserBiz 接口的实现类 UserBizImpl 的 delUser 方法中人为地抛出一个 RuntimeException 异常。

delUser 方法的代码如下所示：

```
public void delUser(int id) {
    userDAO.delUser(id);
    //演示异常通知时，人为抛出该异常
    throw new RuntimeException("这是特意抛出的异常信息！");
}
```

运行测试类 AOPTest，控制输出结果如下所示：

```
[INFO ] [16:21:49] com.shw.aop.LogAdvice - 前置通知：com.shw.biz.UserBizImpl
类的 addUser 方法开始执行
zhangsan 用户添加成功
[INFO ] [16:21:49] com.shw.aop.LogAdvice - 后置通知：com.shw.biz.UserBizImpl
类的 addUser 方法已经执行
[INFO ] [16:21:49] com.shw.aop.LogAdvice - 前置通知：com.shw.biz.UserBizImpl
类的 delUser 方法开始执行
编号为 1 的用户被删除
[INFO ] [16:21:49] com.shw.aop.LogAdvice - 异常通知：执行
com.shw.biz.UserBizImpl 类的 delUser 方法时发生异常
Exception in thread "main" java.lang.RuntimeException: 这是特意抛出的异常信息!
    at com.shw.biz.UserBizImpl.delUser(UserBizImpl.java:28)
```

从运行结果可以看出，织入了异常通知后，当业务类中的 addUser 方法执行时，显示异常通知中定义的信息。当调用的 addUser 方法出现异常时，不再执行后置通知。

22.3.3 环绕通知(Interception Around Advice)

环绕通知可以在方法调用前执行通知代码，可以决定是否还调用目标方法。实现环绕通知需要实现 org.aopalliance.intercept.MethodInterceptor 接口，在 com.shw.aop 包中新建 LogAroundAdvice 类，让其实现 MethodInterceptor 接口，实现接口中的 invoke 方法，代码如下所示：

```
package com.shw.aop;
import org.aopalliance.intercept.MethodInterceptor;
import org.aopalliance.intercept.MethodInvocation;
import org.apache.log4j.Logger;
public class LogAroundAdvice implements MethodInterceptor {
    private Logger logger = Logger.getLogger(LogAroundAdvice.class);
    @Override
    public Object invoke(MethodInvocation invocation) throws Throwable {
        long beginTime = System.currentTimeMillis();
        invocation.proceed();
        long endTime = System.currentTimeMillis();
        //获取被调用的方法名
        String targetMethodName = invocation.getMethod().getName();
        //日志格式字符串
        String logInfoText = "环绕通知：" + targetMethodName
          + "方法调用前时间" + beginTime + "毫秒,"
          + "调用后时间" + endTime + "毫秒";
        //将日志信息写入配置的文件中
        logger.info(logInfoText);
        return null;
    }
}
```

然后在 Spring 的配置文件 applicationContext.xml 中，通过<bean>标记创建环绕通知 LogAroundAdvice 类的实例，配置代码为：

```
<!-- 定义环绕通知 -->
```

```
<bean id="logAroundAdvice" class="com.shw.aop.LogAroundAdvice"></bean>
```

最后在 ProxyFactoryBean 类的 interceptorNames 属性中织入环绕通知，代码如下所示：

```
<!-- 使用 Spring 代理工厂定义一个代理，名称为 ub，通过 ub 访问业务类中的方法 -->
<bean id="ub" class="org.springframework.aop.framework.ProxyFactoryBean">
    <!-- 指定代理接口 -->
    <property name="proxyInterfaces">
        <value>com.shw.biz.UserBiz</value>
    </property>
    <!-- 指定通知 -->
    <property name="interceptorNames">
        <list>
            <value>logAdvice</value>
            <value>afterLogAdvice</value>
            <value>throwsLogAdvice</value>
            <!-- 织入环绕通知 -->
            <value>logAroundAdvice</value>
        </list>
    </property>
    <!-- 指定目标对象 -->
    <property name="target" ref="userBiz"></property>
</bean>
```

运行测试类 AOPTest，控制输出结果如下所示：

```
[INFO ] [16:28:41] com.shw.aop.LogAdvice - 前置通知：com.shw.biz.UserBizImpl
类的 addUser 方法开始执行
zhangsan 用户添加成功
[INFO ] [16:28:41] com.shw.aop.LogAdvice - 环绕通知：addUser 方法调用前时间
1397636921796 毫秒,调用后时间 1397636921796 毫秒
[INFO ] [16:28:41] com.shw.aop.LogAdvice - 后置通知：com.shw.biz.UserBizImpl
类的 addUser 方法已经执行
[INFO ] [16:28:41] com.shw.aop.LogAdvice - 前置通知：com.shw.biz.UserBizImpl
类的 delUser 方法开始执行
编号为 1 的用户被删除
[INFO ] [16:28:41] com.shw.aop.LogAdvice - 异常通知：执行
com.shw.biz.UserBizImpl 类的 delUser 方法时发生异常
Exception in thread "main" java.lang.RuntimeException: 这是特意抛出的异常信息！
```

22.4　基于 Schema 的 AOP 实现

从 Spring 2.0 之后，基于 Schema 的 AOP 通过 aop 命名空间来定义切面、切入点及声明通知。在 Spring 配置文件中，所有的切面和通知都必须定义在<aop:config>元素内部。

下面通过一个简单的示例，来演示基于 Schema 的 AOP 实现。

首先，在 com.shw.aop 包中创建类 AllLogAdvice，并在类中编写用于演示的各种类型通知，在定义通知方法时传入了一个连接点 JionPoint 参数，通过该参数可以获取目标对象的类名、目标方法名和目标方法参数等信息。代码如下：

```
package com.shw.aop;
import org.apache.log4j.Logger;
import org.aspectj.lang.JoinPoint;
import org.aspectj.lang.ProceedingJoinPoint;
public class AllLogAdvice {
    private Logger logger = Logger.getLogger(AllLogAdvice.class);
    //此方法将作为前置通知
    public void myBeforeAdvice(JoinPoint joinpoint) {
        //获取被调用的类名
        String targetClassName =
          joinpoint.getTarget().getClass().getName();
        //获取被调用的方法名
        String targetMethodName = joinpoint.getSignature().getName();
        //日志格式字符串
        String logInfoText = "前置通知: " + targetClassName
         + "类的" + targetMethodName + "方法开始执行";
        //将日志信息写入配置的文件中
        logger.info(logInfoText);
    }
    //此方法将作为后置通知
    public void myAfterReturnAdvice(JoinPoint joinpoint) {
        //获取被调用的类名
        String targetClassName =
          joinpoint.getTarget().getClass().getName();
        //获取被调用的方法名
        String targetMethodName = joinpoint.getSignature().getName();
        //日志格式字符串
        String logInfoText = "后置通知: " + targetClassName
          + "类的" + targetMethodName + "方法开始执行";
        //将日志信息写入配置的文件中
        logger.info(logInfoText);
    }
    //此方法将作为异常通知
    public void myThrowingAdvice(JoinPoint joinpoint, Exception e) {
        //获取被调用的类名
        String targetClassName =
          joinpoint.getTarget().getClass().getName();
        //获取被调用的方法名
        String targetMethodName = joinpoint.getSignature().getName();
        //日志格式字符串
        String logInfoText = "异常通知: 执行" + targetClassName
          + "类的" + targetMethodName + "方法时发生异常";
        //将日志信息写入配置的文件中
        logger.info(logInfoText);
    }
    //此方法将作为环绕通知
    public void myAroundAdvice(ProceedingJoinPoint joinpoint)
      throws Throwable {
        long beginTime = System.currentTimeMillis();
        joinpoint.proceed();
        long endTime = System.currentTimeMillis();
```

```
        //获取被调用的方法名
        String targetMethodName = joinpoint.getSignature().getName();
        //日志格式字符串
        String logInfoText = "环绕通知: " + targetMethodName
            + "方法调用前时间" + beginTime + "毫秒,"
            + "调用后时间" + endTime + "毫秒";
        //将日志信息写入配置的文件中
        logger.info(logInfoText);
    }
}
```

然后，在项目的 src 目录下新建一个配置文件 aop.xml，在配置文件中采用 AOP 配置方式实现 AOP 功能。从而将日志通知 AllLogAdvice 与业务组件 UserBiz 这两个原本互不相关的类和接口，通过在配置文件 aop.xml 中进行 AOP 装配后，实现了将 AllLogAdvice 类中的各种通知切入到 UserBiz 中，以实现预期的日志记录。aop.xml 配置文件的内容如下所示：

```
<?xml version="1.0" encoding="UTF-8"?>
<beans
  xmlns="http://www.springframework.org/schema/beans"
  xmlns:xsi="http://www.w3.org/2001/XMLSchema-instance"
  xmlns:aop="http://www.springframework.org/schema/aop"
  xmlns:p="http://www.springframework.org/schema/p"
  xsi:schemaLocation="http://www.springframework.org/schema/beans
  http://www.springframework.org/schema/beans/spring-beans-3.1.xsd
  http://www.springframework.org/schema/aop
  http://www.springframework.org/schema/aop/spring-aop-3.1.xsd ">
    <!-- 配置创建 UserDAOImpl 的实例 -->
    <bean id="userDAO" class="com.shw.dao.UserDAOImpl"></bean>
    <!-- 配置创建 UserBizImpl 的实例 -->
    <bean id="userBiz" class="com.shw.biz.UserBizImpl">
        <!-- 依赖注入数据访问层组件 -->
        <property name="userDAO" ref="userDAO" />
    </bean>
    <!-- 定义日志通知，将日志切面交给 Spring 容器管理 -->
    <bean id="allLogAdvice" class="com.shw.aop.AllLogAdvice"></bean>
    <!-- 进行 aop 配置 -->
    <aop:config>
        <!-- 配置日志切面 -->
        <aop:aspect id="logaop" ref="allLogAdvice">
            <!-- 定义切入点，切入点采用正则表达式
              execution(* com.shw.biz.UserBiz.*(..)),
              含义是对 com.shw.biz.UserBiz 中的所有方法都进行拦截 -->
            <aop:pointcut id="logpointcut"
              expression="execution(* com.shw.biz.UserBiz.*(..))" />
            <!-- 将 LogAdvice 日志通知中的 myBeforeAdvice 方法指定为前置通知 -->
            <aop:before method="myBeforeAdvice"
              pointcut-ref="logpointcut"/>
            <!-- 将 LogAdvice 日志通知中的 myAfterReturnAdvice 方法
              指定为后置通知 -->
            <aop:after-returning method="myAfterReturnAdvice"
              pointcut-ref="logpointcut"/>
```

```
            <!-- 将 LogAdvice 日志通知中的方法指定为异常通知 -->
            <aop:after-throwing method="myThrowingAdvice"
             pointcut-ref="logpointcut" throwing="e" />
            <!-- 将 LogAdvice 日志通知中的方法指定为环绕通知 -->
            <aop:around method="myAroundAdvice"
             pointcut-ref="logpointcut"/>
        </aop:aspect>
    </aop:config>
</beans>
```

由于 Spring 的 AOP 配置标签是放置于 aop 命名空间下的，前面 aop.xml 配置文件的<beans>标记中需要导入 AOP 命名空间及其配套的 schemaLocation。

最后编写测试类文件 SchemaAOPTest.java，代码如下所示：

```
package com.shw;
import org.springframework.context.ApplicationContext;
import org.springframework.context.support
  .ClassPathXmlApplicationContext;
import com.shw.biz.UserBiz;
public class SchemaAOPTest {
    public static void main(String[] args) {
        //加载 applicationContext.xml 配置
        ApplicationContext context =
          new ClassPathXmlApplicationContext("aop.xml");
        //获取配置中的 UserBizImpl 实例
        UserBiz userBiz = (UserBiz)context.getBean("userBiz");
        userBiz.addUser("zhangsan", "123");
        userBiz.delUser(1);
    }
}
```

运行测试类，控制台输出如下所示：

```
[INFO] [21:57:46] com.shw.aop.AllLogAdvice - 前置通知:
com.shw.biz.UserBizImpl 类的 addUser 方法开始执行
zhangsan 用户添加成功
[INFO] [21:57:46] com.shw.aop.AllLogAdvice - 后置通知:
com.shw.biz.UserBizImpl 类的 addUser 方法开始执行
[INFO] [21:57:46] com.shw.aop.AllLogAdvice - 环绕通知: addUser 方法调用前时间
1397656666187 毫秒,调用后时间 1397656666187 毫秒
[INFO] [21:57:46] com.shw.aop.AllLogAdvice - 前置通知:
com.shw.biz.UserBizImpl 类的 delUser 方法开始执行
编号为 1 的用户被删除
[INFO] [21:57:46] com.shw.aop.AllLogAdvice - 异常通知: 执行
com.shw.biz.UserBizImpl 类的 delUser 方法时发生异常
Exception in thread "main" java.lang.RuntimeException: 这是特意抛出的异常信息!
```

从输出结果可以看出，基于 Schema 的 AOP 实现效果与基于代理类 ProxyFactoryBean 的实现效果相同，比基于代理类 ProxyFactoryBean 的实现方式更加便捷。

22.5 基于@AspectJ 注解的 AOP 实现

无论是基于 ProxyFactoryBean 代理类，还是基于 Schema 的 AOP 的实现，都免不了在 Spring 配置文件中配置大量的信息，不仅配置麻烦，而且造成配置文件的臃肿。

Annotation 注解技术具有为配置文件瘦身的本领，Spring 3 为 AOP 的实现提供了一套 Annotation 注解，用以取代 Spring 配置文件中为实现 AOP 功能所配置的臃肿代码。这些 Annotation 注解如下所示。

- @AspectJ：用于定义一个切面。
- @Pointcut：用于定义一个切入点，切入点的名称由一个方面名称定义。
- @Before：用于定义一个前置通知。
- @AfterReturning：用于定义一个后置通知。
- @AfterThrowing：用于定义一个异常通知。
- @Around：用于定义一个环绕通知。

下面使用这些注解，重新实现 22.4 节中 AllLogAdvice 类的功能。首先在 com.shw.aop 包中创建类 AllLogAdviceByAnnotation，代码如下所示：

```
package com.shw.aop;
import org.apache.log4j.Logger;
import org.aspectj.lang.JoinPoint;
import org.aspectj.lang.ProceedingJoinPoint;
import org.aspectj.lang.annotation.*;
//日志切面
@Aspect
public class AllLogAdviceByAnnotation {
    private Logger logger =
      Logger.getLogger(AllLogAdviceByAnnotation.class);
    /**
     * 使用@Pointcut 注解定义一个切入点，切入点的名字为 allMethod()，
     * 切入点的正则表达式 execution(* com.shw.biz.UserBiz.*(..))
     * 含义是对 com.shw.biz.UserBiz 中的所有方法都进行拦截
     **/
    @Pointcut("execution(* com.shw.biz.UserBiz.*(..))")
    //定义切入点名字
    private void allMethod(){}
    //定义前置通知
    @Before("allMethod()")
    public void myBeforeAdvice(JoinPoint joinpoint) {
        //获取被调用的类名
        String targetClassName =
          joinpoint.getTarget().getClass().getName();
        //获取被调用的方法名
        String targetMethodName = joinpoint.getSignature().getName();
        //日志格式字符串
        String logInfoText = "前置通知：" + targetClassName
          + "类的" + targetMethodName + "方法开始执行";
```

```
        //将日志信息写入配置的文件中
        logger.info(logInfoText);
    }
    //定义后置通知
    @AfterReturning("allMethod()")
    public void myAfterReturnAdvice(JoinPoint joinpoint) {
        //获取被调用的类名
        String targetClassName =
          joinpoint.getTarget().getClass().getName();
        //获取被调用的方法名
        String targetMethodName = joinpoint.getSignature().getName();
        //日志格式字符串
        String logInfoText = "后置通知：" + targetClassName + "类的"
          + targetMethodName + "方法开始执行";
        //将日志信息写入配置的文件中
        logger.info(logInfoText);
    }
    //定义异常通知
    @AfterThrowing(pointcut="allMethod()",throwing="e")
    public void myThrowingAdvice(JoinPoint joinpoint, Exception e) {
        //获取被调用的类名
        String targetClassName =
          joinpoint.getTarget().getClass().getName();
        //获取被调用的方法名
        String targetMethodName = joinpoint.getSignature().getName();
        //日志格式字符串
        String logInfoText = "异常通知：执行" + targetClassName + "类的"
          + targetMethodName + "方法时发生异常";
        //将日志信息写入配置的文件中
        logger.info(logInfoText);
    }
    //定义环绕通知
    @Around("allMethod()")
    public void myAroundAdvice(ProceedingJoinPoint joinpoint)
      throws Throwable {
        long beginTime = System.currentTimeMillis();
        joinpoint.proceed();
        long endTime = System.currentTimeMillis();
        //获取被调用的方法名
        String targetMethodName = joinpoint.getSignature().getName();
        //日志格式字符串
        String logInfoText = "环绕通知：" + targetMethodName
          + "方法调用前时间" + beginTime + "毫秒,"
          + "调用后时间" + endTime + "毫秒";
        //将日志信息写入配置的文件中
        logger.info(logInfoText);
    }
}
```

使用@Pointcut 注解定义切入点时，切入点的名称是由一个方法名称定义的。例如：

```
//定义一个切入点，匹配 com.shw.biz.UserBiz 接口中的所有方法
@Pointcut("execution(* com.shw.biz.UserBiz.*(..))")
//定义切入点名字
private void allMethod() {}
```

接着，在项目的 src 目录下新建一个配置文件 annotationAop.xml，为了让@AspectJ 注解能正常工作，需要在配置文件的<beans>标记中导入 AOP 命名空间及其配套的 schemaLocation。还需要开启基于@AspectJ 切面的注解处理器，并将日志通知 AllLogAdviceByAnnotation 交给 Spring 容器管理。annotationAop.xml 配置文件如下所示：

```
<?xml version="1.0" encoding="UTF-8"?>
<beans
  xmlns="http://www.springframework.org/schema/beans"
  xmlns:xsi="http://www.w3.org/2001/XMLSchema-instance"
  xmlns:context="http://www.springframework.org/schema/context"
  xmlns:aop="http://www.springframework.org/schema/aop"
  xmlns:p="http://www.springframework.org/schema/p"
  xsi:schemaLocation="http://www.springframework.org/schema/beans
  http://www.springframework.org/schema/beans/spring-beans-3.1.xsd
  http://www.springframework.org/schema/aop
  http://www.springframework.org/schema/aop/spring-aop-3.1.xsd
  http://www.springframework.org/schema/context
  http://www.springframework.org/schema/context/spring-context-3.1.xsd">
    <!-- 配置创建 UserDAOImpl 的实例 -->
    <bean id="userDAO" class="com.shw.dao.UserDAOImpl"></bean>
    <!-- 配置创建 UserBizImpl 的实例 -->
    <bean id="userBiz" class="com.shw.biz.UserBizImpl">
        <!-- 依赖注入数据访问层组件 -->
        <property name="userDAO" ref="userDAO" />
    </bean>
    <!-- 开启基于@AspectJ 切面的注解处理器 -->
    <aop:aspectj-autoproxy />
    <!-- 将日志通知 AllLogAdviceByAnnotation 交给 Spring 容器管理 -->
    <bean class="com.shw.aop.AllLogAdviceByAnnotation" />
</beans>
```

最后编写测试类 AnnotationAopTest.java，代码如下所示：

```
package com.shw;
...
public class AnnotationAopTest {
    public static void main(String[] args) {
        //加载 applicationContext.xml 配置
        ApplicationContext context =
          new ClassPathXmlApplicationContext("annotationAop.xml");
        //获取配置中的 UserBizImpl 实例
        UserBiz userBiz = (UserBiz)context.getBean("userBiz");
        userBiz.addUser("zhangsan", "123");
        userBiz.delUser(1);
    }
}
```

运行测试类，控制台输出如下所示：

```
[INFO ] [08:00:14] com.shw.aop.AllLogAdviceByAnnotation - 前置通知:
com.shw.biz.UserBizImpl 类的 addUser 方法开始执行
zhangsan 用户添加成功
[INFO ] [08:00:14] com.shw.aop.AllLogAdviceByAnnotation - 后置通知:
com.shw.biz.UserBizImpl 类的 addUser 方法开始执行
[INFO ] [08:00:14] com.shw.aop.AllLogAdviceByAnnotation - 环绕通知:
addUser 方法调用前时间 1397692814875 毫秒,调用后时间 1397692814875 毫秒
[INFO ] [08:00:14] com.shw.aop.AllLogAdviceByAnnotation - 前置通知:
com.shw.biz.UserBizImpl 类的 delUser 方法开始执行
编号为 1 的用户被删除
[INFO ] [08:00:14] com.shw.aop.AllLogAdviceByAnnotation - 异常通知:
执行 com.shw.biz.UserBizImpl 类的 delUser 方法时发生异常
Exception in thread "main" java.lang.RuntimeException: 这是特意抛出的异常信息!
```

从输出结果可以看出，基于@ AspectJ 注解的 AOP 实现效果与基于 Schema 的 AOP 实现效果相同，但 Spring 配置文件变得更为简洁。

22.6 小　结

本章首先介绍了 AOP 作用和相关概念，然后以输出日志记录为例，依次介绍了基于代理类 ProxyFactoryBean 的 AOP 的实现、基于 Schema 的 AOP 实现和基于@AspectJ 注解的 AOP 实现。

第 23 章　Spring 整合 Hibernate 与 Struts 2

前面介绍了 Spring 的依赖注入和 AOP，几经感觉到了 Spring 的魅力所在，然而 Spring 的强大之处还在于对 Hibernate 提供的支持，并集成了 Struts 2 框架，让 SSH2(Spring + Struts 2 + Hibernate)成为 Java EE 应用开发的经典框架组合。

23.1　Spring 整合 Hibernate

Spring 对 Hibernate 提供的支持主要包括：将 Hibernate 需要用到的数据源 DataSource(如 BasicDataSource 数据源或 C3P0 连接池数据源)、Hibernate 的 SessionFactory 实例(如 LocalSessionFactoryBean)及其事务管理器 HibernateTransactionManager 移交给 Spring 容器管理，Spring 框架同时也对 Hibernate 进行了封装，提供了统一的模板化操作。下面介绍 Spring 如何整合 Hibernate。

23.1.1　添加 Spring 和 Hibernate 支持

新建一个名为“SSH2Integrate”的 Web 项目，依次给项目添加 Spring 和 Hibernate 支持。

(1) 添加 Spring 支持。

可以使用 MyEclipse 向导添加 Spring 框架，也可以手工添加 Spring 所必需的 JAR 包。

接下来使用向导配置数据库连接信息，打开如图 23-1 所示的 DB Browser 透视图。

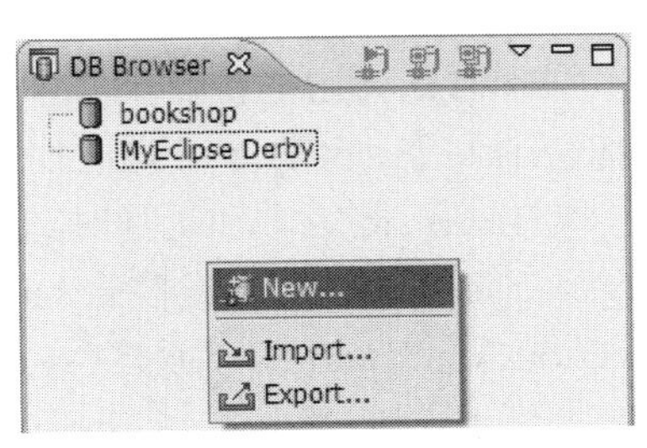

图 23-1　DB Browser 透视图

在 DB Browser 透视图中，右击，从弹出的快捷菜单中选择 New 命令，弹出如图 23-2 所示的 Database Driver 对话框。

Driver Template 选择为 MySQL Connector/J，表示使用的是 My SQL 数据库；Driver name 连接信息名可以任意填写，这里填写为“bs”；Connection URL 为连接数据库的完整的 JDBC URL，这里为“jdbc:mysql://localhost:3306/bookshop”；User name 为要连接到数据库的用户名，这里为“root”；password 为要连接到数据库的用户名的密码，这里为“123456”。

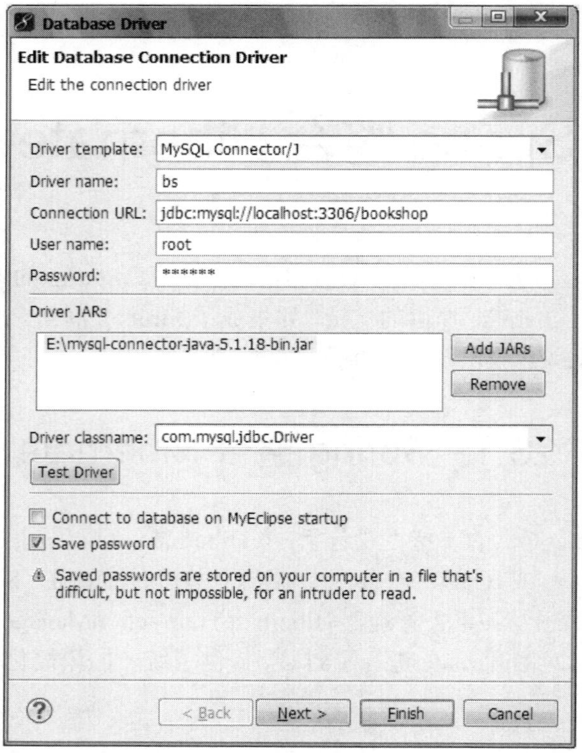

图 23-2　Database Driver 对话框

单击 Add JARs 按钮，添加 MySQL 数据库的驱动包。添加完成后，Driver classname 下拉列表中自动填写了用于连接到 JDBC 数据库的类，这里用的是 MySQL 的 JDBC 类。所有信息填写完成后，可以单击 Test Driver 按钮来测试数据库连接是否成功。然后单击 Finish 按钮，完成数据库连接信息的填写。

(2)　添加 Hibernate 支持。

在“包资源管理器”中，右击项目名，从弹出的快捷菜单中依次选择 MyEclipse → Project Facets[Capabilities] → Install Hibernate Facet 命令，弹出如图 23-3 所示的 Install Hibernate Facet 对话框。在图 23-3 中，选择 Hibernate 版本和运行时。单击 Next 按钮，进入如图 23-4 所示的 Hibernate Support for MyEclipse 界面。Spring 整合 Hibernate 后，Hibernate 的配置信息可写在 Spring 配置文件 applicationContext.xml 中，因此 Create / specify hibernate.cfg.xml file 复选框默认不选中，即不需要创建 Hibernate 配置文件 hibernate.cfg.xml。由于 Spring 提供了获取 Session 的方法，因此 Hibernate 提供的 HibernateSessionFactory 这个用于获取 Session 的类也不再需要了，故取消 Create SessionFactory class 复选框的选中状态。

在图 23-4 中，单击 Next 按钮，进入如图 23-5 所示的 Specify Hibernate database connection details 界面。在图 23-5 中，指定了 Hibernate 数据源连接的细节信息，其中，数据源的 Bean Id 为“dataSource”，数据源采用 JDBC Driver 方式。用户只需要从 DB Driver 下拉列表框中选择前面创建的数据库连接信息“bs”，Connect URL、Driver Class、Username、Password 和 Dialect 这些数据库连接详细信息内容会自动显示出来。

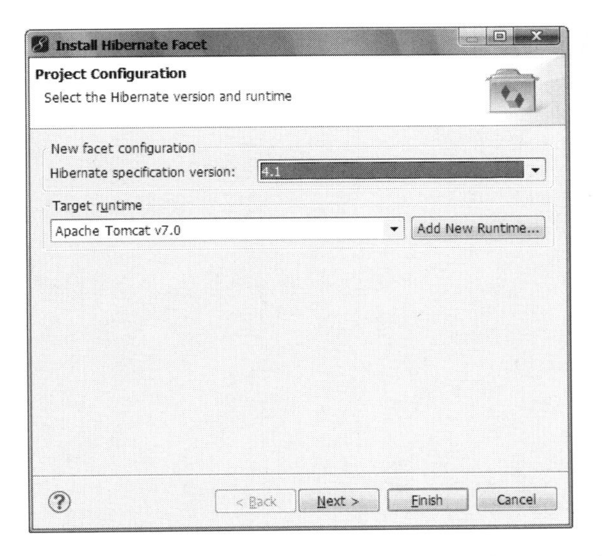

图 23-3　Install Hibernate Facet 对话框

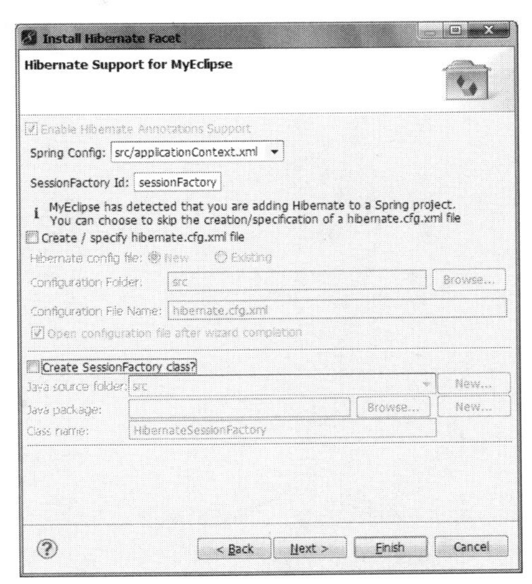

图 23-4　Hibernate Support for MyEclipse 界面

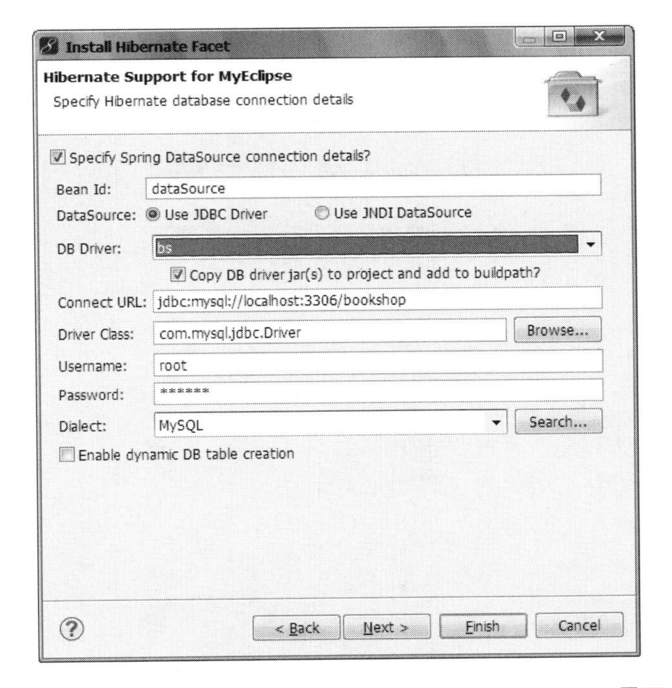

图 23-5　Specify Hibernate database connection details 界面

在图 23-5 中，单击 Next 按钮，进入如图 23-6 所示的 Add libraries to the project 界面。

在图 23-6 中，默认选择添加了 Hibernate 的核心库，用户可根据需要，添加 Hibernate 的扩展库。单击 Finish 按钮，MyEclipse 将安装 Hibernate Facet，安装结束后弹出如图 23-7 所示“是否打开关联的透视图”对话框。

在图 23-7 中，可单击 Yes 按钮打开这个透视图，或单击 No 按钮不打开。用户最终可单击 Open Perspective 按钮进入 MyEclipse Java Persistence 透视图。

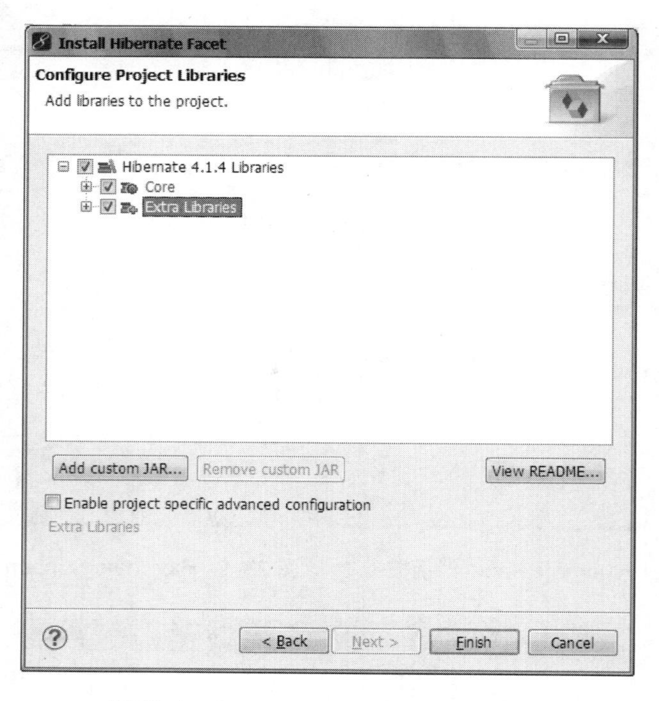

图 23-6　Add libraries to the project 界面

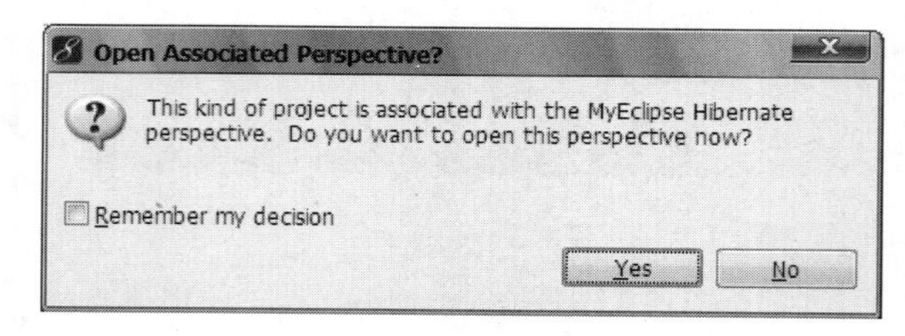

图 23-7　“是否打开关联的透视图”对话框

完成 Spring 和 Hibernate 框架添加后，Hibernate 配置信息被写在 Spring 配置文件 applicationContext.xml 中，相关的代码如下所示：

```
<!-- 定义 BasicDataSource 数据源 -->
<bean id="dataSource"
    class="org.apache.commons.dbcp.BasicDataSource">
    <!-- 指定连接数据库的 JDBC 驱动 -->
    <property name="driverClassName"
        value="com.mysql.jdbc.Driver">
    </property>
    <!-- 指定数据库所用的 url-->
    <property name="url" value="jdbc:mysql://localhost:3306/bookshop">
    </property>
    <!-- 指定连接数据库的用户名 -->
    <property name="username" value="root"></property>
    <!-- 指定连接数据库的密码 -->
    <property name="password" value="123456"></property>
</bean>
```

```
<!-- 定义 Hibernate 的 SessionFactory -->
<bean id="sessionFactory"
  class="org.springframework.orm.hibernate4.LocalSessionFactoryBean">
    <!-- 将上面定义的数据源 dataSource 注入到 LocalSessionFactoryBean 类的
      sessionFactory 属性 -->
    <property name="dataSource">
        <ref bean="dataSource" />
    </property>
    <!-- 设置 Hibernate 的相关属性 -->
    <property name="hibernateProperties">
        <props>
            <!-- 设置 Hibernate 的数据库方言 -->
            <prop key="hibernate.dialect">
                org.hibernate.dialect.MySQLDialect
            </prop>
        </props>
    </property>
</bean>
```

在 Spring 配置文件中，如果没有自动添加用于指定连接数据库的 JDBC 驱动的<property>标记，这时就需要自己手动添加了，如下所示：

```
<!-- 指定连接数据库的 JDBC 驱动 -->
<property name="driverClassName" value="com.mysql.jdbc.Driver">
</property>
```

23.1.2　生成实体类和映射文件

在项目 SSH2Integrate 中创建包 com.ssh2.entity，用于存入实体类和映射文件。使用 MyEclipse 向导生成数据库 BookShop 中数据表 Users 对应的实体类和映射文件。

23.1.3　DAO 开发

Spring 3.1 集成 Hibernate 4 时不再需要 HibernateDaoSupport 和 HibernateTemplate 了，直接使用原生 API 即可。在项目 SSH2Integrate 中创建包 com.ssh2.dao，在包中创建接口 UserDAO，在 UserDAO 接口中声明方法 search，用于登录验证，代码如下所示：

```
package com.ssh2.dao;
import java.util.List;
import com.ssh2.entity.Users;
public interface UserDAO {
    public List search(Users condition);
}
```

编写 UserDAO 接口的实现类 UserDAOImpl，实现 search 方法。代码如下所示：

```
package com.ssh2.dao;
import org.hibernate.Criteria;
...
```

```
public class UserDAOImpl implements UserDAO {
    //声明属性 sessionFactory，
    //用于接受 LocalSessionFactoryBean 类实例 sessionFactory 的注入
    SessionFactory sessionFactory;
    public void setSessionFactory(SessionFactory sessionFactory) {
        this.sessionFactory = sessionFactory;
    }
    @Override
    public List search(Users condition) {
        List list = null;
        //通过 sessionFactory 获得 Session
        Session session = sessionFactory.getCurrentSession();
        //开始事务
        Transaction tx = session.beginTransaction();
        try {
            //创建 Criteria 对象
            Criteria c = session.createCriteria(Users.class);
            //使用 Example 工具类创建示例对象
            Example example = Example.create(condition);
            //为 Criteria 对象指定示例对象 example 作为查询条件
            c.add(example);
            list = c.list();  //执行查询，获得结果
            tx.commit();      //提交事务，
        } catch(Exception e) {
            tx.rollback();    //事务回滚
        }
        return list;
    }
}
```

在实现类 UserDAOImpl 中，声明了 SessionFactory 类型的属性 sessionFactory，并给该属性添加 set 方法，用于接受 Spring 配置文件中 LocalSessionFactoryBean 类的 Bean 实例注入。为了能保证通过 getCurrentSession 的 getCurrentSession()方法获取 Session，需要在 Spring 配置文件的<property name="hibernateProperties">标记中配置 hibernate.current_session_context_class 属性，将线程配置成 Thread 级别的。

如下所示：

```
<prop key="hibernate.current_session_context_class">
    thread
</prop>
```

如果没有上述配置，报错信息如下：

```
Exception in thread "main" org.hibernate.HibernateException:
  No Session found for current thread
at org.springframework.orm.hibernate4.SpringSessionContext
  .currentSession(SpringSessionContext.java:97)
```

currentSession 与当前线程绑定，在事务结束后会自动关闭。

23.1.4　Biz 层开发

创建包 com.ssh2.biz，在包中新建接口 UserBiz，在 UserBiz 接口中声明方法 login，用于登录验证，代码如下所示：

```
package com.ssh2.biz;
import java.util.List;
import com.ssh2.entity.Users;

public interface UserBiz {
    public List login(Users condition);
}
```

再编写 UserBiz 接口的实现类 UserBizImpl，实现 login 方法。代码如下所示：

```
package com.ssh2.biz;
import java.util.List;
import com.ssh2.dao.UserDAO;
import com.ssh2.entity.Users;

public class UserBizImpl implements UserBiz {
    //使用 UserDAO 接口声明属性 userDAO，并添加 set 方法，用于依赖注入
    UserDAO userDAO;
    public void setUserDAO(UserDAO userDAO) {
        this.userDAO = userDAO;
    }
    @Override
    public List login(Users condition) {
        return userDAO.search(condition);
    }
}
```

23.1.5　配置 ApplicationContext.xml

为了完成依赖注入，需要在 applicationContext.xml 文件的<beans>标记中填写如下配置信息：

```
<!-- 定义 UserDAOImpl 类实例，并将已经创建 LocalSessionFactoryBean 的实例
  sessionFactory 依赖注入给 UserDAOImpl 类中的 sessionFactory 属性 -->
<bean id="userDAO" class="com.ssh2.dao.UserDAOImpl">
   <property name="sessionFactory" ref="sessionFactory"/>
</bean>

<!-- 定义 UserBizImpl 类实例，并给 UserBizImpl 类中的 userDAO 注入值 -->
<bean id="userBiz" class="com.ssh2.biz.UserBizImpl">
   <property name="userDAO" ref="userDAO" />
</bean>
```

23.1.6 编写测试类

由于目前项目中还没有添加 Struts 2 框架，无法通过 Action 调用 Biz，因此暂且用测试类 TestSpringHibernate 替代 Action，调用 UserBiz 中的方法：

```
import java.util.List;
...

public class TestSpringHibernate {
    public static void main(String[] args) {
        ApplicationContext context =
          new ClassPathXmlApplicationContext("applicationContext.xml");

        //获取配置中的实例
        UserBiz userBiz = (UserBiz)context.getBean("userBiz");
        Users conditon = new Users();
        conditon.setLoginName("admin");
        conditon.setLoginPwd("123456");
        List list = userBiz.login(conditon);
        if(list.size()>0) {
            System.out.println("登录成功");
        } else {
            System.out.println("登录失败");
        }
    }
}
```

运行测试类 TestSpringHibernate，由于数据表 users 中存在用户名为 admin、密码为 123456 的用户，控制台输出“登录成功”。反之，则会输出“登录失败”。

23.2 Spring 整合 Struts 2

Spring 整合 Struts 2 的主要目的，是为了让 Struts 2 中的 Action 实例可以访问 Spring 容器中定义的业务逻辑组件资源，同时将 Action 的实例化和依赖注入的工作交给 Spring 容器统一管理。

23.2.1 添加 Struts 2 支持

通过 MyEclipse 向导给项目 SSH2Integrate 添加 Struts 2 支持(参见第 19 章)。

在添加 Struts 2 支持的过程中，会出现如图 23-8 所示的 Add libraries to the project 界面。

在图 23-8 中，默认添加的 Struts 2 库有 core(核心库)、Facets 和 Spring Web。Facets 库的 Spring 3.1 中有个名为“Struts2-Spring-plugin-2.2.1.jar”的包，用于实现 Struts 2 与 Spring 框架的整合。”

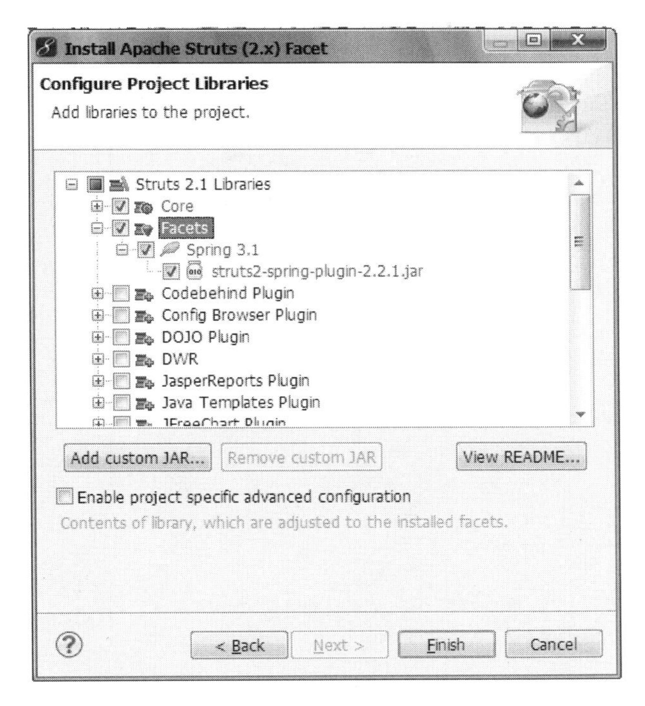

图 23-8　Add libraries to the project 对话框

Struts 2 支持添加完成后，生成的 Struts 2 配置文件 struts.xml 原始配置如下所示：

```
<?xml version="1.0" encoding="UTF-8" ?>
<!DOCTYPE struts PUBLIC
  "-//Apache Software Foundation//DTD Struts Configuration 2.1//EN"
  "http://struts.apache.org/dtds/struts-2.1.dtd">
<struts>
</struts>
```

应用程序的配置文件 web.xml 中，会生成如下配置：

```
<filter>
   <filter-name>struts2</filter-name>
   <filter-class>
   org.apache.struts2.dispatcher.ng.filter.StrutsPrepareAndExecuteFilter
   </filter-class>
</filter>
<filter-mapping>
   <filter-name>struts2</filter-name>
   <url-pattern>/*</url-pattern>
</filter-mapping>
```

23.2.2　创建 Action

在项目 SSH2Integrate 中创建包 com.ssh2.action，用于存放 Action。在包中创建类文件 UserManagerAction.java，代码如下所示：

```
package com.ssh2.action;
import java.util.List;
import com.opensymphony.xwork2.ActionSupport;
import com.ssh2.biz.UserBiz;
import com.ssh2.entity.Users;
public class UserManagerAction extends ActionSupport {
    //定义用于保存用户登录表单参数的两个属性
    private String loginName;
    private String loginPwd;
    public String getLoginName() {
        return loginName;
    }
    public void setLoginName(String loginName) {
        this.loginName = loginName;
    }
    public String getLoginPwd() {
        return loginPwd;
    }
    public void setLoginPwd(String loginPwd) {
        this.loginPwd = loginPwd;
    }
    //使用 UserBiz 声明一个属性，并添加 set 方法用于依赖注入
    UserBiz userBiz;
    public void setUserBiz(UserBiz userBiz) {
        this.userBiz = userBiz;
    }
    //重载 execute 方法，用来处理登录请求
    public String execute() throws Exception {
        // TODO Auto-generated method stub
        Users condition = new Users();
        condition.setLoginName(loginName);
        condition.setLoginPwd(loginPwd);
        List list = userBiz.login(condition);
        if(list.size()>0) {
            //登录成功，转到 success.jsp 页面
            return "success";
        } else {
            //登录失败，转到 error.jsp 页面
            return "error";
        }
    }
}
```

23.2.3 Spring 整合 Struts 2 的步骤

在 Struts 2 中整合 Spring 的基本步骤如下所示。

(1) 在 Spring 配置文件 applicationContext.xml 中部署 Struts 2 的 Action，由于 Struts 2 在处理请求时，每个不同的请求均会生成一个相应的 Action 实例负责处理，因此，在配置

时，需要使用 prototype 原型模式，以确保每次生成的 Action 实例是全新的：

```
<!-- 部署 Struts 2 的负责用户管理的控制器 UserManagerAction -->
<bean id="umAction" class="com.ssh2.action.UserManagerAction"
  scope="prototype">
    <property name="userBiz" ref="userBiz" />
</bean>
```

(2)　在 Struts 2 的配置文件 struts.xml 中配置 Action 的映射，class 属性不再使用类的全名，而是使用 applicationContext.xml 中定义的 Action 的 Bean 实例名称：

```
<package name="default" extends="struts-default">
    <!-- 定义 dolgon 的 Action,
      class 属性使用 Spring 配置文件中定义的相应的 Bean 实例名称 -->
    <action name="doLogin" class="umAction">
        <!-- 定义处理结果和资源之间的映射关系 -->
        <result name="error">error.jsp</result>
        <result name="success">success.jsp</result>
    </action>
</package>
```

为了解决中文乱码问题，在 struts.xml 文件中设置 Web 应用的默认编码集为 gbk，如下所示：

```
<struts>
    <constant name="struts.i18n.encoding" value="gbk"></constant>
</struts>
```

(3)　在给项目添加 Spring 支持时，web.xml 自动生成了一段配置信息，让 Web 应用程序启动时自动装载 Spring 容器，如下所示：

```
<!-- 指定以 Listener 方式启动 Spring -->
<listener>
    <listener-class>
        org.springframework.web.context.ContextLoaderListener
    </listener-class>
</listener>
<!-- 指定 Spring 配置文件的位置 -->
<context-param>
    <param-name>contextConfigLocation</param-name>
    <param-value>classpath:applicationContext.xml</param-value>
</context-param>
```

(4)　编写登录页面 login.jsp，登录页面中表单部分的代码如下所示：

```
<s:form action="doLogin.action">
    <table>
    <tr>
        <s:textfield name="loginName" label="用户名" />
    </tr>
    <tr>
        <s:textfield name="loginPwd" label="密码" />
    </tr>
```

```
    <tr>
        <s:submit value="确认" />
    </tr>
    </table>
</s:form>
```

部署项目，启动 Tomcat，在浏览器中输入“http://localhost:8088/SSH2Integrate/login.jsp”，弹出登录页面，如图 23-9 所示。

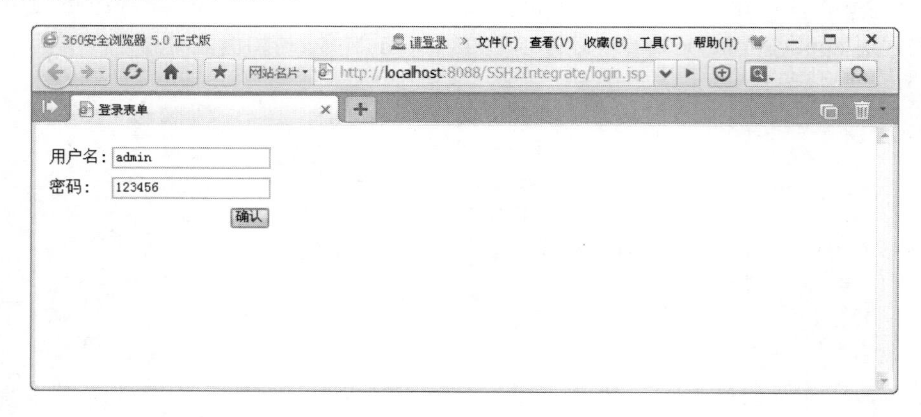

图 23-9　登录页面

在图 23-9 中，输入正确的用户名和密码后，单击“确定”按钮，转到成功页，如图 23-10 所示。

图 23-10　进入成功页

23.3　基于 Annotation 注解的 SSH2 整合

Annotation 注解的好处在于，将配置信息直接写在程序中，将配置与程序进行了完美的结合，使传统的 XML 配置文件得以简化，同时也提高了程序的可读性和可维护性。

下面使用基于 Annotation 注解技术的 SSH2 整合，对前面的介绍过的 SSH2Integrate 项目进行重写。

23.3.1　环境搭建

新建一个名为“AnnotationSSH2”的 Web 项目，与项目 SSH2Integrate 类似，依次给项目添加 Spring、Hibernate 和 Struts 支持。

在 AnnotationSSH2 项目的 src 文件夹下，创建用于存放实体类的 com.assh2.entity、存放 DAO 组件的 com.assh2.dao 包、存放 Biz 组件的 com.assh2.biz 包、存放 Action 的 com.assh2.action 包。

23.3.2　生成基于注解的实体类

使用 MyEclipse 的 Hibernate 反转工程从数据库 bookshop 生成数据表 users 相应的 ORM 持久化类 Users，在“Create POJO<>DB Table mapping information”时，注意选中“Add Hibernate mapping annotations to POJO”单选按钮，生成基于注解的持久化类，放在 com.assh2.entity 包下，如图 23-11 所示。

图 23-11　生成基于注解的持久化类

23.3.3　基于注解的 DAO 开发

切换到 MyEclipse Java Enterprise perspective 开发视图，在 com.assh2.dao 包下创建接口 UserDAO，在接口中添加 search 方法，如下所示：

```
package com.assh2.dao;
```

```
import java.util.List;
import com.assh2.entity.Users;
public interface UserDAO {
    public List search(Users condition);
}
```

在 com.assh2.dao 包下创建 UserDAO 的实现类 UserDAOImpl，代码如下所示：

```
package com.assh2.dao;
import java.util.List;
import javax.annotation.Resource;
import org.hibernate.Criteria;
import org.hibernate.Session;
import org.hibernate.SessionFactory;
import org.hibernate.Transaction;
import org.hibernate.criterion.Example;
import org.springframework.stereotype.Repository;
import com.assh2.entity.Users;
//使用@Repository 注解在 Spring 容器中注册名为 userDAO 的 UserDAOImpl 实例
@Repository("userDAO")
public class UserDAOImpl implements UserDAO {
    //通过@Resource 注解注入 Spring 配置文件中的 SessionFactory 实例
    @Resource
    SessionFactory sessionFactory;
    public void setSessionFactory(SessionFactory sessionFactory) {
        this.sessionFactory = sessionFactory;
    }
    @Override
    public List search(Users condition) {
        List list = null;
        Transaction tx = null;
        Session session = sessionFactory.getCurrentSession();
        try {
            tx = session.beginTransaction();
            Criteria c = session.createCriteria(Users.class);
            Example example = Example.create(condition);
            c.add(example);
            list = c.list();
            tx.commit();
        } catch(Exception e) {
            tx.rollback();
        }
        return list;
    }
}
```

23.3.4 基于注解的 Biz 开发

在 com.assh2.biz 包下创建接口 UserBiz，在接口中添加 search 方法，如下所示：

```
package com.assh2.biz;
```

```
import java.util.List;
import com.assh2.entity.Users;
public interface UserBiz {
    public List login(Users condition);
}
```

在 com.assh2.biz 包下创建 UserBiz 的实现类 UserBizImpl，代码如下所示：

```
package com.assh2.biz;
import java.util.List;
import javax.annotation.Resource;
import org.springframework.stereotype.Service;
import com.assh2.dao.UserDAO;
import com.assh2.entity.Users;
//使用@Service 注解在 Spring 容器中注册名为 userBiz 的 UserBizImpl 实例
@Service("userBiz")
public class UserBizImpl implements UserBiz {
    //使用@Resource 注解注入 UserDAOImpl 实例
    @Resource
    UserDAO userDAO;
    public void setUserDAO(UserDAO userDAO) {
        this.userDAO = userDAO;
    }
    @Override
    public List login(Users condition) {
        return userDAO.search(condition);
    }
}
```

23.3.5　基于注解的 Action 开发

在 com.assh2.action 包下创建业务控制器 UserManagerAction，代码如下所示：

```
package com.assh2.action;
import java.util.List;
import javax.annotation.Resource;
import org.apache.struts2.convention.annotation.Action;
import org.apache.struts2.convention.annotation.Result;
import org.springframework.context.annotation.Scope;
import org.springframework.stereotype.Controller;
import com.assh2.biz.UserBiz;
import com.assh2.entity.Users;
import com.opensymphony.xwork2.ActionSupport;
//使用@Controller 注解在 Spring 容器中注册 UserManagerAction 实例
//使用@Scope("prototype")指定原型模式
@Controller @Scope("prototype")
public class UserManagerAction extends ActionSupport {
    //用于封装表单填写的用户名
    private String loginName;
    //用于封装表单填写的密码
    private String loginPwd;
```

```
    //使用@Resource 注解注入 UserBizImpl 实例
    @Resource
    UserBiz userBiz;
    public void setUserBiz(UserBiz userBiz) {
        this.userBiz = userBiz;
    }
    //使用@Action 注解与@Result 实现 Action 的 Struts 配置
    @Action(value="/checkLogin",results={@Result(name="success",
      location="/success.jsp"),
      @Result(name="error",location="/error.jsp")})
    public String checkLogin() throws Exception {
        Users condition = new Users();
        condition.setLoginName(loginName);
        condition.setLoginPwd(loginPwd);
        List list = userBiz.login(condition);
        if(list.size()>0) {
            //登录成功，转到 success.jsp 页面
            return "success";
        } else {
            //登录失败，转到 error.jsp 页面
            return "error";
        }
    }
    public String getLoginName() {
        return loginName;
    }
    public void setLoginName(String loginName) {
        this.loginName = loginName;
    }
    public String getLoginPwd() {
        return loginPwd;
    }
    public void setLoginPwd(String loginPwd) {
        this.loginPwd = loginPwd;
    }
}
```

23.3.6 修改相关的配置文件

接下来，需要对 Spring 配置文件和 Struts 配置文件进行修改，如下所示。

(1) 修改 Spring 配置文件 applicationContext.xml

在<beans>标记中导入与注解有关的命名空间及其配套的 schemaLocation，如下所示：

```
<beans
xmlns="http://www.springframework.org/schema/beans"
xmlns:xsi="http://www.w3.org/2001/XMLSchema-instance"
xmlns:context="http://www.springframework.org/schema/context"
xmlns:tx="http://www.springframework.org/schema/tx"
xmlns:p="http://www.springframework.org/schema/p"
```

```
xsi:schemaLocation="http://www.springframework.org/schema/beans
http://www.springframework.org/schema/beans/spring-beans-3.1.xsd
http://www.springframework.org/schema/tx
http://www.springframework.org/schema/tx/spring-tx.xsd
http://www.springframework.org/schema/context
http://www.springframework.org/schema/context/spring-context-3.1.xsd">
```

在 Spring 配置文件中，如果没有自动添加用于指定连接数据库的 JDBC 驱动的<property>标记，这时就需要自己手动添加了，如下所示：

```
<!-- 指定连接数据库的 JDBC 驱动 -->
<property name="driverClassName" value="com.mysql.jdbc.Driver">
</property>
```

在 Spring 配置文件的<property name="hibernateProperties">标记中配置 hibernate.current_session_context_class 属性，将线程配置成 Thread 级别的，如下所示：

```
<prop key="hibernate.current_session_context_class">
    thread
</prop>
```

在 Spring 配置文件中开启 Spring 的 Annotation 注解处理器，如下所示：

```
<context:annotation-config />
```

在 Spring 配置文件中开启 Spring 的 Bean 自动扫描机制来检查和管理 Bean 实例，如下所示：

```
<context:component-scan base-package="com.assh2" />
```

(2) 手工修改 Struts 配置文件 struts.xml

为了解决中文乱码问题，在 struts.xml 文件中设置 Web 应用的默认编码集为 gbk，如下所示：

```
<struts>
    <constant name="struts.i18n.encoding" value="gbk"></constant>
</struts>
```

23.3.7 编写页面文件

将项目 SSH2Integrate 中的页面文件 login.jsp、success.jsp 和 error.jsp 复制到项目 AnnotaitonSSH2 中。

修改登录页面 login.jsp 表单的 action 属性，如下所示：

```
<s:form action="checkLogin.action">
```

部署项目 AnnotaitonSSH2，启动 Tomcat，在浏览器地址栏中输入“http://localhost:8088/AnnotaitonSSH2/login.jsp”，弹出登录页面，如图 23-12 所示。

在图 23-12 中输入正确的用户名和密码后，单击“确定”按钮，转到成功页，如图 23-13 所示。

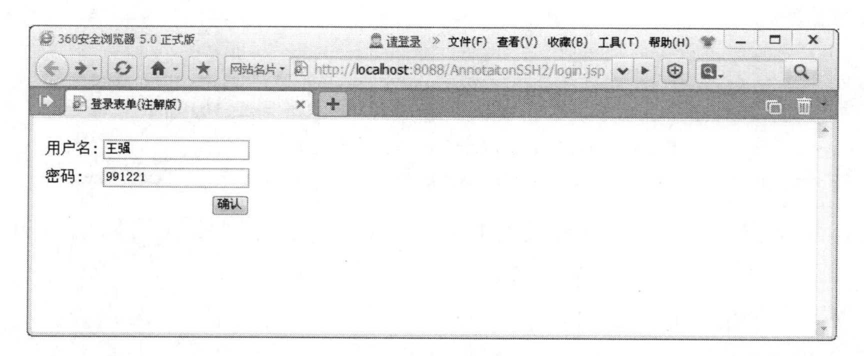

图 23-12　登录页面

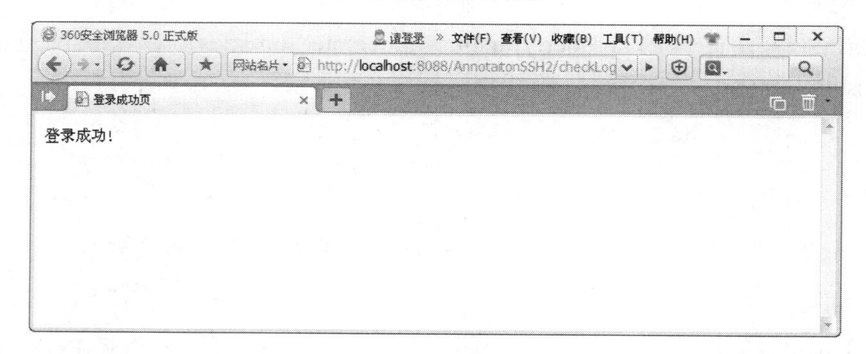

图 23-13　登录成功页面

23.4　小　　结

本章首先介绍了 Spring 3 整合 Hibernate 4，然后介绍了 Spring 3 整合 Struts 2，并以登录验证功能的实现为例，对 SSH2 框架整合技术的具体应用进行了展示。最后详细讲述了基于 Annotation 注解技术的 Spring 3 与 Hibernate 4 和 Struts 2 整合过程。

第 24 章　Spring 事务管理

事务是应用程序中一系列严密的操作，所有的操作要么都执行，要么都不执行，是不可分割的单元。例如，银行的转账业务就是一项事务，其中包含如下一系列操作。

(1) 检查账户是否有足够金额可供转账。

(2) 如果足够，则从该账户扣除转账的金额。

(3) 将扣除的金额转入另一账户。

上述操作步骤，如果任何一步发生错误，必须撤消先前的步骤所做的操作，使得转账涉及的两个账户都回到事务开始之前的状态。

这种还原到事务开始之前状态的过程，称为回滚。

24.1　Spring 事务管理的方式

Spring 事务管理有两种方式：一种是传统的编程式事务管理，即通过编写代码实现事务的管理，包括定义事务的开始、程序正常执行后的事务提交、异常时进行的事务回滚。

另一种是基于 AOP 技术实现的声明式事务，其主要思想是将事务管理作为一个“方面”代码单独编写，程序员只关心核心业务逻辑代码，然后通过 AOP 技术将事务管理的“方面”代码织入到业务类中。

声明式事务的缺点在于，只能作用到方法级别，无法做到像编程式事务那样能控制到代码块级别。

24.2　Spring 3 声明式事务管理

Spring 3 声明式事务在底层采用了 AOP 技术，其最大优点在于无需通过编程的方式管理事务，只需在配置文件中进行相关的事务规则声明，便可将事务规则应用到业务逻辑中。Spring 声明式事务管理既可通过 AOP 配置方式实现，也可以通过@Transactional 注解的方式来实现。Spring 3 的事务规则也就是事务传播行为，常见的事务传播行为如表 24-1 所示。

表 24-1　常见的事务传播行为

名　称	说　明
REQUIRED	表示当前方法必须运行在一个事务环境中，如果一个现有事务正在运行中，该方法将运行在这个事务中，否则，就要开始一个新的事务
REQUIRESNEW	表示当前方法必须运行在自己的事务里

续表

名　称	说　明
SUPPORTS	表示当前方法不需要事务处理环境，但如果有一个事务正在运行的话，则这个方法也可以运行在这个事务中
MANDATORY	表示当前方法必须运行在一个事务上下文中，否则就抛出异常
NEVER	表示当前方法不应该运行在一个事务上下文中，否则就抛出异常

事务管理的主要任务是事务的创建、事务的回滚和事务的提交，是否需要创建事务及如何创建事务，是由事务传播行为控制的，通常数据的读取可以不需要事务管理，或者可以指定为只读事务，而对于数据的增加、删除和修改操作，则有必要进行事务管理。如果没有指定事务的传播行为，Spring 3 默认将采用 REQUIRED。

24.2.1　基于 AOP 的事务管理

对基于方法级别的事务管理来说，方法开始执行时创建事务，方法执行过程中如果出现异常，则进行事务回滚，方法如果正常执行完成，则提交事务。因此，事务管理的主要任务就是事务的创建、回滚与提交。

下面通过示例来说明如何使用基于 AOP 的事务管理取代编程式事务管理。将项目 SSH2Integrate 重新复制一份，并命名为 SSH2IntegrateByTrans。在项目 SSH2IntegrateByTrans 中，UserDAO 接口的实现类 UserDAOImpl 中有一个 search 方法，代码如下所示：

```
public List search(Users condition) {
    List list = null;
    //通过 sessionFactory 获得 Session
    Session session = sessionFactory.getCurrentSession();
    //开始事务
    Transaction tx = session.beginTransaction();
    try {
        //创建 Criteria 对象
        Criteria c = session.createCriteria(Users.class);
        //使用 Example 工具类创建示例对象
        Example example = Example.create(condition);
        //为 Criteria 对象指定示例对象 example 作为查询条件
        c.add(example);
        list = c.list();        //执行查询，获得结果
        tx.commit();            //提交事务
    } catch(Exception e) {
        tx.rollback();    //事务回滚
    }
    return list;
}
```

在 search 方法中，使用了编程式事务管理，若将事务管理的代码去除，改写后的代码如下所示：

```
public List search(Users condition) {
```

```
    List list = null;
    //通过 sessionFactory 获得 Session
    Session session = sessionFactory.getCurrentSession();
    //创建 Criteria 对象
    Criteria c = session.createCriteria(Users.class);
    //使用 Example 工具类创建示例对象
    Example example = Example.create(condition);
    //为 Criteria 对象指定示例对象 example 作为查询条件
    c.add(example);
    list = c.list();        //执行查询，获得结果
    return list;
}
```

在 MyEclipse 中，选择 Project → Properties → MyEclipse → Project Facets → Web，将 Web Context-root 修改“/SSH2IntegrateByTrans”，即修改 SSH2IntegrateByTrans 项目的部署名称。

部署项目并启动 Tomcat，在浏览器地址栏中输入：

```
http://localhost:8088/SSH2IntegrateByTrans/login.jsp
```

弹出登录页面。输入用户名和密码后，单击“确定”按钮后，页面显示如下错误信息：

```
org.hibernate.HibernateException: createCriteria is not valid without active
transaction
```

意思是说，createCriteria 无效，没有活动的事务。错误原因在于，Spring 配置文件<property name=“hibernateProperties”>标记中配置了 hibernate.current_session_context_class 属性，将线程配置成 Thread 级别。如下所示：

```
<prop key="hibernate.current_session_context_class">
    thread
</prop>
```

将上述配置从 Spring 配置文件中删除，这样才能将 Hibernate 的 Session 交给 Spring 来管理。重新启动 Tomcat，再次浏览登录页，输入用户名和密码，单击“确定”按钮后，页面又显示如下错误信息：

```
org.hibernate.HibernateException: No Session found for current thread
```

这是因为，getCurrentSession()在没有 Session 的情况下不会自动创建，Hibernate 4 必须配置为开启事务，否则 getCurrentSession()获取不到 Session。

接下来就需要配置声明式事务来解决这一问题了，本小节介绍如何配置基于 AOP 的事务管理。

所有的配置都在 Spring 配置文件 applicationContext.xml 中完成，步骤如下所示。

(1) 在<beans>标记中添加 AOP 所需的常用命名空间声明：

```
<beans
  xmlns="http://www.springframework.org/schema/beans"
  xmlns:xsi="http://www.w3.org/2001/XMLSchema-instance"
  xmlns:aop="http://www.springframework.org/schema/aop"
  xmlns:p="http://www.springframework.org/schema/p"
```

```
 xmlns:tx="http://www.springframework.org/schema/tx"
 xsi:schemaLocation="http://www.springframework.org/schema/beans
 http://www.springframework.org/schema/beans/spring-beans-3.1.xsd
 http://www.springframework.org/schema/aop
 http://www.springframework.org/schema/aop/spring-aop-3.1.xsd
 http://www.springframework.org/schema/tx
 http://www.springframework.org/schema/tx/spring-tx.xsd">
```

(2) 声明事务管理器。使用声明式事务，需要提供声明事务管理器。使用 MyEclipse 向导给项目添加 Spring 和 Hibernate 支持后，会自动地在 Spring 配置文件中声明一个 Hibernate 事务管理器，如下所示：

```
<!-- 声明 Hibernate 事务管理器 -->
<bean id="transactionManager"
 class="org.springframework.orm.hibernate4.HibernateTransactionManager">
   <property name="sessionFactory" ref="sessionFactory" />
</bean>
```

(3) 定义事务通知。

定义事务通知时，需要指定一个事务管理器，然后在其属性中声明事务规则：

```
<!-- 定义事务通知 -->
<tx:advice id="txAdvice" transaction-manager="transactionManager">
   <!-- 指定事务传播规则 -->
   <tx:attributes>
      <!-- 对所有方法应用 REQUIRED 事务规则 -->
      <tx:method name="*" propagation="REQUIRED"></tx:method>
   </tx:attributes>
</tx:advice>
```

在定义事务传播规则时，对所有的方法应用 REQUIRED 事务规则，表示当前方法必须运行在一个事务环境中，如果一个现有事务正在运行中，该方法将运行在这个事务中，否则，就要开始一个新的事务。

这样就解决了先前的 getCurrentSession()获取不到 Session 的问题。

(4) 定义一个切面，并将事务通知与切面组合，即定义哪些方法应用这些规则：

```
<!-- 定义切面，并将事务通知和切面组合(定义哪些方法应用事务规则) -->
<aop:config>
   <!-- 对 com.ssh2.biz 包下的所有类的所有方法都应用事务规则 -->
   <aop:pointcut id="bizMethods"
     expression="execution(* com.ssh2.biz.*.*(..))" />
   <!-- 将事务通知与切面组合 -->
   <aop:advisor advice-ref="txAdvice" pointcut-ref="bizMethods" />
</aop:config>
```

至此，基于 AOP 的声明式事务配置完成了。

重新启动 Tomcat，再次浏览登录页面，输入用户名和密码后，单击“确定”按钮。如果用户名和密码正确，则转到成功页，否则转到失败页。

24.2.2　基于@Transactional 注解的事务管理

与基于 Annotation 方法的 IoC 和 AOP 实现类似，基于 Annotation 方式的事务管理可以防止 Spring 配置文件过于臃肿。

Spring 3 为事务管理提供了@Transactional 注解，通过为@Transactional 指定不同的参数，可以满足不同的事务要求。@Transactional 常见的参数如表 24-2 所示。

表 24-2　@Transactional 常见的参数

参 数 名	说　明
propagation	设置事务的传播规则，常用的事务规则可参见表 24-1。 格式如：@Transactional(propagation=Propagation.REQUIRED)
rollbackFor	需要回滚的异常类，当方法中抛出异常时，则进行事务回滚。 单一异常类格式：@Transactional(rollbackFor=RuntimeException.class) 多个异常类格式： @Transactional(rollbackFor={RuntimeException.class,Exception.class})
rollbackForClassName	需要回滚的异常类名，当方法抛出指定异常名称时，则进行回滚。 单一异常类名称格式： @Transactional(rollbackForClassName="RuntimeException") 多个异常类名称格式： @Transactional(rollbackForClassName={"RuntimeException","Exception"})
isolation	事务隔离级别，用于处理多个事务并发，基本不需要设置
timeout	设置事务的超时秒数
readOnly	事务是否只读，设置为 true 表示只读

现将 UserBiz 接口的实现类 UserBizImpl 中的方式使用@Transactional 注解实现事务管理，代码如下所示：

```
package com.ssh2.biz;
import java.util.List;
import org.springframework.transaction.annotation.Transactional;
import com.ssh2.dao.UserDAO;
import com.ssh2.entity.Users;
//使用@Transactional 注解实现事务管理
@Transactional
public class UserBizImpl implements UserBiz {
    //使用 UserDAO 接口声明对象，并添加 set 方法，用于依赖注入
    UserDAO userDAO;
    public void setUserDAO(UserDAO userDAO) {
        this.userDAO = userDAO;
    }
    @Override
    public List login(Users condition) {
        return userDAO.search(condition);
    }
}
```

使用@Transactional注解配置事务管理后，Spring配置文件中的事务配置代码就很少了。由于使用了注解技术，首先需要在<beans>标记中添加与context相关的命名空间。如下所示：

```
<beans
  ... //此处省略其他命名空间
  xmlns:context="http://www.springframework.org/schema/context"
  ... //此处省略其他命名空间
  xsi:schemaLocation="http://www.springframework.org/schema/beans
  ...  //此处省略其他 schema
  http://www.springframework.org/schema/context
  http://www.springframework.org/schema/context/spring-context-3.1.xsd">
```

由于使用了 Annotation 注解，需要在 Spring 配置文件中开启注解处理器。如下所示：

```
<!-- 开启注解处理器 -->
<context:annotation-config />
```

与基于 AOP 的事务管理配置不同的是，Annotation 方式事务管理不再需要在配置文件中定义事务通知和切面，及将事务通知和切面组合，只需要配置一个基于@Transactional 注解方式的事务管理。因此，可将先前基于 AOP 的事务管理配置删除。

给项目添加 Spring 和 Hibernate 支持时，Spring 配置文件中自动配置了基于@Transactional 注解方式的事务管理，如下所示：

```
<!-- 基于@Transactional 注解方式的事务管理 -->
<tx:annotation-driven transaction-manager="transactionManager" />
```

transactionManager 为事务管理器，也是 MyEclipse 向导自动配置的。

配置完成后，重新启动 Tomcat，测试登录页，效果与基于 AOP 的事务管理相同。

24.3 基于 AOP 事务管理实现银行转账

前面以对users表的组合查询为例，介绍了基于AOP和@Transactional注解的事务管理，从而取代了编程式事务管理。下面将以一个简单的转账功能为例，讲述如何在包含多个操作的业务方法中使用事务管理，从而保证数据库的安全性和一致性。

24.3.1 生成实体类和映射文件

针对数据库 bookshop 中的 account 数据表的字段如表 24-3 所示。

表 24-3 数据表 account

字 段 名	数据类型	说 明
Id	int(4)	编号，主键、非空、自增
AccountNo	varchar(20)	账号，非空
Balance	decimal(10,0)	余额，非空

account 表的测试数据如图 24-1 所示。

Id	AccountNo	Balance
1	123456	1000
2	654321	1000
(Auto)	(NULL)	(NULL)

图 24-1　数据表 account 中的测试记录

通过 MyEclipse 的反转工程生成 account 表对应的实体类和映射文件，并存放到项目 SSH2IntegrateByTrans 的 com.ssh2.entity 包中。

24.3.2　实现 DAO 层

首先，在 com.ssh2.dao 包中创建接口 AccountDAO，并声明 getAccountByAccountNo 方法和 transfer 方法：

```
package com.ssh2.dao;
import java.util.List;
import com.ssh2.entity.Account;
public interface AccountDAO {
    //根据账号获取账户对象
    public List getAccountByAccountNo(String accountNo);
    //转账
    public void transfer(Account a1, Account a2);
}
```

然后创建 AccountDAO 接口的实现类 AccountDAOImpl，实现 getAccountByAccountNo 和 transfer 方法，如下所示：

```
package com.ssh2.dao;
import java.util.List;
import org.hibernate.Criteria;
import org.hibernate.Session;
import org.hibernate.SessionFactory;
import org.hibernate.criterion.Restrictions;
import com.ssh2.entity.Account;
public class AccountDAOImpl implements AccountDAO {
    //声明属性 sessionFactory,
    //用于接受 LocalSessionFactoryBean 类实例 sessionFactory 的注入
    SessionFactory sessionFactory;
    public void setSessionFactory(SessionFactory sessionFactory) {
        this.sessionFactory = sessionFactory;
    }
    @Override
    public List getAccountByAccountNo(String accountNo) {
        Session session = sessionFactory.getCurrentSession();
        Criteria c = session.createCriteria(Account.class);
        c.add(Restrictions.eq("accountNo", accountNo));
        return c.list();
    }
    @Override
    public void transfer(Account a1, Account a2) {
```

```
        Session session = sessionFactory.getCurrentSession();
        session.update(a1);
        session.update(a2);
    }
}
```

24.3.3 实现 Biz 层

首先在 com.ssh2.biz 包中创建接口 AccountBiz，并声明 getAccountByAccountNo 方法和 transfer 方法：

```
package com.ssh2.biz;
import java.util.List;
import com.ssh2.entity.Account;
public interface AccountBiz {
    //根据账号获取账户对象
    public List getAccountByAccountNo(String accountNo);
    //转账
    public void transfer(Account a1, Account a2);
}
```

然后创建 AccountBiz 接口的实现类 AccountBizImpl，实现 getAccountByAccountNo 和 transfer 方法，如下所示：

```
package com.ssh2.biz;
import java.util.List;
import com.ssh2.dao.AccountDAO;
import com.ssh2.entity.Account;
public class AccountBizImpl implements AccountBiz {
    //用 AccountDAO 接口声明对象，并添加 set 方法，用于依赖注入
    AccountDAO accountDAO;
    public void setAccountDAO(AccountDAO accountDAO) {
        this.accountDAO = accountDAO;
    }
    @Override
    public List getAccountByAccountNo(String accountNo) {
        return accountDAO.getAccountByAccountNo(accountNo);
    }
    @Override
    public void transfer(Account a1, Account a2) {
        accountDAO.transfer(a1, a2);
    }
}
```

24.3.4 创建 Action

在 com.ssh2.action 包中创建 AccountManager，代码如下所示：

```
package com.ssh2.action;
```

```
import java.util.List;
import com.opensymphony.xwork2.ActionSupport;
import com.ssh2.biz.AccountBiz;
import com.ssh2.entity.Account;
public class AccountManager extends ActionSupport {
    //使用 AccountBiz 接口声明对象，并添加 set 方法，用于依赖注入
    AccountBiz accountBiz;
    public void setAccountBiz(AccountBiz accountBiz) {
        this.accountBiz = accountBiz;
    }
    //定义属性，用于封装表单数据
    private String ac1;
    private String ac2;
    private String amount;
    @Override
    public String execute() throws Exception {
        Account a1 = null;
        Account a2 = null;
        //获取账号 ac1 的账户对象，并更新对象中的账户余额属性
        List list1 = accountBiz.getAccountByAccountNo(ac1);
        if(list1.size()>0) {
            a1 = (Account)list1.get(0);
            a1.setBalance(new Long(
              a1.getBalance().longValue()-Long.parseLong(amount)));
        }
        //获取账号 ac2 的账户对象，并更新对象中的账户余额属性
        List list2 = accountBiz.getAccountByAccountNo(ac2);
        if(list2.size()>0) {
            a2 = (Account)list2.get(0);
            a2.setBalance(new Long(
              a2.getBalance().longValue()+Long.parseLong(amount)));
        }
        try {
            //执行转账操作
            accountBiz.transfer(a1, a2);
        } catch (Exception e) {
            //转账失败
            return "error";
        }
        //转账成功
        return "success";
    }
    //省略属性 ac1、ac2 和 amount 的 get 和 set 方法
}
```

24.3.5　Spring 中配置 DAO、Biz 和 AccountManager

在 Spring 配置文件 applicationContext.xml 中需要定义 AccountDAOImpl、AccountBizImpl 和 AccountManager 类的实例，并进行给这些类中的属性进行依赖注入：

```
<!--定义 AccountDAOImpl 类的实例，
  并给 AccountDAOImpl 类中的 sessionFactory 属性注入值 -->
<bean id="accountDAO" class="com.ssh2.dao.AccountDAOImpl">
    <property name="sessionFactory" ref="sessionFactory"/>
</bean>
<!-- 定义 AccountBizImpl 类实例，
  并给 AccountBizImpl 类中的 accountDAO 属性注入值 -->
<bean id="accountBiz" class="com.ssh2.biz.AccountBizImpl">
    <property name="accountDAO" ref="accountDAO" />
</bean>
<!-- 部署 Struts 2 的负责账户管理的控制器 AccountManager，
  并给 AccountManager 类中的 accountBiz 属性注入值 -->
<bean id="amAction" class="com.ssh2.action.AccountManager" scope="">
    <property name="accountBiz" ref="accountBiz" />
</bean>
```

24.3.6 struts.xml 中配置 AccountManager 类

用户的请求、Action 中的处理方法及结果展示视图之间的对应关系必须在 Struts 2 的配置文件 struts.xml 中给出：

```
<!-- 定义 doTransfer 的 Action，class 属性使用 Spring 配置文件中定义的
  AccountManager 类的 Bean 实例名称 -->
<action name="doTransfer" class="amAction">
    <!-- 定义处理结果和资源之间的映射关系 -->
    <result name="error">error1.jsp</result>
    <result name="success">success1.jsp</result>
</action>
```

24.3.7 配置基于 AOP 的声明式事务

参照 24.2.1 小节，在 applicationContext.xml 文件中配置基于 AOP 的声明式事务。

24.3.8 编写转账页面

转账页面文件为 transfer.jsp，有关表单提交和文本域部分的代码如下所示：

```
<s:form action="doTransfer.action">
   <table align="center">
      <tr>
         <s:textfield name="ac1" label="账户 1" />
      </tr>
      <tr>
         <s:textfield name="ac2" label="账户 2" />
      </tr>
      <tr>
         <s:textfield name="amount" label="转账金额" />
      </tr>
```

```
        <tr>
            <s:submit value="转账" />
        </tr>
    </table>
</s:form>
```

24.3.9　声明式事务测试

部署项目，启动 Tomcat，在浏览器的地址栏中输入：

```
http://localhost:8088/SSH2IntegrateByTrans/transfer.jsp
```

弹出如图 24-2 所示的转账页面。

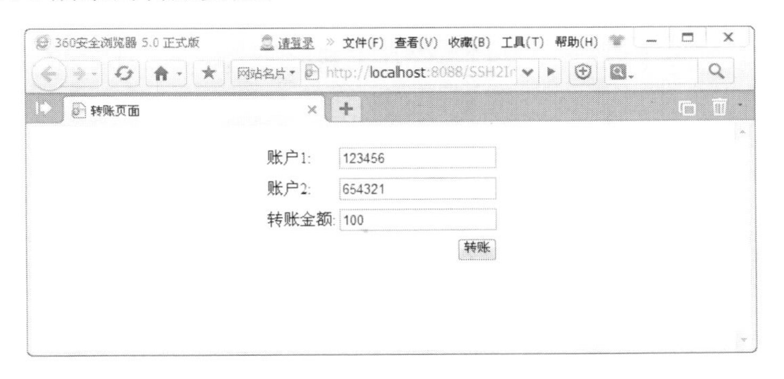

图 24-2　转账页面

在转账页面中输入数据表 account 中的账号 1 为“123456”，账户 2 为“654321”，并输入转账金额为“100”，单击“转账”按钮。转账成功后，跳转到成功页，数据表 account 记录内容如图 24-3 所示。

	Id	AccountNo	Balance
□	1	123456	900
□	2	654321	1100
*	(Auto)	(NULL)	(NULL)

图 24-3　转账成功后的账户余额情况

模拟账户 2 输入错误，如输入数据表 account 中不存在的账户“6”，如图 24-4 所示。

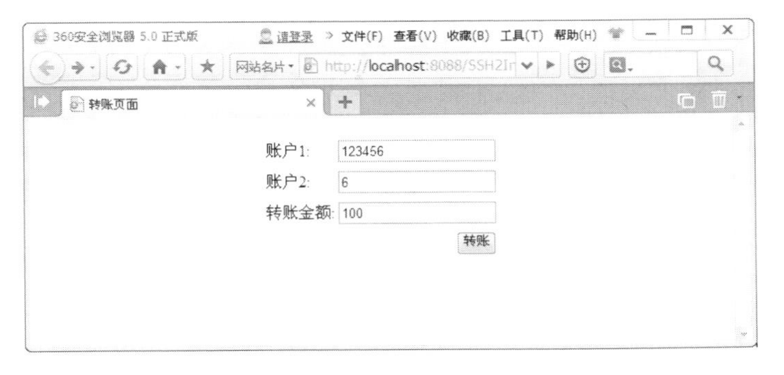

图 24-4　输入的账户 2 不存在

单击“转账”按钮，将跳转到失败页。数据表 account 中的两个账户余额都没有发生变化，如图 24-5 所示。

Id	AccountNo	Balance
1	123456	900
2	654321	1100
(Auto)	(NULL)	(NULL)

图 24-5　转账失败后账户的余额情况

当账户 2 不存在时，因为进行了事务管理，账户 2 余额更新失败后，账户 1 的更新操作进行了回滚，从而保证两个账户都回到业务执行前的状态。如果不进行事务管理，则账户 2 更新失败后，账户 1 的更新无法进行回滚，会造成数据的不一致。

24.4　基于@Transactional 注解实现银行转账

以转账功能为例，基于@Transactional 注解的事务管理配置实现流程如下所示。

首先在 AccountBizImpl 类中添加@Transactional 注解，以实现事务管理，代码如下：

```
package com.ssh2.biz;
import java.util.List;
import org.springframework.transaction.annotation.Transactional;
import com.ssh2.dao.AccountDAO;
import com.ssh2.entity.Account;
//使用@Transactional 注解实现事务管理
@Transactional
public class AccountBizImpl implements AccountBiz {
    //用 AccountDAO 接口声明对象，并添加 set 方法用于依赖注入
    AccountDAO accountDAO;
    public void setAccountDAO(AccountDAO accountDAO) {
        this.accountDAO = accountDAO;
    }
    @Override
    public List getAccountByAccountNo(String accountNo) {
        return accountDAO.getAccountByAccountNo(accountNo);
    }
    @Override
    public void transfer(Account a1, Account a2) {
        accountDAO.transfer(a1, a2);
    }
}
```

AccountBizImpl 类中的代码与前面相比没有太大变化，只添加了@Transactional 注解。

参照 24.2.2 小节，在 Spring 配置文件中基于@Transactional 注解声明事务管理器。

配置完成后，按照 24.3.9 小节中的方式进行测试，可以看出，基于 Annotation 方式的事务管理能实现同样的效果。

24.5　小　　结

本章主要介绍了 Spring 3 声明式事务，其中包括基于 AOP 方式的事务管理和基于@Transactional 注解方式的事务管理。

声明式事务管理极大地简化了编程式事务管理的操作流程，不再需要重复地执行定义事务的开始、程序正常执行后事务提交、异常时进行事务回滚这些繁琐的操作。而基于@Transactional 注解的声明式事务又进一步简化了基于 AOP 的事务管理，减少了 Spring 配置代码。

第 25 章　Spring Web

对 Web 应用来说，表示层是个不可或缺的重要环节。前面介绍的 Struts 2 框架就是一个优秀的 Web 框架，是在 WebWork 的技术基础上开发了全新 MVC 框架。除了 Struts 2 框架，Spring 框架也为表示层提供了一个优秀的 Web 框架，即 Spring MVC。由于 Spring MVC 采用了松耦合可插拔组件结构，比其他 MVC 框架具有更大的扩展性和灵活性。通过注解，Spring MVC 使得 POJO 成为处理用户请求的控制器，无须实现任何接口。

25.1　Spring MVC 概述

Spring MVC 是基于 Model 2 实现的技术框架，在 Spring MVC 中，Action 被称为 Controller(控制器)。Spring 的 Web 框架是围绕 DispatcherServlet(分发器)设计的，其作用是将用户请求分发到不同的控制器(又称处理器)。Spring Web 框架中，默认的控制器接口为 Controller，可以通过实现这个接口来创建自己的控制器，但建议使用 Spring 已经实现的一系列控制器，如 AbstractController、AbstractCommandController 和 SimpleFormController 等。Spring MVC 框架还包括了可配置的处理器映射、视图解析、本地化、主题解析，同时支持文件上传。

因为 Spring MVC 是基于 Model 2 实现的框架，所以它底层的机制也是 MVC，Spring MVC 的工作原理如图 25-1 所示。

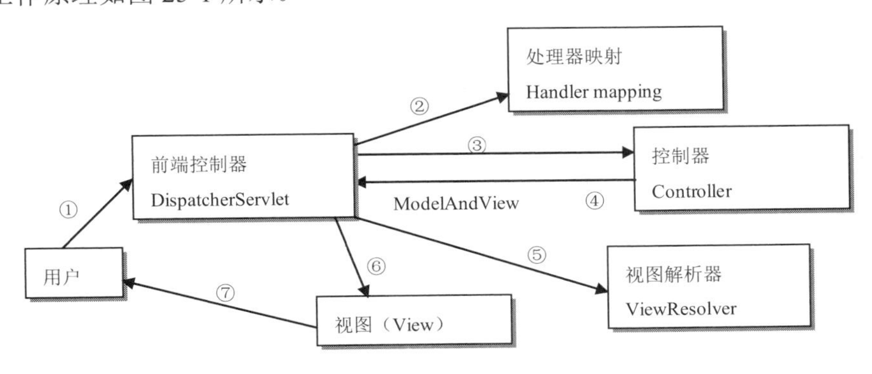

图 25-1　Spring MVC 的工作原理

从图 25-1 可以看出，Spring MVC 框架的各个组件各负其责。

①　客户端发出一个 HTTP 请求，Web 应用服务器接受这个请求，如果与 web.xml 配置文件中指定的 DispatcherServlet 请求映射路径相互匹配，那么 Web 容器就会将该请求转交给 DispatcherServlet 处理。

② DispatcherServlet 接受这个请求后，根据请求的信息(URL 或请求参数等)按照某种机制寻找恰当的映射处理器来处理这个请求。

③ DispatcherServlet 根据映射处理器(Handler mapping)来选择并决定将请求派送给哪个控制器。

④ 控制器处理这个请求，并返回一个 ModelAndView 给 DispatcherServlet，其中包含了视图逻辑名和模型数据信息。

⑤ 由于 ModelAndView 中包含的是视图逻辑名，而非真正的视图对象，因此 DispatcherServlet 需要通过 ViewResolver 完成视图逻辑名到真实视图对象的解析功能。

⑥ 得到真实的视图对象后，DispatcherServlet 就是要 View 对象对 ModelAndView 中的模型数据进行渲染。

⑦ 最终客户端得到返回的响应，可能是一个普通的 HTML 页面，也可能是一个 Excel、PDF 文档等视图形式。

25.2 配置 DispatcherServlet

DispatcherServlet 是 Spring MVC 的核心，它负责接收 HTTP 请求并协调 Spring MVC 的各个组件完成请求处理的工作。与任何 Servlet 一样，用户必须在 web.xml 中配置 DispatcherServlet。假设希望 DispatcherServlet 截获所有以“*.do”结尾的 URL 请求，那么 web.xml 中需要做如下配置：

```
<servlet>
    <servlet-name>spring</servlet-name>
    <servlet-class>
        org.springframework.web.servlet.DispatcherServlet
    </servlet-class>
    <load-on-startup>1</load-on-startup>
</servlet>
<servlet-mapping>
    <servlet-name>spring</servlet-name>
    <url-pattern>*.do</url-pattern>
</servlet-mapping>
```

在上述配置中，所有以*.do 结尾的请求都会由 DispatcherServlet 处理。

当 DispatcherServlet 加载后，它将从 XML 文件中加载 Spring 的应用上下文，这个 XML 文件的名字取决于 Servlet 的名字。

在上述配置中，Servlet 的名字为 spring，那么 DispatcherServlet 会从 spring-servlet.xml 文件中加载应用上下文。为了能够找到 spring-servlet.xml 文件，该文件需要放在项目的 WEB-INF 目录中。

25.3 控　制　器

Spring MVC 框架的控制器是 MVC 设计模式中的一部分(代表 MVC 中的 C)，控制器用于解释用户输入，并将其转换成合理的模型数据，从而可以进一步地由视图展示给用户。

Spring 的控制器架构的基础是 org.springframework.web.servlet.mvc.Controller 接口，如下所示：

```
package org.springframework.web.servlet.mvc;
import javax.servlet.http.HttpServletRequest;
import javax.servlet.http.HttpServletResponse;
import org.springframework.web.servlet.ModelAndView;
public interface Controller {
    ModelAndView handleRequest(
      HttpServletRequest request, HttpServletResponse response)
      throws Exception;
}
```

Controller 接口中只声明了一个 handleRequest 方法，该方法用来处理请求并返回恰当的模型和视图。ModelAndView 与 Controller 构成了 Spring MVC 框架实现的基础。

由于 Controller 接口很抽象，所以 Spring 提供了多种 Controller 接口的实现类，如表 25-1 所示。

表 25-1　实现 Controller 接口的控制器

控制器类型	实 现 类	说　明
命令	AbstractCommandController	控制器将多个请求参数封装成一个命令对象，以此执行业务处理
表单	SimpleFormController	处理基于单一表单的请求
多动作	MultiActionController	使用一个 Controller 处理多个相似的请求

25.3.1　命令控制器

通过继承 AbstractCommandController 控制器类，用户可以创建自己的命令控制器，它能够将请求参数封装到指定的数据对象上，并以此执行业务处理。

下面通过示例演示如何使用 AbstractCommandController 控制器，实现用户登录功能，实现流程如下所示。

(1) 创建一个名为“springmvc”的 Web 项目，使用 MyEclipse 2013 工具给项目添加 Spring 支持。当然，也可以手工添加 Spring 支持。

(2) 在项目中创建 com.springmvc.entity 包，在包中创建 Users 类，该类包含下面几个属性，并添加这几个属性的 get 和 set 方法：

```
package com.springmvc.entity;
public class Users implements java.io.Serializable {
    private String userName;  //用户名
    private String userPwd;   //密码
    private String regTime;  //注册时间
    private String hobby;     //爱好
    public Users() {}
```

```
    //省略上述属性的 get 和 set 方法
}
```

(3) 在项目中创建 com.springmvc.web 包，在包中创建 LoginController 类，该类继承 AbstractCommandController 控制器类：

```
package com.springmvc.web;
...
import org.springframework.web.servlet.ModelAndView;
import org.springframework.web.servlet.mvc.AbstractCommandController;
import com.springmvc.entity.Users;
public class LoginController extends AbstractCommandController {
    @Override
    protected ModelAndView handle(HttpServletRequest request,
      HttpServletResponse response, Object command,
      BindException exception) throws Exception {
        //获取用户对象
        Users user = (Users)command;
        //创建一个指定视图逻辑名的 ModelAndView 实例
        ModelAndView mav = new ModelAndView("success");
        //给 mav 实例指定数据模型
        mav.addObject("user", user);
        //返回 mav 实例
        return mav;
    }
}
```

由于自定义的 LoginController 继承了 AbstractCommandController 类，需要实现 handle 方法。Handle 方法包括 4 个参数，含义如下所示。

- Request：代表请求对象。
- Response：代表响应对象。
- Command：封装请求参数的对象。
- exception：表示数据绑定过程的异常。

(4) 在 web.xml 文件中配置 DispatcherServlet，如下所示：

```
<servlet>
    <servlet-name>spring</servlet-name>
    <servlet-class>
        org.springframework.web.servlet.DispatcherServlet
    </servlet-class>
    <load-on-startup>1</load-on-startup>
</servlet>
<servlet-mapping>
    <servlet-name>spring</servlet-name>
    <url-pattern>*.do</url-pattern>
</servlet-mapping>
```

如上述配置，该应用将加载 WEB-INF 目录下的 spring-servlet.xml 文件。

(5) 在 WEB-INF 目录下创建 spring-servlet.xml 配置文件，在该文件中配置命令控制器：

```
<?xml version="1.0" encoding="UTF-8"?>
<beans
 xmlns="http://www.springframework.org/schema/beans"
 xmlns:xsi="http://www.w3.org/2001/XMLSchema-instance"
 xmlns:p="http://www.springframework.org/schema/p"
 xmlns:tx="http://www.springframework.org/schema/tx"
 xsi:schemaLocation="http://www.springframework.org/schema/beans
 http://www.springframework.org/schema/beans/spring-beans-3.1.xsd
 http://www.springframework.org/schema/tx
 http://www.springframework.org/schema/tx/spring-tx.xsd" >
   <!-- 配置处理器映射采用 SimpleUrlHandlerMapping 类 -->
   <bean class="org.springframework.web.servlet
     .handler.SimpleUrlHandlerMapping">
       <!-- props 底下的 prop 标签内填写的 key 都是符合转发条件的 url 值，
         之后跟的是 bean 的 ID， 如果输入的 url 值与 key 值中的 url 匹配，
         则执行对应 beanID 绑定的 Controller -->
       <property name="mappings">
           <props>
               <prop key="login.do">loginController</prop>
           </props>
       </property>
   </bean>
   <!-- 定义控制器 LoginController -->
   <bean id="loginController"
     class="com.springmvc.web.LoginController">
       <!--设置请求数据的封装类型，执行到该控制器时就会自动将数据封装成 Users -->
       <property name="commandClass" value="com.springmvc.entity.Users" />
   </bean>
   <!-- 配置视图解析器，使用 InternalResourceViewResolver 类作为视图解析器。
     Controller 回传 ModelAndView，
     DispatcherServlet 将其交给 ViewResolver 解析 -->
   <bean class="org.springframework.web
     .servlet.view.InternalResourceViewResolver">
       <!-- 属性 prefix 和 suffix 分别指定视图文件所在的路径和后缀 -->
       <property name="prefix" value="/" />
       <property name="suffix" value=".jsp" />
   </bean>
</beans>
```

在 spring-servlet.xml 配置文件中，首先为 SimpleUrlHandlerMapping 映射类指定了 mappings 属性值，指定其 login.do 请求的控制器为 loginController。然后配置了 loginController 控制器，该控制器对应的类为 LoginController，并通过 commandClass 属性指定请求数据的封装类型，执行到该控制器时，就会自动将数据封装成 Users；最后通过视图解析器 InternalResourceViewResolver 的处理，将 LoginController 控制器中的页面逻辑名 success 解析为 WebRoot 目录下的 success.jsp 文件。

(6) 在 WebRoot 目录下创建登录页面 login.jsp，其主要代码如下：

```
<form action="login.do" method="post">
   用户名：<input type="text" name="userName" />
   密码：<input type="text" name="userPwd" />
```

```
    <input type="submit" value="登录">
</form>
```

(7) 在 WebWebRoot 目录下创建登录成功页面 success.jsp，其主要代码如下：

```
欢迎您: ${user.userName }
```

部署项目并启动 Tomcat，请求“http://localhost:8088/springmvc/login.jsp”，输入登录信息，如图 25-2 所示。单击“登录”按钮，显示登录成功页信息，如图 25-3 所示。

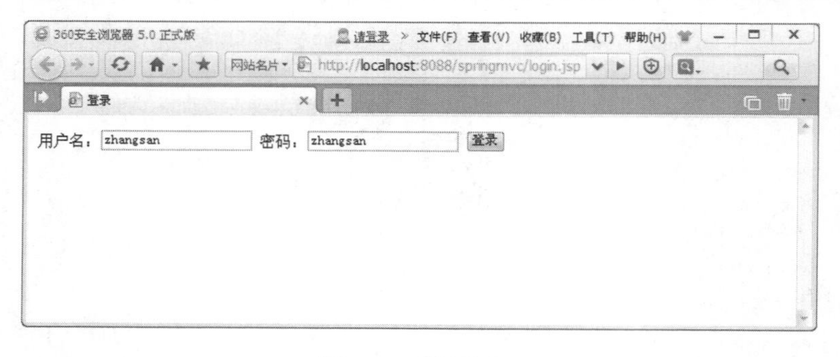

图 25-2　登录页面

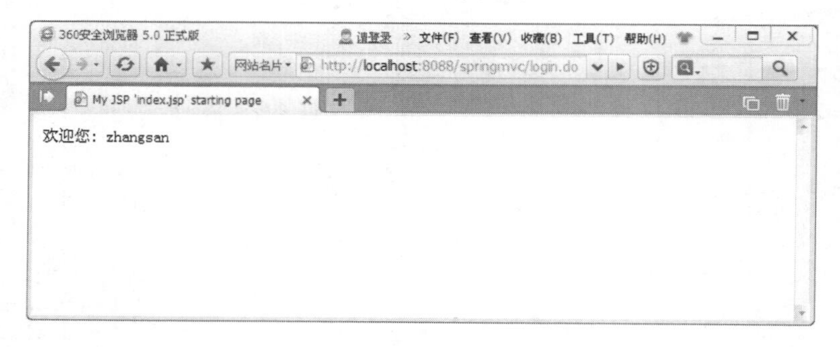

图 25-3　登录成功页面

25.3.2　表单控制器

通过继承 SimpleFormController 控制器类，用户可以创建自己的表单控制器，同样能够将请求参数封装到指定的数据对象上，并以此执行业务处理。

下面通过示例，来演示如何使用 SimpleFormController 控制器，实现用户注册功能，实现流程如下所示。

(1) 在 com.springmvc.web 包中创建 RegController 类，并继承 SimpleFormController 控制器类。RegController 类用于负责处理用户注册请求的表单控制器。代码如下：

```
package com.springmvc.web;
...
import org.springframework.web.servlet.ModelAndView;
import org.springframework.web.servlet.mvc.SimpleFormController;
import com.springmvc.entity.Users;
public class RegController extends SimpleFormController {
    @Override
```

```
    protected ModelAndView onSubmit(
        HttpServletRequest request, HttpServletResponse response,
        Object command, BindException errors) throws Exception {
         //获取用户对象
         Users user = (Users)command;
         //创建一个指定视图逻辑名的 ModelAndView 实例
         ModelAndView mav = new ModelAndView("show");
         //给 mav 实例指定数据模型
         mav.addObject("user", user);
         //返回 mav 实例
         return mav;
    }
    //进行数据格式转换
    @Override
    protected void initBinder(HttpServletRequest request,
      ServletRequestDataBinder binder) throws Exception {
         binder.registerCustomEditor(Date.class,
           new CustomDateEditor(new SimpleDateFormat("yyyy-MM-dd"), true));
    }
    //为注册表单中的“爱好下拉列表”提供数据列表
    @Override
    protected Map referenceData(HttpServletRequest request)
      throws Exception {
         Map<String, Object> model = new HashMap<String, Object>();
         model.put("hobbyList", new String[]{"Swimming","Running"});
         return model;
    }
}
```

RegController 类继承了 SimpleFormController 类，需要实现 onSubmit 方法。该方法的参数与前面介绍的命令控制器相同。在注册表单中单击“注册”按钮时，才执行该方法。

由于注册页面中输入的信息包括时间，而 Controller 不能将输入框中的时间正确封装成为 Date 对象，因为输入框中的值带到 Controller 中时，都是 String 类型的，这时就需要在 Controller 中重写一个方法 initBinder，来进行数据格式转换。

注册表单中需要为“爱好”下拉列表提供选项，这时，可能就需要获取构建下拉列表所需要的数据。

这种类型的数据信息可以通过覆写 referenceData 方法来提供，SimpleFormController 将会把通过 referenceData 方法返回的模型数据添加到即将返回的 ModelAndView 中。

(2)　在 spring-servlet.xml 配置文件中配置表单控制器。

首先为 SimpleUrlHandlerMapping 映射类指定 mappings 属性值，指定“reg.do”请求的控制器为 regController：

```
<!-- 配置处理器映射采用 SimpleUrlHandlerMapping -->
<bean class="org.springframework.web.servlet
  .handler.SimpleUrlHandlerMapping">
   <property name="mappings">
      <props>
         ...
```

```
            <prop key="reg.do">regController</prop>
        </props>
    </property>
</bean>
```

然后配置 regController 控制器，并通过 formView 属性指定表单录入页面对应的逻辑视图名；successView 属性指定成功页面对应的视图逻辑名。如下所示：

```
<!-- 定义控制器 RegController -->
<bean id="regController" class="com.springmvc.web.RegController">
    <!--设置请求数据的封装类型，执行到该控制器时就会自动将数据封装成 Users -->
    <property name="commandClass" value="com.springmvc.entity.Users" />
    <!-- 指定表单录入页面 -->
    <property name="formView" value="register" />
    <!-- 指定注册成功页面 -->
    <property name="successView" value="show" />
</bean>
```

通过前面配置好的视图解析器 InternalResourceViewResolver 的处理，以上所配置的逻辑视图名分别对应 WebRoot 目录下的 register.jsp 和 show.jsp 页面。

(3) 在 WebRoot 目录下创建注册页面 register.jsp，其主要代码如下：

```
<form action="reg.do" method="post">
    <table>
    <tr>
        <td>用户名：</td>
        <td><input type="text" name="userName" /></td>
    </tr>
    <tr>
        <td>密码：</td>
        <td><input type="text" name="userPwd" /></td>
    </tr>
    <tr>
        <td>注册时间：</td>
        <td><input type="text" name="regTime" /></td>
    </tr>
    <tr>
        <td>爱好：</td>
        <td>
            <select name="hobby">
                <c:forEach items="${hobbyList }" var="hobby">
                    <option value=${hobby}>${hobby }</option>
                </c:forEach>
            </select>
        </td>
    </tr>
    <tr>
        <td></td>
        <td><input type="submit" value="注册"> </td>
    </tr>
    </table>
```

```
</form>
```

(4) 在 WebRoot 目录下创建注册信息显示页面 show.jsp，其主要代码如下：

```
您的注册信息如下：
用户名：${user.userName }<br>
密码：${user.userName }<br>
注册时间为： ${user.regTime }<br>
个人爱好：${user.hobby }<br>
```

部署项目并启动 Tomcat，请求“http://localhost:8088/springmvc/reg.do”，结果如图 25-4 所示。

图 25-4　注册页面

第一次发出 reg.do 请求，交由控制器 regController，即 RegController 类处理。由于没有单击“注册”按钮提交表单，因此不会执行 RegController 类中的 onSubmit 方法。但会调用 referenceData 方法，为注册表单中“爱好下拉列表”提供数据列表。referenceData 方法中没有指定页面逻辑名，此时会按照配置 regController 控制器时通过 formView 属性指定表单录入页面对应的逻辑视图名 register 跳转到 register.jsp。

在注册页面中输入用户名“zhangsan”、密码“123456”、注册时间“2014-5-16”、选择爱好“Swimming”。单击“注册”按钮，显示注册信息，如图 25-5 所示。

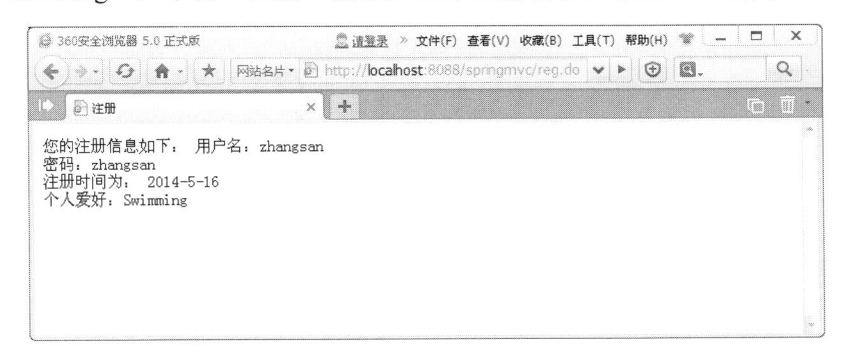

图 25-5　注册信息显示页

单击“注册”按钮后，再次发出请求“reg.do”，此时会执行 RegController 类中的 onSubmit 方法，执行完成后，根据逻辑页面名“show”，通过 show.jsp 页面显示注册信息。由于注册表单中输入了日期，通过执行 RegController 类中的 initBinder 方法进行日期格式转换。

25.3.3 多动作控制器

如果为每个请求创建一个控制器类来处理，那么大量的控制器类显然不利于程序的维护。Spring 提供了一个多动作处理器 MultiActionController，可以将多个动作放在同一个控制器内，实现功能集成，从而不必在配置文件中定义多个控制器。例如对 Users 表的查询、增删改等操作，可以使用一个 Controller 来实现。

下面通过示例来演示 MultiActionController 控制器的使用，将前面实现的用户登录和注册两个动作通过一个 Controller 来实现。实现流程如下所示。

(1) 在 com.springmvc.web 包中创建 UserController 类，并继承 MultiActionController 控制器类：

```
package com.springmvc.web;
...
import org.springframework.web.servlet.ModelAndView;
import
 org.springframework.web.servlet.mvc.multiaction.MultiActionController;
import com.springmvc.entity.Users;
public class UserController extends MultiActionController {
    //处理登录请求
    public ModelAndView login(HttpServletRequest request,
      HttpServletResponse response, Users user) throws Exception {
        //创建一个指定视图逻辑名的ModelAndView实例
        ModelAndView mav = new ModelAndView("success");
        //给mav实例指定数据模型
        mav.addObject("user", user);
        //返回mav实例
        return mav;
    }
    //处理显示注册页面请求
    public ModelAndView toReg(HttpServletRequest request,
      HttpServletResponse response) throws Exception {
        Map<String, Object> model = new HashMap<String, Object>();
        model.put("hobbyList", new String[]{"Swimming","Running"});
        ModelAndView mav = new ModelAndView("register", model);
        return mav;
    }
    //处理注册请求
    public ModelAndView doReg(HttpServletRequest request,
      HttpServletResponse response, Users user) throws Exception {
        //创建一个指定视图逻辑名的ModelAndView实例
        ModelAndView mav = new ModelAndView("show");
        //给mav实例指定数据模型
        mav.addObject("user", user);
        return mav;
    }
    //进行数据格式转换
    @Override
```

```
    protected void initBinder(HttpServletRequest request,
      ServletRequestDataBinder binder) throws Exception {
        binder.registerCustomEditor(Date.class,
          new CustomDateEditor(new SimpleDateFormat("yyyy-MM-dd"), true));
    }
}
```

在 UserController 类中定义了三个方法，分别用来处理登录请求、处理显示注册页面请求和处理注册请求。

(2)　在 spring-servlet.xml 配置文件中配置多动作控制器。

首先为 SimpleUrlHandlerMapping 映射类指定 mappings 属性值，指定“user.do”请求的控制器为 userController：

```
<!-- 配置处理器映射采用 SimpleUrlHandlerMapping -->
<bean class="org.springframework.web.servlet
  .handler.SimpleUrlHandlerMapping" >
    <property name="mappings">
        <props>
            ...
            <prop key="user.do">userController</prop>
        </props>
    </property>
</bean>
```

如上述代码所示，SimpleUrlHandlerMapping 类的 mappings 属性值定义为“user.do”，表明 user.do 的 URL 请求由名字为 userController 的多动作处理器来处理。

然后配置 userController 控制器，如下所示：

```
<!-- 定义控制器 UserController -->
<bean id="userController" class="com.springmvc.web.UserController">
    <property name="methodNameResolver" ref="methodNameResolver" />
</bean>
<!--配置 UserController 使用的方法对应策略 ParameterMethodNameResolver，
  用于解析请求中的特定参数的值，将该值作为方法名调用 -->
<bean id="methodNameResolver" class="org.springframework.web
  .servlet.mvc.multiaction.ParameterMethodNameResolver">
    <property name="paramName" value="method" />
</bean>
```

对于控制器中的多个方法，MultiActionController 是通过 MethodNameResolver 来选择执行的。MultiActionController 中的 MethodNameResolver 包括如下几个。

- InternalPathMethodNameResolver：根据 URL 样式来解析方法名，实际上就是根据 URL 中的“文件名”决定的。
- ParameterMethodNameResolver：根据请求中的参数来解析并执行方法名。
- PropertiesMethodNameResolver：查询一个 key/value 列表来解析并执行方法名。

这里选择使用 ParameterMethodNameResolver，该方法名解析器会根据 method 参数值来决定 UserController 要调用的方法。

请求“http://localhost:8088/springmvc/user.do?method=toReg”，将调用 UserController

类中的 toReg 方法。

(3) 修改登录页面 login.jsp 中表单<form>的 action 属性值，如下所示：

```
<form action="user.do?method=login" method="post">
```

部署项目并启动 Tomcat，请求“http://localhost:8088/springmvc/login.jsp”。输入用户名和密码后，单击“登录”按钮。请求 user.do?method=login，将调用 UserController 类的 login 方法，执行结束后，显示登录成功页面 success.jsp。

(4) 修改主要页面 register.jsp 中表单<form>的 action 属性值，如下所示：

```
<form action="user.do?method=doReg" method="post">
```

部署项目并启动 Tomcat，请求“http://localhost:8088/springmvc/user.do?method=toReg”，将调用 UserController 类中的 toReg 方法，执行结束后，将显示注册页面 register.jsp。

在注册页面中输入用户名、密码、注册事件，选择爱好，单击“注册”按钮。请求“http://localhost:8088/springmvc/user.do?method=doReg”，将调用 UserController 类的 doReg 方法，执行结束后显示注册信息。

25.4 处理器映射

在 Spring MVC 中，使用处理器映射，可将 HTTP 请求映射到正确的处理器(也称控制器)。处理器映射提供的基本功能是把请求传递到处理器执行链(HandlerExecutionChain)上，它包括处理器(Handler)和处理器拦截器(HandlerInterceptor)两个类对象。当收到用户请求时，DispatcherServlet 将请求交给处理器映射，由它对请求进行检查并找到一条匹配的处理器执行链，然后 DispatcherServlet 就会执行执行链中定义的处理器和拦截器。

最常用的处理器映射有 SimpleUrlHandlerMapping 和 BeanNameUrlHandlerMapping。

1. SimpleUrlHandlerMapping

这个映射处理器(HandlerMapping)可以配置请求的 URL 和处理器的映射关系。在前面讲解控制器时，spring-servlet.xml 配置文件中就使用了 SimpleUrlHandlerMapping 处理器映射。如下所示：

```
<!-- 配置处理器映射采用 SimpleUrlHandlerMapping -->
<bean class="org.springframework.web.servlet
  .handler.SimpleUrlHandlerMapping" >
    <!-- props 底下的 prop 标签内填写的 key 都是符合转发条件的 url 值,
      之后跟的是 bean 的 ID，如果输入的 url 值与 key 值中的 url 匹配，
      则执行对应 beanID 绑定的 Controller -->
    <property name="mappings">
        <props>
            <prop key="login.do">loginController</prop>
            <prop key="reg.do">regController</prop>
            <prop key="user.do">userController</prop>
        </props>
    </property>
```

```
</bean>
```

SimpleUrlHandlerMapping 的 mappings 属性用 props 装配了一个 java.util.Properties。

prop 元素的 key 属性是 URL 样式。

prop 的值是处理这个 URL 的处理器的 Bean 的名字。

2. BeanNameUrlHandlerMapping

BeanNameUrlHandlerMapping 根据 Bean 定义时指定的 name 属性和请求 URL 来决定使用哪个 Controller 实例，默认情况下，DispatcherServlet 使用的是 BeanNameUrlHandlerMapping 来处理请求。下面这段配置就是使用 BeanNameUrlHandlerMapping：

```
<bean class="org.springframework.web.servlet
  .handler.BeanNameUrlHandlerMapping" />
<bean name="/lc.do" class="com.springmvc.web.LoginController">
   <property name="commandClass" value="com.springmvc.entity.Users" />
</bean>
```

将登录页面 login.jsp 中表单<form>的 action 属性修改如下：

```
<form action="lc.do" method="post">
```

部署项目，启动 Tomcat，请求“http://localhost:8088/springmvc/login.jsp”，打开登录页面，输入用户名和密码后，单击“登录”按钮，请求“http://localhost:8088/springmvc/lc.do”，该请求将由 LoginController 控制器类来处理。

25.5　视图解析器

Spring MVC 中提供了视图解析器来解析 ModelAndView 模型数据到特定的视图，所有的视图解析器都实现了 ViewResolver 接口。

ViewResolver 接口的实现类详细说明如下所示。

- InternalResourceViewResolver：将逻辑视图名解析为一个用模板文件(如 JSP 和 Velocity)渲染的视图对象。
- BeanNameViewResolver：将逻辑视图名解析为一个 DispatcherServlet 应用上下文中的视图 Bean。
- ResourceBundleViewResolver：将逻辑视图名解析为 ResourceBundle 中的视图对象。
- XmlViewResolver：从一个 XML 文件中解析视图 Bean，该文件从 DispatcherServlet 应用上下文中分离出来。
- XsltViewResolver：将视图名解析为一个指定 XSLT 样式表的 URL 文件。
- JasperReportsViewResolver：将视图名解析为报表文件对应的 URL。
- FreeMarkerViewResolver：将视图名解析为基于 FreeMarker 模板技术的模板文件。
- VelocityViewResolver 和 VelocityLayoutViewResolver：将视图名解析为 Velocity 模板技术的模板文件。

用户可以选择合适的视图解析器。

ViewResolver 是通过视图名称来解析视图的，它提供了从视图逻辑名到实际视图的映射。常用的 ViewResolver 有 InternalResourceViewResolver 和 ResourceBundleViewResolver。

1. InternalResourceViewResolver

在前面的 spring-servlet.xml 配置文件中使用了 InternalResourceViewResolver，如下所示：

```
<bean class="org.springframework.web
  .servlet.view.InternalResourceViewResolver">
    <!-- 属性 prefix 和 suffix 分别指定视图文件所在的路径和后缀 -->
    <property name="prefix" value="/" />
    <property name="suffix" value=".jsp" />
</bean>
```

在视图逻辑名前面加上 prefix，后面加上 suffix。如果页面逻辑名为 register，则 DispatcherServlet 把 register 解析为 WebRoot 目录下的 register.jsp。

2. ResourceBundleViewResolver

ResourceBundleViewResolver 把视图逻辑名和真实文件的映射关系放在“.properties”属性文件中。在 spring-servlet.xml 配置文件中，使用 ResourceBundleViewResolver 视图解析器的配置如下所示：

```
<bean id="myViewResolver" class="org.springframework.web.servlet
  .view.ResourceBundleViewResolver">
    <property name="basename" value="views"/>
</bean>
```

默认地，ResourceBundleViewResolver 从位于项目 class 路径根目录下的 views.properties 文件中加载视图 bean，这个位置可以通过“basename”属性覆盖。在上面的配置中，它从位于项目 class 路径根目录下的“views.properties”中加载视图 bean。

在项目 class 路径根目录下创建 views.properties，内容如下所示：

```
success.(class)=org.springframework.web.servlet.view.JstlView
success.url=success.jsp
```

将每个视图 bean 按普通的资源绑定样式(键-值对)进行声明，如下所示。

- success：是要匹配的视图名称。
- .(class)：是视图的类型。
- .url：属性是视图的 url 位置。

部署项目并启动 Tomcat，打开登录页面，输入用户名和密码后，单击“登录”按钮，根据处理器映射进入控制器类执行请求，执行结束后根据 views.properties 属性文件，将逻辑页面名“success”成功解析为 success.jsp。

25.6　基于注解的 Spring MVC

前面介绍了三种控制器，分别是命令控制器(AbstractCommandController)、表单控制器

(SimpleFormController)和多动作控制器(MultiActionController)。其实，在继承这些类实现自己的控制器时，会发现这些父类已经过时了，原因是推荐使用基于注解的 Spring MVC。

在使用注解的 SpringMVC 中，处理器 Handler 是基于@Controller 和@RequestMapping 这两个注解的，@Controller 用于声明一个处理器类，@RequestMapping 用于声明对应请求的映射关系，这样就可以提供一个非常灵活的匹配和处理方式。

以前面介绍的登录与注册功能为例，下面是基于注解的 Spring MVC 的实现方法。

(1) 创建一个名为 annotationspringmvc 的 Web 项目，使用 MyEclipse 2013 工具给项目添加 Spring 支持。

(2) 在项目中创建 com.annotationspringmvc.entity 包，在包中创建 Users 类，该类包含下面几个属性，并添加这几个属性的 get 和 set 方法：

```
package com.springmvc.entity;
public class Users implements java.io.Serializable {
    private String userName;
    private String userPwd;
    private String regTime;
    private String hobby;
    public Users() {}
    //省略上述属性的 get 和 set 方法
}
```

(3) 在项目中创建 com.annotationspringmvc.web 包，然后，在包中创建一个普通的 UserController 类：

```
package com.annotationspringmvc.web;
...
@Controller
@RequestMapping("/user")
//将 ModelMap 中名为 user 的属性放到 Session 中，以便这个属性可以跨请求访问
@SessionAttributes("user")
public class UserController {
    //处理登录请求
    @RequestMapping(value="/login")
    public String login(Users user, ModelMap model) {
        //将 user 对象以 user 为键放入到 model 中
        model.put("user", user);
        return "success";
    }
    @RequestMapping(value="/toReg")
    //获取“爱好”下拉列表数据，显示注册页面
    public String toReg(ModelMap model) {
        model.put("hobbyList", new String[]{"Swimming", "Running"});
        return "register";
    }
    //日期格式转换
    @InitBinder
    public void initBinder(WebDataBinder binder) {
        binder.registerCustomEditor(Date.class,
          new CustomDateEditor(new SimpleDateFormat("yyyy-MM-dd"), true));
```

```
    }
    //处理注册请求
    @RequestMapping(value="/doReg")
    public String doReg(Users user, ModelMap model) {
        //将 user 对象以 user 为键放入到 model 中
        model.put("user", user);
        return "redirect:/show.jsp";
    }
}
```

在 UserController 类中，@Controller 注解标识一个控制器，@RequestMapping 注解标记一个访问的路径；@RequestMapping 注解在类级别上，则表示相对路径，在方法级别上，则标记访问路径。当请求“/user/login.do”时就会执行 UserController 类中的 login 方法；当请求“/user/toReg.do”时就会执行 UserController 类中的 toReg 方法；当请求“/user/doReg.do”时，就会执行 UserController 类中的 doReg 方法。

在 login、toReg 和 doReg 方法中，Users 类型的参数 user 用于封装表单参数，ModelMap 类型的参数 model 作为通用的模型数据承载对象，传递数据供视图所用。方法的返回类型不要求是 ModelAndView 类型，可以是 String 类型。

在 doReg 方法中，为了防止用户反复提交，使用了重定向。由于在默认情况下 ModelMap 中的属性作用域是 Request 级别，即当本次请求结束后，ModelMap 中的对象将销毁，因此重定向后，show.jsp 页面将无法从 ModelMap 中获取 user 对象。如果希望在多个请求中共享 ModelMap 中的对象，必须将其属性转存到 Session 中，这样 ModelMap 的属性才可以被跨请求访问。

Spring MVC 允许有选择地指定 ModelMap 中的对象需要转存到 Session 中，这一功能是通过类定义处标注@SessionAttributes 注解来实现的。

(4) 在 web.xml 文件中配置 DispatcherServlet，如下所示：

```
<servlet>
    <servlet-name>annomvc</servlet-name>
    <servlet-class>
        org.springframework.web.servlet.DispatcherServlet
    </servlet-class>
    <load-on-startup>1</load-on-startup>
</servlet>
<servlet-mapping>
    <servlet-name>annomvc</servlet-name>
    <url-pattern>*.do</url-pattern>
</servlet-mapping>
```

如上述配置，该应用将加载 WEB-INF 目录下的 annomvc-servlet.xml 文件。

(5) 在 WEB-INF 目录下创建 annomvc-servlet.xml 配置文件，如下所示：

```
<?xml version="1.0" encoding="UTF-8"?>
<beans
  xmlns="http://www.springframework.org/schema/beans"
  xmlns:xsi="http://www.w3.org/2001/XMLSchema-instance"
  xmlns:p="http://www.springframework.org/schema/p"
```

```
xmlns:tx="http://www.springframework.org/schema/tx"
xmlns:mvc="http://www.springframework.org/schema/mvc"
xmlns:context="http://www.springframework.org/schema/context"
xsi:schemaLocation="http://www.springframework.org/schema/beans
http://www.springframework.org/schema/beans/spring-beans-3.1.xsd
http://www.springframework.org/schema/tx
http://www.springframework.org/schema/tx/spring-tx.xsd
http://www.springframework.org/schema/context
http://www.springframework.org/schema/context/spring-context-3.1.xsd
http://www.springframework.org/schema/mvc
http://www.springframework.org/schema/mvc/spring-mvc-3.1.xsd">
    <!-- 用来扫描该包内被@Repository、@Service 和@Controller 的注解类,
      然后注册到工厂中 -->
    <context:component-scan base-package="com.annotationspringmvc.web" />
    <!-- 配置视图解析器 -->
    <bean class="org.springframework.web.servlet
      .view.InternalResourceViewResolver">
        <property name="prefix" value="/" />
        <property name="suffix" value=".jsp" />
    </bean>
</beans>
```

在 annomvc-servlet.xml 配置文件中，首先要引入 mvc 和 context 命名空间。然后添加<context:component-scan>标记，通过 base-package 属性指定扫描 com.annotationspringmvc.web 包内被@Repository、@Service 和@Controller 注解的类，然后注册到工厂中。

(6) 在 WebRoot 目录下创建登录页面 login.jsp，其主要代码如下：

```
<form action="user/login.do" method="post">
    用户名：<input type="text" name="userName" />
    密码：<input type="text" name="userPwd" />
    <input type="submit" value="登录">
</form>
```

(7) 在 WebWebRoot 目录下创建登录成功页面 success.jsp，其主要代码如下：

```
欢迎您：${ user.userName }
```

浏览登录页面 login.jsp，输入用户名和密码后，单击“登录”按钮，请求“user/login.do”，将会执行 UserController 类中的 login 方法。执行结束后，转到登录成功页 success.jsp。

(8) 在 WebRoot 目录下创建注册页面 register.jsp，其主要代码如下：

```
<form action="doReg.do" method="post">
    <table>
    <tr>
        <td>用户名：</td>
        <td><input type="text" name="userName" /></td>
    </tr>
    <tr>
        <td>密码：</td>
        <td><input type="text" name="userPwd" /></td>
    </tr>
```

```
    <tr>
        <td>注册时间：</td>
        <td><input type="text" name="regTime" /></td>
    </tr>
    <tr>
        <td>爱好：</td>
        <td>
            <select name="hobby">
                <c:forEach items="${hobbyList}" var="hobby">
                    <option value=${hobby}>${hobby}</option>
                </c:forEach>
            </select>
        </td>
    </tr>
    <tr>
        <td></td>
        <td><input type="submit" value="注册"> </td>
    </tr>
    </table>
</form>
```

(9) 在 WebWebRoot 目录下创建注册信息显示页面 show.jsp，其主要代码如下：

```
您的注册信息如下：
用户名：${user.userName }<br>
密码：${user.userName }<br>
注册时间为：${user.regTime }<br>
个人爱好：${user.hobby }<br>
```

请求“http://localhost:8088/annotationspringmvc/user/toReg.do”，将会执行 UserController 类中的 toReg 方法，获取“爱好”下拉列表数据，显示注册页面 reg.jsp。

在注册页面 reg.jsp 中输入用户名、密码、注册时间，选择爱好后，单击“注册”按钮，请求“http://localhost:8088/annotationspringmvc/user/doReg.do”，将会执行 UserController 类中的 doReg 方法。执行结束后，转到 show.jsp 页面，显示注册信息。

在@RequestMapping 中还可以指定一个属性 method，其主要对应的值有 RequestMethod.GET 和 RequestMethod.POST，如指定 method 的值为 GET，则表示只有通过 GET 方式才能访问该方法，默认是都可以访问。

可以给 UserController 类中 toReg 和 doReg 方法使用@RequestMapping 指定 method 属性，如下所示：

```
//@RequestMapping(value="/toReg")
@RequestMapping(value="/reg",method=RequestMethod.GET)
//获取“爱好”下拉列表数据，显示注册页面
public String toReg(ModelMap model) {
    model.put("hobbyList", new String[]{"Swimming", "Running"});
    return "register";
}
//处理注册请求
//@RequestMapping(value="/doReg")
```

```
@RequestMapping(value="/reg",method=RequestMethod.POST)
public String doReg(Users user, ModelMap model) {
    //将 user 对象以 user 为键放入到 model 中
    model.put("user", user);
    return "redirect:/show.jsp";
}
```

可以看出，给@RequestMapping 指定 method 属性后，@RequestMapping 的 value 属性可以指定同一个值“/reg”。

将注册页面 register.jsp 中<form>表单的 action 属性设置如下：

```
<form action="" method="post">
```

请求“http://localhost:8088/annotationspringmvc/user/reg.do”，由于这种请求方式为 GET 方法，因此会调用 UserController 类中 toReg 方法。执行完成后，显示注册页面 register.jsp。

在注册页面 register.jsp 中输入用户名、密码、注册事件，选择爱好，单击“注册”按钮，由于表单的 aciton 属性设置为“”，没有指定内容，还是请求“/user/reg.do”。但此时请求的方式是 POST，因此会调用 UserController 类中的 doReg 方法。执行结束后，重定向到 show.jsp 页，显示注册信息。

在@RequestMapping 中可以使用 params 替代 value 属性和 method 属性，如下所示：

```
//@RequestMapping(value="/toReg")
//@RequestMapping(value="/reg",method=RequestMethod.GET)
@RequestMapping(params="method=toReg")
//获取“爱好”下拉列表数据，显示注册页面
public String toReg(ModelMap model) {
    model.put("hobbyList", new String[]{"Swimming", "Running"});
    return "register";
}
//处理注册请求
//@RequestMapping(value="/doReg")
//@RequestMapping(value="/reg",method=RequestMethod.POST)
@RequestMapping(params="method=doReg")
public String doReg(Users user, ModelMap model) {
    //将 user 对象以 user 为键放入到 model 中
    model.put("user", user);
    return "redirect:/show.jsp";
}
```

将注册页面 register.jsp 中<form>表单的 action 属性设置如下：

```
<form action="user.do?method=doReg" method="post">
```

此时，请求“http://localhost:8088/annotationspringmvc/user.do?method=toReg”，将调用 UserController 类中 toReg 方法。执行结束后，显示注册页面 register.jsp。

在注册页面 register.jsp 中，输入用户名、密码、注册事件，选择爱好，单击“注册”按钮，请求“user.do?method=doReg”。将会调用 UserController 类中的 doReg 方法，执行结束后，重定向到 show.jsp 页面，显示注册信息。

25.7 Spring MVC(注解)文件上传

Spring MVC 支持 Web 应用程序的上传功能，是通过内置的即插即用的 CommonsMultipartResolver 解析器来实现的。它定义在 org.springframework.web.multipart 包中，Spring 通过使用 Commons FileUpload 插件来完成 MultipartResolver。

默认情况下，Spring 不会处理 multipart 的 form 信息，因为默认用户会自己去处理这部分信息，当然可以随时打开这个支持。这样对于每一个请求，都会查看它是否包含 multipart 的信息，如果没有，则按流程继续执行。如果有，就会交给已经被声明的 MultipartResolver 进行处理，然后就能像处理其他普通属性一样处理文件上传了。

下面将使用 CommonsMultipartResolver 实现文件的上传功能，具体流程如下所示：

(1) 在 annomvc-servlet.xml 配置文件中，声明 CommonsMultipartResolver 解析器，如下所示：

```
<!-- 支持上传文件 -->
<bean id="multipartResolver" class="org.springframework.web.multipart
  .commons.CommonsMultipartResolver">
    <!-- 设置上传文件的最大尺寸为 1MB -->
    <property name="maxUploadSize">
        <value>1048576</value>
    </property>
</bean>
```

当然，要把所需的 JAR 包放到 lib 目录中，就是 commons-fileupload.jar 和 commons-io.jar。在 annotationspringmvc 项目中使用 MyEclipse 2013 工具添加了 Spring 支持，只添加了 commons-fileupload-1.2.jar 包，还需自己下载 commons-io-1.3.2.jar 包，并添加到项目的 lib 目录中。

(2) 创建文件上传页面 index.jsp：

```
<form action="upload.do" method="post" enctype="multipart/form-data">
   <input type="file" name="file" />
   <input type="submit" value="上传" />
</form>
```

(3) 创建一个 Controller 来处理文件上传。该 Controller 与其他 Controller 一样，只是在方法参数中使用了@RequestParam 注解和 MultipartFile。代码如下：

```
package com.annotationspringmvc.web;
import java.io.File;
import javax.servlet.http.HttpServletRequest;
import org.springframework.stereotype.Controller;
import org.springframework.ui.ModelMap;
import org.springframework.web.bind.annotation.RequestMapping;
import org.springframework.web.bind.annotation.RequestParam;
import org.springframework.web.multipart.MultipartFile;
@Controller
public class FileUpload {
```

```
    @RequestMapping(value = "/upload")
    public String upload(@RequestParam(value="file", required=false)
    MultipartFile file, HttpServletRequest request, ModelMap model) {
        //服务器端 upload 文件夹物理路径
        String path = request.getSession()
          .getServletContext().getRealPath("upload");
        //获取文件名
        String fileName = file.getOriginalFilename();
        //实例化一个 File 对象，表示目标文件(含物理路径)
        File targetFile = new File(path, fileName);
        if(!targetFile.exists()) {
            targetFile.mkdirs();
        }
        try {
            //将上传文件写到服务器上指定的文件
            file.transferTo(targetFile);
        } catch (Exception e) {
            e.printStackTrace();
        }
        model.put("fileUrl",
          request.getContextPath() + "/upload/" + fileName);
        return "result";
    }
}
```

在 FileUpload 类的 upload 方法参数中，@RequestParam 注解用于在控制器 FileUpload 中绑定请求参数到方法参数。请求参数为 file，将 index.jps 页面中名为 file 的 value 值赋给 MultipartFile 类型的 file 属性；required=false 表示使用这个注解可以不传这个参数，如果 required=true 时，则必须传递该参数，required 默认值是 true。

上传成功后，转到上传成功页面 result.jsp，显示上传文件名称：

```
文件名：${fileUrl }
```

部署项目，启动 Tomcat，浏览 index.jsp 页面，如图 25-6 所示。选择要上传的文件，单击“上传”按钮，打开如图 25-7 所示的页面。

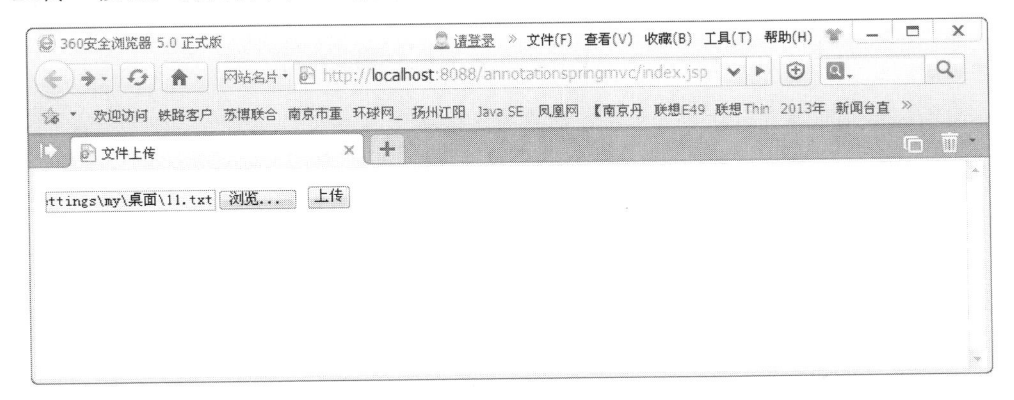

图 25-6　文件上传页面

图 25-7　上传成功界面

上传成功后，Tomcat 的根路径/webapps/annotationspringmvc/upload 目录下就能看到新上传的文件。

如果文件名有中文的，可能会出现中文乱码问题。在 web.xml 配置文件中，可以使用 Spring 自带的 Web 字符集过滤器进行字符的过滤，来解决问题：

```
<!-- 字符过滤器 -->
<filter>
   <filter-name>encodingFilter</filter-name>
   <filter-class>
      org.springframework.web.filter.CharacterEncodingFilter
   </filter-class>
   <init-param>
      <param-name>encoding</param-name>
      <param-value>gbk</param-value>
   </init-param>
</filter>
<filter-mapping>
   <filter-name>encodingFilter</filter-name>
   <url-pattern>/*</url-pattern>
</filter-mapping>
```

25.8　Spring MVC 国际化

在 Web 开发中，经常会遇到国际化的问题，除了 Struts 2 框架，Spring MVC 也提供了对国际化的支持。Spring 使用 ResourceBundleMessageSource 实现国际化资源的定义，在这里简单实现了 Spring MVC 国际化。

首先，在 annotationspringmvc 项目的 Spring 配置文件 applicationContext.xml 中，声明一个资源文件绑定器，如下所示：

```
<!-- 资源文件绑定器 -->
<bean id="messageSource" class="org.springframework.context
  .support.ResourceBundleMessageSource">
   <property name="basename" value="mess" />
```

```
</bean>
```

配置 messageSource 这个 bean 时，需要注意是 messageSource，而不是 messageResource，也不能是其他，这是 Spring 的规定。

然后，在项目的 src 目录下创建国际化资源文件，分别为 mess_en_US.properties 和 mess_zh_CN.properties。

mess_en_US.properties 文件的代码如下所示：

```
username=UserName
password=Password
```

mess_zh_CN.properties 文件的代码如下所示：

```
username=\u7528\u6237\u540D
password=\u5BC6\u7801
```

接下来，在登录页面 login.jsp 中，通过 Spring 标签访问资源文件中的 key(键)。先在 login.jsp 页面头部使用 taglib 指令引入 Spring 标签库描述符文件，如下所示：

```
<%@ taglib prefix="spring" uri="http://www.springframework.org/tags"%>
```

再将原先的“登录名”和“密码”提示文字替换如下：

```
<spring:message code="username" />
<input type="text" name="userName" />
<spring:message code="password" />
<input type="text" name="userPwd" />
```

最后，测试国际化效果。

可以通过浏览器的 Internet 选项设置，设置语言首选项，如图 25-8 所示。

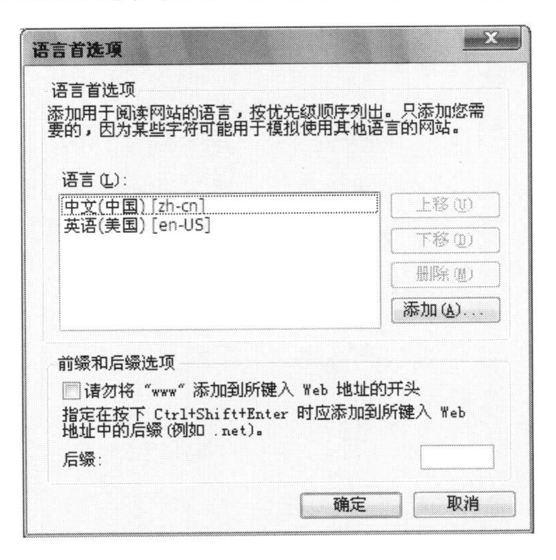

图 25-8　设置语言首选项

当首选语言是“中文(中国)[zh-cn]”时，登录页显示如图 25-9 所示，当首选语言是“英语(美国)[en-US]”时，登录页显示如图 25-10 所示。

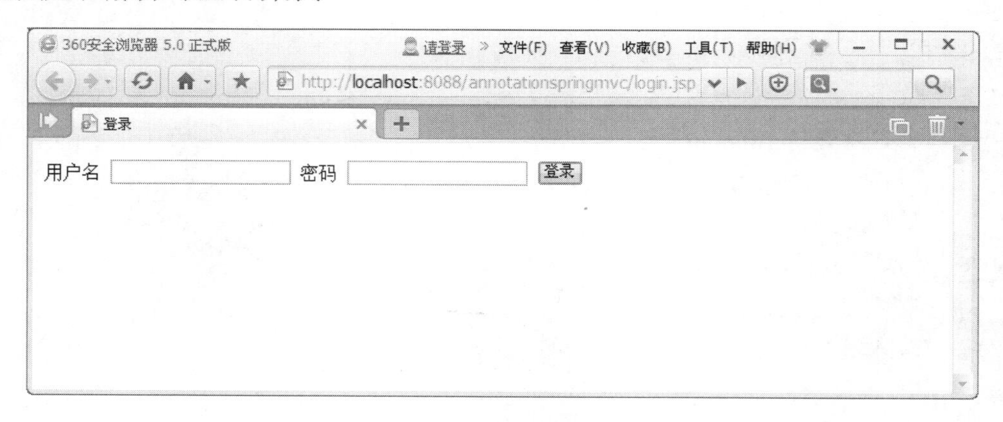

图 25-9　登录页中文国际化

图 25-10　登录页英文国际化

25.9　小　　结

本章首先介绍了 Spring MVC 的基本概念，并通过登录和注册示例讲述了 Spring MVC 的重要概念：控制器、处理器映射、视图解析器。然后介绍了基于注解的 Spring MVC 实现。最后介绍了 Spring MVC 中的两个应用：基于注解的文件上传和国际化。

第六篇　SSH2 项目示例篇

第 26 章　新闻发布系统

新闻发布系统是一个信息传播平台，系统主要功能包括：新闻浏览功能、新闻发布功能和新闻管理功能。任何用户都可以通过本系统来阅读新闻信息。管理员登录系统后，可以使用新闻管理功能，新闻管理包括主题和新闻的添加、修改和删除。

本系统在开发过程中整合了 Spring 3、Hibernate 4 和 Struts 2 框架。其中，Struts 2 框架用来处理页面逻辑，Hibernate 4 框架用来进行持久化操作，Spring 3 对 Struts 2 和 Hibernate 4 进行的整合。Spring 3 与 Hibernate 4 的集成提供了很好的配置方式，同时也简化了 Hibernate 4 的编码，Spring 3 与 Struts 2 的集成实现了系统层与层之间的脱耦，从而使得系统运行效率更高，维护也更方便。

本系统的开发，涉及以下几方面的知识：

- Spring 3 + Struts 2 + Hibernate 4 整合。
- MVC 开发模式。
- 文件上传。
- 分页显示。

26.1　系统概述及需求分析

本章要实现的是一个简易的新闻发布系统，通过在本系统后台添加新闻，前台的新闻自动发生变化。系统主要分为两个部分：前台与后台。在前台，未登录用户可以通过选择主题，分页查看该主题的所有新闻标题，单击新闻标题可浏览新闻的详细内容；在后台，管理员可以对主题和新闻进行管理。具体包括主题添加、修改和删除，新闻的查询、添加、修改和删除。

系统中未登录客户和管理员的用例图分别如图 26-1 和 26-2 所示。

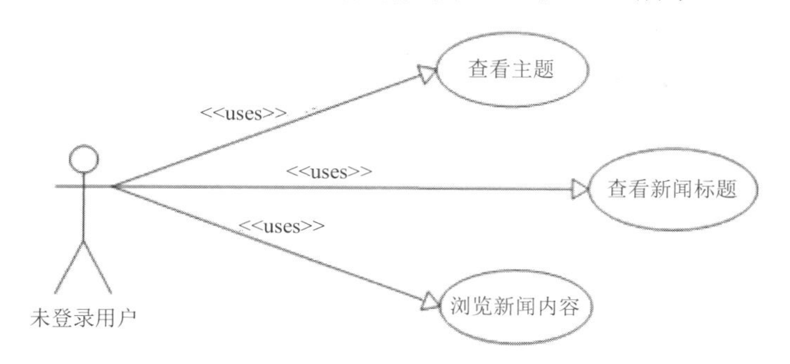

图 26-1　未登录客户对应功能的用例图

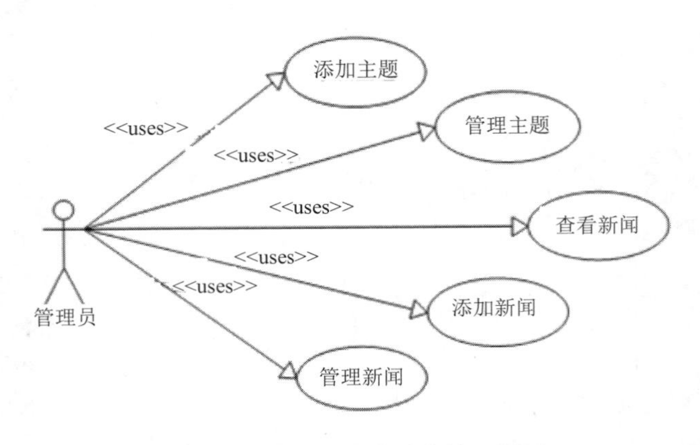

图 26-2　管理员对应功能的用例图

26.2　系 统 分 析

根据系统需求分析，可以得到系统的模块结构，如图 26-3 所示。

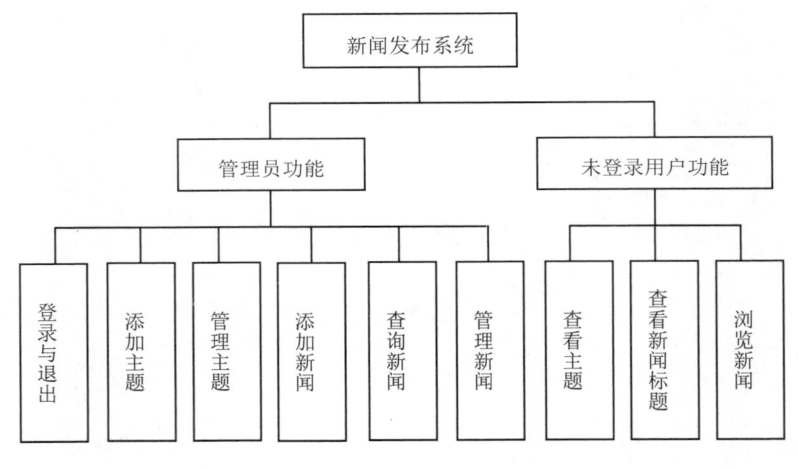

图 26-3　新闻发布系统模块的结构

26.3　数据库设计

数据库设计是系统设计中非常重要的一个环节，数据是设计的基础，直接决定系统的成败。如果数据库设计不合理、不完善，将在系统开发过程中，甚至到后期的维护时，引起严重的问题。

这里根据系统需求，创建了 3 张表，如下所示。

- 主题表(topic)：用于记录新闻主题。
- 新闻信息表(newsinfo)：用于记录新闻相关信息。
- 管理员信息表(admin)：用于记录管理员登录名和密码。

其中，主题表(topic)的字段说明如表 26-1 所示。

表 26-1　主题表(topic)

字 段 名	类　型	说　明
Id	int(4)	主题编号，主键、自增
Name	varchar(10)	主题名称

新闻信息表(newsinfo)的字段说明如表 26-2 所示。

表 26-2　新闻信息表(newsinfo)

字 段 名	类　型	说　明
Id	int(4)	新闻编号，主键、自增
Title	varchar(100)	新闻标题名
Author	varchar(10)	新闻发布人
CreateDate	datetime	发布时间
Content	varchar(10000)	新闻内容
Summary	varchar(500)	新闻摘要
Tid	int(4)	所属主题，外键

管理员信息表(admin)的字段说明如表 26-3 所示。

表 26-3　管理员信息表(admin)

字 段 名	类　型	说　明
Id	int(4)	编号，主键、自增
LoginName	varchar(20)	登录名
LoginPwd	varchar(20)	登录密码

创建数据表后，设计数据表之间的关系，如图 26-4 所示。

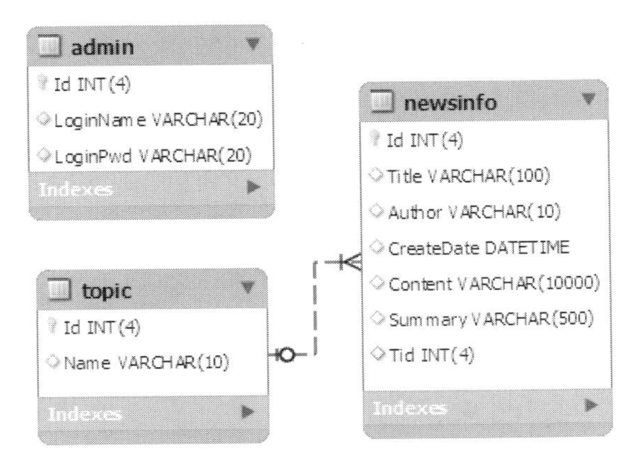

图 26-4　系统数据表之间的关系

26.4 系统环境搭建

系统开发前首先需要搭建环境，包括创建项目、添加 Spring 3、Hibernate 4 和 Struts 2 支持、配置事务管理。

26.4.1 创建项目

创建一个名为 News 的 Web Project，选择 Java EE 的版本为“Java EE 6.0”，Java 的版本为 1.7，选择一个 Target runtime，如图 26-5 所示。

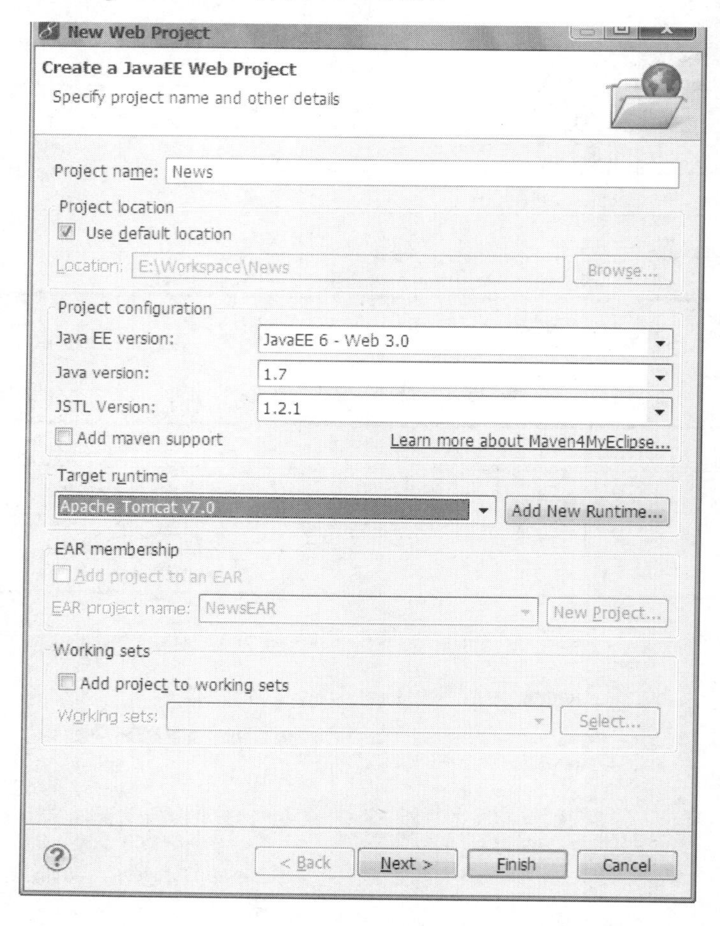

图 26-5 创建 Web 项目

26.4.2 添加 Spring 支持

在包资源管理器中，右击项目名 News，从弹出的快捷菜单中选择 MyEclipse → Project Facets[Capabilities] → Install Spring Facet 命令，弹出 Install Spring Facet 对话框，如图 26-6

所示。

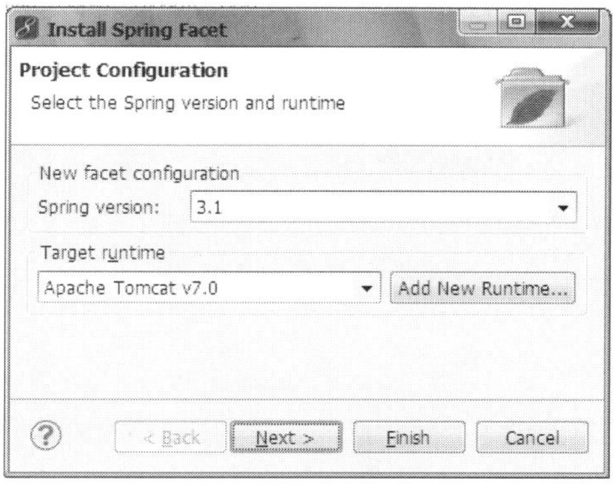

图 26-6　Install Spring Facet 对话框

MyEclipse 2013 版本提供的 Spring 的最高版本为 3.1(如果需要使用更高的版本，则需要采用手工方式添加)。

单击 Next 按钮，进入 Configure Spring project 界面，如图 26-7 所示。

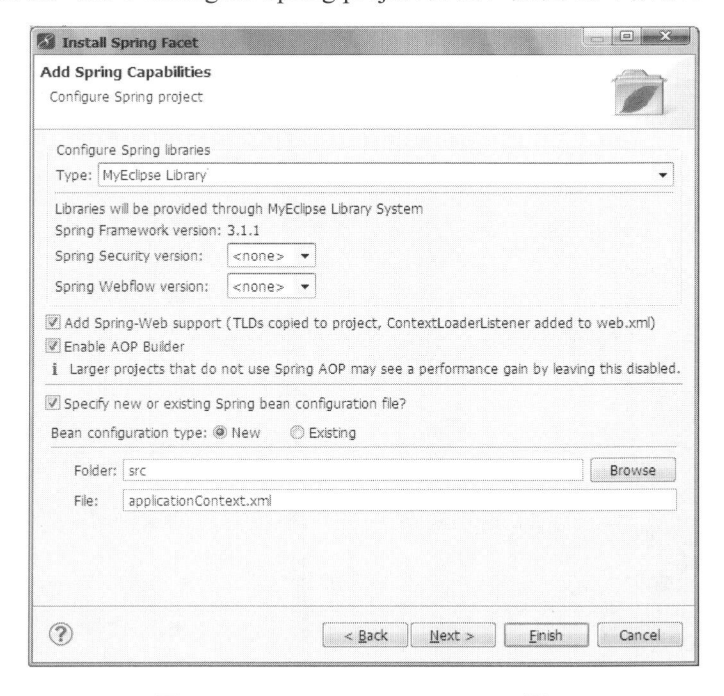

图 26-7　Configure Spring project 界面

通过向导添加 Spring 支持时，会自动地在 src 目录下新建一个名为 applicationContext.xml 的配置文件，该配置文件是 Spring 框架的一个重要的配置文件。

单击 Next 按钮，进入 Add libraries to the project 界面，如图 26-8 所示。

选择添加 Spring 的 Core、Facets、Spring Persistence 和 Spring Web 库，单击 Finish 按钮，完成 Spring 支持的添加。

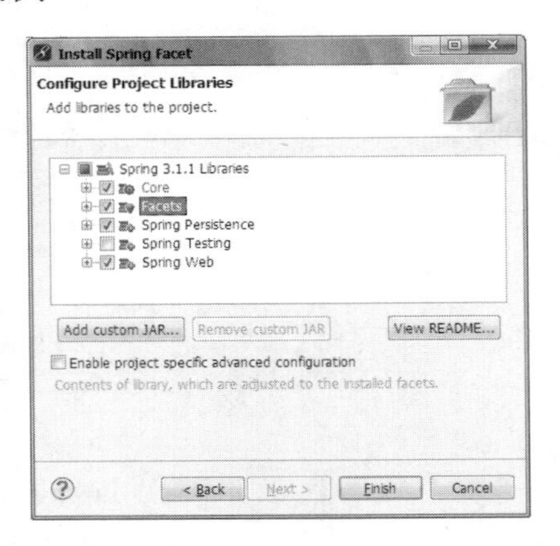

图 26-8　Add libraries to the project 界面

26.4.3　添加 Hibernate 支持

添加 Hibernate 支持前，先切换到 MyEclipse Database Explorer 透视图。使用向导配置数据库连接信息，打开如图 26-9 所示的 DB Browser 透视图。

在 DB Browser 透视图中，右击，从弹出的快捷菜单中选择 New 命令，弹出如图 26-10 所示的 Database Driver 对话框。

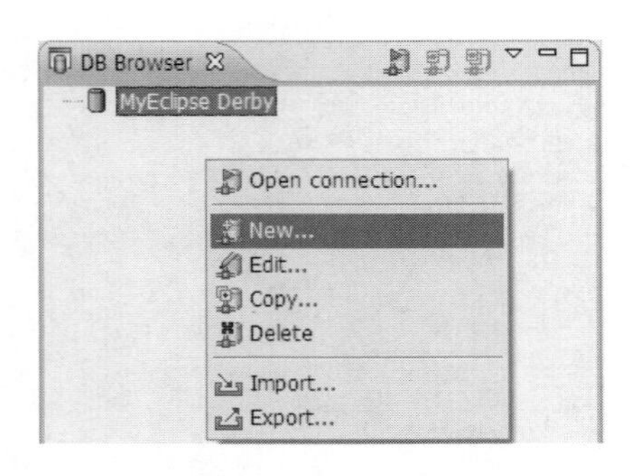

图 26-9　DB Browser 透视图

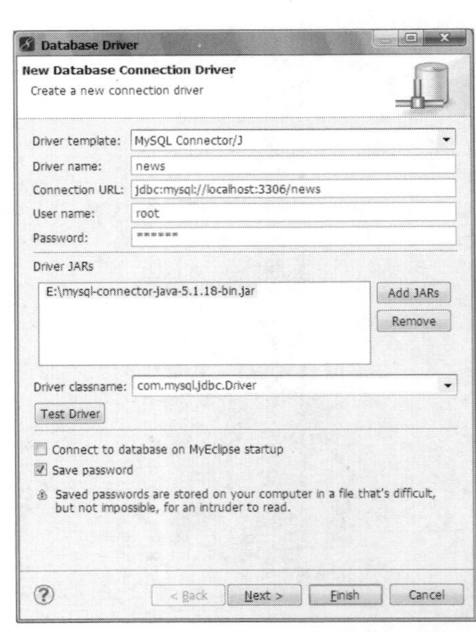

图 26-10　Database Driver 对话框

Driver template 选择为"MySQL Connector/J"，表示使用的是 MySQL 数据库；Driver name 是连接信息名，可以任意填写，这里填写为"news"；Connection URL 为连接数据库的完整的 JDBC URL，这里为"jdbc:mysql://localhost:3306/news"；User name 为要连接到数据库的用户名，这里为"root"；Password 为要连接到数据库的用户名的密码，这里为"123456"。单击 Add JARs 按钮，添加 MySQL 数据库的驱动包。添加完成后，Driver classname 旁的下

拉列表中自动填写了用于连接到 JDBC 数据库的类，这里用的是 MySQL 的 JDBC 类。所有信息填写完成后，可以单击 Test Driver 按钮测试数据库连接是否成功。单击 Finish 按钮，完成数据库连接信息。

然后在“包资源管理器”中右击项目名，从弹出的快捷菜单中选择 MyEclipse → Project Facets[Capabilities] → Install Hibernate Facet 命令，弹出如图 26-11 所示的 Install Hibernate Facet 对话框。

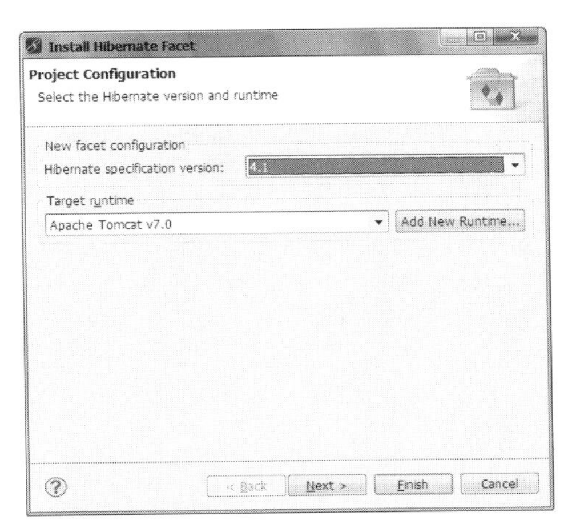

图 26-11　Install Hibernate Facet 对话框

在图 26-11 中，选择 Hibernate 版本和运行时。单击 Next 按钮，进入如图 26-12 所示的 Hibernate Support for MyEclipse 界面。

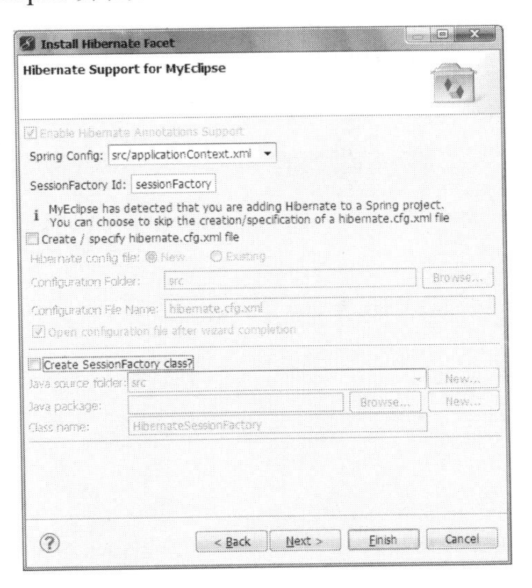

图 26-12　Hibernate Support for MyEclipse 界面

Spring 整合 Hibernate 后，后者的配置信息可写在 Spring 配置文件 applicationContext.xml 中，因此 Create / specify hibernate.cfg.xml file 复选框默认不选中，即不需要创建 Hibernate 配置文件 hibernate.cfg.xml。

由于 Spring 提供了获取 Session 的方法，因此 Hibernate 提供的 HibernateSessionFactory 这个用于获取 Session 的类也不再需要了，故取消 Create SessionFactory class 复选框的选中状态。在图 26-12 中，单击 Next 按钮，进入如图 26-13 所示的 Specify Hibernate database connection details 界面。

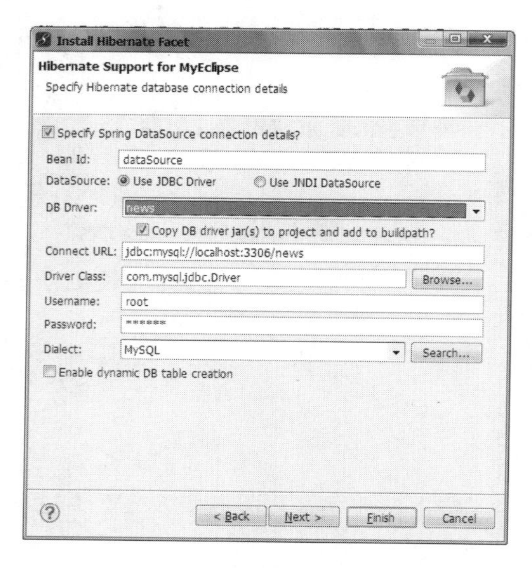

图 26-13　Specify Hibernate database connection details 界面

在图 26-13 中，指定了 Spring 数据源连接的细节信息，其中，数据源的 Bean 的 Id 为 dataSource，数据源采用 JDBC Driver 方式。用户只需要从 DB Driver 下拉列表框中选择前面创建的数据库连接信息“news”，Connect URL、Driver Class、Username、Password 和 Dialect 这些数据库连接的详细信息内容就会自动显示出来。

在图 26-13 中，单击 Next 按钮，进入如图 26-14 所示的 Add libraries to the project 界面。

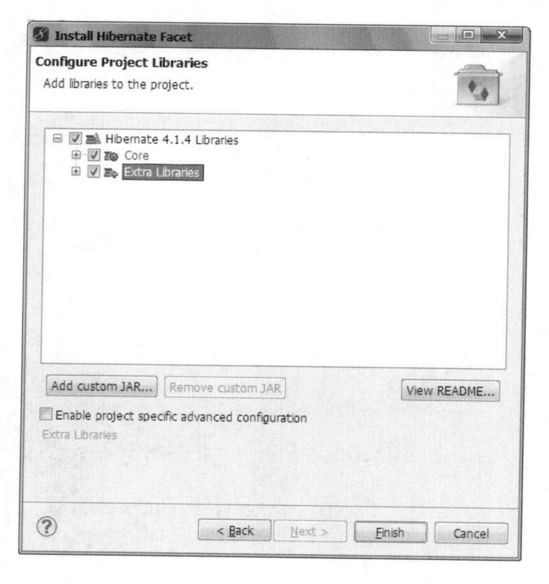

图 26-14　Add libraries to the project 界面

在图 26-14 中，默认选择添加了 Hibernate 的核心库，用户可根据需要添加 Hibernate 的扩展库。单击 Finish 按钮，MyEclipse 将安装 Hibernate Facet，安装结束后，弹出如图 26-15 所示“是否打开关联的透视图”对话框。

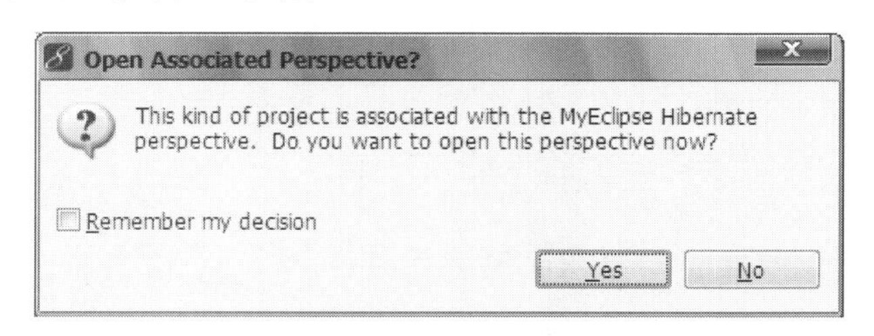

图 26-15　“是否打开关联的透视图”对话框

在图 26-15 中，可单击 Yes 按钮打开这个透视图，或单击 No 按钮不打开。用户最终可单击 Open Perspective 按钮，进入 MyEclipse Java Persistence 透视图。

26.4.4　添加 Struts 2 支持

在包资源管理器中，右击项目名 News，从弹出的快捷菜单中选择 MyEclipse → Project Facets[Capabilities] → Install Apache Struts (2.x) Facet 命令，在 Configure Web Struts 2.x settings 对话框中选择 URL pattern 为“/*”，如图 26-16 所示。

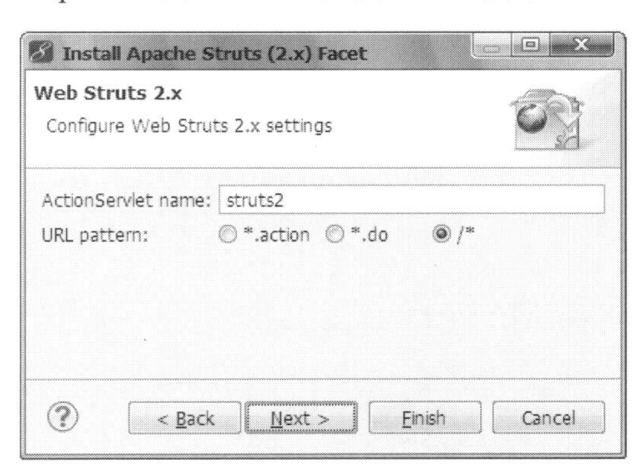

图 26-16　添加 Struts 2 支持

至此，就完成了 Spring 3、Hibernate 4 和 Struts 2 支持的添加。

26.4.5　配置事务管理

为了实现事务管理功能，需要在 Spring 配置文件 applicationContext.xml 中进行配置。本系统采用了基于 AOP 的事务管理配置，配置流程如下所示。

(1)　在<beans>标记中添加 AOP 所需的常用命名空间声明：

```
<beans
  xmlns="http://www.springframework.org/schema/beans"
  xmlns:xsi="http://www.w3.org/2001/XMLSchema-instance"
```

```
xmlns:aop="http://www.springframework.org/schema/aop"
xmlns:p="http://www.springframework.org/schema/p"
xmlns:tx="http://www.springframework.org/schema/tx"
xsi:schemaLocation="http://www.springframework.org/schema/beans
http://www.springframework.org/schema/beans/spring-beans-3.1.xsd
http://www.springframework.org/schema/aop
http://www.springframework.org/schema/aop/spring-aop-3.1.xsd
http://www.springframework.org/schema/tx
http://www.springframework.org/schema/tx/spring-tx.xsd">
```

(2) 使用声明式事务，需要提供声明事务管理器。使用MyEclipse向导给项目添加Spring和Hibernate支持后，会自动地在Spring配置文件中声明一个Hibernate事务管理器，如下所示：

```
<!-- 声明事务管理器 -->
<bean id="transactionManager" class="org.springframework.orm
  .hibernate4.HibernateTransactionManager">
    <property name="sessionFactory" ref="sessionFactory" />
</bean>
```

(3) 定义事务通知时需要指定一个事务管理器，然后在其属性中声明事务规则：

```
<!-- 定义事务通知 -->
    <tx:advice id="txAdvice" transaction-manager="transactionManager">
    <tx:attributes>
       <tx:method name="*" propagation="REQUIRED" />
    </tx:attributes>
</tx:advice>
```

在定义事务传播规则时，对所有的方法应用REQUIRED事务规则，表示当前方法必须运行在一个事务环境中，如果一个现有事务正在运行中，该方法将运行在这个事务中，否则，就要开始一个新的事务。

(4) 定义一个切面(pointcut)，将事务通知与切面组合，即定义哪些方法应用这些规则：

```
<!--定义切面，并将事务通知和切面组合(定义哪些方法应用事务规则) -->
<aop:config>
    <!-- 对com.news.biz包下的所有类的所有方法都应用事务规则 -->
    <aop:pointcut id="bizMethods"
      expression="execution(* com.news.biz.*.*(..))" />
    <!--  将事务通知与切面组合  -->
    <aop:advisor advice-ref="txAdvice" pointcut-ref="bizMethods" />
</aop:config>
```

26.5 系统目录结构

为了使得代码能够逻辑清晰且易读，需要设计好系统的目录结构，本系统的目录结构如图26-17所示。

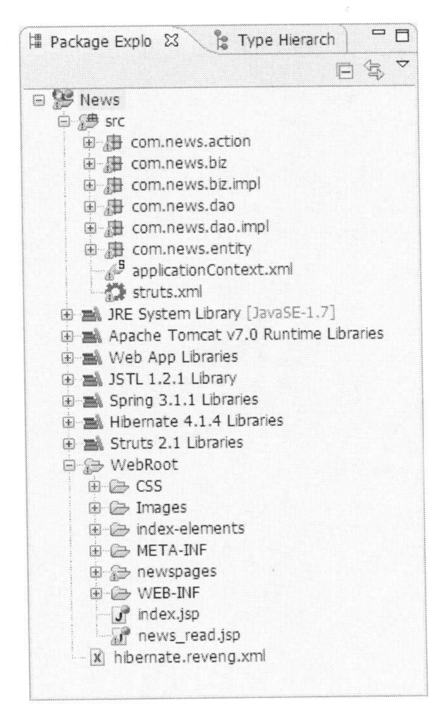

图 26-17 新闻发布系统的目录结构

其中，com.news.action 包用于存放 Action 类，com.news.biz 包用于存放业务逻辑层接口，com.news.biz.impl 包用于存放业务逻辑层接口的实现类，com.news.dao 包用于存放数据访问层接口，com.news.dao.impl 包用于存放数据访问层接口的实现类，com.news.entity 包用于存放实体类和映射文件。

26.6 生成实体类和映射文件

使用 Hibernate 的反转工程可以直接从数据库表生成相应的实体类和映射文件。具体步骤如下所示。

(1) 切换到数据库透视图，在前面创建的数据库连接信息名称 news 上单击鼠标右键，在弹出的快捷菜单中选择 Open connection 命令。依次打开节点 news → Connected to news → news → TABLE，展开数据库 news 的数据表列表，如图 26-18 所示。

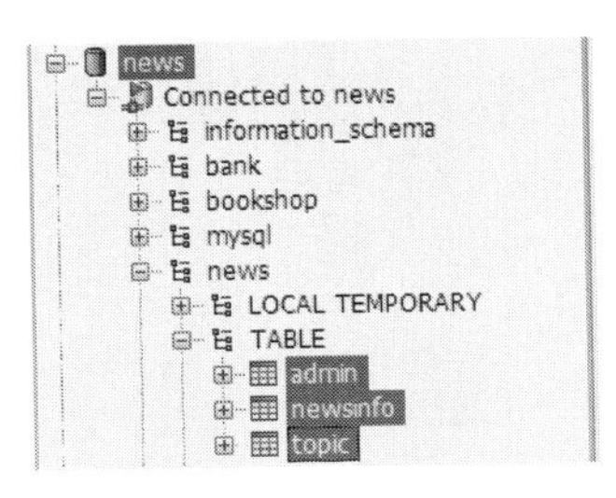

图 26-18 展开数据库 news 的数据表列表

(2) 在图 26-18 中，选中数据库 news 的所有表，并在选中的同时单击鼠标右键，在弹出的快捷菜单中选择 Hibernate Reverse Engineering 命令。使用 MyEclipse 反转工程同时生成数据表 admin、newsinfo 和 topic 对应的实体类和映射文件，如图 26-19 所示。

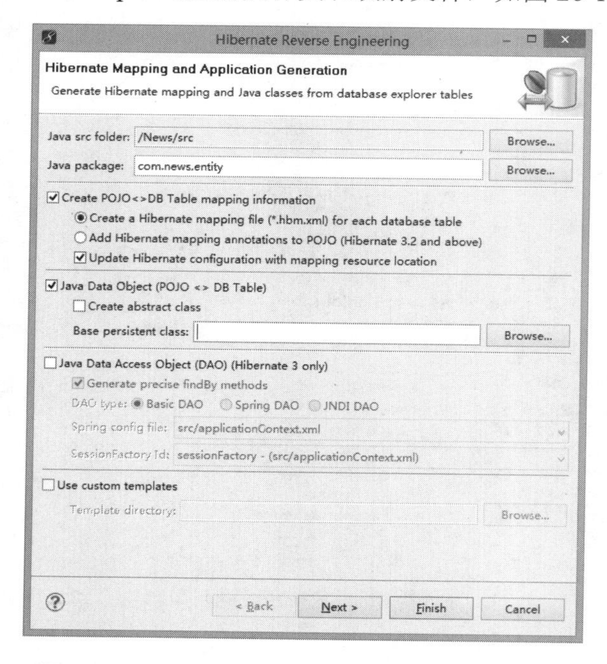

图 26-19 Hibernate Reverse Engineering 对话框

(3) 单击 Next 按钮，进入如图 26-20 所示的界面，选择 Id Generator 为“native”。

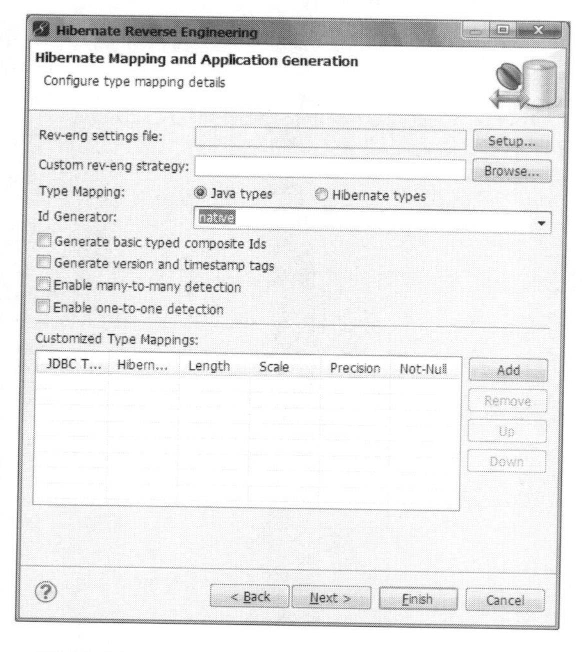

图 26-20 Configure type mapping details 界面

(4) 单击 Next 按钮，进入如图 26-21 所示的界面，将数据表 admin、newsinfo 和 topic 对应的 Id Generator 都设置为“native”。

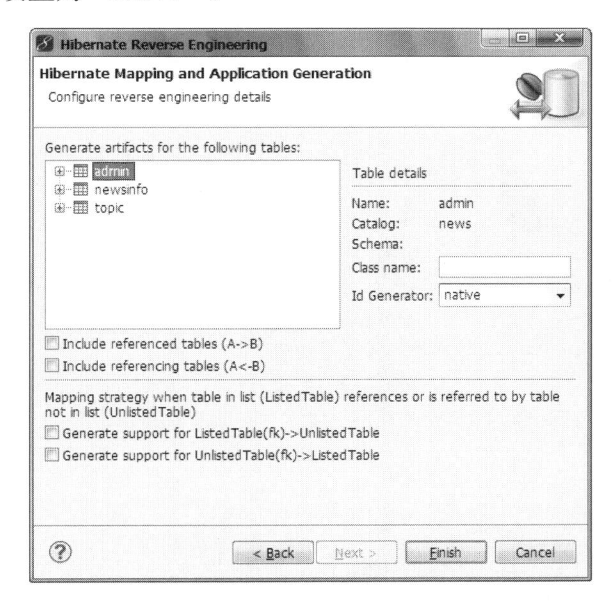

图 26-21　Configure reverse engineering details 界面

单击 Finish 按钮，完成实体类和映射文件的创建。此时，打开 com.news.entity 包，可以看到自动产生的实体类和映射文件，更为惊奇的是，有些实体类和映射文件之间还自动配置了关联关系。这是什么原因呢？读者应该还记得，在前面讲解 Hibernate 关联映射时，先是通过 Hibernate 的反转工程逐个数据表产生相应的实体类和映射文件，然后再针对具有关联关系的数据表，从实体类和映射文件两个方面配置它们之间的“一对一”、“多对一”或者“一对多”关联。这样做既麻烦，又容易造成错误。其实，在使用 Hibernate 反转工程时，可以将系统的数据表全部选中，这样，在产生实体类和映射文件的同时，它们之间的关联关系也同时进行了配置。当然，有个很重要的前提，需要在数据库中对数据表之间的关联关系进行设置。另外，如果数据库表中有涉及“多对多”关联的表，在使用 Hibernate 反转工程时不要将它们选中，最好单独配置。

通过 Hibernate 反转工程配置的关联映射基本上可以满足开发的需要，但需要进行细微的修改。

实体类 Admin.java 如下所示：

```
package com.news.entity;
public class Admin implements java.io.Serializable {
    private Integer id;
    private String loginName;
    private String loginPwd;
    //省略了属性的 get 和 set 方法
}
```

映射文件 Admin.hbm.xml 如下所示：

```
<?xml version="1.0" encoding="utf-8"?>
```

```
<!DOCTYPE hibernate-mapping PUBLIC
  "-//Hibernate/Hibernate Mapping DTD 3.0//EN"
  "http://www.hibernate.org/dtd/hibernate-mapping-3.0.dtd">
<hibernate-mapping>
   <class name="com.news.entity.Admin" table="admin" catalog="news">
       <id name="id" type="java.lang.Integer">
           <column name="Id" />
           <generator class="native"></generator>
       </id>
       <property name="loginName" type="java.lang.String">
           <column name="LoginName" length="20" not-null="true" />
       </property>
       <property name="loginPwd" type="java.lang.String">
           <column name="LoginPwd" length="20" not-null="true" />
       </property>
   </class>
</hibernate-mapping>
```

实体类 Newsinfo.java 如下所示：

```
package com.news.entity;
import java.util.Date;
public class Newsinfo implements java.io.Serializable {
   private Integer id;
   private Topic topic;
   private String title;
   private String author;
   private Date createDate;
   private String content;
   private String summary;
   //省略了属性的 get 和 set 方法
}
```

映射文件 Newsinfo.hbm.xml 如下所示：

```
<?xml version="1.0" encoding="utf-8"?>
<!DOCTYPE hibernate-mapping PUBLIC
  "-//Hibernate/Hibernate Mapping DTD 3.0//EN"
  "http://www.hibernate.org/dtd/hibernate-mapping-3.0.dtd">
<hibernate-mapping>
   <class name="com.news.entity.Newsinfo" table="newsinfo" catalog="news">
       <id name="id" type="java.lang.Integer">
           <column name="Id" />
           <generator class="native"></generator>
       </id>
       <many-to-one name="topic" class="com.news.entity.Topic"
         fetch="select" lazy="false">
           <column name="Tid" />
       </many-to-one>
       <property name="title" type="java.lang.String">
           <column name="Title" length="100" />
       </property>
```

```
        <property name="author" type="java.lang.String">
            <column name="Author" length="10" />
        </property>
        <property name="createDate" type="java.util.Date">
            <column name="CreateDate" length="19" />
        </property>
        <property name="content" type="java.lang.String">
            <column name="Content" length="1000" />
        </property>
        <property name="summary" type="java.lang.String">
            <column name="Summary" length="300" />
        </property>
    </class>
</hibernate-mapping>
```

实体类 Topic.java 如下所示：

```
package com.news.entity;
import java.util.HashSet;
import java.util.Set;
public class Topic implements java.io.Serializable {
    private Integer id;
    private String name;
    private Set newsinfos = new HashSet(0);
    //省略了属性的 get 和 set 方法
}
```

映射文件 Topic.hbm.xml 如下所示：

```
<?xml version="1.0" encoding="utf-8"?>
<!DOCTYPE hibernate-mapping PUBLIC
  "-//Hibernate/Hibernate Mapping DTD 3.0//EN"
  "http://www.hibernate.org/dtd/hibernate-mapping-3.0.dtd">

<hibernate-mapping>
    <class name="com.news.entity.Topic" table="topic" catalog="news">
        <id name="id" type="java.lang.Integer">
            <column name="Id" />
            <generator class="native"></generator>
        </id>
        <property name="name" type="java.lang.String">
            <column name="Name" length="10" />
        </property>
        <set name="newsinfos" inverse="true" lazy="false" cascade="delete">
            <key>
                <column name="Tid" />
            </key>
            <one-to-many class="com.news.entity.Newsinfo" />
        </set>
    </class>
</hibernate-mapping>
```

26.7 新闻浏览

未登录用户可以浏览新闻，通过选择主题，分页查看该主题的新闻标题，单击新闻标题可以浏览新闻的详细内容。

26.7.1 新闻浏览首页

在浏览器地址栏中请求“http://localhost:8088/News/index”，显示新闻浏览首页 index.jsp，如图 26-22 所示。

图 26-22 新闻浏览首页

新闻浏览首页的实现流程如下所示。

1. 创建分页实体类 Pager

为了实现分页显示，在 com.news.entity 包下创建分页实体类 Pager.java，代码如下所示：

```
package com.news.entity;
public class Pager {
    private int curPage; //待显示页
    private int perPageRows; //每页显示的记录数
    private int rowCount; //记录总数
    private int pageCount; //总页数
    public int getCurPage() {
        return curPage;
    }
    public void setCurPage(int currentPage) {
        this.curPage = currentPage;
    }
    public int getPerPageRows() {
        return perPageRows;
```

```
    }
    public void setPerPageRows(int perPageRows) {
        this.perPageRows = perPageRows;
    }
    public int getRowCount() {
        return rowCount;
    }
    public void setRowCount(int rowCount) {
        this.rowCount = rowCount;
    }
    public int getPageCount() {
        return (rowCount+perPageRows-1)/perPageRows;
    }
}
```

2．实现 DAO

(1) 在 com.news.dao 包中创建接口 NewsinfoDAO，声明下面 4 个方法：

```
//根据指定页码获取新闻列表
public List getAllNewsinfoByPage(int page, int pageSize);
//获取所有新闻数量
public Integer getCountOfAllNewsinfo();
//根据主题编号、新闻标题等条件和指定页码获取新闻列表
public List getNewsinfoByConditionAndPage(
  Newsinfo conditon, int page, int pageSize);
//根据主题、新闻标题等条件获取所属新闻的数量
public Integer getCountOfNewsinfo(Newsinfo condition);
```

(2) 在 com.news.dao.impl 包中创建接口 NewsinfoDAO 的实现类 NewsinfoDAOImpl，实现这 4 个方法：

```
package com.news.dao.impl;
import com.news.dao.NewsinfoDAO;
import com.news.entity.Newsinfo;
...
public class NewsinfoDAOImpl implements NewsinfoDAO {
    SessionFactory sessionFactory;
    public void setSessionFactory(SessionFactory sessionFactory) {
        this.sessionFactory = sessionFactory;
    }
    //获取所有新闻数量
    @Override
    public Integer getCountOfAllNewsinfo() {
        Session session = sessionFactory.getCurrentSession();
        Criteria c = session.createCriteria(Newsinfo.class);
        return c.list().size();
    }
    //根据指定页码获取新闻列表
    @Override
    public List getAllNewsinfoByPage(int page,int pageSize) {
        Session session = sessionFactory.getCurrentSession();
```

```
        Criteria c = session.createCriteria(Newsinfo.class);
        c.setFirstResult(pageSize*(page-1));
        c.setMaxResults(pageSize);
        c.addOrder(Order.desc("createDate"));
        return c.list();
    }
    //根据主题、新闻标题等条件获取所属新闻数量
    @Override
    public Integer getCountOfNewsinfo(Newsinfo condition) {
        Session session = sessionFactory.getCurrentSession();
        Criteria c = session.createCriteria(Newsinfo.class);
        if(condition!=null) {
            if((condition.getTopic()!=null)
                && (condition.getTopic().getId()!=null))
                c.add(Restrictions.eq(
                    "topic.id", condition.getTopic().getId()));
            if((condition.getTitle()!=null)
                && !("".equals(condition.getTitle())))
                c.add(Restrictions.like(
                    "title", condition.getTitle(), MatchMode.ANYWHERE));
        }
        return c.list().size();
    }
    //根据主题编号、新闻标题等条件和指定页码获取新闻列表
    @Override
    public List getNewsinfoByConditionAndPage(Newsinfo condition, int page,
      int pageSize) {
        Session session = sessionFactory.getCurrentSession();
        Criteria c = session.createCriteria(Newsinfo.class);
        if(condition!=null) {
            if((condition.getTopic()!=null)
                && (condition.getTopic().getId()!=null))
                c.add(Restrictions.eq(
                    "topic.id", condition.getTopic().getId()));
            if((condition.getTitle()!=null)
                && !("".equals(condition.getTitle())))
                c.add(Restrictions.like(
                    "title", condition.getTitle(), MatchMode.ANYWHERE));
        }
        c.setFirstResult(pageSize*(page-1));
        c.setMaxResults(pageSize);
        c.addOrder(Order.desc("createDate"));
        return c.list();
    }
}
```

(3) 在 Spring 配置文件中定义 NewsinfoDAOImpl，如下所示：

```
<bean id="newsinfoDAO" class="com.news.dao.impl.NewsinfoDAOImpl">
    <property name="sessionFactory" ref="sessionFactory" />
</bean>
```

(4)　在 com.news.dao 包中创建接口 TopicDAO，在接口中声明一个方法 getAllTopics()，用于获取所有主题：

```
//获取所有主题
public List getAllTopics();
```

(5)　在 com.news.dao.impl 包中创建接口 TopicDAO 的实现类 TopicDAOImpl，实现这个方法：

```
package com.news.dao.impl;
import java.util.List;
import com.news.entity.Topic;
...
public class TopicDAOImpl implements TopicDAO {
    SessionFactory sessionFactory;
    public void setSessionFactory(SessionFactory sessionFactory) {
        this.sessionFactory = sessionFactory;
    }
    //获取所有主题
    @Override
    public List getAllTopics() {
        Session session = sessionFactory.getCurrentSession();
        Criteria c = session.createCriteria(Topic.class);
        return c.list();
    }
}
```

(6)　在 Spring 配置文件中定义 TopicDAOImpl，如下所示：

```
<bean id="topicDAO" class="com.news.dao.impl.TopicDAOImpl">
    <property name="sessionFactory" ref="sessionFactory" />
</bean>
```

3. 实现 Biz

(1)　在 com.news.biz 包中创建接口 NewsinfoBiz，声明下面 4 个方法：

```
//获取指定页码的新闻列表
public List getAllNewsinfoByPage(int page, int pageSize);
//获取所有新闻数量，用来初始化分页类 Pager 对象，
//并设置其 perPageRows 和 rowCount 属性
public Pager getPagerOfAllNewsinfo(int pageSize);
//根据主题编号、新闻标题等条件和指定页码获取新闻列表
public List getNewsinfoByConditionAndPage(Newsinfo condition, int page,
  int pageSize);
//根据主题、新闻标题等条件获取新闻数量，用来初始化分页类 Pager 对象，并设置其
perPageRows 和 rowCount 属性
public Pager getPagerOfNewsinfo(Newsinfo condition, int pageSize);
```

(2)　在 com.news.biz.impl 包中创建接口 NewsinfoBiz 的实现类 NewsinfoBizImpl，实现这 4 个方法：

```
package com.news.biz.impl;
```

```
import java.util.List;
import com.news.entity.Newsinfo;
import com.news.entity.Pager;
import com.news.biz.NewsinfoBiz;
import com.news.dao.NewsinfoDAO;
public class NewsinfoBizImpl implements NewsinfoBiz {
    NewsinfoDAO newsinfoDAO;
    public void setNewsinfoDAO(NewsinfoDAO newsinfoDAO) {
        this.newsinfoDAO = newsinfoDAO;
    }
    //获取指定页码的新闻列表
    @Override
    public List getAllNewsinfoByPage(int page, int pageSize) {
        return newsinfoDAO.getAllNewsinfoByPage(page, pageSize);
    }
    //获取所有新闻的数量，用来初始化分页类 Pager 对象，
    //并设置其 perPageRows 和 rowCount 属性
    @Override
    public Pager getPagerOfAllNewsinfo(int pageSize) {
        int count = newsinfoDAO.getCountOfAllNewsinfo();
        //使用分页类 Pager 定义对象
        Pager pager = new Pager();
        //设置 pager 对象中的 perPageRows 属性，表示每页显示的记录数
        pager.setPerPageRows(pageSize);
        //设置 pager 对象中的 rowCount 属性，表示记录总数
        pager.setRowCount(count);
        //返回 pager 对象
        return pager;
    }
    //根据主题编号、新闻标题等条件和指定页码获取新闻列表
    @Override
    public List getNewsinfoByConditionAndPage(Newsinfo condition,
      int page, int pageSize) {
        return newsinfoDAO.getNewsinfoByConditionAndPage(
          condition, page, pageSize);
    }
    //根据主题、新闻标题等条件获取新闻数量，用来初始化分页类 Pager 对象，
    //并设置其 perPageRows 和 rowCount 属性
    @Override
    public Pager getPagerOfNewsinfo(Newsinfo condition, int pageSize) {
        int count = newsinfoDAO.getCountOfNewsinfo(condition);
        //使用分页类 Pager 定义对象
        Pager pager = new Pager();
        //设置 pager 对象中的 perPageRows 属性，表示每页显示的记录数
        pager.setPerPageRows(pageSize);
        //设置 pager 对象中的 rowCount 属性，表示记录总数
        pager.setRowCount(count);
        //返回 pager 对象
        return pager;
    }
}
```

(3) 在 Spring 配置文件中定义 NewsinfoBizImpl，并给其属性 newsinfoDAO 注入值：

```
<bean id="newsinfoBiz" class="com.news.biz.impl.NewsinfoBizImpl">
    <property name="newsinfoDAO" ref="newsinfoDAO" />
</bean>
```

(4) 在 com.news.biz 包中创建接口 TopicBiz，声明一个 getAllTopics()方法：

```
//获取所有主题
public List getAllTopics();
```

(5) 在 com.news.biz.impl 包中创建接口 TopicBiz 的实现类 TopicBizImpl，实现该方法：

```
package com.news.biz.impl;
import java.util.List;
import com.news.biz.TopicBiz;
import com.news.dao.TopicDAO;
import com.news.entity.Topic;
public class TopicBizImpl implements TopicBiz {
    TopicDAO topicDAO;
    public void setTopicDAO(TopicDAO topicDAO) {
        this.topicDAO = topicDAO;
    }
    //获取所有主题
    @Override
    public List getAllTopics() {
        return topicDAO.getAllTopics();
    }
}
```

(6) 在 Spring 配置文件中定义 TopicBizImpl，并给其属性 topicDAO 注入值：

```
<bean id="topicBiz" class="com.news.biz.impl.TopicBizImpl">
    <property name="topicDAO" ref="topicDAO" />
</bean>
```

4．实现 Action

在 com.news.action 包中创建一个 Action 类 NewsinfoAction.java，让其继承 ActionSupport 类，并实现 RequestAware 和 SessionAware 接口。在 NewsinfoAction 类中添加一个 index()方法，根据条件和指定页码获取新闻列表，再转到新闻浏览首页 index.jsp。

代码如下：

```
package com.news.action;
import java.util.Date;
...
public class NewsinfoAction extends ActionSupport
  implements RequestAware, SessionAware {
    Newsinfo newsinfo; //封装表单参数
    public Newsinfo getNewsinfo() {
        return newsinfo;
    }
    public void setNewsinfo(Newsinfo newsinfo) {
```

```
        this.newsinfo = newsinfo;
    }
    //主题业务逻辑接口
    TopicBiz topicBiz;
    public void setTopicBiz(TopicBiz topicBiz) {
        this.topicBiz = topicBiz;
    }
    //新闻业务逻辑接口
    NewsinfoBiz newsinfoBiz;
    public void setNewsinfoBiz(NewsinfoBiz newsinfoBiz) {
        this.newsinfoBiz = newsinfoBiz;
    }
    //分页实体类
    private Pager pager;
    public Pager getPager() {
        return pager;
    }
    public void setPager(Pager pager) {
        this.pager = pager;
    }
    Map<String, Object> request;
    @Override
    public void setRequest(Map<String, Object> request) {
        this.request = request;
    }
    Map<String, Object> session;
    @Override
    public void setSession(Map<String, Object> session) {
        this.session = session;
    }
    //根据条件和页码获取新闻列表，再转到新闻浏览首页 index.jsp
    public String index() throws Exception {
        int curPage = 1;
        if(pager!=null)
            curPage = pager.getCurPage();
        List newsinfoList = null;
        if(newsinfo==null) {
            //如果没有指定查询条件，获取指定页码的新闻列表
            newsinfoList = newsinfoBiz.getAllNewsinfoByPage(curPage, 10);
            //再获得所有新闻总数，用来初始化分页类 Pager 对象
            pager = newsinfoBiz.getPagerOfAllNewsinfo(10);
        } else {
            //如果指定了查询条件，根据条件获取指定页码的新闻列表
            newsinfoList = newsinfoBiz.getNewsinfoByConditionAndPage(
              newsinfo, curPage, 10);
            //再根据条件获得所属新闻总数，用来初始化分页类 Pager 对象
            pager = newsinfoBiz.getPagerOfNewsinfo(newsinfo,10);
        }
        //设置 Pager 对象中的待显示页页码
        pager.setCurPage(curPage);
        //将待显示的当前页新闻列表存入 request 范围
```

```
        request.put("newsinfoList", newsinfoList);
        //获取所有主题
        List topicList = topicBiz.getAllTopics();
        //将主题列表存入 request 范围
        request.put("topicList", topicList);
        //转到新闻浏览首页 index.jsp 显示
        return "index";
    }
}
```

5．编写 Spring 配置文件

在 Spring 配置文件中定义 NewsinfoAction，并给其属性 topicBiz 和 newsinfoBiz 注入值：

```
<bean name="newsinfoAction" class="com.news.action.NewsinfoAction"
  scope="prototype">
    <property name="topicBiz" ref="topicBiz" />
    <property name="newsinfoBiz" ref="newsinfoBiz" />
</bean>
```

6．编写 Struts 2 配置文件

在 Struts 2 配置文件中，为 NewsinfoAction 类中的 index 方法配置映射，如下所示：

```
<action name="index" class="newsinfoAction" method="index">
    <result name="index">/index.jsp</result>
</action>
```

7．新闻浏览首页设计

在新闻浏览首页 index.jsp 中，循环显示新闻标题的代码如下所示：

```
<!-- 循环显示当前页新闻列表 -->
<s:iterator id="news" value="#request.newsinfoList">
    <li><a href="newsread?id=${news.id}"> ${news.title} </a>
    <span> ${newsinfo.createDate}</span></li>
</s:iterator>
```

分页超链接代码如下所示：

```
<!-- 分页超链接部分 -->
<s:if test="pager.curPage>1">
    <p align="center">
<a href='index?pager.curPage=1&newsinfo.topic.id=
${requestScope.newsinfo.topic.id}'>首页</a>
<a href='index?pager.curPage=${pager.curPage-1 }&
newsinfo.topic.id=${requestScope.newsinfo.topic.id}'>上一页</a>
    </p>
</s:if>
<s:if test="pager.curPage < pager.pageCount">
    <p align="center">
<a href='index?pager.curPage=${pager.curPage+1}&newsinfo
.topic.id=${requestScope.newsinfo.topic.id}'>下一页</a>
```

```
<a href='index?pager.curPage=${pager.pageCount }&newsinfo.
topic.id=${requestScope.newsinfo.topic.id}'>尾页</a>
    </p>
</s:if>
```

单击“首页”、“上一页”、“下一页”和“尾页”分页超链接时，会再次将请求提交到“index”，即再次执行 NewsinfoAction 类中的 index 方法。但此时会将 pager.curPage(待显示的页码)和 newsinfo.topic.id(新闻主题编号)这两个参数传递到 NewsinfoAction 类中，index 方法用这两个参数的值作为条件，重新获取满足条件的新闻列表，将其显示在 index.jsp 页面中。

新闻标题和分页超链接显示效果如图 26-23 所示。

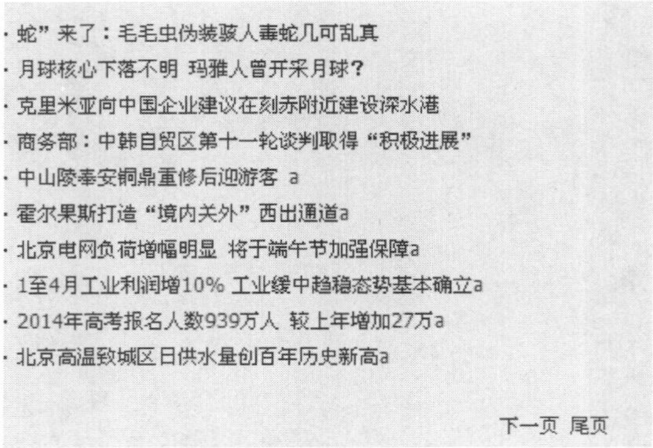

· 蛇”来了：毛毛虫伪装骇人毒蛇几可乱真
· 月球核心下落不明 玛雅人曾开采月球？
· 克里米亚向中国企业建议在刻赤附近建设深水港
· 商务部：中韩自贸区第十一轮谈判取得“积极进展”
· 中山陵奉安铜鼎重修后迎游客 a
· 霍尔果斯打造“境内关外”西出通道a
· 北京电网负荷增幅明显 将于端午节加强保障a
· 1至4月工业利润增10% 工业缓中趋稳态势基本确立a
· 2014年高考报名人数939万人 较上年增加27万a
· 北京高温致城区日供水量创百年历史新高a

下一页 尾页

图 26-23　新闻标题和分页超链接效果

在 index.jsp 页面中，循环显示主题的代码如下所示：

```
<!-- 循环显示主题列表 -->
<s:iterator id="topic" value="#request.topicList">
    <a href="index?newsinfo.topic.id=${topic.id}">
        <b>${topic.name}</b>
    </a>
</s:iterator>
```

主题显示效果如图 26-24 所示。

国内新闻　国际新闻　娱乐新闻　科技新闻　社会新闻

图 26-24　主题显示效果

在 index.jsp 页面中，使用了一个<s:action>标签，其设置如下所示：

```
<s:action name="indexsidebar" namespace="/" executeResult="true" />
```

该标签会将请求提交到“indexsidebar”，用于从国内新闻和国际新闻中各获取 5 条记录，再转到 index_sidebar.jsp 页面(位于 index-elements 文件夹中)显示，并将该页面显示结果包含在 index.jsp 页面的左侧。

index_sidebar.jsp 页面的效果如图 26-25 所示。

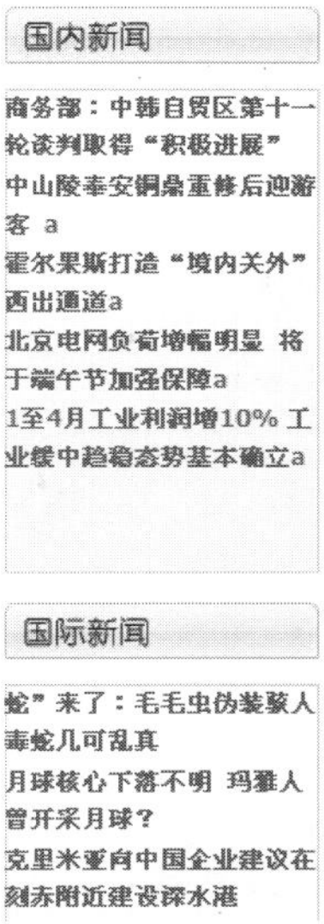

国内新闻

商务部：中韩自贸区第十一轮谈判取得“积极进展”
中山陵奉安铜鼎重修后迎游客 a
霍尔果斯打造“境内关外”西出通道a
北京电网负荷增幅明显 将于端午节加强保障a
1至4月工业利润增10% 工业缓中趋稳态势基本确立a

国际新闻

蛇”来了：毛毛虫伪装骇人毒蛇几可乱真
月球核心下落不明 玛雅人曾开采月球？
克里米亚向中国企业建议在刻赤附近建设深水港

图 26-25　index_sidebar.jsp 页面的效果

为了实现 index_sidebar.jsp 页面的效果，首先，在 NewsinfoAction 类中添加一个方法 indexsidebar()，代码如下所示：

```
//从国内新闻和国际新闻中各获取 5 条记录，再转到 index_sidebar.jsp 页面
public String indexsidebar() throws Exception {
    //获取 5 条国内新闻
    Newsinfo conditon = new Newsinfo();
    Topic topic = new Topic();
    topic.setId(1);
    conditon.setTopic(topic);
    List domesticNewsList = newsinfoBiz.
    getNewsinfoByConditionAndPage(conditon, 1, 5);
    //获取 5 条国际新闻
    topic.setId(2);
    conditon.setTopic(topic);
    List internationalNewsList =
      newsinfoBiz.getNewsinfoByConditionAndPage(conditon, 1, 5);
    request.put("domesticNewsList", domesticNewsList);
    request.put("internationalNewsList", internationalNewsList);
    return "index_sidebar";
}
```

indexsidebar 方法调用的 NewsinfoBiz 业务接口中的 getNewsinfoByConditionAndPage 方法前面已经实现过了。

然后，在 Struts 2 配置文件中，为 NewsinfoAction 类中的 indexsidebar()方法配置映射：

```
<action name="indexsidebar" class="newsinfoAction" method="indexsidebar">
    <result name="index_sidebar">
        index-elements/index_sidebar.jsp
    </result>
</action>
```

最后，在 index_sidebar.jsp 页面，使用保存在 request 中的 domesticNewsList 和 internationalNewsList 这两个新闻列表，循环显示 5 条国内新闻和 5 条国际新闻：

```
<!-- 循环显示 5 条国内新闻 -->
<s:iterator id="domesticNews" value="#request.domesticNewsList">
    <li>
        <a href='newsread?id=${domesticNews.id}'>
            <b> ${domesticNews.title }</b>
        </a>
    </li><br>
</s:iterator>
<!-- 循环显示 5 条国际新闻 -->
<s:iterator id="internationalNews"
  value="#request.internationalNewsList">
    <li>
        <a href='newsread?id=${internationalNews.id }'>
            <b> ${internationalNews.title }</b>
        </a>
    </li><br>
</s:iterator>
```

26.7.2　浏览新闻内容

在新闻浏览首页中，单击新闻标题，可以浏览新闻内容，如图 26-26 所示。

图 26-26　新闻内容浏览页

新闻标题超链接的设置如下所示：

```
<a href="newsread?id=${news.id}"> ${news.title} </a>
```

单击新闻标题超链接时，将请求发送到“newsread”，并将参数 id(新闻编号)传递过去。“newsread”接收到请求后，会根据新闻编号获取新闻对象，再转到新闻内容浏览页，显示新闻的详细内容。

实现新闻内容浏览的流程如下所示。

1. 实现 DAO

(1) 在接口 NewsinfoDAO 中声一个方法 getNewsinfoById(int id)，根据新闻的编号获取新闻：

```
//根据新闻的编号获取新闻
public Newsinfo getNewsinfoById(int id);
```

(2) 在实现类 NewsinfoDAOImpl 中实现这个方法，如下所示：

```
//根据新闻的编号获取新闻
@Override
public Newsinfo getNewsinfoById(int id) {
    Session session = sessionFactory.getCurrentSession();
    Newsinfo newsinfo = (Newsinfo)session.get(Newsinfo.class, id);
    return newsinfo;
}
```

2. 实现 Biz

(1) 在接口 NewsinfoBiz 中声明一个 getNewsinfoById(int id)方法：

```
//根据新闻的编号获取新闻
public Newsinfo getNewsinfoById(int id);
```

(2) 在实现类 NewsinfoBizImpl 中实现这个方法，如下所示：

```
//根据新闻的编号获取新闻
@Override
public Newsinfo getNewsinfoById(int id) {
    return newsinfoDAO.getNewsinfoById(id);
}
```

3. 实现 Action

在 NewsinfoAction 类中添加 newsread()方法，根据新闻的编号获取新闻，然后转到新闻内容浏览页，显示新闻的详细内容：

```
//浏览新闻内容
public String newsread() throws Exception {
    //根据新闻编号获取新闻
    Newsinfo newsinfo = newsinfoBiz.getNewsinfoById(id);
    //将新闻存入 request 范围
    request.put("newsinfo", newsinfo);
    //获取 5 条国内新闻
    Newsinfo conditon = new Newsinfo();
    Topic topic = new Topic();
    topic.setId(1);
    conditon.setTopic(topic);
    List domesticNewsList = newsinfoBiz.
    getNewsinfoByConditionAndPage(conditon, 1, 5);
```

```
    //获取5条国际新闻
    topic.setId(2);
    conditon.setTopic(topic);
    List internationalNewsList =
     newsinfoBiz.getNewsinfoByConditionAndPage(conditon, 1, 5);
    request.put("domesticNewsList", domesticNewsList);
    request.put("internationalNewsList", internationalNewsList);
    //获取所有主题，并存入 request 范围
    List topicList = topicBiz.getAllTopics();
    request.put("topicList", topicList);
    //转到新闻内容浏览页
    return "news_read";
}
```

在 newsread()方法中使用了变量 id，该变量的值来源于新闻标题超链接。为了正确获取标题超链接传递来的参数 id 的值，需要在 NewsinfoAction 类中声明一个 int 类型的同名属性，并给其添加 get 和 set 方法，如下所示：

```
int id;   //封装超链接传递的新闻编号
public int getId() {
    return id;
}
public void setId(int id) {
    this.id = id;
}
```

4．配置映射

在 Struts 2 配置文件中，为 NewsinfoAction 类中的 newsread()方法配置映射：

```
<action name="newsread" class="newsinfoAction" method="newsread">
    <result name="news_read">/news_read.jsp</result>
</action>
```

这样，当通过标题超链接请求“newsread”时，将执行 NewsinfoAction 类中的 newsread()方法，根据新闻编号获取新闻、获取 5 条国内新闻、获取 5 条国际新闻，并将获得的结果存入 request 中，再转到新闻内容浏览页 news_read.jsp 进行显示。

5．新闻内容浏览页的设计

在新闻内容浏览页 news_read.jsp 中，显示新闻相关内容的代码如下所示：

```
<table width="80%" align="center">
    <tr width="100%">
        <td colspan="2" align="center">${newsinfo.title}</td>
    </tr>
    <tr>
        <td colspan="2"><hr /></td></tr>
    <tr>
        <td align="center">
        作者：${newsinfo.author}  
        类型：<a href="index?tid=${newsinfo.topic.id}">
```

```
        ${newsinfo.topic.name}</a>
        发布时间：${newsinfo.createDate}</td>
    </tr>
    <tr>
        <td align="left"><strong>摘要：${newsinfo.summary}</strong></td>
    </tr>
    <tr>
        <td colspan="2" align="center"></td> </tr>
    <tr>
        <td colspan="2">${newsinfo.content}</td>
    </tr>
    ...
</table>
```

26.8　管理员功能的实现

管理员只有成功登录系统后，才能添加主题和新闻，并对主题和新闻进行管理。

26.8.1　管理员登录

在新闻浏览首页 index.jsp 中，使用了<jsp:include>将登录页面 index_top.jsp 包含在其头部，如下所示：

```
<jsp:include page="index-elements/index_top.jsp" />
```

登录页面 index_top.jsp 位于 index-elements 文件夹中，主要代码如下所示：

```
<body onload="focusOnLogin()">
<div id="header">
    <div id="top_login">
        <s:if test="#session.admin==null">
            <form action="validateLogin" method="post"
              onsubmit="return check()">
                <label>用户名</label>
                <input type="text" id="loginName"  name="loginName"
                  value="" class="login_input" />
                <label> 密  码 </label>
                <input type="password" id="loginPwd" name="loginPwd"
                  value="" class="login_input" />
                <input type="submit" class="login_sub" value="登录" />
                <label id="error"> </label>
                <img src="Images/friend_logo.gif" alt="Google"
                  id="friend_logo" />
            </form>
        </s:if>
        <s:if test="#session.admin!=null">
            欢迎您 : <s:property value="#session.admin.loginName" />
                 
```

```
            <a href="/News/admin">登录控制台</a>  
            <a href="loginout">退出</a>
        </s:if>
    </div>
    <div id="nav">
        <table>
            <tr>
                <td>
                    <div id="logo">
                        <img src="Images/logo.jpg" alt="新闻" />
                    </div>
                </td>
                <td><img src="Images/a_b01.gif" alt="" /></td>
            </tr>
        </table>
        <!--mainnav end-->
    </div>
</div>
</body>
```

从上述代码可以看出，如果没有登录，则显示如图 26-27 所示的登录表单；如果登录成功，则会显示如图 26-28 所示的欢迎信息及登录控制台链接。

图 26-27　登录表单

图 26-28　登录成功后

实现登录验证功能的流程如下所示。

1. 实现 DAO

(1) 在 com.news.dao 包中创建接口 AdminDAO，声明一个 search(Admin condition)方法：

```
package com.news.dao;
import java.util.List;
import com.news.entity.Admin;
public interface AdminDAO {
    public List search(Admin condition);
}
```

(2) 在 com.news.dao.impl 包中创建接口 AdminDAO 的实现类 AdminDAOImpl，实现 search(Admin condition)方法：

```
package com.news.dao.impl;
import java.util.List;
...;
public class AdminDAOImpl implements AdminDAO {
    SessionFactory sessionFactory;
```

```
    public void setSessionFactory(SessionFactory sessionFactory) {
        this.sessionFactory = sessionFactory;
    }
    @Override
    public List search(Admin condition) {
        List list = null;
        //通过 sessionFactory 获得 Session
        Session session = sessionFactory.getCurrentSession();
        //创建 Criteria 对象
        Criteria c = session.createCriteria(Admin.class);
        //使用 Example 工具类创建示例对象
        Example example = Example.create(condition);
        //为 Criteria 对象指定示例对象 example 作为查询条件
        c.add(example);
        list = c.list();        //执行查询，获得结果
        return list;
    }
}
```

(3) 在 Spring 配置文件中定义 AdminDAOImpl 类，如下所示：

```
<!-- 定义 AdminDAOImpl 类-->
<bean id="adminDAO" class="com.news.dao.impl.AdminDAOImpl">
    <property name="sessionFactory" ref="sessionFactory" />
</bean>
```

2. 实现 Biz

(1) 在 com.news.biz 包中创建接口 AdminBiz，声明一个 login()方法：

```
package com.news.biz;
import java.util.List;
import com.news.entity.Admin;
public interface AdminBiz {
    public List login(Admin condition);
}
```

(2) 在 com.news.biz.impl 包中创建接口 AdminBiz 的实现类 AdminBizImpl，实现 login()方法：

```
package com.news.biz.impl;
import java.util.List;
import com.news.biz.AdminBiz;
import com.news.dao.AdminDAO;
import com.news.entity.Admin;
public class AdminBizImpl implements AdminBiz {
    //使用 AdminDAO 接口声明属性 adminDAO，并添加 set 方法，用于依赖注入
    AdminDAO adminDAO;
    public void setAdminDAO(AdminDAO adminDAO) {
        this.adminDAO = adminDAO;
    }
    @Override
```

```
    public List login(Admin condition) {
        return adminDAO.search(condition);
    }
}
```

(3) 在 Spring 配置文件中定义 AdminBizImpl 类，并为其属性 adminDAO 注入值，如下所示：

```
<!-- 定义 AdminBizImpl 类，并为其 adminDAO 属性注入值 -->
<bean id="adminBiz" class="com.news.biz.impl.AdminBizImpl">
    <property name="adminDAO" ref="adminDAO" />
</bean>
```

3. 实现 Action

在 com.news.action 包中创建名为 AdminAction 的 Action，让其继承 ActionSupport 类，并实现 SessionAware 接口。在 AdminAction 类中添加一个 validateLogin()方法，用于处理登录请求。AdminAction 类的代码如下所示：

```
package com.news.action;
import java.util.List;
import java.util.Map;
import org.apache.struts2.interceptor.SessionAware;
import com.news.biz.AdminBiz;
import com.news.entity.Admin;
import com.opensymphony.xwork2.ActionSupport;
public class AdminAction extends ActionSupport implements SessionAware {
    //定义用于保存用户登录表单参数的两个属性
    private String loginName;
    private String loginPwd;
    public String getLoginName() {
        return loginName;
    }
    public void setLoginName(String loginName) {
        this.loginName = loginName;
    }
    public String getLoginPwd() {
        return loginPwd;
    }
    public void setLoginPwd(String loginPwd) {
        this.loginPwd = loginPwd;
    }
    //使用 AdminBiz 声明一个属性，并添加 set 方法用于依赖注入
    AdminBiz adminBiz;
    public void setAdminBiz(AdminBiz adminBiz) {
        this.adminBiz = adminBiz;
    }
    Map<String, Object> session;
    @Override
    public void setSession(Map<String, Object> session) {
        this.session = session;
```

```
    }
    //处理登录请求
    public String validateLogin() throws Exception {
        Admin condition = new Admin();
        condition.setLoginName(loginName);
        condition.setLoginPwd(loginPwd);
        List list = adminBiz.login(condition);
        if(list.size()>0) {
            //将管理员对象存入 Session
            session.put("admin", list.get(0));
        }
        return "index";
    }
}
```

4. Spring 配置

在 Spring 配置文件中定义 AdminAction，并为其中的属性 adminBiz 注入值，如下所示：

```
<!-- 定义 AdminAction，并为其中的属性 AdminAction 注入值 -->
<bean name="adminAction" class="com.news.action.AdminAction"
 scope="prototype">
   <property name="adminBiz" ref="adminBiz" />
</bean>
```

5. Struts 2 配置

在 Struts 2 配置文件中，使用通配符为 AdminAction 类中的 validateLogin 方法配置映射，如下所示：

```
<!-- 采用通配符为 SecondleveltitleAction 类的所有方法配置映射 -->
<action name="*" class="adminAction" method="{1}">
   <result name="index" type="redirectAction">index</result>
</action>
```

在登录表单中输入用户名和密码，单击“登录”按钮，将登录请求提交到“validateLogin”，即执行 AdminAction 类中的 validateLogin 方法。执行结束后，重定向到名为“index”的 Action，即执行 NewsinfoAction 类中的 index 方法，重新显示新闻浏览首页 index.jsp。

26.8.2　新闻管理首页

登录成功后，新闻浏览首页 index.jsp 的头部显示如图 26-28 所示的欢迎信息及登录控制台链接。

单击其中的“登录控制台”链接，显示新闻管理首页，如图 26-29 所示。

“登录控制台”链接的设置如下所示：

```
<a href="/News/admin">登录控制台</a>
```

“登录控制台”链接不是直接请求页面，而是将请求提交到“admin”。

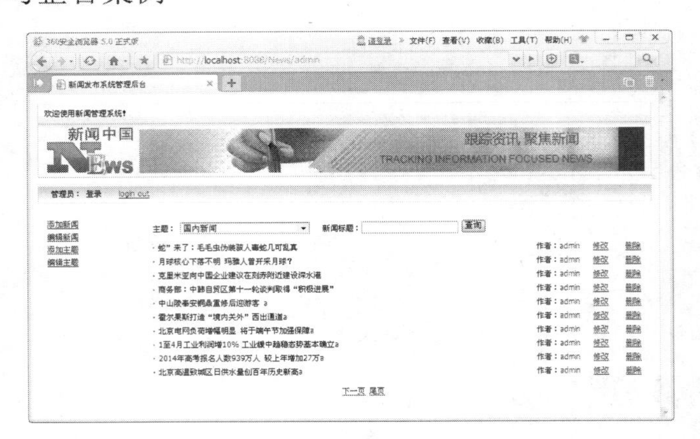

图 26-29　新闻管理首页

实现新闻管理首页显示的流程如下所示。

(1) 在 NewsinfoAction 类中添加一个方法 admin()，获取指定页的新闻列表，再转到新闻管理首页。admin()方法的代码如下所示：

```
//获取指定页的新闻列表，再转到新闻管理页
public String admin() throws Exception {
    List newsinfoList = null;
    int curPage = 1;
    if(pager!=null)
        curPage = pager.getCurPage();
    if(newsinfo==null) {
        //如果没有指定查询条件，获取指定页码的新闻列表
        newsinfoList = newsinfoBiz.getAllNewsinfoByPage(curPage,10);
        //再获得所有新闻总数，用来初始化分页类 Pager 对象
        pager = newsinfoBiz.getPagerOfAllNewsinfo(10);
    } else {
        //如果指定了查询条件，根据条件获取指定页码的新闻列表
        newsinfoList =
         newsinfoBiz.getNewsinfoByConditionAndPage(newsinfo, curPage, 10);
        //再根据条件获得所属新闻总数，用来初始化分页类 Pager 对象
        pager = newsinfoBiz.getPagerOfNewsinfo(newsinfo,10);
    }
    //设置 Pager 对象中的待显示页页码
    pager.setCurPage(curPage);
    //将待显示的当前页新闻列表存入 request 范围
    request.put("newsinfoList", newsinfoList);
    //获取所有主题
    List topicList = topicBiz.getAllTopics();
    //将主题列表存入 request 范围
    request.put("topicList", topicList);
    return "admin";
}
```

(2) 在 Struts 2 配置文件中，为 NewsinfoAction 类中的 admin 方法配置映射，如下所示：

```
<!-- 显示新闻管理页 -->
```

```
<action name="admin" class="newsinfoAction" method="admin">
   <result name="admin">newspages/admin.jsp</result>
</action>
```

这样，当请求“admin”时，将执行 NewsinfoAction 类中的 admin 方法，获取当页面显示的新闻列表、获取所有主题列表，并存入 request 中保存，再转到新闻管理首页 admin.jsp 中显示。

(3) 新闻管理首页设计。

新闻管理首页 admin.jsp 位于 newspages 文件夹下，其中显示新闻列表部分的代码如下所示：

```
<s:iterator id="news" value="#request.newsinfoList">
   <li>
      ${news.title}
      <span>
         作者：${news.author}    
         <a href='toNewsModify?id=${news.id}'>修改</a>
             
         <a href='deleteNews?id=${news.id}'
           onclick='return clickdel()'>删除</a>
      </span>
   </li>
</s:iterator>
```

显示分页超链接的代码如下所示：

```
<s:if test="pager.curPage>1">
   <p align="center">
      <a href='admin?pager.curPage=1&newsinfo.topic.id=
        ${requestScope.newsinfo.topic.id}&newsinfo.title=
        ${requestScope.newsinfo.title}'>首页</a>
      <a href='admin?pager.curPage=${pager.curPage-1 }&
        newsinfo.topic.id=${requestScope.newsinfo.topic.id}&
        newsinfo.title=${requestScope.newsinfo.title}'>上一页</a>
   </p>
</s:if>
<s:if test="pager.curPage <pager.pageCount">
   <p align="center">
      <a href='admin?pager.curPage=${pager.curPage+1}&
        newsinfo.topic.id=${requestScope.newsinfo.topic.id}&
        newsinfo.title=${requestScope.newsinfo.title}'>下一页</a>
      <a href='admin?pager.curPage=${pager.pageCount }&
        newsinfo.topic.id=${requestScope.newsinfo.topic.id}&
        newsinfo.title=${requestScope.newsinfo.title}'>尾页</a>
   </p>
</s:if>
```

在分页超链接中，使用 GET 方式传递了新闻标题参数(newsinfo.title)。由于该参数是中文，为了避免 Action 接受时出现中文乱码，需要修改 server.xml 文件(在 Tomcat 安装路径的 conf 目录中)。

将 URIEncoding 设置为“gbk”，如下所示：

```
<Connector port="8088" protocol="HTTP/1.1"
  connectionTimeout="20000" redirectPort="8443" URIEncoding="gbk" />
```

admin.jsp 页面中使用了<jsp:include>，将静态页面 left.html 包含在左侧，如下所示：

```
<jsp:include page="console_element/left.html" />
```

left.html 页面提供了新闻管理菜单，效果如图 26-30 所示。

添加新闻
编辑新闻
添加主题
编辑主题

图 26-30　新闻管理菜单

admin.jsp 页面中还提供了根据主题和新闻标题进行查询的表单，其设置如下所示：

```
<s:form ation="admin" method="post" theme="simple">
    主题:
    <s:select name="newsinfo.topic.id" list="#request.topicList"
      listKey="id" listValue="name" cssClass="opt_input" />
         
    新闻标题:
    <s:textfield name="newsinfo.title" />
    <s:submit value="查询" />
</s:form>
```

选择主题、输入新闻标题后，将请求提交到“admin”，即执行 NewsinfoAction 类中的 admin 方法，并将查询条件封装到 Newsinfo 类型的属性 newsinfo 中，admin 方法会根据条件获取相应的新闻列表进行显示。

在新闻管理菜单中，“编辑新闻”超链接设置与“登录控制台”一样，如下所示：

```
<a href="/News/admin">编辑新闻</a>
```

因此，单击“编辑新闻”超链接时，同样将执行 NewsinfoAction 类中的 admin 方法，获取页面显示的新闻列表、获取所有主题列表，并存入 request 中保存，再转到新闻管理首页 admin.jsp。

26.8.3　添加新闻

在如图 26-30 所示的新闻管理菜单中，单击“添加新闻”超链接，显示新闻添加页，如图 26-31 所示。

“添加新闻”超链接的设置如下所示：

```
<a href="/News/toNewsAdd">添加新闻</a>
```

由于新闻添加页中需要事先绑定主题下拉列表，因此先把请求提交到“toNewsAdd”，获取主题列表后，再转到新闻添加页显示。

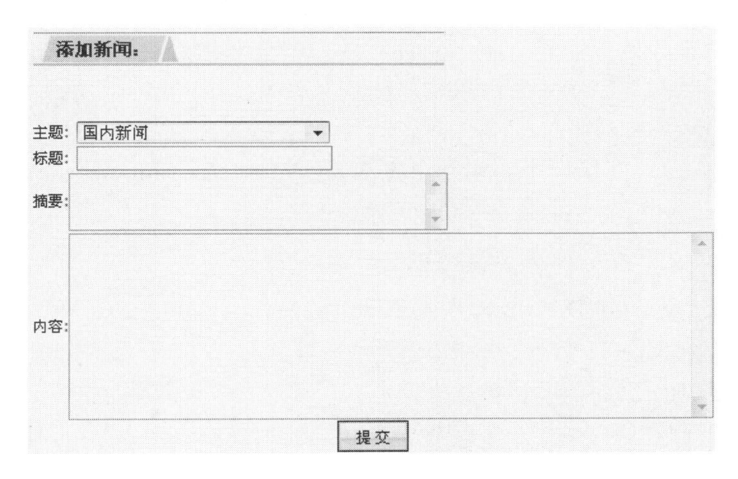

图 26-31　新闻添加页

实现新闻添加页面中“主题”下拉列表绑定的流程如下所示。

(1) 在 NewsinfoAction 类中添加方法 toNewsAdd()，获取主题列表，再转到新闻添加页，代码如下所示：

```
//获取主题列表，再转到新闻添加页
public String toNewsAdd() throws Exception {
    List topicList = topicBiz.getAllTopics();
    request.put("topicList", topicList);
    return "news_add";
}
```

(2) 在 Struts 2 配置文件中，为 NewsinfoAction 类中的 toNewsAdd 方法配置映射，如下所示：

```
<!-- 为NewsinfoAction 类中的 toNewsAdd()方法配置映射，显示新闻添加页 -->
<action name="toNewsAdd" class="newsinfoAction" method="toNewsAdd">
    <result name="news_add">newspages/news_add.jsp</result>
</action>
```

(3) 新闻添加页设计。

新闻添加页 news_add.jsp 位于 newspages 文件夹中，页面的主要代码如下所示：

```
<s:form action="doNewsAdd" method="post" onsubmit="return check()">
    <p><s:select name="newsinfo.topic.id" label="主题"
      list="#request.topicList" listKey="id" listValue="name"
      cssClass="opt_input" /></p>
    <p><s:textfield label="标题" name="newsinfo.title"
      cssClass="opt_input"  /></p>
    <p><s:textarea label="摘要" name="newsinfo.summary"
      cols="40" rows="3" /></p>
    <p><s:textarea label="内容" name="newsinfo.content"
      cols="70" rows="10" /></p><br>
    <p><s:submit value="提交" cssClass="opt_sub" align="center" /></p>
</s:form>
```

在新闻添加页中，选择主题，输入新闻标题、摘要和内容，单击“提交”按钮，将请求提交到“doNewsAdd”，将新闻信息添加到数据表中。实现这一功能的流程如下所示。

(1) 实现 DAO

① 在 NewsinfoDAO 接口中声明一个方法 addNews(Newsinfo newsinfo)：

```
//添加新闻
public void addNews(Newsinfo newsinfo);
```

② 在实现类 NewsinfoDAOImpl 中实现 addNews(Newsinfo newsinfo)方法：

```
//添加新闻
@Override
public void addNews(Newsinfo newsinfo) {
    Session session = sessionFactory.getCurrentSession();
    session.saveOrUpdate(newsinfo);
}
```

(2) 实现 Biz

① 在接口 NewsinfoBiz 中声明 addNews(Newsinfo newsinfo)方法：

```
//添加新闻
public void addNews(Newsinfo newsinfo);
```

② 在实现类 NewsinfoBizImpl 中实现 addNews(Newsinfo newsinfo)方法：

```
//添加新闻
@Override
public void addNews(Newsinfo newsinfo) {
    newsinfoDAO.addNews(newsinfo);
}
```

(3) 实现 Action

在 NewsinfoAction 类中添加 doNewsAdd()方法，执行新闻添加：

```
//执行新闻添加,
public String doNewsAdd() throws Exception {
    //从 Session 中获取管理员对象
    Admin admin = (Admin)session.get("admin");
    newsinfo.setAuthor(admin.getLoginName());
    newsinfo.setCreateDate(new Date());
    newsinfoBiz.addNews(newsinfo);
    return "admin";
}
```

(4) Struts 2 配置

在 Struts 2 配置文件中，为 NewsinfoAction 类中的 doNewsAdd 方法配置映射：

```
<!-- 为 NewsinfoAction 类中的 doNewsAdd()方法配置映射，执行新闻添加 -->
<action name="doNewsAdd" class="newsinfoAction" method="doNewsAdd">
    <result name="admin" type="redirectAction">admin</result>
</action>
```

这样，将请求提交到“doNewsAdd”时，执行 NewsinfoAction 类中的 doNewsAdd()方法，将新闻信息持久化到数据库，然后重定向到“admin”，即执行 NewsinfoAction 类中的 admin()方法，最终显示新闻管理首页 admin.jsp。

26.8.4　修改新闻

在如图 26-29 所示的新闻管理首页中，每行记录后都有一个“修改”超链接，单击“修改”超链接，显示相应新闻的修改页，如图 26-32 所示。

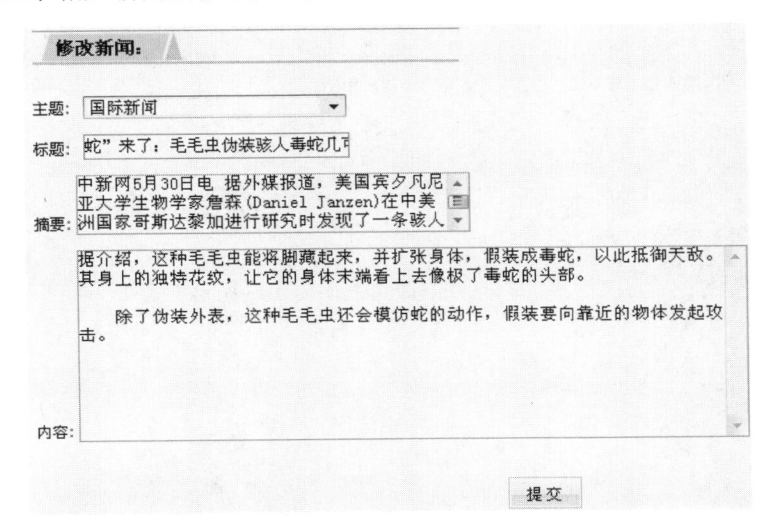

图 26-32　新闻修改页

对“修改”超链接的设置如下所示：

```
<a href='toNewsModify?id=${news.id}'>修改</a>
```

可以看出，单击“修改”超链接时，不是直接跳转到信息修改页，而是将请求提交到“toNewsModify”，并将参数 id 的值传递过去。

显示新闻修改页的流程如下所示。

(1)　在 NewsinfoAction 类中添加一个方法 toNewsModify()，先根据新闻编号获取新闻，然后获取主题列表，再转到新闻修改页显示：

```
//根据新闻编号获取新闻，并获取主题列表，再转到新闻修改页
public String toNewsModify() throws Exception {
    //根据新闻编号获取新闻
    Newsinfo newsinfo=newsinfoBiz.getNewsinfoById(id);
    //将要修改的新闻存入 request
    request.put("newsinfo", newsinfo);
    //获取主题列表
    List topicList = topicBiz.getAllTopics();
    //将主题列表存入 request
    request.put("topicList", topicList);
    //转到新闻修改页
```

```
    return "news_modify";
}
```

(2) 在 Struts 2 配置文件中，为 NewsinfoAction 类中的 toNewsModify 方法配置映射，如下所示：

```
<!--为 NewsinfoAction 类中的 toNewsModify()方法配置映射，显示新闻修改页-->
<action name="toNewsModify" class="newsinfoAction"
  method="toNewsModify">
    <result name="news_modify">newspages/news_modify.jsp</result>
</action>
```

(3) 新闻修改页设计。

新闻修改页为 news_modify.jsp，位于 newspages 文件夹下。主要代码如下所示：

```
<form action="/News/doNewsModify" method="post" onsubmit="return check()">
    <s:hidden name="newsinfo.id" value="%{#request.newsinfo.id}" />
    <p>
    <s:select name="newsinfo.topic.id" label="主题"
      list="#request.topicList" listKey="id" listValue="name"
      value="%{#request.newsinfo.topic.id }" cssClass="opt_input" />
    </p>
    <p>
    <s:textfield label="标题" name="newsinfo.title" cssClass="opt_input"
      value="%{#request.newsinfo.title }"  />
    </p>
    <p>
    <s:textarea label="摘要" name="newsinfo.summary"
      value="%{#request.newsinfo.summary }" cols="40" rows="3" />
    </p>
    <p>
    <s:textarea label="内容" name="newsinfo.content"
      value="%{#request.newsinfo.content }" cols="70" rows="10" />
    </p>
    <br>
    <p>
    <s:submit value="提交" cssClass="opt_sub" align="center" />
    </p>
</form>
```

在 news_modify.jsp 页面中，完成新闻信息修改后，单击“提交”按钮，将请求提交到“doNewsModify”，执行新闻修改请求。具体实现过程如下所示。

(1) 实现 DAO

① 在 NewsinfoDAO 接口中声明一个方法 updateNews(Newsinfo newsinfo)：

```
//更新新闻
public void updateNews(Newsinfo newsinfo);
```

② 在实现类 NewsinfoDAOImpl 中实现 updateNews(Newsinfo newsinfo)方法：

```
//修改新闻
```

```
@Override
public void updateNews(Newsinfo newsinfo) {
    Session session = sessionFactory.getCurrentSession();
    session.saveOrUpdate(newsinfo);
}
```

(2)　实现 Biz

①　在接口 NewsinfoBiz 中声明 updateNews(Newsinfo newsinfo)方法。

②　在实现类 NewsinfoBizImpl 中实现 updateNews(Newsinfo newsinfo)方法：

```
//修改新闻
@Override
public void updateNews(Newsinfo newsinfo) {
    newsinfoDAO.updateNews(newsinfo);
}
```

(3)　实现 Action

在 NewsinfoAction 类中添加 doNewsModify()方法，执行新闻修改：

```
//执行新闻修改
public String doNewsModify() throws Exception {
    //从 Session 中获取管理员对象
    Admin admin = (Admin)session.get("admin");
    newsinfo.setAuthor(admin.getLoginName());
    newsinfo.setCreateDate(new Date());
    newsinfoBiz.updateNews(newsinfo);
    return "admin";
}
```

(4)　Struts 2 配置

在 Struts 2 配置文件中，为 NewsinfoAction 类中的 doNewsModify 方法配置映射，如下所示：

```
<!--为 NewsinfoAction 类中的 doNewsModify()方法配置映射，执行新闻修改    -->
<action name="doNewsModify" class="newsinfoAction" method="doNewsModify">
    <result name="admin" type="redirectAction">admin</result>
</action>
```

这样，将请求提交到“/News/doNewsModify”时，会执行 NewsinfoAction 类中的 doNewsModify()方法，执行新闻修改请求，然后重定向到“admin”，即执行 NewsinfoAction 类中的 admin()方法，最终显示新闻管理首页 admin.jsp。

26.8.5　删除新闻

在如图 26-29 所示的新闻管理首页中，每行记录后都有一个“删除”超链接，单击“删除”超链接，可以删除指定的新闻。

对“删除”超链接的设置如下所示：

```
<a href='deleteNews?id=${news.id}' onclick='return clickdel()'>删除</a>
```

实现新闻删除的流程如下所示。

(1) 实现 DAO

① 在 NewsinfoDAO 接口中声明一个方法 deleteNewsinfo(Newsinfo newsinfo)：

```
//删除新闻对象
public void deleteNewsinfo(Newsinfo newsinfo);
```

② 在实现类 NewsinfoDAOImpl 中实现 deleteNewsinfo(Newsinfo newsinfo)方法：

```
//删除新闻
@Override
public void deleteNewsinfo(Newsinfo newsinfo) {
    Session session = sessionFactory.getCurrentSession();
    session.delete(newsinfo);
}
```

(2) 实现 Biz

① 在接口 NewsinfoBiz 中声明 deleteNews(int id)方法：

```
//删除新闻
public void deleteNews(int id);
```

② 在实现类 NewsinfoBizImpl 中实现 deleteNews(int id)方法：

```
//删除新闻
@Override
public void deleteNews(int id) {
    Newsinfo newsinfo = newsinfoDAO.getNewsinfoById(id);
    newsinfoDAO.deleteNewsinfo(newsinfo);
}
```

(3) 实现 Action

在 NewsinfoAction 类中添加 deleteNews()方法，执行新闻删除：

```
//执行新闻删除
public String deleteNews() throws Exception {
    newsinfoBiz.deleteNews(id);
    return "admin";
}
```

(4) Struts 2 配置

在 Struts 2 配置文件中，为 NewsinfoAction 类中的 deleteNews 方法配置映射，如下所示：

```
<!--为 NewsinfoAction 类中的 deleteNews()方法配置映射，执行新闻删除    -->
<action name="deleteNews" class="newsinfoAction" method="deleteNews">
    <result name="admin" type="redirectAction">admin</result>
</action>
```

单击“删除”超链接，将请求提交到“deleteNews”，即执行 NewsinfoAction 类中的 deleteNews()方法，根据超链接传递来的参数 id 的值，删除指定新闻，然后重定向到“admin”，即执行 NewsinfoAction 类中的 admin()方法，最终显示新闻管理首页 admin.jsp。

26.8.6　添加主题

在如图 26-30 所示的新闻管理菜单中，单击“添加主题”超链接，显示主题添加页，如图 26-33 所示。

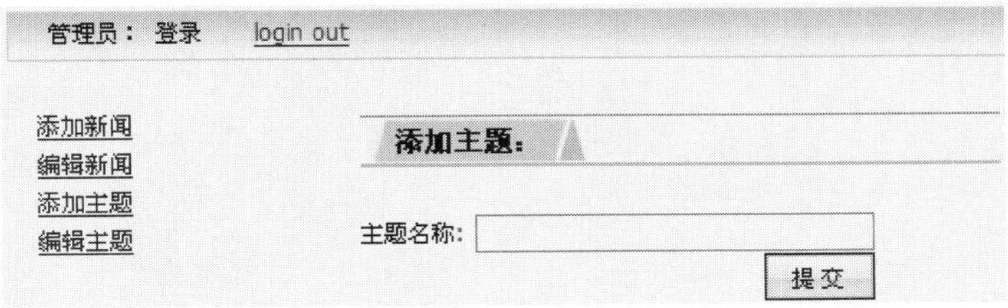

图 26-33　主题添加页

对“添加主题”超链接的设置如下所示：

```
<a href="newspages/topic_add.jsp">添加主题</a>
```

单击“添加主题”超链接，直接打开 newspages 文件夹下的主题添加页 topic_add.jsp，页面的主要代码如下所示：

```
<s:form action="/addtopic" method="post" onsubmit="return check()">
    <p><s:textfield label="主题名称" id="name" name="topic.name"
      cssClass="opt_input" /></p>
    <p><s:submit value="提交" cssClass="opt_sub" /></p>
</s:form>
```

输入“主题名称”，单击“提交”按钮后，将请求提交到“addtopic”。实现添加主题功能的流程如下所示。

(1)　实现 DAO

①　在 TopicDAO 接口中声明一个方法 addTopic(Topic topic)：

```
//添加主题
public void addTopic(Topic topic);
```

②　在实现类 TopicDAOImpl 中实现 addTopic(Topic topic)方法：

```
//添加主题
@Override
public void addTopic(Topic topic) {
    Session session = sessionFactory.getCurrentSession();
    session.saveOrUpdate(topic);
}
```

(2) 实现 Biz

① 在接口 TopicBiz 中声明 addTopic(Topic topic)方法：

```
//添加主题
public void addTopic(Topic topic);
```

② 在实现类 TopicBizImpl 中实现 addTopic(Topic topic)方法：

```
//添加主题
@Override
public void addTopic(Topic topic) {
    topicDAO.addTopic(topic);
}
```

(3) 实现 Action

在 TopicAction 类中添加 addtopic()方法，添加主题：

```
//添加主题
public String addtopic() throws Exception {
    topicBiz.addTopic(topic);
    return "admin";
}
```

(4) Struts 2 配置

在 Struts 2 配置文件中，为 TopicAction 类中的 addtopic 方法配置映射，如下所示：

```
<!-- 为TopicAction类中的addtopic()方法配置映射，添加主题 -->
<action name="addtopic" class="topicAction" method="addtopic">
    <result name="admin" type="redirectAction">admin</result>
</action>
```

这样，将请求提交到“addtopic”时，执行 TopicAction 类中的 addtopic，向数据表中添加主题，然后重定向到“admin”，即执行 NewsinfoAction 类中的 admin()方法，最终显示新闻管理首页 admin.jsp。

26.8.7 主题编辑页

在如图 26-30 所示的新闻管理菜单中，单击“编辑主题”超链接，显示主题编辑页，如图 26-34 所示。

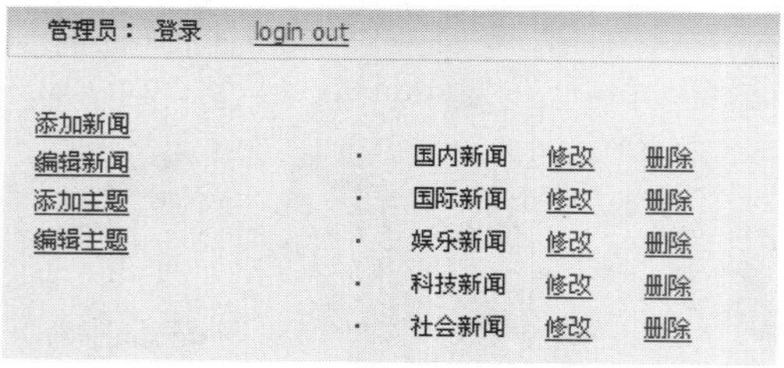

图 26-34 主题编辑页

对“编辑主题”超链接的设置如下所示：

```
<a href="/News/topiclist">编辑主题</a>
```

单击“编辑主题”超链接，将请求提交到“topiclist”。实现显示主题编辑页的流程如下所示。

(1) 在 TopicAction 类中添加一个 topiclist()方法，获取主题列表，再转到主题编辑页：

```
//获取主题列表，再转到主题编辑页
public String topiclist() throws Exception {
    List topicList = topicBiz.getAllTopics();
    request.put("topicList", topicList);
    return "topic_list";
}
```

(2) 在 Struts 2 配置文件中，为 TopicAction 类中的 topiclist 方法配置映射，如下所示：

```
<!--为 TopicAction 类中的 topiclist()方法配置映射，显示主题编辑页    -->
<action name="topiclist" class="topicAction" method="topiclist">
    <result name="topic_list">newspages/topic_list.jsp</result>
</action>
```

这样，当请求“topiclist”时，将执行 TopicAction 类的 topiclist 方法，先获取主题列表，然后再显示主题编辑页 topic_list.jsp。

(3) 主题编辑页的设计。主题编辑页 topic_list.jsp 位于 newspages 文件夹下，页面中循环显示主题的代码如下所示：

```
<s:iterator id="topic" value="#request.topicList">
    <li>      ${topic.name}  
           <a href='toTopicModify?topic.id=${topic.id}'>修改</a>
            
        <a href='deletetopic?topic.id=${topic.id}'
          onclick='return clickdel()'>删除</a>
    </li>
</s:iterator>
```

26.8.8　修改主题

在如图 26-34 所示的主题编辑页中，每条记录后面都有一个“修改”超链接，单击后显示主题修改页，如图 26-35 所示。

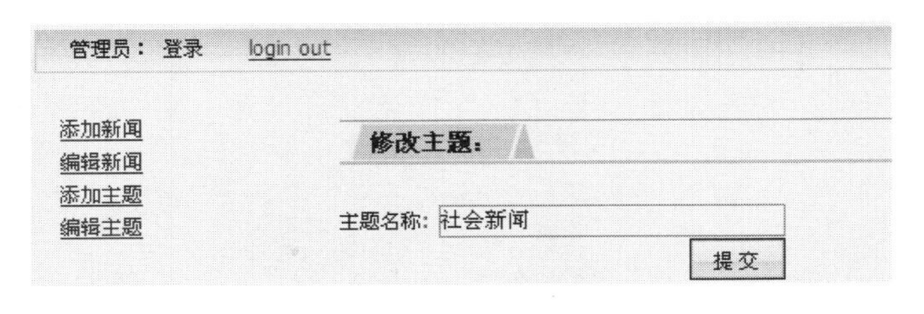

图 26-35　主题修改页

对“修改”超链接的设置如下所示：

```
<a href='toTopicModify?topic.id=${topic.id}'>修改</a>
```

单击“修改”超链接，将请求提交到“toTopicModify”，并传递参数“topic.id”，根据主题编号获取主题对象，再转到主题修改页显示。

1. 实现显示主题修改页的流程

(1) 实现 DAO

① 在 TopicDAO 接口中声明一个方法 getTopicById(int id)，通过编号获取主题：

```
//通过编号获取主题
public Topic getTopicById(int id);
```

② 在实现类 TopicDAOImpl 中实现 getTopicById(int id)方法：

```
//通过编号获取主题
@Override
public Topic getTopicById(int id) {
    Session session = sessionFactory.getCurrentSession();
    Topic topic = (Topic)session.get(Topic.class, id);
    return topic;
}
```

(2) 实现 Biz

① 在接口 TopicBiz 中声明 getTopicById(int id)方法：

```
//通过编号获取主题
public Topic getTopicById(int id);
```

② 在实现类 TopicBizImpl 中实现 getTopicById(int id)方法：

```
//根据编号获取主题
@Override
public Topic getTopicById(int id) {
    return topicDAO.getTopicById(id);
}
```

(3) 实现 Action

在 TopicAction 类中添加 toTopicModify()方法，根据主题编号获取主题，再转到主题修改页：

```
//根据主题编号获取主题，再转到主题修改页
public String toTopicModify() throws Exception {
    Topic modifyTopic = topicBiz.getTopicById(topic.getId());
    request.put("modifyTopic", modifyTopic);
    return "topic_modify";
}
```

(4)　Struts 2 配置

在 Struts 2 配置文件中，为 TopicAction 类中的 toTopicModify 方法配置映射，如下所示：

```
<!-- 为TopicAction类中的toTopicModify()方法配置映射，显示主题修改页 -->
<action name="toTopicModify" class="topicAction" method="toTopicModify">
   <result name="topic_modify">newspages/topic_modify.jsp</result>
</action>
```

这样，将请求提交到“'toTopicModify”时，执行 TopicAction 类中的 toTopicModify，根据主题编号获取主题，然后转到主题修改页。

(5)　主题修改页的设计

主题修改页 topic_modify.jsp 位于 newspages 文件夹下，主要代码如下所示：

```
<s:form action="/doTopicModify" method="post" onsubmit="return check()">
   <s:hidden name="topic.id" value="%{#request.modifyTopic.id}" />
   <p><s:textfield label="主题名称" id="name" name="topic.name"
     value="%{#request.modifyTopic.name}" cssClass="opt_input" /></p>
   <p><s:submit value="提交" cssClass="opt_sub" /></p>
</s:form>
```

2．在主题修改页的实现流程

在主题修改页中，修改主题后，单击“提交”按钮，将请求提交到“doTopicModify”，执行修改请求，将修改更新到数据库。具体实现过程如下所示。

(1)　实现 DAO

①　在 TopicDAO 接口中声明一个方法 updateTopic(Topic topic)，更新主题：

```
//更新主题
public void updateTopic(Topic topic);
```

②　在实现类 TopicDAOImpl 中实现 updateTopic(Topic topic)：

```
//修改主题
@Override
public void updateTopic(Topic topic) {
   Session session = sessionFactory.getCurrentSession();
   session.saveOrUpdate(topic);
}
```

(2)　实现 Biz

①　在接口 TopicBiz 中声明 updateTopic(Topic topic)方法：

```
//更新主题
public void updateTopic(Topic topic);
```

②　在实现类 TopicBizImpl 中实现 updateTopic(Topic topic)方法：

```
//更改主题
@Override
public void updateTopic(Topic topic) {
```

```
    topicDAO.updateTopic(topic);
}
```

(3) 实现 Action

在 TopicAction 类中添加 doTopicModify()方法，执行主题修改请求：

```
//执行主题修改
public String doTopicModify() throws Exception {
    topicBiz.updateTopic(topic);
    return "topiclist";
}
```

(4) Struts 2 配置

在 Struts 2 配置文件中，为 TopicAction 类中的 doTopicModify 方法配置映射关系，如下所示：

```
<!--为 TopicAction 类中的 doTopicModify()方法配置映射，执行主题修改请求-->
<action name="doTopicModify" class="topicAction" method="doTopicModify">
    <result name="topiclist" type="redirectAction">topiclist</result>
</action>
```

这样，将请求提交到“doTopicModify”时，执行 TopicAction 类中的 doTopicModify，执行主题修改请求，然后重定向到 topiclist，即执行 TopicAction 类中的 topiclist 方法，最终显示主题编辑页 topic_list.jsp。

26.8.9 删除主题

在如图 26-34 所示的主题编辑页中，每条记录后面都有一个“删除”超链接，单击后，删除指定的主题及该主题的所有新闻。

对“删除”超链接的设置如下所示：

```
<a href='deletetopic?topic.id=${topic.id}' onclick='return clickdel()'>
 删除</a>
```

单击“删除”超链接，将请求提交到“deletetopic”，并传递参数“topic.id”，用于根据主题编号删除主题对象。

实现删除主题功能的流程如下所示。

1. 实现 DAO

(1) 在 TopicDAO 接口中声明一个方法 deleteTopic(Topic topic)，删除主题：

```
//删除主题
public void deleteTopic(Topic topic);
```

(2) 在实现类 TopicDAOImpl 中实现 deleteTopic(Topic topic)方法：

```
//删除主题
@Override
public void deleteTopic(Topic topic) {
    Session session = sessionFactory.getCurrentSession();
```

```
    session.delete(topic);
}
```

2．实现 Biz

(1)　在接口 TopicBiz 中声明 deleteTopic(int id)方法，通过编号删除主题：

```
//通过编号删除主题
public void deleteTopic(int id);
```

(2)　在实现类 TopicBizImpl 中实现 deleteTopic(int id)方法：

```
//通过编号删除主题
@Override
public void deleteTopic(int id) {
    Topic topic = topicDAO.getTopicById(id);
    topicDAO.deleteTopic(topic);
}
```

3．实现 Action

在 TopicAction 类中添加 deletetopic()方法，删除主题：

```
//删除主题
public String deletetopic() throws Exception {
    topicBiz.deleteTopic(topic.getId());
    return "topiclist";
}
```

在映射文件 Topic.hbm.xml 中配置与 Newsinfos 对象的关联时，<set>元素中设置了 cascade="delete"。当删除主题对象时，会级联删除关联的新闻对象。

4．Struts 2 配置

在 Struts 2 配置文件中，为 TopicAction 类中的 deletetopic 方法配置映射，如下所示：

```
<!-- 为 TopicAction 类中的 deletetopic()方法配置映射，删除主题 -->
<action name="deletetopic" class="topicAction" method="deletetopic">
    <result name="topiclist" type="redirectAction">topiclist</result>
</action>
```

这样，将请求提交到“deletetopic”时，执行 TopicAction 类中的 deletetopic，根据主题编号删除主题，然后重定向到 topiclist，即执行 TopicAction 类中的 topiclist 方法，最终显示主题编辑页 topic_list.jsp。

26.9　小　　结

本章将 Spring 3 与 Struts 2、Hibernate 4 进行整合，实现了新闻发布系统。新闻发布系统提供了前台新闻浏览、后台管理员登录、主题发布、主题管理、新闻发布、新闻管理等功能。在新闻发布系统开发过程中，为了条理清晰，首先讲述了 SSH2 框架的开发环境搭建、系统目录结构创建、配置事务管理、通过 Hibernate 反转工程生成实体类和映射文件等。

在实现每个具体功能时，则按照实现 DAO 并在 Spring 配置文件中定义、实现 Biz 并在 Spring 配置文件中定义、实现 Action 并在 Spring 配置文件中定义、在 Struts 2 配置文件中配置 Action 的映射、页面设计等步骤依次展开分析，从而有助于读者理解每个功能的具体实现过程和细节。

通过本章的讲解，希望读者能够掌握使用 Spring 3、Struts 2 和 Hibernate 4(SSH2)整合应用开发的基本步骤、方法和技巧。

第 27 章　网上订餐系统

网上订餐系统是电子商务的一个典型案例，用户可以在线浏览餐品信息并且订购餐品，从而节约大量的时间和精力。系统具有一般用户的注册以及登录、餐品信息的展示、餐品的查询、餐品订购和后台管理员对餐品以及用户的订单进行管理等功能。

本系统在开发过程中整合了 Spring 3、Hibernate 4 和 Struts 2 框架。其中，Struts 2 框架用来处理页面逻辑，Hibernate 4 框架用来进行持久化操作，Spring 3 对 Struts 2 和 Hibernate 4 进行的整合。Spring 3 与 Hibernate 4 的集成提供了很好的配置方式，同时也简化了 Hibernate 4 的编码，Spring 3 与 Struts 2 的集成实现了系统层与层之间的脱耦，从而使得系统运行效率更高，维护也更方便。

本系统的开发，涉及以下方面的知识：网页设计；Spring 3 + Struts 2 + Hibernate 4 整合；MVC 开发模式；文件上传；分页显示。

27.1　系统概述及需求分析

网上订餐系统是由前台和后台这两部分组成的。

前台即客户端，在前台客户进入首页后，用户可以查看一些形色艳丽的餐品图片。用户可以通过点击餐品图片来查看其相关餐品的详细信息。客户可以事先登录，或者注册，然后就能随心所欲地订购自己所需要的餐品了。可以使用购物车暂存喜爱的餐品，也可以对购物车中的餐品进行管理。最后可以提交订单。

另一部分是后台管理部分，管理员登录该系统后，就可以对餐品信息以及订单信息等进行管理和查询。

系统前台客户和管理员的用例图分别如图 27-1 和 27-2 所示。

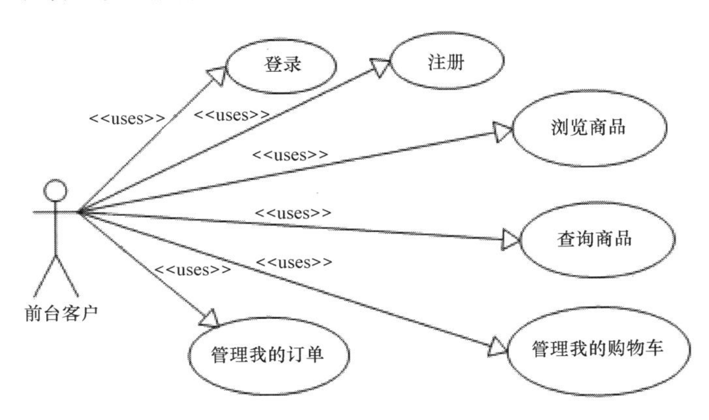

图 27-1　前台客户对应功能的用例图

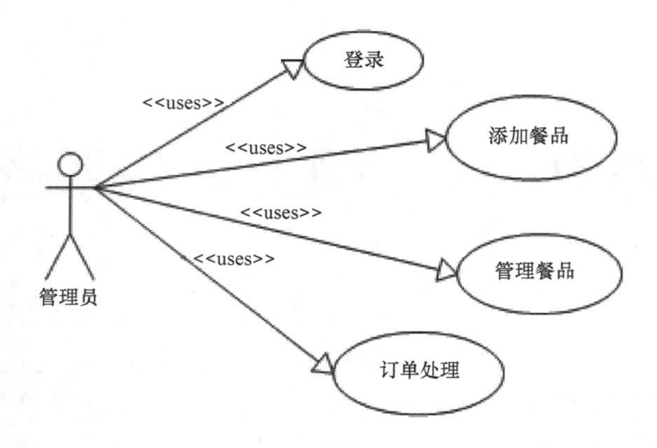

图 27-2　管理员对应功能的用例图

27.2　系 统 分 析

1．前台订餐功能分析

(1)　前台用户注册为会员。
(2)　登录网上订餐系统浏览餐品。
(3)　用户根据菜系和菜名查询餐品。
(4)　用户对自己的个人信息进行更改，如送餐地址、联系电话和账户密码等。
(5)　对暂存入购物车中的餐品进行更改，如选择的数量或者取消选择。
(6)　当用户确定订餐完毕后，将其提交到服务器，生成订单。

2．管理员后台管理功能分析

(1)　管理员可以对餐品进行添加、删除和修改。
(2)　管理员可以根据菜系和菜名查询餐品。
(3)　管理员对订单进行处理。
(4)　管理员根据订单编号和订单状态来查询订单。
根据上述分析，可以得到系统的模块结构，如图 27-3 所示。

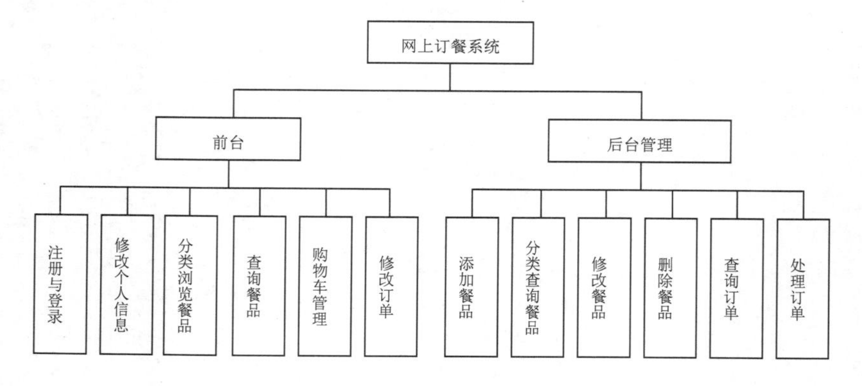

图 27-3　网上订餐系统的模块结构

27.3　数据库设计

数据库设计是系统设计中非常重要的一个环节，数据是设计的基础，直接决定着系统的成败。如果数据库设计不合理、不完善，将在系统开发中，甚至到后期的维护时，引起严重的问题。

这里根据系统需求，创建了 6 张表，如下所示。

- 用户信息表(users)：用于记录前台用户的基本信息。
- 管理员信息表(admin)：用于记录管理员的基本信息。
- 菜系表(mealseries)：用于记录各种菜系。
- 餐品信息表(meal)：用于记录餐品信息。
- 订单主表(orders)：用于记录订单的主要信息。
- 订单子表(orderdts)：用于记录订单的详细信息。

其中，用户信息表(users)的字段说明如表 27-1 所示。

表 27-1　用户信息表(users)

字 段 名	类　型	说　明
Id	int(4)	用户编号，主键、自增
LoginName	varchar(20)	用户登录名
LoginPwd	varchar(20)	用户登录密码
TrueName	varchar(20)	用户真实姓名
Email	varchar(20)	用户电子邮箱
Phone	varchar(20)	用户联系电话
Address	varchar(50)	用户送货地址

管理员信息表(admin)的字段说明如表 27-2 所示。

表 27-2　管理员信息表(admin)

字 段 名	类　型	说　明
Id	int(4)	管理员编号，主键、自增
LoginName	varchar(20)	管理员登录名
LoginPwd	varchar(20)	管理员登录密码

菜系表(mealseries)的字段说明如表 27-3 所示。

表 27-3　菜系表(mealseries)

字 段 名	类　型	说　明
SeriesId	int(4)	菜系编号，主键、自增
SeriesName	varchar(10)	菜系名称

餐品信息表(meal)的字段说明如表 27-4 所示。

表 27-4　餐品信息表(meal)

字 段 名	类　型	说　明
MealId	int(4)	餐品编号，主键、自增
MealSeriesId	int(4)	所属菜系，外键，与 mealseries 表 SeriesId 字段关联
MealName	varchar(20)	菜名
MealSummarize	varchar(250)	餐品摘要
MealDescription	varchar(250)	餐品详细描述信息
MealPrice	decimal(8,2)	餐品价格
MealImage	varchar(20)	餐品图片文件名

订单主表(orders)的字段说明如表 27-5 所示。

表 27-5　订单主表(orders)

字 段 名	类　型	说　明
OID	int(4)	订单编号，主键、自增
UserId	int(4)	订单用户编号，与 users 表 Id 字段关联
OrderTime	datetime	订单日期
OrderState	varchar(20)	订单状态，分为“未处理”、“已处理”
OrderPrice	decimal(8,2)	订单合计

订单子表(orderdts)的字段说明如表 27-6 所示。

表 27-6　订单子表(orderdts)

字 段 名	类　型	说　明
ODID	int(4)	订单明细编号，主键、自增
OID	int(4)	所属订单编号，与 orders 表 OID 字段关联
MealId	int(4)	餐品编号，与 meal 表的 MealId 字段关联
MealPrice	decimal(8,2)	餐品单价
MealCount	int(4)	餐品数量

创建数据表后，设计数据表之间的关系，如图 27-4 所示。

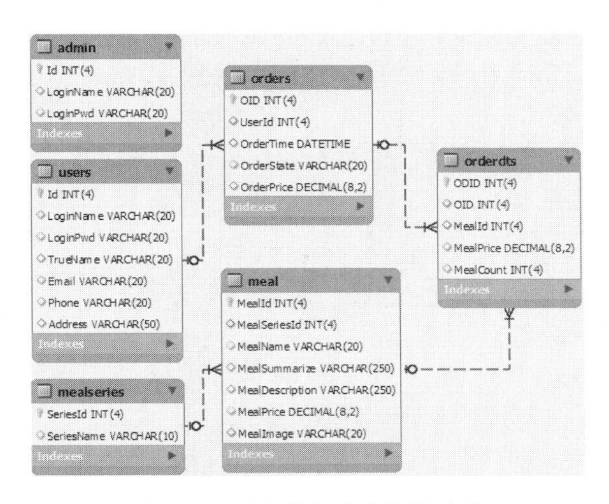

图 27-4　系统数据表之间的关系

27.4　系统环境搭建

系统开发前，首先需要搭建环境，包括创建项目、添加 Spring 3、Hibernate 4 和 Struts 2 支持，配置事务管理。第 26 章的项目中已经详细介绍了如何给项目添加 Spring 3、Hibernate 4 和 Struts 2 这三种支持，这里不再细述。

创建一个名为“Restrant”的 Web Project(我们这里投机取巧，把英文单词 Restaurant 中的 au 略去)，搭建好 Spring 3 + Hibernate 4 + Struts 2 这三个框架相结合的环境后，本网上订餐系统的目录结构如图 27-5 所示。

图 27-5　网上订餐系统的目录结构

其中，com.restrant.action 包用于存放 Action 类，com.restrant.biz 包用于存放业务逻辑层接口，com.restrant.biz.impl 包用于存放业务逻辑层接口的实现类，com.restrant.dao 包用于存放数据访问层接口，com.restrant.dao.impl 包用于存放数据访问层接口的实现类，com.restrant.entity 包用于存放实体类和映射文件，com.restrant.filter 包用于存放过滤器类，com.restrant.interceptor 包用于存放拦截器类。

27.5 配置事务管理

为了实现事务管理功能，需要在 Spring 配置文件 applicationContext.xml 中进行配置。本系统采用了基于 AOP 的事务管理配置，配置流程如下所示。

(1) 在<beans>标记中添加 AOP 所需的常用命名空间声明：

```
<beans
  xmlns="http://www.springframework.org/schema/beans"
  xmlns:xsi="http://www.w3.org/2001/XMLSchema-instance"
  xmlns:aop="http://www.springframework.org/schema/aop"
  xmlns:p="http://www.springframework.org/schema/p"
  xmlns:tx="http://www.springframework.org/schema/tx"
  xsi:schemaLocation="http://www.springframework.org/schema/beans
  http://www.springframework.org/schema/beans/spring-beans-3.1.xsd
  http://www.springframework.org/schema/aop
  http://www.springframework.org/schema/aop/spring-aop-3.1.xsd
  http://www.springframework.org/schema/tx
  http://www.springframework.org/schema/tx/spring-tx.xsd">
```

(2) 使用声明式事务，需要提供声明事务管理器。

使用 MyEclipse 向导给项目添加 Spring 和 Hibernate 支持后，会自动在 Spring 配置文件中声明一个 Hibernate 事务管理器，如下所示：

```
<!-- 声明事务管理器 -->
<bean id="transactionManager" class="org.springframework.orm
  .hibernate4.HibernateTransactionManager">
    <property name="sessionFactory" ref="sessionFactory" />
</bean>
```

(3) 定义事务通知时需要指定一个事务管理器，然后在其属性中声明事务规则：

```
<!-- 定义事务通知 -->
    <tx:advice id="txAdvice" transaction-manager="transactionManager">
    <tx:attributes>
        <tx:method name="*" propagation="REQUIRED" />
    </tx:attributes>
</tx:advice>
```

在定义事务传播规则时，对所有的方法应用 REQUIRED 事务规则，表示当前方法必须运行在一个事务环境中，如果一个现有事务正在运行中，该方法将运行在这个事务中，否则，就要开始一个新的事务。

(4) 定义一个切面(pointcut)，并将事务通知与切面组合，也就是定义哪些方法将应用这些规则：

```
<!-- 定义切面，并将事务通知与切面组合(定义哪些方法应用事务规则) -->
<aop:config>
    <!-- 对 com.restrant.biz 包下的所有类的所有方法都应用事务规则 -->
    <aop:pointcut id="bizMethods"
      expression="execution(* com.restrant.biz.*.*(..))" />
    <!-- 将事务通知与切面组合 -->
    <aop:advisor advice-ref="txAdvice" pointcut-ref="bizMethods" />
</aop:config>
```

27.6　生成实体类和映射文件

使用 Hibernate 的反转工程，可以直接从数据库表生成相应的实体类和映射文件。具体步骤如下所示。

(1) 切换到数据库透视图，在前面创建的数据库连接信息名称“restrant”上单击鼠标右键，从弹出的快捷菜单中选择 Open connection 命令。依次打开节点 restrant → Connected to restrant → restrant → TABLE，展开数据库 restrant 的数据表列表，如图 27-6 所示。

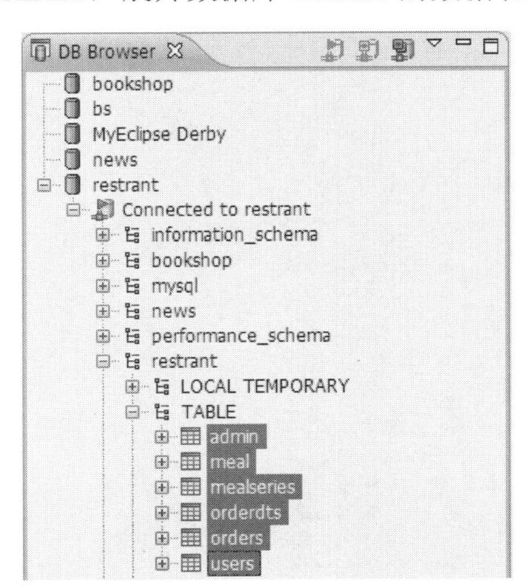

图 27-6　展开数据库 restrant 的数据表列表

(2) 在图 27-6 中，选中 restrant 数据库的所有表，并在选中的同时单击鼠标右键，在弹出的快捷菜单中选择 Hibernate Reverse Engineering 命令。使用 MyEclipse 反转工程同时生成数据表 admin、meal、mealseries、orderdts、orders 和 users 对应的实体类和映射文件。

通过 Hibernate 反转工程配置的关联映射基本上可以满足开发的需要，但需要进行细微的修改。

实体类文件 Admin.java 如下所示：

```
package com.restrant.entity;
public class Admin implements java.io.Serializable {
```

```
    private Integer id;
    private String loginName;
    private String loginPwd;
    //省略了属性的 get 和 set 方法
}
```

映射文件 Admin.hbm.xml 如下所示：

```
<?xml version="1.0" encoding="utf-8"?>
<!DOCTYPE hibernate-mapping PUBLIC
  "-//Hibernate/Hibernate Mapping DTD 3.0//EN"
  "http://www.hibernate.org/dtd/hibernate-mapping-3.0.dtd">
<hibernate-mapping>
    <class name="com.restrant.entity.Admin" table="admin"
      catalog="restrant">
        <id name="id" type="java.lang.Integer">
            <column name="Id" />
            <generator class="native"></generator>
        </id>
        <property name="loginName" type="java.lang.String">
            <column name="LoginName" length="20" />
        </property>
        <property name="loginPwd" type="java.lang.String">
            <column name="LoginPwd" length="20" />
        </property>
    </class>
</hibernate-mapping>
```

实体类文件 Users.java 如下所示：

```
package com.restrant.entity;
import java.util.HashSet;
import java.util.Set;
public class Users implements java.io.Serializable {
    private Integer id;
    private String loginName;
    private String loginPwd;
    private String trueName;
    private String email;
    private String phone;
    private String address;
    private Set orderses = new HashSet(0);
    //省略了属性的 get 和 set 方法
}
```

修改后的映射文件 Users.hbm.xml 如下所示：

```
<?xml version="1.0" encoding="utf-8"?>
<!DOCTYPE hibernate-mapping PUBLIC
  "-//Hibernate/Hibernate Mapping DTD 3.0//EN"
  "http://www.hibernate.org/dtd/hibernate-mapping-3.0.dtd">
<hibernate-mapping>
    <class name="com.restrant.entity.Users" table="users"
```

```
    catalog="restrant">
      <id name="id" type="java.lang.Integer">
         <column name="Id" />
         <generator class="native"></generator>
      </id>
      //此处省略了 6 个<property>标记
      <set name="orderses" inverse="true" lazy="false">
         <key>
            <column name="UserId" />
         </key>
         <one-to-many class="com.restrant.entity.Orders" />
      </set>
   </class>
</hibernate-mapping>
```

实体类文件 Mealseries.java 如下所示：

```
package com.restrant.entity;
import java.util.HashSet;
import java.util.Set;
public class Mealseries implements java.io.Serializable {
   private Integer seriesId;
   private String seriesName;
   private Set meals = new HashSet(0);
   //省略了属性的 get 和 set 方法
}
```

修改后的映射文件 Mealseries.hbm.xml 如下所示：

```
<?xml version="1.0" encoding="utf-8"?>
<!DOCTYPE hibernate-mapping PUBLIC
  "-//Hibernate/Hibernate Mapping DTD 3.0//EN"
  "http://www.hibernate.org/dtd/hibernate-mapping-3.0.dtd">
<hibernate-mapping>
   <class name="com.restrant.entity.Mealseries" table="mealseries"
     catalog="restrant">
      <id name="seriesId" type="java.lang.Integer">
         <column name="SeriesId" />
         <generator class="native"></generator>
      </id>
      <property name="seriesName" type="java.lang.String">
         <column name="SeriesName" length="10" />
      </property>
      <set name="meals" inverse="true" lazy="false">
         <key>
            <column name="MealSeriesId" />
         </key>
         <one-to-many class="com.restrant.entity.Meal" />
      </set>
   </class>
</hibernate-mapping>
```

实体类文件 Meal.java 如下所示：

```
package com.restrant.entity;
import java.util.HashSet;
import java.util.Set;
public class Meal implements java.io.Serializable {
   private Integer mealId;
   private Mealseries mealseries;
   private String mealName;
   private String mealSummarize;
   private String mealDescription;
   private Double mealPrice;
   private String mealImage;
   private Set orderdtses = new HashSet(0);
   //省略了属性的 get 和 set 方法
}
```

修改后的映射文件 Meal.hbm.xml 如下所示：

```
<?xml version="1.0" encoding="utf-8"?>
<!DOCTYPE hibernate-mapping PUBLIC
  "-//Hibernate/Hibernate Mapping DTD 3.0//EN"
  "http://www.hibernate.org/dtd/hibernate-mapping-3.0.dtd">
<hibernate-mapping>
   <class name="com.restrant.entity.Meal" table="meal" catalog="restrant">
      <id name="mealId" type="java.lang.Integer">
         <column name="MealId" />
         <generator class="native"></generator>
      </id>
      <many-to-one name="mealseries"
        class="com.restrant.entity.Mealseries"
        fetch="select" lazy="false">
         <column name="MealSeriesId" />
      </many-to-one>
      //此处省略了 5 个<property>标记
      <set name="orderdtses" inverse="true" lazy="false" cascade="delete">
         <key>
            <column name="MealId" />
         </key>
         <one-to-many class="com.restrant.entity.Orderdts" />
      </set>
   </class>
</hibernate-mapping>
```

实体类文件 Orders.java 如下所示：

```
package com.restrant.entity;
import java.util.Date;
import java.util.HashSet;
import java.util.Set;
public class Orders implements java.io.Serializable {
   private Integer oid;
```

```
    private Users users;
    private Date orderTime;
    private String orderState;
    private Double orderPrice;
    private Set orderdtses = new HashSet(0);
    //省略了属性的 get 和 set 方法
}
```

修改后的映射文件 Orders.hbm.xml 如下所示：

```
<?xml version="1.0" encoding="utf-8"?>
<!DOCTYPE hibernate-mapping PUBLIC
  "-//Hibernate/Hibernate Mapping DTD 3.0//EN"
  "http://www.hibernate.org/dtd/hibernate-mapping-3.0.dtd">
<hibernate-mapping>
    <class name="com.restrant.entity.Orders" table="orders"
      catalog="restrant">
        <id name="oid" type="java.lang.Integer">
            <column name="OID" />
            <generator class="native"></generator>
        </id>
        <many-to-one name="users" class="com.restrant.entity.Users"
          fetch="select" lazy="false">
            <column name="UserId" />
        </many-to-one>
        //此处省略了 3 个<property>标记
        <set name="orderdtses" cascade="all" inverse="true" lazy="false">
            <key>
                <column name="OID" />
            </key>
            <one-to-many class="com.restrant.entity.Orderdts" />
        </set>
    </class>
</hibernate-mapping>
```

实体类文件 Orderdts.java 如下所示：

```
package com.restrant.entity;
public class Orderdts implements java.io.Serializable {
    private Integer odid;
    private Meal meal;
    private Orders orders;
    private Double mealPrice;
    private Integer mealCount;
    //省略了属性的 get 和 set 方法
}
```

修改后的映射文件 Orderdts.hbm.xml 如下所示：

```
<?xml version="1.0" encoding="utf-8"?>
<!DOCTYPE hibernate-mapping PUBLIC
  "-//Hibernate/Hibernate Mapping DTD 3.0//EN"
  "http://www.hibernate.org/dtd/hibernate-mapping-3.0.dtd">
```

```
<hibernate-mapping>
    <class name="com.restrant.entity.Orderdts" table="orderdts"
      catalog="restrant">
        <id name="odid" type="java.lang.Integer">
            <column name="ODID" />
            <generator class="native"></generator>
        </id>
        <many-to-one name="meal" class="com.restrant.entity.Meal"
          fetch="select" lazy="false">
            <column name="MealId" />
        </many-to-one>
        <many-to-one cascade="all" name="orders"
          class="com.restrant.entity.Orders" fetch="select" lazy="false">
            <column name="OID" />
        </many-to-one>
        //此处省略了两个<property>标记
    </class>
</hibernate-mapping>
```

27.7 前台功能模块的实现

前台功能模块包括浏览餐品、查询餐品详情、根据菜系和菜名查询餐品，用户注册、登录、修改个人信息，购物车管理，提交订单，个人订单管理等功能。

27.7.1 浏览餐品

网上订餐系统前台餐品显示页面为show.jsp，如图27-7所示。

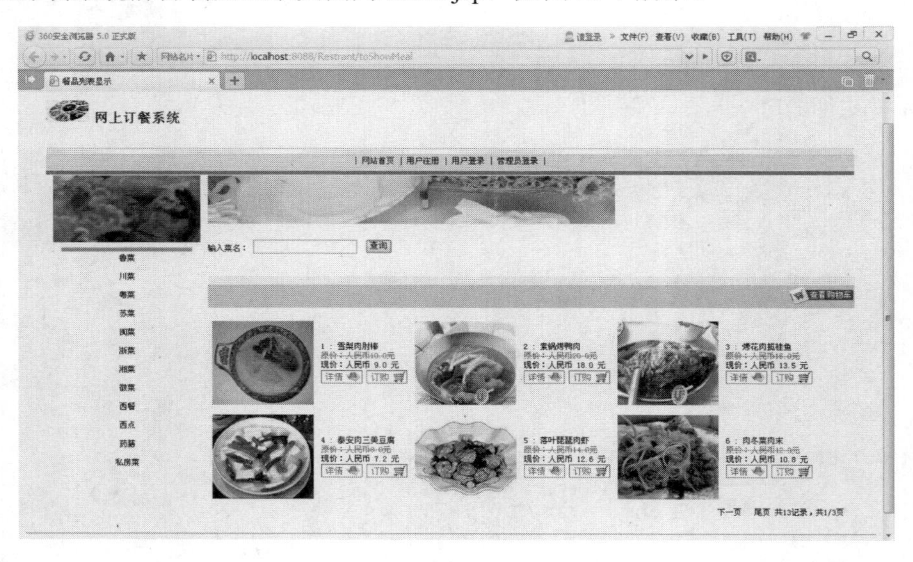

图27-7　餐品显示页面

在餐品显示页面中，左侧区域显示菜系列表，右侧区域分页显示餐品列表。

用户选择菜系后，右侧会显示相应的餐品。用户输入菜名，单击“查找”按钮，会显示查询出的餐品。

浏览餐品时，浏览器地址栏中输入的地址为“http://localhost:8088/Restrant/toShowMeal”，实现餐品显示页的流程如下所示。

1．创建分页实体类 Pager

为了分页显示餐品列表，先在 com.restrant.entity 包下创建分页实体类 Pager.java：

```
package com.restrant.entity;
public class Pager {
    private int curPage; //待显示页
    private int perPageRows; //一页显示的记录数
    private int rowCount; //记录总数
    private int pageCount; //总页数
    public int getCurPage() {
        return curPage;
    }
    public void setCurPage(int currentPage) {
        this.curPage = currentPage;
    }
    public int getPerPageRows() {
        return perPageRows;
    }
    public void setPerPageRows(int perPageRows) {
        this.perPageRows = perPageRows;
    }
    public int getRowCount() {
        return rowCount;
    }
    public void setRowCount(int rowCount) {
        this.rowCount = rowCount;
    }
    public int getPageCount() {
        return (rowCount+perPageRows-1)/perPageRows;
    }
}
```

2．实现 DAO

(1)　在 com.restrant.dao 包中创建接口 MealDAO，声明以下 4 个方法：

```
//获取指定页显示的餐品列表
public List getAllMeal(int page);
//统计所有餐品总数
public Integer getCountOfAllMeal();
//根据查询条件，获取指定页显示的餐品列表
public List getMealByCondition(Meal condition, int page);
//统计符合查询条件的餐品总数
public Integer getCountOfMeal(Meal condition);
```

(2) 在 com.restrant.dao.impl 包中创建接口 MealDAO 的实现类 MealDAOImpl，实现这 4 个方法：

```
package com.restrant.dao.impl;
import java.util.List;
import org.hibernate.Criteria;
import org.hibernate.Query;
import org.hibernate.Session;
...
public class MealDAOImpl implements MealDAO {
    SessionFactory sessionFactory;
    public void setSessionFactory(SessionFactory sessionFactory) {
        this.sessionFactory = sessionFactory;
    }
    //获取指定页显示的餐品列表
    @Override
    public List getAllMeal(int page) {
        Session session = sessionFactory.getCurrentSession();
        Criteria c = session.createCriteria(Meal.class);
        c.setFirstResult(6*(page-1));
        c.setMaxResults(6);
        return c.list();
    }
    //统计所有餐品总数
    @Override
    public Integer getCountOfAllMeal() {
        Integer count = null;
        try {
            Session session = sessionFactory.getCurrentSession();
            String hql = "select count(s) from Meal s";
            Query query = session.createQuery(hql);
            count = Integer.parseInt(query.uniqueResult().toString());
        } catch(Exception e) {
            e.printStackTrace();
        }
        return count;
    }
    //根据查询条件，获取指定页显示的餐品列表
    @Override
    public List getMealByCondition(Meal condition, int page) {
        Session session = sessionFactory.getCurrentSession();
        Criteria c = session.createCriteria(Meal.class);
        if(condition!=null) {
            if(condition.getMealName()!=null
              && !condition.getMealName().equals("")) {
                //按菜名进行筛选
                c.add(Restrictions.like("mealName",
                  condition.getMealName(), MatchMode.ANYWHERE));
            }
            if((condition.getMealseries()!=null)
              && (condition.getMealseries().getSeriesId()!=null)) {
```

```
                //按菜系进行筛选
                c.add(Restrictions.eq("mealseries.seriesId",
                  condition.getMealseries().getSeriesId()));
            }
        }
        c.setFirstResult(6*(page-1));
        c.setMaxResults(6);
        return c.list();
    }
    //统计符合查询条件的餐品总数
    @Override
    public Integer getCountOfMeal(Meal condition) {
        Session session = sessionFactory.getCurrentSession();
        Criteria c = session.createCriteria(Meal.class);
        if(condition!=null) {
            if(condition.getMealName()!=null
              && !condition.getMealName().equals("")) {
                //按菜名进行筛选
                c.add(Restrictions.like("mealName",
                  condition.getMealName(), MatchMode.ANYWHERE));
            }
            if((condition.getMealseries()!=null)
              && (condition.getMealseries().getSeriesId()!=null)) {
                //按菜系进行筛选
                c.add(Restrictions.eq("mealseries.seriesId",
                  condition.getMealseries().getSeriesId()));
            }
        }
        return c.list().size();
    }
}
```

(3)　在 Spring 配置文件中定义 MealDAOImpl，如下所示：

```
<!-- 定义 MealDAOImpl 类-->
<bean id="mealDAO" class="com.restrant.dao.impl.MealDAOImpl">
    <property name="sessionFactory" ref="sessionFactory" />
</bean>
```

(4)　在 com.restrant.dao 包中创建接口 MealSeriesDAO，声明方法 getMealSeries()，获取菜系列表：

```
//获取菜系列表
public List getMealSeries();
```

(5)　在 com.restrant.dao.impl 包中创建 MealSeriesDAO 的实现类 MealSeriesDAOImpl，实现 getMealSeries()方法：

```
package com.restrant.dao.impl;
import java.util.List;
...
public class MealSeriesDAOImpl implements MealSeriesDAO {
```

```
    SessionFactory sessionFactory;
    public void setSessionFactory(SessionFactory sessionFactory) {
        this.sessionFactory = sessionFactory;
    }
    @Override
    public List getMealSeries() {
        Session session = sessionFactory.getCurrentSession();
        Criteria c = session.createCriteria(Mealseries.class);
        return c.list();
    }
}
```

(6) 在 Spring 配置文件中定义 MealSeriesDAOImpl，如下所示：

```
<!-- 定义 MealSeriesDAOImpl 类-->
<bean id="mealSeriesDAO" class="com.restrant.dao.impl.MealSeriesDAOImpl">
    <property name="sessionFactory" ref="sessionFactory" />
</bean>
```

3. 实现 Biz

(1) 在 com.restrant.biz 包中创建接口 MealBiz，声明以下 4 个方法：

```
//获取指定页显示的餐品列表
public List getAllMeal(int page);
//获取所有餐品数量，初始化分页类 Pager 对象，设置其 perPageRows 和 rowCount 属性
public Pager getPagerOfMeal();
//根据查询条件，获取指定页显示的餐品列表
public List getMealByCondition(Meal condition, int page);
//统计符合查询条件的餐品数量，初始化分页类 Pager 对象，
//设置 perPageRows 和 rowCount 属性
public Pager getPagerOfMeal(Meal condition);
```

(2) 在 com.restrant.biz.impl 包中创建接口 MealBiz 的实现类 MealBizImpl，实现这 4 个方法：

```
package com.restrant.biz.impl;
import java.util.List;
...
public class MealBizImpl implements MealBiz {
    MealDAO mealDAO;
    public void setMealDAO(MealDAO mealDAO) {
        this.mealDAO = mealDAO;
    }
    //获取指定页显示的餐品列表
    @Override
    public List getAllMeal(int page) {
        return mealDAO.getAllMeal(page);
    }
    //获取所有餐品数量，初始化分页类 Pager 对象，设置其 perPageRows 和 rowCount 属性
    @Override
    public Pager getPagerOfMeal() {
```

```
        int count = mealDAO.getCountOfAllMeal();
        //使用分页类 Pager 定义对象
        Pager pager = new Pager();
        //设置 pager 对象中的 perPageRows 属性，表示每页显示的记录数
        pager.setPerPageRows(6);
        //设置 pager 对象中的 rowCount 属性，表示记录总数
        pager.setRowCount(count);
        //返回 pager 对象
        return pager;
    }
    //根据查询条件，获取指定页显示的餐品列表
    @Override
    public List getMealByCondition(Meal condition, int page) {
        return mealDAO.getMealByCondition(condition, page);
    }
    //统计符合查询条件的餐品数量，初始化分页类 Pager 对象，
    //设置 perPageRows 和 rowCount 属性
    @Override
    public Pager getPagerOfMeal(Meal condition) {
        int count = mealDAO.getCountOfMeal(condition);
        //使用分页类 Pager 定义对象
        Pager pager = new Pager();
        //设置 pager 对象中的 perPageRows 属性，表示每页显示的记录数
        pager.setPerPageRows(6);
        //设置 pager 对象中的 rowCount 属性，表示记录总数
        pager.setRowCount(count);
        //返回 pager 对象
        return pager;
    }
}
```

(3) 在 Spring 配置文件中定义 MealBizImpl，如下所示：

```
<!-- 定义 MealBizImpl 类，并为其 mealDAO 属性注入值 -->
<bean id="mealBiz" class="com.restrant.biz.impl.MealBizImpl">
    <property name="mealDAO" ref="mealDAO" />
</bean>
```

(4) 在 com.restrant.biz 包中创建接口 MealSeriesBiz，声明方法 getMealSeries()：

```
//获取菜系列表
public List getMealSeries();
```

(5) 在 com.restrant.biz.impl 包中创建接口 MealSeriesBiz 的实现类 MealSeriesBizImpl，实现 getMealSeries()方法：

```
package com.restrant.biz.impl;
import java.util.List;
import com.restrant.biz.MealSeriesBiz;
import com.restrant.dao.MealSeriesDAO;
public class MealSeriesBizImpl implements MealSeriesBiz {
    MealSeriesDAO mealSeriesDAO;
    public void setMealSeriesDAO(MealSeriesDAO mealSeriesDAO) {
```

```
        this.mealSeriesDAO = mealSeriesDAO;
    }
    @Override
    public List getMealSeries() {
        return mealSeriesDAO.getMealSeries();
    }
}
```

(6) 在 Spring 配置文件中定义 MealSeriesBizImpl，如下所示：

```
<!-- 定义MealSeriesBizImpl类,并为其mealSeriesDAO属性注入值-->
<bean id="mealSeriesBiz" class="com.restrant.biz.impl.MealSeriesBizImpl">
    <property name="mealSeriesDAO" ref="mealSeriesDAO" />
</bean>
```

4. 实现 Action

在 com.restrant.action 包中创建名为 MealAction 的 Action，让其继承 ActionSupport 类，并实现 RequestAware 接口。在 MealAction 类中添加一个 toShowMeal()方法，获取指定页码、符合查询条件的餐品列表，再转到餐品显示页 show.jsp。代码如下：

```
package com.restrant.action;
import java.io.File;
...
public class MealAction extends ActionSupport implements RequestAware {
    //定义Meal类型属性，用于封装表单参数
    private Meal meal;
    public Meal getMeal() {
        return meal;
    }
    public void setMeal(Meal meal) {
        this.meal = meal;
    }
    MealBiz mealBiz;
    public void setMealBiz(MealBiz mealBiz) {
        this.mealBiz = mealBiz;
    }
    MealSeriesBiz mealSeriesBiz;
    public void setMealSeriesBiz(MealSeriesBiz mealSeriesBiz) {
        this.mealSeriesBiz = mealSeriesBiz;
    }
    //分页实体类
    private Pager pager;
    public Pager getPager() {
        return pager;
    }
    public void setPager(Pager pager) {
        this.pager = pager;
    }
    Map<String, Object> request;
    @Override
```

```
    public void setRequest(Map<String, Object> request) {
        this.request = request;
    }
    //获取指定页码、符合查询条件的餐品列表，再转到餐品显示页 show.jsp
    public String toShowMeal() throws Exception {
        int curPage = 1;
        if(pager!=null)
            curPage = pager.getCurPage();
        List mealList = null;
        if(meal!=null) {   //meal 不为空，表示表单中输入了查询条件，
            //此时将获取指定页码、符合查询条件的餐品列表
            mealList = mealBiz.getMealByCondition(meal, curPage);
            //统计符合查询条件的餐品数量，初始化分页类 Pager 对象，
            //设置 perPageRows 和 rowCount 属性
            pager = mealBiz.getPagerOfMeal(meal);
            //将查询条件存入 request 范围，将作为分页超链接中的参数值
            if((meal.getMealseries()!=null)
              && (meal.getMealseries().getSeriesId()!=null))
                request.put("seriesId",
                  new Integer(meal.getMealseries().getSeriesId()));
            if((meal.getMealName()!=null)
              && !meal.getMealName().equals(""))
                request.put("mealName", meal.getMealName());
        } else {
            //meal 为空，表示没有指定查询条件，此时将获取指定页码的餐品列表
            mealList = mealBiz.getAllMeal(curPage);
            //获取所有菜品数量，用来初始化分页类 Pager 对象，并设置其
            //perPageRows 和 rowCount 属性
            pager = mealBiz.getPagerOfMeal();
        }
        //设置 Pager 对象中的待显示页页码
        pager.setCurPage(curPage);
        //将查询获得的列表存入 request 范围
        request.put("mealList", mealList);
        //获取菜系列表，存入 request 范围
        List mealSeriesList = mealSeriesBiz.getMealSeries();
        request.put("mealSeriesList", mealSeriesList);
        return "toShowMeal";
    }
}
```

5. Spring 配置

在 Spring 配置文件中定义 MealAction，如下所示：

```
<!-- 定义 MealAction，并为其中属性 mealBiz 和 mealSeriesBiz 注入值 -->
<bean name="mealAction" class="com.restrant.action.MealAction"
  scope="prototype">
    <property name="mealBiz" ref="mealBiz" />
    <property name="mealSeriesBiz" ref="mealSeriesBiz" />
</bean>
```

6．Struts 2 配置

在 Struts 2 配置文件中，为 MealAction 类中的 toShowMeal()方法配置映射，如下所示：

```
<!-- 为 MealAction 类中的 toShowMeal 方法配置映射 -->
<action name="toShowMeal" class="mealAction" method="toShowMeal">
   <result name="toShowMeal">/show.jsp</result>
</action>
```

7．餐品显示页 show.jsp

在 show.jsp 页面中，通过<s:iterator>标签遍历 request 范围中的菜系列表对象 mealSeriesList，在页面左侧显示菜系名称列表。代码如下：

```
<!-- 菜系循环开始 -->
<s:iterator id="mealSeries" value="#request.mealSeriesList">  <br>
   <a href="/Restrant/toShowMeal?meal.mealseries.seriesId=
     ${mealSeries.seriesId}">${mealSeries.seriesName }</a><br>
</s:iterator>
<!-- 菜系循环结束 -->
```

遍历 request 范围中的餐品列表对象 mealList，在页面右侧循环显示餐品列表：

```
<!-- 餐品循环开始 -->
<s:iterator id="mealItem" value="#request.mealList" status="st">
   <s:if test="#st.getIndex()%3==0">
   <tr>
   </s:if>
   <td>
   <a href="/Restrant/toShowDetails?meal.mealId=${mealItem.mealId}">
     <img src="mealimages/${mealItem.mealImage }" width="148"
     height="126" border="0" /> </a>
   </td>
   <td>
   <div>
      ${ mealItem.mealId}:${ mealItem.mealName}<br />
      <span style="text-decoration: line-through; color: gray;">
         原价：人民币${ mealItem.mealPrice}元
      </span>
      <br />
      现价：人民币
      ${ mealItem.mealPrice*0.9}
      元
   </div>
   <a href="/Restrant/toShowDetails?meal.mealId=${mealItem.mealId}">
   <img src="images/detail_cn.gif" border="0" width="60" height="20" /></a>
   <a href="/Restrant/addtoshopcart?mealId=${mealItem.mealId }">
   <img src="images/buy_cn.gif" border="0" width="60" height="20" /></a>
   </td>
   <s:if test="#st.getIndex()%3==2">
   </tr>
```

```
    </s:if>
</s:iterator>
<!-- 餐品循环结束 -->
```

分页超链接部分的代码如下所示：

```
<!-- 分页超链接开始 -->
<table align="right">
    <tr>
        <td width="130"></td>
        <td width="80">
            <s:if test="pager.curPage>1">
                <A href='/Restrant/toShowMeal?pager.curPage=1&
                meal.mealseries.seriesId=${requestScope.seriesId}&
                meal.mealName=${requestScope.mealName}'>首页</A>  
                <A href='/Restrant/toShowMeal?pager.curPage=
                ${pager.curPage-1 }&meal.mealseries.seriesId=
                ${requestScope.seriesId}&meal.mealName=
                ${requestScope.mealName}'>
                上一页</A>
            </s:if>
        </td>
        <td width="80">
            <s:if test="pager.curPage<pager.pageCount">
                <A href='/Restrant/toShowMeal?pager.curPage=
                ${pager.curPage+1}&meal.mealseries.seriesId=
                ${requestScope.seriesId}&meal.mealName=
                ${requestScope.mealName}'>下一页</A>  
                <A href='/Restrant/toShowMeal?pager.curPage=
                ${pager.pageCount }&meal.mealseries.seriesId=
                ${requestScope.seriesId}&meal.mealName=
                ${requestScope.mealName}'>尾页</A>
            </s:if>
        </td>
        <td>共${pager.rowCount}记录，共${pager.curPage}/${pager.pageCount}页
          </td>
    </tr>
</table>
<!-- 分页超链接结束-->
```

在分页超链接中，使用 GET 方式传递了菜名参数(meal.mealName)。由于该参数是中文，为了避免 Action 接收时出现中文乱码，需要修改 server.xml 文件(在 Tomcat 安装路径的 conf 目录中)。将 URIEncoding 设置为“gbk”，如下所示：

```
<Connector port="8088" protocol="HTTP/1.1"
 connectionTimeout="20000" redirectPort="8443" URIEncoding="gbk" />
```

27.7.2　查询餐品

在前台餐品显示页 show.jsp 中，可以根据菜系名称和餐品名称进行查询。

1．根据菜系名称查询

在前台餐品显示页 show.jsp 中，左侧菜系名称超链接设置为：

```
<a href="/Restrant/toShowMeal?meal.mealseries.seriesId=
  ${mealSeries.seriesId}">${mealSeries.seriesName }</a>
```

单击菜系名称超链接后，执行 MealAction 类中的 toShowMeal()方法，并使用 meal 对象封装查询条件(菜系编号)。toShowMeal()方法会根据条件获取相应餐品列表对象，然后跳转到 show.jsp 页面，在页面右侧显示查询结果。

2．根据餐品名称查询

在前台餐品显示页 show.jsp 中，根据餐品名称查询相关的表单代码如下：

```
<s:form theme="simple" method="post" action="toShowMeal">
    <s:label value="输入菜名："/><s:textfield name="meal.mealName"/>
    <!--通过隐藏表单域保存用户选择过的菜系编号，可根据餐品名称和菜系组合查询-->
    <s:hidden name="meal.mealseries.seriesId"
      value="%{#request.seriesId}"/>
    <s:submit value="查询" />
</s:form>
```

用户输入餐品名称，单击“查询”按钮后，同样执行 MealAction 类中的 toShowMeal()方法，并使用 meal 对象封装查询条件(餐品名称)。如果在输入餐品名称前，用户单击过菜系名称超链接，则 meal 对象中封装的查询条件还包括菜系编号。toShowMeal()方法会根据条件获取相应餐品列表对象，然后跳转到 show.jsp 页面，在页面右侧显示查询结果。

27.7.3　用户和管理员登录

在 show.jsp 页面中，单击“用户登录”和“管理员登录”超链接，会打开同一个登录页面 login.jsp，效果如图 27-8 所示。

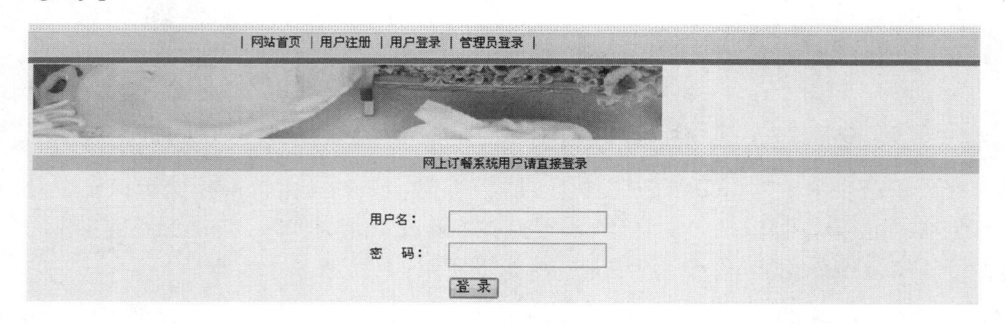

图 27-8　用户登录页

那么如何区分用户和管理员登录验证呢？首先来看一下“用户登录”和“管理员登录”超链接设置。

对“用户登录”超链接的设置为：

```
<a href="login.jsp?role=user">用户登录</a>
```

对“管理员登录”超链接的设置为：

```
<a href="login.jsp?role=admin">管理员登录</a>
```

通过超链接打开登录页时，传递了一个参数 role，用户登录时，参数 role 的值为 user；管理员登录时，参数 role 的值为 admin。

在 login.jsp 页面中，登录表单部分的代码如下所示：

```
<s:if test="#parameters.role[0]=='user'">
    <form action="validateLogin?type=userlogin" method="post" name="ufrm">
        <table width="263" border="0" cellspacing="0" cellpadding="4"
          align="center">
            <!-- 省略登录表单布局 -->
        </table>
    </form>
</s:if>
<s:if test="#parameters.role[0]=='admin'">
    <form action="validateLogin?type=adminlogin" method="post"
      name="afrm">
        <table width="263" border="0" cellspacing="0" cellpadding="4"
          align="center">
            <!-- 省略登录表单布局 -->
        </table>
    </form>
</s:if>
```

login.jsp 页面中使用了两个<s:if>标签，当传递来的参数 role 的值为 user 时，显示第一个<s:if>标签中的登录表单；参数 role 的值为 admin 时，则显示第二个<s:if>标签中的登录表单。这两个表单请求都将提交到名为“validateLogin”的 Action，但传递到 Action 的参数 type 值却不同。用户登录时，type 值为 userlogin；管理员登录时，type 值为 adminlogin。这样，用一个 Action 即可根据 type 参数值来区分用户和管理员登录验证。

实现用户登录的流程如下所示。

(1)　实现 DAO

①　在 com.restrant.dao 包中创建接口 UserDAO，声明以下两个方法：

```
//用户登录验证
public List search(Users condition);
//管理员登录验证
public List search(Admin condition);
```

②　在 com.restrant.dao.impl 包中创建接口 UserDAO 的实现类 UserDAOImpl，实现这两个方法：

```
package com.restrant.dao.impl;
import java.util.List;
...
public class UserDAOImpl implements UserDAO {
    SessionFactory sessionFactory;
    public void setSessionFactory(SessionFactory sessionFactory) {
```

```
        this.sessionFactory = sessionFactory;
    }
    //用户登录验证
    @Override
    public List search(Users condition) {
        List list = null;
        //通过 sessionFactory 获得 Session
        Session session = sessionFactory.getCurrentSession();
        //创建 Criteria 对象
        Criteria c = session.createCriteria(Users.class);
        //使用 Example 工具类创建示例对象
        Example example = Example.create(condition);
        //为 Criteria 对象指定示例对象 example 作为查询条件
        c.add(example);
        list = c.list();        //执行查询，获得结果
        return list;
    }
    //管理员登录验证
    @Override
    public List search(Admin condition) {
        List list = null;
        //通过 sessionFactory 获得 Session
        Session session = sessionFactory.getCurrentSession();
        //创建 Criteria 对象
        Criteria c = session.createCriteria(Admin.class);
        //使用 Example 工具类创建示例对象
        Example example = Example.create(condition);
        //为 Criteria 对象指定示例对象 example 作为查询条件
        c.add(example);
        list = c.list();        //执行查询，获得结果
        return list;
    }
}
```

③ 在 Spring 配置文件中定义 UserDAOImpl 类，如下所示：

```
<!-- 定义 UserDAOImpl 类-->
<bean id="userDAO" class="com.restrant.dao.impl.UserDAOImpl">
   <property name="sessionFactory" ref="sessionFactory" />
</bean>
```

(2) 实现 Biz

① 在 com.restrant.biz 包中创建接口 UserBiz，声明以下两个方法：

```
//用户登录验证
public List login(Users condition);
//管理员登录验证
public List login(Admin condition);
```

② 在 com.restrant.biz.impl 包中创建接口 UserBiz 的实现类 UserBizImpl，实现这两个方法：

```
package com.restrant.biz.impl;
import java.util.List;
...
public class UserBizImpl implements UserBiz {
    UserDAO userDAO;
    public void setUserDAO(UserDAO userDAO) {
        this.userDAO = userDAO;
    }
    //用户登录验证
    @Override
    public List login(Users condition) {
        return userDAO.search(condition);
    }
    //管理员登录验证
    @Override
    public List login(Admin condition) {
        return userDAO.search(condition);
    }
}
```

③　在 Spring 配置文件中定义 UserBizImpl 类，并为其属性 userDAO 注入值，具体如下所示：

```
<!-- 定义 UserBizImpl 类，并为其 userDAO 属性注入值 -->
<bean id="userBiz" class="com.restrant.biz.impl.UserBizImpl">
   <property name="userDAO" ref="userDAO" />
</bean>
```

(3)　实现 Action

在 com.restrant.action 包中创建名为 UserAction 的 Action，让其继承 ActionSupport 类，并实现 RequestAware 和 SessionAware 接口。在 UserAction 类中添加一个 validateLogin()方法，用于处理用户和管理员登录请求。若登录验证成功，则跳转到“toShowMeal”，即执行 MealAction 类中的 toShowMeal()方法，再转入餐品显示页 show.jsp；否则回到登录页。

代码如下：

```
package com.restrant.action;
import java.util.List;
...
public class UserAction extends ActionSupport
  implements RequestAware, SessionAware {
    //用于封装登录页面的登录用户类型(普通用户或管理员)
    private String type;
    public String getType() {
        return type;
    }
    public void setType(String type) {
        this.type = type;
    }
    //定义用于保存用户登录表单参数的两个属性
```

```
    private String loginName;
    private String loginPwd;
    //此处省略 loginName 和 loginPwd 属性的 get 和 set 方法
    UserBiz userBiz;
    public void setUserBiz(UserBiz userBiz) {
        this.userBiz = userBiz;
    }
    //登录验证
    public String validateLogin() throws Exception {
        List list;
        if("userlogin".equals(type)) {        //用户登录验证
            Users condition = new Users();
            condition.setLoginName(loginName);
            condition.setLoginPwd(loginPwd);
            list = userBiz.login(condition);
            if(list.size()>0) {
                //将用户对象存入 Session
                session.put("user", list.get(0));
            }
        }
        if("adminlogin".equals(type)) {        //管理员登录验证
            Admin condition = new Admin();
            condition.setLoginName(loginName);
            condition.setLoginPwd(loginPwd);
            list=userBiz.login(condition);
            if(list.size()>0) {
                //将用户对象存入 Session
                session.put("admin", list.get(0));
            }
        }
        //转到名为 toShowMeal 的 Action
        return "toShowMeal";
    }
    Map<String, Object> session;
    @Override
    public void setSession(Map<String, Object> session) {
        this.session = session;
    }
    Map<String, Object> request;
    @Override
    public void setRequest(Map<String, Object> request) {
        this.request = request;
    }
}
```

(4) Spring 配置

在 Spring 配置文件中定义 UserAction，并为其中的属性 userBiz 注入值，如下所示：

```
<!-- 定义 UserAction，并为其中的属性 userBiz 注入值 -->
<bean name="userAction" class="com.restrant.action.UserAction"
```

```
 scope="prototype">
    <property name="userBiz" ref="userBiz" />
</bean>
```

(5) Struts 2 配置

在 Struts 2 配置文件中，为 UserAction 类中的 validateLogin 方法配置映射，如下所示：

```
<action name="validateLogin" class="userAction" method="validateLogin">
   <result name="toShowMeal" type="redirectAction">toShowMeal</result>
</action>
```

在 show.jsp 页面头部，会根据 Session 范围中存入的对象名称是“user”还是“admin”来显示不同的超链接菜单，如下所示：

```
<s:if test="#session.user!=null">
   <a href="modifyMyInfo.jsp">修改个人信息</a>
     | <a href="shopCart.jsp">我的购物车</a>
     | <a href="/Restrant/toMyOrders">我的订单</a>
     | <a href="/Restrant/logOut?type=userlogout">注销</a>
          
   <font style="color: red">欢迎您: ${sessionScope.user.trueName}</font>
</s:if>
<s:if test="#session.admin!=null">
   <a href="/Restrant/toAddMeal">添加餐品</a>
     | <a href="/Restrant/toManageMeal">管理餐品</a>
     | <a href="/Restrant/toManageOrders">订单处理</a>
     | <a href="/Restrant/logOut?type=adminlogout">注销</a>
          
   <font style="color: red">欢迎您: ${sessionScope.admin.loginName}</font>
</s:if>
```

用户和管理员登录成功后，超链接菜单分别如图 27-9 和 27-10 所示。

| 网站首页 | 修改个人信息 | 我的购物车 | 我的订单 | 注销　　欢迎您：张三

图 27-9　用户登录成功的超链接菜单

| 网站首页 | 添加餐品 | 管理餐品 | 订单处理 | 注销　　欢迎您：admin

图 27-10　管理员登录成功的超链接菜单

27.7.4 购物车功能

在餐品显示页，每个餐品旁都有一个“订购”图像超链接，超链接设置如下：

```
<a href="/Restrant/addtoshopcart?mealId=${mealItem.mealId }">
 <img src="images/buy_cn.gif" border="0" width="60" height="20" /></a>
```

用户登录后，单击“订购”图像超链接，可将餐品放入购物车暂存。购物车显示页效果如图 27-11 所示。

您的购物车中有以下商品

编号	商品名称	单价	数量	金额	删除
1	雪梨肉肘棒	¥10.0	8	¥80.0	删除
2	素锅烤鸭肉	¥20.0	1	¥20.0	删除
合计	-	-	-	¥：100.0	-

清空购物车　继续购物　生成订单

图 27-11　购物车显示页

1．实现餐品放入购物车功能

购物车实现过程中使用了 Map 来保存顾客购买的餐品，Meal、CartItemBean、HashMap 和 Session 之间的关系如图 27-12 所示。

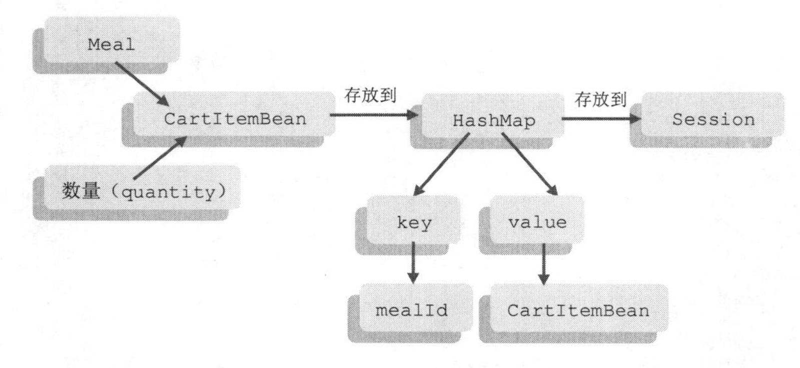

图 27-12　使用 Map 实现购物车原理

由餐品信息类(Meal.java)和购买的数量构成了购物车内餐品信息的描述类(CartItemBean.java)，再将 CartItemBean 类的对象存放到 HashMap 中，其中 HashMap 对象的键是餐品的编号，值是 CartItemBean 类对象。最后将包含了购买菜品信息的 HashMap 对象保存到 Session 中。这样，就可以操作 Session 对象中的数据，来实现不同顾客的购买功能了。

在 com.restrant.entity 包下创建购物车内餐品信息的描述类 CartItemBean.java，代码如下所示：

```
package com.restrant.entity;
import java.io.Serializable;
public class CartItemBean implements Serializable {
    private Meal meal;
    private int quantity;
    //此处省略属性 meal 和 quantity 的 get 和 set 方法
    public CartItemBean(Meal meal, int quantity) {
        this.meal = meal;
        this.quantity = quantity;
    }
}
```

由于购物车使用 Map 来暂存数据，不使用数据库，因此无须编写 DAO 和 Biz 层代码。只需创建 Action 即可。

在 com.restrant.action 包中创建名为 CartAction 的 Action，让其继承 ActionSupport 类，

并实现 SessionAware 接口。在 CartAction 类中添加 addtoshopcart()方法，实现添加餐品到购物车。代码如下：

```
package com.restrant.action;
import java.util.HashMap;
...
public class CartAction extends ActionSupport implements SessionAware {
    //封装表单传递来的餐品编号 mealId 参数值
    private Integer mealId;
    public void setMealId(Integer mealId) {
        this.mealId = mealId;
    }
    public Integer getMealId() {
        return mealId;
    }
    //封装表单传递来的餐品数量 quantity 参数值
    int quantity;
    public int getQuantity() {
        return quantity;
    }
    public void setQuantity(int quantity) {
        this.quantity = quantity;
    }
    MealBiz mealBiz;
    public void setMealBiz(MealBiz mealBiz) {
        this.mealBiz = mealBiz;
    }
    MealSeriesBiz mealSeriesBiz;
    public void setMealSeriesBiz(MealSeriesBiz mealSeriesBiz) {
        this.mealSeriesBiz = mealSeriesBiz;
    }
    Map<String, Object> session;
    @Override
    public void setSession(Map<String, Object> session) {
        this.session = session;
    }
    //将餐品添加到购物车
    public String addtoshopcart() throws Exception {
        //从 Session 中取出购物车，放入 Map 对象 cart 中
        Map cart = (Map)session.get("cart");
        //获取当前要添加到购物车的菜品
        Meal meal = mealBiz.getMealByMealId(mealId);
        //如果购物车不存在，则创建购物车(实例化 HashMap 类)，并存入 Session 中
        if(cart==null) {
            cart = new HashMap();
            session.put("cart", cart);
        }
        //如果存在购物车，则判断餐品是否在购物车中
        CartItemBean cartItem = (CartItemBean)cart.get(meal.getMealId());
        if(cartItem!=null) {
            //如果餐品在购物车中，更新其数量
```

```
            cartItem.setQuantity(cartItem.getQuantity()+1);
        } else {
            //否则，创建一个条目到Map中
            cart.put(meal.getMealId(),new CartItemBean(meal,1));
        }
        //页面转到shopCart.jsp，显示购物车
        return "shopCart";
    }
}
```

在CartAction类中，定义了两个属性mealId和quantity，分别用来封装表单传递来的餐品编号mealId参数值和餐品数量quantity参数值。

在Struts 2配置文件中，为CartAction类的addtoshopcart()方法配置映射，如下所示：

```
<action name="addtoshopcart" class="cartAction" method="addtoshopcart">
    <result name="shopCart">/shopCart.jsp</result>
    <interceptor-ref name="loginCheck" />
    <interceptor-ref name="defaultStack" />
</action>
```

为了阻止未登录用户直接通过addtoshopcart()方法访问购物车，使用了登录验证拦截器“loginCheck”。有关拦截器的使用，可以参照第26章的示例。

当用户单击“订购”图像超链接后，将请求提交到“addtoshopcart”，即执行CartAction类中的addtoshopcart()方法，并传递一个参数mealId，addtoshopcart()方法会根据mealId参数值，调用业务获取餐品对象，再判断Map中该对象是否已存在，以决定是将其添加到购物车，还是只增加数量。

addtoshopcart()方法最后将请求转到购物车，显示shopCart.jsp页面，循环显示Map中存放的餐品信息：

```
<s:set var="sumPrice" value="0" />
<s:iterator id="cartItem" value="#session.cart">
    <tr style="background-color:#FFFFFF;">
        <td><s:property value="value.meal.mealId"/></td>
        <td><s:property value="value.meal.mealName"/></td>
        <td>￥<s:property value="value.meal.mealPrice"/></td>
        <td>
            <input type="text" value="${value.quantity}" size="10"
             onchange="window.location='updateSelectedQuantity?mealId=
             ${value.meal.mealId}&quantity='+this.value;">
        </td>
        <td>
            ￥<s:property value="value.quantity*value.meal.mealPrice"/>
        </td>
        <td>
            <a href="deleteSelectedOrders?mealId=
             ${value.meal.mealId}">删除</a></td>
    </tr><s:set var="sumPrice"
      value="#sumPrice+value.quantity*value.meal.mealPrice" />
</s:iterator>
```

2．修改购物车中餐品的数量

在 shopCart.jsp 页面中，在餐品数量文本框中输入新的数量，文本框失去焦点后，可直接修改购物车中餐品的数量。实现修改购物车中餐品数量的流程如下。

首先，在 CartAction 类中添加方法 updateSelectedQuantity()，更改购物车中餐品的数量：

```
public String updateSelectedQuantity() throws Exception {
    //从 Session 中取出购物车，放入 Map 对象 cart 中
    Map cart = (Map)session.get("cart");
    CartItemBean cartItem = (CartItemBean)cart.get(mealId);
    cartItem.setQuantity(quantity);
    return "shopCart";
}
```

然后，在 Struts 2 配置文件中为 CartAction 类的 updateSelectedQuantity()方法配置映射：

```
<action name="updateSelectedQuantity" class="cartAction"
  method="updateSelectedQuantity">
    <result name="shopCart">/shopCart.jsp</result>
    <interceptor-ref name="loginCheck" />
    <interceptor-ref name="defaultStack" />
</action>
```

shopCart.jsp 页面中，餐品数量文本框的设置如下所示：

```
<input type="text"  value="${value.quantity}" size="10"
  onchange="window.location='updateSelectedQuantity?mealId=
${value.meal.mealId}&quantity='+this.value;">
```

当餐品数量文本框中的内容发生变化时，将会触发 onchange 事件，将请求提交到“updateSelectedQuantity”，即执行 CartAction 类的 updateSelectedQuantity()方法，并传递两个参数，mealId 参数为要修改数量的餐品编号，quantity 参数为要修改的数量。updateSelectedQuantity()方法根据这两个参数值，更新购物车中相应餐品的数量。

3．删除购物车中的餐品

在 shopCart.jsp 页面中，每条餐品记录后面都有一个“删除”超链接，其设置如下所示：

```
<a href="deleteSelectedOrders?mealId=${value.meal.mealId}">删除</a>
```

实现删除购物车中餐品的流程如下所示。

首先，在 CartAction 类中添加方法 deleteSelectedOrders()，删除购物车中的餐品：

```
//从购物车中移除指定编号订单
public String deleteSelectedOrders() throws Exception {
    //从 session 中取出购物车，放入 Map 对象 cart 中
    Map cart = (Map)session.get("cart");
    cart.remove(mealId);
    return "shopCart";
}
```

然后，在 Struts 2 配置文件中为 CartAction 类的 deleteSelectedOrders()方法配置映射：

```
<action name="deleteSelectedOrders" class="cartAction"
  method="deleteSelectedOrders">
    <result name="shopCart">/shopCart.jsp</result>
    <interceptor-ref name="loginCheck" />
    <interceptor-ref name="defaultStack" />
</action>
```

单击“删除”超链接后，将请求提交到“deleteSelectedOrders”，即执行 CartAction 类中的 deleteSelectedOrders()方法，并传递一个参数 mealId。deleteSelectedOrders()方法中根据参数 mealId 值，从 Map 中移除相应的餐品对象。

4. 清空购物车

在 shopCart.jsp 页面的下方，有一个“清空购物车”超链接，其设置如下所示：

```
<a href="/Restrant/clearCart">清空购物车</a>
```

实现清空购物车的流程如下所示。

首先，在 CartAction 类中添加方法 clearCart()，清除购物车中的全部餐品：

```
//清空购物车
public String clearCart() throws Exception {
    //从 Session 中取出购物车，放入 Map 对象 cart 中
    Map cart = (Map)session.get("cart");
    cart.clear();
    return "shopCart";
}
```

然后，在 Struts 2 配置文件中为 CartAction 类的 clearCart()方法配置映射：

```
<action name="clearCart" class="cartAction" method="clearCart">
    <result name="shopCart">/shopCart.jsp</result>
    <interceptor-ref name="loginCheck" />
    <interceptor-ref name="defaultStack" />
</action>
```

单击“清空购物车”超链接后，将请求提交到“clearCart”，即执行 CartAction 类中的 clearCart()方法，从 Map 中移除所有餐品对象。

27.7.5 订单功能

前台订单功能包括生成订单、查看我的订单及订单明细、删除订单。

1. 生成订单

购物车只能暂存用户的购买信息，为了长久保存，需要将购物车中的内容存入订单主表和订单子表(明细)中。

在 shopCart.jsp 页面的下方，有一个“生成订单”超链接，其设置如下所示：

```
<a href="/Restrant/addOrders">生成订单</a>
```

实现生成订单的流程如下所示。

(1)　实现 DAO

在 com.restrant.dao 包中创建接口 OrderDtsDAO，声明一个 addOrderDts(Orderdts dts)方法，生成订单子表(订单明细)：

```
//生成订单子表(订单明细)
public void addOrderDts(Orderdts dts);
```

在 com.restrant.dao.impl 包中创建接口 OrderDtsDAO 的实现类 OrderDtsDAOImpl，实现 addOrderDts(Orderdts dts)方法：

```
package com.restrant.dao.impl;
import java.util.List;
...
public class OrderDtsDAOImpl implements OrderDtsDAO {
    SessionFactory sessionFactory;
    public void setSessionFactory(SessionFactory sessionFactory) {
        this.sessionFactory = sessionFactory;
    }
    //生成订单子表(订单明细)
    @Override
    public void addOrderDts(Orderdts dts) {
        Session session = sessionFactory.getCurrentSession();
        session.saveOrUpdate(dts);
    }
}
```

在 Spring 配置文件中定义 OrderDtsDAOImpl 类，如下所示：

```
<bean id="orderDtsDAO" class="com.restrant.dao.impl.OrderDtsDAOImpl">
    <property name="sessionFactory" ref="sessionFactory" />
</bean>
```

(2)　实现 Biz

在 com.restrant.biz 包中创建接口 OrderDtsBiz，声明一个 addOrderDts(Orderdts dts)方法：

```
//生成订单子表(订单明细)
public void addOrderDts(Orderdts dts);
```

在 com.restrant.biz.impl 包中创建接口 OrderDtsBiz 的实现类 OrderDtsBizImpl，实现 addOrderDts(Orderdts dts)方法：

```
package com.restrant.biz.impl;
import java.util.List;
...
public class OrderDtsBizImpl implements OrderDtsBiz {
    OrderDtsDAO orderDtsDAO;
    public void setOrderDtsDAO(OrderDtsDAO orderDtsDAO) {
        this.orderDtsDAO = orderDtsDAO;
    }
    //生成订单子表(订单明细)
    @Override
    public void addOrderDts(Orderdts dts) {
```

```
            orderDtsDAO.addOrderDts(dts);
        }
}
```

在 Spring 配置文件中定义 OrderDtsBizImpl 类，并为其属性 orderDtsDAO 注入值，如下所示：

```
<bean id="orderDtsBiz" class="com.restrant.biz.impl.OrderDtsBizImpl">
    <property name="orderDtsDAO" ref="orderDtsDAO" />
</bean>
```

(3) 实现 Action

在 com.restrant.action 包中创建名为 OrdersAction 的 Action，让其继承 ActionSupport 类，并实现 RequestAware 和 SessionAware 接口。在 OrdersAction 类中添加一个 addOrders()方法，用于处理生成订单请求。代码如下：

```
package com.restrant.action;
import java.util.Date;
...
public class OrdersAction extends ActionSupport
  implements RequestAware,SessionAware {
    OrderDtsBiz orderDtsBiz;
    public void setOrderDtsBiz(OrderDtsBiz orderDtsBiz) {
        this.orderDtsBiz = orderDtsBiz;
    }
    //处理生成订单请求
    public String addOrders() throws Exception {
        Orders orders = new Orders();
        orders.setOrderState("未处理");
        orders.setOrderTime(new Date());
        Users user = (Users)session.get("user");
        orders.setUsers(user);
        orders.setOrderPrice((Double)session.get("sumPrice"));
        Map cart = (HashMap)session.get("cart");
        Iterator iter = cart.keySet().iterator();
        while (iter.hasNext()) {
            Object key = iter.next();
            CartItemBean cartItem = (CartItemBean)cart.get(key);
            Orderdts orderDts = new Orderdts();
            orderDts.setMeal(cartItem.getMeal());
            orderDts.setMealCount(cartItem.getQuantity());
            orderDts.setMealPrice(cartItem.getMeal().getMealPrice());
            orderDts.setOrders(orders);
            orderDtsBiz.addOrderDts(orderDts);
        }
        session.remove("cart");
        return "show";
    }
   Map<String, Object> session;
   @Override
   public void setSession(Map<String, Object> session) {
```

```
        this.session = session;
    }
    Map<String, Object> request;
    @Override
    public void setRequest(Map<String, Object> request) {
        this.request = request;
    }
}
```

在 OrdersAction 类的 addOrders()方法中只调用了 OrderDtsBiz 接口中的 addOrderDts()方法添加订单子表(明细)记录。但由于在映射文件 Orderdts.hbm.xml 中设置了级联属性(cascade="save-update")，因此订单主表也会执行插入操作。

(4) Spring 配置

在 Spring 配置文件中定义 OrdersAction，并为其中的属性 orderDtsBiz 注入值：

```
<bean name="ordersAction" class="com.restrant.action.OrdersAction"
  scope="prototype">
    <property name="orderDtsBiz" ref="orderDtsBiz" />
</bean>
```

(5) Struts 2 配置

在 Struts 2 配置文件中为 OrdersAction 类中的 addOrders()方法配置映射，如下所示：

```
<action name="addOrders" class="ordersAction" method="addOrders">
    <result name="show" type="redirectAction">toShowMeal</result>
    <interceptor-ref name="loginCheck" />
    <interceptor-ref name="defaultStack" />
</action>
```

在 shopCart.jsp 页面中，单击“生成订单”超链接后，将请求提交到“addOrders”，即执行 OrdersAction 类中的 addOrders()方法。

在如图 27-11 所示的购物车显示页中，单击“生成订单”超链接后，订单主表 orders 和订单子表 orderdts 中的记录分别如图 27-13 和 27-14 所示。

OID	UserId	OrderTime	OrderState	OrderPrice
1	1	2014-05-09 21:39:59	未处理	100.00

图 27-13　订单主表 orders 中的记录

ODID	OID	MealId	MealPrice	MealCount
1	1	1	10.00	8
2	1	2	20.00	1

图 27-14　订单子表 orderdts 中的记录

2. 查看“我的订单”

用户登录成功后，在页面上方，有一个“我的订单”超链接，其设置如下所示：

```
<a href="/Restrant/toMyOrders">我的订单</a>
```

单击“我的订单”超链接，可查看登录用户提交的订单列表，如图 27-15 所示。

您的订单中有以下内容

订单编号	订单时间	订单状态	总额	明细	删除
1	2014-05-09 21:39:59	未处理	100.0	查看	删除
合计	-	-	¥：100.0		

图 27-15　查看“我的订单”页

实现查看“我的订单”功能的流程如下所示。

(1)　实现 DAO

在 com.restrant.dao 包中创建接口 OrdersDAO，声明一个方法 getOrdersByUserId(int userId)，获取指定用户的订单列表：

```
//获取指定用户的订单列表
public List getOrdersByUserId(int userId);
```

在 com.restrant.dao.impl 包中创建接口 OrdersDAO 的实现类 OrdersDAOImpl，实现 getOrdersByUserId(int userId)方法：

```
package com.restrant.dao.impl;
import java.util.List;
...
public class OrdersDAOImpl implements OrdersDAO {
    SessionFactory sessionFactory;
    public void setSessionFactory(SessionFactory sessionFactory) {
        this.sessionFactory = sessionFactory;
    }
    //获取指定用户的订单列表
    @Override
    public List getOrdersByUserId(int userId) {
        Session session = sessionFactory.getCurrentSession();
        Criteria c = session.createCriteria(Orders.class);
        c.add(Restrictions.eq("users.id", userId));
        return c.list();
    }
}
```

在 Spring 配置文件中定义 OrdersDAOImpl 类，如下所示：

```
<bean id="ordersDAO" class="com.restrant.dao.impl.OrdersDAOImpl">
    <property name="sessionFactory" ref="sessionFactory" />
</bean>
```

(2)　实现 Biz

在 com.restrant.biz 包中创建接口 OrdersBiz，声明 getOrdersByUserId(int userId)方法：

```
//获取指定用户的订单列表
public List getOrdersByUserId(int userId);
```

在 com.restrant.biz.impl 包中创建接口 OrdersBiz 的实现类 OrdersBizImpl，实现 getOrdersByUserId(int userId)方法：

```
package com.restrant.biz.impl;
```

```
import java.util.List;
...
public class OrdersBizImpl implements OrdersBiz {
    OrdersDAO ordersDAO;
    public void setOrdersDAO(OrdersDAO ordersDAO) {
        this.ordersDAO = ordersDAO;
    }
    //获取指定用户的订单列表
    @Override
    public List getOrdersByUserId(int userId) {
        return ordersDAO.getOrdersByUserId(userId);
    }
}
```

在 Spring 配置文件中定义 OrdersBizImpl 类，如下所示：

```
<bean id="ordersBiz" class="com.restrant.biz.impl.OrdersBizImpl">
    <property name="ordersDAO" ref="ordersDAO" />
</bean>
```

(3)　实现 Action

在 OrdersAction 类中添加 toMyOrders()方法，获取指定用户的订单列表，再转到我的订单页 myorders.jsp：

```
//获取指定用户的订单列表,再转到我的订单页 myorders.jsp
public String toMyOrders() throws Exception {
    Users user = (Users)session.get("user");
    List myOrdersList = ordersBiz.getOrdersByUserId(user.getId());
    request.put("myOrdersList", myOrdersList);
    return "myorders";
}
```

在 toMyOrders()方法中，首先从 Session 范围获取登录用户编号，然后调用业务接口 OrdersBiz 中的 getOrdersByUserId(int userId)方法获取该用户的订单列表，并存入 request 范围，最后转到我的订单页 myorders.jsp，显示 request 范围中存放的用户订单列表。

由于使用了业务接口 OrdersBiz，因此需要在 OrdersAction 类中声明 OrdersBiz 类型的属性 ordersBiz，并添加其 set 方法，用于依赖注入：

```
OrdersBiz ordersBiz;
public void setOrdersBiz(OrdersBiz ordersBiz) {
    this.ordersBiz = ordersBiz;
}
```

修改 Spring 配置文件中 OrdersAction 类的定义，为类中的属性 ordersBiz 注入值：

```
<bean name="ordersAction" class="com.restrant.action.OrdersAction"
  scope="prototype">
    <property name="ordersBiz" ref="ordersBiz" />
    <property name="orderDtsBiz" ref="orderDtsBiz" />
</bean>
```

(4) Struts 2 配置

在 Struts 2 配置文件中，为 OrdersAction 类中的 toMyOrders()方法配置映射，如下所示：

```
<action name="toMyOrders" class="ordersAction" method="toMyOrders">
   <result name="myorders">/myorders.jsp</result>
   <interceptor-ref name="loginCheck" />
   <interceptor-ref name="defaultStack" />
</action>
```

因此单击“我的订单”超链接后，将请求提交到“toMyOrders”，即执行 OrdersAction 类中的 toMyOrders()方法。

(5) 我的订单页 myorders.jsp

在 myorders.jsp 页面中显示我的订单列表的代码如下所示：

```
<s:set var="total" value="0" />
<s:iterator id="myOrders" value="#request.myOrdersList">
   <tr style="background-color:#FFFFFF;">
      <td><s:property value="oid"/></td>
      <td><s:date name="orderTime" format="yyyy-MM-dd HH:mm:ss"/></td>
      <td><s:property value="orderState"/></td>
      <td><s:property value="orderPrice"/></td>
      <td><a href="/Restrant/toOrdersDetails?oid=${oid}">查看</a></td>
      <td>
         <s:if test="#myOrders.orderState=='未处理'">
            <a href="/Restrant/deleteOrdersDetails?oid=${oid}">删除</a>
         </s:if>
      </td>
   </tr>
   <s:set var="total" value="#total+orderPrice" />
</s:iterator>
```

3. 查看订单明细

在如图 27-15 所示的“我的订单”页中，单击明细一栏中的“查看”超链接，可查看该订单的明细信息，如图 27-16 所示。

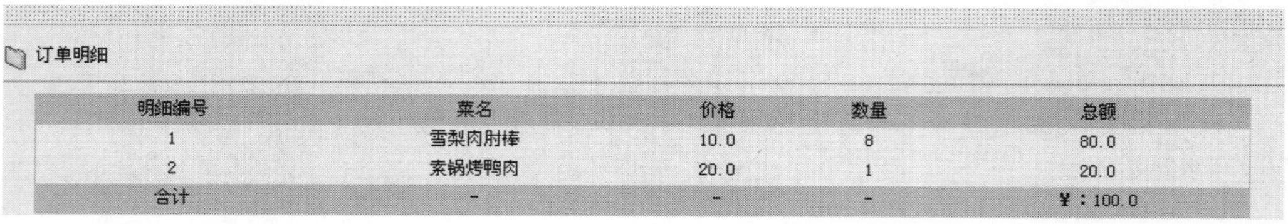

订单明细

明细编号	菜名	价格	数量	总额
1	雪梨肉肘棒	10.0	8	80.0
2	素锅烤鸭肉	20.0	1	20.0
合计	-	-	-	￥：100.0

图 27-16 订单明细页

对“查看”超链接的设置如下所示：

```
<a href="/Restrant/toOrdersDetails?oid=${oid }">查看</a>
```

实现查看订单明细功能的流程如下所示。

(1) 实现 DAO

首先，在 OrderDtsDAO 接口中声明一个方法 getOrderDtsByOid(int oid)，根据订单主表

编号获取订单明细列表：

```
//根据订单主表编号获取订单明细列表
public List getOrderDtsByOid(int oid);
```

然后，在实现类 OrderDtsDAOImpl 中实现 getOrderDtsByOid(int oid)方法：

```
//根据订单主表编号获取订单明细列表
@Override
public List getOrderDtsByOid(int oid) {
    Session session = sessionFactory.getCurrentSession();
    Criteria c = session.createCriteria(Orderdts.class);
    c.add(Restrictions.eq("orders.oid", oid));
    return c.list();
}
```

(2) 实现 Biz

首先，在接口 OrderDtsBiz 接口中声明 getOrderDtsByOid(int oid)方法：

```
//根据订单主表编号获取订单明细列表
public List getOrderDtsByOid(int oid);
```

然后，在实现类 OrderDtsBizImpl 中实现 getOrderDtsByOid(int oid)方法：

```
//根据订单主表编号获取订单明细列表
@Override
public List getOrderDtsByOid(int oid) {
    return orderDtsDAO.getOrderDtsByOid(oid);
}
```

(3) 实现 Action

在 OrdersAction 类中添加 toOrdersDetails()方法，根据订单主表编号获取订单明细列表，再转到我的订单明细页 myordersdetails.jsp：

```
//根据订单主表编号获取订单明细列表，再转到我的订单明细页 myordersdetails.jsp
public String toOrdersDetails() throws Exception {
    List ordersDtsList = orderDtsBiz.getOrderDtsByOid(oid);
    request.put("ordersDtsList", ordersDtsList);
    return "toOrdersDetails";
}
```

在 toOrdersDetails()方法中，使用了变量 oid，该变量用于封装“查看”超链接传递来的参数 oid 的值。因此，需要在 OrdersAction 类中声明该变量，并为其添加 get 和 set 方法，如下所示：

```
//封装“查看”超链接传递来的参数 oid 的值
int oid;
public int getOid() {
    return oid;
}
public void setOid(int oid) {
    this.oid = oid;
}
```

toOrdersDetails()方法根据传递来的订单主表编号获取订单子表记录，并存入 request 范围，再跳转到我的订单明细页 myordersdetails.jsp，显示 request 范围中存放的订单明细列表。

(4) Struts 2 配置

在 Struts 2 配置文件中，为 OrdersAction 类中的 toOrdersDetails()方法配置映射：

```
<action name="toOrdersDetails" class="ordersAction"
 method="toOrdersDetails">
   <result name="toOrdersDetails">/myordersdetails.jsp</result>
   <interceptor-ref name="loginCheck" />
   <interceptor-ref name="defaultStack" />
</action>
```

单击“查看”超链接后，将请求提交到“toOrdersDetails”，即执行 OrdersAction 类中的 toOrdersDetails()方法。

(5) 我的订单明细页 myordersdetails.jsp

在 myordersdetails.jsp 页面中，循环显示订单明细列表的代码如下所示：

```
<s:set var="count" value="0" />
<s:iterator id="ordersDtsItem" value="#request.ordersDtsList">
   <tr style="background-color:#FFFFFF;">
      <td><s:property value="odid"/></td>
      <td><s:property value="meal.mealName"/></td>
      <td><s:property value="mealPrice"/></td>
      <td><s:property value="mealCount"/></td>
      <td><s:property value="mealPrice*mealCount"/></td>
   </tr>
   <s:set var="count" value="#count+mealPrice*mealCount" />
</s:iterator>
```

4. 删除订单

在如图 27-15 所示的我的订单页中，单击删除一栏中的“删除”超链接，可将该订单主表及子表信息删除。“删除”超链接的设置如下所示：

```
<s:if test="#myOrders.orderState=='未处理'">
   <a href="/Restrant/deleteOrders?oid=${oid}">删除</a>
</s:if>
```

实现删除订单功能的流程如下所示。

(1) 实现 DAO

首先，在 OrderDAO 接口中声明以下两个方法：

```
public Orders getOrdersByOid(int oid);      //根据订单编号加载订单对象
public void deleteOrders(Orders orders);    //删除订单对象
```

然后，在实现类 OrderDAOImpl 中实现这两个方法：

```
//根据订单编号加载订单对象
@Override
public Orders getOrdersByOid(int oid) {
```

```
    Session session = sessionFactory.getCurrentSession();
    return (Orders)session.get(Orders.class, oid);
}
//删除订单对象
@Override
public void deleteOrders(Orders orders) {
    Session session = sessionFactory.getCurrentSession();
    session.delete(orders);
}
```

(2) 实现 Biz

在接口 OrderBiz 接口中，声明 deleteOrdersByOid(int oid)方法，删除指定编号的订单：

```
//删除指定编号的订单
public void deleteOrdersByOid(int oid);
```

然后，在实现类 OrderBizImpl 中实现 deleteOrdersByOid(int oid)方法：

```
//删除指定编号的订单
@Override
public void deleteOrdersByOid(int oid) {
    Orders orders = ordersDAO.getOrdersByOid(oid);
    ordersDAO.deleteOrders(orders);
}
```

(3) 实现 Action

在 OrdersAction 类中添加 deleteOrders()方法，删除指定编号的订单，再转到“toMyOrders”。代码如下：

```
//删除指定编号的订单，再转到“toMyOrders”
public String deleteOrders() throws Exception {
    //调用业务方法从数据表中删除订单及明细
    ordersBiz.deleteOrdersByOid(oid);
    return "toMyOrders";
}
```

在 deleteOrders()方法中，只删除了订单主表记录。但由于在映射文件 Orders.hbm.xml 中配置了级联属性(cascade=“all”)，因此在删除订单主表时，订单子表也级联执行删除操作。

(4) Struts 2 配置

在 Struts 2 配置文件中，为 OrdersAction 类中的 deleteOrders()方法配置映射：

```
<action name="deleteOrders" class="ordersAction" method="deleteOrders">
    <result name="toMyOrders" type="redirectAction">
        toMyOrders
    </result>
    <interceptor-ref name="loginCheck" />
    <interceptor-ref name="defaultStack" />
</action>
```

因此，单击“删除”超链接后，将请求提交到“deleteOrders”，即执行 OrdersAction 类中的 deleteOrders()方法，同时传递参数 oid 给 deleteOrders()方法。

27.8　后台功能模块实现

管理员成功登录后，可以添加餐品、查询餐品、管理餐品(修改餐品和删除餐品)，查询订单、处理订单。

管理员登录成功后，页面上方的超链接功能菜单如图 27-17 所示。

| 网站首页 | 添加餐品 | 管理餐品 | 订单处理 | 注销　欢迎您：admin

图 27-17　管理员功能菜单

27.8.1　添加餐品

在如图 27-17 所示的管理员功能菜单中，单击“添加餐品”超链接，显示添加餐品页，如图 27-18 所示。

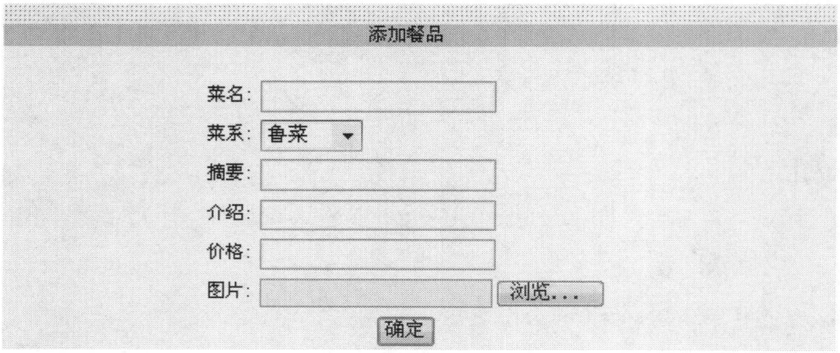

添加餐品
菜名：
菜系：鲁菜
摘要：
介绍：
价格：
图片：　浏览...
确定

图 27-18　添加餐品页

添加餐品页面为 addMeal.jsp，而“添加餐品”超链接设置如下：

```
<a href="/Restrant/toAddMeal">添加餐品</a>
```

由于 addMeal.jsp 页面中需要绑定菜系下拉列表，因此不能直接访问该页面，需要先执行名为“toAddMeal”的 Action，获取菜系列表后再转到页面 addMeal.jsp。

实现显示添加餐品页的流程如下所示。

首先，在 MealAction 类中添加 toAddMeal()方法，获取菜系列表并存入 request 范围，再转到添加餐品页 addMeal.jsp：

```
//获取菜系列表，再转到添加餐品页 addMeal.jsp
public String toAddMeal() throws Exception {
    List mealSeriesList=mealSeriesBiz.getMealSeries();
    request.put("mealSeriesList", mealSeriesList);
    return "addMeal";
}
```

然后，在 Struts 2 配置文件中，为 MealAction 类的 toAddMeal()方法配置映射：

```
<action name="toAddMeal" class="mealAction" method="toAddMeal">
```

```
    <result name="addMeal">/addMeal.jsp</result>
</action>
```

添加餐品页 addMeal.jsp 中，表单部分的代码如下所示：

```
<s:form action="doAddMeal" method="post" enctype="multipart/form-data">
    <table align="center">
        <s:textfield name="meal.mealName" label="菜名" />
        <s:select name="meal.mealseries.seriesId" label="菜系"
          list="#request.mealSeriesList" listKey="seriesId"
          listValue="seriesName" />
        <s:textfield name="meal.mealSummarize" label="摘要" />
        <s:textfield name="meal.mealDescription" label="介绍" />
        <s:textfield name="meal.mealPrice" label="价格" />
        <s:file name="doc" label="图片" />
        <s:submit value="确定" align="center"/>
    </table>
</s:form>
```

在添加餐品页 addMeal.jsp 中，输入菜名、摘要、介绍、价格，选择菜系和餐品图片后，单击“确定”按钮，将请求提交到名为“doAddMeal”的 Action，上传餐品图片，并将餐品信息添加到餐品信息表 meal 中。实现这一功能的流程如下所示。

1. 实现 DAO

(1)　在 MealDAO 接口中声明一个方法 addMeal(Meal meal)，添加餐品：

```
//添加餐品
public void addMeal(Meal meal);
```

(2)　在实现类 MealDAOImpl 中实现 addMeal(Meal meal)方法：

```
//添加餐品
@Override
public void addMeal(Meal meal) {
    Session session = sessionFactory.getCurrentSession();
    session.save(meal);
}
```

2. 实现 Biz

(1)　在接口 MealBiz 接口中声明 addMeal(Meal meal)方法：

```
//添加餐品
public void addMeal(Meal meal);
```

(2)　在实现类 MealBizImpl 中实现 addMeal(Meal meal)方法：

```
//添加餐品
@Override
public void addMeal(Meal meal) {
    mealDAO.addMeal(meal);
}
```

3．实现 Action

在 MealAction 类中添加 doAddMeal()方法，上传餐品图片、添加餐品信息，再转到 toShowMeal：

```
//上传餐品图片、添加餐品信息，再转到 toShowMeal
public String doAddMeal() throws Exception {
    if(docFileName!=null) {     //判断是否选择了上传图片
        //得到当前 Web 工程下的 upload 目录在本机的绝对路径，如果没有这个文件夹则会创建
        String targetDirectory = ServletActionContext.getServletContext()
          .getRealPath("/mealimages");
        //重命名上传文件
        String targetFileName = generateFileName(docFileName);
        //在指定目录创建文件
        File target = new File(targetDirectory, targetFileName);
        //把要上传的文件 copy 过去
        FileUtils.copyFile(doc, target);
        meal.setMealImage(targetFileName);
        mealBiz.addMeal(meal);
    }
    return "toShowMeal";
}
```

在 doAddMeal()方法中，自定义方法 generateFileName()用于给上传文件重命名，其代码如下：

```
//重命名上传文件
public String generateFileName(String fileName) {
    String formatDate =
      new SimpleDateFormat("yyMMddHHmmss").format(new Date());
    int random = new Random().nextInt(10000);
    int position = fileName.lastIndexOf(".");
    String extension = fileName.substring(position);
    return formatDate + random + extension;
}
```

由于添加餐品页 addMeal.jsp 中使用了<s:file>文件域，为了能获取与文件相关的信息，需要在 MealAction 类中添加以下三个属性及其 get 和 set 方法：

```
private File doc;                  //封装上传文件的属性
private String docFileName;        //封装上传文件的名称属性
private String docContentType;     //封装上传文件的类型属性
```

为了能获取表单提交的菜名、菜系、摘要、介绍、价格，还需要在 MealAction 类中声明一个 Meal 类型的属性 meal，并为其添加 get 和 set 方法，以封装上述表单元素：

```
//定义 Meal 类型属性，用于封装表单参数
private Meal meal;
public Meal getMeal() {
    return meal;
}
public void setMeal(Meal meal) {
```

```
    this.meal = meal;
}
```

4. Struts 2 配置

在 Struts 2 配置文件中，为 MealAction 类中的 doAddMeal()方法配置映射，如下所示：

```
<action name="doAddMeal" class="mealAction" method="doAddMeal">
    <result name="toShowMeal" type="redirectAction">toShowMeal</result>
</action>
```

单击“确定”按钮后，将请求提交到“doAddMeal”，即执行 MealAction 类中的 doAddMeal()方法。doAddMeal()方法先上传图片，然后调用业务接口 MealBiz 的 addMeal(meal)方法将餐品信息插入 meal 表，最后跳转到“toShowMeal”，即再执行 MealAction 类中 toShowMeal()方法，最终显示 show.jsp 页面。

27.8.2　管理餐品

在管理员功能菜单中，单击“管理餐品”超链接，显示餐品管理页，如图 27-19 所示。

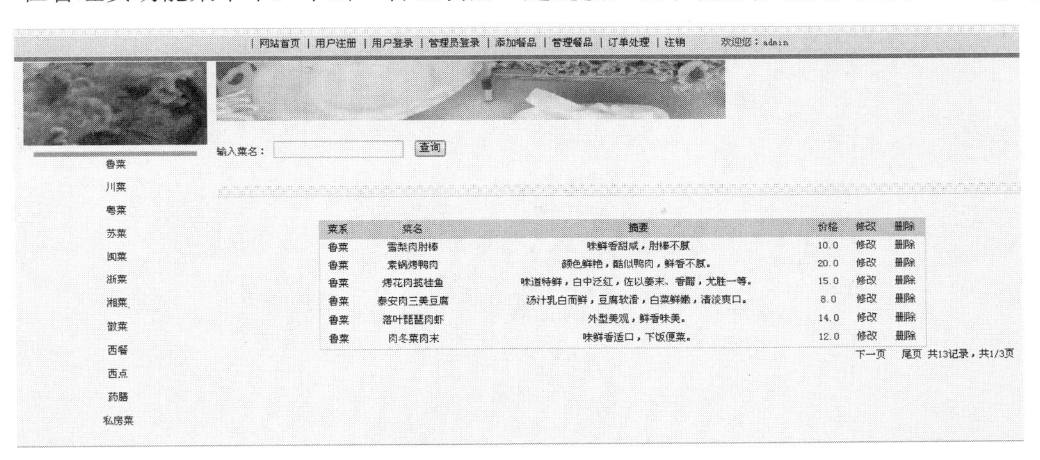

图 27-19　餐品管理页

餐品管理页为 managemeal.jsp，而“管理餐品”超链接设置如下：

```
<a href="/Restrant/toManageMeal">管理餐品</a>
```

由于 managemeal.jsp 页面中左侧需要显示菜系列表，右侧分页显示餐品列表，因此不能直接访问该页面，需要先执行名为“toManageMeal”的 Action，获取指定页码、符合查询条件的餐品列表后再转到页面 managemeal.jsp。

由于 managemeal.jsp 页面与 show.jsp 页面显示的内容类似，因此名为“toManageMeal”的 Action 与名为“toShowMeal”的 Action 代码相同。

在 MealAction 类中添加一个方法 toManageMeal()，其代码与先前添加的 toShowMeal()方法相同，在此不再列出。

在 Struts 2 配置文件中，为 MealAction 类中的 toManageMeal()方法配置映射，如下所示：

```
<action name="toManageMeal" class="mealAction" method="toManageMeal">
   <result name="managemeal">/managemeal.jsp</result>
   <interceptor-ref name="loginCheck" />
   <interceptor-ref name="defaultStack" />
</action>
```

在 managemeal.jsp 页面中，左侧显示菜系列表部分的代码与 show.jsp 页面相同，而右侧显示餐品列表的部分在布局上与 show.jsp 不同，但使用的餐品列表对象相同。代码如下：

```
<s:iterator id="mealItem" value="#request.mealList" status="st">
   <tr>
      <td><s:property value="mealseries.seriesName"/></td>
      <td><s:property value="mealName"/></td>
      <td><s:property value="mealSummarize"/></td>
      <td><s:property value="mealPrice"/></td>
      <td><a href="/Restrant/toupdateMeal?meal.mealId=${mealItem.mealId}">
        修改</a></td>
      <td><a href="/Restrant/deleteMeal?meal.mealId=${mealItem.mealId}">
        删除</a></td>
   </tr>
</s:iterator>
```

在 managemeal.jsp 页面中，根据菜系、菜名查询以及分页超链接功能均与 show.jsp 页面相同。

1. 修改餐品

在如图 27-19 所示的餐品管理页中，每条记录后面都有一个“修改”超链接。单击某个“修改”超链接，显示餐品修改页面 updateMeal.jsp，如图 27-20 所示。

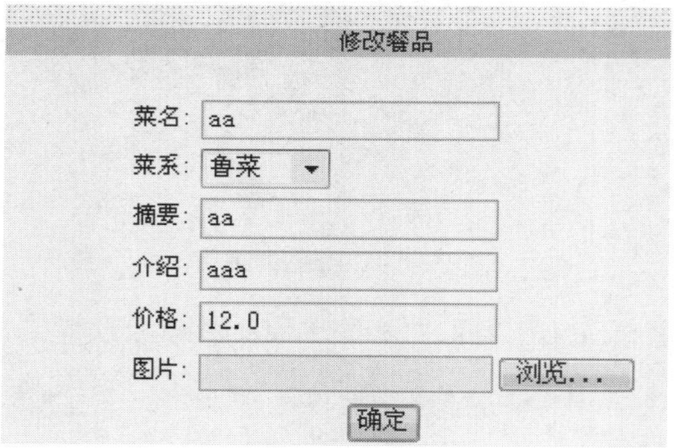

修改餐品
菜名: aa
菜系: 鲁菜
摘要: aa
介绍: aaa
价格: 12.0
图片: 浏览...
确定

图 27-20　餐品修改页面

对“修改”超链接的设置如下所示：

```
<a href="/Restrant/toUpdateMeal?meal.mealId=${mealItem.mealId}">修改</a>
```

由于 updateMeal.jsp 页面中需要将待修改的餐品信息绑定到相应的表单元素中，因此不能直接访问该页面，需要先执行名为“toUpdateMeal”的 Action，并传递餐品编号参数，根据餐品编号获取餐品对象后，再转到页面 updateMeal.jsp 进行显示。

实现餐品修改页面显示的流程如下所示。

餐品修改页面显示所需的 DAO 和 Biz 层代码前面已经实现了，这里只需实现 Action。

首先，在 MealAction 类中添加方法 toUpdateMeal()，获取要修改的餐品对象，存入 request 范围，再转到餐品信息修改页：

```
//获取要修改的餐品对象，存入 request 范围，再转到餐品信息修改页
public String toUpdateMeal() throws Exception {
    //获取要修改的餐品对象，存入 request 范围
    Meal updatedMeal = mealBiz.getMealByMealId(meal.getMealId());
    request.put("updatedMeal", updatedMeal);
    //获取菜系列表，存入 request 范围
    List mealSeriesList = mealSeriesBiz.getMealSeries();
    request.put("mealSeriesList", mealSeriesList);
    return "updateMeal";
}
```

在 toUpdateMeal()方法中，根据“修改”超链接传递来的餐品编号，获取要修改的餐品对象，并存入 request 范围。然后获取菜系列表，也存入 request 范围。再转到餐品信息显示页，使用 request 范围中保存的餐品对象和菜系列表绑定相应的表单元素。

然后，在 Struts 2 配置文件中，为 MealAction 类中的 toUpdateMeal 方法配置映射：

```
<action name="toUpdateMeal" class="mealAction" method="toUpdateMeal">
    <result name="updateMeal">/updateMeal.jsp</result>
    <interceptor-ref name="loginCheck" />
    <interceptor-ref name="defaultStack" />
</action>
```

在 updateMeal.jsp 页面中，绑定表单元素的代码如下所示：

```
<s:form action="doUpdateMeal" method="post" enctype="multipart/form-data">
    <table align="center">
        <s:hidden name="meal.mealId"
          value="%{#request.updatedMeal.mealId}" />
        <s:textfield name="meal.mealName" label="菜名"
          value="%{#request.updatedMeal.mealName}" />
        <s:select name="meal.mealseries.seriesId" label="菜系"
          value="%{#request.updatedMeal.mealseries.seriesId}"
          list="#request.mealSeriesList" listKey="seriesId"
          listValue="seriesName" />
        <s:textfield name="meal.mealSummarize" label="摘要"
          value="%{#request.updatedMeal.mealSummarize}" />
        <s:textfield name="meal.mealDescription" label="介绍"
          value="%{#request.updatedMeal.mealDescription}" />
        <s:textfield name="meal.mealPrice" label="价格"
          value="%{#request.updatedMeal.mealPrice}" />
        <s:hidden name="meal.mealImage"
          value="%{#request.updatedMeal.mealImage}" />
        <s:file name="doc" label="图片" />
        <s:submit value="确定" align="center"/>
    </table>
</s:form>
```

在 updateMeal.jsp 页面中，修改完信息后，单击“确定”按钮，将请求提交到“doUpdateMeal”，执行餐品信息修改。执行餐品信息修改的流程如下所示。

(1) 实现 DAO

首先，在 MealDAO 接口中声明方法 updateMeal(Meal meal)，修改餐品对象：

```
//修改餐品对象
public void updateMeal(Meal meal);
```

然后，在实现类 MealDAOImpl 中实现 updateMeal(Meal meal)方法：

```
//修改餐品
@Override
public void updateMeal(Meal meal) {
    Session session = sessionFactory.getCurrentSession();
    session.update(meal);
}
```

(2) 实现 Biz

首先，在接口 MealBiz 中声明方法 updateMeal(Meal meal)：

```
//修改餐品
public void updateMeal(Meal meal);
```

然后，在实现类 MealBizImpl 中实现 updateMeal(Meal meal)方法：

```
//修改餐品
@Override
public void updateMeal(Meal meal) {
    mealDAO.updateMeal(meal);
}
```

(3) 实现 Action

在 MealAction 类中添加 doUpdateMeal()方法，处理修改餐品请求，再转到 toShowMeal：

```
//执行餐品信息修改，再转到 toShowMeal
public String doUpdateMeal() throws Exception {
    if(docFileName!=null) {
        //得到当前 Web 工程下 upload 目录的在本机的绝对路径，如果没有这个文件夹则会创建
        String targetDirectory = ServletActionContext.getServletContext()
          .getRealPath("/mealimages");
        //重命名上传文件
        String targetFileName = generateFileName(docFileName);
        //在指定目录创建文件
        File target = new File(targetDirectory, targetFileName);
        //把要上传的文件 copy 过去
        FileUtils.copyFile(doc, target);
        meal.setMealImage(targetFileName);   //修改餐品图片
    }
    //更新餐品对象
    mealBiz.updateMeal(meal);
    return "toShowMeal";
}
```

在 doUpdateMeal()方法中做了一个判断，如果没有选择餐品图片，则不执行文件上传，只调用业务方法更新餐品对象。

(4)　Struts 2 配置

在 Struts 2 配置文件中，为 MealAction 类中的 doUpdateMeal 方法配置映射：

```
<action name="doUpdateMeal" class="mealAction" method="doUpdateMeal">
    <result name="toShowMeal" type="redirectAction">toShowMeal</result>
    <interceptor-ref name="loginCheck" />
    <interceptor-ref name="defaultStack" />
</action>
```

这样，当修改完信息后，单击“确定”按钮，将请求提交到“doUpdateMeal”，即可执行 MealAction 类中的 doUpdateMeal 方法。

2．删除餐品

在如图 27-19 所示的餐品管理页中，每条记录后面都有一个“删除”超链接。单击某一行中的“删除”超链接，可删除相应的餐品。“删除”超链接的设置如下所示：

```
<a href="/Restrant/deleteMeal?meal.mealId=${mealItem.mealId}">删除</a>
```

实现删除餐品的流程如下所示。

(1)　实现 DAO

首先，在 MealDAO 接口中声明方法 deleteMeal(Meal meal)，删除餐品对象：

```
//删除餐品
public void deleteMeal(Meal meal);
```

然后，在实现类 MealDAOImpl 中实现 deleteMeal(Meal meal)方法：

```
//删除菜品
@Override
public void deleteMeal(Meal meal) {
    Session session = sessionFactory.getCurrentSession();
    session.delete(meal);
}
```

(2)　实现 Biz

首先，在接口 MealBiz 接口中声明方法 deleteMeal(int mealId)，删除指定编号的菜品：

```
//删除指定编号的菜品
public void deleteMeal(int mealId);
```

然后，在实现类 MealBizImpl 中实现 deleteMeal(int mealId)方法：

```
//删除指定编号菜品
@Override
public void deleteMeal(int mealId) {
    Meal meal = mealDAO.getMealByMealId(mealId);
    mealDAO.deleteMeal(meal);
}
```

(3) 实现 Action

首先，在 MealAction 类中添加 deleteMeal()方法，处理删除餐品对象请求，然后转到 toManageMeal：

```
//处理删除餐品对象请求，再转到 toManageMeal
public String deleteMeal() throws Exception {
    mealBiz.deleteMeal(meal.getMealId());
    return "toManageMeal";
}
```

(4) Struts 2 配置

在 Struts 2 配置文件中，为 MealAction 类中的 deleteMeal 方法配置映射：

```
<action name="deleteMeal" class="mealAction" method="deleteMeal">
    <result name="toManageMeal"
      type="redirectAction">toManageMeal</result>
    <interceptor-ref name="loginCheck" />
    <interceptor-ref name="defaultStack" />
</action>
```

由于餐品信息表 meal 和订单子表 orderdts 存在一对多关联关系，因此在映射文件 Meal.hbm.xml 中，与订单子表 orderdts 关联映射的<set>节点中，配置了 cascade="delete"，表示删除餐品对象时，订单子表也会执行删除操作，删除关联的订单明细记录。

订单子表记录删除后，还应将关联的订单主表记录删除，因此，在映射文件 Orderdts.hbm.xml 中，与订单主表关联映射的<many-to-one>节点中，配置了 cascade="all"。

单击"删除"超链接后，将请求提交到"deleteMeal"，执行 MealAction 类中的 deleteMeal 方法。deleteMeal 方法中只删除餐品对象，然后会级联删除订单子表记录、订单主表记录。

27.8.3 订单处理

在如图 27-17 所示的管理员功能菜单中，单击"订单处理"超链接，显示订单处理页，如图 27-21 所示。

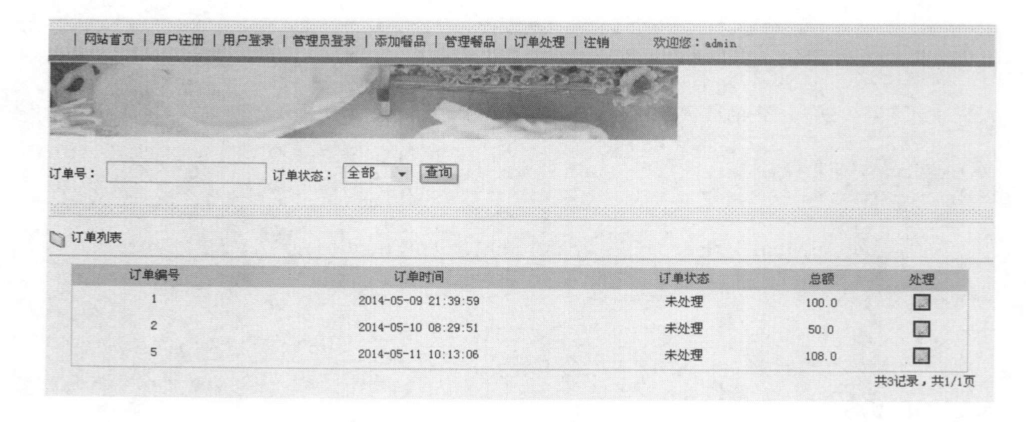

图 27-21 订单处理页

订单处理页面为 manageorders.jsp，而"订单处理"超链接的设置如下：

```
<a href="/Restrant/toManageOrders">订单处理</a>
```

由于 manageorders.jsp 页面初始时需要将所有订单列表进行分页显示，因此不能直接访问该页面，需要先执行名为“toManageOrders”的 Action，获取订单列表后，再转到页面 manageorders.jsp 进行显示。

1．显示订单处理页的流程

(1) 实现 DAO

首先，在 OrdersDAO 接口中声明以下 4 个方法：

```
//获取指定页显示的订单列表
public List getAllOrders(int page);
//统计所有订单总数
public Integer getCountOfAllOrders();
//获取满足条件、指定页显示的订单列表
public List getOrdersByCondition(Orders condition, int page);
//统计满足条件的订单总数
public Integer getCountOfOrders(Orders condition);
```

然后，在实现类 OrdersDAOImpl 中实现这 4 个方法：

```
//获取所有订单
@Override
public List getAllOrders(int page) {
    Session session = sessionFactory.getCurrentSession();
    Criteria c = session.createCriteria(Orders.class);
    c.setFirstResult(6*(page-1));
    c.setMaxResults(6);
    return c.list();
}
//统计所有订单总数
@Override
public Integer getCountOfAllOrders() {
    Integer count = null;
    try {
        Session session = sessionFactory.getCurrentSession();
        String hql = "select count(o) from Orders o";
        Query query = session.createQuery(hql);
        count = Integer.parseInt(query.uniqueResult().toString());
    } catch(Exception e) {
        e.printStackTrace();
    }
    return count;
}
//获取满足条件、指定页显示的订单列表
@Override
public List getOrdersByCondition(Orders condition, int page) {
    Session session = sessionFactory.getCurrentSession();
    Criteria c = session.createCriteria(Orders.class);
    if(condition!=null) {
```

```
            if((condition.getOid()!=null) && (condition.getOid()>0)) {
                //按订单号进行筛选
                c.add(Restrictions.eq("oid", condition.getOid()));
            }
            if((condition.getOrderState()!=null)
              && !condition.getOrderState().equals("")
              && !condition.getOrderState().equals("全部")) {
                //按订单状态进行筛选
                c.add(Restrictions.eq("orderState",
                  condition.getOrderState()));
            }
        }
        c.setFirstResult(6*(page-1));
        c.setMaxResults(6);
        return c.list();
    }
    //统计满足条件的订单总数
    @Override
    public Integer getCountOfOrders(Orders condition) {
        Session session = sessionFactory.getCurrentSession();
        Criteria c = session.createCriteria(Orders.class);
        if(condition!=null) {
            if((condition.getOid()!=null) && (condition.getOid()>0)) {
                //按订单号进行筛选
                c.add(Restrictions.eq("oid", condition.getOid()));
            }
            if((condition.getOrderState()!=null)
              && !condition.getOrderState().equals("")
              && !condition.getOrderState().equals("全部")) {
                //按订单状态进行筛选
                c.add(Restrictions.eq("orderState",
                  condition.getOrderState()));
            }
        }
        return c.list().size();
    }
```

(2) 实现 Biz

首先，在 OrdersBiz 接口中声明以下 4 个方法：

```
//获取指定页显示的订单列表
public List getAllOrders(int page);
//获取所有订单数量，用来初始化分页类 Pager 对象，并设置其 perPageRows 和
//rowCount 属性
public Pager getPagerOfOrders();
//获取满足条件、指定页显示的订单列表
public List getOrdersByCondition(Orders condition, int page);
//获取满足条件的订单数量，用来初始化分页类 Pager 对象，并设置其 perPageRows 和
//rowCount 属性
public Pager getPagerOfOrders(Orders condition);
```

然后，在实现类 OrdersBizImpl 中实现这 4 个方法：

```
//获取指定页显示的订单列表
@Override
public List getAllOrders(int page) {
    return ordersDAO.getAllOrders(page);
}
//获取所有订单数量，用来初始化分页类 Pager 对象
@Override
public Pager getPagerOfOrders() {
    int count = ordersDAO.getCountOfAllOrders();
    //使用分页类 Pager 定义对象
    Pager pager = new Pager();
    //设置 pager 对象中的 perPageRows 属性，表示每页显示的记录数
    pager.setPerPageRows(6);
    //设置 pager 对象中的 rowCount 属性，表示记录总数
    pager.setRowCount(count);
    //返回 pager 对象
    return pager;
}
//获取满足条件、指定页显示的订单列表
@Override
public List getOrdersByCondition(Orders condition, int page) {
    return ordersDAO.getOrdersByCondition(condition, page);
}
//获取满足条件的订单数量，用来初始化分页类 Pager 对象
@Override
public Pager getPagerOfOrders(Orders condition) {
    int count = ordersDAO.getCountOfOrders(condition);
    //使用分页类 Pager 定义对象
    Pager pager = new Pager();
    //设置 pager 对象中的 perPageRows 属性，表示每页显示的记录数
    pager.setPerPageRows(6);
    //设置 pager 对象中的 rowCount 属性，表示记录总数
    pager.setRowCount(count);
    //返回 pager 对象
    return pager;
}
```

(3)　实现 Action

在 OrdersAction 类中添加 toManageOrders()方法，获取订单列表，再转到订单处理页 manageorders.jsp：

```
//获取所有订单列表，再转到订单处理页 manageorders.jsp
public String toManageOrders() throws Exception {
    int curPage = 1;
    if(pager!=null)
        curPage = pager.getCurPage();
    List ordersList = null;
    if(orders!=null) {
        //指定查询条件，则获取满足条件、指定页的订单列表
```

```
        ordersList = ordersBiz.getOrdersByCondition(orders, curPage);
        pager = ordersBiz.getPagerOfOrders(orders);
        //将查询条件存入 request 范围，将作为分页超链接中的参数值
        if(orders.getOid()!=null)
            request.put("oid", orders.getOid());
        if((orders.getOrderState()!=null)
          && !orders.getOrderState().equals(""))
            request.put("orderState", orders.getOrderState());
    } else {
        //没有指定查询条件，获取指定页的订单列表
        ordersList = ordersBiz.getAllOrders(curPage);
        //获取所有菜品数量，用来初始化分页类 Pager 对象
        pager = ordersBiz.getPagerOfOrders();
    }
    //设置 Pager 对象中的待显示页的页码
    pager.setCurPage(curPage);
    request.put("ordersList", ordersList);
    return "manageorders";
}
```

在 toManageOrders()方法中，使用 Orders 类定义的属性 orders，该属性将用于封装 manageorders.jsp 页面中根据订单号和订单状态查询时传递来的参数值。因此，需要在 OrdersAction 类中声明 Orders 类型属性 orders，并为其添加 get 和 set 方法。代码如下：

```
//封装 manageorders.jsp 页面中根据订单号和订单状态查询时传递来的参数值
private Orders orders;
public Orders getOrders() {
    return orders;
}
public void setOrders(Orders orders) {
    this.orders = orders;
}
```

在 toManageOrders()方法中使用了分页实体类 Pager，因此需要在 OrdersAction 类中声明 Pager 类型的属性 pager，并为其添加 get 和 set 方法：

```
//分页实体类
private Pager pager;
public Pager getPager() {
    return pager;
}
public void setPager(Pager pager) {
    this.pager = pager;
}
```

(3) Struts 2 配置

在 Struts 2 配置文件中，为 OrdersAction 类中的 toManageOrders 方法配置映射：

```
<action name="toManageOrders" class="ordersAction"
 method="toManageOrders">
    <result name="manageorders">/manageorders.jsp</result>
    <interceptor-ref name="loginCheck" />
```

```
    <interceptor-ref name="defaultStack" />
</action>
```

单击“订单处理”超链接，将请求提交给“toManageOrders”，即执行 OrdersAction 类中的 toManageOrders 方法，获取订单列表并存入 request 范围，再转到 manageorders.jsp 页面显示订单列表内容。

(5)　在 manageorders.jsp 页面显示订单列表

在 manageorders.jsp 中，循环显示订单列表的代码如下所示：

```
<s:set var="total" value="0" />
<s:iterator id="orders" value="#request.ordersList">
    <tr style="background-color:#FFFFFF;">
        <td><s:property value="oid"/></td>
        <td><s:date name="orderTime" format="yyyy-MM-dd HH:mm:ss"/></td>
        <td><s:property value="orderState"/></td>
        <td><s:property value="orderPrice"/></td>
        <td>
            <s:if test="#orders.orderState=='未处理'">
                <a href="/Restrant/handleOrders?oid=${oid}">
                    <img src="images/handle.gif" width="12" height="12" />
                </a>
            </s:if>
        </td>
    </tr>
</s:iterator>
```

在 manageorders.jsp 中，分页超链接代码与餐品列表显示分页超链接相似，只是传递的参数不同而已，不再列出代码。

在如图 27-20 所示的订单处理页 manageorders.jsp 中，可根据订单编号和订单状态进行查询。表单设计如下所示：

```
<s:form theme="simple" method="post" action="toManageOrders">
    <s:label value="订单号：" />
    <s:textfield name="orders.oid" />
    <s:label value="订单状态：" />
    <s:select list="#{'全部':'全部','未处理':'未处理','已处理':'已处理'}"
      name="orders.orderState" listKey="key" listValue="value" />
    <s:submit value="查询" />
</s:form>
```

输入查询条件后，单击“查询”按钮，将请求提交到“toManageOrders”，即执行前面实现的 OrdersAction 类中的 toManageOrders 方法。并将表单域传递的订单号和订单状态参数值封装到 Orders 类型的 orders 属性中。toManageOrders 方法会查询满足条件的订单列表，并显示在 manageorders.jsp 页面中。

在 manageorders.jsp 页面显示的订单列表中，每条记录的“处理”列中都有一个形如的图像超链接。该图像超链接只在订单状态为“未处理”时显示，其设置如下所示：

```
<s:if test="#orders.orderState=='未处理'">
    <a href="/Restrant/handleOrders?oid=${oid}">
        <img src="images/handle.gif" width="12" height="12" />
```

```
    </a>
</s:if>
```

单击该图像超链接，将请求提交到“handleOrders”，并传递订单编号参数，将该订单的状态修改为“已处理”。

2．实现订单处理的流程

(1) 实现 DAO

首先，在 OrdersDAO 接口中声明方法 updateOrders(Orders orders)，更新订单对象：

```
//更新订单对象
public void updateOrders(Orders orders);
```

然后，在实现类 OrdersDAOImpl 中实现 updateOrders(Orders orders)方法：

```
//更新订单对象
@Override
public void updateOrders(Orders orders) {
    Session session = sessionFactory.getCurrentSession();
    session.update(orders);
}
```

(2) 实现 Biz

首先，在接口 OrdersBiz 接口中声明方法 handleOrders(Orders orders)：

```
//处理订单
public void handleOrders(Orders orders);
```

然后，在实现类 OrdersBizImpl 中实现 handleOrders(Orders orders)方法：

```
//处理订单
@Override
public void handleOrders(Orders orders) {
    ordersDAO.updateOrders(orders);
}
```

(3) 实现 Action

在 OrdersAction 类中添加 handleOrders()方法，处理订单，再转到 toManageOrders：

```
//处理订单，再转到 toManageOrders
public String handleOrders() throws Exception {
    //调用业务方法从数据表中删除订单及明细
    Orders orders = ordersBiz.getOrdersByOid(oid);
    orders.setOrderState("已处理");
    ordersBiz.handleOrders(orders);
    return "toManageOrders";
}
```

在 handleOrders()方法中，先根据图像超链接传递来的参数 oid 的值获取该订单对象，然后将订单对象中订单状态属性值修改为“已处理”，再调用业务方式将对象更新到数据表中。

(4) Struts 2 配置

在 Struts 2 配置文件中，为 OrdersAction 类中的 handleOrders 方法配置映射：

```
<action name="handleOrders" class="ordersAction" method="handleOrders">
    <result name="toManageOrders" type="redirectAction">
        toManageOrders
    </result>
    <interceptor-ref name="loginCheck" />
    <interceptor-ref name="defaultStack" />
</action>
```

单击图像超链接，将请求提交到“handleOrders”，即执行 OrdersAction 类中的 handleOrders 方法，修改订单状态。

27.9　小　　结

本章将 Spring 3 与 Struts 2、Hibernate 4 进行整合，实现了网上订餐系统。网上订餐系统提供了前台餐品浏览、查询餐品、用户和管理员登录、购物车功能和订单功能；后台添加餐品、管理餐品、查询订单、订单处理等功能。在网上订餐系统开发过程中，为了条理清晰，首先讲述了 SSH2 框架的开发环境搭建、系统目录结构创建、配置事务管理、通过 Hibernate 反转工程生成实体类和映射文件等。在实现每个具体功能时，则按照实现 DAO 并在 Spring 配置文件中定义、实现 Biz 并在 Spring 配置文件中定义、实现 Action 并在 Spring 配置文件中定义、在 Struts 2 配置文件中配置 Action 的映射、进行页面设计等步骤依次展开分析，从而有助于读者理解每个功能的具体实现过程和细节。

通过本章的讲解，希望读者能够掌握使用 Spring 3、Struts 2 和 Hibernate 4(SSH2)整合应用开发的基本步骤、方法和技巧。

第 28 章　网上银行系统

网上银行被誉为“金融业的雏鹰”，是具有勃勃生机的“朝阳产业”，其优势如下。

(1) 可降低银行经营成本，增加银行利润。据国外有关资料表明，通过网上银行实现一笔交易所需的费用仅为 1 美分，不足营业网点的 1%。与传统银行新建网点、增加员工的扩张规模相比较，网上银行除了在开发期间需投入大量资金外，运行过程中成本费用相对很低。例如，某个知名网络银行客户遍及美国 50 个州，拥有 4000 余万客户，银行员工却仅有 15 人。

(2) 可突破地域与时间的限制。传统银行有固定的营业场所，办理业务时必须限制在银行营业时间内。网上银行则可以实现 365 日全天候服务，只要上网条件具备，不论何人、何时、何地，均可以办理业务，充分体现其方便快捷、不受限制的优点。

(3) 可降低银行客户成本，并可通过网络传递有关经济金融信息，使网上银行能赢得更多的客户。

28.1　系 统 概 述

网上银行系统的开发主要包括后台数据库的建立和维护以及前端应用程序的开发两个方面。对于前者，要求建立起数据一致性和完整性强、数据安全性好的数据库。而对于后者，则要求应用程序功能完备，具备易使用等特点。

在数据库应用系统开发之前，对开发数据库的基本概念、数据库的结构、开发数据库应用程序的步骤、开发体系及方法都应当有相当清晰的了解和认识。数据库应用系统开发的目标是建立一个满足用户长期需求的产品。开发的主要过程为：理解用户的需求，然后，把它们转变为有效的数据库设计；把设计转变为实际的数据库，并且这些数据库带有功能完备、高效能的应用，考虑到了使用上的方便性。

28.2　系 统 分 析

28.2.1　系统目标

本章所要实现的网上银行系统的目标包括以下几个方面。

(1) 用户能方便地进行存款、取款、转账等操作。

(2) 用户能分页查看账户的所有交易记录，可以查看、修改个人信息。

(3) 管理员可以方便地进行账户管理，包括开户、进行账户的启用和冻结(冻结状态下的账户将被限制交易功能，其他功能正常)，以及查看和删除所有账户的信息。

(4) 用户和管理员可以修改自己的密码，修改前需先核实自己的原始密码。

(5) 未注册用户无法登录用户管理界面。

(6) 实现模糊查询，管理员界面可以通过输入账户的开户姓名模糊查询匹配的账户。

28.2.2 需求分析

根据上述目标，网上银行系统包含两类用户：普通用户和管理员。

(1) 普通用户。普通用户可以执行存款、取款、转账、查看交易记录、查看个人信息、修改个人信息、修改密码和注销等功能。

普通用户功能的用例图如图 28-1 所示。

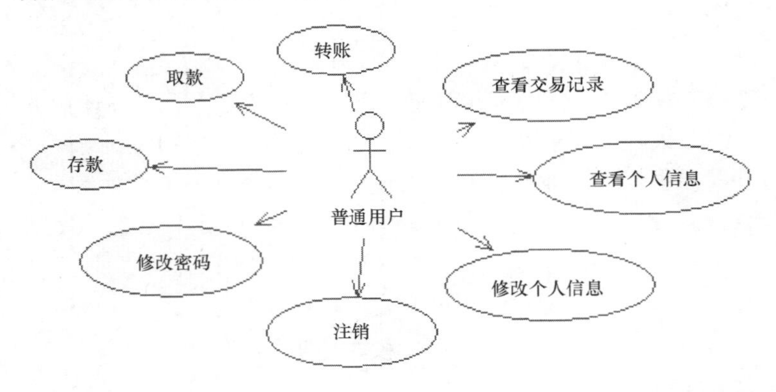

图 28-1 普通用户功能的用例图

(2) 管理员。系统管理员可以具有查看所有账户信息、查看已冻结账户信息、查看已启用账户信息、开户、修改密码和注销功能。

管理员功能的用例图如图 28-2 所示。

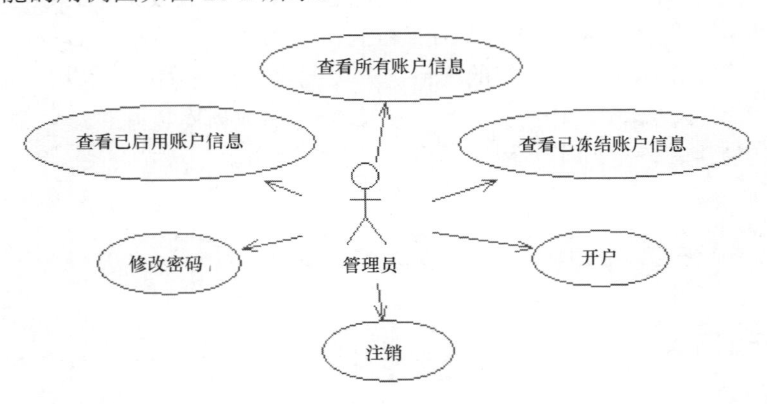

图 28-2 管理员功能的用例图

根据需求分析，可以得到系统的总体模块结构，如图 28-3 所示。

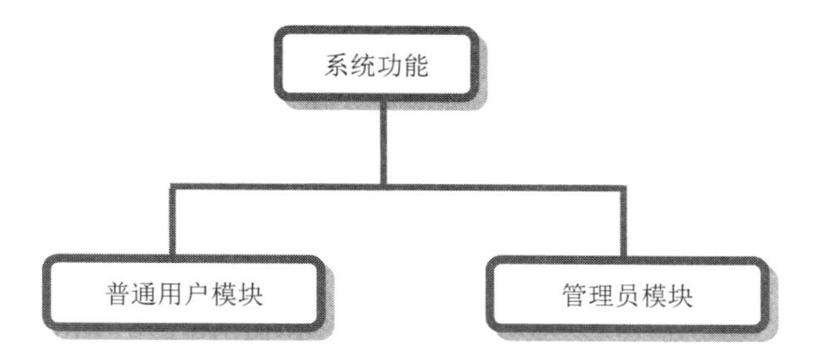

图 28-3　系统总体功能模块

其中，普通用户功能模块的结构如图 28-4 所示。

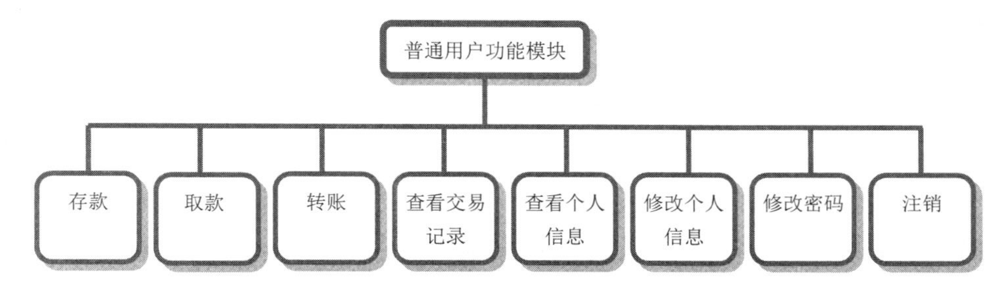

图 28-4　普通用户功能模块的结构

管理员功能模块的结构如图 28-5 所示。

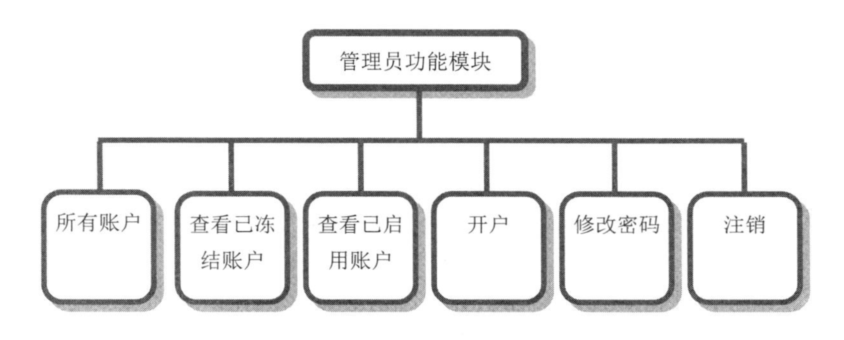

图 28-5　管理员功能模块的结构

28.3　数据库设计

数据库设计是系统设计中非常重要的一个环节，数据是设计的基础，直接决定系统的成败。如果数据库设计不合理、不完善，将在系统开发中，甚至到后期的维护时，会引起严重的问题。本系统中，数据库采用 MySQL，数据库名为 bank。根据系统需求，创建了 6 张表，如下所示。

- 账户表(account)：记录账户信息。
- 管理员表(admin)：记录管理员登录信息。
- 个人信息表(personinfo)：记录用户个人信息。

- 账户状态表(status)：记录账户当前状态。
- 交易信息表(transaction_log)：记录交易信息。
- 交易类型表(transaction_type)：记录交易类型。

其中，账户表(account)的字段说明如表 28-1 所示。

表 28-1 账户表

字 段	类 型	长 度	备 注
accountid	int	4	编号，主键、非空、自增
username	varchar	50	用户名
password	varchar	50	密码
balance	decimal	18,2	余额
status	int	4	账户状态 id

管理员表(admin)的字段说明如表 28-2 所示。

表 28-2 管理员表

字 段	类 型	长 度	备 注
id	int	4	编号，主键、非空、自增
username	varchar	50	用户名
password	varchar	50	密码

个人信息表(personinfo)的字段说明如表 28-3 所示。

表 28-3 个人信息表

字 段	类 型	长 度	说 明
id	int	4	编号，主键、非空、自增
accountid	int	4	账户 id
realname	varchar	50	真实姓名
age	int	4	年龄(18~99)
sex	varchar	2	性别
cardid	decimal	18,0	身份证(18 位)
address	varchar	50	地址
telephone	varchar	50	电话

账户状态表(status)的字段说明如表 28-4 所示。

表 28-4 账户状态表

字 段	类 型	长 度	备 注
id	int	4	编号，主键、非空、自增
name	varchar	20	账户状态名称

交易信息表(transaction_log)的字段说明如表 28-5 所示。

表 28-5　交易信息表

字　段	类　型	长　度	备　注
id	int	4	编号，主键、非空、自增
accountid	int	4	己方账户 id
otherid	int	4	对方账户 id
tr_money	decimal	18,2	交易金额
datetime	varchar	50	交易时间
ta_type	int	4	交易类型 id

交易类型表(transaction_type)的字段说明如表 28-6 所示。

表 28-6　交易类型表

字　段	类　型	长　度	备　注
id	int	4	编号，主键、非空、自增
name	varchar	50	交易类型

创建数据表后，设计数据表之间的关系，如图 28-6 所示。

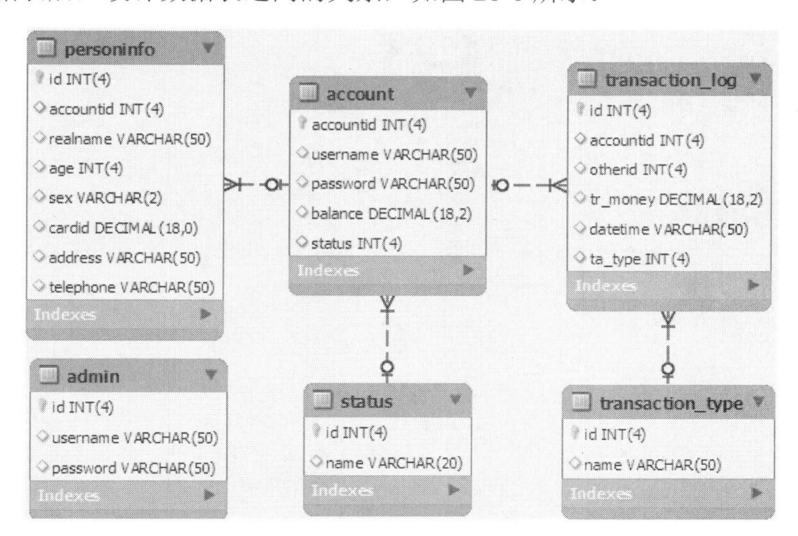

图 28-6　数据表之间的关系

28.4　搭建开发环境

MyEclipse 2013 是目前较为流行的 Java EE 集成开发环境，对目前主流的框架均提供了良好的集成。网上银行系统(项目名 netbank)作为一个实例，旨在演示 SSH2 框架组合的详细应用。由于 MyEclipse 2013 开发环境本身提供的 Struts 2、Spring 3 和 Hibernate 4 的版本满足了开发的需求，因此在给项目添加这些框架支持时，通过 MyEclipse 向导来完成，而不采用手工添加的方式。

系统开发前，首先需要搭建环境，包括创建项目、添加 Spring 3、Hibernate 4 和 Struts 2 支持、配置事务管理。

第 26 章项目中已经详细介绍了如何给项目添加 Spring 3、Hibernate 4 和 Struts 2 这三种支持，这里不再细述。

创建一个名为 netbank 的 Web Project，搭建好 Spring 3 + Hibernate 4 + Struts 2 这三个框架相结合的环境后，本网上银行系统的目录结构如图 28-7 所示。

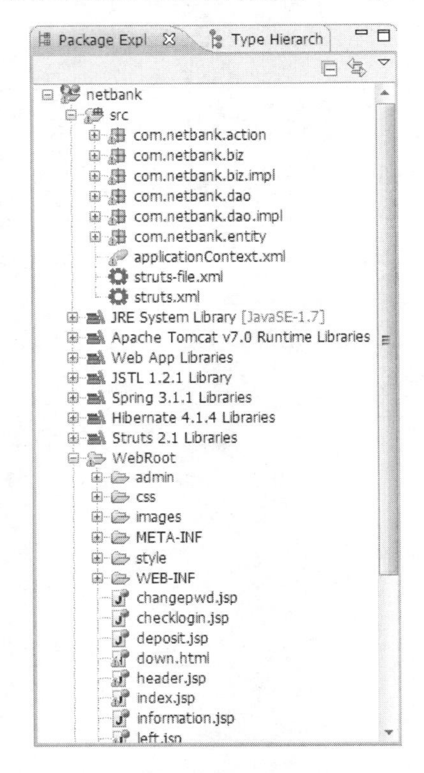

图 28-7 网上银行系统的目录结构

其中，com.netbank.action 包用于存放 Action 类，com.netbank.biz 包用于存放业务逻辑层接口，com.netbank.biz.impl 包用于存放业务逻辑层接口的实现类，com.netbank.dao 包用于存放数据访问层接口，com.netbank.dao.impl 包用于存放数据访问层接口的实现类，com.netbank.entity 包用于存放实体类和映射文件。

28.5 基于@Transactional 注解的事务管理

基于 Annotation 方式的事务管理可防止 Spring 配置文件过于臃肿。Spring 3 为事务管理提供了@Transactional 注解，通过为@Transactional 指定不同的参数，以满足不同的事务要求。由于使用了注解技术，首先需要在<beans>标记中添加与 context 相关的命名空间：

```
<beans
  xmlns="http://www.springframework.org/schema/beans"
  xmlns:xsi="http://www.w3.org/2001/XMLSchema-instance"
  xmlns:p="http://www.springframework.org/schema/p"
  xmlns:tx="http://www.springframework.org/schema/tx"
  xmlns:context="http://www.springframework.org/schema/context"
  xsi:schemaLocation="http://www.springframework.org/schema/beans
  http://www.springframework.org/schema/beans/spring-beans-3.1.xsd
  http://www.springframework.org/schema/tx
  http://www.springframework.org/schema/tx/spring-tx.xsd
  http://www.springframework.org/schema/context
  http://www.springframework.org/schema/context/spring-context-3.1.xsd">
```

使用 MyEclipse 向导给项目添加 Spring 和 Hibernate 支持后，会自动地在 Spring 配置文件中声明一个 Hibernate 事务管理器和基于@Transactional 注解方式的事务管理，如下所示：

```
<!-- 声明事务管理器 -->
<bean id="transactionManager" class="org.springframework.orm
  .hibernate4.HibernateTransactionManager">
    <property name="sessionFactory" ref="sessionFactory" />
</bean>
<!-- 基于@Transactional 注解方式的事务管理 -->
<tx:annotation-driven transaction-manager="transactionManager" />
```

为了使用 Annotation 注解，需要在 Spring 配置文件中开启注解处理器：

```
<!-- 开启注解处理器  -->
<context:annotation-config />
```

28.6　生成实体类和映射文件

使用 Hibernate 的反转工程，可以直接从数据库表生成相应的实体类和映射文件。具体步骤如下所示。

(1) 切换到数据库透视图，在前面创建的数据库连接信息名称“bank”上单击鼠标右键，从弹出的快捷菜单中选择 Open connection 命令。然后在 DB Browser 树中，依次打开节点 bank → Connected to bank → bank → TABLE，展开数据库 bank 的数据表列表，如图 28-8 所示。

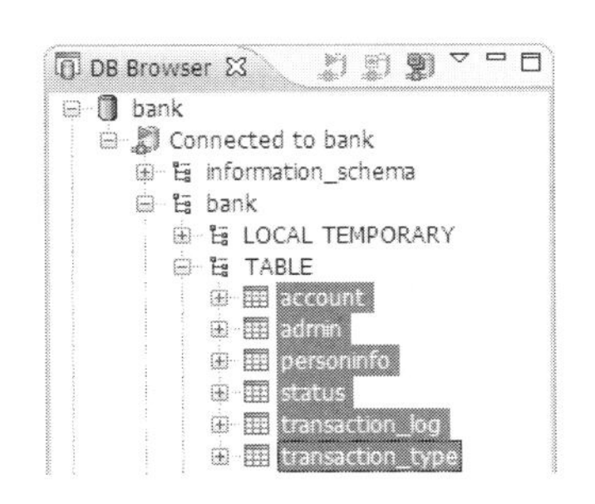

图 28-8　展开数据库 bank 的数据表列表

(2) 在图 28-8 中，选中 bank 数据库的所有表，并在选中的同时单击鼠标右键，从弹出的快捷菜单中选择 Hibernate Reverse Engineering 命令。使用 MyEclipse 反转工程同时生成数据表 account、admin、personinfo、status、transaction_log 和 transaction_type 对应的实体类和映射文件。

通过 Hibernate 反转工程配置的关联映射，基本上可以满足开发的需要，但需要进行细微的修改。

修改后的 Account.hbm.xml 文件如下所示：

```
<hibernate-mapping>
    <class name="com.netbank.entity.Account" table="account"
      catalog="bank">
        <id name="accountid" type="java.lang.Integer">
            <column name="accountid" />
            <generator class="native"></generator>
        </id>
        <many-to-one name="status" class="com.netbank.entity.Status"
          fetch="select" lazy="false">
            <column name="status" />
        </many-to-one>
        //此处省略三个<property>标记
        <set name="transactionLogs" inverse="true" lazy="false"
          cascade="delete">
            <key>
                <column name="accountid" />
            </key>
            <one-to-many class="com.netbank.entity.TransactionLog" />
        </set>
        <set name="personinfos" inverse="true" lazy="false"
          cascade="delete">
            <key>
                <column name="accountid" />
            </key>
            <one-to-many class="com.netbank.entity.Personinfo" />
        </set>
    </class>
</hibernate-mapping>
```

修改后的 Personinfo.hbm.xml 文件如下所示：

```
<hibernate-mapping>
    <class name="com.netbank.entity.Personinfo" table="personinfo"
      catalog="bank">
        <id name="id" type="java.lang.Integer">
            <column name="id" />
            <generator class="native"></generator>
        </id>
        <many-to-one name="account" class="com.netbank.entity.Account"
          fetch="select" lazy="false">
            <column name="accountid" />
        </many-to-one>
```

```
        //此处省略了 6 个<property>标记
    </class>
</hibernate-mapping>
```

修改后的 Status.hbm.xml 文件如下所示：

```
<hibernate-mapping>
    <class name="com.netbank.entity.Status" table="status" catalog="bank">
        <id name="id" type="java.lang.Integer">
            <column name="id" />
            <generator class="native"></generator>
        </id>
        <property name="name" type="java.lang.String">
            <column name="name" length="20" />
        </property>
        <set name="accounts" inverse="true" lazy="false">
            <key>
                <column name="status" />
            </key>
            <one-to-many class="com.netbank.entity.Account" />
        </set>
    </class>
</hibernate-mapping>
```

修改后的 TransactionLog.hbm.xml 文件如下所示：

```
<hibernate-mapping>
    <class name="com.netbank.entity.TransactionLog"
      table="transaction_log" catalog="bank">
        <id name="id" type="java.lang.Integer">
            <column name="id" />
            <generator class="native"></generator>
        </id>
        <many-to-one name="transactionType"
          class="com.netbank.entity.TransactionType"
          fetch="select" lazy="false">
            <column name="ta_type" />
        </many-to-one>
        <many-to-one name="account" class="com.netbank.entity.Account"
          fetch="select" lazy="false">
            <column name="accountid" />
        </many-to-one>
        //此处省略三个<property>标记
    </class>
</hibernate-mapping>
```

修改后的 TransactionType.hbm.xml 文件如下所示：

```
<hibernate-mapping>
    <class name="com.netbank.entity.TransactionType"
      table="transaction_type" catalog="bank">
        <id name="id" type="java.lang.Integer">
            <column name="id" />
```

```
            <generator class="native"></generator>
        </id>
        <property name="name" type="java.lang.String">
            <column name="name" length="50" />
        </property>
        <set name="transactionLogs" inverse="true" lazy="false">
            <key>
                <column name="ta_type" />
            </key>
            <one-to-many class="com.netbank.entity.TransactionLog" />
        </set>
    </class>
</hibernate-mapping>
```

28.7 客户功能实现

28.7.1 系统登录

系统登录页面为 login.jsp，如图 28-9 所示。

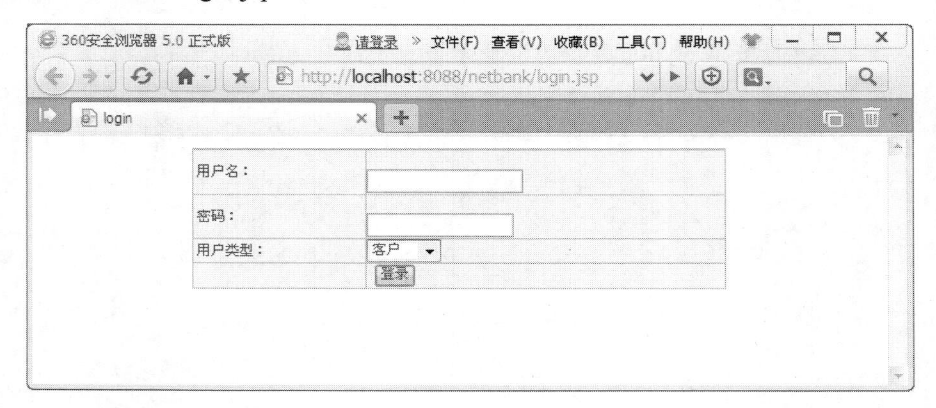

图 28-9 系统登录页面

在登录页面中，用户类型包括“客户”和“管理员”。实现登录功能的流程如下所示。

1. 实现数据访问层(DAO)

(1) 首先在 com.netbank.dao 包中创建 UserDAO 接口，然后在 UserDAO 接口中添加 getAccount(String username)方法，根据客户名获取账户对象。代码如下：

```
package com.netbank.dao;
import java.util.List;
import com.netbank.entity.*;
public interface UserDAO{
    //根据客户名获取账户对象
    public Account getAccount(String username);
}
```

(2) 在 com.netbank.dao.impl 包中创建 UserDAO 接口的实现类 UserDAOImpl，实现 getAccount(String username)方法：

```
package com.netbank.dao.impl;
import java.util.List;
//此处省略其他要导入的包
public class UserDAOImpl implements UserDAO {
    SessionFactory sessionFactory;
    public void setSessionFactory(SessionFactory sessionFactory) {
        this.sessionFactory = sessionFactory;
    }
    //根据 username 获取账户
    public Account getAccount(String username) {
        Session session = sessionFactory.getCurrentSession();
        String hql = "from Account where username='" + username + "'";
        Query query = session.createQuery(hql);
        return (Account)query.uniqueResult();
    }
}
```

(3) 在 Spring 配置文件中定义 UserDAOImpl，并给类中的 sessionFactory 属性注入实例：

```
<!-- 定义 UserDaoImpl，并给类中的 sessionFactory 属性注入值 -->
<bean id="userDao" class="com.netbank.dao.impl.UserDAOImpl">
    <property name="sessionFactory" ref="sessionFactory"></property>
</bean>
```

2. 实现业务逻辑层(Biz)

(1) 在 com.netbank.biz 包中创建 UserBiz 接口，在 UserBiz 接口中添加 getAccount(String username)方法，根据客户名获取账户对象：

```
package com.netbank.biz;
import java.util.List;
import org.springframework.transaction.annotation.Transactional;
import com.netbank.entity.*;
public interface UserBiz {
    //根据账户名称获取账户
    public Account getAccount(String username);
}
```

(2) 在 com.netbank.biz.impl 包中创建 UserBiz 接口的实现类 UserBizImpl，实现 getAccount(String username)方法：

```
package com.netbank.biz.impl;
import java.util.List;
import org.springframework.transaction.annotation.Isolation;
import org.springframework.transaction.annotation.Propagation;
import org.springframework.transaction.annotation.Transactional;
import com.netbank.biz.UserBiz;
import com.netbank.dao.UserDao;
import com.netbank.entity.*;
```

```
//使用@Transactional 注解实现事务管理
@Transactional
public class UserBizImpl implements UserBiz {
    //使用 UserDao 接口声明对象，并添加 set 方法，用于依赖注入
    UserDao userDao;
    public void setUserDao(UserDao userDao) {
        this.userDao = userDao;
    }
    //根据 username 获取账户
    public Account getAccount(String username) {
        return userDao.getAccount(username);
    }
}
```

(3) 在 Spring 配置文件中定义 UserBizImpl，并给其属性 userDao 注入实例：

```
<!-- 定义 UserBizImpl，并给其属性 userDao 注入实例 -->
<bean id="userBiz" class="com.netbank.biz.impl.UserBizImpl">
    <property name="userDao" ref="userDao"></property>
</bean>
```

3．实现 Action

在 com.netbank.action 包中创建 UserAction 类，继承 ActionSupport 类，实现 RequestAware 和 SessionAware 接口。

在 UserAction 类中编写下面两个方法：

- 编写用于登录表单校验的方法，由于登录页面 login.jsp 中的表单将提交给 UserAction 类的 login 方法处理，因此其表单校验的方法命名为 validateLogin。在 validateLogin 方法中，调用业务逻辑 UserBiz 的 getAccount 方法，根据账户名获取账户对象，并根据关联映射，账户对象中包含了相关联的个人信息对象。
- 编写方法名为 login 的方法，用于将账户信息和个人信息存入 Session，并进行页面跳转。

UserAction 类中的 validateLogin 方法和 login 方法的代码如下所示：

```
package com.netbank.action;
import java.util.Map;
import javax.annotation.Resource;
import org.apache.struts2.interceptor.RequestAware;
import org.apache.struts2.interceptor.SessionAware;
import com.netbank.biz.UserBiz;
import com.netbank.entity.*;
import com.opensymphony.xwork2.ActionSupport;
public class UserAction extends ActionSupport implements
RequestAware,SessionAware {
    //定义通过@Resource 注解注入的属性 userBiz，可省略 set 方法
    @Resource private UserBiz userBiz;
    Map<String, Object> request;
    Map<String, Object> session;
    //定义 Account 类型对象，用于封装登录表单参数
```

```
    private Account account;
    private Personinfo personinfo;
    private Password pwd;
    //省略account、personinfo和pwd三个属性的get和set方法
    //省略其他请求的处理方法
    /**
     * 登录表单校验，根据用户名获取账户对象
     */
    public void validateLogin() {
        Account a = userBiz.getAccount(account.getUsername());
        if(a==null) {
            this.addFieldError("username", "用户名不存在");
        } else {
            if(!account.getPassword().equals(a.getPassword())) {
                this.addFieldError("password", "密码不正确");
            }
        }
        account = a;
    }
    /**
     * 执行页面客户登录请求
     * @return
     */
    public String login() {
        //根据关联关系，从账户对象中获取个人信息对象
        personinfo =
          (Personinfo)account.getPersoninfos().iterator().next();
        //将账户对象存入Session
        session.put("user", account);
        //将该账户个人信息对象存入Session
        session.put("personinfo", personinfo);
        //页面转发
        return "success";
    }
    public void setRequest(Map<String, Object> request) {
        this.request = request;
    }
    public void setSession(Map<String, Object> session) {
        this.session = session;
    }
}
```

在 UserAction 类中，UserBiz 接口声明的属性 userBiz 值的注入是通过基于 Annotation 注解方式完成的，如下所示：

```
@Resource private UserBiz userBiz;
```

4．Spring 配置

在 Spring 配置文件中配置 UserAction 类，类中的 userBiz 属性注入通过 Annotation 注解方式完成，不再需要使用 property 标记，从而使得配置文件得以瘦身：

```
<bean name="user" class="com.netbank.action.UserAction"
 scope="prototype"/>
```

在将 Struts 2 的 Action 委托给 Spring 容器管理时，考虑到 Action 是有状态的，因此需要通过设置 scope="prototype"，实现针对每个用户的请求生成一个全新的实例。

在 Spring 中配置了 UserAction 类后，Struts 2 的配置文件中就可以直接引用 UserAction 类的 Bean 实例名“user”，无须指定 UserAction 类的全名了。

5. Struts 2 配置

在 Struts 2 的配置文件 struts.xml 中配置 UserAction 类：

```
<!-- 定义一个名称为 user 的包，继承 Struts 2 的默认包，指定命名空间为“/user” -->
<package name="user" namespace="/user" extends="struts-default">
    <!-- 使用通配符实现动态方法调用 -->
    <action name="user_*" class="user" method="{1}">
        <result name="success">/index.jsp</result>
        <result name="login">/login.jsp</result>
        <result name="input">/login.jsp</result>
    </action>
    ...
</package>
```

用户的请求、Action 中的处理方法及结果的展示视图之间的对应关系必须在 Struts 2 的配置文件中进行正确配置。

上述配置中，对于具有一定命名规则的用户请求可以使用通配符实现动态方法的调用，如“user_*”可表示以“user_”打头的 Action 请求。

6. 登录页面设计

登录页面 login.jsp 的代码如下所示：

```
<%@ page language="java" import="java.util.*" pageEncoding="gb2312"%>
<%@ taglib uri='/struts-tags' prefix='s'%>
<html>
<head>
    <title>login</title>
    <meta http-equiv="pragma" content="no-cache">
    <meta http-equiv="cache-control" content="no-cache">
    <meta http-equiv="expires" content="0">
    <meta http-equiv="keywords" content="keyword1,keyword2,keyword3">
    <meta http-equiv="description" content="This is my page">
    <link rel="stylesheet" type="text/css" href="style/style.css">
    <link rel="stylesheet" type="text/css" href="style/default.css">
    <script language="javascript">
    function login() {
        var hidden = document.getElementById("hidden").value;
        if(document.getElementById("username"+hidden).value=="") {
            alert("用户名不能为空");
            return false;
        } else if(document.getElementById("password"+hidden).value =="") {
```

```
            alert("密码不能为空");
            return false;
        } else {
            return true;
        }
    }
    function adminlogin() {
        document.getElementById("username1").style.display = "none";
        document.getElementById("password1").style.display = "none";
        document.getElementById("username2").style.display = "block";
        document.getElementById("password2").style.display = "block";
        document.myform.action = "admin/login";
    }
    function init() {
        document.getElementById("username1").style.display = "block";
        document.getElementById("password1").style.display = "block";
        document.getElementById("username2").style.display = "none";
        document.getElementById("password2").style.display = "none";
        document.myform.action = "user/user_login";
    }
    function change() {
        var select = document.myform.type.value;
        if(select=="0") {
            var username2 = document.getElementById("username2").value;
            var password2 = document.getElementById("password2").value;
            init();
            document.getElementById("username1").value = username2;
            document.getElementById("password1").value = password2;
        }
        if(select=="1") {
            var username1 = document.getElementById("username1").value;
            var password1 = document.getElementById("password1").value;
            adminlogin();
            document.getElementById("username2").value = username1;
            document.getElementById("password2").value = password1;
        }
    }
    </script>
</head>
<body onload="init()">
<div align="center">
    <form method="post" name="myform" action="user/user_login"
      onsubmit="return login()">
        <table width="450" border="0" class="table">
            <tbody>
            <tr>
                <td colspan="2" align="center"></td>
            </tr>
            <tr>
                <td> 用户名：</td>
                <td> 
```

```
                <input id="username1" type="text" name="account.username">
                <input id="username2" type="text" name="admin.username">
                </td>
            </tr>
            <tr>
                <td> 密码: </td>
                <td> 
                <input id="password1" type="password"
                  name="account.password">
                <input id="password2" type="password" name="admin.password">
                </td>
            </tr>
            <tr>
                <td> 用户类型: </td>
                <td>
                <select name="type" onchange="change()">
                    <option value="0" selected>客户</option>
                    <option value="1">管理员</option>
                </select>
                </td>
            </tr>
            <tr>
                <td></td>
                <td> 
                    <input type="submit" value="登录" id="login">
                    <input type="hidden" id="hidden">
                </td>
            </tr>
            </tbody>
        </table>
        <s:fielderror fieldName="username" cssStyle="color:red;"/>
        <s:fielderror fieldName="password" cssStyle="color:red;"/>
    </form>
</div>
</body>
</html>
```

在登录页面中，输入“用户名”、“密码”，如果选择用户类型为“客户”，单击“登录”按钮，则请求被提交到“user/user_login”；如果用户类型为“管理员”，则请求被提交到“admin/login”。

以客户身份登录时，表单请求提交到“user/user_login”。此时，先调用 UserAction 类中的 validateLogin 方法，然后执行 login 方法。login 方法执行结束后，返回值为“success”，根据 UserAction 类在 struts.xml 中的配置可知，页面将跳转到 index.jsp。index.jsp 为客户登录成功后的主页面。

28.7.2 客户主页面

index.jsp 为客户登录成功后的主页面，其效果如图 28-10 所示。

图 28-10　客户主页面 index.jsp

客户主页面布局比较简单，其代码如下所示：

```
<%@page contentType="text/html;charset=gb2312"
 import="java.sql.*,java.util.*"%>
<% if(session.getAttribute("user")==null) { %>
      <jsp:forward page="login.jsp"></jsp:forward>
<% } %>
<html>
<head>
<title>网上银行</title>
<LINK href="css/admin.css" type="text/css" rel="stylesheet">
</head>
<FRAMESET border=0 frameSpacing=0 rows="60, *" frameBorder=0>
   <FRAME name=header src="/netbank/header.jsp"
     frameBorder=0 noResize scrolling=no>
      <FRAMESET cols="170, *">
         <FRAME name=menu src="/netbank/left.jsp" frameBorder=0 noResize>
         <FRAME name=main src="/netbank/main.jsp"
           frameBorder=0 noResize scrolling=yes>
      </FRAMESET>
   </FRAME>
</FRAMESET>
<noframes>
</noframes>
</html>
```

客户主页面左侧的页面为 left.jsp，该页面作为菜单，提供一些链接。客户主页面右侧的默认页面为 main.jsp。单击左侧菜单超链接后，打开的页面将显示在右侧的框架中。

28.7.3　修改密码

在客户主页面左侧的菜单中，选择“修改密码”超链接，打开密码修改页 changepwd.jsp

页，如图 28-11 所示。

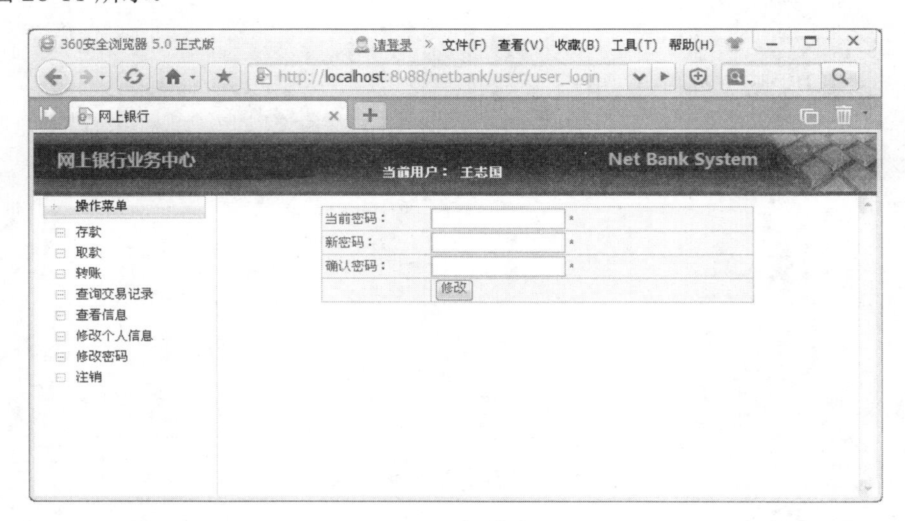

图 28-11　密码修改页

实现密码修改功能的流程如下所示。

1. 实现 DAO

(1) 在 UserDAO 接口中添加 updateAccount(Account account)方法：

```
//修改账户
public boolean updateAccount(Account account);
```

(2) 在实现类 UserDAOImpl 中实现 updateAccount(Account account)方法：

```
//修改账户
public boolean updateAccount(Account account) {
    Session session = sessionFactory.getCurrentSession();
    session.merge(account);
    return true;
}
```

之前已经在 Spring 配置文件中定义过 UserDAOImpl 类，不用再定义了。

2. 实现 Biz

(1) 在 UserBiz 接口中添加方法 modifyAccount(Account account)修改账户：

```
public abstract boolean modifyAccount(Account account);
```

(2) 在实现类 UserBizImpl 中实现方法 modifyAccount(Account account):

```
//修改账户
public boolean modifyAccount(Account account) {
    return userDao.updateAccount(account);
}
```

之前已经在 Spring 配置文件中定义过 UseBizImpl 类，不用再定义了。

3．实现 Action

在 UserAction 中添加下面两个方法。

(1) 编写用于修改密码表单校验的方法，由于修改密码页面 changepwd.jsp 中的表单将提交给 UserAction 类中的 changepwd 方法处理，因此其表单校验的方法命名为 validate-Changepwd。在 validateChangepwd 方法中，判断输入的当前密码是否正确，并将两次输入的密码进行比较。代码如下：

```
/**
 * 修改密码页面验证
 */
public void validateChangepwd() {
    account = (Account)session.get("user");
    if(!pwd.getOldpwd().equals(account.getPassword())) {
        this.addFieldError("pwd.oldpwd", "密码不正确");
    }
    if(!pwd.getNewpwd().equals(pwd.getConfirmpwd())) {
        this.addFieldError("pwd.confirmpwd", "两次密码不一致");
    }
}
```

(2) 编写方法名为 changepwd 的方法，执行修改密码请求：

```
/**
 * 执行修改密码请求
 * @return
 */
public String changepwd() {
    account.setPassword(pwd.getNewpwd());
    if(userBiz.modifyAccount(account)) {
        session.put("user", account);
        request.put("message", "密码修改成功！");
        return "message";
    }
    request.put("message", "密码修改失败！");
    return "message";
}
```

由于在 Spring 配置文件中已经定义过 UserAction 类，不用再定义了。

在 Struts 2 配置文件中，为 UserAction 类中的 changepwd 方法配置映射，如下所示：

```
<!-- 定义一个名称为user的包，继承Struts 2的默认包，指定命名空间为“/user” -->
<package name="user" namespace="/user" extends="struts-default">
    ...
    <!-- 为UserAction类中的changepwd方法配置映射 -->
    <action name="changepwd" class="user" method="changepwd">
        <result name="input">/changepwd.jsp</result>
        <result name="message">/message.jsp</result>
    </action>
</package>
```

4．修改密码页面设计

在修改密码页面 changepwd.jsp 中，表单提交的代码如下所示：

```
<form  method="post" name="myform" action="user/changepwd"
 onsubmit="return check()">
   <div align="center">
   <table width="400" border="0" class="table">
       <tbody>
           <tr>
               <td> 当前密码：</td>
               <td>
                   <input type="password" name="pwd.oldpwd" id="oldpwd">
                   <span style="color:red;">* <s:fielderror/></span>
               </td>
           </tr>
           <tr>
               <td width="100"> 新密码：</td>
               <td>
                   <input type="password" name="pwd.newpwd" id="newpwd">
                   <span style="color:red;">*</span>
               </td>
           </tr>
           <tr>
               <td> 确认密码：</td>
               <td>
                   <input type="password" name="pwd.confirmpwd"
                    id="confirmpwd">
                   <span style="color:red;">*</span>
                   <span style="color:red;display:none;" id="secondpwd">
                    两次密码不一致</span>
               </td>
           </tr>
           <tr>
               <td> </td>
               <td> <input type="Submit" value="修改" /></td>
           </tr>
       </tbody>
   </table>
   </div>
</form>
```

在 changepwd.jsp 页面中，用户输入“当前密码”、“新密码”和“确认密码”，单击“修改”按钮，将请求提交到“user/changepwd”。此时，会先调用 UserAction 类中的 validateChangepwd 方法，然后再调用 changepwd 方法。

28.7.4　修改个人信息

在客户主页面左侧的菜单中，单击“修改个人信息”超链接，打开个人信息修改页

modify.jsp，如图 28-12 所示。

图 28-12　个人信息修改页 modify.jsp

在个人信息修改页中，个人信息的显示代码如下所示：

```
<form method="post" name="myform" action="/netbank/info/info_modify">
    <div align="center">
    <table width="450" class="table">
    <tbody>
        <tr>
            <td>姓名：</td>
            <td> <input type="text" name="personinfo.realname"
              value="${personinfo.realname}"/></td>
        </tr>
        <tr>
            <td>年龄：</td>
            <td> <input type="text" name="personinfo.age"
              value="${personinfo.age}"/></td>
        </tr>
        <tr>
            <td>性别：</td>
            <td> 
                <select name="personinfo.sex" >
                    <option value="男" >男</option>
                    <option value="女" >女</option>
                </select>
            </td>
        </tr>
        <tr>
            <td>家庭地址：</td>
            <td> <input type="text" name="personinfo.address"
              value="${personinfo.address}"/></td>
        </tr>
        <tr>
            <td>联系电话：</td>
```

```
            <td> <input type="text" name="personinfo.telephone"
              value="${personinfo.telephone}"/><font size="1"
              style="color:red;">区号(3 或 4 位)-电话(8 或 9 位)</font></td>
        </tr>
        <tr>
            <td>证件号码：</td>
            <td> <input type="text" name="personinfo.cardid"
              value="${personinfo.cardid}"/><font size="1"
              style="color:red;">15 位或 18 位</font></td>
        </tr>
        <tr>
            <td> </td>
            <td><input type="submit" value="提交" /><br></td>
        </tr>
    </tbody>
    </table>
    <div style="color:red;">
        <s:fielderror />
    </div>
    </div>
    <br>
</form>
```

实现个人信息修改功能的流程如下所示。

1．实现 DAO

(1) 在 com.netbank.dao 包中创建接口 PersoninfoDAO，并添加方法 modifyPersoninfo (Personinfo personinfo)：

```
//修改个人信息
public void modifyPersoninfo(Personinfo personinfo);
```

(2) 在 com.netbank.dao.impl 包中创建 PersoninfoDAO 的实现类 PersoninfoDAOImpl，实现 modifyPersoninfo(Personinfo personinfo)方法：

```
package com.netbank.dao.impl;
import java.util.List;
...
public class PersoninfoDAOImpl implements PersoninfoDAO {
    SessionFactory sessionFactory;
    public void setSessionFactory(SessionFactory sessionFactory) {
        this.sessionFactory = sessionFactory;
    }
    /**
     * 修改个人信息
     */
    public void modifyPersoninfo(Personinfo personinfo) {
        Session session = sessionFactory.getCurrentSession();
        session.update(personinfo);
    }
}
```

(3)　在 Spring 配置文件中定义 PersoninfoDAOImpl，并给类中的 sessionFactory 属性注入值：

```
<!-- 定义 PersoninfoDaoImpl，并给类中的 sessionFactory 属性注入值 -->
<bean id="personinfoDao" class="com.netbank.dao.impl.PersoninfoDAOImpl">
    <property name="sessionFactory" ref="sessionFactory"></property>
</bean>
```

2．实现 Biz

(1)　在 com.netbank.biz 包中创建接口 PersoninfoBiz，并添加方法 modifyPersoninfo (Personinfo personinfo)：

```
//修改个人信息
public boolean modifyPersoninfo(Personinfo personinfo);
```

(2)　在 com.netbank.biz.impl 包中创建 PersoninfoBiz 接口的实现类 PersoninfoBizImpl，并实现 modifyPersoninfo(Personinfo personinfo)方法：

```
package com.netbank.biz.impl;
import java.util.ArrayList;
...
//使用@Transactional 注解实现事务管理
@Transactional
public class PersoninfoBizImpl implements PersoninfoBiz {
    //使用 PersoninfoDao 接口定义对象，并添加 set 方法，用于依赖注入
    PersoninfoDAO personinfoDao;
    public void setPersoninfoDao(PersoninfoDAO personinfoDao) {
        this.personinfoDao = personinfoDao;
    }
    //使用 UserDao 接口定义对象，并添加 set 方法，用于依赖注入
    UserDAO userDao;
    public void setUserDao(UserDAO userDao) {
        this.userDao = userDao;
    }
    /**
     * 修改个人信息
     */
    public boolean modifyPersoninfo(Personinfo personinfo) {
        personinfoDao.modifyPersoninfo(personinfo);
        return true;
    }
}
```

(3)　在 Spring 配置文件中定义 PersoninfoBizImpl，并给其属性 personinfoDao 和 userDao 注入 Bean 实例：

```
<!-- 定义 PersoninfoBizImpl，并给其属性 personinfoDao 和 userDao 注入 Bean 实例 -->
<bean id="personinfoBiz" class="com.netbank.biz.impl.PersoninfoBizImpl">
    <property name="personinfoDao" ref="personinfoDao"></property>
    <property name="userDao" ref="userDao"></property>
</bean>
```

3. 实现 Action

在 com.netbank.action 包中创建 PersoninfoAction 类，继承 ActionSupport 类，实现 RequestAware 和 SessionAware 接口。

在 PersoninfoAction 类中编写下面两个方法：

- 编写用于修改个人信息表单校验的方法，修改个人信息页面 modify.jsp 中的表单将提交给 PersoninfoAction 类的 modify 方法处理，因此表单校验的方法命名为 validateModify。在 validateModify 方法中，对电话、年龄、身份证格式和电话格式等进行校验。
- 编写方法名为 modify 的方法，用于处理个人信息修改请求。

PersoninfoAction 类的 validateModify 方法和 modify 方法的代码如下所示：

```
package com.netbank.action;
import java.util.Map;
...
public class PersoninfoAction extends ActionSupport
  implements RequestAware, SessionAware {
    //定义通过@Resource 注解注入的属性 personinfoBiz，可省略 set 方法
    @Resource private PersoninfoBiz personinfoBiz;
    Map<String, Object> request;
    Map<String, Object> session;
    private Personinfo personinfo;
     /**
      * 修改个人信息
      * @return
      */
    public String modify() {
         //从 Session 中获取保存的个人信息对象
         Personinfo per = (Personinfo)session.get("personinfo");
         //使用 modify.jsp 页面表单参数更新个人信息对象中的属性
         per.setAddress(personinfo.getAddress());
         per.setAge(personinfo.getAge());
         per.setCardid(personinfo.getCardid());
         per.setRealname(personinfo.getRealname());
         per.setSex(personinfo.getSex());
         per.setTelephone(personinfo.getTelephone());
         //将个人信息更新到数据库中
         if(personinfoBiz.modifyPersoninfo(per)) {
             //更新成功后，将个人信息对象重新存入 Session 保存
             session.put("personinfo", per);
             request.put("message", "修改成功!");
             return "message";
         }
         request.put("message", "修改失败!");
         return "message";
    }
    /**
     * 修改个人信息页面校验
```

```
    */
    public void validateModify() {
        if("".equals(personinfo.getTelephone().trim())) {
            personinfo.setTelephone("电话不详");
        }
        if(!(personinfo.getAge()>18 && personinfo.getAge()<100)) {
            addFieldError("personinfo.age", "年龄不符");
        }
        if(!Pattern.compile("^\\d{17}(\\d|x)$")
          .matcher(personinfo.getCardid().toString()).matches()) {
            addFieldError("personinfo.cardId", "身份证格式不正确");
        }
        if(!"电话不详".equals(personinfo.getTelephone().trim())
          && !Pattern.compile("^(?:1[358]\\d{9}|\\d{3,4}-\\d{8,9})$")
          .matcher(personinfo.getTelephone()).matches()) {
            addFieldError("personinfo.telephone", "电话格式不正确");
        }
    }
    public Personinfo getPersoninfo() {
        return personinfo;
    }
    public void setPersoninfo(Personinfo personinfo) {
        this.personinfo = personinfo;
    }
    public void setRequest(Map<String, Object> request) {
        this.request = request;
    }
    public void setSession(Map<String, Object> session) {
        this.session = session;
    }
}
```

在 PersoninfoAction 类中，PersoninfoBiz 接口声明的属性 personinfoBiz 的注入是通过基于 Annotation 注解的方式完成的。在 PersoninfoAction 类中定义通过@Resource 注解注入的属性 personinfoBiz 的代码如下所示：

```
@Resource private PersoninfoBiz personinfoBiz;
```

4. Spring 配置

在 Spring 配置文件中定义 PersoninfoAction 类，类中的 personinfoBiz 属性注入通过 Annotation 注解方式完成，不再需要使用 property 标记：

```
<!-- 使用原型模式定义 PersoninfoAction 类,
 PersoninfoAction 类的属性通过 Annotation 注解方式注入 -->
<bean name="personinfo" class="com.netbank.action.PersoninfoAction"
 scope="prototype"/>
```

5. Struts 2 配置

在 Struts 2 的配置文件 struts.xml 中配置 PersoninfoAction 类的映射：

```
<!-- 定义一个名称为 info 的包，继承 Struts 2 的默认包，指定命名空间为“/info” -->
<package name="info" namespace="/info" extends="struts-default">
    <!-- 使用通配符实现动态方法调用 -->
    <action name="info_*" class="personinfo" method="{1}">
        <result name="login">/login.jsp</result>
        <result name="input">/modify.jsp</result>
        <result name="message">/index.jsp</result>
    </action>
</package>
```

上述配置中，对于具有一定命名规则的用户请求，可以使用通配符实现动态方法的调用，如“info_*”表示以“info_”打头的 Action 请求。

6．个人信息修改页

在如图 28-12 所示的个人信息修改页面 modify.jsp 中输入修改的内容后，单击“提交”按钮，将请求提交到“/netbank/info/info_modify”。此时会先执行 PersoninfoAction 类中的 validateModify 方法，对电话、年龄、身份证格式和电话格式等进行校验；然后再执行 modify 方法修改个人信息。

28.7.5 存款

在客户主页面中，单击“存款”超链接，打开如图 28-13 所示的存款页面。

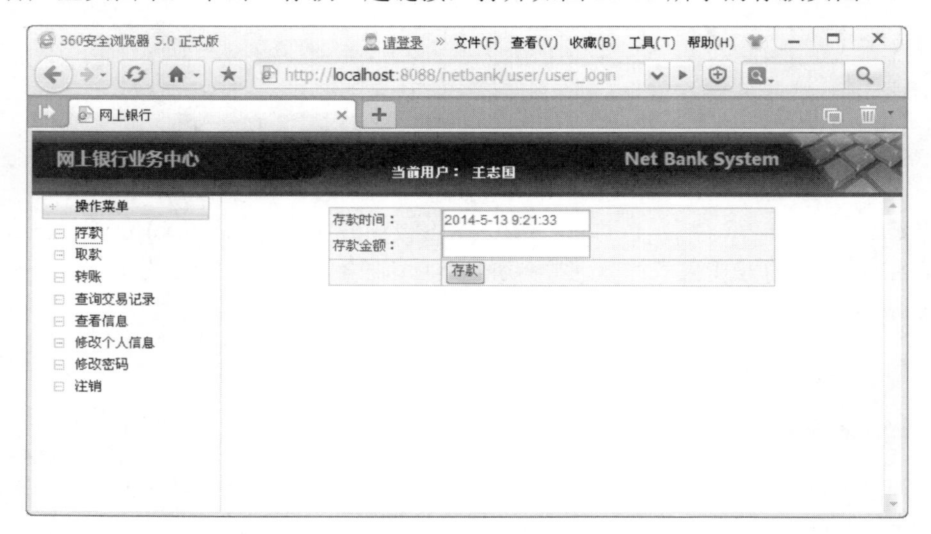

图 28-13 存款页面

实现存款功能的流程如下所示。

1．实现 DAO

(1) 在 com.netbank.dao 包中创建接口 TransactionDAO，并添加 getTransactionType (String name)和 addLog(TransactionLog log)方法：

```
//根据交易类型名称获取交易类型对象
public TransactionType getTransactionType(String name);
//向数据表 transaction_log 中添加交易记录
public boolean addLog(TransactionLog log);
```

(2)　在 com.netbank.dao.impl 包中创建 TransactionDAO 的实现类 TransactionDAOImpl，并实现 getTransactionType(String name)和 addLog(TransactionLog log)方法：

```
package com.netbank.dao.impl;
import java.util.List;
...
public class TransactionDAOImpl implements TransactionDAO {
    SessionFactory sessionFactory;
    public void setSessionFactory(SessionFactory sessionFactory) {
        this.sessionFactory = sessionFactory;
    }
    /**
     * 向数据表 transaction_log 中添加记录
     */
    public boolean addLog(TransactionLog log) {
        Session session = sessionFactory.getCurrentSession();
        session.save(log);
        return true;
    }
    /**
     * 根据交易类型名称获取交易类型对象
     */
    public TransactionType getTransactionType(String name) {
        Session session = sessionFactory.getCurrentSession();
        String hql = "from TransactionType t where t.name='" + name + "'";
        Query query = session.createQuery(hql);
        return (TransactionType)query.uniqueResult();
    }
}
```

(3)　在 Spring 配置文件中定义 TransactionDAOImpl 类：

```
<!-- 定义 TransactionDaoImpl，并给类中的 sessionFactory 属性注入值 -->
<bean id="transactionDao"
  class="com.netbank.dao.impl.TransactionDAOImpl">
    <property name="sessionFactory" ref="sessionFactory"></property>
</bean>
```

2．实现 Biz

(1)　在 com.netbank.biz 包中创建接口 TransactionBiz，并添加方法 deposit(TransactionLog log)：

```
//存款
public boolean deposit(TransactionLog log);
```

(2)　在 com.netbank.biz.impl 包中创建接口 TransactionBiz 的实现类 TransactionBizImpl，

并实现 deposit(TransactionLog log)方法：

```
package com.netbank.biz.impl;
import java.util.List;
...
//使用@Transactional 注解实现事务管理
@Transactional
public class TransactionBizImpl implements TransactionBiz {
    //使用 TransactionDao 接口声明属性，并添加 set 方法用于依赖注入
    private TransactionDAO transactionDao;
    public void setTransactionDao(TransactionDAO transactionDao) {
        this.transactionDao = transactionDao;
    }
    //使用 UserDao 接口声明属性，并添加 set 方法用于依赖注入
    private UserDAO userDao;
    public void setUserDao(UserDAO userDao) {
        this.userDao = userDao;
    }
    /**
     * 存款
     */
    public boolean deposit(TransactionLog log) {
        //从交易信息对象 log 中取出账户对象
        Account self = log.getAccount();
        //将账户余额与存款金额相加
        self.setBalance(log.getAccount().getBalance() + log.getTrMoney());
        //更新账户表 Account，修改账户余额
        userDao.updateAccount(self);
        //根据交易类型获取交易类型对象
        TransactionType type = transactionDao.getTransactionType("存款");
        log.setTransactionType(type);
        log.setOtherid(self.getAccountid());
        //向数据表 transaction_log 中添加交易记录
        return transactionDao.addLog(log);
    }
}
```

(3) 在 Spring 配置文件中定义 TransactionBizImpl 类，并给属性 transactionDao 和 userDao 注入值：

```
<!-- 定义 TransactionBizImpl，
  并给其属性 transactionDao 和 userDao 注入 Bean 实例 -->
<bean id="transactionBiz"
  class="com.netbank.biz.impl.TransactionBizImpl">
    <property name="transactionDao" ref="transactionDao"></property>
    <property name="userDao" ref="userDao"></property>
</bean>
```

3. 实现 Action

在 com.netbank.action 包中创建名为 Transaction 的 Action，并添加 deposit 方法，实现存

款操作：

```
package com.netbank.action;
import java.util.List;
...
public class Transaction extends ActionSupport
  implements RequestAware,SessionAware {
    //使用 UserBiz 接口声明属性并添加 set 方法，用于依赖注入
    private UserBiz userBiz;
    public void setUserBiz(UserBiz userBiz) {
        this.userBiz = userBiz;
    }
    //使用 transactionBiz 接口声明属性并添加 set 方法，用于依赖注入
    private TransactionBiz transactionBiz;
    public void setTransactionBiz(TransactionBiz transactionBiz) {
        this.transactionBiz = transactionBiz;
    }
    private Map<String, Object> request;
    public void setRequest(Map<String, Object> request) {
        this.request = request;
    }
    private Map<String, Object> session;
    public void setSession(Map<String, Object> session) {
        this.session = session;
        account=(Account)session.get("user");
    }
    //声明 Account 类型属性
    private Account account;
    //定义 TransactionLog 对象并添加 get 和 set 方法，用于封装页面表单参数
    private TransactionLog log;
    public TransactionLog getLog() {
        return log;
    }
    public void setLog(TransactionLog log) {
        this.log = log;
    }
     /***
      * 存款
      * @return
      */
    public String deposit() {
        //调用自定义方法 isEnable 判断账户是否冻结
        if(isEnable()) {
            //使用执行 isEnable 方法从 Session 中重新获取的账户对象，
            //给交易信息对象 log 中关联的账户对象属性赋值
            log.setAccount(account);
            session.put("user", account);
            //调用业务方法，更新账户表 Accout 中的余额，
            //并在交易信息表 transaction_log 中添加交易记录
            return isSuccess(transactionBiz.deposit(log));
        }
```

```
        return "message";
    }
    /**
     * 自定义方法，判断账户是否冻结
     * @return
     */
    private boolean isEnable(){
        //从 session 中重新获取 Account 对象,
        //该对象在登录成功时已保存到 session 中
        userBiz.reflush(account);
        if(account.getStatus().getName().equals("冻结")) {
            request.put("message", "对不起!该账户也被冻结,无法进行相关操作<br>");
            return false;
        }
        return true;
    }
    /**
     * 自定义方法，根据执行结果，显示操作成功或失败信息
     * @return
     */
    private String isSuccess(boolean flag) {
        if(flag) {
            request.put("message", "操作成功! ");
            return "message";
        }
        request.put("message",
          "操作失败! <a href='javascript:history.go(-1)'>返回</a>");
        return "message";
    }
}
```

在自定义方法 isEnable 中，调用了 UserBiz 接口的 reflush 方法，由于是从 Session 中重新获取 Account 对象，所以该对象在登录成功时已保存到 Session 中。

reflush 方法在 UserDAOImpl 类中的实现代码如下所示：

```
//从 Session 中重新获取对象 account
public void reflush(Account account) {
    Session session = sessionFactory.getCurrentSession();
    session.refresh(account);
}
```

4. Spring 配置

在 Spring 配置文件中定义 Transaction 类，并给属性 userBiz 和 transactionBiz 注入值：

```
<!-- 使用原型模式定义 Transaction 类，并给属性 userBiz 和 transactionBiz 注入值-->
<bean name="transaction" class="com.netbank.action.Transaction"
  scope="prototype">
    <property name="userBiz" ref="userBiz"></property>
    <property name="transactionBiz" ref="transactionBiz"></property>
</bean>
```

5. Struts 2 配置

在 Struts 2 配置文件中为 Transaction 类配置映射：

```
<!-- 定义一个名称为transaction 的包，继承 struts 2 的默认包，
 指定命名空间为“/transaction” -->
<package name="transaction" namespace="/transaction"
 extends="struts-default">
   <!-- 为 Transaction 类中 deposit 方法配置映射 -->
   <action name="deposit" class="transaction" method="deposit">
      <result name="input">/deposit.jsp</result>
      <result name="message">/message.jsp</result>
   </action>
</package>
```

6. 存款页面设计

在存款页面 deposit.jsp 中，表单部分的代码如下所示：

```
<body onload="disptime()">
<form method="post" name="myform"
 action="/netbank/transaction/deposit" onsubmit="return deposit()">
   <div align="center">
   <table width="400" border="0" class="table">
      <tbody>
      <tr>
         <td width="100"> 存款时间：</td>
         <td><input type="text" name="log.datetime" id="datetime"></td>
      </tr>
      <tr>
         <td> 存款金额：</td>
         <td>
            <input type="text" name="log.trMoney" id="trMoney"
             value="${log.trMoney}">
            <span id="errormoney" style="color:red;"></span>
         </td>
      </tr>
      <tr>
         <td> </td>
         <td> <input type="Submit" value="存款" /></td>
      </tr>
      </tbody>
   </table>
   <div style="color:red;">
      <s:fielderror />
   </div>
   </div>
</form>
</body>
```

填写存款金额 200 元，单击“存款”按钮，将请求提交到“/netbank/transaction/deposit”，

即执行 Transaction 类中的 deposit 方法处理存款请求。此时数据表 account 和 transaction_log 中的记录分别如图 28-14 和 28-15 所示。

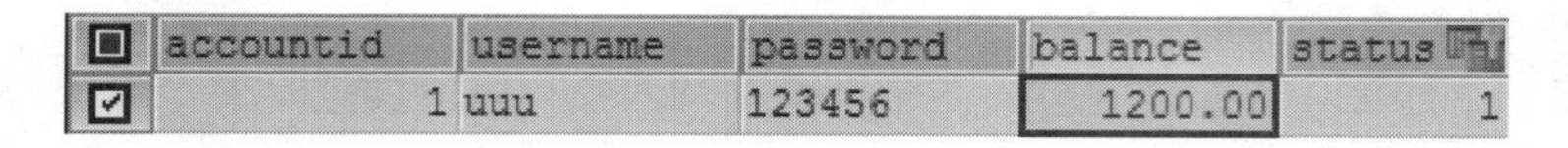

accountid	username	password	balance	status
1	uuu	123456	1200.00	1

图 28-14　账户 1 的余额从 1000 增加到 1200

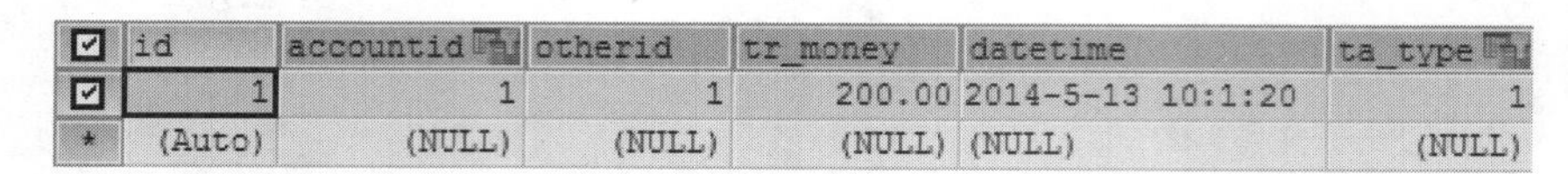

id	accountid	otherid	tr_money	datetime	ta_type
1	1	1	200.00	2014-5-13 10:1:20	1
(Auto)	(NULL)	(NULL)	(NULL)	(NULL)	(NULL)

图 28-15　transaction_log 表增加一条交易记录

28.7.6　取款

在客户主页面中，单击“取款”超链接，打开取款页面，如图 28-16 所示。

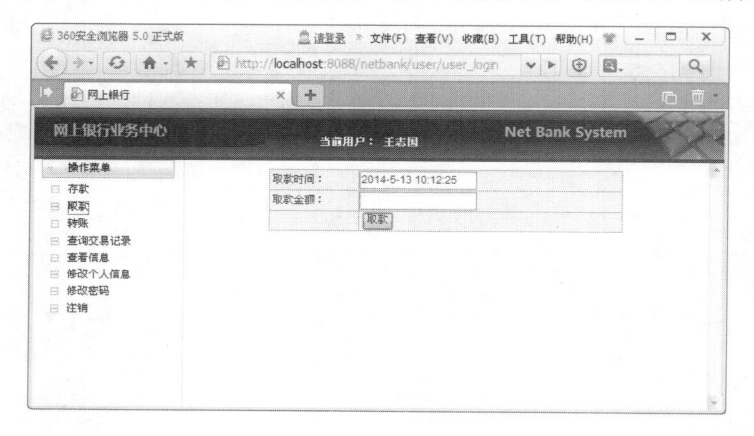

图 28-16　取款页面

实现取款功能的流程如下所示。

1．实现 DAO

取款功能所需调用的 DAO 层方法与存款功能相同。

2．实现 Biz

(1)　在 TransactionBiz 接口中声明方法 withdrawal(TransactionLog log)：

```
//取款
public boolean withdrawal(TransactionLog log);
```

(2)　在 TransactionBiz 的实现类 TransactionBizImpl 中实现 withdrawal(TransactionLog log)方法：

```
/**
 * 取款
 */
```

```
public boolean withdrawal(TransactionLog log) {
    //从交易信息对象 log 中取出账户对象
    Account self = log.getAccount();
    //将账户余额与取款金额相减
    self.setBalance(log.getAccount().getBalance()-log.getTrMoney());
    //更新账户表 Account，修改账户余额
    userDao.updateAccount(self);
    //根据交易类型获取交易类型对象
    TransactionType type = transactionDao.getTransactionType("取款");
    log.setTransactionType(type);
    log.setOtherid(self.getAccountid());

    //向数据表 transaction_log 中添加交易记录
    return transactionDao.addLog(log);
}
```

(3) 在实现存款功能时，已经在 Spring 配置文件中定义了 TransactionBizImpl 类，因此不需要再定义了。

3. 实现 Action

在 Transaction 类中添加下面两个方法。

(1) 添加 validateWithdrawal 方法，对取款页面校验，用于判断账户余额是否充足：

```
public void validateWithdrawal() {
    //比较取款页面输入的金额与账户余额
    if(log.getTrMoney()>account.getBalance()) {
        this.addFieldError("log.trMoney", "您的账户余额不足！");
    }
}
```

(2) 添加 withdrawal 方法，执行取款操作：

```
/**
 * 取款
 * @return
 */
public String withdrawal() {
    //调用自定义方法 isEnable，判断账户是否冻结
    if(isEnable()) {
        //使用 isEnable 方法从 Session 中重新获取的账户对象，
        //给交易信息对象 log 中关联的账户对象属性赋值
        log.setAccount(account);
        session.put("user", account);
        //调用业务方法，更新账户表 Accout 中的余额，
        //并在交易信息表 transaction_log 中添加记录
        return isSuccess(transactionBiz.withdrawal(log));
    }
    return "message";
}
```

4．Spring 配置

在实现存款功能时，已经在 Spring 配置文件中定义了 Transaction 类，并进行了依赖注入，因此不需要再定义了。

5．Struts 2 配置

在 Struts 2 配置文件中，需要为 Transaction 类中的 withdrawal 方法配置映射，如下所示：

```
<!-- 定义一个名称为transaction的包，继承Struts 2的默认包，
  指定命名空间为“/transaction” -->
<package name="transaction" namespace="/transaction"
  extends="struts-default">
    ...
    <!-- 为Transaction类中的withdrawal方法配置映射 -->
    <action name="withdrawal" class="transaction" method="withdrawal">
        <result name="input">/withdrawal.jsp</result>
        <result name="message">/message.jsp</result>
    </action>
</package>
```

6．取款页面设计

在取款页面 withdrawal.jsp 中，表单部分的代码如下所示：

```
<body onload="disptime()">
<form  method="post" name="myform"
  action="/netbank/transaction/withdrawal"
  onsubmit="return withdrawal()">
    <div align="center">
    <table width="400" border="0" class="table">
    <tbody>
        <tr>
            <td width="100"> 取款时间：</td>
            <td><input type="text" name="log.datetime" id="datetime"></td>
        </tr>
        <tr>
            <td> 取款金额：</td>
            <td>
                <input type="text" name="log.trMoney"
                 id="trMoney" value="${log.trMoney}">
                <span id="errormoney" style="color:red;"></span>
            </td>
        </tr>
        <tr>
            <td> </td>
            <td> <input type="Submit" value="取款" /> </td>
        </tr>
    </tbody>
    </table>
    <div style="color:red;">
```

```
        <s:fielderror />
    </div>
</div>
</form>
</body>
```

在取款页面中，我们输入取款金额 300 元，然后单击“取款”按钮，这将会把请求提交到“/netbank/transaction/withdrawal”。此时，会先调用 Transaction 类中的 validateTransfer 方法，对取款页面进行校验，以判断账户余额是否充足。最后调用 withdrawal 方法，执行取款操作，更新账户表 Accout 中的余额，并在交易信息表 transaction_log 中添加记录。

执行结束后，数据表 account 和 transaction_log 中的记录分别如图 28-17 和 28-18 所示。

accountid	username	password	balance	status
1	uuu	123456	900.00	1

图 28-17 账户 1 的余额从 1200 减少到 900

id	accountid	otherid	tr_money	datetime	ta_type
1	1	1	200.00	2014-5-13 10:1:20	1
2	1	1	300.00	2014-5-13 10:17:41	2

图 28-18 transaction_log 表增加了一条交易记录

28.7.7 转账

在客户主页面中，单击“转账”超链接，打开转账页面，如图 28-19 所示。

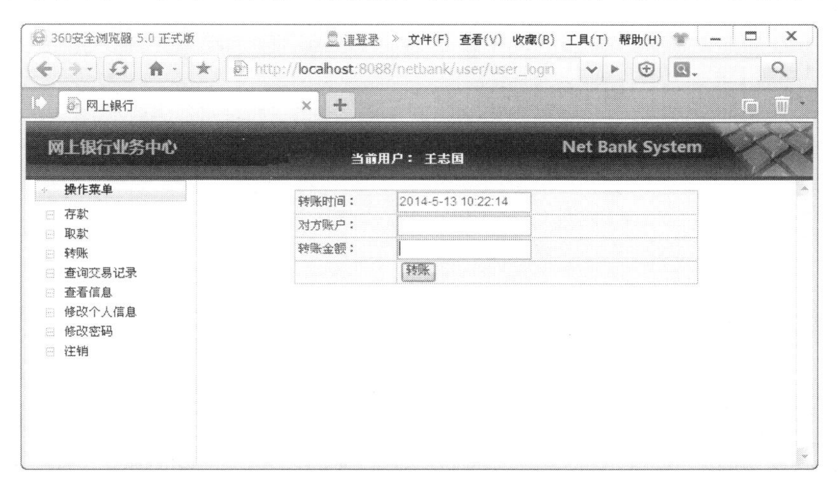

图 28-19 转账页面

实现转账功能的流程如下所示。

1. 实现 DAO

转账功能所需调用的 DAO 层的方法与存款功能基本相同，但需要添加一个方法。

(1) 在 UserDAO 接口中声明方法 getAccount(int accountid)，根据账户 id 获取账户对象：

```
//根据账户 id 获取账户对象
public  Account getAccount(int accountid);
```

(2) 在实现类 UserDAOImpl 中实现方法 getAccount(int accountid)：

```
//根据账户 ID 获取账户对象
public Account getAccount(int id) {
    Session session = sessionFactory.getCurrentSession();
    return (Account)session.get(Account.class, id);
}
```

2. 实现 Biz

(1) 在 UserBiz 接口中声明方法 getAccount(int accountid)：

```
public abstract Account getAccount(int accountid);
```

(2) 在实现类 UserBizImpl 中实现 getAccount(int accountid)方法：

```
//根据账户 ID 获取账户
@Transactional(readOnly=true)
public Account getAccount(int accountid) {
    return userDao.getAccount(accountid);
}
```

(3) 在 TransactionBiz 接口中声明一个 transfer(TransactionLog log)方法：

```
//转账
public boolean transfer(TransactionLog log);
```

(4) 在实现类 TransactionBizImpl 中，实现 transfer(TransactionLog log)方法：

```
/**
 * 转账
 */
@Transactional(propagation=Propagation.REQUIRED,
  isolation=Isolation.READ_COMMITTED)
public boolean transfer(TransactionLog log) {
    //获取入账方账户对象
    Account other = userDao.getAccount(log.getOtherid());
    //获取转账方账户对象
    Account self = log.getAccount();
    if(other!=null) {
        //修改转账方账户余额
         self.setBalance(log.getAccount().getBalance()-log.getTrMoney());
        //修改入账方账户余额
        other.setBalance(other.getBalance() + log.getTrMoney());
        //将转账方账户余额更新到数据表 Account
        userDao.updateAccount(self);
        //将入账方账户余额更新到数据表 Account
        userDao.updateAccount(other);
        //根据交易类型获取交易类型对象
        TransactionType type = transactionDao.getTransactionType("转账");
        log.setTransactionType(type);
```

```
        //向数据表 transaction_log 中添加交易记录
        return  transactionDao.addLog(log);
    }
    return false;
}
```

在实现存款功能时，已经在 Spring 配置文件中定义了 TransactionBizImpl 类，因此不需要再定义了。

3．实现 Action

在 Transaction 类中添加下面两个方法。

(1) 添加 validateTransfer 方法，对转账页面校验，判断是否给本人账户转账、入账账户是否存在及转账账户余额是否充足：

```
public void validateTransfer() {
    if(log.getOtherid().intValue()==account.getAccountid().intValue()) {
        this.addFieldError("log.otherid", "您不能转账给自己！");
    }
    if(userBiz.getAccount(log.getOtherid())==null) {
        this.addFieldError("log.otherid", "该账户不存在！");
    }
    if(log.getTrMoney()>account.getBalance()) {
        this.addFieldError("log.trMoney", "您的账户余额不足！");
    }
}
```

(2) 添加 transfer 方法，执行转账操作：

```
/**
 * 转账
 * @return
 */
public String transfer() {
    //调用自定义方法 isEnable 判断账户是否冻结
    if(isEnable()) {
        //使用执行 isEnable 方法从 Session 中重新获取的账户对象，给交易信息对象
        //log 中关联的账户对象属性赋值
        log.setAccount(account);
        session.put("user", account);
        //调用业务方法，更新转账方和入账方的账户表 Accout 中的余额，
        //并在交易信息表 transaction_log 中添加记录
        return isSuccess(transactionBiz.transfer(log));
    }
    return "message";
}
```

4．Spring 配置

在实现存款功能时，已经在 Spring 配置文件中定义了 Transaction 类，并进行了依赖注入，因此不需要再定义了。

5. Struts 配置

在 Struts 配置文件中，需要为 Transaction 类中的 transfer 方法配置映射，如下所示：

```
<!-- 定义一个名称为transaction 的包，继承 Struts 2 的默认包，
  指定命名空间为“/transaction” -->
<package name="transaction" namespace="/transaction"
  extends="struts-default">
    ...
    <!-- 为 Transaction 类中的 transfer 方法配置映射 -->
    <action name="transfer" class="transaction" method="transfer">
        <result name="input">/transfer.jsp</result>
        <result name="message">/message.jsp</result>
    </action>
    ...
</package>
```

6. 转账页面设计

在转账页面 transfer.jsp 中，表单部分的代码如下所示：

```
<body onload="disptime()">
<form method="post" name="myform" action="/netbank/transaction/transfer"
  onsubmit="return transfer()">
   <div align="center">
   <table width="400" border="0" class="table">
       <tbody>
       <tr>
           <td> 转账时间：</td>
           <td><input type="text" name="log.datetime" id="datetime"></td>
       </tr>
       <tr>
           <td width="100"> 对方账户：</td>
           <td>
               <input type="text" name="log.otherid" id="otherid"
                 value="${log.otherid }">
               <span id="errorotherid" style="color:red;"></span>
           </td>
       </tr>
       <tr>
           <td> 转账金额：</td>
           <td>
               <input type="text" name="log.trMoney" id="trMoney"
                 value="${log.trMoney}">
               <span id="errormoney" style="color:red;"></span>
           </td>
       </tr>
       <tr>
           <td> </td>
           <td> <input type="Submit" value="转账" /> </td>
       </tr>
```

```
    </tbody>
    </table>
    <div style="color:red;">
        <s:fielderror />
    </div>
    </div>
</form>
</body>
```

在转账页面中，填写对方账户 2 和转账金额 300 元，单击“转账”按钮，将请求提交到“/netbank/transaction/transfer”。此时，会先调用 Transaction 类中的 validateTransfer 方法，对转账页面校验，如果给本人账户转账，或者入账账户不存在，或者转账账户余额不足，都无法执行转账功能。如果验证通过，最后将调用 transfer 方法，执行转账操作。

执行结束后，数据表 account 和 transaction_log 中的记录分别如图 28-20 和 28-21 所示。

accountid	username	password	balance	status
1	uuu	123456	600.00	1
2	ttt	123456	1300.00	1

图 28-20　account 表中账户 1 转出 300 元到账户 2 中

id	accountid	otherid	tr_money	datetime	ta_type
1	1	1	200.00	2014-5-13 10:1:20	1
2	1	1	300.00	2014-5-13 10:17:41	2
3	1	2	300.00	2014-5-13 10:29:17	3

图 28-21　transaction_log 表增加一条交易记录

28.7.8　查询交易记录

在客户主页面中，单击“查询交易记录”超链接，打开交易记录页面，如图 28-22 所示。

交易记录

序号	对方账户	交易金额	交类类型	交易日期
1	1	400.0	存款	2014-5-13 13:59:49
2	1	-100.0	取款	2014-5-13 13:59:42
3	1	-300.0	取款	2014-5-13 13:59:31
4	1	-300.0	取款	2014-5-13 13:59:23
5	1	1000.0	存款	2014-5-13 13:59:16
6	3	-300.0	转账	2014-5-13 13:59:9
7	1	-200.0	取款	2014-5-13 13:58:59
8	1	200.0	存款	2014-5-13 13:58:44
9	1	500.0	存款	2014-5-13 13:58:35
10	2	-300.0	转账	2014-5-13 10:29:17

图 28-22　交易记录页面

对“查询交易记录”超链接的设置如下所示：

```
<a href=/netbank/transaction/list?pager.curPage=1 target=right>
 查询交易记录</a>
```

实现交易记录显示功能的流程如下所示。

1．创建分页类 Pager

在交易记录页面中需要分页显示数据，需要在 com.netbank.entity 包中创建分页类 Pager，如下所示：

```
package com.netbank.entity;
public class Pager {
    private int curPage; //待显示页
    private int perPageRows; //一页显示的记录数
    private int rowCount; //记录总数
    private int pageCount; //总页数
    public int getCurPage() {
        return curPage;
    }
    public void setCurPage(int currentPage) {
        this.curPage = currentPage;
    }
    public int getPerPageRows() {
        return perPageRows;
    }
    public void setPerPageRows(int perPageRows) {
        this.perPageRows = perPageRows;
    }
    public int getRowCount() {
        return rowCount;
    }
    public void setRowCount(int rowCount) {
        this.rowCount = rowCount;
    }
    public int getPageCount() {
        return (rowCount+perPageRows-1)/perPageRows;
    }
}
```

2．实现 DAO

(1) 在 TransactionDAO 接口中声明以下两个方法：

```
//根据待显示页页码和账户对象获取交易记录
public List getLogs(Account account, int page);
//获取交易记录数
public Integer getCountOfLogs(Account account);
```

(2) 在实现类 TransactionDAOImpl 中实现这两个方法：

```
/**
 * 获取交易记录
 */
```

```
public List getLogs(Account account, int page) {
    Session session = sessionFactory.getCurrentSession();
    Criteria c = session.createCriteria(TransactionLog.class);
    c.add(Restrictions.or(Restrictions.eq("account", account),
       Restrictions.eq("otherid", account.getAccountid())));
    c.addOrder(Order.desc("id"));
    c.setFirstResult(10*(page-1));
    c.setMaxResults(10);
    return c.list();
}
/**
 * 从数据表 Transaction_Log 中获取与账户相关的交易记录数
 */
public Integer getCountOfLogs(Account account) {
    Session session = sessionFactory.getCurrentSession();
    String sql = "select count(*) from Transaction_Log where (accountid="
      + account.getAccountid() + " or otherid="
      + account.getAccountid() + ")";
    Query query = session.createSQLQuery(sql);
    Integer count = Integer.parseInt(query.uniqueResult().toString());
    return count;
}
```

3．实现 Biz

(1) 在 TransactionBiz 接口中添加下面两个方法：

```
//获取交易记录
public List getLogs(Account account, int page);
//获得账户的交易记录总数，用来初始化分页类 Pager 对象，
//并设置其 perPageRows 和 rowCount 属性
public Pager getPagerOfLogs(Account account);
```

(2) 在实现类 TransactionBizImpl 中，实现这两个方法：

```
/**
 * 获取交易记录
 */
public List getLogs(Account account, int page) {
   return transactionDao.getLogs(account, page);
}
/**
 * 获得账户的交易记录总数，用来初始化分页类 Pager 对象，
 * 并设置其 perPageRows 和 rowCount 属性
 */
public Pager getPagerOfLogs(Account account) {
   //从数据表 Transaction_Log 中获取与账户相关的交易记录数
   int count = transactionDao.getCountOfLogs(account);
   //使用分页类 Pager 定义对象
   Pager pager = new Pager();
   //设置 pager 对象中的 perPageRows 属性，表示每页显示的记录数
   pager.setPerPageRows(10);
```

```
    //设置 pager 对象中的 rowCount 属性，表示记录总数
    pager.setRowCount(count);
    //返回 pager 对象
    return pager;
}
```

(3) 在实现存款功能时，已经在 Spring 配置文件中定义了 TransactionBizImpl 类，因此不需要再定义了。

4. 实现 Action

在 Transaction 类中添加一个 list 方法：

```
/**
 * 显示交易记录
 * @return
 */
public String list() {
    //获取待显示页页码
    int curPage = pager.getCurPage();
    //根据待显示页页码和账户对象获取交易记录
    List<TransactionLog> logs = transactionBiz.getLogs(account, curPage);
    //获得账户的交易记录总数，用来初始化分页类 Pager 对象，
    //并设置其 perPageRows 和 rowCount 属性
    pager = transactionBiz.getPagerOfLogs(account);
    //设置 Pager 对象中的待显示页页码
    pager.setCurPage(curPage);
    request.put("logs", logs);
    return "success";
}
```

在 list 方法中使用了分页类 Pager，因此需要在 Transaction 类中声明 Pager 类型的属性 pager，并为其添加 get 和 set 方法，如下所示：

```
//分页实体类
private Pager pager;
public Pager getPager() {return pager;}
public void setPager(Pager pager) {this.pager = pager;}
```

5. Spring 配置

在实现存款功能时，已经在 Spring 配置文件中定义了 Transaction 类，并进行了依赖注入，因此不需要再定义了。

6. Struts 2 配置

在 Struts 2 配置文件中，需要为 Transaction 类中的 list 方法配置映射，如下所示：

```
<!-- 定义一个名称为 transaction 的包，继承 Struts 2 的默认包，
  指定命名空间为“/transaction” -->
<package name="transaction" namespace="/transaction"
  extends="struts-default">
```

```
    <!-- 为Transaction 类中 list 方法配置映射 -->
    <action name="list" class="transaction" method="list">
        <result name="success">/transactionlog.jsp</result>
    </action>
</package>
```

7. 交易记录显示页面设计

在交易记录显示页面 transactionlog.jsp 中，数据显示部分的代码如下所示：

```
<table width="450" border="1" class="table">
    <tbody align="center">
        <!--标题部分  -->
        <tr><td colspan="5" style="font-size: 20;">交易记录</td></tr>
        <tr><td width="50"> 序号</td>
            <td width="80"> 对方账户</td>
            <td width="80"> 交易金额</td>
            <td width="80"> 交类类型</td>
            <td> 交易日期</td></tr>
        <!--循环显示记录部分  -->
        <s:iterator value="#request.logs" status="status" >
        <tr><td> <s:property value="#status.count"/></td>
            <s:if test="otherid==#session.user.accountid
             &&transactionType.name!='取款'">
              <td> <s:property value="account.accountid"/></td>
              <td> <s:property value="trMoney"/></td>
           </s:if>
           <s:else>
             <td> <s:property value="otherid"/></td>
             <td> -<s:property value="trMoney"/></td>
           </s:else>
           <td><s:property value="transactionType.name"/></td>
           <td> <s:property value="datetime"/></td>
        </tr>
        </s:iterator>
    </tbody>
</table>
```

分页超链接部分的代码为：

```
<!-- 分页超链接部分 -->
<table>
<tr>
    <td width="130"></td>
    <td width="80">
        <s:if test="pager.curPage>1">
            <A href='/netbank/transaction/list?pager.curPage=1'>
              首页</A>  
            <A href='/netbank/transaction/list?pager.curPage=
              ${pager.curPage-1 }'>上一页</A>
        </s:if>
    </td>
```

```
    <td width="80">
        <s:if test="pager.curPage < pager.pageCount">
            <A href='/netbank/transaction/list?pager.curPage=
              ${pager.curPage+1}'>下一页</A>  
            <A href='/netbank/transaction/list?pager.curPage=
              ${pager.pageCount }'>尾页</A>
        </s:if>
    </td>
    <td>
        共${pager.curPage}/${pager.pageCount}页  转至
        <select onchange="select()" id="curPage">
        <s:iterator begin="1" end="pager.pageCount" status="status">
            <s:if test="#status.count==pager.curPage">
                <option value="${status.count}"
                  selected="selected">${status.count }</option>
            </s:if>
            <s:else>
                <option value="${status.count}">${status.count}</option>
            </s:else>
        </s:iterator>
        </select>页
    </td>
</tr>
</table>
```

至此，客户功能部分的实现流程就介绍完了。

28.8　管理功能实现

在如图 28-9 所示的系统登录页面 login.jsp 中，选择用户类型为“管理员”，登录成功后，进入如图 28-23 所示的管理员主页面。

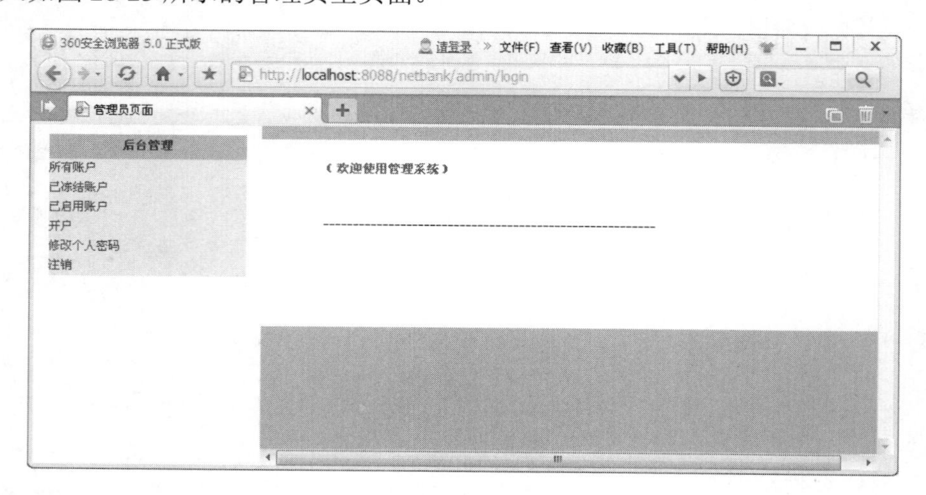

图 28-23　管理员主页面

28.8.1　管理员登录

管理员登录页面如图 28-24 所示。

图 28-24　管理员登录页面

实现管理员登录验证的流程如下所示。

1. 实现 DAO

(1) 在接口 UserDAO 中声明一个 getAdmin(String username) 方法：

```
//根据 username 获取管理员
public Admin getAdmin(String username);
```

(2) 在实现类 UserDAOImpl 中实现 getAdmin(String username)方法：

```
//根据 username 获取管理员
public Admin getAdmin(String username) {
    Session session = sessionFactory.getCurrentSession();
    String hql = "from Admin as a where a.username='" + username + "'";
    Query query = session.createQuery(hql);
    return (Admin)query.uniqueResult();
}
```

2. 实现 Biz

(1) 在接口 UserBiz 中声明 getAdmin(String username)方法：

```
//根据 username 获取管理员
public abstract Admin getAdmin(String username);
```

(2) 在实现类 UserBizImpl 中实现 getAdmin(String username)方法：

```
//根据 username 获取管理员
public Admin getAdmin(String username) {
    return userDao.getAdmin(username);
}
```

(3) 由于前面已经在 Spring 配置文件中定义了 UserBizImpl 类，因此不需要再定义了。

3. 实现 Action

在 com.netbank.action 包中创建名为 AdminAction 的 Action，并添加用于管理员登录验证的方法：

```
package com.netbank.action;
import java.util.List;
...
public class AdminAction extends ActionSupport
  implements RequestAware, SessionAware {
    //定义通过@Resource 注解注入的属性 userBiz，可省略 set 方法
    @Resource private UserBiz userBiz;
    //定义通过@Resource 注解注入的属性 personinfoBiz，可省略 set 方法
    @Resource private PersoninfoBiz personinfoBiz;
    Map<String, Object> request;
    public void setRequest(Map<String, Object> request) {
        this.request = request;
    }
    Map<String, Object> session;
    public void setSession(Map<String, Object> session) {
        this.session = session;
    }
    //定义 Admin 类型对象，用于封装管理员登录等页面的表单参数
    private Admin admin;
    public Admin getAdmin() {
        return admin;
    }
    public void setAdmin(Admin admin) {
        this.admin = admin;
    }
    /**
     * 对登录页面进行验证，检查用户名和密码是否正确
     */
    public void validateLogin() {
        //调用业务方法，根据 username 获取管理员
        Admin a = userBiz.getAdmin(admin.getUsername());
        if(a==null) {
            this.addFieldError("username", "用户名不存在");
        } else {
            if(!admin.getPassword().equals(a.getPassword())) {
                this.addFieldError("password", "密码不正确");
            }
            admin = a;
        }
    }
    /**
     * 登录
     * @return
     */
```

```
    public String login() {
        if(admin!=null) {
            session.put("admin", admin);
            return "success";
        }
        return "login";
    }
}
```

以管理员身份登录时，登录页面 login.jsp 中表单将提交给 AdminAction 类的 login 方法处理，因此在 AdminAction 类中编写了名为 validateLogin 的方法后，从登录页面将请求提交到 AdminAction 时，validateLogin 方法会首先被执行，管理员登录验证就是在这个方法中完成的。login 方法将会在 validateLogin 方法执行后再执行，login 方法的作用在于将 validateLogin 方法验证成功后取得的管理员对象保存到 Session 中，并进行页面跳转。

4．Spring 配置

在 Spring 配置文件中定义 AdminAction，并给其属性 userBiz 和 personinfoBiz 注入值：

```
<!-- 使用原型模式定义 AdminAction 类,AdminAction 类的属性 userBiz 和 personinfoBiz
  通过 Annotation 注解方式注入 -->
<bean name="admin" class="com.netbank.action.AdminAction"
  scope="prototype" />
```

5．Struts 2 配置

在 Struts 2 配置文件中配置 AdminAction，并为 AdminAction 中的 login 方法配置映射：

```
<!-- 定义一个名称为 admin 的包，继承 Struts 2 的默认包，指定命名空间为“/admin” -->
<package name="admin" namespace="/admin" extends="struts-default">
    ...
    <!-- 为 AdminAction 类中 login 方法配置映射 -->
    <action name="login" class="admin" method="login">
        <result name="success" >manage.jsp</result>
        <result name="input">/login.jsp</result>
    </action>
</package>
```

6．管理员登录表单的设置

在系统登录页面中，如果以管理员身份登录时，会将请求提交到“admin/login”。此时，会先调用 AdminAction 类中的 validateLogin 方法，然后再执行 login 方法。

28.8.2 显示用户信息

在如图 28-23 所示的管理员主页面中，单击“所有用户”超链接，可以查看所有客户的信息，如图 28-25 所示。

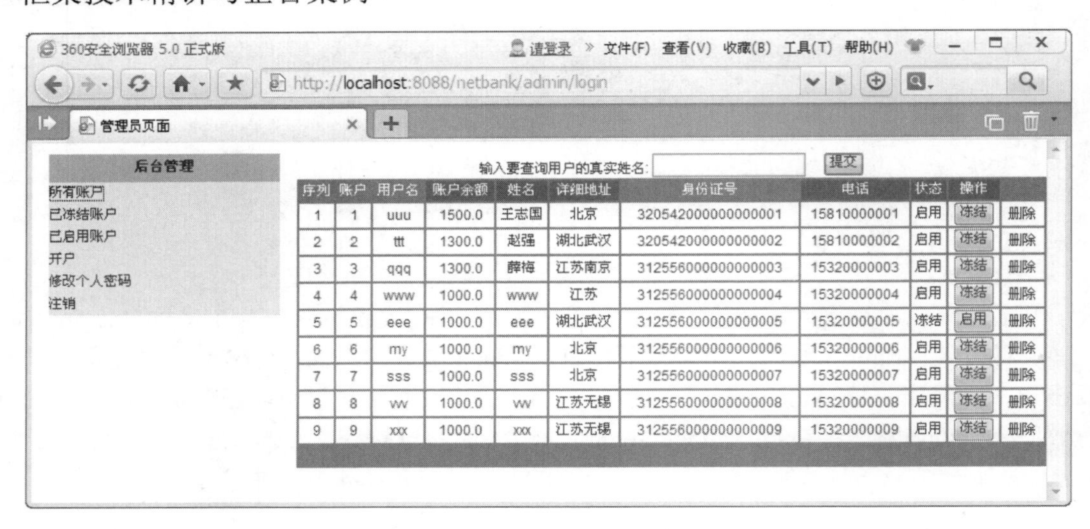

图 28-25　显示所有用户的信息

显示所有用户信息功能的流程如下所示。

1. 实现 DAO

(1) 在接口 PersoninfoDAO 中，添加下面两个方法：

```
//获取所有用户信息
public List getAllPersoninfo();
//根据账户状态获取用户信息
public List searchPersoninfo(Status status);
```

(2) 在实现类 PersoninfoDAOImpl 中实现这两个方法：

```
/**
 * 查询全部用户信息
 */
public List getAllPersoninfo() {
    Session session = sessionFactory.getCurrentSession();
    String hql = "from Personinfo";
    Query query = session.createQuery(hql);
    return query.list();
}

/**
 * 根据账户状态获取用户信息
 */
public List searchPersoninfo(Status status) {
    Session session = sessionFactory.getCurrentSession();
    String hql = "from Personinfo p where p.account.status.id="
                 + status.getId();
    Query query = session.createQuery(hql);
    return query.list();
}
```

2．实现 Biz

(1)　在接口 PersoninfoBiz 中，声明一个 searchPersoninfo(Status status)方法：

```
//根据账户状态获取个人信息
public List searchPersoninfo(Status status);
```

(2)　在实现类 PersoninfoBizImpl 中实现 searchPersoninfo(Status status)方法：

```
/**
 * 根据账户状态获取个人信息，状态为 0 表示获取所有客户
 */
public List searchPersoninfo(Status status)
{
    List users = new ArrayList();
    if(status.getId()!=0) {
        //如果账户状态编号不为 0，则根据编号获取相应的客户记录
        status = userDao.getStatus(status.getId());
        users = personinfoDao.searchPersoninfo(status);
    } else {
        //如果账户状态编号等于 0，则获取所有客户的记录
        users = personinfoDao.getAllPersoninfo();
    }
    return users;
}
```

(3)　由于前面已经在 Spring 配置文件中定义了 PersoninfoBizImpl 类，因此不需要再定义了。

3．实现 Action

在 AdminAction 类中，添加一个 listUsers 方法，用户执行查询账户请求：

```
/**
 * 查询账户
 * @return
 */
public String listUsers() {
    //调用业务方法，根据账户状态获取个人信息，状态为 0 表示获取所有客户的信息
    List users = personinfoBiz.searchPersoninfo(status);
    request.put("users", users);
    return "users";
}
```

在 listUsers()方法中使用了变量 status，因为需要在 AdminAction 类中声明 Status 类型的属性 status，并为其添加 get 和 set 方法，用来封装“所有用户”超链接传递来的参数，如下所示：

```
private Status status;
public Status getStatus() {
    return status;
}
```

```
public void setStatus(Status status) {
    this.status = status;
}
```

4. Spring 配置

前面已经在 Spring 配置文件中定义了 AdminAction，因此不用再定义了。

5. Struts 配置

在 Struts 配置文件中，使用通配符与动态值配置 AdminAction 类的映射：

```
<!-- 定义一个名称为admin的包，继承Struts 2的默认包，指定命名空间为“/admin” -->
<package name="admin" namespace="/admin" extends="struts-default">
    <!-- 使用通配符和动态值配置AdminAction -->
    <action name="*" class="admin" method="{1}">
        <result name="login">/login.jsp</result>
        <result name="users">/admin/users.jsp</result>
        <result name="add">/admin/add.jsp</result>
        <result name="input">/message.jsp</result>
        <!-- 将请求重定向到别的Action，相当于重新发起一次请求，并携带请求参数 -->
        <result name="list" type="redirectAction">
            <param name="actionName">listUsers</param>
            <param name="status.id">${status.id}</param>
        </result>
    </action>
</package>
```

6. 设置超链接

在管理员主页面中“所有用户”超链接的设置如下所示：

```
<a href=/netbank/admin/listUsers?status.id=0 target=right>所有账户</a>
```

单击“所有账户”超链接，将请求提交到“/netbank/admin/listUsers?status.id=0”。此时将调用 AdminAction 类中的 listUsers 方法，并将参数 status 传递到 AdminAction 类中，供 listUsers 方法或者 AdminAction 类中其他方法使用。

AdminAction 类 listUsers 方法执行后，页面跳转到 admin 文件夹下的 users.jsp，显示获取的用户信息。users.jsp 页面中显示用户信息的代码如下所示：

```
<!-- 查询用户表单部分 -->
<form action="/netbank/admin/search" method="POST">
    输入要查询用户的真实姓名：
    <input name="personinfo.realname"/>
    <input name="status.id" type="hidden" value="${status.id}">
       <input type=submit value="提交"></input>
</form>
<table width="100%" height="73" border="1" align="center" cellpadding="0"
  cellspacing="0" bordercolor="#999999" bgcolor="#999999">
    <!-- 用户信息显示表头部分 -->
    <tr>
```

```
    <td  height="20"  nowrap  bgcolor="#999999">
        <div align="center"><font color="#FFFFFF">序列</font></div></td>
    <td nowrap bgcolor="#999999">
        <div align="center"><font color="#FFFFFF">账户</font></div></td>
    <td nowrap bgcolor="#999999">
        <div align="center"><font color="#FFFFFF">用户名</font></div>
    </td>
    <td  nowrap bgcolor="#808080">
        <div align="center"><font color="#FFFFFF">账户余额</font></div>
    </td>
    <td  nowrap bgcolor="#808080">
        <div align="center"><font color="#FFFFFF">姓名</font></div>
    </td>
    <td  nowrap bgcolor="#808080">
        <div align="center"><font color="#FFFFFF">详细地址</font></div>
    </td>
    <td  nowrap  bgcolor="#999999">
        <div align="center"><font color="#FFFFFF">身份证号</font></div>
    </td>
    <td  nowrap  bgcolor="#808080">
        <div align="center"><font color="#FFFFFF">电话</font></div></td>
    <td  nowrap  bgcolor="#808080">
        <div align="center"><font color="#FFFFFF">状态</font></div>
    </td>
    <td  nowrap  bgcolor="#808080">
        <div align="center"><font color="#FFFFFF">操作</font></div>
    </td>
    <td nowrap  bgcolor="#999999">
        <div align="center"><font color="#FFFFFF"> </font></div>
    </td>
</tr>
<!-- 循环显示用户信息部分 -->
<s:iterator value="#request.users" status="status">
    <tr bgcolor="#FFFFFF">
        <td  height="20" valign="middle">
            <div id="noWrap" align="center">
                <s:property value="#status.count"/>
            </div>
        </td>
        <td valign="middle">
            <div id="noWrap" align="center">
                <s:property value="account.accountid"/>
            </div>
        </td>
        <td valign="middle">
            <div id="noWrap" align="center">
                <s:property value="account.username"/>
            </div>
        </td>
        <td  height="20" valign="middle">
            <div id="noWrap" align="center">
```

```
                <s:property value="account.balance"/>
            </div>
        </td>
        <td  height="20" valign="middle">
            <div id="noWrap" align="center">
                <s:property value="realname"/>
            </div>
        </td>
        <td valign="middle">
            <div id="noWrap" align="center">
                <s:property value="address"/>
            </div>
        </td>
        <td valign="middle">
            <div id="noWrap" align="center">
                <s:property value="cardid"/>
            </div>
        </td>
        <td valign="middle">
            <div id="noWrap" align="center">
                <s:property value="telephone"/>
            </div>
        </td>
        <td valign="middle">
            <div id="noWrap" align="center">
                <s:property value="account.status.name"/>
            </div>
        </td>
        <td>
            <div id="noWrap" align="center">
                <s:if test="account.status.name=='启用'">
                    <input type="button" value="冻结"
                      onclick="javascript:location.href=
                      '/netbank/admin/locking?id=${account.accountid}
                      &status.id=${status.id}'">
                </s:if>
                <s:else>
                    <input type="button" value="启用"
                      onclick="javascript:location.href=
                      '/netbank/admin/enabled?id=${account.accountid}
                      &status.id=${status.id}'">
                </s:else>
            </div>
        </td>
        <td valign="middle">
            <div id="noWrap" align="center">
                 <a href="/netbank/admin/del?id=
                   ${account.accountid}&status.id=${status.id}">
                    删除 </a>
            </div>
        </td>
```

```
        </tr>
    </s:iterator>
    <tr>
        <td height="20" colspan="14" valign="middle"></td>
    </tr>
</table>
```

28.8.3　查询用户

在如图 28-25 所示的用户信息页面中，输入要查询用户的真实姓名，如“王志国”后，单击“提交”按钮，可以显示查询出的用户信息，如图 28-26 所示。

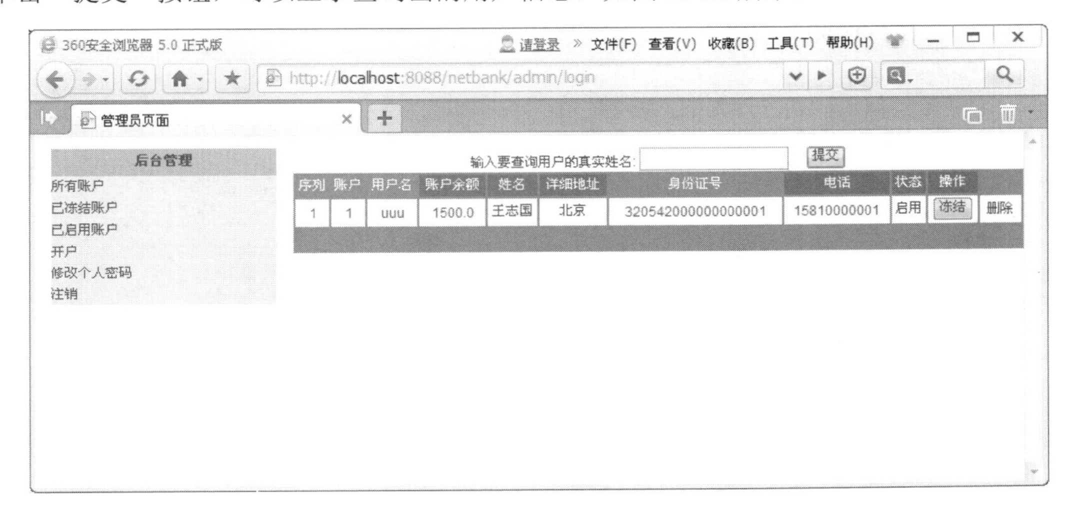

图 28-26　查询用户结果

实现查询用户功能的流程如下所示。

1．实现 DAO

(1)　在接口 PersoninfoDAO 中声明方法 searchPersoninfo(Personinfo personinfo)：

```
//根据条件查询个人信息
public List searchPersoninfo(Personinfo personinfo);
```

(2)　在实现类 PersoninfoDAOImpl 中实现 searchPersoninfo(Personinfo personinfo)方法：

```
/**
 * 根据条件查询个人信息
 */
public List searchPersoninfo(Personinfo personinfo) {
    Session session = sessionFactory.getCurrentSession();
    Criteria c = session.createCriteria(Personinfo.class);
    if(personinfo.getRealname()!=null
      && !"".equals(personinfo.getRealname())) {
        if(personinfo.getCardid()!=null) {
            c.add(Restrictions.or(Restrictions.eq("realname",
```

```
                personinfo.getRealname()), Restrictions.eq("cardid",
                personinfo.getCardid())));
        } else {
            c.add(Restrictions.like(
              "realname", personinfo.getRealname(), MatchMode.ANYWHERE));
        }
    }
    c.addOrder(Order.asc("id"));
    return c.list();
}
```

2．实现 Biz

(1) 在接口 PersoninfoBiz 中声明方法 searchPersoninfo(Personinfo personinfo)：

```
//根据条件查询个人信息
public List searchPersoninfo(Personinfo personinfo);
```

(2) 在实现类 PersoninfoBizImpl 中实现 searchPersoninfo(Personinfo personinfo)方法：

```
/**
 * 根据条件获取个人信息
 */
public List searchPersoninfo(Personinfo personinfo) {
    return personinfoDao.searchPersoninfo(personinfo);
}
```

(3) 由于前面已经在 Spring 配置文件中定义了 PersoninfoBizImpl 类，因此不需要再定义了。

3．实现 Action

在 AdminAction 类中添加一个 search()方法，如下所示：

```
/**
 * 查询账户
 */
public String search() {
    List users = personinfoBiz.searchPersoninfo(personinfo);
    request.put("users", users);
    return "users";
}
```

在 search()方法使用了变量 personinfo，因此需要在 AdminAction 类中定义 Personinfo 类型的对象，用于封装页面表单参数(如查询用户的真实姓名文本域)，并为其添加 get 和 set 方法，如下所示：

```
//定义 Personinfo 类型对象，用于封装页面表单参数
private Personinfo personinfo;
public Personinfo getPersoninfo() {
    return personinfo;
}
public void setPersoninfo(Personinfo personinfo) {
```

```
    this.personinfo = personinfo;
}
```

由于前面已经在 Spring 配置文件中定义了 AdminAction，因此不用再定义了。另外，在 Struts 2 配置文件中，已经使用通配符与动态值配置了 AdminAction 类的映射。

在图 28-25 中，输入要查询用户的真实姓名，单击“提交”按钮后，将请求提交到“/netbank/admin/search”。此时，会调用 AdminAction 类中的 search 方法，执行结束后，页面跳转到 admin 文件夹下的 users.jsp，显示查询结果。

28.8.4　冻结、启用功能

在图 28-25 中，可以通过单击相应用户行中的“启用”或者“冻结”按钮，更改账户状态。实现更改账户状态功能的流程如下所示。

1. 实现 DAO

更改账户状态所需调用的 UserDAO 接口中的 getAccount(int accountid)和 updateAccount (Account account)方法前面已经实现了，其中 getAccount(int accountid)方法用于根据账户 id 获取账户对象，updateAccount(Account account)方法用于修改账户。

但还需要添加 getStatus(String name)方法，根据账户状态名称获取账户状态对象。

(1)　在 UserDAO 接口中添加 getStatus(String name)方法的声明：

```
//根据账户状态名称获取账户状态对象
public Status getStatus(String name);
```

(2)　在 UserDAO 接口的实现类 UserDAOImpl 中，实现 getStatus(String name)方法：

```
/**
 *根据名称获取状态
 */
public Status getStatus(String name) {
    Session session = sessionFactory.getCurrentSession();
    String hql = "from Status as s where s.name='" + name + "'";
    Query query = session.createQuery(hql);
    return (Status)query.uniqueResult();
}
```

2. 实现 Biz

(1)　在 UserBiz 接口中声明下面两个方法：

```
//启用账户
public void enabled(int id);
//冻结账户
public void locking(int id);
```

(2)　在实现类 UserBizImpl 中实现这两个方法：

```
/**
 * 启用账户
```

```
     */
    public void enabled(int id) {
        //根据账户编号获取账户对象
        Account account = userDao.getAccount(id);
        //修改账户对象的状态属性，设置为启用
        Status status = userDao.getStatus("启用");
        account.setStatus(status);
        //更新账户
        userDao.updateAccount(account);
    }
    /**
     * 冻结账户
     */
    public void locking(int id) {
        //根据账户编号获取账户对象
        Account account = userDao.getAccount(id);
        //修改账户对象的状态属性，设置为冻结
        Status status = userDao.getStatus("冻结");
        account.setStatus(status);
        //更新账户
        userDao.updateAccount(account);
    }
```

(3) 前面在 Spring 配置文件中已经完成了 UserBizImpl 类的定义，不用再定义了。

3．实现 Action

在 AdminAction 类中添加 enabled 和 locking 两个方法，如下所示：

```
/**
 * 启用账户
 * @return
 */
public String enabled() {
    userBiz.enabled(id);
    return "list";
}
/**
 * 冻结账户
 * @return
 */
public String locking() {
    userBiz.locking(id);
    return "list";
}
```

在 enabled 和 locking 两个方法中，使用了变量 id。因此需要在 AdminAction 类中声明 int 类型的属性 id，用来封装从“启用”、“冻结”和“删除”按钮传递来的参数 id 的值。如下所示：

```
//用来封装从“启用”、“冻结”和“删除”按钮传递来的参数
private int id;
```

```
public int getId() {
    return id;
}
public void setId(int id) {
    this.id = id;
}
```

由于前面已经在 Spring 配置文件中定义过 AdminAction，因此不用再定义了。另外，在 Struts 2 配置文件中，已经使用通配符与动态值配置了 AdminAction 类的映射。

在图 28-25 中，对账户状态为“冻结”的用户，单击“启用”按钮后，请求被发送到“/netbank/admin/enabled?id=${account.accountid}&status.id=${status.id}”，此时，将调用 AdminAction 类中的 enabled 方法，更改账户状态。

对账户状态为“启用”的用户，单击“冻结”按钮后，请求被发送到“/netbank/admin/locking?id=${account.accountid}&status.id=${status.id}”，此时将调用 AdminAction 类中的 locking 方法更改账户状态。

AdminAction 类中的 enabled 方法或 locking 方法执行结束后，根据 Struts 2 配置文件中的设置，页面将请求重定向到名称为“listUsers”的 Action，即向 AdminAction 类中的 listUsers 方法重新发起一次请求，并携带请求参数，最后跳转到显示用户信息页面。

28.8.5　删除用户

在图 28-25 中，单击某行中的“删除”按钮，可以将该用户信息删除。实现删除用户的流程如下所示。

1. 实现 DAO

在删除用户所需调用的 UserDAO 中，根据账户 id 获取账户对象的 getAccount 方法已经实现了，但还需要添加 delAccount 方法，根据账户状态名称删除状态对象。

(1) 在 UserDAO 接口中添加 delAccount(Account account)方法声明：

```
//删除账户
public boolean delAccount(Account account);
```

(2) 在实现类 UserDAOImpl 中实现 delAccount(Account account)方法：

```
/**
 * 删除账户
 */
public boolean delAccount(Account account) {
    Session session = sessionFactory.getCurrentSession();
    session.delete(account);
    return true;
}
```

2. 实现 Biz

(1) 在 UserBiz 接口中声明方法 delAccount(int id)：

```
//删除账户
public boolean delAccount(int id);
```

(2) 在 UserBiz 接口的实现类 UserBizImpl 中，实现 delAccount(int id)方法：

```
/**
 * 删除用户
 */
public boolean delAccount(int id) {
    //根据账户 id 获取账户
    Account account = userDao.getAccount(id);
    //删除账户对象，同时执行级联删除
    return userDao.delAccount(account);
}
```

(3) 前面在 Spring 配置文件中已经完成了 UserBizImpl 类定义，不用再定义了。

3．实现 Action

在 AdminAction 类中添加一个 del 方法，如下所示：

```
/**
 * 删除账户
 */
public String del() {
    //调用业务方法，删除账户，同时进行级联删除
    userBiz.delAccount(id);
    return "list";
}
```

由于前面已经在 Spring 配置文件中定义 AdminAction，因此不用再定义了。另外，在 Struts 2 配置文件中，已经使用通配符与动态值配置了 AdminAction 类的映射。

在图 28-25 中，单击某行中的“删除”按钮，将请求发送到“/netbank/admin/del?id=${account.accountid}&status.id=${status.id}”，此时，将调用 AdminAction 类中的 del 方法执行删除。在从账户表(account)删除指定账户时，也会对个人信息表(personinfo)和交易信息表(transaction_log)中相关账户的记录进行级联删除。

28.8.6 开户

在图 28-25 中，单击“开户”超链接，可以打开如图 28-27 所示的开户页面。

对“开户”超链接的设置如下所示：

```
<a href=/netbank/admin/add.jsp target=right>开户</a>
```

实现开户功能的流程如下所示。

1．实现 DAO

(1) 在 UserDAO 接口中声明下面两个方法：

```
//根据客户名获取客户对象
public Account getAccount(String username);
```

```
//添加账户
public boolean addAccount(Account account);
```

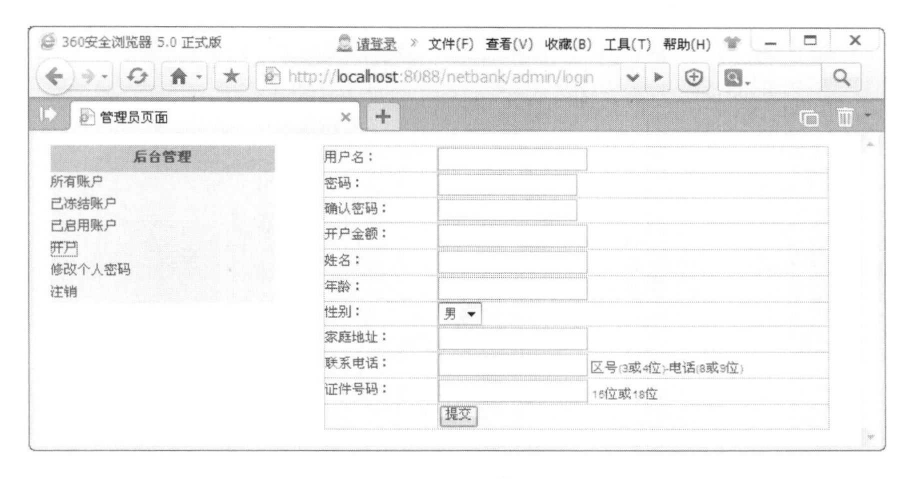

图 28-27　开户页面

(2) 在实现类 UserDAOImpl 中，实现这两个方法：

```
//根据 username 获取账户
public Account getAccount(String username) {
    Session session = sessionFactory.getCurrentSession();
    String hql = "from Account where username='" + username + "'";
    Query query = session.createQuery(hql);
    return (Account) query.uniqueResult();
}
//添加账户
public boolean addAccount(Account account) {
    Session session = sessionFactory.getCurrentSession();
    session.save(account);
    return true;
}
```

(3) 在 PersoninfoDAO 接口中声明下面两个方法：

```
//根据条件查询个人信息
public List searchPersoninfo(Personinfo personinfo);
//添加个人信息
public boolean add(Personinfo personinfo);
```

(4) 在实现类 PersoninfoDAOImpl 中实现这两个方法：

```
/**
 * 根据条件查询个人信息
 */
public List searchPersoninfo(Personinfo personinfo) {
    Session session = sessionFactory.getCurrentSession();
    Criteria c = session.createCriteria(Personinfo.class);
    if(personinfo.getRealname()!=null
      && !"".equals(personinfo.getRealname())) {
```

```
        if(personinfo.getCardid()!=null) {
            c.add(Restrictions.or(Restrictions.eq(
              "realname",personinfo.getRealname()),Restrictions.eq(
              "cardid", personinfo.getCardid())));
        } else {
            c.add(Restrictions.like(
              "realname", personinfo.getRealname(), MatchMode.ANYWHERE));
        }
    }
    c.addOrder(Order.asc("id"));
    return c.list();
}
/**
 * 添加个人信息
 */
public boolean add(Personinfo personinfo) {
    Session session = sessionFactory.getCurrentSession();
    session.save(personinfo);
    return true;
}
```

2. 实现 Biz

(1) 在 UseBiz 接口中声明下面两个方法：

```
//根据账户名称获取账户
public abstract Account getAccount(String username);
//添加账户
public boolean addAccount(Account account);
```

(2) 在实现类 UseBizImpl 中实现这两个方法：

```
//根据 username 获取账户
public Account getAccount(String username) {
    return userDao.getAccount(username);
}
//添加账户
public boolean addAccount(Account account) {
    Status status = userDao.getStatus("启用");
    account.setStatus(status);
    return userDao.addAccount(account);
}
```

(3) 在 PersoninfoBiz 接口中声明下面两个方法：

```
//根据条件查询个人信息
public List searchPersoninfo(Personinfo personinfo);
//添加个人信息
public boolean add(Personinfo personinfo);
```

(4) 在实现类 PersoninfoBizImpl 中实现这两个方法：

```
/**
```

```
 * 根据条件获取个人信息
 */
public List searchPersoninfo(Personinfo personinfo) {
    return personinfoDao.searchPersoninfo(personinfo);
}
/**
 * 添加个人信息
 */
public boolean add(Personinfo personinfo) {
    return personinfoDao.add(personinfo);
}
```

前面在 Spring 配置文件中已经完成了 UserBizImpl 类和 PersoninfoBizImpl 类的定义，不用再定义了。

3. 实现 Action

在 AdminAction 类中编写下面两个方法：

- 编写用于添加账户页面校验的方法，由于开户页面 add.jsp 中的表单将提交给 AdminAction 类的 kaihu 方法处理，因此，其开户表单校验的方法命名为 validateKaihu。在 validateKaihu 方法中，对开户页面进行校验，验证用户名是否已存在，且一张身份证只能拥有一个账户。
- 编写方法名为 kaihu 的方法，用于处理开户请求。

AdminAction 类中 validateKaihu 方法和 kaihu 方法代码如下所示：

```
/**
 * 对开户页面进行校验，验证用户名是否已存在、一张身份证只能拥有一个账户
 */
public void validateKaihu() {
    if(userBiz.getAccount(account.getUsername())!=null) {
        request.put("message", "用户名已存在");
    }
    //获取满足条件的个人信息，这里的条件为开户页面中填写的身份证号
    List list = personinfoBiz.searchPersoninfo(personinfo);
    //如果所填写的身份证号在个人信息中已存在，则提示错误信息
    if(list.size()>0) {
        this.addFieldError(
          "personinfo.cardid", "一张身份证只能拥有一个账户");
    }
}
//开户
public String kaihu() {
   //调用业务方法，向账户表 Account 中添加账户
    userBiz.addAccount(account);
    //调用业务方法，向个人信息表 personinfo 添加个人信息
    account = userBiz.getAccount(account.getUsername());
    personinfo.setAccount(account);
    personinfoBiz.add(personinfo);
    request.put("message", "添加成功");
    return "message";
```

```
}
```

由于前面已经在 Spring 配置文件中定义了 AdminAction，因此不用再定义了。另外，在 Struts 配置文件中，已经使用通配符和动态值配置了 AdminAction 类的映射。

在如图 28-27 所示的开户页面中，填写个人信息后，单击“提交”按钮，将请求提交到“/netbank/admin/kaihu”。此时，会首先调用 AdminAction 类中 validatekaihu 方法，验证用户名是否已存在，且一张身份证只能拥有一个账户，最后再调用 kaihu 方法处理开户请求。

28.9 小　　结

本章将 Struts 2、Spring 3 和 Hibernate 4 框架(SSH2)进行整合，介绍了网上银行系统主要功能的开发流程。

本章首先对 SSH2 整合开发环境的搭建进行了介绍，然后介绍了功能开发前的一些准备工作，如配置事务管理、使用 Hibernate 工具生成实体类和映射文件等。最后对系统主要功能的实现流程进行逐一讲解，讲解每个功能时，按照实现 DAO 并在 Spring 配置文件中定义、实现 Biz 并在 Spring 配置文件中定义、实现 Action、在 Spring 配置文件中定义 Action、在 Struts 2 配置文件中配置 Action 的映射、页面设计等步骤，依次展开分析，从而有助于读者理解每个功能的具体实现过程和细节。